煤炭科学研究总院建院60周年 技术丛书

宁　宇／主编

第四卷

煤矿安全技术

文光才 等／编著

科学出版社

北京

内 容 简 介

本书为“煤炭科学研究总院建院60周年技术丛书”第四卷《煤矿安全技术》，全书共分十篇39章，主要介绍了煤炭科学研究总院在瓦斯灾害防治技术、矿井火灾防治技术、煤矿水害防治技术、冲击地压防治技术、顶板灾害防治技术、煤矿粉尘防治技术、安全监测监控技术、矿井通风技术、矿井降温技术、矿山应急救援技术等方面的大量科研成果，具有较强的理论和实用价值。

本书可供从事采矿、安全及煤矿安全监测及应急救援领域技术人员，以及从事相关教学、科研人员参考使用。

图书在版编目(CIP)数据

煤矿安全技术 / 文光才等编著. —北京：科学出版社，2018

（煤炭科学研究总院建院60周年技术丛书 · 第四卷）

ISBN 978-7-03-058119-8

Ⅰ. ①煤…　Ⅱ. ①文…　Ⅲ. ①矿山安全-安全技术　Ⅳ. ①TD7

中国版本图书馆 CIP 数据核字（2018）第134255号

责任编辑：李　雪 / 责任校对：王萌萌

责任印制：师艳茹 / 封面设计：黄华斌

科学出版社 出版

北京东黄城根北街16号

邮政编码：100717

http://www.sciencep.com

新科印刷有限公司 印刷

科学出版社发行　各地新华书店经销

*

2018年1月第 一 版　开本：787 × 1092 1/16

2018年1月第一次印刷　印张：58 1/2

字数：1 372 000

定价：588.00元

（如有印装质量问题，我社负责调换）

Foreword 从书序

煤炭科学研究总院是我国煤炭行业唯一的综合性科学研究和技术开发机构，从事煤炭建设、生产和利用重大关键技术及相关应用基础理论研究。

煤炭科学研究总院于1954年9月筹建，1957年5月17日正式建院，先后隶属于燃料工业部、煤炭工业部、燃料化学工业部、中国统配煤矿总公司、国家煤炭工业局、中央大型企业工作委员会、国务院国有资产监督管理委员会和中国煤炭科工集团有限公司。建院60年来，在煤炭地质勘查、矿山测量、矿井建设、煤炭开采、采掘机械与自动化、煤矿信息化、煤矿安全、洁净煤技术、煤矿环境保护、煤炭经济研究等各个研究领域开展了大量研究工作，取得了丰硕的科技成果。在新中国煤炭行业发展的各个阶段都实时地向煤矿提供新技术、新装备，促进了煤炭行业的技术进步。煤炭科学研究总院还承担了非煤矿山、隧道工程、基础设施和城市地铁等地下工程的特殊施工技术服务和工程承包，将煤炭行业的工程技术服务于其他行业。

在60年的发展历程中，煤炭科学研究总院在煤炭地质勘查领域，主持了我国第一次煤田预测工作，牵头完成了第三次全国煤田预测成果汇总，基本厘清了我国煤炭资源的数量和时空分布规律，研究并提出了我国煤层气的资源储量，煤与煤层气综合勘查技术，为煤与煤层气资源开发提供了支撑；研究并制定了中国煤炭分类等一批重要的国家和行业技术标准，开发了基于煤岩学的炼焦配煤技术，查明了煤炭液化用煤资源分布，并提出液化用煤方案；在地球物理勘探技术方面，开发了井下直流电法、无线电坑道透视、地质雷达、槽波地震、瑞利波等多种物探技术与装备，超前探测距离达到200m；在钻探技术方面，研制了地面车载钻机、井下水平定向钻机、井下智能控制钻进装备等各类钻探装备，井下钻机水平定向钻孔深度达1881m，在有煤与瓦斯突出危险的区域实现无人自动化钻孔施工。

在矿井建设领域，煤炭科学研究总院开发了冻结、注浆和钻井为主的特殊凿井技术，为我国矿井施工技术奠定了基础；发展了冻结、注浆和凿井平行作业技术，形成了表土层钻井与基岩段注浆的平行作业工艺；研制了钻井直径13m的竖井钻机、钻井直径5m的反井钻机等钻进技术与装备；为我国煤矿井筒一次凿井深度达到1342m，最大井筒净直径10.5m，最大掘砌荒径14.6m，最大冻结深度950m，冻结表土层厚度754m，最大钻井深度660m，钻井成井最大直径8.3m，最大注浆深度为1078m，反井钻井直径5.5m、深度560m等高难度工程提供了技术支撑。

在煤炭开采领域，煤炭科学研究总院的研究成果支撑了我国煤矿从炮采、普通机械化开采、高档普采到综合机械化开采的数次跨越与发展；实现了从缓倾斜到急倾斜煤层采煤方法的变革，建设了我国第一个水力化采煤工作面；引领了采煤工作面支护从摩擦式金属支柱和铰接顶梁取代传统的木支柱开始到单体液压支柱逐步取代摩擦式金属支柱，发展为液压支架的四个不同发展阶段的支护技术与装备的变革；开发了厚及特厚煤层大采高综采和综放开采工艺，使采煤工作面年产量达 1000 万 t。针对我国各矿区煤层的特殊埋藏条件，煤炭科学研究总院研究了各类水体下、建（构）筑下、铁路下、承压水体上和主要井巷下压覆煤炭资源的开采方法和采动覆岩移动等基础科学问题和规律，形成了具有中国特色的“三下一上”特殊采煤技术体系。在巷道支护技术方面，煤炭科学研究总院从初期研究钢筋混凝土支架、型钢棚式支架取代支护，适应大变形的松软破碎围岩的 U 型钢支架的研制，到提出高预应力锚杆一次支护理论，开发了巷道围岩地质力学测试技术、高强度锚杆（索）支护技术、注浆加固支护技术、定向水力压裂技术、支护工程质量检测等技术与装备，引领了不同阶段巷道围岩控制技术的变革，支撑了从被动支护到主动支护再到多种技术协同控制支护技术的跨越与发展，在千米（1300m）深井巷道、大断面全煤巷道、强动压影响巷道和冲击地压巷道等支护困难的巷道工程中成功得到应用，解决了复杂困难条件下巷道的支护难题。

在综掘装备领域，煤炭科学研究总院的研究工作引领和支撑了悬臂式掘进机由小型到大型、从单一到多样化、由简单到智能化的数次发展跨越，已经具备了截割功率 30～450kW，机重为 5～154t 系列悬臂式掘进机的开发能力；根据煤矿生产实现安全高效的需求，研制成功国内首台可实现掘进、支护一体化带轨道式锚杆钻臂系统的大断面煤巷掘进机，在神东矿区创造了月进尺 3080m 的世界单巷进尺新纪录；为适应回收煤柱及不规则块段煤炭开采，成功研制国内首套以连续采煤机为龙头的短壁机械成套装备，该装备也可用于煤巷掘进施工。

在综采工作面装备领域，为适应各类不同条件煤矿的需要，煤炭科学研究总院开发了 0.8～1.3m 薄煤层综采装备、年产 1000 万 t 大采高综采成套装备、适应 20m 特厚煤层综采放顶煤工作面的成套装备；成功开发了满足厚度 0.8～8.0m、倾角 0°～55°煤层一次采全高需要的采煤装备；采煤机总装机功率突破 3000kW，刮板输送机装机功率达到 2×1200kW，液压支架最大支护高度达 8m，带式输送机的最大功率达到 3780kW、单机长度 6200m、运量达到 3500t/h。与液压支架配套的电液控制系统、智能集成供液系统、综采自动化控制系统和乳化液泵站的创新发展也促进了综采工作面成套技术变革，煤炭科学研究总院将煤矿综采工作面成套装备与矿井生产综合自动化技术相结合，成功开发了我国首套综采工作面成套装备智能控制系统，实现了在采煤工作面顺槽监控中心和地面调度中心对综采工作面设备“一键”启停，构建了工作面“有人巡视、无人操作”的自动化采煤新模式。

在煤矿安全技术领域，煤炭科学研究总院针对我国煤矿五大自然灾害的特点，开发了有针对性的系列防治技术和装备，为提高煤矿安全生产保障能力提供了强有力的支撑；针对瓦斯灾害防治，研发了适应煤炭生产发展所需要的本煤层瓦斯抽采、邻近层卸压瓦斯抽采、综合抽采、采动区井上下联合抽采瓦斯等多种抽采工艺与装备；在研究煤与瓦斯突出发生机理的基础上，研发了多种保护层开采技术，发明了水力冲孔防突技术，突出预警系统、深孔煤层瓦斯含量测定技术；提出了两个“四位一体”综合防突技术体系，为国家制定《防治煤与瓦斯突出规定》奠定了技术基础。在研究煤自然发火机理的基础上，建立了煤自然发火倾向性色谱吸氧鉴定方法，开发了基于变压吸附和膜分离原理的制氮机组及氮气防灭火技术，研发了井下红外光谱束管监测系统；揭示了冲击地压“三因素”发生机理，开发成功微震/地音监测系统、应力在线监测系统和基于地震波CT探测的冲击地压危险性原位探测技术。研制了智能式顶板监测系统，实现了顶板灾害在线监测和实时报警。研发了煤层注水防尘技术、喷雾降尘技术、通风除尘技术及配套装备，以及针对防止煤尘爆炸的自动抑爆技术和被动式隔爆水棚、岩粉棚技术。随着采掘机械化程度的不断提高、产尘强度增大的实际情况，研发了采煤机含尘气流控制及喷雾降尘技术、采煤机尘源跟踪高压喷雾降尘技术，机掘工作面通风除尘系统，还研发了免维护感应式粉尘浓度传感器，实现了作业场所粉尘浓度的实时连续监测。煤炭科学研究总院的研究成果引领和支撑了安全监控技术的四个发展阶段，促进了安全监控系统的升级换代，使安全监控系统向功能多样化、集成化、智能化及监控预警一体化方向发展，研发成功红外光谱吸收式甲烷传感器、光谱吸收式光纤气体传感器、红外激光气体传感器、超声涡街风速传感器、风向传感器、一氧化碳传感器、氧气传感器等各类测定井下环境参数的传感器，使安全监控系统的监控功能更加完备；安全监控系统在通信协议、传输、数据库、抗电磁干扰能力、可靠性等各个环节实现了升级换代，研发出KJ95N、KJ90N、KJ83N（A）、KJF2000N等功能更完善的安全监控系统；针对安全生产监管的要求，研发了KJ69J、KJ236（A）、KJ251、KJ405T等人员定位管理系统，为煤矿提高安全保障能力提供了重要的技术支撑。

在煤炭清洁利用领域，煤炭科学研究总院对涵盖选煤全过程的分选工艺、技术装备及选煤厂自动化控制技术进行了全方位的研究，建成了我国第一个重介质选煤车间，研发了双供介无压给料三产品重介质旋流器、振荡浮选技术与装备、复合式干法分选机等高效煤炭洗选装备；开发了卧式振动离心机、香蕉筛、跳汰机、加压过滤机、机械搅拌式浮选机、分级破碎机、磁选机等煤炭洗选设备，使我国年处理能力400万t的选煤成套设备实现了国产化，基本满足了不同特性和不同用途的原煤洗选生产的需要。

在煤炭转化领域，煤炭科学研究总院研制了ϕ1.6m的水煤气两段炉，适合特殊煤种的移动床液态连续排碴气化炉；完成了云南先锋、黑龙江依兰、神东上湾不同煤种的三个煤炭直接液化工艺的可行性研究；成功开发了煤炭直接液化纳米级高分散铁基催化剂，已应用于神华108万t/a煤炭直接液化示范工程。开发了煤焦油加氢技术、煤油共炼技术和新一代煤炭直接液化技术及其催化剂；还开发了新型40kg试验焦炉、煤岩自动测试系统，焦炭反应性及反应后强度测定仪等装置，并在国内外、焦化行业得到推广应用。成功开发了4～35t/h的系列高效煤粉工业锅炉，平均热效率达92%以上，已经在11个省（市）共计建成200余套高效煤粉工业锅炉。开发了三代高浓度水煤浆技术，煤浆浓度达到68%～71%，为煤炭清洁利用提供了重要的技术途径。

在矿区及煤化工过程水处理与利用领域，煤炭科学研究总院开发了矿井水净化处理、矿井水深度处理、矿井水井下处理、煤矿生活污水处理、煤化工废水脱酚处理、煤化工废水生物强化脱氮、高盐废水处理和水处理自动控制等技术和成套装备；实现了矿区废水处理与利用，变废水为资源，为矿区节能减排、发展循环经济提供技术支撑。

在矿山开采沉陷区土地复垦与生态修复领域，煤炭科学研究总院开发了采煤沉陷区复垦土壤剖面构建技术、农业景观与湿地生态构建技术、湿地水资源保护与维系技术、湿地生境与植被景观构建技术，初步形成完整的矿山生态修复技术体系。

在煤矿用产品质量和安全性检测检验领域，煤炭科学研究总院在开展科学研究的同时，高度重视实验能力的建设，建成了30000kN、高度7m的液压支架试验台，5000kW机械传动试验台，直径3.4m、长度8m的防爆试验槽，断面7.2m^2、长度700m（带斜巷）的地下大型瓦斯煤尘爆炸试验巷道，工作断面1m^{2}的低速风洞、摩擦火花大型试验装置，1.2m×0.8m×0.8m、瓦斯压力6MPa的煤与瓦斯突出模拟实验系统，10kV煤矿供电设备检测试验系统，10m法半电波暗室与5m法全电波暗室、矿用电气设备电磁兼容实验室等服务于煤炭各领域的实验研究。

为了充分发挥这些实验室的潜力，国家质量监督检验检疫总局批准在煤炭科学研究总院系统内建立了7个国家级产品质量监督检验中心和1个国家矿山安全计量站，承担对煤炭行业矿用产品质量进行检测检验和甲烷浓度、风速和粉尘浓度的量值传递工作。煤炭工业部也在此基础上建立了11个行业产品质量监督检验中心，承担行业对煤矿用产品质量进行监督检测检验。经国家安全生产监督管理总局批准，利用这些检测检验能力成立10个国家安全生产甲级检测检验中心，承担对煤矿用产品安全性能进行的监督检测检验。在煤炭科学研究总院系统内已形成了从井下地质勘探、采掘、安全到煤质、煤炭加工利用整个产业链中主要环节的矿用设备的质量和煤炭质量的测试技术体系，以及矿用设备安全性能测试技术系统，成为国家和行业检测检验的重要力量和依托。

经过60年的积累，煤炭科学研究总院已经形成了涵盖煤炭行业所有专业技术领域的科技创新体系，针对我国煤炭开发利用的科技难题和前沿技术，努力拼搏，奋勇攻关，引领了煤炭工业的屡次技术革命。截至2016年底，煤炭科学研究总院共取得科技成果6500余项；获得国家和省部级科技进步奖、发明奖1500余项，其中获国家级奖236项，占煤炭行业获奖的60%左右；获得各种专利2443项；承担了煤炭行业70%的国家科技计划项目。

光阴荏苒，岁月匆匆，2017年迎来了煤炭科学研究总院60周年华诞。为全面、系统地总结煤炭科学研究总院在科技研发、成果转化等方面取得的成绩，展示煤炭科学研究总院在促进行业科技创新、推动行业科技进步中的作用，2016年3月启动了“煤炭科学研究总院建院60周年技术丛书”（以下简称“技术丛书”）编制工作。煤炭科学研究总院所属17家二级单位、300多人共同参与，按照“定位明确、特色突出、重在实用”的编写原则，收集汇总了煤炭科学研究总院在各专业领域取得的新技术、新工艺、新装备，经历了多次专家论证和修改，历时一年多完成“技术丛书”的整理编著工作。

“技术丛书”共七卷，分别为《煤田地质勘探与矿井地质保障技术》《矿井建设技术》《煤矿开采技术》《煤矿安全技术》《煤矿掘采运支装备》《煤炭清洁利用与环境保护技术》

《矿用产品与煤炭质量测试技术与装备》。

第一卷《煤田地质勘探与矿井地质保障技术》由煤炭科学研究总院西安研究院张群研究员牵头，从地质勘查、地球物理勘探、钻探、煤层气勘探与资源评价等方面系统总结了煤炭科学研究总院在煤田地质勘探与矿井地质保障技术方面的科技成果。

第二卷《矿井建设技术》由煤炭科学研究总院建井分院刘志强研究员牵头，系统阐述了煤炭科学研究总院在煤矿建井过程中的冻结技术、注浆技术、钻井技术、立井掘进技术、巷道掘进与加固技术和建井安全等方面的科技成果。

第三卷《煤矿开采技术》由煤炭科学研究总院开采分院康红普院士牵头，从井工开采、巷道掘进与支护、特殊开采、露天开采等方面系统总结开采技术成果。

第四卷《煤矿安全技术》由煤炭科学研究总院重庆研究院文光才研究员牵头，系统总结了在煤矿生产中矿井通风、瓦斯灾害、火灾、水害、冲击地压、顶板灾害、粉尘等防治、应急救援、热害防治、监测监控技术等方面的科技成果。

第五卷《煤矿掘采运支装备》由煤炭科学研究总院太原研究院王步康研究员牵头，整理总结了煤炭科学研究总院在综合机械化掘进、矿井主运输与提升、短壁开采、无轨辅助运输、综采工作面智能控制、数字矿山与信息化等方面的科技成果。

第六卷《煤炭清洁利用与环境保护技术》由煤炭科学研究总院煤化工分院曲思建研究员牵头，系统总结了煤炭科学研究总院在煤炭洗选、煤炭清洁转化、煤炭清洁高效燃烧、现代煤质评价、煤基炭材料、煤矿区煤层气利用、煤化工废水处理、采煤沉陷区土地复垦生态修复等方面的技术成果。

第七卷《矿用产品与煤炭质量测试技术与装备》由中国煤炭科工集团科技发展部李学来研究员牵头，全面介绍了煤炭科学研究总院在矿用产品及煤炭质量分析测试技术与测试装备开发方面的最新技术成果。

“技术丛书”是煤炭科学研究总院历代科技工作者长期艰苦探索、潜心钻研、无私奉献的心血和智慧的结晶，力争科学、系统、实用地展示煤炭科学研究总院各个历史阶段所取得的技术成果。通过系统总结，鞭策我们更加务实、努力拼搏，在创新驱动发展中为煤炭行业做出更大贡献。相关单位的领导、院士、专家学者为此丛书的编写与审稿付出了大量的心血，在此，向他们表示崇高的敬意和衷心的感谢！

由于“技术丛书”涉及众多研究领域，限于编者水平，书中难免存在疏漏、偏颇之处，敬请有关专家和广大读者批评指正。

2017年5月18日

Preface 前言

我国煤矿以井工开采为主，瓦斯、粉尘、水、火、顶板和冲击地压等灾害异常严重。围绕煤矿瓦斯、粉尘、火灾、冲击地压、顶板及水害等防治，煤炭科学研究总院（以下简称煤科总院）持续开展了应用基础研究和共性关键技术与装备开发。60年的坚持与努力，在灾害发生发展规律及其防治技术与装备研究等方面获得了丰硕的成果，并在煤矿得到了推广应用，引领了我国煤矿安全技术进步，为煤炭工业的持续、稳定、健康发展做出了重要贡献。本卷是煤科总院建院60年来，在煤矿安全技术领域取得的主要学术、技术成果的总结与回顾。

瓦斯灾害一直是我国煤矿安全生产的最大威胁，是名副其实的“第一杀手”。20世纪50～60年代，煤科总院在瓦斯抽采领域开展了许多开创性的工作，如抚顺矿区高透气性特厚煤层井下钻孔预抽瓦斯，阳泉矿区穿层钻孔和顶板高抽巷抽采上邻近层卸压瓦斯，北票、天府、中梁山等矿区低透气性煤层地面（井下）水力压裂、水力割缝、松动爆破、大直径（扩孔）钻孔等强化抽采瓦斯试验。80～90年代，开发了网格式穿层钻孔、多种形式的顺层钻孔、顶板走向高位长钻孔抽采技术及采空区埋管抽采技术，解决了高产、高效工作面瓦斯涌出源多、涌出量大的难题。“十一五”“十二五”期间，煤科总院开发了地面井和井下钻孔联合抽采瓦斯的立体抽采技术，发展了水力化、二氧化碳相变致裂、高压空气爆破等增透技术；研发了中硬煤层千米定向钻机及配套的钻进工艺，松软突出煤层钻机及钻孔段筛孔护孔钻进工艺，钻孔深度分别达到1881m和250m。在长期治理瓦斯灾害的实践中积累了丰富的经验，为制定《煤矿瓦斯抽采达标暂行规定》、《煤矿低浓度瓦斯管道输送安全保障系统设计规范》等一系列国家和行业规定、技术标准奠定了基础，促进了我国煤矿瓦斯抽采技术的规范与发展。

针对煤与瓦斯突出防治的难题，煤科总院开展了大量基础和实验研究，在集成创新的基础上，首次提出了包括采掘工作面突出危险性预测、防突技术措施、防突措施效果检验和安全防护措施等内容的“四位一体”综合防突措施技术体系，1988年在煤炭工业部的领导下，制定了第一部《防治煤与瓦斯突出细则》（1995年进行了修订）。同时研发了突出危险性预测及效果检验技术、区域和局部防突（保护层开采、预抽瓦斯、排放钻孔、水力冲孔、深孔松动爆破等）措施、安全防护（震动爆破、压风自救系统、反向风门、远距离爆破等）措施，使我国的防突技术整体进入了一个新阶段。2005年以来，提出了“煤与瓦斯突出的力学作用机理”理论，为突出预测预防和控制提供了新的理论依据；开发了井下远控钻机，单班最大进尺达到127m，单月最大进尺达到4507m，实现了突出危险区域远程或地面操作；研发了深孔瓦斯含量直接测定、煤与瓦斯突出预警等技术并大面积推广应用，

2009年制定了《防治煤与瓦斯突出规定》，提出了两个“四位一体”综合防突措施技术体系，将防治煤与瓦斯突出技术推向了新的发展阶段。

我国88%的煤矿有煤尘爆炸危险性，煤尘、瓦斯爆炸是煤矿重特大事故的根源。针对这一难题，煤科总院建设了亚太地区规模最大、世界上唯一具有斜巷的煤尘、瓦斯爆炸试验巷道，开展了煤尘、瓦斯爆炸传播规律、煤矿隔抑爆技术的研究。从1980年起研究并推广了被动式隔爆装置，“八五”“九五”期间研制成功了主动式抑爆装置，可以在100ms内形成有效的抑爆屏障；“十五”期间研制了瓦斯管道输送安全保障用自动喷粉抑爆装置，可在20ms内触发，形成的有效抑爆屏障，持续时间达5000ms以上。

我国近70%的矿井开采处于易自燃煤层，皮带、电缆等外因造成的火灾时有发生。50年代煤科总院提出了我国早期煤自燃倾向性分类方法，1997年制定了《煤自燃倾向性色谱吸氧鉴定法》行业标准，取代了原有自然发火倾向性鉴定方法。70年代初，煤科总院首先将气相色谱技术应用于煤矿气体分析，提出了以CO、C_2H_4、C_2H_2、链烷比、烯烷比等为指标的综合指标体系，突破了原有单一CO指标及其派生指标的缺陷。“七五”至“九五”期间，先后开发了采用色谱仪、红外分析仪或电化学等分析技术的矿井火灾束监测系统，为煤自然发火早期预测预报提供了技术手段。“十二五”期间，研制成功了井下红外光谱束管监测系统，弥补了色谱束管监测系统束管线路长、易漏气、操作复杂、分析周期长等不足；开发了基于光纤测温、MEMS技术的火灾监测系统，提升了胶带输送机、电缆等外因火灾监控技术水平。

1960年，煤科总院在鹤岗兴山、新一等矿开展了炉烟灭火工作，并在徐州、阿干镇等矿推广应用，后来又研制了DQ-150型、DQ-500型以及整机引用航空发动机、增设补燃再降氧的DQ-1000型（产气$1000m^3/min$）燃油惰气发生装置。80年代，开始注氮防灭技术研究，在用液氮、氮气分别扑灭天府矿务局和乌鲁木齐六道湾煤矿火区取得成功后，开发了变压吸附和膜分离两种原理的系列制氮机组，最大制氮能力$3000m^3/h$、氮气纯度98%以上，注氮技术由此成为矿井日常防火的重要手段。七八十年代，煤科总院开展了页岩制浆防灭火和粉煤灰充填材料注浆防灭火的研究，解决了煤矿防灭火与农业争地的矛盾；之后又开展了含炭含硫矸石作防灭火注浆材料的研究，既少占了农田，又减少了污染，为矸石的综合利用开辟了新的技术途径。90年代之后，煤科总院主要开展高水速凝凝胶、微胞囊、复合型膨胀惰泡、聚脲酸酯等新技术和新材料的研发。

在煤矿重特大事故中，水害事故起数仅次于瓦斯事故。面对含煤面积大、成煤期多、地层岩性结构构造复杂，以及囊括了世界上所有煤矿水害类型的现状，煤科总院研究形成了包括钻探、地球物理勘探、水文地球化学、水文地质试验等全方位立体综合水文地质条件探查技术体系；揭示了煤层底板奥陶系岩溶水、顶板离层水、突水溃砂等重大灾害发生的机理，使突水预测预报从定性走向定量；实现了从回采工作面、采区到整个井田防治水的超前预治理；构建了抢险救灾复矿的系统工程体系，成功完成了全国几乎所有的煤矿水害抢险救灾工程。

60～80年代，煤科总院首次提出“突水系数”理论，把“带压开采”技术推广到全国各大水害矿区。80 年代，提出了隐伏陷落柱探查与治理一整套抢险复矿技术方法，在原煤炭部领导下，起草并制定了《煤矿防治水工作条例》。90 年代，“华北型煤田奥灰岩溶水综合防治工业性试验”的成功实施，形成了华北型煤田奥灰岩溶水煤矿床水文地质条件综合探查、采煤工作面底板突水预测预报、带水压安全开采、陷落柱与裂隙岩溶地层注浆堵水等配套技术，并在全国推广应用。在此期间，开展突水机理实验研究，得到了含水层水压与底板隔水层岩体应力状态的重要关系，再现底板突水过程，为“岩水应力关系”理论提供了重要的实验依据，使底板突水预报从定性走向定量。

2000 年以后，随着煤炭资源开发重点的转移，中西部侏罗系煤田顶板水害防治、水体下采煤、老空水害防治成为防治水的重点与难点。2009 年，在国家安全生产监督管理总局领导下，制定了《煤矿防治水规定》，进一步规范了煤矿防治水工作。同年，提出了煤层顶板离层水害治理的技术路线与工程措施，为蒙陕宁地区煤炭安全高效生产提供了技术保证。2012 年，针对突水溃砂灾害时有发生的现状，开展突水溃砂灾害发生机理的研究，从物源、动力源、通道等方面结合现场实际综合分析，提出了临界水力梯度概念，得出求解临界水压的公式，据此进行突水溃砂灾害的预测与治理，大大减少了此类灾害发生。2013 年，在实施煤层顶板强含水层预疏放过程中，解决了预疏放可行性评价与安全标准两大难题，提出了安全残余水头的概念，既保证采煤的安全，又不影响生产接续。“十二五”期间，在奥灰岩溶水底板改造治理方面有了进一步突破与提升：一是从薄层灰岩改造治理发展到薄层灰岩和奥灰顶部同时改造治理；二是从单一采煤工作面底板改造治理发展到采区甚至全井田煤层底板改造治理；三是从井下开展底板改造治理发展到井下和地面联合开展底板改造治理。从根本上解决了煤层底板改造治理的瓶颈问题，使奥灰岩溶水综合治理更加有效。

冲击地压是煤矿开采中一种动力灾害，也是采矿工程和岩石力学与工程领域中面临的国际性难题。煤科总院是国内最早从事冲击地压研究的科研院所之一，80 年代在总结强度理论、能量理论和冲击倾向理论的基础上提出了“三准则”理论，发展了以“动态破坏时间”“冲击能量指数”和“弹性能量指数”为指标体系的煤的冲击倾向性测定方法，以及以弯曲能量指数为指标的顶板岩层冲击倾向性测定方法，制定了相关的行业标准。90 年代，提出了冲击地压发生的“三因素”机理，开发了一系列的微震或地音监测系统。

“十五”“十一五”期间，煤科总院将“单轴抗压强度”作为确定煤的冲击倾向性的另一个指标，进一步完善了煤岩冲击倾向鉴定方法。自主开发了应力在线监测系统和基于地震波 CT 探测的冲击地压危险性原位探测技术。2010 年以后，煤科总院开发了冲击地压综合地理信息系统、KJ768 煤矿微震监测系统、KJ820 光纤光栅采动应力测试系统。在应力控制理论的指导下，建立了冲击地压区域应力控制技术体系与局部应力控制技术体系。以诱发冲击启动载荷源为主线，提出了矿井设计阶段的区域静载荷“疏导”、开采过程中局部解危时期的“以卸为主，以支为辅，卸支耦合”的防冲思路，建立了煤矿冲击地压启动理论与成套应用技术体系。

顶板灾害具有分布范围广、类型多样、机理复杂、防治难度大等特点，无论是发生起数还是死亡人数均一直居我国煤矿各类灾害之首。20 世纪 60 年代，煤科总院开展了大量矿压现场实测和理论研究工作，出版了《缓倾斜煤层矿山压力现场观测研究方法》。80年代，煤科总院制定了我国第一个综采工作面顶板分类标准和第一个综采工作底板分类标准，为综采工作面液压支架选型设计及顶板管理提供了依据。同一时期，煤科总院成功研制了高压注水软化顶板、高工作阻力液压支架和大流量安全阀相配套的工艺与装备，较好解决了大同、枣庄、鹤岗等矿区坚硬顶板条件下综采问题；对炮孔参数优化、装药效率和爆破效果进行了攻关研究，开发形成了采场顶板深孔爆破弱化技术，为超大采高、超长工作面、超快推进速度等高强度、安全开采提供了手段。

60年代初，煤科总院引进了苏联的长壁工作面“三量”观测方法，研制了圆图压力自记仪、机械测力计等机械式矿压观测仪器仪表。80年代后，研制出了基于钢弦式传感器的CDW和KSE矿压系列监测仪器，实现了矿压观测数据的连续、稳定采集，观测精度显著提高。“十五”期间，开发了智能型顶板动态监测系统，实现了矿压数据秒级采样，液压支架动作全过程、顶板动载及围岩稳定性的实时监测，监测范围和精度显著提高。“十一五”期间，煤科总院在案例分析及致灾因素分析的基础上，建立了顶板灾害预警模型和指标体系，实现了顶板灾害的实时监测及预警。

粉尘是煤矿的六大灾害之一，其危害主要是导致作业人员患尘肺病和引发煤尘爆炸，直接威胁着煤矿的安全生产和矿工身心健康。50年代，煤科总院开发了水炮泥、短钻孔煤层注水防尘等工艺技术，60年代开发了采煤面中长钻孔、短钻孔煤层注水工艺。70 ～ 90年代，研发了长钻孔、深孔煤层注水以及原始应力带长周期的动静压注水、采空区灌水湿润下组煤层的煤层注水工艺及装备，并揭示了煤层注水润湿煤体的机理，提出了合理注水参数的选取原则，并对采煤机喷雾与含尘气流控制等技术进行了持续改进。“十一五”期间研发出了采煤机尘源跟踪喷雾降尘系统，“十二五”期间首次提出了“先抑、后控、再降（除）”的防治思路，通过喷雾抑尘、含尘气流控制、浮游粉尘高效净化等技术途径，实现了采煤机逆风割煤时垮落冲击产尘的有效防治，进一步完善了采煤机含尘气流控制技术及装备，解决了一次性采全高等高产尘强度粉尘的污染问题。

80年代以来，煤科总院研制了高压喷雾降尘、湿式过滤除尘、干式袋式除尘，以及控尘、通风除尘等多种掘进工作面防尘技术与装备，形成了机掘工作面粉尘控制成套技术。“九五”期间研制出抗静电阻燃滤料，解决了煤矿井下用除尘布袋的安全问题，除尘器体积得到进一步缩减和优化。1999年，与波兰KOMAG采矿机械化中心合作研制出涡流控尘装置与旋流除尘器，控尘效应比附壁风筒提高两倍左右，进一步扩大了长压短抽通风除尘技术应用范围。随后又研制出KCS系列矿用湿式除尘器，提高了对不同供风风量及断面的适应性。“十一五”期间研究形成了掘进工作面“三压带”分段封孔注水技术，掘进工作面总粉尘降尘效率提高至66.5%。

70～90年代，煤科总院相继开发了总粉尘浓度、呼吸性粉尘浓度、粉尘粒度分布等测定仪器。“九五”期间研制出呼吸性粉尘采样器，解决了煤矿没有长周期定点呼吸性粉尘采样器的难题；开发出了个体粉尘采样器，可以准确反映工人接尘的水平。“十五”期间首次研制出基于β射线的CCGZ1000粉尘直读仪，提高了粉尘检测效率；开发基于光散射原理的粉尘浓度传感器，实现了粉尘浓度连续、实时监测。“十二五”期间在国内首次开发出免维护的感应式粉尘浓度传感器，提高了可靠性和适应性。

监测监控是煤矿安全生产的重要保障，在煤矿瓦斯防治、井下作业人员管理、煤炭产量监管等方面发挥着重要作用。我国煤矿监测监控技术起步于60年代，其发展则是在80年代之后。1986年，煤科总院研制成功了KJl型煤矿环境与生产监测系统，在国内首次将微机处理机应用于煤矿井下，之后又相继推出了KJ系列多种监控系统；2000年前后，开发出了KJ95N、KJ90N、KJ83N(A)、KJF2000N等换代产品，其传输通道一般由冗余工业以太环网和现场总线组成，具有通信冗余功能、自愈时间短、可靠性高等优点。

1965年煤科总院就开始热催化元件的技术攻关，80年代研制的采用热催化元件的第一代便携式瓦斯报警仪在全国国有重点煤矿、地方煤矿得到大量推广使用。同期还开发了热催化、热导原理的甲烷传感器，以及电化学原理的一氧化碳传感器、氧气传感器。“十一五”期间开发出了采用“非色散红外检测”（NDIR）技术的红外甲烷传感器，“十二五”期间开发出了激光气体传感器，不断为煤矿安全监控系统监控功能的完善提供技术支撑，使煤矿井下气体检测技术始终处于国内领先地位。

矿井通风是煤矿生产的重要环节，是矿井“一通三防”的基础，在整个矿井建设和生产期始终占有非常重要的地位。1974年，煤科总院使用DSJ-103型计算机解算矿井通风网络，开创了我国计算机求解通风网络的先河，随后又开发了基于DOS、Windows等操作系统的通风网络解算程序。80年代提出了避免瓦斯分层的临界风速，后续又对急倾斜采面下行通风、通风系统优化和风机改造、对旋局部通风机进行了长期研究，研制出了低噪声对旋压入式局部通风机，替代了原有的YBT、JBT局部通风机，并在90年代将该技术应用到了主通风机，满足了安全高效矿井对高负压、大风量的需求。近年来，在矿井通风在线监测、通风网络实时解算和灾变风流控制技术等方面也取得了重要进展。

全国大中型煤矿平均开采深度接近600m，且以年均近10～20m的速度向深部延伸，高温热害日趋严重，严重威胁工人的身体健康。50年代，煤科总院开始对井下热源及风流通过井巷热力状态变化进行观测分析，70年代初提出了矿井热害预测方法的初步数学模型，形成了较为完整的预测方法和计算程序。1966年，在淮南九龙岗，我国第一个矿井局部制冷降温系统实施应用，1987年，在山东新汶我国第一个井下集中制冷降温系实施应用，1995年，在孙村矿我国第一个矿井地面集中制冷降温系统实施应用，2000年以后开展了冰浆制备、冰浆输送及冰浆空气冷却器等技术及配套装备试验研究。“十二五”期间，研制出了冷凝器水侧承压16MPa的井下集中制冷装置，解决了井下集中制冷降温井下排热难的问题；研制了采用U形管原理的高低压转换装置，有效解决了传统壳管式高低压转换器存在高压水与低压水温度跃迁过高的问题。

煤矿事故具有突发性、复杂性和严重性的特点，建立科学、有效的应急救援系统，发展先进的应急救援技术对加强煤矿重大事故的处理能力，减小事故危害具有重要意义。60年代开始，我国先后研制成功了化学氧自救器和过滤式自救器；90年代，煤科总院成功研制片状超氧化钾生氧剂，提高了生氧剂强度，解决了使用过程中产生粉尘、引起着火的问题，为国内隔绝式化学氧自救器、呼吸器的研制奠定了基础；研制成功的4.5mm白色片状氢氧化锂，二氧化碳吸收率可达65%～80%，并已批量出口到美国；引进了美、德等国技术，在国内生产BG4、Biopak-240R正压氧气呼吸器，开发了HYZ4、PB4和KF-1型等正压呼吸器。21世纪初，煤科总院重点开展灾区侦测、紧急避险、应急救援演练与安全培训虚拟仿真技术研究，研发的救灾通信系统、避难舱及避难设施、灾后救援设备、虚拟仿真系统已在煤矿、矿山救护队、安全培训机构等广泛应用。

本书是煤科总院所属重庆研究院、沈阳研究院、北京研究院、常州研究院、西安研究院、开采设计分院、太原研究院、淮北爆破研究所等单位广大科研工作者的智慧结晶。本书共分十篇，包括瓦斯灾害防治、矿井火灾防治、煤矿水害防治、冲击地压防治、顶板灾害防治、煤矿粉尘防治、安全监测监控、矿井通风、矿井降温、矿山应急救援，由文光才担任主编。第一篇瓦斯灾害防治由赵旭生、文光才统稿；第二篇矿井火灾防治技术由艾兴、王银辉统稿；第三篇煤矿水害防治技术由刘再斌、刘其声统稿；第四篇冲击地压防治技术由欧阳振华、齐庆新统稿；第五篇顶板灾害防治技术由尹希文、毛德兵统稿；第六篇粉尘防治技术由王树德、李德文统稿；第七篇安全监测监控技术由武福生、屈世甲、苟怡统稿；第八篇矿井通风技术由张浪、桑聪、向毅统稿；第九篇矿井降温技术由李红阳统稿；第十篇应急救援技术由薛世鹏统稿。

感谢煤科总院所属重庆研究院、沈阳研究院、北京研究院、常州研究院、西安研究院、开采设计分院、太原研究院、淮北爆破研究所为本书撰写做出的努力，感谢中国煤炭科工集团的支持和帮助，感谢申宝宏研究员、卢鉴章教授级高工、孙重旭研究员的悉心指导，感谢煤炭科学研究总院出版传媒集团的大力协助，对在编写过程提供资料、给予各种指导帮助的所有领导和同事，在此一并感谢。

由于编写时间仓促及编者的水平所限，书中错误及不足，恳请读者批评指正。

文光才

2017年11月17日

Contents 目录

第一篇　瓦斯灾害防治技术

第二篇　矿井火灾防治技术

第三篇　煤矿水害防治技术

第四篇 冲击地压防治技术

第五篇 顶板灾害防治技术

第六篇 煤矿粉尘防治技术

第八篇 矿井通风技术

第九篇 矿井降温技术

第十篇 矿山应急救援技术

第一篇　瓦斯灾害防治技术

煤矿瓦斯灾害是井工煤矿最普遍、最严重的灾害。我国井工煤矿数量占97%，开采条件十分复杂。由于特殊的地质环境与煤层赋存条件，长期以来，瓦斯灾害事故成为我国煤矿安全生产的最大威胁，是名副其实的“第一杀手”。我国煤矿因瓦斯事故造成的死亡人数，约占煤矿各种事故死亡总人数的30%；在煤矿重特大事故中，瓦斯事故占70%以上。新中国成立以来一次死亡百人以上的25次煤矿事故中，瓦斯事故有18次；2000年以来煤矿一次死亡30人以上的75次特大事故中，瓦斯事故有55次。无论从高瓦斯、突出矿井的数量还是瓦斯事故的频率和人员伤亡情况看，我国都是世界上煤矿瓦斯灾害最严重的国家。随着煤矿开采深度的增加和开采强度的扩大，煤层瓦斯压力、瓦斯含量、矿井瓦斯涌出量显著增加，瓦斯的危害也日趋严重。

党和政府对安全生产高度重视，对煤矿瓦斯灾害防治给予了特殊的支持。通过新中国成立以来几十年对防治煤矿瓦斯灾害技术的持续研究和深入实践，煤炭科学研究总院沈阳研究院（以下简称沈阳研究院）、煤炭科学研究总院重庆研究院（以下简称重庆研究院）作为国内建立最早的专业机构与规模最大的中坚力量，通过行业科技人员与职工共同努力，使我国煤矿瓦斯防治技术和装备得到迅速发展，为保障煤矿安全生产发挥了重要作用。随着煤矿通风技术与装备的进步，井下用风地点的有效风量保障能力大幅提升，瓦斯超限次数大幅减少；适用于不同开采条件和地质条件的系列瓦斯抽采技术与装备在全国主要高瓦斯突出矿区得到了广泛应用，矿井瓦斯抽采量大幅增加；重点矿区的地面井煤层气开发技术取得了长足的进展，瓦斯抽采已成为治理煤矿瓦斯灾害的治本措施；绝大多数矿井都安装了煤矿安全监控系统，实现了对井下瓦斯浓度、环境条件及设备运行状态等的实时有效监控；两个“四位一体”的综合防突技术体系及配套装备在大多数突出矿井得到推广应用，有效遏制了煤与瓦斯突出事故的发生；被动式隔抑爆技术及装备已在多数矿井得到应用，主动式隔抑爆技术也处于试点应用阶段。相比世界上主要产煤国家俄罗斯、波兰、澳大利亚、美国和德国等，我国煤矿目前在瓦斯治理技术、瓦斯抽采技术、安全监测监控技术、突出预测预警技术与防突技术、瓦斯爆炸隔抑爆技术、抽采瓦斯钻孔施工技术及装备等方面，无论是技术水平还是应用成效都已处于国际先进水平。

煤矿瓦斯最主要的致灾形式是瓦斯爆炸和煤与瓦斯突出，抽采瓦斯是预防煤矿瓦斯灾害的治本措施。防治瓦斯爆炸技术、防治煤与瓦斯突出技术和瓦斯抽采技术的发展，一直是我国煤矿预防瓦斯灾害技术研究的三条主线。

第一，煤矿瓦斯抽采技术。

我国煤矿的瓦斯抽采，从新中国成立初期作为一种配合矿井通风防止瓦斯积聚，降低风流中瓦斯浓度的辅助手段，逐步发展成为降低煤层瓦斯含量、减少矿井瓦斯涌出量、防治煤与瓦斯突出的重要手段，已成为当前煤矿瓦斯治理的核心。全国煤矿瓦斯抽采量由20世纪60年代每年超1亿m^3，到90年代末达到近8亿m^3，抽采矿井数和抽采量逐年稳步增加。进入21世纪以来，煤矿瓦斯抽采利用在保障安全生产、利用瓦斯资源和保护大气环境等多方面的综合效益凸显，我国煤矿的瓦斯抽采取得了快速的发展，瓦斯抽采量连年大幅上升，成为世界上抽采瓦斯矿井数量和抽采煤矿瓦斯总量最多的国家。2015年全国煤矿井下抽采瓦斯总量136亿m^3，利用量48亿m^3；进行瓦斯抽采的矿井达到2000余处。重庆研究院、沈阳研究院、煤炭科学研究总院西安研究院（以下简称西安研究院）等致力于煤矿瓦斯抽采技术和装备研发所取得的显著成果，为我国煤矿治理瓦斯起到了巨大的推动作用。

新中国成立初期，沈阳研究院首先在抚顺矿区高透气性特厚煤层中采用井下钻孔预抽煤层瓦斯获得了成功，解决了抚顺矿区向深部发展治理瓦斯的关键安全技术难题；20世纪50年代中期，采用穿层钻孔、顶板收集瓦斯巷（高抽巷）抽采上邻近层卸压瓦斯的技术在阳泉矿区首先获得成功，解决了煤层群开采中首采工作面瓦斯涌出量大的难题；从60年代起，相继在北票、天府、中梁山、焦作、淮南、松藻、南桐、红卫等矿区的低透气性煤层试验地面（井下）水力压裂、水力割缝、松动爆破、大直径（扩孔）钻孔、交叉布孔等多种强化抽采瓦斯技术，对提高低透气性煤层抽采效果、降低突出煤层瓦斯压力和消除突出危险性起到了积极作用；80年代以来，为适应综采、综放采煤技术的推广应用，试验研究了对开采煤层采前预抽瓦斯、对卸压邻近层随采随抽瓦斯及对采空区采后抽瓦斯等多种方法的综合抽采瓦斯技术。网格式穿层钻孔、多种形式的顺层钻孔、顶板走向高位长钻孔抽采瓦斯技术及采空区埋管抽采瓦斯技术，解决了高产、高效工作面瓦斯涌出源多、瓦斯涌出量大的难题；进入21世纪以来，特别是在“十一五”、“十二五”期间，在山西晋城、安徽淮南等矿区试验研究了地面钻井与井下钻孔联合抽采煤层瓦斯的技术。通过地面钻井对开采前煤层进行压裂、排采瓦斯以及对采动影响卸压区瓦斯和采空区瓦斯进行抽采。采动影响区地面钻井设计及防损技术取得重要进展，初步形成了地面钻井防破坏理论、井位设计、井身结构设计、防损措施及配套装置的成套技术；形成了地面井和井下钻孔同时抽采瓦斯的立体抽采技术。各种水力化（冲孔、割缝、压裂）措施的升级、深孔控制预裂爆破、二氧化碳相变致裂、高压空气爆破致裂等增透技术，"两堵一注"封孔技术，煤层钻孔预留筛管技术等新技术，为提高瓦斯抽采效果起到了重要的作用，解决了开采高瓦斯含量煤层预抽时间短、抽采率低的问题，同时也为机械化高效快速开采的矿井提供了安全保障。这一时期，我国煤矿井下钻孔技术和瓦斯抽采装备的研发同样取得了快速发展，中硬以上煤层定向钻孔技术及装备国产化、松软突出煤层钻孔技术及装备、地面远控井下钻机施工技术及装备等取得重大突破。中硬以上煤层定向长钻孔、松软煤层钻孔长度分别突破 1000m 和 200m 以上。采用大型水环式抽采瓦斯泵（300～500m^3/min）、新型管材（PE/PV）、抽采检（监）测设备及系统、V 锥流量传感器、管网自动调控技术与装备等，为瓦斯抽采的增长提供了重要保障。

根据我国煤层瓦斯赋存的条件、抽采技术的实践发展，重庆研究院、沈阳研究院等在不同时期先后参与制定了《煤矿瓦斯抽放规范》、《煤矿瓦斯抽采基本指标》、《煤矿瓦斯抽采达标暂行规定》、《低浓度瓦斯输送安全保障系统设计规范》等一系列国家和行业规范及标准，为我国煤矿瓦斯抽采技术的规范与发展，起到了重要推动作用。

第二，煤与瓦斯突出防治技术。

煤与瓦斯突出是我国煤矿的主要瓦斯灾害之一，我国也是世界上突出矿井最多、发生突出事故最频繁的国家。沈阳研究院、重庆研究院为防治煤与瓦斯突出进行了长期大量的探索、试验、研究，取得了一系列重要成果。

我国防治煤与瓦斯突出技术的发展主要经历了三个阶段：①新中国成立初期到 20 世纪 80 年代，我国防治煤与瓦斯突出技术主要是在学习国外经验的基础上，试验和应用一些单项或局部的防突措施，如开采保护层、预抽煤层瓦斯、大直径超前钻孔、震动性放炮等。防突技术的研究和实践尚处于初级摸索阶段，煤矿突出事故频繁发生，突出次数与强度迅速上升，每年突出几百次，最高达近千次。② 80 年代后期至 21 世纪初，重庆研究院和沈阳研究院在全面总结防突技术发展、特别是突出预测技术和安全防护技术发展的基础上，协助煤炭工业部于 1988 年制定了第一部《防治煤与瓦斯突出细则》（于 1995 年进行了修订），首次提出了包括采掘工作面突出危险性预测、防突技术措施、防突措施效果检验和安全防护措施等内容的"四位一体"综合防突措施体系。沈阳研究院、重庆研究院在这一时期研发的突出危险性预测综合指标（D，K）、钻屑瓦斯解吸指标（K_1，Δh_2）、钻孔瓦斯涌出初速度等预测技术，水力冲孔、深孔松动爆破等防突技术，压风自救系统、反向风门等安全防护技术，使我国的整体防突技术进入到一个新阶段，对煤矿减少和抑制突出事故产生了显著效果。③ 2005 年以来，为适应我国煤矿采掘机械化高产高效生产技术的快速发展，在突出的“综合作用假说”基础上，重庆研究院提出了“煤与瓦斯突出的力学作用机理”理论，为突出预测预防和控制提供了新的理论依据；研发了瓦斯含量直接测定技术、电磁波地质异常超前探测技术、顺煤层长钻孔预抽煤层瓦斯技术、软煤水力压裂增透技术等，为突出区域防控提供了技术手段。在此基础上，依托《防治煤与瓦斯突出细则》，2009年我国制定并颁布了《防治煤与瓦斯突出规定》，提出了区域突出危险性预测、区域防突措施、区域措施效果检验、区域验证的“四位一体”区域综合防突措施，与局部“四位一体”综合防突措施一起，构成了两个“四位一体”综合防突措施体系，并明确了“区域防突措施先行，局部防突措施补充”的原则。此外，还研究推广了声发射监测装置、电磁辐射仪等采掘工作面突出危险性监测技术，尤其是突出预警技术与装备的研发与推广，为自动监测采掘生产前、中、后全过程突出危险综合影响因素的变化并做出隐患预警提供了手段，使突出防治朝信息化、自动化、智能化方向迈出了一大步。

第三，瓦斯爆炸防治技术。

煤矿瓦斯爆炸的防治技术可分为预防技术和控制技术。预防技术主要从瓦斯爆炸三要素入手（即控制瓦斯浓度、点火源及氧气浓度），具体的措施为防止瓦斯积聚和引火源发生，从根源上消除爆炸隐患。控制技术主要是控制爆炸火焰，通过被动式隔爆及主动式抑隔爆技术措施，阻止爆炸继续传播，将瓦斯爆炸限制在一定的范围。

新中国成立初期就重点进行的矿井机械化通风技术改造，近年来大幅提升的矿井瓦斯抽采工作，在很大程度上消除了井下瓦斯积聚的条件；自20世纪90年代起在煤矿普遍推广使用的煤矿安全监测系统，实现了煤矿瓦斯浓度的动态监测；2000年以来矿井电气防隔爆技术与装备的发展完善、“双抗”材料的推广应用、矿用设备检测检验制度的强化等，使我国煤矿防治瓦斯爆炸技术取得了重大的进步。

我国从1980年起研究并推广应用被动式隔抑爆装置，已在煤矿普遍使用。重庆研究院在“八五”期间研制的ZYB-S型实时产气式主动隔抑爆装置，“九五”期间研制的ZHY12型实时产气式自动抑爆装置，可以在100ms内形成有效喷粉抑爆屏障，并经过多年发展，形成了用于初始抑爆的ZYB系列矿用自动喷粉抑爆装置，应用于机载和巷道隔抑爆，可在35ms内启动。“十五”期间研制的输送瓦斯管道安全保障系统采用自动喷粉抑爆装置，可在20ms内触发，形成的有效抑爆屏障持续时间可达5000ms以上。十一五”期间研制的可持续抑爆的主动式巷道用自动水幕抑爆系统以及高可靠性的输送瓦斯管道自动抑爆装置，其中输送瓦斯管道自动抑爆装置已获得广泛应用。目前已形成了管道、机载及巷道用多种类型的主动隔抑爆装置成熟产品。

在本篇瓦斯灾害防治技术中，重点介绍了煤炭科学研究总院近年来在煤层瓦斯参数测定与瓦斯地质动态管理技术、瓦斯灾害预测预警技术、瓦斯抽采技术、煤与瓦斯突出防治技术、瓦斯（煤尘）爆炸隔抑爆技术以及瓦斯抽采钻孔钻进装备和工艺等方面的研究成果。

第1章 煤层瓦斯参数测定与瓦斯地质动态管理技术

煤层瓦斯参数是矿井治理瓦斯的基础依据，重庆研究院、沈阳研究院在瓦斯参数测定，尤其是瓦斯含量、瓦斯压力及瓦斯放散初速度测定方面，经过长期的研究实践，建立了可靠的测定方法及完善的装备。2000年以来，井下瓦斯含量直接测定方法与反循环快速定点取样装备的研制成功，缩短了测定时间，提高了瓦斯含量测定准确性，为区域突出危险性预测、防突措施效果检验及抽采达标评判提供了技术手段；在瓦斯压力直接测定方面，提出了主动和被动测压方法，注浆封孔已成为瓦斯压力测定的成熟技术，并且探索了基于钻孔瓦斯压力恢复原理的瓦斯压力自动快速测定技术及装备；瓦斯放散初速度反映了煤吸附瓦斯的能力与快速放散瓦斯的特性，在突出危险性预测中有着重要的作用。重庆研究院与沈阳研究院在测定方法成熟的基础上，实现了测定装备自动化，并已在全国各大煤炭企业及科研院所得到了普遍应用。

在提出四维瓦斯地质分析方法的基础上，利用地理信息系统开发的瓦斯地质动态管理及分析系统，使瓦斯地质管理和分析由原来的人工静态管理发展为动态自动管理，实现矿井和工作面瓦斯地质图的自动绘制、更新和瓦斯地质预警，以最新的瓦斯地质资料及时指导瓦斯防治工作。

1.1 煤层瓦斯含量井下直接测定技术

煤层瓦斯含量是煤矿瓦斯防治的基础参数之一，准确测定煤层瓦斯含量是矿井瓦斯治理经常进行的一项重要工作。过去的一些测定技术存在工艺复杂、周期长、适用条件苛刻等缺点，重庆研究院在国家“十五”“十一五”“十二五”科技支撑课题的支持下，成功研发了煤层瓦斯含量井下直接测定技术及装备，并以此为基础制定了GB/T 23250—2009《煤层瓦斯含量井下直接测定方法》。

1.1.1 测定技术及工艺流程

1. 技术原理

煤层瓦斯含量直接测定技术的原理是瓦斯解吸法。煤样从煤层中脱落开始，煤样中的瓦斯会以一定的规律解吸释放出来，通过分别测定和计算采样、装罐、粉碎等过程的瓦斯解吸量和残存于煤样中的不可解吸瓦斯量，即可得到煤样的瓦斯含量。

采用常压自然解吸法测定时，瓦斯含量由瓦斯损失量（从煤样脱落开始到煤样被装入煤样罐之前的瓦斯解吸量）、井下瓦斯解吸量、煤样粉碎前的瓦斯解吸量、粉碎过程及粉碎后的瓦斯解吸量、不可解吸瓦斯量五部分构成。瓦斯损失量通过井下实测的瓦斯解吸速度按照瓦斯解吸规律推算得出，井下瓦斯解吸量、煤样粉碎前瓦斯解吸量和粉碎瓦斯解吸量通过实际测定得出，不可解吸瓦斯量通过计算常压状态下瓦斯吸附量得到。采用脱气法测定时，粉碎瓦斯解吸量和不可解吸瓦斯量可直接通过测定粉碎脱气量得到。

采用常压自然解吸法测定时，瓦斯含量按式（1.1）进行计算，用脱气法测定时按式（1.2）进行计算：

$$Q=Q_1+Q_2+Q_3+Q_4+Q_b \tag{1.1}$$

$$Q=Q_1+Q_2+Q_i+Q_t \tag{1.2}$$

式中，Q_1 为煤样在井下解吸瓦斯量，cm^3/g；Q_2 为煤样的瓦斯损失量，cm^3/g；Q_3 为煤样粉碎前解吸瓦斯量，cm^3/g；Q_4 为煤样粉碎解吸瓦斯量，cm^3/g；Q_b 为不可解吸瓦斯量，cm^3/g；Q_i 为煤样粉碎前脱气瓦斯量，cm^3/g；Q_t 为煤样粉碎脱气瓦斯量，cm^3/g。

2. 技术内容

决定上述直接测定法测定结果误差大小的主要因素是瓦斯损失量推算模型和取样时间，模型越接近实际瓦斯解吸规律、取样时间越短则测定的整体误差越小。所以，井下准确直接测定煤层瓦斯含量的关键技术是根据不同粒度煤样的瓦斯损失量推算模型和深孔定点快速取样技术。在解决此两项关键技术的基础上，煤层瓦斯含量直接测定技术实现了钻孔定点取样深度达 120m、取样速度大于 500g/min、取样时间在 2min 以内、测定时间小于 8h、测量误差小于 10% 的技术指标。

1）瓦斯损失量推算模型

根据瓦斯解吸规律，瓦斯损失量推算模型通常采用式（1.3）计算，模型曲线如图 1.1 所示，推算模型中的 i 以前均按 0.5 取值。大量试验研究表明，不同粒度煤样的瓦斯解吸规律基本相同，但 i 值有所不同。根据采取煤样的粒度不同，用不同的 i 值进行推算可以提高瓦斯损失量的推算准确性。

$$Q=at^i \tag{1.3}$$

式中，a、i 为回归系数；t 为时间，min。

依据深孔取到的煤样粒径分布特点，将煤样分为棒状、半棒状、大块状、块状（块状、粒状）、粉状五种类型，并根据大量实验结果确定了不同类型煤样的 i 值，构建了新的损失量分类推算模型（图 1.2），显著减小了损失量推算误差。

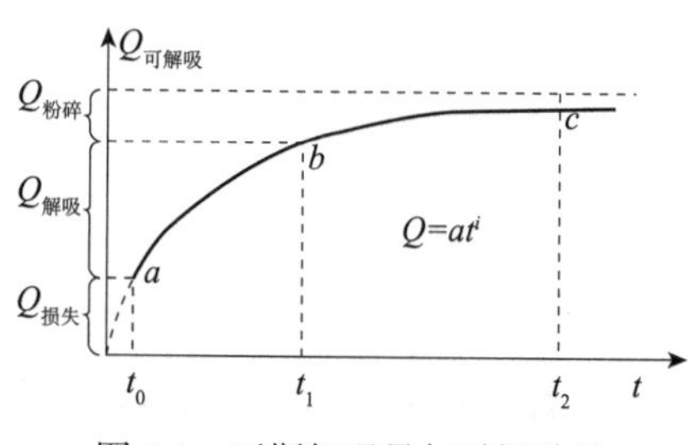

图 1.1　瓦斯解吸量与时间关系

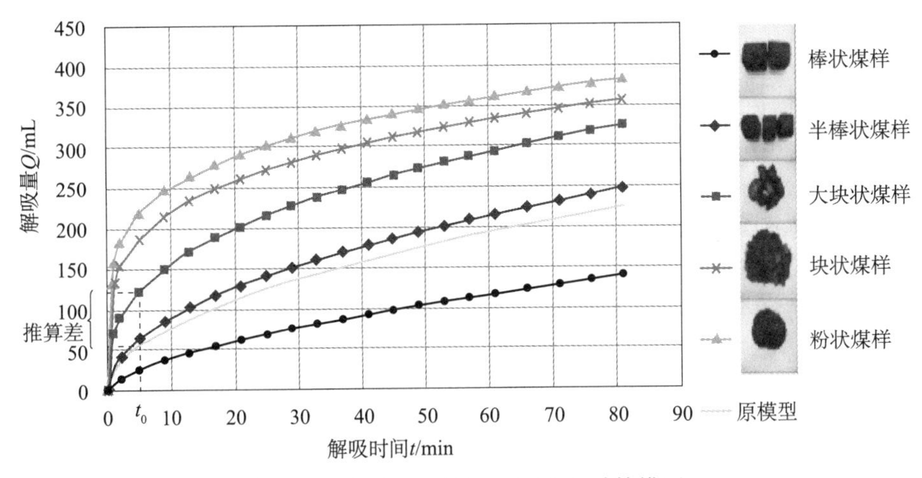

图 1.2 不同粒径煤样瓦斯损失量计算模型

2）深孔定点取样技术

孔口取样法所取煤样无法确定煤样来自何处、且煤样在取到时已脱落了多长时间难以确定，使得瓦斯损失量推算的误差大；钻孔取心法在取到煤样后要逐根退出钻杆，待取心管退到孔口才能取到煤样，因此取心时间长，瓦斯损失量推算误差大，且软煤取不到样；负压引射定点取心法能实现软煤定点快速取样，但取样深度难以满足要求。针对这些问题，重庆研究院研发的正负压联合栓流定点取样工艺和 SDQ 型深孔定点取样装置，实现了深孔、定点、快速随钻取样。

取样钻孔采用双壁钻杆钻进，以压风为输送动力进行排碴；钻进到预定取样点时，采用压风喷射和多级引射技术，通过专用取样钻头将孔底钻落的钻碴（煤样）引入内管，并以压风快速将煤样送至孔口采集，实现压风反循环随钻随取（图 1.3、图 1.4）。试验表明，本煤层钻孔定点取样深度达 120m 以上，取样速度大于 500g/min，取样时间在 2min 以内。

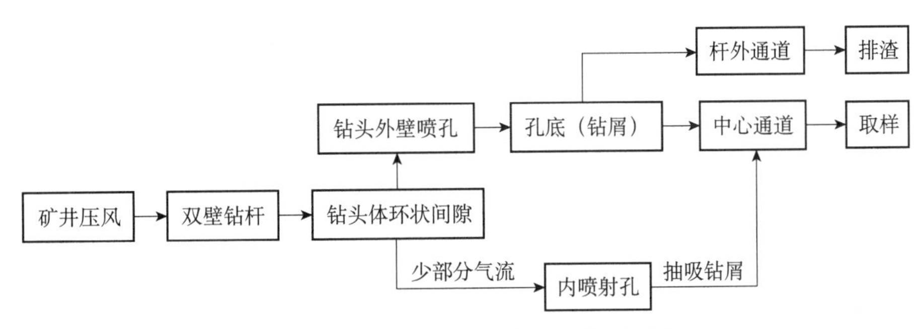

图 1.3 正负压联合栓流定点取样原理图

3. 工艺流程

直接法测定煤层瓦斯含量包括煤层取样、井下测定和实验室测定三个环节，测定工艺流程按 GB/T 23250—2009 的要求进行。

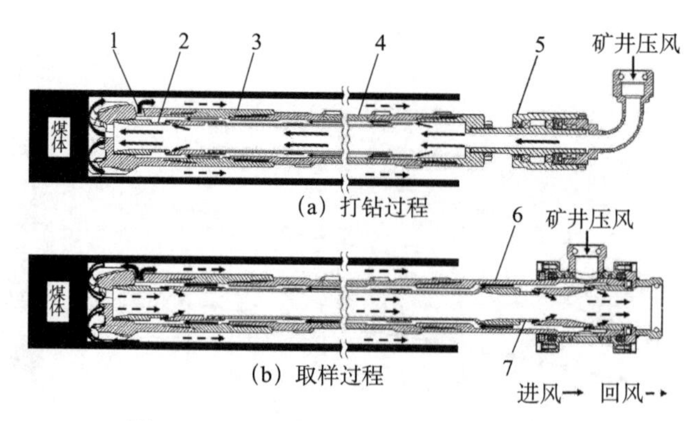

图 1.4 SDQ 型深孔定点取样过程示意图

1. 钻头外喷孔；2. 钻头内嵌环形喷射器；3. 取样钻头；4. 双壁钻杆；5. 打钻尾辫；6. 双通道取样尾辫；7. 多级环形喷射器

1）取样

根据不同地点条件和预定采样深度，选择不同定点取样装置，定点采集预定深度处的煤样，要求煤样从暴露到装入煤样罐内密封所用的实际时间不超过 5min。

2）井下自然解吸瓦斯量测定

测定采用排水集气法，将井下瓦斯解吸速度测定仪与煤样罐进行连接，如图 1.5 所示，每间隔一定时间记录量管读数及测定时间，连续观测 30～120min 或解吸量小于 2cm^3/min 为止。

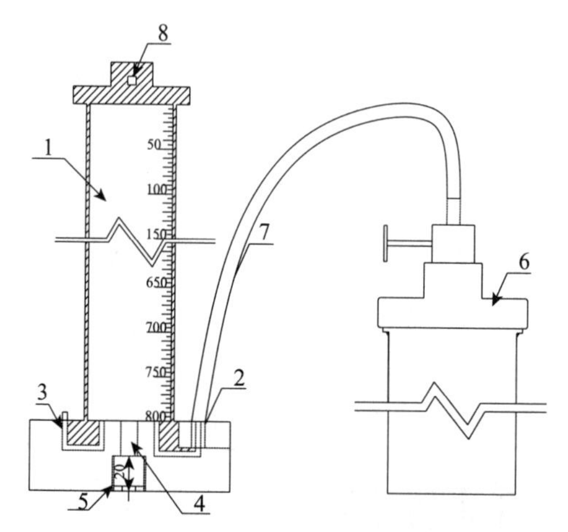

图 1.5 井下解吸速度测定仪连接图

1. 管体；2. 进气嘴；3. 出液嘴；4. 灌水通道；5. 底塞；6. 煤样筒；7. 连接胶管；8. 吊耳

3）地面瓦斯解吸量测定

重庆研究院研制的 DGC 型瓦斯含量直接测定装备采用常压自然解吸法，在地面先测定煤样罐中煤样粉碎前自然解吸瓦斯量，然后取 100～300g 煤样放入密闭粉粹机中粉碎至约 95% 以上煤样粒度小于 0.25mm，在常压状态下，测定粉碎中煤样所解吸的瓦斯量。

沈阳研究院研制的 FH-5 型瓦斯含量直接测定装备将煤样粉碎前进行脱气计量，然后粉碎煤样至 80% 煤样粒度小于 0.2mm，加热脱气计量，并测定煤样质量、水分（M_{ad}）和灰分（A_{ad}）。采用气相色谱仪测定解吸气体、损失气体（由解吸气体推算的）和脱出气体中甲烷、乙烷、丙烷、丁烷、重烃、氮、二氧化碳、一氧化碳和氢的浓度（体积分数）。混有空气的瓦斯中各种成分的浓度应换算成无空气成分的浓度。

4）瓦斯含量计算

以井下测定的煤样瓦斯解吸速度为基础，根据损失量推算模型计算瓦斯损失量；记录井下煤样瓦斯解吸量和粉碎前煤样瓦斯解吸量；采用常压自然解吸法时，记录粉碎瓦斯解吸量，用朗格缪尔公式计算 1 个标准大气压下的煤样瓦斯吸附量作为不可解吸瓦斯量，将井下和实验室瓦斯含量测定过程中记录的数据输入“DGC 型瓦斯含量直接测定装置计算软件”进行自动计算处理，即可得到最终的煤样瓦斯含量。采用脱气法测定时，将推算的损失量、井下解吸量、粉碎前脱气量、粉碎后脱气量换算成标准状态下的量，四者之和即为最终的煤层瓦斯含量。

4. 适用条件

煤层瓦斯含量井下直接测定技术适用于对煤层原始瓦斯含量和残余瓦斯含量的测定，可用于穿层钻孔、顺层钻孔不同深度处煤层瓦斯含量的测定。

1.1.2　测定装备

煤层瓦斯含量直接测定装备包括：深孔定点采样装置、DGC 型瓦斯含量直接测定装置或 FH-5 型瓦斯含量测定仪以及其他配套装置。主要装备如下：

1. 深孔定点采样装置

SDQ 型深孔定点取样装置由取样钻头、双壁钻杆、取样尾辫、胶管和压风控制阀门等组成，如图 1.6 所示。可用于正常钻孔钻进，到预定深度处压风反循环排碴取样，实现随钻随取。

2. 瓦斯含量直接测定装置

该装置主要有重庆研究院研发的 DGC 型瓦斯含量直接测定装置和沈阳研究院研发的 FH-5 型瓦斯含量测定仪两种，均可进行瓦斯含量的直接测定。

DGC 型瓦斯含量直接测定装置：主要由井下解吸装置、地面解吸装置、称重装置、煤样粉碎装置、水分测定装置、数据处理系统等几部分构成（图 1.7），具有操作简单、维护量小、使用安全等特点，可在 8h 以内完成井下煤层瓦斯含量的测定。近年来，在原装备的基础上研发了自动化 DGC 型瓦斯含量直接测定装置（图 1.8），采用工业控制技术，实现了井下瓦斯解吸速度的自动测定、瓦斯解吸量的自动测定和瓦斯含量的自动计算、存储、输出和上传，避免了人为误差，大大提高了瓦斯含量测定结果的准确性。

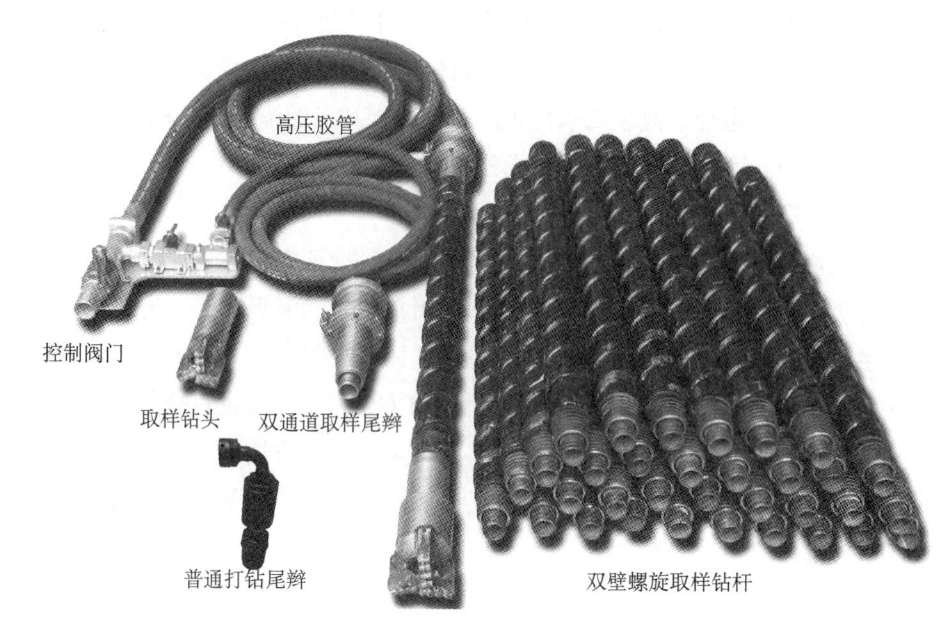

图 1.6　SDQ 型深孔定点取样装置

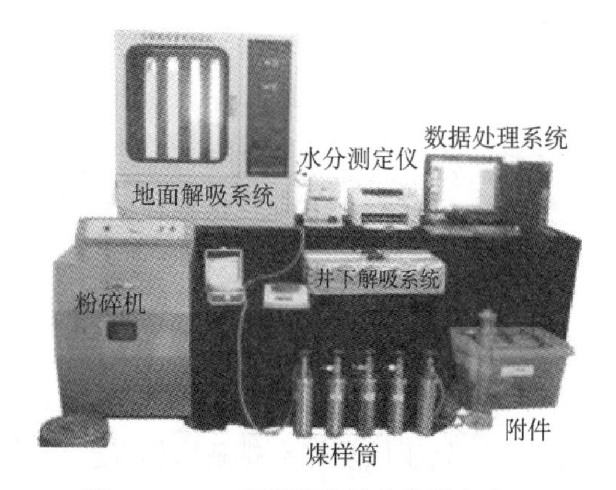

图 1.7　DGC 型瓦斯含量直接测定装置

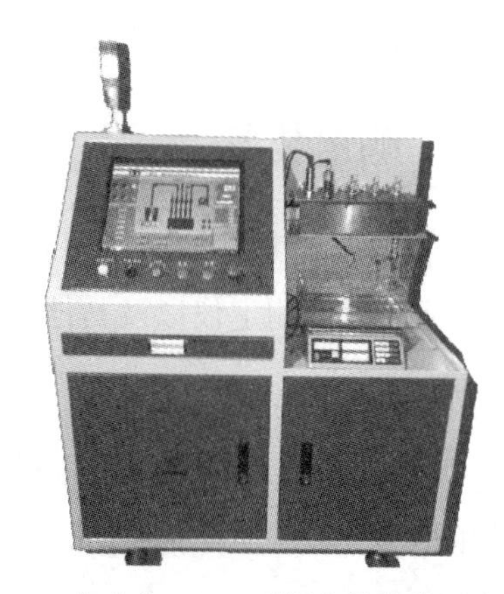

图 1.8　自动化 DGC 瓦斯含量直接测定装置

FH-5 型瓦斯含量测定仪：由脱气仪（在最大真空度下静置 30min，真空计水银液面上升不超过 5mm）、超级恒温水浴（控温范围 0～95℃，温控 1℃）、真空泵（抽气速率 4L/min，极限真空 7×10^{-2}Pa）、球磨机（粉碎粒度<0.25mm）等组成（图 1.9）。

1.1.3　应用情况

井下煤层瓦斯含量直接测定技术及装备在山西、贵州、河南、安徽、陕西、内蒙古、重庆、云南等主要产煤地区和企业得到推广应用，成功用于煤层区域突出危险性预测及效果检验、煤矿瓦斯抽采达标评价、矿井瓦斯涌出量预测等日常安全工作。表 1.1 所示为 DGC 型装置煤层瓦斯含量测定结果与间接法测定结果的对比，其相对误差在 10% 以下；

表 1.2 所示为本技术与同类技术的指标比较，表 1.3 所示为 SDQ 型深孔定点取样装置取样效果。可以看出，井下直接测定技术在测量精度、测定深度及测定时间上都具有明显优势。

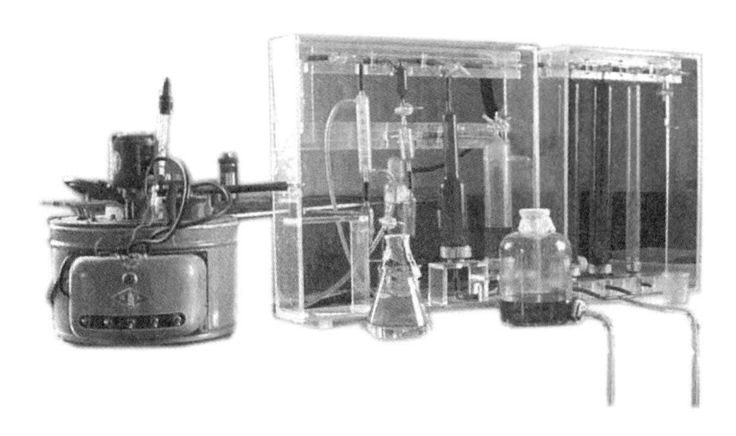

图 1.9　FH-5 型瓦斯含量测定仪

表 1.1　井下直接测定技术与间接法煤层瓦斯含量测定结果的对比

矿井名称	煤层编号	测压气室埋深 /m	间接法煤层瓦斯含量 /（m^3/t）	取样点埋深 /m	直接法煤层瓦斯含量 /（m^3/t）
水城中岭	1 号	302	17.92	320	19.08
大转湾矿	M8	124	8.47	140	8.82
海坝煤矿	M51	119	7.64	99	7.12
宏福煤矿	M26	167	7.01	201	7.36
兴达煤矿	M33	162	8.97	144	9.53
补者煤矿	C18	145	8.21	164	7.96
岩脚煤矿	M23	191	13	194	12.42
小龙井	31 号	115	14.18	126	13.79
武煤矿	M12	53	5.57	48	5.62
中心煤矿	9 号	100	9.42	—	9.00
新华煤矿	9 号	202	12.61	—	12.58
打通一矿	M7	450	19.1	—	17.9
松藻煤矿	K1	610	22.69	—	21.65

表 1.2　井下直接测定技术与同类技术指标比较

比较项目	井下直接测定技术	澳大利亚解吸法直接测定	国内原解吸法直接测定	国内间接法
测定误差	＜7%	＜20%	20%～50%	＜15%
测定时间	＜8h	＜8h	＜24h	10～30d
取样方式	压风定点随钻取样	压风定点随钻取样	孔口接粉	煤壁刻槽取样
取样深度	软煤＞120m	软煤＜67m	—	—
取样时间	＜2min	软煤＜4min	—	—

注：表中“—”表示不可比。

表 1.3　SDQ 型深孔定点取样效果

应用矿井	最大取样深度 /m	取样速度 / (g/min)	取样时间 /min
顾桥煤矿	120	≥500	≤2
潘二煤矿	103	≥500	≤2
潘一东煤矿	126	≥500	≤2
平煤十矿	100	≥500	≤2
大湾煤矿	123	≥500	≤2

1.2　煤层瓦斯压力快速测定技术

煤层瓦斯压力是煤矿瓦斯防治的基础参数，是煤与瓦斯突出危险性预测等工作的重要依据，准确测定煤层瓦斯压力对于矿井瓦斯防治有重要意义。瓦斯压力测定主要分为直接法与间接法。其中，瓦斯压力直接测定法测定时间较长（主动式测压一般需 7d 以上，而被动式测压需 20～30d），沈阳研究院基于煤层气压力恢复曲线理论研制了 CPD25M 型煤层瓦斯参数快速测定装备，可在短时间内（为普通测定时间的 1/3～1/2）测算出煤层瓦斯压力。

1.2.1　技术原理

借鉴油气井开发过程中压力恢复曲线理论，结合理想气体状态方程、质量守恒定律和达西定律，得到穿煤钻孔流量稳定后封闭钻孔一段时间孔内钻孔瓦斯压力恢复值的基本微分渗流方程式，再结合具体的边界条件，得到压力恢复曲线基本公式（1.4）：

$$P_t=P_0+\frac{2.19q_G B_G\mu}{4\pi kh}\lg\frac{t}{T+t}=P_0+i\lg\frac{t}{T+t} \tag{1.4}$$

式中，P_t 为钻孔关闭时间 t 后钻孔孔口的压力，MPa；P_0 为煤层原始瓦斯压力，MPa；$T=Q_{总}/q_G$，$Q_{总}$ 为关闭前瓦斯总流量，m^3；q_G 为钻孔关闭前瓦斯稳定流量，m^3/d；k 为煤层有效渗透率；h 为煤层厚度，m；μ 为瓦斯动力黏度；B_G 为钻孔关闭前地层平均压力下瓦斯体积系数。

由式（1.4）可以看出，关闭钻孔阀门后的压力为 $\frac{t}{T+t}$ 的函数；若在半对数坐标纸上，以普通坐标表示 P_t 或 P_0-P_t，以对数坐标表 $\frac{t}{T+t}$ 来绘制 P_t 和 $\frac{t}{T+t}$ 的曲线，则将得到一条直线，直线的斜率等于 $\frac{2.19q_G B_G\mu}{kh}$，这一斜率值通常用 i 来表示，即 $i=\frac{2.19q_G B_G\mu}{kh}$，实际上 i 值为曲线上一个对数周期间的压力差值。$\frac{t}{T+t}$ 为小于 1 的值，以 1 为极限，因此 $\lg\frac{t}{T+t}$ 为负数，而以 0 为最大极限，P_t 的数值随着 Δt 增加而增加，最后以 P_0 为最大极限。因此，把曲线向上延伸到 $\frac{t}{T+t}$ 等于 1 时，P_t 达到它的最大极限值 P_0，即可求得瓦斯压力值。

1.2.2　测定装备

CPD25M 型煤层瓦斯参数快速测定装备主要由压力传感器、流量传感器、温度传感器、显示器和 CPU 等组成。利用采集的煤层钻孔导气管中的瓦斯压力、流量和温度等参数值，通过 A/D 转换将数据送入 CPU 中，以实时曲线的形式显示在触摸屏上，并通过装置的内部软件可在短时间内（为普通测定时间的 1/3～1/2）计算出煤层瓦斯原始压力，该装置还具有通信功能（可接入矿井监控系统），硬件模块化，显示精度高，计算结果准确等特点。

1.2.3　测定流程

将瓦斯压力快速测定装置和封固在煤层中的测量管通过高压软管连接，测定操作方法示意图如图 1.10。具体操作步骤：①关闭阀门一，打开阀门二、阀门三，测定钻孔关闭前瓦斯自然流量，直至钻孔瓦斯流量稳定后（一般需要 2～3d），通过测定装置上流量保存按钮保存稳定后的钻孔瓦斯流量值。②关闭阀门一、阀门二，打开阀门三，通过压力传感器和温度传感器测量钻孔瓦斯压力和温度，直至显示屏上的压力恢复曲线出现完整的斜率段后完成瓦斯压力斜率段的测定过程，随后向装置输入已知的煤层参数，即可计算出煤层瓦斯压力值。③缓慢打开阀门一，关闭阀门二、阀门三，将装置管路中的瓦斯气体释放掉，等装置管路中的瓦斯释放完毕后，卸下装置，即可完成测量工作。

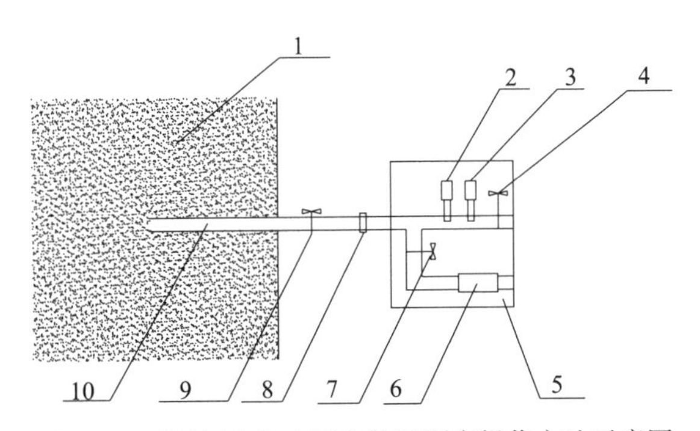

图 1.10　瓦斯压力快速测定装置测定操作方法示意图

1. 煤层；2. 压力传感器；3. 温度传感器；4. 阀门一；5. 装置外框；6. 流量传感器；7. 阀门二；8. 接头；9. 阀门三；10. 测量管

1.2.4　应用情况

瓦斯压力快速测定技术及装备已在淮南矿业集团潘一东矿、邯郸矿业集团陶二煤矿、神华集团包头矿业有限公司阿刀亥矿等进行了现场试验。现场测定结果表明：采用该装备测得的煤层瓦斯压力与常规法测定的煤层瓦斯压力结果基本一致，且大幅缩短了测定时间，如表 1.4 所示。

表 1.4　两种不同方法测得瓦斯压力值比较

矿井、煤层	瓦斯压力快速测定装置测定结果		常规法测定结果	
	瓦斯压力 /MPa	测定时间 /d	瓦斯压力 /MPa	测定时间 /d
淮南潘一东矿	1.21	3.7	1.20	7.3
陶二矿 2 号煤层	1.67	5	1.63	25
沁城矿 2 号煤层	1.65	9	1.63	20
临漳矿 2 号煤层	1.22	3	1.20	17
阳泉煤业（集团）有限公司五矿 15 号煤层	0.23	9	0.22	23
阿刀亥煤矿 Cu2 煤层	0.32	9	0.32	20

1.3 煤样瓦斯放散初速度测定技术

瓦斯放散初速度（ΔP）是 20 世纪 50 年代由苏联专家爱琴格尔提出并引入我国预测煤与瓦斯突出倾向性的指标。它表征了煤的微观结构，反映了煤的放散瓦斯能力，是煤层突出危险性鉴定的重要指标。在研究测定方法的基础上，制定了行业标准《煤的瓦斯放散初速度 ΔP 测定方法》（AQ1080）。由重庆研究院和沈阳研究院分别研发的 WFC-2 型瓦斯放散初速度测定仪和 WT-1 型瓦斯放散初速度测试仪，在原玻璃管和汞柱计测定仪器的基础上，进行了改进升级，实现了测定过程的自动化。

1.3.1 测定原理、方法及流程

1. 技术原理

煤的瓦斯放散初速度（ΔP）是指煤样从吸附平衡压力状态下突然解除压力后，在最初一段时间内放出瓦斯量的大小。其测值是规定粒度的 3.5g 煤样在 0.1MPa 压力下的吸附瓦斯向固定真空空间释放时，释放第 60 秒与第 10 秒时刻测定空间内气体压力的差值。

2. 测定方法

测定方法主要有变容变压式和等容变压式两种测定方法。变容变压式测定方法如图 1.11 所示，固定空间 4 加汞柱计的系统体积和压力在测定过程中不断变化。其中真空汞柱计量程范围 0～360mmHg（1mmHg=1.33322×10^2Pa），刻度 1mm，内径 3mm。

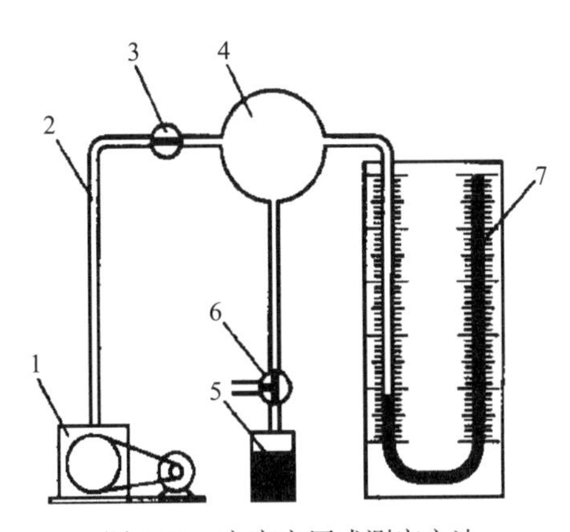

图 1.11 变容变压式测定方法

1. 真空泵；2. 玻璃管；3. 二通阀；4. 固定空间；5. 试样瓶；6. 三通阀；7. 真空汞柱计

等容变压式测定方法如图 1.12 所示，固定空间 3 及测定系统体积恒定，通过压力传感器测定压力。

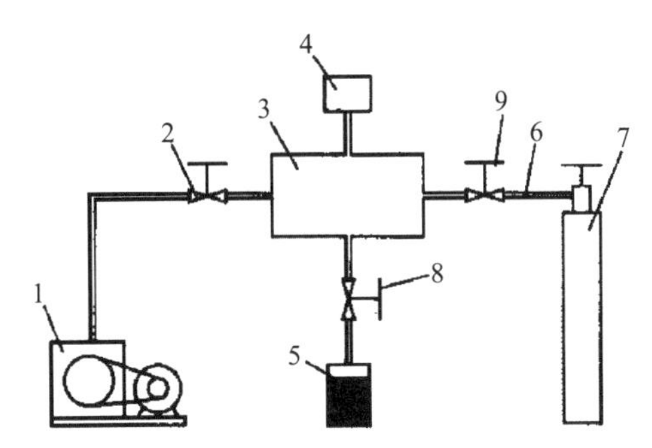

图 1.12 等容变压式测定方法

1. 真空泵；2、8、9. 阀门；3. 固定空间；4. 压力传感器；5. 试样瓶；6. 管路；7. 甲烷气源

3. 测定流程

瓦斯放散初速度测定包括采样、制样、仪器检测、脱气、充气、测定、数据处理几个环节，测定工艺流程按 AQ1080《煤的瓦斯放散初速度指标（ΔP）测定方法》的要求进行。

1）采样

在新暴露煤壁、地面钻井、井下钻孔采取煤样。煤样应附有标签，注明采样地点、层位、采样时间等。若煤层有多个分层，应逐层分别采样。每个煤样重约 250g。

2）制样

按照 GB474、GB477 的规定制作。筛分出粒度为 0.2～0.25mm 的煤样。每个煤样取两个试样，每个试样重 3.5g。

3）脱气与充气

（1）把同一煤样的两个试样用漏斗分别装入 ΔP 测定仪的 2 个试样瓶中。

（2）启动真空泵对试样脱气 1.5h。

（3）脱气 1.5h 后关闭真空泵，将甲烷瓶与试样瓶连接，充气（充气压力 0.1MPa）使煤样吸附瓦斯 1.5h。

（4）关闭试样瓶和甲烷瓶阀门，使试样瓶和甲烷瓶、大气之间隔离。

4）变容变压式仪器测定

（1）如图 1.13 所示，开动真空泵，打开阀门 3 对固定空间（含仪器管道）进行脱气，使 U 形管汞真空计两端液面持平。

（2）停止真空泵，关闭阀门 3，旋转阀 6，使煤样瓶与固定空间相连接并使二者均与大气隔离，同时启动秒表计时，10s 时断开试样瓶与固定空间，读出汞柱计两端汞柱差 P_1(mm)，45s 时再连通试样瓶与固定空间，60s 时断开试样瓶与固定空间，再一次读出汞柱计两端汞柱差 P_2(mm)。

（3）瓦斯放散初速度 $\Delta P=P_2-P_1$，同一煤样的两个试样测出的 ΔP 值之差不应大于 1，否则需要重新测定。

5）等容变压式仪器测定

（1）如图 1.14 所示，关闭阀门 8、9，打开阀门 2，开动真空泵对固定空间（含仪器管道）进行脱气。

（2）停止真空泵，关闭阀门 2，打开阀门 8，使试样瓶与固定空间相连接并同时启动放散初速度测定仪的计时器与压力传感器，10s 时关闭阀门 8，记录固定空间压力 H_1（mmHg），45s 时再打开阀门 8，60s 时关闭阀门 8，再一次读出固定空间压力 H_2（mmHg）。

（3）按测定的 H_1、H_2，由式（1.5）换算成以 mmHg 为单位的 ΔP 值：

$$\Delta P=\frac{\sqrt{V_0^2+2\pi r^2 VH_2\times10^{-3}}-\sqrt{V_0^2+2\pi r^2 VH_1\times10^{-3}}}{\pi r^2\times10^{-3}} \tag{1.5}$$

式中，V_0 为规定的变容变压装置放散空间体积（汞柱计液面压差为 0 时），mL；r 为规定的变容变压装置的汞柱计内截面半径，mm；V 为等容变压装置的放散空间体积，mL；H_1、H_2 分别为等容变压装置第 10s、第 60s 时的固定空间压力，mmHg。

1.3.2 测定装备

测定装备主要有 WFC-2 型瓦斯放散初速度测定仪（图 1.13）和 WT-1 型瓦斯放散初速度测试仪（图 1.14）。仪器主要包括充气系统、仪器主机、采集系统和数据处理软件等。

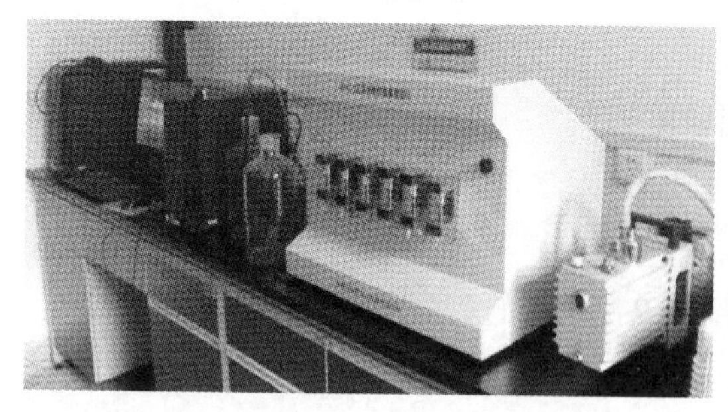

图 1.13 WFC-2 瓦斯放散初速度测定仪

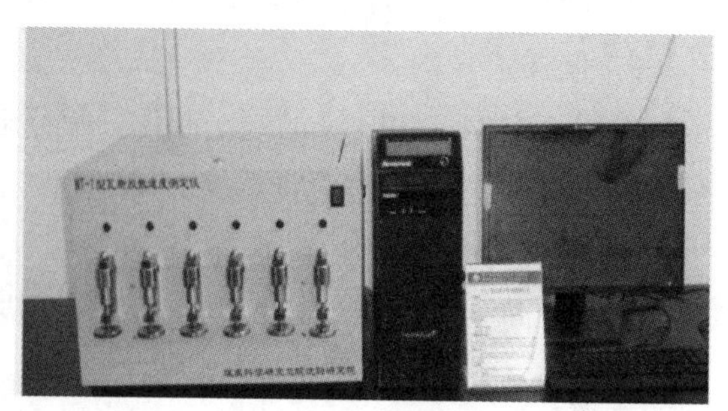

图 1.14 WT-1 瓦斯放散初速度测定仪

1.3.3 应用情况

瓦斯放散初速度测定技术及装备改进升级后，在山西、陕西、河北、河南、山东、辽宁、吉林、黑龙江、贵州、安徽、内蒙古、重庆、新疆、云南等主要产煤地区的煤矿企业和相关科研院所均得到推广应用，成功用于煤层区域突出危险性预测等日常防治煤与瓦斯突出工作。

1.4 瓦斯地质动态管理及分析系统

瓦斯地质规律是煤矿瓦斯灾害防治的基础，瓦斯地质图是矿井瓦斯地质规律的集中体现，是治理瓦斯、指导安全生产、预防事故的重要基础图件。煤层瓦斯赋存的影响因素众多、复杂，且受采掘工程、治理措施等影响不断变化，因此，瓦斯地质图只有考虑多种影响因素且实现动态更新才能更好地指导安全生产，而传统以手工为主的分析处理手段效率低、可靠性较差，无法适应当前煤矿安全生产的需求。重庆研究院于 2008 年首次提出瓦斯地质四维分析方法，自主研发了煤矿瓦斯地质动态管理及分析系统，为瓦斯地质规律研究提供了先进的技术手段，在全国各大煤矿得到了推广应用。

1.4.1 技术原理及流程

瓦斯地质动态管理是指在瓦斯地质理论和瓦斯防治理论指导下，利用计算机信息技术和瓦斯地质四维分析方法，建立瓦斯地质信息数据库，通过开发的煤矿瓦斯地质动态管理及分析系统，对矿井各种与瓦斯相关的静、动态基础资料和瓦斯地质信息进行收集、共享和综合分析，确定矿井的煤层瓦斯赋存规律，实现煤层多级瓦斯地质图的自动更新绘制、瓦斯地质参数预测及等值线绘制、突出危险性区域划分、工作面瓦斯地质异常预警、瓦斯资源量计算等，实现矿井瓦斯地质信息精细化和规范化管理，提高瓦斯预测的准确性和时效性，提高对矿井瓦斯地质信息的利用率（图 1.15）。

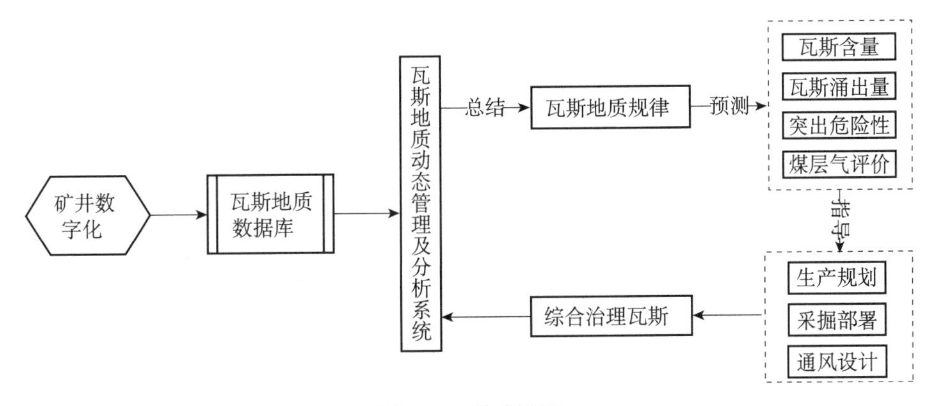

图 1.15 技术流程

1.4.2 分析系统

系统运行需要的操作系统及其主要软件平台为 Microsoft Windows XP Professional With Service Pack 2、Windows 2000 With Service Pack 4、Microsoft SQL Express。

系统主要功能有：

1. 多级瓦斯地质图的自动更新和输出打印

随着采掘进度、地质信息和瓦斯信息的时空变化，系统可对矿井瓦斯地质规律进行四维分析，并依据行业标准完成矿井瓦斯地质图、采区瓦斯地质图、工作面瓦斯地质图、瓦斯含量（压力）分布图等一系列瓦斯地质成果图的自动生成和输出打印。

2. 矿井瓦斯地质信息“点、线、面”全方位预测及快捷查询

对井田范围内任意区域瓦斯参数及煤层参数进行“点、线、面”全方位预测及查询。

“点”预测：瓦斯压力点、瓦斯含量点、瓦斯涌出量点、煤厚点、埋深点、底板标高点等。

“线”预测：瓦斯压力等值线、瓦斯含量等值线、瓦斯涌出量等值线、煤厚等值线、埋深等值线、底板标高等值线等一系列等值线的自动更新。

“面”预测：任意块段煤炭地质储量、瓦斯（煤层气）资源储量等智能计算。

3. 区域防突措施效果智能判识及评价

系统依据《防治煤与瓦斯突出规定》（2009 版）自动进行突出危险性区域预测，在采取区域防突措施（保护层开采或预抽瓦斯）后，预测实施区域防突措施后煤层瓦斯参数，实现被保护范围智能判识和瓦斯抽采效果评价（图 1.16，图 1.17）。

4. 采掘条件下的应力分布规律分析

系统集成了多种典型采掘条件下的应力分布规律分析模型，结合瓦斯地质空间数据可对煤巷掘进工作面前方和回采工作面周边的应力分布情况进行智能分析和计算，自动生成应力分布云图和等值线。

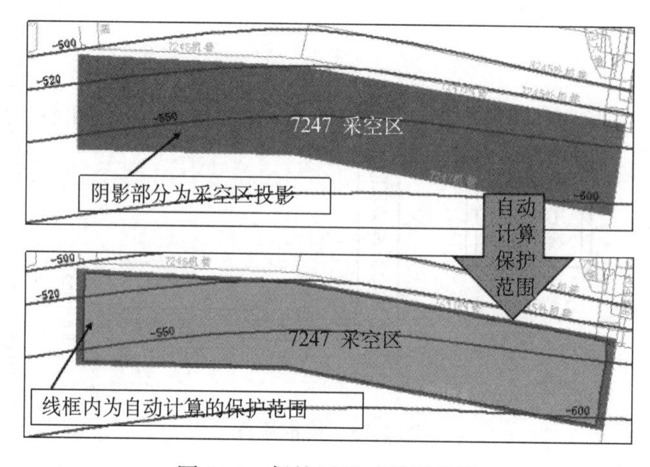

图 1.16　保护层开采效果分析

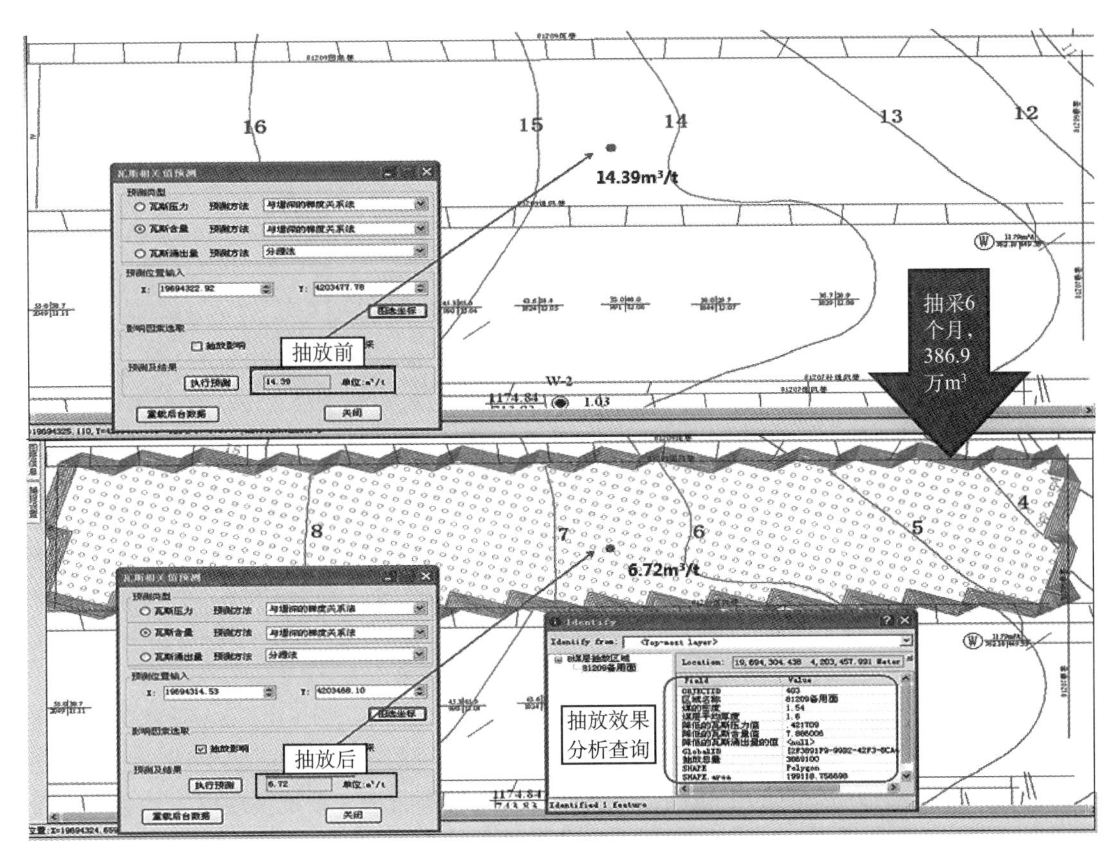

图 1.17　瓦斯抽采效果评价

5. 工作面瓦斯地质跟踪分析及预警

系统可对工作面周围煤层赋存、瓦斯赋存和地质构造情况进行跟踪分析，并对工作面周围潜在瓦斯地质异常进行预警，同时以图表形式发布预警信息（图 1.18）。

瓦斯地质预警结果表

预警时间：2013年12月4日星期三

编号	所属煤层	巷道名称	瓦斯参数		煤层参数				地质参数			区划参数
			压力/MPa	含量/(m³/t)	地面高程/m	底板标高/m	煤层埋深/m	煤厚/m	距构造距离/m	距陷落柱距离/m	煤层倾角/(°)	距瓦斯异常区距离/m
1	15	15101运巷	0.54	8.02	1400.75	988.9	412.11	5.75	0(DF18)	156.24(DX9)	8.08	336.46(W=9.769异常区)
2	15	15101高抽巷	0.38	6.47	1321.26	993.23	324.66	5.7	111.05(F2)	172.38(DX4)	3.34	7.94(W=9.769异常区)
3	15	一采区专用回风下山	0.35	6.15	1295.31	985.67	309.2	5.31	64.03(DF15)	276.7(DX2)	3.95	317.45(W=9.769异常区)
4	15	一采区回风下山	0.38	6.47	1300.25	974.44	325.44	5.33	94.2(DF17)	292.92(DX4)	3.95	371.97(W=9.769异常区)
5	15	一采区胶带运输下山	0.33	6	1294.93	994.6	300.16	5.26	46.37(DF15)	204.22(DX2)	5.48	448.11(W=9.769异常区)
6	15	一采区辅助运输下山	0.32	5.85	1294.16	1002.19	291.81	5.26	85.86(DF15)	201.07(DX2)	5.09	529(W=9.769异常区)
7	15	等候硐室	0.31	5.71	1323.49	1038.3	286.32	6.06	1.35(S3背斜)	267.06(DX2)	5.08	554.36(W=9.769异常区)
8	15	清理斜巷	0.31	5.73	1322.36	1037.56	285.3	6.03	0(S3背斜)	244.51(DX2)	5.55	541.68(W=9.769异常区)
9	15	外水仓	0.32	5.89	1320.88	1027.75	292.97	5.92	29.96(S3背斜)	162.35(DX2)	6.84	437.01(W=9.769异常区)
10	15	1024轨道巷与胶带巷联络巷	0.35	6.14	1319.83	1011.92	308.67	5.85	103.27(F1)	156.78(DX2)	5.09	287.82(W=9.769异常区)
11	15	爆破材料库进风巷	0.35	6.13	1321.5	1015.49	307.7	5.88	119.03(F1)	163.06(DX2)	5.89	326.61(W=9.769异常区)
12	15	爆破材料库	0.35	6.18	1328.52	1019.45	309.41	5.93	124.77(S3背斜)	198.5(DX2)	6.3	366.32(W=9.769异常区)

说明：
1、预警超前距离=30m
2、瓦斯压力危险值=0.74MPa
3、瓦斯含量危险值=8m³/t
4、距构造距离指的是距离断层、褶皱影响区的距离（附图中浅绿斜纹区域为断层、褶皱影响区）
5、岩巷位置预测结果为：岩巷投影到本煤层位置的预测结果
6、瓦斯异常区：实测瓦斯含量点（值W>9m³/t）半径100m 的区域（附图中深红斜纹区域为瓦斯异常区）

领导批示：

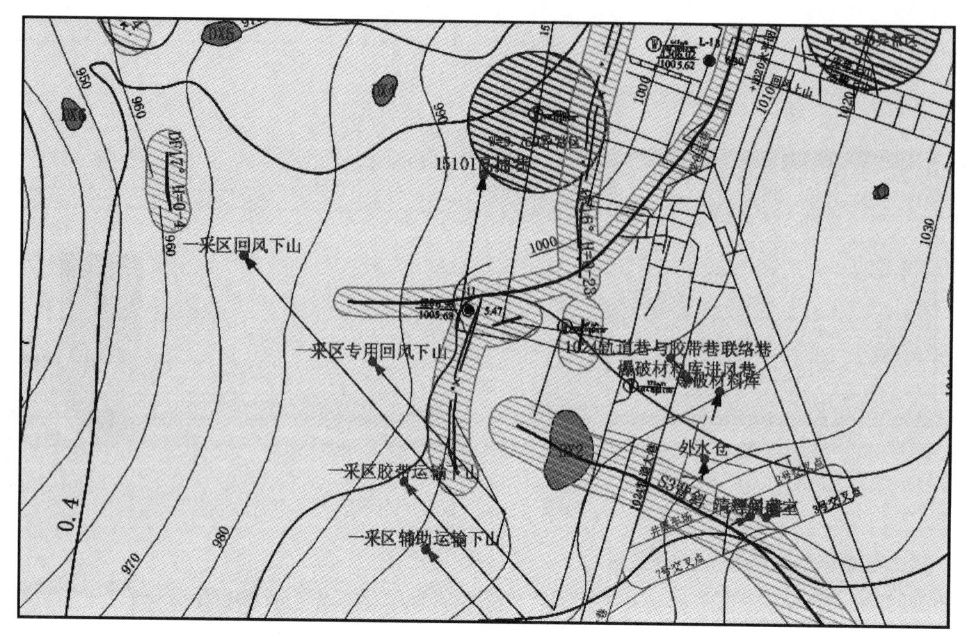

图 1.18　瓦斯地质预警结果表及示意图

6. 矿井瓦斯地质信息规范化和精细化管理

针对矿井瓦斯地质信息的区域性、动态性、多维性等特征，系统实现以上信息分类管理，通过网络实现瓦斯地质信息的多部门共享，达到瓦斯地质信息的规范化和精细化管理，提高瓦斯地质信息利用率。

1.4.3　技术内容

以信息化手段实现瓦斯地质的四维分析、瓦斯地质图的自动绘制和动态更新。

1. 以多源信息融合技术为信息处理方法

通过井下实测瓦斯数据合理筛选、地勘瓦斯数据修正、实验室 K_1-P 关系模型、瓦斯涌出反算瓦斯含量等多源信息融合技术，建立“多维多元”瓦斯含量（压力）预测模型，使得瓦斯含量（压力）预测结果更具有科学性和客观实用性。

2. 跨图形平台数据共享

系统基于 WCF 分布式框架结构，可实现目前国内煤矿企业常用 GIS 和 CAD 绘图软件系统数据的自动同步、无损转换和共享，不改变技术人员的作图习惯，避免相同数据的重复上图，从而提高工作效率。

3. 物探设备探测结果集成技术

系统针对坑透仪和地质雷达，制定了标准数据接口协议，提供了物探设备接口程序，支持物探成果向瓦斯地质空间数据库自动上传并作为预警分析的依据。

1.4.4 应用情况

瓦斯地质动态管理及分析系统已在水矿集团、松藻煤电、神华宁煤、平煤集团等矿区推广应用，服务于200余对矿井。

（本章主要执笔人：重庆研究院隆清明，覃木广；沈阳研究院张占存）

第2章 瓦斯灾害预测预警技术

预测预警是煤矿瓦斯灾害防治的关键技术之一。通过预测矿井瓦斯涌出量可以掌握煤矿瓦斯灾害危险的程度，为矿井通风、瓦斯抽采设计提供科学的依据；煤与瓦斯突出危险性预测更是“四位一体”综合防突体系的首要环节，是找准目标、区别对待、提高防突措施应用效果和经济效益的前提与基础。

沈阳研究院提出的分源预测法预测矿井瓦斯涌出量技术，以煤层瓦斯含量为基础，结合煤层赋存地质条件与开采技术条件，分别对煤矿井下回采、掘进、采空区等各个瓦斯涌出源的瓦斯涌出量进行计算，汇总得出矿井瓦斯涌出量的方法，预测结果准确度较高，已在国内煤矿得到广泛推广应用；重庆研究院、沈阳研究院通过长期研究，提出了煤与瓦斯突出区域危险性的瓦斯含量（压力）预测技术、瓦斯地质分析技术及综合指标评判预测技术、工作面突出危险性的钻屑瓦斯解吸指标预测技术、钻孔瓦斯涌出初速度预测技术、钻屑量预测技术等以及配套的仪器装备，已在国内突出矿井普遍推广应用，其技术内容与实施工艺已纳入我国的相关规定、规程和标准，成为突出矿井危险性预测及防突措施效果检验的重要手段。此外，工作面突出危险性的声发射连续预测技术、基于瓦斯涌出动态指标的突出预测预警技术近年来也都取得了一些突破性的成果，填补和多元化了突出预测预报的技术与方法。

煤与瓦斯突出综合预警技术是在事故理论、突出防治理论（突出发生机理和突出预测理论）的指导下，利用现有的矿井安全监控系统、矿井计算机网络系统、矿井安全管理机构及人员体系，通过开发的煤与瓦斯突出预警软件系统，在对矿井各种与瓦斯突出有关基础资料、静态和动态安全信息进行收集、共享和综合智能分析的基础上，实现对井下各采掘工作面煤与瓦斯突出危险状态和发展趋势的在线监测、智能分析、综合评价、超前预警功能，并通过矿井计算机网络、手机短信等提前发出相应的提醒、警示和报警信息，达到加强矿井防突管理、消除突出隐患的目的。煤与瓦斯突出综合管理及预警技术是重庆研究院在多项国家级项目资助下，研发的集瓦斯灾害防治工艺、瓦斯灾害相关信息监测技术及装备、预警分析软件及联动控制平台、瓦斯防治管理方法于一体的煤矿瓦斯治理成套技术，是煤矿瓦斯治理技术的一个重要发展方向。

2.1 矿井瓦斯涌出量预测技术

矿井瓦斯涌出量预测是新建煤矿或生产矿井新水平、新建采区通风设计、瓦斯抽采工程设计、瓦斯防治工作不可缺少的重要环节，在很大程度上影响着煤矿生产过程中的安全可靠性。准确预测矿井或采掘工作面的瓦斯涌出量，提前采取必要的防治措施，才能保证矿井安全生产。沈阳研究院在20世纪50年代就开展矿井瓦斯涌出量预测研究，经过多年不断发展完善，在90年代提出了分源预测法预测矿井瓦斯涌出量的技术，并以此为基础制定了安全生产行业标准AQ 1018—2006《矿井瓦斯涌出量预测方法》，在全国煤矿得到普遍推广应用。

2.1.1 技术原理

井下涌出瓦斯的地点即为瓦斯涌出源，瓦斯涌出源的多少、各涌出源涌出瓦斯量的大小直接决定着矿井瓦斯涌出量的大小。分源预测法就是按照矿井的实际生产情况划分瓦斯涌出来源，以煤层瓦斯含量为基础，并结合各个涌出源的开采技术与地质条件、瓦斯涌出规律等计算其瓦斯涌出量，进而预测回采面和掘进工作面、采区和矿井的瓦斯涌出量。矿井瓦斯涌出的源、汇关系见图2.1。

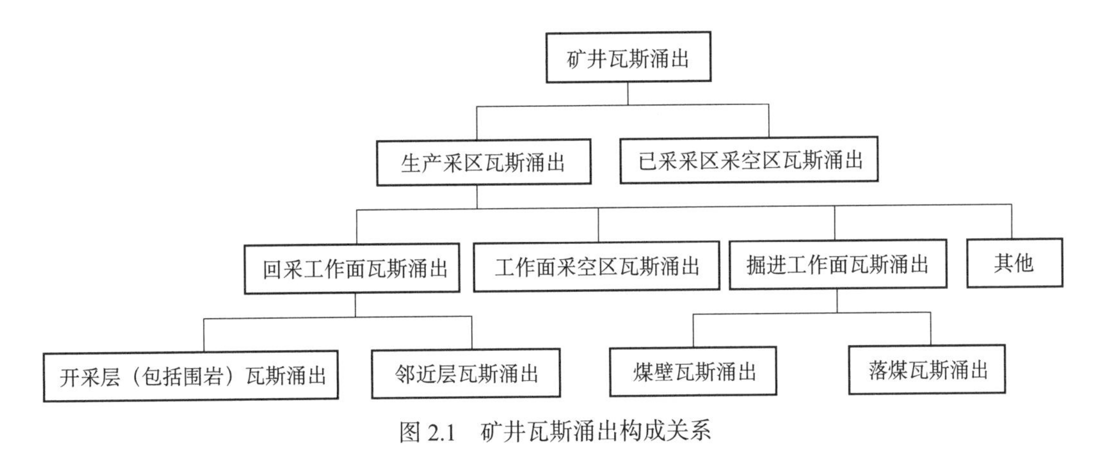

图2.1 矿井瓦斯涌出构成关系

2.1.2 预测计算步骤

1. 回采工作面瓦斯涌出量计算

$$q_{采}=q_1+q_2 \tag{2.1}$$

式中，$q_{采}$为回采工作面瓦斯涌出量，m^3/t；q_1为开采层瓦斯涌出量，m^3/t；q_2为邻近层瓦斯涌出量，m^3/t。

1）开采层瓦斯涌出量

薄及中厚煤层不分层开采时，开采层瓦斯涌出量见式（2.2）：

$$q_1=K_1 \cdot K_2 \cdot K_3 \cdot \frac{m}{M} \cdot (W_0-W_c) \tag{2.2}$$

式中，K_1 为围岩瓦斯涌出系数；K_2 为工作面丢煤瓦斯涌出系数；K_3 为采区内准备巷道预排瓦斯对开采层瓦斯涌出影响系数；m 为开采层厚度，m；M 为开采层采高，m；W_0 为煤层原始瓦斯含量，m^3/t；W_c 为运出矿井后煤的残存瓦斯含量，m^3/t。

厚煤层分层开采时开采层瓦斯涌出量：

$$q_1=K_1 \cdot K_2 \cdot K_3 \cdot K_f \cdot (W_0-W_c) \tag{2.3}$$

式中，K_f 为取决于煤层分层数量和顺序的分层瓦斯涌出系数。

2）邻近层瓦斯涌出量：

$$q_2=\sum_{i=1}^{n}(W_{0i}-W_{ci}) \cdot \frac{m_i}{M} \cdot \eta_i \tag{2.4}$$

式中，m_i 为第 i 个邻近层煤层厚度，m；η_i 为第 i 个邻近层瓦斯排放率，%；W_{i0} 为第 i 个邻近层煤层原始瓦斯含量，m^3/t，无实测值取开采层的值；W_{ci} 为第 i 个邻近层煤层残存瓦斯含量，m^3/t，无实测值取开采层的值。

2. 高产高效工作面瓦斯涌出量

$$q_{回相}=K_v(q_1+q_2) \tag{2.5}$$

式中，K_v 为推进度（产量）修正系数。

3. 掘进工作面瓦斯涌出量计算

$$q_{掘}=q_3+q_4 \tag{2.6}$$

式中，$q_{掘}$为掘进工作面瓦斯涌出量，m^3/min；q_3 为掘进巷道煤壁瓦斯涌出量，m^3/min；q_4 为掘进落煤瓦斯涌出量，m^3/min。

1）普通掘进工作面的瓦斯涌出量

（1）掘进巷道煤壁瓦斯涌出量：

$$q_3=D \cdot v \cdot q_0 \cdot \left(2\sqrt{\frac{L}{v}}-1\right) \tag{2.7}$$

式中，D 为巷道断面内暴露煤面的周边长度，对于薄及中厚煤层，$D=2m_0$，m_0 为开采层厚度，m；对于厚煤层，$D=2h+b$，h 及 b 分别为巷道的高度及宽度；v 为巷道平均掘进速度，m/min；L 为巷道长度，m；q_0 为煤壁瓦斯涌出初速度，$m^3/(m^2 \cdot min)$。

（2）掘进落煤的瓦斯涌出量：

$$q_4=S \cdot v \cdot \gamma \cdot (W_0-W_c) \tag{2.8}$$

式中，S 为掘进巷道断面面积，m^2；v 为巷道平均掘进速度，m/min；γ 为煤的密度，t/m^3。

2）综合机械化掘进工作面瓦斯涌出量

工作面巷道煤壁瓦斯涌出量：

$$q_3=\frac{u\cdot v_1\cdot V_0}{1440}\left[\frac{\left(\frac{L_1}{v_1}\right)^{1-\beta}-1}{1-\beta}+1\right] \quad (2.9)$$

式中，u 为巷道的煤壁周边长度，m；v_1 为巷道日平均掘进速度，m/min；L_1 为巷道长度，m；β 为煤壁瓦斯解吸强度衰减系数。

工作面掘进落煤的瓦斯涌出量：

$$q_4=\frac{\gamma\cdot S\cdot v_1\cdot V_0'}{1-\alpha}\left[\left(1+\frac{L_2}{v_2}\right)^{1-\alpha}-1\right] \quad (2.10)$$

式中，v_2 为运输机的运煤速度（一般取刮板运输机的速度），m/min；L_2 为运输机的运煤长度，m；V'_0 为采落煤的极限瓦斯解吸强度，$m^3/(m^2\cdot min)$；α 为落煤瓦斯解吸强度衰减系数。

4. 生产采区瓦斯涌出量计算

$$q_{区}=\frac{K'(\sum_{i=1}^{n}q_{采i}A_i+1440\sum_{i=1}^{n}q_{掘i})}{\sum A_{oi}} \quad (2.11)$$

式中，$q_{区}$为生产采区相对瓦斯涌出量，m^3/t；K' 为生产采区内采空区瓦斯涌出系数；$q_{采i}$ 为第 i 个回采工作面瓦斯涌出量，m^3/t；A_i 为第 i 个回采工作面的日产量，t/d；$q_{掘i}$ 为第 i 个掘进工作面瓦斯涌出量，m^3/min；$\sum A_{oi}$ 为生产采区回采煤量和掘进煤量的总和，t/d。

5. 矿井瓦斯涌出量计算

$$q_{井}=\frac{K''(\sum_{i=1}^{n}q_{区i}A_{oi})}{\sum_{i=1}^{n}A_{oi}} \quad (2.12)$$

式中，$q_{井}$为矿井相对瓦斯涌出量，m^3/t；$q_{区i}$ 为第 i 个生产采区相对瓦斯涌出量，m^3/t；A_{oi} 为第 i 个生产采区平均日产量，t/d；K'' 为已采采空区瓦斯涌出系数。

2.1.3　各种系数的选取

1. 围岩瓦斯涌出系数 K_1

对于单一煤层开采条件，围岩瓦斯涌出系数可用统计方法，以工作面基本顶初次来压前后的平均绝对瓦斯涌出量的比值来估算。例如：焦作矿区单一煤层条件，K_1=1.19～1.27，平均为 1.21。当没有实测统计值时，可参照下面选取：K_1 值选取范围为 1.1～1.3，全部陷落法管理顶板时，对于碳质组分较多的围岩，取 1.3；对于砂质泥岩等致密性围岩，取值可偏小；局部充填法管理顶板时取 1.2；全部充填法管理顶板取 1.1。

2. 工作面丢煤瓦斯涌出系数 K_2

用回采率的倒数来计算。

3. 采面巷道预排瓦斯影响系数 K_3

采用长壁后退式采煤时，按下式计算

$$K_3=(L-2h)/L \tag{2.13}$$

采用长壁前进式采煤时，如上部相邻工作面已采，则 $K_3=1$；上部相邻工作面未采，按下式计算。

$$K_3=\frac{L+2h+2b}{L+2b} \tag{2.14}$$

式中，L 为工作面长度，m；h 为掘进巷道预排等值宽度，m，如无实测值，可按表 2.1 取值；b 为巷道宽度，m。

表 2.1　巷道预排瓦斯带宽度值

巷道煤壁暴露时间 T/d	不同煤种巷道预排瓦斯带宽度 h/m		
	无烟煤	瘦煤或焦煤	肥煤、气煤及长焰煤
25	6.5	9.0	11.5
50	7.4	10.5	13.0
100	9.0	12.4	16.0
150	10.5	14.2	18.0
200	11.0	15.4	19.7
250	12.0	16.9	21.5
300	13.0	18.0	23.0

注：h 值亦可采用下式计算：低变质煤 $h=0.808T^{0.5}$；高变质煤 $h=(13.85\times0.0183T)/(1+0.0183T)$。

4. 分层开采第 i 分层瓦斯涌出量系数 K_{fi}

分层（两层或三层）开采时，K_{fi} 按表 2.2 取值；分层（四层）开采时按表 2.3 取值。

表 2.2　分层（两层或三层）开采 K_{fi} 值

两个分层开采		三个分层开采		
K_{f1}	K_{f2}	K_{f1}	K_{f2}	K_{f3}
1.504	0.496	1.820	0.692	0.488

表 2.3　分层（四层）开采 K_{fi} 值

分层	1	2	3	4
K_{fi}	1.80	1.03	0.70	0.47

5. 邻近层受采动影响瓦斯排放率 K_i

当邻近层位于冒落带时，K_i=1。

当采高小于 4.5 m 时，按式（2.15）计算或按图 2.2 选取。

$$K_i=1-\frac{h_i}{h_p} \tag{2.15}$$

式中，h_i 为第 i 邻近层与开采层垂直距离，m；h_p 为受开采层采动影响顶底板岩层形成贯穿裂隙，邻近层向工作面释放卸压瓦斯的岩层破坏范围，m。

开采层顶、底板的破坏影响范围 h_p 按《建筑物、水体、铁路及主要井巷煤柱留设与压煤开采规程》附录六的方法计算。

当采高大于 4.5m 时，K_i 按式（2.16）计算

$$K_i=100-0.47\frac{h_i}{M}-84.04\frac{h_i}{L} \tag{2.16}$$

式中，h_i 为第 i 邻近层与开采层垂直距离，m；M 为采高，m；L 为工作面长度，m。

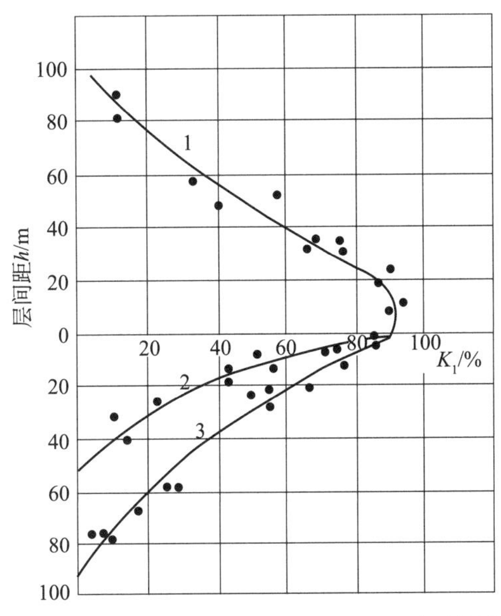

图 2.2 邻近层瓦斯排放率与层间距的关系曲线

1. 上邻近层；2. 缓倾斜煤层下邻近层；3. 倾斜、急倾斜煤层下邻近层

6. 采空区瓦斯涌出系数 K'、K''

采空区瓦斯涌出系数按表 2.4 选取。

表 2.4　采空区瓦斯涌出系数取值

采空区瓦斯涌出系数		煤层属性	取值范围	取值原则
生产采区	K'	单一煤层	1.20～1.35	（1）对通风管理水平较高，开采煤层厚度适中，丢煤较少，煤层层数较少的矿井（或采区），应取下限值
		近距离煤层群	1.25～1.45	
已采采区	K''	单一煤层	1.15～1.25	（2）对通风管理水平较差，开采中厚以上煤层且煤层层数较多的矿井（或采区），应取上限值
		近距离煤层群	1.25～1.45	

7. 瓦斯涌出不均衡系数 K_n

瓦斯涌出不均衡系数为该区域内最高瓦斯涌出量与平均瓦斯涌出量的比值。回采工作面或掘进工作面瓦斯涌出不均衡系数取 1.2～1.5 或实际计算值；矿井或采区瓦斯涌出不均衡系数取 1.1～1.3 或实际计算值。

2.1.4　适用条件

分源预测法的适用条件较广，适用于新建矿井、生产矿井水平延深、新设计采区以及采掘工作面的瓦斯涌出量预测。并且由于分源预测法以煤层瓦斯含量作为预测的基础依据，因而对煤层瓦斯含量测定值的可靠性和含量点的分布及密度有较高的要求。

2.1.5　应用情况及效果

该技术先后在淮南的潘集一矿、二矿，沈阳红阳三井，淮北桃园矿、朱仙庄矿，皖北刘桥二井，铁法大兴矿，石炭井乌兰矿、汝箕沟矿，晋城潘庄矿，阳泉五矿，轩岗刘家梁矿，潞安常村矿，鸡西城子河矿，北票九道岭矿，焦作九里山矿，郑州大平矿，平顶山十三矿，山西柳林沙曲矿等 44 个矿井推广应用，并取得了很好的效果，预测准确率达到 85% 以上。

2.2　煤与瓦斯突出危险性区域预测技术

煤与瓦斯突出危险性区域预测是将突出煤层划分为突出危险区和无突出危险区，其目的在于使防治煤与瓦斯突出措施更加有的放矢，在不同区域采取合理有效的安全技术措施，对于减少防突工程量、保证采掘正常接替，减少突出事故等有重要意义。

我国从 20 世纪 80 年代开始研究煤与瓦斯突出区域预测技术，先后经历了原《防治煤与瓦斯突出细则》中的单项指标法、瓦斯地质统计法、综合指标法以及《防治煤与瓦斯突出规定》提出的煤层瓦斯参数结合瓦斯地质分析法。近年来，由于信息技术不断发展，可视化、精细化网格区域预测技术逐渐发展，即在根据煤层瓦斯参数结合瓦斯地质分析法的基础上，考虑更多影响突出的因素，通过计算机软件的综合分析将预测结果进行数字化的预测技术。

2.2.1　技术原理

区域划分主要从两个方面进行：一方面在掌握矿井地质构造和实际发生突出地点、喷孔等有预兆地点的空间关系的规律基础上，根据这种规律预测煤层区域突出危险性，划分出突出危险区和无突出危险区；另一方面，在实测和预测瓦斯基础参数的基础上，根据判断危险性指标值的大小，依据临界值划分突出危险区和无突出危险区。在具体操作上，根据采用方法和指标的不同，可以分为煤层瓦斯参数结合瓦斯地质分析法、精细化网格预测法。

2.2.2　煤层瓦斯参数结合瓦斯地质分析法

1. 基本思路

煤层瓦斯参数结合瓦斯地质分析法是将瓦斯地质统计法和瓦斯参数法结合起来，将煤层瓦斯风化带划分为无突出危险区，然后，根据实际发生突出和出现明显突出预兆等的地点与地质构造的关系划分出突出危险区，其他区域根据煤层瓦斯压力或瓦斯含量参数值的大小进行划分，没有确切掌握矿井煤层瓦斯地质规律时，仅根据煤层瓦斯参数的分布情况划分。《防治煤与瓦斯突出规定》对该方法作了详细规定。

2. 预测方法

1）开拓前区域预测方法

依据地勘资料、煤层瓦斯基础参数资料等，用判别煤层瓦斯风化带的指标确定煤层瓦斯风化带，将处于瓦斯风化带内的煤层区域划分为无突出危险区域。

根据已开采区域确切掌握的煤层赋存特征、地质构造条件、突出分布的规律和对预测区域煤层地质构造的探测、预测结果，采用瓦斯地质分析的方法划分出突出危险区域。当突出点及具有明显突出预兆的位置分布与构造带有直接关系时，则根据上部区域突出点及具有明显突出预兆的位置分布与地质构造的关系确定构造线两侧突出危险区边缘到构造线的最远距离，并结合下部区域的地质构造分布划分出下部区域构造线两侧的突出危险区；反之，当突出点与构造带没有直接关系时，在同一地质单元内，突出点及具有明显突出预兆的位置以上 20m（埋深）及以下的范围为突出危险区。

根据上述原则划分后以外的区域，采用煤层瓦斯压力或瓦斯含量参数进行预测。所需瓦斯压力和含量数据来源于地质勘探资料、上水平及邻近区域的资料等，根据已有数据建立瓦斯压力及瓦斯含量的变化规律，进而推测预测区域的瓦斯参数分布，常用的推测方法有瓦斯压力梯度法和瓦斯含量分析法。在瓦斯地质图上绘制出瓦斯压力等值线或瓦斯含量等值线，将瓦斯压力或瓦斯含量参数大于考察的临界值的煤层区域划分为突出危险区，否则划分为无突出危险区。

2）开拓后区域预测方法

预测方法与开拓前基本相同，但预测所需的煤层瓦斯压力或瓦斯含量参数主要来自井下实测数据，测点的布置根据预测区域的范围、地质复杂程度实际情况确定。一般情况下，同一地质单元内沿煤层走向布置测点不少于 2 个，沿倾向不少于 3 个。井下实测瓦斯压力和瓦斯含量应分别采用 AQ/T 1047—2007《煤矿井下煤层瓦斯压力的直接测定方法》和

GB/T 23250—2009《煤层瓦斯含量井下直接测定方法》。

2.2.3 煤与瓦斯突出精细化网格预测法

1. 基本思路

煤与瓦斯突出精细化网格预测技术从煤与瓦斯突出三因素分布规律入手，通过研究不同的煤结构、地质构造、瓦斯压力、瓦斯含量、煤层厚度、软煤厚度、围岩特性与煤与瓦斯突出之间的关系，研究突出发生的区域条件，利用矿井已采区域瓦斯地质资料、地勘钻孔和井下超前探测钻孔资料，通过现代数学理论建立煤与瓦斯突出多指标精细网格区域预测数学模型，提出煤与瓦斯突出多指标精细化网格区域预测技术和可视化的计算机数据处理软件，使区域预测网格精度达到100m×100m。提高区域预测的准确率和精确度。

该技术主要适用于地勘钻孔资料丰富、部分采区已经回采的矿井，针对未开采区域不具备现场瓦斯参数测试条件的情况，利用矿井已开采区域瓦斯地质资料结合地勘钻孔资料，推测未开采区域煤层突出危险性。

2. 方法步骤

1）分析突出三因素分布规律及对突出的影响效果

利用空芯包体测量法测定煤层地应力，利用趋势面分析法确定煤层顶板的水平最大主应力等值线图和煤层顶板构造应力区划图，利用地勘钻孔测定瓦斯含量值并通过实际测定的煤层各水平瓦斯含量值通过最小二乘法和趋势面分析法确定煤层瓦斯含量等值线图，并测定各水平各区段煤层瓦斯放散初速度指标 ΔP、煤的坚固性系数 f 值，通过分析矿井已发生的瓦斯动力现象确定各指标对突出的影响程度。

2）进行多指标精细网格突出区域预测

根据突出发生区域条件利用数理统计法和模糊数学方法研究突出三因素指标、地勘钻孔和井下超前探测钻孔与突出有关的参数，提出反映区域突出危险性的特征参数，利用矿井已采区域瓦斯地质资料及已发生的瓦斯动力现象资料，将因素进行数量化并建立多指标突出区域预测数学模型及其临界值，对预测区域进行多指标精细网格突出预测。

3）实现多指标精细网格突出区域预测结果可视化

通过计算机软件，在瓦斯地质图上绘制各种指标等值线、测点数据等，并将突出危险区域和无突出危险区划分开来，实现多指标精细网格突出区域预测可视化。

2.2.4 应用实例

1. 煤层瓦斯参数结合瓦斯地质分析法应用

煤层瓦斯参数结合瓦斯地质分析法已在我国煤矿得到广泛应用。例如，采用该方法对贵州水矿集团中岭煤矿一井12013综采工作面进行开拓后区域突出危险性预测，成功进行了回采工作面突出危险性评价，划分出了突出危险区和无突出危险区。在此基础上对不同突出危险区实施分区管理，节省了大量工程量，月回采速度由 39m 提高到 75m，实现了安全回采。

2. 煤与瓦斯突出精细化网格预测法应用

煤与瓦斯突出精细化网格预测技术在沈阳煤业集团红菱煤矿等矿井进行了应用。例如，对红菱矿区 12 煤的未采区域的潜在危险区进行预测，当突出相对危险程度 Y 值≥0.3 时，该区域为存在突出危险的区域（图 2.3）。在矿井开拓工程进入新区后，利用综合指标法和掘进工作面日常预测法对精细化网格预测结果进行了验证，验证结果均表明了精细化网格预测技术的准确性，该方法成功指导了矿井生产。

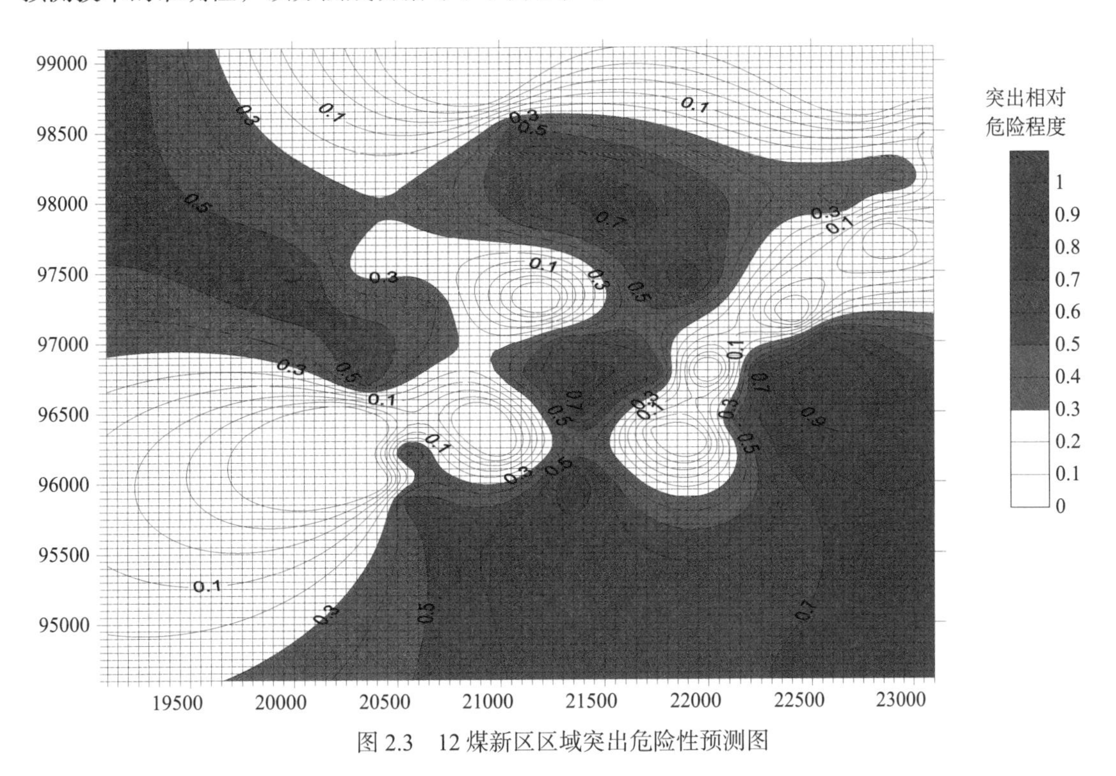

图 2.3　12 煤新区区域突出危险性预测图

2.3　煤与瓦斯突出危险性工作面预测技术

工作面突出危险性预测技术是局部“四位一体”综合防突措施的首要环节。重庆研究院、沈阳研究院研发的钻屑瓦斯解吸指标、钻孔瓦斯涌出量、钻屑量等单项指标和复合指标预测技术与装备，已在国内突出矿井得到广泛应用，成为当前最主要的工作面突出预测技术。

2.3.1　预测原理

工作面突出危险性预测主要采用钻孔法实施，每个采掘循环前，在煤层内用煤电钻向工作面前方施工 10m 左右的预测钻孔，然后用专用仪器测定钻孔排出煤屑的质量（钻屑量指标），或测定钻屑的瓦斯解吸特征指标（钻屑瓦斯解吸指标法），或测定钻孔瓦斯涌出初速度（钻孔瓦斯涌出初速度法），或者综合指标 D、K 值，或者测定其他经试验验证有效的指标，根据测定的某一个指标或多个指标，依据考察的敏感指标临界值判断工作面有无突出危险性。每种指标测定时的钻孔布置原则及参数要求在《防治煤与瓦斯突出规定》及相应指标测定标准中有详细规定。根据采用指标的不同，工作面预测方法可分为钻屑瓦斯解吸指标法、钻屑量法、钻孔瓦斯涌出初速度法、复合指标法、综合指标法等。

2.3.2 钻屑瓦斯解吸指标测定技术及设备

1. 测定原理

钻屑瓦斯解吸指标法是将含瓦斯煤样瞬间暴露于大气中或类似大气环境条件的仪器中，根据容量法解吸原理测量单位质量煤样在不同时间段的瓦斯解吸量或不同时刻的瓦斯解吸速度，然后对测量数据进行数学处理得出钻屑瓦斯解吸指标，综合反映了工作面煤层实际瓦斯压力和煤的瓦斯解吸速度这两个与突出危险性密切相关因素的特征，能较好地反映煤层的突出危险性。钻屑瓦斯解吸指标主要包括沈阳研究院研究的 Δh_2 指标和重庆研究院研究的 K_1 指标，并制定了行业标准《钻屑瓦斯解吸指标测定方法》（AQ1065—2008）。

钻屑瓦斯解吸指标 Δh_2 测定原理：从煤钻屑中筛选出 1～3mm 粒度的 10g 煤样装至特定仪器的煤样瓶中，当暴露 3min 时开始测量，测定 2min 后瓦斯解吸形成的压力值（解吸仪水柱计的压差读数），如图 2.4 所示。

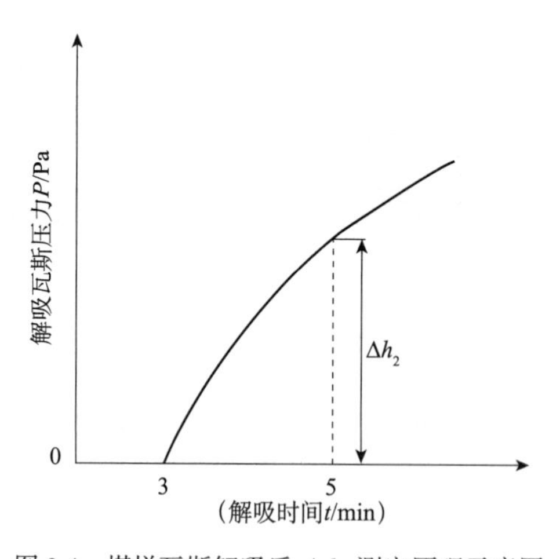

图 2.4 煤样瓦斯解吸后 Δh_2 测定原理示意图

K_1 指标测定原理：从钻孔孔口接取并筛分粒度为 1～3mm 的煤样，将定量煤样（10g）装入煤样罐（要求从接煤样到煤样装入煤样罐密封并启动仪器测量的时间间隔不超过 2min），通过专用仪器连续自动测定煤样罐中解吸瓦斯的压力，每隔 30s 一个数据，共 10 组数据，利用最小二乘法，按照式（2.17）拟合计算出煤样自煤体剥落第 1 分钟的瓦斯解吸量，如图 2.5 所示。钻屑瓦斯解吸指标 K_1 值相当于瓦斯解吸曲线的斜率。

$$Q_t=K_1\sqrt{t}-W \tag{2.17}$$

式中，Q_t 为测定时间延续到 t 时刻的累计瓦斯解吸量，mL/g；W 为暴露时间内损失的瓦斯解吸量，mL/g；K_1 为钻屑瓦斯解吸特征指标，mL/（g・min$^{1/2}$）；t 为煤样解吸时间，min。

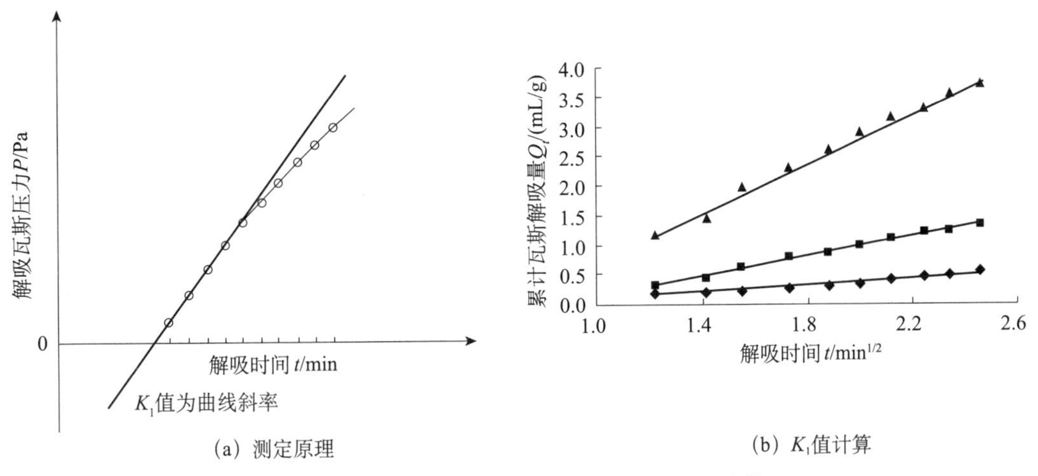

（a）测定原理　　（b）K_1值计算

图 2.5　煤样瓦斯解吸后 K_1 指标测定原理及计算

2. 测定装备

钻屑瓦斯解吸指标 Δh_2 用沈阳研究院研制的 MD-2 型瓦斯解吸指标测定仪进行测定，结构见图 2.6。仪器主要由水柱计 1、解吸室 2、煤样罐 3、三通活塞 4 和两通活塞 5 组成。仪器主体为一整块有机玻璃，外形尺寸为 270mm×120mm×34mm，质量为 0.8kg。另配有 1mm 和 3mm 的取样小筛子 1 套、秒表 1 块。测定时，指标值大小由预测人员目测读数，人工记录数据。

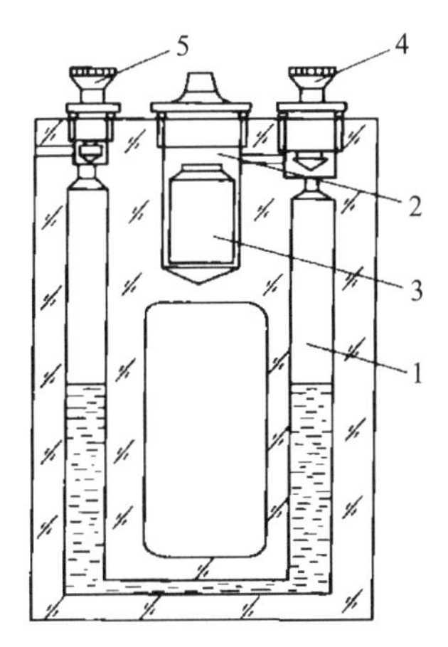

图 2.6　MD-2 型煤钻屑瓦斯解吸仪结构示意图

1. 水柱计；2. 解吸室；3. 煤样罐；4. 三通活塞；5. 两通活塞

钻屑瓦斯解吸指标 K_1 值测定装置是由重庆研究院研制的 WTC 型瓦斯突出参数测定仪，包括测定主机、煤样罐、1～3mm 煤样筛、机械秒表、硅胶管、打印机等部件，测定装置如图 2.7 所示。测定时，K_1 值由仪器自动测定、计算、存储并判断突出危险性，还可打印每个钻孔的所有预测数据，预测数据还可以无线接入煤矿安全监控系统，自动上传至地面，打印预测报表。

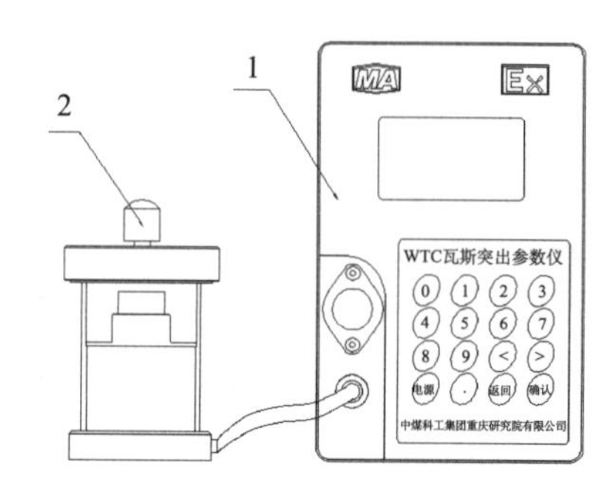

图 2.7　WTC 型瓦斯突出参数测定装置

1. WTC 瓦斯突出参数测定仪；2. 煤样罐

3. 适用条件

钻屑瓦斯解吸指标是一种反映煤的瓦斯放散能力以及瓦斯含量大小的综合指标，适用于采掘工作面及石门揭煤工作面的突出危险性预测、措施效果检验，以及区域综合防突措施的区域验证环节。

2.3.3　钻孔瓦斯涌出初速度测定技术及设备

1. 测定原理

煤层钻孔完成后最初一段时间的瓦斯涌出情况，是工作面煤层瓦斯含量、煤体应力状态、煤结构和瓦斯放散能力的综合反映，在某些条件下可以作为预测煤层突出危险性的一个敏感指标。

测定过程是：在煤层中钻进 ϕ42mm 钻孔，钻进到预定测定深度时，退出钻杆，送入封孔器，留设测量室长度为 1.0m，用打气筒充气封孔，然后用流量计测定钻孔测量室内煤层瓦斯在封瓦后第 1 分钟的涌出量，该流量值即为钻孔瓦斯涌出初速度。

2. 测定装备

钻孔瓦斯涌出初速度法测定装置主要由封孔器和流量测定仪表组成，其中测定仪表主要有沈阳研究院研制的 ZLD-2 型瓦斯涌出速度测定仪、重庆研究院研制的 TWY 型突出危险预报仪或其他形式的流量计，见图 2.8。TWY 突出预报仪属于电子式自动测量仪器，配合节流式孔板，可自动测量、存储、显示初速度指标以及钻孔瓦斯涌出初速度衰减指标。

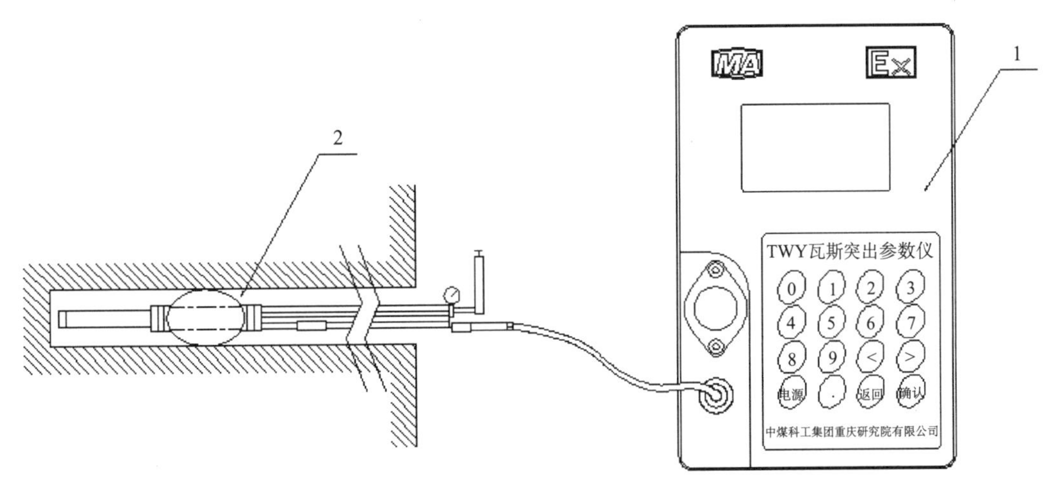

图 2.8　钻孔瓦斯涌出初速度测定装置

1. TWY 突出危险预报仪；2. 胶囊型封孔器

3. 测定工艺

按照《防治煤与瓦斯突出规定》或行业标准《钻孔瓦斯涌出初速度测定方法》预测煤巷突出危险性时，在近水平、缓倾斜煤层工作面应当向前方煤体至少施工 3 个、在倾斜或急倾斜煤层至少施工两个直径 42mm、孔深 8～10m 的钻孔，钻孔尽量布置在软分层中，一个钻孔位于掘进巷道断面中部，并平行于掘进方向，其他钻孔开孔口靠近巷道两帮 0.5m 处，终孔点应位于巷道断面两侧轮廓线外 2～4m 处。钻孔到达预定深度时，退出钻杆用充气胶囊封孔器封孔，封孔后测量室长度为 1.0m。用流量计测定自钻孔完孔起第 2min 时的瞬时瓦斯流量（L/min），即为该钻孔的瓦斯涌出初速度。采面预测时，沿工作面煤层每隔 10～15m 布置一个钻孔。

2.3.4　推广应用情况

钻屑瓦斯解吸指标法已成为矿井采掘工作面突出预测的常规方法之一，技术和设备已在全国各矿区得到普遍推广应用，是我国煤矿煤与瓦斯突出防治的常规技术手段。

钻孔瓦斯涌出初速度法在贵州、河南、山西、安徽、四川、重庆、黑龙江等矿区的部分突出矿井得到应用，一些矿井还结合钻孔瓦斯涌出衰减系数使用，提高预测的可靠性。

2.4　煤与瓦斯突出声发射连续预测技术

我国煤矿目前普遍采用的钻孔法预测突出技术存在要求施工钻孔、占用生产时间、预测工作时空不连续、不能预测延期突出等局限，连续预测突出技术成为发展趋势。重庆研究院从“七五”期间就开始研究声发射连续预测突出技术，多年来，研发和不断升级了煤岩动力灾害声发射连续预测技术及装备，可实现对突出、冲击地压等动力灾害的实时连续预测。

2.4.1 技术原理

煤与瓦斯突出的发生是一个从量变到质变的发展过程，即煤（岩）从微小破裂到破坏的过程。煤（岩）变形、破裂、破坏时应变能释放过程中会产生声发射现象。因此，利用安装在工作面附近的声发射装备监测、采集、分析煤岩体内的声发射信号，及时捕捉突出前兆特征信息，根据事件数、能量等预测指标实时判断突出危险性。

2.4.2 技术内容

煤岩体声发射信号的传播规律、声发射传感器的合理安装工艺、信号有效识别及滤噪技术、前兆模型及判识方法，是影响声发射监测技术实用性、可靠性和准确性的关键技术。

1. 声发射传感器安装工艺

声发射监测设备对信号的接收效果主要取决于声发射传感器的安装工艺。针对不同监测环境，开发了适用于下向孔棒状、上向孔叉棒状和锚网巷道波导器三种传感器系列化安装工艺，分别见图 2.9、图 2.10。

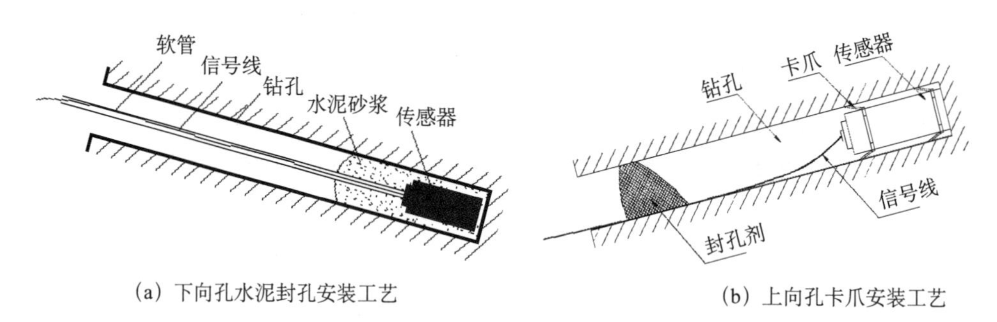

(a) 下向孔水泥封孔安装工艺　　(b) 上向孔卡爪安装工艺

图 2.9　传感器孔底安装工艺

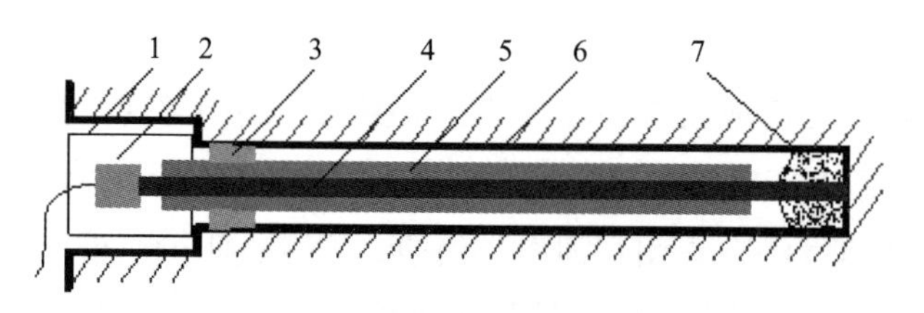

图 2.10　波导器安装方式

1. 传感器套筒；2. 传感器；3. 木楔；4. 波导器；5. 波导器套管；6. 钻孔；7. 水泥砂浆或锚固剂

2. 声发射信号识别及滤噪技术

井下复杂环境、不同工序作业、各种干扰等影响声发射信号的有效性。通过分析现场采集的各种作业过程的噪声信号特征，建立了噪声信号数据库（图 2.11、图 2.12），从阻噪、隔噪、抑噪、滤噪和有效信号提取等方面提出了一套综合噪声处理方法（图 2.13）。

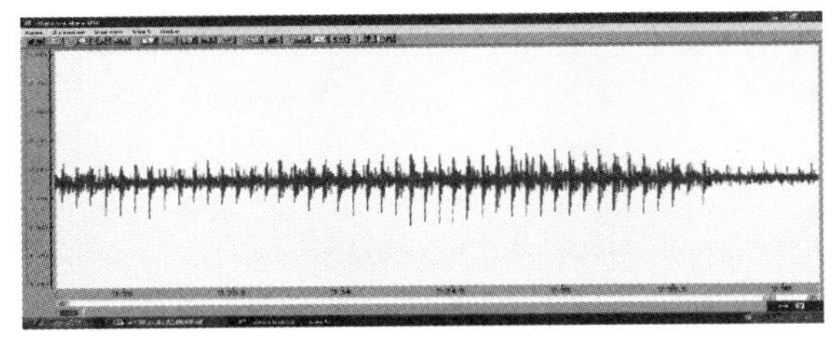

图 2.11　风镐清道噪声信号

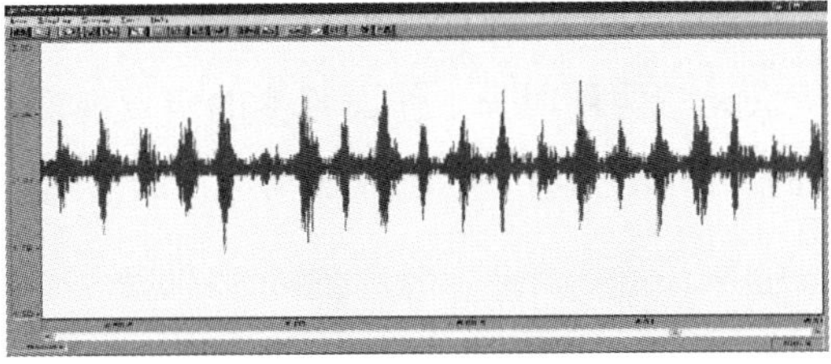

图 2.12　煤电钻作业噪声信号

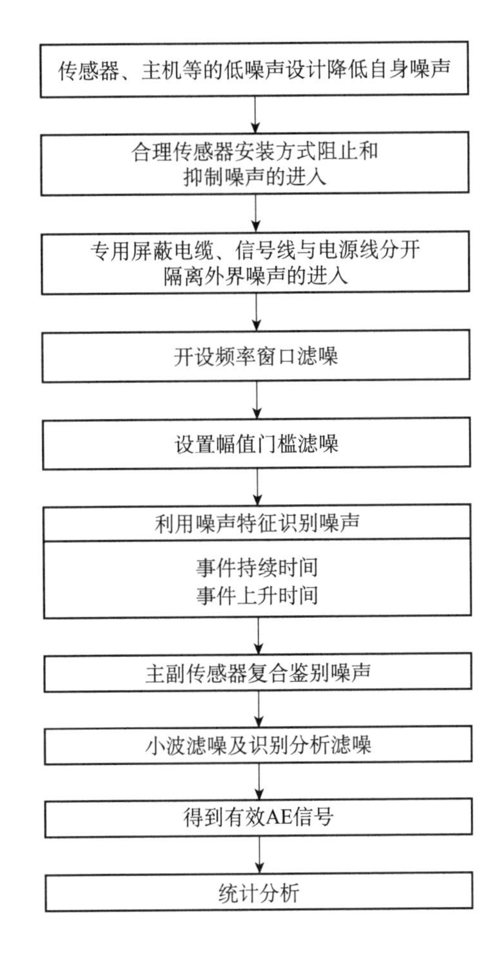

图 2.13　综合噪声处理方法

3. *声发射前兆模型及判识方法*

分析和建立合理的动力灾害发生的前兆模型，提出合理的灾害判识方法，是利用声发射技术进行灾害准确预测的核心技术之一。

针对煤巷掘进工作面，总结分析动力灾害前兆信息特征，建立了单点跳跃模型、群跳跃模型和正常衰减模型三种声发射前兆模型（图 2.14），并提出了在声发射监测初期应用衰减梯度判识方法对危险性进行判识，待经过长期监测后煤体内 AE 声发射所有衰减规律形成数据库以后，利用安全区域划分的方法来对危险性进行判识的方法（图 2.15）。

针对回采工作面，总结分析动力灾害前兆信息特征，建立了高位离散波动型和高位连续波动型两种回采工作面监测的声发射前兆模型，并提出了以“指标上升幅值法为主，指标临界值法为辅”的危险性判识方法（图 2.16）。

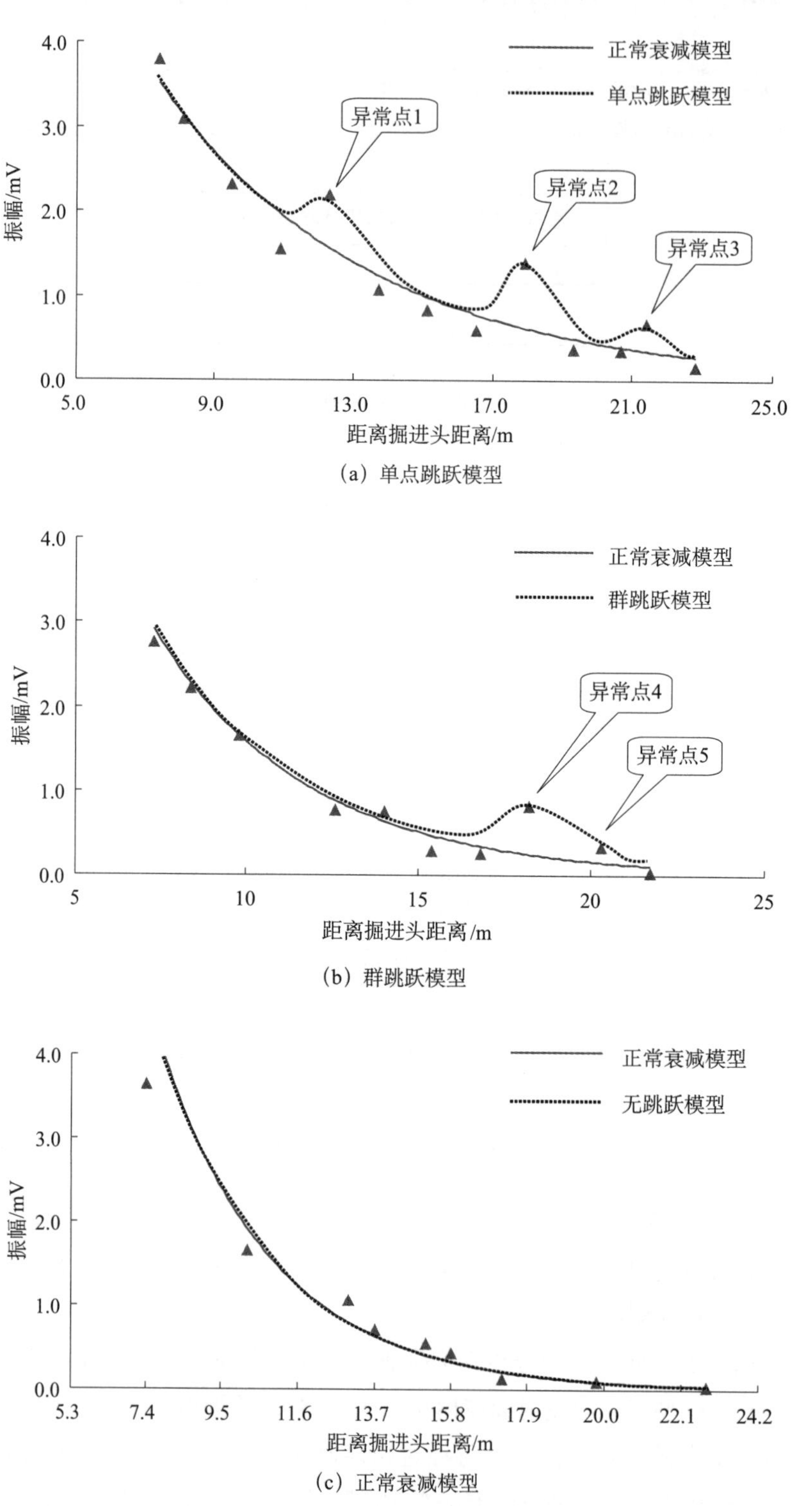

（a）单点跳跃模型

（b）群跳跃模型

（c）正常衰减模型

图 2.14　掘进面动力灾害声发射前兆模型

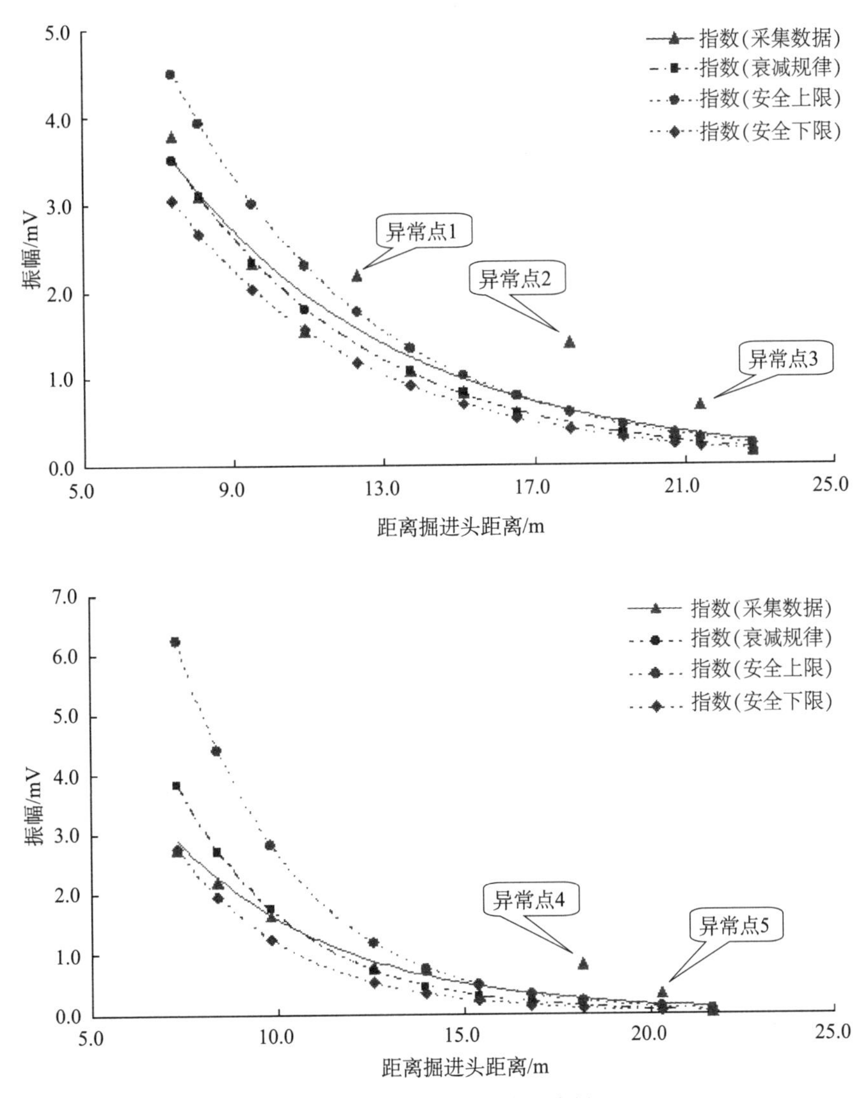

图 2.15　声发射监测区域划分判识

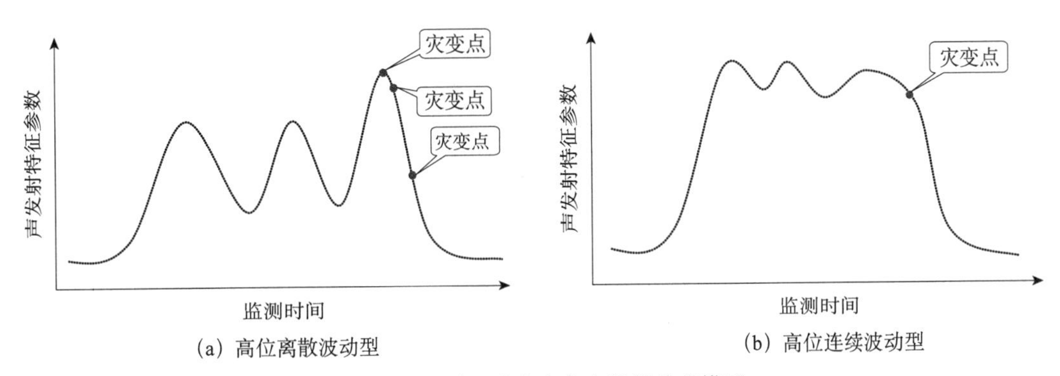

(a) 高位离散波动型　　(b) 高位连续波动型

图 2.16　回采面动力灾害声发射前兆模型

2.4.3 监测装备

重庆研究院自主研发了一套动态智能化声发射连续预测系统，该监测系统主要由声发射监测主机、系列化传感器、信号专用传输电缆、地面上位机处理分析软件等几大部分组成，属于矿用防爆型监测系统。

该监测系统通过井下高频度采集与处理声发射信号的监测主机实时采集煤岩体内的声发射信号，利用自适应窄频带声发射信号接收及井下原位处理技术进行信号的实时处理和灾害判识，整体形成地面与井下交互的多通道并行的实时监测预报系统，可以实现煤与瓦斯突出的连续监测预报。具有矿井条件下高速智能、低功耗、多通道并行、海量数据实时原位处理及高速稳定传输等特点；既可独立运行，又可与现行主流煤矿安全监控系统挂接使用。

2.4.4 应用情况

声发射监测技术及装备已在平顶山天安煤业股份有限公司十矿、贵州水城矿业股份有限公司大湾煤矿、抚顺矿业集团有限责任公司老虎台矿、义煤集团新义矿业有限公司、重庆南桐矿业公司东林煤矿等成功应用。该监测系统均在实时监测过程中提前捕捉到了异常前兆信息，平均提前一个班的时间超前反映和警示了工作面可能发生的异常情况，尤其对以地应力为主导的煤岩瓦斯动力灾害的超前预警效果显著，整体应用效果良好，见图 2.17～图 2.20。

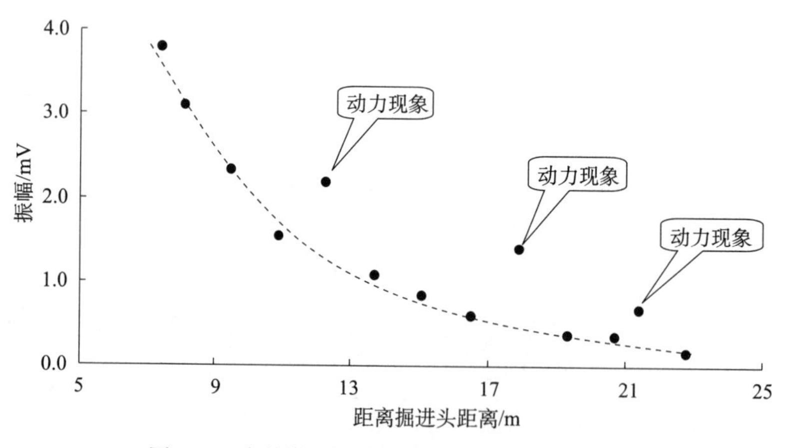

图 2.17 东林煤矿掘进面煤与瓦斯突出监测预报

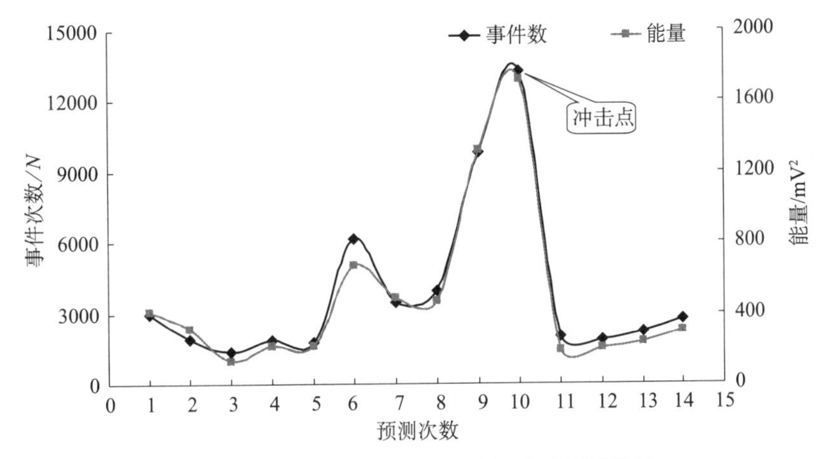

图 2.18　老虎台煤矿回采面冲击地压监测预报

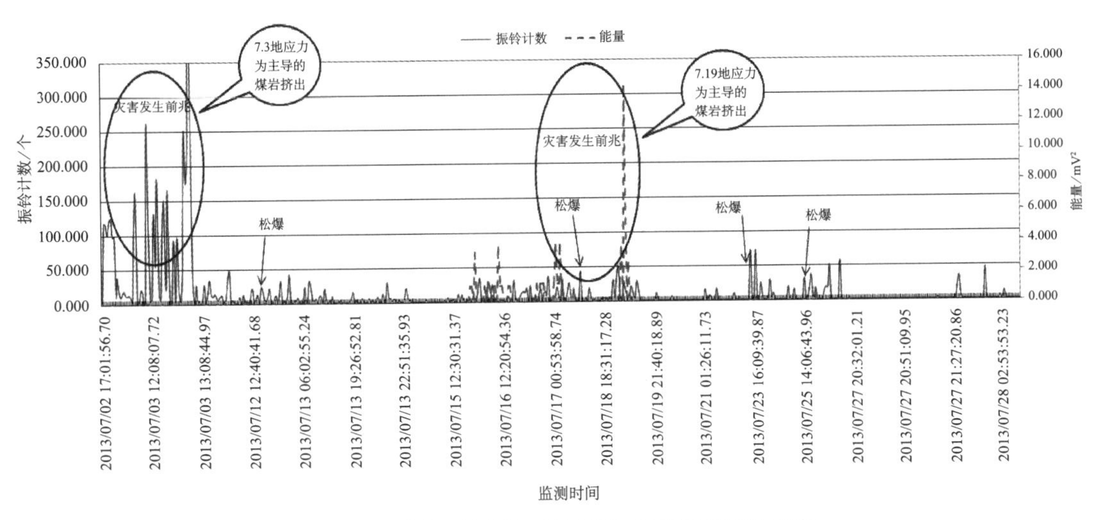

图 2.19　平煤十矿回采工作面煤与瓦斯突出监测预报

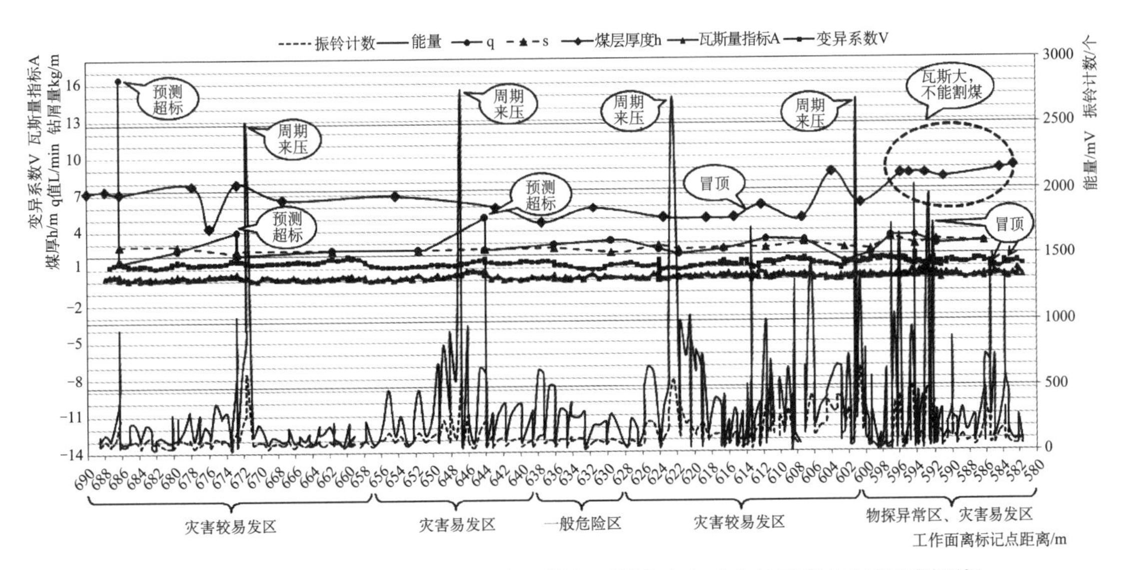

图 2.20　义煤集团新义煤矿综采工作面煤与瓦斯突出与冲击地压耦合灾害监测预报

2.5 突出危险性预测敏感指标及其临界值确定技术

工作面煤与瓦斯突出危险性预测和防突措施效果检验是突出矿井进行防突管理的两项关键工作。我国大多数突出矿井在突出危险性预测时采用《防治煤与瓦斯突出规定》推荐的指标及临界值。但是，不同矿井或煤层，突出危险性预测指标的敏感性及其临界值可能不同甚至差异很大。科学考察和确定适合矿井煤层实际的突出危险性预测指标及其临界值，对提高预测结果准确性、减少事故或不必要的防突措施工程非常必要。

2.5.1 技术原理

不同的预测指标是从不同方面一定程度上反映了煤层的突出危险性，不同矿井、煤层或区域，因为煤层瓦斯赋存特征、地质构造、地应力、煤的结构、煤的解吸特征、煤的坚固性系数以及采掘工艺条件等的不同，煤与瓦斯突出的主导因素以及各种因素对突出的贡献有所不同，导致不同指标预测突出时的敏感性也有所不同，判断突出危险性的敏感指标临界值也有所不同甚至差异很大。敏感指标及其临界值考察就是通过各种指标的分析、对比和实际考察，确定适合该煤层或区域的预测指标及其临界值。

在对矿井瓦斯地质和突出规律分析的基础上，通过理论分析、实验室测试、历史资料分析和现场实际考察，分析对比各种预测指标的敏感性，并对敏感指标通过临界值的初步确定、现场试验考察、扩大应用验证等途径逐步确定，最终选择得出最适合该煤层或区域的工作面预测敏感指标及其临界值。

2.5.2 确定方法

突出预测敏感指标及其临界值随着煤层突出危险性呈单一趋向的关联变化，这种关联变化在数值上应尽可能明显；反映突出危险因素指标测值的大小应大于测定误差等非突出危险影响因素；测定过程简单，费时费工少，尽可能实现连续预测。目前确定方法为采用历史资料统计分析、实验室测定及现场考察相结合的方法。

1. 敏感指标确定方法

1）理论分析

根据矿井瓦斯地质特点和实际发生的突出现象，分析矿井煤与瓦斯突出的主导因素，结合不同预测指标反映的突出因素，从理论上初步分析和筛选适合矿井煤层实际的预测敏感性指标。

2）历史资料统计分析

对有预测历史资料的生产矿井，收集、整理与分析以往所有防突工作面突出预测的日常指标，统计计算预测突出危险率、预测突出准确率、预测不突出准确率（计算公式分别见式（2.18）、式（2.19）、式（2.20），根据目前突出预测水平下“三率”的合理区间数据和不同指标统计的“三率”数据，初步判断各指标的敏感性，基本在合理区间者初步判断敏感，否则，为不敏感。

$$\eta_1 = n/N \tag{2.18}$$

式中，η_1 为预测突出危险率，%；n 为预测中超过预定临界值的次数，次；N 为预测总次数，次。

$$\eta_2 = n_1/n \tag{2.19}$$

式中，η_2 为预测突出准确率，%；n_1 为预测指标超过预定临界值总次数中真正有突出危险的次数，包括实际发生突出、有喷孔及其他明显预兆的次数，次。

$$\eta_3 = n_2/n_3 \tag{2.20}$$

式中，η_3 为预测不突出准确率，%；n_2 为预测指标不超过临界值总次数中未采取措施确实未突出或未产生预兆的次数，次；n_3 为预测指标不超过临界值总次数，次。

3）现场考察

对历史资料和现场考察数据，分析工作面突出预测指标及采取防突措施前后、正常区域与异常区域等测值结果进行对比分析，若指标随着突出危险性的增加而发生明显变化，则说明该指标为敏感指标。

2. 敏感指标临界值确定方法

突出预测敏感指标及其临界值确定方法为：采用历史资料结合实验室测定分析及现场考察相结合的方法。确定程序为：确定临界值初值→现场考察初步确定临界值→扩大应用并最终确定临界值，如图 2.21 所示。

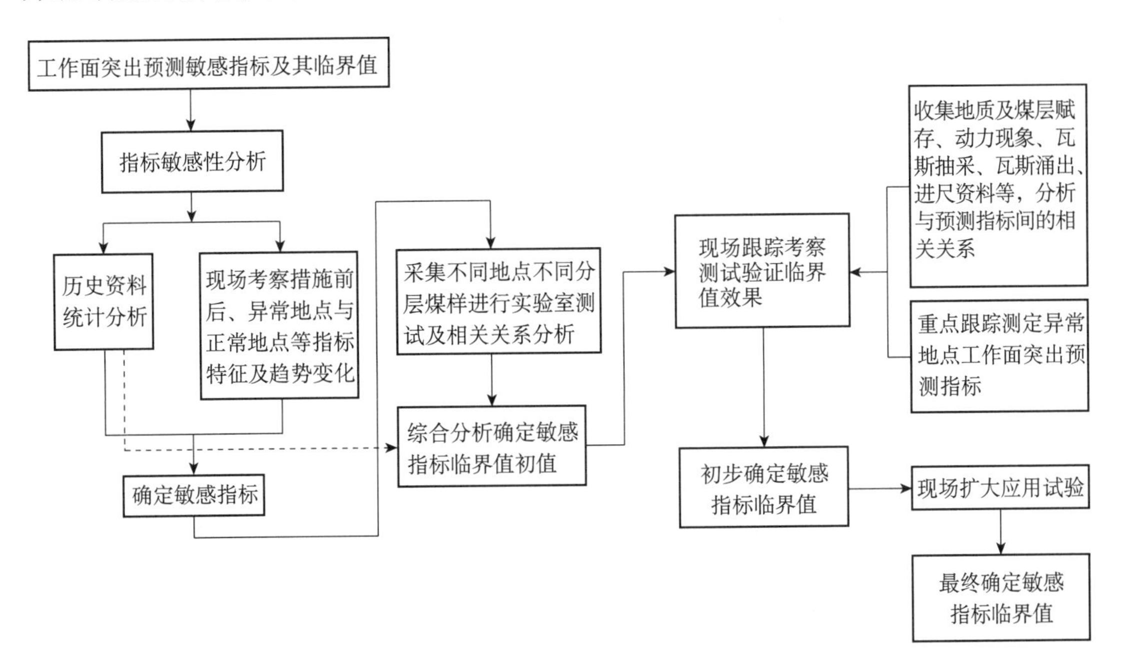

图 2.21　突出预测敏感指标及其临界值确定方法流程

1）确定临界值初值

敏感指标临界值初值的确定主要采用实验室测定并结合历史资料分析的方法进行。采集煤层不同地点的软分层煤样，在实验室进行与敏感指标相关的参数测试及指标间的相关关系研究，并结合历史资料统计分析，确定敏感指标临界值初值。

2）现场考察初步确定临界值

将历史资料结合实验室分析确定的敏感指标临界值初值用于现场考察，根据考察结果的分析，初步确定敏感指标的临界值。临界值初值确定时，主要对预测（校检）指标与测点位置的煤层赋存、地质情况、打钻过程中的动力现象、瓦斯涌出情况、煤巷进尺及是否正常安全掘进等进行综合对比分析，结合“三率”分析法，初步确定一个安全合理的临界值。

3）扩大应用并最终确定临界值

扩大应用是将通过现场考察初步确定的临界值在同一煤层其他几个采掘工作面进行应用，考察初步确定的临界值的安全性、可靠性等，通过考察分析，可根据具体情况适当调整或修正初步临界值，从而最终确定敏感指标临界值。

当选择在掘进工作面进行扩大应用时，需要扩大应用的巷道长度应根据地质、煤层及瓦斯赋存实际情况确定，但一般扩大应用巷道长度为500m以上，其考察方法与初步确定临界值现场考察时相同。

2.5.3 应用情况

突出危险性预测敏感指标及其临界值确定技术在重庆南桐矿务局东林煤矿、四川宏达煤矿、贵州大湾煤矿、中岭煤矿、河南平煤集团、淮南矿业集团等全国多个矿井进行应用，取得了良好的应用效果。例如，针对大湾煤矿11号煤层，重庆研究院采用历史资料统计分析、实验室测定及现场考察相结合的方法，确定出11号煤层工作面突出危险性预测敏感指标为钻屑瓦斯解吸指标K_1值，其临界值为0.7mL/（g·min$^{1/2}$），应用期间进行了104个预测循环169次测定，安全掘进巷道604m，减少了防突措施工程50%以上。煤矿根据考察结果完善后应用，有效指导了多年的防突工作，明显提高了掘进面掘进速度。

2.6 煤与瓦斯突出综合预警技术

预知采掘工作面的突出危险性和及时掌握防突工作中的各种隐患是有效防突的前提。但由于煤与瓦斯突出影响因素的多样性、常规预测技术的局限性、安全信息掌握的不全面性和不及时性、分析的不够深入性、人为安全管理的缺陷性等原因，突出事故至今难以杜绝。煤与瓦斯突出综合管理及预警技术采用信息化技术，对矿井安全信息进行全面、及时掌握和深入的分析，从大量、繁杂的各种动态监测信息中提取与突出危险性有关的指标，对煤与瓦斯突出进行超前预警，从技术和管理上全面综合提高矿井煤与瓦斯突出防治的效果。

2.6.1 技术原理

煤与瓦斯突出综合预警是基于事故理论和突出防治理论，利用现有的矿井安全监控系统、矿井计算机网络系统、矿井安全管理机构及人员体系，通过开发煤与瓦斯突出预警软件系统，对防突过程每个环节中出现的各种前兆信息、隐患信息进行监测和跟踪，实现对井下各工作面突出危险状态和发展趋势的在线监测、智能分析、综合评价、超前预警，并通过矿井计算机网络、手机短信等以不同色彩或危险等级的方式提前给出相应的提醒、警示和报警信息，及时提醒管理者提前采取措施、加强防突管理、消除突出隐患。预警实现流程及系统结果分析如图 2.22、图 2.23 所示。

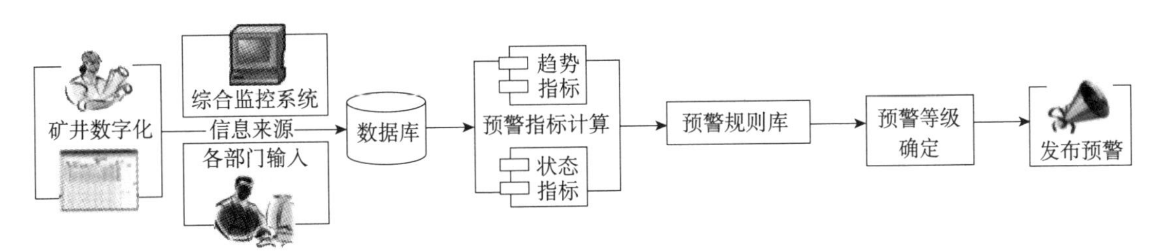

图 2.22 煤与瓦斯突出综合预警实现流程

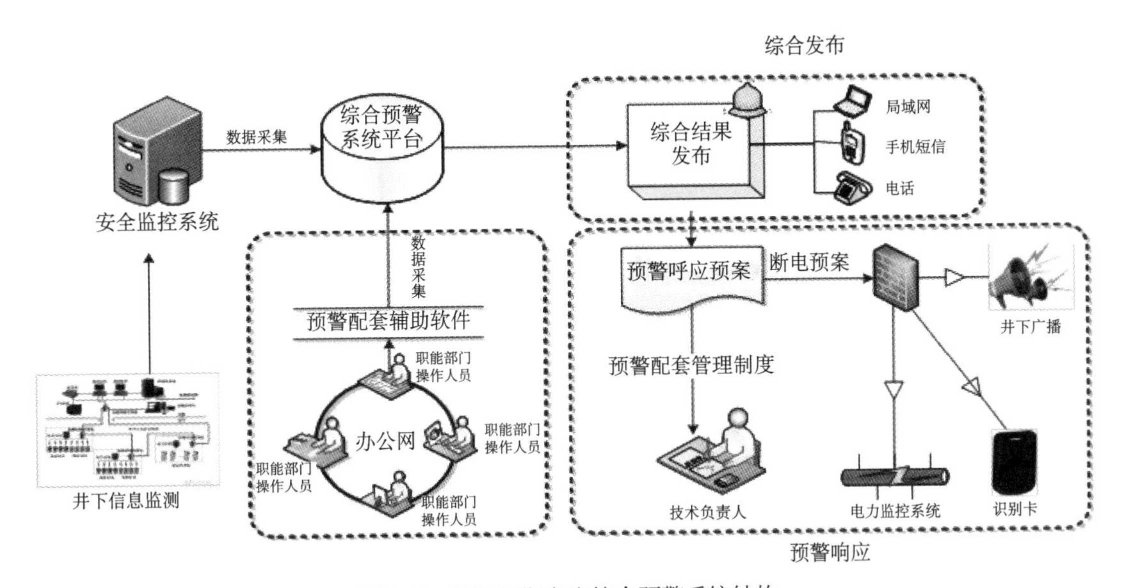

图 2.23 煤与瓦斯突出综合预警系统结构

2.6.2 技术内容

煤与瓦斯突出预警是集灾害预兆信息收集、处理、判识及发布于一体的系统技术，其关键在于危险源有效辨识、突出预警指标体系构建、预警警度体系制定、警情分析模型，上述环节的合理性与准确性直接影响到预警技术的实施效果。

1. 煤与瓦斯突出危险源辨识

煤与瓦斯突出危险源主要来源于工作面前方存在携带突出能量的煤岩体以及导致突出能量意外释放的防突技术措施缺陷和防突管理隐患。依据上述危险源及对煤与瓦斯突出事故树的分析，将影响突出事故的事件分为三大类：

（1）第一类，反映工作面具有客观突出危险性的基本事件，主要包括：①突出危险区。工作面处于突出危险区。②瓦斯地质异常区。工作面处于地质构造影响区或煤层产状和结构等的突变区。③采掘活动影响区。工作面处于因为采掘活动造成的各种应力集中区，或处于特殊采掘过程（如井巷揭煤、上山掘进等）。④日常预测指标异常。本循环或上循环工作面日常突出预测（效检）指标超标或预测指标连续上升并接近临界值。⑤瓦斯涌出异常或出现突出征兆。工作面瓦斯涌出异常，或出现打钻时喷孔、顶钻现象、或频繁出现煤炮声等。

（2）第二类，属于防突措施存在重大缺陷的基本事件，主要包括：区域防突措施效果检验不达标、防突措施控制范围不够、措施实施时间不够、措施控制范围内存在空白带、超掘超采等。这些都是采取的防突措施未能有效消除突出危险的典型技术缺陷。

（3）第三类，属于防突安全管理隐患的基本事件，主要包括：突出预测仪器的管理隐患（未能定期标定和检查）、突出预测工作操作不规范、谎报预测数据、防突措施未按照设计施工、谎报钻孔参数、无防突措施验收环节等。

2. 突出预警指标体系

引起煤与瓦斯突出的各种危险源是煤与瓦斯突出预警过程中应该重点监控的警源和警兆。在全面反映工作面客观突出危险性、防突措施重大缺陷和管理重大隐患三方面因素的基础上，以煤与瓦斯突出危险源理论为依据，按照目的性、科学性、系统性、超前性和可行性原则，建立煤与瓦斯突出综合预警指标体系，如图 2.24 所示。具体到某一矿井，在预警指标体系建立过程中还需要按照针对性原则，结合矿井瓦斯地质、巷道部署、采煤工艺、突出规律、防突措施等具体情况选择相应的指标。

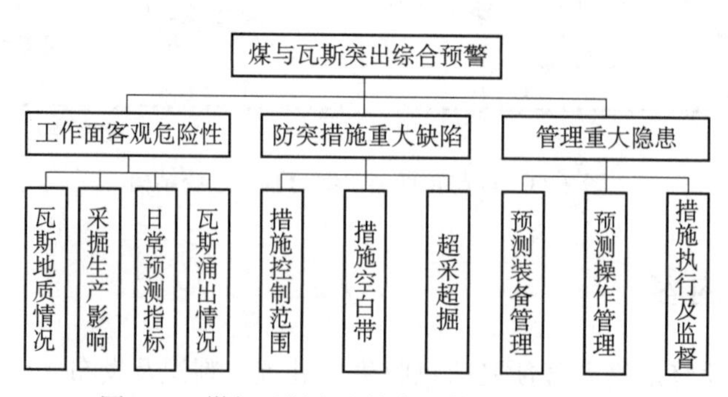

图 2.24　煤与瓦斯突出综合预警指标体系框架

3. 预警警度体系

根据预警的性质和矿井防突需要，参考现阶段国内外各领域预警系统的警度表现形式，建立煤与瓦斯突出预警系统警度体系。将煤与瓦斯突出预警系统的警度划分为状态预警和趋势预警两大类，其中，状态预警警度划分为正常、威胁和危险三个等级，趋势预警警度划分为绿色、橙色和红色三个等级，如表 2.5 所示。针对不同的等级，制定相应的预警响应制度。

表 2.5 煤与瓦斯突出综合预警系统警度体系

类型	等级	说明
状态预警	正常	工作面各种指标正常，可以安全作业
	威胁	工作面具有突出危险的可能性较大，需要重点关注，加强管理
	危险	工作面具有突出危险，需停止作业并采取防突措施
趋势预警	绿色	前方的突出危险性趋向安全
	橙色	前方一定距离处可能存在危险性，提请关注
	红色	前方的突出危险性趋向严重，应重点关注、加强管理、强化措施

4. 警情分析模型

考虑到要便于预警响应、指标不完全获取时预警、不同工作面预警指标及规则的不同等因素，按照多因素、多指标、综合预警的原则建立煤与瓦斯突出警情分析模型，如图 2.25 所示。

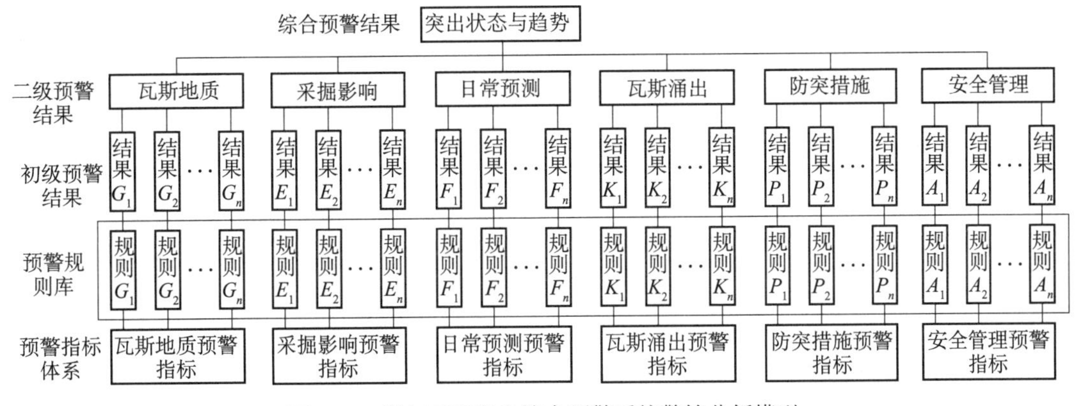

图 2.25 煤与瓦斯突出综合预警系统警情分析模型

在生产过程中，各预警指标的值反映了工作面预警要素的状态。突出预警过程中，根据预警指标体系中各指标的值，按照预警规则库中相应的预警规则，可以得到对应的初级预警结果，然后由初级预警得到二级预警结果，最后由二级预警结果得到综合预警结果，在整个预警过程中始终遵循最高级原则和缺失值原则。

最高级原则：指由初级预警结果确定最终预警结果时，取初级预警结果中预警等级最高、危险性最大的结果作为最终的预警结果。缺失值原则：指由初级预警结果确定最终预警结果过程中，不因初级预警结果和预警指标的缺失而影响最终预警结果的确定。

2.6.3 煤与瓦斯突出预警平台

煤与瓦斯突出预警网络平台包括煤矿安全监控系统、煤矿局域网、预警分析服务器、各职能部门及上级领导用户、预警结果发布设备、专业分析软件和预警综合分析软件系统等。可及时收集井下和掌握于各职能部门的安全信息，实现综合分析和预警，且能及时发布预警结果、实现预警响应甚至紧急情况下的应急处理，如图 2.26 所示。

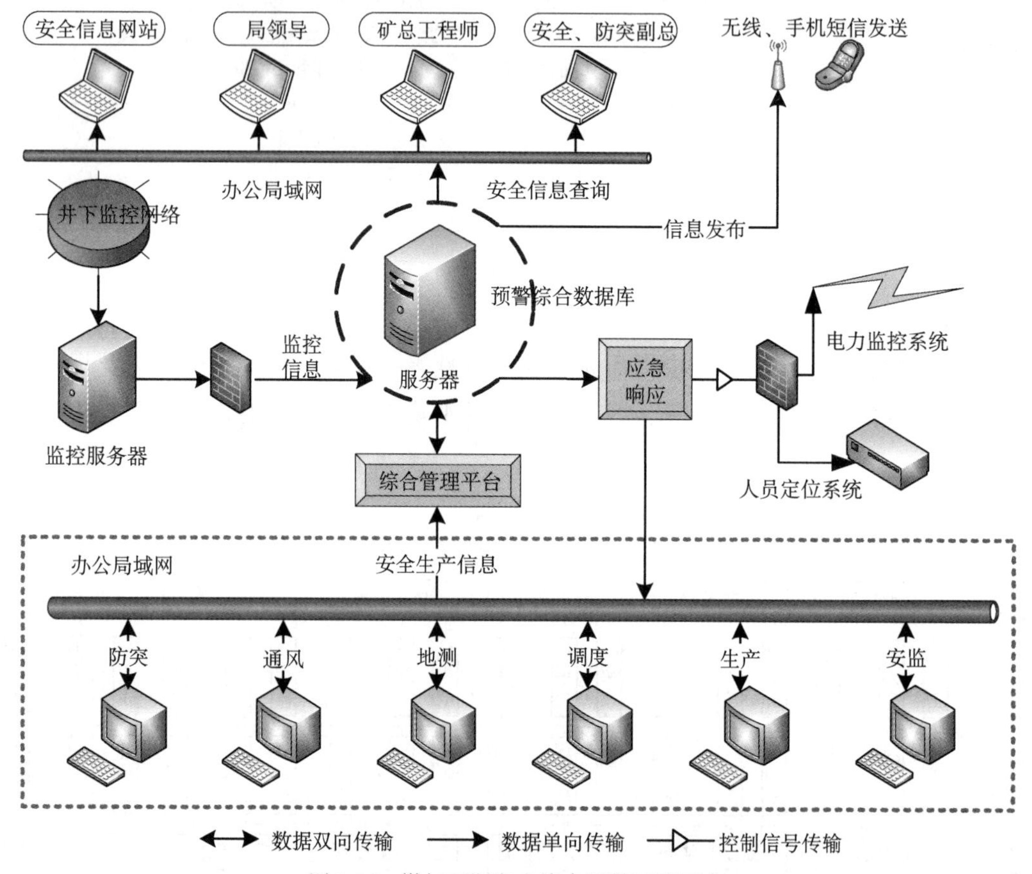

图 2.26 煤与瓦斯突出综合预警网络平台

基于组件式结构开发的煤与瓦斯突出综合预警软件系统，由多个专业分析子系统（主要包括瓦斯地质动态分析系统、瓦斯抽采达标评价系统、钻孔轨迹在线监测及分析系统、瓦斯涌出动态分析系统、矿压监测预警系统、动态防突管理及分析系统、安全隐患巡检及分析系统与突出预警综合管理平台等）共同构成，每个子系统既可单独运行，完成特定专业分析功能，又可以与其他子系统联合运行，实现防突综合管理和预警功能。该系统技术特点如下：

（1）自动化程度高：实现了瓦斯灾害相关的瓦斯监测、突出预测参数、构造探测、声发射、采掘进度、钻孔轨迹、瓦斯抽采、矿压监测、安全隐患、通风参数等信息的动态监测及自动采集，确保了数据的及时性和可靠性。

（2）预警准确率高：实际考察 180 余对矿井，跟踪 100 余万米采掘进尺，预警结果与实际危险性高度吻合，准确率达 85% 以上。

（3）技术与管理融合度高：工艺研究与平台建设并行、技术与管理相融合，实现了地质与瓦斯赋存、采掘部署、措施的设计与施工、措施监督与效果评价、预测预报与监测监控等瓦斯灾害防治全过程控制。

（4）针对性强：根据矿井灾害类型、严重程度以及安全管理模式，制订预警解决方案。

2.6.4 应用情况

目前煤与瓦斯突出综合管理及预警技术已成功应用于松藻、淮北、晋城、水城、通化、潞安、阳泉、平顶山、焦作、鹤壁等多个矿区。现场应用实践表明，该技术能够超前传统钻屑指标预测法 1～2 天对工作面前方突出危险性作出准确判断，且能够从地质异常、瓦斯异常等多方面对突出致灾因素进行全面综合分析，实现了对井下工作面煤与瓦斯突出危险情况的在线监测、综合分析、超前提醒和趋势把握（图 2.27）。其中状态预警结果与工作面实际突出危险程度完全吻合，反映工作面当前突出危险状态，而趋势预警结果提前给出了工作面前方突出危险发展趋势，为矿井突出防治工作提供了及时、可靠的决策依据，使防突措施的制定更具有针对性，有效节约了生产成本，保障了矿井的安全生产。

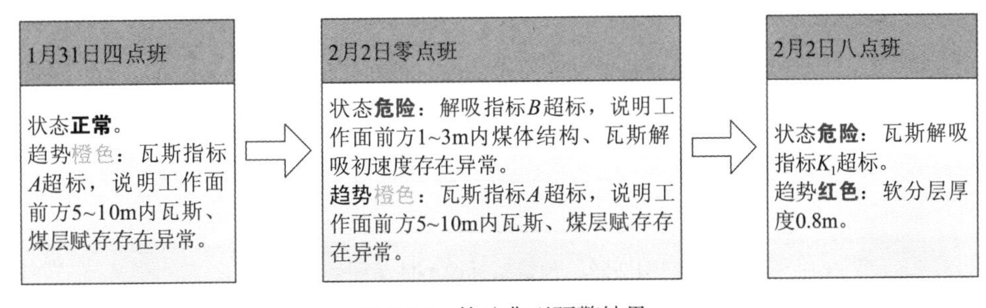

图 2.27 某矿典型预警结果

2.7 基于瓦斯涌出动态指标的突出预警技术

随着矿井安全监测监控系统的日益完善，提供了实时监测矿井各个工作面瓦斯涌出动态变化的条件。基于瓦斯涌出动态指标的突出预警技术是一种非接触式连续预测技术，比传统的“抽样检验”式的钻孔法预测具有明显的优势。重庆研究院和沈阳研究院均对此项技术进行了研究，分别研发了相应的突出预警技术和系统。

2.7.1 技术原理

大部分突出事故发生前都会出现各种各样的前兆信息，其中瓦斯涌出异常是重要的预兆之一。利用安装在采掘工作面附近的瓦斯浓度等传感器、监测系统能反映瓦斯异常涌出的一些动态变化指标，捕捉与突出危险性相关的前兆信息，预警系统通过实时监测和分析，按照预定预警模型，及时发布危险性等级预警信号。

2.7.2 技术内容

1. 预警指标体系

根据监测的瓦斯数据可以计算不同的瓦斯涌出动态特征指标，不同指标反映的与突出危险性的因素有所不同，突出危险性预警主要依据能反映煤层瓦斯含量、煤体结构、地应力以及采掘作业等影响因素，预警指标可划分为反映瓦斯含量、瓦斯解吸、瓦斯涌出波动和瓦斯涌出趋势四类特征指标（图 2.28）。

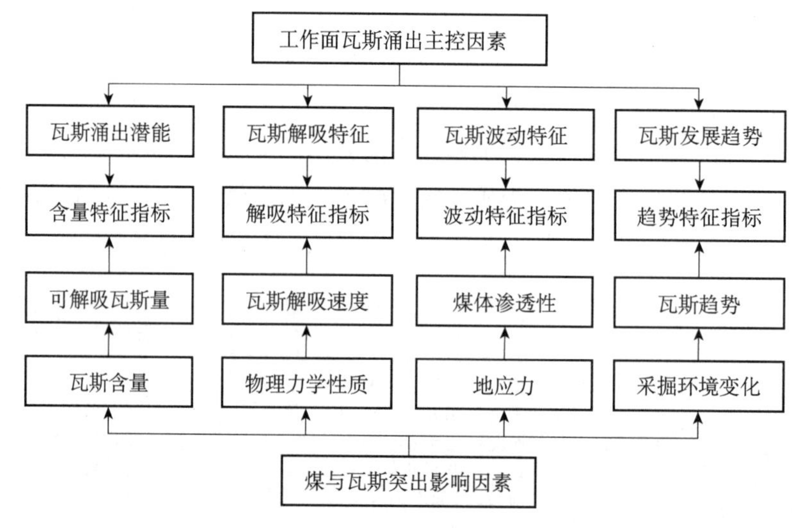

图 2.28 预警指标模型体系图

1）瓦斯含量特征指标

通过对区域、局部、落煤三级瓦斯涌出量特征指标的计算，有针对性地反映工作面前方煤体瓦斯含量变化情况，间接反映工作面前方煤体结构、煤层赋存、煤体渗透性等突出影响因素发展状态与发展趋势，对工作面以瓦斯含量为主控因素的突出危险性进行分析与预警，其指标包括瓦斯涌出移动平均值、炮后吨煤瓦斯涌出量、A 指标等。

2）瓦斯解吸特征指标

煤体瓦斯解吸速度和衰减指标大小是突出煤层与非突出煤层的典型差异，实时计算反映这种差异的统计类指标可以有效预测突出危险性。指标主要包括 B 指标、衰减系数、波宽比等。

3）瓦斯涌出波动特征指标

"瓦斯忽大忽小"等瓦斯涌出波动特征在一定程度上反映了工作面前方煤体渗透性变化以及应力活动情况，统计分析反映波动特征的指标对以应力为主控因素的突出危险性预警比较有效。这类指标包括波峰比、波动系数等。

4）瓦斯涌出趋势特征指标

通过对同一循环不同作业班次、不同循环同一作业条件下的瓦斯涌出变化以及部分其他类型指标的趋势特征的计算，针对性地反映工作面前方防突措施效果的变化情况、间接反映煤体结构等突出影响因素的变化状态与变化趋势，适用于对防突措施效果变化为主控因素的突出危险性分析预警。

不同的矿井或煤层，突出危险性预警适用的指标及其临界值可能不同，需要通过实际考察、研究来确定。主要根据理论分析和实验室研究、现场考察、比较和验证等，确定不同指标的敏感性及其合适临界值，选取适合矿井或煤层的预警指标及其临界值用于采掘工作面突出危险性预警，以提高预警准确率。

2. 数据采集与处理

1）传感器数据选择

工作面瓦斯传感器可以及时地反映工作面瓦斯涌出特征，但受到采掘作业影响较大。回风瓦斯传感器距工作面较远，并受到巷道煤壁瓦斯涌出的干扰，难以及时、准确地反映工作面瓦斯涌出特征。根据井下实际的通风情况和采掘环境，当传感器位置距离工作面 30 m 附近时，既可以准确、及时地反映工作面瓦斯涌出，又可以有效地避开井下打钻、风筒处理、放炮等施工影响。

以距离工作面 30 m 的瓦斯传感器监测数据为参照，工作面瓦斯传感器的瓦斯监测数据与之差异较小，能反映工作面瓦斯涌出的实际情况，并建立可靠的瓦斯涌出指标预警模型。在不增设新的瓦斯传感器的情况下，可以选择工作面瓦斯传感器作为瓦斯涌出动态指标预警传感器。

2）预警系统与监控系统的兼容

基于瓦斯涌出动态特征指标的突出预警技术的基础工作是对井下监控数据的采集与存储，主要是通过煤矿已有的瓦斯监控系统实现。重庆研究院研发的 KJA 瓦斯涌出动态特征预警突出系统和沈阳研究院研发的 KJ338 瓦斯动态监测系统，开发了适用大部分主流监控系统的数据采集和传输接口，实现了从任意监控系统获取并存储数据的功能，为瓦斯涌出动态指标计算和实时预警提供数据基础。

3）监测数据的滤噪处理方法

a. 传感器自动判识滤噪

传感器调校是利用已知浓度的瓦斯气样在传感器进气口进行短时间的标校测试，测试浓度与已知浓度的误差则为传感器标校调整依据。断电试验的方法与传感器调校类似，将断电浓度的瓦斯气样在传感器进气口进行短时间的标校，测试断电仪器断电反应。

传感器标校和断电试验数据与正常的瓦斯涌出存在明显的不同。首先，标校试验时峰值浓度比较固定；其次，浓度数据的上升与下降速度特别快，一般在 30s 之内；最后，峰值的持续时间较短，一般为 1～5min。针对此类数据建立识别模型即可基本实现自动滤除，每个矿井只需更改参数即可，数据判识的流程如图 2.29 所示。

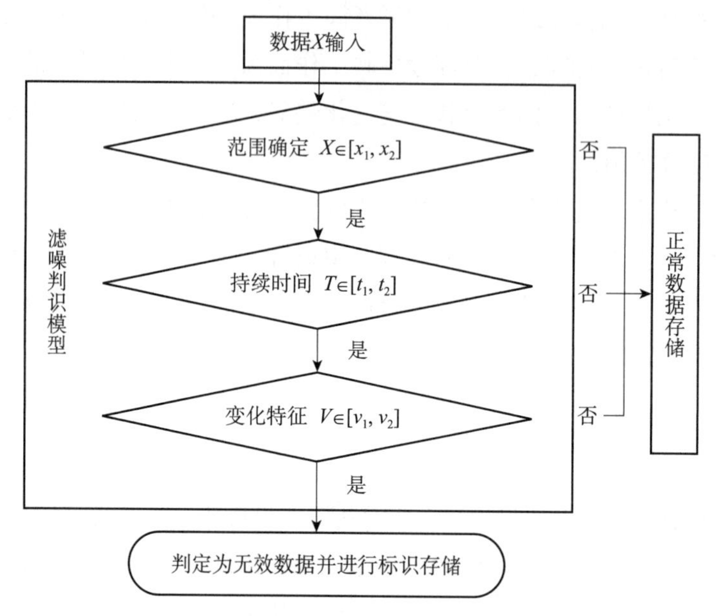

图 2.29　瓦斯数据自动滤噪判识流程图

b. 传感器联动判识滤噪

风机停风、停电后，工作面的风流流动速度降低或者根本就停止流动，瓦斯在巷道内形成层流与自由扩散，瓦斯监控数据因为巷道断面、煤层瓦斯渗流速度的不同会出现极大的差异，难以用数学模型进行统一滤除。这些数据本身的规律性较差，难以准确判识，并且由于瓦斯浓度上升速度可能较慢，很难及时进行判定，但是监控系统中安装了风机的开停与风机电源的开停传感器，工作面可以利用开停传感器与瓦斯传感器的联动识别滤除停电、停风后的瓦斯数据，及时对无效数据进行滤除。

2.7.3　应用情况

基于瓦斯涌出动态指标的突出预警技术及系统已在我国多个矿区进行应用，效果良好。例如，KJA 型瓦斯涌出动态特征突出预警系统于 2010 年在重庆市能投集团松藻煤电公司渝阳煤矿进行了试验。通过考察，建立瓦斯指标 A 和解吸指标 B 进行 7 号煤层煤与瓦斯突出危险性预警。其中，A 指标反映掘进面前方煤体可解吸瓦斯含量的变化趋势，其威胁区间为 [0.8，1)，危险区间为 [1，+∞)；B 指标反映煤体瓦斯解吸速度，间接反映煤的物理力学性质，其威胁区间为 [0.6，0.9)，危险区间为 [0.9，+∞)，实现了对工作面突出危险性的实时超前预警（图 2.30）。

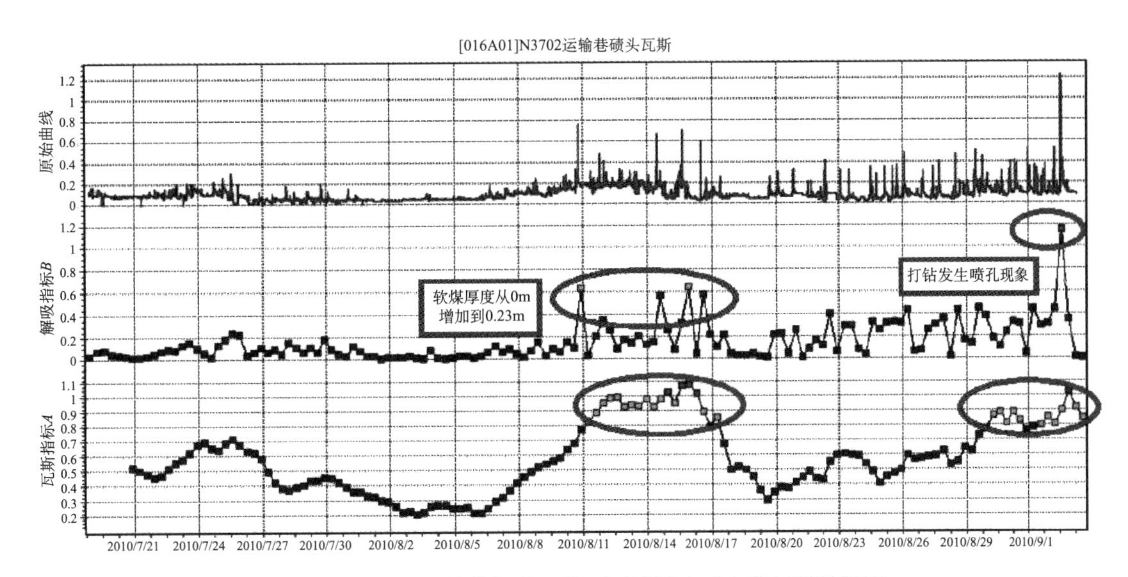

图 2.30　N3702 运输巷掘进工作面瓦斯涌出动态指标预警情况

KJ338 型瓦斯动态监测系统通过对淮南矿区潘一矿 2621（3）运输巷、1541（3）回风斜巷和谢一矿 5212（3）运输巷等掘进工作面瓦斯涌出过程进行研究，实测跟踪掘进巷道超过 1000m，分析了瓦斯涌出动态变化规律与突出危险性的关系，建立了矿井掘进工作面瓦斯动态预测方法，确定了淮南矿区 C13 煤层掘进工作面突出危险性瓦斯涌出动态监测敏感指标及其临界值：炮后 30min 瓦斯累计涌出量 Q_{30min} 指标临界值为 5.583m^3/t，炮后瓦斯涌出最大速率指标临界值为 0.294m^3/（min · t），实现了实时预报工作面突出危险性，达到安全生产的目的。

（本章主要执笔人：重庆研究院李建功，吕贵春，蒲阳，邓敢博；
沈阳研究院闫斌移，都锋，仇海生）

第3章 煤与瓦斯突出防治技术

重庆研究院、沈阳研究院在研究煤与瓦斯突出机理、防突技术措施与装备等方面做了大量开创性的工作，是参与建立防突技术体系、制定相关政策、规范、标准的中坚力量。

“十一五”以来，在突出机理“综合作用假说”的基础上，重庆研究院提出了“煤与瓦斯突出的力学作用机理”，明确指出：煤与瓦斯突出是煤体在固气两相力作用下发生的一种力学破坏现象。在此理论指导下，通过技术攻关，解决了一系列区域防突的技术难题，由此形成了以区域“四位一体”为主、局部“四位一体”补充的两个“四位一体”防突技术体系，并充实到2009年国家安监总局、国家煤监局制定的《防治煤与瓦斯突出规定》中，对有效遏制煤矿突出事故发挥了重要作用。区域防突技术措施方面，完善和大面积推广了保护层开采技术，多重保护层开采、近距离保护层开采、远距离保护层开采等试验，扩大了保护层开采的使用条件；预掘底板岩巷卸压防突技术为深井开采高地应力、高瓦斯复杂环境下的煤巷掘进提供了新的途径。大面积高效预抽煤层瓦斯的区域防突技术取得了钻孔施工技术与设备、大面积增渗技术与装备、抽采封孔工艺技术与材料、抽采效果检查工艺技术与装备等方面的重大突破。重庆研究院还研究并构建了瓦斯治理技术与管理的综合智能平台，形成了集信息化、自动化、智能化于一体的瓦斯治理成套技术与管理体系，提升了矿井瓦斯灾害管理水平与灾害防控能力。

3.1 煤与瓦斯突出的力学作用机理

煤与瓦斯突出防治技术研究中的一个重要环节是对煤与瓦斯突出机理的研究，即通过总结突出发生规律，对突出现象进行解释，讨论煤与瓦斯突出发生的原因、条件、能量来源及其发展过程，研究煤与瓦斯突出时的瓦斯涌出、冲击波的形成及其动力学特征，借以对突出预测预防和控制提供理论依据。重庆研究院在国家重点基础研究发展计划项目、国家自然科学基金项目等的支持下，通过大量研究，提出了“煤与瓦斯突出的力学作用机理”。力学作用机理表明：煤与瓦斯突出是煤体在固气两相力耦合作用下的力学破坏现象，固体力来自地层应力、构造应力、采动应力等，气体力来自煤体孔裂隙中的游离瓦斯压力、并得到煤体内吸附态瓦斯不断解吸补充。采掘活动破坏了煤体固气力的平衡，孕育了突出的力学破坏条件；煤体失稳激发突出，陡增的固气力梯度诱发煤体持续破坏，促使了突出的持续发展，直至形成新的力学平衡，突出才得以终止。煤体及围岩内积聚的固体弹性变形能与瓦斯气体膨胀能之和大于煤体突出所需能耗时，煤体具有潜在的突出危险性。软煤与构造是突出的主因，浅部的瓦斯、深部的瓦斯与地应力都会成为突出的主因。突出瓦斯－煤流运动速度超过固气介质声速时就会产生强冲击；突出涌出的大量瓦斯主要来自突出孔洞周围煤体的瓦斯；突出堆积物的分选性取决于突出物的粒径及其浮游特性。

3.1.1　煤与瓦斯突出的力学演化机制

根据力学破坏原理，深入分析煤与瓦斯突出统计特征的力学解释，并通过实验观测，提出了如图 3.1 所示的演化流程，可对突出发展过程进行合理解释。图中粗实线表示煤与瓦斯突出过程所必然出现的现象，而粗虚线则表示可能出现的现象。根据图 3.1 可知，煤与瓦斯突出过程必然经历孕育、激发、发展和终止四个阶段，在发展阶段则可能出现粉化发展、层裂发展、多次的暂停、再次激发和发展的循环。

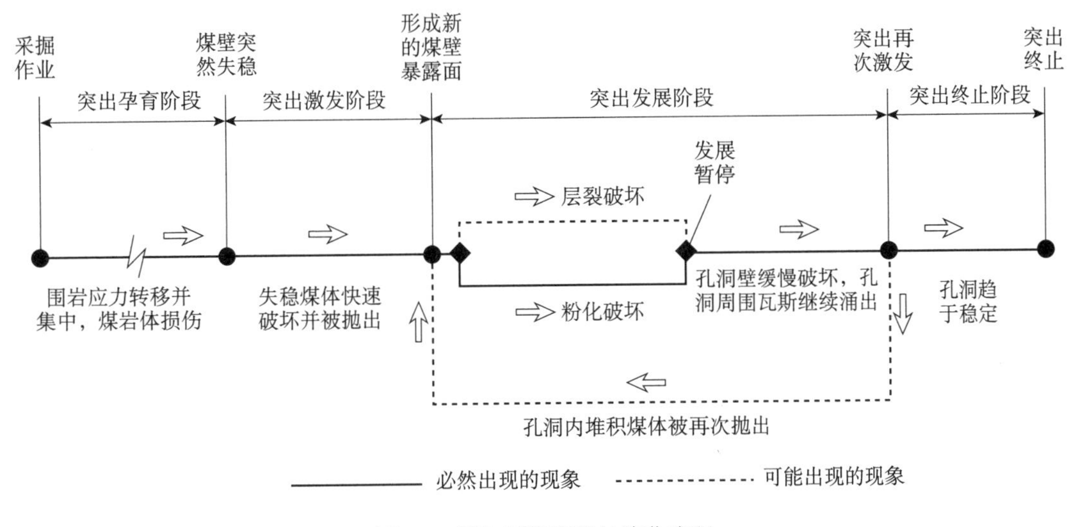

图 3.1　煤与瓦斯突出的演化流程

1. 突出的孕育

采掘作业破坏了原有的应力平衡，使原本由采掘空间内煤体承受的载荷向周围煤岩体转移，周围煤岩体承受更高的载荷而发生强度破坏、应变软化、流动变形，并形成应力集中，在煤壁前方形成一个支承压力极限平衡区。煤岩的这种准静态变形破坏为后续的突出激发准备了力学破坏的条件，为突出孕育阶段。

2. 突出的激发

当煤岩的变形和破坏达到了某种临界条件，或外界突然施加了一个扰动载荷时，煤岩破坏并失去承载能力（称之为失稳），其中储存的弹性势能和瓦斯内能快速释放，导致失稳煤体被快速破坏和抛出，并形成了最初的突出孔洞。从煤岩体失稳到形成最初的突出孔洞这一过程，称为突出激发阶段。

3. 突出的发展

突出激发以后，新形成的突出孔洞周围原来具有高地应力、高瓦斯压力的煤岩被突然暴露出来，在垂直于孔洞壁暴露面方向的地应力突然卸载，孔洞周围煤体内的吸附瓦斯快速解吸并向孔洞内流动，形成了高梯度的地应力和瓦斯压力条件。煤体在高梯度地应力、瓦斯压力的共同作用下快速破坏并被抛出，突出孔洞也逐渐扩大，这一过程称为突出发展阶段。根据具体力学条件的不同，突出发展阶段煤的破坏形式可分为粉化破坏和层裂破坏两种。其中层裂破坏只在特定的动力学条件才会出现，而粉化破坏在所有的破坏过程都会出现。

4. 突出的暂停和再次激发

在突出发展的后期，由于孔洞内堆积的碎煤和聚积的瓦斯对孔洞壁形成支撑力作用，且由于破坏速度减缓而使形成的卸载动力效应减弱，最终将无法满足煤的破坏条件而导致破坏停止，也即突出的暂停。突出暂停后，孔洞周围煤岩体会继续发生准静态的变形破坏，并持续向孔洞内涌出瓦斯，当孔洞内瓦斯压力升高到一定值时，会再次抛出孔洞内堆积的碎煤使孔洞壁煤岩的破坏继续进行下去，完成新一轮的突出发展，孔洞内破碎煤岩被再次抛出的过程，称为突出的再次激发。

5. 突出的终止

若突出暂停后，孔洞内不足以聚积足够高的瓦斯压力而再次抛出其中的破碎煤岩时，也即不会发生突出的再次激发，孔洞最终趋于稳定，突出即告终止。

3.1.2 煤与瓦斯突出发生的力学条件

煤与瓦斯突出发生的力学条件是煤与瓦斯突出力学作用机理的重要组成部分，也是突出预测预警技术的理论基础。根据分析认为，初始失稳条件、破坏的连续进行条件和能量条件是发生突出的充要条件。其中初始失稳条件和能量条件构成激发突出的充要条件，破坏的连续进行条件和能量条件构成突出发展的充要条件，能量条件同时是突出激发和发展的必要条件。

1. 初始失稳条件

突出激发前，煤岩体系统通常处于小变形状态。突出激发时，煤岩体系统在短时间内突然失去承载能力，发生剧烈的破碎和较大的变形，导致煤岩体系统失稳。当材料所承受的应力达到其力学强度极限时，首先发生局部破坏，随着应力的进一步作用，局部破坏面不断扩大，进而导致整个煤岩体系统失去承载能力，也即煤岩体系统失稳。煤岩体系统的失稳和局部破坏是两个不同的概念，局部煤岩体破坏并不意味着系统失稳，因为煤岩体在破坏后，仍能够通过其残余强度继续承载，即使该位置煤岩体完全失去了承载能力，其周围煤岩体仍可承载。因此，对失稳的研究首先要基于对破坏的研究，并找出随着破坏的发展而向失稳转变的条件，也即煤岩体系统的初始失稳条件。

2. 破坏的连续进行条件

破坏的连续进行条件主要是针对突出发展过程来说的。在突出的发展过程中，随着突出波阵面不断向前推进，处在突出波阵面上的煤体也逐渐破碎并被抛出。也就是说，某一时刻某一局部的煤岩破坏可导致后续时刻与其相邻的煤岩也发生破坏，这种过程持续下去就造成了煤岩的大范围破坏，突出实际上就是一个煤岩体连续破坏的过程，因此发生突出还必须满足煤岩体破坏的连续进行条件。

在突出发展过程中，深部煤岩体本应是处于力学平衡状态的，但因浅部煤岩体的破坏抛出使深部煤岩体暴露，其受力状态发生改变，也形成较大的瓦斯压力差，在这种应力和瓦斯压力作用下，煤壁将继续破坏并抛出，使得突出可以连续地进行。与突出激发时的初始失稳条件一样，破坏的连续进行条件也是以煤岩的强度破坏为前提的。分析破坏的连续进行条件，首先要分析煤岩体如何达到强度破坏条件，进而分析这种破坏的传播条件。

3. 能量条件

能量条件即必须要有足够的能量，使煤岩体发生破碎并被抛出，并且其动力效应要能达到煤与瓦斯突出的程度。因为突出是一种动力现象，突出过程实际上是能量的转移、聚积和释放过程，这个过程必须满足热力学第一定律。对于某一范围内的煤岩体，能量条件可以表示为

$$W_1+W_2+W_3+W_4=A_1+A_2+A_3 \tag{3.1}$$

式中，W_1 为突出范围内煤岩体的弹性势能；W_2 为突出范围内煤岩体的瓦斯内能；W_3 为突出范围内煤岩体的重力势能；W_4 为周围煤岩体对突出范围内煤岩所做的功；A_1 为煤岩体的破碎功；A_2 为煤岩体的抛出功；A_3 为其他能量耗散，如煤体发热、声发射等。

式（3.1）所表达的是突出发生演化必然遵守的能量条件。对于不同突出阶段，能量条件表达式并不相同，这不仅表现在各子项的计算方法不同，也表现在数值量级的不同。为简化起见，不考虑煤层顶底板及周围煤岩体以及重力对突出范围内煤体的做功，同时声发射、热量放散等的能量损耗忽略不计。则在突出激发时的能量关系可改写为

$$W_1+W_2=A_1+A_2 \tag{3.2}$$

以煤巷掘进工作面为例，掘进工作面前方有两个区：塑性和弹性变形区。掘进进尺 L 后，原弹性区的一部分成为塑性区，释放能量，参与释放能量的煤岩范围设定为球形，如图 3.2 所示。

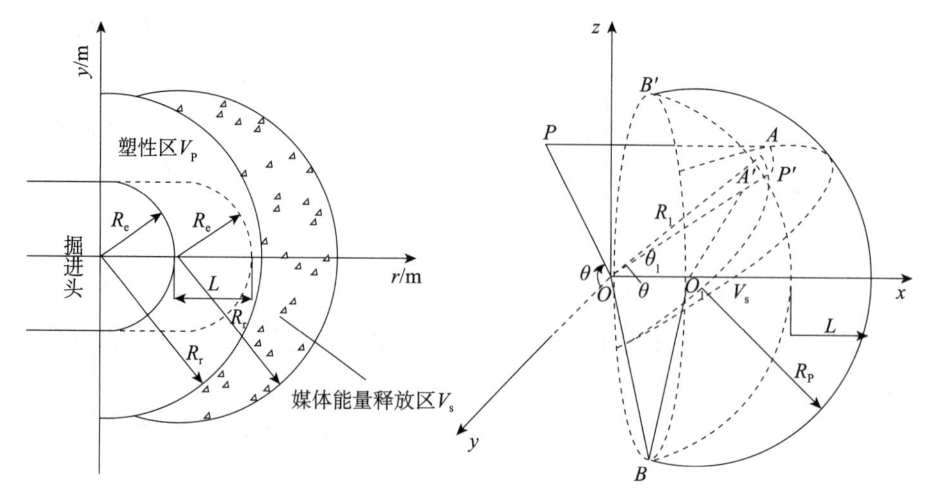

图 3.2　进尺 L 后能量释放区及其取值范围

令煤体能量释放区体积为 V_s，则能量释放区内煤体释放的能量可表示为

$$W_1=\int_{V_S} U^e \mathrm{d}V=\iiint_{V_S} U^e \sin\psi r^2 \mathrm{d}\psi \mathrm{d}\theta \mathrm{d}r \tag{3.3}$$

在图 3.2 中，设进尺前，破裂带球心为 O，进尺 L 后，新的破裂带球心为 O_1，有 $OO_1=L$，原破裂带、新破裂带半径均为 R_P。由几何关系可得：

$$r_A^2+L^2-2r_A L\cos(\theta_A)=R_P^2 \tag{3.4}$$

$$R_P^2+L^2-2R_P L\cos(\theta_B)=R_P^2 \tag{3.5}$$

通过分析，可得能量释放区的取值范围：

$$\begin{aligned} &r \in \left(R_P, L\cos\psi+\sqrt{R_P^2-L^2\sin^2\psi}\right) \\ &\psi \in \left(0, \arccos\frac{L}{2R_P}\right) \\ &\theta \in (0, 2\pi) \end{aligned} \tag{3.6}$$

其体积为

$$V_S=\iiint \sin\psi r^2 \mathrm{d}\theta \mathrm{d}r \mathrm{d}\psi = 2\pi \int_0^{\arccos(L/2R_P)} \sin\psi \int_{R_P}^{L\cos\psi+\sqrt{R_P^2-L^2\sin^2\psi}} r^2 \mathrm{d}r \mathrm{d}\psi \tag{3.7}$$

1）突出释放的弹性能

设掘进前破裂带体积为 V_P，掘进后新增破裂带体积为 V_S，掘进前弹性区的应力为 $\sigma_{\theta t}$、$\sigma_{\psi t}$ 和 σ_{rt}，单位体积煤体可释放的弹性应变能为

$$U^e=\frac{1}{2E}[\sigma_{\theta e}^2+\sigma_{\psi e}^2+\sigma_{re}^2-2\mu(\sigma_{\theta e}\sigma_{\psi e}+\sigma_{\psi e}\sigma_{re}+\sigma_{\theta e}\sigma_{re})] \tag{3.8}$$

式中，E 为煤体的弹性模量；μ 为泊松比。

假设：

（1）煤层在工作面前方整个平面内无限延伸，即其厚度足够大。

（2）煤层内的原始地应力场为均质且各向等压。

（3）该煤层内部是连续的、均质的且各向同性。

（4）煤体自身的重力可忽略不计。

（5）考虑刚刚揭露时，煤体内的瓦斯压力是处处相等的。

根据以上假设得塑性区切向有效应力

$$\sigma_{\theta p}=\sigma_{\psi p}=\frac{0.1+c\cot\varphi}{1-a_1}\left[\frac{1+\sin\varphi}{1-\sin\varphi}\left(\frac{r}{R_0}\right)^{\frac{4\sin\varphi}{1-\sin\varphi}}-1\right]+\frac{0.1-pa_1}{1-a_1} \tag{3.9a}$$

塑性区径向有效应力为

$$\sigma_{rp}=\frac{0.1+c\cot\varphi}{1-a_1}\left[\left(\frac{r}{R_0}\right)^{\frac{4\sin\varphi}{1-\sin\varphi}}-1\right]+\frac{0.1-pa_1}{1-a_1} \tag{3.9b}$$

式中，a_1 为破裂带中煤体单位表面上孔隙所占面积比；φ 为煤体的内摩擦角；c 为煤体的内聚力；p 为煤体孔隙中的瓦斯压力。

弹性区切向有效应力为

$$\sigma_{\theta e}=\sigma_{\psi e}=\frac{1}{1-a_2}\left\{w_0\left(1+\frac{R_P^3}{2r^3}\right)-0.1\frac{R_P^3}{2r^3}-\frac{R_P^3}{2r^3}(0.1+c\cot\varphi)\left[\left(\frac{R_P}{R_0}\right)^{\frac{4\sin\varphi}{1-\sin\varphi}}-1\right]\right\}-\frac{p_0a_2}{1-a_2} \tag{3.9c}$$

弹性区径向有效应力为

$$\sigma_{re}=\frac{1}{1-a_2}\left\{w_0\left(1-\frac{R_P^3}{r^3}\right)+0.1\frac{R_P^3}{r^3}+\frac{R_P^3}{r^3}(0.1+c\cot\varphi)\left[\left(\frac{R_P}{R_0}\right)^{\frac{4\sin\varphi}{1-\sin\varphi}}-1\right]\right\}-\frac{p_0a_2}{1-a_2} \tag{3.9d}$$

式中，R_P 为塑性区的半径；$w_0=\sigma_0(1-a_2)+p_0a_2$，$\sigma_0$ 为原岩应力，且 R_P 可表示为

$$R_P=R_0\left[\frac{3(w_0+c\cot\varphi)(1-\sin\varphi)}{(3+\sin\varphi)(0.1+K\cot\varphi)}\right]^{\frac{1-\sin\varphi}{4\sin\varphi}} \tag{3.10}$$

利用式（3.9）、式（3.10），式（3.8）可表示为

$$U^e=\frac{1}{2E}\left[(3-6\mu)\sigma_0^2+\frac{(3-6\mu)\sigma_0R_P^3k_1}{(1-a_2)r^3}+\frac{2.25R_P^6k_1^2}{(1-a_2)^2r^6}\right] \tag{3.11}$$

式中，$k_1=-w_0+0.1+(0.1+c\cot\varphi)\left[\left(\frac{R_P}{R_0}\right)^{\frac{4\sin\varphi}{1-\sin\varphi}}-1\right]$；$a_2$ 为弹性带中煤体单位表面上孔隙所占

面积比。R_{P1} 可表示为

$$R_{P1} = L\cos\psi + \sqrt{R_P^2 - L^2\sin^2\psi} \tag{3.12}$$

则煤体能量释放区可释放的弹性势能可表示为

$$W_1 = \frac{\pi(1-2\mu)\sigma_0^2 R_P^3}{E}\int_{\frac{L}{2R_P}}^{1}\left[\left(\frac{R_{P1}}{R_P}\right)^3 - 1 + \frac{3k_1}{(1-a_2)\sigma_0}\ln\frac{R_{P1}}{R_P} + \frac{2.25k_1^2}{3(1-a_2)^2\sigma_0^2}\left(1-\frac{R_P^3}{R_{P1}^3}\right)\right]\mathrm{d}\cos\psi \tag{3.13}$$

对式（3.13）作数值积分，可得 W_1 的数值解。

2）突出消耗的瓦斯内能

突出发生过程中，一方面游离瓦斯体积膨胀释放内能，另一方面部分吸附瓦斯解吸为游离瓦斯并吸热，要准确分析突出过程中瓦斯内能的变化比较困难。假设吸附瓦斯解吸时热能由煤体补偿，即采用等温过程进行热力学分析瓦斯内能变化。

煤体弹性能量释放区（V_S）中的孔隙率为 η，瓦斯压力为 p_0，突出发生前，煤体孔隙中含有游离瓦斯的瓦斯体积为 ηV_S。则可得瓦斯膨胀能：

$$W_2=\xi\eta V_S p_0 \ln(p_0/p_a) \tag{3.14}$$

式中，ξ 为比例系数；p_a 为突出后某一时刻的瓦斯压力。在分析突出发生的临界条件时，$\xi>1.0$，以表征除了初始为游离状态的瓦斯参与突出做功以外，部分吸附瓦斯通过解吸变为游离瓦斯，也参与突出做功。

3）突出煤的破碎功

突出激发时会发生煤体材料的强烈破碎。破碎时消耗的能量与材料的新增表面积及有效表面能成正比。考虑到突出发生前煤体内部已经存在了大量的裂隙面，新增表面积难以计量，根据对全国各主要突出矿井 21 个煤样的冲击破碎试验得到煤体破碎功的表达式：

$$A_1=46.914f^{1.437}Y_{P1}^{1.679}B \tag{3.15}$$

式中，Y_{P1} 为破碎成 0.2mm 以下粒度煤样质量占总煤样质量的比例，%；B 为突出煤体的质量，t。

根据式（3.7）失稳煤体体积表达式，式（3.15）可表示为

$$A_1=46.914\gamma V_S f^{1.437}Y_{P1}^{1.679} \tag{3.16}$$

式中，γ 为煤的密度，t/m^3。

式（3.16）中 Y_{P1} 可按照突出停止后煤样的筛分数据获得，并考虑到突出激发时的破碎功显然应比突出结束时的结果小，再对其乘以某一折减系数得到。如根据对六枝矿务局化处煤矿实际突出煤体的筛分结果，突出 180t 煤炭时，Y_{P1}=20，取折减系数为 0.7，激发突出时所需的煤体破碎功可改写为

$$A_1=5021.1f^{1.437}\gamma\times V_S \tag{3.17}$$

4）突出煤体的抛出功

煤体的抛出功就是碎煤抛出时的动能可表示为

$$A_2=\frac{mv^2}{2}=\frac{1}{2}\gamma V_S v^2 \tag{3.18}$$

式中，A_2 为煤的抛出功，kJ；v 为碎煤抛出的速度，m/s。

根据苏联“红色国际工会”矿杰列卓夫卡煤层的突出实测资料，可知抛出碎煤的传播速度为 17.6～55.5m/s。研究突出发生的临界能量条件时，可以认为抛出碎煤的初始速度一般较小，可取 v=1.0～5.0m/s，即分析突出临界条件时，甚至煤的抛出功可以忽略不计。

由此得煤与瓦斯突出发生的临界能量条件为

$$\begin{aligned}&\frac{\pi(1-2\mu)\sigma_0^{\,2}R_P^{\,3}}{E}\int_{\frac{L}{2R_P}}^{1}\left[\left(\frac{R_{P1}}{R_P}\right)^3-1+\frac{3k_1}{(1-a_2)\sigma_0}\ln\frac{R_{P1}}{R_P}+\frac{2.25k_1^{\,2}}{3(1-a_2)^2\sigma_0^{\,2}}\left(1-\frac{R_{P1}^{\,3}}{R_{P1}^{\,3}}\right)\right]\mathrm{d}\cos\psi\\&\xi\eta V_S p_0\ln\left(\frac{p_0}{p_a}\right)=46.914\gamma V_S f^{1.437}Y_{P1}^{\,1.679}+\frac{1}{2}v^2\gamma V_S\end{aligned} \tag{3.19}$$

4. 三个条件之间的关系

图 3.3 所示为发生煤与瓦斯突出时所需要满足的各种条件。即满足初始失稳条件和能量条件时，将激发突出；在突出激发后，满足破坏的连续进行条件和能量条件时，突出才可能进一步发展；突出的激发和发展合起来构成一次完整的煤与瓦斯突出。

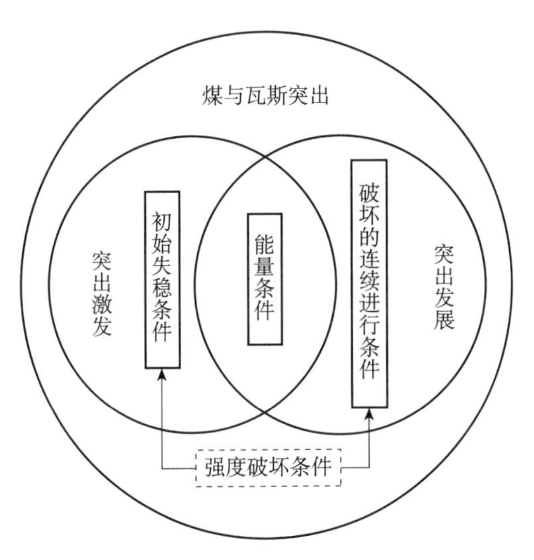

图 3.3　煤与瓦斯突出条件

3.1.3　突出煤－瓦斯两相流运动规律及动力效应

在煤与瓦斯突出的过程中，由于煤体内部不同的应力状态和突出能量，从突出洞口喷出的粉煤瓦斯流能够产生或大或小的动力效应，正是这种动力效应摧毁矿井设施、堵塞井巷空间、促使风流逆转、造成瓦斯浓度超限，甚至引发人员窒息、瓦斯爆炸、瓦斯煤尘爆炸等恶性事故，严重威胁矿井生产安全。因此，研究煤与瓦斯突出时突出煤和瓦斯两相流的运动规律和动力效应对研究煤与瓦斯突出致灾机理、控制煤与瓦斯灾害具有重要的意义。通过一系列研究主要得到如下进展：

（1）从气体动力学和多相流体力学角度对煤与瓦斯突出过程中孔洞内煤－瓦斯两相流的运动参数进行了探讨，得出在煤与瓦斯突出过程中，煤－瓦斯两相流的出口流动状态与孔洞形态、瓦斯压力、煤体破坏速度、瓦斯含量等因素密切相关，不同强度的煤与瓦斯突出过程，两相流的运动状态不同。在常规的口小腔大的孔洞中，当煤－瓦斯两相流的速度在孔洞口达到固气介质声速时的状态，称为临界状态。煤与瓦斯突出过程中波浪式的冲击过程可能由两种原因引起：一种原因是由于突出过程中煤体破坏速度的不足，使得孔洞中煤和瓦斯量的不足引起突出间断；另一种原因是当煤－瓦斯两相流达到临界运动状态时，突出煤岩体块度的不均匀使得孔洞口有效截面面积减小，造成流动壅塞，突出骤然停止，短暂间歇后再次喷出，从而出现有间隔的冲击声。

（2）从对煤与瓦斯突出的动力效应理论研究入手，提出了煤与瓦斯突出过程中关于冲击波破坏的新见解。当孔洞中喷出的煤－瓦斯两相流未超过临界状态或处于低度未完全膨胀状态时，流体在巷道空间完全膨胀后的速度较低，产生的冲击波超压值较小。当出口处流体处于高度或超高度未完全膨胀状态且巷道空间足够大时，流体将在巷道空间内进行“爆炸式”加速过程并可能产生强冲击波。当高度或超高度未完全膨胀流体在空间受限的巷道中膨胀时，最终形成的冲击波的超压值较小，但两相流的动压和膨胀过程中的气体静压可能会严重破坏矿井生产设备或设施。

（3）根据两相流的气固输送理论，建立了煤－瓦斯两相流在巷道中流动的数学模型，并模拟了给定初速度的煤－瓦斯两相流在巷道中流动的速度分布。结果显示，随固相体积分数的增大，巷道同一截面上的速度分级与沉降特性明显增大，流体的流动性降低。沿巷道水平方向，两相流在流动方向上速度不断衰减，速度分布图显示不同速度的分级界面有一定的坡度。这些特点和突出现场实测数据的分布规律是吻合的。

3.1.4 煤与瓦斯动力灾害新的分类方法

我国煤矿开采逐步向深部拓展，在深部矿井实际发生的一些动力灾害，其具体类型难以明确地进行界定，并且也发生过各类动力灾害互相诱导的情况。目前，由于对煤岩瓦斯动力灾害没有形成统一的认识与分类鉴定方法，一定程度上阻碍了灾害事故预防控制技术的发展。

1. 煤岩瓦斯动力灾害新特征与分类

根据对全国部分矿区高瓦斯煤层发生冲击地压和突出的调研分析发现，含瓦斯煤层发生的动力灾害往往表现出兼具煤与瓦斯突出和冲击地压两种灾害的特征。因此，研究团队在分析煤岩系统破坏失稳过程中能量来源的基础上，结合冲击地压和煤与瓦斯突出发生的能量需求，建立了发生煤岩瓦斯动力灾害的统一能量方程，同时依据地应力和瓦斯参与程度的不同，以及各类煤岩瓦斯动力灾害的表现形式重新对煤岩瓦斯动力灾害进行统一的分类，如图 3.4 所示。

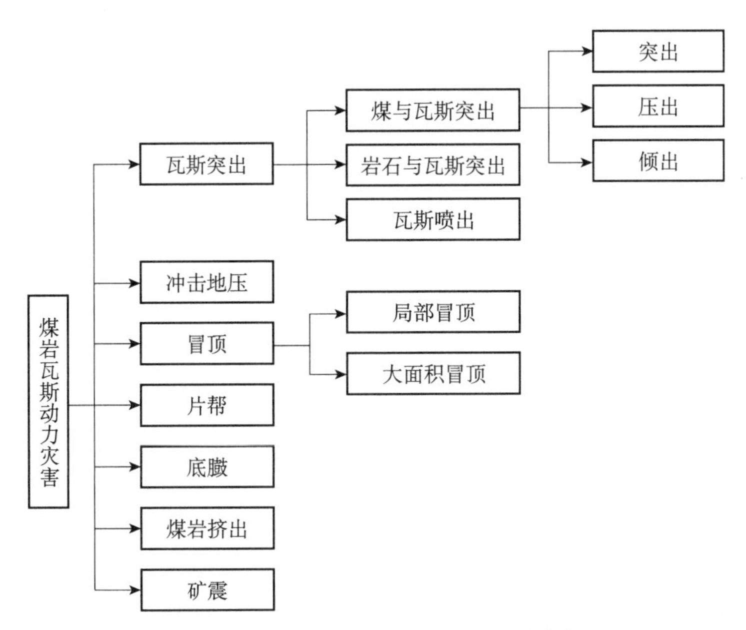

图 3.4　煤岩瓦斯动力灾害提出新的分类方法

2. 冲击地压与煤岩瓦斯突出的统一理论

就其主要特征而言，冲击地压、煤与瓦斯突出都是煤岩介质突然破坏引起的动力现象，都是煤岩所组成的力学系统在外界扰动下发生的动力破坏过程。两种灾害都可分为孕育、激发、发展和终止四个阶段。但灾害的发生条件、能量来源和破坏形式等，两者存在着明显的差异。在灾害的孕育激发过程中，瓦斯主要以体积力的形式作用于煤体。从冲击发生的角度，瓦斯的存在将对煤体的冲击倾向性产生影响，但两种灾害破坏失稳能量均是以煤岩的弹性应变能为主。冲击地压或煤的挤出均可看作是煤与瓦斯突出的孕育激发阶段，如果接续的发展仍是以应力主导，那就是冲击地压或煤的挤出，这种灾害发展的可持续性低。如果瓦斯能量满足突出发展的连续条件，即可转化为煤与瓦斯突出。因此，煤岩与瓦斯突出、冲击地压、煤岩与瓦斯挤出几种灾害形式的演化过程都可统一用图 3.5 来表示。高瓦斯煤层冲击地压与突出的本质区别在于瓦斯参与程度的不同，同时还应考虑由于采深、瓦斯等条件变化所带来的应力和煤岩本身的物理力学性质变化的影响。而两者的诱发转化机制也主要从以上几个方面加以分析。

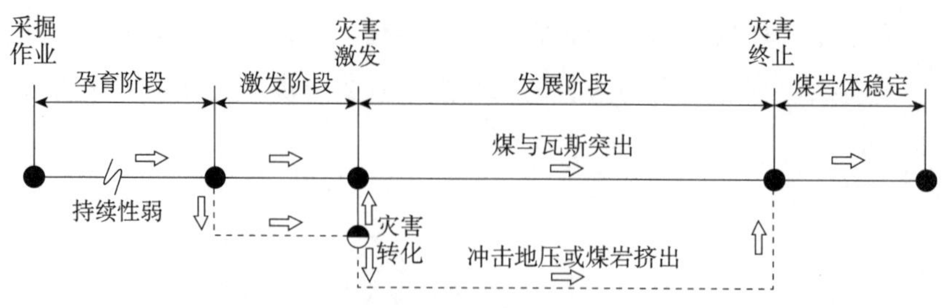

图 3.5　煤岩瓦斯动力灾害的演化过程

长期以来，重庆研究院一直致力于煤与瓦斯突出机理研究，在煤与瓦斯突出演化机制、发生条件、突出煤－瓦斯两相流运动规律以及煤岩复合动力灾害辨识等方面提出了新的见解，形成“煤与瓦斯突出的力学作用机理”理论，并在 *International Journal of Rock Mechanics and Mining Sciences*、*International Journal of Coal Geology*、《煤炭学报》等国内外期刊发表多篇优秀论文，出版相关专著 1 部，研究成果获得了国内外学者的认可。“十二五”期间，依托瓦斯灾害监控与应急技术国家重点实验室等，构建了大型煤与瓦斯突出模拟试验系统，拟基于此，在已有成果基础上进一步量化分析煤与瓦斯突出的机理模型。

3.2　综合防治煤与瓦斯突出技术体系

随着矿井采深的加大，突出防治难度日益增加，原有相关规定中确立的以局部防突措施为主的“四位一体”防突技术体系已不再适应新的形势发展需要，面对原有技术措施防范不力、突出事故日益增多的现实状况，重庆研究院、沈阳研究院等适时提出了以区域防突措施为重点的两个“四位一体”防突技术体系，并成为 2009 年制定的《防治煤与瓦斯突出规定》的主要内容，在全国突出矿井得到了强制推行，对遏制突出事故、减少人员伤亡起到了非常重要的作用。

3.2.1　新的防突技术体系基本流程

新的防突技术体系主要包含三部分内容：突出矿井（煤层）的评估和鉴定、区域综合防突措施、局部综合防突措施，一般称为两个“四位一体”防突技术体系。基本的流程是在对突出矿井（煤层）进行评估或鉴定的基础上，对突出煤层采取两个“四位一体”综合防突措施，体现了防突工作坚持“区域防突措施先行、局部防突措施补充”的原则。防突技术体系的流程参见图 3.6。

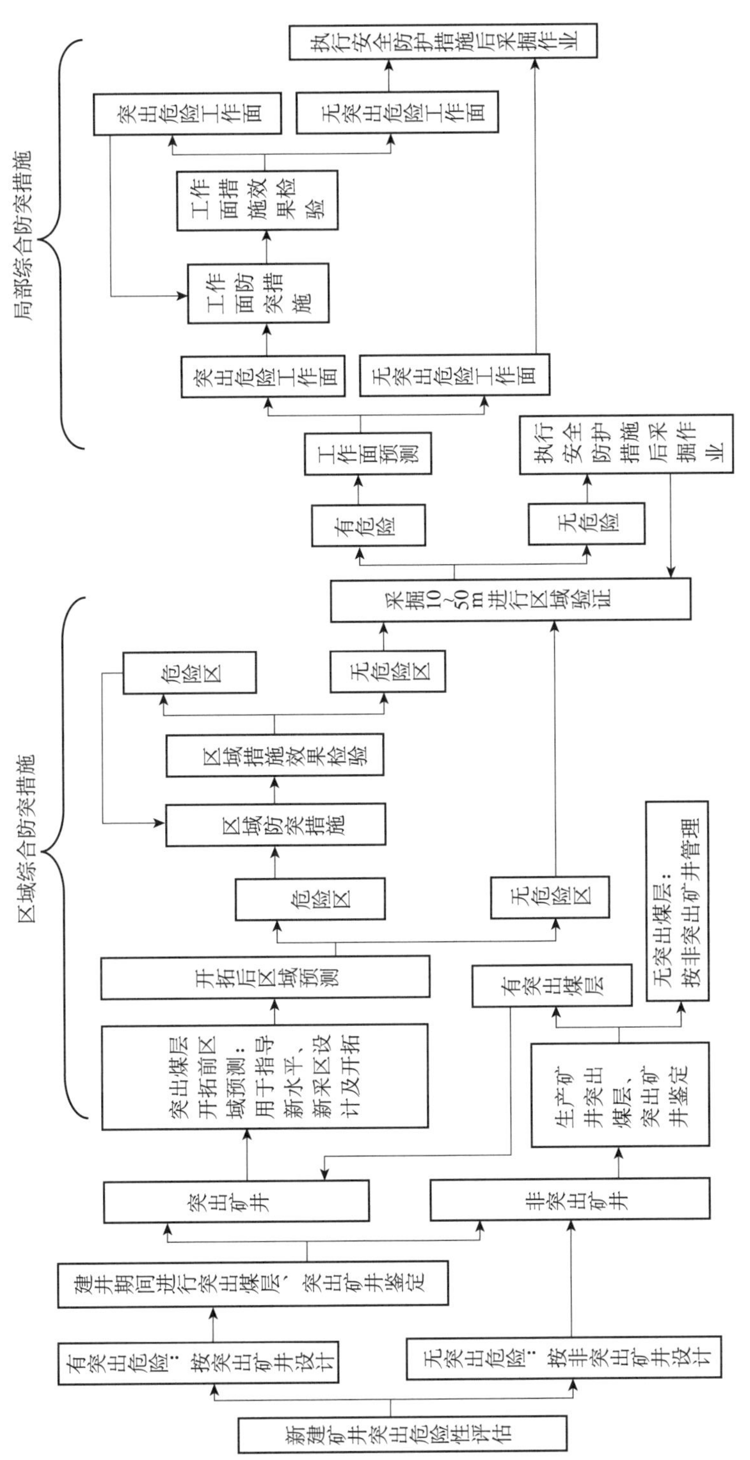

图 3.6　煤与瓦斯突出防治技术体系基本流程

3.2.2 防突技术体系的主要内容

1. 煤层突出危险性鉴定方法

首先，重新定义了突出矿井和突出煤层的术语含义，扩展了两个术语的外延，体现了预防为主的精神。突出煤层是指在矿井井田范围内发生过突出或经鉴定认定有突出危险的煤层，突出矿井是指在矿井的开拓、生产范围内有突出煤层的矿井。

通过基础理论研究和对突出鉴定中出现的一些问题分析，重庆研究院2006年修订了1996年颁布的标准《煤与瓦斯突出矿井鉴定规范》，对鉴定的指标和判断标准作出了进一步规范，增加了突出预兆和吨煤瓦斯涌出量关键指标，2011年又在《矿井瓦斯等级鉴定暂行办法》中增加了新的内容，当四项鉴定指标不完全满足判断标准时，提出采用关键指标判断的方法。新的鉴定方法主要内容如下：

煤层突出危险性鉴定首先按照实际发生的动力现象进行，在没有发生瓦斯动力现象或瓦斯动力现象的特征不明显时，根据实际测定的煤层最大瓦斯压力 P、煤的破坏类型、煤的瓦斯放散初速度 ΔP 和煤的坚固性系数 f 等指标进行鉴定。在打钻过程中发生喷孔、顶钻等突出预兆的，确定为突出煤层。各项鉴定指标均符合表3.1所列临界值的，确定为突出煤层。煤层突出危险性指标未完全达到上述指标的，测点范围内的煤层突出危险性由鉴定机构根据实际情况确定；当 $f \leqslant 0.3$ 时、$P \geqslant 0.74$MPa，或当 $0.3 < f \leqslant 0.5$ 时、$P \geqslant 1.0$MPa 或当 $0.5 < f \leqslant 0.8$ 时、$P \geqslant 1.50$MPa，或 $P \geqslant 2.0$MPa 的，一般确定为突出煤层。

表3.1 判定煤层突出危险性单项指标的临界值及范围

项目	煤的破坏类型	瓦斯放散初速度 ΔP	煤的坚固性系数 f	煤层瓦斯压力 P /MPa
有突出危险的临界值及范围	Ⅲ、Ⅳ、Ⅴ	≥10	≤0.5	≥0.74

2. 区域综合防突措施及相关技术装备

明确了区域综合防突措施的内容：包括区域突出危险性预测、区域防突措施、区域措施效果检验、区域验证四个环节。

提出了开拓前区域预测和开拓后区域预测的两个阶段和预测结果的不同使用范围，明确提出了瓦斯参数结合瓦斯地质分析的区域预测方法。在区域防突措施方面，提出了有保护层开采条件的矿井必须开采保护层的要求以及保护层选择的原则，无保护层开采条件时必须采取大面积区域预抽煤层瓦斯的区域措施，并提出了预抽瓦斯措施方式的选择顺序和各种抽采方式时的钻孔控制范围要求。在区域措施效果检验环节，提出了采用残余瓦斯压力或瓦斯含量作为评判的新指标，并且给出了评判标准。区域验证方面提出了区域验证的方法和不同验证结果的处理原则，当验证有危险或出现明显突出预兆时启动局部综合防突流程。

区域防突措施相关技术和装备包括：区域预测及效果检验方法、指标及其测定技术；保护层选择方法、参数考察方法及相关设备；预抽煤层瓦斯区域防突措施设计方法、施工工艺及装备；提高预抽瓦斯效果的工艺技术和装备等。

3. 局部综合防突措施

局部综合防突措施和原《防治煤与瓦斯突出细则》中的“四位一体”防突措施基本一致，包括工作面突出危险性预测、工作面防突措施、防突措施效果检验和安全防护措施。在局部细节方面提出了一些修改，将原来用于区域预测的综合指标 D、K 值改为用作石门揭煤预测指标之一，将钻孔瓦斯涌出速度指标的测量室长度统一规定为 1m，将钻孔法的预测深度统一为 8～10m，在防突措施方面主要变化是增加了一些包括煤体固化在内的新局部防突措施。

3.2.3　基于监控预警的防突技术体系

1. 基本思路

在“十二五”期间，重庆研究院研发了基于监控预警的两个“四位一体”综合管控平台，利用信息化手段，从监测防突工作各环节的安全隐患和异常信息入手，将两个“四位一体”防突过程纳入信息化管控，建立了基于监控预警的两个“四位一体”防突技术体系（图 3.7）。

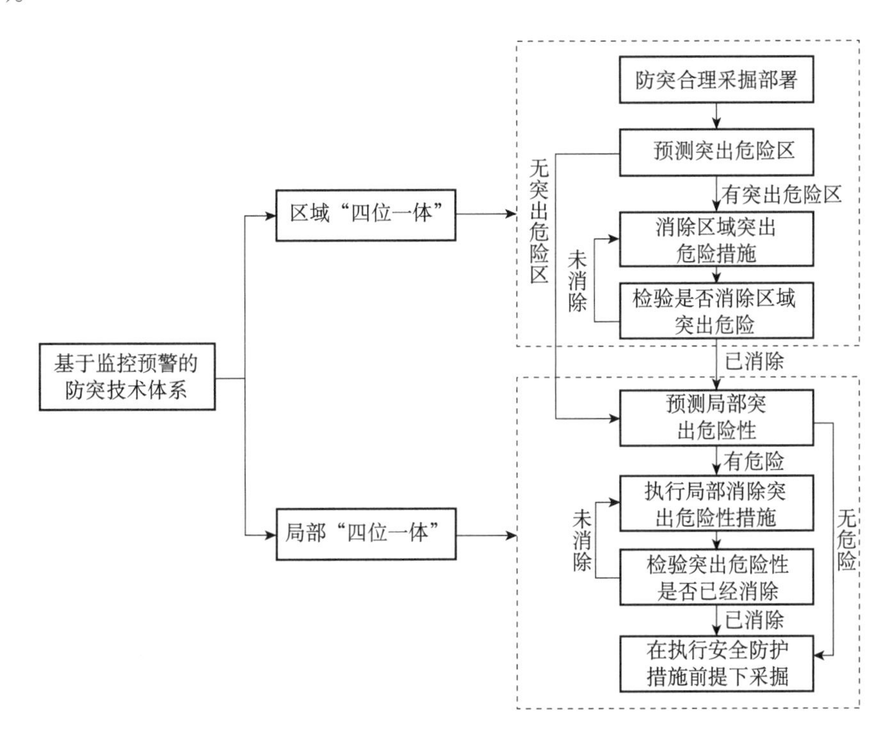

图 3.7　基于监控预警的防突技术体系

基本思路是从煤岩层客观危险、人为防突技术措施缺陷及人为管理措施缺陷进行监控，当出现异常信息或存在安全隐患时发布预警信息，进行及时处理。依据区域预测、采掘工作面预测及工程施工过程中实际揭露的资料，判断待采掘区域和工作面的突出危险状态。消除突出危险技术措施缺陷主要依赖于相应技术法规、工程设计专家经验判定实际执行消除突出危险技术措施竣工参数是否符合要求，适应具体地质条件及开采条件。管理措施缺陷同样依赖于相关法律、法规、标准规范、规章制度来判定人的行为、设备设施状态、管理制度及其执行情况等是否合规。

2. 关键技术及装备

研发了可以无线接入的一系列关键参数传感器，包括具有上传式功能的突出危险预测仪、移动式数据采集仪、采掘工作面定位仪、钻机施工轨迹自动监测仪、物探设备分析结果上传软件接口、煤层瓦斯含量测定结果自动上传软件接口等。

研发了两个“四位一体”防突综合管控平台软件（图 3.8），包括瓦斯地质自动分析系统、防突钻孔轨迹在线分析系统、区域瓦斯预抽在线达标评判系统、防突措施动态管理与分析系统、瓦斯涌出动态指标监测分析系统、矿压监测分析系统等。

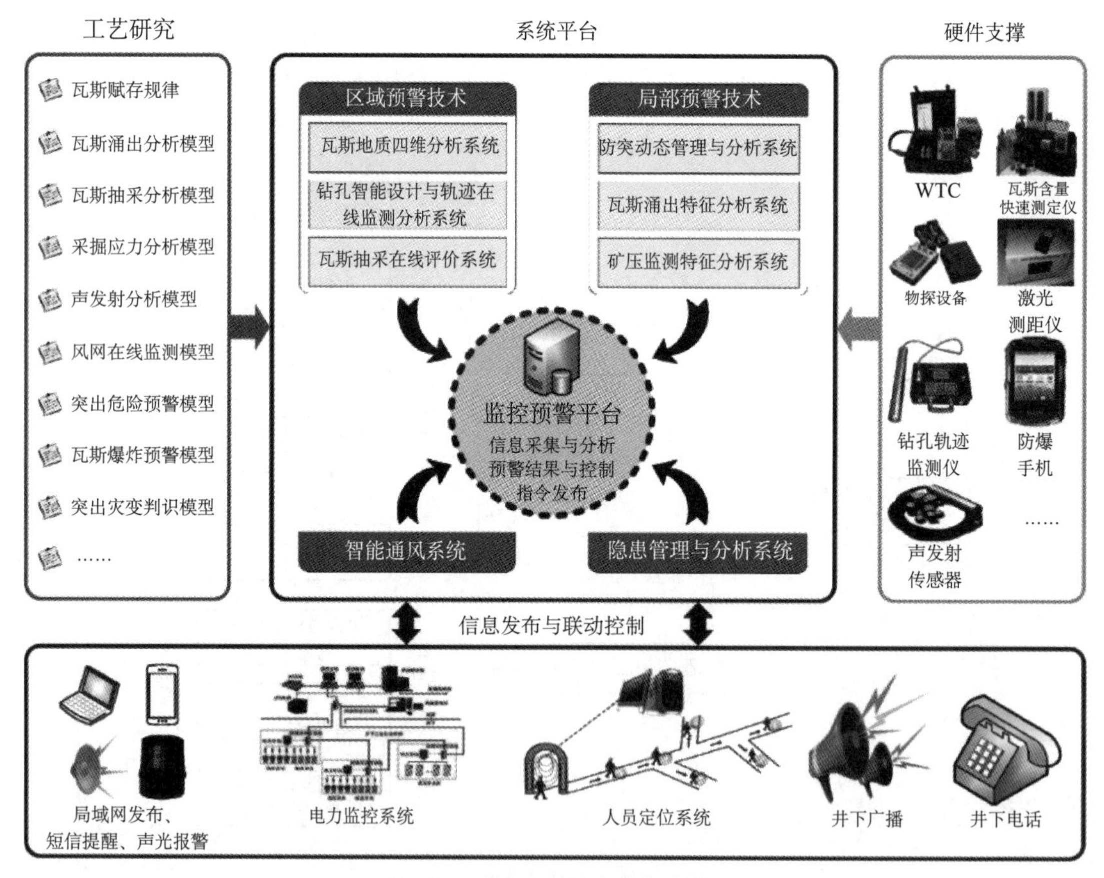

图 3.8 煤与瓦斯突出危险性监控预警平台

3. 应用情况

煤与瓦斯突出监控预警系统在河南平煤、焦作和贵州水城等矿区 30 余对矿井进行了全面应用，及时掌握防突过程的各种动态信息，成功捕捉到多次地应力为主导的动力现象以及各种异常（地质异常、瓦斯涌出异常、应力集中等）100 余次，“状态”预警准确率达到 85% 以上，“趋势”预警准确率达到了 90% 以上，为煤矿的安全生产提供了保障。

3.3 深井煤岩与瓦斯复合型动力灾害防治技术

在深井高强度开采条件下，我国安徽、河南、辽宁、江西等地区的部分煤矿进入深部开采过程中出现了以地应力为主导作用的复合型动力灾害，其中部分煤层为非突出煤层且瓦斯压力、瓦斯含量相对较低，煤层相对较硬。重庆研究院与国投新集能源有限公司合作，于 2009 ～ 2015 年开展了深井煤岩与瓦斯复合动力灾害防治技术研究与应用，实现了口孜东矿安全高效建设与投产。

3.3.1 技术原理

针对高地应力、高地温及复杂瓦斯赋存的应力主导型煤岩与瓦斯复合动力灾害，通过分析地勘瓦斯资料、煤岩力学特性，进行煤岩与瓦斯动力灾害危险分类属性评估，应用多因素耦合分析方法对目标煤层采掘工作面进行动力危险区域预测，采用“瓦斯预抽达标、注水降冲有效”的针对性复合区域措施及钻屑法工作面危险预测、支架工作阻力在线监测、强化支护、大直径钻孔卸压等局部防治措施，实现安全高效生产。

3.3.2 技术要点及适用条件

1. 技术要点

主要针对高地应力、低瓦斯含量的应力主导型动力灾害，综掘、综采工作面采取区域和局部两级“四位一体”动力灾害综合防治技术，主要技术要点如下：

（1）基于对深井煤岩与瓦斯动力灾害煤岩弹性能、瓦斯内能的气 - 固耦合作用效应研究，结合煤岩瓦斯动力灾害复合型能量转化机制，将煤岩与瓦斯动力现象分为典型煤岩动力灾害（冲击地压、煤与瓦斯突出）与非典型煤岩动力灾害（煤与瓦斯压出、煤与瓦斯冲击等复合型动力灾害）。

（2）分析矿井地勘瓦斯地质资料，评估目标煤层突出危险性；分析矿井地质和开采等影响因素，评估目标煤层冲击危险性。

（3）根据实测煤岩瓦斯基本参数，分别进行冲击危险性、突出危险性及煤与瓦斯动力灾害属性鉴定，为合理选择防治技术提供依据。

（4）在抽采达标的基础上，将以卸压防冲为主的防治技术作为应力主导型采掘工作面动力灾害区域防治技术。①采用分源预测法预测工作面正常回采期间瓦斯涌出量，根据综采工作面回采设计配风量，研究合理的瓦斯治理技术并确定相关抽采参数。②基于瓦斯含量法测定钻孔有效抽采半径，考察不同抽采时段的抽采半径，优化综采面顺层钻孔非等间距布置参数，减少顺层钻孔布置数量，保证工作面正常回采期间煤壁前方一定距离内瓦斯抽采达标。③采用钻场内钻孔“两堵一注”聚脲酸酯带压封孔工艺，提高瓦斯预抽与注水降冲效果，实现一孔两用的目标。④对于一般危险区可通过控制回采速度、加强顶板管理等措施进行防控；对于中等及以上危险区，可以采用施工大直径卸压钻孔、注水、爆破等方法进行治理。

（5）采用多因素耦合动力危害评价方法进行危险性预测，采取“采前瓦斯预抽达标、注水降冲有效”的复合型区域措施进行动力灾害区域防治，然后采取“钻屑法指标预测、超前支承压力及支架工作阻力在线监测”等危险性预测、浅孔注水或钻孔卸压等局部措施补充。①应力主导型采掘工作面危险性，选用对应力集中反应较为敏感的指标进行预测，采用钻屑量和钻屑粒度进行循环预测或校检，同时还要选用反映煤层局部瓦斯含量和释放情况的瓦斯解吸指标 K_1 等进行辅助验证。②当在工作面预测具有局部危险时，采取水压10～15MPa、孔深10～15m的浅孔动压注水，结合4h以上瓦斯排放的局部措施。

2. 适用条件

深井煤岩与瓦斯动力灾害防治技术对应力主导型煤岩与瓦斯动力灾害和对应力、瓦斯复合型煤岩与瓦斯动力灾害预防同样具有较好的效果，目前已在皖北朱集西矿及陕西韩城、江西丰城等矿区推广应用。

3.3.3 应用实例

深井煤岩与瓦斯动力灾害防治技术在国投新集口孜东矿应用，实现了矿井安全高效建设与投产，取得了良好的应用效果。

（1）在口孜东矿同时开展了13-1煤层突出危险性和冲击地压危险性的分类属性鉴定，测定了13-1煤层突出危险性参数，煤岩层冲击倾向性参数；鉴定13-1煤层无煤与瓦斯突出危险，13-1煤层及顶板岩层具有强烈冲击倾向性，属于应力主导型动力灾害。

（2）采用多因素耦合预测方法，预测111303综掘工作面存在7个中等冲击危险区域、两个严重冲击危险区域（图3.9），对预测有中等以上的冲击危险区采取了大直径卸压钻孔区域防治措施（图3.10），采用反映应力条件的钻屑量 S、钻屑粒度 $S_{粒}$和反映瓦斯条件的钻屑瓦斯解吸指标 Δh_2 局部预测、校检指标，实现了超过4000m煤巷综掘工作面的安全高效掘进，煤巷掘进速度达12m/d。

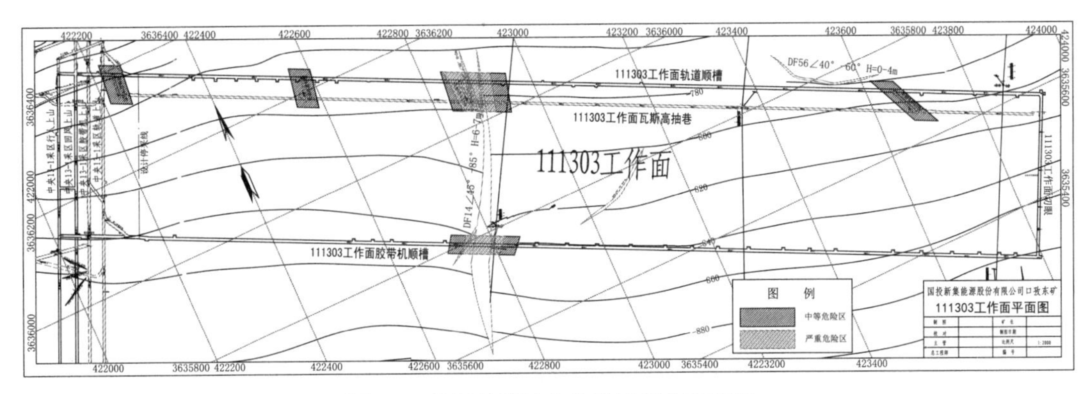

图 3.9　综掘巷道冲击危险区划分平面图

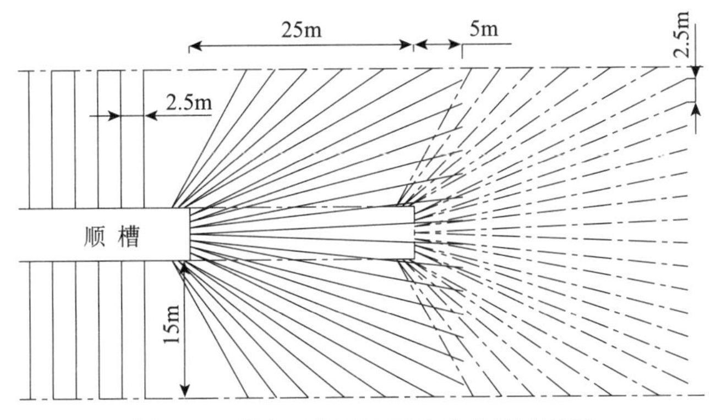

图 3.10　掘进工作面卸压钻孔布置平面图

（3）采用多因素耦合预测方法，预测 111303 综采工作面存在 5 个中等冲击危险区域、两个严重冲击危险区域（图 3.11），对工作面瓦斯采用本煤层采前抽采达标、高抽巷抽采为主、邻近层及采空区埋管抽采为辅的综合抽采方法，对中等以上冲击危险区采取“先瓦斯预抽、后注水降冲”的区域措施及“浅孔动压注水 + 排放瓦斯”局部措施。措施具体内容和取得的效果是：

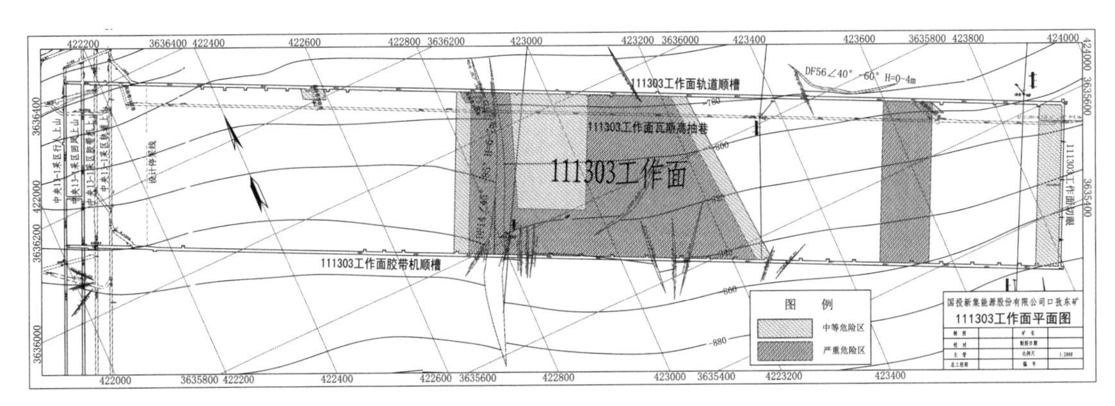

图 3.11　111303 工作面冲击危险区划分平面图

①基于瓦斯含量法测定钻孔有效抽采半径的方法，依据抽采关系对 111303 工作面顺

层预抽钻孔采取分段设计施工：抽采时间小于 30d、30～60d、大于 60d 孔底间距分别为 5.0m、6.5m、7.5m，优化了综采面顺层钻孔非等间距布置参数，减少了顺层钻孔的布孔数量。②在超前工作面 110m、超前回采 9d 对抽采钻孔间隔注 2MPa 静压水。③区域措施效果检验指标：顺层钻孔瓦斯抽采率达到 35%(或可解吸瓦斯含量降到 $3m^3/t$ 以下)、含水率增量不低于 2%。④ 111303 工作面累计安全进尺 1755m，无预测指标记录，未发现明显动力现象。工作面最高日产量达 18 000t，平均达 12 000t/d，实现了安全高效开采。

3.4 预掘底板岩巷卸压防突技术

在无保护层开采条件时，深部煤巷掘进主要采用底板岩巷穿层钻孔预抽煤巷条带瓦斯进行区域防突，其岩巷通常布置在煤巷下方，水平方向上内或外错距 15～30 m 处。深部煤巷采用该措施后，尽管降低了瓦斯突出潜能，但仍难以消除高地应力危害，可能发生地应力主导型突出。重庆研究院与丰城矿务局合作，于 2008～2015 年试验研究了预掘底板岩巷卸压结合穿层钻孔抽采煤巷条带瓦斯区域防突技术，不仅提高了抽采效果，而且有效消除了突出危害。

3.4.1 预掘底板岩巷卸压防突原理

围岩弹塑流变性分析和现场实践表明，巷道围岩会出现分区破裂现象，围岩由外向内出现多个破裂区，围岩破裂区范围增大，对上覆煤岩体起到了卸压作用。基于此，在待掘煤巷下方的适当位置预掘底板岩巷对煤层进行卸压，提前释放煤巷条带煤层及顶底板弹性能，增加了待掘煤巷条带煤层的透气性、降低煤层瓦斯压力，并结合穿层钻孔抽采煤巷条带卸压瓦斯，从而降低或消除了煤巷突出的弹性能和瓦斯内能，实现了煤巷条带区域防突，如图 3.12 所示。

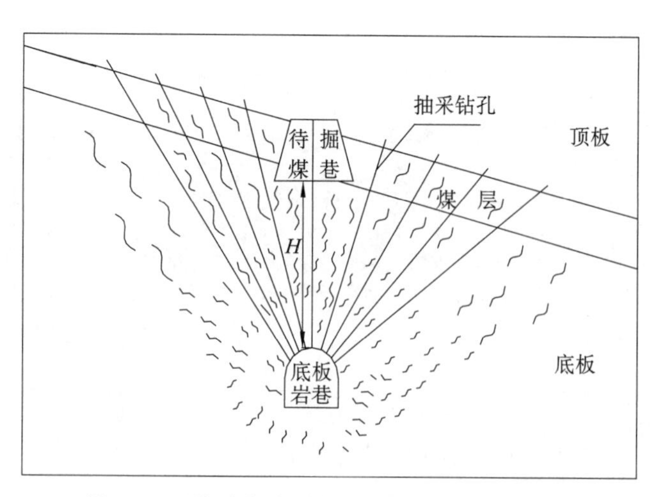

图 3.12　预掘底板岩巷穿层钻孔卸压防突原理图

3.4.2 技术要点及适用条件

1. 技术要点

该技术采用预掘底板岩巷使待掘煤巷卸压，并结合穿层钻孔抽采煤巷条带瓦斯（图 3.13），主要技术要点和工艺参数如下：

（1）卸压底板岩巷布置在待掘煤巷正下方一定距离处，其合理位置可依据煤系地层岩性及厚度、煤层埋深、地质构造、底板岩巷断面形状及大小进行确定，同时考虑岩巷掘进安全，一般布置在待掘煤巷正下方 8～12m 处。

（2）底板岩巷宜采用宽断面以增强卸压效果。

（3）岩巷采用边探边掘措施控制巷道与煤层间岩柱不小于 7m，岩巷超前煤巷掘进工作面的距离 L 一般根据底板巷穿层钻孔施工及其煤巷条带卸压抽采达标时间等因素确定，一般不少于 120m。

（4）底板岩巷穿层钻孔间距一般为 4～5m；钻孔呈扇形布置，中部钻孔间距大，两侧钻孔间距小，钻孔直径为 ϕ75～90mm。

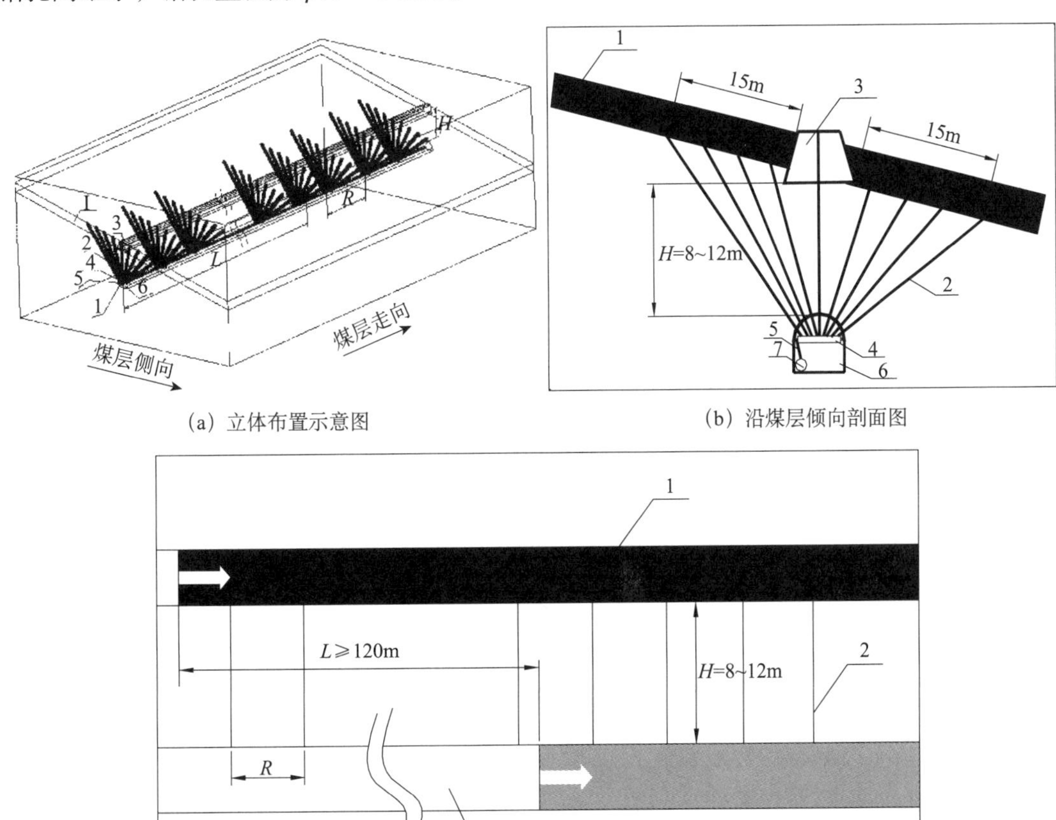

（a）立体布置示意图　（b）沿煤层倾向剖面图

（c）沿煤层走向剖面图

图 3.13　卸压底板巷穿层钻孔布置图

1. 煤层；2. 抽采钻孔；3. 待掘煤巷；4. 集气放水器；5. 连抽管；6. 预掘底板卸压岩巷；7. 抽采管路；R 抽采钻场之间距离；L 底板岩巷超前煤巷掘进距离；H 底板岩巷上距煤层的垂直距离

2. 适用条件

预掘底板岩巷卸压防突技术适用于煤层赋存相对稳定、底板岩层不太破碎的条件，尤其适用于地应力为主导的深部突出煤层煤巷掘进条带的区域防突。

3.4.3 应用实例

预掘底板岩巷卸压防突技术在江西省丰城矿务局所属曲江、建新及尚庄煤矿等得到推广应用，成功用于煤巷区域防突，取得了良好的应用效果。图 3.14、图 3.15 所示分别为试验巷道的围岩位移量及破坏特征考察结果，表明试验巷道的卸压效果显著；图 3.16、图 3.17 所示分别为卸压煤层的每米钻孔瓦斯流量及煤层透气性系数考察结果，表明卸压煤层的增透效果显著；图 3.18 所示为卸压煤层的抽采半径增幅曲线，表明卸压煤层的瓦斯抽采效果显著。采用该技术后，煤巷掘进过程中效检环节无超标现象，回风瓦斯浓度无超限现象，煤巷掘进速度由 40 m/ 月提高到 100 m/ 月。

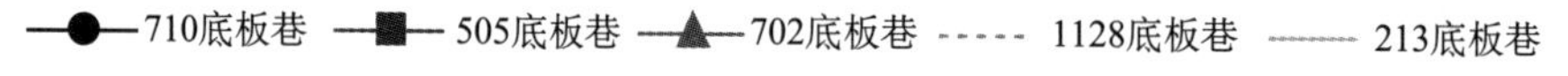

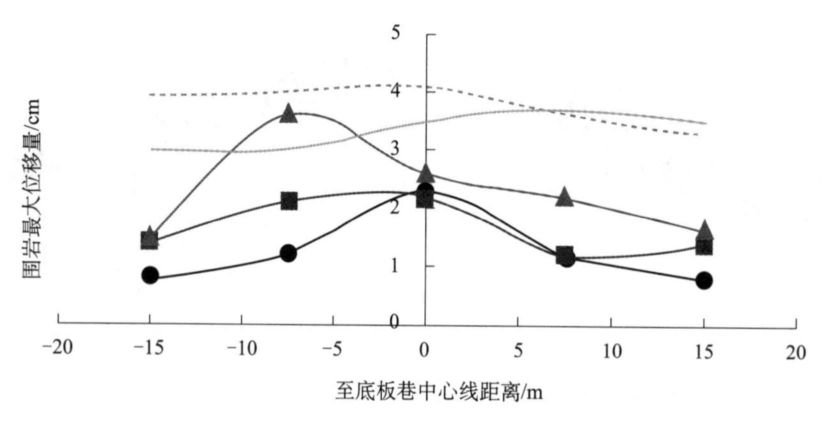

图 3.14　试验巷道围岩最大位移量

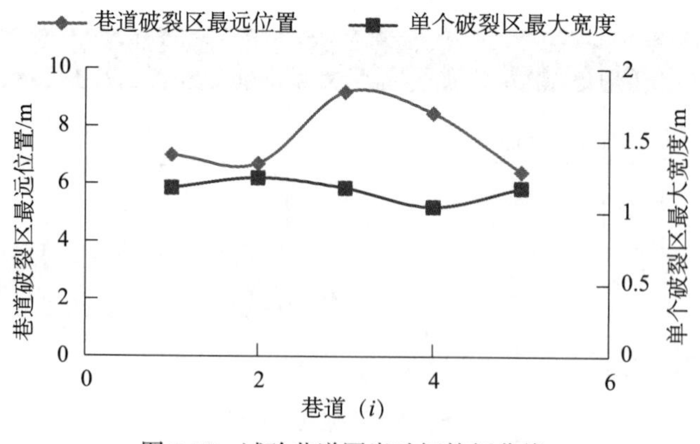

图 3.15　试验巷道围岩破坏特征曲线

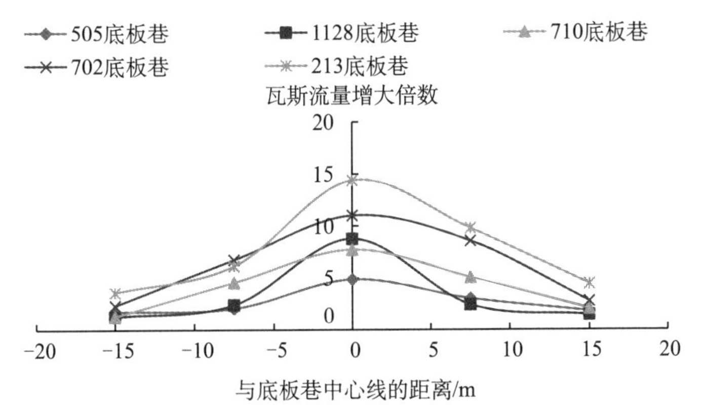

图 3.16 钻孔瓦斯流量增加倍数比较

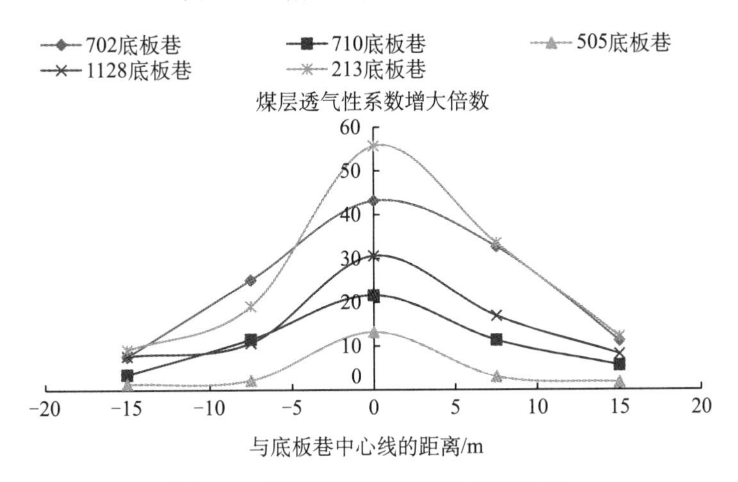

图 3.17 煤层透气性系数增加倍数比较

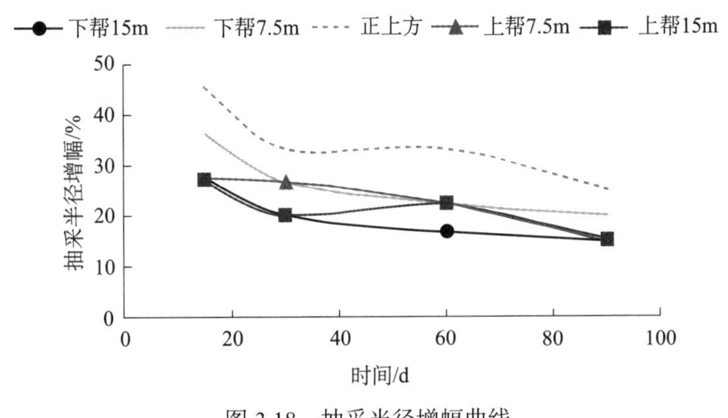

图 3.18 抽采半径增幅曲线

3.5 防突动态管理及分析系统

针对防突工作中存在日常预测参数采集手段落后、防突信息管理不规范及分析不足、防突措施设计与分析不合理等问题，重庆研究院开发了防突动态管理与分析系统，为突出矿井提供了一套高效的防突工作信息化、规范化管理与分析工具。

3.5.1 系统构架及技术流程

防突动态管理与分析是突出矿井、突出煤层在进行开拓后区域预测直到工作面在采取安全防护措施后的采掘作业的过程中，对整个防突工艺流程、防突相关信息、相关资料分析、各种图形编制、信息发布的一个动态管理与分析的过程。系统集成所有日常预测指标、措施钻孔、煤层赋存、瓦斯参数等信息，自动绘制一体化防突竣工图。

防突动态管理与分析流程如图 3.19 所示，具体为：

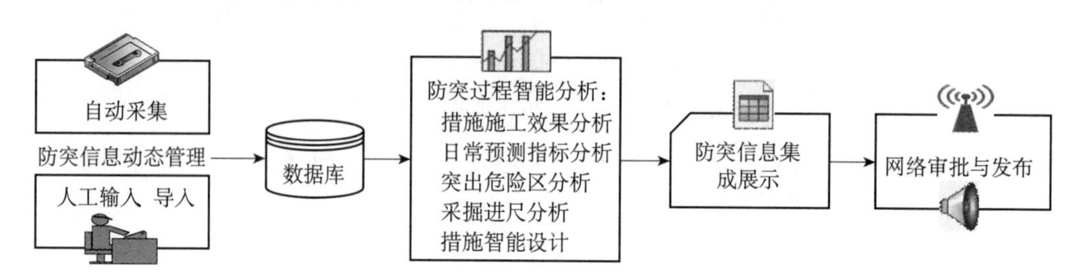

图 3.19 防突动态管理与分析系统数据处理技术流程

1. 防突信息动态管理

充分利用先进的信息化测试仪器、装备，通过自动采集、系统导入、人工输入等多种方式，进行相关资料动态采集与整理，获取的防突信息上传至服务器数据库进行备份、存储，自动生成规范化的防突表单。

2. 防突过程智能分析

对防突过程中的每一环节防突数据进行及时、动态的分析，监测、掌握各种防突隐患、危险情况，并严格按防突标准工艺流程处理。

3. 防突信息集成展示

集成所有防突信息，按照施工时、空序列关系，进行相关图形的动态绘制及更新，便于分析、掌握工作面突出危险区段分布特征和突出危险性变化规律。

4. 防突信息网络审批与发布

进行基于 Web 网站及手机 App 的防突信息网络审批与发布共享，增强防突信息审批实效性，方便信息查询、分析工作。

3.5.2 系统主要功能

1. 防突信息动态管理

1）防突信息动态获取

防突系统涉及的信息包括工作面基本情况、瓦斯地质、煤层赋存、施工进尺、防突措施、日常预测等信息，主要通过自动采集、系统导入和人工管理的方式获取、管理。

（1）自动采集。通过连接带无线上传功能的新型突出参数预测仪（WTC）、钻孔轨迹测量装置等仪器、装备，自动采集日常预测指标、防突措施钻孔参数等信息，并自动填入防突预测报告单、生成钻孔施工图，减少人工报表填写、图形绘制工作量。同时，开发了用于井下录入上传的手机 App，可以将井下的测定、观测信息及时录入，并通过井下无线网络迅速上传至地面中心，生成防突预测报告单及相关图形。

（2）系统导入。通过支持 Auto CAD、Excel 等格式数据导入方式，导入工作面瓦斯地质图、采掘工程平面图、防突专项设计图等图件信息，方便图形编辑、查询与分析工作。

（3）人工管理。根据矿井实际防突工作管理情况与需要，编制矿井适用的预测表单、钻孔参数表、煤层结构参数表，供煤矿防突部门在不改变常规工作、管理习惯的情况下，以报表形式，对防突信息进行维护和管理。

2）规范化管理表单自动生成

在进行上述防突数据采集、管理的基础上，自动集中所有信息，生成规范、统一、图文结合的防突预测（效检）报告单、防突措施钻孔参数表单等防突相关表单（图 3.20），生成的表单永久存储，可远程、在线调用与查询，也可直接打印，用于领导审批、查看。

防突预测报告单包括每米预测指标、施工时间、工作面位置、施工进尺、施工人员等信息，并以平面图和剖面图的方式展示钻孔施工状态、控制效果、煤层变化情况、钻孔动力现象等信息。防突措施钻孔参数表单包括钻孔编号、孔径、孔深、倾角、偏角（或方位角）、开孔位置、钻孔动力现象等参数和信息，同时根据维护的参数生成施工参数表和钻孔分布图，并计算出两帮控制距离，为防突分析提供参考。

石壕煤矿掘进防突区域验证报告单

施工地点:	N1633工作面机巷	轮数	Δ119	防突员:	朱永福	日期:	2016/07/19 早班	制表人:	朱永福
防突总工程量/m	1044.0	已完成工程量/m	924.9	标记位置距碛头/m	6.3	仪器编号	2072/3118	临界指标	K1= 0.5 ml/(g.min½)；S= 6.0 kg/m
排粉方式	螺旋	是否超掘	否	孔径/mm	42	上轮允进/m	8.0	上轮实进/m	7.3

孔号	孔深/m	开孔顶下/m	倾角/(°)	孔深	1	2	3	4	5	6	7	8	9	10	11	12	13	14	15	现象	时间	
1	10.8	1.8	-6	K1		0.23		0.26		0.17		0.31		0.34	0.35					全煤正常	开始	08:05:00
				S	1.7	1.9	2.1	2.3	2.6	2.8	3.1	3.2	3.4	3.5	3.7						结束	08:45:00
2	10	1.8	-6	K1		0.21		0.24		0.29		0.29		0.35						全煤正常	开始	09:45:00
				S	1.8	2.0	2.1	2.3	2.5	2.6	2.7	3.0	3.1	3.3							结束	11:00:00
3	10.8	1.8	-7	K1		0.23		0.24		0.28		0.25		0.31	0.33					全煤正常	开始	08:50:00
				S	1.9	2.1	2.3	2.5	2.6	2.8	3.1	3.2	3.4	3.5	3.8						结束	09:35:00
				K1																	开始	
				S																	结束	
				K1																	开始	
				S																	结束	
				K1																	开始	
				S																	结束	
				K1																	开始	
				S																	结束	
				K1																	开始	
				S																	结束	
				K1																	开始	
				S																	结束	

煤层信息	煤厚/m	0.5	底下煤厚: 0.0 m	层理: 清楚	破坏类型: 1	掘进方向倾角/(°): -6.0	软分层	厚度: 0.0 m	实测	K_{1max}= 0.35 ml/(g.min½)	打钻前CH_4: 0.18 %	帮控: 3.0 m
			梁上煤厚: 0.0 m		地质构造: 无	垂直巷道倾角/(°): 1.0		距顶: 0.0 m		S_{max}= 3.8 kg/m	打钻时最大CH_4: 0.2 %	超前距: 2.0 m

素描钻孔布置图：3.0m；-22°；22°；10.8m；8.0m；2.0m；1；2；3

3.15m；1.0m；0.24m；0.3m；0.5m；0.6m；2.64m；1.0m；1.0m；4.22m；岩层:1.0m；M8-3上:0.24m；岩层:0.3m；M8-3下:0.5m；岩层:0.6m

审批意见：防突负责人：；通风副总：；通风副总：

发送单位签收栏：矿调度室：；通风调度：；施工队：；督察队：

打钻负责人：文联賠 | 安全设施：完好 | 防突员意见：经验证无突出危险，建议进 8 m

（a）防突预测（效检）报告单

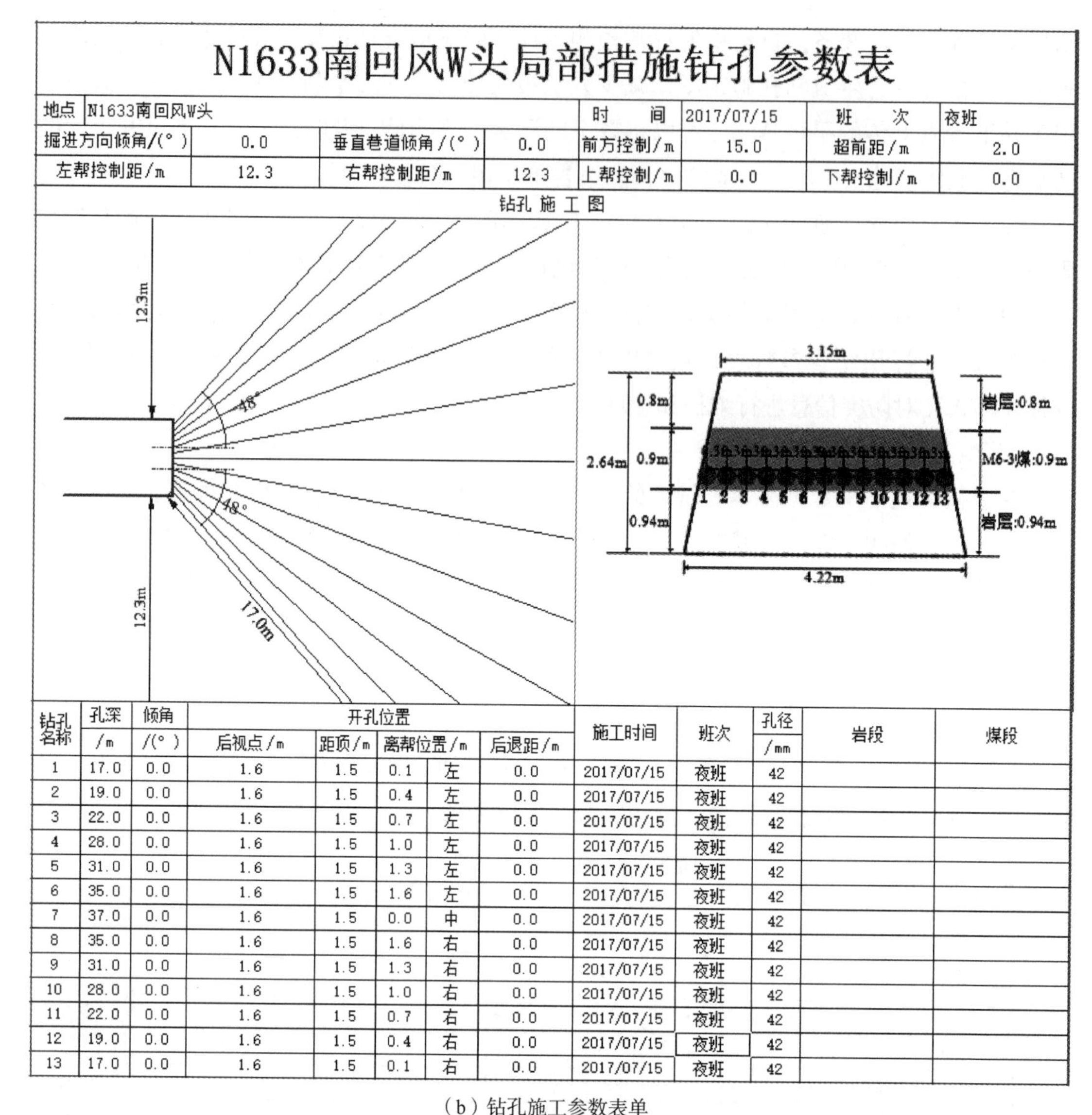

N1633南回风W头局部措施钻孔参数表

地点	N1633南回风W头			时间	2017/07/15	班次	夜班
掘进方向倾角/(°)	0.0	垂直巷道倾角/(°)	0.0	前方控制/m	15.0	超前距/m	2.0
左帮控制距/m	12.3	右帮控制距/m	12.3	上帮控制/m	0.0	下帮控制/m	0.0

钻孔施工图

钻孔名称	孔深	倾角	开孔位置					施工时间	班次	孔径	岩段	煤段
	/m	/(°)	后视点/m	距顶/m	离帮位置/m		后退距/m			/mm		
1	17.0	0.0	1.6	1.5	0.1	左	0.0	2017/07/15	夜班	42		
2	19.0	0.0	1.6	1.5	0.4	左	0.0	2017/07/15	夜班	42		
3	22.0	0.0	1.6	1.5	0.7	左	0.0	2017/07/15	夜班	42		
4	28.0	0.0	1.6	1.5	1.0	左	0.0	2017/07/15	夜班	42		
5	31.0	0.0	1.6	1.5	1.3	左	0.0	2017/07/15	夜班	42		
6	35.0	0.0	1.6	1.5	1.6	左	0.0	2017/07/15	夜班	42		
7	37.0	0.0	1.6	1.5	0.0	中	0.0	2017/07/15	夜班	42		
8	35.0	0.0	1.6	1.5	1.6	右	0.0	2017/07/15	夜班	42		
9	31.0	0.0	1.6	1.5	1.3	右	0.0	2017/07/15	夜班	42		
10	28.0	0.0	1.6	1.5	1.0	右	0.0	2017/07/15	夜班	42		
11	22.0	0.0	1.6	1.5	0.7	右	0.0	2017/07/15	夜班	42		
12	19.0	0.0	1.6	1.5	0.4	右	0.0	2017/07/15	夜班	42		
13	17.0	0.0	1.6	1.5	0.1	右	0.0	2017/07/15	夜班	42		

（b）钻孔施工参数表单

图 3.20　自动生成的规范化防突表单

2. 防突措施智能分析

1）措施实施情况分析

措施实施情况分析主要是计算、分析措施钻孔施工是否存在缺陷、是否达到设计要求，以保障措施钻孔的消突效果。首先，系统根据获取的措施钻孔实际施工参数或设计参数，生成钻孔施工三视图（正视图、平面图和侧视图），自动计算钻孔控制范围（包括前方控制距离、两帮控制距离、顶底控制距离）和控制均匀度、空白带；然后，根据规定的钻孔控制要求，检验、分析钻孔控制范围不足（超前距离不足、两帮控制距离不足、顶底控制距离不足等）、存在空白带等控制缺陷存在情况，及时提醒，以保障措施钻孔达到规定要求和施工质量，消除安全隐患。措施施工效果分析如图 3.21 所示。

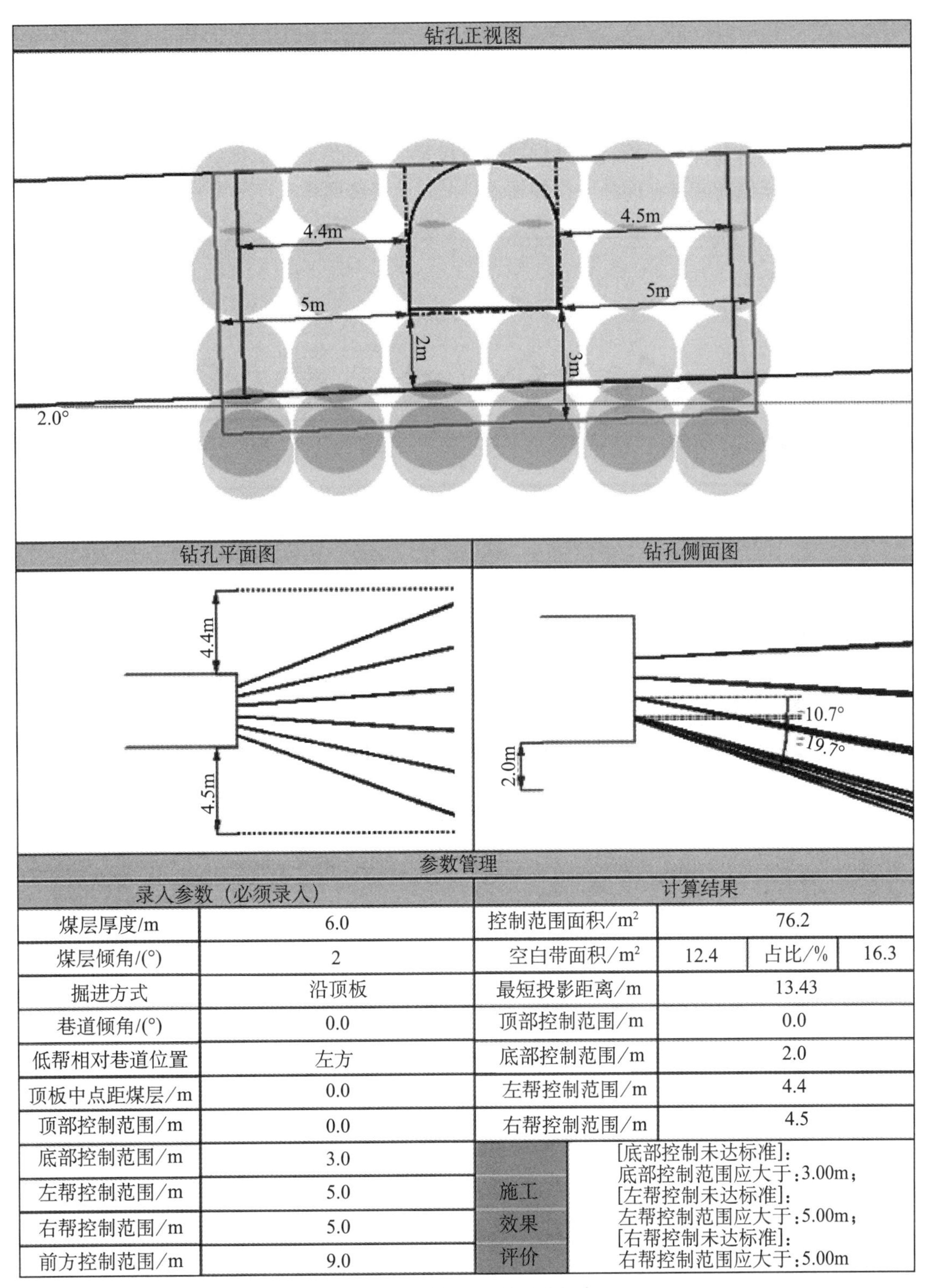

录入参数（必须录入）		计算结果			
煤层厚度/m	6.0	控制范围面积/m²	76.2		
煤层倾角/(°)	2	空白带面积/m²	12.4	占比/%	16.3
掘进方式	沿顶板	最短投影距离/m	13.43		
巷道倾角/(°)	0.0	顶部控制范围/m	0.0		
低帮相对巷道位置	左方	底部控制范围/m	2.0		
顶板中点距煤层/m	0.0	左帮控制范围/m	4.4		
顶部控制范围/m	0.0	右帮控制范围/m	4.5		
底部控制范围/m	3.0	施工效果评价	[底部控制未达标准]: 底部控制范围应大于:3.00m; [左帮控制未达标准]: 左帮控制范围应大于:5.00m; [右帮控制未达标准]: 右帮控制范围应大于:5.00m		
左帮控制范围/m	5.0				
右帮控制范围/m	5.0				
前方控制范围/m	9.0				

图 3.21　措施施工效果分析表

2）日常预测指标分析

自动集成工作面防突预测指标，按照施工时间、空间关系，拟合生成指标变化曲线（图 3.22），以便全面、系统地掌握、分析工作面突出危险性及发展趋势。同时，系统自动监测指标超标状态及发展趋势，当指标值超过设定的临界值时，系统自动进行报警。此外，当指标存在持续偏高或具有连续增长等异常状况时，系统同样进行突出警报。

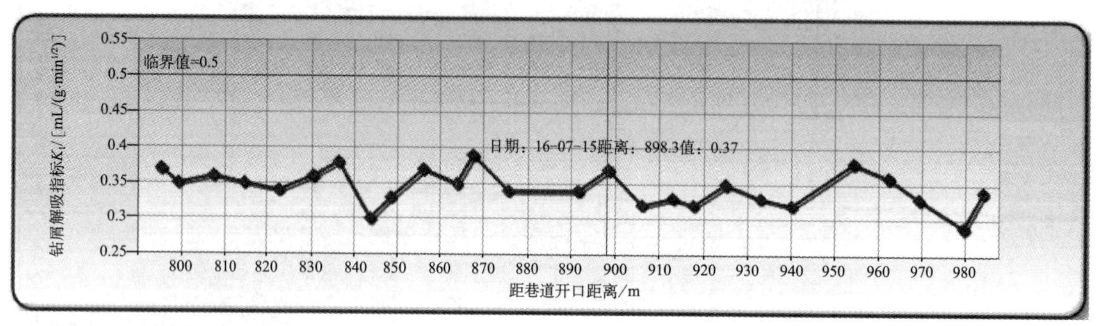

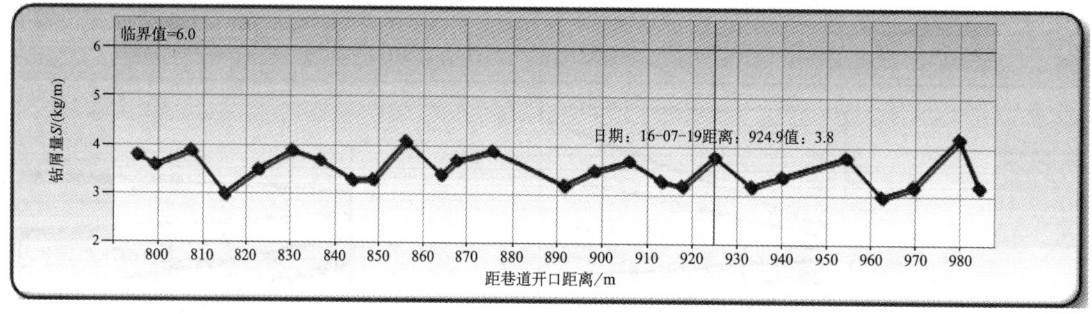

图 3.22　日常预测指标折线图

3）突出危险区及采掘进尺分析

突出危险区监测分析：地质构造影响区、突出危险区是突出事故易发区。根据用户导入的瓦斯地质信息以及获取的工作面进尺信息，自动计算、监测工作面前方地质构造或突出危险区的距离，当工作面进入地质构造带或进入突出危险区时，系统自动报警。

采掘进尺监测分析：根据《防治煤与瓦斯突出规定》要求，预测（效检）钻孔应保留超前距，防突措施钻孔应预留足够的安全屏障。系统自动对预测循环实际进尺与允许进尺进行监测、对比。当该循环进尺超过允许距离时，系统自动进行报警，避免工作面出现超掘（采）情况。

4）防突措施智能设计

防突措施智能设计主要根据实际需要，灵活设计抽放及排放瓦斯钻孔。根据输入的措施控制范围、钻孔有效排放半径、煤（岩）层赋存状态、巷道空间位置等基本参数，自动计算出合理的措施孔布置参数，并自动生成钻孔参数表和钻孔三视图和立体图（图 3.23）。根据工作面类型，措施智能设计包括煤巷掘进工作面的措施设计、石门工作面的防突措施设计和采煤工作面的防突措施设计。

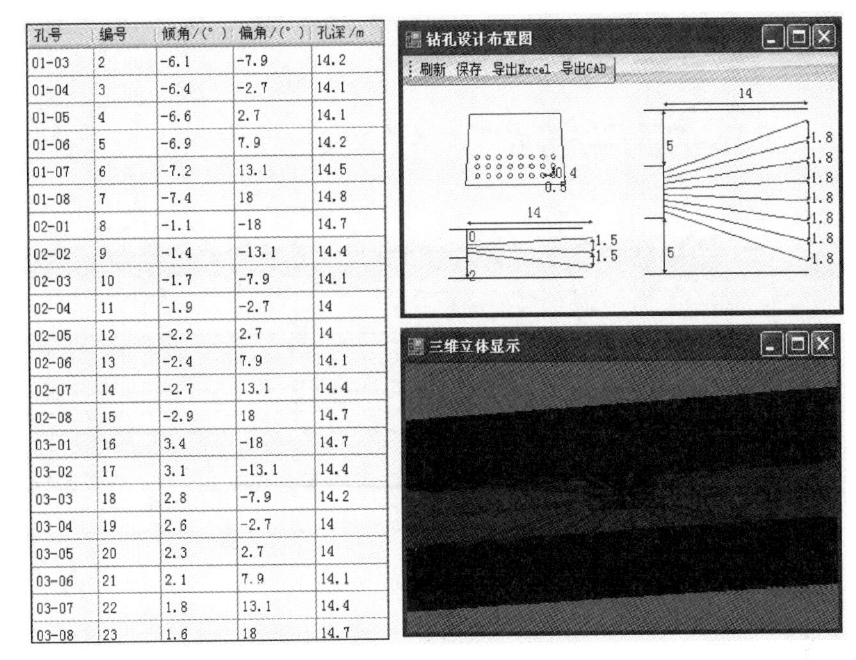

孔号	编号	倾角/(°)	偏角/(°)	孔深/m
01-03	2	-6.1	-7.9	14.2
01-04	3	-6.4	-2.7	14.1
01-05	4	-6.6	2.7	14.1
01-06	5	-6.9	7.9	14.2
01-07	6	-7.2	13.1	14.5
01-08	7	-7.4	18	14.8
02-01	8	-1.1	-18	14.7
02-02	9	-1.4	-13.1	14.4
02-03	10	-1.7	-7.9	14.1
02-04	11	-1.9	-2.7	14
02-05	12	-2.2	2.7	14
02-06	13	-2.4	7.9	14.1
02-07	14	-2.7	13.1	14.4
02-08	15	-2.9	18	14.7
03-01	16	3.4	-18	14.7
03-02	17	3.1	-13.1	14.4
03-03	18	2.8	-7.9	14.2
03-04	19	2.6	-2.7	14
03-05	20	2.3	2.7	14
03-06	21	2.1	7.9	14.1
03-07	22	1.8	13.1	14.4
03-08	23	1.6	18	14.7

图 3.23　防突措施智能设计

3. 防突信息集成展示

煤与瓦斯突出具有分区分带特征，对综合防突系统蕴含的丰富信息，及时进行分析，有助于掌握矿井瓦斯赋存变化及瓦斯灾害特征，对指导和监督工作面防突工作具有非常重要的作用。因此，《防治煤与瓦斯突出规定》第六十条要求，矿井应当及时绘制防突措施竣工图。

防突信息集成与分析，主要汇集工作面区域及局部综合防突措施、工作面施工进度、煤层及地质等所有信息，按照施工时间和空间的关系，集中反映在一张图上（图 3.24）。它集图形、数据于一体，同时又融入了工作面施工中的空间、时间关系，系统地、全面地、动态地反映采掘工作面的措施执行情况和指标变化情况。

4. 网络审批与发布

根据矿井实际防突表单审批制度，制定合理的网络审批机制，进行移动终端和 PC 终端的防突信息网络审批与发布，实现移动网或矿井办公网环境下的网络审批和查询，使防突审批与查询不受工作状态限制，相关防突技术、管理人员能及时、方便地掌握工作面防突信息，提高防突工作效率、提高审批时效性及信息化共享水平。

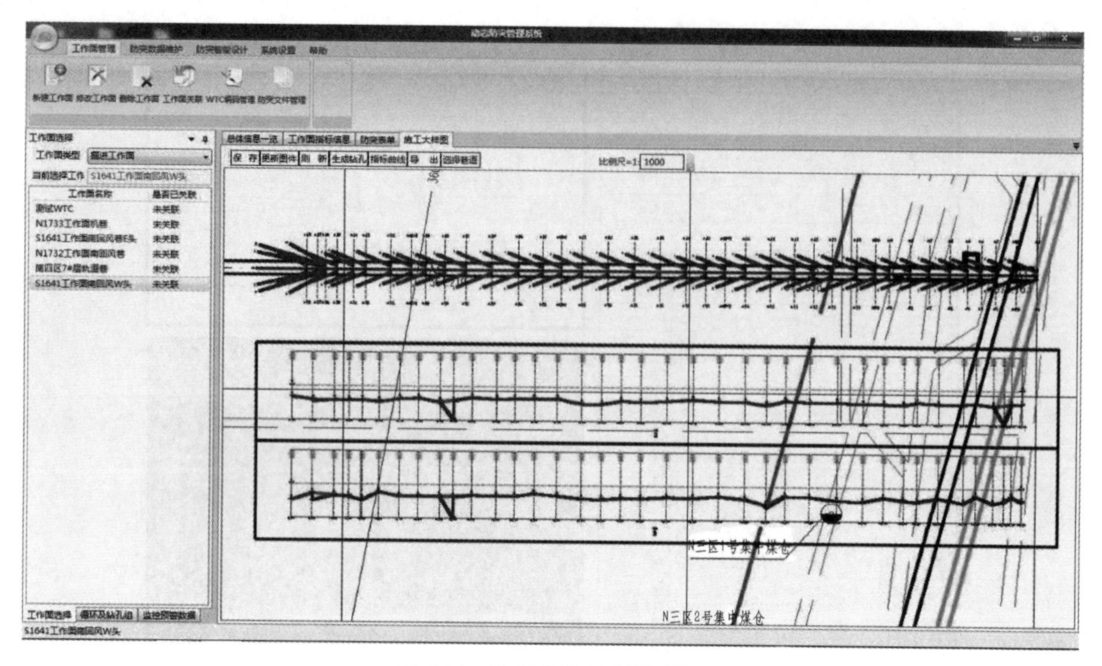

图 3.24 防突信息集成展示图

3.5.3 应用实例

防突动态管理及分析系统已在重庆、贵州、四川、河南、河北、山西、东北等地区的众多煤与瓦斯突出矿井进行了推广应用。有效提高了矿井防突工作的自动化、信息化、规范化、过程化管理及分析水平，减少了矿井防突信息管理工作量。

如在重庆松藻煤电有限责任公司石壕煤矿应用中，系统已纳入到石壕煤矿的防突数据管理与分析工作中：石壕煤矿要求矿井所有防突工作面的防突数据，均通过本系统进行填报和打印审批，如图 3.25、图 3.26 所示)，由防突工人通过新型 WTC 瓦斯突出参数仪自动上传和人工录入两种方式，在防突系统中实时更新、维护数据，防突负责人监督、检查数据维护情况，通风副总工程师和总工程师查看、掌握详细信息，其他用户也可通过客户端防突基本信息。同时，通风科根据矿井实际情况，制定了防突系统数据维护规范，规定了数据录入要求和注意事项，保证了防突系统的正常、稳定应用。该系统在石壕煤矿的应用，明显提升了煤与瓦斯突出防治的信息化管理及分析水平。

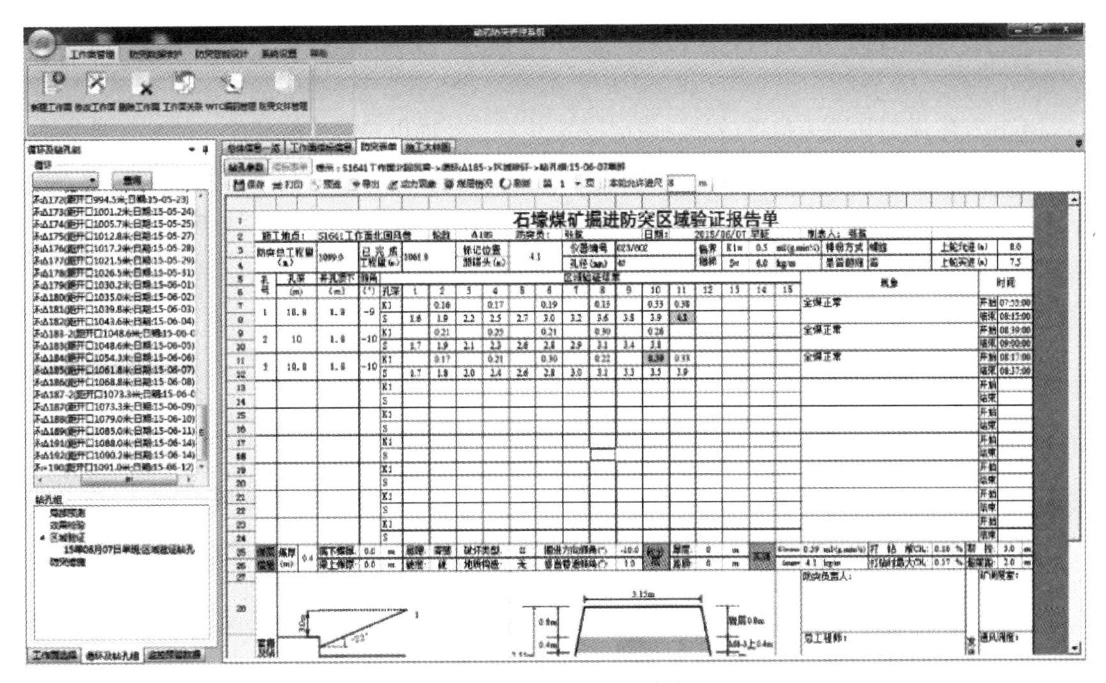

图 3.25 防突系统中录入的数据记录

石壕煤矿掘进防突区域验证报告单

施工地点：S1641工作面南回风巷E头 轮数 Δ21 防突员：刘兴义 日期：2015/10/21 早班 制表人：刘兴义

防突总工程量(m)	1069.0	已完成工程量(m)	109.7	标记位置距碛头(m)	3.9	仪器编号	2395/2076	临界指标	K1= 0.5 ml/(g.min½)	排粉方式	螺旋	上轮允进(m)	8.0
						孔径(mm)	42		S= 6.0 kg/m	是否超掘	否	上轮实进(m)	7.4

孔号	孔深(m)	开孔顶下(m)	倾角(°)	孔深	1	2	3	4	5	6	7	8	9	10	11	12	13	14	15	现象	时间
1	10.8	1.6	-11	K1		0.18		0.27		0.25		0.29		0.30	0.31					全煤正常	开始07:40:00
				S	1.7	1.9	2.0	2.1	2.3	2.5	2.7	2.9	3.1	3.2	3.5						结束08:03:00
2	10	1.6	-11	K1		0.13		0.22		0.22		0.29		0.22						全煤正常	开始08:38:00
				S	1.8	2.0	2.2	2.4	2.6	2.7	2.9	3.1	3.3	3.4							结束09:00:00
3	10.8	1.6	-11	K1		0.18		0.25		0.26		0.26		0.32	0.32					全煤正常	开始08:07:00
				S	1.9	2.1	2.3	2.5	2.7	2.9	3.0	3.2	3.3	3.5	3.7						结束08:35:00
				K1																	开始
				S																	结束
				K1																	开始
				S																	结束
				K1																	开始
				S																	结束
				K1																	开始
				S																	结束
				K1																	开始
				S																	结束
				K1																	结束
				S																	

煤层信息	煤厚(m)	0.4	底下煤厚：0.0 m	层理：清楚	破坏类型：1	掘进方向倾角(°)：12.0	软分层	厚度：0 m	实测	$K1_{max}$= 0.32 ml/(g.min½)	打钻前CH_4：0.15 %	帮控：3.0 m
			梁上煤厚：0.0 m	硬度：硬	地质构造：无	垂直巷道倾角(°)：1.0		距顶：0 m		S_{max}= 3.7 kg/m	打钻时最大CH_4：0.18 %	超前距：2.0 m

素描及钻孔布置图

审批意见：

防突负责人：进8米 李佐 2015.10.21 13:00

通风副总：进8米 刁维彬 2015.10.21 13:30

总工程师：同意进8米。许由华 2015.10.21 14:00

发送单位签收栏：矿调度室：[illegible] 通风调度：张雷 施工队：姚[illegible] 督察队：丁春

打钻负责人：谢远海 安全设施：完好 防突员意见：经验证无突出危险，建议进 8 米

图 3.26 实际打印审批的掘进工作面防突报告单

3.6 煤与瓦斯突出灾变报警及应急处理技术

矿井发生煤与瓦斯突出事故后，及时发现并紧急处理可避免事故扩大、减少人员伤亡。2014 年 3 月国家安监总局、国家煤监局发布了《关于加强煤与瓦斯突出事故监测和报警工作的通知》，要求煤与瓦斯突出矿井应当建立、完善煤与瓦斯突出监控与报警系统。重庆研究院响应通知要求，开发了煤与瓦斯突出灾变报警系统。

3.6.1 技术原理与方法

1. 技术原理

以矿井通风系统图为基础，利用监控系统的监控数据，根据矿井不同地点的瓦斯浓度传感器、风速风向传感器等测值大小、变化以及相关关系等，通过突出事故灾变判识模型，自动判断是否发生灾变以及灾变性质、地点、已波及范围，预计即将波及范围和涌出瓦斯量等，提出提前撤人、断电区域建议。

2. 突出时间和地点判识方法

煤与瓦斯突出灾变报警理论模型的建立主要涉及煤与瓦斯突出事故判识模型、煤与瓦斯突出事故波及范围模型两个方面。主要思路是基于在采掘工作面配置必要种类和数量的传感器，并对传感器的异常数据进行分析，删除干扰数据，继而进行煤与瓦斯突出事故的准确判识。

回采工作面传感器布置方式如图 3.27 所示。将 T2、T3、T4 这 3 个甲烷传感器和 F2、F3 这 2 个风速风向传感器关联成一组。通过判断甲烷传感器 T2、T3、T4 和风速风向传感器 F2、F3 发生超限、监测值上溢（数值为全量程值）、断线（数值为 0）、异常（数值为负数）等现象，根据出现异常传感器的位置、类型、数目，可以判定回采工作面发生局部瓦斯异常或煤与瓦斯突出，在传感器异常时间和地点给予一般报警、重度报警。

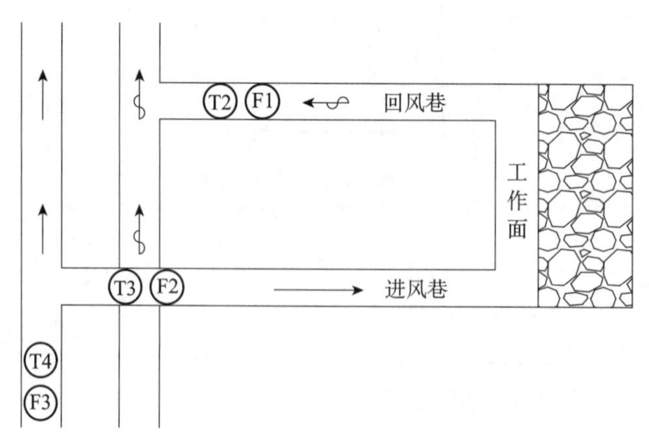

图 3.27 回采工作面事故报警传感器布置示意图

掘进工作面传感器布置方式如图 3.28 所示。图中，将 T1、T2、T3 这 3 个甲烷传感器和 F1、F2 这 2 个风速风向传感器关联成一组。通过判断甲烷传感器 T1、T2、T3 和风速风向传感器 F1、F2 发生超限、监测值上溢（数值为全量程值）、断线（数值为 0）、异常（数值为负数）等现象，根据出现异常传感器的位置、类型、数目，可以判定掘进工作面发生瓦斯异常或煤与瓦斯突出，在传感器异常时间和地点给予报警。

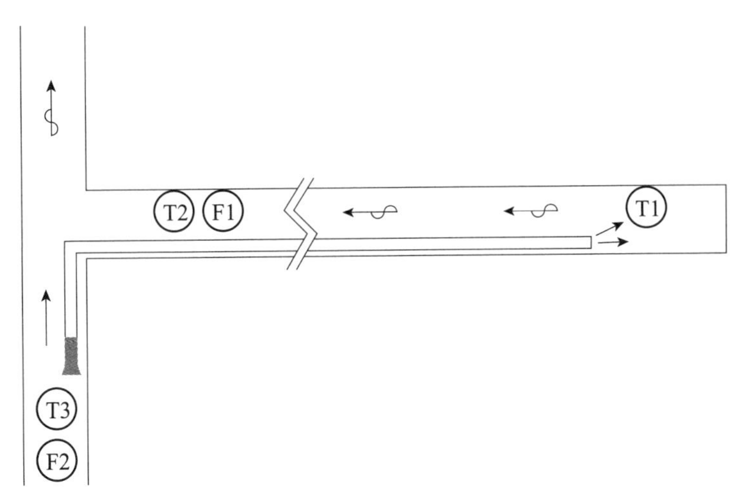

图 3.28　掘进工作面突出事故报警传感器设置示意图

3. 突出瓦斯波及范围预测方法

煤与瓦斯突出事故波及范围求解的基本原则是：在事故性质判定以后，以监测数据异常传感器所在工作面为中心，沿着顺风流方向或逆风流方向，以时间序列逐步进行迭代，直到巡检所有的监测异常传感器为止。监测数据异常的传感器所在位置之间的巷道均为污染巷道。同时，考虑到传感器的相对滞后原则，沿着逆风流方向对最前方的监测异常传感器及其前面一个正常传感器之间的巷道进行趋势预警。

灾害性气体波及范围判识方法：

（1）如果矿井的所有进风井均监测到有瓦斯异常现象，则全矿井已经被事故波及。

（2）以判识的发生突出事故的工作面为中心，沿着通风系统顺风流方向，直到对应的出风井之间的所有正向风流巷道、二次供风巷道（乏风串联巷道）均标识为突出事故波及巷道。

（3）以判识的发生突出事故的工作面为中心，沿着通风系统逆风流方向，路线上瓦斯浓度超限的传感器所在地点下风向巷道标识为突出事故波及范围。同时，采取超前原则，对现有异常传感器和下一个可能异常传感器之间的巷道进行预警，标识为可能被波及的范围。

4. 突出事故瓦斯涌出量监测计算方法

通过在各采区主要回风巷设置瓦斯传感器，事故发生后，将各传感器所监测到的瓦斯量相加，从而可得突出的总瓦斯量。选用采区、矿井一翼或总回风流中的监测传感器的测

点数据来计算瓦斯涌出量。瓦斯涌出量为

$$W = \frac{1}{100}\sum_{i=1}^{n}(C_{i+1} - C_i)Q_i' T_i \qquad (i = 1, 2, \cdots, n) \tag{3.20}$$

式中，W 为突出瓦斯涌出量，m^3；C_{i+1} 为回风巷时间段 $i+1$ 内平均瓦斯浓度，%；C_i 为回风巷时间段 i 内平均瓦斯浓度，%；Q_i' 为回风巷时间段 i 内平均回风量，m^3/min；n 为计算时间内的分段数；T_i 为第 i 分段的时间长度，min。

通过计算瓦斯涌出量，可以对所发生的煤与瓦斯突出事故的突出规模等级、突出瓦斯量大小进行计算和预测，为事故等级的划分提供数据支撑。

3.6.2 技术内容

1. 传感器的选择及布置

1）传感器的选择

以甲烷传感器和风速风向传感器为主的两大类传感器进行突出事故监测，其主要作用为：①甲烷传感器：用来对事故发生的时间和地点、事故波及范围的瓦斯浓度进行监测，通过甲烷传感器的监测数据来初步判定事故的发生状态、运动路线和波及范围，并对瓦斯涌出量进行监测计算；②风速风向传感器：用来对发生煤与瓦斯突出事故的发生状态、瓦斯逆流波及范围风速、风向进行监测。

2）传感器的安装位置

根据煤与瓦斯突出事故报警系统的特点，确定传感器安装位置为：

（1）有突出危险的采煤工作面。在进风巷内距离进风分风口 10～15m 处（图 3.27 中 T3、F2）、进风分风口以外 10～15m 处（图 3.27 中 T4、F3）、回风巷（图 3.27 中 T2、F1）分别安设 1 台高低浓度甲烷传感器和 1 台风速风向传感器。

（2）有突出危险的掘进工作面。在掘进头后方（图 3.28 中 T1）安装 1 台高低浓度甲烷传感器，该巷道回风流内距离巷道开口 10～15m 处（图 3.28 中 T2、F1）、巷道开口位置进入巷道内 10～15m 处（图 3.28 中 T3、F2）分别安设 1 台高低浓度甲烷传感器和 1 台风速风向传感器。

（3）采区进风、一翼进风、总进风巷。根据采煤工作面和掘进工作面突出后瓦斯波及路线判定采区进风、一翼进风、总进风巷传感器布置位置，一般在采区进风、一翼进风、总进风巷重要分风口布置高低浓度甲烷传感器 1 台，风速风向传感器 1 台。

（4）主要回风巷。主要回风巷道安设高低浓度甲烷传感器 1 台，风速风向传感器 1 台。

2. 突出灾变报警系统

煤与瓦斯突出灾变报警技术以计算机软件作为载体和表现手段。采用 .Net Framework4.0 下的 Microsoft Visual Studio 2010 C# 语言结合 ArcGIS 地理信息系统平台进行煤与瓦斯突出灾变报警系统的开发。

1）系统架构

系统通过对矿井有突出危险性采掘工作面的监测和井下瓦斯监控数据的实时采集，利用独特的指标模型，对发生突出事故的时间、地点、等级进行报警，并对突出高强度、高浓度瓦斯的动态波及范围进行实时监测、分析和报警（图 3.29）。

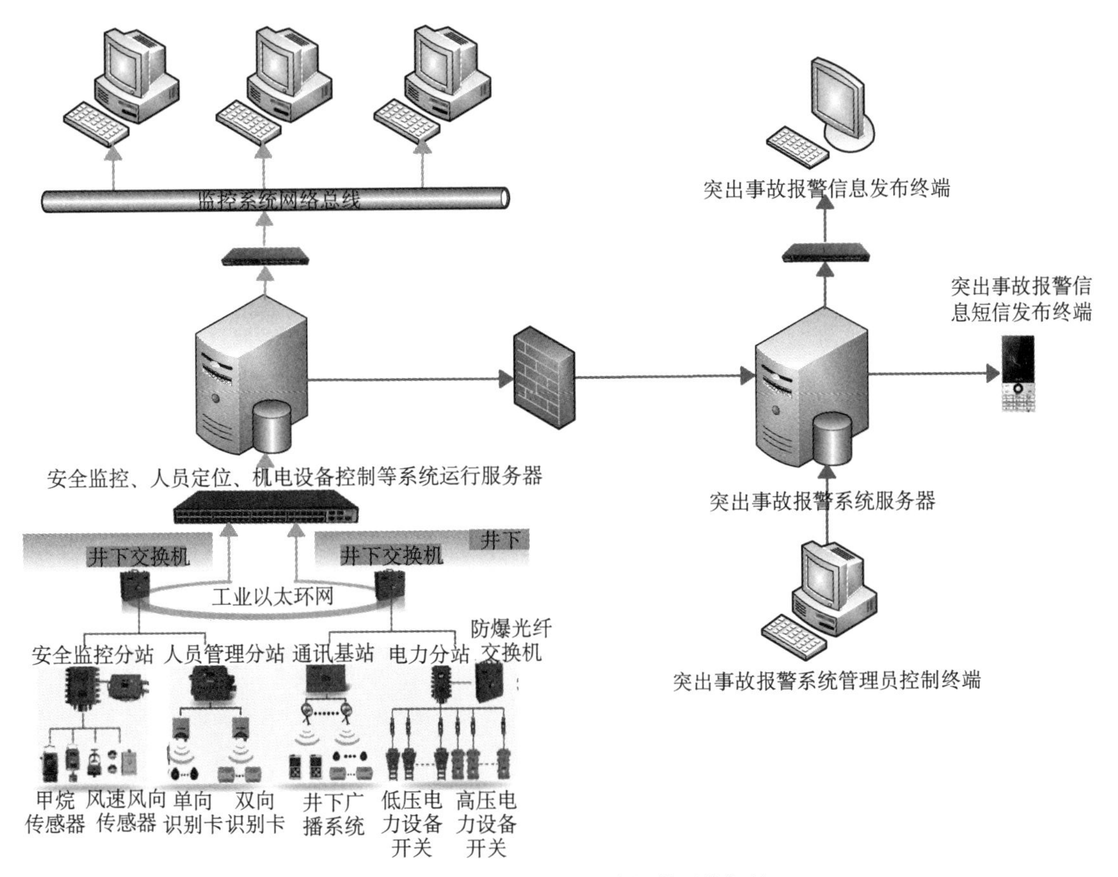

图 3.29　煤与瓦斯突出事故报警系统架构

2）软件系统

报警监控客户端基于 Net Framework4.0 框架采用 Microsoft Visual Studio 2010 C# 语言结合 ArcGIS 提供的 MapObject 二次开发组件进行开发。采用 ArcSDE 空间数据引擎结合 SQLServer2012 实现整个平台的空间数据及属性数据的快速交互。整个客户端由编辑客户端和监控客户端两部分组成。

根据报警系统的功能需求，报警系统编辑客户端提供类似 AutoCAD 操作模式的图形编辑工具、图层管理工具，可以进行通风系统设施、传感器的绘制、编辑，进行工作面的创建、传感器关联、传感器报警临界值的设置。

监控系统提供传感器实时值的显示，被监控工作面目前的状态，待有事故发生时及时发出警报，在图形中显示事故的波及范围以及波及的人数。

图 3.30 和图 3.31 所示为某矿煤与瓦斯突出事故报警系统监控界面。可以实时显示、查询矿井通风系统、瓦斯及风速传感器布置及实时监测情况。

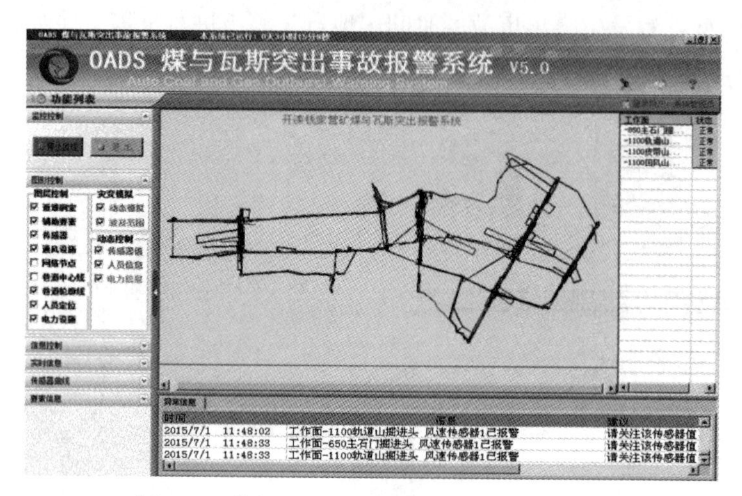

图 3.30　煤与瓦斯突出事故报警系统监控界面

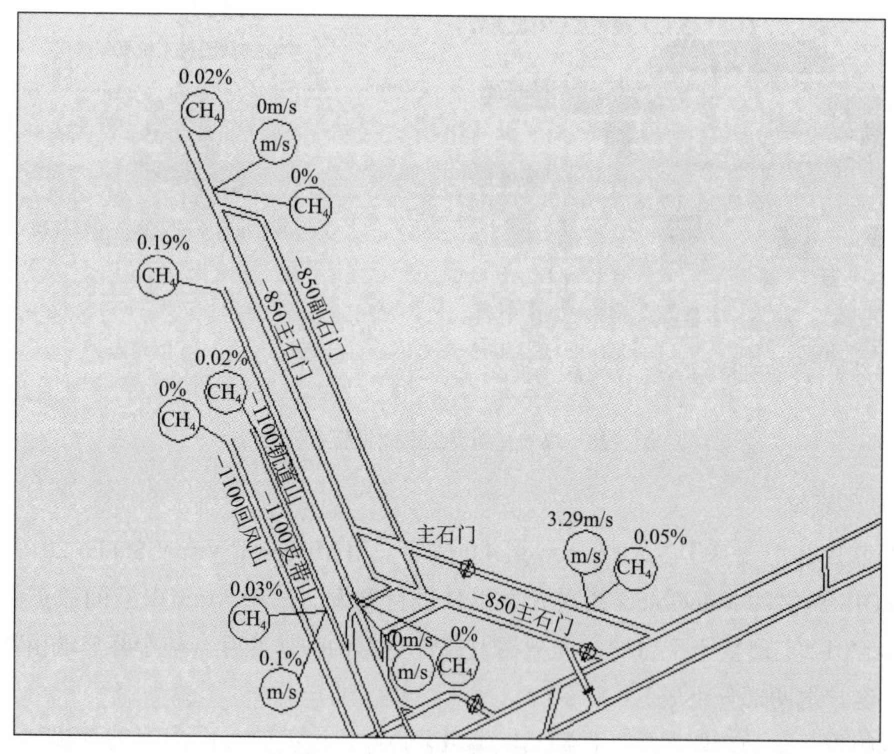

图 3.31　传感器动态监测示意图

模拟了矿井 -850 主石门发生突出的监测发展试验过程，不同时间阶段，系统自动判断事故性质、地点时间、已波及范围、预计一段时间后的波及范围、受威胁人员数量等，并将这些信息以文字、图形、声音方式进行自动报警和提示，试验反应过程界面如图 3.32～图 3.34 所示。

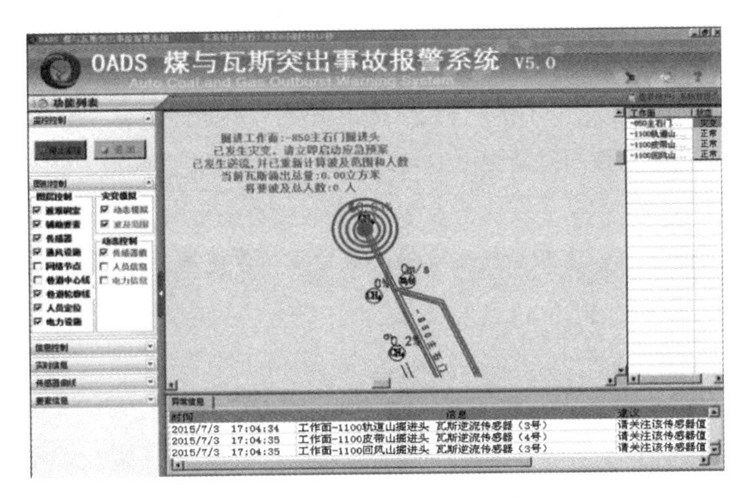

图 3.32　模拟突出时间、地点

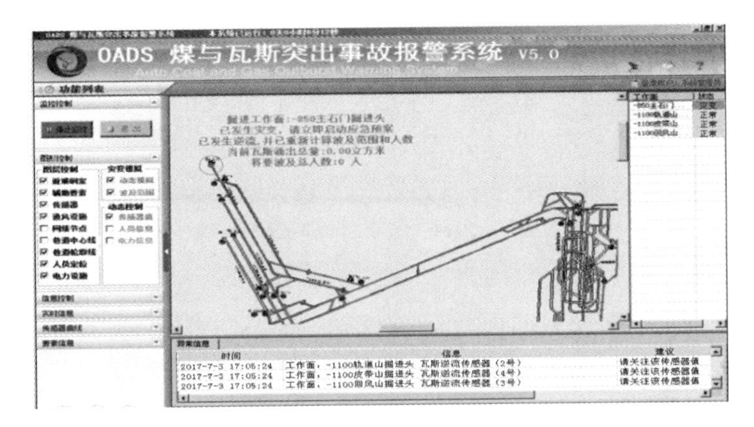

图 3.33　模拟突出波及范围

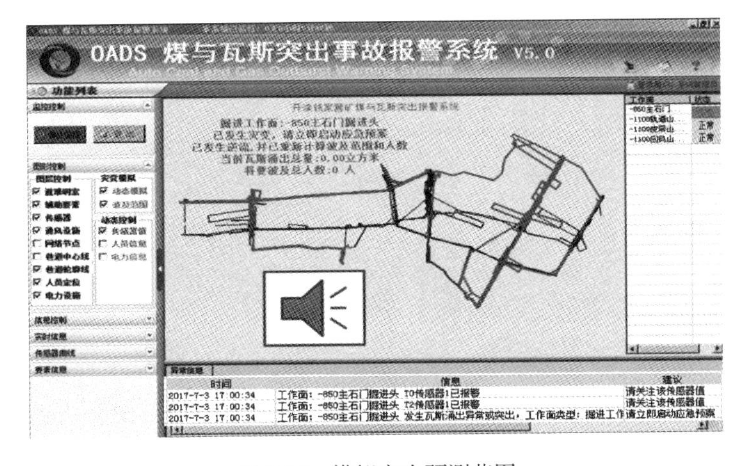

图 3.34　模拟突出预测范围

3.6.3 推广应用情况

该系统主要在山西阳泉、河南平顶山、河北开滦、黑龙江龙煤、吉林吉煤、辽宁沈煤等矿区推广应用，用以对煤与瓦斯突出的实时监测、报警和应急响应。

（本章主要执笔人：重庆研究院曹偈，孟贤正，曹建军，王中华，谈国文，姚亚虎）

第4章 瓦斯抽采技术

煤矿瓦斯抽采是防治瓦斯灾害的根本措施，在保证安全生产的同时还具有充分开发利用瓦斯资源、减少大气污染的巨大综合效益。“十五”以来，我国瓦斯抽采技术与装备取得长足进展，瓦斯抽采量逐年增加，瓦斯事故大幅下降，煤矿安全形势明显好转。

“十二五”期间，地面井抽采采动区瓦斯技术取得良好效果，重庆研究院在晋城矿区通过地面钻井抽采采动区瓦斯试验获得成功，形成了地面钻井防破坏理论、井位设计、井身结构设计、防损措施及配套装置等成套技术。

预抽煤层瓦斯是瓦斯抽采的重要方式，但我国煤层（特别是突出危险煤层）的透气性普遍偏低，预抽煤层瓦斯困难，预抽时间长、工程量大。瓦斯抽采时间长、抽采效果差成为制约矿井综合机械化快速发展、实现高产高效和抽掘采平衡部署的重要因素。从20世纪六七十年代开始，重庆研究院、沈阳研究院不断试验了多种增透技术。“十五”以来，在预裂爆破、水力压裂、水力扩孔、水力割缝、二氧化碳相变预裂、高压空气爆破预裂增透技术等方面开展了大量试验研究，取得了一系列成果。针对钻孔封孔质量不佳和软煤易垮孔堵孔的难题，开发了“两堵一注”抽采钻孔新型封孔技术、松软煤层钻孔预留筛管技术。

井下长钻孔抽采本层和邻近层瓦斯具有抽采钻孔工程量小、效果好的优势，重庆研究院和西安研究院对长钻孔施工装备进行了持续攻关研究。“九五”期间，试验成功了井下顶板岩石水平长钻孔、走向高位钻孔等抽采技术。“十一五”期间，近水平千米定向钻机及随钻测量等配套技术取得突破，在晋城等矿区替代国外产品获得成功应用。

井下瓦斯抽采效果达标智能评价技术、瓦斯抽采管网智能调控技术和抽采瓦斯安全输送技术等也是“十五”以来瓦斯抽采技术的新发展。

4.1 地面井抽采采动区瓦斯技术

煤矿地面井抽采瓦斯技术可分为地面井压裂预抽、采动活跃区地面井抽采、采动稳定区地面井抽采、废弃矿井地面井抽采技术四大类。依据煤矿开采生产规划，一般将煤矿区划分为远景规划区、开拓准备区、煤炭生产区三大部分，煤炭生产区又可以细分为采动影响活跃区和采动影响稳定区两部分。地面井压裂预抽技术是在远景规划区或开拓准备区施工地面井至开采煤层底板，通过5～10年甚至更长时间的排水降压预抽瓦斯，达到大幅降低该区域煤层瓦斯含量的目的。采动活跃区地面井抽采技术是在煤炭生产区地表施工大直径钻井至开采煤层顶板或底板，当工作面推进至钻井附近时，利用负压抽采高浓度卸压瓦斯，降低井下采煤工作面瓦斯涌出量，降低采区通风压力；在工作面推过钻井后继续抽采采空区集聚瓦斯，实现瓦斯的高效开采。采动稳定区地面井抽采技术是在已采稳定区地表施工钻井至煤层覆岩采动裂隙带内，利用负压抽采采场围岩裂隙带内的集聚瓦斯，减少采空区瓦斯向工作面涌出，实现煤层气的充分开采。废弃矿井的瓦斯抽采是对报废矿井通过地面施工钻井进入采空裂隙带抽采采区空间的瓦斯，实现瓦斯资源化开发利用的目的。我国对废弃矿井瓦斯抽采区技术研究不多，其他各类地面井抽采区技术在煤矿区运用的时空关系如图 4.1 所示。

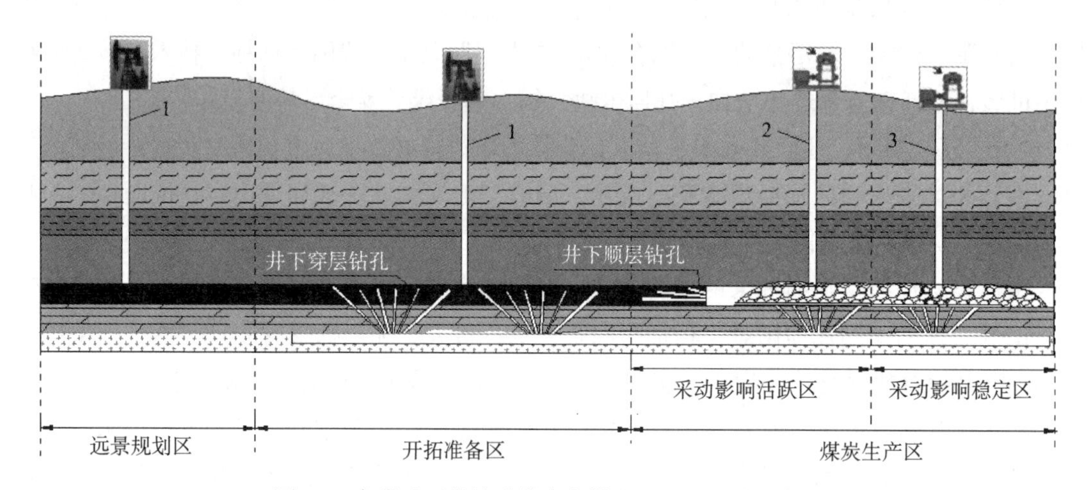

图 4.1　各类地面井抽采技术在煤矿区运用的时空关系

1. 地面压裂预抽井；2. 采动活跃区地面抽采井；3. 采动稳定区地面抽采井

4.1.1　地面井抽采采动活跃区卸压瓦斯

1. 基于“采动卸压增透效应”的技术原理

地面井抽采采动活跃区瓦斯是通过在采场地表施工钻井到煤层采动可能形成的覆岩裂隙带或煤层内，充分利用煤层采动卸压增透效应，使得瓦斯能够尽量经由煤岩体的裂隙网络和钻井直接抽采到地表，以达到降低回采工作面瓦斯涌出量、缓解瓦斯超限压力和开发煤层气的目的。

地面井具有不受井下空间限制、施工方便、不影响井下生产等优势，同时抽采的煤层气能方便地进行集输和利用。地面井需要由专业的工程队伍施工，并根据地层状况分级下入不同直径和壁厚的套管。为了提高固井效果，套管与井壁之间往往充填一定强度、一定深度的水泥砂浆等固井材料。套管结构如图 4.2 所示。

2. 技术内容

煤矿采动区地面井套管从地表至开采煤层贯穿了整个岩层区域，采动活跃区内岩层运动剧烈、复杂，严重威胁钻井套管抽采通道的畅通性。改进完善地面井井身结构，提高抽采井的抗破坏能力，解决采动活跃区地面井受采动影响损坏的问题是主要技术难点。煤矿

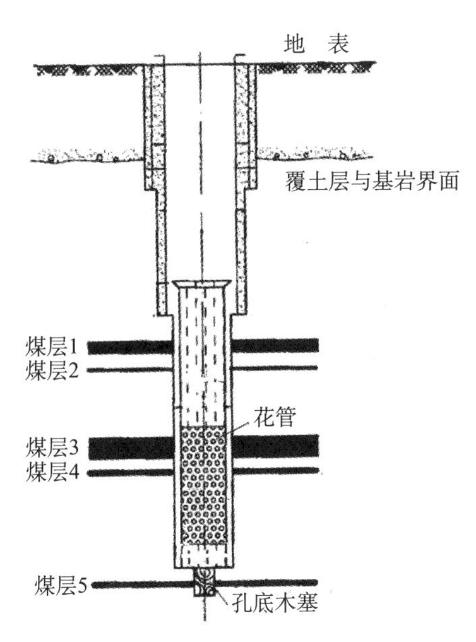

图 4.2　煤岩体中套管结构示意图

采动区地面井的设计在考虑钻井抗采动破坏能力、抽采效果的条件下，必须对地面井各级井身套管的管径、壁厚、水泥环参数等进行逐级优化设计，并在地面井区域布置和安全抽采控制方面统筹兼顾。

1）井位优选技术

煤矿采动活跃区地面井由于要经历煤层回采的过程，受采动影响下的采场上覆岩层剧烈运动影响严重，因此地面井的布井应选择采场上覆岩层移动对地面井影响最小的区域；同时本煤层采动活跃区地面井由于通常要连续进行采动稳定区抽采，需要特别考虑井下工作面推进及工作面通风的影响，以提高井下抽采的效果。

在采动影响下，采场上覆岩层对地面井的破坏形式主要为岩层层面的层间剪切、离层拉伸和岩层的层内挤压作用。图 4.3 所示为地面井套管在岩层剪切滑移、离层拉伸和挤压作用下的综合受力模式：套管径向方向承受来自岩层层面滑移作用产生的剪切力、承受岩层内部变形施加的挤压力，套管轴向方向承受覆岩离层位移产生的拉伸应力。因此，应对煤层顶板至地表的采场上覆岩层各岩层界面的剪切滑移、离层拉伸位移分别进行计算分析，结合地面井的结构形式选择采场上覆岩层移动对地面井影响最小的区域，回避高危险布井区域，在井位布置上确保地面井结构的稳定性。通过岩层界面剪切位移和离层拉伸位移的计算可以获得采场倾向上某一深度处的岩层剪切位移和离层位移分布规律，如图 4.4 所示。剪切位移呈“马鞍”形分布，采场中部为极小值区域，沉降拐点附近剪切位移最大；离层位移近似呈“抛物线”形，采场中部为最大值区域，采动影响边界处最小。综合分析剪切位移和离层位移分布情况可知：地表沉降拐点偏向采场中线间区域为岩层运动对地面井结构综合影响较小的区域；由于目前倾斜煤层采面巷道布置以回风巷位于煤层底板标高较高位置、运输巷位于煤层底板标高较低位置为主要方式，考虑工程成本等因素后可以确定：“回风巷侧地表沉降拐点偏向采场中线区域”为基于结构稳定性的地面井优选布井区域。

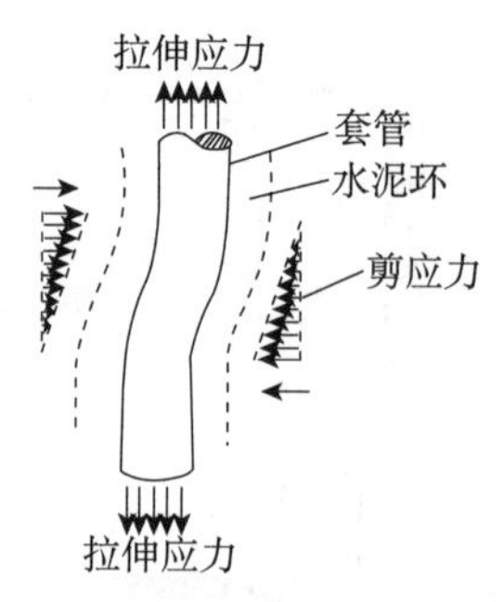

图 4.3　地面井套管的综合受力形式

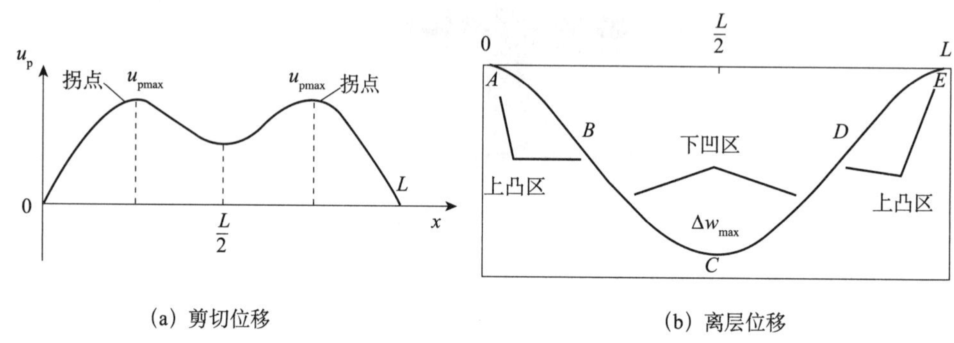

(a) 剪切位移　　(b) 离层位移

图 4.4　岩层拉、剪位移沿采场倾向分布规律

L 工作面倾向方向采动影响宽度；u_{pmax} 最大剪切位移；Δw_{max} 最大离层位移

研究表明：地面井以负压状态运行时，明显改变了采空区内部的气体流场，在井口周围形成高浓度瓦斯区，而高浓度氧气区域也随之深入采空区内部，而且不同位置的地面井抽采效果是不同的，位于工作面回风巷侧 60m 附近区域的地面井抽采效果最佳，此区域为基于抽采效果的地面井优选布井区域，如图 4.5 所示。

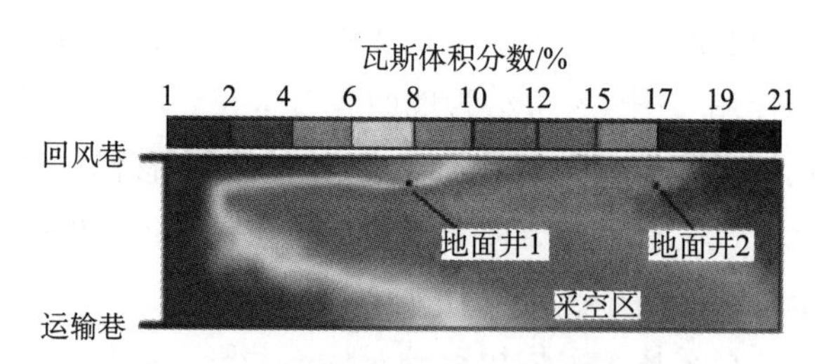

图 4.5　地面井抽采时回采空间瓦斯分布

由于我国多数煤矿地表沉降拐点一般为煤壁偏向采空区侧 20～90m，综合考虑岩层移动对采动活跃区地面井结构的影响规律和地面井抽采效果影响因素可知：选择采煤工作面回风巷侧偏向采场中线方向一定范围（40～80m）内的区域进行采动活跃区地面井的布井较好（具体位置选择需要计算确定）。

2）钻井及井身结构设计

采动活跃区地面井井身结构的三级深度对地面井的抽采效果及结构稳定性有着关键的影响；套管型号决定了套管的管径和壁厚，决定了套管的抗拉剪破坏能力；水泥环的厚度及配比参数决定了水泥环对岩层挤压应力的缓解效果；固井工艺的不同会使得地面井不同井身位置受到的岩层运动影响程度不同。因此应对地面井的井身结构进行逐级优化设计。采动影响区地面井的三级深度分布应综合考虑岩层移动量的大小和矿区采场“竖三带”的分布范围，确保钻井一开段的防漏水、防塌孔以及二开段的钻井结构安全和三开段瓦斯流动裂隙网络的完整。套管选型和水泥环参数设计应在获取岩层移动量的基础上，运用套管、水泥环、岩壁三域耦合作用模型对力学参数及安全性进行评估计算，获得取值区间，进而优化各力学参数和配比参数，套管、水泥环、岩壁三域耦合作用模型，如图 4.6 所示，其中下标 c 表示属于套管的参量，如弹性常数 E_c、v_c、内外半径比 $m_c=a_0/a_w$；下标 s 表示属于地层的参量，如弹性常数 E_s、v_s、内外半径比 $m_s=a_d/b$；未注明下标的量是属于水泥环的参量，如弹性常数 E、v、内外半径比 $m=a_w/a_1$。

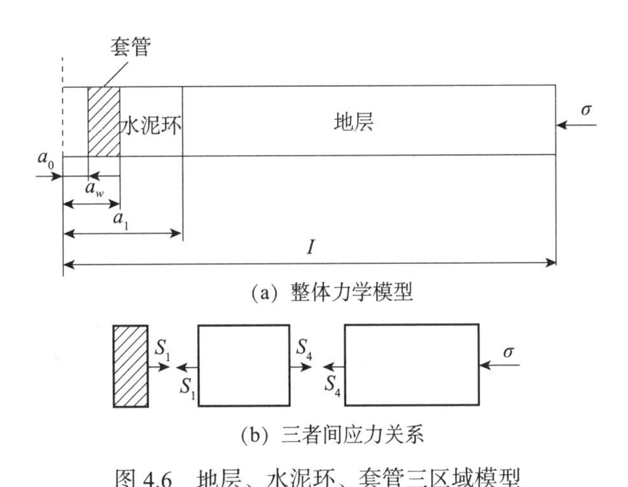

图 4.6　地层、水泥环、套管三区域模型

由耦合分析可以计算获得增益函数式：

$$\psi=\frac{1-m^2}{2(1-v)}\left(\frac{k_s}{mk_c}-\frac{1-2v}{1+\xi}\right)\xi \tag{4.1}$$

式中，m 为水泥环内外径比；k_s 为地层刚度；k_c 为套管刚度；v 为水泥环的泊松比；ξ 为水泥环和地层的材料差异系数。当 $\psi=0$ 时，钻井套管受到的外力为无水泥环情况下的外力；当 $\psi>0$ 时，水泥环的存在使原来的套管压力降低了，这种情况称为增益；当 $\psi<0$ 时，使原来的套管压力增大，这种情况称为负增益。因此，水泥环的参数选择应使 $\psi>0$。

从采动区地面井变形破坏模型可以发现，岩层移动的剪切滑移位移量、离层拉伸位移量是岩层运动对地面井产生影响的关键参量。因此，地面井的结构优化应在满足工程成本要求的基础上，适度增大地面井各级井段的钻井直径，使得各分级段的钻井直径在岩层移动量发生后仍能够保证钻井的有效通径大于“0”。同时，应采取适用的固井技术提高地面井的有效通径，增强地面井的抗拉剪能力。采动活跃区常用的固井工艺有全井段固井、局部固井和分级固井等，根据钻井结构稳定性保障的要求需要选择不同的固井方式。图 4.7 为几种典型地面井井身结构。

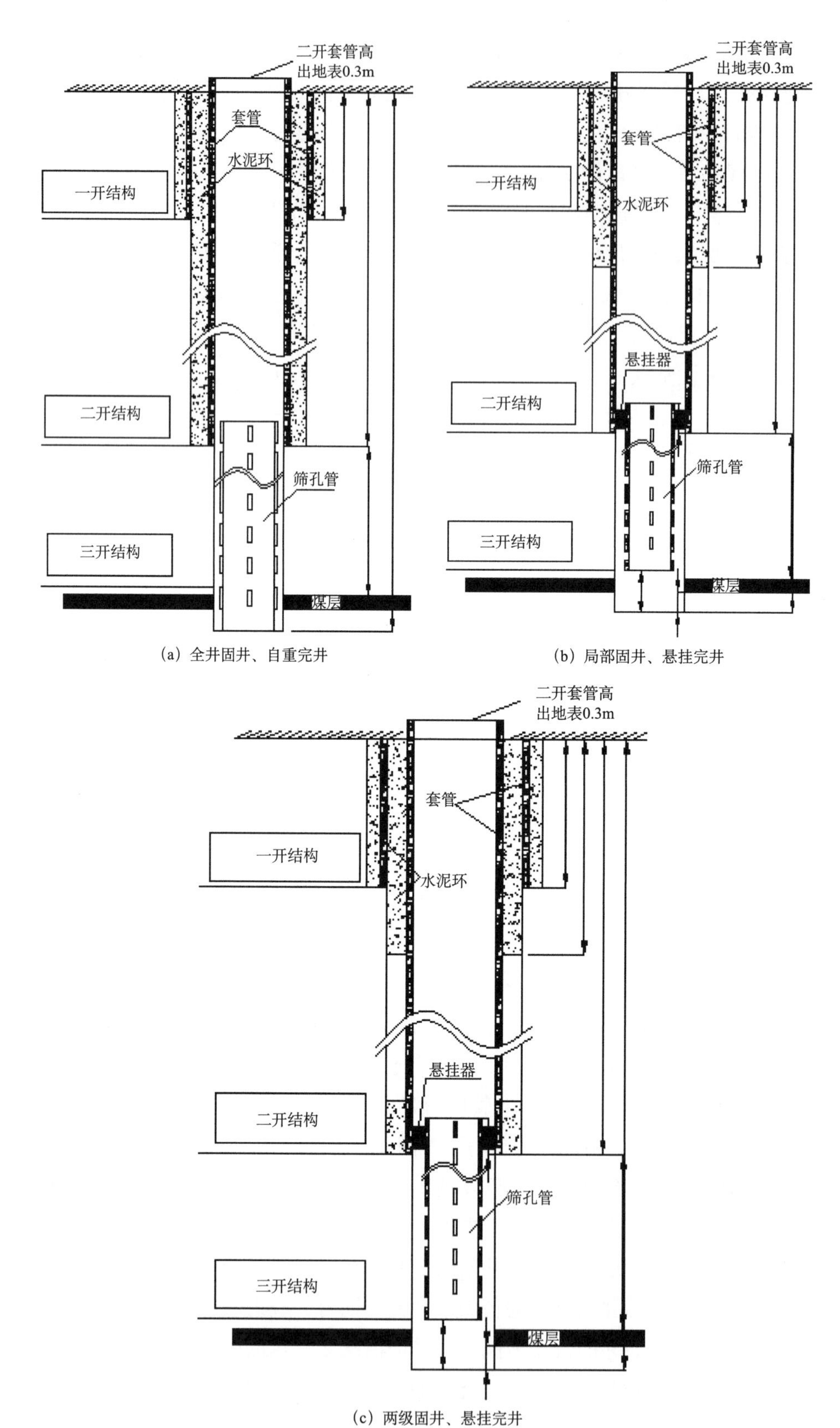

(a) 全井固井、自重完井

(b) 局部固井、悬挂完井

(c) 两级固井、悬挂完井

图 4.7　三种典型地面井井身结构

3）高危位置安全防护

在采场进行地面井的最优布井区域选择可以回避多数地面井的高危险破坏位置，但岩层移动分布受岩层特性影响具有一定的随机性，布置在采场最优布井区域的地面井仍然存在部分井深位置处于岩层移动的高危险影响区，这些高危破坏位置一般是采取区域优化布井措施不能完全规避的。一般情况下，岩层界面的离层拉伸破坏位置和巨厚基岩层下的岩层界面位置为地面井套管易发生拉伸、剪切破坏的高危险位置（图 4.8），需要施加特殊防护措施才能保证钻井结构的安全畅通。

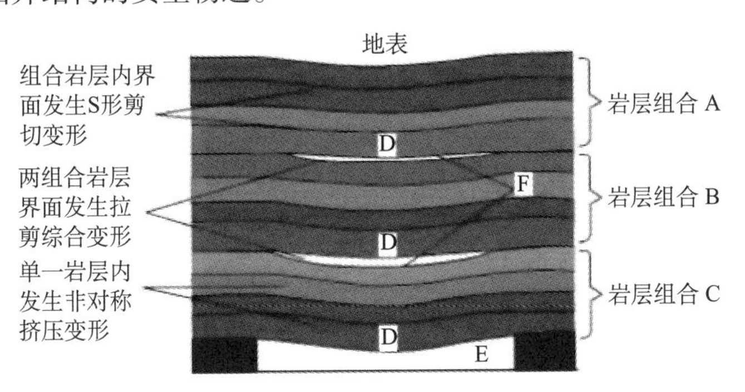

图 4.8　地面井主要变形形式分类

D 关键层；E 采空区；F 离层位移

地面井高危破坏位置防护主要是在分析获得地面井高危破坏位置后，在地面井套管完井过程中根据套管变形形式和变形量对地面井的二开套管的局部高危破坏位置施加能够抗岩层移动剪切、离层拉伸、拉剪综合变形等作用的专用防护结构（图 4.9），以提高地面井的抗破坏能力，延长地面井的使用寿命。

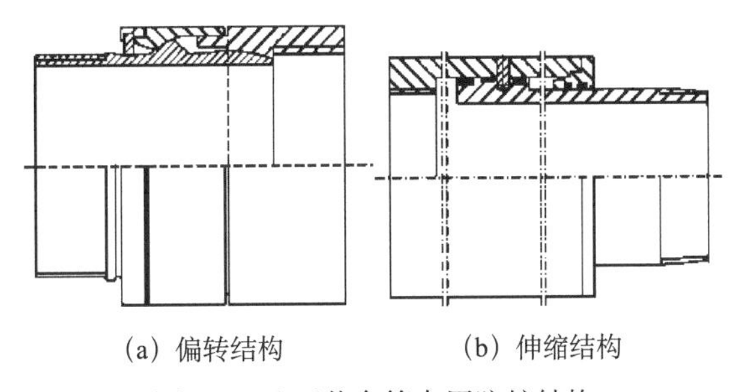

(a) 偏转结构　　(b) 伸缩结构

图 4.9　地面井套管专用防护结构

4）安全抽采工艺

地面井的安全抽采主要包括专业人员配备、交接班制度、抽采设备安装、运行、维护、监控系统安装、运行、维护和地面井场日常管理等方面。

采动活跃区地面井抽采的瓦斯浓度一般变化较大，受采动影响明显，地面抽采系统可分为单井独立抽采系统和井网集输系统两种形式。单井独立抽采系统一般应重点考虑泄爆、防回火、抑爆、防雷防电和管道安全计量监控；井网集输型抽采系统一般会在一定区域范围内建设一个抽采泵站或将矿井采动影响区地面井抽采的瓦斯汇入井下抽采管网在地面的集输泵站进行合并抽采，其安全抽采与监控应符合《煤矿瓦斯抽放规范》（AQ 1027—2006）等瓦斯集输技术标准的要求。

4.1.2 地面井抽采采动稳定区瓦斯

煤层顶板岩层受开采影响引起的移动破坏会经历一个发展－高峰－减弱－稳定的过程，这个周期一般维持一两年的时间，这时井下工作面已经远离或者停采密闭，地面井运行对工作面通风的影响很小，相对于地面预抽井与采动活跃区地面井抽采技术，采动稳定区地面井抽采技术更偏重对煤矿区煤层气资源的进一步开发，以减少煤层气资源的浪费及其逸散造成的环境污染。由于地面井抽采施工成本较高，而煤炭产出及井下瓦斯抽采、通风对采区内煤层气资源量造成一定破坏，煤层气资源开发需要考虑成本投入与经济收益的平衡问题，因此对采动影响稳定区煤层气资源量进行产前评价不可或缺。

采动稳定区地面井抽采技术主要利用“采动卸压增透效应”形成的围岩裂隙对采场内的集聚瓦斯及其邻近煤层卸压瓦斯进行抽采，围岩裂隙通道的畅通性对地面井抽采效果影响显著。地面井施工于围岩裂隙形成之后，钻进过程中钻井液及钻进工艺不可避免地要对裂隙通道造成影响，选择合理的钻完井工艺以减少其对裂隙通道的污染同样是采动稳定区地面井抽采技术区别于其他地面井抽采技术的特点。

采动稳定区地面井施工在岩层移动基本停止的区域，以资源开发为主，其关键技术包括煤层气资源量评估、井身结构优化设计、井位优选技术及钻完井工艺优化设计 4 个方面。

1. 煤层气资源量评估

对目标区域煤层气资源量进行评估是采动稳定区煤层气资源开发首先要完成的工作，依据此评估结果可以获得对目标区域抽采产量的初步认识，指导下一步生产规模的投入。评估过程中，首先对采场卸压范围进行分析，划定评估范围；然后收集必要的现场资料，确定采场煤层气来源，选择合理的资源量评估模型；最后确定遗留煤炭资源量、遗煤残余气含量、孔隙体积等模型参数的合理取值，进行采动稳定区煤层气资源量的合理评估。

如果目标矿区（区域）开采年代久远，井下实际生产资料缺失严重，可以采用直接法直接估算采动稳定区各主要气源量，相加得到评估结果。此时各煤层气来源如图 4.10 所示。

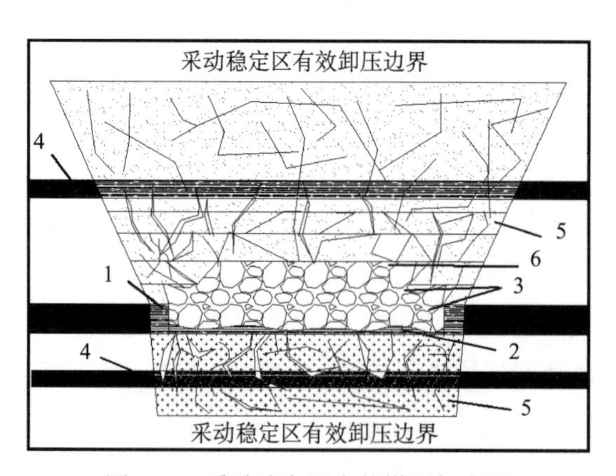

图 4.10 采动稳定区内的煤层气来源

1. 支撑煤柱；2. 遗留煤体；3. 采空区游离煤层气；4. 采空区邻近卸压煤层；5. 卸压围岩；6. 生物成因煤层气

1）采用直接法进行可采资源评估

（1）单一煤层条件资源量：

$$G_{sg}=M_1q_1R_{fa}+nVR_{fg} \tag{4.2}$$

式中，M_1 为采场内遗留煤炭总量，t；q_1 为遗煤残余气含量，m^3/t；n 为采动稳定区内煤层气体积分数，%；V 为采动稳定区空隙体积，m^3；R_{fa} 为开采煤层吸附气量采收率，%；R_{fg} 为孔隙游离气量采收率，%。

（2）煤层群条件单一开采煤层资源量：

$$G_{gs}=M_1q_1R_{fa}+\sum_i M_{(j)i0}\left[(1-\eta_{(j)i})(q_{(j)i0}-q_{(j)ic})+q_{(j)ic}\right]R_{(j)fai}+nVR_{fg} \tag{4.3}$$

式中，$\eta_{(j)i}$ 为开采煤层第 i 邻近层煤层气排放率，%；$M_{(j)i0}$ 为开采煤层第 i 邻近层原始煤炭总量，t；$q_{(j)i0}$ 为开采煤层第 i 邻近层原始煤层气含量，m^3/t；$q_{(j)ic}$ 为开采煤层第 i 邻近层残存煤层气含量，m^3/t；$R_{(j)fai}$ 为开采煤层第 i 卸压邻近煤层吸附气量采收率，%；R_{fa} 为孔隙游离气量采收率，%。

（3）煤层群条件多开采煤层资源量：

$$G_{gp}=\sum_j\left[M_{1,j}q_{1,j}R_{fa,j}+nV_{,j}R_{fg}+\sum_i M_{(j)i0,j}\left[(1-\eta_{(j)i,j})(q_{(j)i0,j}-q_{(j)ic,j})+q_{(j)ic,j}\right]R_{(j)fai,j}\right]-Q_{re}R_{fre} \tag{4.4}$$

式中，$M_{1,j}$ 为第 j 层开采煤层采场内遗留煤炭总量，t；$q_{1,j}$ 为第 j 层开采煤层采场内遗煤残余煤层气含量，m^3/t；$V_{,j}$ 为第 j 层开采煤层采动稳定区空隙体积，m^3；$R_{fa,j}$ 为第 j 层开采煤层吸附气量采收率，%；$R_{(j)fai,j}$ 为第 j 层开采煤层的第 i 邻近煤层吸附气量采收率，%；R_{fre} 为重复计算的煤层气资源量采收率，%；Q_{re} 为因邻近煤层卸压范围重叠引起的煤层气资源重复计算量，m^3，其大小取决于邻近煤层赋存条件和开采区域具体部署，计算分析详见文献附录；其他变量符号含义同式（4.3）。

如果目标矿区开采年代较近，可收集到一定的井下生产资料，可以采用间接法在原始煤层气资源量评估结果的基础上，扣除掉煤矿井下生产前后损失的各项煤层气量，最终得到采动稳定区煤层气量评估结果。

2）采用间接法进行可采资源评估

（1）损失气量阶段统计法：

$$G=\left[(R_{fa}+sR_{fg})q_{(c)0}-kq_{(c)c}\right]L_{(c)0}W_{(c)0}H_{(c)0}\gamma_{(c)}+\sum_i R_{(j)fai}V_{(j)i}\gamma_{(j)i}q_{(j)i0}+R_{fg}\sum_i c_i\varphi_i V'_{(j)i}-\sum_i U_{ti}-\sum_i U_{mi}-\sum_i\left(\sum_j U_{pij}C_{pij}\right)-(1+K'')\sum_i\left(\sum_j U_{wij}C_{wij}\right)-\left[\frac{K_t(f-\Delta P)S_t}{\mu_g L_r}+\frac{s_g K_b J_b S_b}{\mu_w}\right]T' \tag{4.5}$$

式中，$q_{(c)0}$ 为开采煤层原始煤层气含量，m^3/t；$L_{(c)0}$ 为采区走向长度，m；$W_{(c)0}$ 为采区倾斜长度，m；$H_{(c)0}$ 为开采煤层真厚度，m；$\gamma_{(c)}$ 为开采煤层容重，t/m^3；$V_{(j)i}$ 为采区第 i 卸压邻近煤层体积，m^3；$\gamma_{(j)i}$ 为采区第 i 卸压邻近煤层容重，t/m^3；$q_{(c)i0}$ 为采区第 i 卸压邻近煤层原始煤层气含量，m^3/t；c_i 为含气浓度，%，一般取 1；φ_i 为含气岩层孔隙率，%；$V'_{(j)i}$ 为采区卸压含气岩层体积，m^3；ς 为计算系数，一般取 0.05～0.2；k 为采区的煤炭回采率，%；$q_{(c)c}$ 为采出地表的煤炭残存煤层气含量，m^3/t；U_{ti} 为采区第 i 条巷道掘进前采出的煤层气量，m^3；U_{mi} 为生产阶段第 i 个月采区井下工程采出的煤层气量，m^3；U_{pij} 为第 i 条准备巷道开挖第 j 天的排风量，m^3；C_{pij} 为第 i 条准备巷道开挖第 j 天的平均风排煤层气浓度，%；U_{wij} 为生产阶段第 i 条回风巷第 j 天的排风量，m^3；C_{wij} 为生产阶段第 i 条回风巷第 j 天的平均风排煤层气浓度，%；K'' 为采区封闭后煤层气井下涌出系数；K_t 为覆岩盖层岩石的渗透率，m^2；Δp 为覆岩盖层顶底部压力差，Pa；f 为煤层气驱动力，Pa；μ_g 为煤层气流动黏度，Pa/s；T' 为采动稳定区形成时间，近似自采区封闭时开始计算，d；S_t 为采动稳定区有效卸压盖层面积，m^2；L_r 为覆岩盖层厚度，m；ς_g 为煤层气在水中的溶解度；K_b 为采动稳定区底板岩层渗透率，m^2；J_b 为底板岩层水力梯度，Pa/m；S_b 为底板岩层面积，m^2；μ_w 为地下水流动黏度，Pa/s；R_{fa} 为开采煤层吸附气量采收率；$R_{(j)fai}$ 为开采煤层第 i 邻近煤层吸附气量采收率；R_{fg} 为孔隙游离气量采收率。

（2）损失气量分源预测法：

$$
\begin{aligned}
G = & \left[R_{fa} + \varsigma R_{fg} - (1+K'')k\right] M_{(c)0} q_{(c)0} + \sum_i R_{(j)fai} V_{(j)i} \gamma_{(j)i} q_{(j)i0} + R_{fg} \sum_i c_i \varphi_i V'_{(j)i} - \\
& (1+K'')\left[M_f(1-\bar{k})\int_0^{(l_1+l_2)/v_f} v_0 (1+t)^{-\beta'} \mathrm{d}t + \sum_i \left(q_{(j)i0} - q_{(j)ic}\right) V_{(j)i} H_{(j)i} \gamma_{(j)i} \eta_{(j)i}\right] - \\
& M_t\left(q_{(c)0} - q'\right) - \left[\frac{K_t(f-\Delta P)S_t}{\mu_g L_r} + \frac{\varsigma_g K_b J_b S_b}{\mu_w}\right] T' - \\
& (1+K'')\begin{cases}
L_m W_m H_m \gamma\left(q_{(c)0} - q_{(c)c}\right) & W_m < 2W_{lm}, \text{且} T \geqslant T_1 \\
2\int_0^{L_m/v}\int_0^{L_m} v'_0 e^{-\frac{\beta_2 l}{v}} H_m \mathrm{d}l\mathrm{d}t + 2\int_{T-\frac{L_m}{v}}^{T} v'_0 e^{-\beta_2 t} H_m L_m \mathrm{d}t & W_m < 2W_{lm}, \text{且} T < T_1 \\
\frac{2}{3}\int_0^{L_m/v}\int_0^{L_m} v'_1\left(e^{-\frac{\beta_1 l}{v}} + 1\right) H_m \mathrm{d}l\mathrm{d}t + \frac{2}{3}\int_{T-\frac{L_m}{v}}^{T} v'_1\left(e^{-\beta_1 t} + 1\right) H_m L_m \mathrm{d}t & W_m \geqslant 2W_{lm} \\
\frac{1}{3}\int_0^{L_m/v}\int_0^{L_m} v'_1\left(e^{-\frac{\beta_1 l}{v}} + 1\right) H_m \mathrm{d}l\mathrm{d}t + \frac{1}{3}\int_{T-\frac{L_m}{v}}^{T} v'_1\left(e^{-\beta_1 t} + 1\right) H_m L_m \mathrm{d}t & \text{单侧暴露煤壁}
\end{cases}
\end{aligned}
\tag{4.6}
$$

式中，v'_t 为足够宽煤柱暴露 t 时刻后的单位面积煤壁煤层气涌出速度，m^3/（m^2·d）；v'_1 为足够宽煤柱单位面积煤壁的煤层气涌出初速度，m^3/（m^2·d）；β_1 为足够宽煤柱煤壁煤层气涌出衰减系数，d^{-1}；M_f 为采区工作面开采煤炭资源总量，t；$\bar{k}$ 为工作面回采率，%；l_1 为工作面煤壁到支架的距离，m；l_2 为采空区沿工作面推进方向上的煤层气浓度非稳定区域宽度，m，倾斜长壁工作面一般为 60～80m；v_f 为工作面推进速度，m/min；v'_0 为较窄煤柱单位面积煤壁的煤层气涌出初速度，$m^3/(m^2 \cdot d)$；β_2 为较窄煤柱煤壁煤层气涌出衰减系数，d^{-1}；t 为煤壁暴露时间，d；L_m 为巷道长度，m；W_m 为煤柱宽度，m；H_m 为煤柱高度，m；$\gamma_{(c)}$ 为开采煤层容重，t/m^3；$q_{(c)0}$ 为煤炭原始煤层气含量，m^3/t；$q_{(c)c}$ 为煤炭残存煤层气含量，m^3/t；$q_{(j)ic}$ 为采区第 i 卸压邻近煤层残存煤层气含量，m^3/t；q' 为煤层始突深度的瓦斯含量，m^3/t；M_t 为井下抽采工程控制的煤炭量，t；β' 为落煤解吸强度衰减系数，min^{-1}；T 为巷道从开始掘进到采区封闭所经历的时间，d；T_1 为较窄煤柱煤层气极限排放时间，d；W_{lm} 为巷道煤壁的煤层气极限排放宽度，m；其他变量符号涵义同式（4.5）。

2. 井身结构优化设计

地面井井身结构设计需要考虑三个方面的内容；一是钻井施工的经济合理性，主要影响井筒直径；二是固井质量的密闭可靠性，主要影响固井深度；三是钻井终孔位置的合理性，主要影响钻进深度。

地面井井身可以设计成二级或者三级结构。二级结构时，一开钻进深度应该穿过施工区域表土覆盖层及风化带岩层，并深入基岩 50m 以下，同时钻进深度不低于 100m；二开钻进深度应该深入到煤层覆岩冒落带内。三级结构时，一开钻进深度应该穿过施工区域表土覆盖层及风化带岩层，并深入基岩 10m 以下；二开钻进深度应该达到煤层覆岩导水裂隙带上方 10～15m 的位置；三开钻进深度应该深入到煤层覆岩冒落带内。

3. 井位优选技术

地面井布井位置选择主要考虑采动稳定区煤层气储集空间分布及地面井抽采控制范围两个方面。煤层气储集空间主要应在采场上覆岩层裂隙场分布范围内确定 O 形圈的分布区域。地面井的抽采控制范围应根据采动稳定区内空气压力、地面井井口抽采负压和采空区的连通性等计算确定。

研究表明，在采空区内部相同纵深位置处，采空区回风巷侧的煤层气浓度要高于进风巷，其最大瓦斯体积分数可达 80%，把地面抽采钻井布置在靠近回风巷侧更有利于高浓度煤层气的抽采。

4. 钻完井工艺优化设计

为保证地面井抽采效果，采动稳定区地面井钻进施工应该以减少对采空区裂隙场导气通道的破坏和堵塞为第一原则。地面井应优先选用空气钻进工艺，使用大风量潜孔锤钻机完成地面井钻进施工，使用水液钻进工艺时，尽量缩短钻进周期，切忌采用泥浆钻井工艺。

由于采动稳定区采场上覆岩层破碎严重，钻井过程中一般会发生钻井液漏失及塌孔现象。非生产井段施工时，需要对钻井漏液段进行灌浆封堵处理，以保证后期抽采密封性良好；生产井段钻进时，应尽可能使用空气钻进工艺。

4.1.3 应用效果

1. 地面直井抽采采动活跃区卸压瓦斯

为解决寺河矿井下工作面瓦斯治理难题，2013 年以来根据寺河矿 3301、W2301 等工作面地质条件设计采动区地面井 13 口，平均抽采瓦斯量 0.8 万 m^3/d，平均瓦斯浓度 64%，工作面瓦斯浓度平均降幅达 20%，较好地解决了采煤工作面和回风巷瓦斯超限问题。寺河矿 SHCD-06 井于 2013 年 8 月 5 日开始煤层气抽采，抽采及工作面瓦斯浓度等数据分别如图 4.11、图 4.12 所示。

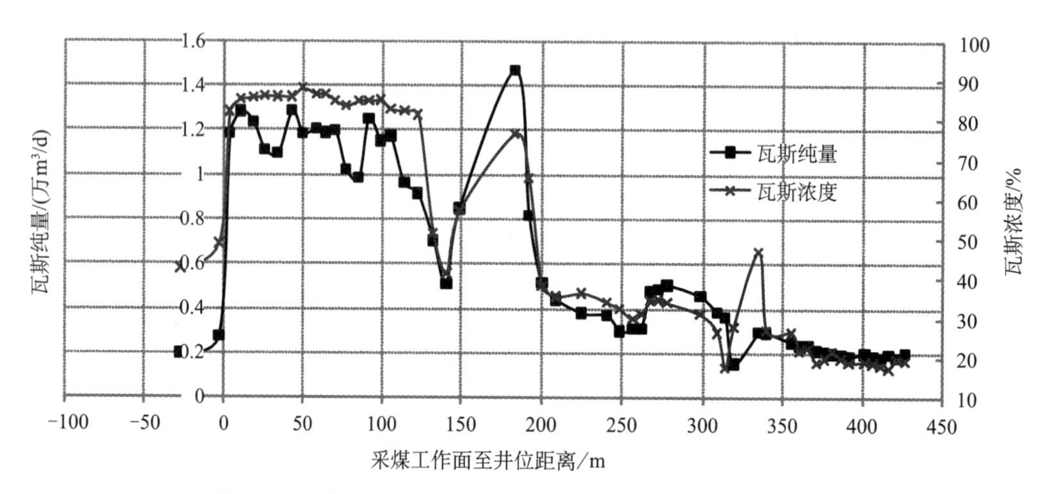

图 4.11　瓦斯纯量、瓦斯浓度与采煤工作面至井位距离的关系

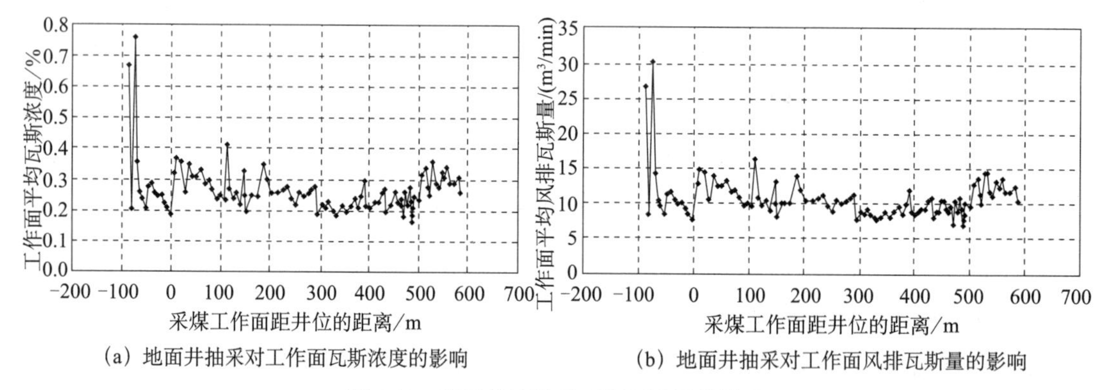

(a) 地面井抽采对工作面瓦斯浓度的影响　　(b) 地面井抽采对工作面风排瓦斯量的影响

图 4.12　地面井抽采对工作面瓦斯的影响

2. 地面 L 形煤层顶板水平井抽采采动活跃区卸压瓦斯

寺河煤矿 3313 工作面不具备地面直井施工条件，为解决该工作面井下瓦斯涌出大的难题，基于已有的采动区地面直井优化设计技术开发了新型的井身结构、固井工艺、完井工艺和抽采控制工艺，设计了采动区顶板定向 L 形水平抽采井，现场应用效果良好，彻底解决了井下工作面通风压力大的难题。

通过对 3313 工作面原有地面煤层气井资料以及 3 号煤层上方 50～70m 范围内的岩层

分布和岩性特征分析，确定 3313 工作面关键层为 3 号煤层上方的粉砂岩，厚 6m，岩性深灰黑色粉砂岩，确定 L 形井水平段施工层位采取 8 倍采高以上岩层，并定于 3 号煤层以上 50～70m 范围内（图 4.13）。

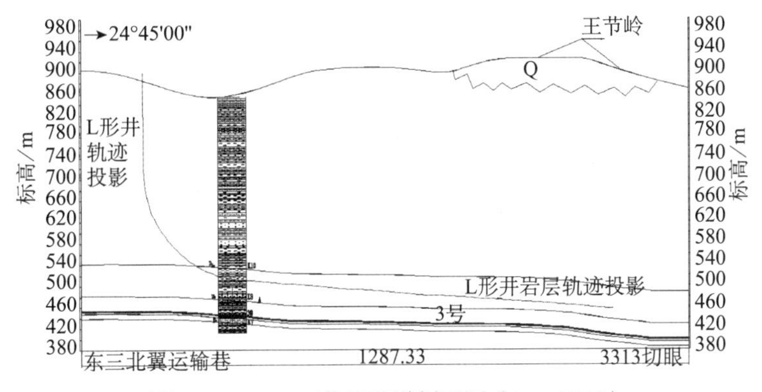

图 4.13　3313 工作面巷道剖面图（1 ∶ 2000）

寺河煤矿 3313 工作面 L 形地面井钻井实际进尺 1271.67m，水平段 808.58m，孔径 220mm，布置在煤层上方 40～50m。

顶板 L 形地面井抽采浓度高达 93%，平均 80%；抽采纯量高达 3.11 万 m^3/d，平均 2.2 万 m^3/d，累计抽采约 400 万 m^3；实现本煤层采动影响区、采空区连续抽采，钻井结构完好；有效缓解 3313 工作面瓦斯治理压力，为煤矿安全生产提供了保障（图 4.14）。

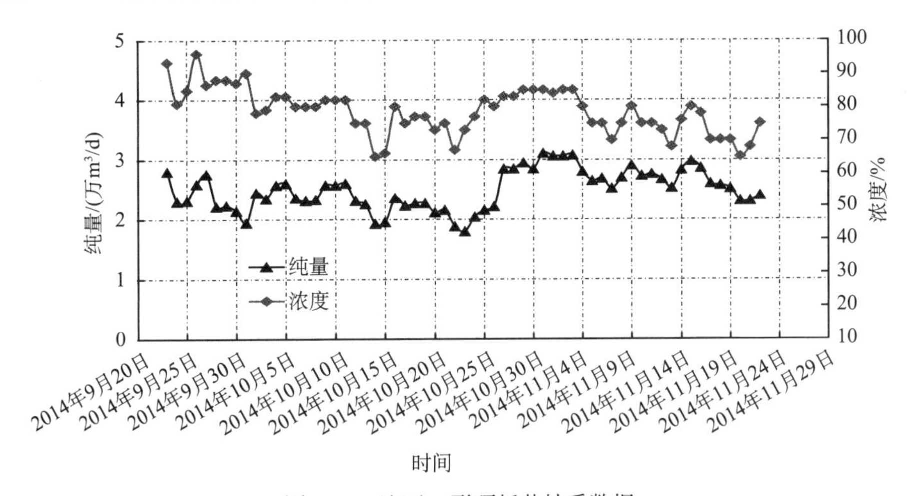

图 4.14　地面 L 形顶板井抽采数据

3. 地面井抽采采动稳定区瓦斯

结合 4306 工作面的回采数据以及围岩岩性分析资料，计算出其有效卸压区域内围岩空隙为 114 万 m^3。成庄矿采动稳定区内部裂隙空间瓦斯浓度取 30%，遗留煤炭残余瓦斯含量取值 $4m^3/t$，利用单一煤层评估计算模型得出，4306 工作面采动稳定区内的残留地质瓦斯总量约为 250 万 m^3，游离瓦斯总量约为 32 万 m^3。

CZCK-01 地面井布置在 4306 工作面采空区内侧距离 4211 巷 15m，距离 4306 工作面开切眼 500m 左右，井口坐标（3940246.385，514828.211），地面高程约为 970m，对应煤层底板标高约 642m。CK-01 井井位示意图如图 4.15 所示。

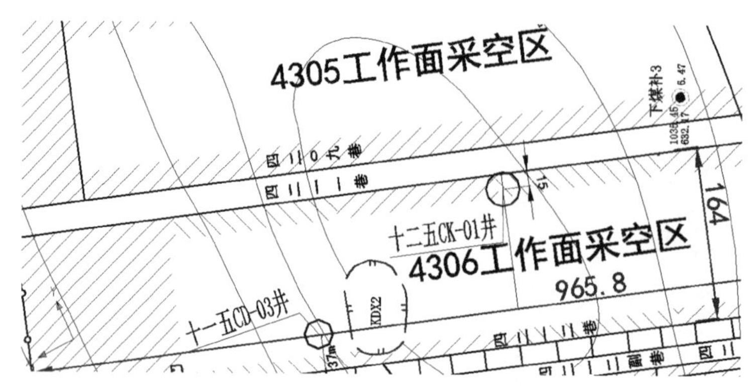

图 4.15　CK-01 地面井井位示意图

CZCK-01 井抽采系统于 2014 年 11 月开始铺设，2015 年 3 月 12 日正式建成，2015 年 5 月 4 日开始试验抽采。截至 2015 年 10 月 31 日，累计正常试验抽采 67d，抽采煤层气量 20.95 万 m^3，日均抽采流量 3120m^3。

图 4.16 为 CZCK-01 地面井采出气浓度及日产量走势图。地面井抽采负压基本保持在 60kPa 上下，与同地区采动区地面井真空泵正常运行压力相当，表明地面井密闭性较好；同时采出气浓度基本在 40% 上下波动，表明试验工作面采空区瓦斯浓度约为 40%。CZCK-01 井日均产气量为 3120m^3，但由于试验工作面走向长度和倾向长度较短，采空区内煤层气储存空间较小，随着抽采持续进行，日产气量有逐渐下降趋势，表明采空区内可抽采气量的多少会直接影响采动稳定区地面井的产能。

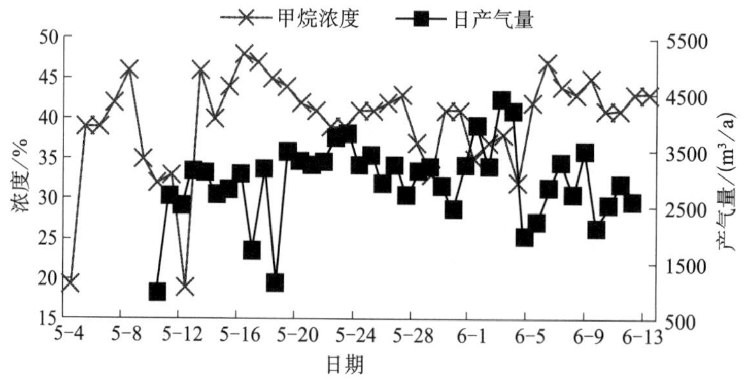

图 4.16　CZCK-01 井采出气浓度及日产量走势图

4.2　工作面顶板岩石水平长钻孔抽采瓦斯技术

邻近层和采空区抽采瓦斯是国内外应用最广泛的井下抽采瓦斯方法之一。经验表明，位于开采层采动影响范围内的邻近层能够得到充分卸压，煤层中的可解吸瓦斯量绝大部分能够由吸附状态转变为游离状态，邻近层和本煤层丢煤瓦斯都会积聚于采空区。因此，将抽采钻孔布置到煤层上方裂隙带内可获得良好的抽瓦斯效果。工作面顶板岩石水平长钻孔抽采瓦斯技术充分利用了采动卸压增透效应和采动裂隙场导流通道的作用，是一种随着井下钻孔技术发展而不断发展的高效瓦斯抽采技术。

4.2.1 技术原理

煤层回采工作面推进过程中，采动卸压效应使得本煤层及邻近层产生卸压增透效应，应力降低、煤岩层渗透率增大，瓦斯解吸速度大大加快；同时，采场顶板岩层的不断垮落、断裂形成了优良的瓦斯流动通道。工作面顶板岩石水平长钻孔抽采瓦斯技术充分利用了煤层回采这一过程的有利因素，煤层回采前在一定层位的顶板岩层中向工作面施工长距离近水平钻孔，煤层回采过程中大量涌出瓦斯进入采动裂隙场，在顶板岩石水平长钻孔负压抽采作用下被大量抽采，从而达到治理工作面涌出瓦斯的目的。

4.2.2 技术内容

1. 工作面顶板岩石走向长钻孔抽采瓦斯技术

该技术的发展与井下钻孔技术及钻进装备的发展是紧密相关的，先后经历了顶板钻场回转钻机水平长钻孔抽采和本煤层钻场千米钻机水平长钻孔抽采两个典型阶段，分别如图 4.17 和图 4.18 所示。

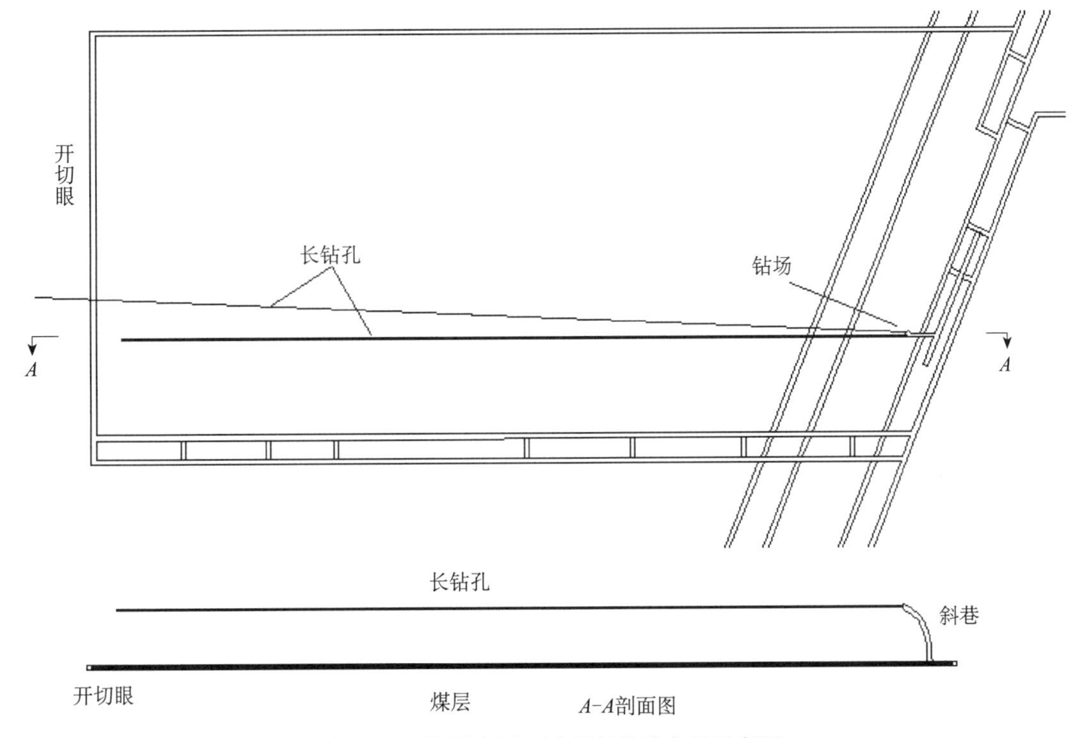

图 4.17 顶板钻场岩石水平长钻孔布置示意图

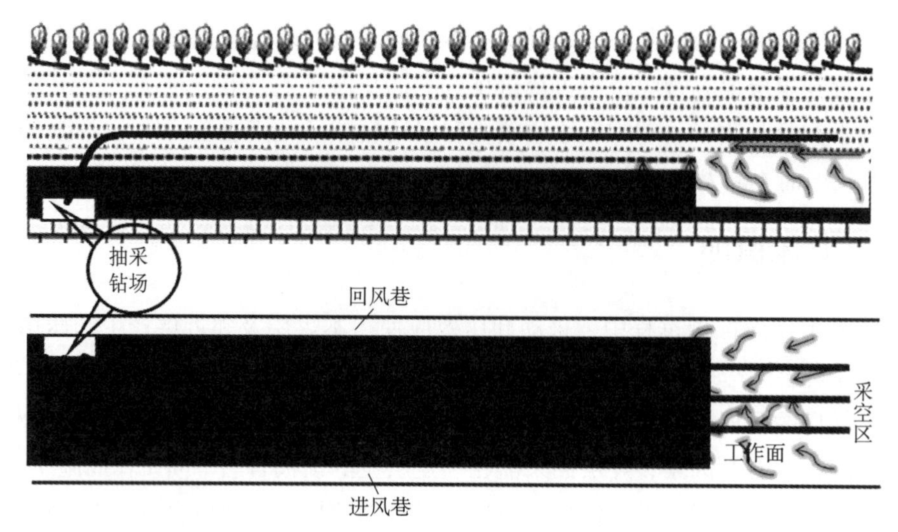

图 4.18　本煤层钻场顶板岩石水平长钻孔布置示意图

钻孔布置主要涉及钻孔层位、钻孔数量和钻孔孔径等参数。钻孔层位的选择应以采动裂隙场的发育情况为基础，通常先运用采场“竖三带”分布规律确定采动裂隙场的分布范围，垂直方向上将钻孔优先布置在裂隙场中部（中度裂隙场内）；水平方向上钻孔位置的选择应以通风方式和工作面的长度等情况为基础，通常将钻孔布置在回风巷（U 形通风）和采场中线间的区域，为了提高瓦斯抽采的效果可以并行布置数个水平孔同时进行抽采。钻孔孔径参数根据工作面的瓦斯涌出情况、瓦斯抽采需求和抽采系统的抽采能力确定，可以采用增加钻孔数量的方式来提高总体抽采效果。

2. 工作面顶板岩石走向高位钻孔抽采技术

当矿井没有施工顶板岩石走向长钻孔的设备时，可以在顶板中施工一定数量的高位钻孔，不同组的钻孔相互重叠一段距离，接力抽采瓦斯。

1）钻场布置

根据钻机条件的不同，钻场可以布置在煤层顶板或者工作面回风巷内。钻场的尺寸根据钻具的长短、钻机的大小和接（卸）钻具的方式等来考虑。钻场的爬坡高度和上山的角度按顶板的岩性和赋存特点、搬移钻机方便进行考虑，顶板钻场布置方式如图 4.19 所示。如果钻场深度超过扩散通风有效范围时，应做好通风管理工作，避免瓦斯等有害气体的积

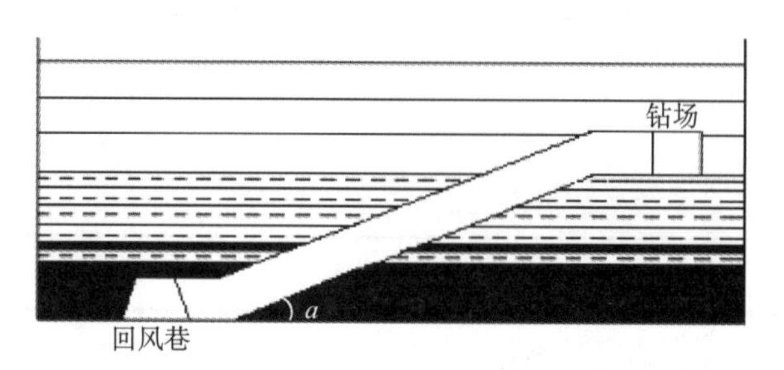

图 4.19　顶板岩石走向高位钻孔钻场布置示意图

聚。钻场间距主要依据钻机的能力和钻进施工技术来确定，在保证各钻场抽采接替连续稳定的前提下，应尽量加大钻场之间的间距，这样可节省许多辅助工程。

2）钻孔布置

钻孔采用迎工作面的推进方向进行布置，钻孔覆盖工作面的长度（距离回风巷）约为工作面全长的 1/2 到 2/3，钻孔在平面图上基本呈扇形布置，如图 4.20 所示。

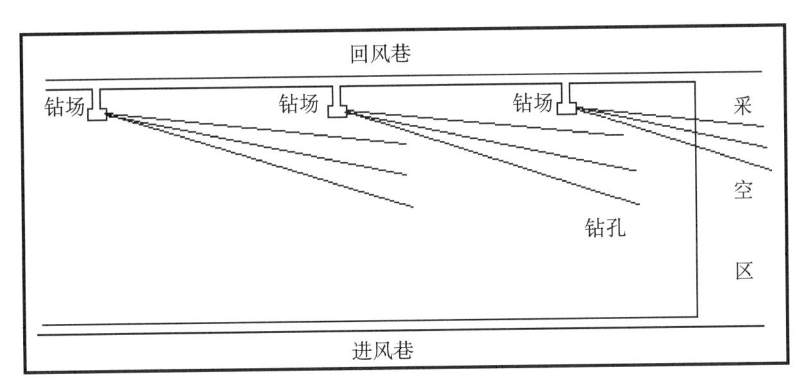

图 4.20 顶板岩石走向高位钻孔布置示意图

根据钻孔抽采的影响半径和工作面的控制范围来确定布置钻孔的数量，一般每个钻场的钻孔个数为 3～5 个，控制工作面长度的 1/2 到 2/3 左右。

3）钻孔参数确定

钻孔与回风巷中心线的夹角一般取 9°～30°，钻孔深入工作面长度可达 30～80m；钻孔倾角应根据钻场与开采层顶板的相对位置来确定，原则上保证钻孔处于距开采层垂高 14～25m 的层位内。考虑到在工作面推进接近钻场时，该钻场内的钻孔因为漏气等原因将不能继续抽采，所以下一钻场内布置的钻孔在长度上应与前一个钻场进行搭接，一般两个钻场之间的钻孔重叠长度应保持 20m 以上，据此钻孔的长度可按下式进行计算：

$$L=(W+l)\cdot\sec(\alpha\pm\beta)\cdot\sec\varphi \tag{4.7}$$

式中，L 为钻孔长度，m；W 为钻场间距，m；l 为两钻场间钻孔重叠长度，m；α 为钻孔的倾角，(°)；β 为煤层倾角，(°)；φ 为钻孔的方位角（指钻孔与回风巷或进风巷的夹角），(°)。

钻孔的倾角和方位角计算：

$$\tan(\alpha\pm\beta)=\frac{H-H_0}{W+l} \tag{4.8}$$

$$\tan\varphi=\frac{S-S_0}{W+l} \tag{4.9}$$

式中，H 为终孔点距开采层顶板距离，m；H_0 为开孔点距开采层顶板距离，m；S 为终孔点至回风巷（或进风巷）距离，m；S_0 为开孔点至回风巷（或进风巷）距离，m。

上述计算公式的使用，必须是在已经确定邻近层处于裂隙发育带内，同时考虑邻近层卸压角的大小。

4）钻孔施工

工作面顶板水平长钻孔的特点决定了钻孔轨迹应保持单斜趋势，而且钻孔孔径越大，抽采效果越好。因此，需要配备较大功率的施工钻机，钻进过程应进行轨迹跟踪量测，保障钻孔的成孔效果。主要技术装备有能够施工长距离钻孔的钻机、高强度钻杆、钻孔轨迹测量装置等。

综采工作面在无煤柱或小煤柱开采布置条件下，只要保证抽放钻孔打至设计要求的工作面冒落拱上方裂隙发育带内，顶板岩石水平长钻孔抽采瓦斯技术就可以取得良好的效果。

4.2.3 应用实例

1. 阳煤集团阳泉一矿顶板岩石水平长钻孔抽采瓦斯情况

“九五”期间，重庆研究院和西安研究院在阳煤集团阳泉一矿 4108 综采工作面开展了顶板岩石走向长钻孔抽采邻近层瓦斯试验。

根据综合分析，在 12 号煤层上方 36m 处的灰色中砂岩中，用 MK-6 钻机施工了 2 个顶板岩石水平长钻孔，钻孔长度分别为 508m 和 603.9m，钻孔直径 152～200mm。

其中 2 号钻孔实现了连续抽采，平均抽采纯量 20.3m^3/min，最大 23.92 m^3/min，孔内瓦斯浓度 48%～95%，平均维持在 60% 左右。

2. 晋煤集团寺河矿顶板岩石水平长钻孔抽采瓦斯情况

寺河矿是我国典型的高瓦突出斯矿井，采用“三进二回”或“四进两回”的偏 Y 形通风方式，在一定程度上解决了工作面回采期间的高涌出瓦斯问题。在工作面满负荷开采的情况下，回风瓦斯含量依然偏高，而系统通风量已饱和，无法通过提高风量解决回风瓦斯问题，严重制约生产和影响生产安全。

本煤层钻场顶板岩石水平长钻孔抽采在 W1305 工作面实施。钻孔主采孔段平面上位于回风巷侧帮内 15～60m，剖面上距煤层顶板以上 20～60m，钻孔分为扩孔的 ϕ153mm 和未扩孔的 ϕ96mm。施工地点位于 W1305 工作面 W13052 巷 9 号、6 号和 3 号横川内，共施工钻孔 12 个，最大孔深 402m，总进尺 4435m，如图 4.21 所示。

2014 年 3 月 9 日～2014 年 7 月 6 日，该工作面顶板岩石水平长钻孔共抽采瓦斯 466 万 m^3，其中 9 号横川 4 个钻孔平均单孔瓦斯抽采流量达到 9.89m^3/min，单孔最大抽采流量达到 30m^3/min 以上，如图 4.22 所示。

3. 铁法集团晓南煤矿顶板岩石走向高位钻孔抽采瓦斯情况

沿工作面回风巷下帮共布置 9 个钻场，除第 1 个钻场距开切眼 110m 外，其余钻场间距均为 130～140m。每个钻场布置 3～4 个长钻孔。两个钻场之间的钻孔重叠长度保持在 20m 以上，每个钻孔设计长度超过 150m，其中最大的钻孔长度达 255.7m。布孔方式基本

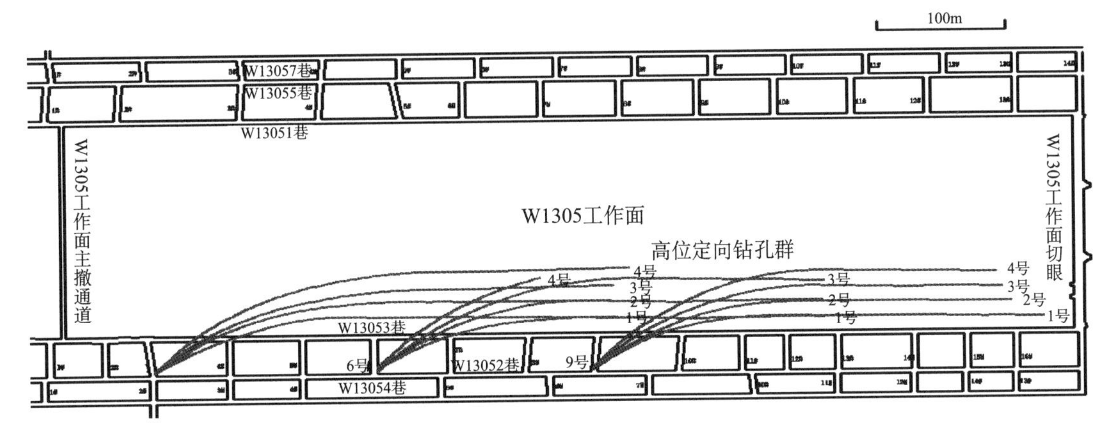

图 4.21 W1305 工作面高位定向钻孔实钻平面轨迹

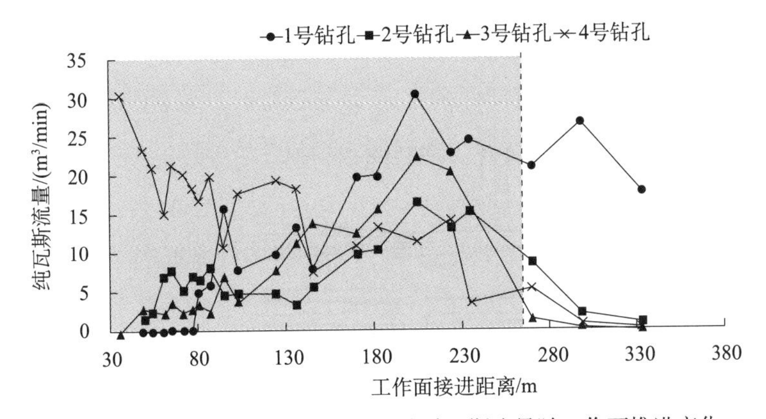

图 4.22 9 号横川顶板水平长钻孔抽采瓦斯流量随工作面推进变化

上沿走向打钻。根据抽采瓦斯需要，钻孔沿倾斜覆盖工作面长度（距回风巷侧）20～80m。钻孔倾角则根据煤层倾角变化作适当调整，一般为 4°～11°。钻孔开孔直径 117mm，终孔直径为 90mm 和 95mm，封孔套管直径为 89mm，封孔长度 3m，封孔材料为聚氨酯。

722 综采工作面试验区 9 个钻场 34 个顶板走向高位钻孔，单孔最大瓦斯抽采量为 $3.48m^3/min$，累计抽采瓦斯量 206.86 万 m^3，平均瓦斯抽采量 $3.37m^3/min$，在 426d 内共抽出瓦斯 206.8 万 m^3，邻近层瓦斯抽采率达 73.1%。

与采用顶板岩巷抽采瓦斯相比，采用顶板岩石走向长钻孔或高位钻孔抽采瓦斯可以大大节省巷道工程费用，缓解矿井采掘接续的紧张程度。

4.3 井下顺煤层长钻孔抽采瓦斯技术

顺煤层长钻孔抽采瓦斯是区域预抽煤层瓦斯的重要方法之一。长钻孔抽采可以获得较长的抽采时间，达到较好的瓦斯抽采效果，实现工作面递进式或模块式预抽，从而缓解矿井采掘接替紧张的形势，实现抽、掘、采平衡。长钻孔瓦斯抽采的核心技术是定向钻进技术及装备。重庆研究院和西安研究院在研制出国产千米钻机的基础上，对顺煤层钻孔施工工艺、钻孔轨迹测量以及长钻孔抽采瓦斯方法进行了研究和应用，取得了较好效果。

4.3.1 技术原理

利用钻机在煤层巷道向需要抽采瓦斯的煤层区域施工顺煤层长钻孔（一般在 200m 以上），控制煤层较大范围实现预先大面积区域抽采瓦斯。对掘进工作面，一次控制巷道前方几百米范围，采面尽可能一次控制整个工作面宽度及下一条掘进巷道位置（图 4.23），甚至控制 2～3 个采煤工作面宽度，实现递进式或模块化抽采瓦斯（图 4.24），以解决几十米短钻孔控制范围小、钻孔多、施工时移机时间长、抽采时间短等难题，缓解抽、掘、采接替紧张局面。

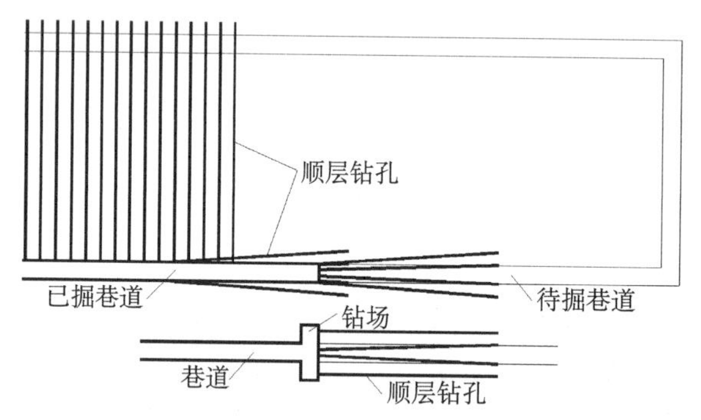

图 4.23　采掘工作面煤层顺层长钻孔布置示意图

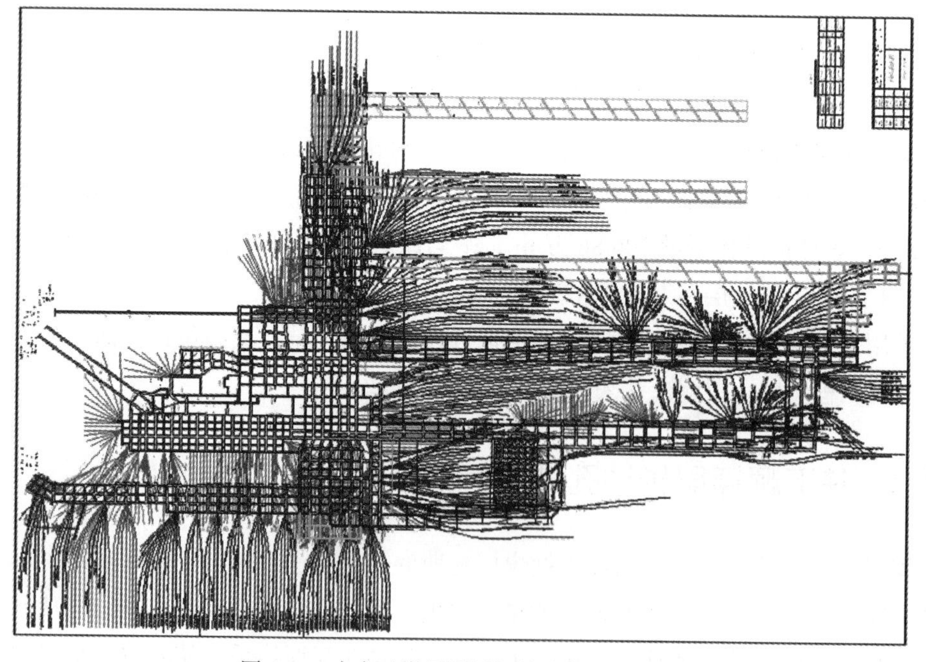

图 4.24　大宁矿煤层顺层长钻孔布置示意图

4.3.2　技术内容

顺层长钻孔抽采瓦斯的关键是长钻孔的施工工艺及装备，随着大功率回转钻机、千米定向钻机的研制成功和施工工艺的完善，特别是松软煤层钻孔施工装备和工艺技术的提高，为顺层长钻孔抽采瓦斯技术的应用奠定了坚实的基础。

1. 钻孔成孔工艺

成孔工艺包括：钻场布置、确定开孔参数、开口孔固孔、保直钻进、造斜钻进、导向扩孔等几个阶段。具体施工工艺流程如图 4.25 所示。

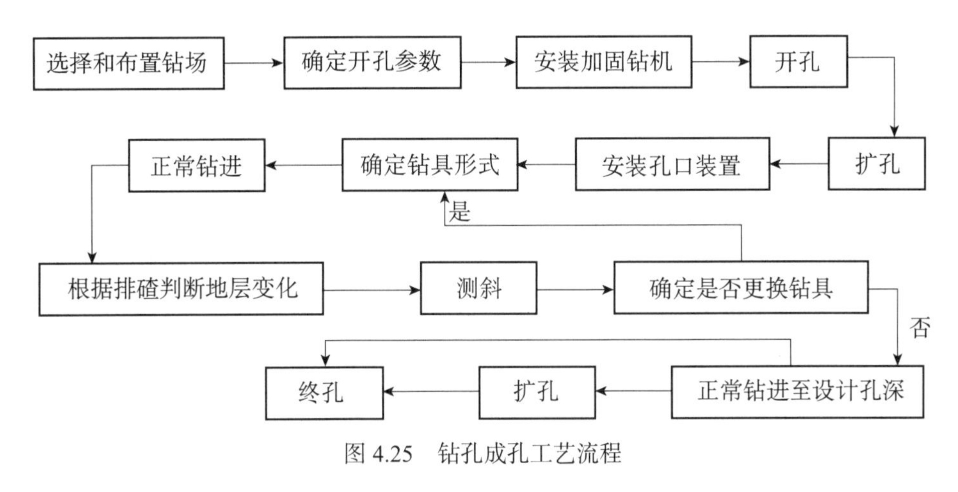

图 4.25　钻孔成孔工艺流程

2. 开孔参数的确定

开孔参数的确定主要包括钻孔直径、钻孔间距和开孔角度。

1）钻孔直径

钻孔直径的大小对瓦斯抽采有一定的影响，钻孔直径越大，孔壁暴露煤面越多，瓦斯涌出量越大，抽采瓦斯效果也就越好。但由于钻孔总瓦斯流量仅与钻孔半径的 1/5 次方成正比，抽采时间较长时，效果不大。另外，钻孔直径增大可以加强煤层卸压，同时造成孔内裂隙加大，改变煤层瓦斯渗透条件，促进瓦斯抽采。在煤层内施工深度 500m 以上的较大直径钻孔时，容易发生塌孔、堵孔和卡钻等现象。若在岩石巷道内向煤层中打钻抽采时，在岩石段进行大直径钻孔施工的难度就更大。目前，常见的孔口回转钻机（例如 MK 系列钻机）采用稳定组合钻具进行钻孔，一般终孔（扩孔后）直径为 150～200mm；孔底动力钻机（例如 VLD 系列钻机）采用螺杆钻具进行钻孔，一般终孔直径为 80～100mm。

2）钻孔间距

常规钻孔的钻孔间距要根据钻孔的有效抽采半径来合理选择。不同的钻孔方式开孔间距不同，目前超长钻孔施工的方式主要有平行式钻孔、散发式直线钻孔和散发式曲线钻孔三种。平行式钻孔的开孔间距和主孔终孔间距相同，一般在 8～30m；散发式钻孔的开孔间距和主孔终孔间距相差较大，需要根据实际的钻场大小、预抽范围、钻孔数量来综合决定，一般为 0.5～2m。

长钻孔施工的布孔原则是：①递进式区域性抽采钻孔：钻孔终孔点必须超过工作面最远端巷道 30m，钻孔终孔间距（包括分支）根据抽采时间不同定为 8～20m；②掘进巷道掩护钻孔：超前掩护钻孔至巷道煤帮间距根据煤层透气性和抽采时间不同，一般为 8～30m。

瓦斯抽采时间是决定钻孔间距的一个重要因素，不同的瓦斯抽采时间，钻孔间距不同。例如山西亚美大宁能源有限公司在利用 VLD-1000 型千米钻机进行顺煤层千米枝状钻孔抽采瓦斯时，选择钻场间距的方法是结合实际地质情况，根据以往的瓦斯抽采数据，分析不同间距、不同瓦斯预抽时间的瓦斯抽采效果，总结得出孔深 600～800m 长钻孔的合理间距：①预抽时间 0.5 年，终孔间距以 15m 为宜；②预抽时间 1 年，终孔间距以 20m 为宜；③预抽时间 2 年，终孔间距以 30m 为宜。

3）开孔角度

开孔角度是定向钻进钻孔设计的一个重要参数。它直接关系到钻孔的延伸方向和终孔位置。大量经验和数据表明，在进行拐弯钻孔设计时，为充分考虑施工中钻孔下斜的可能性，开孔倾角应在原斜钻孔计算角度的基础上增大 3°～4°。

在煤矿井下顺煤层长钻孔的实际施工中，往往遵循以下经验：打上行孔时，钻孔的角度一般大于煤层倾角 2°～3°，在打下行孔时，钻孔的角度要小于煤层倾角 1°～2°。这样在一定程度上可以使钻孔轨迹基本沿着煤层方向，从而有效增加钻孔深度。

3. 开口孔固孔

千米钻机在进行长钻孔施工时，首先要施工一段长度为 10～20m 直径较大的开口孔，在孔内下放长度为 6～15m 的套管，并在套管与孔壁之间的间隙内注入固孔材料，对套管进行有效加固后，将钻杆插入套管内开始施工孔径较小的超长钻孔。在钻孔施工过程中，固孔工艺是确保钻孔顺利进行的关键，它直接影响钻孔的钻进效率和成孔质量。在井下钻孔施工中常用的固孔材料是水泥和聚氨酯。当前晋煤集团寺河煤矿采用的“瑞克”新型固孔化学材料，基本成分是一定比例的树脂、乳化剂、催化剂和固化剂的混合物，具有固化时间短（只需 1～2 min），黏结力强，力学性能高等优点。

4. 保直钻进

长钻孔一般在开孔后首先采取保直钻进。而钻孔是否会偏斜主要取决于钻具的刚性、钻具与孔壁之间的间隙以及钻具的稳定导向作用，所以钻具要满足钻进工艺中“满”、“刚”、“直”的要求。另外，保直钻进还要求钻头不要或很少切削孔壁，以便使钻孔轨迹能够沿原方向延伸（例如稳定组合钻具就经常采用内凹式复合片钻头和等间距布置的稳定器进行保直钻进）。同时在保直钻进时应根据实际地质情况，尽量采用中等钻压和泵量，以便实现由煤（岩）屑形成的堆积对钻具的支撑作用和钻具自重之间的平衡，从而保证钻孔保直钻进。

5. 造斜钻进

造斜钻进的主要原理是使钻具轴线偏离钻孔轴线，使钻具在孔底倾倒或弯曲，并保持倾倒或弯曲的方向基本稳定。需要通过使用造斜组合钻具以及配合合适的钻进工艺参数来实现。目前常用的造斜组合钻具有三种：细钻杆组合钻具、活接头组合钻具和螺杆钻具。此外造斜点的位置至关重要，对完成超长钻孔的施工进度有很大影响。造斜点位置和开孔角一样通过计算得出，在具体施工中要求造斜点尽量处于地层较完整、稳定，煤层或岩石硬度适中的地点，以便适于造斜钻进。造斜点的合理确定在穿层钻孔施工中尤为关键，在穿层钻孔用于抽采采空区瓦斯时，需要考虑钻孔轨迹避免进入冒落区，以便能够达到有效抽采瓦斯的目的。在使用造斜组合钻具时，同样长度的造斜进尺，采用“造斜钻进、常规钻进、造斜钻进、常规钻进”的二次造斜钻进的方法，比采用一次造斜的方法造斜效果好、安全性高；造斜点应尽量选在煤层底板的砂页岩中，虽然延长了岩石孔段的长度，但是能够提高钻孔在煤层中的成孔质量，增加钻孔深度，在煤层中孔段长度相对也会增加很多，从而更加有效地提高了瓦斯抽采效率。

6. 导向扩孔

从某种意义上说，钻孔直径越大，瓦斯抽采效果越好。但对于长钻孔而言，一次性钻孔的直径一般为 70～120mm，若想增大孔径，可以把先前钻孔作为导向孔，在此基础上，进行二次扩孔，目前超长钻孔扩孔直径最高可达 200mm。另外，使用多级稳定组合钻具可以实现一次性扩孔的要求。

4.3.3 应用实例

随着钻机装备水平的不断提高，顺层长钻孔抽采瓦斯技术得到越来越多的推广应用，尤其在山西、河北、陕西等一些煤层赋存条件较好的矿区得到普遍应用，在晋城、大宁等矿井，顺层长钻孔成为主要的瓦斯抽采方式，顺层长钻孔长度普遍超过 500m，国产钻机钻孔施工深度最大超过 1800m。

山西华润大宁能源有限公司（以下简称“大宁煤矿”）使用国内外先进的千米钻机开展了大量的顺层长钻孔瓦斯抽采工作，对“十二五”期间部分顺层长钻孔瓦斯抽采数据的分析表明，深度为 800m 左右的钻孔组抽采第 1 年、第 2 年及 800d 的总累计抽采量是深度 400m 左右钻孔组的 133%～139%；深度为 600m 左右的钻孔组抽采第 1 年、第 2 年及 800d 的总累计抽采量是深度 400m 左右的钻孔组的 106%~120%。

寺河煤矿东一盘区北翼集中大巷采用了顺层长钻孔进行瓦斯抽采，根据近几年获得的相关数据，顺层长钻孔抽采初期瓦斯含量较大，初始浓度达到 88% 以上，随着抽采时间的增加，3 个月后瓦斯浓度降至 72% 左右，半年后瓦斯浓度降到 58% 左右，并继续逐步缓慢衰减，一年以后降至 50% 左右；顺层长钻孔抽采初期百米钻孔瓦斯抽采量达到 $0.12m^3/(min \cdot hm)$，3 个月后百米钻孔瓦斯抽采量降至 $0.05m^3/(min \cdot hm)$，这时钻孔抽采量处于平稳状态，衰减量很小，半年后百米钻孔瓦斯抽采量降为0.03m^3/（min·hm），一年以后降至0.025m^3/（min·hm）。抽采效果远好于普通顺层钻孔。

实践表明，顺层长钻孔瓦斯抽采可以显著提高瓦斯抽采量与抽采效率，大幅度降低瓦斯抽采成本。

4.4 煤层水力压裂增透技术

水力压裂作为增加目标地层渗透性的一种常用技术，在油气开发领域广泛使用。将水力压裂技术用于煤矿井下，增大煤层透气性，可增大瓦斯抽采半径，缩短抽采达标时间，减少钻孔工程量。重庆研究院等单位针对松软煤层水力压裂增透的力学作用机理、关键参数确定方法、工艺方法及配套装备开展研究，形成了松软煤层水力压裂施工工艺方法及配套装备，有效解决了松软低透煤层水力压裂增透工艺技术难题。

4.4.1 技术原理

采用专用装备向煤层段钻孔注入高压水，在高压水力作用下钻孔周围的煤岩层发生破坏，产生大量裂隙，从而提高煤层的透气性系数（图4.26）。有别于中硬、硬煤层压裂的弹性起裂理论，松软煤层压裂遵循微缝网循环延展塑性固化增透机理：多波峰屈服—韧性起裂—微缝网同步扩展—新缝网循环延展—塑形流变保持—微缝网固化。

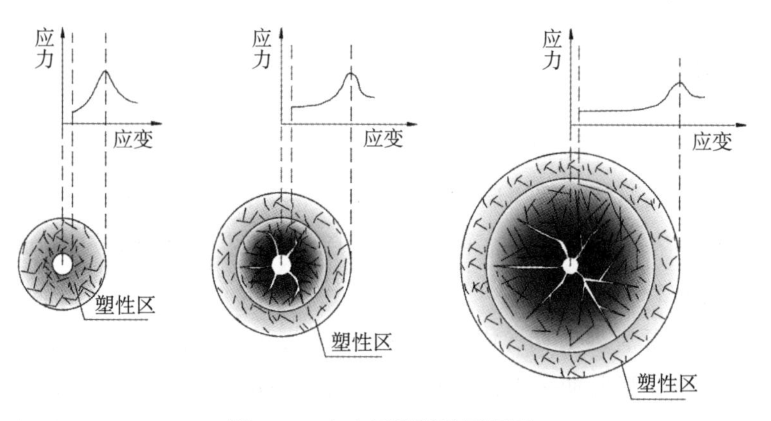

图4.26　水力压裂增透原理图

4.4.2 技术及装备

1. 水力压裂工艺

煤矿井下水力压裂工艺主要分为穿层钻孔压裂和本煤层钻孔压裂两种，详见图4.27。压裂工艺的选择需充分结合煤矿井下巷道布置情况，简便安全、不损坏管路设备、不污染井下作业环境。

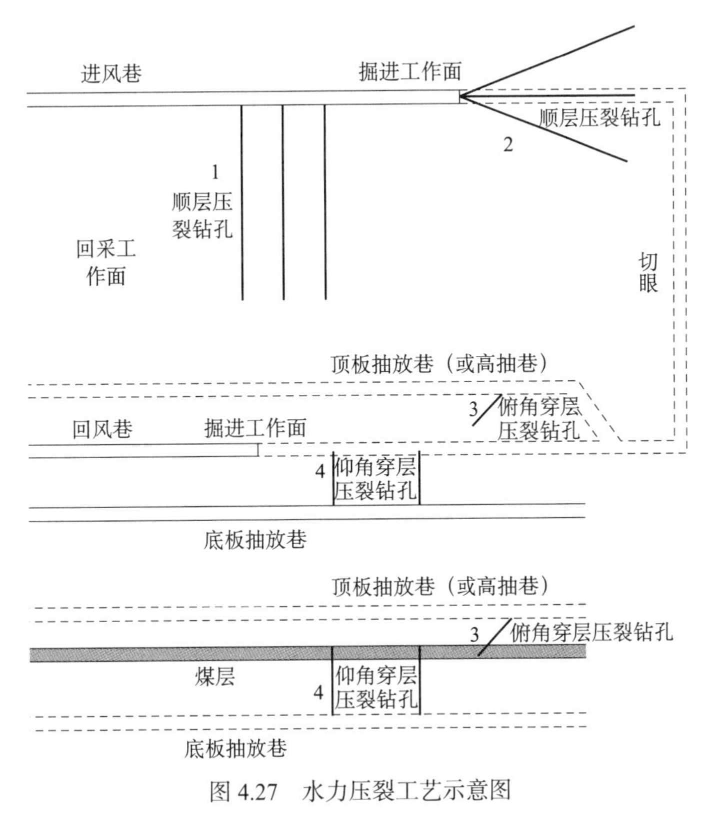

图 4.27　水力压裂工艺示意图

压裂工艺选择原则：①当煤体结构相对完整或发育相对完整的分层，能够在煤层中形成完整钻孔时，根据巷道布置情况，可以采用巷道内施工顺煤层钻孔 1、2 压裂煤层；②当煤体结构破坏严重、难以成孔时，可以采用从顶板抽放巷（或底板抽放巷）中施工俯 / 仰角穿层钻孔 3 和 4，岩孔段封孔压裂煤层；③当目标区为多煤层发育区、煤体结构破坏严重，煤层间距在 20m 之内时，可以从顶板抽放巷（或底板抽放巷）内施工俯 / 仰角钻孔 3 和 4，对此煤层实施压裂，钻孔俯仰角不限。对于部分煤层，为了增强压裂效果，可设计添加适当比例表面活性剂、阻燃剂，随同压裂液压入压裂孔。

形成了包含松软煤层钻孔水力压裂可行性评价、封孔装置与封孔方法、压裂施工工艺、压裂效果现场评价等内容为主体的施工工艺体系。

1）松软煤层水力压裂可行性评价

建立了以地质环境、顶底板条件、施工条件及安全条件为基础的水力压裂可行性评价方法。水力压裂地点应避免：①断层或裂隙发育地带附近 60m 范围内；②煤层顶（底）板为含水层或压裂影响范围内存在透水型地质构造的区域；③围岩厚度小于安全厚度或压裂钻孔不能满足最小封孔长度；④巷道围岩破碎区域；⑤压裂孔周边 60m 范围内存在未封闭的钻孔。

2）松软煤层水力压裂封孔方法及装置

封孔质量是保证压裂效果的前提条件。岩壁钻孔宜采用封孔器封孔，封孔器械应满足密封性能好、操作便捷、封孔速度快、可回收等要求；煤层钻孔宜采用充填材料进行注浆封孔，条件许可时亦可采用封孔器封孔。发明了确保起裂位置在煤层中的多次柔性带压封孔方法及装置，该装置包括前置压裂管、孔底筛管、注浆管和二次注浆管及扶正器等，解决了因封孔砂浆沉降造成封孔层位下降而导致的非目的层被压裂和因砂浆量不可控造成压裂钻孔阻塞等难题（图 4.28，图 4.29）。

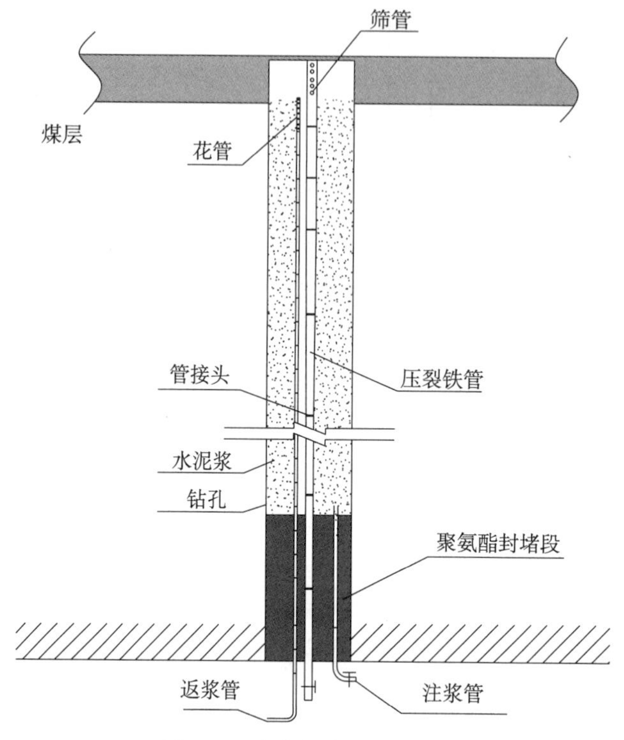

图 4.28 注浆封孔工艺示意图

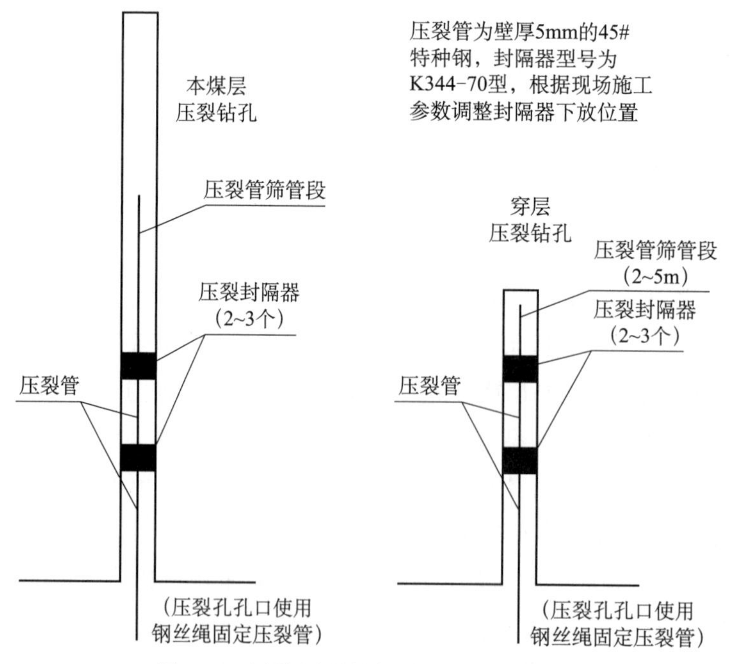

图 4.29 压裂专用封隔器封孔工艺示意图

3）松软煤层水力压裂施工工艺

提出了松软低透煤层水力压裂实施“三原则”，即在保证煤层起裂压力条件下，保持合理泵注压力、流量及时间，解决了松软煤层因“压敏性”所造成的孔穴效应和压裂液漏失等难题，避免了因工艺参数不匹配所造成的顶板垮落等安全风险。基于松软煤体塑形流变保持与微缝网固化机理，形成了松软煤层压裂后保压工艺，即利用压裂结束后煤层内部的残余水压，继续对松软煤层进行施压，促进微缝网的固化，保证压裂有效的持续性。

4）压裂有效半径现场快速评价方法

根据水力压裂过程中高压水对瓦斯的驱赶及应力运移等作用，形成了以瓦斯含量、含水率及反映应力特征的钻屑量指标为主的压裂有效半径现场快速评价方法，即瓦斯含量与钻屑量降低，煤层含水率升高重叠出现区域的宽度为压裂有效半径（图 4.30）。

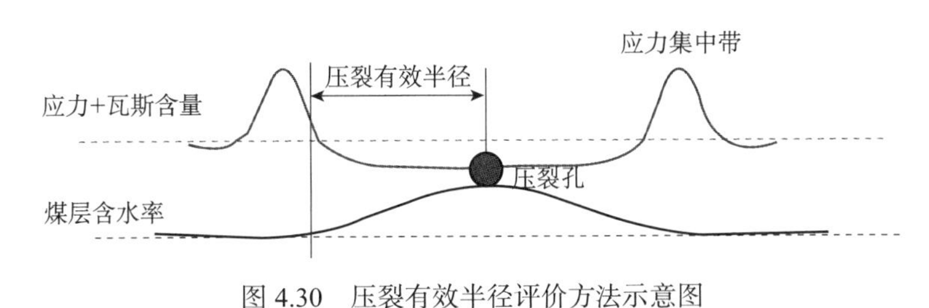

图 4.30 压裂有效半径评价方法示意图

2. 水力压裂成套装备

1）封孔器

以油气开采行业压裂用封隔器封堵技术为基础，结合煤矿井下水力压裂实际工况，重庆研究院改进了封隔器支撑和坐封方式，具有封孔简便可靠，成本低和可重复使用的特点，适用于任意角度的穿层孔及顺层孔压裂。

封隔器的通径和外径可根据需要进行加工，封隔器承压能力 70MPa，单管长度 1180mm，上下扣型为平式油管扣，工作温度 0～150℃；座封装置承压 70MPa，单管长度 400mm，上下扣型为平式油管扣。

2）压裂泵组

a. 变流量压裂泵组

重庆研究院开发的 BYW450/70 型水力压裂成套装备由泵注系统、管汇系统及监控与安全保障系统三部分组成（图 4.31）。与同类产品相比，其流量与压力大，且调节范围广，体积相对缩小 1/3，具备压风自适应换挡、独立润滑与自流式温控等子系统，满足长时间连续作业等特点，适用于水力压裂、水力割缝及水力扩孔等工艺需要，主要优点如下。

图 4.31　BYW450/70 型压裂成套装备

（1）温控系统：①分离式减速机，散热性好；②外置辅助水冷系统，进一步降低传动系统及泵的温度；③泵体活塞杆水冷系统，保证高速运行状态的稳定。

（2）控制系统：①近控与远控结合，可实现井上井下联合监控；②压风自动换挡系统，根据泵组出口压力，自动换挡，简单安全可靠；③实现泵组运行状态的远程监测与异常状态诊断。

（3）结构优化：①结构紧凑，比同类产品缩短 1/3，两台平板车可运输；②万向轴连接，解决了巷道底板不平整的安装难题；③旋转底盘、过桥底座及便携式轨吊，便于设备运输与安装。

b. 定流量压裂泵组

针对部分矿井煤层的需求，重庆研究院还开发了 BYW315/55 型煤矿井下压裂泵组。泵组适用于泵注各种腐蚀性不强的高压液体，用于煤层压裂、冲击倾向性严重的顶底板及坚硬煤层的卸压致裂、防尘注水、割缝、掏穴等工艺。该泵组由泵注系统、管汇系统及监控与安全保障系统三部分组成。泵组体积与井下乳化液泵体积相近，便于运输，操作简单。远程监控系统采集各种传感器、控制器的监控数据，通过量化处理，现场显示，并经过分析处理，实施现场报警、自动控制功能。

4.4.3　推广应用情况

在松藻矿区、淮南矿区、阳泉矿区、晋城矿区等不同地质条件下的低透煤层进行了水力压裂工业性试验和应用，不仅硬煤条件下取得良好效果，在松软煤层条件下也实现了有效压裂，取得了良好的增透效果。

1. 松藻矿区应用实例

松藻矿区某矿 M7 煤层在实施了该种压裂工艺后，煤层透气性增大了 60 余倍，压裂影响半径达到了 50m，瓦斯抽采浓度提高了 30%，抽采量提高了 5 倍，巷道掘进速度提高了 3～5 倍，石门揭煤时间缩短 1/3 以上，取得了良好的效果。压裂后抽采效果见图 4.32，压裂前后各项参数对比见图 4.33，压裂前后巷道掘进速度见图 4.34。

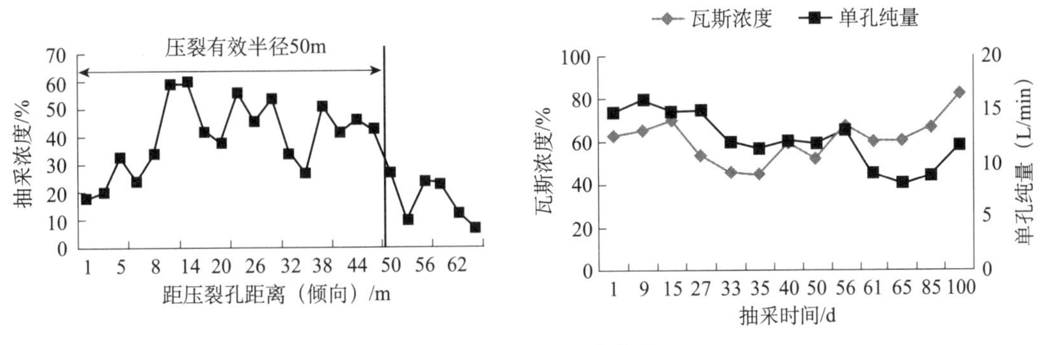

图 4.32　压裂后抽采效果

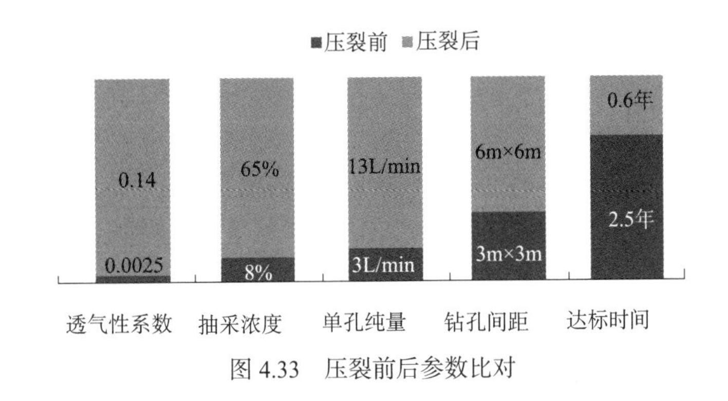

图 4.33　压裂前后参数比对

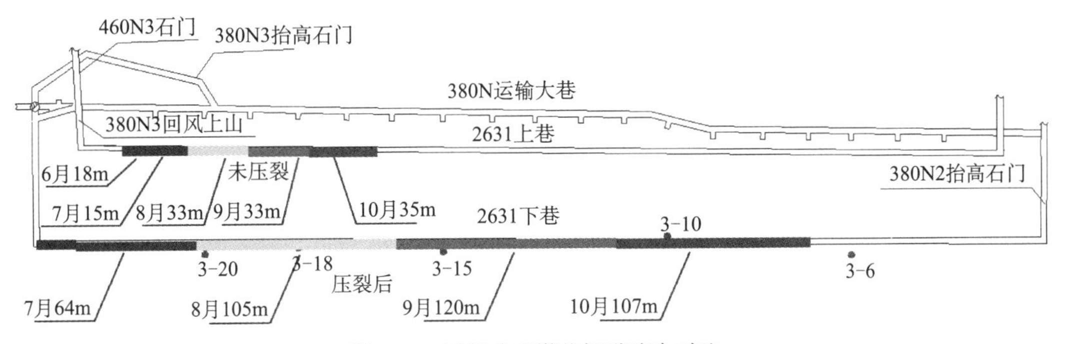

图 4.34　压裂前后煤巷掘进速度对比

2. *淮南矿区应用实例*

揭煤地点埋深750m，压裂实施地点煤层厚度6m，瓦斯压力约6MPa，瓦斯含量15m^3/t，坚固性系数f值为0.5左右，该地点实施水力压裂增透措施后，预抽钻孔间距由3m×3m调整为5m×5m，钻孔工程量减少64%；煤层透气性系数由0.032 415 m^2/（MPa^2·d）提高至0.839 896 m^2/（MPa^2·d），提高了24.9倍；单孔量由压裂前的7L/min提高至压裂后的25L/min，平均抽采浓度为93%，预抽达标时间缩短33%，水力压裂试验过程中，压裂孔孔口压力监测曲线见图4.35，压裂前后抽采参数对比曲线见图4.36。

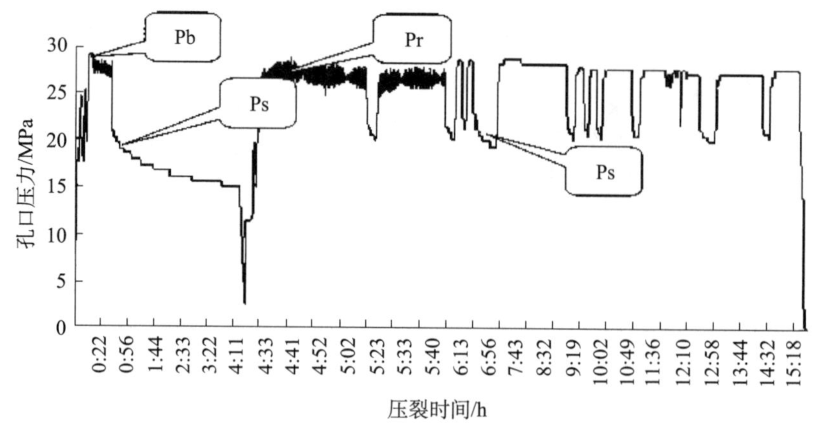

图 4.35　水力压裂液压力曲线

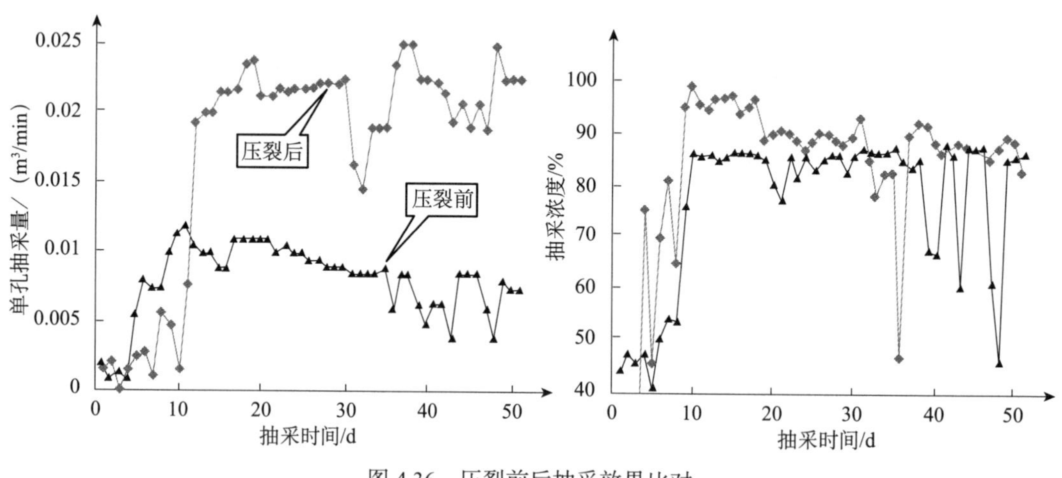

图 4.36　压裂前后抽采效果比对

4.5 超高压水力割缝增透技术

采用高压水射流在煤层中直接切割出一系列缝槽，可以达到扩展煤层瓦斯流动通道和提高抽采效果的目的。重庆研究院研发成功了超高压水力割缝增透技术，在淮南等矿区进行了推广应用。

4.5.1 技术原理

在钻孔施工完成后，利用高压割缝钻头，在 100MPa 超高压水射流的旋转切割作用下，使钻孔煤孔段人为再造一系列裂隙，增大煤体的暴露面积，为瓦斯解吸和流动创造有利条件，提高了煤层的透气性和瓦斯流动能力。

4.5.2 技术内容

1. 割缝钻孔设计及设备

根据瓦斯抽采钻孔布置要求，针对顺层钻孔和穿层钻孔所控制煤层的坚固性系数、应力等，预计割缝深度，设计合理的钻孔间距、割缝间隔距离、割缝时长的参数。

选用合适的割缝装置，割缝装置包括超高压清水泵、超高压旋转接头、水力割缝浅螺旋钻杆、高低压转换器、金刚石水力割缝钻头、超高压软管、水箱等。超高压清水泵要求工作压力达到100MPa。

2. 超高压水力割缝工艺

（1）利用煤矿井下钻机夹持器卡住超高压水力割缝装置的钻杆进行钻割一体化作业，钻机旋转推进过程利用超高压水力割缝装置的高低压转换器轴向喷嘴低水压进行钻进；

（2）当钻孔钻进至预定孔深位置时，将超高压清水泵水压调至割缝作业设定压力，利用钻机带动水力割缝装置的钻杆旋转，超高压水通过高低压转换器径向喷嘴射出水射流对煤孔进行径向切割形成缝槽；

（3）按一定割缝间距后退钻杆可在钻孔径向再次进行割缝成槽，见图4.37。

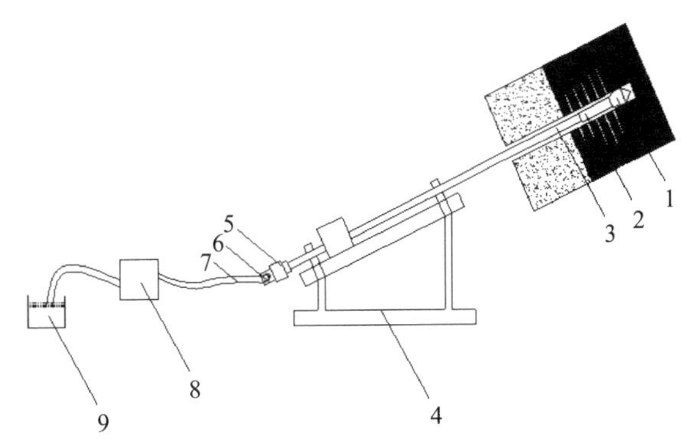

图4.37 超高压水力割缝工艺示意图

1. 金刚石水力割缝钻头；2. 高低压转换器；3. 水力割缝浅螺旋钻杆；4. 钻机；5. 超高压旋转水尾；6. 螺纹接头；7. 超高压橡胶管；8. 超高压清水泵；9. 水箱

采用了高低压转换装置，可实现钻进、切割一体化，进钻施工钻孔、退钻高压割缝，大幅缩短了工艺流程时间。钻孔施工过程中当水压力小于30MPa时，清水从钻头前端流出，用于冷却钻头和排碴，保障钻孔正常施工；当穿层钻孔或顺层钻孔施工至预定位置后时，不退出钻杆，接入高压水后（高压水压力达到30MPa以上），钻头前端封闭，高压水通过高低压转换装置从两侧喷射流出，在钻机带动下对煤体进行径向旋转切割卸压增透。

设备具有压力高、体积小、操作方便等特点：使用清水压裂，高压泵工作压力可达100MPa，且泵体积小，便于井下安放；钻杆、高压胶管、接头等承压均在150MPa以上，配备胶管保护套和接头防脱连接器，保障作业过程的安全；割缝操作简便，钻孔施工人员均可操作。

4.5.3 适用条件

适用于顺层钻孔和穿层钻孔，对煤层条件、巷道条件等没有特殊要求，适应范围广。

4.5.4 应用情况

在四川芙蓉、安徽淮南和新集、陕西韩城、河南郑煤等矿区得到应用推广，割缝深度达到 1.5～2.0m，增透和瓦斯抽采效果明显。

在张集矿 1415A 轨顺底板巷、丁集矿 1351（1）运顺底板巷、新集二矿等开展了超高压水力割缝工作，瓦斯抽采浓度及抽采量大幅提高，煤层卸压增透效果显著。张集矿 1415A 轨顺割缝钻孔与未割缝钻孔抽采效果对比分别如图 4.38～图 4.41 所示。

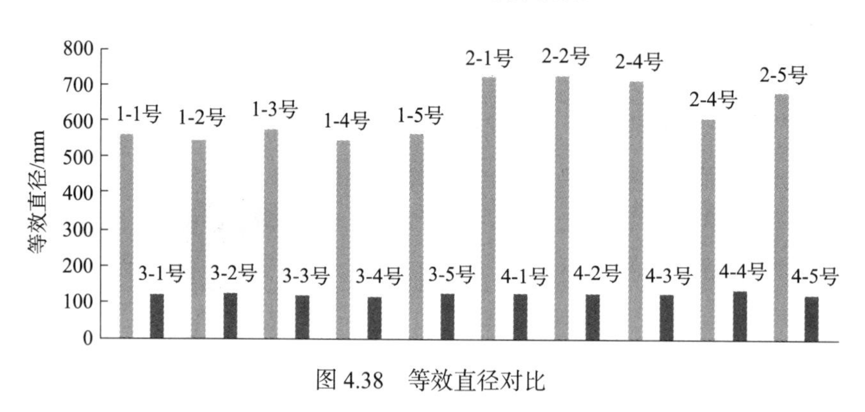

图 4.38 等效直径对比

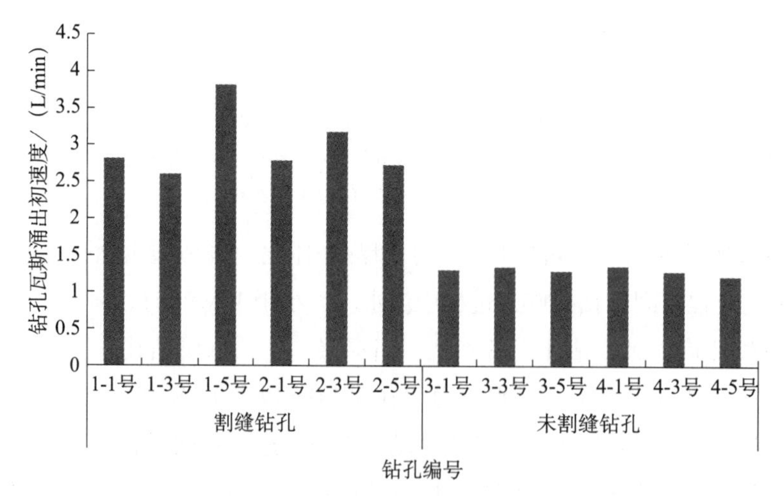

图 4.39 割缝钻孔与未割缝钻孔瓦斯流量对比图

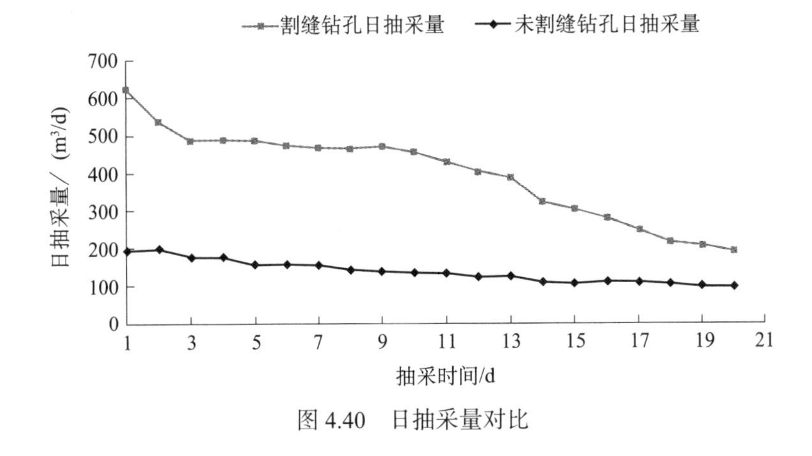

图 4.40　日抽采量对比

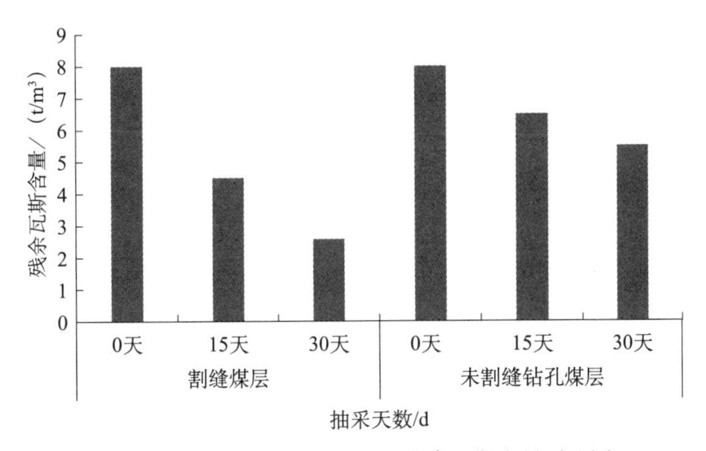

图 4.41　相同抽采条件下煤层残余瓦斯含量对比图

（1）采用超高压水力割缝措施后，钻孔等效直径平均值约为 627mm，未割缝钻孔的等效直径平均值约为 124mm，割缝后钻孔的等效直径约为未割缝钻孔的 5 倍。割缝后钻孔瓦斯抽采影响半径是未割缝的 2.8 倍，有效减少了抽采钻孔施工数量。

（2）割缝钻孔的钻孔瓦斯涌出速度平均为 2.98L/min，未割缝钻孔的钻孔瓦斯涌出速度平均为 1.29L/min，割缝后钻孔瓦斯涌出速度是未割缝的 2.3 倍。

（3）采用超高压水力割缝措施后，抽采 15d，割缝钻孔煤层瓦斯含量下降约 38%，未割缝钻孔煤层瓦斯含量下降约 21%。抽采 30d，割缝钻孔煤层瓦斯含量下降约 53%，未割缝钻孔煤层瓦斯含量下降约 30%。相同抽采条件下，割缝钻孔煤层瓦斯含量下降的幅度是未割缝钻孔的 1.8 倍，缩短了钻孔预抽时间。

通过对 1415A 轨顺底抽巷实施超高压水力割缝卸压增透措施，有效增加了煤层裂隙，增大了煤体暴露面积，促进了瓦斯解吸和流动，缩短了 1/3 煤巷条带预抽时间。同时，水力割缝使煤体得到了均匀卸压，改变了煤体的应力条件，消除了高地应力危害，煤巷掘进过程未出现瓦斯动力现象，实现了安全快速掘进。

4.6 水力扩孔增透技术

扩大钻孔直径，增加钻孔有效影响范围能在一定程度上提高瓦斯抽采效果，采用高压水扩孔是一条重要的途径。1994 年重庆研究院在中日合作防治煤与瓦斯突出研究项目中，开始采用高压水力扩孔技术提高瓦斯抽采量，在中梁山煤矿取得良好效果，之后，经过不断改进和完善，形成了一整套水力扩孔增透技术。

4.6.1 技术原理

钻孔施工完成后，通过扩孔钻头采用高压水对煤层段钻孔进行来回旋转切割，在高压旋转水射流持续作用下，剥落煤体，扩大钻孔直径，并在钻孔周围产生更大范围的裂纹甚至使钻孔周围煤体发生移动变形，增加钻孔周围煤层透气性系数，达到提高钻孔有效影响半径和抽采效果的目的（图 4.42）。

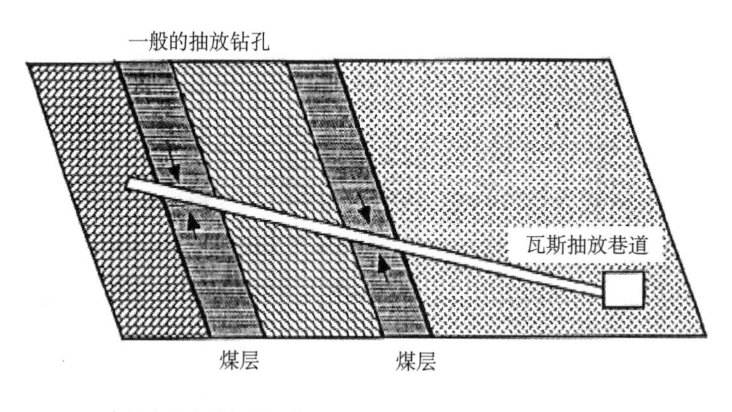

图 4.42　水力扩孔原理示意图

4.6.2 技术内容

1. 钻孔设计及设备

根据需要扩孔的钻孔布置要求和水力扩孔增透目标，优化设计钻孔的布置参数。

根据煤的硬度、钻孔角度、煤层厚度、煤层埋深（地应力）等选用合适的扩孔装置。高压水射流扩孔装置主要由扩孔钻头、高压扩孔钻杆、高压旋转水尾，高压胶管，乳化液泵，水箱等组成。一般扩孔设备的水压要达到 10～25MPa。

2. 高压水射流扩孔工艺流程及特点

1）扩孔操作流程

（1）先用常规钻具施工钻孔至预定位置，撤出钻具后，改用高压水射流钻扩一体化装置，将钻扩一体化钻头送入预定位置。

（2）钻杆的尾部采用高压旋转水尾与高压胶管、高压水泵相连，然后开启高压水泵，高压水通过高压胶管、高压扩孔钻杆到钻扩一体化钻头喷嘴，在旋转的高压扩孔钻杆带动下对钻孔的孔壁进行旋转切割，钻杆沿钻孔轴向以适当的速度移动，开始扩孔作业。

（3）当钻杆移动一定长度时，可暂停供水，增加或减少一根或几根钻杆，然后继续进行扩孔。直到扩孔段的长度达到设计要求时，关闭高压水泵，撤出高压扩孔钻杆和钻扩一体化钻头。

2）技术特点

（1）钻、扩一体化：钻孔正常钻进结束后不用更换钻杆、钻头，直接采用高压水扩孔。当供水的压力小于 10MPa 时，清水从钻头前端流出，保障钻孔正常施工；当水压为 10～20MPa 时，钻头前端自动封闭，高压水射流通过高低压转换器径向喷出，在旋转的高压钻杆带动下对钻孔周围的煤体进行旋转式冲刷，通过高压扩孔钻杆沿钻孔轴向运动形成对整个钻孔的径向连续扩孔。

（2）机械和水力切割联合破煤：通过高压水射流对孔底和孔壁煤体的旋转切割和机械叶片的切削研磨联合作用实现煤孔的钻进和扩孔，可有效地避免煤层钻进过程中的卡钻和夹钻现象，较好地解决了采用高压水射流钻扩一体化扩孔时钻孔排碴困难问题，提高了扩孔效率。

（3）操作简单、安全，扩孔效果好，扩孔设备体积小，使用水压相对较小，扩孔后煤孔直径增加 3～9 倍。

4.6.3　适用条件

适应于不同倾角钻孔、煤层特性扩孔，扩孔过程应根据煤层硬度、钻孔角度及水压选择不同型号的扩孔钻头，以实现最佳扩孔效果；解决了大角度下向钻孔的扩孔工艺技术难题。

4.6.4　应用情况

在辽宁大兴矿北翼、陕西王峰矿主斜井、淮南新集一矿中央行人暗斜井开展了高压水射流扩孔试验，扩孔后瓦斯抽采浓度及抽采量明显提高，煤层卸压增透效果显著。

1. 下向孔高压水射流扩孔效果

大兴矿试验区采用高压水射流对下向孔进行扩孔试验，单孔出煤量为0.5～8.0t，扩孔效率高，扩孔成功率100%。扩孔后钻孔直径为428～1118mm，平均697mm，是扩孔前的3.8～9.8倍，平均6.1倍。采用高压水扩孔后钻孔直径大小与喷嘴直径的关系如图4.43所示。

扩孔前1h回风瓦斯浓度0.00%；扩孔过程中回风瓦斯平均浓度0.04%，最大值0.16%；扩孔后4h回风瓦斯平均浓度0.07%，最大值0.24%。

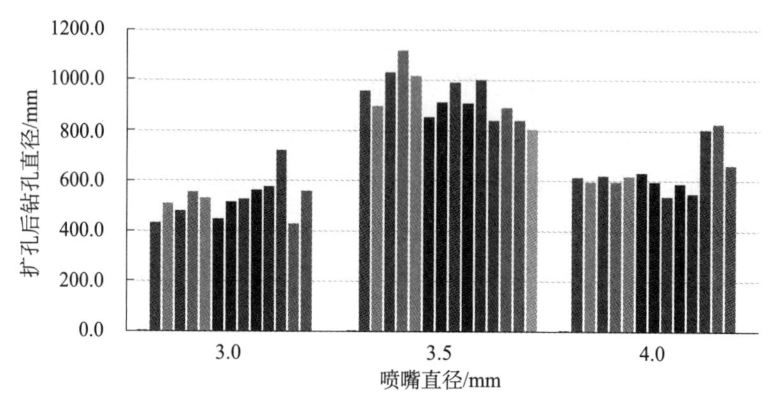

图4.43 下向孔扩孔后钻孔直径与喷嘴直径的关系

对比扩孔前后工作面瓦斯涌出量，扩孔后工作面瓦斯涌出明显增加，S_{27}号措施孔扩孔前后工作面瓦斯监测曲线如图4.44所示。

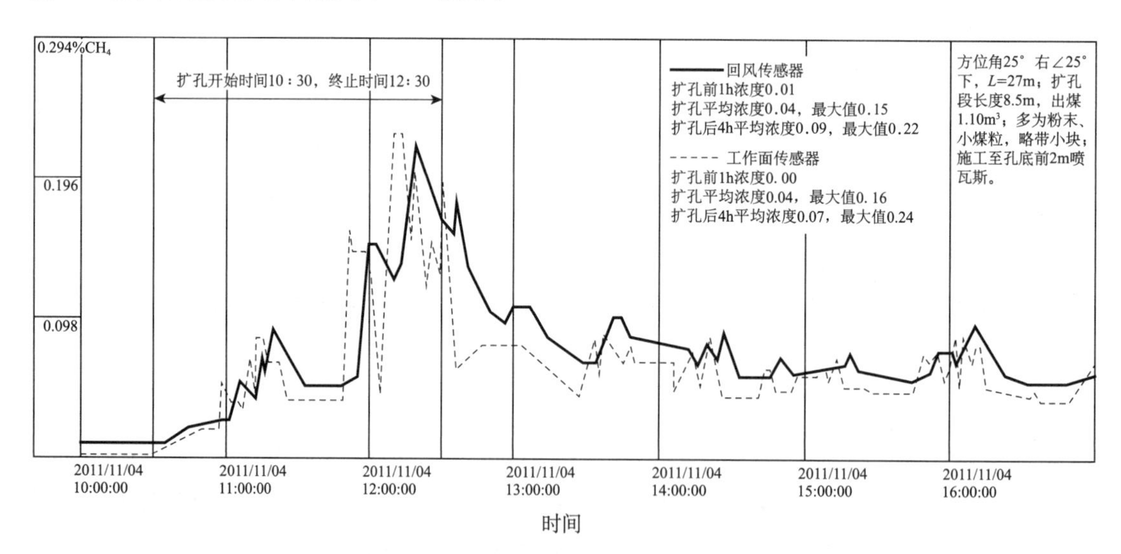

图4.44 S_{27}孔扩孔前后瓦斯涌出监测曲线

2. 水平孔高压水射流扩孔效果

新集一矿采用高压水射流对水平孔进行扩孔试验，扩孔后钻孔直径均在650mm以上，其中直径为650～700mm的钻孔最多，占比为57%，直径为扩孔前8.7～10.5倍，单孔排出煤量 3.3～4.6t，平均 3.8t，效果显著。采用高压水扩孔后钻孔直径分布与喷嘴直径的关系如图 4.45 所示。

通过对扩孔区域 35d 抽采，揭煤区域抽采钻孔瓦斯流量 $Q_{纯}$为 0.03～0.57m^3/min，共抽采瓦斯量 15000m^3，抽采瓦斯量统计曲线如图 4.46 所示。

根据扩孔区域总瓦斯量为 22 832.3m^3，抽采 35d 后，计算得到抽采率为：$\eta_{抽排}=Q_{抽排}/Q_{总}$=15000/22832.3=65.7%，采用高压水射流扩孔后，瓦斯抽采量显著增加。

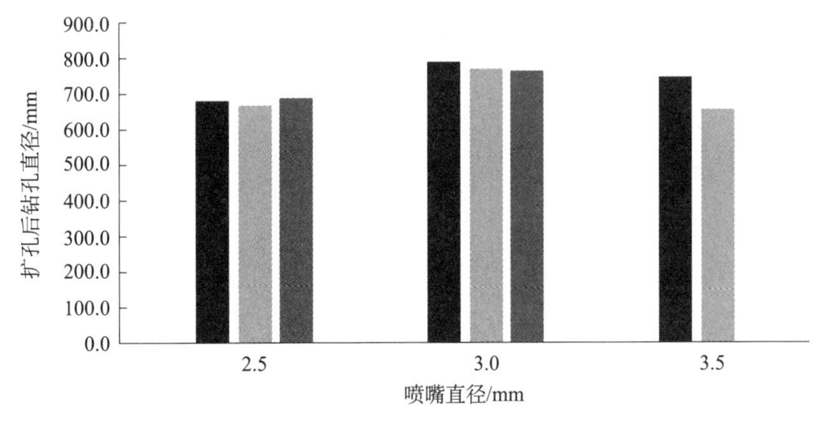

图 4.45　水平孔扩孔后钻孔直径与喷嘴直径的关系

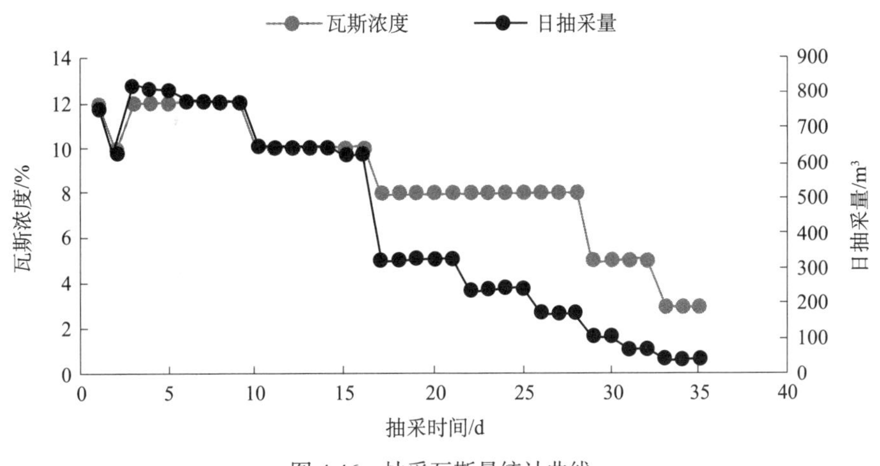

图 4.46　抽采瓦斯量统计曲线

3. 上向孔高压水射流扩孔效果

试验第 1 组、第 2 组钻孔采用高压水射流扩孔，第 3 组、第 4 组钻孔未扩孔，由图 4.47 可知，采用高压水射流扩孔的钻孔排出煤屑量远远大于未扩钻孔排出煤屑量，对钻孔周围煤体卸压起到了有效作用。

钻孔扩孔与未扩孔的等效直径对比如图 4.48 所示。采用高压水射流扩孔措施后，大大增大了钻孔中煤体的暴露面积，增大了钻孔等效直径，扩孔后的钻孔等效直径平均为

622mm，未扩孔钻孔的等效直径平均为124mm，扩孔后钻孔的等效直径为未扩孔钻孔的5倍，为瓦斯排放创造有利条件。

在采取高压水射流扩孔技术后，煤层透气性显著增加，钻扩扩孔后等效直接达到500～800mm，等效直径增加3～9倍，扩孔后瓦斯抽采浓度增加1～2倍，揭煤区域瓦斯抽采率达到65%～86%，揭煤时间缩短1/3～1/2，保障了安全快速揭煤，实现了卸压增透的目标。

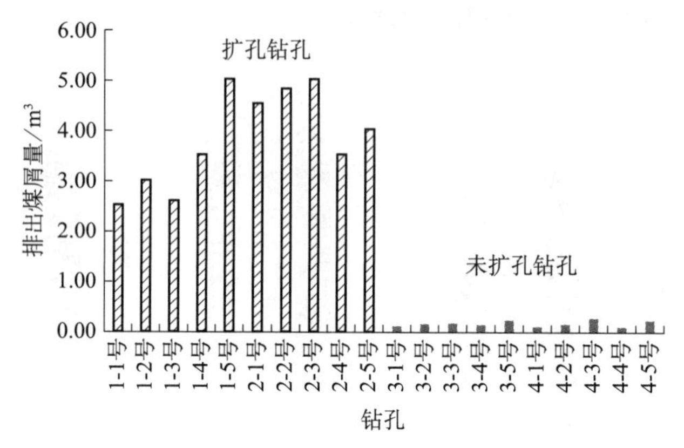

图4.47 扩孔钻孔与未扩孔钻孔排出煤屑量对比

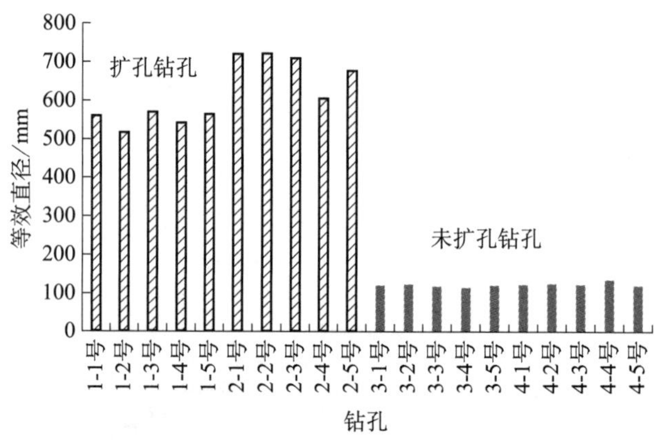

图4.48 扩孔钻孔与未扩孔钻孔等效直径对比图

4.7 深孔控制预裂爆破增透技术

“八五”到“十五”期间，沈阳研究院、重庆研究院先后在阳泉、平顶山、淮南等矿区开展了深孔控制预裂爆破试验研究。经过对技术工艺、装备的不断改进与完善，目前深孔控制预裂爆破已经成为相对成熟的低透气性煤层增透技术。

4.7.1 技术原理

深孔控制预裂爆破不同于普通爆破，它在爆破孔周围增加了辅助自由面——控制孔。

深孔控制预裂爆破的目的是为了增加煤体的裂隙数量和长度，以提高透气性。炸药在孔内爆炸后，将产生应力波和爆生气体，在爆源附近产生压缩粉碎区，形成爆炸空腔，煤体固体骨架发生变形破坏，在爆炸空腔壁上产生长度为炮孔半径 3 倍的初始裂隙。此外，空腔壁上部分原生裂隙将会扩展、张开。在爆破中区，应力波过后，爆生气体产生准静态应力场，并楔入空腔壁上已张开的裂隙中，与煤层中的高压瓦斯气体共同作用于裂隙面上，在裂隙尖端产生应力集中，使裂隙进一步扩展。进而在炮孔周围形成径向“之”字形交叉裂隙网。在爆破远区，由于控制孔的作用，形成反射拉伸波和径向裂隙尖端处的应力场相互叠加，促使径向裂隙和环向裂隙进一步扩展，大大增加裂隙区的范围。最后，在爆破孔的周围形成包括压缩粉碎圈、径向裂隙和环向裂隙交错的裂隙圈及次生裂隙圈在内的较大的连通裂隙网，如图 4.49 所示。

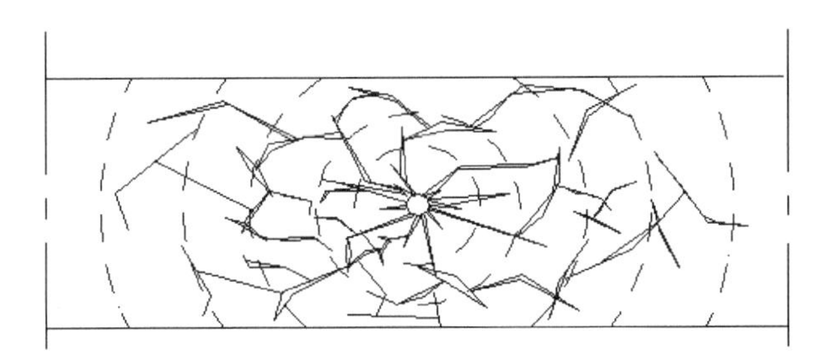

图 4.49 煤体内裂隙扩展示意图

4.7.2 技术内容

1. 炸药品种的选择

为了确保深孔大药量井下爆破的安全，选用含水系列炸药，提高炸药安全等级是必要的。在本项目试验中选用了“三级煤矿许用型水胶炸药”。

2. 装药工艺及装药结构设计

含水炸药形态多为膏状，黏度系数一般在 30 万 cp［$1cp=10^{-3}$（Pa·s）］以上。根据试验经验和深孔爆破的技术特点，设计了可连接式塑料被筒。在炸药厂直接将炸药灌装到塑料被筒里，将封盖拧紧，井下装药时将封盖拧开，用其自身的螺扣一节一节连接在一起，边向孔内装送，边连接，直至装完为止。这种方法装药速度快，结构完整合理，有利于安全传爆；可以根据孔径改变被筒的直径，将不耦合系数控制在合理的范围内，有利于提高爆破效果。

为了提高深孔传爆安全性，克服深孔爆破中存在的管道效应等不可预知的因素引起的拒爆、爆燃现象，采用孔内敷设导爆索、双炮头正向起爆的装药结构（图 4.50）。

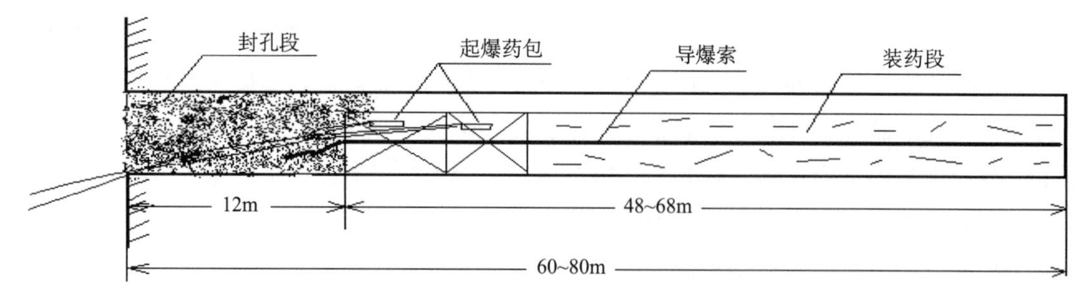

图 4.50　装药结构示意图

3. 封孔工艺

深孔爆破封孔长度为 10～12m，采用常规的炮棍推送黄泥封孔速度慢，封孔强度难以达到要求，影响爆破质量和爆破安全。为此采用压风封孔器进行喷泥封孔，封孔材料采用黄泥。由于压风装药器有两道风路可以控制，又有出料阀门控制出料，在封孔过程中，可以根据风压情况随时打开底风阀门、关闭出料阀门，以提高罐内压力。待罐内压力提高后继续喷泥封孔，用压风装药器进行压风喷泥封孔，不仅提高了封孔质量，而且提高了爆破威力。

4. 连线起爆工艺

被筒炸药连接完成后，在最后两节被筒炸药中各插入 1～2 发煤矿许用电雷管，作为起爆药包。电雷管全部插入被筒炸药内，并固定在被筒上。雷管为瞬发电雷管或同段位毫秒延期电雷管，联线方式为孔内并联，孔间串联的方式。放炮严格遵守《煤矿安全规程》有关规定。

4.7.3　主要装备

1. 塑料被筒

可连接式被筒采用塑料原材料，加入阻燃抗静电剂，被筒前后端有螺纹，两节之间可连接。设计生产了多种规格的抗静电可连接式被筒，包括直径 60mm、直径 45 mm，长度 0.7～1m 的多种规格的被筒。采用直径较大被筒，装药量大，爆破力强，而直径较小的被筒装药量较小，可减小对顶板的破坏，根据煤层及钻孔直径及所需装药量等情况，选择不同规格的被筒。

2. 专用压风封孔器

爆破钻孔封孔长度为 10～12m，改进的压风封孔器提高了封孔质量，加快了封孔速度。由封孔器向孔底输送黄泥采用专用阻燃抗静电硬质胶管，封孔管长度约 15m 以上。根据现场实践，一般情况下，封 12m 深孔约需要 10min。

3. 护壁套管

受应力影响，钻孔开口段 10m 以内易发生变形，造成装药困难。为此设计了护壁套管（被筒滑道），以缩短装药时间和提高装药质量。套管采用可连接镀锌钢管，每节长 1.5m，套管直径 60mm 或 75mm，分别对应 45mm 和 60mm 的被筒，见图 4.51。

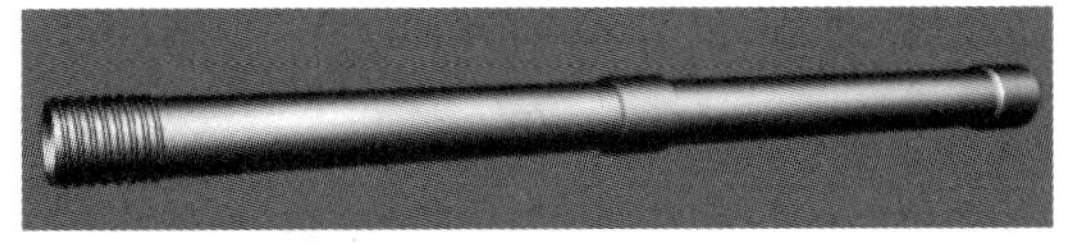

图 4.51　孔口段护壁套管

4. 其他配套设备

被筒炸药连接完毕做完炮头后，必须把被筒从孔口向孔内推送 10～12m，留出封孔空间。因此需要被筒推进设备，为此研制了可连接镀锌管作为被筒推进管。每节长 1.5m，采用螺纹连接，推进管直径约 1 英寸，采用特制木质端头，确保推送被筒的安全。此外还有用于在被筒内穿导爆索用的长 1m、直径 4mm 的牵引铁针等。

4.7.4　适用条件

深孔控制预裂爆破技术适用于赋存稳定、煤质较硬容易成孔的煤层。此外，该技术还可用于冲击地压防治、硬顶煤预裂增加可放顶性等，有广阔的应用前景。

4.7.5　应用实例

淮南矿区潘三矿 1741(3) 工作面开采 13-1 煤层。该煤层为煤与瓦斯突出煤层，开采块段煤层较厚，瓦斯含量高，且煤质松软破碎，煤层透气性差，采用综采放顶煤采煤法开采。为保证安全生产，决定采取深孔控制预裂爆破强化抽采瓦斯措施，消除工作面突出危险性。

潘三矿 1741(3) 工作面采取钻孔预抽本层瓦斯的区域性消突措施。工作面分成两个预抽区段，靠近切眼的 70m 范围内，沿走向全部施工顺层抽采孔，切眼以外 70m 至停采线之间的工作面区域内采用深孔控制预裂爆破，钻孔布置如图 4.52 所示。爆破孔、控制孔直径 91mm，合理的孔间距为 5m，一次起爆孔数 2～3 个。

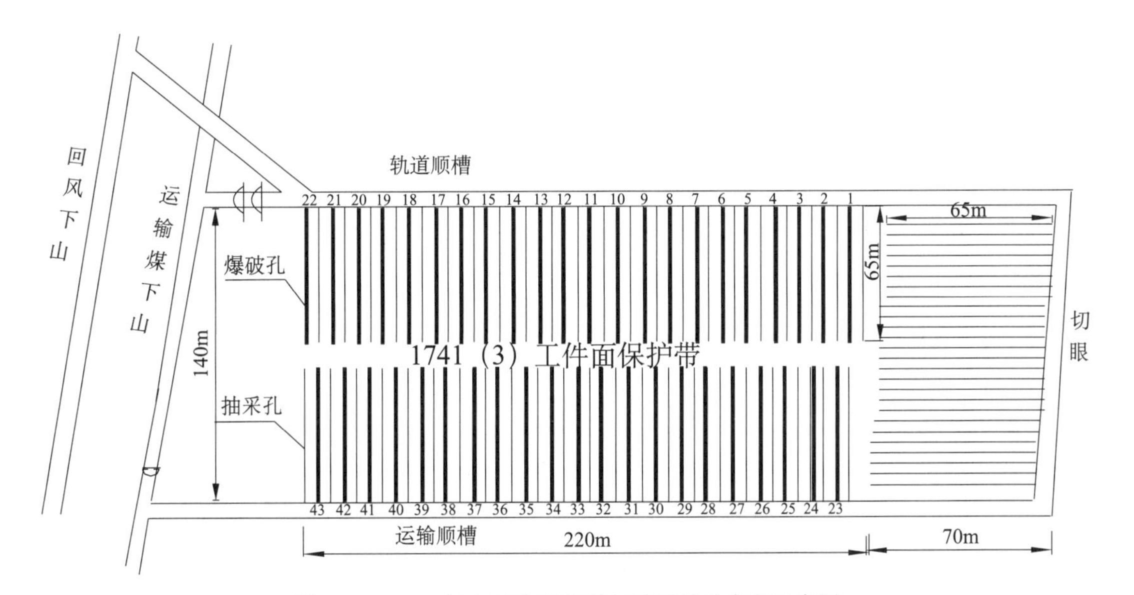

图 4.52　1741（3）工作面爆破与抽采钻孔布置示意图

预裂爆破效果明显：煤层透气性系数由 0.0162m^2/（MPa^2·d）增加为 0.1135m^2/（MPa^2·d），提高了 7 倍，预裂爆破钻孔的单孔瓦斯抽采量是普通钻孔单孔瓦斯抽采量的 3 倍，强化抽放后工作面的瓦斯预抽率均达到 35% 以上，达到了工作面消突效果（图 4.53 和图 4.54）。

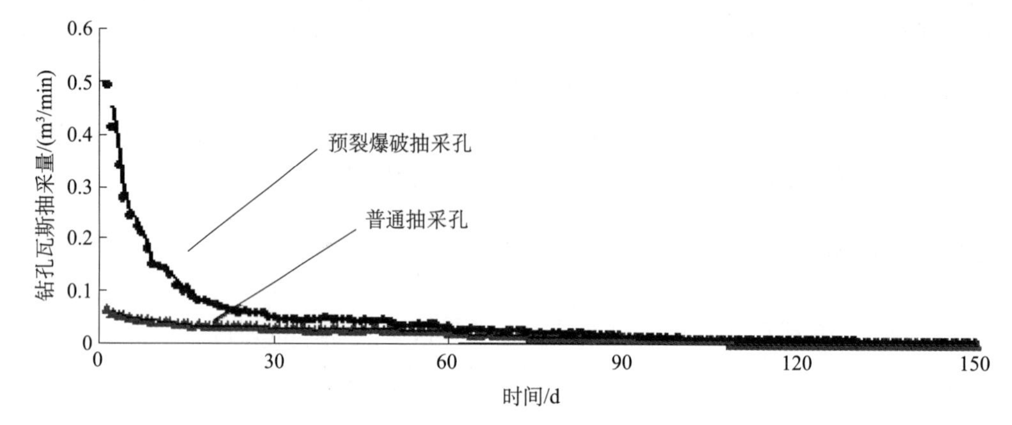

图 4.53 预裂爆破孔与普通钻孔瓦斯抽放量随时间变化曲线

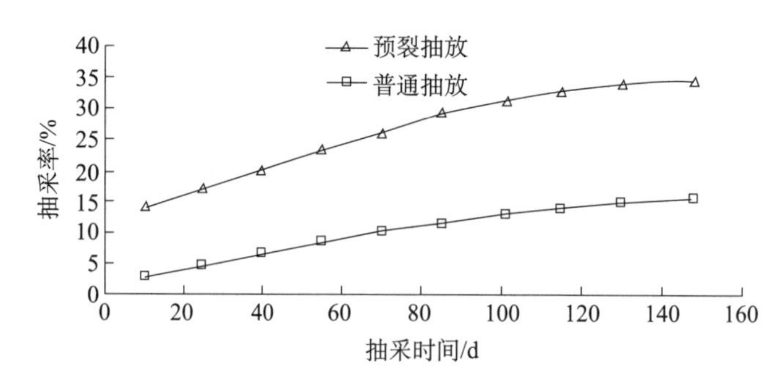

图 4.54 强化抽放与普通抽放条件下抽放时间与瓦斯抽放率曲线

4.8 二氧化碳相变致裂增透技术

利用二氧化碳由液态相变为气态具有体积变化大、吸热降温、不易产生火花、安全性好的特点，沈阳研究院、煤炭科学研究总院北京研究院（以下简称北京研究院）分别开展了二氧化碳相变增透机理、成套装备和工艺研究，形成了二氧化碳相变致裂增透技术。

4.8.1 技术原理

在钻孔内装入预先注入液态二氧化碳的爆破管（图 4.55），并将爆破管与低压起爆器连接，接通电流引爆爆破管的加热药卷后，使管内的二氧化碳迅速升温从液态转化为气态，体积膨胀，爆破管内气态二氧化碳压力达到一定值后，泄爆头内破裂片被剪开，二氧化碳气体透过排放孔，迅速向外泄出，利用瞬间产生的强大爆发力，二氧化碳气体沿自然或被引发的裂面楔入煤岩体，致使煤岩体开裂或破碎，从而达到爆破增透的效果。

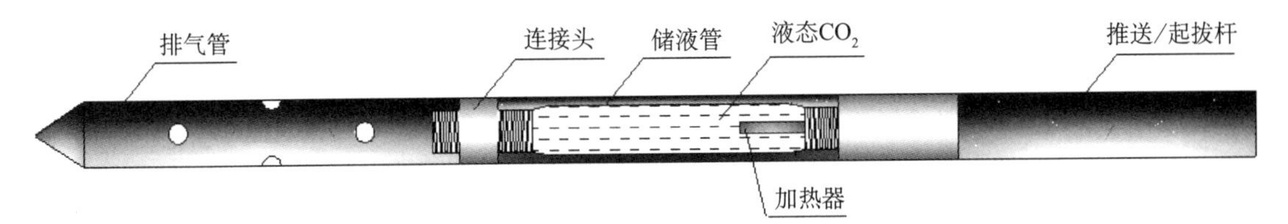

图 4.55　液态二氧化碳相变致裂装备结构示意图

4.8.2　技术及装备

1. 致裂工艺

（1）根据煤层厚度、倾角、强度、埋深等设计控制钻孔、预裂钻孔参数，制定安全技术措施，准备施工设备及材料。

（2）根据设计的致裂钻孔参数施工，钻进到设计深度时，停止钻进，清洗钻孔，退出钻杆，将充装好的二氧化碳致裂器及连接管通过专用车辆运送到施工地点，利用钻机依次送入致裂器和连接管，推进过程中要保持慢速匀速。距离孔口 20m 距离内不允许布设二氧化碳致裂器。

（3）将起爆线与发爆器连接，检验起爆线路的导通性，确认无误后，启动发爆器。起爆半小时后，在确保安全情况下，作业人员回到施工地点，利用钻机依次退出连接管和二氧化碳致裂器。

（4）致裂结束后及时对钻孔进行封孔接抽，采用“两堵一注”封孔工艺，选择聚氨酯封孔材料与微膨胀水泥注浆材料联合封孔，封孔工艺如图 4.56 所示。

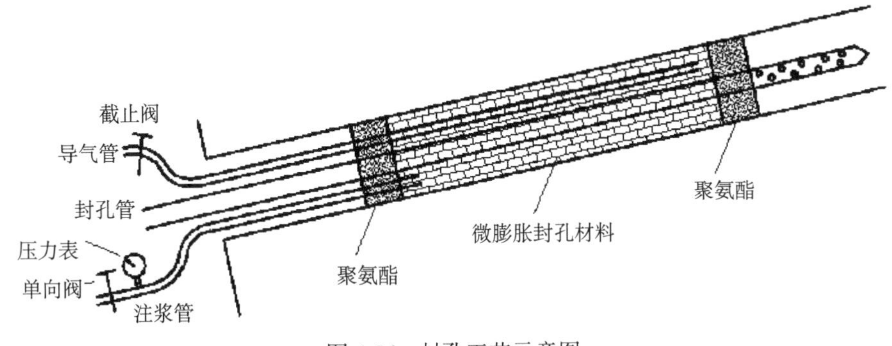

图 4.56　封孔工艺示意图

2. 成套装备

液态二氧化碳相变致裂装置分为两大部分：致裂装置和注液装置。通过注液装置将储罐中的液态二氧化碳注入致裂部分的储液管中，形成执行致裂任务的主体部件，再辅以导电线、起爆器等附属器材，即可进行爆破致裂工作。

1）致裂装置

致裂装置由充装阀、主管（爆破筒）、发热管、密封垫、破裂片、泄爆头等部分构成，如图 4.57 所示。

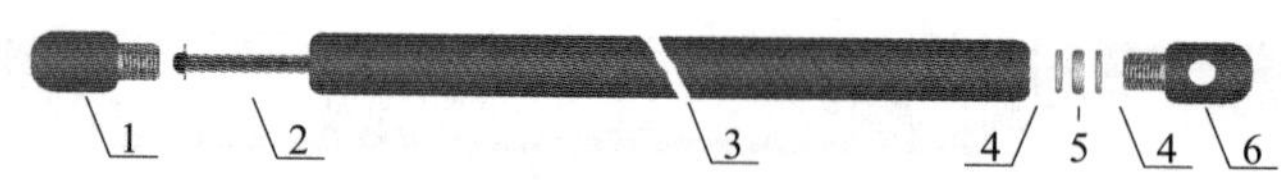

图 4.57 二氧化碳致裂器结构示意图
1 充装阀头；2 发热管；3 主管；4 密封垫；5 破裂片；6 泄爆头

（1）充装阀头。充装阀头由特种钢材制造，包括截止阀、注液孔、导线连接孔等几部分组成。它具有两方面的功能：一是充装阀头连接到储液管后，与加热管紧密接触，导线连接孔与电源接通后可形成闭合电路；二是打开截止阀，可通过注液孔向储液管中注入液体二氧化碳，注液过程结束后，关闭截止阀，可形成一个密封的容器，存储二氧化碳。

（2）发热管。发热管又叫化学活化剂，是一种化学药卷经过特殊处理后制成，通电后在储液管内可立即发生反应，快速剧烈燃烧并产生大量的热，进而激发整个致裂系统。

（3）主管（储液管）。储液管由特种钢材制成，属于中空管体，无焊接，坚固耐用，可以承受超过 1000MPa 的压力，并且可以重复使用超过 5000 次。储液管两端为阶梯型卡插槽，一端安装发热管和充装阀头，另一端安装破裂片和泄爆头，进而组装成一个充入液态二氧化碳的高压容器。

（4）泄爆头。泄爆头由特种钢材制造，其头端作内螺纹设计，可连接到储液管，另一端封闭。泄爆头表面有两个排气孔，储液管中的高压气体在致裂启动后从排气孔中排出，作用在煤体上。排气孔具有导向、聚能作用，使气体沿固定方向和角度射出，降低能源消耗。

（5）破裂片。破裂片由一圆形钢板制成，一面平整一面稍有凸起，具有一定的抗剪切强度，安置于储液管排气方向的一端。当管内气体膨胀压力大于破裂片承载能力时，破裂片被击破，高能二氧化碳气体从储液管中喷向泄爆头。它在正常情况下封闭储液管的出气口，起到密封的作用，也可以控制致裂时气体的压力，压力越大，威力越大。破裂片加工简单，为一次性使用的易耗品，爆破之后破裂片沿着储液管的卡槽被剪为一个环圈和一个小圆板，小圆板落入排气管中。将残留的环圈取出，换置新的破裂片，即可用于下一次爆破。

（6）密封垫。又称压力密封圈，是在储液管两端的加热管和破裂片使用的密封衬垫，以防止致裂系统气体泄漏而导致系统故障，属一次性易耗品。

2）充装装置

液态二氧化碳相变致裂装置的注液过程可以在地面或者井下完成，充装设备利用空气压缩机驱动增压泵，将高压钢瓶内的液态二氧化碳充入致裂装置的储液管中，充装完成后爆破筒中的二氧化碳压力为 15MPa，如图 4.58 所示。储液管在运输过程中受到碰撞、冲击等不会引发装置启动，只有当温度升高时液态二氧化碳吸收足够的热量才会产生相变，当相变压力超过破裂片的抗剪切强度时，高压气体才能释放出来。

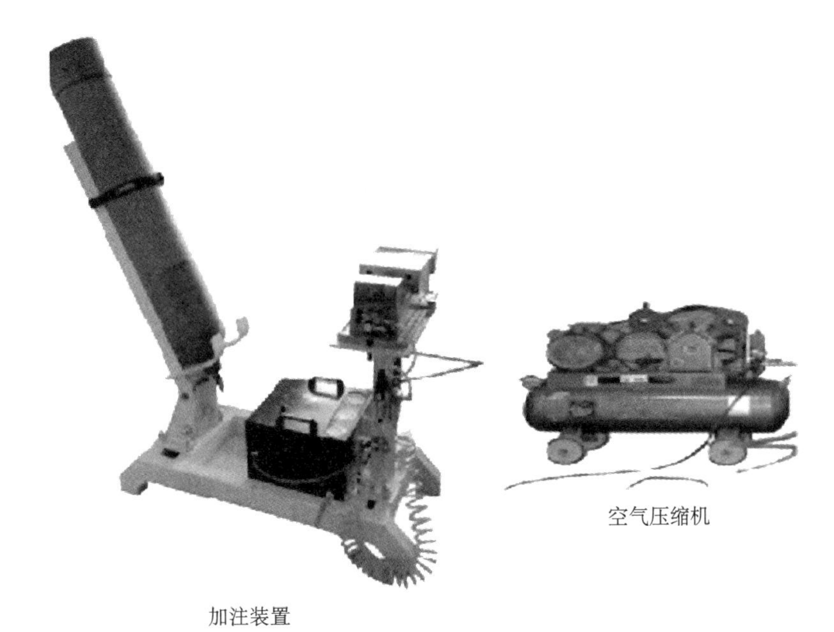

图 4.58　液态二氧化碳致裂装置充装系统示意图

3. 安全技术措施

二氧化碳相变致裂增透技术系统包括二氧化碳充装车间的建立、致裂器组装、液态二氧化碳充装、已充装的致裂器搬运、储存以及增透应用等环节，应在这些环节加强安全控制，避免安全事故的发生。

4.8.3　技术特点及适用条件

1. 技术特点

（1）致裂压力可调控：可根据煤层厚度、硬度等条件通过选用不同规格定压破裂片控制二氧化碳相变致裂压力，以适应不同煤层，同时不破坏煤层顶底板，保证正常开采。

（2）安全性好：致裂增透是二氧化碳由液态到气态的相变过程。相变过程是物理过程，不产生火花，同时相变过程为吸热降温过程，二氧化碳常温下是一种不助燃、不可燃的气体，避免了可能引燃引爆瓦斯的可能；使用过程中不产生其他有毒有害气体。

（3）操作简单：工艺流程包括钻进成孔、送入致裂器、连线撤人、爆破、取出等环节，增透过程无需验炮，操作简单方便。

（4）增透成本低：二氧化碳致裂器主要耗材包括发热装置、垫片、定压破裂片、二氧化碳等，致裂器可重复使用，最多可达 3000 次以上。因此，致裂增透成本相对较低。

2. 适用条件

适用于成孔条件好的煤层，需要避开地质构造破坏区域。在进行二氧化碳相变致裂增透时，附近有采空区、废弃巷道、排放瓦斯专用巷道、冒落空间等有瓦斯集聚的自由空间时，致裂钻孔与该空间应保持一定安全距离，依据炸药爆破的安全距离作为限定条件，不小于 20m。

4.8.4 应用效果

（1）沈阳矿务局红阳三矿煤层透气性很低，为了提高抽采率，在 401103 工作面回风巷设置致裂孔和控制孔，成孔后第八天对该试验区进行了致裂，通过平均抽采浓度曲线（图 4.59），可以看出在致裂后一个月内瓦斯抽采浓度增大，为致裂前的 1.5～4 倍；抽采纯量为致裂前的 4 倍左右，超过一个月后虽有衰减，但仍维持在较高水平。

（2）在贵州贝勒煤矿 M6 煤层 1603 工作面致裂，增透前后煤层瓦斯自然涌出量变化如

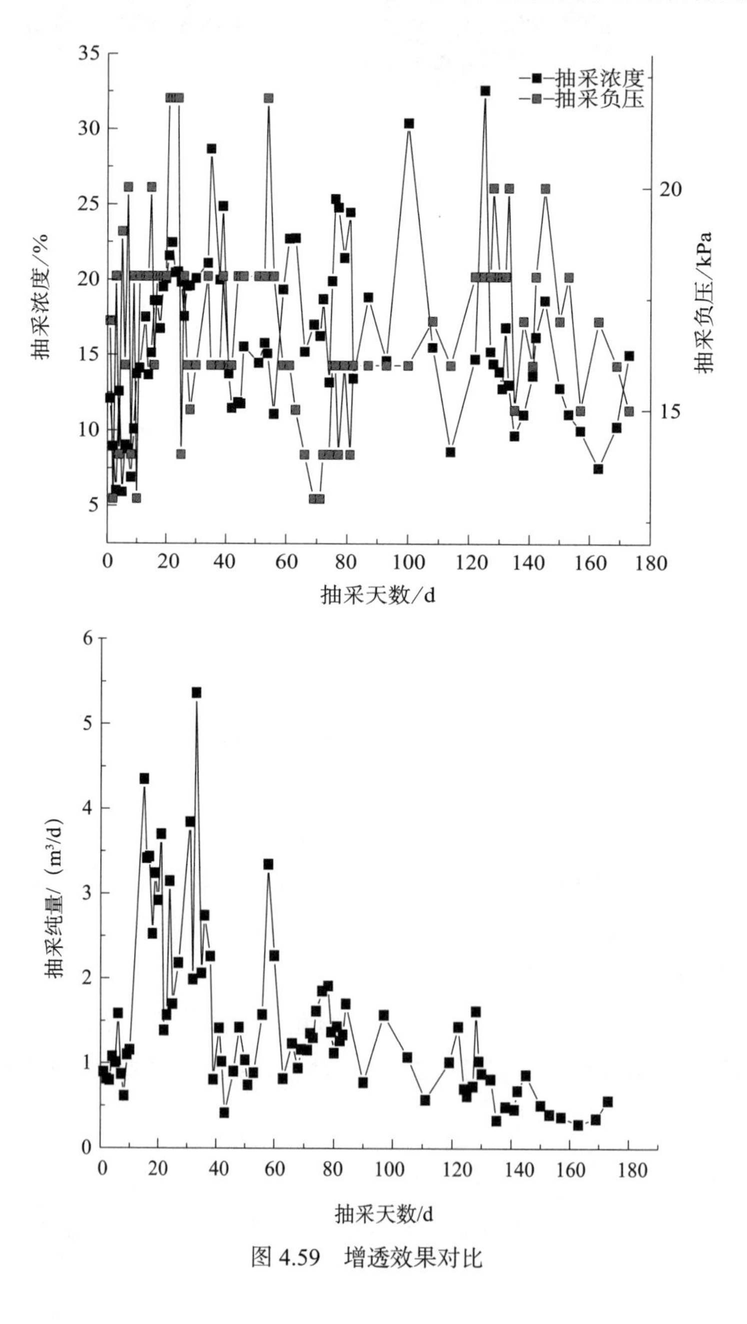

图 4.59 增透效果对比

图 4.60 所示。

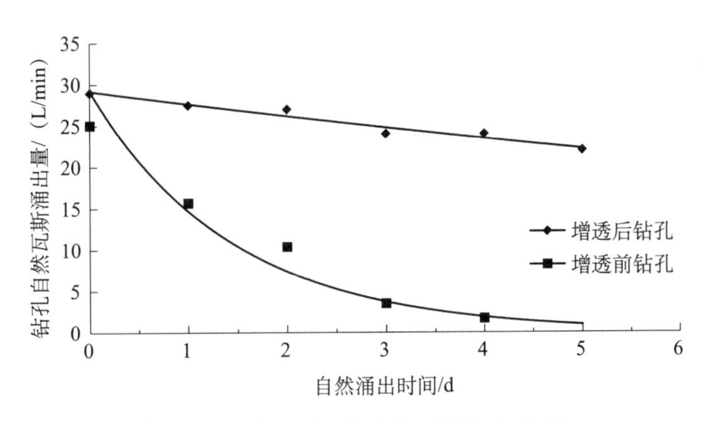

图 4.60　增透前后钻孔自然瓦斯涌出量变化

增透前钻孔瓦斯自然涌出量衰减很快，衰减系数平均为 0.2865～0.6911d^{-1}；增透后，钻孔瓦斯自然涌出量衰减较慢，衰减系数平均为 0.0094～0.0528d^{-1}；仅为增透前的 3%～12%，表明煤层瓦斯可有效抽采的时间更长。

根据计算增透后 M6 煤层透气性是增透前的 15.92 倍。

对增透前后钻孔抽采影响半径的观察见图 4.61。

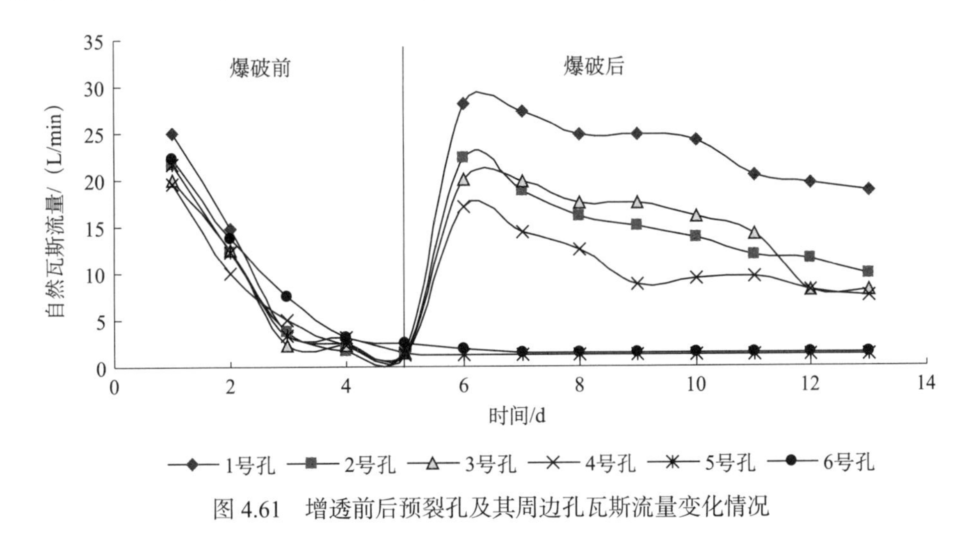

图 4.61　增透前后预裂孔及其周边孔瓦斯流量变化情况

1 号致裂孔爆破前自然瓦斯流量已衰减到 1.6 L/min，通过实施致裂增透后，流量增大到 28.2 L/min。距离 1 号增透钻孔分别为 1.5 m、3.0 m 和 4.5 m 的 2 号、3 号、4 号钻孔在致裂增透后流量分别增大到 17.1 L/min、20 L/min 和 22.3 L/min。平均流量增大了 3.8～6.7 倍，明显受到致裂增透的影响。表明致裂增透影响半径达到了 4.5 m。

4.9　高压空气爆破致裂增透强化抽采技术

针对我国高瓦斯突出矿区煤层透气性普遍较低，煤层瓦斯预抽效果差的现状，沈阳研究院经过“十一五”、“十二五”期间的攻关研究，开发了高压空气爆破致裂增透技术及装备，通过高压空气爆破提高煤层的透气性，增加瓦斯抽采量，现场试验取得了良好的效果。

4.9.1 技术原理

高压空气爆破致裂煤体的过程是爆破应力波和高压气体作用于煤体，使其破裂的一个复杂的动力破坏过程。爆破释放装置瞬间释放的高压空气作用在钻孔壁上，使钻孔孔径1～3倍范围内煤体骨架发生强烈变形破坏，煤体被压缩、破坏形成压缩破碎区。高压空气爆破应力波作用于煤体介质单元产生径向移动，发生切向拉伸和径向压缩。当切向拉伸应力大于煤体的动抗拉强度时，煤体便会产生径向裂隙，并随着爆破应力波的传播而扩展。在煤体介质中传播的应力波强度随传播距离非线性地降低，当爆破切向拉伸应力衰减到低于煤体介质动抗拉强度时，裂隙停止扩展，形成高压空气爆破的初始裂隙网。在高压空气爆破应力波传播及裂隙扩展的同时，高压空气充填径向裂隙空间。由于高压气体的尖劈致裂作用，使爆破应力波作用下产生的煤层初始裂隙失稳扩展形成交叉裂隙网。高压空气压力降低到一定程度时，积蓄在煤体中的弹性势能得以释放，并形成卸载波，向钻孔中心方向传播，使煤体内部产生环向裂隙。环向裂隙与径向裂隙互相交叉形成的区域称为裂隙区。随着爆破应力波进一步传播与衰减，其强度已不足以使煤体破裂时，煤体介质单元只会产生震动，爆破应力波以地震波形式传播直至消失。裂隙区以外区域称为震动区。因此，在高压空气爆破孔的周围煤体中形成由压缩粉碎区、裂隙区及次生裂隙圈相互连通的爆破裂隙网络。图 4.62 为裂隙区形成示意图，图 4.63 为煤体介质内部爆破作用示意图。

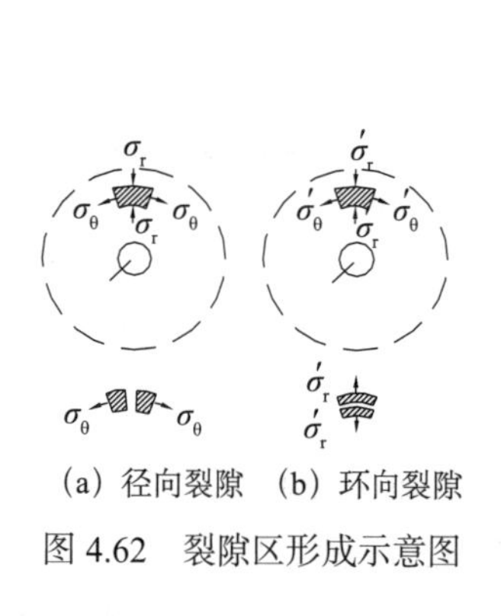

(a) 径向裂隙 (b) 环向裂隙

图 4.62 裂隙区形成示意图

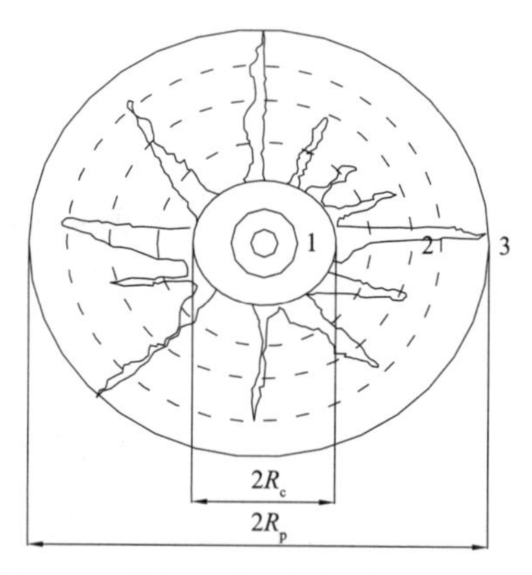

图 4.63 煤体介质内部爆破作用示意图

1. 破碎区；2. 裂隙区；3. 震动区；R_c. 破碎区半径；R_p. 裂隙区半径

4.9.2 技术内容

1. 高压空气爆破工艺

高压空气爆破工艺流程为：利用高压空气加压泵站对空气进行加压，然后通过高压管路将高压空气输送至高压空气释放装置，当空气压力达到试验所需压力值（例如 65MPa）时开启爆破阀，高压空气突然释放，形成高压空气冲击波在煤层中爆破冲击煤体（图 4.64）。利用高压空气冲击波为动力源，通过喷射嘴冲击切割钻孔周围的煤体，使钻孔周围的煤体逐渐破碎脱离孔壁，经过多次冲击，煤体内形成大小不一、相互连通孔洞网络，利用这些孔洞使钻孔周围远处的煤体形成卸压、膨胀、煤体空隙增大，实现煤体“爆破”增透的目的；同时利用高压空气冲击波为动力源，借助煤层控制钻孔所形成的自由面，通过喷嘴沿煤层对钻孔内煤体瞬间冲击，使冲击钻孔与控制钻孔之间的煤体震动，产生位移或裂隙。

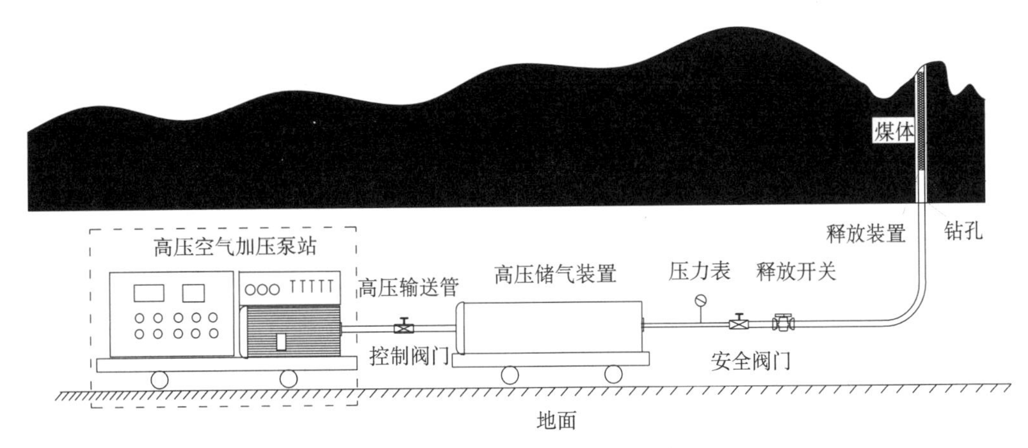

图 4.64　高压空气爆破工艺图

2. 高压空气爆破装备

“高压空气爆破”装备主要由高压空气加压泵、高压储气装置、高压输送管、高压连接软管、高压空气释放装置及其他配件组成。

1）高压空气加压泵

高压空气加压泵站核心部件主要由：700L/min-35MPa 压缩机一台（提供介质气源）、3.5m^3/min-0.8MPa 螺杆压缩机一台（提供动力气源）、600L/min 增压泵一台（完成高压增压）构成。高压增压系统由气动增压泵、AE 高压针 5 阀、TTA 指针式高压压力表和高压二通、三通、四通、单向阀、硬管和气源三联件等组成。

2）高压储气装置

通过配置高压储气罐，连接于加压泵站和释放装置间，为“高压空气爆破”试验储存大量具有高能量的气体，可以避免一次爆破时气体量不足需要长时间加压的问题，实现高压空气爆破作业的连续性和高效性。

3）高压空气输送管

钢管管路系统由能够承受 84MPa 持续压强的铬钼合金钢管组成，长 6～8m，外径 25.4mm，内径 12.7mm。制造（加工）后能承受 140MPa 的压强。

4）高压连接软管

高压软管连接于钢管与爆破筒之间。高压软管应当是有双钢丝（金属丝铠装）编制外层的橡胶软管，外径 16mm，内径 5mm。单节长度 5～100m，并且可利用螺纹端头连接成任意长度，可承受 100MPa 压力。

5）高压空气释放装置

高压空气释放装置前端可配置不同厚度爆破片，实现不同压力下的爆破作业。当压力达到爆破压力时，高压空气释放装置启动，释放高压气体，产生强烈冲击，使煤体产生裂隙，增加煤体透气性。

4.9.3 应用实例

试验在丁集矿西一 13-1 轨道大巷联巷。13-1 煤层为突出危险煤层，实测瓦斯压力 1.6MPa，瓦斯含量 $6.11m^3/t$，透气性系数为 0.011 $12m^2/(MPa^2 \cdot d)$，透气性差。

在试验巷道布置两组抽采钻孔（图 4.65）：其一布置 15 号爆破孔，在爆破孔两侧不等距布置 6 个考察钻孔（16 号～21 号）；其二布置 24 号爆破孔，在爆破孔两侧不等距布置 10 个考察钻孔（25 号～34 号）。15 号、24 号爆破孔先用直径 94mm 钻头开孔，然后用直

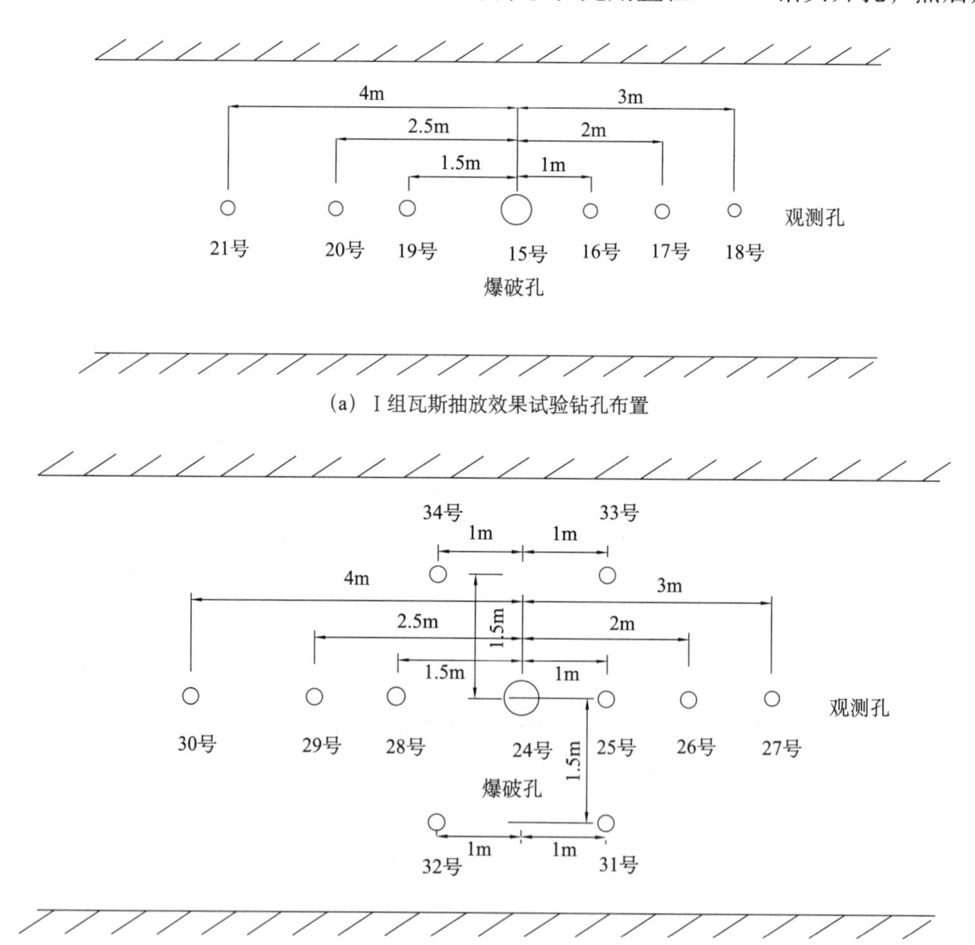

(a) Ⅰ组瓦斯抽放效果试验钻孔布置

(b) Ⅱ组瓦斯抽放效果试验钻孔布置

图 4.65 现场试验钻孔布置示意图

径 135mm 钻头扩孔 5m，完孔后下直径 108mm 套管封孔 5m，安装爆破钻孔专用接头，最后用直径 94mm 钻头一次性钻透煤层见顶 0.5m。爆破完成后，将孔口封死。考察钻孔用直径 94mm 钻头一次性钻透煤层进入顶板 0.5m，完孔后下 2 英寸管封孔，高压空气爆破完成后抽采钻孔立即接入抽放系统。测定瓦斯抽放量随时间的变化规律（图 4.66）。

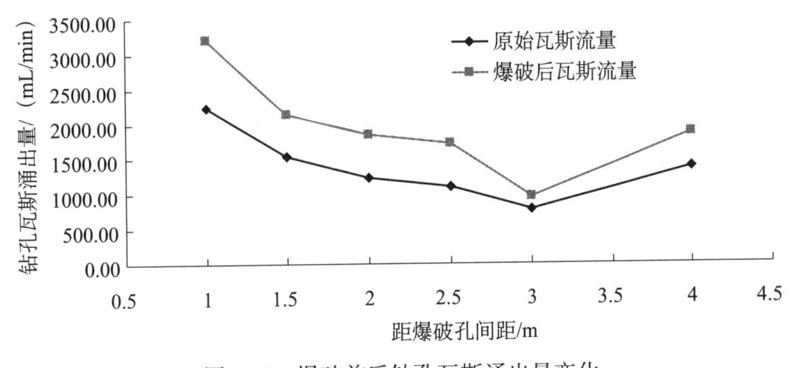

图 4.66 爆破前后钻孔瓦斯涌出量变化

淮南丁集煤矿现场应用结果表明：①单孔爆破后煤层瓦斯涌出自然衰减系数从 0.3217d^{-1} 降低为 0.0187d^{-1}，降低了 94%，大幅降低了低透气性煤层钻孔瓦斯涌出衰减速度，能增加钻孔瓦斯排放量。②同时与原始钻孔相比，高压空气爆破钻孔在同一统计时间内单孔自然瓦斯涌出量大幅增加，平均增加 700%；单孔瓦斯抽放量大幅增加，平均增加 600%。③通过不等距考察钻孔瓦斯自然衰减参数试验考察，距离爆破钻孔 2.5m 处考察钻孔瓦斯流量在高压空气爆破后变化率达到最大值，大于 2.5m 后考察钻孔瓦斯流量变化率降低，可知爆破影响半径 2.5m 为最佳距离，爆破影响范围为 5m。④通过不等距钻孔瓦斯抽放效果考察，两组钻孔在高压空气爆破后瓦斯抽放混合量和纯量均大幅增加，最大混合量增加 374.77%，最大纯量增加 400.65%。⑤高压空气爆破后煤层透气性系数从 0.0214m^2/（MPa^2·d）提高到 1.1385～27.0653m^2/（MPa^2·d），提高 50 倍以上。

4.10 采空区和局部积聚瓦斯安全抽排智能监控技术

随着矿井集中化机械化生产技术的发展，在工作面开采强度加大的同时，绝对瓦斯涌出量也逐渐增大，由此造成工作面上隅角和回风瓦斯局部积聚严重、超限频繁，采空区大规模瓦斯涌出已经成为煤矿高效安全开采的重大隐患。针对这一状况，沈阳研究院、重庆研究院在“十五”至“十二五”期间相继开展了采空区及局部瓦斯积聚安全抽排智能监控技术及装备的研究，解决采空区瓦斯涌出及局部瓦斯积聚等安全生产问题。

4.10.1 技术原理

在采空区或上隅角抽排管道中或巷道排放口安装 CH_4 浓度等传感器和自动控制相关装置（电动阀门、开关、变频装置等），实时监测调控抽采的参数。当 CH_4 浓度等相关参数超过设定的临界值时，自动启动控制装置，调节风量和抽排参数等，防止瓦斯超限或自然发火，实现工作面瓦斯抽排自动化和智能化。

4.10.2 技术及装备

1. 抽采智能监控系统

采空区和局部瓦斯积聚安全抽排智能控制是通过数据采集层采集抽采系统和环境的实时数据，将数据反馈给管理层，经管理层分析，最终判断危险性。若生产系统达到危险临界状态，管理层将命令发送给控制层，控制层将控制动作指令传达给执行层，执行层执行控制层发出的命令，完成对抽采系统中设备的开、关和电动阀门开度调节，实现整个工作流程的控制。

将采空区和局部瓦斯积聚地区的煤层气抽采管路作为一个控制单元，采空区煤层气抽采自控装置布置如图 4.67 所示。利用传感器对采空区煤层气抽采管路中的温度 *T*，CO、

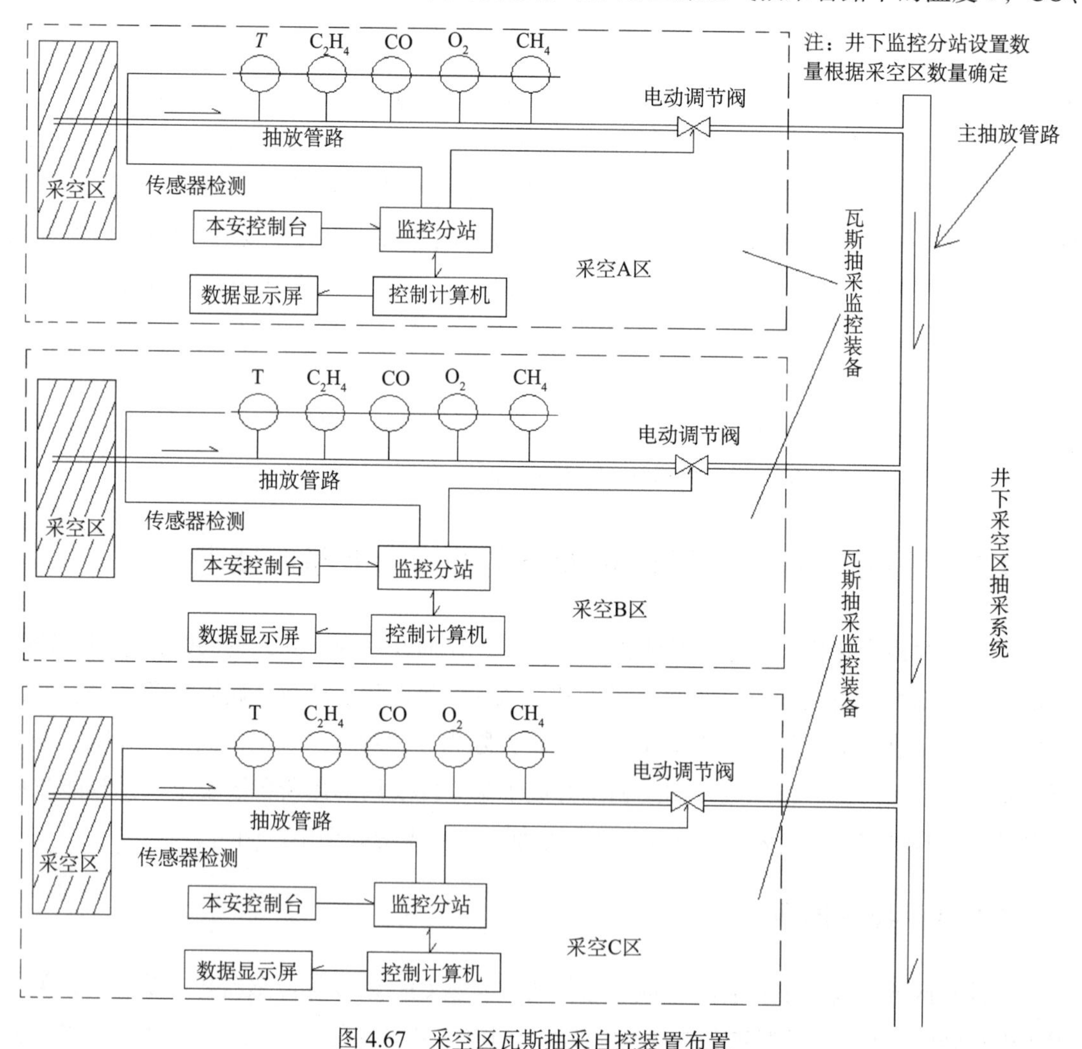

图 4.67　采空区瓦斯抽采自控装置布置

O_2、CH_4、流量 Q、C_2H_4、C_2H_2 浓度，泵轴温、泵水位，气水分离器水位等参数进行采集，根据采空区 CH_4 浓度，采用模糊控制、PID 调节控制技术，对采空区煤层气抽采管路的出口电动调节阀门进行开度调节，以控制该采空区的煤层气抽采量；通过变频控制抽放泵转速，能同时起到调节抽放流量和节能作用，实现智能抽采控制。

2. 智能监控装备

采空区和局部瓦斯抽排智能控制装置由管理层、控制层、数据采集层和执行层 4 部分组成。各部分执行不同职能，相互协调完成采空区和局部瓦斯安全抽排智能控制。

1）管理层

管理层掌管整个抽采系统，具备接收、显示、分析和发布指令等功能。本层设计多功能操作台，包括隔爆兼本安计算机、隔爆兼本安型显示器、本安键盘和本安触摸屏等。

a. 隔爆兼本安计算机

隔爆兼本安型计算机主要用于具有爆炸性气体或煤尘的矿井，主机、显示器和键盘共同构成上位机监测监控系统，是一种通用隔爆兼本质安全型数据中心设备，具有联网和信息处理功能。联网功能可通过以太网接口、光端口与其他设备联网。信息处理可通过 USB 接口接入键盘 / 鼠标设备进行操作。

b. 隔爆兼本安型显示器

矿用隔爆兼本安型显示器由电源部分、监视器、防爆录像机、外壳等部分组成。主要连接视频图像，用于图像的实时浏览与录像查看，还可连接防爆计算机主机监控系统。

c. 矿用本安型键盘和显示器

矿用本安键盘是多功能操作台的配套设备之一，适用于甲烷、煤尘爆炸危险的环境，可对矿用防爆计算机或具有可输入设备进行文字和数字输入，性能可靠，便于维护和调试。

矿用本安型显示器是多功能操作台的辅助监视设备和操作设备。内置 S3C2416XH-40 为核心的微型计算机系统，通过 RS485 智能口或其他传输方式传输数据，并对数据进行处理、显示，同时可实现触摸屏功能。

2）控制层

控制层的功能是控制整个抽采系统的下属设备，通过调节泵、水泵、附属防爆装置、防灭火设备、变频器等设备的运行开关和电动阀门实现，使抽采系统能够安全、经济、高效运行。控制层主要为 PLC 控制箱（图 4.68），可完成瓦斯流量、瓦斯浓度、一氧化碳浓度、氧气浓度、温度、管道负压、设备开关状态等数据的采集，并输出 PID 控制信号；数字量模块实施设备运行状态检测，通过 RS485 通信将数据传送到上位机，并接收上位机发来的操作命令，对所控制设备进行控制，完成对瓦斯抽采系统的控制。

图 4.68　PLC 控制箱

3）数据采集层

数据采集层是通过安装在管路上、矿井巷道内以及设备上的各种传感器来采集各种相关参数，再通过 PLC 控制箱反馈给操作台。具体参数主要包括浓度、压力、流量、温度、开关状态、阀门开度等。

4）执行层

执行层是抽采系统及其附属设备，执行层的主要功能是执行控制层发出的命令，完成对抽采系统中设备的开、关和电动阀门开度调节。执行层主要包括抽采泵站、各种设备开关、变频装置、电动阀门等。

4.10.3 应用情况

采空区和局部瓦斯积聚安全抽排智能监控装备先后在淮南矿业集团潘三矿、山西霍州煤电李雅庄煤矿、淮南矿业集团潘一矿东井等矿井进行了应用。

淮南矿业集团潘三矿 1452（3）工作面针对上隅角瓦斯超限和采空区自然发火等状况进行监控，安装了高浓度瓦斯传感器、低浓度瓦斯传感器、一氧化碳传感器、阀门流量调节装置、自动伸缩筒等装置。应用期间，该装备减少了上隅角瓦斯超限次数，发现了 CO 浓度升高，有自然发火趋势，并采取了注浆措施，防止了采空区自然发火事故的发生。

山西霍州煤电集团李雅庄矿安装了 CO 浓度、CH_4 浓度、瓦斯流量、温度、管道负压等传感器，同时，将瓦斯抽放自动控制装置安装在地面抽放泵站中的主抽放管道的入口端，对整个抽放系统内的总体瓦斯抽放进行集中控制。应用期间，CO 浓度基本稳定，管道内的一氧化碳含量处于 $0\sim5\times10^{-6}$，且在 98% 的时间内为 0，抽放量的控制主要取决于 CH_4 的的浓度变化，即高、低负压管道的输入阀门开度量由管道内 CH_4 浓度的变化量来控制。由于该抽放系统负责矿井下多个工作面的瓦斯抽放，管道内的 CH_4 浓度变化没有规律性，高负压 CH_4 浓度变化范围为 4%～11%，低负压 CH_4 浓度变化范围为 4%～7%。总体效果中，该装备减少了回风和上隅角的超限次数，未发现有明显的自然发火倾向。

淮南矿业集团潘一矿东井安装了 CO 浓度、CH_4 浓度、瓦斯流量、温度、管道负压、水位等传感器，安装了流量调节装置、多功能操作台、PLC 控制箱等。通过监测地面井抽采参数，智能调节流量，及时关停抽采效果不佳的抽采支路等，保证了抽采瓦斯浓度稳定在 40% 以上，CO 浓度基本为 0。

4.11 瓦斯抽采钻孔高效封孔与封孔质量检测技术

我国煤矿井下抽采瓦斯浓度普遍偏低，其中一个重要原因是钻孔封孔质量不良导致外界空气在抽采负压的作用下，进入抽采系统稀释了瓦斯。重庆研究院开发了井下煤层瓦斯抽采钻孔高效封孔技术和封孔质量检测技术，为提高瓦斯抽采浓度提供了技术和装备。

4.11.1 技术原理

井下瓦斯抽采钻孔高效封孔采用“两堵一注”带压注浆封孔技术工艺，即首先利用封孔器在封孔段的两端膨胀后形成注浆“挡板”，再向两端封孔器之间的钻孔段进行注浆，在注浆压力的作用下，浆液向钻孔壁渗透并填充钻孔周边裂隙，完成抽采钻孔封孔。“两堵一注”封孔方法实现了浆液在注浆压力和材料膨胀力的作用下进入钻孔壁裂隙进行封堵，减少漏气通道，提高封孔段的密封效果。同时配套采用钻孔封孔质量检测装置、抽采参数测量等技术及装备对封孔质量进行检测，保证钻孔封孔效果。

4.11.2 技术及装备

1.“两堵一注封孔”工艺

流动性、膨胀性等性能俱佳的无机封孔材料、高效的封孔注浆泵及能够提供足够保压能力的“两堵”挡板装置是该项工艺的技术关键。其注浆封孔原理见图 4.69。

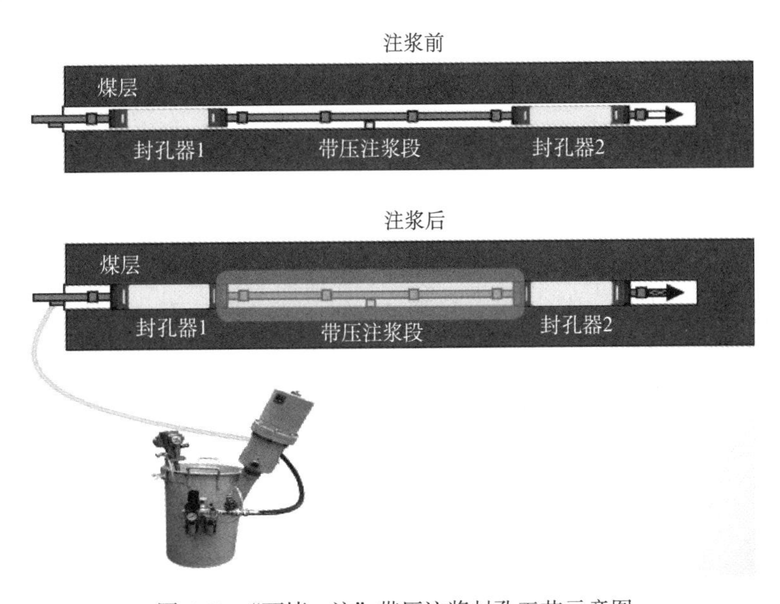

图 4.69 “两堵一注”带压注浆封孔工艺示意图

2. 无机封孔材料

无机封孔材料是专门针对煤矿瓦斯抽采钻孔研发的一种新型复合封孔材料。具有流动性强、膨胀率较大且分布均匀、抗压强度高、致密性好等优良特性。该材料易搅拌、不沉淀，且受水、温度等环境因素影响小，适用范围广。使其能够快速、有效渗入到钻孔周围裂隙中，并伴随发生膨胀反应，从而达到材料与煤体完美结合的最佳密封效果。有效解决了由于封孔效果不佳而导致抽采钻孔浓度低、衰减快的问题。

3. FKJW 系列矿用封孔器

FKJW 系列矿用封孔器工作时，首先利用注浆泵向封孔器注浆管内注浆，当注浆压力达到一定数值时，封孔囊袋内单向阀打开，浆体开始注入封孔囊袋，囊袋内液体压力不断增大，囊袋与孔壁紧密结合，当囊袋内压力达到一定值时，囊袋外单向阀打开，浆体不断进入两个囊袋之间的密闭空间，当浆体将密闭空间注满、返浆管开始返浆时，封闭返浆管，当注浆压力达到预设值后即注浆封孔完成。其使用原理如图 4.70 所示。

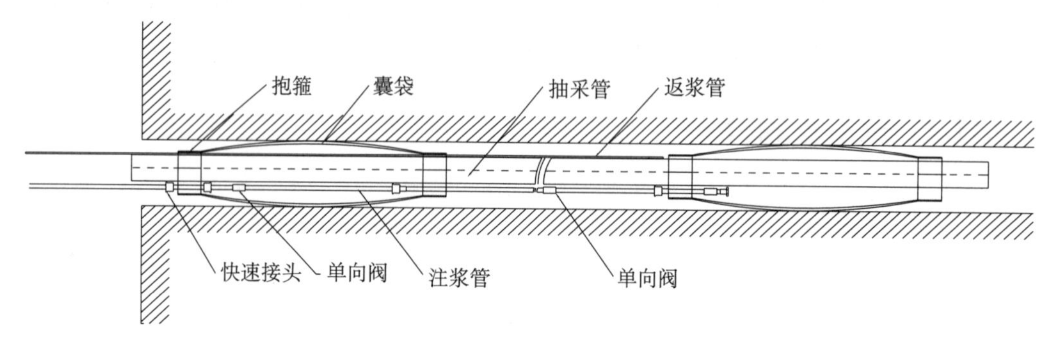

图 4.70　FKJW 系列矿用封孔器使用原理示意图

FKJW 系列矿用封孔器有效解决了封孔工艺中保压能力差、封孔距离不可控等原因导致的钻孔封孔效果不理想的问题，具有操作简单、使用方便、与煤壁结合密实、封堵效果好等优点，可有效提高煤矿井下瓦斯抽放钻孔封孔质量，延长抽放钻孔使用寿命。

4. 气动封孔注浆泵

气动封孔注浆泵由矿井压风提供动力源，利用高压气体推动气动注浆泵运行，将搅拌均匀的浆体吸入到泵体内加压后从出浆口进入到注浆管内，实现钻孔封孔。FZB-1 型矿用气动封孔注浆泵可满足煤矿井下各类注浆需求，用于瓦斯抽采钻孔注浆封孔、注浆堵水、采空区注浆填充、破碎煤岩层注浆固结、锚索注浆等。产品结构如图 4.71 所示。

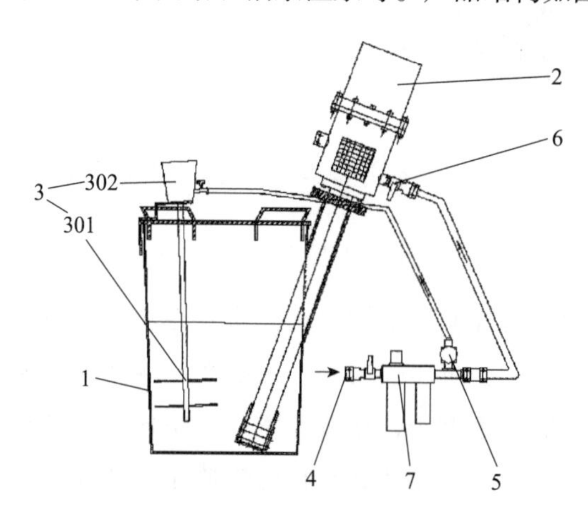

图 4.71　FZB-1 型矿用气动封孔注浆泵结构示意图

1. 粉料搅拌桶；2. 气动注浆泵；3. 搅拌器（301. 搅拌器叶片；302. 拌器泵体）；4. 进气口；5. 连接三通；6. 气动注浆泵进气口；7. 空气调节过滤器

5. 钻孔封孔质量检测装置

钻孔封孔质量检测装置为便携式矿用本质安全型，能够快速准确测定抽采状态下煤层瓦斯抽采钻孔内不同深度处的瓦斯浓度和抽采负压等参数，从而掌握抽采钻孔内的瓦斯分布状况，评价抽采钻孔的封孔质量和漏气位置、为改进封孔参数和封孔方式、提高抽采效果提供技术依据。封孔质量检测装置见图 4.72，工作原理如图 4.73 所示。抽采钻孔内不同孔深（深度逐节增加）的瓦斯浓度基本保持不变且抽采负压呈线性衰减时，抽采钻孔封孔质量较好；孔内的负压和瓦斯浓度在某处出现“阶梯式”的突降，则表明钻孔封孔质量较差，并且该处为漏风摄入点或“串孔”位置。

图 4.72　封孔质量检测装置

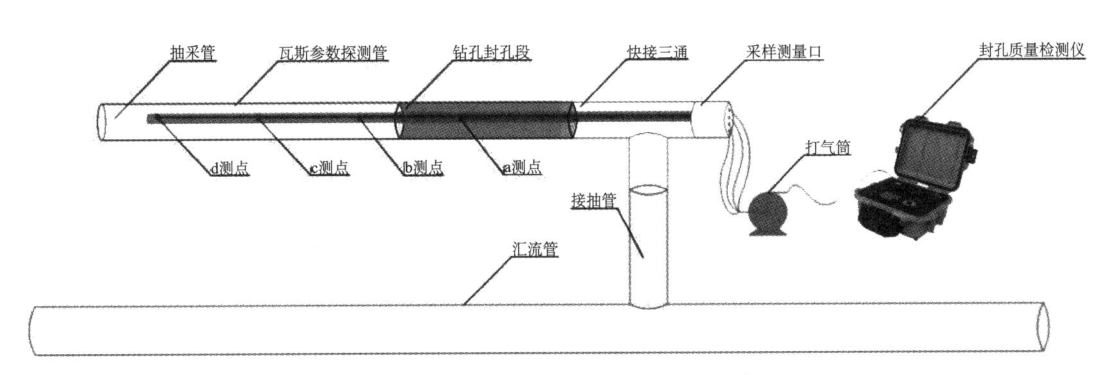

图 4.73　封孔质量检测装置工作原理示意图

4.11.3　应用情况

“两堵一注”带压注浆封孔技术在山西、河南、贵州、云南、重庆、新疆、内蒙古等地 30 余对矿井成功应用，采用该技术封孔效果明显，考察期（超过 3 个月）内浓度衰减保持在 15% 以内，与聚氨酯、水泥砂浆等封孔方式及工艺相比，抽采瓦斯浓度平均提高比例在 30% 以上。

钻孔封孔质量检测仪在霍州煤电集团李雅庄煤矿、金辉集团万峰煤矿、松藻煤电渝阳煤矿等进行了试验应用。测量结果准确可靠，为矿井评价抽采钻孔封孔质量，改进封孔参数和封孔方式、提高瓦斯抽采率提供了有力的技术保障。

4.12 松软煤层瓦斯抽采钻孔下筛管技术

松软煤层钻孔成孔后易发生孔壁坍塌，导致钻孔瓦斯抽采效果差。为解决钻孔垮塌堵塞瓦斯流动通道的技术难题，重庆研究院开发了松软煤层全孔段筛管下放施工工艺技术，采用新型三棱螺旋钻杆和大通孔开闭式 PDC 钻头两种关键设备，达到了在成孔后不退钻的前提下，通过钻杆内孔和钻头内孔直接下放筛管的目的，筛管下放的成功率在 95% 以上，大幅提高了钻孔的瓦斯抽采浓度和抽采量。

4.12.1 技术原理

采用钻进钻具组合钻至设计孔深后，先将整体式筛管与固定装置相连接，并一起从钻杆内部下放到孔底，打开钻头横梁后，再退出钻头和钻杆，将整体式筛管装置留在煤层整个孔段内进行长期有效的瓦斯抽采。如图 4.74 所示。

该技术避免了完孔退出钻杆后再向钻孔内下放筛管工艺受钻孔垮孔的影响，解决了筛管下入深度浅、钻孔利用率低的问题。

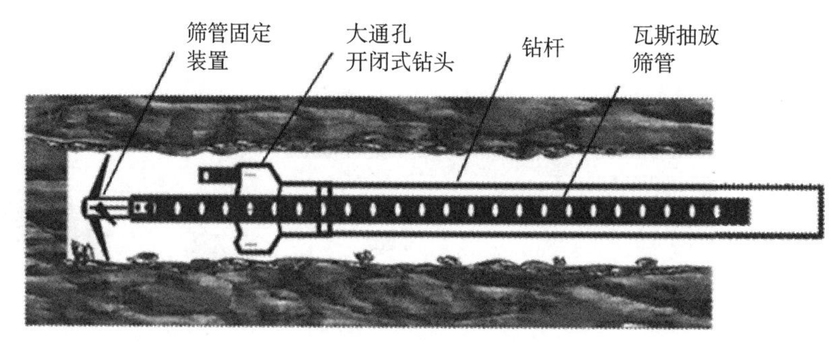

图 4.74 松软突出煤层全孔段下放筛管示意图

4.12.2 技术内容

1. 下筛管工艺

采用专用钻具钻孔至设计深度，钻具主要包含大通径三棱螺旋钻杆和大通孔开闭式钻头，然后将钻孔冲洗干净。将整体式筛管与固定装置相连接，从钻具组合的内通孔将整体式筛管及固定装置下入到孔底，每个钻孔下入一根整体式筛管。固定装置穿过开闭式钻头后，固定装置翼爪自动张开插入孔壁，将整体式筛管牢牢固定在孔底。退出钻具组合，整体式筛管置留在煤层整个孔段内，保证钻孔进行长期有效的瓦斯抽采。

2. 主要设备

松软煤层抽采钻孔下筛管技术装备由 ZYW-3200 煤矿用全液压钻机、三棱螺旋钻杆、内通孔钻头、固定装置及抗静电阻燃可碎性筛管等组成，如图 4.75 所示。

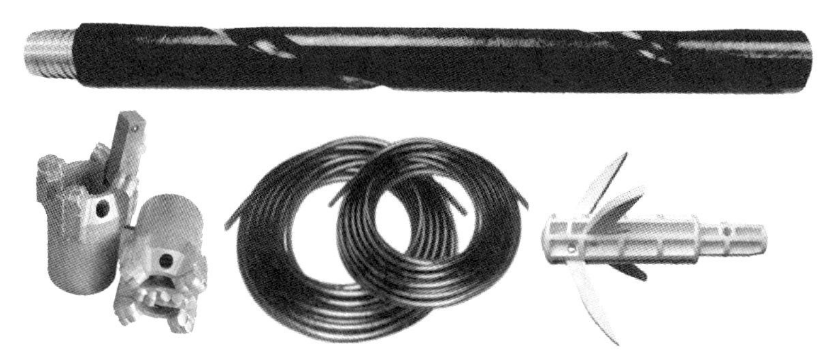

图 4.75　松软煤层全孔段下放筛管关键设备

1）三棱螺旋钻杆

三棱螺旋钻杆为整体式结构，钻杆外轮廓与三棱钻杆相似，在普通三棱钻杆的外壁上设计了不连续的螺旋槽连通三棱平面。该钻杆具有以下优点：①整体式结构，钻杆机械强度高，使用寿命长；②螺旋导槽配合三棱平面结构设计使钻杆排碴效率极大提高，有效减少卡钻、埋钻事故发生；③螺旋槽与三棱面减少了钻杆与孔壁的接触面积，降低了钻杆对钻孔孔壁的摩擦扰动，维护了孔壁的稳定性，提高了钻孔的成孔率及钻进效率。

2）大通孔开闭式全方位钻进钻头

钻头采用高强度合金钢钢体镶焊金刚石复合片，钻头体外圆周镶硬质合金保径条，钻头中心为可重复开闭的横梁结构，钻头结构合理可靠。钻头结构通过流场模拟进行了优化。在钻进过程中能够满足快速切削煤岩的需求；钻至目的孔深后钻头中心横梁可以打开，达到顺利下放瓦斯抽放筛管的目的，该钻头是本工艺的技术核心。

3）抗静电阻燃可碎性筛管

筛管由高强度抗静电阻燃可碎性材料加工而成，成功下放至孔底后，既可以提高瓦斯抽采效率，又能避免与采煤机截齿撞击产生火花引起的安全隐患。

4）筛管固定装置

筛管固定装置由抗静电阻燃可碎性材料一次性注塑加工而成，安装于瓦斯抽放筛管前端，在筛管下到孔底穿出钻头后，筛管固定装置的翼爪自动打开，将筛管固定在孔底，防止退钻杆时将孔内筛管带出。

4.12.3　应用实例

该工艺目前已在全国 10 多个煤矿进行了推广应用，筛管下入率达 95% 以上。现场应用表明，该工艺成功解决了松软煤层瓦斯抽采筛管下入率低及瓦斯抽采效果差的难题。

图 4.76 为平煤十矿采用两种不同工艺施工的瓦斯抽采孔的抽采效果对比图。由图可知，采用全程筛管下放工艺后，瓦斯抽采浓度提高 2 倍以上，日均瓦斯抽采量提高 3 倍以上（观测期为 30d）。

图 4.77 和图 4.78 为谢一矿采用两种不同工艺施工的瓦斯抽采孔的效果对比图。现场试验表明，该工艺在强突煤层的应用可以显著提高瓦斯抽采浓度。在开始接抽时试验钻场的初始浓度可达 95%，其他对比钻场平均为 74.8%，采用新工艺后瓦斯浓度提高约 0.3 倍。接抽

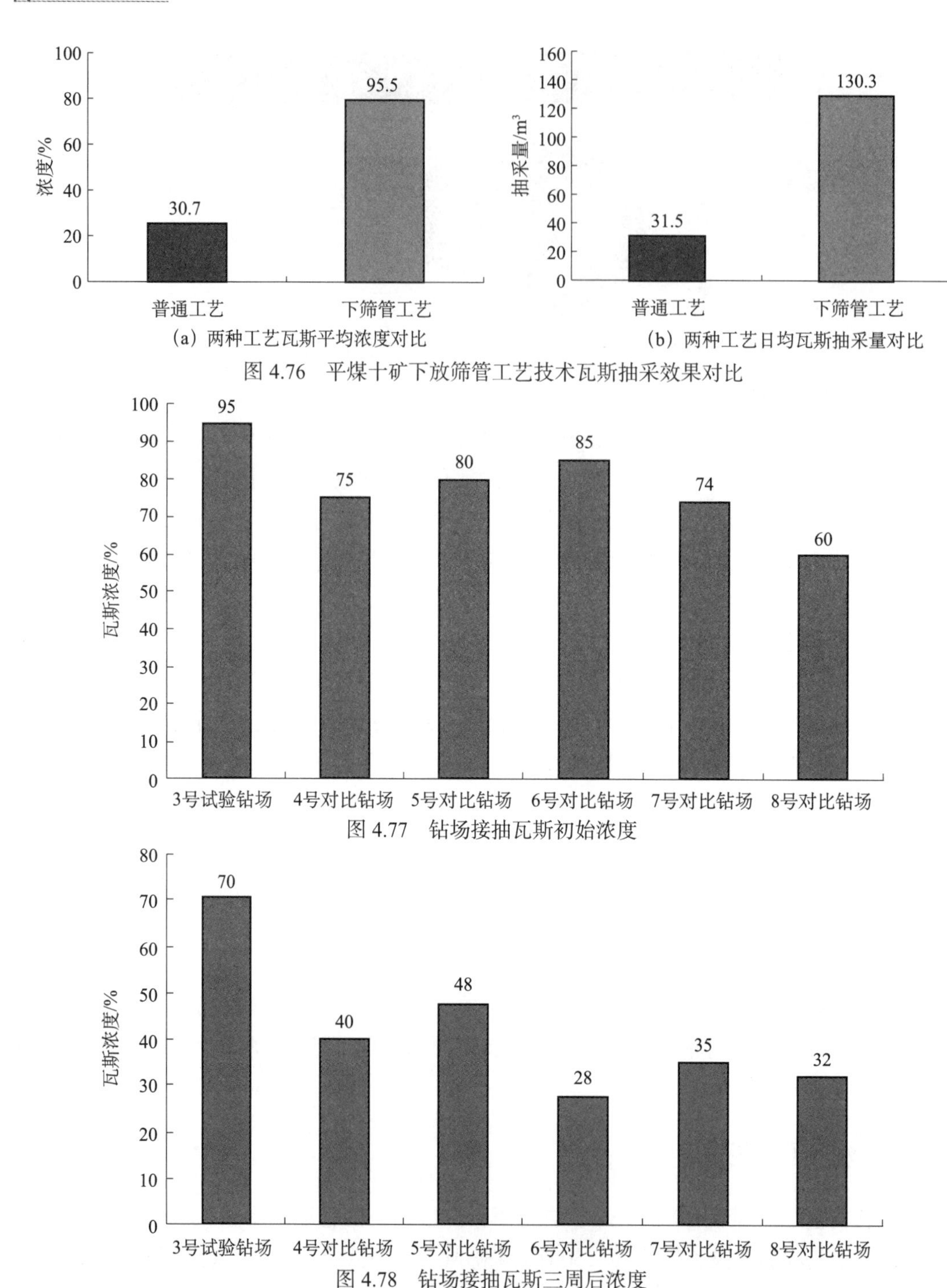

(a) 两种工艺瓦斯平均浓度对比

(b) 两种工艺日均瓦斯抽采量对比

图 4.76　平煤十矿下放筛管工艺技术瓦斯抽采效果对比

图 4.77　钻场接抽瓦斯初始浓度

图 4.78　钻场接抽瓦斯三周后浓度

3 周后试验钻场浓度仍可达 70%，而其他对比钻场平均浓度仅为 33%，采用新工艺后瓦斯浓度提高 1.12 倍。采用全程筛管下放技术可以延缓抽采浓度的衰减，提高钻孔瓦斯抽采率。

4.13　瓦斯抽采管网智能调控技术

煤矿井下瓦斯抽采管网是瓦斯抽采系统的重要组成部分，与矿井通风系统管理一样，通过抽采管网的管理和调节，可以合理分配管网负压、调配抽采资源、控制抽采流量，提高抽采管网内瓦斯浓度。为减轻人为管理和调节工作量，在“十一五”和“十二五”期间，重庆研究院率先开发了井下瓦斯抽采管网智能调控技术，实现井下瓦斯抽采系统运行状态监测、智能分析诊断和远程调控综合功能。

4.13.1 技术原理

通过在瓦斯抽采管网上安装的一系列传感器和控制阀门等，实时监测管网瓦斯抽采参数，通过网络解算，分析管网的负压、流量、浓度、阻力等分布和可能的故障，远程控制管道阀门等，实现管网分支的负压调配、开关以及流量控制，使瓦斯抽采参数达到最佳工况。

4.13.2 技术及设备

1. 智能调控系统

系统由硬件和软件构成。其中硬件包括 GD4-Ⅱ瓦斯抽采参数测定仪、QJ 系列防爆电动阀门、管道压力控制器、KDW 系列矿用隔爆兼本安型直流稳压电源、KJJ103 型矿用本安型网络交换机及地面网络交换机等。系统构成如图 4.79 所示。

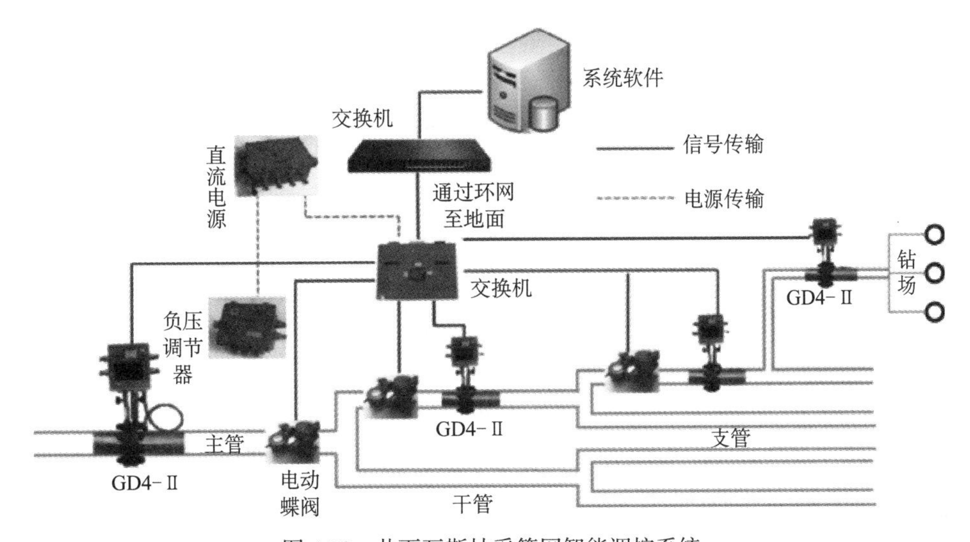

图 4.79 井下瓦斯抽采管网智能调控系统

系统具有抽采参数监测、设备控制和智能分析等三类主要功能。

1）抽采参数实时监测

对井下瓦斯抽采管网瞬时流量、瓦斯浓度、负压和温度进行监测，并通过网络交换机将监测数据传至地面，直观地显示在管网系统图中并储存至数据库。系统软件可提供监测历史数据的查询、曲线趋势显示和报表输出等功能。

2）数据智能分析

系统具有管网调控仿真和管道泄漏实时检测两种智能分析功能。针对特定矿井的井下瓦斯抽采管网，建立管网仿真模型，通过模型解算对阀门开度变化后管网内各条分支管道内的气体流动参数（瞬时流量、负压、浓度）进行预测，用于指导管网调控，从而实现对系统能力的有效分配。同时，系统的泄漏故障检测功能通过对协同各个测点的监测数据进行分析，对管网可能发生的泄漏管段进行初步定位。

3）设备远程控制

在地面监控计算机软件界面输入要调节的阀门开度，确认后软件将指令发送至管道压力控制器，管道压力控制器将指令转换为电信号发送给电动阀门，电动阀门开始动作，调节完毕后电动阀门将当前的开度再反馈至地面软件，实现井下电动阀门的远程操控，控制并显示电动阀门的实际开度。

2. 主要设备

1）GD4-Ⅱ型瓦斯抽采参数测定仪

GD4-Ⅱ瓦斯抽采参数测定仪主要用于矿井瓦斯抽采管网内瓦斯浓度、抽放负压、气体温度和流量的实时在线监测。采用大屏液晶显示各类监测参数，同时转化成标准信号输出，输出信号与瓦斯抽采管网智能调控系统配套使用，可实现远程监测和计量自动化。并且可根据监测的历史数据计算监测区域内的瓦斯预抽率和预计抽采达标时间，实现了瓦斯抽采效果的实时评价和预测功能。仪器实物和结构分别见图 4.80 和图 4.81。

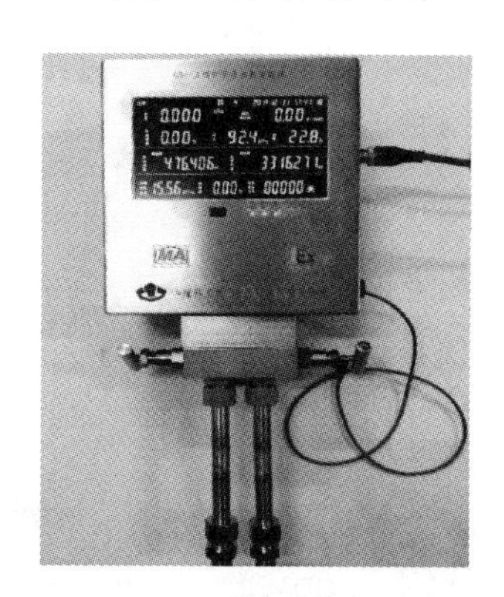

图 4.80　GD4-Ⅱ瓦斯抽采参数智能测定仪

2）QJ 系列防爆电动阀门

QJ 系列防爆电动阀门是根据瓦斯抽采的特点，开发出的新型、防静电、防腐蚀的智能调节型瓦斯抽采专用阀门，通过接收开度信号，自动调整蝶阀的开度，并反馈开度信号。主要用于煤矿瓦斯抽采管网内气体的负压、流量等参数的自动调节。

电动阀门主要通过阀门驱动装置输出转矩带动蝶阀阀杆转动调节阀门的开度，电动阀门的控制方式有就地和远程两种方式。就地控制是通过配接控制箱上的开关按钮来控制阀门开关。远程控制是通过管道压力控制器发送的电流信号实现阀门对应开度，在阀门开到对应位置时自动将开度通过电流信号反馈。在调试或断电的情况下，也可以手动控制。产品实物和结构分别见图 4.82 和图 4.83。

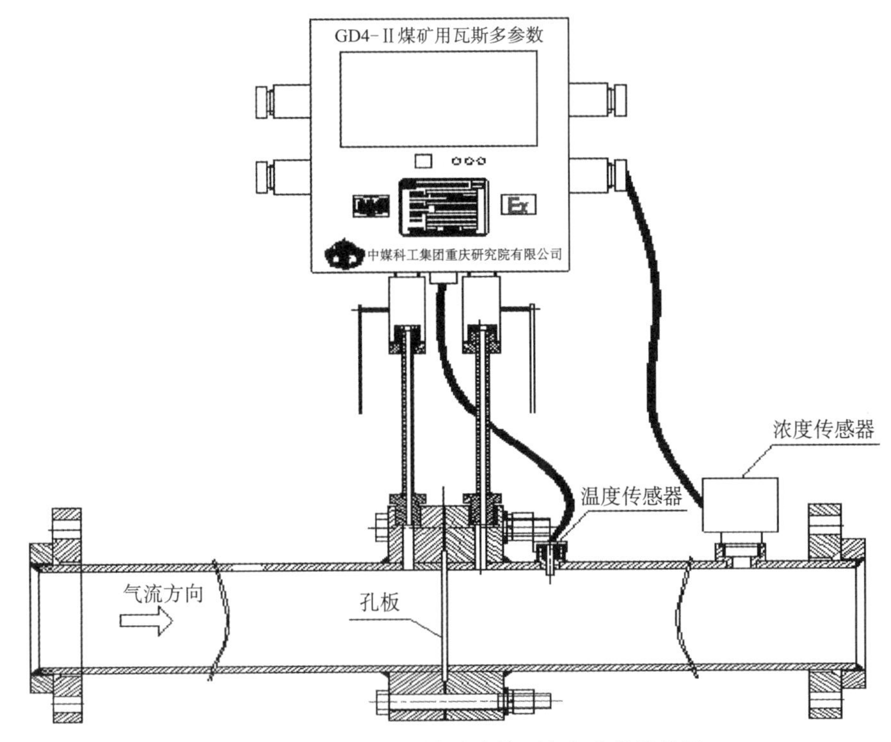

图 4.81　GD4-Ⅱ瓦斯抽采参数测定仪安装结构图

图 4.82　电动阀门实物

图 4.83　电动阀门结构

3）KXJ660Y 矿用隔爆兼本安型管道压力控制器

KXJ660Y 型管道压力控制器通过接收计算机数据信号，转换成阀门可接收的 4～20mA 模拟量信号输出给阀门，调节阀门的开度，同时接收阀门反馈的开度信号，并发送给计算机，实现系统的闭环控制。压力控制器以单片机为核心，根据需要扩展了 A/D、D/A 通道、RS485 输出电路、显示电路、控制信号输出电路 4～20mA、红外遥控电路等组成。KXJ660Y 型管道压力控制器的实物和连接结构分别见图 4.84 和图 4.85。

图 4.84　KXJ660Y 型管道压力控制器

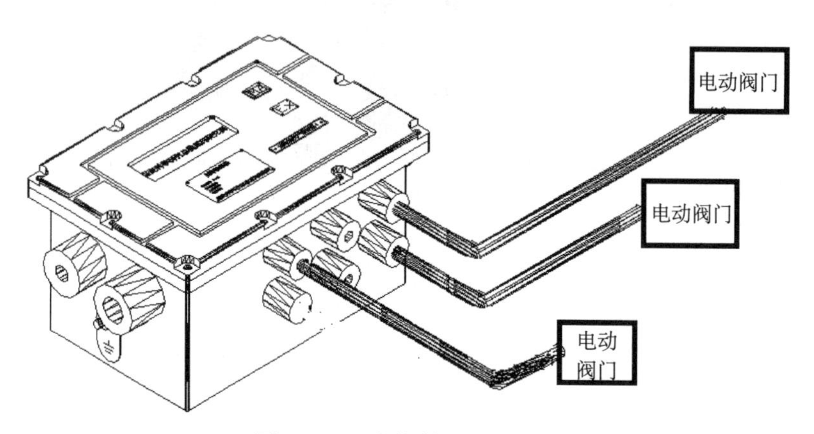

图 4.85　压力控制器连接结构

4）YJL40C 煤矿用瓦斯抽放管道检漏仪

YJL40C 煤矿用瓦斯抽放管道检漏仪主要用于定位气体泄漏时产生的超声波音源的位置，是一种便携式矿用本质安全型仪器。防爆标志为 Exib I，管路泄漏程度可由面板上的 LED 指示灯显示，并可由液晶屏显示泄漏处的超声波频率，使用超声波检漏仪可以精确定位气体泄漏点。YJL40C 型检漏仪如图 4.86 所示。使用时，将检漏仪的声波探头对向检测管道并进行移动巡检，并尽量缩短检漏仪探头与检测点之间的距离；巡检的同时根据 LED 指示灯的闪烁判断是否存在泄漏。如图 4.87 所示。

图 4.86　YJL40C 煤矿用瓦斯抽放管道检漏仪

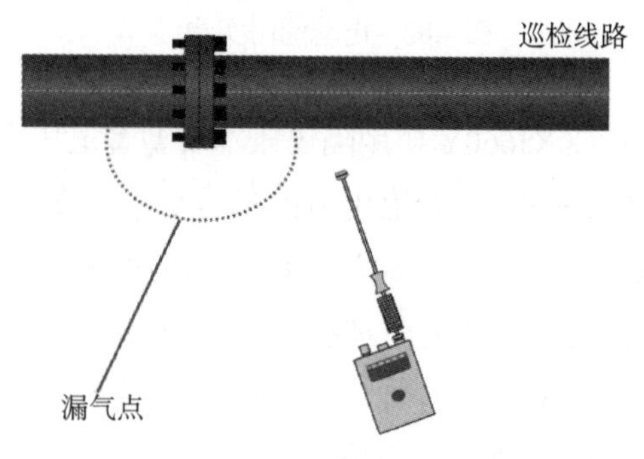

图 4.87　检漏仪使用示意图

4.13.3　应用案例

山西霍尔辛赫煤矿建设了井下瓦斯抽采管网智能调控系统。其管网调控仿真模型的计算结果相对于实测数据的准确率达到 85%；通过系统的管道泄漏检测功能配合超声波检漏仪，发现了多处管道泄漏点，故障诊断模型对泄漏故障表现出较高敏感性，可检测到的最小泄漏量为 3～6m^3/min，有效保证了管网的高效运行，目前正在全国各地煤矿推广应用。

4.14　低浓度瓦斯输送安全技术

我国煤矿井下抽采瓦斯量中 50% 以上为低浓度瓦斯（CH_4<30%），因具有易燃、易爆特性，在管道输送、排空和利用过程中存在严重的安全隐患。为此，重庆研究院研发了低浓度瓦斯安全输送成套技术与装备，并以此为基础制定了 AQ 1076—2009《煤矿低浓度瓦斯管道输送安全保障系统设计规范》等 4 项国家安全生产行业标准。

4.14.1　技术原理

管道内瓦斯爆炸是甲烷与氧气快速燃烧的化学反应过程，反应速率极大，在短时间内放出的热量使管道内气体的温度、流动速度和压力急速上升，因此瓦斯爆炸常常伴随着高温、高压、高速三个特征。通过研究输送管道尺寸、瓦斯浓度、流量、使用环境等不同条件下的低浓度瓦斯管道瓦斯爆炸传播规律，从而设计可靠的安全保障系统。

在对低浓度瓦斯输送管道中火焰、压力等参数监测的基础上，通过水封阻火泄爆、抑爆、阻爆多种原理安全装置的合理配置和组合设置，达到熄火、泄爆、切断爆炸火源传播途径，阻止燃烧、爆炸事故扩大的目的。

4.14.2　技术及装备

1. 安全保障系统设计

低浓度瓦斯输送管道安全保障的关键技术是依据输送瓦斯气源条件、瓦斯燃烧爆炸危险程度及管道瓦斯爆炸传播规律采取综合抑爆阻爆技术设计可靠的安全保障系统。

爆炸范围内的不同甲烷浓度气体在不同管径管道的爆炸试验表明，管道直径的大小明显影响瓦斯爆炸的传播过程，较大直径管道内的压力波峰值大于较小直径的管道，且管道直径越大，压力波峰上升幅度越明显；管道内瓦斯爆炸火焰的到达时间与传播距离呈对数函数关系，且火焰传播速度随着传播距离的加长而增大。以上规律为安全保障系统隔抑爆装置设计、设置提供了理论依据。

通过辨识不同使用条件下输送利用系统可能存在的火源点、产生概率及危害程度，进行安全保障系统设计。设计时遵循“阻火泄爆、抑爆阻爆、多级防护、确保安全”的原则，在靠近可能的火源点附近管道上，安设安全保障设施，确保管道输送安全；管道输送系统中设置安全监控设施，实现安全保障设施的状态参数监测、显示及报警功能，并在发生瓦斯燃烧或爆炸时，控制安全保障设备快速启动，将瓦斯燃烧或爆炸控制在初始范围内（图 4.88）。

地面低浓度瓦斯排空时，地面排空管路设计安设阻火泄爆、抑爆两种阻火防爆装置。阻火泄爆采用水封式阻火泄爆装置，抑爆采用自动喷粉抑爆装置。火焰传感器、抑爆器等安设位置如图 4.89 所示。

易自燃、自燃煤层的井下采空区低浓度瓦斯抽采，在靠近抽采地点的管道上安设自动喷粉抑爆装置。喷粉罐安设地点至最近的抽采瓦斯管口的距离（沿管道轴向）应小于 100m；火焰传感器安设在喷粉罐与抽采管进气口之间，至喷粉罐的距离（沿管道轴向）应大于 50m；自动喷粉抑爆装置安设两个喷粉罐，距离为 50m。

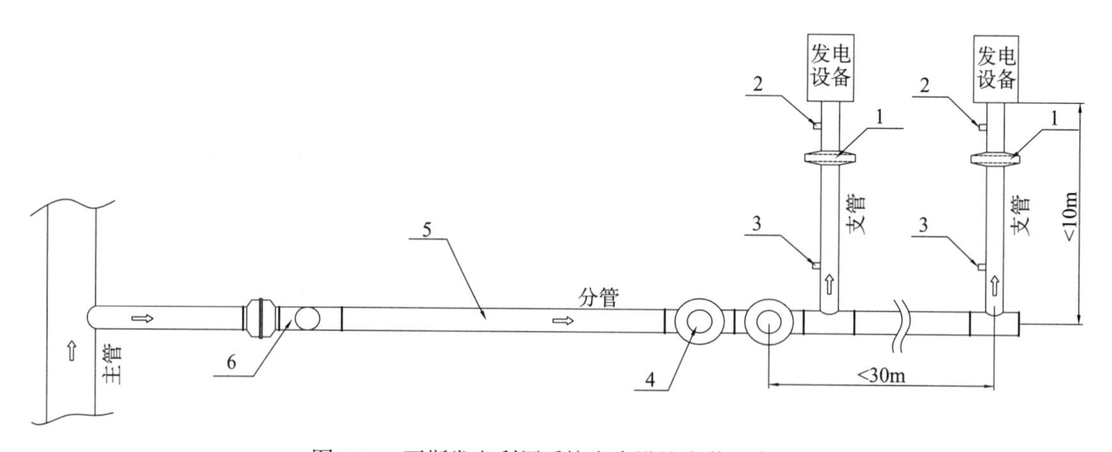

图 4.88　瓦斯发电利用系统安全设施安装示意图

1. 脱水器；2. 火焰传感器；3. 压力传感器；4. 水封阻火泄爆装置；5. 抑爆装置安设段；6. 阻爆装置

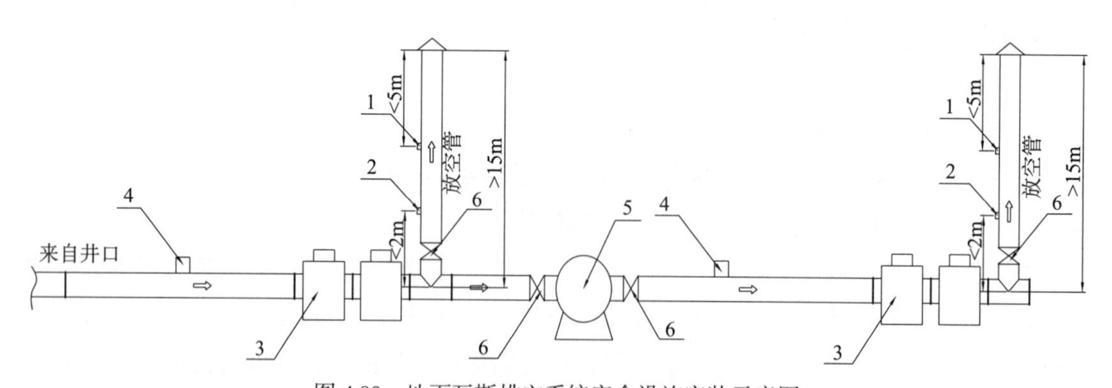

图 4.89　地面瓦斯排空系统安全设施安装示意图

1. 火焰传感器；2. 压力传感器；3. 水封阻火泄爆装置；4. 自动喷粉抑爆装置；5. 真空泵；6. 截止阀

2. 安全保障装置

低浓度瓦斯输送安全保障装备包括：水封阻火泄爆装置、瓦斯输送管道自动抑爆装置、矿用隔爆型自动阻爆装置、低浓度瓦斯输送安全监测系统及相应的火焰传感器、压力传感器、爆炸信号控制器等。

1）水封阻火泄爆装置

ZGZS 型水封阻火泄爆装置主要由进气管、出气管、水封阻火泄爆桶体、水位传感器、水位控制器、隔爆型电磁进排水阀、磁翻板水位计及泄爆片等组成。瓦斯从进气端通过阻火泄爆装置流向出气端；当出气端管道瓦斯发生爆炸或燃烧时，爆炸产生的冲击波使泄爆部件破坏、释放爆炸压力；同时桶内水封起到消焰、阻火作用，阻止爆炸或燃烧传到进气端管路，达到保护进气端输送管道及附属设备的目的。装置安装三组水位传感器，实时监测装置内水封面高度，并实时为阻火泄爆装置补水、放水，使水封高度保持在满足其有效作用要求范围内；当补水管道无水、水封高度超出正常工作范围时，水位控制器能自动报警；系统具有自检功能，故障时能自动报警。装置组成见图 4.90。

2）干式阻火器

干式阻火器的工作原理是当火焰以一定速度进入金属带狭缝时，火焰靠近狭缝冷壁处，作为化学反应活化中心的自由基和自由原子与冷壁相碰撞放出其能量，反应区的热量流向冷壁边界，开始形成熄火层。随着火焰面的运动，熄火层厚度不断增大，自由基越来越少直到没有，火焰熄灭。重庆研究院开发了方便清洗的抽屉式干式阻火器，能够有效减少抽放管路阻力损失，可用于有自然发火倾向煤层采空区或高位钻孔抽放。装置结构如图 4.91 所示。

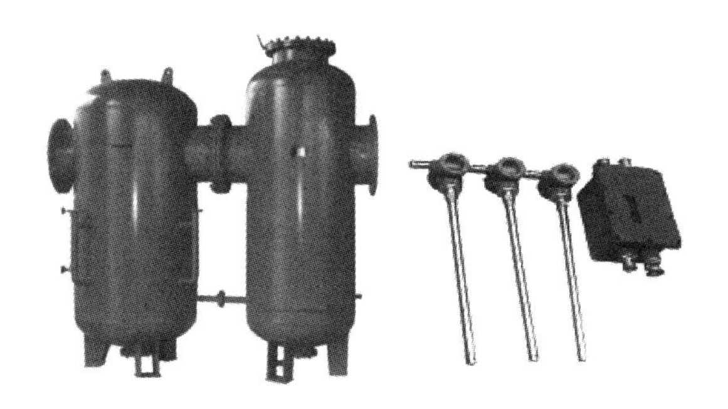

图 4.90　水封阻火泄爆装置

图 4.91　干式阻火器

3）自动抑爆装置

自动抑爆装置主要由火焰传感器、爆炸信号控制器和抑爆器组成。抑爆器主要有喷粉抑爆器和二氧化碳抑爆器。当管道发生燃烧爆炸时，火焰传感器将火焰信号转变成电信号传送到爆炸信号控制器，控制器发出指令触发抑爆器动作，抑爆器内的气体发生剂瞬间进行化学反应，释放大量气体，驱动抑爆器内的消焰剂从喷撒机构喷出，快速形成高浓度的消焰剂云雾，与火焰面充分接触（喷二氧化碳抑爆装置控制器判断并发出抑爆指令开启阀门，释放出大量高压液态二氧化碳，瞬间形成高浓度的抑爆剂云雾），吸收火焰的能量、终止燃烧链，使火焰熄灭，从而终止火焰面在管道中的继续传播。

火焰传感器可探测到 5m 远外 1cd 火焰，动作时间不超过 5ms，能够识别判断爆炸信息并具有故障自检功能。爆炸信号控制器动作时间不超过 15ms，有 3 路信号输出，具有显示、自检、联网及遥控设置、故障自检功能。喷粉抑爆器喷撒滞后时间不超过 15ms，喷撒完成时间不超过 150ms，喷撒效率不低于 80%。二氧化碳抑爆器抑爆介质为液态二氧化碳，喷撒滞后时间不超过 15ms；喷撒持续时间不低于 1000ms；喷洒效率不低于 90%。电源电压等级 127VAC/220VAC/380VAC/660VAC，备用电源 10h 以上。装置构成如图 4.92 所示。

4）管道阻爆装置

管道阻爆装置主要包括：ZFB80 矿用隔爆型自动阻爆阀门、火焰传感器、压力传感器、爆炸信号控制器、电气转换控制箱及电源等。通过对瓦斯管道燃烧或爆炸产生的火焰、压力等信息的探测，控制阻爆阀门动作，使其在极短的时间里关闭输送管道，切断瓦斯气流，阻止爆炸压力及火焰的传播。传感控制响应时间不超过 20 ms，阻爆阀门动作时间不超过 90 ms，装置阻断时间不超过 100 ms。以压缩弹簧为动力的阀门装置如图 4.93 所示。

（a）自动喷粉抑爆装置

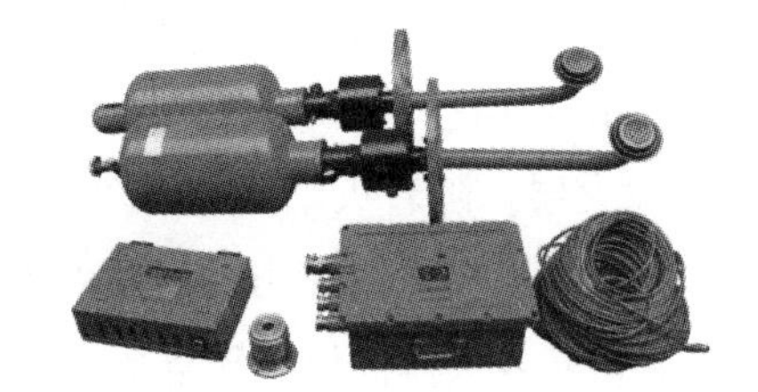

（b）自动喷二氧化碳抑爆装置

图 4.92　自动喷粉 / 喷二氧化碳抑爆装置

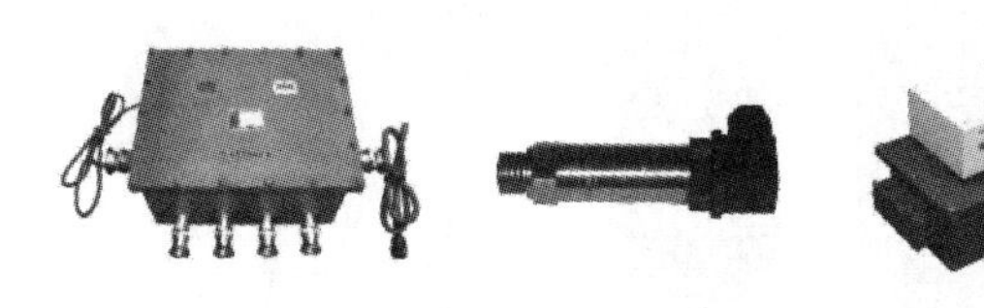

图 4.93　瓦斯输送管道自动阻爆装置

5）KJ408B 低浓度瓦斯输送安全监测系统

KJ408B 低浓度瓦斯输送安全监测系统是专门为瓦斯抽采和利用设计的监控系统，是瓦斯输送、利用的重要安全保障措施，是实现监测、控制和管理自动化的基础系统。主要对瓦斯输送管道的各种参数进行监测，输出控制信号，保障瓦斯输送、利用的安全，系统具有数据采集、处理、储存、显示、断电控制、超限报警和远距离通信等功能。KJ408B 低浓度瓦斯输送安全监测系统构成见图 4.94。

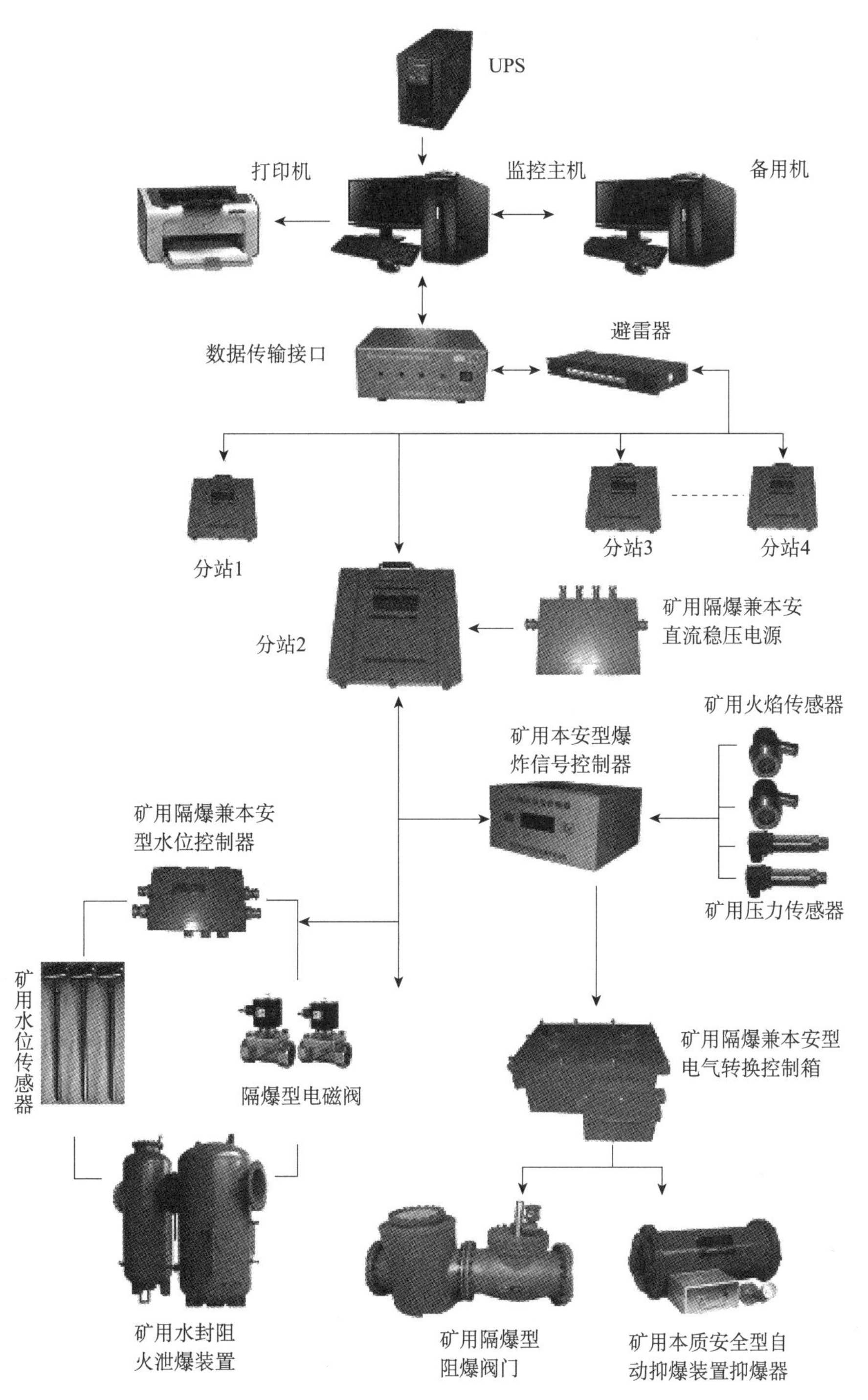

图 4.94　KJ408B 低浓度瓦斯输送装置安全监测系统

4.14.3　应用情况

重庆研究院、沈阳研究院研究开发的相关技术及装备已在山西、陕西、安徽、贵州等主要产煤地区的煤矿瓦斯抽采、瓦斯发电、乏风蓄热氧化利用等领域得到了普遍推广应用，消除了煤矿低浓度瓦斯抽采利用过程中的安全隐患，有效促进了我国煤矿瓦斯抽采利用工作。

4.15 煤矿瓦斯抽采达标评价技术

“先抽后采”和抽采达标是《煤矿瓦斯抽采达标暂行规定》对抽采矿井的基本要求，针对现场瓦斯抽采达标评价中存在的评价工作不规范、不准确、工作量大等问题，重庆研究院利用信息化手段研发了一套煤矿瓦斯抽采达标评价技术及系统。

4.15.1 技术原理

应用自动化的监测分析系统，对煤层瓦斯赋存信息、历史钻孔布置参数和瓦斯抽采监控数据等，分析符合矿井实际的瓦斯抽采规律，得到煤层瓦斯抽采钻孔参数、抽采时间和抽采效果之间的关系。根据建立的模型，编制软件分析系统，按照抽采前—抽采中—抽采后几大模块，进行瓦斯地质图的自动绘制、瓦斯抽采规律分析、抽采钻孔设计、抽采效果预测、抽采达标评判等。

4.15.2 技术内容

1. 自动分析和评价模型

（1）瓦斯抽采规律、抽采半径自动分析方法和模型。根据不同矿井、不同区域或不同区段瓦斯抽采数据，自动分析区域瓦斯抽采规律与抽采有效半径，解决了瓦斯抽采规律研究的实效性与区域差异性问题。

（2）工作面迈步式抽采设计、抽采评价方法和模型。根据工作面瓦斯赋存信息，工作面抽、掘、采平衡条件，建立了工作面迈步式抽采设计、抽采评价方法，为工作面抽采分段设计、分段评价、提高钻孔施工效率奠定了基础。

2. 瓦斯抽采达标评价软件系统

在煤矿瓦斯抽采监测系统的基础上，基于 SuperMap 平台，开发了一套瓦斯抽采智能评价软件系统，对矿井各工作面、区域瓦斯抽采效果进行在线分析与评价，并利用不同的颜色、文字显示评价结果，设计采用 C/S、B/S 混合构架模式，实现评价信息共享，对矿井瓦斯抽采进行规范化、过程化管理，提高矿井安全管理及技术水平。

系统主要功能如下：

（1）瓦斯抽采流量数据采集与存储：通过与瓦斯监控系统、抽采监控系统等数据对接，实时在线采集井下各工作面和区段瓦斯抽采、区域钻孔施工、矿井空间关系数据等，建立大容量数据仓库。

（2）绘制煤层瓦斯赋存动态信息图：通过前期的地质信息数字化，结合考察得到的煤层瓦斯赋存规律，利用克吕金等算法进行插值分析，计算得出整个矿井煤层的瓦斯赋存状况，并通过云图直观显示。再通过对局部测点瓦斯含量的校正定期生成瓦斯地质动态图。

（3）分析区域瓦斯抽采规律与抽采半径：通过在线读取多个抽采区域瓦斯赋存信息、区段（钻场）瓦斯抽采计量数据、区段（钻场）钻孔施工信息，根据建立的模型确定区域瓦斯抽采规律与抽采半径（图 4.95）。

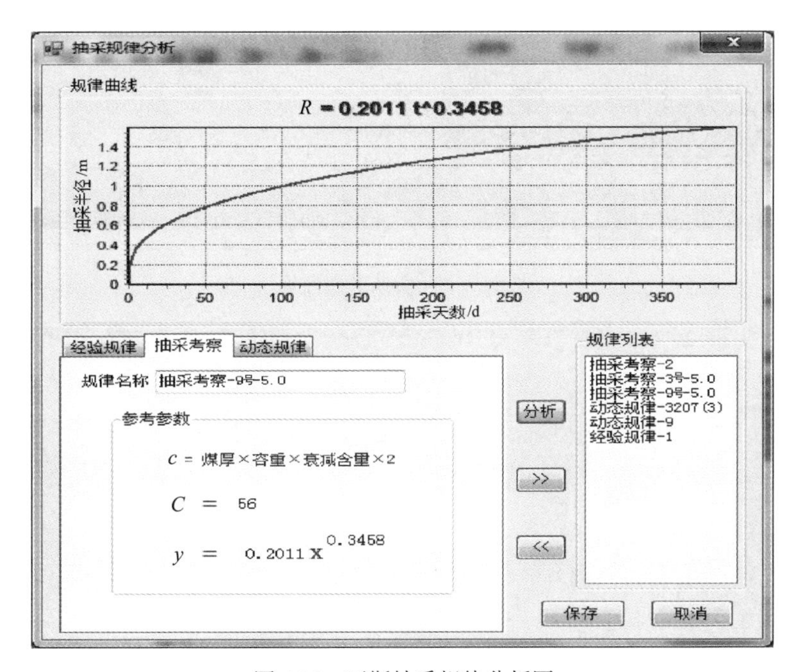

图 4.95　瓦斯抽采规律分析图

（4）区域瓦斯抽采效果预评价：在矿图范围任意选定评价位置，根据区域瓦斯赋存信息以及区域预抽瓦斯时间和钻孔抽采半径之间的函数关系，进行区域瓦斯抽采预评价（图 4.96）。

（5）实时分析工作面（区域）瓦斯抽采效果：根据工作面（区域）瓦斯抽采综合（分组）数据、钻孔施工量、钻孔施工时间、瓦斯赋存信息以及抽采达标要求，实时分析工作面（区域）瓦斯抽采效果与达标情况。系统通过在线连接抽采监控系统与瓦斯监控系统，实时评价采煤工作面各个区段瓦斯抽采效果与掘进工作面瓦斯排放效果，并将抽采效果实时更新到矿井瓦斯赋存图上。抽采效果如图 4.97 所示。

（6）工作面（区域）瓦斯抽采钻孔智能设计：根据邻近区域瓦斯抽采规律、当前区域瓦斯赋存信息，智能设计工作面（区域）各区段瓦斯抽采钻孔，利用矿井邻近区域瓦斯抽采钻孔抽采量衰减规律或者矿井抽采钻孔排放半径两种方法评价当前区域预抽瓦斯时间或者钻孔施工间距（图 4.98）。

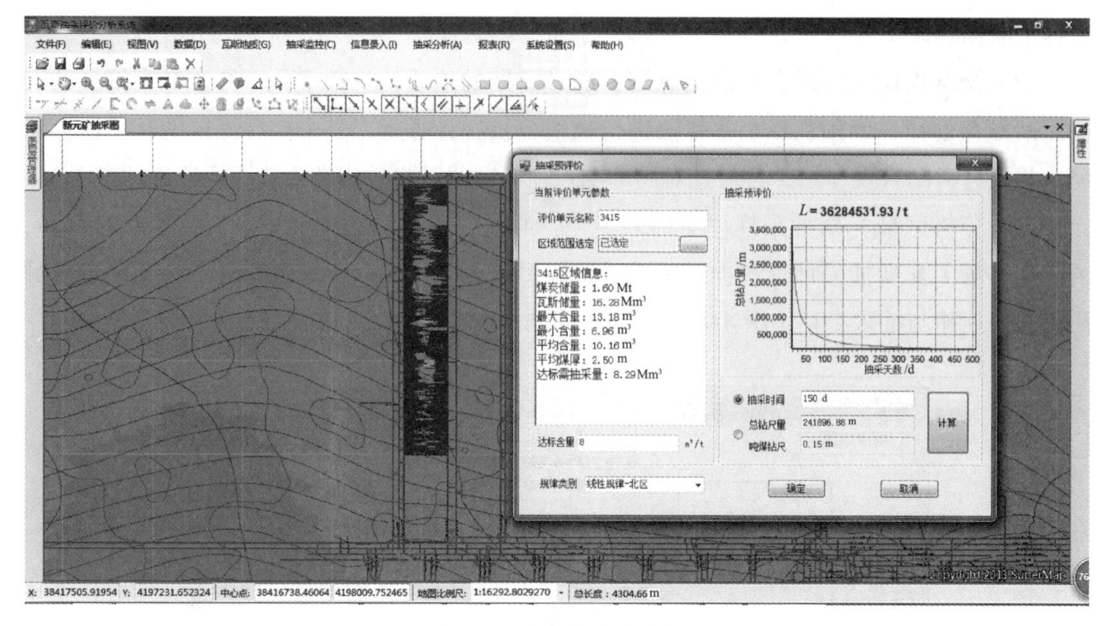

图 4.96　瓦斯抽采预评价

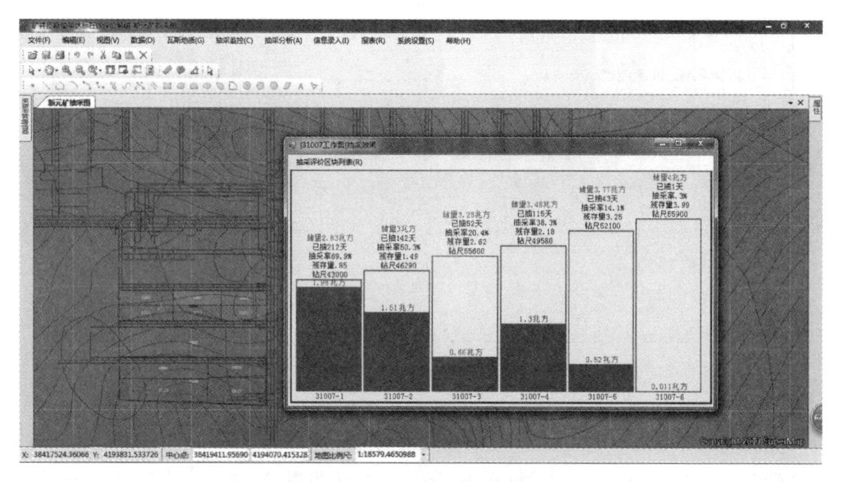

图 4.97　瓦斯抽采效果图

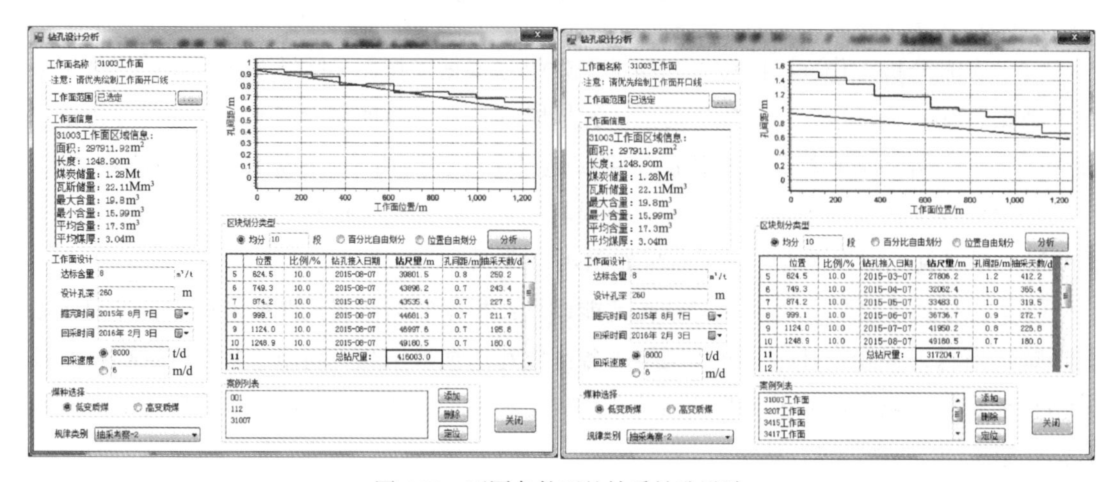

图 4.98　不同条件下的抽采钻孔设计

（7）建立矿井（区域）瓦斯抽、掘、采平衡模型：利用当前区域瓦斯抽采规律，分析区域瓦斯抽、掘、采平衡条件。系统根据区域煤层、瓦斯赋存信息以及工作面预计投产时间与产量，确定工作面包括日抽采量、日掘进速度等生产参数。

（8）工作面抽采达标评价：系统通过对上述几个抽采过程的分析与控制，并在线获取瓦斯监控系统、抽采监控系统中的瓦斯数据，利用对《矿井瓦斯抽采达标暂行规定》中要求的抽采率、区段残余瓦斯含量、实测瓦斯含量等几个指标的综合考察与分析，实现对工作面各区段抽采达标状态的评判。工作面抽采达标评价图如图 4.99 所示。

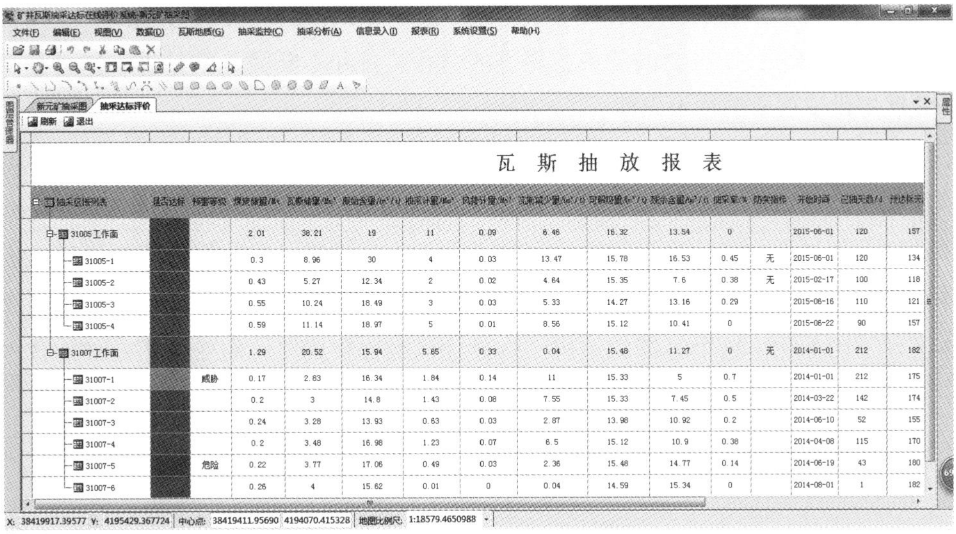

图 4.99　工作面抽采达标评价图

4.15.3　推广应用情况

矿井瓦斯抽采达标在线评价技术及系统（YJ-CP101），改变了以往固定的抽采钻孔布置工艺，利用抽采规律自动分析、瓦斯地质信息动态更新等技术，优化了抽采钻孔布置，为矿井“一面一策”瓦斯治理的实现奠定了基础。系统结合瓦斯地质信息和抽采监控数据实现了瓦斯抽采预估、在线评价以及抽采达标评判，实现了抽采达标的过程化管控。系统已经在阳煤新元矿、潞安司马矿、晋煤长平矿、平煤十三矿等矿井推广与应用。

（本章主要执笔人：重庆研究院李日富，郭平，王布川，张永将，李成成，熊伟，陈鱼，刘延保，申凯，霍春秀，邓敢博；
沈阳研究院周睿，张柏林，李守国，王春光，李铁良，刘春刚，高坤；北京研究院倪昊）

第5章 瓦斯抽采钻孔钻进技术

抽采瓦斯是煤矿治理瓦斯的根本措施，钻孔抽采瓦斯是目前抽采瓦斯最主要的方法，因此钻孔装备是抽采瓦斯必要的装备，先进的钻孔装备和不断完善的钻进工艺为我国瓦斯抽采的发展提供了重要的技术支撑。

中华人民共和国成立初期，煤矿使用的钻机主要为国产机械式钻机（红旗150型）和少量液压钻机，进口的钻机类型包括英国的FRA-160型全液压钻机、瑞典的Diamec系列全液压钻机等。尽管这些钻机当时的应用效果并不十分理想，但为推进我国煤矿坑道的钻探工作和瓦斯抽采发挥了积极的作用。20世纪80年代以后，通过引进消化，我国煤矿钻机基本实现了国产化。这个时期的钻机结构设计已经比较成熟，但受液压元件的技术水平所限，钻机的使用可靠性差强人意。90年代后，随着国内液压技术的发展，我国煤矿瓦斯抽采钻机在设计能力、设备类型及技术性能等方面都已逐渐接近世界先进水平，而且朝着结构轻便、性能良好、品种齐全和产品系列化的方向发展。

进入21世纪以来，我国煤矿井下钻机发展迅速，并逐渐向专业化领域发展，针对煤矿井下瓦斯抽采的不同需要进行了定向研发，如全断面系列钻机、松软煤层系列钻机、千米定向钻孔系列钻机、自动化控制系列钻机等。

5.1 巷道全断面回转钻孔技术

针对厚煤层、石门揭煤工作面、底板岩巷等需要多排或扇形钻孔的施工条件，传统井下钻机由于结构限制等原因，进行巷道全倾角、高低位、全方位钻孔施工困难，不能满足抽采瓦斯钻孔施工要求，并且由于传统煤矿钻机需要的辅助时间长、整体施工效率低，跟不上煤矿快速生产的步伐。重庆研究院在“十二五”期间成功研发了井下巷道全断面动力头回转钻进技术与装备，为煤矿井下快速钻孔施工提供了有力保障。

5.1.1 技术原理

为克服传统钻机的动力头提升高度低、钻进倾角小、劳动强度大、施工效率低的缺陷，研发了机架自动升降调斜机构和全方位调节装置机构。这两种机构很好地解决了厚煤层多排钻孔施工、顶底板扇形钻孔和高瓦斯复杂地质条件下钻进问题。为了提高工作效率，将动力头和机架通过转盘连接于履带车上，由履带车驱动前进，并实现钻孔方位角360°自由调节。也可以采用两个履带车搭载钻机，单个履带车体积小、质量轻，更加适合煤矿井下狭窄的巷道空间。

全断面回转钻机原理图如图5.1所示。主要由泵站、操作台和主机组成；泵站由油箱、电机和液压泵组成，其作用是将电能转化为液压能；主机由动力头、机架、常闭式卡盘和常开式夹持器组成，主要用来执行钻机的各个钻孔动作，包括动力头旋转、推进动作，卡盘夹持动作和夹持器夹持动作；操作台由多路换向阀和功能阀组成，用来控制钻机的各个执行元件。

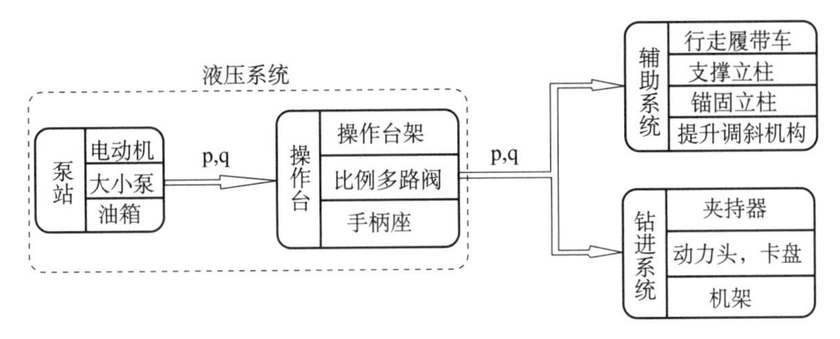

图5.1　全液压动力头式钻机原理图

5.1.2　技术及装备

1. 钻机联动液压系统技术

分析钻机的操作流程可以看出，钻机的卡盘、夹持器可由旋转或推进联动控制。钻机旋转、推进动作时，卡盘、夹持器自动动作，其联动控制逻辑关系如表5.1所示。

表5.1　钻机联动动作功能

动作名称	操作手柄		自动动作		动作结果
	旋转	推进	卡盘	夹持器	
待机	中位	中位	夹紧	夹紧	钻机待机
钻进	正转	前进	夹紧	松开	正常钻进
卸钻	反转	中位	夹紧	夹紧	拆卸钻杆螺纹
快速进杆	中位	前进	夹紧	松开	钻杆快速送进
	中位	后退	松开	夹紧	动力头快退
快速退杆	中位	前进	松开	夹紧	动力头快进
	中位	后退	夹紧	松开	钻杆快速后退

动作功能：①钻机待机。钻机旋转、给进无动作，卡盘及夹持器在恒压泵的作用下保持夹紧状态。②钻进操作。操作功能阀处于进杆状态，操作动力头马达正向旋转，给进油缸前进，液控阀保持，卡盘保持自动夹紧，旋转压力油或给进压力油较高者控制液控阀换

向，夹持器自动张开。③卸钻操作。操作动力头马达反转，卡盘及夹持器保持自动夹紧，在马达旋转压力逐渐上升时，大泵向单向阀网络补油，卡盘、夹持器夹紧力随着压力升高而增大，直至卸开钻杆接头。④快速进杆操作。操作给进手柄，钻机快速前进，钻杆快速送进，操作给进快速后退，动力头快退。⑤快速退杆操作。操作给进手柄，钻机快速给进，动力头快进，操作给进快速后退，钻杆快速后退。

由以上几个基本动作简单组合，可完成钻机施钻所需多数动作，且在完成这些动作时，仅需操作旋转、给进手柄与功能选择阀配合即可。

2. 机架自动升降调斜与全方位调节技术

传统的机架升降调斜机构，在钻机开孔需要升降时，只能通过人工或者手葫芦进行升降，调斜时可以使用调斜油缸进行调节，但由于油缸行程有限，在进行高位开孔时油缸无法进行调斜，仍需要手工进行调节，增大了施工员劳动强度，降低了施工效率。煤矿钻机机架钻孔姿态调节如图 5.2 所示。要实现钻机井下全断面钻进，需要实现钻机水平开孔高度全液压调节、0° ～ ±90° 倾角全液压调节以及 0° ～360° 方位角全液压调节。

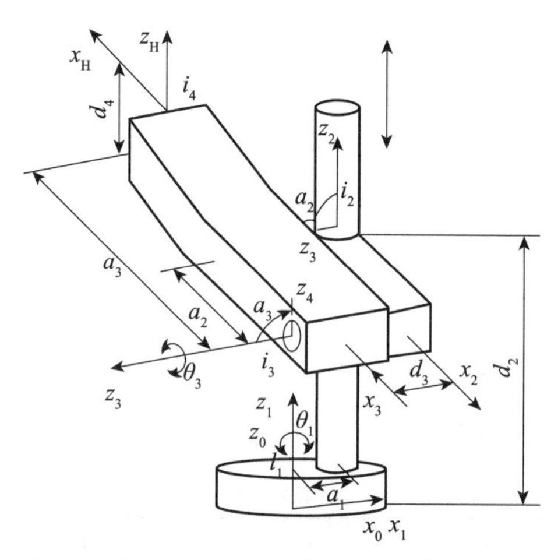

图 5.2　煤矿钻机机架钻孔姿态调节示意图

机架自动升降调斜机构主要由调斜油缸、二级升降油缸和油缸座通过一定的方式组合而成。当升降油缸工作时，油缸座带动机架、动力头、夹持器和导向套以及调斜油缸一起沿着立柱上下移动。当调斜油缸工作时，机架连同动力头、夹持器、导向套一同随油缸座的中心轴旋转。该机构和传统机架升降调斜机构相比，由于油缸增加，成本有所增加，但是其自动升降调斜功能可极大地减轻工人劳动强度，减少高位钻孔辅助时间，增大动力头提升高度，有利于高位钻孔的施工。

全方位姿态调节装置结构，主要由升降机构、倾角调节机构及方位角调节机构 3 部分组成。提升套在升降油缸的驱动下沿着 4 根导柱上下滑动，可实现钻机水平开孔高度的调节；通过蜗轮蜗杆回转减速器、驱动底架及机架转动，实现钻孔倾角 0° ～ ±90° 调节。该机构运转平稳，具有自锁功能，无需人工辅助；通过回转减速器带动安装在上面的主机实现 0° ～360° 方位角调节，满足钻机的使用要求。该装置集成了钻机水平开孔高度全液压调节、0° ～±90° 倾角全液压调节以及 0° ～360° 方位角全液压调节，满足了钻机全方位施工的要求。

3. 全断面回转钻孔设备

井下全断面回转装备形成了以 ZYWL 系列履带式高低位钻机（图 5.3）以及 ZYWL 系列履带式全方位钻机（图 5.4）为主的系列装备。ZYWL 系列履带式高低位钻机水平开孔高度调节范围大，可 360° 转动，满足任意方位的钻孔需求，钻孔倾角调节范围 -40° ～ +80° 可调；ZYWL 系列履带式全方位钻机能实现水平开孔高度全液压调节、0° ～ ±90° 倾角全液压调节以及 0° ～360° 方位角全液压调节，满足了钻机全方位施工的要求。

图 5.3 ZYWL 系列履带式高低位全液压钻机

图 5.4 ZYWL 系列履带式全方位钻机

5.1.3 适用条件

井下全断面回转钻进技术及装备主要用于煤矿井下钻进瓦斯抽（排）孔、注浆防灭火孔、煤层注水孔、防突卸压孔、地质勘探孔及其他工程孔的施工。适用于厚 / 特厚煤层多排钻孔施工，也适用于底板扇形钻孔和高瓦斯复杂地质条件下钻孔。

5.1.4 应用情况

ZYWL 系列履带式高低位钻机以及 ZYWL 系列履带式全方位钻机在晋煤集团寺河矿、沈阳焦煤有限公司红阳二矿、义马煤业集团孟津煤矿等进行了大量现场试验和成功应用，获得了各方好评。根据煤矿井下实际使用情况，这两个系列的钻机具有装拆方便、通过能力强、锚固稳定、倾角调节方便准确、推进力和起拔力大、钻孔效率高、能够满足煤矿各种施工需要等优点。

5.2 松软煤层钻进技术

地质构造复杂、煤质松软、瓦斯压力大是我国许多矿区煤层赋存的主要特点。顺煤层钻孔施工经常出现抱钻、卡钻等故障，成孔异常困难，钻孔深度长期局限在70～80m，严重制约着我国煤矿区煤层瓦斯的开发利用。重庆研究院在“十二五”期间研发了适合松软煤层钻孔施工的钻机及钻进工艺技术，成功解决了松软突出煤层钻进成孔的难题。

5.2.1 技术原理

松软煤层大功率螺旋钻进技术，是采用液压钻机结合螺旋钻杆或三棱钻杆压风干式排碴，通过大扭矩、高转速将垮孔煤碴迅速排出，防止各种不利情况发生，如图5.5所示。

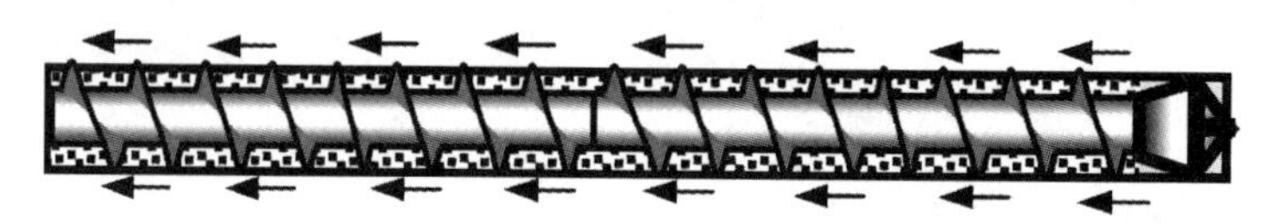

图5.5 采用螺旋钻杆钻进排碴示意图

螺旋钻杆的钻进技术是根据螺旋叶片连续排碴的原理，在突出松软煤层中钻进瓦斯抽放孔的钻进技术，由于其使用了压风干式排碴，减少了冲洗液对孔壁的冲刷作用，有利于维护钻孔的稳定性，使成孔率大大提高。

在钻孔施工时，钻杆、钻头在推进力及回转扭矩的双重作用下旋转并前进，煤体被切割撕碎；同时，螺旋叶片在孔内旋转和推进，与孔壁相互挤压，使破碎的煤碴沿螺旋叶片连续不断地排出孔外。利用这种钻进技术和工艺进行松软煤层瓦斯抽排放孔的钻进，能够使孔内瓦斯得以逐步释放，从而有效地防止喷孔，保证成孔率。

5.2.2 技术及装备

目前，煤矿井下松软突出煤层钻孔施工采用的是大功率高转速的松软煤层钻机。钻杆主要是螺旋钻杆、宽叶片钻杆、三棱钻杆和整体式三棱钻杆，结合专用钻头进行钻进施工。

1. 大功率高转速松软煤层钻机

大功率钻机保证钻进的能力和扭矩，高转速有利于排碴效率的提高。ZYWL-R系列煤矿用履带式全液压钻机如图5.6所示。钻机可独立行走，采用全液压滑台动力头结构，主要由泵站、操作台、动力头、行走机构、立柱、钻具六部分组成。泵站将电能转换为液压能，油泵输出的压力油驱动马达和推进油缸，完成钻机的各种动作。基于松软突出煤层的各种施工参数而研制，性能满足松软突出煤层施工要求。其中液压夹持器和导向器联合导向，防止钻杆下坠；采用方扣螺旋钻杆，可反向旋转。

(a) ZYWL-1900R　　(b) ZYWL-2600R

图 5.6　ZYWL-R 系列钻机

2. 新型排碴工艺及装备

螺旋钻进是一种干式回转钻进方法，螺旋钻杆与钻孔组成一个螺旋输送带，螺旋钻杆连续不断地将钻头破碎的岩碴输送至孔外（图 5.7）。螺旋钻进有效地解决了排碴问题，但对钻孔扰动大，成孔困难。

三棱钻杆的排碴机理为在钻杆和钻孔壁之间形成 3 个弧形空间，扩大了排除煤粉和瓦斯的通道。钻杆在钻进过程中，将煤粉搅动起来，可起到二次碎煤的作用，煤粉在运动状态下被压风吹出，能有效解决螺旋钻杆排碴通道被堵塞的问题，钻进时不易发生卡钻、抱钻现象。

整体式三棱螺旋钻杆结合了螺旋钻杆和三棱钻杆的优点，三棱柱的结构增加了钻杆外壁与孔壁之间的环空过流面积，钻杆在松软突出煤层中旋转能够引起漩涡流动，依靠钻杆的 3 个棱边将沉积在钻孔底部的煤粉扬起，使得孔内煤粉一直处于运动状态，避免煤粉在钻孔内出现堆积堵塞；同时钻杆外壁上的螺旋槽可以辅助排碴，当出现卡钻、埋钻的情况时，可借助螺旋槽的扒孔功能将塌孔疏通，如图 5.8 所示。

图 5.7　大通径宽叶片螺旋钻杆

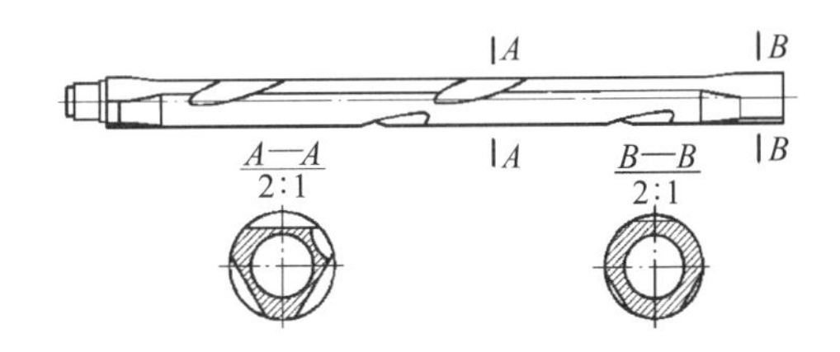

图 5.8　整体式三棱钻杆的结构示意图

5.2.3　应用情况

松软煤层钻进技术与装备，主要适用于松软煤层（岩石硬度系数 $f \leqslant 1.5$）中钻进，能解决因喷孔、塌孔、卡钻、夹钻等原因导致无法正常钻进、成孔率低等问题。

松软煤层钻进技术与装备在山西、河南、安徽、重庆等主要产煤地区和企业得到推广应用。在f=0.2～0.4的煤层中施工，钻孔深度可超过200m，成孔率80%以上；在f=0.6～0.8的煤层中施工，钻孔深度可超过250m，成孔率70%以上。松软煤层钻进技术与装备极大地提高了松软煤层钻进施工的深度及效率，解决了松软煤层钻进难、成孔难，钻孔易垮塌的难题，为我国煤矿松软煤层钻进施工提供了先进的技术和装备。

5.3 井下钻孔轨迹测量技术

钻孔轨迹的准确掌握是煤矿瓦斯抽采特别是防突措施急需解决的难题。我国煤矿过去普遍使用回转钻进钻机施工瓦斯抽采、探放水、超前探测钻孔，施工轨迹无法得到真实、确切数据。准确测定钻孔施工轨迹是将钻孔施工轨迹由位置确定性差和偏差大的现状转变到有据可依、轨迹可控的先进技术方向。重庆研究院等在“十二五”期间研发了煤矿井下近水平钻孔轨迹测量技术和相关装备。

5.3.1 技术原理

随钻测量装置工作时分孔内设备和孔外设备两部分，使用有线或无线通信方式进行信号测量通信。孔内设备由测量探管和无磁钻杆组成，测量探管采集钻孔轨迹点的数据，包括倾角、方位角、弯头，无磁钻杆主要用于钻具的抗磁干扰。孔外设备为配套数据处理模块、隔爆计算机等。探管安装在无磁钻杆内放置于钻头之后，随钻孔施工进入孔内采集数据，钻杆施工至预定测量点深度时停止。有线传输时将测量线连接通缆钻杆，无线传输时直接将测量信号无线传输到孔外接受主机。信号稳定后开始测量，数据处理软件装在隔爆计算机上处理数据，实时得到钻孔轨迹数据并绘制钻孔轨迹图，定向钻孔施工完毕后生成钻孔数据报告文档。

存储式随钻轨迹测量技术无需将测量信号实时传出，而是存储在钻杆内的存储卡上，钻孔施工结束后再将测量信息导入计算机，使用数据处理软件进行数据处理，得到钻孔轨迹数据并绘制钻孔轨迹图，检查钻孔测量结果无误后生成钻孔数据报告文档。

5.3.2 技术内容

1. 可靠的孔外供电技术

测量探管采用孔外供电方式，避免因电池电量耗尽撤钻的问题，大幅提升定向钻进施工效率，降低退钻造成的施工风险和施工成本。孔外供电线兼具信号传输功能，设计为本安方式工作，逐级降压提供本安供电，保证了孔外供电的可靠性。

2. 可靠的孔内外设备电流环信号传输技术

探管信号传输采用电流环通信，抗干扰能力强，传输距离远。在煤矿井下随钻测量装置中使用电流环信号传输技术属于业内领先技术，率先使用该技术创造性改变和引领定向钻孔随钻测量产品的发展方向，保持行业技术和产品领先。电流环信号传输技术信号衰减小，仅使用两芯线缆即可完成供电和信号传输双向同时进行，既解决了定向钻孔随钻测量产品的供电问题，又保证了信号传输的稳定性和可靠性，同时还大大提高了信号传输距离。

3. 测量探管

测量探管使用高强度无磁材料，使用精密减振和高可靠性集成电路，先进的校验方法和精密的检定仪器确保探管测量精度和机械、电子可靠性。经过不断改进，测量探管精度高于行业标准标称值倾角测量误差 ±0.2°、方位角测量误差 ±1.5°，出厂产品实际检定值已进一步提升至倾角测量误差 ±0.1°、方位角测量误差 ±0.5°。

4. 随钻测量装备

（1）ZSZ1500 有线随钻测量装置包括：ZSZ1500-T 矿用本安型随钻测量装置探管、数据处理模块、隔爆计算机、测量数据线等（图 5.9）。

图 5.9　ZSZ1500 随钻测量装置

（2）ZKG1000-W 矿用钻孔轨迹电磁无线监测装置和 ZKG300 矿用钻孔轨迹监测装置采用电磁波无线实时传输，传输介质为普通钻杆及大地，主要用于钻孔轨迹参数实时监测，可实时测量，也可将测量结果存储于发射机中。

（3）YCSZ(A) 存储式回转钻进随钻轨迹测量装置包括孔内仪器和孔外仪器。孔内仪器由存储式随钻轨迹测量仪（测量探管）、无磁钻杆、变径接头、数据线等组成，孔外仪器由 YCSZ-SJ(A) 型存储式随钻轨迹测量时间记录仪、充电器、适用工具等组成（图 5.10）。

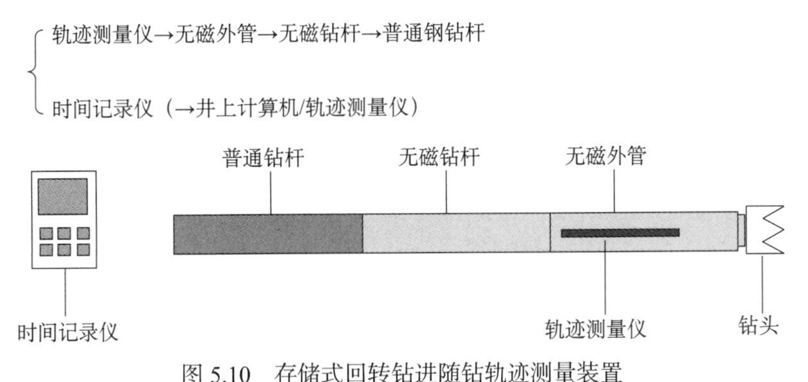

图 5.10　存储式回转钻进随钻轨迹测量装置

5.3.3　应用情况

回转钻进随钻轨迹测量装置在重庆、河南、安徽、贵州、内蒙古、山西、陕西、黑龙江、新疆等主要产煤地区的众多大型煤矿得到推广应用，成功用于煤层、岩层、穿层等维系日常安全的瓦斯抽采钻孔、探放水钻孔、超前探钻孔、电缆孔等回转钻进钻孔的施工轨迹测量。并根据测量结果针对性解决钻孔跑偏、开孔角度误差大等问题，提高了钻孔成孔率和钻孔质量，取得了良好的应用效果。

图 5.11 为 ZSZ1500 随钻轨迹测量装置在现场应用测量的钻孔轨迹图。图 5.12 为 YCSZ(A) 存储式回转钻进随钻轨迹测量装置在现场应用测量的钻孔轨迹图。该钻孔为未采取任何轨迹纠正措施的钻孔测量轨迹，图 5.13 所示为采取部分纠正措施后的钻孔测量轨迹（配合使用姿态仪准确确定开孔倾角和开孔方位角）。

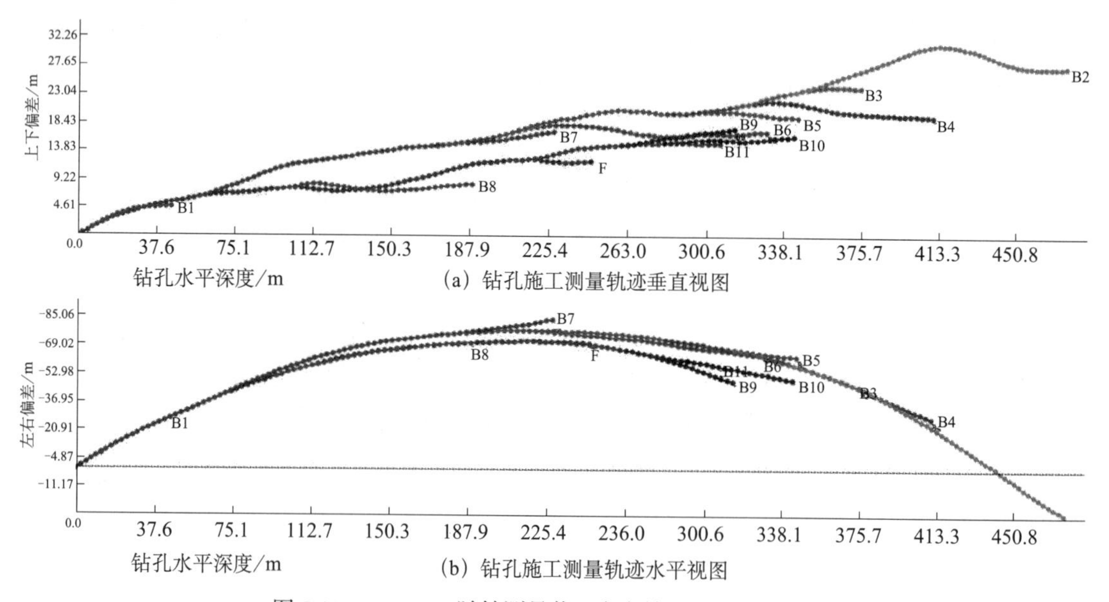

(a) 钻孔施工测量轨迹垂直视图

(b) 钻孔施工测量轨迹水平视图

图 5.11　ZSZ1500 随钻测量装置定向钻孔施工测量轨迹

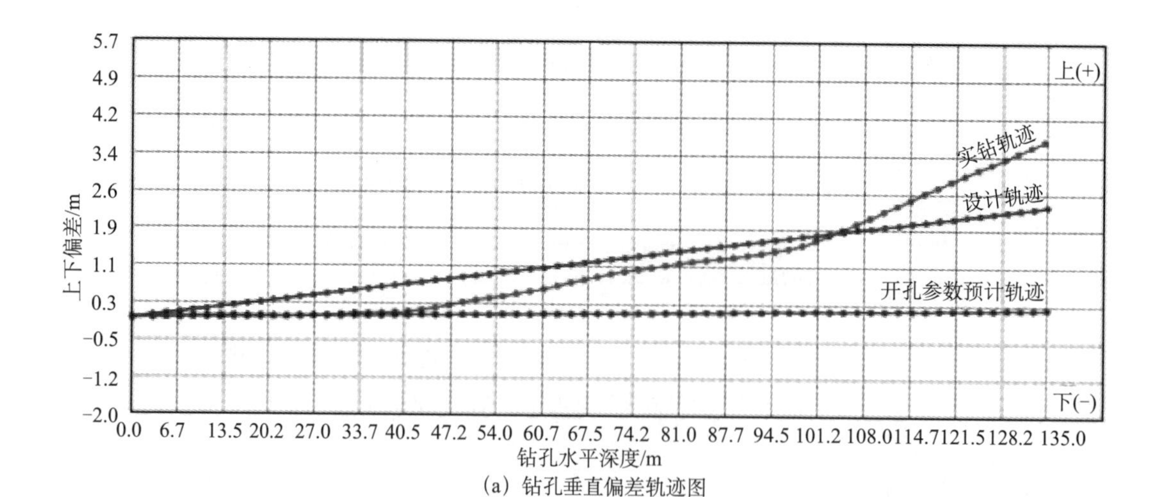

(a) 钻孔垂直偏差轨迹图

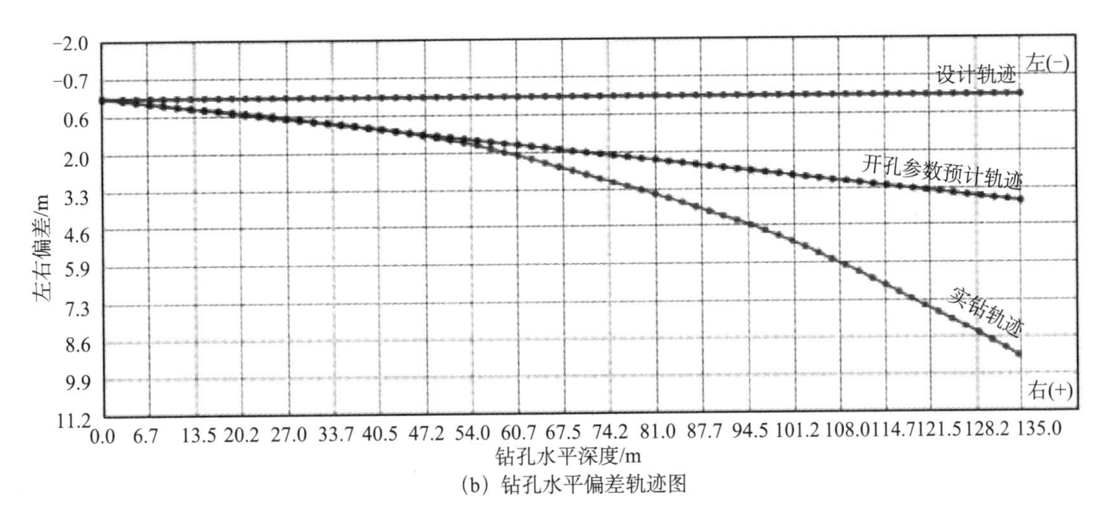

（b）钻孔水平偏差轨迹图

图 5.12　未采取纠正措施的钻孔测量轨迹

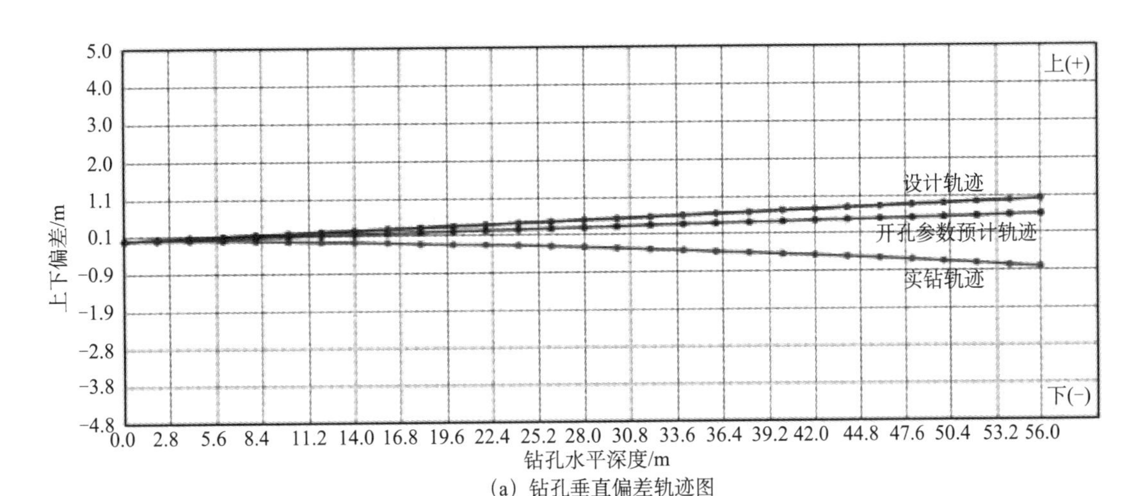

（a）钻孔垂直偏差轨迹图

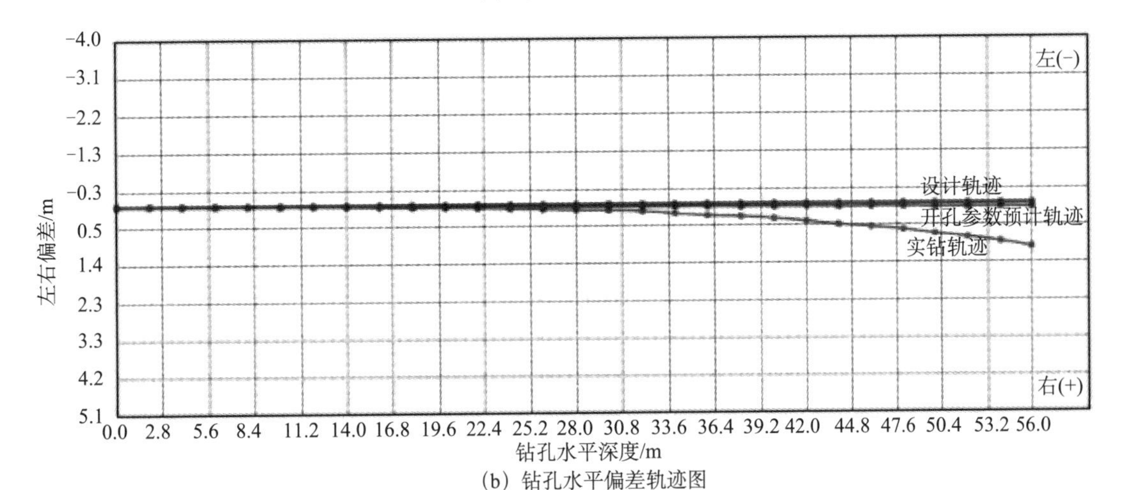

（b）钻孔水平偏差轨迹图

图 5.13　采取部分纠正措施的钻孔测量轨迹

5.4 定向钻进技术

定向长钻孔是煤矿抽采瓦斯技术的重要发展方向，有利于扩大抽采控制范围、延长抽采时间、提高抽采效果、降低抽采成本。重庆研究院、西安研究院在“十二五”期间成功研制了钻进深度为500～1500m的系列定向钻机，适合大、中、小型煤矿各类钻孔施工。

5.4.1 技术原理

定向钻机主要由钻机主机、钻具、测量系统等部分组成。以高压冲洗液作为传递动力介质的一种孔底动力钻具，孔底马达上带有造斜装置，并配上孔底测斜仪器，可方便地对钻进过程进行随钻测量。利用孔底马达进行定向钻进时，钻杆及孔底马达外壳是不动的，造斜件的弯曲方向即是钻孔将要弯曲的方向，其纠偏能力要远强于传统的组合钻具，使用方便灵活。

5.4.2 技术内容

1. 钻孔轨迹设计

根据煤层厚度、地质构造、煤层顶底板等高线图确定煤层顶、底板走势曲线。通过设计软件修改设计轨迹各点的倾角、方位角等数值，保证设计轨迹在顶、底板之间为一条平滑的曲线即可，设计轨迹应尽量避开软煤、破碎煤等构造带。图5.14为定向钻孔轨迹垂直投影图。

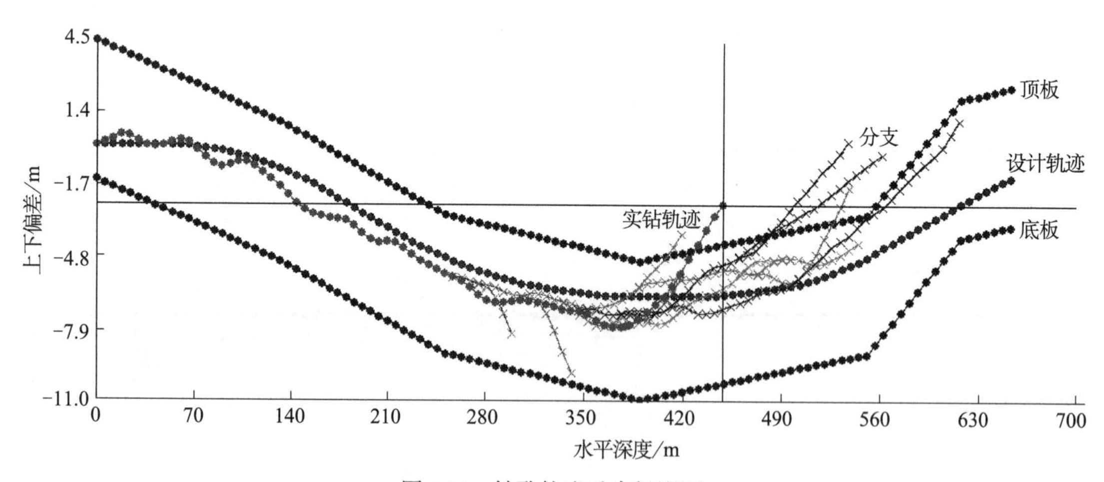

图5.14 钻孔轨迹垂直投影图

2. 钻孔轨迹纠偏及开分支孔工艺

1）钻孔轨迹纠偏

钻孔轨迹的纠偏是采用连续调整工具面向角进行控制的，通过工具面向角的调整从而改变钻孔轨迹各点的倾角及方位角。工具面向角对倾角的影响如图 5.15 所示，当工具面位于Ⅰ、Ⅳ象限时，其效应是增斜的；当工具面位于Ⅱ、Ⅲ象限时，其效应为降斜的。若工具面向角 Ω 为 0° 或 180°，则其效应是全力造斜上仰或全力降斜。弯接头螺杆钻具组合的工具面向角对钻孔的方位也有着显著影响，如图 5.16 所示，当工具面位于Ⅰ、Ⅱ象限时，其效应是增方位的；当工具面位于Ⅲ、Ⅳ象限时，其效应为降方位的。若工具面向角 Ω=90°，则为全力增方位；若 Ω=−90°（即 270°），则为全力减方位。当然要准确地控制方位，重要的一点是定量控制工具面向角。但由于停泵才能对工具面向角进行测量，造成反扭角改变，使测量值与实际值出入较大。所以在施钻过程中，每次调节完工具面向角后，反复拉动钻具以释放反扭力，使工具面调节值尽量接近于实际工具面值。减少反扭矩对钻孔轨迹控制的影响。

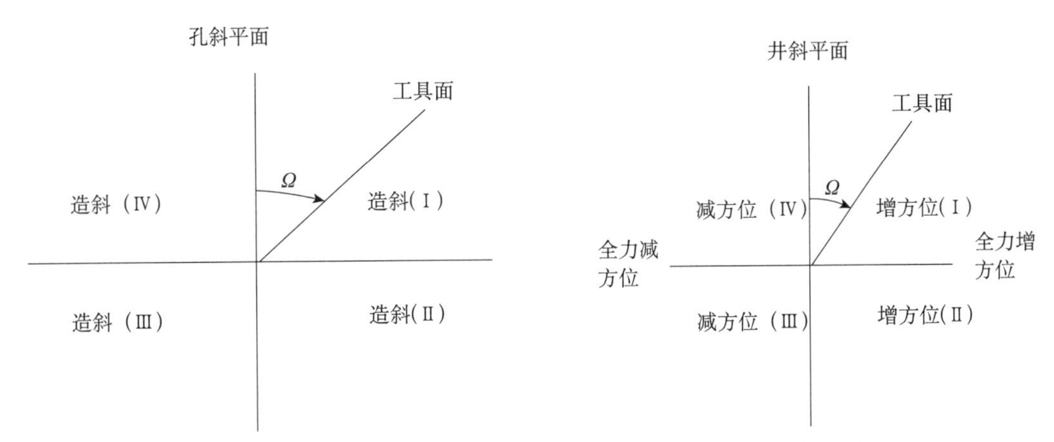

图 5.15　工具面向角对倾角的影响图

图 5.16　工具面向角对方位角的影响

2）开分支孔

将包括单弯螺杆钻具的定向钻具组合下钻至预开分支点，将工具面向角调至 180° 左右（弯头向下），调节推进压力，缓慢滑动钻进（机械钻速 3～6cm/min），钻进过程中可多次测量，将该点测量数据与前点数据进行比较，以判断开分支孔是否成功。

3. 定向钻进装备

研制形成了 4000 型、6000 型和 13000 型等一系列的定向钻机，钻进深度为 500～1500m，适合大、中、小型煤矿各类钻孔施工。钻机主要由油箱、操作台、动力头、机架、夹持器、电机组件、电脑柜、履带车、电控柜、水路系统和锚固立柱等部分组成。该钻机具有回转钻进和定向钻进两种功能。配上定向钻杆、定向水辫、孔底马达、随钻测斜系统，钻机即可实现定向钻进（图 5.17）。

4. 高强度通缆钻杆

在定向钻进过程中，通缆钻杆的功能主要是推进和支撑孔底马达运转及传递钻机动力（纠偏时）、输送高压水、传输孔底信号。因此，通缆钻杆在外管的抗拉刚度、抗扭强度、密封性及中心电缆的绝缘性等方面必须满足较高的要求。

图 5.17　定向钻机

确定通缆钻杆采用双层结构，以传递信号和输送高压水。外管采用地质钻杆常用的锥面密封，而中心电缆组件采用塑料接头、护心管等绝缘材料将电缆包裹在其中，同时塑料接头与护心管间、接头之间均采用 O 形橡胶圈密封，以保证中心电缆信号传输的可靠性和与外管的绝缘性能。钻杆结构见图 5.18。

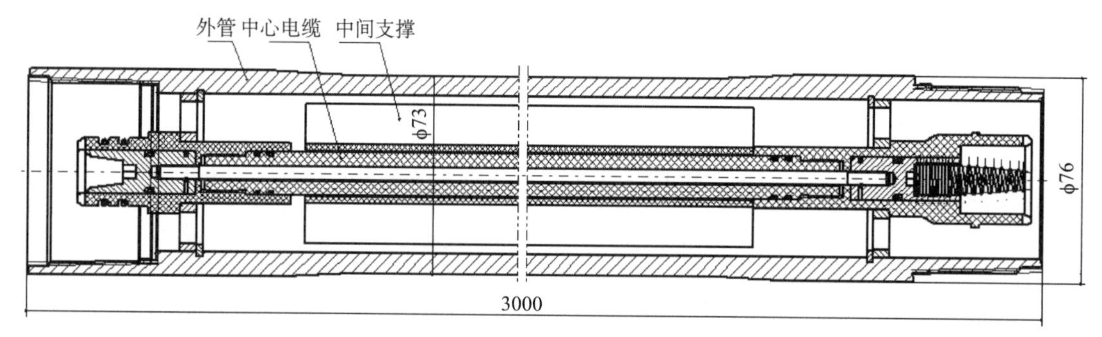

图 5.18　通缆钻杆结构

5. 长使用寿命无磁小直径螺杆马达

螺杆马达是一种以冲洗液为动力，把液体的压力能转换为机械能的容积式正排量动力转换装置。其工作原理是当泥浆泵泵出的冲洗液流经旁通阀进入马达时，在马达的进出口形成一定的压力差，推动转子绕定子的轴线旋转，并将转速和扭矩通过万向轴和传动轴传递给钻头，从而实现连续钻进。其结构主要由旁通阀总成、防掉总成、马达总成、万向轴总成和传动轴总成五大部分组成（图 5.19）。

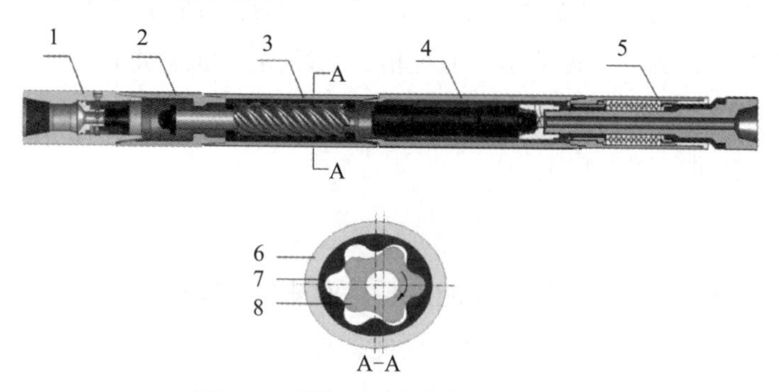

图 5.19　螺杆马达部件结构示意图

1. 旁通阀总成；2. 防掉总成；3. 马达总成；4. 万向轴总成；5. 传动轴总成；6. 马达外壳；7. 定子（橡胶衬套）；8. 转子

通过理论分析和试验研究，改进了原有螺杆马达的外管材料，利用铜、钛合金等无磁材料，消除了外壳对利用磁通门原理进行轨迹测量的干扰，并缩短钻杆与测量探管的距离，提高钻孔定向精度；通过改变定子内橡胶的硬度及定子与转子的过盈量，减小了螺杆马达的振动，降低了启动扭矩，提高了螺杆马达性能。通过研究高强度防喷反回水传动技术，提出了万向轴密封、润滑和冷却的方法，高性能橡胶定子材料三项关键技术工艺的突破，有效解决了孔底马达的性能和使用寿命问题，为我国煤矿中硬煤层顺层定向钻进施工提供了先进的孔底马达装备。

6. 高精度钻孔轨迹随钻测量装置

应用频率信号传输技术，研制出了新型随钻测量装置，有效地降低了信号电压衰减对通信产生的影响，增大了测量距离。该套装置在水平定向钻孔施工过程中实现随钻监测，可随钻测量钻孔倾角、方位角、工具面向角等主要参数，实现钻孔参数与轨迹的实时孔口显示。同时，施工人员可根据该系统绘制出的钻孔轨迹曲线与钻孔原设计轨迹进行比较，以便及时调整钻孔的方向，实现定向钻进功能。

该装置主要由测量探管、探管电池、防爆计算机和轨迹显示软件组成。测量探管通过高精度传感器采集地磁场的 XYZ 分量和重力加速度的 XYZ 分量，通过计算输出方位角、倾角、工具面角到与其连接的防爆计算机；然后通过安装在防爆计算机中的三维图形显示软件对钻孔轨迹进行显示，根据轨迹情况，通过调整孔底马达的方位角，对钻孔轨迹进行纠偏，实现定向钻进的功能（图 5.20）。

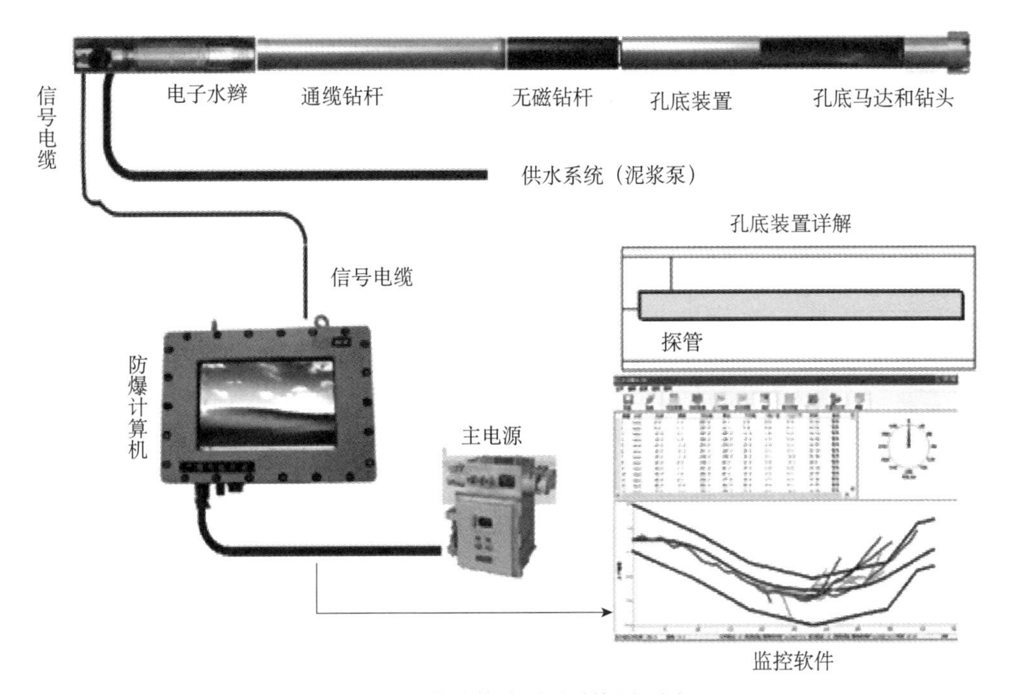

图 5.20　钻孔轨迹测量系统原理图

钻进过程中，每两根钻杆进行一次测量，并记录一次，能准确地反映钻头在煤层内的轨迹，记录的数据与矿方的地质资料吻合。较好地实现了进退钻杆、开分支孔的功能。

5.4.3 适用条件

定向钻进技术与装备主要用于煤矿井下顺煤层长钻孔及煤层顶、底板钻孔施工，通过高精度孔底随钻测量系统反馈的数据进行精确定位，显示钻孔轨迹并纠偏，也能实现分支钻孔施工。

5.4.4 推广应用情况

国产定向钻机成功研制对打破国外装备垄断、大幅降低钻机价格作用明显，已在晋煤集团寺河矿、成庄矿、岳城矿、坪上矿，长平矿，阳煤集团新大地矿、五矿，潞安集团高河矿、一缘矿，沈阳焦煤集团红阳二矿、三矿，白羊岭煤矿、盘城岭煤矿、山西金辉集团万峰矿、重庆能投集团松藻矿等成功应用。

5.5 井下自动化钻进技术

在高瓦斯、突出煤层中钻孔时，瓦斯、煤粉喷出，瓦斯超限是经常出现的安全隐患、突出煤层甚至出现打钻时的突出事故，实现井下钻进的自动化远控作业，可在最大程度上保障钻孔施工人员的安全。在“十一五”、“十二五”期间，重庆研究院研制成功了集智能控制、电子控制、液压传动、数据传输以及信息技术等先进技术于一体的新型煤矿井下钻机，克服了传统钻机劳动强度大、辅助工作多、整体效率低且存在较多安全隐患的缺点，具有全自动施工、自动移机和锚固、自动调整机架姿态、智能防卡钻进以及故障诊断等特点。

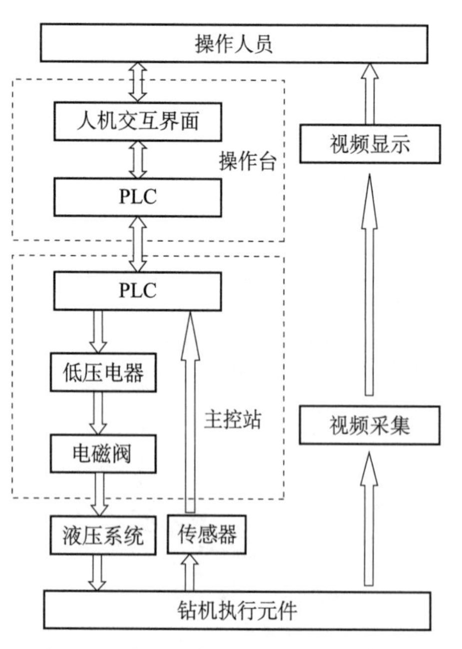

图 5.21 自动控制钻进装备构成原理图

5.5.1 技术原理

自动控制钻进装备主要由遥控操作台、主控站以及钻机主机三部分组成，如图 5.21 所示。遥控操作台是电控系统的人机交互平台，主要由控制手柄、控制开关、显示屏、操作面板及其他电器元件组成。主控站直接与钻机主机及环境交互信息，主要由箱体、控制器、中间继电器、放大板、接触器、电源模块等组成。钻机主机是自动钻进装备的执行机构，主要由履带底盘、自动上下钻杆系统、动力系统、推进部、旋转部等组成。

操作人员通过操纵遥控操作台上的功能手柄及开关向主控站发送各种控制信号，主控站接收到信号后进行处理并通过相应的电磁阀来控制钻机执行机构的动作。与此同时，监测钻机动作及周边环境的传感器信号经过主控站的数字处理、检测与诊断，向遥控操作台发送。同时，操作人员能从人机交互界面上观察到压力、转速、推进位移等钻机的实时参数以及温度、瓦斯浓度等钻场环境参数。此外，该装备还可加装视频采集模块，通过煤矿监控环网即可在地面实时监控钻机。

5.5.2 技术内容

1. 大倾角自动上下钻杆技术

大倾角自动上下钻杆技术通过自动装卸钻杆装置和自动拧卸钻杆装置实现。自动装卸钻杆装置包括机械手和钻杆箱。钻杆箱用于储存钻杆；机械手用于输送、取回钻杆。自动拧卸钻杆装置主要包括钻机旋转部、推进部及双夹持器。旋转部用于输出旋转动力；推进部用于钻杆的给进与后退；双夹持器用于夹持钻杆。这三个部件在自动控制程序的协调动作，可实现加接钻杆并能有效地保护钻杆螺纹。

为提高机械手在自动上下钻杆过程中的定位精度，使其能准确的取放钻杆，采用 PID 控制方法来实现机械手的精确定位，使机械手的运动速度与目标钻杆之间的距离呈反相关，因此可以自动匹配最佳速度到达目标位置。PID 控制方法使机械手的运动过程具有良好的动态性能，可平稳的到达目标位置。PID 定位控制原理如图 5.22 所示。

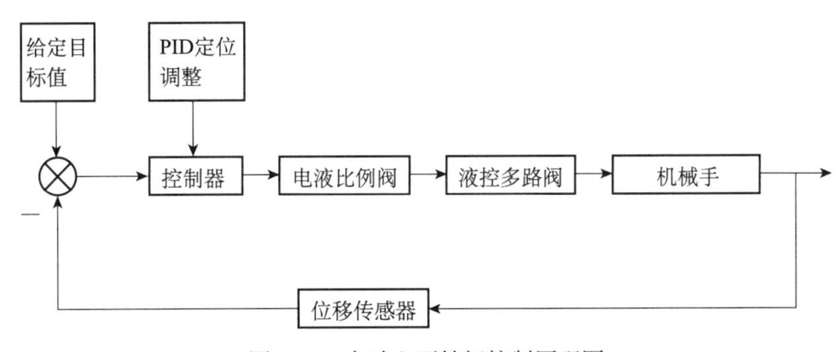

图 5.22 自动上下钻杆控制原理图

在钻机开机运行的同时，机械手将在巡检程序的控制下，通过巡检传感器自动识别钻杆箱的钻杆存储状态，即钻杆箱内有多少列钻杆、每列各有多少根，以便于机械手定位到相应的钻杆，避免空抓或与钻杆干涉的情况。自动钻机处于全自动工作状态时，钻杆存储状态还会在钻进或退钻过程中实时更新。

2. 机架自动姿态调节技术

该技术主要用于机架方位角和倾角的自动调节。通过矿用姿态仪实时测定机架的方位角和倾角，并将测得的角度值反馈给主控站 PLC，控制程序即可根据该参数值控制方位角和倾角调节机构进行调节。钻机工作一段时间后，由于渗漏等因素，机架角度可能会有所变化，当该变化超出允许范围时，控制器通过传感器捕捉到这一信息，自动进行补偿，直到机架角度满足要求。

矿用姿态仪利用陀螺仪测得的地球自转角速率水平分量和倾角传感器测得的陀螺轴向水平倾斜误差角，经过计算机解算得到固联于其上的参考轴向与真北方向的夹角，从而得到载体的某一固定轴向与北向的夹角，并通过显控装置显示出来。寻北完成后利用跟踪陀螺仪进行转角的测量，并将测得的方位角和倾角显示出来。当机架的方位和倾角在施工过程中发生变化时，姿态仪也能实时测量并通过控制程序及时进行补偿。

3. 全自动钻进技术

为适应井下复杂的工作需求，自动控制钻进装备通常有单动和自动两种工作模式。自动模式用于正常施工，单动模式用于装备调试与故障处理。选择自动模式时，钻机通过自动上下钻杆、自动钻进、自动卸钻等智能控制程序与传感器的配合，可判别旋转部、推进部、机械手等执行机构的状态，进而对转速、给进速度、机械手运动速度等做出实时调整，以完成自动钻进。

4. 智能防卡钻进技术

智能防卡钻进技术主要用于防止卡钻事故的发生，通过对旋转压力、推进压力及推进速度等主要状态参数的综合控制，降低卡钻事故的发生概率，即通过智能控制，使钻机工作在钻进效率高、卡钻可能性小的最佳结合点。

钻进系统为非线性实变系统，系统钻进过程状态具有显著的不可预知性，时刻都存在卡钻的风险，为此引入卡钻系数 k_{nx} 描述当前卡钻的可能性。

根据经验，卡钻系数 k_{nx} 与旋转压力 P_1、推进压力 P_2、压力的变化率 P_1' 和 P_2'、推进速度 V 正相关，即上述参数值越大，越容易卡钻。k_{nx} 关于上述参数的函数为：

$$k_{nx}=\left(a\frac{P_1}{P_{1\max}}+b\frac{P_2}{P_{2\max}}+c\frac{P_1'}{P_{1\max}'}+d\frac{P_2'}{P_{2\max}'}+e\frac{V}{V_{\max}}\right)\times 100\% \tag{5.1}$$

对于不同的地质条件，其取值不一样，可由试验及钻进的经验来确定并逐步完善。智能钻进技术的控制系统原理如图 5.23 所示。

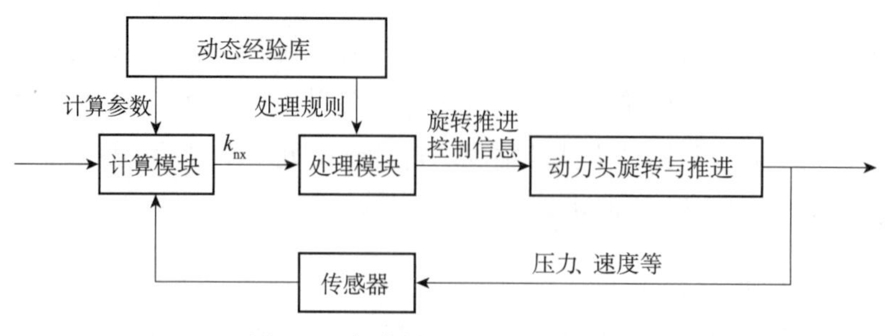

图 5.23 智能钻进控制系统原理图

传感器是测量单元，包括压力传感器、速度传感器，用于测量旋转和推进的实时压力和速度，并反馈给计算模块；计算模块根据传感器的反馈值及动态经验库提供的参数计算出实时卡钻系数 k_{nx}；处理模块根据 k_{nx} 的大小及动态经验库提供的相关参数进行相应的处理，预防卡钻的发生。动态经验库是开放式的数据库，存储不同地质条件钻进时的加权系数 a、b、c、d、e 的取值，根据不同的系数计算出 k_{nx} 后进行防卡钻自动钻进控制处理。

5.5.3　适用条件

井下自动化钻进装备主要用于施工煤矿井下防突措施孔、瓦斯抽采孔、注浆灭火孔、煤层注水孔，也可用于施工地质勘探孔及其他工程孔。

井下自动化钻进装备有整体式（图 5.24）和双履带式（图 5.25）两种结构形式。整体式集成性好，易于钻场转移，适用于巷道断面较大的煤矿；双履带式将动力部分与主机分别搭载于两台履带车上，体积较小，适用于巷道较小的煤矿。

图 5.24　整体式远距离遥控自动钻机

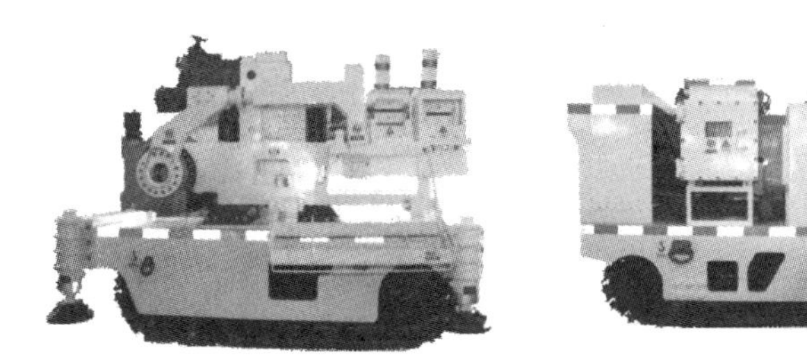

图 5.25　双履带式远距离遥控自动钻机

5.5.4　应用情况

整体式远距离遥控自动钻机在重庆松藻煤电有限责任公司逢春煤矿进行了为期 1 个月的现场应用，累计钻孔 29 个，总进尺 3192m，最高钻进效率 20m/h，最大单班进尺 80m/ 班。双履带式远距离遥控自动钻机在淮南矿业集团谢桥煤矿进行了约半年的现场应用，累计钻孔 255 个，总进尺 16 392.6m，最大日进尺 228m。

5.6 煤矿井下高位抽采顶管钻进技术

掘进高抽巷抽采上隅角瓦斯是减少工作面瓦斯集聚的有效手段。传统的高抽巷掘进方法为钻爆法和综掘法。钻爆法爆破效率低、劳动强度大、出矸困难；综掘机成巷断面大，支护成本高，掘进岩巷经济效益差。因此，沈阳研究院在“十二五”期间研发了煤矿井下高位抽采顶管钻进技术及装备，具有经济效益高、掘进效率快、工人劳动强度低等优点，为煤矿采掘接替顺利进行提供了有力保障。

5.6.1 技术原理

煤矿顶管钻进装备借助主顶装置的顶力，克服管道与周围岩石的摩擦力。大扭矩掘进机头切削岩石，通过泥水循环系统将矸石运走，一节管子完成顶入岩层之后，再下第二节管子继续顶进，反复进行这个过程，一直顶进到接收硐室，将紧随工具管和掘进机后的管道预留在掘进巷道内，以实现对已成型巷道的支护（图 5.26）。

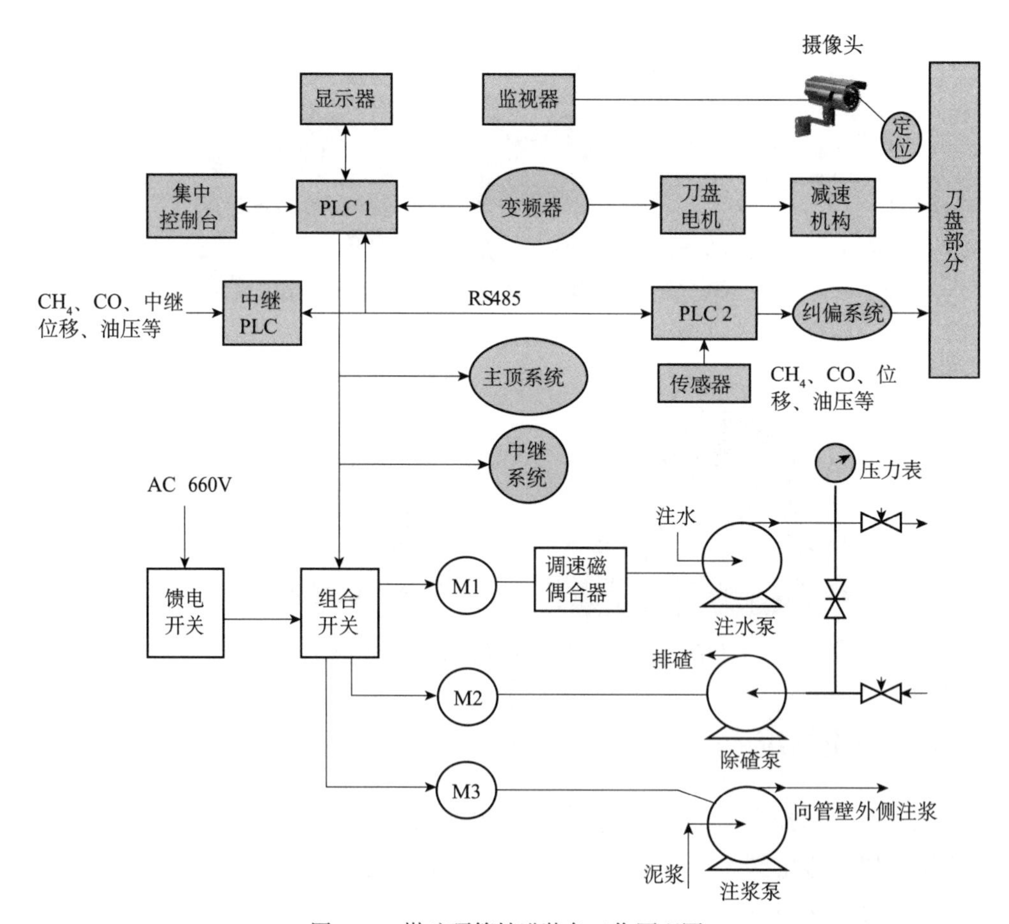

图 5.26 煤矿顶管钻进装备工作原理图

5.6.2 技术及装备

1. 掘进机头

掘进机头的刀盘采用进口滚刀和刮刀，机腔内部具有二次破碎功能，保证岩石经过二次破碎后颗粒不大于 20mm，从而能够顺利被泥浆带出。截割传动采用 3 台减速器带动一台大齿轮同步输出，三级 2K-H 型硬齿面行星齿轮传动结构。机内安装瓦斯和一氧化碳检测仪器，随时检测并有报警系统。机内布置有激光测距仪，通过坐标判定掘进机方向，同时配备旋转和倾角检测仪器，可以显示掘进机的姿态。掘进机刀盘采用了变频调速控制，可以根据不同的岩性调整刀盘的转速，达到良好的破岩效果（图 5.27）。

图 5.27　掘进机头结构

2. 顶推系统

顶推系统由主顶系统和中继间组成。主顶系统包括 4 个液压油缸和主顶泵站，最大行程为 3.5m，能够提供 800t 推力，主顶泵站包括负载敏感泵、电液比例阀、电磁控制阀组、油箱等，通过调节比例阀和负载敏感泵来调节流量，能够调节主顶油缸的速度，可满足不同施工条件的要求。中继间由 6 个油缸组成，最大行程为 300mm，提供 380t 推力，在顶进过程中，当主顶推力达到 60% 时，增设 1 个中继间，为远距离顶管提供保障（图 5.28、图 5.29）。

图 5.28　系统结构

图 5.29　中继系统结构

3. 进水排碴系统

在工具管和顶管内铺设进水排碴管路，放置在辅助硐室内的进水泵将清水池中的清水沿着管路排到切削刀盘的研磨腔中，排碴泵将完成研磨的矸石和浆液排出到泥水分离器中，泥水分离器将碴石分离到输送带上，进而运出硐室，将清水排放到清水池中，完成水循环，随着顶进距离的延长，能够在顶管中增加排碴泵，增加排碴能力（图 5.30）。

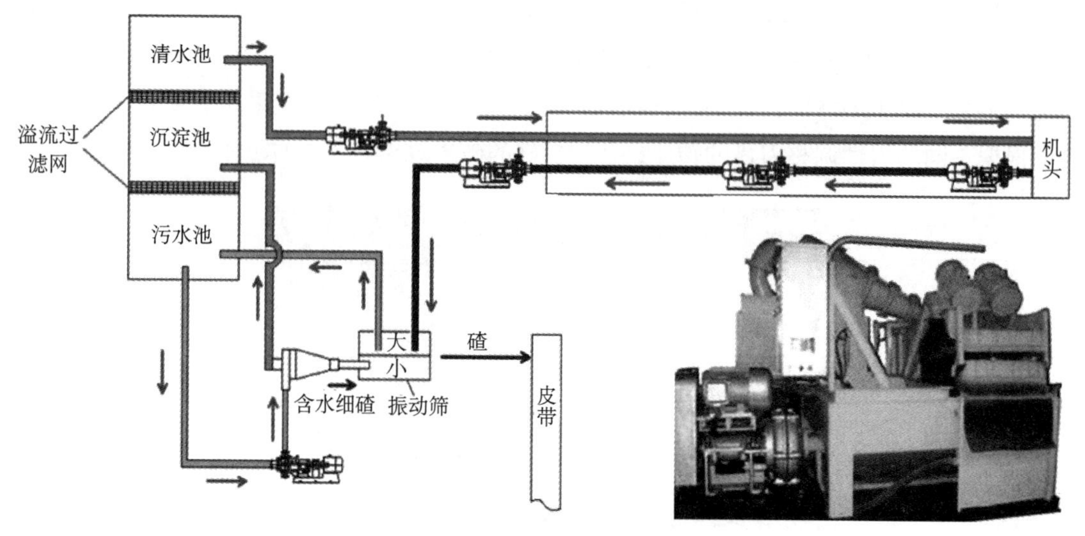

图 5.30　进水排碴系统原理图

4. 控制系统

基于 PLC 的控制系统分为系统集控单元和人机交互单元。系统集控单元对截割电气系统、机内电气系统、中继间电气系统、主顶电气系统、进水排碴电气系统、注浆电气系统的数据进行集中运算、处理。人机交互单元将系统集控单元处理的信息转化为可视化界面，其中包括自主驾驶（设备）参数界面、系统故障诊断界面、自主纠偏轨迹界面，用组态软件开发人机交互监控界面，根据 GB3836 标准进行关键控制电路的本安或隔爆设计、电器连接电缆防爆设计等（图 5.31）。

5.6.3　适用条件

煤矿井下高位抽采顶管钻进装备主要用于煤矿井下钻进 f 值为 3～12 的高位抽采巷、排水巷、运输巷等小断面巷道，还可用于高瓦斯复杂地质条件下钻进，操作人员远离掘进面，安全性高。

5.6.4　应用情况

2015 年 8 月，沈阳研究院研发的煤矿井下高位抽采顶管钻进装备在淮南张集北矿成功试用。国内首创采用孔底动力回转技术进行小断面巷道施工，掘进单日进尺量比现行方式提高 2～4 倍，用工人数减少一半，解决了现有施工方式作业环境恶劣、支护速度慢、工作危险性高等问题，减轻了工人的劳动强度，对煤矿的降本增效及本质安全生产具有现实意义。

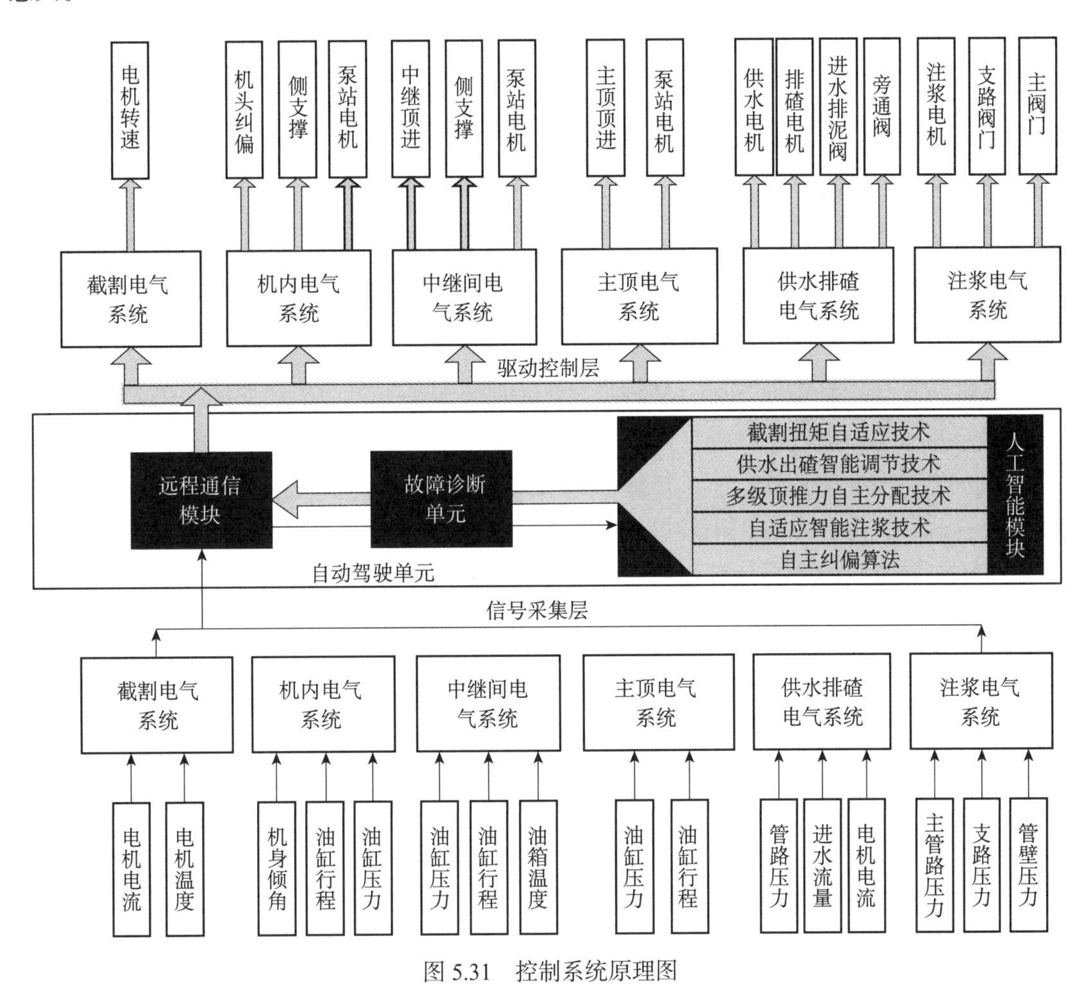

图 5.31　控制系统原理图

（本章主要执笔人：重庆研究院石磊，张先韬，雷丰励，陈航；沈阳研究院王雷）

第 6 章

瓦斯（煤尘）爆炸隔抑爆技术

瓦斯爆炸（含煤尘爆炸）是煤矿瓦斯灾害的主要形式，对瓦斯爆炸事故进行事前和事中控制是防止和减少煤矿灾害损失的重要手段。事前控制措施是预防瓦斯爆炸，主要为防止瓦斯积聚和控制点火源；事中控制措施为隔抑爆技术，是当预防瓦斯煤尘爆炸措施一旦失效时，在爆炸初始或发展阶段，利用抑爆剂消除、减弱爆炸反应的技术及装备，控制事故的规模，将事故影响降到最低。隔抑爆技术是控制瓦斯爆炸灾害的主要方法，分为被动式隔抑爆技术及主动隔抑爆技术。目前被动式隔抑爆技术及装备已在我国煤矿得到广泛的应用，主动式隔抑爆技术近年来发展较快，出现了多种不同原理及不同环境使用的技术装备，目前正处于推广阶段。从长远来看，主动隔抑爆技术及装备将取得广泛应用，并与被动式隔抑爆技术装备互为补充，是隔抑爆技术的发展趋势。

6.1　巷道被动式隔爆技术

被动式隔爆装置，如岩粉棚、水槽棚、水袋棚等，因其成本低廉、使用方便，在世界各主要产煤国得到了不同程度的开发和应用。煤矿控制瓦斯煤尘爆炸传播最早使用撒布岩粉方法，为此，波兰、澳大利亚、南非、英国、美国等还制定了相应的标准。其后，研制开发并采取了隔爆岩粉棚、隔爆水槽、隔爆水袋等措施。由于采煤机械化的普遍应用，采煤强度不断增大，所需风量增大，风速增大，考虑工作环境和人身健康，隔爆岩粉棚已逐渐被淘汰。隔爆水槽、隔爆水袋已纳入煤矿安全规程，在我国已普遍使用。

6.1.1　技术原理

图 6.1 所示为一典型瓦斯煤尘爆炸火焰，压力传播曲线表示的是爆炸火焰、压力液到达不同的传播距离时所用的时间，是在重庆研究院瓦斯煤尘爆炸试验基地的地下试验巷道进行测试的。从图 6.1 可看出，在爆炸初期，火焰传播速度大于压力波传播速度；随着爆炸的发展，压力波速度超过火焰面传播速度，在距爆源 40m 左右时，压力波赶上并超过火焰面；随着距离的增大，压力波超前火焰面越来越远。

被动式隔爆措施就是利用压力波超前于火焰面的特点，利用爆炸所产生的压力击碎水槽或使水袋脱钩，使水槽或水袋中的水依靠压力波形成水雾，当随后的火焰面到来时，扑灭火焰，防止火焰引爆后面瓦斯或煤尘，隔绝爆炸。被动式隔爆措施只有安装在爆源以外60～140m处，才能有效发挥作用。

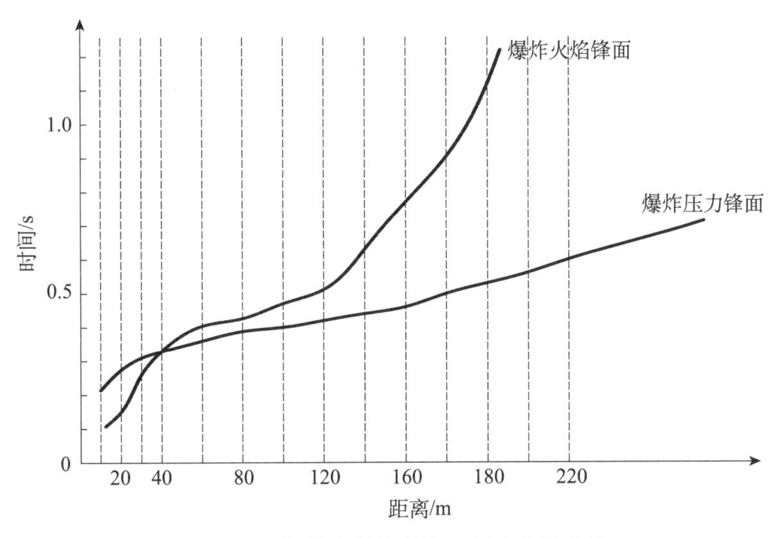

图 6.1 瓦斯煤尘爆炸火焰、压力传播曲线

注：图中数字为爆炸压力最大值，单位 MPa；起爆 CH_4 浓度为 10.5%，200m^3；煤尘带为 36～86m，浓度为 500g/m^3

6.1.2 隔爆设施

目前煤矿使用的被动式隔爆装备主要是隔爆水槽（图 6.2）棚和隔爆水袋（图 6.3）棚。

图 6.2 GS 隔爆水槽

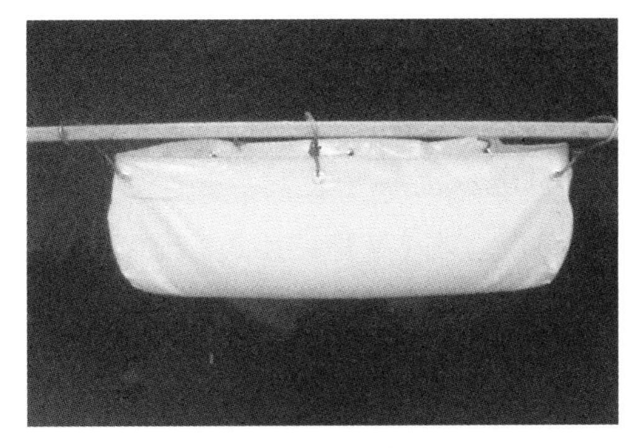

图 6.3 GD 隔爆水袋

1. 隔爆水槽棚

用安装架上托或嵌入式安装于巷道上部，利用瓦斯煤尘爆炸时的压力作为动力掀翻或击碎水槽，形成水雾体，以水的吸热作用，扑灭爆炸火焰，阻断火焰传播，达到隔爆的目的。适用于煤矿井下辅助隔爆棚和主要隔爆棚，是目前我国煤矿防止瓦斯、煤尘爆炸传播的主要措施之一。

隔爆水槽棚由隔爆水槽组成。隔爆水槽包括塑料水槽和泡沫水槽，材料内添加有阻燃、抗静电剂，如图 6.2 所示。

2. 隔爆水袋棚

吊挂于巷道上部的安装架挂钩上，依靠爆炸时的压力使隔爆水袋迎向爆炸波的一面脱钩，水洒泼出来，形成水雾体，以水的吸热作用，扑灭爆炸火焰，阻断火焰传播，达到隔爆的目的。

隔爆水袋棚由隔爆水袋组成。隔爆水袋由用含有筋布的风筒热合而成，如图 6.3 所示。

现有被动式隔爆措施性能如表 6.1 所示。表中的数据是以现有水分布试验和大巷隔爆试验为基础，分析总结而成。

表 6.1 被动式隔爆措施性能

名称	规格	安装方式	洒布水方式	最小驱动压力 /kPa	至爆源距离 /m
硬质塑料水槽	40L,60L,80L	上托式	掀翻	6	＞60
		嵌入式	击碎	9	＞80
ABS 塑料水槽	40L,60L,80L	上托式	掀翻	6	＞60
		嵌入式	击碎	9	＞80
泡沫水槽	40L,60L	上托式	掀翻击碎	6	＞60
		嵌入式	击碎	6	＞60
内筋布料水袋	20L,30L,40L,60L	挂钩式	脱钩	5	＞60
塑料水袋	20L,30L,40L,60L	挂钩式	脱钩	5	＞60
密封式水袋	20L,30L,40L	卷压吊挂	撕裂	9	＞80

6.1.3 安装方式

1. 隔爆水槽

（1）嵌入式（又称悬挂式）安装：将水槽水平放入支撑框架内，水槽边缘紧贴在框架上，水槽的长边与巷道轴线垂直放置。支撑框架净宽度应比水槽外形尺寸的最大宽度大 3mm，支撑架的本身厚度应不大于 50mm。如图 6.4 所示。

（2）上托式安装：将水槽水平搁置在支撑托架上，水槽的长边与巷道轴线垂直放置。支撑托架两托梁净间距 250～300mm。托梁本身的宽度为 50～80mm。如图 6.5 所示。

（3）水槽支撑架在受到巷道轴线方向力的作用时（力的大小等于支撑架上水槽和水的质量），发生水平方向的弯曲程度，不应大于支撑架长度的 1%。

（4）水槽支撑架在放置盛水水槽后，发生向下的弯曲程度应不大于 40mm。

2. 隔爆水袋

（1）将水袋吊环自由吊挂在挂钩上，不应将吊环捆扎固死。

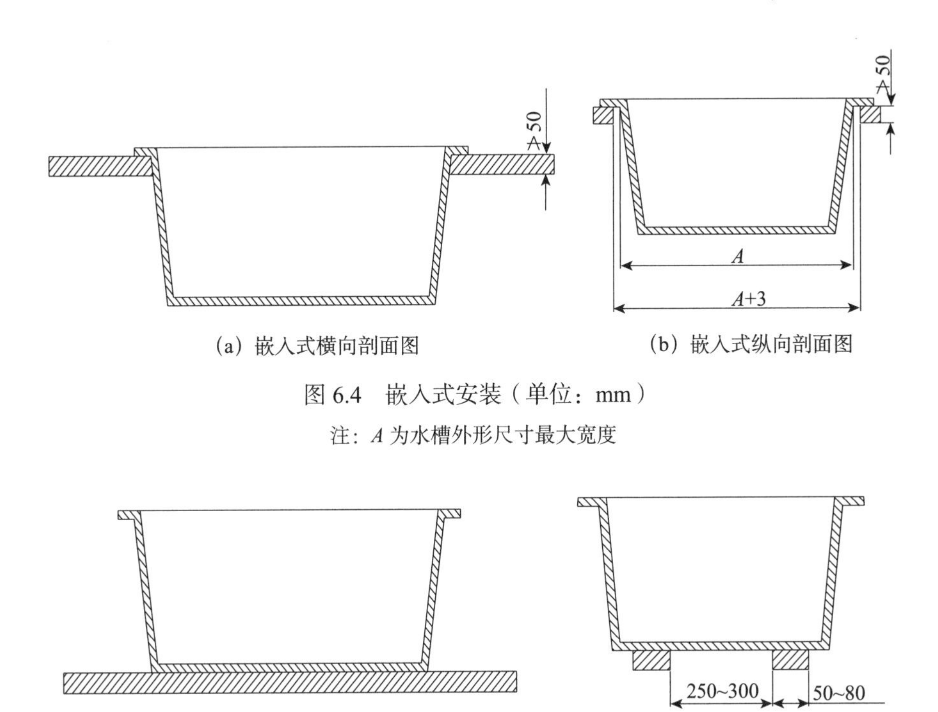

（a）嵌入式横向剖面图　（b）嵌入式纵向剖面图

图 6.4　嵌入式安装（单位：mm）

注：A 为水槽外形尺寸最大宽度

（a）上托式横向剖面图　（b）上托式纵向剖面图

图 6.5　上托式安装（单位：mm）

（2）挂钩选用 $\phi4$～8mm 圆钢制作，弯钩与水平角度为 30º+5º，弯钩长度 20～25mm。

（3）水袋安装架应采用钢性材料以使其不发生晃动，盛满水后的挠度应不大于 30mm。

（4）倾斜巷道中安设水袋棚时，应调整水袋安装架与安装架的连接构件，使袋面保持水平。

6.1.4　适用条件

被动式隔爆装备的安装方式分为固定式安装和移动式安装两种。不同的安装方式适用于不同的场所。

固定式安装：主要适用于采区进回风大巷、采区上下山、石门等处，以主隔爆棚为主。距可能爆源较远，爆炸波压力较大，一般安装大容量水槽、水袋，容积一般大于 40L。

移动式安装：主要适用于掘进工作面巷道或采煤工作面进回风巷，以辅助隔爆棚为主。距可能爆源最好保持在 100m 左右，一般安装小容量水槽、水袋，以降低驱动力和方便移动，容积一般小于或等于 40L。

6.2　机载式自动抑爆技术

机载式自动抑爆技术是直接应用于掘进机上的一种主动式抑爆技术，能够在瓦斯（煤尘）爆炸发生初期，近距离扑灭瓦斯（煤尘）爆炸火焰，有效抑制掘进机切割火花引起的瓦斯（煤尘）爆炸。

6.2.1 技术原理

机载式自动抑爆装置主要由本安电源、电池电源、抑爆器、火焰传感器、控制器组成，其构成如图 6.6 所示。

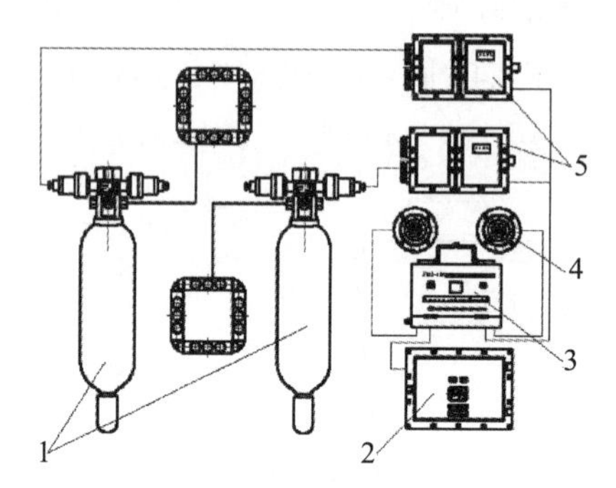

图 6.6 机载式自动抑爆装置构成

1. 抑爆器；2. 本安电源；3. 控制器；4. 传感器；5. 电池电源

将火焰传感器布置在潜在爆源处，当发生瓦斯（煤尘）爆炸时，传感器将探测到的燃烧与爆炸火焰的光信号转变成电信号传送到控制器，控制器便发出指令，触发抑爆器高压氮气出口的爆炸切割阀，释放出的高压氮气引射抑爆器中的干粉灭火剂，快速形成高浓度的消焰剂云雾，与火焰面充分接触，吸收火焰的能量、终止燃烧链，使火焰熄灭，从而终止火焰面在瓦斯（煤尘）云中的继续传播。

ZYBJ 机载式自动抑爆装置主要的技术参数为：火焰传感器响应时间少于 1ms；抑爆装置控制器响应时间不超过 15ms；抑爆器喷撒滞后时间少于 15ms，成雾时间少于 120ms，雾面持续时间超过 1000ms。

6.2.2 技术内容

1. 双紫外火焰探测技术

双紫外火焰探测技术采用双紫外光电管作为敏感元件。敏感元件由管壳、充入气体、阳极和光阴极组成。当有火焰时，火焰中的远紫外线会照射紫外光电管，紫外光电管会吸收远紫外光的能量并瞬间释放出电信号，从而达到检测火焰的目的。双紫外火焰探测技术原理如图 6.7 所示。

与传统的火焰探测技术相对比，双紫外火焰探测技术稳定性高、抗误报能力强、响应时间短，在保障探测范围和抗干扰性的前提下，提升了响应速度和准确性，为有效控制瓦斯（煤尘）爆炸事故奠定了良好的基础。

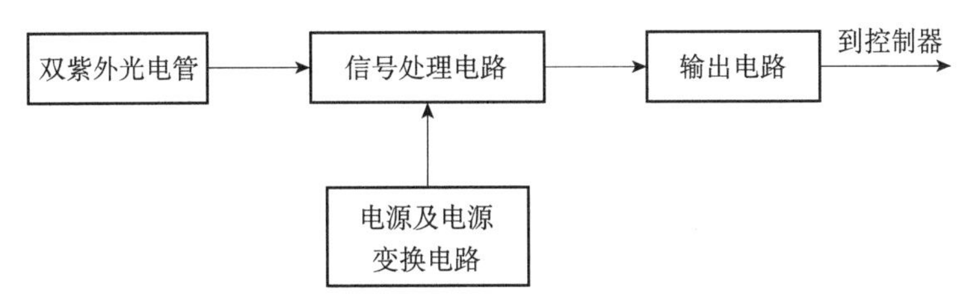

图 6.7　双紫外火焰探测技术原理图

2. 快开阀式喷粉抑爆技术

快开阀式喷粉抑爆技术的核心是快速开启阀。当接收到控制器传递的驱动信号时，快速开启阀内的药头被引燃并冲断快开阀的阀芯，快开阀迅速打开，贮存在抑爆器内的高压氮气（约 7MPa）将干粉灭火剂迅速喷出，通过喷嘴形成惰性粉尘云。

6.2.3　适用条件

机载式自动抑爆技术及装备主要用于煤矿井下具有危险性气体或粉尘爆炸隐患的掘进工作面，扑灭爆炸火焰，减少灾害损失。

6.2.4　应用实例

1997 年在平顶山十矿戊 10-20100 运输巷掘进工作面的 S-100 型掘进机上安装使用，传感器窗口安装了水流清洗防煤尘污染系统，并增加了防撞砸的钢丝防护网，抑爆装置在掘进机上能够正常工作，也不影响现场作业。

2002 年在淮南潘一矿和潘三矿的机掘工作面掘进机上安装使用，不影响现场作业。作为一种先进的瓦斯煤尘爆炸防治装置，为机掘工作面提供了安全保障。

6.3　巷道式自动抑爆技术

巷道式自动抑爆技术是应用于煤矿井下巷道的一种主动式抑隔爆技术，能够在瓦斯（煤尘）爆炸发展过程中，隔绝并扑灭瓦斯（煤尘）爆炸火焰，有效阻止瓦斯（煤尘）爆炸传播。

6.3.1　技术原理

巷道式自动抑隔爆装置主要由本安电源、抑爆器、火焰传感器、控制器组成，如图 6.8 所示。

将火焰传感器安装于距爆源 10m 左右的巷道侧壁，一组抑爆器安装在距爆源 25～45m 处，当发生瓦斯（煤尘）爆炸时，火焰传感器将爆炸信号传送到控制器，控制抑爆器内的气体发生剂迅速进行化学反应，释放出大量气体，驱动抑爆器内的干粉灭火剂，从喷洒机构喷出，快速形成高浓度的干粉灭火剂云雾，使火焰熄灭，从而终止火焰面在瓦斯、煤尘云中

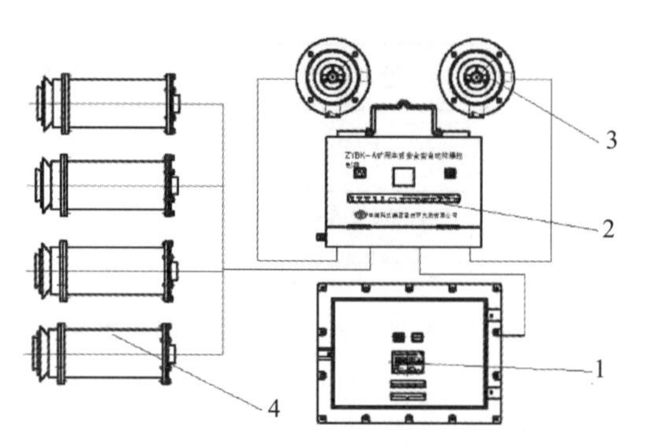

图 6.8　巷道式自动抑隔爆装置结构

1. 本安电源；2. 控制器；3. 火焰传感器；4. 抑爆器

的继续传播。灭火剂与火焰面充分接触，吸收火焰的能量、终止燃烧链，起到抑爆效果；另一组抑爆器喷出的灭火剂在安装区域内形成了隔离带，隔绝爆炸传播，起到隔爆的作用。

ZYBH(A) 巷道式自动抑隔爆装置的主要技术参数为：火焰传感器响应时间少于 1ms；抑爆装置控制器响应时间不超过 15ms；抑爆器喷撒滞后时间少于 15ms，成雾时间少于 120ms，雾面持续时间超过 1000ms。

6.3.2　技术内容

1. 双紫外火焰探测技术

该技术与机载式火焰探测技术相同。

2. 快速产气喷粉抑爆技术

快速产气喷粉抑爆技术的核心是抑爆器内贮的固态燃气剂，当接收到控制器传递的信号时，燃气剂发生化学反应，将化学能转变为气体动能，并迅速释放出大量高压气体，以驱动抑爆器内的干粉灭火剂从喷嘴喷出，形成灭火剂云雾，与火焰充分接触，扑灭火焰。快速产气喷粉抑爆技术的工作原理如图 6.9 所示。

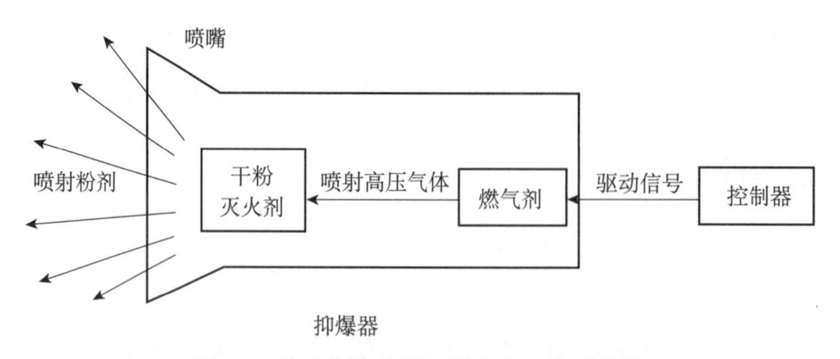

图 6.9　快速产气喷粉抑爆技术工作原理图

应用该技术，能够使灭火剂的喷洒滞后时间少于 15ms，且灭火剂形成的抑爆雾面持续时间超过 1000ms，喷射出的灭火剂质量占总质量的 90% 以上。

6.3.3　适用条件

巷道式自动抑隔爆技术及装备主要用于具有危险性气体或粉尘爆炸隐患的场所，如矿井的两翼、相邻的采煤工作面间、掘进煤巷与其相连的巷道间等，扑灭爆炸火焰，减少灾害损失。

6.3.4　应用实例

巷道式自动抑隔爆装置在黑龙江双鸭山矿务局某矿掘进巷道安装使用。由于机掘工作面推进速度快，隔爆装置安装于巷道两帮需不时搬迁，工作量大。对此，把传感器安装在前部掘进机车上，距掘进面 6m 左右，8 只贮粉罐分装在两个矿车上，距掘进面 25m 左右，随掘进机推进，抑隔爆装置同步推进，始终保持 25m 的距离，可有效发挥抑隔爆装置的作用。

6.4　管道式自动喷气抑爆技术

管道式自动喷气抑爆技术是应用于瓦斯抽放管道的一种主动式抑爆技术，能够在瓦斯爆炸发展过程中，隔绝并扑灭瓦斯爆炸火焰，有效阻止瓦斯爆炸传播。其特点是反应迅速、无污染，不会对矿用设备设施造成影响。

6.4.1　技术原理

管道式自动喷气抑爆技术是依靠对瓦斯管道爆炸信息的超前探测，强制性的将惰性气体喷撒到火焰阵面前方，从而将火焰扑灭，达到阻止爆炸传播目的的技术。图 6.10 为管道式自动喷气抑爆装置工作原理图。

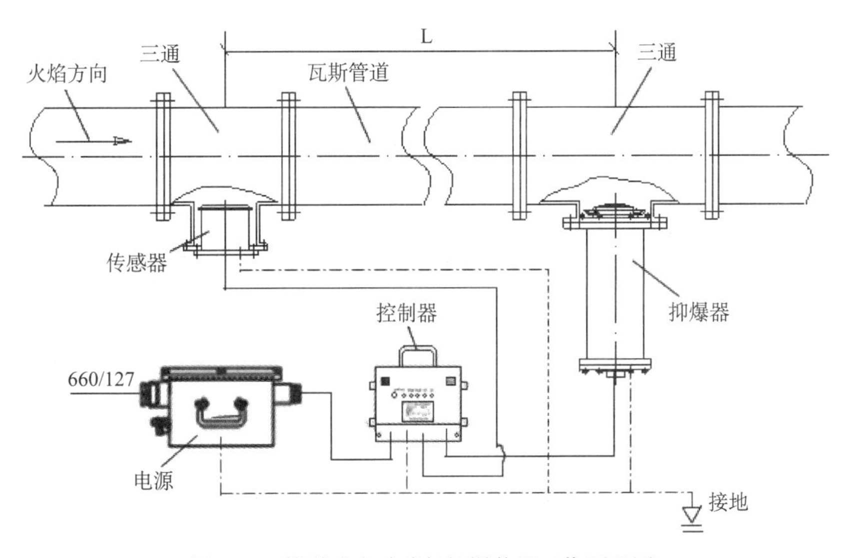

图 6.10　管道式自动喷气抑爆装置工作原理图

当有爆炸事故发生时，紫外传感器接收爆炸火焰信号，输入控制器，控制器触发抑爆器，抑爆器中的快开阀迅速打开，通过抑爆器喷嘴，将气体抑爆剂喷撒出来，扑灭爆炸火焰。

ZYBRG12 管道式自动喷气抑爆装置的主要技术参数为：火焰传感器响应时间不超过 5ms；抑爆装置控制器响应时间不超过 15ms；二氧化碳抑爆器罐体内压力 7～9MPa，喷撒滞后时间不超过 10ms，喷撒持续时间不少于 1200ms，喷撒效率不小于 99%。

6.4.2 技术内容

1. 惰性气体抑爆技术

惰性气体抑爆技术采用 CO_2 作为抑爆剂。CO_2 的加入减少了可燃物质分子（甲烷）和氧分子作用的机会，同时使可燃物组分同氧隔离。当活化分子碰撞惰化介质时，会使活化分子失去活化能而不能反应。此外，爆炸反应中当放出的热量大于散失的热量时，反应才能继续进行，CO_2 质量热容为 0.831 kJ/(kg・℃)，可以大量吸收反应放出的热量，使热量不能聚集，温度降低，甲烷氧化反应速率减小，从而实现对燃烧反应的抑制，阻止爆炸发生。

2. 快开阀式喷气抑爆技术

快开阀式喷气抑爆技术的核心就是快速开启阀。当接收到控制器传递的驱动信号时，快速开启阀内的药头被引燃并冲断快开阀的阀芯，快开阀迅速打开，贮存在抑爆器内的高压 CO_2 气体（7～9MPa）将迅速喷出，形成惰性气体带。

与管道式喷粉抑爆技术相比，其优点包括：反应迅速，喷撒滞后时间少于 10ms；喷撒持续时间长，超过 1200ms；喷撒效率高，大于 99%；无污染，不会对矿用设备设施造成影响。

6.4.3 适用条件

管道式自动抑爆技术及装备主要安设在瓦斯（或其他易燃易爆气体）输送管道系统中，当发生火灾爆炸事故时，可及时扑灭火源或爆炸火焰，减少灾害损失。

6.4.4 应用实例

在地面瓦斯抽放泵站安装自动喷气抑爆装置时，自动抑爆装置传感器安装于放空管，距放空管口小于 5m，抑爆器安装于水封阻火泄爆装置后的管道（进气方向）上，距传感器 30～60m。控制器安装于传感器和抑爆器之间管道外的安全位置（室内或不受雨水侵袭的地方）。

（本章主要执笔人：重庆研究院司荣军，王磊，李润之，薛少谦）

第二篇　矿井火灾防治技术

矿井火灾是指发生在煤矿企业生产范围之内，并造成人员伤亡、资源损失、环境破坏、设备或工程设施毁坏以及严重威胁正常生产的非控制性燃烧。根据发火热源的不同，可分为内因火灾及外因火灾。其中，由于煤炭自身氧化积热，发生燃烧而引起的火灾为内因火灾；由外部火源（如明火、爆破、电流短路等）引起的火灾为外因火灾。矿井火灾是煤矿生产过程中的主要灾害之一，与煤尘、瓦斯爆炸的发生常常是互为因果关系，相互扩大灾害范围与灾害程度，是酿成煤矿重大恶性事故的原因之一。我国近70%的煤矿开采易自燃煤层，煤矿火灾事故会产生大量有毒有害气体，严重威胁井下作业人员的生命安全，因火灾引发的煤尘、瓦斯爆炸等次生灾害更为严重。据统计，自2000年以来，全国发生内因火灾造成人员伤亡事故65起、造成人员死亡804人，其中由于内因火灾引发的瓦斯爆炸事故18起，死亡461人。另外，以煤矿井下电缆与胶带运输机为代表的典型外因火灾事故仍时有发生，且一次性死亡人数多，事故教训惨痛。

在火灾防治技术方面，我国从20世纪50年代起在煤矿推广灌浆防灭火技术；20世纪60～70年代，对均压通风防灭火技术、阻化剂防灭火技术、泡沫防灭火技术进行了研究应用；80～90年代研究推广了自燃火灾预测预报技术、惰气防灭火技术、凝胶防灭火技术、火区快速密闭技术、堵漏风技术、带式输送机火灾防治技术、内外因火灾监测监控技术等；90年代以后主要集中在防灭火技术装备性能提升以及新型防灭火材料研制等方面。煤矿火灾防治技术经过50余年的发展，已形成了火灾预测、监测、预防、治理相结合的综合火灾防治技术体系。煤科总院所属科研单位在矿井火灾防治方面做了大量科研工作，取得了众多创新性的成果，引领了煤矿火灾防治技术的发展。

在煤自然发火理论研究方面，1954年沈阳研究院提出以着火点的高低作为鉴定煤自燃倾向的指标，后应用固体氧化剂来测定煤的着火温度，确定了我国早期煤自燃倾向性分类方法。随后沈阳研究院对煤与氧复合理论进行了大量实验及理论研究，并以此为基础研制了 ZRJ-1 型煤自燃倾向性测定仪，起草了行业标准《煤自燃倾向性色谱吸氧鉴定法（MT/T 707—1997）》。近 10 年来沈阳院研究了煤低温氧化物理特性、煤最易自燃临界水分及煤自燃火灾动力学突变机理。在煤矿火灾监测技术方面，沈阳研究院首先应用比长式一氧化碳检定管进行自然发火预测预报，首次起草了行业标准《一氧化碳检测管（MT 67—1982）》。20 世纪 70 年代初，沈阳研究院首先将气相色谱技术应用于煤矿气体分析，提出了以 CO、C_2H_4、C_2H_2、链烷比、烯烷比等为指标的综合指标体系，起草了行业标准《煤层自然发火标志气体色谱分析及指标优选方法》。随后沈阳研究院和北京东西电子研究所合作研制了矿井火灾多参数色谱监测系统，并起草了行业标准《煤矿自然发火束管监测系统通用技术条件（MT/T 757—1997）》。“十二五”期间，沈阳研究院成功研制了井下红外光谱束管监测系统，克服了色谱束管监测系统束管线路长、易漏气、操作复杂、分析周期长等缺点，实现了火灾气体的实时监测。在外因火灾监测方面，沈阳研究院研究了 MEMS 无线监测技术，北京研究院、重庆研究院及常州研究院分别研发了分布式光纤测温技术。在矿井火灾防治方面，煤科总院在各类技术上均取得了大量开创性成果。在注浆防灭火技术方面，20 世纪 80 年代沈阳研究院对黄泥灌浆的代用材料如页岩、矸石、电厂粉煤灰等材料进行了应用性研究，并进行了推广。在注浆设备方面，研制了 ZHJ 型井下移动式防灭火注浆装置。北京研究院研究了井下移动式长距离注浆防灭火技术。在惰气防灭火技术方面，沈阳研究院研制了 DQ 系列燃油惰气发生装置，“十一五”期间，对燃油惰气发生装置进行了改进，减小了装备尺寸，惰气出口温度降低到 40℃以下、氧浓度在 3% 以下。在氮气防灭火技术方面，1992 年沈阳院成功研制变压吸附制氮装置，并经历了从井下移动式到地面固定式的发展历程。1995 年沈阳研究院最早研制了膜分离制氮机（MD 系列，单机流量为 500～2000m^3/h）。2008 年沈阳研究院研制了地面固定式膜分离制氮装置。起草了行业标准《煤矿用膜分离移动注氮装置通用技术条件》。在液氮防灭火方面，研制推广了井下移动式快速液氮防灭火装置。近 10 年来沈阳院深入研发了动态可控大流量惰气控灾技术、大流量井下移动式碳分子筛制氮技术、井下移动式液氮快速灭火技术，重庆研究院研发了液态二氧化碳灭火技术。在均压防灭火技术方面，1984 年由沈阳研究院与波兰专家共同协作研究了采用了大面积均压通风防灭火技术。起草了《矿井均压防灭火技术规范》（MT/T 626—1996）及《煤矿均压防灭火调压气室通用技术条件》（MT/T 855—2000）。在阻化剂防灭火技术方面，1974 年沈阳研究院率先研究阻化剂防灭火技术，提出利用钙镁盐类作为阻化剂，实现边采、边喷洒的技术工艺。80 年代成功启用采空区汽雾阻化技术。起草了行业标准《煤矿采空区阻化汽雾防火技术规范》（MT/T 699—1997）。研制了 BH-40/2.5 型及 BH-85/7.0 型矿用多功能阻化泵。在泡沫防灭火技术方面，沈阳研究院从 20 世纪 50 年代以来，先后研究了多型号的高倍数泡沫药剂及发泡装置与技术，最大发泡倍数可达 400 倍。80 年代研究了高稳定性中（低）倍泡沫及其压注装备，并以此为基础起草了《煤矿用高倍数泡沫灭火剂通用技术条件》(MT/T 695—1997)，21 世纪初沈阳研究院研发了复合型膨胀惰泡防灭火技术。在凝胶防灭火技术方面，70 年代沈阳研究院首先研究了以水玻璃为主体，添加碳酸盐促凝剂形成胶体防灭火材料，同时研制了井下可移动式注胶机。21 世纪初，北京研究院开发出以粉煤灰为骨料，无机胶体材料为基料的 MH1 和 MH2 两种防灭火材料。在堵漏风防灭火技术方面，沈阳研究院于 20 世纪 70 年代用聚氨酯材料研制成功封闭火区用的快速临时密闭。后期重庆研究院又研制出闭孔率高、气密性好的轻质膨胀型高分子化学合成材料，具有黏结性强、保温、防震、防渗水、隔潮等优点。

本篇主要介绍了煤科总院在煤自然发火基本理论、矿井火灾预测预报、矿井火灾防治方面所取得的新技术及新成果。

第 7 章

煤氧复合自然发火基理

煤炭自然发火基础理论的研究可以上溯到几个世纪以前，其中主要有黄铁矿作用学说、细菌作用学说、酚基作用学说以及煤氧复合作用学说等。煤氧复合作用学说认为煤自燃主要原因是煤与氧气之间的物理、化学复合作用的结果，其复合作用是指包括煤对氧的物理吸附、化学吸附和化学反应产生的热量导致煤的自燃，煤与氧相互作用产生热量并积聚是导致煤自然发火主要因素。煤氧复合学说已在实验室试验及现场实践中得到不同程度的认证，也被大多数学者认可。近 20 年来，为了预防、避免和消除自燃火灾，世界各相关研究机构对自燃火灾发生、发展的机理及其物理化学变化历程中的作用机制进行了大量的研究工作，主要集中在煤炭氧化化学反应机理、煤炭自热阶段特征气体产物、煤炭自燃预测预报理论等方面。通过国内外学者对煤层自燃理论进行了大量研究，基本形成了完整的理论体系，但由于煤的化学结构非常复杂，煤自然发火是一个极其复杂的物理化学过程，因此对煤氧复合机理，还需进一步探讨和实验验证。

本章介绍了煤科总院在煤低温氧化物理特性、煤最易自燃临界水分和煤自燃火灾动力学突变机理方面的理论研究，通过研究煤自然发火的影响因素，解释煤自然发火的过程特性。

7.1 煤低温氧化物理特性

基于煤氧复合作用学说的共识，从宏观场效应的角度出发，分析了煤低温氧化温度场效应特性、低变质煤热导率和煤的化学组成之间的相关性以及不同粒度煤孔隙结构体对氧扩散渗流流场效特性。

7.1.1 煤低温氧化温度场场效特性

依据煤的低温氧化规律，煤与氧低温氧化的放热量可分为三部分，即物理吸附热、化学吸附热和化学反应热。考虑这三部分放热量的煤与氧低温氧化放热量公式为：

$$Q = Q_{PS} + Q_{CS} + Q_{CR} = 3.41q_{PS} + 360q_{CS} + 221q_{CR}at + 409q_{CR}bt \qquad (7.1)$$

式中，Q_{PS} 为单位质量煤的物理吸附热，kJ/g；Q_{CS} 为每克煤的化学吸附热，kJ/g；Q_{CR} 为单位总量煤的化学反应热，kJ/g；q_{PS} 为单位质量煤的物理吸附氧量，mol/g；q_{CS} 为每克煤的化学吸附氧量，mol/g；q_{CR} 为单位质量煤单位时间内的化学反应耗氧量，mol/(g・min)；t 为反应时间，min；a 为生成 CO 反应的耗氧比例系数；b 为生成 CO_2 反应的耗氧比例系数。

由煤与氧低温氧化放热公式可知：在煤的低温氧化阶段，物理吸附热相对较小，化学吸附热和化学反应热较大。尤其需要指出的是，化学反应热是时间的函数，随着时间的增加，煤的氧化耗氧量将大大增加，从而使化学反应热出现较快的增长。即随着时间的推移，化学反应热的大小将对煤的低温氧化进程的发展起主导作用。

7.1.2 煤非稳态热传导特性

煤的热物理性质是指煤受热作用后的物理变化特征，表征煤热物理性质的一个重要指标是煤热导率值，它是煤的化学组成的宏观表现。煤热导率值的实际测量是比较困难的，这不仅是因为现场没有测量条件，而且因为煤的不均质性使其结果误差很大。但研究表明，对低变质程度煤种，其热导率和煤的化学组成之间确实存在一定的依赖关系。在分析大量试验结果的基础上，考察了煤的热导率与煤的挥发分、水分、灰分以及碳元素之间的变化关系，并对低变质程度煤的热导率进行了更进一步的数据处理，推导得出了用煤的工业分析和元素分析结果来计算热导率的计算式。

影响煤热导率的因素很多，不仅受煤中水分含量、灰分含量、碳含量的影响，还有反映煤分子结构的氢、氧等含量的影响。这些因素在宏观上表现为水分含量、灰分含量、变质程度、分子结构和煤孔隙结构及其存在状态对热导率值的影响，并基本上可用工业分析、元素分析结果中的某些参量来表达。在大量试验测试数据的基础上总结了几个利用煤的工业分析和元素分析数据来计算低变质程度热导率的计算式，如表 7.1 所示。从测试值和计算值的比较来看，测试值和计算值之间最大绝对误差小于 0.0018kcal/m・h・℃（1kcal ≈ 4.18kJ），相对误差＜1.72%，因此可以认为，用上述计算式来计算粉煤的热导率值是可以的；同时也说明，就褐煤和长焰煤这样低变质程度的煤而言，热导率值确实与其水分含量、灰分含量及碳含量和氢、氧含量之间存相关性。计算式应用是否有实际意义和煤种有很大关系。根据试验结果，用低变质程度的煤种计算式所计算的热导率值与测试得到的值相差很小；而气煤、肥煤等中等变质程度的煤种，其计算的热导率值与测试结果相差较大。

表 7.1 褐煤、长焰煤热导率的计算式

煤种	计算式：$R_d=a_0+a_1W^f+a_2A_f+a_3C^f+a_4H^f+a_5O^f$					
	a_0	$a_1\times10^{-3}$	$a_2\times10^{-3}$	$a_3\times10^{-3}$	$a_4\times10^{-3}$	$a_5\times10^{-3}$
褐煤	0.2659	–1.7468	–1.3773	–3.4933	7.7875	2.4604
长焰煤	–0.3649	4.8437	4.2433	3.9973	1.3528	5.0267

注：W^f代表水分；A_f代表灰分；C^f代表固定碳；H^f代表煤分子结构中的氢含量；O^f代表煤分子结构中的氧含量。

7.1.3　不同粒度煤孔隙结构体对氧渗流场效特性

1. 煤对氧的表面物理化学吸附特性

利用 ZRJ-1 型煤自燃性测定仪考察煤对流动状态下的氧气的吸附特性及其对煤自然发火特性的影响。该装置流程如图 7.1 所示。

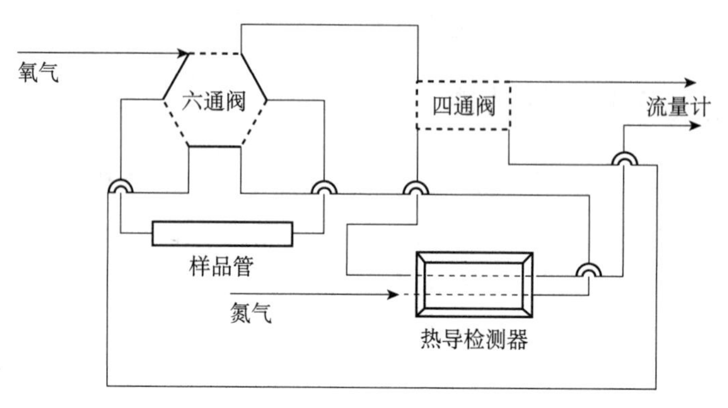

图 7.1　煤吸附流态氧装置流程

实验结果如图 7.2 所示，煤吸附流态氧吸附值随时间的变化规律的总体趋势是从室温或更低一些的温度开始吸附量表现为最大值：随着吸附温度的增大，煤的吸氧量降低，降低速度依煤变质程度有一定的规律性，当吸附温度增大到某一值（特征温度）时，吸附氧量的降低趋于缓和。为得到量的概念，将曲线特征温度以前的部分作线性回归。从数据处理结果可以得到两点提示：其一是斜率的变化与煤的变质程度和自然发火特性有某种表征关系；其二是特征温度值可能是煤吸附流态氧作用力性质发生转变的温度值，类始于煤氧化过程中的自热点。因此，根据煤样吸附氧量与温度关系的研究在一定程度上可以度量相应煤样的自热氧化特性。

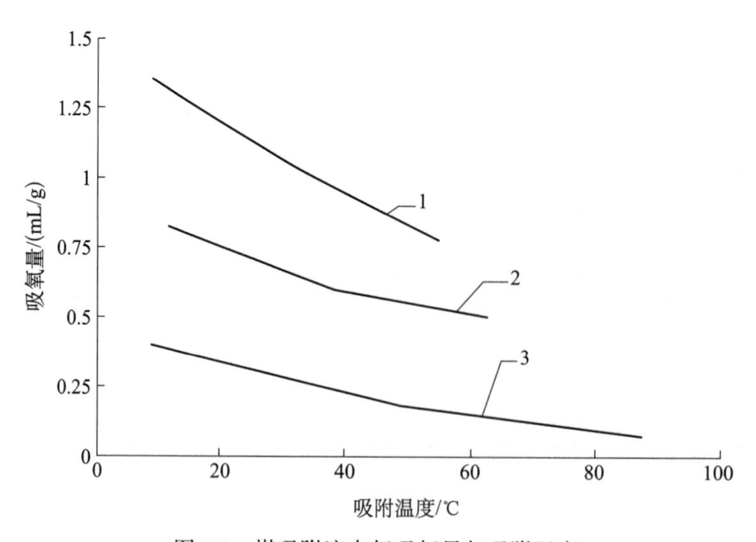

图 7.2　煤吸附流态氧吸氧量与吸附温度

2. 煤自氧化氧自由扩散过程特性

利用煤扩散性能测试装置（图 7.3）可测定某一气体在松散煤体中的扩散特性。该装置基本部分由扩散腔和取气腔组成，试验中扩散腔放置试验煤样，一个大气压力一定氧浓度的气体进入扩散腔中后在试验煤样中扩散，一定时间后进入取气腔，令取气压力恒定为大气压力，则氧气流的扩散完全依赖于煤的表面作用，其测试结果反映了煤的表面孔隙结构对氧的扩散特性。

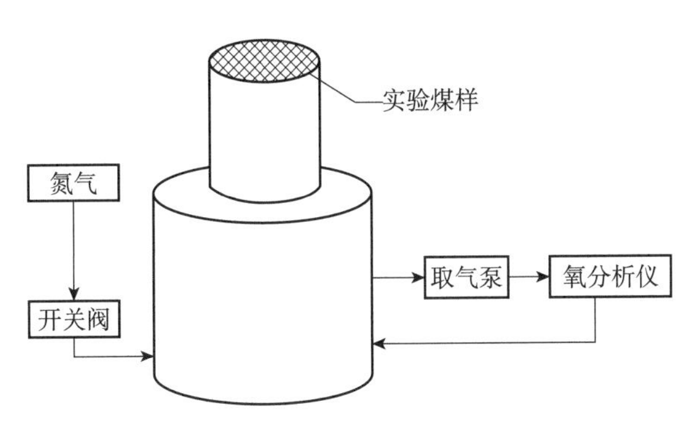

图 7.3　煤对氧的扩散特性实验装置示意图

氧浓度流出曲线的形态变化是由煤样表面物理化学特性和孔径分布决定的。图 7.4 所示为同一煤样在不同粒度分布下的氧扩散特性曲线，煤样 A 变质程度高，碳含量亦较高，煤体自身结构的孔径结构分布处于较小的变化范围内，粒度由 60～80 目变化至 100 目以上时，孔径结构的变化亦是最大、最集中，因而氧浓度流出曲线的变化也最大；煤样 C 变质程度低，碳含量亦较低，煤自身的孔径结构分布处于较宽的变化范围，粒度的进一步变小，相对而言，反而使孔径的分布范围缩小，因而氧浓度流出曲线的变化相对较小。

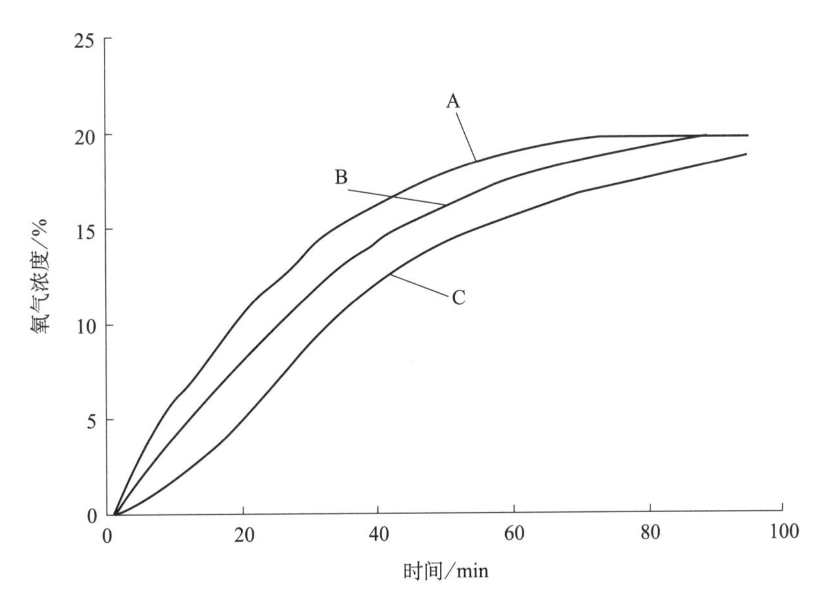

图 7.4　同一煤样不同粒度分布下的自由扩散特性曲线

A：大于 100 目；B：60～80 目；C：20～40 目

煤样粒度的改变对氧在煤体中的自由扩散特性影响较大：随着煤样粒度的增大，煤的表面积减小，对氧分子的吸附能力及吸附量也相对减小，导致氧经过扩散腔的自由扩散时间变短，即取气腔氧浓度梯度增大。但是，取气腔氧气浓度梯度与煤的粒度之间并非线性关系，煤样的粒度变化对取气腔氧浓度流出曲线的影响表现出两个极限值，在20～40目粒度以下及100目以上时，煤样的表面积和孔径分布趋于相对变化较小的范围，粒度的变化对氧浓度流出曲线的影响甚小。从氧浓度流出曲线的总体形状来看，氧自由扩散流经煤样的浓度随时间的变化曲线基本符合指数曲线形式。

7.2 煤最易自燃临界水分

水分对煤的自然发火有双重作用，一方面较高的水分会产生阻氧降温抑制煤自燃，一方面适宜的水分又会氧化放热促进煤自燃进程。通过考察不同水分含量的煤进行低温氧化反应过程，分析了不同水分含量下煤的氧化热反应动力学特征、不同水分含量煤的热反应特性及水分对不同煤种氧化升温特征的影响。研究表明，不同煤种在不同含水量情况下，煤氧化过程都存在着是否发生自燃或者燃烧的温度阈值。

7.2.1 不同水分含量的煤低温自热氧化气体产生规律

由于煤的氧化气体产物及其产生速率受煤自身物理化学性质、氧化环境、煤岩煤化成分、煤的变质程度等多种因素的影响，不同种类煤的氧化气体产物有较大差别。煤在自燃氧化初期，适量水分对煤自身氧化起到催化作用，使煤更易自然发火，但过量的水会抑制煤的自身氧化，对于煤层开采、储存、运输过程中，水分的散失与增加反复变化过程后，使煤更容易引起自然发火，这就需要分析水分对煤自然发火影响进行研究，从而得到煤最易自燃的临界水分，以便对利用水或带有水质材料进行防灭火工作提供定量的科学依据。

采用实验分析的方法，考察同一煤样在不同水分时，其氧化气体产物（CO和CO_2）的释放规律。煤样选择具有较强氧化性，有一定的代表性的褐煤。煤样含水量为8.96%的原始煤样及含水量为18%的配制煤样。通过试验，得到以下结论。

（1）不同水分含量的煤，其主要的氧化气体产物的产生量、产生速率随水分含量的增加而增大，并且150℃时高水分煤样的CO_2产生量约是低水分煤样CO_2产生量的3倍，这也可以推断：在煤氧化反应初期，水分在解吸附并受热蒸发为水蒸气后，水蒸气很可能参加了初期氧化反应，对碳氧化合物的形成起到重要作用。

（2）在75℃前，在同一炉温下，低水分煤样的煤温高于高水分煤样，由于含水量18%煤样外在水分高，蒸发需要吸收更多的热量，因此导致煤温上升缓慢，抑制了煤初期氧化进程。但在煤温和炉温达平衡后，含水量18%煤样的煤温快速升高，其升温速率高于含水量8.96%煤样。

不同水分气体浓度相对于煤温和煤温相对于炉温的变化曲线分别如图7.5～图7.8所示。

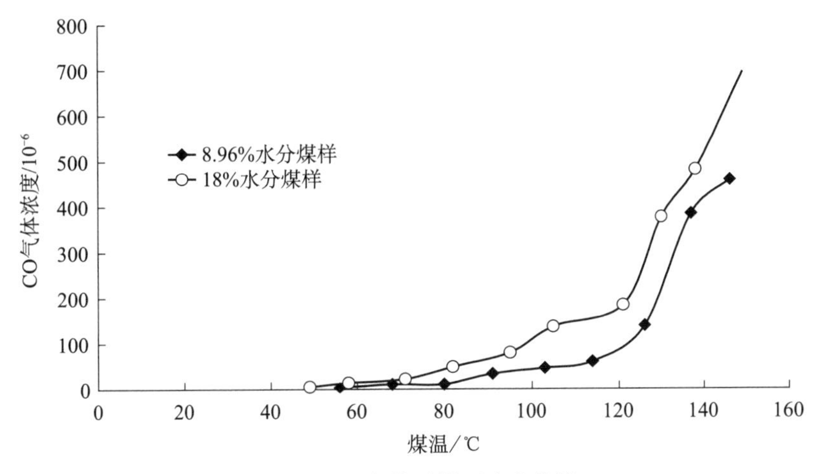

图 7.5　CO 气体随煤温变化曲线

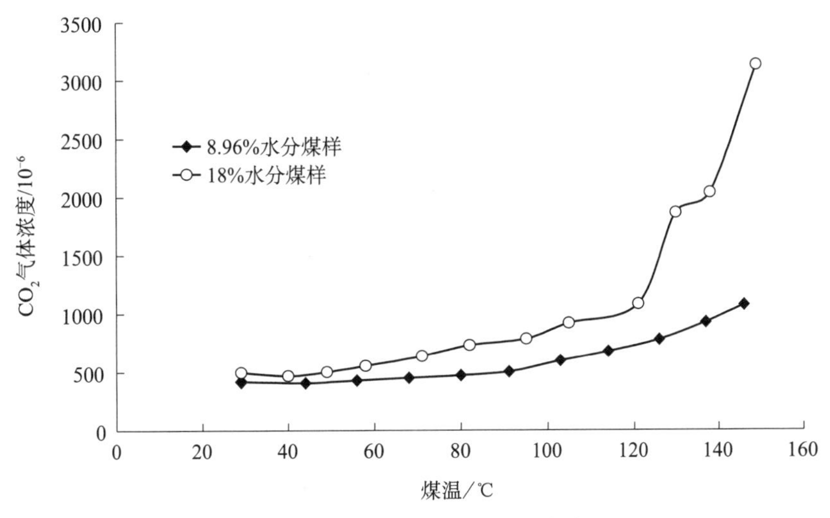

图 7.6　CO_2 气体随煤温变化曲线

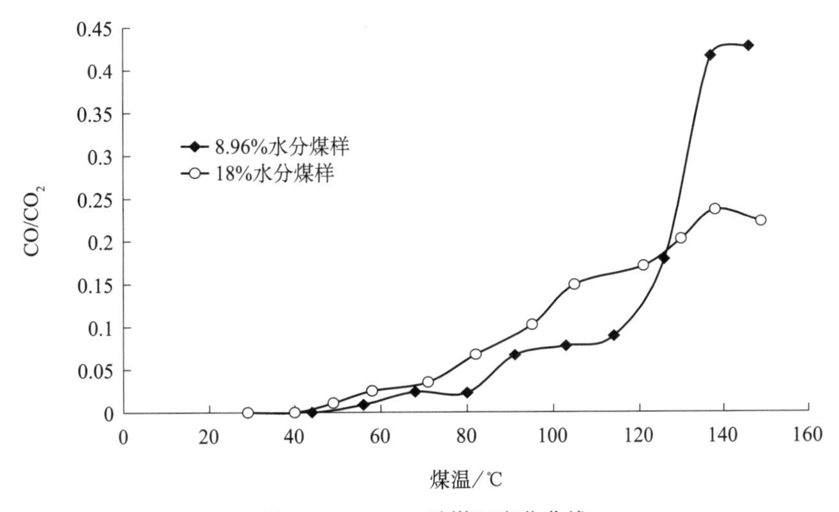

图 7.7　CO/CO_2 随煤温变化曲线

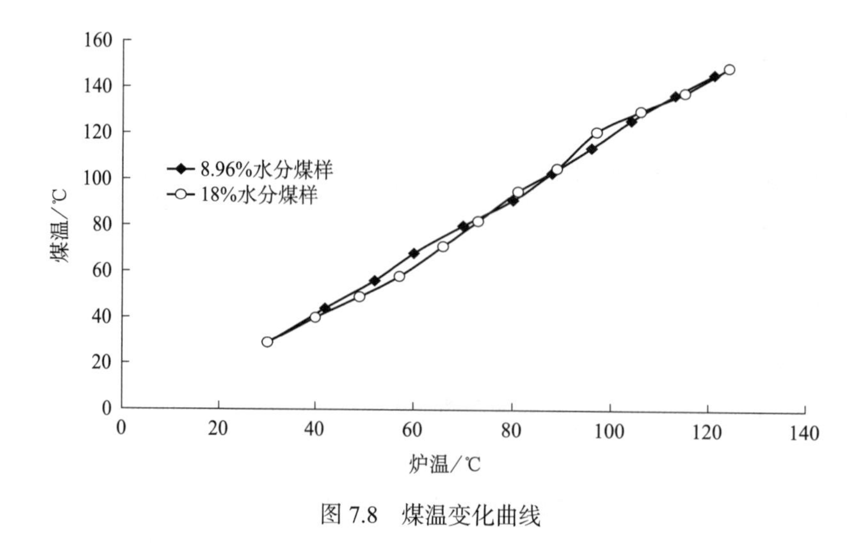

图 7.8　煤温变化曲线

7.2.2　低温环境不同水分含量煤的热释放规律

热分析动力学是应用热分析技术研究物质的物理变化和化学反应速率机理的一种方法。热分析用于研究动力学，由于测定可在等温或变温（通常是线性升温）条件下进行，且具有快速、简便、样品用量少、不需要分析反应物和产物等优点，故采用非等温 TG 和 DSC 法在恒定的升温速率下进行低温环境下不同水分含量煤的热释放规律研究。具体结论如下：

（1）临界温度由于水分的不同，其对应的温度也有所变化，较低的临界温度使煤在初期氧化需要的温度条件更低，也就更有利于煤的自然发火，得出低温度所对应的水分为 25%～30%。

（2）不同水分含量情况下煤的着火点温度变化不大，但也有相对低值范围。

（3）不同煤种自燃倾向性的强弱也可以从几方面判断。从热流零值点判断：贫煤的热流零值点出现的对应温度普遍较高，说明整体表现放热晚，反映了贫煤相对于褐煤和气煤不易自燃的性质。从放热量判断：从 25～400℃总放热量来看，褐煤和气煤的平均放热量在 4000J/g 以上，而贫煤平均放热量在 3500J/g 以下。根据氧化放热量判断自燃性强弱，褐煤和气煤自燃性强于贫煤。从反应剧烈程度看：反应过程中，褐煤和气煤的反应剧烈程度明显大于贫煤，这也体现了贫煤相对于褐煤和气煤不易自燃的性质。

7.2.3　低温环境不同水分含量煤的自燃性特征

煤的自燃是一个煤与氧反应的复杂的动力学过程，是煤中的活性结构与氧气发生放热反应的结果。不同水分含量对低温环境煤的氧化热反应动力学过程有着促进或延缓的作用，其定量影响是制约氧化热反应动力学反应进程的主要因素，只有确定了不同水分的量化影响，才能准确地描述煤自燃的反应动力学过程。热反应动力学研究方法是应用热分析技术研究物质的物理变化或化学反应的速率机理的一种方法，应用该方法研究了不同含量水分的煤的氧化机理，掌握了水分对低温环境煤的氧化热反应动力学过程的定量影响。

1. 煤热解过程遵循的反应机理

比较同一机理函数的微分和积分计算结果，以此推测热解过程中所遵循的反应机理，一般判断最适合机理函数的依据是：用微分法和积分法计算结果的线性相关系数 R 均要求大于 0.98，微分和积分计算结果应基本一致。根据此原则，对 4 个煤样的热解动力学拟合结果作分析，得煤在不同氧化阶段其氧化动力学函数分别为：

（1）煤在水分蒸发阶段的反应机理为三维扩散模型，其反应机理函数的微分和积分形式分别为：

$$f(\alpha)=1.5[(1-\alpha)^{-1/3}-1]^{-1} \tag{7.2}$$

$$G(\alpha)=(1-2\alpha/3)-(1-\alpha)^{2/3} \tag{7.3}$$

（2）煤在吸氧增重阶段的机理函数为 n=1 的化学反应，其反应机理函数的微分和积分形式分别为：

$$f(\alpha)=1-\alpha \tag{7.4}$$

$$G(\alpha)=-\ln(1-\alpha) \tag{7.5}$$

（3）煤在受热分解阶段的反应机理函数为反应级数 n=1.5 的化学反应，其反应机理函数的微分和积分形式分别为：

$$f(\alpha)=(1-\alpha)^{3/2} \tag{7.6}$$

$$G(\alpha)=2[\ln(1-\alpha)^{-1/2}-1] \tag{7.7}$$

式中，α 为煤样的失重率。

2. 不同水分含量煤的自燃性特征

（1）煤中的含水量对煤的吸氧量和放热量是有影响的，不同类型的煤其影响程度不同，煤中的含水量增加越多，其对煤的升温过程中放热量的影响范围就越大。

（2）煤中含水量与吸氧量的关系曲线如图 7.9 所示。

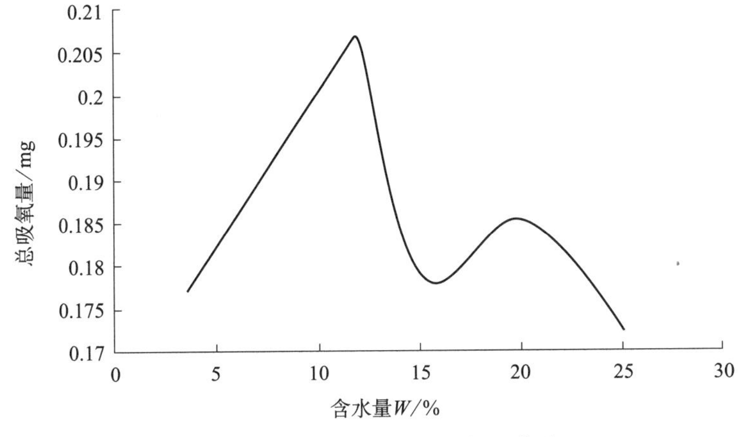

图 7.9　煤的含水量与总吸氧量关系

煤中的含水量与煤的总吸氧量之间关系较复杂，但低含水量段与较高含水量段各有一个吸氧量较大的峰值点，出现两个点的原因是在较低含水量时煤的孔隙表面被水分子占据的面积小，有利于煤的吸氧；而当含水量较高时，有利于在煤的表面形成自由基－氧－水络合物，吸氧量增加。

（3）在煤温低于 100℃时，煤中含水量的高低直接影响着煤的氧化进程。图 7.10 所示为煤温在低于 100℃时含水量与放热量之间的关系曲线。

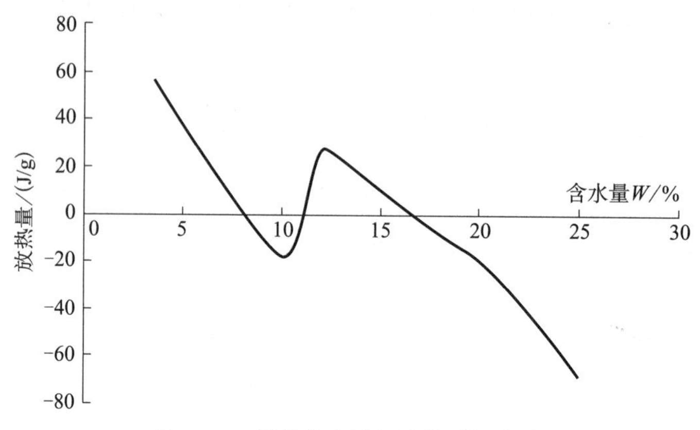

图 7.10　煤的含水量与放热量的关系

曲线中也有两个峰值，且峰值所对应的含水量与总吸氧量峰值所对应的含水量基本一致，说明煤的放热量与煤的吸氧量呈比例关系，进一步说明煤氧化过程中氧化放热量是煤升温的主要热量来源。

由以上研究可以得出：①利用热分析技术对煤氧化热反应进行研究，选用 18 个动力学反应的机理函数，作出 $\ln[(d\alpha/dt)/f(\alpha)]\sim1/T^2$ 和 $\ln[G(\alpha)/T^2]\sim1/T^2$ 的关系曲线，根据图形建立分段线性回归的数学模型，利用最小二乘法通过编程得到煤在不同机理下的微分和积分函数，并求得热解过程中的动力学参数 E、A 和 $\ln A$，通过筛选确定能够正确描述煤在不同热解过程中的机理函数。②不同类型的煤在低含水量段和高含水量段各有一个吸氧量较大的峰值点。烟煤第一吸氧量峰值对应的含水量差异较大，煤样 1 含水量为 10%～12%，煤样 2 含水量为 3%～5% 时，吸氧量最大，第二吸氧量高峰对应的含水量几乎相同，均为 18%～20%。褐煤两个吸氧量峰值所对应的含水量分别约为 25% 和 38%；无烟煤两个吸氧量峰值所对应的含水量分别约为 1.5% 和 25%。③在煤温低于 100℃时的初始氧化阶段，褐煤最大放热量时的含水量约为 W=25%，烟煤最大放热量发生在含水量 $W\leqslant1.5\%$ 或 W 为 15%～20%，无烟煤最大放热量发生在含水量 W=25%。所有煤种当含水量增加超过上述的最大放热量所对应的值时，煤的放热量都会降低，起抑制煤炭自燃作用。

7.2.4　水分对煤氧化升温过程的影响

利用绝热氧化测试装置测定煤的氧化自热过程。煤自然发火测试系统必须实现模拟煤矿井下松散煤体的堆放条件、边界环境的绝热条件、氧化反应气即空气的缓慢渗流等条件，通过测试两类主要参数，即煤体温度变化数据和氧化释放气体产物数据，来达到分析不同水分含量煤氧化过程宏观规律的目的。为研制不同含水量煤的绝热氧化实验，研制开发了煤自然发火模拟测试系统。

实验选用龙口北皂矿褐煤和枣庄柴里煤矿烟煤作为实验煤样。北皂矿褐煤和枣庄柴里煤矿烟煤氧化温度与时间关系分别如图 7.11、图 7.12 所示。

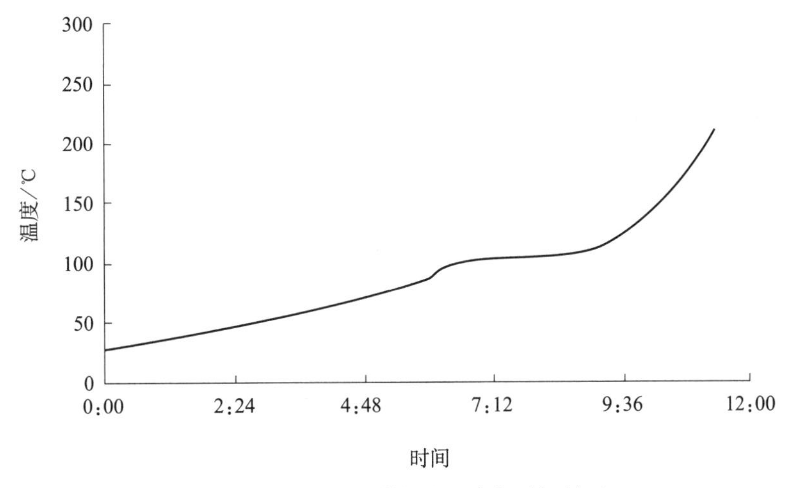

图 7.11　北皂矿褐煤氧化温度与时间关系

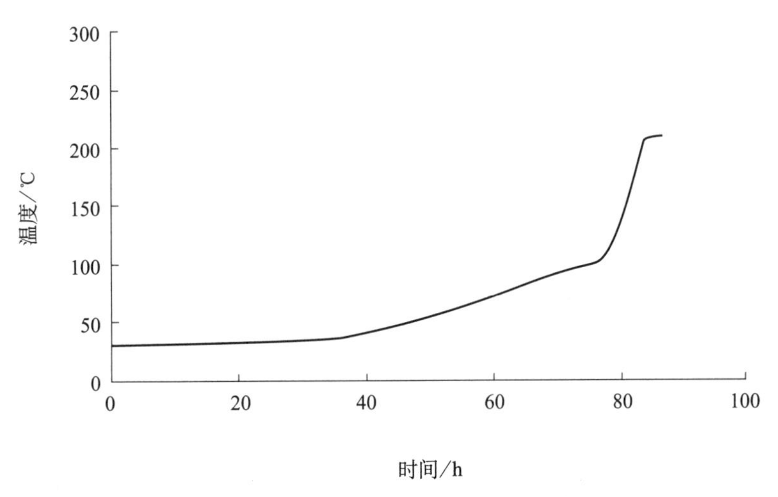

图 7.12　柴里矿烟煤氧化温度与时间关系

分析可得：

（1）褐煤从 30℃氧化到 270℃所用的时间比烟煤短得多，褐煤任意氧化段温升率都比烟煤的高，说明褐煤比烟煤易氧化，褐煤的氧化性大大高于烟煤。

（2）褐煤30～90℃在同一个升温速率进行，烟煤在30～90℃中需分两个明显的氧化阶段，首先是30～40℃，烟煤在此氧化阶段温升的速度非常慢，40～90℃的氧化阶段速度很快，说明烟煤在氧化初期氧化放热量少，需要有能量积聚过程。

（3）无论是褐煤还是烟煤在90℃左右都有一个氧化速度放慢的阶段，是由煤的内在水分和煤在氧化过程中放出的水分蒸发吸热造成的，这也是被氧化的煤否能发生自燃或燃烧的温度阈值。很多煤的绝热氧化实验都是在温度升到60～90℃后，煤温不能继续上升甚至下降，造成实验的失败，这都是煤的氧化放热量不高，且煤中的内在水分或氧化产生的水分大所致。根据此实验的结论，增加采空区的潮湿度也是防止采空区遗煤自燃的重要手段之一。

研究表明，褐煤的氧化过程各段温升速率较烟煤大，褐煤初期氧化温升速度快，而烟煤相对较慢，但由于煤的不同含水量和煤在氧化过程中释放出热量，无论是烟煤还是褐煤都存在着煤是否发生自燃或者燃烧的温度阈值。

7.3 煤自燃火灾动力学突变机理

自燃火灾动力学突变机理研究揭示了煤的耗氧速率与煤的孔隙特征之间的关系，确定了基于静态耗氧实验的煤自燃氧化动力学参数，初步建立了典型煤种自燃火灾初期演化过程火灾危险性的评价指标体系和技术途径。

7.3.1 煤自燃氧化动力学过程描述

1. 煤自燃演化过程宏观表征规律

煤自燃氧化过程是一个缓慢的自动放热升温最后引起燃烧的自动加速的物理化学过程。煤自燃氧化最主要的宏观表现规律主要有两方面：一方面是煤温度的增高，热量不断积聚的过程；另一方面是煤氧化气体产物的释放，气体产物不断生成的过程。煤氧化初期的宏观现象，主要包括热量和特征气体的释放，升温速率，耗氧量及耗氧速度。

1）煤的耗氧速率与煤的孔隙特征的关系

通过理论分析煤的耗氧速率与煤的孔隙特征的关系，得出了不同变质程度煤的微孔比差异较大，而微孔是发生气体吸附的主要场所。微孔是有机大分子结构单元缺陷，部分为分子间孔，在微孔中解析氧速率缓慢，氧与煤表面活性物质接触时间较长，被煤物理吸附的氧大多转化为化学吸附。孔道中氧的消耗控制模式分为气体扩散型和反应动力型，大中孔内耗氧由过渡扩散控制，微孔内耗氧由反应动力控制。利用孔树模型分析煤低温氧化过程中总的耗氧速率，结果发现耗氧速率受温度、煤的粒径及孔径分布的影响，而且存在一氧化模式转换的临界孔径，该临界孔径低温阶段（20～200℃）随着温度升高而增大，说明温度高，反应由动力控制的趋势增强。

2）基于静态耗氧实验的煤自燃氧化动力学参数

从化学动力学角度推导了煤低温氧化耗氧速率方程，并利用 Agrawal 近似法得出氧气浓度与温度的理论关系式；在理论研究基础上，对柴里气煤静态耗氧实验结果进行分析，通过最小二乘法拟合和最小均差和算法得到柴里气煤各温度段反应级数及活化能；当温度高于 100℃时，反应速率几乎不受氧气浓度影响；借用近代分子碰撞理论和 Tolman 对活化能的定义，解释了柴里气煤低温氧化过程中活化能与温度、反应速率的关系以及负活化能的形成。随温度升高，煤的氧化变得容易，当温度升高到一定程度时，煤氧复合反应与温度无关，呈现自发反应的状态。

3）煤自燃耗氧速率的灰色关联分析

通过计算温度、粒度、氧浓度与耗氧速率之间的灰色关联度，明确了各个因素对煤耗氧速率的影响大小。得出：低温段，温度对耗氧速率的影响稍大于粒度和氧浓度的影响，不过三者的差别不太大，高温段氧浓度对耗氧速率的影响最大，温度次之，粒度的影响最小。并将其他一些影响因素（如煤的种类、煤表面活性结构的类型、数量等）加入该灰色关联系统，分析这些因素与煤炭耗氧速率的关联度大小，为煤炭自燃机理的深入研究提供更多的量化信息。

2. *动力学过程描述*

煤的低温氧化自热首先始于煤对氧的吸附，煤吸附氧并消耗氧贯穿于煤的低温氧化反应动力学全过程。

煤低温氧化阶段（30～70℃），二氧化碳和一氧化碳是煤氧化反应的主要产物，极少量的水可以忽略不计。其反应过程消耗氧气并生成二氧化碳和一氧化碳，反应方程式如下：

$$\mathrm{coal}+O_2 \longrightarrow CO_2,CO$$

$$\mathrm{coal}+O_2 \longrightarrow \mathrm{coal}-O_2 \longrightarrow CO_2,CO$$

以上两式分别表示直接氧化反应过程和吸附反应过程。

煤与氧的反应是通过氧气化学吸附、表面化合物的产生和破坏、反应产物的解吸方式进行的。为了确定煤与氧反应进行的条件，需要确定煤与氧相互作用过程的动力学参数。

参考上述的煤低温氧化反应方程式，假定：①煤体总有效面积的高活性区与氧进行吸附和分解反应，其反应系数为 f_a；②剩余有效面积区域接触氧直接进行完全氧化反应，对应反应系数为（$1-f_a$）。

因此，完全氧化反应过程中单位体积煤颗粒的耗氧量为：

$$R_1=-k_1(1-f_a)C_{O_2} \tag{7.8}$$

式中，k_1 为单位体积反应速度常数，是煤体表面本征反应速率（m /s）和内比表面积（m^2/m^3）二者的函数；C_{O_2} 为氧物质的量浓度（kmol /m^3）。

而剩余煤体的活性表面反应区域首先吸附氧，随之进行分解，其分解速率可表示为：

$$R_a = \frac{\partial f_a}{\partial t} = -k_a f_a C_{O2} \tag{7.9}$$

式中，k_a 为煤体活性表面的衰减速度常数。

吸附反应的耗氧速率 R_2 与分解反应速率呈比例关系：

$$R_2 \propto R_a，或 R_2 = \phi R_a \tag{7.10}$$

式中，比例常数 ϕ 为单位体积煤体活性部位的吸氧当量。显然 ϕ 与煤的比表面积有关，并取决于发生吸附反应的煤体表面孔隙结构有效面积。

综合式（7.9）和式（7.10），单位体积煤体的总耗氧速率为：

$$R_{O_2} = R_a\phi + R_1 = -[k_a\phi f_a + k_1(1-f_a)]C_{O_2} = -K_r C_{O_2} \tag{7.11}$$

上述反应式中，总速度常数 K_r 是与时间有关的量。

煤的中间氧化产物（络合物）X_p 的反应生成速率为：

$$R_{Xp} = k_a\phi f_a C_{O_2} - k_d X_p \tag{7.12}$$

式中，R_{Xp} 为煤的氧化络合物的生成速率，$kmol/m^3s$；k_d 为煤的氧化络合物的分解反应速度常数，s^{-1}；X_p 为单位体积煤体的络合物浓度，$kmol/m^3$。

CO 的生成速率：

$$R_{CO} = [k_{1,CO}(1-f_a)]C_{O_2} + k_{d,CO} X_p \tag{7.13}$$

式中，$k_{1,CO}$ 为单位体积煤体完全氧化反应的 CO 生成速度常数，s^{-1}；$k_{d,CO}$ 为煤氧化络合物分解反应的 CO 生成速度常数，s^{-1}。

CO_2 的生成速率为：

$$R_{CO_2} = [k_{1,CO_2}(1-f_a)]C_{O_2} + k_{d,CO_2} X_p \tag{7.14}$$

式中，k_{1,CO_2} 为单位体积煤体完全氧化反应的 CO_2 生成速度常数，s^{-1}；k_{d,CO_2} 为煤氧化络合物分解反应的 CO_2 生成速度常数，s^{-1}。

煤的氧化自燃测试反应器装置结构如图 7.13 所示。

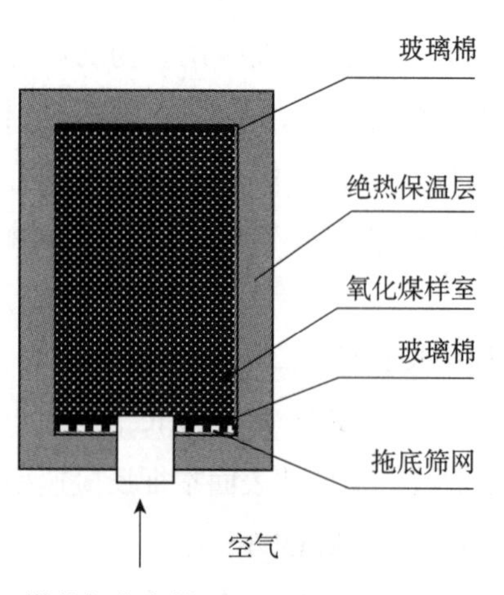

图 7.13　煤的氧化自燃测试反应器装置结构示意图

考虑实际粉煤样在反应器中的装填参数对氧气扩散造成的影响，引入总效率因子 η_G，则与气相氧浓度 $C_{O_2,b}$ 相关的耗氧速率为：

$$R_{O_2}=\eta_G K_r C_{O_2,b} \tag{7.15}$$

假定空气在煤样室的径向截面上等浓度分布，即空气的径向扩散对煤氧化的影响忽略不计，由质量守恒定律可分别得出氧浓度随时间的一维连续性方程：

$$\frac{\partial C_{O_2,b}}{\partial t}+v_Z\frac{\partial C_{O_2,b}}{\partial Z}+\eta_G K_r(1-\varepsilon_b)C_{O_2,b}=0 \tag{7.16}$$

$$\frac{\partial f_a}{\partial t}=-\eta_G k_a(1-\varepsilon_b)f_a C_{O_2,b} \tag{7.17}$$

式中，$(1-\varepsilon_b)$ 为反应器中煤体颗粒所占的体积分数，%；v_Z 为轴向空气流速，m/s；Z 为反应器纵轴；t 为时间，s。

同理，对于煤氧化络合物来说，有：

$$\frac{\partial X_p}{\partial t}=\eta_G(1-\varepsilon_b)k_a\phi f_a C_{O_2,b}-(1-\varepsilon_b)k_d X_p \tag{7.18}$$

对于氧化产物 CO 和 CO_2 来说，有：

$$\frac{\partial C_{CO_2,b}}{\partial t}+v_Z\frac{\partial C_{CO_2,b}}{\partial Z}=(1-\varepsilon_b)[\eta_G k_{1,CO_2}(1-f_a)C_{O_2,b}+k_{d,CO_2}X_p] \tag{7.19}$$

$$\frac{\partial C_{CO_2,b}}{\partial t}+v_Z\frac{\partial C_{CO_2,b}}{\partial Z}=(1-\varepsilon_b)[\eta_G k_{1,CO}(1-f_a)C_{O_2,b}+k_{d,CO}X_p] \tag{7.20}$$

联立式（7.16）～式（7.20），构成了煤自燃氧化动力学基本方程：

$$\begin{cases}\dfrac{\partial C_{O_2,b}}{\partial t}+v_Z\dfrac{\partial C_{CO_2,b}}{\partial_Z}+\eta_G k_r(1-\varepsilon_b)C_{O_2,b}=0\\[2ex]\dfrac{\partial f_a}{\partial t}=\eta_G k_a(1-\varepsilon_b)f_a C_{O_2,b}\\[2ex]\dfrac{\partial X_p}{\partial t}=\eta_G(1-\varepsilon_b)k_a\phi f_a C_{O_2,b}-(1-\varepsilon_b)k_d X_p\\[2ex]\dfrac{\partial C_{CO_2,b}}{\partial t}+v_Z\dfrac{\partial C_{CO_2,b}}{\partial_Z}=(1-\varepsilon_b)[\eta_G k_{1,CO_2}(1-f_a)C_{O_2,b}+k_{d,CO_2}X_p]\\[2ex]\dfrac{\partial C_{CO_2,b}}{\partial t}+v_Z\dfrac{\partial C_{CO_2,b}}{\partial_Z}=(1-\varepsilon_b)[\eta_G k_{1,CO}(1-f_a)C_{O_2,b}+k_{d,CO}X_p]\end{cases} \tag{7.21}$$

上述煤体温氧化动力学方程具有的界初始条件：

$$\begin{cases} C_{O_2,b}=C_{O_2,b}^{in} & , Z=0 \quad t\geqslant 0 \\ C_{CO_2,b}=0 & , Z=0 \quad t\geqslant 0 \\ C_{CO,b}=0 & , Z=0 \quad t\geqslant 0 \\ X_p=0 & , t=0 \quad Z\geqslant 0 \\ f_a=f_a^i & , t=0 \quad Z\geqslant 0 \end{cases} \tag{7.22}$$

式中，$C_{O_2,b}^{in}$ 为反应器进气口氧浓度，kmol/m^3；f_a^i 为试验煤样表面初始活化反应系数。

对于上述的耦合非线性方程组，精确的解析求解是不可能的，只能对其进行近似数值求解，下面给出了一种求解煤体内氧浓度分布的较为理想化的简单数值求解方法：

假定反应器空间的气相氧浓度能够在相对较短的时间内迅速达到平衡，则式（7.16）可变为式（7.23）：

$$v_Z \frac{\partial C_{O_2,b}}{\partial Z} + \eta_G K_r (1-\varepsilon_b) C_{O_2,b} = 0 \tag{7.23}$$

假定反应器轴向空间氧平均浓度为 $C_{O_2,b}^{avg}$，η_G 为与时间相关的总效率因子的均值，则式（7.17）可变为：

$$f_a = f_a^i \exp[-\eta_G k_a (1-\varepsilon_b) C_{O_2,b}^{avg} t] \tag{7.24}$$

对 $Z=0$，及 $Z=L$ 进行积分，得：

$$C_{O_2,b}^L = C_{O_2,b}^i \exp[-A - B\exp(-Ct)] \tag{7.25}$$

其中，系数 A、B、C 分别为：

$$A = \eta_G (1-\varepsilon_b) k_1 L / v_Z \tag{7.26}$$

$$B = (f_a^i L / v_Z)(k_a \phi - k_1)(1-\varepsilon_b)\eta_G \tag{7.27}$$

$$C = \eta_G (1-\varepsilon_b) k_a C_{O_2,b}^{avg} \tag{7.28}$$

式中，$C_{O_2,b}^i$ 为初始反应器中的气相氧浓度，kmol/m^3。

7.3.2 基于分岔理论的自燃氧化突变机理

1. 动力学模型与控制方程

1）炭粒自燃动力学模型

图 7.14 为炭粒填充床自然发火燃烧传播的结构示意图。风流从填充床的左边界受迫进入，产生的气体及热风流从右边界流出，燃烧波的传播方向是自左向右，与来流方向相同。

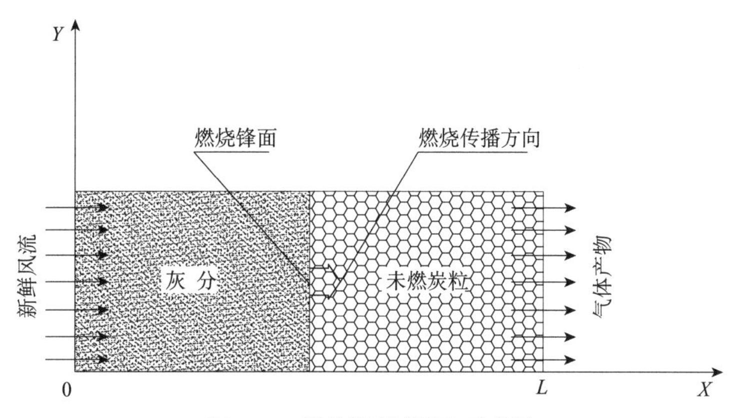

图 7.14　炭粒填充床燃烧示意图

基于煤氧复合作用学说，煤炭的自然发火包括两个反应，即：

$$3C+2O_2 \longrightarrow 2CO+CO_2+\Delta h_1;\ CO+0.5O_2 \longrightarrow CO_2+\Delta h_2$$

其中，两反应的反应速率可分别表达为：

$$r_1=K_1\rho_g Y_O \rho_C \exp(-E_1/(RT)) \tag{7.29}$$

$$r_2=K_2\rho_g{}^2 Y_O Y_{CO} \exp(-E_2/(RT)) \tag{7.30}$$

式中，r_i 为化学反应的反应速率（i=1，2），kg/(m^3·s)；K_i 为化学反应的指前频率因子，1/s 或 m^3/(kg·s)；E_i 为反应的活化能，J/mol；R 为通用气体常数，J/(mol·K)；T 为燃料阴燃温度，K；ρ_C 为焦炭容积密度，kg/m^3；ρ_g 为气流密度，kg/m^3；Y_O 为气流中 O_2 的质量分数，%；Y_{CO} 为气流中 CO 的质量分数，%。

2）控制方程

燃烧方式采用减密度模式，炭粒自然发火中多孔介质的孔隙度不变。现采用运动坐标系，把坐标系固定在燃烧波锋面上，该坐标系随着燃烧波以相等的传播速度 u 向前运动。对于炭粒自然发火，将其分成两个过程：多相反应区和气相反应区。在气相反应区，认为主要是以 CO 的氧化反应为主，而不考虑多相反应区的影响。其中炭粒自然发火发生明火燃烧，一个重要的条件是氧气的供给是充分的，否则就不能形成稳定的火焰。所以，在气相反应区，可以假定 CO 是完全消耗的，而且 O_2 是充足的。则该区域控制方程可表示为：

$$\frac{\partial}{\partial \hat{x}}[\varphi\rho_g Y_{CO}(-u+v)]=\frac{\partial}{\partial \hat{x}}\left(\varphi\rho_g D\frac{\partial Y_{CO}}{\partial \hat{x}}\right)-r_2 \tag{7.31}$$

$$\frac{\partial}{\partial \hat{x}}[\varphi\rho_g C_g(-u+v)]T=\frac{\partial}{\partial \hat{x}}\left(\lambda_{eff}\frac{\partial T}{\partial \hat{x}}\right)+r_2\Delta h_2 \tag{7.32}$$

式中，φ 为炭粒填充床的孔隙率；C_g 为气相的等压质量热容，kJ/(kg·K)；u 为炭粒自燃面的传播速度，m/s；v 为气流速度，m/s；λ_{eff} 为有效热传导系数，W/(m·K)；D 为气流在多孔介质内的扩散系数，m^2/s；Δh_2 为气相反应的反应热，J/mol。

3）控制方程无量纲化

为了便于分析和程序运算，现将式（7.32）、式（7.33）进行无量纲化，分别取：

$$\widetilde{x}=\frac{\hat{x}}{L},\ \widetilde{T}=\frac{E(T-T_s)}{RT_s^2},\ \widetilde{Y}_{CO}=\frac{Y_{CO}-Y_{CO_0}}{Y_{CO_0}} \tag{7.33}$$

式中，L 为炭粒填充床的长度，m；T_s 为炭粒的阴燃温度，K；Y_{CO_0} 为 CO 的初始浓度。

将以上参数代入方程中得：

$$\frac{M_gL}{\varphi\rho_gD}\cdot\frac{\partial\widetilde{Y}_{CO}}{\partial\widetilde{x}}-\frac{\partial^2\widetilde{Y}_{CO}}{\partial\widetilde{x}^2}=\frac{K_2\rho_g\rho_gY_OY_{CO_0}}{\varphi\rho_gD}(\widetilde{Y}_{CO}+1)\exp(-\frac{E}{RT_s})\cdot\exp(\frac{\widetilde{T}}{1+\varepsilon\widetilde{T}}) \tag{7.34}$$

$$\frac{M_gc_pL}{\lambda_{eff}}\cdot\frac{RT_s^2}{E}\cdot\frac{\partial\widetilde{T}}{\partial\widetilde{x}}-\frac{\partial^2\widetilde{T}}{\partial\widetilde{x}^2}=\frac{\Delta h_2K_2\rho_g\rho_gY_OY_{CO_0}}{\lambda_{eff}}(\widetilde{Y}_{CO}+1)\exp(-\frac{E}{RT_s})\cdot\exp(\frac{\widetilde{T}}{1+\varepsilon\widetilde{T}}) \tag{7.35}$$

又令：$Pe=\frac{M_gc_pL}{\lambda_{eff}}$，为 Peclet 数；$Le=\frac{\lambda_{eff}}{c_p\varphi\rho_gD}$，为 Lewis 数；$\alpha=\frac{n_o\lambda_{eff}RT_s^2}{E\Delta h_2Y_0\varphi\rho_gD}$，为无量纲单位热焓扩散率的倒数；$\beta=\frac{L^2E_2\Delta h_2K_2\rho_g\rho_gY_{CO_0}Y_0}{\lambda_{eff}RT_s^2}\exp(-\frac{E_2}{RT_s})$，为 Frank- Kamenetskii 参数，表示一个放热反应系统中燃料着火的临界值参数；$n_{CO}=(\frac{m_O}{m_{CO}})$，$\delta_{CO}$ 为反应中 CO 的计量系数的比例因子；m_O 和 m_{CO} 分别为 O_2 和 CO 的相对分子质量；$\varepsilon=\frac{RT_s}{E}$，为无量纲的活化能参数。则式（7.34）、式（7.35）可分别表示为

$$Pe\cdot Le\frac{\partial\widetilde{Y}_{CO}}{\partial\widetilde{x}}-\frac{\partial^2\widetilde{Y}_{CO}}{\partial\widetilde{x}^2}=-n_{CO}\alpha\cdot\beta\cdot(\widetilde{Y}_{CO}+1)\cdot\exp(\frac{\widetilde{T}}{1+\varepsilon\widetilde{T}}) \tag{7.36}$$

$$Pe\frac{\partial\widetilde{T}}{\partial\widetilde{x}}=\frac{\partial^2\widetilde{T}}{\partial\widetilde{x}^2}+\beta\cdot(\widetilde{Y}_{CO}+1)\cdot\exp(\frac{\widetilde{T}}{1+\varepsilon\widetilde{T}}) \tag{7.37}$$

边界条件分别满足：

在入口（x=0）处：

$$\frac{\partial\widetilde{Y}_{CO}}{\partial\widetilde{x}^2}=\mu\widetilde{Y}_{CO},\ \frac{\partial\widetilde{T}}{\partial\widetilde{x}}=\gamma\widetilde{T} \tag{7.38}$$

在出口（x=1）处：

$$\frac{\partial\widetilde{Y}_{CO}}{\partial\widetilde{x}^2}=0,\ \frac{\partial\widetilde{T}}{\partial\widetilde{x}}=0 \tag{7.39}$$

式中，$\mu=k_c/L$，为质量交换 Boit 数，k_c 为反应中质量交换系数，kg/(m^2·s)；$\gamma=h/L$，为热

量交换 Boit 数；h 为热量交换系数，W/(K · s)。

2. 自然发火转捩成明火燃烧的分岔特性

炭粒燃烧包括两个反应：异相的燃料氧化反应和同相的气相反应。方程中的控制参数有 Pe_1、Pe_2、α_1、α_2、β_1、β_2、ε、Le。其中，β_1 和 β_2 为 Frank-Kamenetskii 数，是衡量两个放热反应系统能否着火的临界参数。所以，在考察炭粒自然发火的燃烧过程中，可选择 β_1 或 β_2 作为一个分岔参数（以 β_1 为分岔参数），同时固定其他的控制参数，来模拟由自然发火的突变分岔特性。

图 7.15 所示为当 Pe_1=1.0、Pe_1=5.0、Pe=0.5、α=0.3 和 ε=0.02 时，炭粒自然发火及转捩成明火燃烧的典型分岔特性。

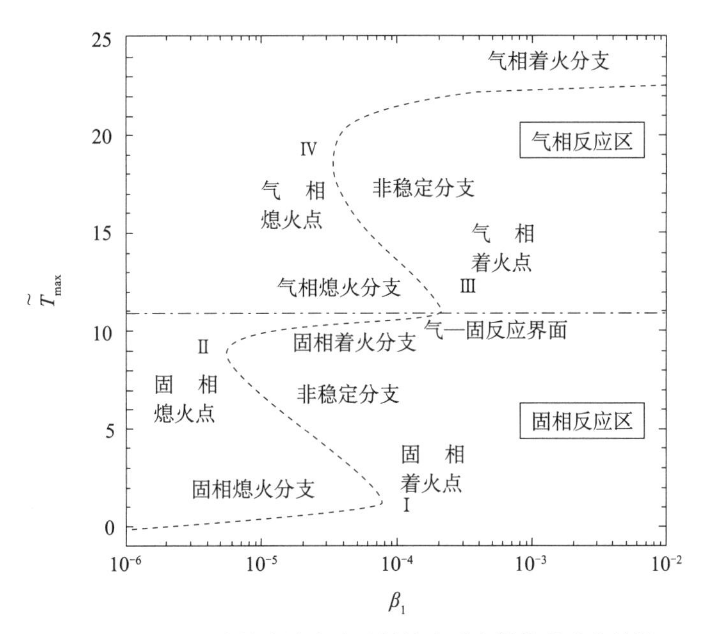

图 7.15 炭粒自然发火及转捩为明火燃烧的分岔特性

图中，$\tilde{T}_{max}$ 为炭粒燃烧反应及气相反应中的最高值。

同时，方程中的其他参数取值为：

μ=0.6，γ=2.0，$n^1{}_{O}$=2/3，$n^2{}_{O}$=1/2，$n^1{}_{CO}$=2m_1/3，$n^2{}_{CO}$=m_1，$n^1{}_{CO_2}$=m_2/3，$n^2{}_{CO_2}$=m_2。其中，m_1=2.314×10^6，m_2=3.99×10^2，α_2=0.76α_1，β_2=8.88β_1。

从图 7.15 中可以看出，（β_1，$\tilde{T}_{max}$）曲线明显地分为两个区域：固相反应区和气相反应区。下面分别讨论两个区域的分岔特性及各参数对煤炭自然发火向明火转捩分岔特性。

1）固相反应区

该区域表示炭粒的自然发火过程。从图可看出，（β_1，$\tilde{T}_{max}$）呈明显的 S 形曲线，其中包含有三个分支：稳定的着火分支、熄火分支及非稳定状态分支。当 β_1 较小时，只有一种稳定状态，即熄火状态。随着 β_1 的增大，炭粒将达到其着火温度，即分岔点Ⅰ，此时炭粒将由熄火状态直接跳跃到另一种稳定的着火状态，该分岔点对应的是最低着火温度。在燃烧稳定后，如果 β_1 逐渐减小，则炭粒燃烧的温度将逐渐降低，并达到熄火温度，即分岔点Ⅱ，此时将由着火状态直接跳跃到熄火状态，即回到开始稳定熄火状态，该分岔点则为固相燃烧熄火温度。在着火点与熄火点之间存在第三种状态，即不稳定状态。当处于稳定状态时，对应每一个 β_1，炭粒燃烧的温度只能有一个解，同时，如果是处于着火稳定状态，则炭粒会得到充分的燃烧；当处于非稳定状态时，对应每一个 β_1，则可能有多个解，其原因可能是燃料不足或氧气不足，致使炭粒不能得到稳定的燃烧，随时可能发生熄灭。图中的两个转折点分别代表着一个燃料氧化反应系统的着火点和熄火点。

2）气相反应区

该区域表示炭粒燃烧向明火的转捩。可以看出，随着 β_1 的进一步增大，（β_1，$\widetilde{T}_{\max}$）出现了第二次分岔特性。分岔点Ⅲ，对应着气相着火点，气相燃烧的温度在该点出现跳跃并急剧上升，最后达到一个稳定的燃烧状态，即着火状态。该分岔点则为气相燃烧的着火温度。在气相着火分支上，如果 β_1 值不断减小，则气相燃烧温度将逐渐达到分岔点Ⅳ，对应着气相燃烧的熄火点，此时将由气相着火状态直接跳跃到熄火状态，即回到燃料阴燃状态，该分岔点则为气相燃烧的熄火温度。同样，在气相反应区域内也存在着一个不稳定燃烧区，即明火燃烧很不稳定，受到外界条件的影响，如氧气浓度或CO浓度不足等，产生的明火随时可能熄灭。

对于这种工况，分别假定临界状态点Ⅰ对应的 β_1 值为 β_{s-i}，临界状态点Ⅱ为 β_{s-e}，临界状态点Ⅲ为 β_{g-i}，临界状态点Ⅳ为 β_{g-e}。如图7.15所示，在固相反应区：当 $\beta_1<\beta_{s-e}$ 时，固体炭粒不可能发生燃烧反应；当 $\beta_1>\beta_{s-i}$ 时，炭粒才能发生燃烧反应并形成稳定传播波；而当 $\beta_{s-e}\leqslant\beta_1\leqslant\beta_{s-i}$ 时，固相炭粒燃烧不稳定，可能发生熄灭现象。在气相反应区：当 $\beta_1<\beta_{g-e}$ 时，固体炭粒在燃烧传播中不可能发生气相反应而产生明火；当 $\beta_1>\beta_{g-i}$ 时，炭粒在燃烧中会转捩成明火并形成稳定的燃烧火焰；而当 $\beta_{g-e}\leqslant\beta_1\leqslant\beta_{g-i}$ 时，气相燃烧不稳定，可能发生熄火现象。

3）各参数对煤炭自然发火向明火转捩分岔特性分析

（1）Pe值对转捩为明火燃烧分岔特性的影响。

图7.16所示为Pe值对煤炭自燃中气相反应分岔特性的影响。可以看出：在其他参数不变的情况下，随着Pe值的增大，炭粒自燃向明火转捩的分岔曲线多解的区域逐渐变宽，着火温度降低，熄火温度上升，而且着火后的明火温度明显上升。这主要是由于Pe值的增大，意味着气流质量流量传递的增大，而质量流量的增大，一方面有利于燃烧，另一方面也有利于散热。可见，增大气流通量，可有效地促进气相反应的进行。此外，随着Pe值的增大，着火的临界值 β_{up} 也增大，这也是由于气流质量传递增强所致。图7.17所示为Pe值对 $\widetilde{Y}_{\mathrm{CO}}$ 分岔特性的影响。

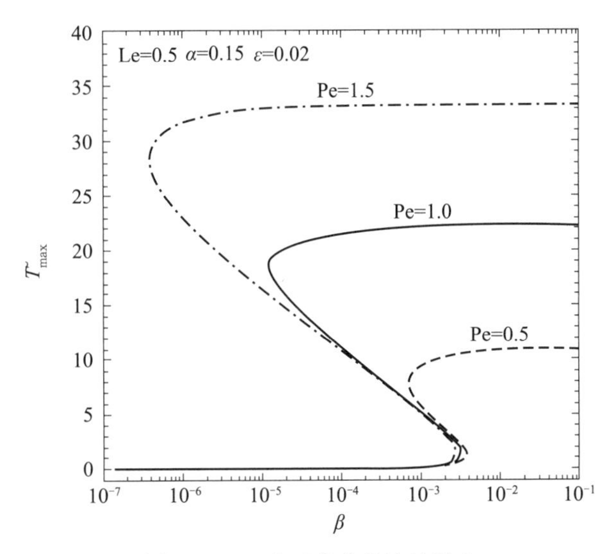

图 7.16 Pe 值对分岔特性的影响

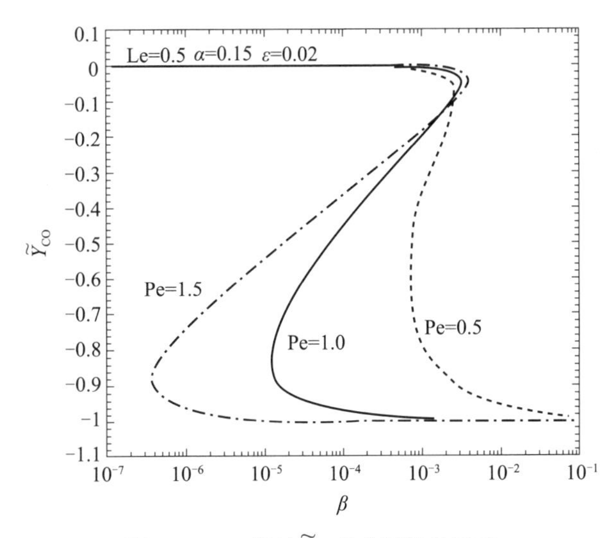

图 7.17 Pe 值对 $\widetilde{Y}_{CO}$ 分岔特性的影响

（2）α 值对转捩为明火燃烧分岔特性的影响。

图 7.18 所示为 α 值对炭粒自燃气相反应着火－熄火特性的影响。其中，α 值的物理意义是表示热焓扩散率的倒数，即 α 的大小主要体现燃料放热率的情况。从图中可以看出：随着 α 值的减小（即煤炭放热率的增大），气相反应着火点和熄火点之间的非稳定区域逐渐变大，煤炭燃烧的温度升高。同时，熄火点也相应增大，而着火点却有所降低，这主要是由于放热率的增大使煤炭（此处指 CO）更加容易着火。着火的临界值 β_{up} 随着 α 值的减小而减小。所以，增大放热率（即减小 α 值），可以促进固体煤炭在自燃中向明火的转捩，发生气相燃烧。

图 7.19 所示为 α 值的变化对 CO 浓度分岔特性的影响，其变化规律与温度的变化本质上是一样的。

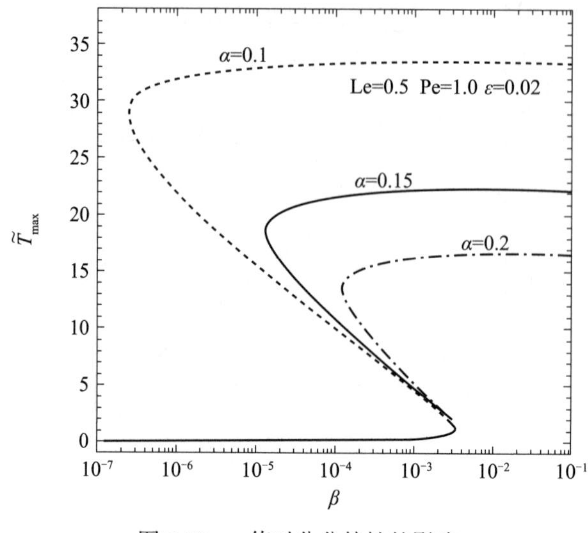

图 7.18 α 值对分岔特性的影响

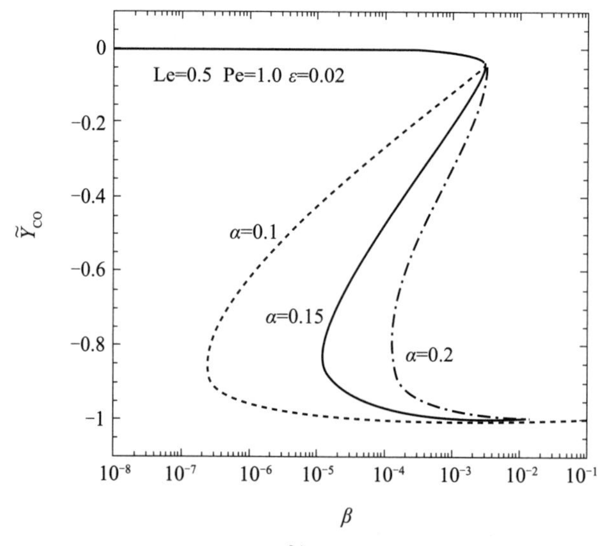

图 7.19 α 值对 $\widetilde{Y}_{CO}$ 分岔特性的影响

（3）ε 对转捩为明火燃烧分岔特性的影响。

图 7.20 所示为 ε 值对煤炭自燃向明火转捩分岔特性的影响。可以看出，随着 ε 值的增大，燃烧温度 $\widetilde{Y}_{max}$ 降低，这是由于 ε 的增大，意味着煤炭活化能的降低，致使煤炭反应速率降低，从而导致煤炭氧化反应中燃烧温度有所降低。同时，熄火点也相应有所降低，着火点和熄火点之间的距离缩小，非稳定区域变窄，这也意味着煤炭自然发火更容易发生明火；而且，着火点也有所降低，这也说明更容易发生明火。由此可以看出，ε 的增大有利于煤炭自然发火中向明火的转捩，着火的临界值 β_{up} 也相应降低。图 7.21 所示为 ε 对 $\widetilde{Y}_{CO}$ 的分岔特性的影响。

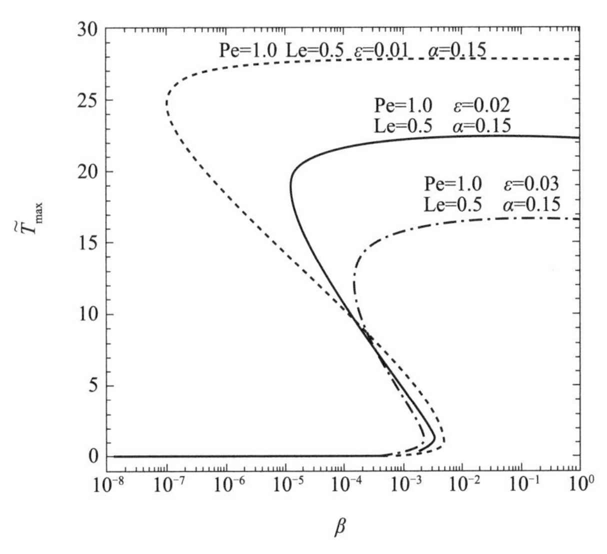

图 7.20 ε 值对分岔特性的影响

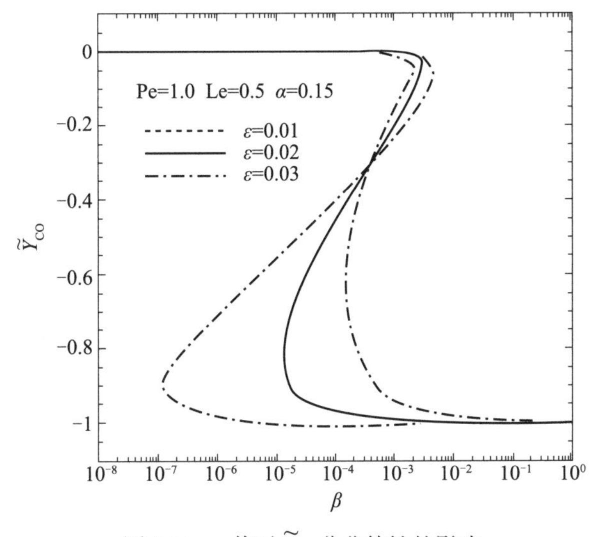

图 7.21 ε 值对 $\widetilde{Y}_{CO}$ 分岔特性的影响

（4）Le 对转捩为明火燃烧分岔特性的影响

图 7.22 给出了 Le 数分别为 0.1、0.5 和 1.0 三种情况下的分岔特性。可以看出，随着 Le 数值的增大，着火点温度和熄火点之间的非稳定区域缩小，这主要是 Le 的增大，就意味着热扩散强度的增大，从而燃料阴燃反应区的温度会有所降低。同时，煤炭自燃熄火点的温度也相应有所降低，着火的临界值 β_{up} 也相应降低。但是，着火点的温度基本上没有变化。图 7.23 所示为 Le 数值的变化对 CO 浓度分岔特性的影响。

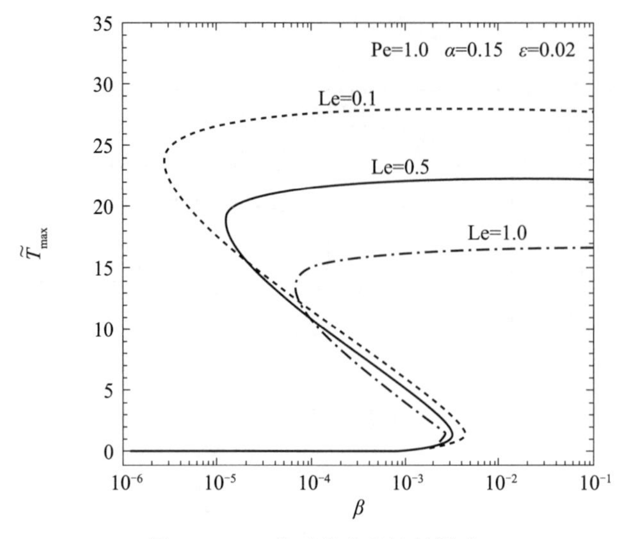

图 7.22 Le 值对分岔特性的影响

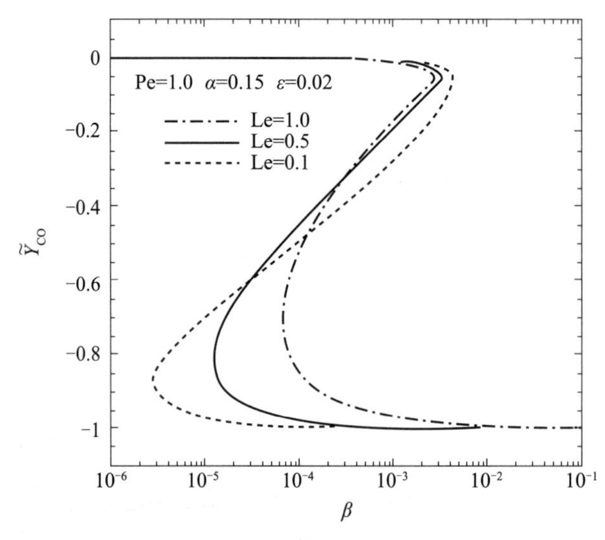

图 7.23 Le 值对 $\tilde{Y}_{CO}$ 分岔特性的影响

（本章主要执笔人：沈阳研究院贺明新，王连聪，张卫亮，宋双林）

第 8 章

矿井火灾预测预报技术

预测技术是在煤层尚未出现自然发火征兆之前，根据煤层的赋存条件、开拓开采条件以及煤本身的氧化放热升温特性等因素，采用不同的方法对煤层自然发火的危险程度、自然发火期、易自燃危险区域等重要火灾参数指标作出超前判识的一种技术。其中主要包括自燃倾向性预测法、因素综合评判预测法、经验统计预测法和数学模型预测法。预报技术是指在煤层开采后，煤与氧接触氧化放热，热量积聚引起温度升高，致使自然发火的危险程度增加，此阶段根据煤自燃进程中的温升、气体释放等变化特征，超前判识自燃状态，对自然发火进行早期识别并预警的技术，称为预报技术。预报方法主要有气体分析法和测温法。最常用的监测特征参数有气体、温度及烟雾等。气体分析法的监测手段主要有检定管、气体传感器、便携仪表及色谱分析仪等。温度监测手段主要有热电偶、测温电阻、半导体测温元件、集成温度传感器、热敏材料、光纤、红外线、激光及雷达波等。

本章介绍近年来沈阳研究院研发的煤自然发火指标气体测定技术、煤自然发火期测试技术、矿井自燃火灾井下光谱监测技术、外因火灾 MEMS 无线监测技术，以及重庆研究院研发的正压束管火灾监测系统，重庆研究院、北京研究院、常州研究院分别研发的分布式光纤测温技术。

8.1 煤自然发火指标气体测定技术

煤炭自燃的发生，要经过准备阶段和自热阶段，然后才能发生燃烧。在这一过程中要发生一系列的物理化学变化，出现各种征兆，释放出火灾气体。在实际生产过程中，人们可以通过观察这些征兆或监测某种气体组分的变化趋势，来判断煤自然发火的态势和进程，以便制定和采取适当的预防和治理措施，防止自燃火灾的发生和发展。煤自然发火指标气体分析法因其实用性和可靠性，受到了普遍重视，现已在煤矿广泛应用。沈阳研究院对不同性质煤样做了大量的试验研究，对不同煤样氧化模拟实验过程中生成气体的组成和数量进行了详细分析，将煤自燃指标气体分为碳氧化合物、饱和烃和链烷比、不饱和烃三类。建立了各类指标气体与煤温、煤阶、煤岩类型之间的数量关系，优选了不同煤类的指标性气体。以此为基础沈阳研究院制定了相关的行业标准《煤层自然发火标志气体色谱分析及指标优选方法》，利用先进的检测技术超前预测煤炭的自热状态。

1988～1990年抚顺分院进行“煤吸附流态氧的燃烧特征及其在矿井火灾预测中的应用”项目研究，并研制了ZRJ-1型煤自燃性测定仪，采用双气路流动色谱法，吸氧量测量范围0.05～4.00ML/g（煤），通过典型煤种煤样的自然发火模拟试验，对煤样氧化自燃气体产物进行了定性和定量分析，指出了各煤种从缓慢氧化阶段发展为加速氧化阶段的灵敏气体指标。

8.1.1 煤炭自燃的早期预报基本原理

煤炭自燃的早期预报是矿井防灭火技术的重要组成部分，国内外学者对此做了大量的研究工作，提出了许多预测方法和指标，最常用的是测定矿内空气成分的变化。根据煤炭热解理论，煤炭在热解过程中，会产生一些正常大气中不含或含量极低的煤炭热解伴生气体（如CO和碳氢类气体等），这些热解伴生气体的生成量与热解发展的程度有关。应用这一理论，可从中选取一种或多种煤炭热解伴生气体，作为煤炭自燃早期预报的指标性气体。指标气体是指在煤氧化过程中产生的能预测和反映其自然发火状态的某种气体。这种气体的产率随煤温的上升而发生规律性的变化。

8.1.2 煤自然发火指标气体测定方法

煤自然发火指标气体产率随煤温上升而发生规律性变化。可以通过人工氧化模拟实验过程中气体的形成特征建立这种关系。

模拟实验的基本原理是：用一定量的空气流或氧气流与装在一定装置内的煤样均匀地充分接触，同时对煤样以一定的温度加热或程序升温至一定的温度，分析煤中释放出的气体成分及含量，得出其随温度升高而变化的规律，从而优选出指标气体，并建立各种指标气体含量与煤温的定量关系。反之，利用模拟实验结果，根据井下气体组成和含量的变化，即可推知煤体温度变化状况，以达到预测预报煤自然发火的目的。

煤自然发火气体产物模拟实验装置流程如图8.1所示。

煤样基本参数如下：①粒度为100目（＜0.15mm）；②质量为1g；③供气流量为100cm^3/min；④升温速率达25～80℃时为0.5℃/min，80～200℃时为1.0℃/min，200～300℃时为2.0℃/min；

取样间隔时间：20min/次。

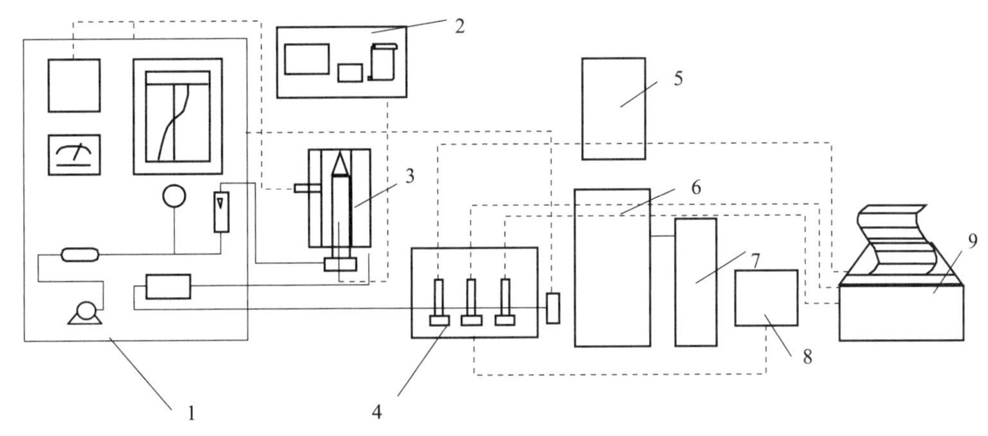

图 8.1 煤自然发火气体产物模拟实验装置流程

1. 控温仪；2. 温度记录仪；3. 电炉和样品管；4. 定量进样器；5. G2800T 色谱仪；6. G3800F 色谱仪；7. 甲烷转化炉；8. 时间延迟器；9. 色谱数据处理机

8.1.3 煤自然发火指标气体优选

一般情况下，煤的自然发火经历三个不同的发展阶段，即缓慢氧化发展阶段、加速氧化阶段和激烈氧化阶段。不同氧化阶段的温度范围和产生的气体产物种类与浓度是不一样的。通常，可用于预测预报煤自然发火进程的气体产物包括 CO、CO_2、C_1–C_4 烷烃、C_2–C_3 烯烃及 C_2H_2 等。

煤自燃气体产物是由煤层在井下环境条件下由于其自燃而释放出来的气体。主要包括两部分：一部分由于煤自身氧化产生的气体产物，即煤自燃氧化气体；另一部分是成煤过程中吸附在其孔隙内的气体，由于煤体温度升高而解吸出来的，称煤吸附气体。煤吸附气体主要成分是 CH_4 和 CO_2，余下的是存量很少的 10^{-6} 级的烷烃气体组分，即 C_2H_6、C_3H_8、C_4H_{10}。这些烷烃气体组分依据其碳原子数的序列性（沸点由低到高的序列）随着煤温的升高而逐一解吸出来。

1. CO 标志气体

CO 气体作为标志气体来预测煤自然发火已经有很长的历史，CO 气体指标在我国得到了普遍应用。CO 气体作为标志气体具有以下特点：

（1）CO 气体的产生量随着煤温的升高而上升，一般情况下，在 C_2H_4 气体出现之前表现为单一递增关系，并基本符合指数关系（图 8.2）。

（2）从煤氧化气体产物的发生量来看，CO 气体产生的绝对量是所有标志气体产物中最大的。

（3）CO 气体产生的临界温度为 40～70℃，并贯穿于整个自燃氧化过程。

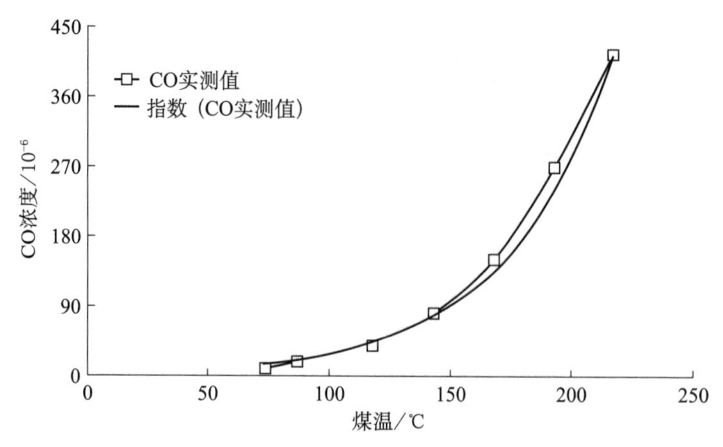

图 8.2　某矿 2 号煤样升温氧化过程中 CO 浓度随温度变化的关系

CO 气体作为标志气体同时还存在一些缺点，虽然在模拟试验中，在 C_2H_4 气体出现之前 CO 气体浓度随煤温的变化较好地符合指数关系，但在现场生产环境下，受风流大小、检测仪器误差、取样地点等因素的影响，很难找出其浓度值所对应的温度值，使得 CO 气体发生量与煤温之间的变化关系不明确，因此，可以利用 1914 年格雷哈姆提出的火灾系数法来减少环境因素产生的影响。随着科学技术的发展和对煤自然发火预测预报的不断深入研究，人们逐渐发现，CO 及其派生指标尽管可用，但并不是唯一的、最准确、最灵敏的指标，尤其对于典型易燃褐煤来说更是如此。

因此，在 CO 标志气体应用时一定要谨慎，不能单从某一个具体检测值来判断自燃火灾态势，应密切注意 CO 气体浓度变化趋势，如果出现连续增长的势头，则应发出自然发火的预警，并配合相应的防、灭火技术措施。另外，建议在现场自然发火预测预报中尽量使用 CO 气体的派生指标，如火灾系数等，以排除风流变化的影响。

2. C_2H_4 标志气体

在煤层吸附的瓦斯气体中，没有 C_2H_4 气体组分，因此可以认为 C_2H_4 气体仅是在煤氧化过程中产生的。虽然 C_2H_4 气体的现场应用同样也遇到和 CO 气体一样的问题，即现场检测到的 C_2H_4 可能时有时无、时大时小，但就其临界温度而言，则具有很大的应用价值。如果现场检测到 C_2H_4 气体则可以断定煤已经开始自然氧化，并且此时的煤温已经超过其临界温度值（110～170℃），这比单纯用 CO 气体又准确了一步，同时也可以根据检测到的 C_2H_4 气体浓度变化的趋势，估计自然发火温度在这一温度段的情况（图 8.3）。

由于 C_2H_4 气体的出现是煤氧化进入加速阶段的标志，因此，如果井下检测到 C_2H_4 气体应尽快采取措施，否则很可能在较短的时间内发展为明火火灾。所以在矿井自然发火预测预报工作中，应密切注意和观察 C_2H_4 气体的出现及其浓度的变化，对矿井防（灭）火工作具有十分重大的意义。

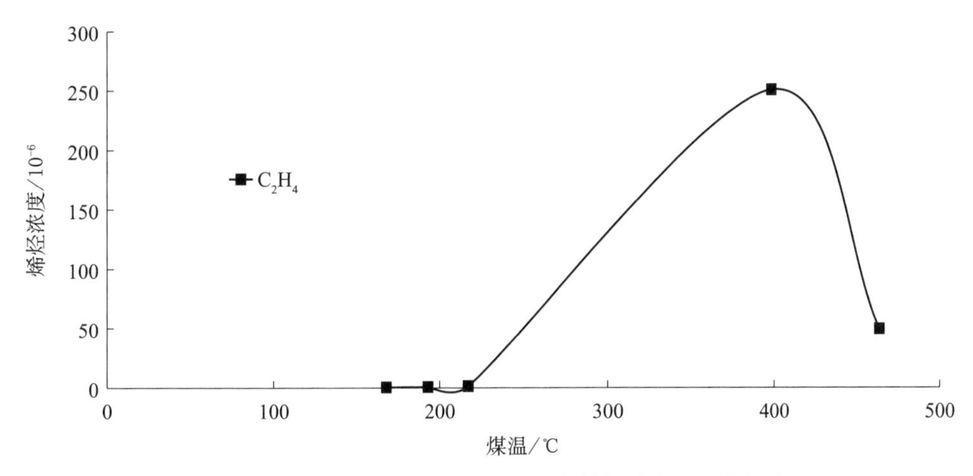

图 8.3 某矿 2 号煤样升温氧化过程中烯烃浓度的变化规律

3. C_2H_2 标志气体

C_2H_2 气体出现的时间最晚，出现的临界温度值也最高，一般情况下，达到 300℃以上（褐煤为 150～190℃。C_2H_2 气体的出现表明煤的氧化已进入剧烈氧化燃烧阶段，因此它是煤自燃进入燃烧阶段的标志。与 CO 和烯烃气体相比，其间有一个明显的时间差和温度差，在矿井防灭火工作中，要充分利用这一段时间，积极采取措施，控制和消灭火灾事故，有效地阻止自燃向燃烧阶段发展，防止事故的扩大。

长期的应用与实践表明：如果在井下监测区域内检测到 C_2H_2 气体的存在，则可以推断在监测区域内某处至少存在已经处于阴燃或明火的高温火点，此时应采取果断的措施，并注意不要将高温体直接暴露于空气中，以免发生明火引燃瓦斯、煤尘等导致事故扩大。

4. C_2H_2/C_2H_6 标志气体比率（烯烷比）

褐煤自然发火过程中，C_2H_4/C_2H_6 值随煤温变化的曲线呈驼峰形，其总规律是起初随着煤温的升高比值逐渐增大，并达到第一次峰值，之后随煤温的升高而下降，随着煤的氧化进入激烈氧化阶段，比值又出现在第二次峰值。

在 C_2H_4 气体产生的开始阶段，其发生速率快于 C_2H_6 气体的增长速度，因而其比值逐渐增高，并且出现第一次峰值，之后煤的氧化进入了加速氧化阶段，C_2H_6 气体发生速率高于 C_2H_4 气体的发生速率，因而比值又开始下降，在接近煤的激烈氧化阶段后，C_2H_4 气体的发生速率又快于 C_2H_6 气体，这样又出现了第二次峰值。因此，第一次峰值出现是煤开始进入激烈氧化阶段的标志，如图 8.4 所示。

5. CO 与 CO_2 的比值

在煤自然发火过程中，CO 是比较灵敏的标志气体。由于井下条件比较复杂，检测到 CO 的地点不一定是高温点，CO 被大量渗流的空气所稀释，其浓度随风流量的变化而变化。所以，仅从 CO 浓度难以判断松散煤体实际自燃状况。利用 CO/CO_2 值来判断煤自燃的状况，可消除风流大小对气体浓度的影响。图 8.5 所示为某煤矿 CO/CO_2 值随煤温的变化趋势，从图中可以得出在低温氧化阶段，CO/CO_2 值较小，在 70℃时，CO/CO_2 值为 0.09；在加速氧化阶段，CO/CO_2 值基本开始增加，130℃时比值为 0.11，160℃时值为 0.20。CO/CO_2 的值曲线随煤温基本呈增大趋势，因此，CO/CO_2 值可作为煤自然发火标志气体优选的辅助指标。

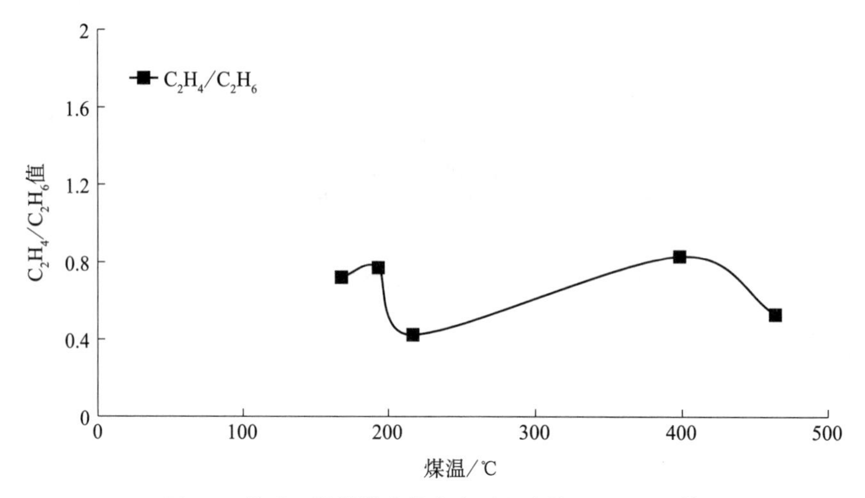

图 8.4　某矿 2 号煤样自然发火过程中的 C_2H_4/C_2H_6 值

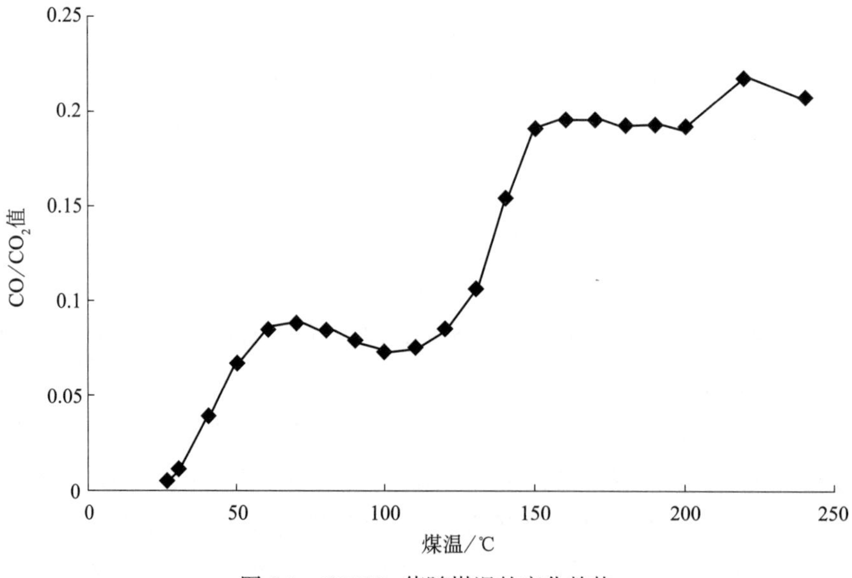

图 8.5　CO/CO_2 值随煤温的变化趋势

8.2　煤自然发火期测定技术

具有自燃倾向性的煤层被揭露后，要经过一定的时间才会自然发火，这一时间间隔叫作煤层的自然发火期，是煤层自燃危险在时间上的量度，自然发火期愈短的煤层，其自燃危险性愈大。它受煤自燃倾向性、地质构造、煤层赋存条件、开采方法、开采工艺、通风及管理等因素影响。通过考虑现场实际的外因条件，建立理论发火期和实际发火期之间的相互联系，进而推算实际发火期。自然发火期比用自燃倾向鉴定结果能更准确、直观地反映煤自然发火的可能性，可为设计采煤方法、制定防（灭）火措施提供依据。

8.2.1　煤层自然发火期分析方法

1. 测试理论

煤炭自然发火是一个渐变的过程，经历潜伏期、自热期等多个阶段。因此，具有自燃倾向的煤层被开采破碎后，要经过一定的时间才会自然发火，这一时间间隔称为煤层的自然发火期，是煤层自燃危险在时间上的度量，自然发火期愈短的煤层，其自燃危险性愈大。

将绝热条件下煤从常温缓慢氧化、自热升温到加速氧化临界温度所需的时间作为煤层实验最短自然发火期，简称煤层最短自然发火期。通过差示扫描量热法（DSC）测定煤样比热容、升温氧化实验确定煤样加速氧化临界温度，以升温氧化实验中气体产物的浓度变化计算煤样的放热速率，根据建立的数学模型解算实验煤样的最短自然发火期。

2. 煤层最短自然发火期的分析计算

前苏联学者 И.В 卡连金提出在绝热条件下煤吸附氧气时所放出的吸附热用于加热煤体和使煤中水分、瓦斯等释放。并把煤体升温达到着火温度所需要的时间作为煤的最短自然发火期。

1）最短自然发火期数学模型

根据其分析和计算理念，结合实验测试方法，可建立最短自然发火期的计算模型并对模型进行分析解算，计算模型为：

$$\tau=\sum_{i=1}^{n}\frac{(C_{\mathrm{p}}^{i}+C_{\mathrm{p}}^{i+1})\cdot(t_{i+1}-t_{i})/2+\Delta W_{\mathrm{p}}\cdot\lambda/100+\Delta\mu_{\mathrm{P}}\cdot Q'}{1440\cdot[q(t_{i})+q(t_{i+1})]/2} \tag{8.1}$$

式中，τ 为煤层最短自然发火期，d；$C_{\mathrm{p}}^{t_i}$、$C_{\mathrm{p}}^{t_{i+1}}$ 分别为煤在温度为 t_i、t_{i+1} 时的质量热容，kJ/(kg·℃)；ΔW_{p} 为 t_i、t_{i+1} 温度段内煤样的水分蒸发量，%；λ 为水蒸发吸热，取 2.26×10^6 J/kg；Q' 为瓦斯解吸热，J/m^3，取平均值 1.26×10^7 J/m^3；$\Delta\mu_{\mathrm{P}}$ 为 t_i、t_{i+1} 温度段内煤样的瓦斯解吸量，m^3/kg；$q(t_i)$、$q(t_{i+1})$ 分别为煤样在温度为 t_i、t_{i+1} 时的放热速率，J/(kg·min)。

（1）瓦斯吸附量。

煤样在不同温度下的吸附瓦斯量按下式计算：

$$\mu_{\mathrm{p}}^{t_i}=\mu_{\mathrm{p}}^{t_0}\exp[n(t_0-t_i)] \tag{8.2}$$

式中，$\mu_{\mathrm{p}}^{t_0}$ 为煤样在实验室内，温度为 t_0 时的瓦斯吸附量，m^3/kg；$\mu_{\mathrm{p}}^{t_i}$ 为煤样在温度为 t_i 时的瓦斯吸附量，m^3/kg；n 为系数，可由下式确定：

$$n=\frac{0.02}{0.993+0.00007P} \tag{8.3}$$

式中，P 为瓦斯压力，kPa。

（2）放热速率。

煤样在不同温度下的放热速率按下式计算：

$$q(t)=q_a\left[n_{O_2}(t)-n_{CO}(t)-n_{CO_2}(t)\right]+n_{CO}(t)\left[h_{CO}^0(298)+\Delta h_{co}^0\right]+n_{CO_2}(t)\left[h_{CO_2}^0(298)+\Delta h_{CO_2}^0\right] \tag{8.4}$$

式中，$n_{CO}^0(t)$ 为给定条件下的 CO 发生率，mol/(kg · min)；$n_{CO_2}^0(t)$ 为给定条件下的 CO_2 发生率，mol/(kg · min)；$n_{O_2}^0(t)$ 为给定条件下的耗氧率，mol/(kg · min)；q_a 为煤与氧化学吸附热，取 58.8 kJ/mol；$(h_{298}^0)_{CO}$ 为 CO 的标准生成焓，取 110.59 kJ/mol；$(h_{298}^0)_{CO_2}$ 为 CO_2 的标准生成焓，取 393.77 kJ/mol；Δh_{CO}^0、$\Delta h_{CO_2}^0$ 分别为 CO、CO_2 在 1.01325×10^5 Pa 压力下、温度为 T 时的焓差。

（3）水分蒸发量。

由于煤在 100℃以下温度段内的水分蒸发量较小，因此近似认为水分的蒸发主要在 100～120℃温度段内完成。ΔW_p 为 t_i、t_{i+1} 温度段内煤样的水分蒸发量，其值等于煤样的全水分含量（原煤样测定值）乘以该温度段所蒸发全水分含量的百分数。通常，100℃以下时蒸发全水分含量的 5%，100～120℃时蒸发全水分含量的 95%。

2）发火期解算

将煤样温度单位换算成热力学温度（K）。根据通入的气体流量算出气体的生成量。再根据式（8.1）所示的数学模型，将升温过程中各温度点的状态参数代入公式进行分段计算，得出煤样依靠自身吸附、氧化放热，由一个温度点升高到另一个温度点所需要的时间。最后，将由常温到临界温度所用的时间相加，即得煤的实验最短自然发火期。

8.2.2 CSCP-1 型煤自然发火期快速测试技术及测试系统

1. 煤自然发火期快速测试技术原理

煤自然发火过程非常复杂，并且煤自然发火期的长短受多因素影响，但只要能准确的测试出实验室条件下的煤最短自然发火期，再考虑现场的实际外因条件对其产生的影响，即可建立起实验最短自然发火期与实际发火期间的联系，从而推算出现场的实际发火期。实验最短自然发火期可定义为最易自然发火的外因条件（即绝热条件）下的煤自然发火期。因此，实验最短自然发火期则可通过实验室试验和解算绝热条件下的控制方程得到。过渡状态理论指出，煤自然发火过程释放的总热量是与反应途径无关的状态函数。也就是说，煤在加速氧化条件下释放的热量与绝热氧化条件下释放的热量是相等的。可以通过测试加速氧化条件下煤释放的热量，使得绝热方程组封闭，从而解算出绝热条件下煤的自然发火期，即实验最短自然发火期。再根据煤矿现场的实际外因条件对实验最短自然发火期进行修正，就可快速得到实际条件下的煤自然发火期。煤矿集团沈阳研究院有限公司根据此原理研发了 CSCP-1 型煤自然发火期快速测试系统，原理技术如图 8.6 所示。

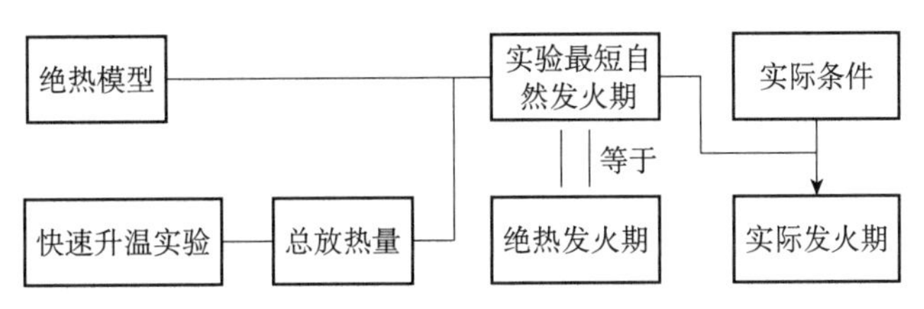

图 8.6 煤自然发火期快速测定技术原理图

2. 煤自然发火期快速测试方法

1）发火期解算

a. 实验最短自然发火期

实验最短自然发火期采用下式，温升分段累加得到：

$$\begin{cases}\tau=\sum_{i=1}^{n}\Delta\tau_i \\ \Delta\tau_{\mathrm{i}}=\dfrac{-B_i\ln\left(T_{i,1}+B_i\right)+0.027R_{i,1}-R_{i,2}}{d_i-{R_{i,1}}^2 b_i/B_i+R_{i,1}a_{i,1}}\end{cases} \tag{8.5}$$

式中，B_i、$R_{i,1}$、$R_{i,2}$、a_i、b_i、d_i 由式（8.6）至式（8.14）计算得到。

$$B_i=\frac{RT_{i,0}^2}{E_i}-T_{i,0} \tag{8.6}$$

$$R_{i,2}=0.03R_{i,1}-B_i\ln\left(T_{i,0}+B_i\right) \tag{8.7}$$

$$a_i=u_{\mathrm{in}}\left(\rho c_{\mathrm{p}}\right)_i^{\mathrm{air}}/\left(\rho c_{\mathrm{p}}\right)_i^{\mathrm{e}} \tag{8.8}$$

$$b_i=\lambda_i^{\mathrm{e}}/\left(\rho c_{\mathrm{p}}\right)_i^{\mathrm{e}} \tag{8.9}$$

$$d_i=-\frac{(1-\delta)q_i}{\left(\rho c_{\mathrm{p}}\right)_i^{\mathrm{e}}}\left(1-\frac{E_i}{RT_{i,0}}\right)\exp\left(-\frac{E_i}{RT_{i,0}}\right) \tag{8.10}$$

$$\frac{T_{i,\mathrm{in}}+B_i}{T_{i,0}+B_i}=\left[1-\frac{\lambda_i^{\mathrm{e}}}{\left(\rho c_{\mathrm{p}}\right)_i^{\mathrm{air}}B_i u_{\mathrm{in}}}R_{i,1}\right]\mathrm{e}^{-LR_{i,1}/B_i} \tag{8.11}$$

$$\lambda_i^{\mathrm{e}}=\delta\lambda_i^{\mathrm{air}}+(1-\delta)\lambda_i^{\mathrm{coal}} \tag{8.12}$$

$$\left(\rho c_{\mathrm{p}}\right)_i^{\mathrm{e}}=\left[\delta\rho_i^{\mathrm{air}}+(1-\delta)\rho_i^{\mathrm{coal}}\right]\cdot\left[\delta c_i^{\mathrm{air}}+(1-\delta)c_i^{\mathrm{coal}}\right] \tag{8.13}$$

$$\left(\rho c_{\mathrm{p}}\right)_i^{\mathrm{air}}=\rho_i^{\mathrm{air}} c_{\mathrm{p},i}^{\mathrm{air}} \tag{8.14}$$

式中，τ 为实验最短自然发火期，s；$T_{i,0}$ 为第 i 个温度区间起始温度，K；$T_{i,1}$ 为第 i 个温度区间终止温度，K；$\Delta\tau_i$ 为在温度区间 i 内，煤温由 $T_{i,0}$ 升高到 $T_{i,1}$ 所需的时间，s；R 为通用气体常数，J/(mol·K)；E_i 为温度区间 i 内煤的活化能，J/mol；L 为监测点与进气口的距离，m；u_{in} 为煤样内空气渗流速度，m/s；ρ_i^{air} 为温度区间 i 内空气的密度，kg/m^{-3}；$c_{\mathrm{p},i}^{\mathrm{air}}$ 为温度区间 i 内空气的定压质量热容，J/（kg·K^3）；ρ_i^{coal} 为温度区间 i 内煤的密度，kg/m^{-3}；$c_{\mathrm{p},i}^{\mathrm{coal}}$ 为温度区间 i 内的质量热容，J/（kg·K^3）；δ 为松散煤体孔隙率；$T_{i,\mathrm{in}}$ 为进气口空气温度，K；λ_i^{air} 为温度区间 i 内空气的导热系数，W/（m·K）；$\lambda_i^{\mathrm{coal}}$ 为温度区间 i 内煤的导热系数，W/（m·K）；q_i 为温度区间 i 内煤的放热量，J。

b. 实际自然发火期

（1）修正系数。

修正系数采用下式计算：

$$S=\frac{t_{\mathrm{zp}}}{t_{\mathrm{z}}}\sum_{i=1}^{12} a_{2i} \tag{8.15}$$

式中，t_{z} 为实验最短自然发火期，d；t_{zp} 为矿井自然发火期统计平均值，d；a_{2i} 为自然发火期外部影响系数值。

沈阳研究院根据实际情况设定了各因素、各类别影响系数 a_{2i} 的数值。实际应用中，可直接根据矿井的实际条件对应确定影响系数 a_{2i} 值。

（2）实际自然发火期计算。

实际自然发火期采用下式计算：

$$t=St_{\mathrm{z}} \tag{8.16}$$

式中，t 为实际自然发火期，d；t_{z} 为实验最短自然发火期，d；S 为修正系数。

2）煤自然发火期快速测试系统

沈阳研究院研发了 CSCP-1 型煤自然发火期快速测试系统。对加速氧化条件下煤释放的热量进行测定，系统配备自动软件，启动测试系统后，系统将自行运行至预先设定的终止温度，软件将自动采集实验过程中相关数据，测试系统如图 8.7 所示。

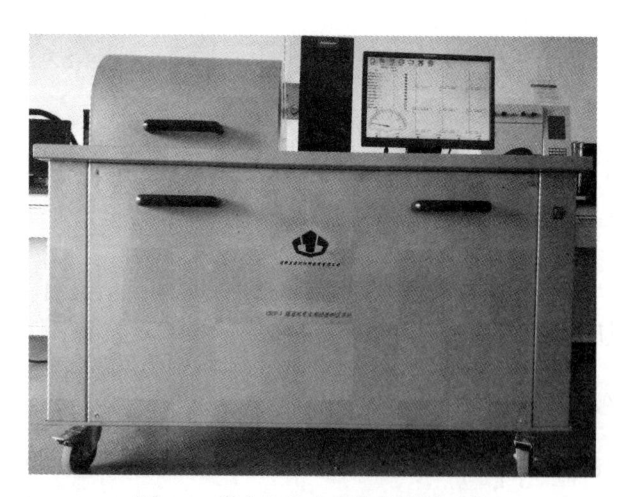

图 8.7　煤自然发火期快速测试系统

3. 煤自然发火期快速测定技术应用情况

采用 CSCP-1 型煤自然发火期快速测试系统，沈阳研究院测试了辽宁抚顺、铁法，内蒙古平庄、鄂尔多斯，宁夏石嘴山，山西西山、吕梁，新疆石河子等矿区煤样，取得了非常好的应用效果，测定结果如表 8.1 所示。

表 8.1 煤自然发火期测定结果

矿井名称	取样地点	实验室测定结果 /d	现场统计结果 /d
老虎台矿	38004 工作面	24	13～32
六家矿	W Ⅱ S6～3 二段工作面	62	53～90
大兴矿	北二 405 工作面	35	20～50
补连塔矿	22305 工作面	72	63～102
乌兰矿	Ⅱ 030803 工作面	49	30～67
杜儿坪	73802 工作面	89	73～121
沙曲	21501 工作面	93	84～140
塔西河	B_9 工作面	67	49～97

8.3 自燃火灾井下光谱监测技术

20 世纪 80 年代，火灾色谱束管监测技术开始在煤矿推广应用，我国大部分煤矿仍采用该项技术进行火灾预测预报，其存在分析周期长、束管管路长、易漏气、远距离取气困难、气样失真等弊端。沈阳研究院“十二五”期间，基于光谱原理研发了矿井井下火灾光谱监测技术。气体分析采用光谱原理，能够即时分析井下气体组分，反应时间在 10s 以内，测试效率明显优于色谱分析，实现了气体井下实时分析，并将分析数据实时上传至地面。该系统已获得国家矿用产品安全标志认证，光谱分析部分设置在井下，大大缩短了束管管路长度。减少了维护成本，增加了系统可靠性，提高了气体取样速度，是取代国内现有色谱束管系统的理想方案。

8.3.1 基本技术原理

1. 红外光谱气体浓度测定原理

当以一束连续波长的红外光照射某一物质时，由于物质对光的选择性吸收，部分红外光被物质吸收，引起分子振动（含转动）能级的跃迁，由此形成的分子吸收光谱称为红外吸收光谱，亦称振 - 转光谱。由于各种物质分子内部结构的不同，分子的振动 - 转动光谱能级也各不相同，它们只对红外波长的辐射进行选择性吸收，能反映出它们在振动 - 转动光谱区域内吸收能力的分布情况。分子的振动 - 转动能级特征就像指纹那样，可以从红外光谱的波形、波峰、强度、位置及其数目来推断和研究物质分子的内部结构。根据分子的这一特性，通过所测气体的红外光谱数据便可以得到所测气体的浓度，这就是基于红外光谱法进行气体浓度测量的基础。

气体浓度光学分析遵循朗伯–比尔（Lambert-Beer）定律，当用一束具有连续波长的光照射分子时，分子会选择地吸收某波长的光子而产生能量跃迁，由异原子组成的气体分子（如 CO_2、CO、CH_4、SO_2、H_2O 等）对红外线有强烈的吸收。当红外线通过待测气体时，这些气体对红外线有吸收作用，出射光强总是小于入射光强，且其吸收与气体浓度呈指数关系，由此实现对气体浓度的测量。朗伯–比尔定律的原理见图 8.8。

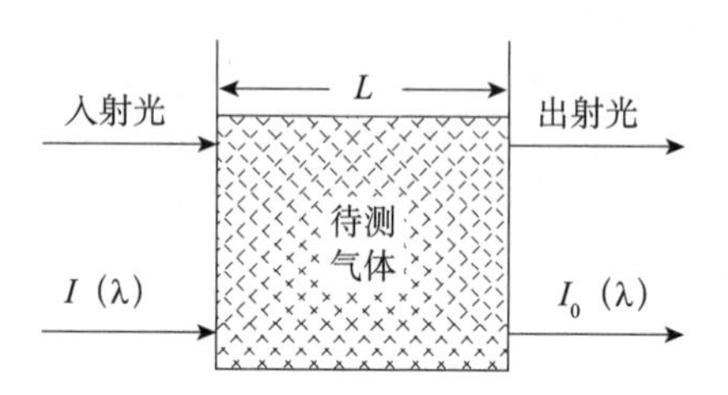

图 8.8　朗伯–比尔定律的原理图

图 8.8 中，设入射平行红外线强度为 $I(\lambda)$，经过气体吸收后的出射光强度为 $I_0(\lambda)$，待测气体吸收层长度为 L，则有：

$$I(\lambda)=I_0(\lambda)\mathrm{e}^{-k(\lambda)LC} \tag{8.17}$$

式中，$I(\lambda)$ 为入射光强度；$I_0(\lambda)$ 为经过气体吸收后的出射光强度；L 为气体吸收层长度；C 为气体的浓度；$k(\lambda)$ 为气体在波长为 λ 光中的吸收系数。式（8.17）等效变换后得：

$$C=\frac{1}{k(\lambda)L}\ln\frac{l_0}{l} \tag{8.18}$$

由式（8.18）可知，当被测气体 $k(\lambda)$、L、$I(\lambda)$ 一定时，通过检测 $I(\lambda)$ 经过待测气体吸收后的出射光强度 $I_0(\lambda)$，就可计算出被测气体浓度 C。

2. 井下光谱监测系统组成及工作原理

1）系统组成

煤矿气体光谱束管监测系统由束管、采样控制、气体预处理、气体分析、数据采样、数据分析、打印输出、抽气泵等部分组成（图 8.9）。

各部分具体功能如下。

（1）束管部分：运载井下气体。

（2）采样控制部分：按规定的序列及时间将气体送入进气盒中。

（3）气体预处理部分：把定量、符合条件的气体送入气体分析装置（光谱仪）中。

（4）气体分析部分：分析气样组分及各组分含量。

（5）数据采样部分：采集光谱仪分析后的数据结果。

（6）数据分析部分：对已知含量气体数据进行再处理，获取爆炸三角形、火灾危险程度、爆炸危险性等信息。

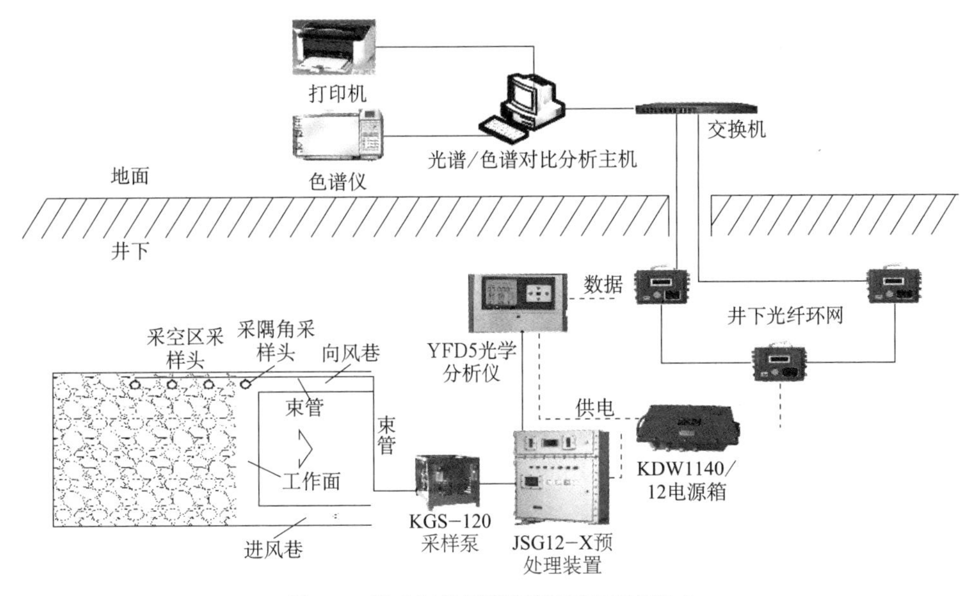

图 8.9　煤矿气体光谱束管监测系统组成

（7）打印输出部分：输出分析报表、图表、曲线等信息。

2）工作原理

系统工作时，启动抽气泵，使束管内形成负压。井下环境的压力大于束管内的压力，井下气体被吸入束管，到达井上束管气路（电磁阀前）处于等待状态。光谱仪处于就绪工作状态时，计算机输出自动控制，驱动某一路束管的电磁阀处于通路状态，该路束管内的气体被送入光谱仪，分析完后原始数据存储于数据库中，并在微机屏幕显示谱图。

对原始数据进行再处理，显示气体含量、绘制动态爆炸三角形、判断爆炸危险性与火灾危险程度，将再处理后的数据保存至数据库中，用户可对该数据库中保存的结果按条件，进行报表、图表、曲线等操作。根据需要可将结果通过打印机输出。至此完成该路检测分析过程。

多路检测时，微机按预先设定好的检测顺序循环进行，可实现连续监测与分析，所有分析数据均保存于数据库中，以便以后对数据进行查询。束管监测系统的结构如图 8.10 所示。

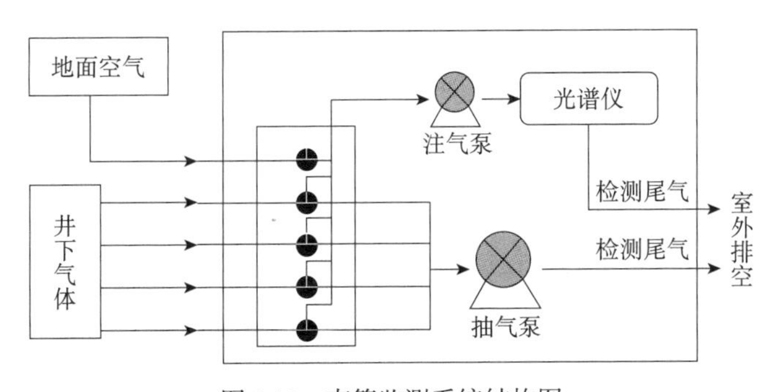

图 8.10　束管监测系统结构图

8.3.2　系统功能及技术特点

1. 监测气体种类与检测范围

光谱束管监测系统可检测的气体主要有 CO、CO_2、CH_4、C_2H_6、C_3H_8、SF_6、C_4H_{10}、C_2H_2、C_2H_4、C_3H_6、O_2、H_2，检测范围如表 8.2 所示。

表 8.2　光谱束管监测系统环境气体检测精度范围

气体名称	检测范围	气体名称	检测范围
CO	1×10^{-6}～100%	C_4H_{10}	1×10^{-6}～0.5%
CO_2	100×10^{-6}～20%	C_2H_2	0.5×10^{-6}～0.3%
CH_4	1×10^{-6}～100%	C_2H_4	1×10^{-6}～0.3%
C_2H_6	1×10^{-6}～0.5%	C_3H_6	1×10^{-6}～0.3%
C_3H_8	1×10^{-6}～0.5%	O_2	0～30%
SF_6	0.5×10^{-6}～0.3%	H_2	0～3000×10^{-6}

2. 系统功能

煤矿气体光谱束管监测系统具有很强的数据分析和处理能力，能对监测数据进行汇总，生成统计报表和进行趋势分析等，以动态图形、曲线、表格等方式输出显示。主要体现在以下几个方面：

1）自燃火灾预防功能

通过连续监测煤自燃过程中标志气体组成、浓度变化规律，早期预测预报煤层自然发火程度，防止自然发火和瓦斯爆炸。

2）历史数据查询功能

系统数据可保存多年，为判断密闭火区的发展情况和火区的熄灭程度以及启封火区提供科学数据。

3）利用数据库分析某一测点气体含量在一段时间内变化情况的功能

在采用惰气防灭火作业中，跟踪了解作业区惰化情况，为制定针对性的灭火措施提供参考。

4）报警功能

检测点气体含量超限时工作站自动报警，同时显示报警信息。

5）报表功能

具有报表、曲线、储存、打印功能，能提供检测日报、月报、检测图谱报，气体含量变化趋势报表等。

6）系统具有自动控制、连续循环监测功能

系统输出功能齐全，对采样点自动巡回采样，可对气体进行浓度分析，分析数据由计算机存储，并计算有关参数，发出自然发火报警。

3. 技术特点

煤矿气体光谱束管监测系统采用光谱分析技术，分析精度高、稳定性好、易维护。分析设备、传输设备为矿用本质安全型，布置在井下，解决了煤矿现有束管系统束管管路长、测量误差大和检测结果严重滞后的实际应用问题，做到了就地取样、原位检测、实时分析，分析结果快速上传。煤矿气体光谱束管监测系统采用先进的束管取样技术、气体分析技术，保证了数据的可靠性和精度。系统设计合理、技术先进、自动化程度高、运行安全可靠、操作方便、易维护。井下被测地点的气体在负压作用下，经采样器、单路气水分离器、单芯束管、束管分线箱、束管主管缆到气水分离器箱，经井口至监测室内的气路控制装置后经抽气泵放空；系统在工作站软件的控制下，将选定气样送入光谱仪进行分析，可实现自动采样，连续监测，具有数据查询、趋势数据查询、趋势曲线显示、打印等功能，并具有对矿井可燃气体爆炸危险性及火灾危险程度的智能判别功能。该系统具有以下几点优势：

1）实用性

充分利用了成熟的先进技术，同时又要防止因应用系统在设计上的缺陷而造成系统处理能力不足。

2）先进性

设计充分考虑网上通用模式，兼顾系统在网络平台、硬件平台和系统软件平台技术的要求，符合当今技术发展方向的应用系统。具备在选定的各平台上进行持续性开发，可以保证该项技术不断更新的能力，保持系统平台的先进性。

3）稳定性

采用主流产品，以保证系统的高质量和稳定性。系统应最大限度集成世界上最稳定且优秀的技术及组件，采用成熟技术，降低了系统不稳定性。

4）可操作性

界面友好统一，充分考虑操作人员的特点，使数据处理工作简单、方便、快捷。业务流程清晰，符合常规业务处理习惯，系统数据维护方便，备份及数据恢复快速简单；系统配置体现自动化，尽量避免复杂的系统配置文件。

5）可扩展性

设计充分考虑对已有投资的保护及对系统的随时扩展，对已建立的网络基础平台提供完备的整合方案，并切实体现在应用系统的分析、设计和实现过程中。

6）标准化

符合国家煤矿安全生产建设标准，应用软件开发符合国家软件开发规范和要求，便于维护和扩展。

8.3.3　应用案例

煤矿气体光谱束管监测系统已在神华榆神公司郭家湾、青龙寺等煤矿安装应用。在井上井下安装了系统装备：井上部分包括交换机、分析主机和打印机，井下部分包括环网交换机、光学分析仪、气体预处理装置、气体采样泵、电源箱、束管、前端采样器和其他附件。郭家湾矿井束管管路减少 5km，青龙寺束管管路减少 7km。实现了井下气体即时分析，加快了气体巡检速率，监测数据精度高，减少了束管管路巡查工作量。系统可进行气体含量显示，动态爆炸三角自动绘制，爆炸危险性自动判断，报表、图表、曲线自动生成等，提高了矿井监测监控的自动化。截至 2016 年 4 月，郭家湾正常运转 400d 以上未出现故障，提高了矿井束管系统可靠性。

8.4 正压束管火灾监测系统

煤科总院研发了多套束管监测系统，其中重庆研究院 JSG8（C）型正压束管火灾监测系统采用负压取气、正压送气地面取样分析，解决了超远距离取样难度大、管路积尘、积水冬季结冰影响的难题。

8.4.1 煤矿正压束管火灾监测理论

1. 井下火灾束管监测系统概况

井下火灾束管监测系统按检测方法的不同可以分为传感器型束管系统和色谱型束管系统。传感器型束管系统采用不同传感器来检测分析气体浓度，例如 CO、CO_2、CH_4 和 O_2 等传感器；色谱型束管系统采用气相色谱仪对气体浓度进行分析。

利用负压抽气的办法（一般采用水环真空泵抽气）将气体抽送到分析检测系统（气体浓度传感器或者气相色谱仪）中进行分析检测，但从理论和实践上来说，都存在一些本身难以解决的问题，使得该类型束管在实际应用上难以达到较好的效果，其主要表现在：

（1）负压束管沿途的环境气体易于进入束管内，造成所检气体组分和浓度失真。

（2）负压束管破损不易察觉，容易造成检测点浓度发生变化。

（3）负压束管易于堵管和冻管，在负压大的情况下可能导致管路被自身负压压扁。

（4）采用水环真空泵在抽气过程中水分会随着气体进入检测器，影响检测的准确性和检测器的使用寿命。

（5）气样不能够自动进入分析装置中去，需要泵加压才能进入气相色谱。

2. 正压束管火灾监测优越性

正压束管系统可以确保气体成分和浓度与监测区域气体相同，达到完全不失真的要求；不需要复杂的气路切换装置，系统简单可靠，可以连续对多种气体的组分和浓度进行检测，检测结果完全准确可靠；各路气体由于是分布式的，某一路气体正压输送泵出现故障时不影响其他路进行正常监测；正压输送泵产生的输送动力远大于负压抽气，可以快速输送气体。

8.4.2　煤矿正压束管火灾监测系统组成及工作原理

1. 系统组成

正压束管火灾监控系统主要由井下的束管管缆、气体采样泵、电磁启动器、远程馈电断电器、监控分站和井上的束管控制柜、气相色谱仪及数据分析工作站组成，可同时采集16个点的气样。束管系统无需人工干预，可自动完成输气、气路切换、进样、检测、结果分析、自动保存等工作。数据分析工作站可以自动绘出检测点各种组分含量的变化趋势图，判断是否具有自燃、爆炸的危险性；系统参数可以自动保存并具有备份的功能。其工作过程为：通过软件系统控制电磁阀，电磁阀按照设定程序对多路气体进行切换，需要测试的一路气体在正压泵的作用下，由负压气体转换成正压气体，然后加压输送到气相色谱仪或者多种气体浓度传感器中分析检测，数据采集系统对流量传感器、气相色谱仪或者多种气体浓度传感器的数据进行采集，控制系统、数据采集系统均与工作站互联。正压束管监控系统构成如图 8.11 所示。

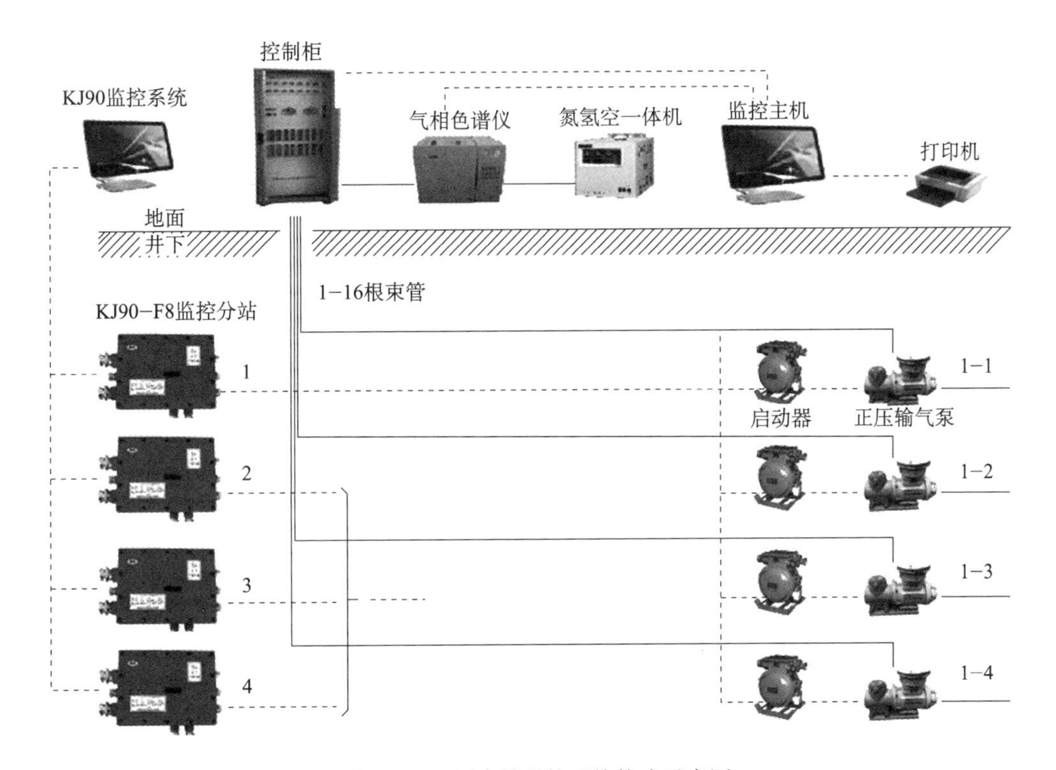

图 8.11　正压束管监控系统构成示意图

2. 工作原理

煤矿正压火灾束管监测系统对煤矿井下工作面、采空区的气体使用束管通过正压输气方式输送到地面，然后通过分路控制，自动将采样气体送入气体分析仪中，由上层网管软件直接读取气体分析结果，并对结果进行火灾安全分析、判断。用户在地面可以对井下火灾安全情况进行实时监控，随时准确掌握井下火灾安全状况。

8.4.3 系统功能及主要技术特点

1. 硬件功能

（1）多点集中监测中使用的自动巡回采样装置，每路最长时间为 12min。

（2）正压输气泵能保证长时间连续工作，设有备用泵。

（3）远程控制正压输气泵运行或停止。

（4）气体采样管路自动任意切换。

（5）取样装置采用间断送气，每次送入气相色谱仪的气样不少于 0.5 mL。

（6）可同时采集 16 个点的气样。

（7）抽取气样的井下束管内径不小于 8mm。在取样点空气入口处设有滤尘器，在井下取样的管路中能及时有效地排除管路中的冷凝水，在管路中设有滤水器。

（8）在取样装置入口处设有火焰消焰器。

2. 软件功能

（1）系统软件具备控制控制箱及色谱进样的功能，可任意设置检测路数及循环次数。

（2）系统软件具备数据接收和分析的功能。

（3）系统软件具备数据储存功能，历史数据存储时间大于 30d。

（4）系统软件具备浓度超限报警功能。

（5）系统软件具备显示功能：以示意图的形式反映日趋势曲线、月趋势曲线。

（6）系统软件具备监测数据查询、报表打印功能。

（7）具有完善的帮助系统。

8.4.4 应用案例

煤矿正压火灾束管监测系统由井上和井下两部分构成，主要部件有气体采样泵、电磁启动器、远程馈电断电器、监控分站和井上的束管控制柜、气相色谱仪及数据分析工作站。已在重庆能投南桐矿业公司东林煤矿等矿安装应用。

8.5 分布式光纤测温技术

近年来分布式光纤测温技术已在矿井推广使用，其中北京研究院研发了 KJ268 分布式光纤测温系统，重庆研究院研发了 KJ190(A) 矿用分布式光纤测温及灭火系统以及常州研究院研发了 ZD5 煤矿火灾多参数监测装置。各型号分布式光纤测温系统均可对煤矿采空区、胶带机、动力电缆等重点区域的温度进行实时在线监测，实现煤矿火灾早期预警及发火位置精确定位。具有域连续测温、响应时间快、测温精度高、定位精度高和测温光缆本质安全等优势。

8.5.1 技术原理

分布式光纤测温技术基于拉曼散射原理，具有光信号的发生、光学滤波、光电转换、信号放大和处理等功能。分布式光纤测温技术原理如图 8.12 所示。在同步控制单元的触发下，光发射机产生一大电流脉冲，该脉冲驱动半导体激光器产生大功率的光脉冲，并注入激光器尾纤中，从激光器尾纤输出的光脉冲经过光路耦合器后进入一段放置在恒温槽中的光纤（用于系统标定），然后进入传感光纤。当激光在光纤中发生散射时，携带有温度信息的拉曼后向散射光返回到光路耦合器，光纤分路器不但可以将发射光脉冲直接耦合至传感光纤，而且可以将散射回来的不同于发射波长的拉曼散射光耦合至分光器。光纤波分复用器由两个不同中心波长的光滤波器组成，它们分别滤出 Stokes 光和 Anti-Stokes 光，两路光信号经过接收机时进行光电转换和放大，然后由数据采集单元进行高速数据采样，转换为数字量然后经过进一步的信号处理（提高信噪比），用于温度的计算。

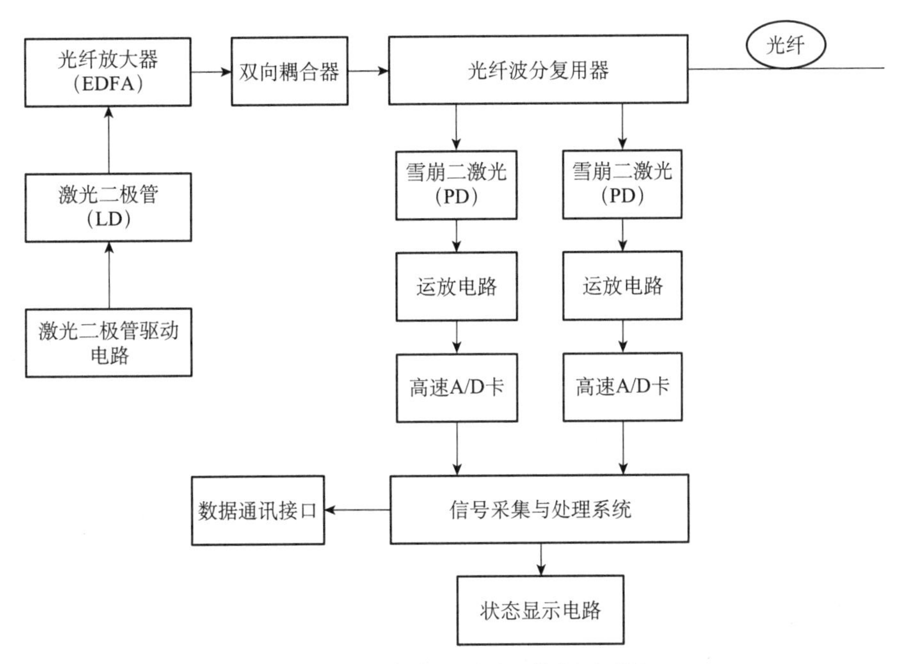

图 8.12　分布式光纤测温技术原理图

在矿井的巷道和采空区内，测温光缆感应光信号变化，通过主光缆传递到地面监控室，由分布式光纤传感解调主机进行信号解调，把光信号转化为电信号，输出实时温度，并自动记录。

分布式光纤测温系统集光纤通信、光纤传感、信号解调、报警控制等功能于一体，具有光信号的发生、光谱滤波、光电转换、信号放大和处理等功能。系统采用长距离多模测温光缆作为温度传感器，与传统的电子温度传感器相比，具有本质安全、耐腐蚀和不受电磁干扰等优点。光缆沿走向敷设于井下巷道、工作面及采空区内，连续监测长距离大范围的环境温度信息，由于井下条件特殊，需要在多模光缆外面加工一层特殊铠装，比普通铠装坚硬但具有透气性。比较常用的有煤科集团沈阳研究院有限公司研发的矿用加强型测温光缆，可以直接铺设，无需套管保护。

8.5.2 工艺过程

矿用分布式光纤测温及灭火系统将广泛应用于火灾检测的感烟火灾探测器、气体火灾探测器、分布式光纤感温火灾探测器及红外辐射感温技术集合于一个系统平台，实现对胶带机、动力电缆及其他重点火灾监控区域的温度、烟雾、一氧化碳和煤尘状况进行实时监测、超标报警及报警位置的准确定位等功能。在不同位置和状态的报警事件发生时，控制装置可实现自动停机和局部洒水灭火的功能，保证相关设备的安全运行。该系统功能全面，能够独立运行，也可以接入综合监控系统平台。

系统主要由火灾探测用传感器、监控装置、洒水灭火装置及其他必要设备组成，系统构架如图 8.13 所示。其中火灾探测用传感器包括分布式光纤测温主机、烟雾传感器、一氧化碳传感器。监控装置包括监控中心站、网络交换机、监控分站、阀门控制器、管道水压力传感器、开停传感器、声光报警器。洒水灭火装置包括电动阀、电磁阀、过滤器、水管、喷头。

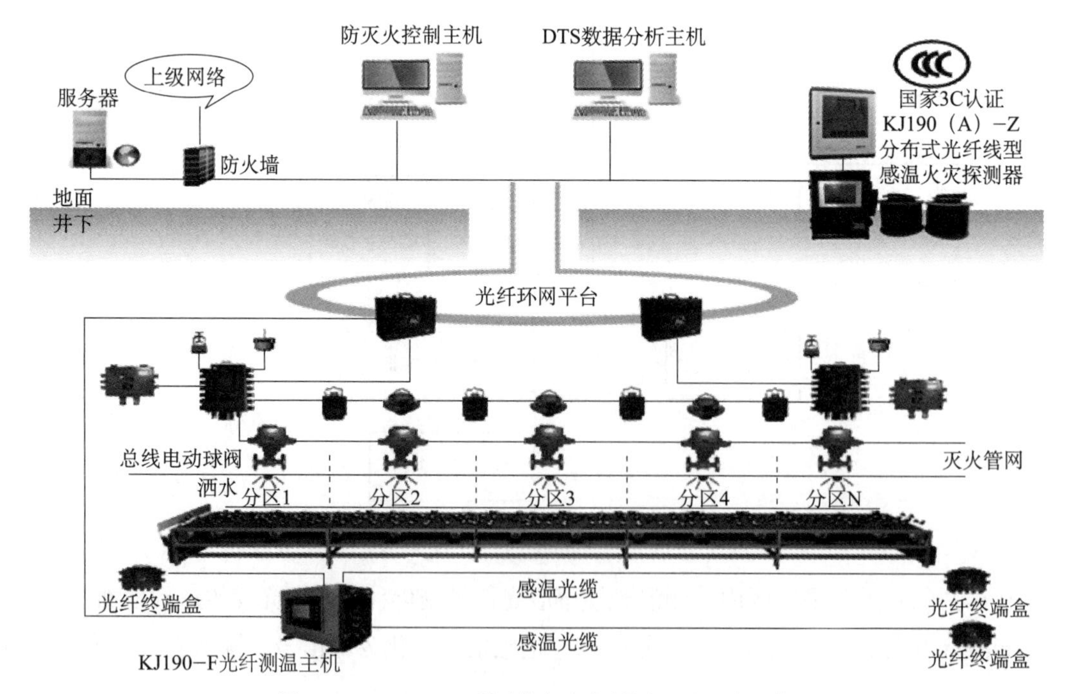

图 8.13 KJ190(A) 矿用分布式光纤测温及灭火系统

8.5.3　性能指标及功能特点

1. 系统技术指标

（1）系统容量：8 台分布式光纤测温主机。

（2）测量精度：±1℃；定位精度：1m、0.5m 可设置。

（3）温度测量范围：-40～+200℃，分辨率：0.1℃。

（4）温度测量响应时间：＜10s/ 通道。

（5）矿用隔爆兼本质安全型光纤测温主机技术指标：①交流输入电压：127、220、660V AC。②信号输出口：具有 1 个以太网光口（单模光纤 SC 接口）；1 个本安以太网电口。③温度测量：a）范围：-40～+200℃；b）分辨率：0.1℃；c）误差：±1℃；d）响应时间：＜10s/ 通道（根据需求可自由设置）。④测温通道数：2/4。⑤最小采样间距：1m（0.2m 可选）。⑥单通道最大测量距离：10km，定位误差：1m、0.5m 可选。⑦测温光缆规格：常用 50（62.5）/125 多模光纤。⑧可扩展控制输出口：可配 48 路继电器输出（消防功能扩展）。

（6）测温光缆技术指标系统。采用 MGJS（2.6）矿用感温光缆，结构如图 8.14 所示。①结构：FRNC（低烟无卤阻燃化合物）外护套、芳纶纱线、无凝胶不锈钢松套管、一次涂覆光纤。②光缆主要技术参数：纤芯为 MM 50（62.5）/125 μm；渐变折射率多模光纤为 600 等级；衰减为小于 0.7db/km@1300nm，小于 2.4db/km@850nm；传输带宽为大于 600MHz@850nm 和 1300nm，光缆直径为 ϕ 4.5mm。③正常工作温度：-40～+120℃。④短时间能承受的温度：-50～+200℃。⑤最大抗压力：960N/cm。⑥最大抗拉力：1100N（长时间），1500N（短时间）。⑦质量：100kg/km。⑧防护等级级别：IP66。

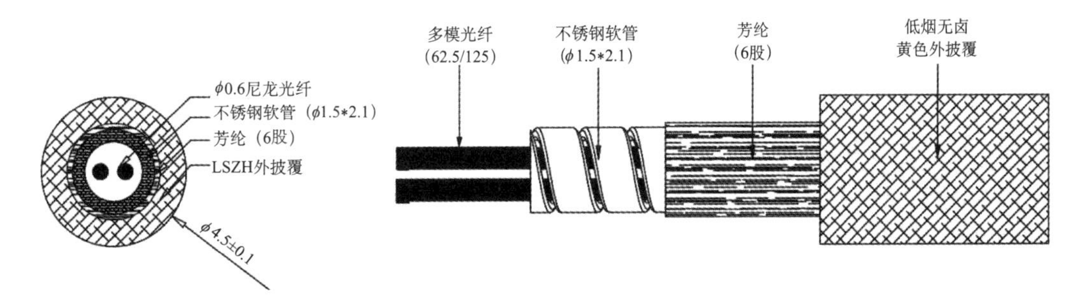

图 8.14　MGJS（2.6）矿用测温光缆

2. 系统功能

（1）系统具有测温主机各个通道温度数据采集、显示及报警功能。

（2）系统具有一氧化碳、粉尘浓度等模拟量采集、显示及报警功能。

（3）系统具有开停、烟雾等开关量采集、显示及报警功能。

（4）系统具有阀门控制器运行状态采集、显示及报警功能。

（5）数据分析功能。①系统具有准确检测皮带长廊、电缆隧道等现场环境温度场变化趋势，检测胶带输送机、电缆接头等关键点温度，实现对监控区域火灾预警的功能。②系统具有定位温度异常区域的功能。

（6）报警及控制功能。①系统具有设定温度报警功能（温升斜率报警、绝对温度报警以及相对温度报警）。②系统具有设定一氧化碳、烟雾、粉尘报警功能。③判断出火灾报警时，由声光报警器设备进行声光报警，并开启关联洒水灭火装置。④火灾探测用传感器达到或超过断电阈值时，切断被控设备电源并闭锁；火灾探测用传感器解除报警时，自动解锁。⑤系统具有地面中心站手动遥控被控设备断电 / 复电功能，并具有操作权限管理和操作记录功能。⑥系统具有地面中心站手动遥控洒水灭火装置开启 / 关闭功能，并具有操作权限管理和操作记录功能。

（7）自诊断。系统具备自诊断功能，当系统中测温主机、分站、电源、阀门控制器等设备发生故障时，报警并记录故障时间和故障设备，以供查询及打印。

8.6 外因火灾 MEMS 无线监测技术

随着微电子机械系统（micro-electro-mechanical system，MEMS）技术的发展，使得煤矿井下皮带火灾全长实时在线监测成为可能。“十二五”期间，沈阳研究院研发了基于 MEMS 技术的外因火灾无线监测技术，首次将 MEMS 技术引入到煤矿安全监测领域，实现了皮带火灾全长的实时在线监测。

8.6.1 基本技术原理

MEMS 技术是在微电子集成电路工艺和微机械技术基础上发展起来的一门多学科交叉技术。MEMS 器件包括微传感器、微执行器、信号处理和控制电路、通信接口和电源部件等。其外形尺寸在毫米量级以下，构成的器件尺寸为微米到纳米量级。MEMS 是集微型传感器、微执行器以及信号处理和控制电路、接口电路、通信和电源于一体，具有信息获取、处理和执行等多功能的完整微电子机械系统。典型 MEMS 系统与外部对象相互作用如图 8.15 所示。

MEMS 加工技术的出现，使得传统传感器的生产与应用发生了重大变革，产生了微传感器和微执行器。一般的 MEMS 微传感器系统组成结构如图 8.16 所示。首先由微传感器感测环境系统中某项物理量的变化，由于感测到的信号十分微小，需经放大电路进行放大，将信号传输给信号处理电路，再经微处理器输出控制信号，从而使得微控制器能够对微执行器进行相应的操作。

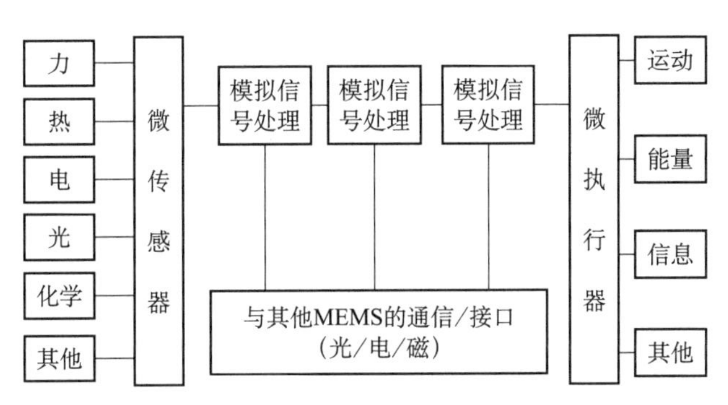

图 8.15 典型 MEMS 系统与外部对象相互作用示意图

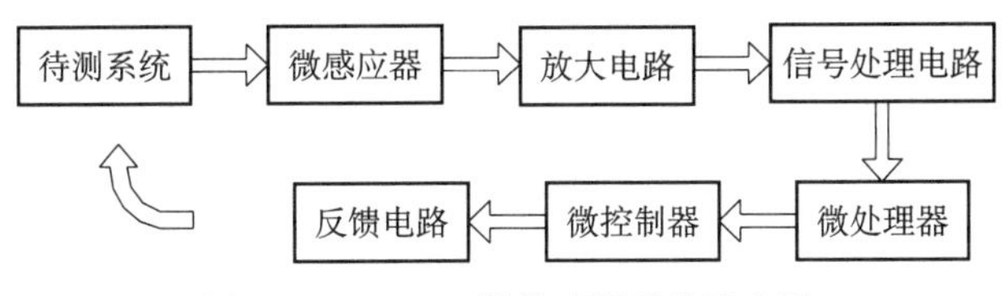

图 8.16 MEMS 微传感器系统示意图

8.6.2 技术特点及主要性能

2015 年沈阳研究院成功研发出基于 MEMS 技术的皮带火灾监测系统，首次将 MEMS 技术引入煤矿安全领域。该煤矿皮带火灾无线监测系统由主机、网络服务器、网络终端、无线读卡分站、无线温度传感器等设备及管理软件组成。具有对皮带托辊定位、皮带托辊温度测量、绘制皮带托辊温度实时性曲线、显示、打印、存储、查询、预警、管理等功能，系统采用 ZigBee 的无线传感网络技术，实现温度测量值的信号传输，使得系统具有安装方便、组网灵活、通信效率高等特点。该系统如图 8.17 所示。

该系统的主要特点及性能参数如下：

1）测温方便精确

无线温度传感器采用德州仪器的低功耗数字测温芯片，接触式测量，读取温度误差小于 ±2℃。

2）组网方式灵活

无线温度传感器以 ZigBee 的无线方式传数据至无线接收基站。无线接收基站可以通过信息传输接口、矿用本安型中继器等组成 CAN 总线网络，实现 CAN 总线通信方式，也可通过矿用隔爆兼本安型网络服务器、矿用隔爆兼本安型网络终端等设备接入光纤以太环网，实现以太网的通信方式。

3）功能唯一性

系统容量大，最多可以挂接 254 个基站，每个基站可以组成一个无线网络，无线温度传感器容量可达 6 万个以上，编号唯一。

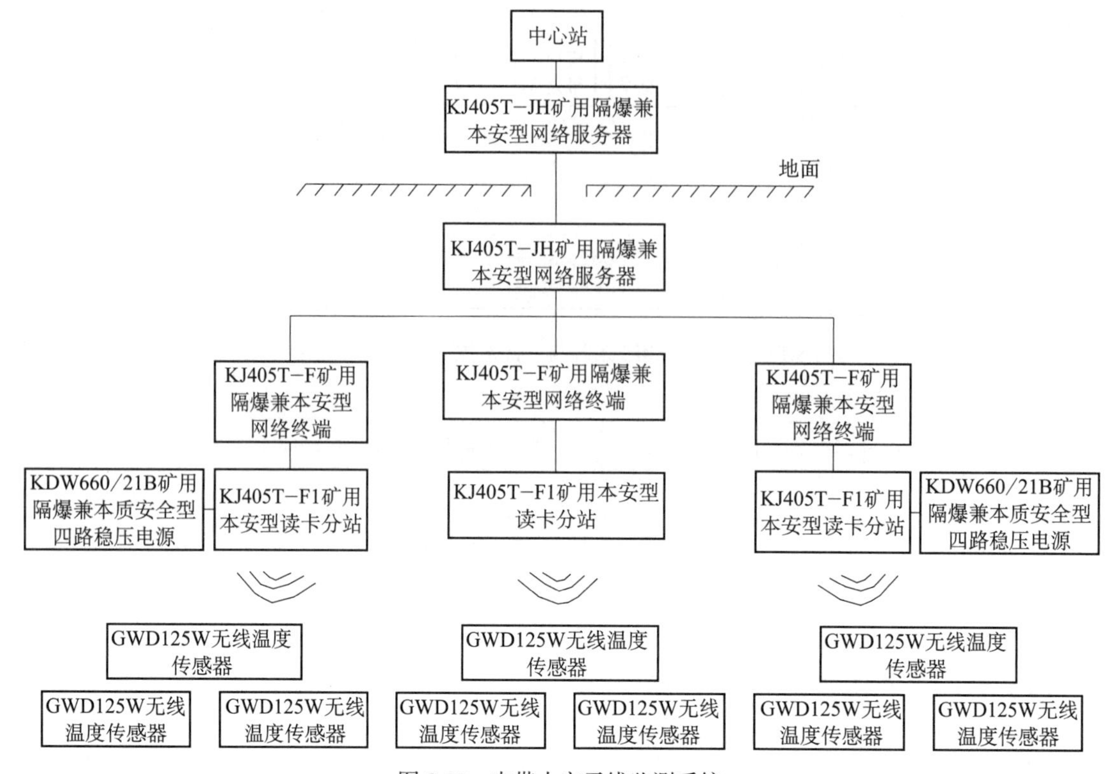

图 8.17　皮带火灾无线监测系统

4）远距离识别

无线温度传感器采用先进的无线射频芯片。芯片集成度高、外围器件少、传输距离远、抗干扰能力强、可靠性高，无线温度传感器无需靠近基站，识别距离最远达 150m。

5）功耗低寿命长

无线温度传感器超低功耗采用定时休眠工作方式，休眠时间可以通过上层软件灵活设置，减少能源消耗，确保电池的工作时间长达 3 年以上。

6）可靠性高

系统中各个设备都有存储通信数据的能力，在系统出现故障时可以有效避免数据的丢失，并且在通信过程中采用特殊的手段来提高系统自身的纠错能力，从而大大提高了数据传输的可靠性。同时大的网络容量保证了网络强大的数据采集能力，使得在个别节点出现故障时整个网络仍然可以继续工作。

7）趋势分析

系统分区域管理和显示皮带井下安全生产运行情况，依据大量的图表、曲线等趋势显示查询，横向、纵向报警值设置，做到提前预警，防患于未然。

8.6.3　应用案例

2015 年 3 月，基于 KJ436 型皮带火灾无线监测系统在沈阳焦煤股份有限公司红阳二矿进行了现场应用。系统安装完成后，运行皮带火灾监测系统，通过地面工控机内的监测软件即可实时显示出传感器监测到的温度值。应用期间分别对无线接收基站信号接收距离、监测系统温度测试准确性、监测系统温度测试精度、监测系统稳定性等几个方面进行设计指标验证，验证结果表明，各项参数均满足设计要求。

2015 年 3 月至 2016 年 3 月，系统连续稳定运行 1 年时间，无线温度传感器无一损坏，无线读卡分站信号接收正常。同时，通过皮带火灾监测系统快速准确地对全部两起皮带火灾隐患进行了预警。2015 年 8 月 20 日夜班，红阳二矿运输大巷内皮带运输机机尾处出现皮带打滑导致的火灾隐患，通过安装在调度室内工控机上的监测软件及时准确地对隐患进行预警与定位，使得隐患得到及时有效地排除，保障了工作面安全生产。

（本章主要执笔人：沈阳研究院艾兴，唐辉，孙勇；北京研究院姚海飞；重庆研究院王卫军）

第9章 自燃火灾防治技术

煤矿开采期间应用的自燃火灾防治技术主要有均压防灭火技术、注浆防灭火技术、阻化防灭火技术、惰气防灭火技术等，并结合各类防灭火技术特点，研发了相应的防治装备。同时，由于我国煤层赋存条件非常复杂，决定了不能采用单一方法防治所有采煤形式下的各类地质条件自燃火灾，必须根据矿井具体情况选用适当的综合防治措施。

近年来煤科总院下属各研究院在矿井火灾防治技术等方面进行了针对性的研究。沈阳研究院在惰气防灭火方面，动态可控大流量惰气控灾装备及井下移动式液氮快速灭火装备，生产了单机制氮量达到2000m^3/h的制氮装置；在泡沫防灭火技术方面，研制了复合型膨胀惰泡防灭火材料及装备；在均压防灭火方面，提出了采用调压风门、均压连通管以及并联风道和角连调节等手段的均压防灭火技术；另外，研制了一种微胞囊阻爆灭火材料及配套装备。北京研究院在注浆方面，提出了井下移动式长距离注浆防灭火技术。重庆研究院在惰气防灭火方面，研制了井下移动式及地面固定式液态二氧化碳防灭火装置，研制了一种新型高分子封堵材料及装备。在综合防灭火技术方面，沈阳研究院及北京研究院研发了适用于不同条件的综合防灭火技术。

9.1 微胞囊阻爆灭火技术

沈阳研究院在“十一五”期间开发了适用于煤矿井下，基于微胞囊裹技术的阻爆灭火药剂，形成了现火、瓦斯、油气共生等复杂条件下的灭火救灾技术。通过对具有爆炸危险性的瓦斯、挥发性油气等碳氢化合物气体分子化学囊裹处理，使其失去燃烧和爆炸危险，达到控爆控灾的目的，及时控制灾情蔓延，抑制继发性灾害的发生。

9.1.1 微胞囊阻爆灭火材料

1. 技术原理及特点

煤矿井下采空区、大面积松散煤体开放区域的火灾往往伴随有爆炸性碳氢化合物的生成、是煤矿井下防灭火工作的重点与难点，这种大空间火灾具有碎煤多、漏风充分、瓦斯爆炸危险性突出、常规措施不易治理等特征，同时对救援期间的人身安全构成了严重威胁。微胞囊阻爆灭火材料能够降低水的表面张力，利用两亲性分子结构，快速降温及形成和保持微胞，中断自由基链式反应。此种阻爆灭火材料对煤矿井下爆炸危险性碳氢化合物分子具有包裹、茧覆作用。

微胞囊阻爆灭火材料具有特殊的分子结构，分子一端为极化性（亲水性），另一端非极化性（疏水性），并且在两个分子端之间有足够长距离，如图 9.1 所示。

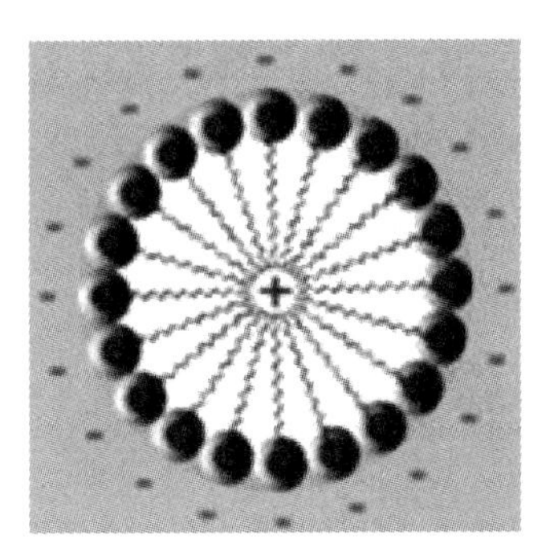

图 9.1　微胞囊材料分子结构示意图

当微胞囊材料和水按一定比例混合后，极化端溶于水中，而非极化端却排斥水分子，与瓦斯等碳氢化合物分子结合。使得在烃类分子周围排列着若干材料分子，构成了一个带负电荷的微胞“化学茧”，而材料外部分布着水分子，烃类分子无法与氧分子结合，阻隔了氧化反应，使得燃烧无法维持下去，从而实现阻爆灭火功能，微胞囊材料性能参数见表 9.1。

表 9.1　微胞囊阻爆灭火材料性能参数

序号	参数	数值
1	外观	黄色透明
2	气味	淡果香
3	沸点	105℃
4	pH	pH=7.0±0.5
5	表面张力	$32dyn/cm^2$
6	蒸发速度	与水相同
7	密度	1.102（水的密度为 1）
8	水溶性	完全溶解
9	化学稳定性	稳定
10	闪点	无
11	冷冻和融化危害	无
12	存储期限	3 年（不开封）
13	应避免的环境	强氧化环境
14	存储温度	$-5℃ < T < 40℃$
15	生物可降解性（BOD_5/COD）/%	35

微胞囊材料主要特点如下：

（1）材料本身无毒无害、pH 为中性、环保友好、可生物降解；

（2）材料的水溶性强、溶液清透稳定，保质期长；

（3）材料具有高效的灭火性能、抑爆性能、隔氧包裹性能，尤其对甲烷有较强的包裹能力。

2. 适用条件

微胞囊阻爆材料适用于煤矿井下存在的爆炸危险性碳氢化合物分子，即火、瓦斯、油气共生等复杂条件下的灭火救灾。微胞囊裹阻爆灭火技术及成套装备，通过对具有爆炸危险性的瓦斯、挥发性油气等碳氢化合物气体分子化学囊裹处理，使其失去燃烧和爆炸危险，然后进行火灾的扑救处理，可以大幅提高大型复杂火灾的灭火效率，并达到控爆控灾的目的；可以及时控制灾情蔓延，抑制继发性灾害的发生。

9.1.2 微胞囊阻爆灭火装备

专用配套阻爆灭火装备利用沈阳研究院现有的成熟技术即阻化汽雾技术及相关产品BH-40/3.0煤矿用灭火液压泵。根据微胞囊阻爆材料的特点，并结合井下防灭火的需要提出具体技术参数，配备有材料制备系统、输液系统及调控装置，上述相关装置组装在标准矿车底盘上，形成一套机动灵活的井下移动式防灭火装备。

微胞囊阻爆灭火材料超微雾化喷洒的动力来自于BH-40/3.0煤矿用灭火液压泵，其结构如图9.2所示。液压泵由防爆电机用三角皮带带动液泵从动轮以700～800r/min进行工作，在1～3MPa压力下液泵在曲轴转动一转时，分别在三个唧筒内的三套进水和出水阀组件的作用下进行三次吸入微胞囊溶液和排出微胞囊溶液，使具有一定压力的微胞囊溶液充满了气室座内，再通过高压管路到达孔径为1.3mm的四孔雾化喷头处，在高压的作用下，实现微胞囊溶液的超微雾化喷洒。

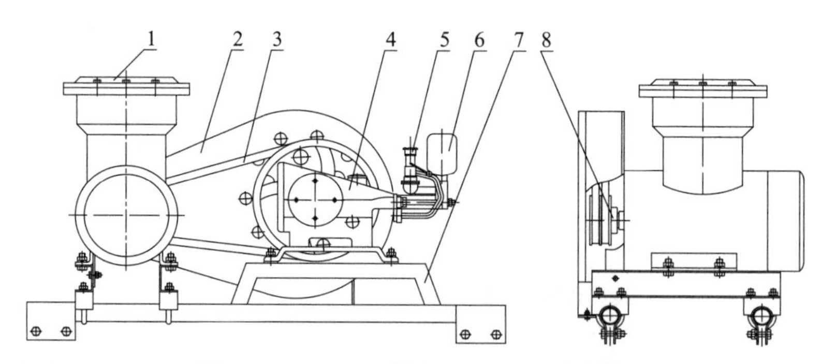

图9.2 BH-40/3.0煤矿用灭火液压泵结构

1. 防爆电机；2. 皮带罩；3. V带；4. 泵体；5. 安全阀；6. 空气室；7. 底座；8. 皮带轮

BH-40/3.0煤矿用灭火液压泵超微雾化喷洒相关参数如表9.2所示。

表9.2 BH-40/3.0煤矿用灭火液压泵

外形尺寸 /mm×mm×mm	转速 /（r/min）	额定流量 /（L/min）	工作压力 /MPa	管路内径 /mm	喷头类型	喷头孔径 /mm	喷头流量 /（m^3/h）
1500×360×450	700～800	40	1～3.0	13mm	切向离心	1.3	0.4

9.1.3　微胞囊阻爆灭火技术工艺流程

实际使用时，先向搅拌池中加入适量的微胞囊材料，再由进水管路加入水进行搅拌混合形成微胞囊药液，通过输液管道储存到微胞囊药液储存罐中，在需要处理的区域，打开连接液压泵的控制阀门，启动液压泵，微胞囊药液进入液压泵内流出到高压喷枪头，利用喷枪对待处理区域实现超微雾化喷洒药液，工艺流程如图 9.3 所示。

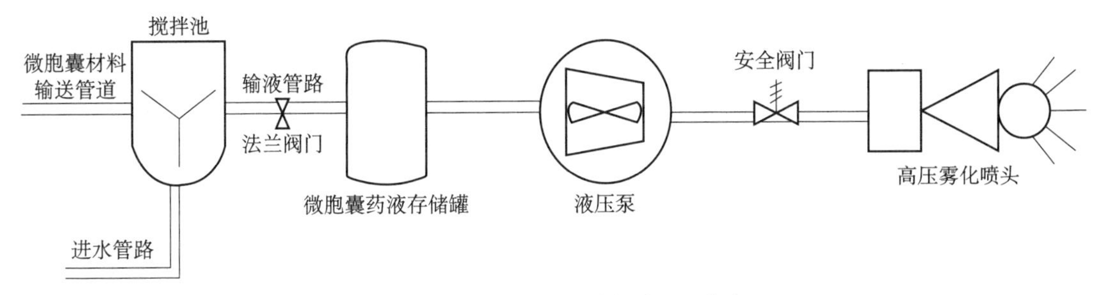

图 9.3　微胞囊材料超微雾化喷洒工艺流程

9.1.4　微胞囊阻爆灭火应用效果

微胞囊材料现场应用效果从灭火效能、抑爆效能和包裹效能三个方面进行评估，通过在现场进行实测，取得了较好的应用效果。

如表 9.3 所示，使用纯水作为灭火介质，与添加不同浓度微胞囊材料溶液相比，前者平均灭火时间长才能灭火，纵向比较可以看出，添加的微胞囊材料含量越大的溶液，其平均灭火时间会越短，在添加 5% 含量的微胞囊材料后的溶液灭火时间最短，说明灭火效果最好。

表 9.3　微胞囊溶液与纯水对池火扑灭时间

序号	灭火剂种类	含量/%	灭火时间 /s			平均灭火时间/s
			实验 1	实验 2	实验 3	
1	纯水	—	52	49	54	51.67
2	配方药剂	1	26	28	23	25.67
3		2	24	27	22	24.33
4		3	21	25	22	22.67
5		4	17	15	19	17.00
6		5	14	16	13	14.33

使用纯水作为灭火介质在细水雾施加初期，汽油池火有较强的火焰强化效果，火焰表现出明显向四周扩散的趋势，过程伴有浓烈的“黑烟”产生。而使用添加 2%、3% 的配方药剂时，可以明显看到火焰减弱，同时产生了大量的“白烟”，即药剂在施放后包裹吸收降低了灭火过程中不完全燃烧产生的“黑烟”；在使用添加有 4%、5% 配方药剂的水溶液灭火时，灭火效果得到极大改善，火焰强化效果较小，整体火焰抑制效果显著，“黑烟”的产

生量也极大地降低。

通过试验发现含有基于微胞囊技术的配方药剂具有良好的抑爆效果。在施放后，最高爆炸温度、火焰传播速度、爆炸压力上升速率和最高爆压都有一定的降低。微胞囊材料体现出优异的抑爆作用。

对比图 9.4 与图 9.6，1% 添加量的药剂溶液施加后，对甲烷的爆炸温度产生了明显影响。对比图 9.5 曲线，添加药剂后，甲烷爆炸的温度达到最大值所用时间有所减少，温度上升速率有所降低，达到的最高温度相比也有减小。其中 12% 浓度的甲烷爆炸后上升曲线相比同一时段在 0.5～1.0s 时变得平缓。表明配方药剂溶液施加后能降低甲烷爆炸温度，并起到一定的抑爆作用。

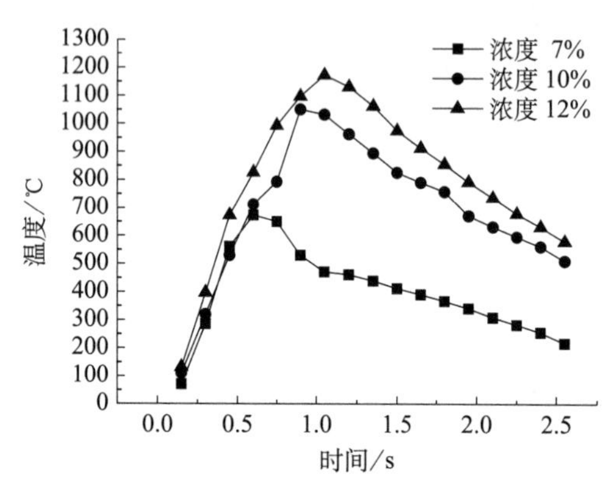

图 9.4 纯水作用下不同浓度甲烷爆炸温度随时间变化图

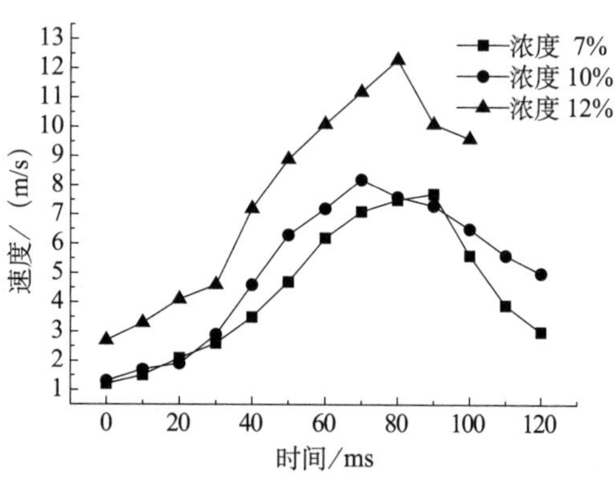

图 9.5 纯水作用下不同浓度甲烷爆炸速度随时间的变化

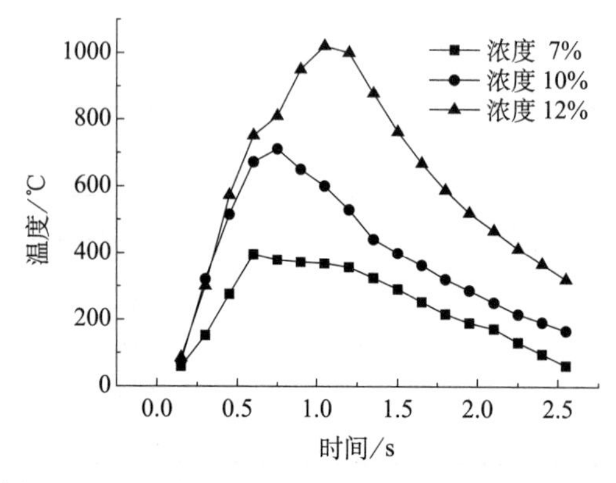

图 9.6 1% 添加量药剂施加下不同浓度甲烷爆炸温度随时间变化图

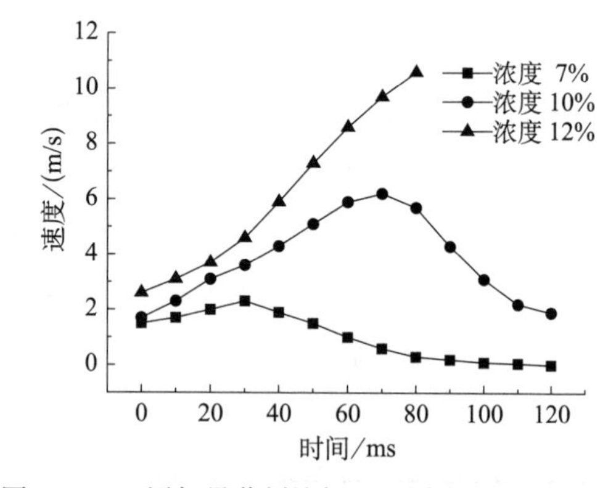

图 9.7 1% 添加量药剂施加下不同浓度甲烷爆炸速度随时间变化图

对比图 9.5 与图 9.7，1% 的药剂添加后，浓度为 12% 的甲烷爆炸速度呈上升趋势；7% 和 10% 浓度的甲烷爆炸速度有明显降低，初期上升速率呈线性缓慢上升，在约为 30ms、70ms 时即达到最高速度，与纯水水雾时的 90ms、70ms 相比，甲烷在 7% 浓度附近时，药剂对纯水的抑爆功效有 2～3 倍的提高；而 10% 浓度下，虽然时间没有减少，但速度约从

8m/s 降低到 6m/s；7% 浓度下尤为明显，约从 8m/s 降低到 2.8m/s。实验表明，添加配方药剂后，甲烷的爆炸速度下降较大，配方药剂的添加对纯水细水雾抑制甲烷爆炸有着很大的促进作用。

图 9.8 和图 9.9 的试验结果表明，1% 添加量微胞囊材料抑爆效能有很大的提高。在添加药剂后，爆炸压力 0.08s 时即达到峰值；而仅纯水作用情况下，爆炸压力要持续上升到 0.11s；同时添加药剂后的爆炸压力与纯水相比，降至原来的一半。

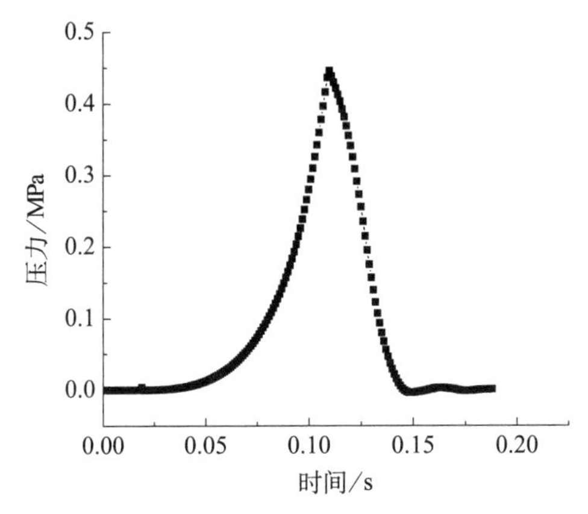

图 9.8　纯水作用下爆炸压力曲线图

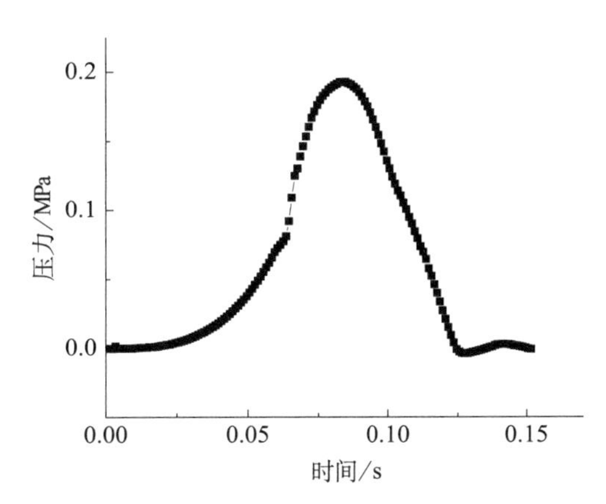

图 9.9　1% 配方药剂添加后爆炸压力曲线图

9.2　复合型膨胀惰泡防灭火技术

在“十一五”期间，沈阳研究院研发了复合型膨胀惰泡防灭火技术。该技术采用化学药剂进行发泡，药液体积可膨胀 8～12 倍，化学惰泡的稳定时间可达 6～8h，阻化率可达 73%，具有阻化、防复燃功能。同时配套研制了井下移动式发泡装置，包括搅拌制浆、加压输浆、机电控制等部分，工作压力可达 1.2MPa 以上，发泡量可达 100m^3/h 以上。

9.2.1　复合型膨胀惰泡防灭火材料

1. 技术原理及特点

复合型膨胀惰泡防灭火材料主要由两种药液及其他添加剂组成。当两种液体混合后，即产生化学惰泡。惰泡的膨胀倍数为 10 倍以上，可向采空区周围空间、漏风通道及煤壁裂隙扩展，起到降温、隔氧、气体惰化的作用，药液中的阻化添加剂可以提高灭火防复燃的效果。

复合型膨胀惰泡防灭火材料与其他防灭火材料的根本区别有以下几点：一是它采用了化学惰气发泡原理，通过材料自身的化学反应产生惰气，致使灭火剂膨胀十几倍；二是所采用的防灭火剂是具有良好阻燃性的无机材料，并对煤炭有较好的阻化作用，可以阻止煤的氧化与复燃；三是该项防灭火技术集中了泡沫剂降温灭火、火区气体的惰化、煤体的阻化、防复燃等多项功能；四是可以采用调节药液配比的方法，调整惰泡的稳定性和流动性，以适应于大倾角综放面采空区等复杂条件下对松散煤体进行处理。

2. 技术指标

1）膨胀倍数

复合型膨胀惰泡具有8～12倍的膨胀倍数，是主要技术指标之一。复合型膨胀惰泡的膨胀倍数的计算方法是化学反应后的惰泡体积除以反应前的液体体积，药液浓度与发泡倍数有密切联系，通过试验得到了复合惰泡的膨胀倍数与药液浓度的关系，结果见表9.4。

表9.4 药液浓度与发泡倍数

编号	A溶液浓度/%	B溶液浓度/%	药液量/mL	生成惰泡量/mL	发泡倍数/倍
1	5.2	3.9	85.6	685	8.0
2	5.5	4.1	86.0	697	8.1
3	5.7	4.2	86.1	715	8.3
4	5.9	4.3	86.0	757	8.8
5	6.1	4.5	86.5	805	9.3
6	6.3	4.7	86.0	877	10.2
7	6.5	4.9	85.8	844	11.0
8	6.9	5.1	85.3	1024	12.0

2）稳定性

惰泡的稳定时间越长，对煤矿采空区的火灾控制越有利，防灭火效果越好。惰泡稳定性与药剂的理化性能、溶液的黏稠度、泡沫溶液的浓度有着密切的关系。不同的起泡剂有不同的稳定性；不同起泡剂的浓度不同，泡沫的稳定性也不同。经过数十次不同配方的试验，得到复合惰泡稳定性，结果见表9.5。

表9.5 复合惰泡稳定性

序号	惰泡体积	惰泡稳定性			流动性	膨胀倍数/倍
		析液量/mL	消失率/%	稳定时间/min		
1	A、B溶液反应产生泡沫迅速破灭					
2	620	10.8	46.5	—	—	9.0
3	631	6.9	33.5	—	—	9.3
4	652	6.4	22.6	—	—	9.5
5	665	6.0	0.0	358	流动	10.8
6	663	5.1	0.0	375	流动	10.5
7	665	5.2	0.0	445	流动	10.9
8	650	4.0	0.0	722	流动	10.4
9	505	0.0	0.0	750	不易流动	8.0

3）阻化性能

复合型膨胀惰泡由 AIS 和 NAC 化学药剂及其他添加剂组成，从药剂选择上，已经充分考虑了防灭火材料的阻化性能，并在淄博矿业集团葛亭煤矿进行了测试。

试验结果见表 9.6。

表 9.6　阻化率测试条件及结果

测试条件	测试结果
煤样地点	淄博矿业集团葛亭煤矿 3 号煤层
煤样粒度	0.2～0.3mm
煤样质量	原煤样 25g 阻化样 25 g （用化学惰泡溶液 15mL 处理）
反应温度	100℃
空气流量	100mL/min
检验时间	233min
阻化率	73%

4）化学反应生成物的理化性能

在原料的配方的选择上，充分考虑了选用无毒无害产品。化学反应的生成物中，含有惰气二氧化碳、降温泡沫、阻化剂成分，不含有害物质，复合型膨胀惰泡理化性质见表 9.7。

表 9.7　复合型膨胀惰泡的理化性能检验结果

序号	检验项目	检验结果
1	密度（20℃）	1.1～1.3
2	pH 值（20℃）	6.5～7.5
3	流动点（使用条件）	≥0℃
4	黏度（Pa · s）	0.3～0.4
5	发泡倍数（20℃）	8.0～12.0
6	$20cm^2$ 腐蚀率 /（mg/d）	≤3.0
7	25% 析水时间（20℃）/min	≥15
8	1/2 破泡时间 /h	6
9	惰气纯度 /%	100

5）高温稳定性

当温度升高时，泡沫中的惰气膨胀，将导致泡沫消失率迅速增大，同时泡沫的析液量也迅速增加，泡沫稳定性下降，复合型膨胀惰泡稳定性随温度变化曲线如图 9.10 所示。由于复合型膨胀惰泡的低倍数膨胀泡沫，泡沫体上的泡沫溶液要多于中倍数泡沫和高倍数泡沫，因此复合型膨胀惰泡的高温稳定性优于中倍数泡沫和高倍数泡沫。

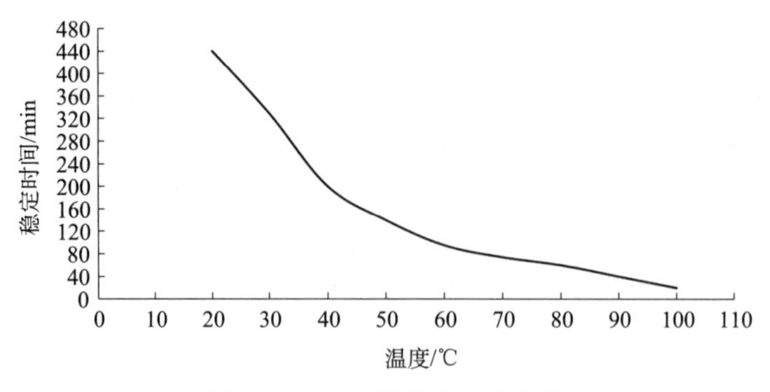

图 9.10　复合型膨胀惰泡稳定性

9.2.2　复合型膨胀惰泡防灭火装备

1. 工作原理

整套装备中包括自动搅拌制浆系统、加压输浆系统、压力及流量调节系统以及电力控制系统，其工作原理如图 9.11 所示。

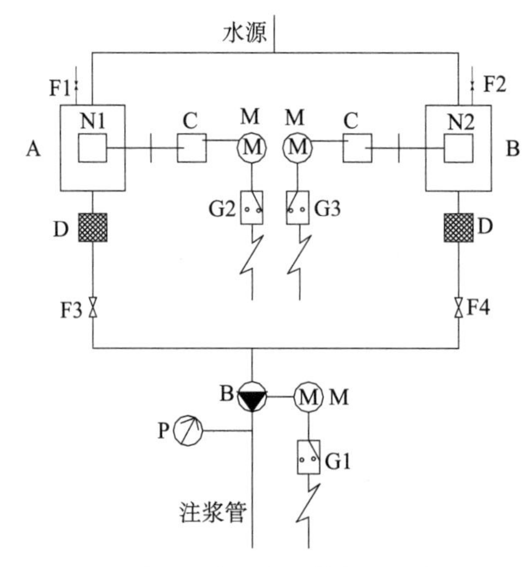

图 9.11　矿用移动式防灭火注浆装置工作原理示意图

F1、F2 排污阀；F3、F4 节流阀；N1、N2 搅拌器；C 减速箱；P 压力表；
G1、G2、G3 防爆开关；M 电机；D 过滤器；B 水泵

复合惰泡防灭火装备由搅拌制浆系统、加压输浆系统、压力及流量调节系统以及电力控制系统组成。搅拌制浆系统用来制备泥浆，其结构形式为双桶交替制备连续供给。加压输浆系统用来将泥浆或粉煤灰浆输送至充填地点。该注浆装置系统只要保证及时备液（及时向液箱中注水、加入化学原料等），就可以连续生产出按照要求配比的浆液且源源不断地充填至作业点。

因定子选用多种弹性材料制成，所以这种泵对高黏度流体的输送和含有硬质悬浮颗

粒介质或有纤维介质的输送，有一般泵所不能胜任的特性。其流量与转速成正比。输送介质时扰动小、泵压稳、吸入性能好，流量的调节性能好，效率高。适用于输送介质温度0～80℃，黏度系数为（1～2）$\times 10^{-3}$Pa・s或更高的黏稠的液体。

2. 主要技术指标

化学惰泡防灭火装备主要技术指标见表9.8。

表9.8　化学惰泡防灭火装备主要技术指标

技术指标	数值
输入电源电压 /V	380/660
主电机功率 /kW	5.5
搅拌电机功率 /kW	2.2×2
储液箱 /m^3	1×2
注浆压力 /MPa	1.2
注浆流量 /m^3/h	12
水平输送距离 /m	≥500
开关过流保护 /A	16
双液控制比例	1:1～1:5
轨距 /mm	600/900

3. 主要技术特点

（1）采用独特的双液结构设计，同时启动两个搅拌系统，可以同时提供两种化学药液，可按比例配制凝胶等化学防灭火材料。

（2）全套设备的过流部件，采用不锈钢材料加工，可满足特殊防灭火工艺的需要，并延长使用年限。

（3）三个隔爆电机及相对应的隔爆开关均采用双电压380/660V，便于地面试验及井下工作。

（4）具有快速移动性。该装置具有移动行走系统，并按煤矿井下标准轨型及轨距制造，轨距600mm，可直接送入井下运行。

（5）配套完整，操作简便。整套装备中包括机械搅拌系统、加压输浆系统、压力及流量调节系统以及电力控制系统，其中还包括自动过流保护开关。整套装备形成了一个完整体系，接通电源即可工作。

（6）浆液容积为1～2 m^3，可保障连续压注的需要。

9.2.3　应用案例

复合型膨胀惰泡防灭火材料及装备，在葛亭煤矿2326综放工作面进行现场应用，确保了工作面安全回采。

采空区压注复合型膨胀惰泡系统装置于 2009 年 5 月 11 日开始安装调试，并向井下运送相关材料。5 月 12 日开始通过埋入采空区内的注浆管路（距离工作面上隅角 30m 处）压注复合惰泡，采空区 CO 浓度上升的趋势得到控制，并不断下降，恢复到正常状况。

5 月 12 日～15 日，工作面正常推进 30m，开始向 2 号注点压注化学惰泡，注泡量为 $100m^3$。通过 5 月 12 日、15 日、18 日三次压注，使上隅角 CO 浓度下降到正常状况。

通过向采空区压注复合型膨胀惰泡，葛亭煤矿 2326 工作面上隅角的 CO 得到有效控制，扭转了工作面在推进不正常期间，由于采空区氧化升温，造成上隅角的 CO 不断升高的危险局面，保障了工作面安全回采。

9.3 动态可控大流量惰气控灾技术

沈阳研究院针对原燃油惰气发生装置存在的出气温度高、O_2 含量较高、装备尺寸大等问题，对整套装备的燃烧室结构、供风系统、供油系统、氧含量测控系统等进行了全面改进，增加了液态 CO_2 降温系统、阻化惰泡发生系统，整套装备可伸缩，惰气出口温度低于 40℃，惰气发生量不小于 $200m^3/min$。

9.3.1 动态可控大流量惰气控灾装备

1. 装备组成

整套系统装置包括供风、供油、燃烧室、水降温段、液态 CO_2 降温段、发泡段、操作控制台等部分。其装置构成和工艺流程见见图 9.12。

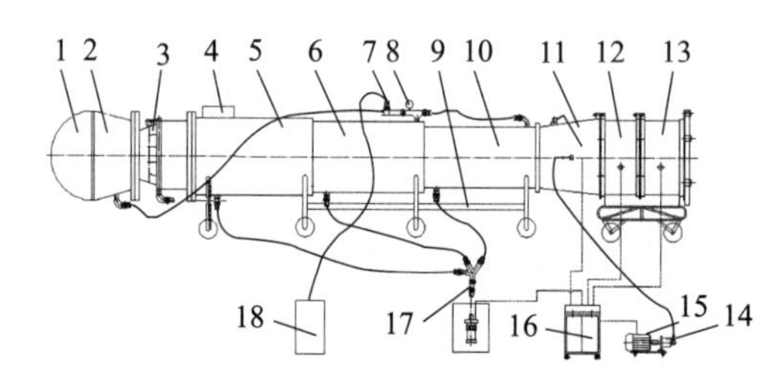

图 9.12 装置构成和工艺流程

1. 发泡网；2. 发泡段；3. 液态 CO_2 降温段；4. 测氧仪；5. 喷水段；6. 水套；7. 比例混合器；8. 压力表；9. 伸缩道；10. 水套；11. 燃烧室；12. 风机；13. 风机；14. 油泵；15. 调速电机；16. 电控制箱；17. 四通；18. 药箱

2. 装备功能特点

1）供风部分

该装置设计产生惰气量大于 200 m^3/min，是指惰性气体的干体积，其湿式气体（含水蒸气）体积在 400 m^3/min 以上。为了适应井下灭火的特点，风机选择风压在 3000Pa 以上，以满足操作地点远离火区的作业需要。风机型号为 FBD No5/2×7.5 型；风量 170～$300m^3$/

min；风压 3600～400Pa；效率 81%；有效输送距离可达 1000m，其结构如图 9.13 所示。

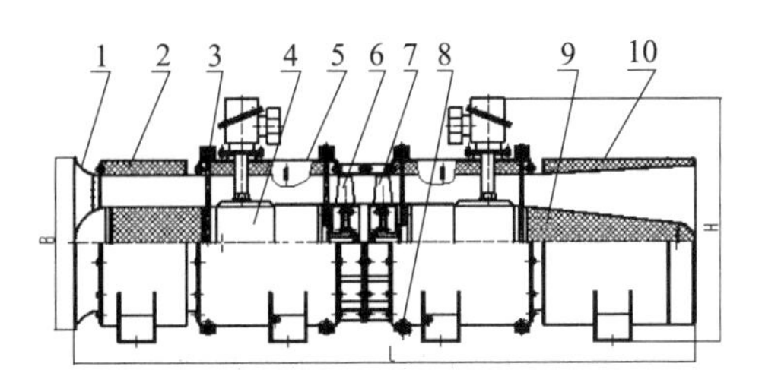

图 9.13　FBDⅡ系列对旋式局部通风机

1. 集流器；2. 前消声筒；3. 注油杯；4. 电机；5. 机壳；6. Ⅰ级叶轮；7. Ⅱ级叶轮；8. 放油杯；9. 扩散器；10. 消声层

2）供油系统

供油系统由油泵、电动机构、点火线圈、点火喷嘴及燃油喷嘴等构成。

3）油泵参数

油泵采用航空泵。该泵供油量大、供油压力高。其性能如下：

型号 ZB-2C；

压力 3.0～10.0MPa；

供油量 5.0～15.0kg/min；

电机功率 2.2kW。

4）电动机

装置采用了通过氧含量调节供油量的方法。确定了通过氧含量控制电磁调速电动机，调节电机及油泵转速的技术路线。其控制流程为：惰气出口氧含量→电磁调速电动机→油泵转速→供油量。

电磁调速电动机型号为 YCT-160-4A，转速为 125～1250r/min。采用电磁调速电动机控制器控制电磁调速电动机的调速，实现恒转矩无级调速。控制器由可控硅主回路、给定电路、触发电路、测速负反馈电路等组成。

5）燃烧室

燃烧室是惰气发生装置的重要部件。由于应用背景的特殊性，燃烧室具有以下特征：进油量大（出口惰气量大），惰气组分含量要求高（O_2 含量小于 3%），燃烧室尺寸小、质量轻、便于快速组装和拆卸以满足应急对策需要），进气压力低（小于 4000Pa）。

6）水降温系统

水降温系统由水泵、降温水套、喷水降温段等构成。降温水套利用耐高温合金钢板制成双层圆筒焊接而成，内层承受高温区，在水套内通水降温，外壳上设有进、出水接口。喷水降温段由双排 12 个喷水嘴组成。降温段长度由原 1.8m 增加至 3.6m，在喷水降温段，采用双排 12 个喷嘴向惰气内喷水降温，可使惰气出口温度降至 80～90℃。

7）液态 CO_2 降温系统

液态 CO_2 降温系统由液态 CO_2 储罐、气液两相输液管路、液态流量计、高压安全阀、高压表、高压电磁阀、二氧化碳释放喷嘴及降温筒构成。通过液态 CO_2 降温系统降温，使惰气温度低于 40℃，达到井下适用的要求。

8）惰气氧含量的测控

选择氧化锆氧量分析仪，实现氧含量精确自动控制。氧化锆氧量分析仪采用先进的生产工艺技术，以氧化锆材料为敏感元件，化学性能稳定。其检测器的结构合理，可直接插入风道内，不用抽气泵和参比气。检测器与变送器配套，其变送器采用单片微机工作，进行氧含量控制和数据处理，用液晶显示器显示被测惰气的氧含量参数。该系统具有操作方便、读数清晰、精确度高、响应迅速、测量准确、性能稳定、维护量小等优点。

9.3.2 大流量惰气控灾装备性能

1. 供风系统性能

供风系统供风量为 200～206m^3/min，测试数据见表 9.9。

表 9.9 风机风速实测数据

测试次数	测风断面直径 /mm	测风断面面积 /m^2	风速 /（m/s）	风机风量 /（m^3/min）
1	500	0.19625	17.5	206
2	500	0.19625	17.2	203
3	500	0.19625	17.0	200
平均	500	0.19625	17.2	203

2. 供水系统性能

采用潜水泵供水，在吸水口设有 20 目滤网；供水箱体积为 3.3m^3；供水管路采用水龙带；用 0～0.6MPa 的水压表测量，进入水套时的水压为 0.3MPa。水泵采用 QY-36-3 型潜水泵，功率为 3.0kW，压力为 0.27 MPa，供水量为 20m^3/h。泡沫液由比例混合器自行加入，装置耗水量及泡沫药液量实测数据见表 9.10。

表 9.10 装置耗水量及泡沫药液量实测数据

测试次数	运行时间 /min	水泵吸液量 /m^3	泡沫药液吸入量 /m^3	装置耗水量 /（m^3/h）	泡沫药液消耗量 /（m^3/h）	泡沫液水吸水量比例 /%
1	3.0	1.02	0.10	20.4	2.0	9.8
2	4.0	1.37	0.15	20.5	2.2	9.0
3	5.0	1.73	0.18	20.7	2.2	9.6

3. 供油系统性能

该装置供油量的大小是通过电磁调速电动机控制器调节油泵转速来实现的。3min 耗油量为 34.8 kg，由此计算供油量为 11.6kg/min。

4. 风油比

燃油燃烧过程是燃油与氧发生的复杂的物理变化和化学反应的过程。根据空气燃烧理论可计算出，理想风油比为 15 ∶ 1。该装置风油比性能见表 9.11。

表 9.11 风油比实测数据

试验次数	供风量 / (m^3/min)	供油量 / (kg/min)	O_2 含量 /%	CO 含量 /%	风油比
1	200	8.35	7.5	0.02	23.9
2	200	10.75	3.8	0.09	18.6
3	200	11.50	2.9	0.12	17.3
4	200	11.72	2.5	0.17	17.1
5	200	11.92	2.5	0.20	16.8
6	200	11.95	2.5	0.22	16.4
7	200	12.22	2.4	0.27	16.3
8	200	12.47	2.1	0.36	16.1
9	200	12.93	1.9	0.47	15.5

9.4 大流量井下移动式碳分子筛制氮技术

井下移动式注氮装置一般采用膜分离制氮机，制氮量均在 1000m^3/h 以下，发火严重矿井单台制氮机能力难以满足防火需求。沈阳研究院针对碳分子筛制氮装备结构，设计、生产了单机制氮量达到 2000m^3/h 的井下移动式制氮装置。

9.4.1 工艺过程及主要性能

碳分子筛制氮装置是根据“PSA”变压吸附原理，利用空气为原料，以高质量的碳分子筛为吸附剂，运用加压吸附减压解吸的原理，从空气中分离制取氮气。井下移动式碳分子筛制氮装置主要由空气压缩系统、空气净化系统、碳分子筛吸附塔和集中控制系统组成。工艺流程如图 9.14 所示。

井下大流量碳分子筛制氮装置空气系统设计流程：井下空气经空气压缩机压缩，产生连续高压空气，并在空气压缩机内部，进行初次除水、除油、除尘。在空气压缩机内部，采用旋风式除水器，将高压空气中大部分的水、油（井下空气经过空气压缩机后带出的空压机油微粒）、尘自动排除，旋风除水器自动排污。高压空气经过空气缓冲罐，进入过滤系统。过滤系统由 5 级过滤组成，过滤级别为 A～E 级。过滤后高压空气中所含水、尘、油颗粒直径小于 0.1μm。过滤后洁净高压气体进入吸附塔吸附，变压吸附除氧，形成高纯氮气并输送使用。

装置性能指标：

（1）制氮装置制氮量不小于 2000m^3/h；

（2）制氮装置出口氮气纯度不小于 98%。

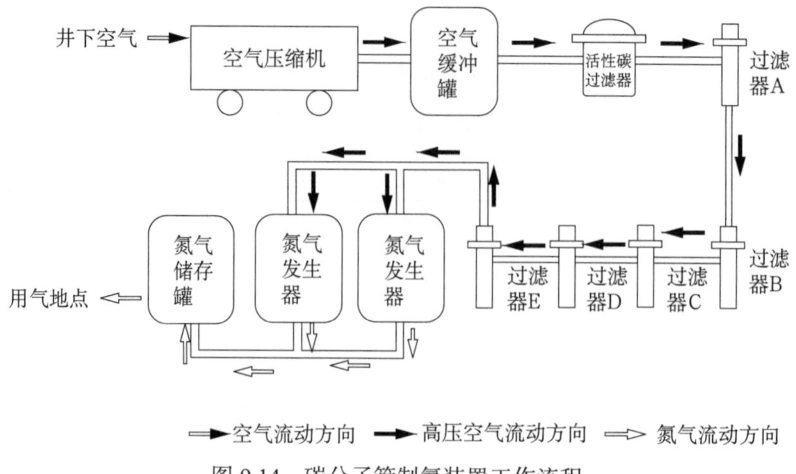

图 9.14　碳分子筛制氮装置工作流程

9.4.2　技术特点

1. 制氮能力大

制氮能力达 2000m³/h 的井下移动式碳分子筛制氮装置为国内首次开发，该装置采用自主研发与集成创新相结合，先后完成多项技术创新，氮气出口浓度不低于 98%，出口流量不小于 2000m³/h。经煤炭工业协会组织专家鉴定，认为填补了我国煤矿井下移动式大流量制氮装置空白。

2. 采用新型高效立式吸附塔

该装置井下立式吸附塔具有体积小、吸附效率高的特点，解决了传统井下碳分子筛制氮装置卧式吸附塔设计存在的顶端压紧装置难以压紧、易产生沟流效应、使用寿命低等问题，并通过优化吸附塔吸附床大小，减少避免壁效应及沟流效应增强吸附塔吸附效率，减小了吸附塔体积，成功将立式吸附塔应用于煤矿井下。

3. 碳分子筛使用寿命长

该装置采用振动台式与欧洲粗细颗粒配合吸附塔填装式相结合的技术工艺，进行碳分子筛吸附塔充填，降低了吸附塔内压力变化对分子筛产生的压力冲击，减少了碳分子筛磨损，提高了碳分子筛使用寿命。

4. 采用双 PLC 集中控制

针对六塔结构吸附塔运行实际需要，采用自主研发六塔双 PLC 控制系统，协调各塔加压、减压过程，经 27 个程控阀门控制各塔吸附及解吸过程，并利用最低工业变压吸附塔回流计算式替代连续吸附过程所需的最低再生清洗量计算式，确定最小再生回流量，结合 PLC 控制器控制回流阀门，完成碳分子筛制氮装置快速高效再生。通过双 PLC 控制系统实现了氮气纯度小于 98% 自动排放功能，同时通过双 PLC 控制解决了单控制系统制氮装置气流难以控制的问题，为提高制氮装置的制氮量及制氮纯度提供有力保障，为缩小制氮装置体积提供了可能性，使得制氮装置更加符合煤矿井下环境使用。

5. 采用防喘振空气压缩缓冲技术

由于受防爆空压压缩机单机产气量的限制，需多台空气压缩机联合运转。但多台空气压缩机联合运转发生喘振现象，尤其是多台压缩机联合运转时，空气压缩机发生喘振现象更为多见。针对这个问题，专门设计了专用空气缓冲系统，并在各个空气压缩机出口与缓冲系统连接处设立逆止阀，同时利用缓冲系统的空气阻力，避免了多台空压机联合运转的喘振现象，为大流量（2000m^3/h）井下移动式碳分子筛制氮装置平稳运行提供了有力保障。

9.4.3　应用案例

大流量（2000m^3/h）井下移动式碳分子筛制氮装置已在同煤大唐塔山煤矿有限公司得到了成功应用。先期选取8105综放工作面作为示范地点。在8105示范工作面回采期间，按照注氮防火设计，将注氮装置安置在井下邻近采区的专用硐室中。在工作面回采初期及末期采取24h连续注氮，正常生产时进行间歇注氮，工作面封闭后对采空区进行封闭注氮。在整个工作面回采期间，注氮防火时氮气出口浓度、氮气出口流量参数及装置运行时的稳定性、可靠性均达到设计要求。生产期间运行参数见表9.12。在开始使用大流量注氮装置后，通过束管系统监测数据分析，CO气体浓度上升的趋势已得到抑制，注氮效果明显。

表9.12　生产期间工业性试验监测数据

试验时间	各气体阀门运行状况	控制系统运行状况	定时排污运行状态	氮气流量/（m^3/h）	氮气纯度/%	备注
6月28日	良好	良好	能够定时排污	2231	98.5	正常运转
6月29日	良好	良好	能够定时排污	2229	98.5	正常运转
6月30日	良好	良好	能够定时排污	2237	98.5	正常运转
7月1日	良好	良好	能够定时排污	2235	98.5	正常运转
7月2日	良好	良好	能够定时排污	2238	98.5	正常运转
7月3日	良好	良好	能够定时排污	2233	98.4	正常运转
7月28日	良好	良好	能够定时排污	2233	98.5	正常运转
7月29日	良好	良好	能够定时排污	2238	98.5	正常运转

9.5　井下移动式液氮快速灭火技术

煤矿防灭火最有效的方法之一是向井下直接灌注液氮，其特点是吸热降温、阻隔氧气、灭火快，有利于防止瓦斯煤尘次生灾害且不污损采煤设备。主要采取的灌注方式有地面打钻灌注或从地面通过管路向井下灌注，但是存在打钻孔成本高、时间长、输送液氮管路过长、增加液氮的气化量等问题，给煤矿防灭火带来经济负担。为此沈阳研究院研发了一种能直接装运液氮抵达火区的矿用防灭火装置，降低了注氮防灭火成本，且能够快速有效地抑制火灾发展。

9.5.1 装备总体结构

井下移动式液氮快速灭火装备是针对我国煤矿自燃隐患与火灾处理领域缺乏移动灵活、灭火速度快且有利于防止瓦斯煤尘爆炸、灭火后易于井下生产恢复的技术装备的实际情况而研发的一种新型矿用移动式防灭火装备。该装备满足矿井火灾应急处理的切实需求，尤其是在矿井地面无法进行液氮钻孔直注时，利用该装备的灵活移动性，通过换装，将液氮输送至井下，可达到近距离、多轮次的自燃隐患与火灾应急处理要求。

井下移动式液氮快速灭火装备采用紧凑型模块化设计，整机由液氮储罐本体、控制撬块、增压输送撬块等部分组成，其研发技术路线与结构分别如图 9.15、图 9.16 所示。

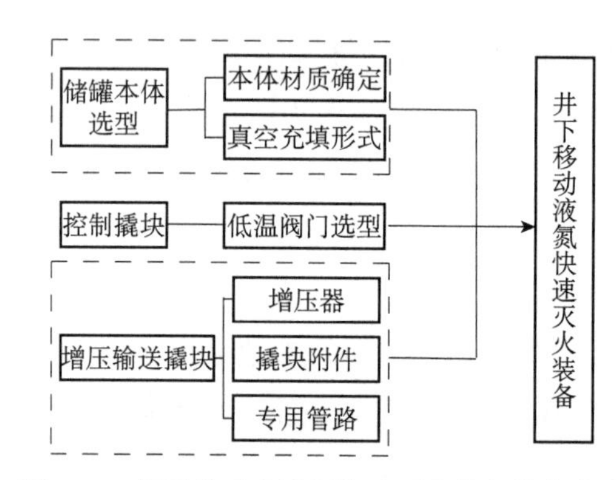

图 9.15　井下移动式液氮快速灭火装备技术路线

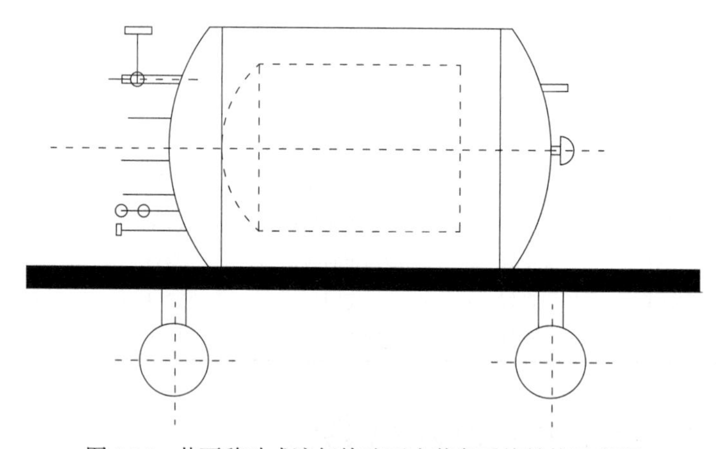

图 9.16　井下移动式液氮快速灭火装备系统结构示意图

9.5.2 装备性能指标与特点

1. 井下移动式液氮快速灭火装备

主要性能指标如下（图 9.17）。

（1）运行压力：1.6MPa。

（2）容积：$2m^3/1.25m^3$。

（3）外形尺寸（长 × 宽 × 高）：4350m×1600m×2380m。

（4）设计最大流量：$3m^3/h$。

（5）日蒸发率：0.44%。

图 9.17　井下移动式液氮快速灭火装备

2. 井下移动式液氮快速灭火装备特点

（1）采用双层壁真空粉末绝热，关键组件质量稳定可靠。

（2）采用高质量的珠光砂充量，整体低温储罐进行氦质谱检漏，绝热性能好，蒸发损失小，使用寿命长。

（3）储罐采用卧式设计，结构紧凑，移动灵活，便于在井下狭小空间使用。

（4）采用先进管路和流程设计，使操作更加简捷、安全，维修更加方便。

（5）布局简单，采用双进液系统。

（6）采用双套安全阀和防爆装置。

（7）井下移动式液氮快速灭火装备整机采用撬装设计，适用于远距离运输。

9.5.3　应用工艺

井下移动液氮直注工艺主要用于矿井自燃隐患或火区应急处理，在地面不具备打钻条件时，通过矿用低温液氮小槽向井下目标区域压注液氮。应用时，首先在地面进行液氮换装，将液氮槽车中的液氮换装进 6～8 套矿用移动式防灭火装置，并通过矿井运输系统运输至使用地点附近，再接专用短管路，将液氮注入防火区域。每 3～4 套低温液氮小槽为一组，第一组液氮输送完毕后另一组接替注入，第一组返回至地面换装液氮，两组液氮小槽循环作业直至自燃隐患点或火点消除。

井下移动液氮直注工艺如图 9.18 所示。

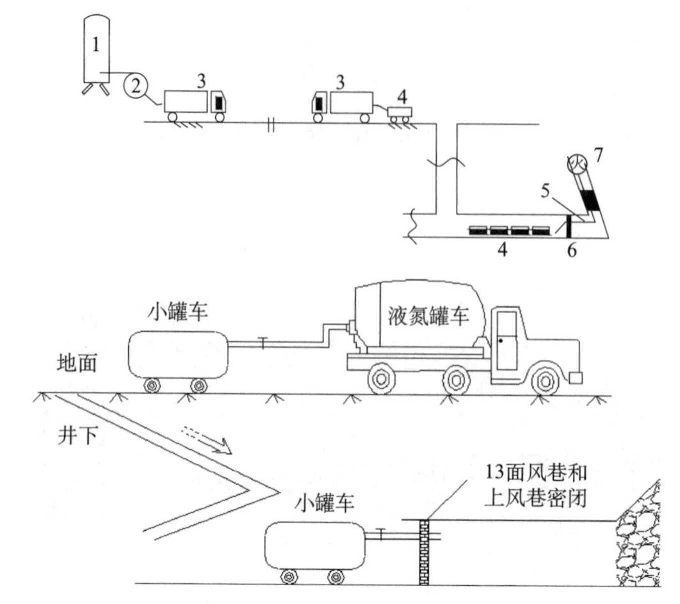

图 9.18　井下移动液氮直注工艺流程示意图

1. 液氮储罐；2. 固定式液氮换装；3. 汽车型液氮槽车；
4. 井下移动式液氮快速灭火装备；5. 管路；6. 密闭；7. 火区

9.6　液态二氧化碳灭火技术

为了有效遏制重特大火灾事故，以最具推广应用价值的二氧化惰性气体灭火技术为基础，研究了两种灌注技术，一种是井下直接灌注技术，另一种是地面远距离输送灌注技术。液态二氧化碳防灭火技术，充分发挥了无需外接动力电源、安全可靠、操作简便、注液和释放流量大等技术优势，能够迅速覆盖、惰化火区、扑灭火源和降温，且火区不易复燃，主要适用于煤矿井下、石油化工等危险场所明火火灾的应急抢险，也可用于预防煤矿采空区自然发火。

9.6.1　井下移动式液态二氧化碳防灭火装置

1. 结构和布局

如图 9.19 所示，井下移动式液态二氧化碳防灭火装置由保温存储罐、移动式挂接底座、防护壳体、汇流系统、自增压调控系统和远距离液体输送管道等组成。保温存储罐包括一个主存储罐和至少一个从存储罐，存储罐之间均通过三环链采用首尾相连的方式串联在一起。主底座最前端增设包括排液、汇流用不锈钢金属软管，汇流装置，远距离汇流液体输送管道、喷头以及配套的快速接头和控制阀门等，便于集中操作和连续使用，实现液体的汇流及输送。每个移动式底座前部设置有手动、自动相结合的防冰堵自增压调控系统。每罐单独配备防护壳体，通过螺栓与底座连接，用于保护保温存储罐配套管阀和自增压调控系统。

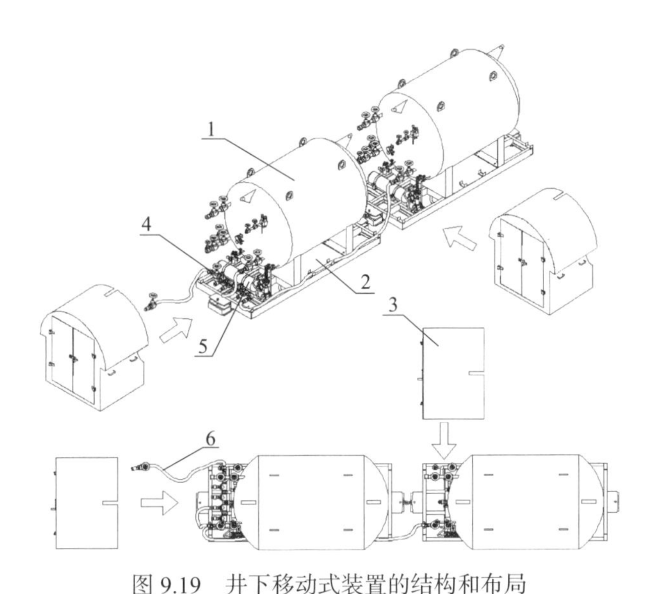

图 9.19　井下移动式装置的结构和布局

1. 保温存储罐；2. 移动式挂接底座；3. 防护壳体；4. 汇流系统；5. 自增压调控系统；6. 输送管道

井下移动式二氧化碳防灭火装置如图 9.20 所示。

图 9.20　井下移动式二氧化碳防灭火装置

2. 技术原理

为了快速熄灭煤矿井下火源或抑制瓦斯、煤尘爆炸等，灾后首先在危险区域构建密闭，然后借助移动式挂接底座将井下移动式液态二氧化碳防灭火装置运至事故现场，通过快速接头迅速将液体汇流管路、远距离输送管路与保温存储罐配套的排液阀和汇流系统对应接口插接，并分别对接各段远距离液体输送管，将其拉伸至火区，完成管路铺设后依次打开排液阀、汇流系统控制阀和排液总控制阀，存储罐中的液态二氧化碳经远距离输送管道流至喷头进行气化喷射。当密闭空间中的氧气浓度达到燃烧所需的含氧量以下，即二氧化碳气体浓度占空气体积的 30%～35% 时，火即刻自动熄灭。

井下移动式装置工作时，保温存储罐内液态二氧化碳将自身压力作为动力，经不锈钢远距离液体输送管路流至灾区。在保温存储罐排放液体时，为了保持内筒体中具有 1.2MPa 以上的压力以避免冰堵的产生，增压调控系统应投入工作。每罐配 1 只 25L 氮气瓶，通过汇流系统排液。压缩气瓶内的高压气体流入输出压力固定式不锈钢减压装置，经减压后的气体通过一体化设计的三通接头分成以实时观测压力表、液位计上数据为基础的手动控制和以压力调控装置为基础，根据内筒体中气压的变化自动补气增压的自动控制两种模式，均通过供气增压用不锈钢金属软管实现三通接头、输出压力固定式不锈钢减压装置和气体增压阀（包括气体增压阀Ⅰ或气体增压阀Ⅱ）之间的连接和气体的输送。每罐均可单独排液，切换时只需将液体远距离输送管道和不同罐体配套的排液阀上的快速接头进行对应插接即可。井下移动式灭火技术原理如图 9.21 所示。

3. 主要技术特点

（1）存储罐采用双层真空粉末绝热结构，充装后液态二氧化碳日蒸发率低，减少了充装次数和维护成本。

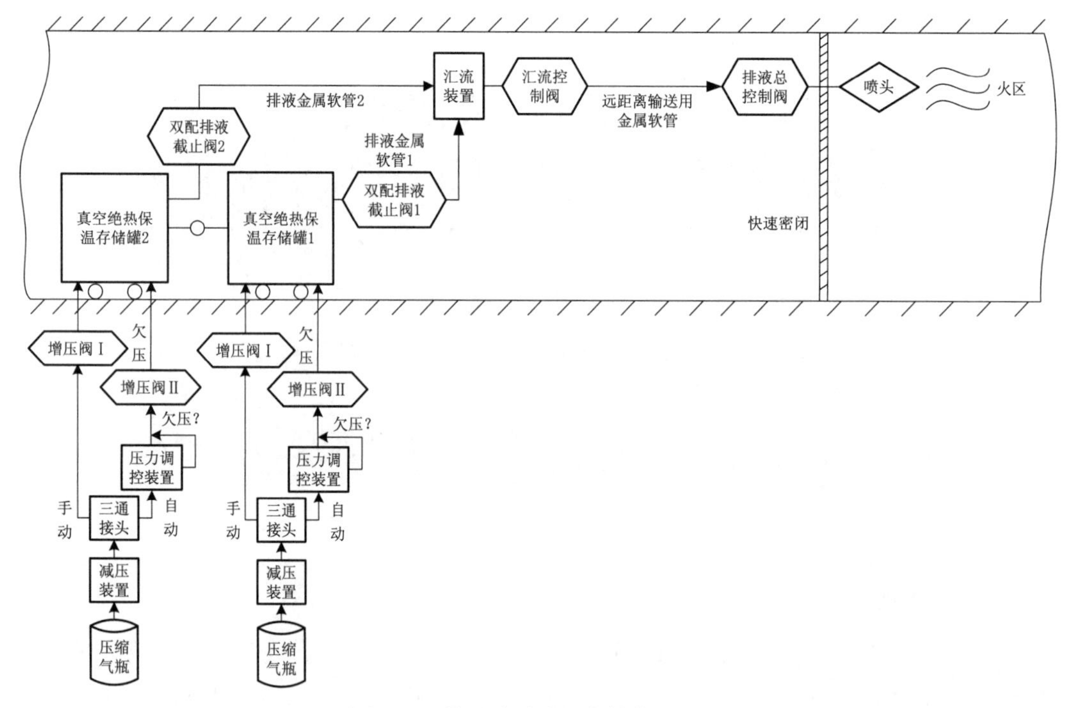

图 9.21　井下移动式灭火技术原理图

（2）具备手动、自动两种模式的自增压防冰堵调控系统，增强了井下灾变环境中液体迅速气化膨胀的安全可靠性。

（3）采用耐低温和抗老化性能更强的大口径高压不锈钢软管作为出液和远距离输送管路，并通过快速接头和汇流装置实现连续快速排液和集中控制，且在远距离输送管路末端增设控制阀门及喷头，使操作更便捷、合理。

（4）具备多重安全保障技术措施。①防碰撞：每只存储罐单独加装防护壳体；各主要组成部件之间均设有减振装置；存储罐外层加厚设计；配套的控制阀组的布置不超出存储罐外筒体和移动式挂接底座的轮廓范围。②液相截止阀、气相管路截止阀和安全泄压阀均双配置。③补气增压用氮气瓶串接输出压力固定式不锈钢减压装置，减少操作环节，且防止误操作。

4. 主要技术参数及配置

井下移动式液态二氧化碳防灭火装置主要技术参数和配置分别见表 9.13、表 9.14。

5. 液态二氧化碳井下长距离输送技术

一方面，可采用暖通空调管路的保温技术，在大口径、高强度不锈钢金属软管外表面套装保温层，在目前 100m 二氧化碳液体输送距离的技术基础上，进一步延长管道，避免输送过程中液体全部或部分气化。

表 9.13 井下移动式液态二氧化碳防灭火装置主要技术参数

序号	参数	单位	数值	备注
1	系统最高工作压力（外压）	MPa	2.2	
2	单个保温存储罐有效容积	m^3	2	
3	存储罐液体放净时间	min/ 个	≤12	
4	存储罐充装系数		≥0.95	
5	液体放净率	%	≥99	
6	存储罐体日蒸发率	%	≤0.3	20℃ /0.1MPa
7	封结真空度	Pa	≤3	
8	保温存储时间	d	≥48	
9	总产气量	m^3	≥5000	

表 9.14 液态二氧化碳灭火装置主要配置

序号	装置	单位	数量	备注
1	保温存储罐	个	5	可调整
2	自增压调控系统（含手动、自动两种模式）	套	5	1 套 / 罐
3	汇流系统	套	1	
4	输送管道	m	100	可调整
5	移动式挂接底座	节	5	1 节 / 罐，轨距可定制

另一方面，将井下移动式液态二氧化碳灭火装置、矿用局部风机、风筒、传感器、风门等配合使用，实现长距离矿井巷道的快速灭火惰化。在局部风机放置地点封闭一段巷道作为储存二氧化碳气体的气室，向气室注入高浓度二氧化碳气体，保持局部风机正常运转，把高浓度二氧化碳气体经局部通风机吸风口吸入后由风筒吹送到灭火地点。对于下山巷道效果显著，因为二氧化碳气体密度是空气的 1.52 倍，容易积聚在下部空间。而对于平巷或

上山巷道，需用快速密闭封堵巷道，在其上部留一个通风孔，检测火区回风流气体浓度，以此确定封闭通风孔和停止局部风机的时间，该技术对独头巷道火灾的处理效果最佳。井下长距离输送二氧化碳气体技术原理如图 9.22 所示。

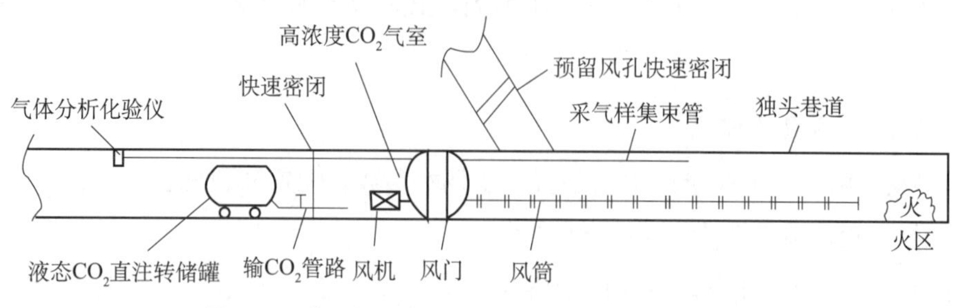

图 9.22　井下长距离输送二氧化碳气体技术原理图

6. 推广应用

煤矿井下移动式液态二氧化碳防灭火技术及装备，在总体技术性能指标，对恶劣环境的适应性，便于人员操作以及防冰堵、液体保温存储和安全保障技术措施等方面具备明显的技术优势。目前，已在 4 支国家矿山应急救援队、11 支区域矿山应急救援队和上海大屯能源股份有限公司江苏分公司央企救援队应用。如图 9.23 所示，现场使用过程中，固定式减压装置输出压力稳定，压力调控装置动作灵敏，能够根据内筒中的气压合理调配补气量。全程无冰堵，喷射压力和流量稳定，气化效果良好，存储罐液体放净时间不超过 12min/ 个。总体技术性能安全、可靠。

图 9.23　井下移动式液态二氧化碳防灭火技术及装备现场应用

9.6.2　地面固定式液态二氧化碳气化防灭火装置

1. 结构组成及配置

地面固定式液态二氧化碳气化防灭火装置安装于矿井地面，主要通过矿井预先安装铺设的硬质金属管路将存储罐内液体直接灌注至井下密闭空间内火区或在地面气化后通过矿井管路完成对气体的输送。经研究分析，前者如果输送路径过长，由于管路外层未加保温层，管路外界温度高，液体在到达密闭区前就全部气化。该方法要求管道具备耐低温性能且热胀冷缩易造成管路变形和连接处断裂，目前主要将后者作为广泛采用的技术解决方案。根据矿井建设和管道铺设具体情况及终端压力、流量等实际需要，具体分为以下两种结构组成模式：

1）非增压型地面固定式液态二氧化碳气化防灭火装置

非增压型装置如图 9.24 所示，结构如图 9.25 所示。主要包括低温液体存储罐、低压气化器、调压稳压装置各 1 套，三者依次串联组合，可使低温液体存储罐内排出的液态二氧化碳通过气化器气化后经调压稳压装置（含调压阀、减压器等）将气体输送压力调控至稳定值。

图 9.24　地面固定式二氧化碳防灭火装置

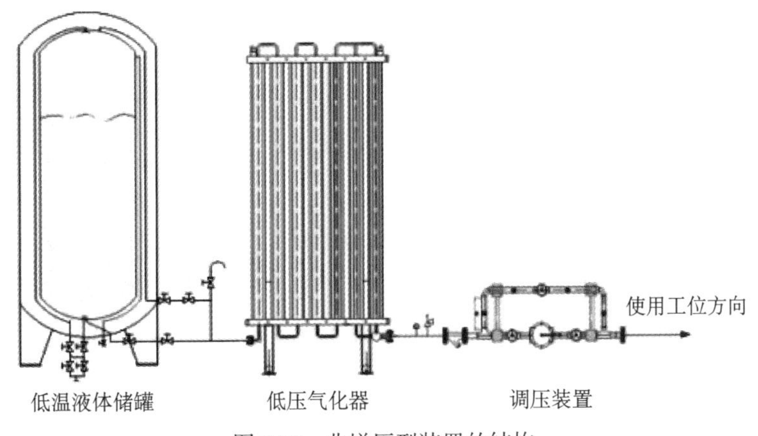

图 9.25　非增压型装置的结构

2）增压型地面固定式液态二氧化碳气化防灭火装置

为了解决液态二氧化碳地面气化并借助矿井现有管路将气体从井上至井下远距离输送的问题，采用先增压后气化的增压型地面固定式液态二氧化碳气化防灭火装置，可实现其输送最大管路长度大于20km的有效距离，保证其末端气体能够顺利排放至密闭空间。增压型装置如图9.26所示，主要包括低温液体存储罐、高压低温泵、高压气化器、一级调压稳压装置、二级调压稳压装置、反冲罐各1套，依次串联组合，可使低温液体储罐内排出的液态二氧化碳首先增压再通过气化器气化后经一级调压稳压装置（含调压阀、减压器等）和二级调压稳压装置（含调压阀、减压器等）将气体输送压力调控至稳定值。为了防止配备增压泵后导致瞬时供气量不足，需要配接反冲罐。反冲罐规格需要根据泵的性能和管道规格、排气量要求等综合确定。

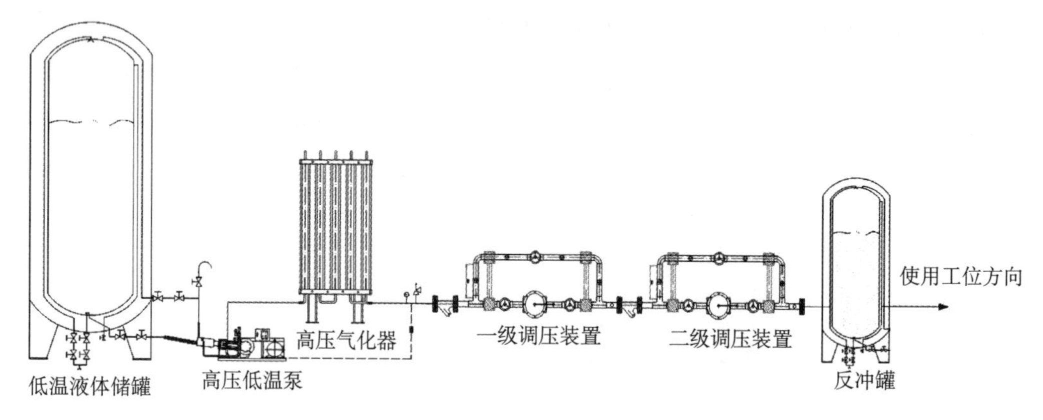

图9.26 增压型装置的结构

2. 技术原理

增压型技术原理所涉及的气化器适用于高压，设计制造难度大，对前端管道、接头等抗压性能和密封性能要求高，液体增压泵需要具体根据管道末端使用压力、流量等参数才能确定电机功率和具体型号。但是，各矿井由于管道长度、井下管网布局的差异，液体增压泵出口最高压力难以确定，选型困难。因此，必须选取液体增压泵出口最大压力较高（通常10MPa）的型号，通过两级调压稳压装置行进控制，成本相对较高。由于矿井防灭火一般无液体放净时间要求和管道末端压力等参数限制，所以非增压型技术原理能够满足使用要求。

地面固定式液态二氧化碳气化防灭火技术原理如图9.27所示。在地面将液态二氧化碳装入专用储罐，罐内的液态二氧化碳气化后经过矿井现有的管网系统流到火区附近，再经注二氧化碳的气体输送专用管路送到高温区。为了减少二氧化碳的消耗量，要根据火区的条件、火源的位置，选择最佳的释放口位置，原则是使二氧化碳在火区内用最短的路线到达火点，快速冲淡火区内的氧气含量，窒熄火源。二氧化碳的释放通道可采用钻孔、孔内下套管的方式形成。

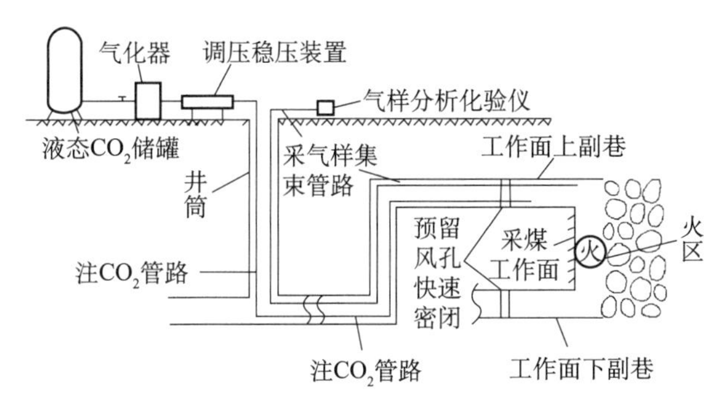

图 9.27　地面固定式液态二氧化碳气化防灭火技术原理

3. 系列化液态二氧化碳装置技术规格匹配方案

针对地面固定式防灭火装置的存储罐、气化器、调压稳压装置三种核心部件，通过理论计算和基础实验研究，形成了不同规格的配置方案（表 9.15），便于根据煤矿各地差异化需求快速选型设计。

表 9.15　地面固定式防灭火装置系列化技术规格匹配一览表

规格	存储罐					气化器			调压稳压装置		
	设计压力 /MPa	有效容积 /m^3	设计压力 /MPa	输出压力 /MPa	日蒸发率 /%	设计压力 /MPa	气体流量 /（m^3/h）	工作压力 /MPa	通径 /mm	进口压力 /MPa	出口压力 /MPa
1	2.16	2	≥2.3	≤2.2	＜0.3（20℃ / 0.1MPa）	3.0	200	≤2.4	25	≤4.0	0.2～1.6
2	2.16	5				3.0	300		25		
3	2.16	10				3.0	400		25		
4	2.16	15				3.0	500		32		
5	2.16	20				3.0	600		40		

4. 推广应用

地面固定式液态二氧化碳气化防灭火装置，具有存储罐有效容积及其产气量大，仅在地面就可完成液体充装、气化、压力调控等全部操作，安全性高等技术优势，且面向的用户群体多为矿山生产企业，因此，推广应用前景广阔，可作为煤矿“一通三防”日常生产防灭火装备用。我国东北和山西等地矿区都曾使用二氧化碳气体处置煤层火灾，如对东荣二矿自燃火区的成功治理。

9.7　高分子材料漏风封堵技术

巷道漏风是造成巷道风流中有害气体超限的主要原因之一，快速封堵巷道漏风通道是保障矿井安全回采的一项重要工作。重庆研究院针对煤矿井下巷道漏风开发了聚脲酸酯充填材料。该材料用于封堵巷道漏风通道，具有快速、封堵效果持续时间长、抗剪切能力较强等优点，在煤矿得到了广泛的推广应用。

9.7.1 材料性能及适用条件

1. 材料性能

重庆研究院自主研发生产了煤矿井下专用高发泡倍率聚脲酸酯材料。该材料已注册“天固”商标。充填材料是以高分子化合物为主剂，配以添加剂、填料等组分混合形成的注浆产品，经化学反应，通过充填工艺现场快速膨胀成型的轻质密闭固体泡沫材料。

1）外观和感官

天固充填材料、原材料均为液体材料。分布均匀，无结块，允许轻微杂色和轻微分层。

2）固化物理化性能

有关天固充填材料固化物理化性能的规定见表 9.16。

表 9.16 天固充填材料固化物理化性能

序号	指标	数据
1	膨胀倍数 / 倍	≥15
2	尺寸稳定性（70℃ ±2℃，48h）/%	≤0.1
3	压应变 10%/kPa	≥10
4	压应变 70%/kPa	≥40
5	酒精喷灯燃烧试验有焰燃烧时间 /s	≤3
6	酒精喷灯燃烧试验无焰燃烧时间 /s	≤10
7	酒精喷灯燃烧试验火焰扩展长度 /mm	≤280
8	酒精灯有焰燃烧时间 /s	≤6
9	酒精灯无焰燃烧时间 /s	≤20
10	酒精灯火焰扩展长度 /mm	≤250
11	表面电阻 /Ω	$\leqslant 3\times10^{8}$
12	阻燃标准	该材料符合 MT113—1995

3）成型实物

相比于普通的矿用聚氨酯材料，天固充填材料具有更加优异的耐火耐高温能力、更高的发泡倍率、更加优异的气体阻隔性能（闭孔率超过 95%）以及更优异的煤岩层渗透能力（可渗透至 0.09mm 小的裂隙）。天固充填材料是由两种液体按 1∶1 的比例混合，发泡倍数为 15～30 倍，其主要技术参数如表 9.17 所示。

表 9.17 天固充填泡沫技术参数

技术参数	A 料	B 料
外观	淡黄色液体	深褐色液体
黏度（20℃）/ mPa · s	200～300	150～250

续表

技术参数	A 料	B 料
密度（20℃）/（g/cm^3）	1.15～1.2	1.22～1.25
混合比例（体积比）	1	1
开始反应时间 /min	0:50～1:10	
结束反应时间 /min	2:30～10:00	
膨胀倍数 / 倍	15～30	

2. 适用条件

该材料主要用于巷道冒顶空洞充填、密闭墙夹层充填、煤巷或岩巷裂隙充填封堵、构筑快速密闭等以及远距离封堵巷道。

9.7.2 灌注方法

1. 灌注装备

天固充填材料使用 ZBQ-14.5/10 气动注浆泵进行灌注施工，设备如图 9.28 所示，主要技术参数如表 9.18 所示。

表 9.18 气动注浆泵装置技术参数

序号	技术参数	数值
1	供气压力 /MPa	0.2～0.7
2	空气消耗量 /（L/min）	300～1500
3	最大流量 /（L/min）	≤24
4	压力比	65∶1
5	噪声 / dB	≤95

图 9.28 天固充填材料与 ZBQ-14.5/10 气动注浆泵

气动注浆泵具体使用时，泵的两根料管分别插入A、B料桶，缓缓送风，料液自两根料管内进入泵体，在混合枪中充分混合，经喷出枪口注入目标位置。

2. 填注工艺

为了避免单孔单台泵注浆，因设备故障造成注浆钻孔报废，设计为2台注浆泵一组注一个钻孔。工程实施过程中因为压风能力、设备故障和人员数量的原因，调整为4台泵同时运作，两个孔同时注浆。注浆工艺如图9.29所示，在材料下井时，将天固A和B料分类放置在巷道两边。为保证注浆连续性，由气动提料泵将物料从铁桶内抽到两个敞开储料容器，注浆泵抽取A、B料进行加压混合后，通过套管将浆液送入钻孔内。

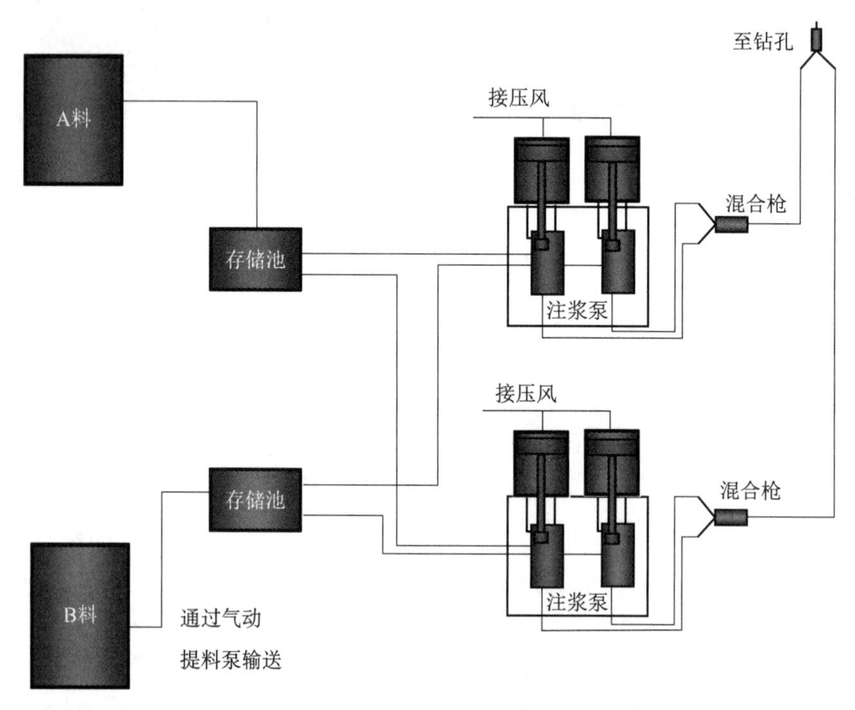

图9.29　注浆工艺流程

9.7.3　应用案例

以天固充填材料及配置装置为例，该技术在陕西陕煤集团、新疆焦煤集团进行推广应用，成功用于巷道漏风裂隙封堵、巷道分段隔离等项目，取得了良好的应用效果，如表9.19所示。

表9.19　高分子材料封堵巷道漏风通道应用情况

矿井名称	应用项目
陕西煤业化工集团孙家岔龙华矿业有限公司	孙家岔龙华煤矿2-2煤火区30107段治理工程
神木县中鸡镇板定梁塔煤矿	神木县中鸡镇板定梁塔煤矿巷道及密闭墙堵漏工程
神木县中鸡镇板定梁塔煤矿	神木县中鸡镇板定梁塔煤矿井田边界火区隔离工程
新疆焦煤集团2130煤矿	2130煤矿2183水平石门火区治理工程

9.8　井下移动式长距离注浆防灭火技术

移动式井下移动式注浆解决了地面注浆系统浆液远距离输送设备损耗大，注浆压力大等问题，但部分矿井受条件限制，向井下采区运输注浆材料有困难，且注浆地点附近不便于安装设备和储存材料，尤其是需要大量注浆材料时，长距离运输问题十分突出。移动式注浆工艺受井下空间小等环境制约，注浆流量小，处理火区时间相对较长。北京研究院井下移动式长距离注浆防灭火技术在移动式注浆工艺基础上，添加增压装置，能够实现提高注浆压力和流量的目的。

9.8.1　井下移地动式长距离注浆系统

1. 工作原理

井下移动式注浆装置主要由防爆电机、减速机、定量送料机、制浆滤浆总成、料斗、传动装置、排碴口、出浆口、流量计及管路等组成。打开水阀把水加入制浆滤浆总成，启动电机，待设备运行稳定后，把制浆原料（砂土或粉煤灰）加入料斗，定量送料机将制浆原料定量送入制浆滤浆总成。经制浆滤浆总成过滤合格的浆液通过出浆管输出；粒径较大的残碴从出碴口排出，合格浆液经泥浆泵加压后通过管路及钻孔注入防灭火区域。

2. 移动式注浆防灭火系统

移动式注浆防灭火系统能够将制成的浆液以小于 6MPa 的压力输送至井下 2000m 左右距离的任何用浆地点。为了达到井下移动式注浆工艺要求，井下移动式注浆防灭火系统具有注浆材料的连续定量添加、定量给水、搅拌、排碴和压注等功能。系统总体由注浆材料和外加剂定量添加装置、定量加水装置、连续式搅拌制浆装置、浆液过滤装置、浆液压注系统和输浆管网系统构成。井下移动式注浆防灭火系统如图 9.30 所示。

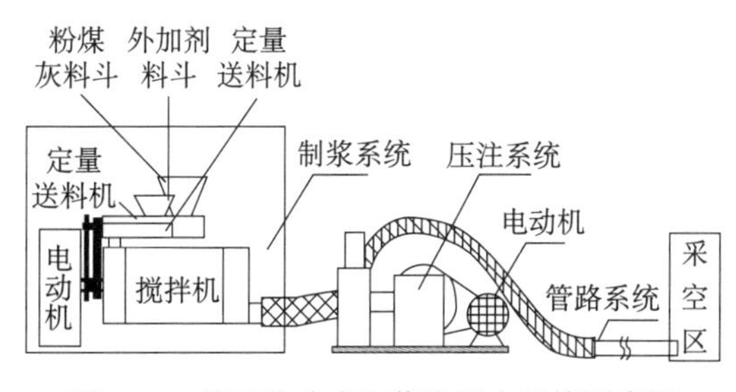

图 9.30　井下移动式注浆防灭火系统示意图

9.8.2　移动注浆工艺及特点

1. 移动注浆工艺

采用扒斗机采土，给破碎机供料，土块经破碎机两级破碎过筛后，作为骨料的粉煤灰或黄土，经破碎机破碎筛选后，由装载机或人工将粉煤灰或黄土加到制浆机的料斗中，添加装置将粉煤灰（或黄土）自动加入到井下移动式制浆系统中，打开供水阀门，制浆系统把水与粉煤灰（黄土）按一定比例混合、搅拌制成一定浓度的浆液，并将浆液中不符合要求的大颗粒过滤出来后，由外加剂料斗添加胶体材料或阻化剂等，浆液混合均匀后，由注浆防灭火系统以一定的压力经管路系统输送至注浆地点。井下移动式长距离注浆技术弥补了长距离输送压力的不足，解决了浆液混合不均且易沉淀，注浆管路易堵塞等问题。其工艺流程如图 9.31 所示。

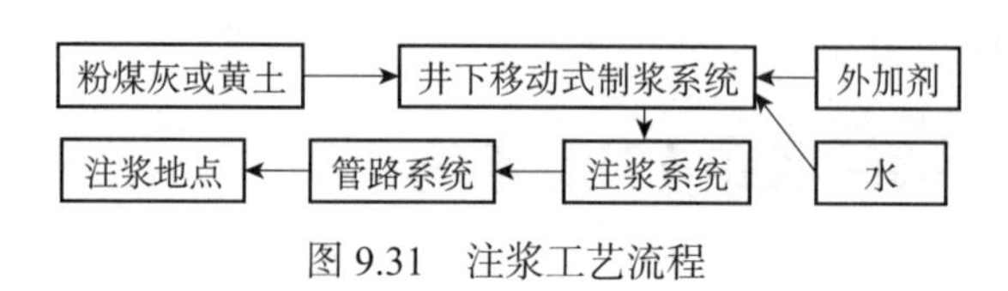

图 9.31　注浆工艺流程

2. 移动长距离注浆工艺特点

1）定量添加装置

井下移动式制浆机的给料装置采用单螺旋定量输送机，定量给料机的转速不设调节器，浆液浓度大小靠调节水量来加以控制，这样可保证给料机的稳定和延长使用寿命；还可根据火区状况、输送距离等调节浆液浓度；定量添加装置具有结构简单、运行稳定、使用寿命长等特点，直接实现稳流、给料与控制。

2）外加剂输送装置

制浆系统单独设立外添加剂的添加装置，由 1 个小型的定量给料机来实现，添加剂添加量可通过调节给料机的转速控制，实现稳定的配比，解决了浆液长距离输送易沉淀的问题。

3）搅拌与过滤一体化设计

当注浆材料和外加剂进入制浆系统时，刮料器将材料全面刮到搅拌与过滤系统内部，随着装置的转动，在螺旋骨架带动下，注浆和外加剂与水进行充分的混合与搅拌，形成浆液，避免浆液产生沉淀而堵塞注浆管路。大于 3 mm 以上部分从入料端到出料端，自动由出碴口排出。装置实现了搅拌、过滤功能，大颗粒自动排出，不需要人工清理。

4）高压注浆泵

注浆泵选用活塞式注浆泵，注浆压力高，能够实现长距离输送，可根据具体注浆距离和高差进行注浆压力调节。由制浆机搅拌形成的浆液通过高压管路输送至注浆泵中，再通过输浆管路，压注至火区。

9.8.3　移动长距离注浆工艺应用

彬煤集团下沟煤矿 1806 综放面尾采撤架期间，工作面距离停采线约 120m 时，根据回风隅角密闭墙以内监测的数据 O_2 浓度为 13.75%，CO 为 111×10^{-6}，CH_4 为 0.19%；从数据可以看出，回风侧采空区存在很大的自燃隐患，且瓦斯浓度偏高，不便近距离安装注浆设备。为了彻底地防止停采撤架期间煤体自燃，采用井下长距离移动式注浆系统，向工作面进、回风隅角，液压支架架后注胶体材料。

工作面采取注胶措施后，在工作面设备回撤期间，回风隅角 CO 浓度逐渐由 111×10^{-6} 降至（3～5）$\times10^{-6}$，工作面端头支架的温度也逐渐由 30℃降至 27℃，均恢复正常值。通过在工作面以及上下隅角施工注胶钻孔，加大采空区注胶量，胶体灭火材料起到了降温灭火、阻化煤的自燃性以及堵漏等作用，CO 浓度迅速降低，并且工作面温度和回风隅角 CH_4 浓度也迅速下降，证明了采空区注胶以及井下移动式长距离注胶系统均具有良好的应用效果。

9.9　均压防灭火技术

均压防灭火技术是采用风窗、风机、连通管、调压气室等调压手段，改变通风系统内的压力分布，降低漏风通道两端的压差，减少漏风，从而达到抑制和熄灭火区的目的。均压技术在 20 世纪 50 年代由波兰学者提出，80 年代沈阳研究院与波兰专家在大同矿务局共同协作，在该矿采用了大面积均压通风防灭火技术，防治了大面积火区，取得了良好的效果。随后沈阳研究院进一步对矿井均压通风防灭火技术进行研究，提出了采取调压风门、均压连通管以及并联风道和角连调节等手段的均压防灭火技术。

9.9.1　调节风窗均压

调节风窗均压系统是在需要改变分支风路风压关系的风路上设置调节风窗，增加或提高该分支风路的风压。当风流从风窗过风口流过时，增加了阻力，使得流经窗口的风流产生局部阻力损失，从而提高调节风窗前分支风路风流的风压。因此，调节风窗在分支风路上是一种压能消耗的设施。

如图 9.32 所示，当在回风巷内 3～4 间安设调节风窗 A 以后，风窗前的压力升高，采空区与工作面的压差就降低，采空区内的气体就不易涌出，其降低值取决于可调节风门的风阻大小。应用调节风窗实施均压，主要是通过调整风窗过风口面积大小，调节风量通过风窗局部阻力实现风压平衡，满足均压防灭火要求。实际上是减少与火区并联网络的分支风量，通过提高分支风路的阻力达到目的。

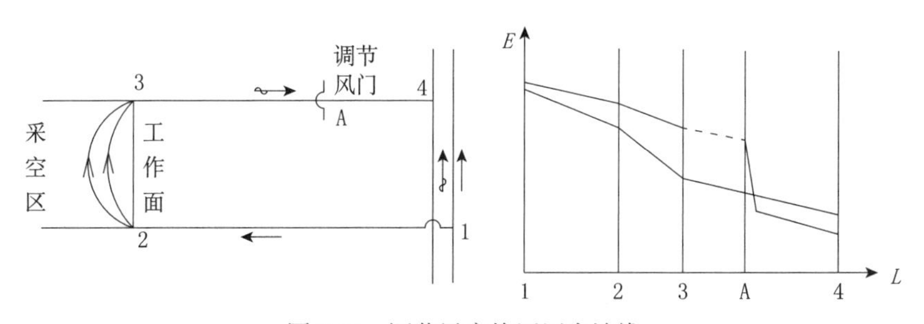

图 9.32　调节风窗均压压力坡线

9.9.2 调压风机均压

调压风机均压系统是在分支风路上安设带有挡风墙的局部通风机，使其调压风机前方风压呈正风压状态，后方呈负风压（降压）状态。通过改变风路上的压力分布，从而达到均压的目的。对主要通风机而言，调压风机均压系统是分支风路的补充压源，即通常所说的辅助通风机。

如图 9.33 所示，在原有风压 h 作用的 AB 分支风路 C 处设置调压风机，则调压风机前方风压要比原风压升高，后方则比原风压降低。

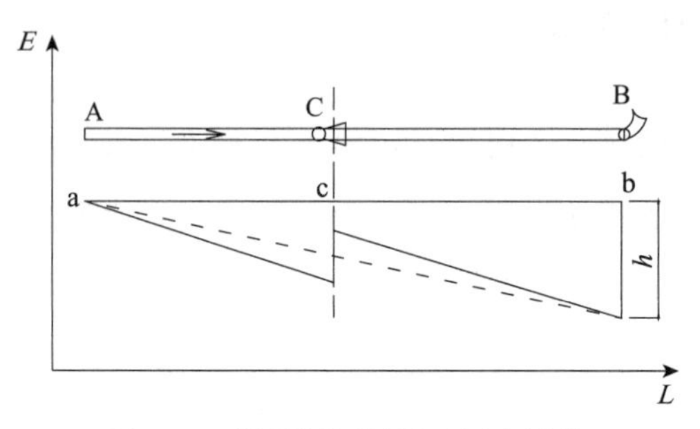

图 9.33 设置调压风机后压力坡线

9.9.3 调节风窗与调压风机均压

调节风窗与调压风机均压系统由调节风窗与调压风机联合组成，是一个对火区、采空区或采煤工作面实施均压的系统。其特点是升压值高，风量调节范围大。常常采取工作面进风巷安设局部通风机，而回风巷安设调节风门的联合均压措施。

根据调节风窗与调压风机位置不同可分为两种：

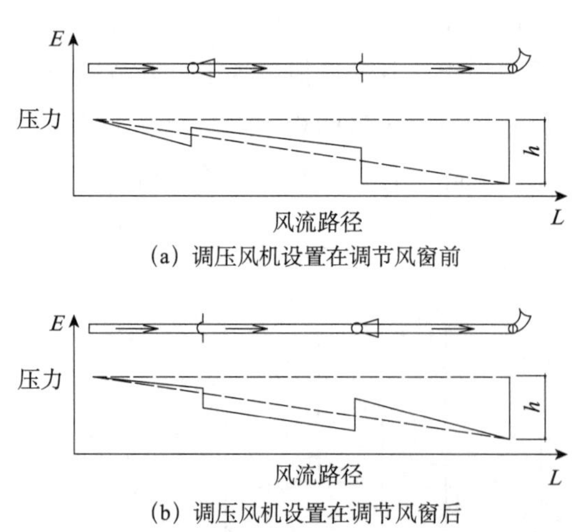

(a) 调压风机设置在调节风窗前

(b) 调压风机设置在调节风窗后

图 9.34 调节风窗与调压风机均压后压力坡线

一种是将调压风机设置在调节风窗之前，如图 9.34（a）所示，均压区间的风压被提高。另一种是将调压风机设置在调节风窗之后，如图 9.34（b）所示，均压区间的风压被降低。

调节风窗与调节风机均压系统是我国矿井火灾严重区普遍采用的均压防灭火方法之一，特别是多煤层开采的抽出式通风矿井，在井下其他漏风边界被调平，而在地面存在漏风的情况下，为了解决上部煤层采空区因漏风而引发的自燃火灾和自然发火后维持下部煤层工作面的正常开采问题，常在下部煤层工作面采取升压措施，以平衡地面及煤层的风压，减少漏风。

9.9.4 并联风路与调节风门联合均压

如图 9.35（a）所示，封闭区（F）进回风口 5、8 两点的压力过大，如图 9.35（b）所示，漏风严重，以致有自然发火危险。为了控制漏风采取了两项措施，如图 9.36（a）所示，取消 5-8 上山内的两道密闭，使之成为与封闭区漏风并联的通道；同时在 8-9 区段内构筑调节风门 4，将通过 3-4 上山的风量限制在最小的范围内。如图 9.36（b）所示，闭区进回风口 5、8 两点压差显著减小，漏风量降低，消除封闭区自然发火的危险。若封闭的是个火区，也会加速火区熄灭。

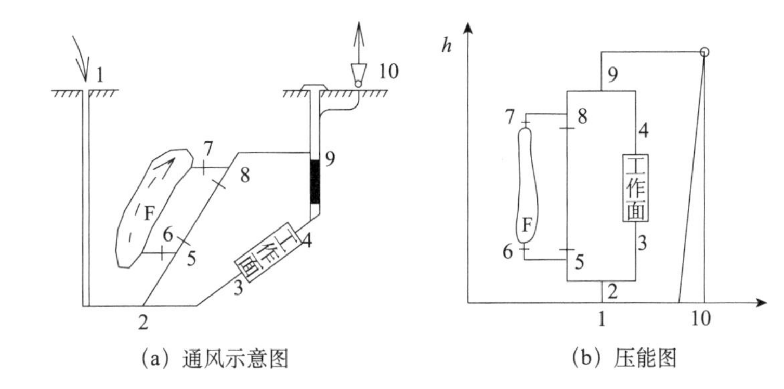

（a）通风示意图　　（b）压能图

图 9.35　封闭区漏风及其压能示意图

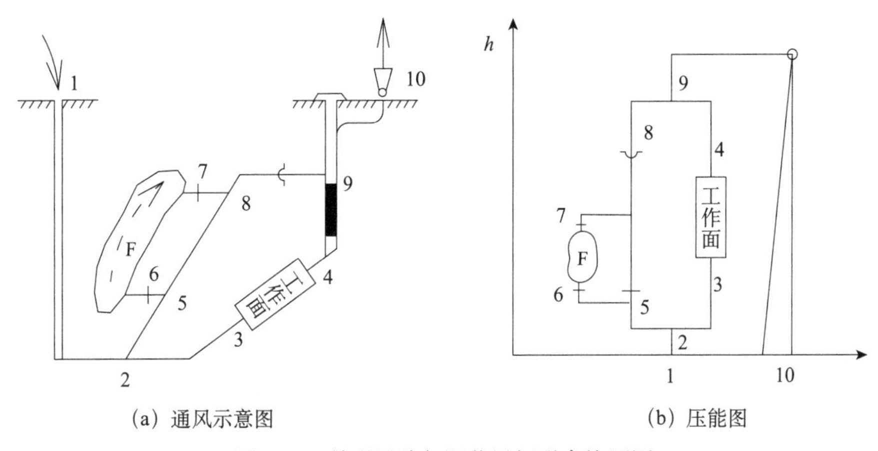

（a）通风示意图　　（b）压能图

图 9.36　并联风路与调节风门联合均压图

9.9.5 调压气室与调压风机均压

调压气室与调压风机均压系统是将调压气室与调压风机组合成的一个均压系统，根据调压气室的数量，分为单调压气室和双（多）调压气室与调压风机均压。根据调压气室的位置，又分为进风侧单调压气室与调压风机均压和回风侧单调压气室与调压风机均压两种。

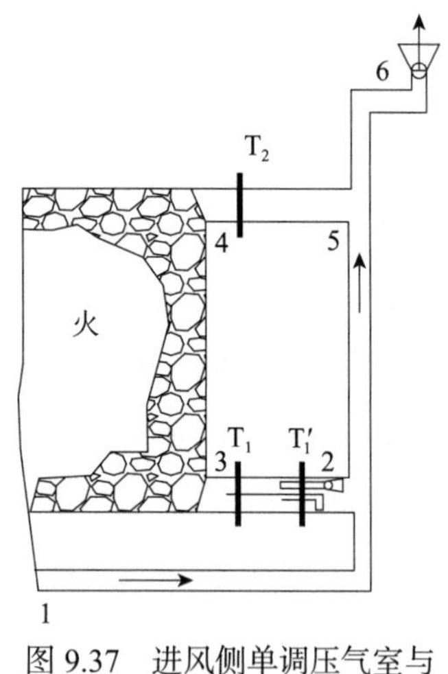

图 9.37 进风侧单调压气室与调压风机均压系统

如图 9.37 所示为调压气室建在火区进风侧（密闭向火区内漏风）的单调压气室与调压风机均压系统。图 9.38 为均压前、后压能图。图 9.39 为压气室与调压风机均压安装示意图。

在调压气室外墙 T_1' 处安装一台小功率的调压风机，将调压风机的吸风侧通过导风筒固定在调压气室内，出风侧置于 1-2-3 分支风路中，利用调压风机的抽出作用，将调压气室外墙密闭 T_1' 的漏风抽出，并通过调节阀门的调节作用，使调节气室内的风压与火区回风侧 T_2 密闭外面的风压相等，从而达到均压目的。

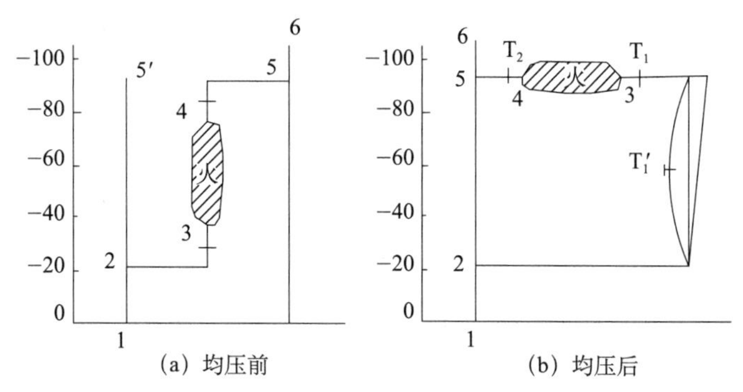

图 9.38 单调压气室与调压风机均压前、后压能图

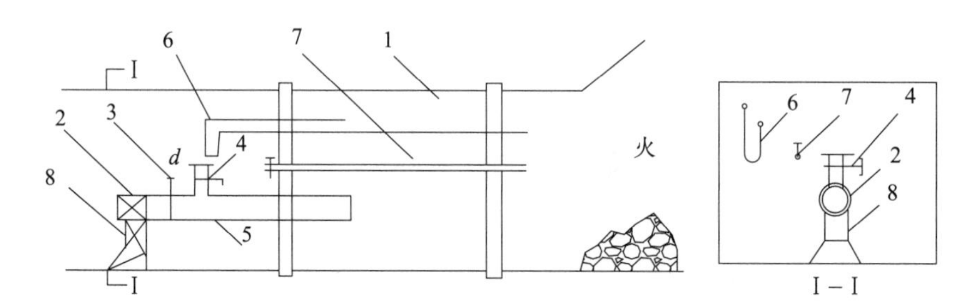

图 9.39 调压气室与调压风机均压系统安装示意图

1. 调压气室；2. 调压风机；3，4. 调节阀门；5. 导风筒；6. U 型水柱计；7. 火区气体检测孔；8. 机座

图 9.40 所示为在火区回风侧建调压气室（密闭 T_2 向外漏风），在调压气室外墙 T_2' 处安设小功率调压风机向调压气室内供风，阻止火区气体通过调压气室内墙 T_2 向外泄出的均压系统，采用回风侧调压气室与调压风机均压，应视回风侧瓦斯情况而定，高瓦斯矿井不宜采用电动调压风机。

图 9.41 为双调压气室与调压风机均压系统。它是在火区进、回风侧分别建调压气室，在每个调压气室上安装调压风机。进风侧的调压风机向气室外抽风，回风侧的调压风机向其室内供风（抽出式通风矿井）。双调压气室与调压风机可以应用在多煤层同时开采的矿

井，若上部煤层发生自燃火灾，但煤层之间、煤层与地面之间没有形成漏风通道。上部煤层采用双调压气室与调压风机均压系统进行均压，能较好地解决安全生产问题。

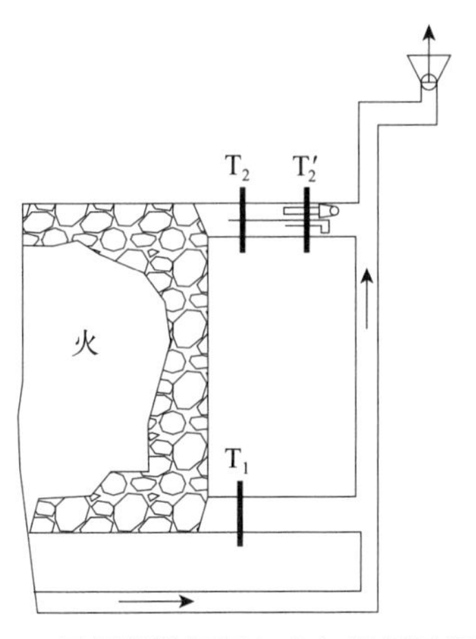

图 9.40　回风侧单调压气室与调压风机均压

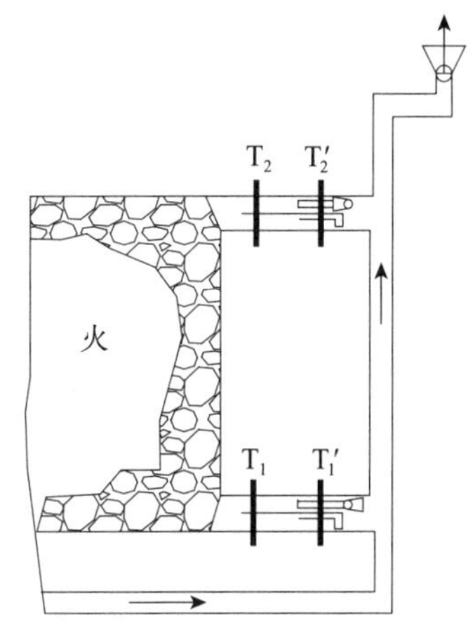

图 9.41　双调压气室与调压风机均压

9.9.6　调压气室与连通管均压

将调压气室与连通管组合在一起的均压系统分为单调压气室与连通管均压和双（多）调压气室与连通管均压两种。在单调压气室与连通管均压系统中，根据调压气室构筑位置不同又分为进风侧单调压气室与连通管均压系统和回风侧单调压气室与连通管均压系统两种。

图 9.42 所示为调压气室建在火区进风侧的单调压气室与连通管均压系统，图 9.43 为均压前、后的压能图。当火区进风侧密闭 T_1 漏风量较大（向火区内漏风），通过加固难以奏效时，可将调压气室建在 T_1' 处，然后将连通管的一端置于调压气室内，另一端引向火区回风侧 5-6 分支处，这样在矿井主要通风机总风压作用下，连通管的两个开口端也就存在着风压差，连通管在气室内的一端开口处气体压力大于出口端 5-6 分支开口处的气体压力。在这一风压差的作用下，将使调压气室内的气体向气室外部流动，把调压气室内的气体部分抽至气室外，通过调节阀门控制，可使两端压差趋于平衡。当调压气室内被抽吸的气体使设在 T_1' 密闭墙上的 U 形水柱计稳定地保持在平衡位置后，此时火区压力与调压室压力相等。把控制阀固定在此位置上，保持这一合适的调压能力，即可达到调压目的。

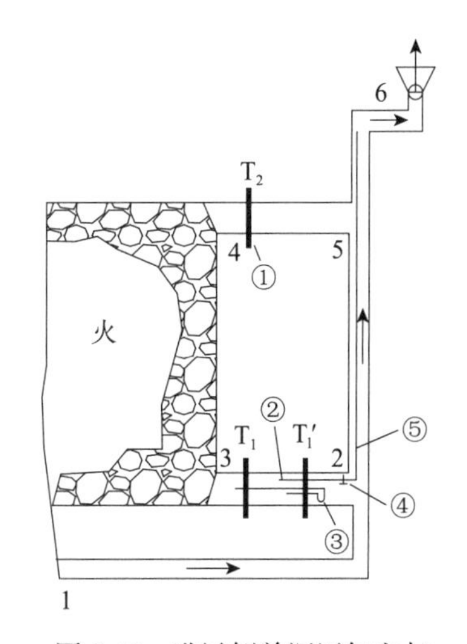

图 9.42　进风侧单调压气室与连通管均压系统
①密闭；②气室；③ U 型管；④调节阀门；⑤连通管

图 9.44 所示为火区密闭 T_2' 向外漏风、将调压气室建在火区回风侧的单调压气室与连通管均压系统。其做法是将调压气室建在火区回风侧 T_2' 处，连通管的一端固定在调压气室内，

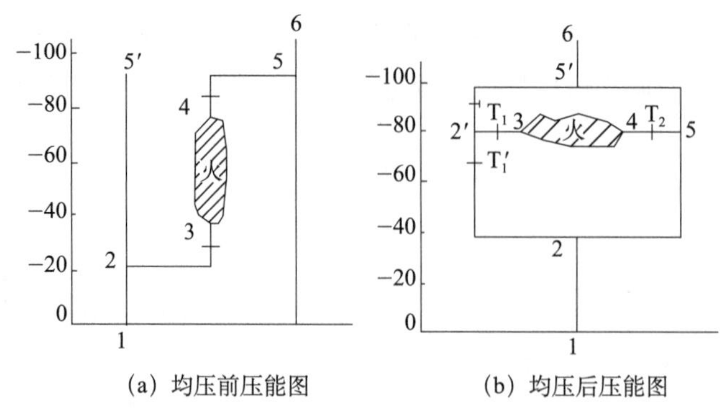

图 9.43　进风侧单调压气室与连通管均压系统均压前、后的压能图

另一端引向火区进风侧密闭 T_1 处，在矿井主要通风机总风压作用下，在 T_1 附近形成负压区，将该处风量通过连通管吸入调压气室，达到压能平衡。

图 9.45 所示为双调压气室与连通管均压系统。当火区进风侧密闭 T_1 向火区内漏风，回风侧密闭 T_2 向外漏风时，在火区进风侧密闭 T_1' 和回风侧密闭 T_2' 处分别构筑调压气室，然后用连通管将两气室连接起来形成一个闭路循环系统。其实是在矿井主要通风机总风压作用下，将 T_1' 气室的漏风引向 T_2' 气室，使两个调压气室内的气体压力平衡，从而消除火区进、回风侧的风压差，达到均压目的。

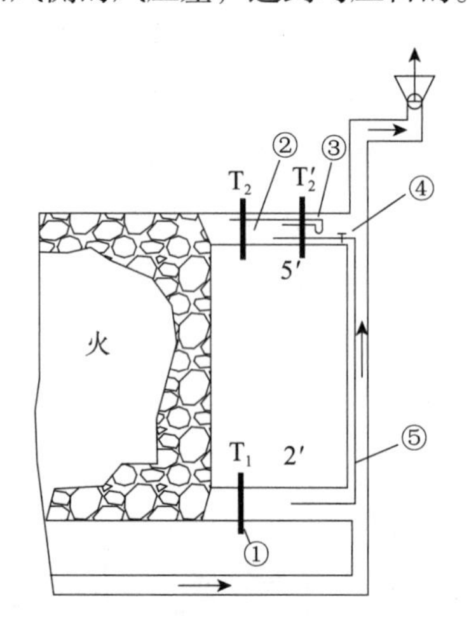

图 9.44　进风侧单调压气室与连通管均压系统

1. 密闭；2. 气室；3. U 型管；4. 调节阀门；5. 连通管

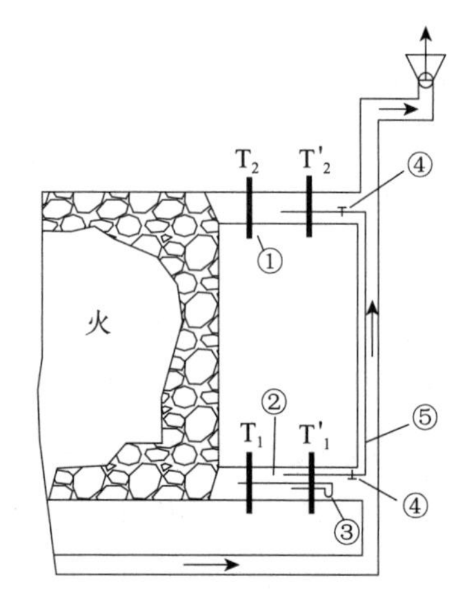

图 9.45　双调压气室与连通管均压系统

1. 密闭；2. 气室；3. U 型管；4. 调节阀门；5. 连通管

9.10　自燃火灾综合防灭火技术

煤矿火灾防治是一系列措施方案组成的综合技术体系。矿井防灭火技术的实施必须面对复杂的矿井地质条件、多变的人员作业条件、艰巨的现场工程条件以及不可确知的火源或发火隐患变化条件等方面的制约，往往采取单一技术方法难以取得理想的防灭火效果。为此，必须因地制宜，采取综合防灭火措施，即将几种防灭火技术手段有机地结合起来，方可达到最佳的防灭火效果。

9.10.1　高瓦斯复合采空区自然发火综合防治技术

我国许多矿井以开采易自燃、自燃煤层为主，面临的自燃火灾防治压力非常大。尤其是极近距离煤层开采后形成复合采空区，采空区遗煤量大，且上层遗煤以高位形式存在，氧化时间长，阻化处理难度大，自然发火危险性更高。在这种开采条件下，高瓦斯矿井由于采取采空区瓦斯抽采等治理措施，采空区漏风量增加，使得复合采空区自然发火防治更为困难。2015 年，沈阳研究院与神华集团合作进行了相关的技术研究。

根据极近距离煤层复合采空区特点，提出有针对性的预测预报、高位注浆、全断面注氮等防治措施，形成了高瓦斯极近距离煤层复合采空区自然发火综合防治技术。

1. 采空区自燃立体“三带”分层多点考察方法

复合采空区内除本煤层遗煤外，上层采空区也存在遗煤，采空区冒落高度更大，遗煤呈立体分布。传统的只在本层采空区布置束管监测点，不能及时、全面地对复合采空区遗煤氧化情况进行预测预报。依据复合采空区内“煤–岩–煤”分布特征，提出了监测点分本层、上层和地面孔三层布置的方法。

1）复合采空区分层多点布置方法

根据高瓦斯复合采空区遗煤立体分布，瓦斯立体抽采的特点，预测预报采取分层多点方式。①上覆煤层气体监测：采空区高位监测、上层工作面密闭监测、高位钻孔监测。②本煤层采空区观测。③本煤层工作面气体监测。④地面抽采钻孔气体监测。

2）采空区自燃立体“三带”考察方法

为了监测采空区立体“三带”分布，共布置两组测点，第一组用于观测沿工作面水平方向采空区自燃“三带”的变化，第二组用于观测工作面采空区垂直方向的自燃“三带”变化。两组测点的布置如图 9.46 所示。

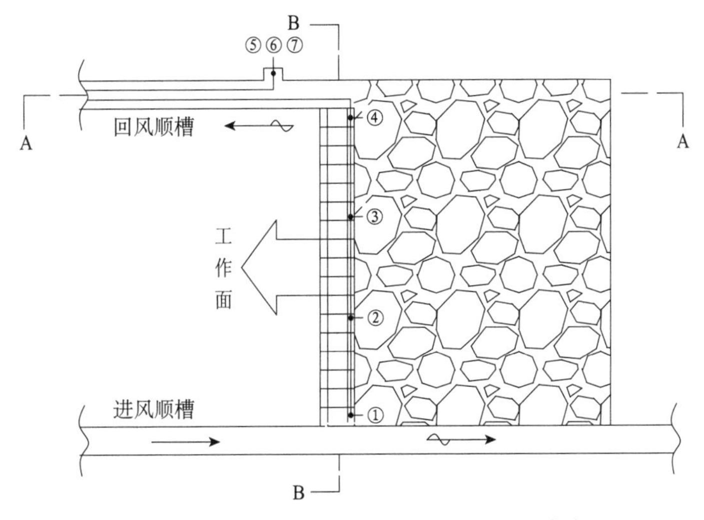

图 9.46　工作面采空区自燃“三带”观测测点布置
①～⑦为各测点编号

第一组共布置 4 个测点，布置方式如图 9.47 所示。

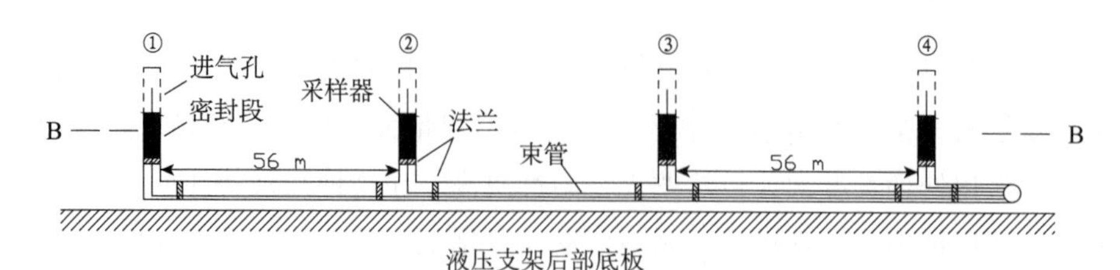

图 9.47　采空区水平“三带”观测测点布置

①～④为测点编号

第二组测点使用专门研制的一种采空区垂直方向气体采集装置进行气体采集。该装置申请了实用新型专利，装置结构如图 9.48 所示。该装置应能够进入采空区内部进行连续取气，能够抵抗采空区冒落的破坏，且能够便于在井下狭小工作环境中安装使用。该装置由若干不同结构的分段依次连接而成，分段长度便于井下安装。装置布设在事先在回风顺槽顶板施工好的钻孔内，分段设有取气孔，密封性能良好，并有防治束管堵塞设计，具体布置方法如图 9.49 所示。

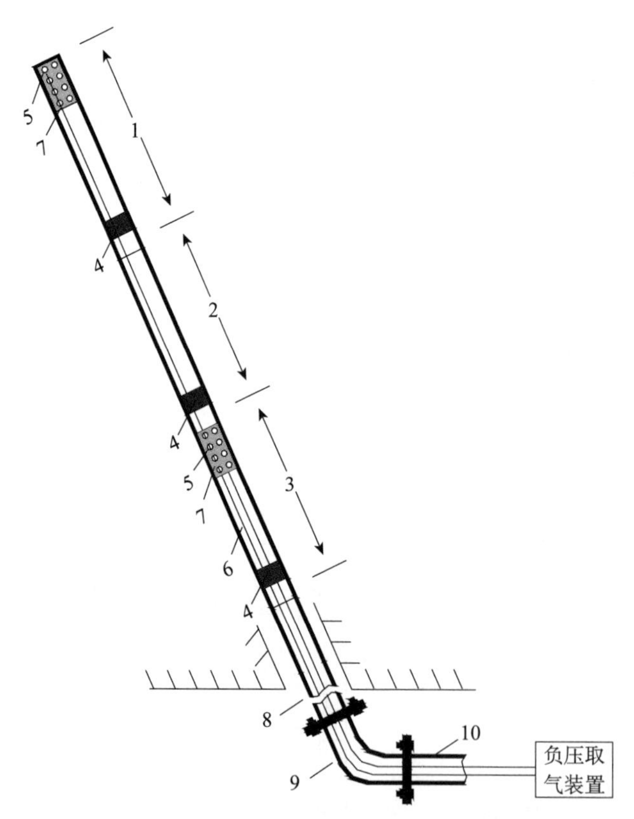

图 9.48　采空区垂直方向气体采集装置结构图

1. 第一管段；2. 第二管段；3. 第三管段；4. 密封段；5. 取气孔，6. 束管；7. 滤芯；8. 第四管段；9. 弯管；10. 第五管段

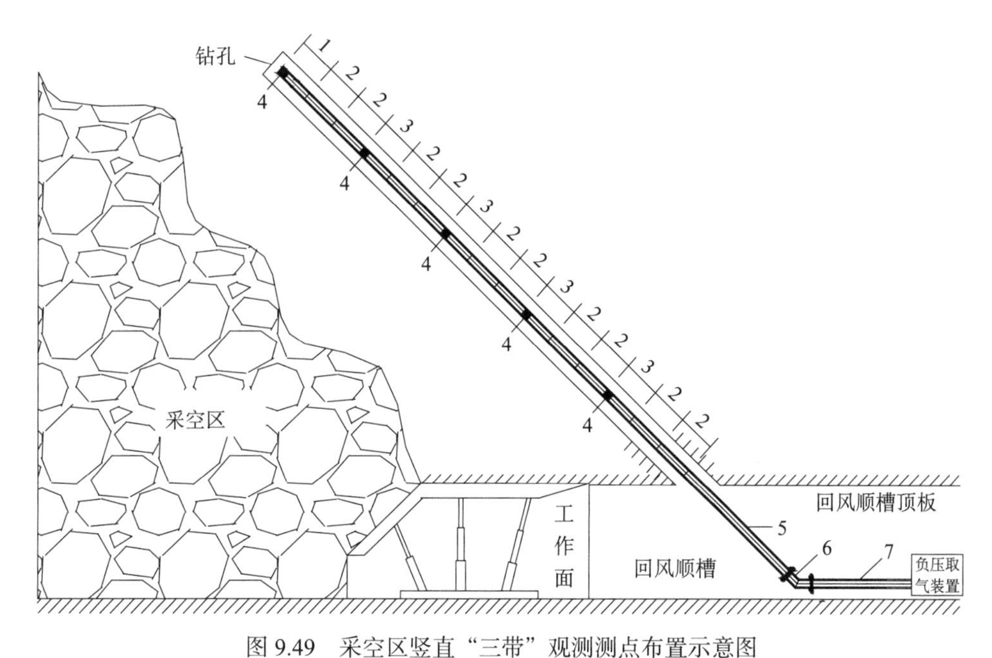

图 9.49 采空区竖直“三带”观测测点布置示意图

1. 第一段弯管；2. 第二段弯管；3. 第三段弯管；4. 取气孔；5. 第四段弯管；6. 弯管；7. 第五段弯管

矿井束管监测系统是一种有效的专用监测技术，但束管监测系统的应用现状并不是特别好。为了解决矿井传统束管监测系统在使用中出现的一系列问题，采空区自燃立体“三带”分层多点的考察的监测方法采用红外光谱束管监测系统。

2. 复合采空区自然发火动态闭环防控技术

基于高瓦斯矿井复合采空区四维动态自燃“三带”空间及时间分布特点，提出了复合采空区动态闭环防控技术体系：首先对采空区进行实时监测，在监测的基础上，动态调控瓦斯抽采量，对重点区域遗煤实施高低位联合注浆，对大范围复合采空区实施全断面帷幕注氮，形成监测、调控、治理相结合的闭环防控体系。防控体系主要包括复合采空区分层多点自然发火监测监控技术、高低位联合注浆技术、工作面架后全断面帷幕注氮技术。

1）高、低位联合注浆技术

针对复合采空区遗煤立体分布的特点，提出了采空区高、低位联合注浆技术，低位遗煤采用传统的上隅角埋管注浆、密闭插管注浆，高位遗煤结合工作面的实际情况，选择邻近巷道高位钻孔注浆、回风顺槽高位措施孔注浆、采空区预埋立管注浆或地面钻孔注浆。

a. 邻近巷道高位钻孔注浆

根据井下实际条件，利用邻近区段准备巷道向遗留煤柱上方施工钻孔进行注浆。邻近巷道高位钻孔施工在采空区冒落“O”形圈裂隙带内，利用采空区冒落后形成的裂隙向采空区注浆，注浆区域见图 9.50。

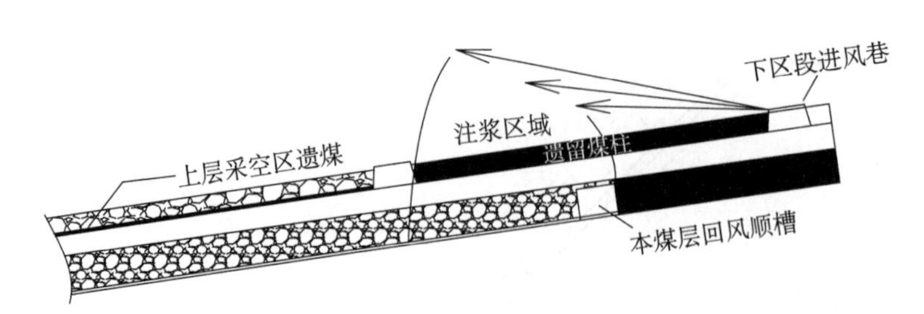

图 9.50　邻近巷道高位钻孔施工剖面图

b. 回风顺槽高位措施孔注浆

在没有条件利用相邻区段巷道进行高位注浆的条件下，可利用高位瓦斯钻孔向采空区裂隙带内注浆，使高位钻孔起到同孔多用，即瓦斯抽放孔兼作注浆孔，也可在回风顺槽内施工专用高位注浆钻孔，向上部采空区裂隙进行高位注浆。

采用专用回风顺槽高位措施孔注浆时，在回风顺槽离切眼施工一组措施孔，终孔位置在上覆煤层顶板，内错风巷 10m，钻孔全程下保护套管。该组钻孔主要对遗留煤柱及回风顺槽侧进行注浆；另一组措施孔垂直于回风顺槽，终孔位置在上层采空区回风顺槽煤层顶板。该组钻孔主要对上煤层工作面遗煤进行注浆。措施孔见图 9.51、图 9.52。

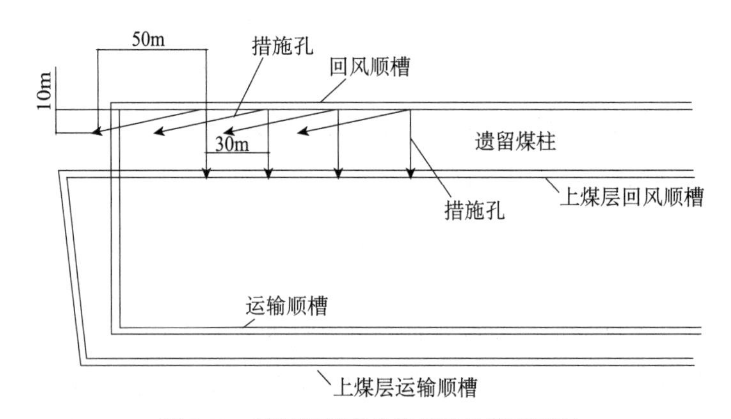

图 9.51　回风顺槽高位措施孔注浆平面图

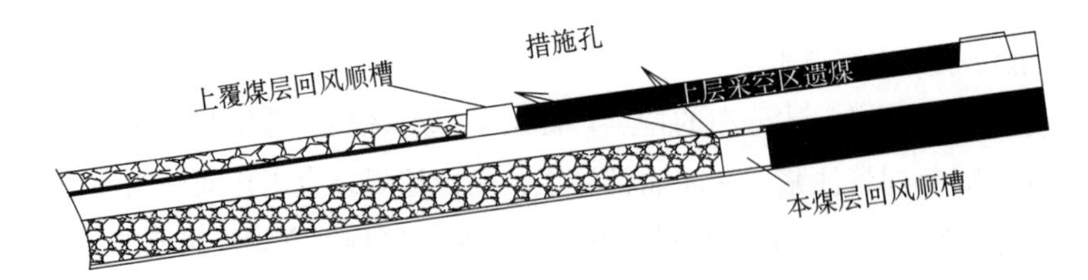

图 9.52　回风顺槽高位措施孔注浆剖面图

c. 采空区预埋立管注浆

有些矿井由于工作面条件限制，采空区上方裂隙发育，难以进行钻孔施工与注浆，不具备施工高位措施孔的条件，此时可在进、回风顺槽预先埋设垂直立管，并预先埋设专用注浆管路。

预埋高位套管进行采空区注浆的技术原理是在轨道顺槽开帮建立钻场，然后在钻场内向煤层顶板方向打钻，在钻孔内下套管，随着综放工作面推进，当预埋的高位套管处于采空区“氧化带”时，通过采空区预埋的高位注浆管路进行注浆，见图 9.53。

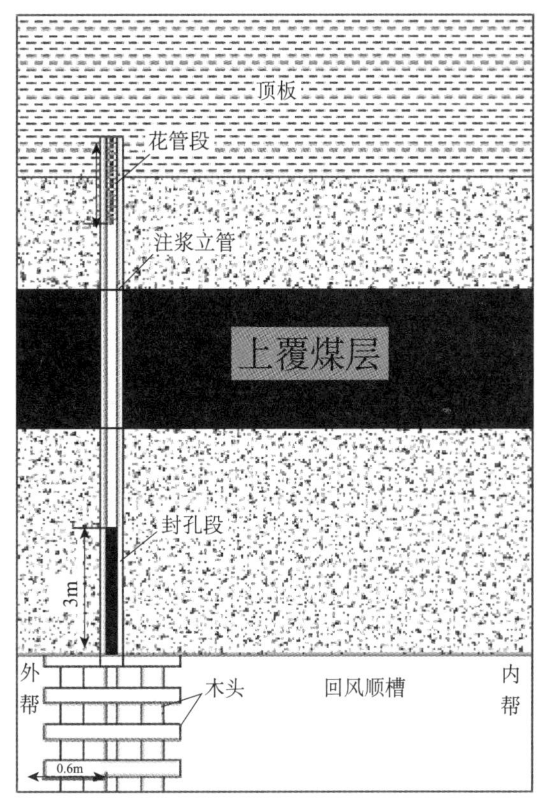

图 9.53　预埋立管注浆布置示意图

d. 地面钻孔注浆

地面打钻注浆使矿井防灭火不受井下条件的影响，现场放置钻机，向井下着火点进行打钻，见图 9.54。但此种方式应注意其适用性：首先，钻孔深度不超过 150m；其次，对灭火周期较长，钻孔深度达到 150m 时，一般需要 7d 的时间；再次，地面钻孔的服务时间短，一个钻孔通常情况下只能对当时所测火区进行灭火，同时费用也比其他方式高。根据地面钻孔注浆的特点，地面钻孔注浆适合在埋深较浅的采空区进行灭火或处理自然发火重点区域时使用。

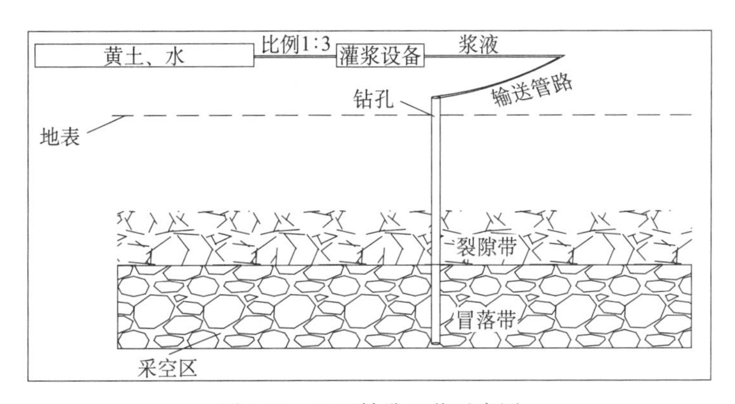

图 9.54　地面钻孔工艺示意图

2）工作面架后全断面帷幕注氮技术

现行的注氮方式主要有埋管注氮、拖管注氮、钻孔注氮和插管注氮等。各注氮方式存在以下问题：①氮气扩散半径小，有效作用范围有限；②受采空区漏风影响大，在采空区内分布不均；③释放口数量少，惰化效率低。

为弥补现有技术的不足，提出了工作面架后全断面帷幕注氮技术。全断面帷幕注氮释放口数量多，且能够到达采空区深部。能有效抑制采空区遗煤的低温氧化和上隅角 CO 涌出，大大减少了工作面回风隅角、回风流中 CO 超限的次数。工作面架后全断面帷幕注氮管路布置如图 9.55 所示。

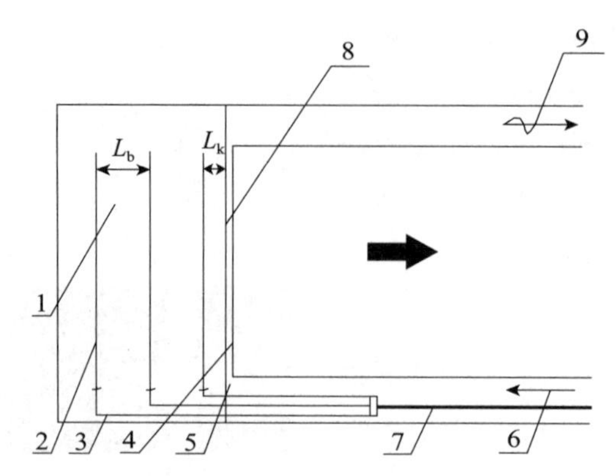

图 9.55 工作面采空区全断面帷幕注氮管布置示意图

1. 采空区；2. 注氮管；3. 耐压软管；4. 工作面；5. 工作面进风；6. 分流阀；7. 主管路；8. 采空区分界线；9. 工作面回风

该技术明确了采空区注氮管路排距、布设数量、氮气释放孔组数量及孔径的确定方法，主要技术要点如下：

（1）确定采空区注氮管路排距（L_b）确定方法。

确定氮气扩散半径 r、工作面进风与回风压差 P_d、孔隙率 K、各支路分流阀出口流速 V_b，通过测取各支路分流阀出口压力 P_b、主管氮气流量 Q_m、工作面漏风量 Q_L，按下式计算：

$$L_b=2r=\frac{P_b+2P_d}{P_b}\times\frac{55}{K^{1.5}}\times\sqrt{\frac{Q_m+Q_L}{V_b}} \tag{9.1}$$

式中，L_b 为采空区注氮管路排距，m；r 为氮气扩散半径，m；P_b 为各支路分流阀出口压力，Pa；P_d 为工作面进回风压差，Pa；K 为孔隙率；Q_m 为主管氮气流量，m^3/min；Q_L 为工作面漏风量，m^3/min；V_b 为各支路分流阀出口流速，m/min。

（2）确定注氮管布设数量 n_0。

确定氧化带最大宽度 L_y，按下式计算：

$$n_0=\frac{L_y}{L_b} \tag{9.2}$$

式中，n_0 为采空区注氮管布设数量，路；L_y 为采空区氧化带最大宽度，m。

（3）确定氮气释放孔组数量 n_1。

测取工作面倾向长度 L_z 按下式计算：

$$n_1=\frac{L_z}{2r}+1 \tag{9.3}$$

式中，n_1 为氮气释放孔组数量，组；L_z 为工作面倾向长度，m。

（4）确定氮气释放孔组单元孔半径 R_i（i=1，2，…，n_1）。

确定采空区1注氮支路2管径D，按下式计算：

$$R_i = 1000\sqrt{\frac{P_0 \times D^2}{\pi \times n_1 \times P_b \times \left(\frac{n_1 + 1 - i}{n_1}\right)^{\frac{1}{4}}}} \tag{9.4}$$

式中，R_i为采空区第i组氮气释放孔组半径，mm（i=1，2，…，n_1）；P_0为标况下大气压力，Pa；i为采空区第i组氮气释放孔，取值为1～n_1的整数；D为注氮支路管径，m。

（5）将注氮管按照确定的排距全断面沿支架后部溜子里侧敷设，采煤工作面推进到距采空区分界线13L_K（m），开启控制阀向采空区全断面连续注氮。

（6）采煤工作面推进距离满足注氮管路排距要求时，敷设下一根注氮支管，实现下一根注氮支管向采空区全断面连续注氮，依此类推。

该技术合理确定采空区全断面注氮管路的排距、布设数量、氮气释放孔组数及孔径，能优化矿井注氮系统，使采空区注氮更有针对性，具有较好的经济效益。全断面帷幕注氮技术在神华新疆大南湖一矿和沙吉海煤矿成功应用，取得了良好效果。

9.10.2 灾变地质体影响下煤层群开采火灾防控技术

我国煤炭资源赋存条件复杂，新疆、乌达、宁夏三大煤田火区对部分生产矿井造成严重影响。随着各矿井生产水平的不断延伸，部分矿区逐渐形成了煤田火区、小窑火区、多层采空区、隐蔽高温区域等多类型灾变地质体共存的复杂生产条件，自燃火灾发生概率升高，多层采空区自燃火灾发生、发展更为复杂，火源点层位、位置难以判定，自燃火灾的预警及防控难度陡增，火灾防控形势严峻。许多矿区各主采煤层为近距离煤层群赋存，且地表及浅部存在大面积煤田火区、小窑火区，属于典型的灾变地质体影响下的煤层群开采。2014年沈阳研究院与神华集团合作进行了相关的技术研究。解决了灾变地质体影响下煤层群开采多类型火灾防治存在的关键技术难题。

1. 灾变地质体影响下自燃火灾威胁程度评估方法

所提出的评估方法综合考虑了可能对回采工作面构成威胁的各类自燃火灾因素（包括上覆火区、上覆采空区、采空区漏风、采空区垮落高度、采空区裂隙发育高度、煤自燃特性、工作面推进速度、采空区遗煤厚度等），以煤层层间距（H）、上覆采空区氧浓度（C_{O_2}）、上覆采空区一氧化碳浓度（C_{CO}）、工作面最小安全推进速度（V_{min}）、极限遗煤厚度（h_{min}）为主要评估指标，明确了评估流程及步骤，系统建立了灾变地质体影响下的自燃火灾威胁程度评估方法，可根据实际量化指标应用本方法直接得出工作面受自燃火灾威胁程度，可操作性强，为工作面采取针对性防灭火措施提供依据，避免了由于防治措施的盲目性导致人力、物力的大量浪费，有利于提高措施的有效性。

工作面受上覆火区威胁程度等级，根据火区与工作面的相对位置关系，其等级划分及依据如表9.20所示。

表 9.20　工作面受上覆火区威胁程度等级划分

威胁等级		判断标准	备注
无威胁		$H>H_{an}$	
气体威胁	可能受气体威胁	$H_{li}<H<H_{an}$	
	气体威胁	$H_m<H\leqslant H_{li}$	
严重威胁		$H\leqslant H_m$	

注：H 为工作面与火区之间岩层垂直厚度，m；H_{an} 为安全层间距，$H_{an}=H_{li}+H_b$，m；H_{li} 为覆岩裂隙带高度，m；H_b 为保护层厚度；H_m 为覆岩冒落带高度，m。

工作面受采空区自燃威胁程度等级划分及依据如表 9.21 所示。

表 9.21　工作面受采空区自燃威胁程度等级划分

项目	威胁程度	判定标准
本采空区	安全	$(V>1.5V_{min})\cap(H_y<H_{ymin})$
	一般安全	$(1.5V_{min}\geqslant V>V_{min})\cap(H_y<H_{ymin})$
	危险	$(V\leqslant V_{min})\cap(H_y\geqslant H_{ymin})$
上覆采空区	安全	$(H>H_{li})\cup$ $(H_y<H_{ymin})\cup$ $((C_{O_2}<5\%)\cap(C_{CO}=0))$
	一般安全	$(7\%>C_{O_2}\geqslant 5\%)\cap(C_{CO}=0)$
	危险	$(C_{CO}\geqslant 0)\cup$ $((C_{O_2}\geqslant 7\%)\cap(H_m<H\leqslant H_{li}))\cup$ $(H\leqslant H_m)$

注：V 为工作面回采期间的平均推进速度，m/d；H_y 为采空区最大遗煤厚度，m；H_{li} 为覆岩裂隙带高度，m；H_m 为覆岩垮落带高度，m；H 为工作面与火区之间岩层垂直厚度，m；∩为交集；∪为并集。

利用该评估方法对工作面受多类型火灾威胁程度进行评估时，其评估流程如图 9.56 所示。

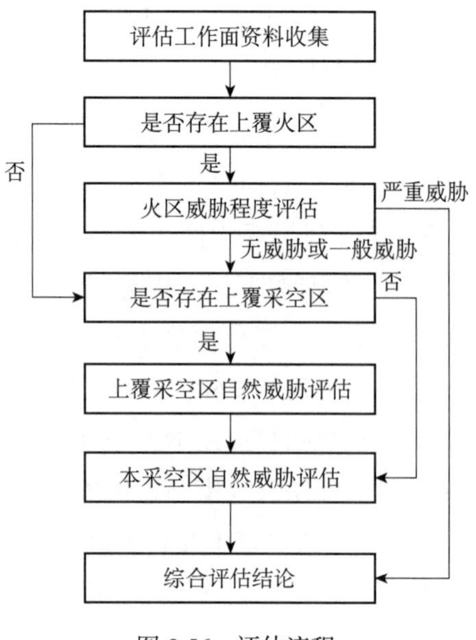

图 9.56　评估流程

2. 二氧化碳增长倍率（$+\Delta CO_2$）有害气体侵入的预警指标

程序升温实验结果表明，CO、CO_2 是乌海矿区各煤层煤样自燃过程中产生量最大的两种气体，尤其是 CO_2 气体，在煤剧烈氧化阶段浓度最大达 17%，而同时期的 CO 气体浓度不足 0.35%，与 CO_2 气体浓度相差很大。

采用地表打钻取样检测的方式对火区内的气体成分进行了探测，其中五虎山矿 10 号火区内 CO_2 气体最大浓度为 7.7%，CO 气体最大浓度为 0.0331%；公乌素矿 9 号煤层小窑火区内 CO_2 气体最大浓度为 16.1%，CO 气体最大浓度为 0.3122%。实验及现场实测结果表明，火区内自燃火灾气体组分 CO_2 气体浓度远大于 CO 气体浓度。

通过检测火区气体侵入工作面的过程发现，CO_2 气体位于火区气体流场底部，火区气体侵入工作面的过程中，先是 CO_2 气体浓度在短时间内迅速大幅增大（在 1h 内，CO_2 气体增量超过其正常浓度的 5 倍以上），之后 2～4h 才检测到 CO 气体。故可将 CO_2 气体作为预警火区气体侵入工作面的标志气体，以 CO_2 气体浓度增长倍率 $+\Delta CO_2$ 作为预警指标。

3. CO 与 CO_2 增长量比（$+\Delta CO/+\Delta CO_2$）隐蔽高温区域层位判定技术

$+\Delta CO/+\Delta CO_2$ 值是格雷哈姆系数中的 R_3，R_3 基本不受风流的影响，亦不受瓦斯涌出、注氮等因素影响，可靠性高，通过实验室测试及现场实测对其变化特征进行研究，引入这一指标作为隐蔽高温区域层位的判定指标。

通过对乌海矿区多个煤样氧化升温实验结果分析（图 9.57），各煤样在达到 CO 出现的临界温度后，同一温度下，各实验煤样该比值接近，$+\Delta CO/+\Delta CO_2$ 初始值小于等于 0.005，随温度的升高，$+\Delta CO/+\Delta CO_2$ 值呈先增高后降低的规律。

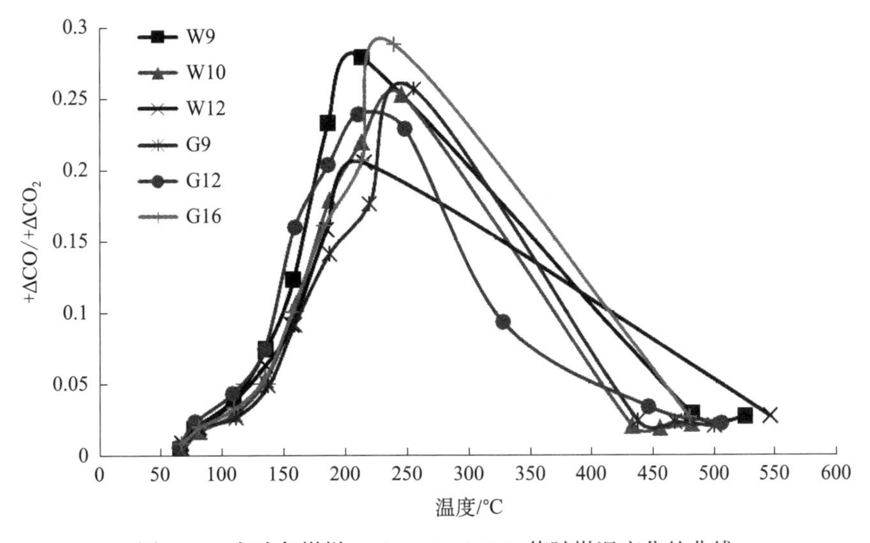

图 9.57　实验各煤样 $+\Delta CO/+\Delta CO_2$ 值随煤温变化的曲线

实际条件下，当上覆采空区遗煤氧化升温时，在临界温度附近产生的 CO 量较小，经采空区层间裂隙运移后被稀释，在本层采空区很难检测到，只有当温度进一步升高，产生足够浓度 CO 时，才能在生产工作面检测到。由于上覆采空区氧化升温点到工作面距离长，气体运移慢，当工作面检测到 CO 时，上覆采空区温度已高于 CO 产生初始温度，+ Δ CO/+ Δ CO_2 值应远高于初始值。而本层采空区遗煤氧化升温时，氧化初期产生的 CO 将很快被检测到，+ Δ CO/+ Δ CO_2 值应接近于初始值。因此，根据煤样随温度升高后 + Δ CO/+ Δ CO_2 值随之增大的特点，可以将 + Δ CO/+ Δ CO_2 值作为判断煤自燃隐蔽高温区域层位的指标。

4. 基于钻孔电视法裂隙带发育特征探测技术

钻孔电视法观测设备，由电脑终端、图像采集卡、便携式电源、通信电缆、电子计米器和钻孔摄像探头组成，连接方法如图 9.58 所示。探测时，将钻孔摄像探头放入钻孔，通过图像采集卡采集摄像信息，利用电子计米器记录钻孔位置，然后经过电脑终端进行图像收集和处理。

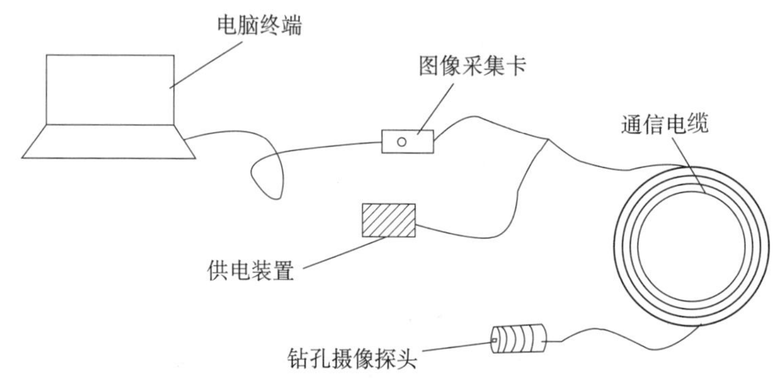

图 9.58　钻孔电视法设备连接图

基于钻孔电视法，以乌海矿区公乌素煤矿 011604 工作面为研究对象，在对应地表施工了 3 个探测钻孔，对工作面开采后采动裂隙带发育规律及特征进行了研究，开采前及开采后钻孔成像如图 9.59 所示。

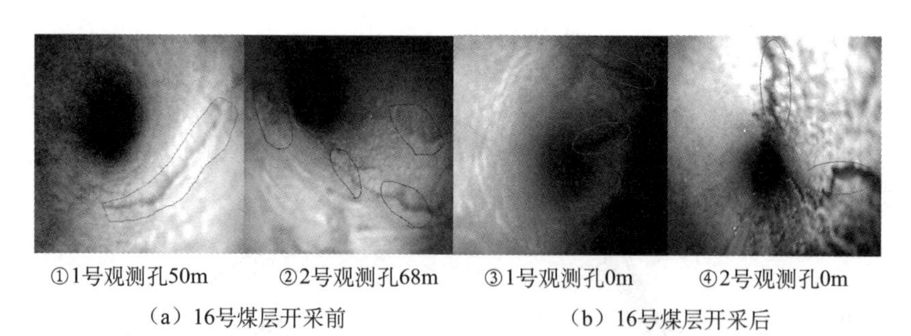

①1号观测孔50m　②2号观测孔68m　③1号观测孔0m　④2号观测孔0m

（a）16号煤层开采前　（b）16号煤层开采后

图 9.59　开采前后裂隙发育观测图

实测表明，16 号煤层开采后形成了直达地表的裂隙；上层煤采空区覆岩裂隙发育高度受下煤层重复采动次数影响，其破坏高度随重复采动次数增长率基本符合 1/6、1/12 的规律。

5. 气体流场动态平衡多点调控技术

针对上、下多煤层开采导致的地表裂隙大面积发育与地表及浅部大面积火区并存的条件，其漏风源汇主要有地表、开采层采空区、上部采空区密闭等。通过消除密闭漏风、地表裂隙大面积回填封堵等措施限制漏风区域，之后通过采取关键层采空区注氮增压、工作面风压调整、开采层采空区主要漏风通道封堵等措施，最大限度地杜绝或减少漏风，达到限制漏风区域、增大漏风风阻、减少漏风风压差以减少漏风的目的，从而在有效消除多重采空区遗煤自燃危险的同时，杜绝上部火区向工作面漏风，确保生产安全高效。

1）关键保护层采空区注氮增压

关键保护层采空区是指开采层上部煤层采空区中处在漏风流向上最前端的煤层采空区，关键保护层采空区对上部采空区中自燃“三带”分布范围起控制作用。关键层保护采空区注氮增压可以减小漏风风压差，并用氮气代替开采层或地表向上部采空区的漏风，降低漏风流中的氧气含量。

通过在开采层进、回风巷向关键保护层采空区或在对应地表向关键保护层采空区打钻大流量注氮的方式，提高关键保护层采空区的风压，降低采空区氧气浓度、惰化采空区遗煤。同时升高关键保护层的采空区风压，降低火区与开采工作面压差。

2）工作面风机－风窗联合风压调节平衡

调压风机－风窗升压系统是提高采煤工作面风压的有效方法。在风量不变的情况下，可以提高工作面各点风压值，缩小工作面升压区间的平均风压与火区的风压差。如图9.60所示。

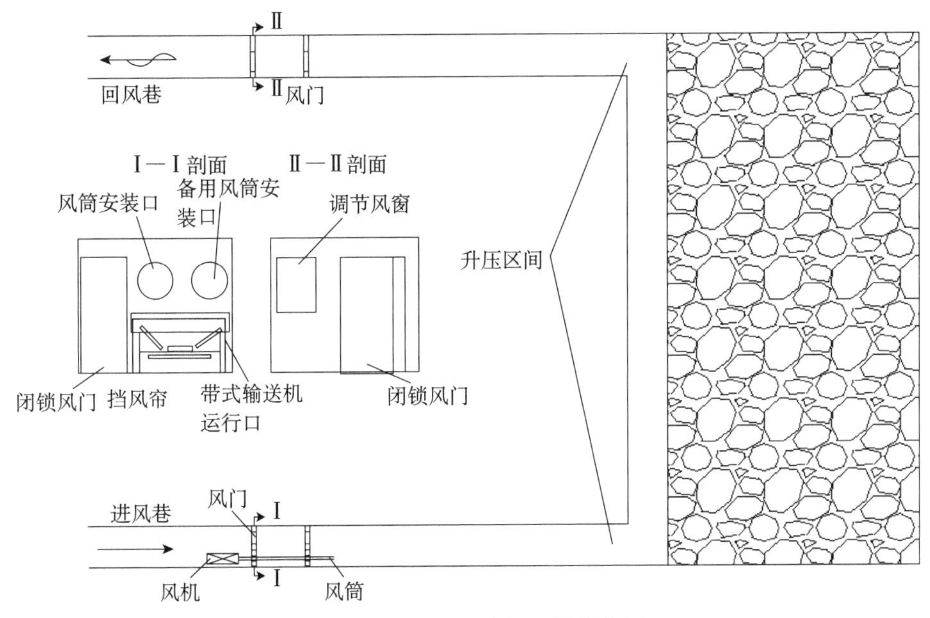

图 9.60 风机－风窗调压设施布置

9.10.3 综放开采火灾综合防治技术

综放开采是国内采用较多的一种开采方式。它在防灭火方面面临的主要问题有①综放面切眼、停采线附近采空区易自然发火；②回采期间采空区两道浮煤自然发火危险大；

③采空区自燃危险区域动态移动；④采空区自燃高温范围大、火源位置高。北京研究院根据综放工作面开采过程中出现的问题，针对工作面开采的不同时期，提出了适用于综放开采的综合防灭火技术。

1. 切眼煤自燃综合防治技术

1）开采初期切眼注胶堵漏

设备安装完成后，工作面推进速度较慢，采空区范围小且压实度低，灌浆难以在采空区积存，注氮易随风流散失，因此，应采取以堵漏为主的防灭火技术措施。胶体灭火技术具有堵漏、固结水和降温一体化功能。在工作面上、下端头堆砌沙袋墙，通过插管、预埋管或者钻孔向切眼两巷关注灭火胶体，形成两道密实的胶体隔离带，起到堵漏风作用，如图 9.61 所示。

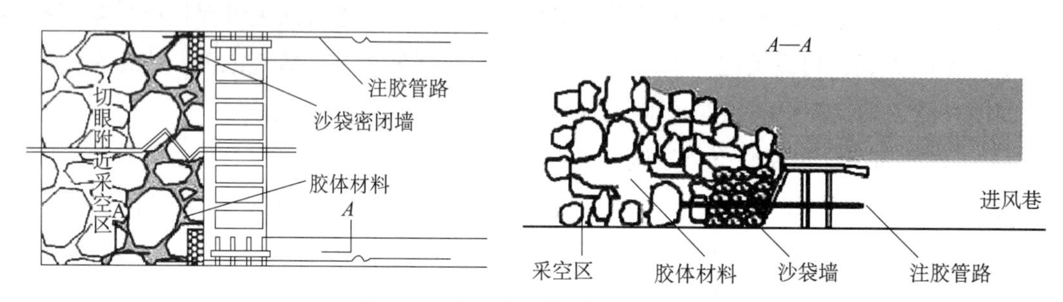

图 9.61　切眼处胶体堵漏风示意图

2）初次来压及切眼进入窒息带期间防灭火技术

切眼进入窒息带之前，工作面组装硐室与巷道、切眼形成的三角煤柱，受采动压力影响，破碎严重，容易自然发火。基本顶初次来压之后，初采阶段未放的顶煤、组装硐室受压破碎的煤柱、端头支架处未放的顶煤被逐渐压实，但并未被完全压实。此时煤有足够的氧气进行氧化，环境具有良好的蓄热能力，极易发生自燃。

该阶段采空区遗煤自燃应采用三相泡沫等发泡灭火材料或胶体技术，三相泡沫利用其惰气发泡的特性，提高灌浆效率，延长惰气在采空区滞留时间，覆盖高位煤体，并对松散煤体起到阻化作用；注胶则需要施工高位钻孔，让胶体充填松散煤体的裂隙空间，起到堵漏风、降温、阻化等多种作用，另外，再配合采取沙袋墙进行端头密闭和挂设端头风帘的堵漏风措施，可有效防止采空区遗煤自燃，保证工作面的安全高效回采。

2. 尾采撤架期间综合防治技术

1）上、下隅角及采空区胶体堵漏风技术

在综放工作面快要接近停采线时，要每天用煤袋对进、回风隅角进行堵漏，并喷涂安格劳尼等封堵材料，减少工作面向采空区的漏风。另外，在采空区进、回风侧通过对上、下隅角打高位钻孔，利用矿用移动式注胶装置灌注凝胶材料，各形成胶体隔离墙，胶体隔离墙要有一定的厚度，能够更好地起到堵漏风的作用，保证在采空区浮煤上堆积起一定的高度，如图 9.62 所示。

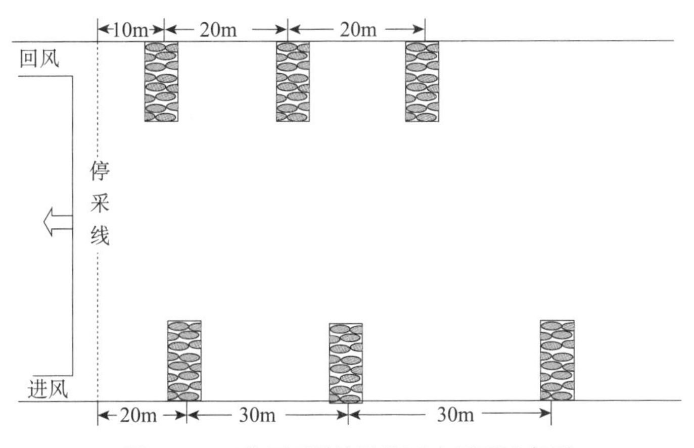

图 9.62　工作面两道注胶防灭火平面示意图

尾采撤架期间，可考虑从液压支架间隙向采空区以仰角 45° 施工注胶钻孔，如图 9.63 所示。

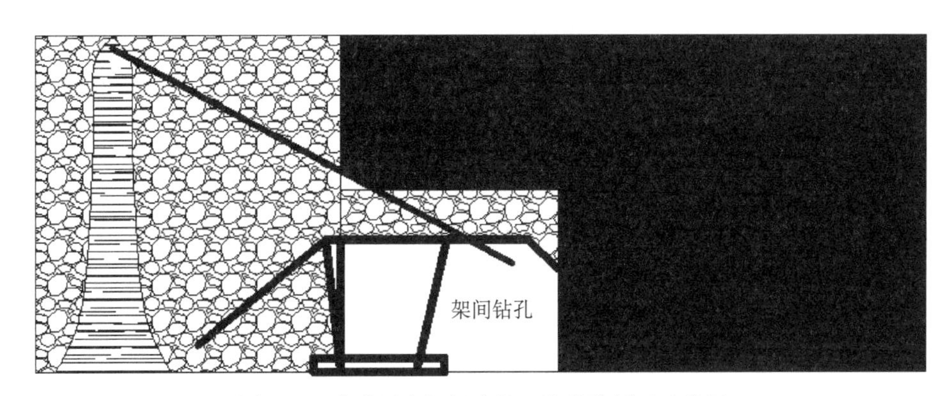

图 9.63　自液压支架间隙施工注胶孔剖面示意图

若工作面顶板破碎，从支架间隙或者顺槽施工钻孔施工的难度较大，成孔率很低，很难将灭火胶体、黄泥浆液或水泥砂浆加固材料精确地灌注到采空区火区或顶板冒落区，也延长了火区治理和撤架的时间，增加采空区遗煤自燃的可能性。可在距离工作面 20m 处平行于工作面施工一条收作巷，自收作巷向工作面放顶煤液压支架架后采空区约 5m 范围内施工注胶孔，灌注凝胶灭火材料，在工作面和采空区之间，形成一道胶体隔离墙，减少撤架期间工作面向采空区的漏风量，如图 9.64 所示。

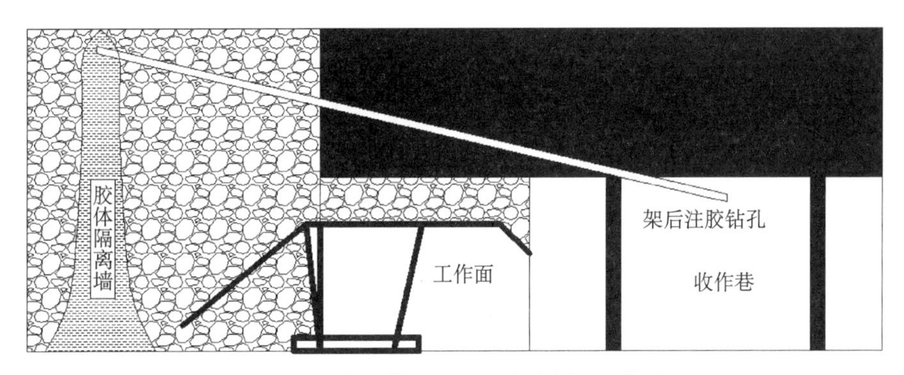

图 9.64　自收作巷施工注胶孔剖面示意图

2）均压通风

进风巷硐室设置均压风机及可调节风门，采取均压措施，减少停采线漏风，防止停采线浮煤自燃；并于采空区回风一侧，预埋注氮管路，向采空区注氮，减少采空区氧气浓度含量，降低遗煤自然发火可能性，如图 9.65 所示。

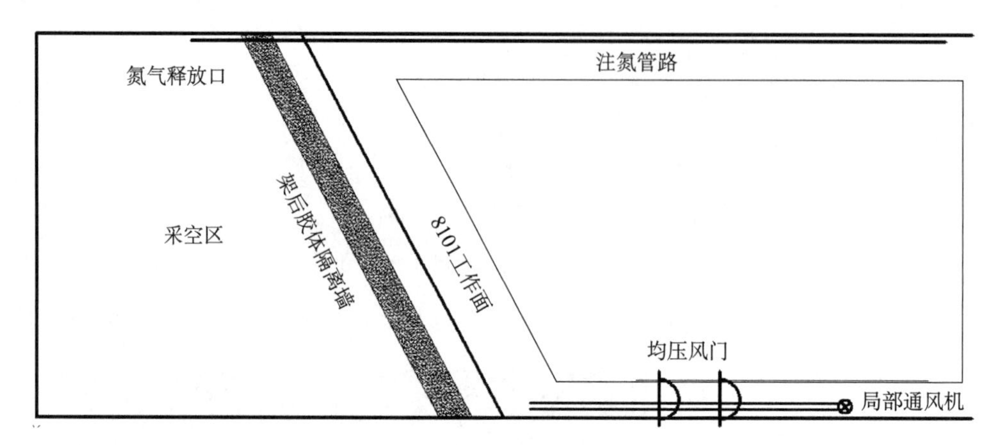

图 9.65　采取工作面注氮、均压措施示意图

（本章主要执笔人：沈阳研究院王银辉，于贵生，姜进军；北京研究院郑忠亚；重庆研究院王正辉）

第三篇　煤矿水害防治技术

煤矿水害是指在煤矿建井和生产过程中地表水和地下水突然涌入矿井，淹没采掘空间的现象。水害是煤矿的主要灾害之一。一旦发生，轻则对生产造成一定程度的影响，重则淹没巷道、工作面、采区、水平，甚至淹没整个矿井，造成重大生命财产损失。矿井水害具有抢险救援难度大、复矿时间长、社会反映强烈等特点。我国含煤面积广大，成煤期众多，从早古生代至第四纪，均有不同程度的煤炭沉积，煤系岩性结构构造繁多，水文地质条件极其复杂，水害类型多样，井工矿占九成以上，受水害威胁的煤炭资源量与严重程度，在世界上都是罕见的。煤矿水害与地质构造、采矿活动、地应力、地下水水力特征等因素有关。我国煤矿水害主要分布在华南、华北、东北和西北四大区域。按充水水源划分可以分为地表水、孔隙水、裂隙水、岩溶水、老空水；按导水通道划分可以分为断层水、裂隙水、陷落柱水、钻孔水；按与煤层的相对位置划分可以分为顶板水、底板水。

近年来，随着煤矿安全生产管理水平的不断提高以及科学技术的不断进步，煤矿水害事故数量持续下降。但是，煤矿重、特大透水事故在一些地区还时有发生，水害防治工作仍然任重道远。据统计，2000～2016年，全国共发生水害事故1169起，死亡4777人；其中发生死亡10人以上重、特大水害事故96起，死亡1772人，分别占水害事故总数的7.86%和死亡总人数的37.09%。

60年来，为满足煤矿安全开采需要，煤炭科学研究总院在煤矿防治水领域开展了大量的基础理论研究、应用技术研究、技术咨询服务等和矿井水害的预防与治理工作。经过几代煤科人的努力，形成了包括钻探、地球物理勘探、水文地球化学、水文地质试验等全方位立体综合水文地质条件探查技术体系；掌握了煤层底板奥陶系岩溶水、顶板离层水、突水溃砂等重大灾害发生的机理，使突水预测预报从定性走向定量；形成了从回采工作面、采区到整个井田防治水的超前治理技术体系；提出建立了完整的抢险救灾复矿工程技术体系，成功进行了全国几乎所有的煤矿水害抢险救灾工程。

1957～1958年，煤科总院西安院持续性开展了煤矿水害理论与防治水技术研究。采用“逐层分水疏干法”，研究解决了峰峰一矿、二矿、五矿煤系中山青、伏青、小青和大青等薄层灰岩含水层的疏干问题，达到了消除水患、安全采煤的目的。此项技术方法在河南焦作李封矿、山东新汶、孙庄、良庄和协庄诸矿应用，取得良好效果；1977～1982年，完成了“利用隔水层带（水）压开采综合治水解放水患煤层”项目研究，在王凤煤矿进行一年的井下隔水层压水试验，提出了带压系数计算公式，被广泛采用；2000年后，完成了“河北东庞矿试采下组煤（9号煤）带压开采防治水技术研究”、“薄隔水层高承压水体上煤层安全开采技术”、“双层复合高承压岩溶含水层上带压开采下组煤综合防治水技术研究”等底板水害防治项目。近年来随着定向钻进技术、精细注浆技术的发展，煤层底板水害防治实现了由采前被动治理到掘前主动治理、由局部治理到区域治理的转变，区域治理工作成为目前底板水害防治技术热点。

近十年来随着西部侏罗纪煤田大规模的开发，煤层顶板水害事故逐渐多发，侏罗纪煤田顶板水害事故达60余起，且有的矿井在建井初期即遭遇水害，水害事故造成淹掘进头、淹工作面、淹没整个矿井甚至人员伤亡的严重后果。针对顶板水害预测预报、涌水量计算、顶板砂岩水疏放、水害致灾机理、顶板水防控技术等方面，煤科总院西安院对侏罗纪煤田沉积控水规律与水害防控技术开展了研究。将沉积地质、环境地质研究方法应用到矿井水文地质研究中，揭示了特殊的沉积地质环境是控制该区深部矿井水文地质条件的主要因素，形成了顶板水害防控技术体系。

煤矿水害监测预警技术是矿井水害防治的一项重要研究内容，旨在发现和掌握矿井突水规律和特点，针对可能发生的突水事故及时作出警示。煤科总院西安院在突水监测预警技术上，开展了长期持续性的研究，在华北型煤田奥灰岩溶水综合防治第一期工业性试验中，研制开发了MTS-1型煤矿突水前兆检测仪；在华北型煤田奥灰岩溶水综合防治第二期工业性试验中，专门研制了KTJ-1A型岩水多参数突水监测仪；针对海下采煤水害预警问题，开发了离子水质监测预警系统，实现Na、Cl离子水质在线监测和水情监测，形成了防止海水溃入矿井的预警系统；首次将光纤光栅通信技术应用于煤矿突水监测中，应用水温、水压传感器和三分量应力应变传感器，形成了多点、多参数底板突水实时监测系统。近年来，随着传感器技术、物探技术与数据解释技术的发展，多参数、全空间的综合监测预警系统成为研究的主要内容。

大型突水致灾后可导致矿井或生产工作面被淹没，突水灾害治理技术一直是矿井水害防治的难点。灾后治理时间紧、代价高、技术难度大，每次突水成因皆有差异，治理方案需结合实际突水条件，制定有针对性的灾后治理措施，方能根治突水灾害。煤科总院西安院承担了我国主要突水灾害的治理工作，积累了大量技术经验，形成了针对不同成因水灾与不同治理阶段的配套治理技术。主要突水灾害治理实践有“肥城大封矿动水注浆试验”、

“淄博北大井注浆堵水恢复”、“河南洛阳龙门诸葛井的恢复”、“峰峰四矿封堵大青灰岩水补给通道的技术”、“开滦范各庄煤矿岩溶陷落柱特大突水灾害治理”、“东庞矿 2903 陷落柱注浆封堵治理工程”、“骆驼山煤矿特大突水灾害快速抢险堵水与水害治理关键技术研究”、“东庞矿北井 9208 工作面注浆堵水工程”、“四川煤业广能集团在建矿井龙门峡南矿裂隙水害治理”、“陕煤矿业有限公司韩城桑树坪煤矿注浆封堵”、“榆林榆卜界煤矿 1121 工作面切眼 4 号突水点水害治理工程”、“淮北矿业股份有限公司桃园煤矿 1035 工作面注浆堵水”、“安徽太平矿业有限责任公司太平铁矿 -530m 井下突水综合治理”、“塔然高勒煤矿主立井冻结管水害治理工程设计及技术服务”、“新上海一号煤矿 111084 工作面突水溃砂区域治理工程”及“冀中能源峰峰集团有限公司梧桐庄矿 182306 工作面注浆堵水工程”等。

水害致灾因素的综合探查是水害防治工作的重要内容，煤科总院西安院开发了定向孔进行水害防治和地质异常体探查的技术，将随钻测量定向钻进技术引入到水害防治领域，形成复杂地质条件的煤矿井下水害防治与地质异常体探查定向钻进技术体系，开发了矿井水质快速检测分析系统。煤科总院重庆院开发了矿井水源快速识别系统，采用化探方法实现了充水水源的综合快速识别。

本篇主要介绍煤炭科学研究总院在华北型煤层底板水害防治技术、侏罗纪煤田水害防治、水害监测预警、突水灾害治理、水害防治钻探与化探技术等方面所取得的主要技术成果。其中在华北型煤田底板水害防治技术方面，主要介绍底板突水机理、带压开采水害防治、井下近水平钻探注浆改造、地面定向钻探区域治理、地面径向射流区域治理等技术；在侏罗纪煤田顶板水害防治技术方面，主要介绍沉积控水规律与顶板水防控、顶板离层水防治及浅埋煤层顶板透水溃沙防控等技术；在水害监测预警技术方面，主要介绍顶板水害监测预警、煤层底板水害监测预警及综合突水监测预警等技术；在突水灾害治理技术方面，主要介绍过水巷道阻水墙建造、钻孔控制注浆快速封堵、突水陷落柱综合治理等技术；在水害防治钻探与化探技术方面，主要介绍疏放水钻进技术、地质异常体探查钻进技术及水源快速判别化探技术。

第10章 煤层底板水害防治技术

在各类水害问题中，煤层底板突水问题一直是防治水工作的重点和难点。华北型煤田奥陶纪灰岩厚度大，富水性强，承压水突破相对隔水层进入采掘空间的突水即为煤层底板突水。煤层底板突水问题的本质是采矿扰动下岩体变形破坏和地下水流进入采掘空间的问题。底板灰岩水害的防治主要有疏水降压和带压开采两种技术途径。疏水降压技术适用于底板富水性弱、易于疏降的矿井，对于华北型大水矿区，煤系基底奥灰富水性一般较强，充分利用底板隔水层阻水性能的带压开采是底板水害防治的主要技术途径。

本章重点介绍煤层底板突水机理、下组煤带压开采综合防治技术、井下近水平钻孔注浆改造技术、地面定向钻孔和地面径向射流区域治理技术。

10.1 煤层底板突水机理

煤层底板突水是华北石炭二叠系煤田开采过程中经常发生的一种灾害。导致底板突水的水源主要是奥陶系岩溶裂隙含水层或与其有水力联系的石炭系薄层灰岩含水层，而突水通道则往往是断层、陷落柱、裂隙密集带或其他薄弱带。由于奥灰含水层厚度大，岩溶裂隙发育，富水性强，因此一旦发生突水，大多是灾难性的。在我国采矿史上，曾发生过多次煤层底板突水事故，给国家和人民生命财产造成了重大损失。随着煤炭资源的不断开发，华北的许多煤矿已进入或正在进入下组煤开采阶段。与上组煤比较，下组煤埋藏深，距奥陶系灰岩强含水层近，煤层底板承受的水压大，因此开采下组煤更容易发生底板突水事故。

在煤层底板突水机理研究上，早在20世纪40年代匈牙利学者就提出底板相对隔水层概念，并建立了水压、隔水层厚度与底板突水的关系；此后前苏联学者在研究煤层底板在承压水作用下破坏机理的基础上，将煤层底板视为两端固定的受均布载荷作用的梁，并结合强度理论导出了底板安全水头的计算公式；60年代以后匈牙利、南斯拉夫等国，广泛采用相对隔水层厚度概念，即以泥岩抗水压的能力作为标准隔水层厚度，而将其他岩性的岩层厚度换算成泥岩的厚度，以此作为衡量突水与否的标准。

10.1.1　突水系数理论

20 世纪 60 年代，煤科总院西安院在统计分析焦作矿区内矿井突水资料的基础上，综合井陉、峰峰、淄博和焦作 4 个矿区的水压和隔水层厚度资料，从 $P\text{-}M$ 法着手，提出用突水系数作为煤层底板突水可能性预测预报的技术方法。可用公式表示为：

$$T=\frac{\mathrm{P}}{M} \tag{10.1}$$

式中，T 为突水系数，MPa/m；P 为底板隔水层承受的水头压力，MPa；M 为底板隔水层厚度，m。

用计算的突水系数 T 与确定的临界突水系数 T_S 进行比较，当 $T \leqslant T_S$ 时，底板通常不会突水；当 $T > T_S$ 时，底板有突水的可能。确定临界突水系数 T_S 是采用突水系数对煤层底板进行突水预测的关键。通过统计分析矿区大量的突水资料得到临界突水系数值，其大小与采用的突水系数计算公式和实际突水资料有关。

突水系数提出后，经过了数次修正，20 世纪 70 年代初，提出考虑底板破坏深度的突水系数公式；70 年代中期又考虑了矿压、岩性组合及奥灰原始导升高度的影响；70～80 年代，对突水系数的表达式经过两次修改后确定为：

$$T=\frac{P}{\left(\sum M_i a_i - C_{\mathrm{P}}\right)} \tag{10.2}$$

式中，M_i 为隔水层第 i 层厚度，m；a_i 为隔水层第 i 层等效厚度的换算系数；C_{P} 为矿压对底板的破坏深度，m。

突水系数公式简便实用，对煤矿安全生产有着积极的指导作用，自提出之日起至今一直应用于我国煤层底板水害评价工作中，目前仍然是底板水害评价最重要的指标。

10.1.2　岩水应力关系说

20 世纪 90 年代，煤科总院西安院利用三轴渗透仪做了大量的实验，通过理论分析与实际应用，提出了“岩－水－应力关系”说。其理论基础是“帕斯卡定律”，可以在室内实验中再现底板突水过程，且利用岩体水力学得到公式推导验证，把复杂的煤层底板突水问题，归纳为岩（底板隔水岩体）－水（底板承压水）－应力（采动应力与构造应力）关系，将煤层底板突水过程解释为：底板突水是由采动矿压和底板承受的水压共同作用的结果。采动矿压使底板隔水岩层出现一定深度的导水破裂，降低了岩体强度，削弱了阻水性能，造成了底板渗流场重新分布。当承压水沿导水破裂进一步侵入时，岩体则因受渗水软化而导致导水裂隙继续扩张，直到二者相互作用的结果增强到底板隔水层岩体内的最小主应力小于承压水水压时，便产生压裂扩展，发生突水，其表达式为：

$$I=\frac{P_{\mathrm{w}}}{\sigma_2} \tag{10.3}$$

式中，I为突水临界指数；P_w为底板隔水岩体承受的水压，MPa；σ_2为板隔水岩体的最小主应力，MPa。

当$I<1$时，不突水；当$I>1$时，突水。

突水临界指数预测采煤工作面底板突水的方法，先后在焦作、淮北、韩城、皖北等矿区进行应用试验，收到了好的效果。从实践与理论的结合上，再一次说明了“岩－水－应力关系”说提出的“突水临界指数”的普遍适用性。近年来，经对“岩－水－应力关系”说深入研究，可定量预测隐伏陷落柱和断层的“滞后突水”等重大水害事故。

10.2 带压开采综合防治技术

华北型煤田逐渐进入到深部煤层和下组煤层开采，下组煤开采至基底奥灰含水层距离近，隔水层较薄，甚至无有效隔水层，突水系数大，需要采取构造探查、隔水层阻隔水性能测试、构造薄弱区段加固等措施，保证底板隔水层的有效性，防止底板奥灰突水。下面以河北东庞矿下组煤首采面开采防治水工作为例，介绍薄隔水层开采综合防治水技术体系。

10.2.1 下组煤工作面概况

以河北省东庞矿9103工作面为例，阐述下组煤工作面防治水技术。9103工作面为该矿下组煤9号煤试采工作面，该工作面上巷底板标高−110～−147m，下巷底板标高−124～−153m，9号煤底板至奥灰顶面厚度30～42m，矿区奥灰水位标高+47～+75m，工作面探查奥灰孔实测奥灰水位标高+59～+63m。工作面突水系数大于受构造影响区段临界突水系数0.06MPa/m，回采过程中存在发生奥灰突水的可能性。

9103工作面上方及矿井西部边界区段以浅地区曾有7个小煤矿开采9号煤过程中发生7次奥灰突水事故，最大突水量达2000m^3/h。工作面位于井田南翼奥灰含水层相对富水区。电法探测结果反映9号煤底板隔水层以下存在相对富水区段。工作面所在9100采区与西庞井相邻，该工作面地层倾向变化较西庞井剧烈，在该工作面拐点附近存在小褶皱。在地层褶皱地段或地层倾角变化较剧烈部位，往往裂隙发育，易形成潜在导水通道，在采动影响下易诱发突水。

影响9103工作面开采安全的主要水害因素为奥陶系灰岩水，小煤矿采空区积水。奥陶系灰岩水突入采煤作业面的形式为导水断层或导水裂隙带，但不排除导水陷落柱的可能性。

10.2.2 下组煤带压开采技术路线

结合矿井地质、水文地质条件，以及下组煤工作面带压开采条件和受水害威胁程度分析，为确保下组煤工作面安全回采，防治水技术路线为：

（1）预疏顶板灰岩水，设防小煤矿溃水，重点针对奥灰水开展防治水工作。

（2）充分利用下组煤底板至奥灰顶面隔水层的阻水性能，进行带压开采。

（3）提高隔水层有效厚度和完整性，补强其阻水性能。

（4）设立水闸门实现隔离开采，预掘泄水巷和临时水仓，增加一定的泄水空间，并备足一定的临排能力，建立安全措施，设定避灾路线。

（5）采用物探、钻探综合探查手段，探查隔水层薄弱地段、富水区段和潜在导水通道（断层、裂隙带、陷落柱），进行注浆改造。

（6）利用钻探工程，进行水量、水压、水温“三量”测试，计算隔水层带压系数，定量评价隔水层阻水性能。

（7）利用原位应力测试技术，测试采前和采动过程中原位应力参数，结合室内岩石力学测试参数，计算分析采动引起的底板最大破坏深度，以及隔水层在不同应力状态下的破裂强度，并对突水的可能性进行预测。

（8）对易发生突水区段，利用突水监测系统，进行实时监测和预测预报，实测和评价底板破坏深度和强度。

（9）根据采掘工程阶段性特点，防治水工程有重点、分步骤进行实施。

10.2.3　下组煤开采综合探查方法

通过大量下组煤防治水工作实践，提出带压开采工作面防治水技术流程，以探查底板富水异常区、构造为重点，井上下物探与钻探手段根据矿井实际条件分阶段进行。

1. 生产水平、采区采掘前

进行地面三维地震及电法综合勘探，结合钻探验证与专项水文地质试验，查明区内断层和陷落柱的赋存状态及含导水性。

2. 掘进阶段

采用物探与钻探相结合的方式，控制超前距和巷道帮距，先探后掘；超前探测以直流电法方法为主，两帮侧前方利用钻探进行超前探测，通过钻探验证物探异常区；下组煤巷道掘进还需通过钻探进行底板超前探测；利用现有巷道采用井下瞬变电磁、直流电法对邻近的巷道掘进前方一定范围内进行侧向探测，以起到超前探查作用。

3. 工作面回采前

采用无线电坑道透视、音频电透视、瞬变电磁等方法，探查工作面内部及工作面底板构造及其含导水性，采用钻探方法验证物探异常区。

10.2.4　底板阻水能力评价

通过煤层底板的阻水能力现场试验发现，在测试钻孔尚没有揭露奥灰含水层时，就出现了承压水位，说明底板保护层厚度变薄。而在进入奥灰含水层顶面以下时，尚未显示承压水位，则说明含水层顶部有相对隔水层存在，且具一定的阻水能力。这样的资料对带压开采的安全评价是很重要的。但是为了进一步说明带压开采的评价标准，又在此基础上，通过相关测试数据，求出带压系数，然后主要应用带压系数进行带压开采安全性评价。

底板保护层阻水性能可通过带压系数体现，带压系数计算公式为：

分段测试带压系数：

$$D_{wi}=\frac{P_{w(i+1)}-P_{wi}}{h_{(i+1)}-h_i} \tag{10.4}$$

整个测试段平均带压系数：

$$\overline{D}_w=\frac{P_{wn}-P_{w1}}{h_n-h_1} \tag{10.5}$$

平均带压系数：

$$\overline{D}_{w0}=\frac{H_0}{\mathrm{hdy}}\div 100 \tag{10.6}$$

式中，D_{wi} 为分段带压系数，MPa/m；$\overline{D}_w$ 为整个测试段平均带压系数，MPa/m；$\overline{D}_{w0}$ 为平均带压系数，MPa/m；P_{wi} 为第 i 次测定的水压值，MPa；$P_{w(i+1)}$ 为第 i+1 次测定的水压值，MPa；h_i 为第 i 次测定的垂直煤层方向钻孔深度，m；$h_{(i+1)}$ 为第 i+1 次测定的垂直煤层方向钻孔深度，m；i 为测试次数，n=1，2，3，…，n；H_0 为底板导水带顶水位标高，m；hdy 为阻水带压段长度，m。P_{wn} 为最后一次测定的水压值，MPa；P_{w1} 为第一次测定的水压值，MPa；h_n 为最后一次测定的垂直煤层方向钻孔深度，m；h_1 为第一次测定的垂直煤层方向钻孔深度，m。

根据显水带、导水带及阻水储备带相对下组煤在空间上的赋存状况，总结出不同带压开采判别模型，针对不同模型，采取相应的防治水对策。

10.2.5 原位地应力测试技术

对于一个回采工作面，底板承压水的水压一般是可以探测的。根据“岩－水－应力关系”说，关键问题是测定煤层底板隔水岩体中最小主应力 σ_2 的量值大小以及由采动引起的 σ_2 的变化。

9103 工作面共 4 个孔进行了原位地应力测试，布置测点 30 个；共 5 个孔进行了应力普查测试。从原位地应力测试结果可以看出，在工作面推进过程中，最小主应力 σ_2 在 4.0MPa 以上，大于煤层底板最大承压水压力 2.0MPa，根据“岩－水－应力关系”说，$I=P_w/\sigma_2$=2.0/4.0<1，在相对比较完整的地层条件下不会发生突水。随着工作面的推进，压力－位移曲线的斜率逐步变小。说明底板隔水层由于受采动影响，在超前支撑压力作用下，刚性下降，逐步软化。随着工作面的推进，最小主应力 σ_2 在逐渐变小，虽然受测试精度的影响，局部数据出现反常，但总体趋势仍以下降为主。且在工作面推进过程中，最小主应力

σ_2 始终在 4.0MPa 以上，大于底板最大承压水压力 2.58MPa。初次来压的距离为 25～30m。

10.2.6　煤层底板注浆加固与改造技术

隔水层的完整性和足够的阻水性能是带压开采安全的重要因素，但由于受沉积条件及构造破坏的影响，在隔水层中一般存在薄弱带或潜在导水通道，对带压开采的安全性构成威胁。

煤层底板注浆加固与改造的目的是缩小或消除煤层底板富水块段的范围；充填潜在导水通道；加固隔水层薄弱地段；提高隔水层的完整性和阻水能力，局部增加隔水层的厚度，以实现带压开采安全。

利用井下巷道工程，注浆钻孔主要集中布置在切眼附近、拐点前后、停采线附近地段。各类钻孔设计尽量做到一孔多用，其最终功能是注浆加固。这些钻孔集中布设于钻窝中，呈扇形布置，以斜孔为主，以尽可能多揭露隔水层中断裂或裂隙密集带，通过高压注浆，堵塞裂隙，驱赶奥灰水，使导高下移甚至消除，强化底板，从而保证带压安全开采，如图 10.1 所示。

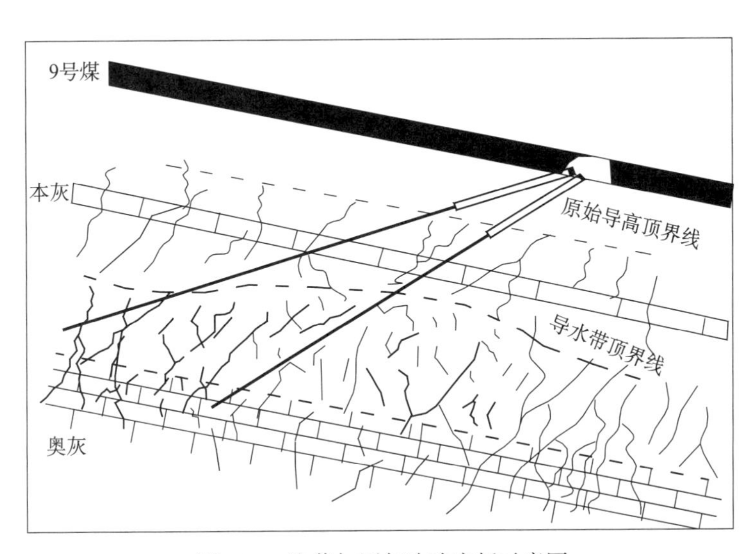

图 10.1　注浆加固与改造底板示意图

通过带压开采实践，在隔水层薄弱带注浆加固与改造方面取得以下经验：

（1）依据原始导高显水带阻水理论，结合综合物探成果和煤层底板阻水性试验成果圈定注浆加固与改造范围；

（2）通过工作面巷道工程，井下施工斜孔，以减少地面钻探施工的无效进尺，弥补垂直钻孔揭露导水构造概率小的不足，提高注浆效果；

（3）针对不同类型的薄弱带，其注浆工艺、参数等方面存在差异：

底板存在渗透性出水的可能，须进行底板隔水层加固注浆。由于其显水带位置较高，构造缝隙小，只能选用稀浆高压注浆，才能达到加固目的；显水带高，导水带上移并逼近底板破坏带，由于其隔水层底板及奥灰顶部富水，可根据钻孔吸水率决定采用稀浆、浓浆及双液浆工艺实施注浆改造；通过注浆方式局部改造隔水层条件，提高隔水层完整性与阻水能力，是保证9号煤开采安全的有效途径。

10.3 井下定向钻探注浆改造技术

井下近水平定向钻孔多用于瓦斯抽放，煤层硬度较低，易于钻进。优化井下钻进工艺，使其在灰岩地层中高效钻进，能有效提高底板灰岩治理效率。奥灰岩层硬度较大，井下奥灰近水平定向钻探难度较大，通过合理优化钻探设备和钻具，调整钻进工艺，改进注浆改造工艺，形成一套奥灰岩层近水平定向钻孔注浆改造技术体系。

10.3.1 井下近水平钻探技术路线

采用定向钻孔结合高压注浆技术可实现煤层底板水害超前区域防治。煤层底板注浆改造或加固定向钻孔空间布置图10.2，由套管段、回转造斜段、定向造斜段和定向稳斜段组成，其钻进施工工艺流程如图10.3所示。需要综合采用螺旋钻杆回转钻进、稳定组合钻具回转定向钻进和螺杆钻具定向钻进等多种工艺方法耦合。钻进时首先采用螺旋钻杆回转钻进工艺进行套管段施工，成功下入设计结构的套管并试压合格；然后采用稳定组合钻具回转造斜钻进至注浆目的地层，使钻孔倾角略有增加，以减少后期定向钻进倾角调整难度；最后采用螺杆钻具定向钻进技术进行定向造斜和稳斜钻进，以先进的随钻测控技术为依托，对钻孔轨迹进行实时测量和精确控制，使钻孔在注浆目的地层中长距离延伸，必要时可进行分支孔钻进，增加钻孔钻遇含水层的概率，成孔后通过高压注浆，将含水层改造成隔水层，提高隔水层强度，并将钻孔钻遇的导水裂隙或地质异常体封堵。

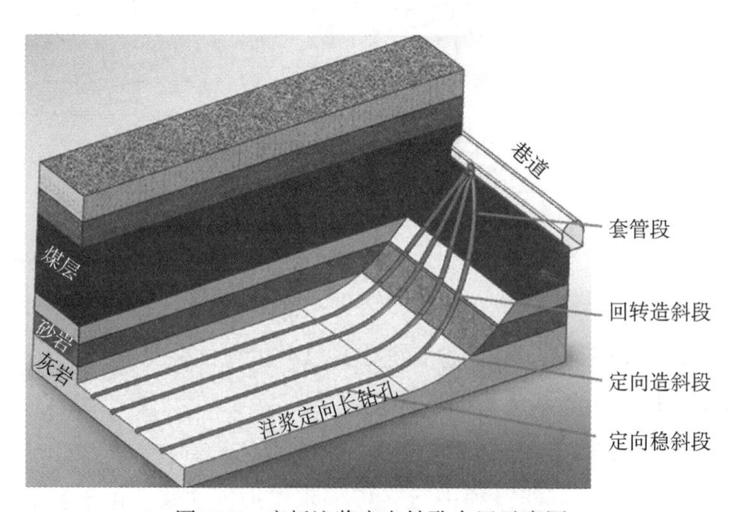

图10.2 底板注浆定向钻孔布置示意图

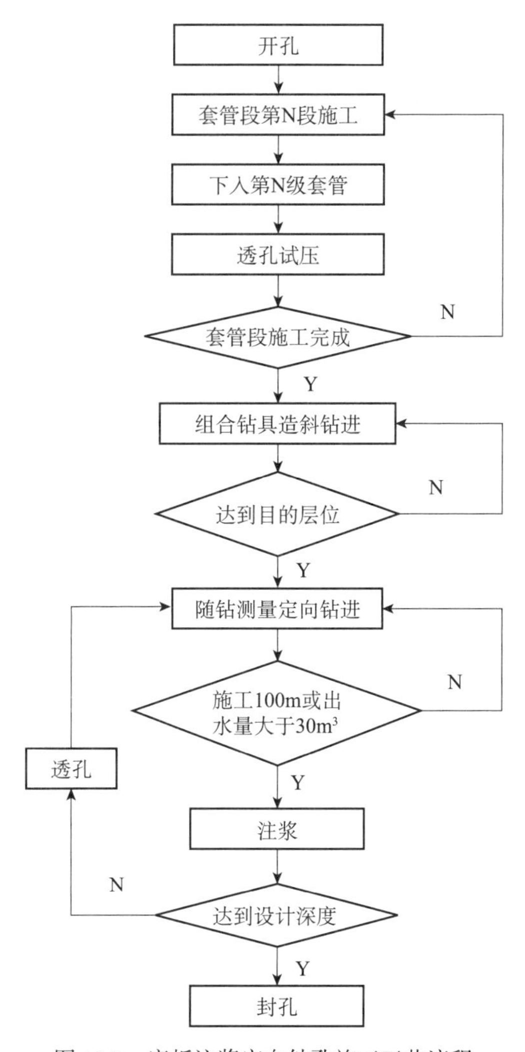

图 10.3　底板注浆定向钻孔施工工艺流程

10.3.2　井下定向孔钻进技术

底板注浆定向钻孔施工的关键技术为大直径倾斜钻孔套管段保直钻进和三级套管下管工艺技术。为控制钻进过程中的孔内出水及后期高压注浆，需要下入多级套管以封固孔口煤层和不稳定地层。开发了孔口三级套管结构（一级套管 ϕ178 mm、二级套管 ϕ146 mm 、三级套管 ϕ127 mm）和配套高压防喷组件，实现孔内高压大排量出水时安全控制；研制了 ϕ130 mm 和 ϕ120 mm 两种规格的大直径六方插接式螺旋钻杆和内凹式 PDC 钻头钻具，确保大直径倾斜钻孔套管段保直钻进；研制了 ϕ146 mm 和 ϕ127 mm 的扫孔钻具，在套管下入前进行扫孔，确保大直径三级套管顺利下入。

坚硬岩层稳定组合钻具回转造斜钻进技术：由于注浆定向钻孔开孔点一般在煤巷内，需先穿过多个地层才能进入目的地层，为保证在目的地层内延伸，钻孔在进入目的地层之前就需进行造斜钻进。如果目的地层与套管段之间岩层坚硬且较稳定，采用螺杆钻具定向造斜钻进时，切削速度较慢，严重影响钻孔施工效率。针对顶底板硬岩钻进速度慢的问题，采用稳定组合钻具回转造斜钻进技术，即通过对稳定组合钻具作用机理和稳定器不同安装位置时造斜规律模型模拟研究，形成了上仰稳定组合钻具（图 10.4），优化了回转钻进的造斜工艺，可使钻孔在回转阶段即可调整钻孔倾角，实现造斜钻进。

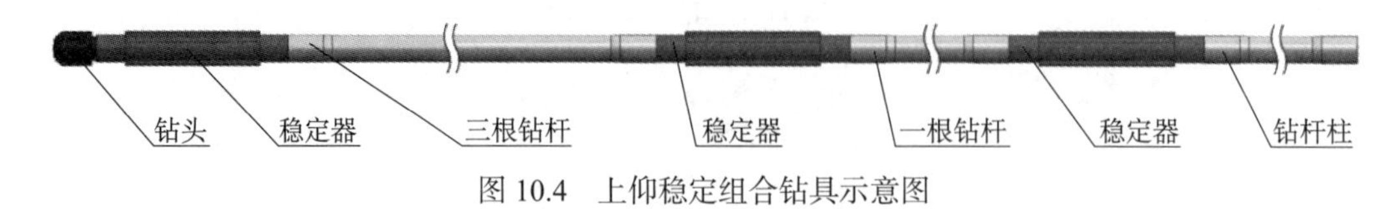

图 10.4 上仰稳定组合钻具示意图

目的地层顶水优质快速钻进成孔工艺技术：底板注浆定向钻孔有效半径大，目的地层硬度高，出水量大且水压高，通过对大弯角大扭矩四级螺杆马达造斜性能和钻进性能建模分析及室内外试验研究，采用四级螺杆马达进行定向钻进，1.5° 螺杆马达进行大位移轨迹调整和低速磨削分支孔钻进，并将回转钻进和定向钻进结合，开发复合定向钻进技术，提高钻进效率，实现快速钻进的同时钻孔轨迹大范围调整，确保钻孔优质快速成孔；研制了中心通缆式单向阀，其安装在测量探管后的任意位置，其既可以传递测量信号，又可以起到单向液流控制作用，避免钻孔高压大排量出水从钻杆内涌出，实现顶水钻进，确保钻探施工安全。

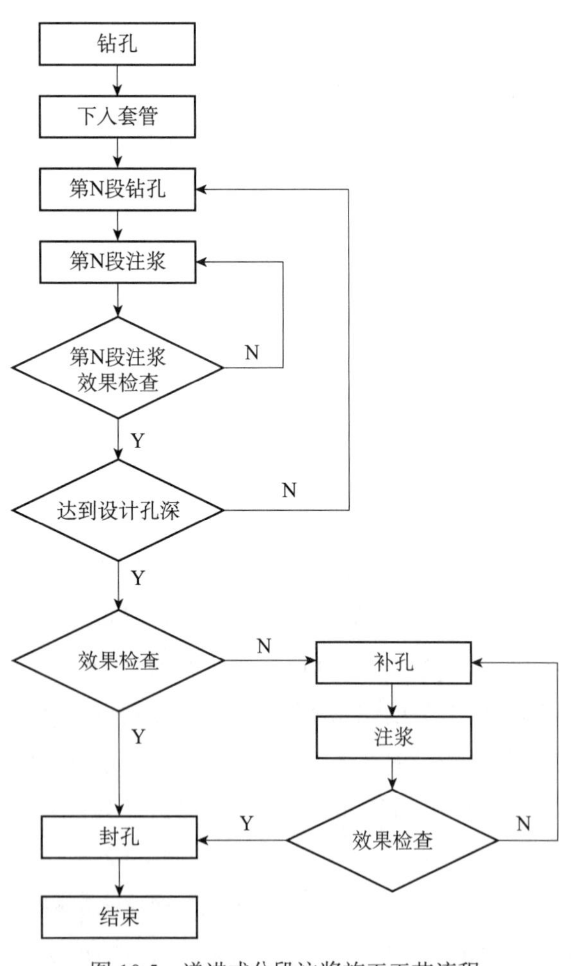

图 10.5 递进式分段注浆施工工艺流程

10.3.3 定向孔高效注浆工艺

定向钻孔高效注浆工艺技术：针对单个定向孔，建立了递进式分段注浆工艺（图 10.5），注浆段长度为 3～5 倍注浆影响半径，实现了定向长钻孔均一性注浆；针对集束型定向钻孔群，建立了约束注浆、跳孔注浆、错位注浆等注浆工艺，充分发挥逐步注浆挤压密实作用，避免相邻钻孔施工互相干涉、浆液浪费和注浆效果差的问题；建立了检验孔评价、物探检查、注浆量评价和施工评价等组成的注浆效果检测体系，避免注浆效果差或存在注浆盲区时工作面发生透水事故，确保注浆效果，满足巷道掘进和工作面回采安全要求。

采用定向钻孔进行煤层底板超前注浆改造或加固，从而防治底板水害，具有以下优点：

（1）随钻测量定向钻进技术能够控制钻孔轨迹，在工作面未形成前在临近巷道内即可施工底板注浆钻孔，实现了区域煤层底板超前治理。

（2）定向钻进技术可控制钻孔轨迹在注浆目的地层内长距离延伸，增加了钻孔钻遇含水层的有效孔段，提高了钻孔注浆效果。

（3）定向钻进技术可对预改造或加固的煤层底板地质构造进行超前探测。

（4）定向钻进技术可实时监测钻孔轨迹参数，通过参数采集处理能够准确计算出水点坐标位置。

（5）定向钻进技术可在孔内进行多分支孔钻进，提高了钻孔钻遇裂隙的概率，为后续钻孔注浆堵水提供有力的技术条件。

10.3.4　底板注浆定向钻探装备

底板注浆定向钻孔施工还需要以下特殊钻进装备。

1. 六方插接式螺旋钻杆

六方插接式螺旋钻杆主要用于套管段施工时高效排碴和保直钻进，有ϕ120 mm和ϕ130 mm两种规格，长度均为1 m，芯杆直径分别为ϕ73 mm和ϕ89 mm，钻杆如图10.6所示。其中ϕ130 mm六方插接式螺旋钻杆主要用于ϕ153 mm以上套管孔段施工，ϕ120 mm六方插接式螺旋钻杆主要用于ϕ133mm套管孔段施工。

图10.6　六方插接式螺旋钻杆

2. 顺孔钻具

顺孔钻具（图10.7）主要用于套管段施工时进行钻孔顺孔，以便于套管下入。其外径略小于钻孔直径，采用ϕ73 mm钻杆作为内芯，以便于和常规外平钻杆连接，在套管外壁镶焊硬质合金进行保径，且在离孔口较近一端加工焊接三个斜槽，并在斜槽内焊接硬质合金，以保障顺利起拔顺孔钻具。

图 10.7 顺孔钻具

3. 稳定器

稳定器（图 10.8）在钻头和钻杆或钻杆和钻杆之间连接，从而组成稳定组合钻具，起到稳定钻具和控制钻孔轨迹的作用，达到钻孔保直或造斜的钻进效果。稳定组合钻具的稳定器应装配在前 20 m 的钻柱上，长度在 300 mm 左右。为了获得理想的稳斜、纠斜效果，其外径要小于钻头直径，稳定器与钻头外径的差值保持在0.4 mm左右。若差值超过0.5mm，稳定器的控制性能就会明显下降，此时必须更换新的稳定器。为了提高稳定器的使用寿命，可采用耐磨材料对其进行加肋。

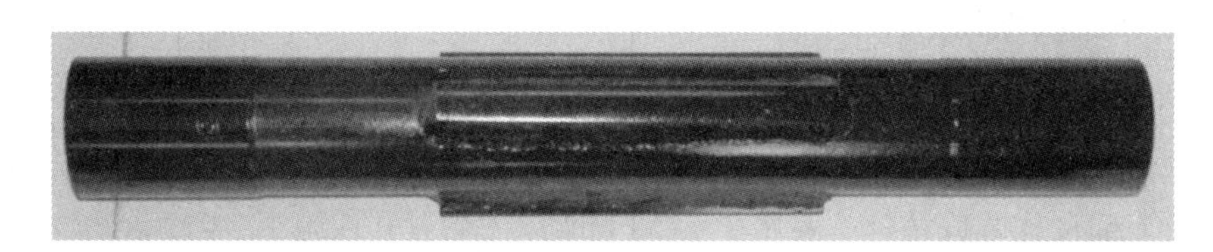

图 10.8 稳定器

10.3.5 井下定向钻孔注浆实例

1. 矿井概况

某矿 11151 工作面走向长 460 m，宽 195 m，开采煤层为 21 煤层，煤层厚度为 6.0～6.4 m，平均厚度为 6.24 m。该工作面水文地质条件较复杂，主要充水水源为底板 L_8 灰岩水，L_8 灰岩厚 7.8～9 m，隔水层厚 24～27 m，水压为 4.8～5.4 MPa，突水系数为 0.225 MPa/m，存在突水危险性。

2. 钻孔设计与施工

工作面布置了两个钻场，共施工了 6 个钻孔，其中在胶带顺槽迎头共施工 2 个钻孔，分别为 1 号钻孔和 5 号钻孔；在东翼回风大巷内 11151 工作面胶带顺槽迎头以西 75m 处钻场施工 4 个钻孔，分别为 2 号、4 号、3 号和 5- 补号钻孔。施工完成的 6 个定向钻孔，终孔孔径均为 96 mm，所有钻孔的轨迹偏差均控制在 5‰以内，最大钻孔深度为 610.5 m，总进尺达到 3455 m，钻孔施工参数见表 10.1，钻孔实钻轨迹平面图见图 10.9。

表 10.1 某矿底板注浆定向钻孔实钻数据

钻场	钻孔编号	进尺 /m	孔深 /m	备注
1 号	1 号	610.5	610.5	无分支孔
	5 号	687	426	2 个分支孔
2 号	2 号	519	519	无分支孔
	3 号	596	495.5	1 个分支孔
	4 号	594.5	527	1 个分支孔
	5- 补号	338	500	在 4 号钻孔内 192 m 开分支

3. 应用效果

钻孔成孔后采用分段前进式注浆的形式进行底板加固，以保证钻孔的注浆效果，即钻孔遇出水大于 30 m^3/h 或钻孔进尺达到 100 m，则提钻进行高压注浆，每次注浆压力达到 13 MPa 后，注浆结束。

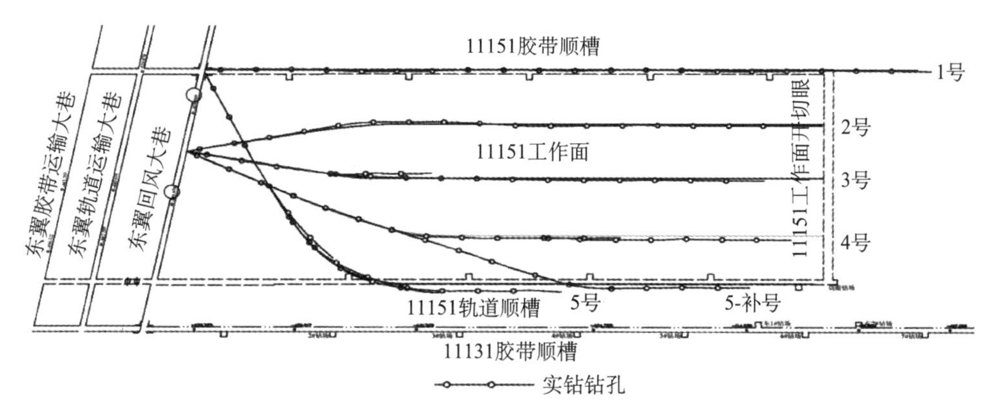

图 10.9 钻孔设计与实钻平面图

现场试验完成的 6 个定向钻孔，共注入黏土水泥浆 18 310.81 m^3，水泥 1642.09 t，黏土 4289.012 t，干料合计 5931.102 t，单孔最大注浆量达到 14 889.303 m^3，远远超出了相邻工作面常规钻孔单孔注浆量；先施工的钻孔出水最多，同时注浆量也最多，后施工的钻孔几乎不出水，且注浆量非常少，充分体现了注浆约束作用和定向孔区域注浆效果。

定向孔注浆结束后，11151 工作面胶带顺槽和轨道顺槽掘进过程中，未出现底板起臌或突水现象。此外，在钻场内布置了 72 个常规检验孔，定向钻孔注浆加固范围内的检验孔施工时，孔内出水量均未超过规定值，目前该工作面已回采完毕，未出现突水现象，底板注浆加固效果显著。

10.4 地面定向钻探区域治理技术

近年来，随着钻探技术的不断发展，近水平定向顺层钻探技术已逐步在煤矿底板注浆改造中使用。采用该技术，底板改造中钻孔稳斜段可在灰岩中顺层钻进，且钻孔穿层段长度大，可连续穿过灰岩，与灰岩充分接触，钻孔的利用率和钻孔施工效率高，能最大限度地揭露岩溶裂隙，增强注浆改造效果，是目前国内工作面底板改造中的新方法和新技术。

10.4.1 地面水平定向钻探技术

煤层底板多分支水平井注浆加固技术研究主要通过地面钻探的方式，通过定向测量仪器、地质导向仪器的控制，井壁加固材料的运用，达到在奥灰地层中的水平钻进的目的。水平井是指井眼轨迹达到近水平，并延伸一定长度的定向井。地面水平定向分支钻探是指从地面垂直开孔，以一定的角度在目标层位变向为水平井的钻探技术。地面水平定向钻探通过一个地面主孔施工多个水平分支钻孔，控制奥灰注浆改造范围，达到区域注浆改造的目的。地面水平定向钻探技术优点是钻孔选址灵活，钻探效率高；缺点是无效进尺多，盲区范围大。区域治理定向钻探水平孔轨道类型多为单弧轨道，由直孔段、增斜段和水平段组成。增斜段使孔斜角由零度钻至水平段的起始位置。

10.4.2 定向水平孔设计方法

在收集区域地质资料、矿井地质资料、矿井水文地质资料及以往钻孔资料的基础上，在煤矿区划分出一个治理区域，根据确定的控制区域内的裂隙具体位置（钻井靶点）、裂隙的走向、矿井主巷、采掘面的方向、裂隙至钻孔孔口的距离、方位、漏点垂深、主巷的方向和长度、采掘面的方向和长度等参数，制订具体钻孔布置方案。

1. 孔口布置原则

钻孔孔口位置的选择至关重要，决定了钻孔施工的难易程度及能否有效完成钻探任务。孔口位置的选择主要从以下几方面考虑：

（1）治理区域的范围、几何形态及构造发育的优势方位。

（2）孔口到治理区域的距离要满足水平定向孔对靶前位移的要求。

（3）孔口位置尽可能使钻孔轨迹避开采空区与巷道，并保持15m以上的安全距离。

（4）地面建筑物与地形情况，选择较为空旷，便于施工的区段。

2. 水平孔布置则

（1）钻孔方位：钻孔轨迹的方位包括主孔方位与分支孔方位。主孔方位的选择要保证其他分支孔能够实现，并且覆盖目标区域，一方面，主孔方位要保证钻孔单元中两侧钻孔能够顺利完，另一方面，钻孔轨迹还应尽可能与裂隙的优势发育方位斜交，同时兼顾对周边突水点附近区域的探查。

（2）钻孔间距：钻孔以探查构造为重点，在构造发育区段钻孔间距适当加密。

（3）控制点与靶点设计。控制点与靶点设计要求钻孔尽可能多地沿目标层位钻进。

定向水平孔设计时，充分考虑主要巷道、采掘工作面布置与裂隙延展方向，最大限度揭露治理区裂隙，如图 10.10 所示。

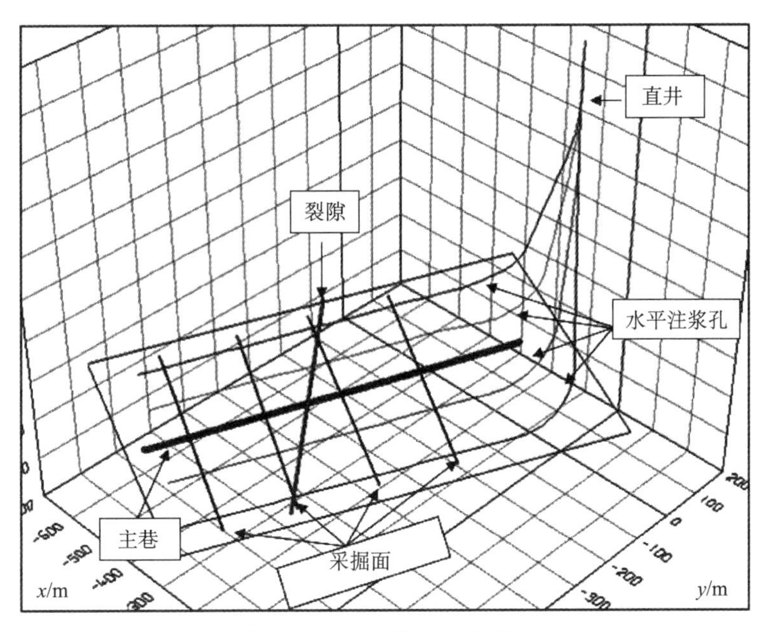

图 10.10　水平井布置示意图

10.4.3　地面定向钻进技术工艺

1. 无线随钻测斜技术

泥浆脉冲随钻测斜系统是将传感器测得的井下参数按照一定的方式进行编码，产生脉冲信号，由脉冲器产生压力变化，使信号传送到地面，再由地面设备解码得出井下参数。它由地面设备和井下测量仪器两部分组成。地面设备包括压力传感器、专用数据处理仪、远程数据处理器、计算机及有关连接电缆等。井下测量仪器主要由定向探管、伽玛探管、泥浆脉冲发生器、电池、打捞头等组成。无线随钻测斜仪器如图 10.11 所示。

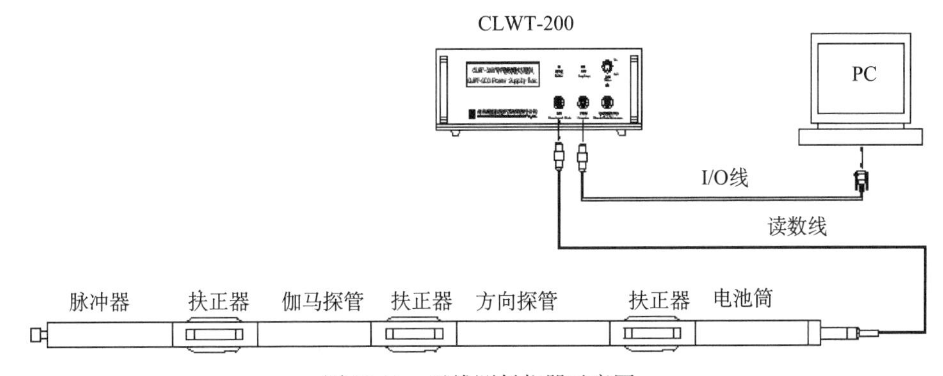

图 10.11　无线测斜仪器示意图

2. 柔性钻杆水平孔钻进技术

在近水平顺层段，采用的钻具组合：钻头 + 动力钻具 + 无磁钻铤 + 无磁短接 + 钻柱稳定器 + 无磁承压钻杆 + 加重钻杆 + 斜肩钻杆 + 随钻振机器 + 钻杆。为保证安全顺层，中间用稳定器、单弯螺杆和振机器。在中硬灰岩地层采用金属密封三牙轮镶齿钻头和金刚石中齿 PDC 钻头。

3. 特殊泥浆冲洗液循环技术

在近水平段，为了便于泥浆性能达到最优化，采用连续泥浆罐、搅拌器、振动筛、除泥器等设备，对含沙量、泥饼等性能进行控制。泥饼的摩擦系数小于 0.1，含沙量低于 0.5%，低密度固相含量小于 12%，钻井液塑性黏度和动切力的比值不小于 2∶1。

10.4.4 地面定向钻探技术要求

1. 岩屑录井

松散层不捞砂样，但必须判定基岩界面，近主采煤层终孔，每 1m 捞 1 包砂样至完钻，并做好鉴定，建立地层剖面。现场整理、汇总岩屑录井表，对地层做出初步的判定和划分。

2. 钻时录井

间距要求：自基岩段每 1m 记录 1 个点，至终孔井，要随时记录钻时突变点，以便及时发现构造异常区等。保持钻井参数的相对稳定，以便提高钻时参数反映地层岩性的有效性，并记录造成卡钻时的非地质因素。核对钻具长度和孔深，每打完一个单根和起钻前必须校对井深，井深误差不得超过 0.1 m。全井漏取钻时点数不得超过总数的 0.5%，目标层井段钻时点不得漏取。

3. 钻井液录井

每 8h 做一次全性能测定；每 2h 测定一次一般性能（密度、黏度）。发现异常时，要连续测定钻井液密度、黏度，并做好记录。

4. 简易水文观测

全井钻进过程中均应严格按照要求做好简易水文观测记录工作。每次起钻后、下钻前测量一次水位（井筒液面）；每钻进 2h 记录一次钻井液消耗量（泥浆池液面），进入奥灰后每 0.5h 记录一次钻井液消耗量。

10.4.5 定向孔注浆工艺流程

注浆过程使用射流搅拌系统，可连续制浆和注浆，泥浆泵和高压射流泵注入孔内。浆液注浆以水泥和粉煤灰混合浆为主，其工艺流程如图 10.12 所示。

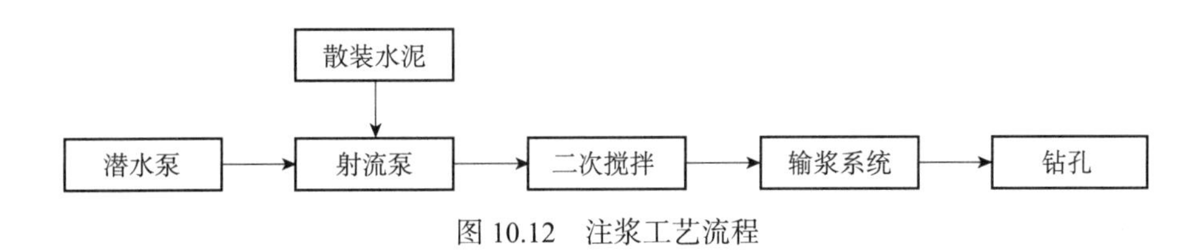

图 10.12　注浆工艺流程

注浆过程包括充填注浆和高压注浆阶段。

1. 充填注浆

在灰岩中遇到漏失量大的裂隙或溶洞时，采用 260～600L/min 的大排量注浆泵注入水泥浆，对裂隙或溶洞快速充填。

2. 高压注浆

在钻井冲洗液漏失较小区段和钻孔终孔注浆时，为增加扩散距离和填充细微裂隙，采用高压注浆，使浆液向岩层内的残留空隙和细小裂隙扩展，增加扩散距离和加固效果。

10.4.6　厚层灰岩注浆铺底技术

在薄层灰岩含水层中注浆由于上、下隔水层边界的存在，属于一种有限空间的注浆技术。在奥灰含水层注浆时，当存在较大规模断层与陷落柱时，含水层连通性好，浆液扩散范围远，注浆量巨大。需在构造发育区段，对预设的下部边界进行铺底，控制浆液扩散范围。

在钻进的过程中，通过对冲洗液或掉钻的观测来分析所遇到的构造规模，针对不同的构造规模采取不同的手段进行铺底。主要有灌注骨料、粉煤灰等措施。通过对漏失量及注浆量的分析，对不同的条件采用不同的铺底材料，见表 10.2。

表 10.2　铺底注浆材料

条件	漏失量 / (m^3/min)			钻至空洞
	小于 0.5	0.5～1	大于 1	
铺底材料	1∶1 水泥浆	水泥浆或早强水泥浆	粉煤灰	卵石、细沙

10.4.7　定向钻探区域治理实例

1. 治理工程概况

安徽淮北煤田朱庄煤矿下组煤开采主要受底部太原组上段薄灰岩组（1 灰至 4 灰）和深部奥灰含水层的威胁。采用地面定向顺层钻孔超前治理太原组三灰，通过科学布孔、顺层钻进轨迹精确控制、梯度加压调控、粉煤灰和水泥配比浆液注浆工艺等关键方法和技术实现矿井深部水平Ⅲ63 采区掘进前区域水害治理。在钻探方面，采用地面定向顺层钻进精确控层技术，对疑似出水点进行探查，对底板太灰中的薄层灰岩进行探查。在注浆方面，通过对探查到的涌水通道及原生裂隙进行高压注浆，在目的层形成有效“阻水塞”，达到阻隔目的层及以下奥灰含水层突水。工作面形成后，利用井下钻探验证，对异常区和构造破碎带补钻注浆。

对Ⅲ634、Ⅲ636工作面主要通过地面近水平钻孔单元在合适位置进入未采段底板三灰，顺层穿越，探查灰岩裂隙，并进行高压注浆封堵，通过分段下行式“探注结合”施工，有效地封堵三灰溶隙、裂隙突水通道。在治理工作面，底板三灰形成一个完整相对隔水的“阻水塞”，阻隔来自三灰及三灰以下含水层，尤其是奥灰含水层向工作面涌水。

针对Ⅲ634、Ⅲ636工作面布置4个钻孔单元，每个钻孔单元采取一个主孔与多个一、二级分支进行布置，呈扇状发散，孔间距控制在50～80m。设计沿地层走向和倾向两种布孔方式，一级分支孔从主孔二开套管之下的合适位置开始侧钻，二级分支孔从其所属一级分支孔上选取合适位置开始侧钻。定向钻孔采用三开两层套管结构，如图10.13所示。

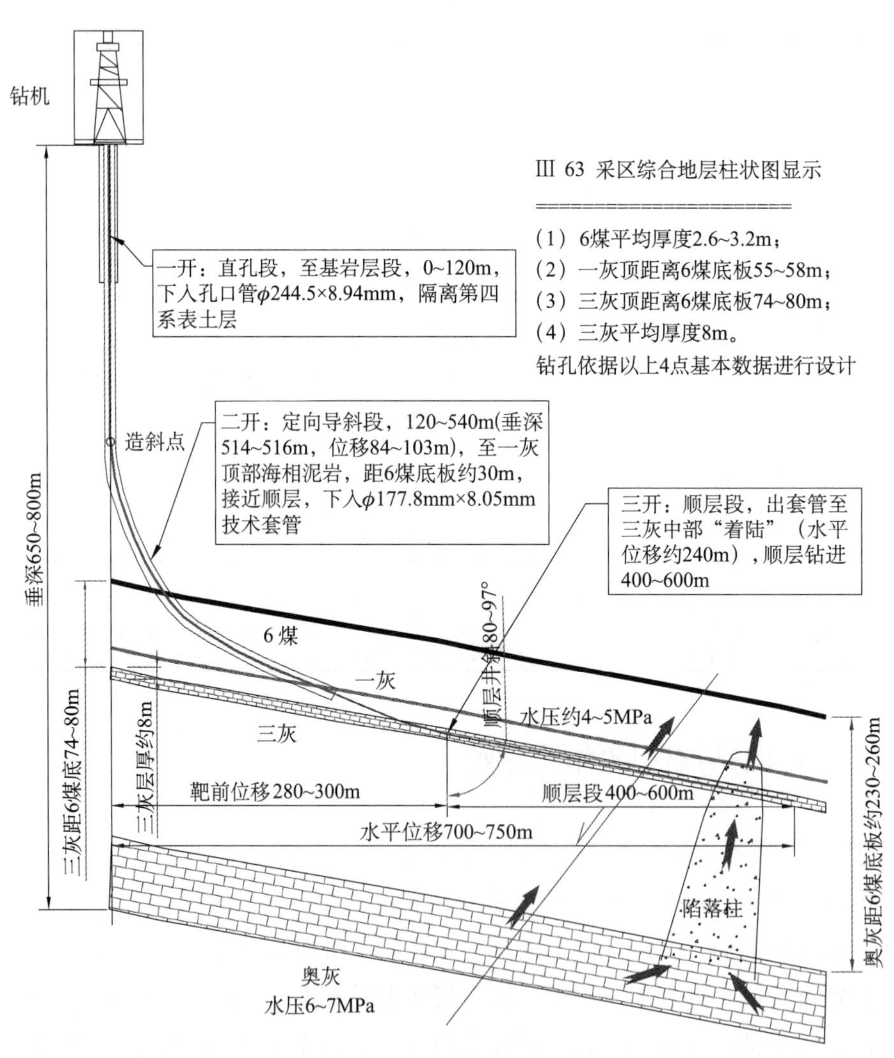

图10.13　定向钻孔结构示意图

2. 钻探及注浆施工概况

针对Ⅲ634、Ⅲ636 工作面，共实施 4 个钻孔单元，其中沿地层走向布置两个钻孔单元，分别为 D1 钻孔单元（1 个主孔，5 个一级分支孔）、D3 钻孔单元（1 个主孔，5 个一级分支孔，1 个二分支孔），沿地层倾向布置钻孔单元两个，分别为 D2 钻孔单元（1 个主孔，7 个一级分支孔）、D4 钻孔单元（1 个主孔，5 个一级分支孔，1 个二分支孔），4 个钻孔单元累计完成 28 个钻孔，其中主孔 4 个，一级分支孔 22 个，二级分支孔 2 个，主要针对进行 6 煤底板三灰含水层的加固治理。累计完成钻探进尺 16 572.15m，其中顺三灰层段 12 206.15m。累计注浆 42 757t，其中水泥 31 136t，粉煤灰 11 621t。

通过对单位注浆量计算可以得出，平均单位注浆量为 3.51t/m，个别钻孔如 D2 钻孔的单位注浆量达到 24.45 t/m，说明三灰段的裂隙发育程度较高，通过高压注浆对裂隙进行了有效的填充，最大限度改造了含水层。

通过经验钻探、放水等手段对工程效果进行检查，结果表明，地面注浆工程充分改造了三灰，切断了太原组二灰与三灰之间的水力联系，区域治理效果明显。

10.5　地面径向射流区域治理技术

采用地面定向钻探技术进行区域治理，具有钻探效率高、钻场选址灵活等优点。但其无效进尺多、盲区范围大、造价较高，且与注浆工作相互影响，施工周期长，扫孔等辅助工作量较大。针对浅部下组煤开采等不具备定向钻探施工条件等情况，引入地面径向射流造孔技术，形成地面定向钻探区域治理的替代工艺和技术补充。

10.5.1　径向射流造孔技术

径向射流造孔是我国从美国石油行业引进的成孔技术，最先应用在华北、长庆等油田，在产油量接近枯竭的油井中，通过径向射流造孔形成多个不同方向的出油通道，增加油井产量。其核心是射流高压泵与管路系统、造孔成像控制系统和特殊地层岩性井液配方。最大射流压力达 137MPa，孔径 25～75mm，孔深 110m。径向射流可在灰岩与砂岩地层中造孔，如图 10.14 所示。

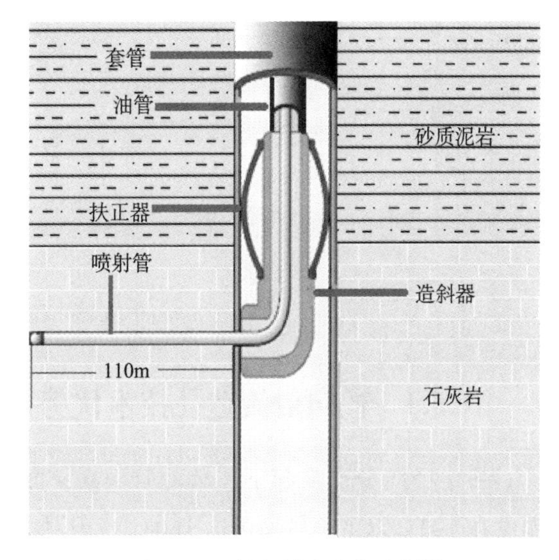

图 10.14　径向射流造孔示意图

10.5.2 径向射流区域治理技术流程

针对华北型煤田下组煤开采过程中，导水断层发育多，奥灰突水威胁严重等问题，引入径向射流造孔技术，利用集成化的注浆装备与工艺，在地面开展导水断层治理与奥灰区域注浆改造。对径向射流造孔技术、浆液扩散控制工艺、工程质量检测等关键技术难题进行攻关，形成了成套导水断层治理与奥灰区域注浆改造技术体系。

径向孔方案施工时，首先采用普通回转钻机完成垂直孔的施工，完成两趟套管的下入及固井，在进入奥灰内后，进行洗孔并进行终孔静止水位观测。然后，进行钻孔压水试验，测定受注层段单位吸水率（q），选择合适的注浆材料和配比开始注浆，达到注浆技术标准后，透扫钻孔，开始径向射流钻孔施工。每一个径向孔原则上一次注浆完成，之后，按照射流造孔、注浆的顺序依次完成钻探注浆工作，工艺流程如图 10.15 所示。

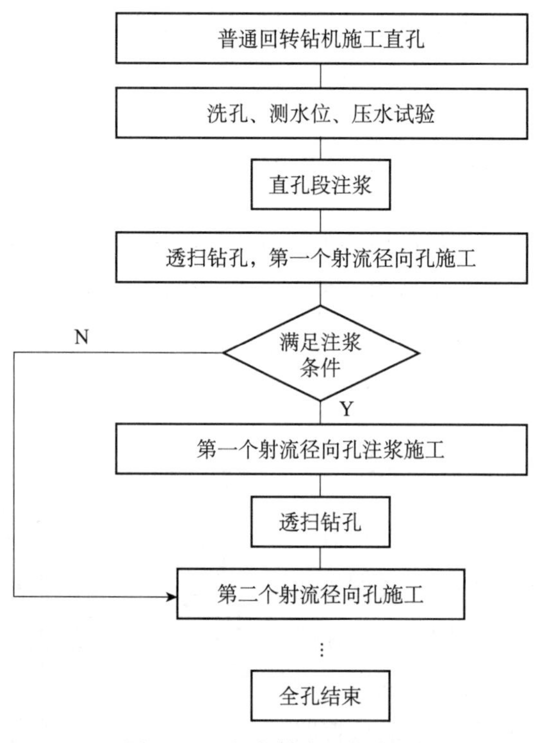

图 10.15 径向射流工艺流程

10.5.3 径向射流造孔技术优势

一个径向分支需起下连续油管两次，井眼直径 50～75mm，穿透深度 0～110m，设计温度在 120℃以下（最高可达 160℃），压力最高达到 137MPa，无固相钻井液，单个奥灰径向射流孔施工时间为 10～120 min，速度快，效率高。

径向射流造孔速度快，无盲区，对直孔深度无要求，适用于目标层埋藏较浅、基岩盖层薄等不具备定向钻探施工条件的矿井。同时，可以配合定向钻探技术，通过径向射流孔控制治理区浅部、边角及定向钻探盲区，实现对复杂区域的无盲区全覆盖治理。

10.5.4 径向射流区域治理实例

1. 治理区概况

河北省邢台矿西井先期工作面区域地面标高 +90m，基岩埋深 170～190m，平均埋深 190m。治理区域煤层底板标高 -120～-180m，煤层底板距奥灰平均 32m，改造目标层位进入奥灰 25m，改造层段埋深为 260～330m。改造层位上部基岩厚度为 90～150m，小于增斜段要求，难以施工水平井。

先期开采区域中部发育有 F6 断层，该断层的发育特征影响首采区工作面布置，应首先进行探查与治理。F1 与 DF37 为治理区两侧边界，需要针对边界断层进行治理，排除区内侧向补给条件，同时针对治理区南部，需要施工大青射流钻孔、封堵大青的侧向补给条件。

2. 径向射流区域治理工程布置

区内针对奥灰含水层顶部进行改造，通过浆液扩散，封堵潜在的垂向导水通道，增加隔水层厚度，确保隔水层完整性。通过直孔加径向射流钻孔进行地面区域治理。注浆层段包含大青灰岩含水层、太灰含水层、奥灰含水层以及构造破坏区段。

3. 径向射流孔施工效果

针对该区断层的治理工作，施工了 4 个地面直孔，10 个径向射流孔，累计注入水泥 9104.43t。施工表明，径向射流钻孔对地层变化、构造具有敏感性，可实现构造探查功能。造孔前后地层可注性差异明显，单孔注浆量较大，径向射流孔注浆效果可靠。

（本章主要执笔人：西安研究院刘其声，南生辉，郑士田，刘英锋，许超）

第 11 章 顶板水害防治技术

煤层开采后，上覆岩层在采掘扰动下发生破坏和变形，自下而上产生垮落带、裂缝带和弯曲下沉带。垮落带内破碎岩块空隙多、连通性强，是水和泥沙溃入井下的可能通道；裂缝带内有横向裂隙和垂向裂隙，横向裂隙是储水空间，垂向裂隙与横向裂隙沟通，形成垂向导水通道；弯曲下沉带以整体变形为主，岩体整体导含水性变化不明显。导水裂缝带是顶板水的主要突水通道。

在近年的顶板水害防控技术研究实践中取得较好的成果。本章以中西部侏罗纪煤田为例，介绍沉积控水规律、顶板水害控制技术、顶板离层水防治技术及透水溃沙防控技术。

11.1 沉积控水规律与水害防控技术

以鄂尔多斯盆地北部侏罗纪煤田为主要研究对象，采用水文地质试验与测试、沉积学分析、数值模拟与物理模拟等手段研究，通过工程实践，揭示了本区沉积控水规律，提出了顶板涌水量预计方法，构建了侏罗纪煤田顶板水害防控技术体系，有效遏制了顶板水害事故频发的势头。

11.1.1 鄂尔多斯盆地侏罗纪煤田沉积控水规律

为了解决侏罗纪煤田顶板水害预测预报难题，通过沉积相分析准确识别定位了含水层，并对含水层进行了富水性分区。侏罗系地层在鄂尔多斯地层区分布广泛，其下、中、上三统发育齐全。侏罗系地层由陆相砂岩、页岩、黏土岩夹煤层组成，厚 10～618m。

侏罗系地层中，延安组为侏罗系主要含煤地层，为一套内陆盆地的河流 - 三角洲 - 湖泊环境沉积；直罗组地层大范围整体分布，岩性以灰绿、紫红色泥岩与浅灰色砂岩互层为主，总体上西厚东薄，厚度一般为 160～400m，根据沉积旋回结合标志层可分为上、下两段，下段主要以辫状河、曲流河沉积为主，上段以辫状河、曲流河、三角洲和湖泊沉积为主；安定组地层与直罗组地层呈平行不整合接触，以三角洲、湖泊细粒碎屑沉积为主；白垩系地层主要以风成沙漠相、河流湖泊相沉积为主，岩性以块状砂岩为主。本区延安组上部地层均为陆相沉积，以河流相沉积为主，如图 11.1 所示。

图 11.1 延安组煤层及上覆地层辫状河沉积示意图

根据盆地的地质及水文地质结构，依据含水介质类型，将鄂尔多斯盆地含水岩系划分为三大含水层系统，即寒武系—奥陶系碳酸盐岩岩溶含水层系统、白垩系碎屑岩孔隙裂隙含水层系统和石炭系—侏罗系碎屑岩裂隙与上覆松散层孔隙含水层系统。

对于盆地内的侏罗纪煤田，影响煤层开采的主要含水层有延安组砂岩裂隙含水层、直罗组砂岩裂隙孔隙含水层、白垩系碎屑岩孔隙含水层以及古近系、第四系松散层类含水层。盆地内深部侏罗纪煤田水文地质条件主要有以下特征：

（1）含煤地层上覆各含水层富水性和循环交替作用一般随着埋深增大由强到弱。随着埋深的加大，地下水的硬度、矿化度均逐步递增。

（2）煤层顶板多发育有古冲刷带，煤层之中也存在同生冲刷带，矿井水文地质条件复杂。

（3）矿井直接充水含水层以侧向补给为主，与物源方向密切相关，地下水径流的方向性明显。

（4）由于基岩裂隙孔隙含水层径流条件不畅，矿井主要充水含水层多以静储量为主，具备可疏性。

（5）砂岩含水层储水结构以微裂隙和孔隙为主，砂体可注性差，大多不具备注浆堵水条件。

（6）由于成岩期较晚，砂岩成熟度底，胶结差，结构较为疏松，煤层顶板岩体硬度、强度较低，易于受采动破坏。

（7）断裂构造不甚发育，小断层偶有揭露，但大多呈闭合状态，不富水或弱富水。

（8）煤层顶板含水层富水性在平面上和剖面上均显示极强的不均一性特征。本区矿井主要充水含水层为陆相砂岩，主要为河流相沉积。沉积地层具有明显的二元结构，砂体在剖面上显示为透镜状，在平面上以条带状展布，交错层理和平行层理普遍发育。砂体沉积旋回的不确定性和物源构成的复杂性是导致侏罗纪煤田含水层空间展布形态多样化和富水性呈现不均一性的主要原因，如图 11.2 所示。

基于沉积相分析可以掌握含隔水层空间展布规律并可以对含水层富水性进行分区（图 11.3），从而有效指导矿井顶板水害预测预报工作。

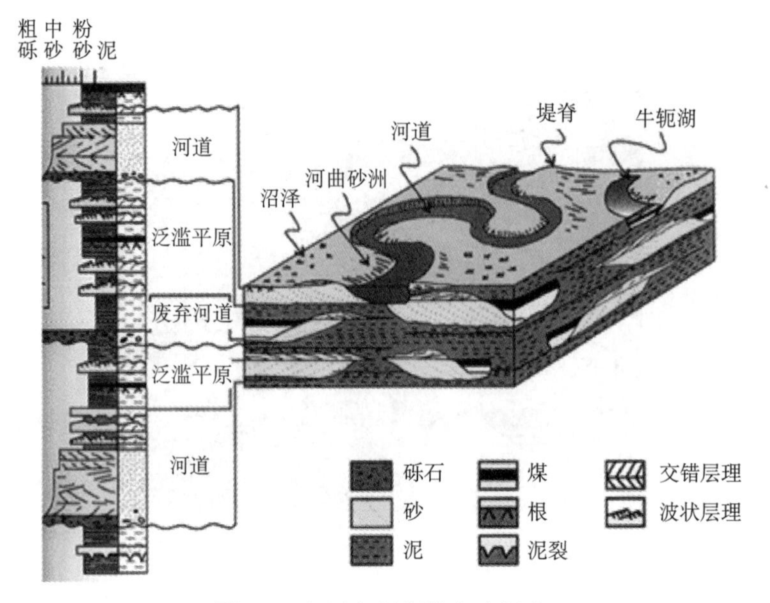

图 11.2　河流相沉积模式示意图

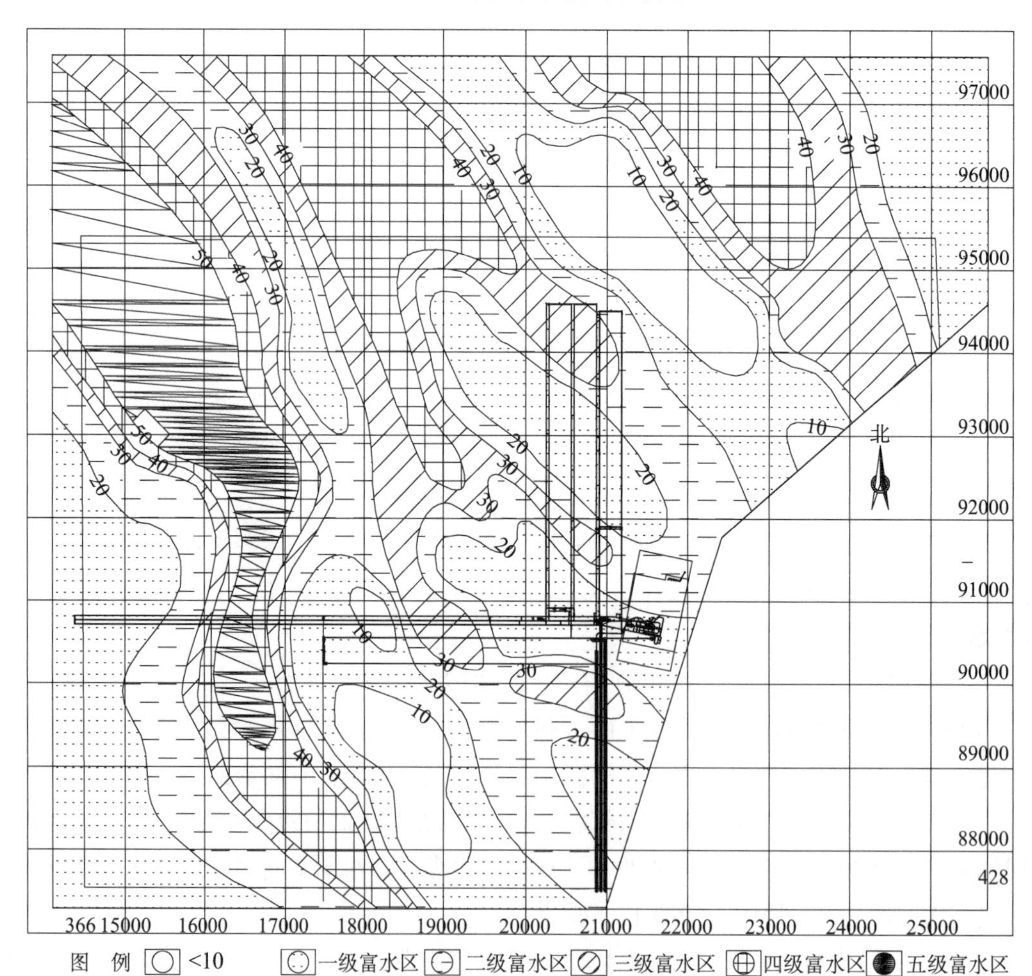

图 11.3　基于沉积控水规律的含水层富水性分区图

11.1.2 顶板水顺层探放技术

若不考虑含水层的静储量的疏放会导致采后水量周期性大幅波动，甚至形成水害事故，在通过沉积相分析准确识别和定位含水层的基础上，采用长距离定向钻机顺层探放顶板水，消除顶板水害威胁，如图 11.4 所示。

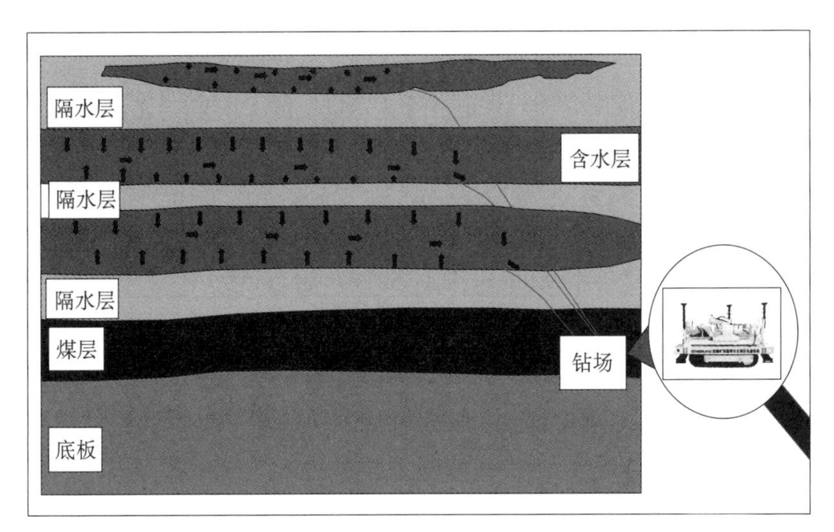

图 11.4　顶板水顺层探放技术示意图

通过静储量的充分疏放，使采后涌水量实现了“消峰平谷”，呈现较为平缓的“台阶式”增加，以避免水害事故的发生，疏放效果如图 11.5 所示。

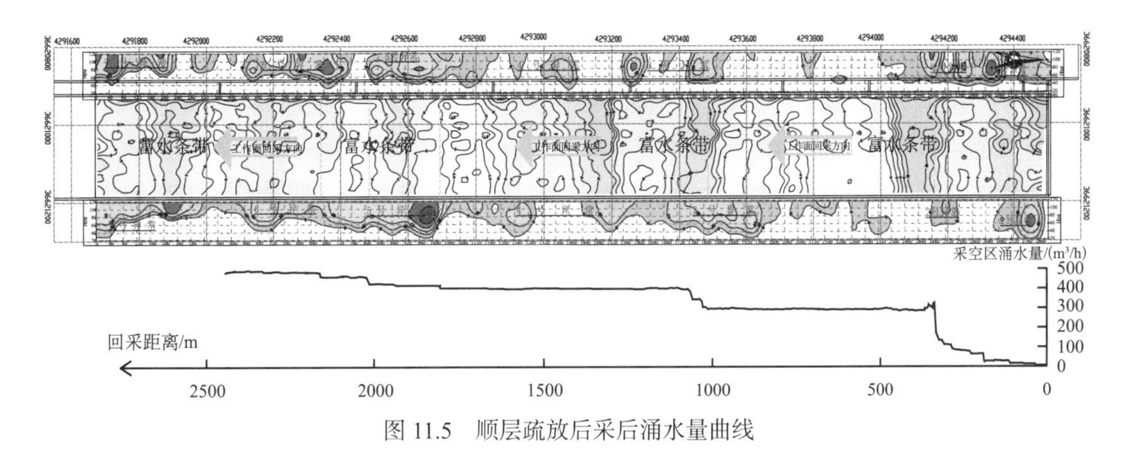

图 11.5　顺层疏放后采后涌水量曲线

11.1.3 侏罗纪煤田顶板水害防控技术体系

深部侏罗纪煤田顶板水害综合防控技术体系包含地质勘探、水文地质补充勘探、井下钻探和物探、疏放水试验、矿井及工作面排水系统等，如图 11.6 所示。

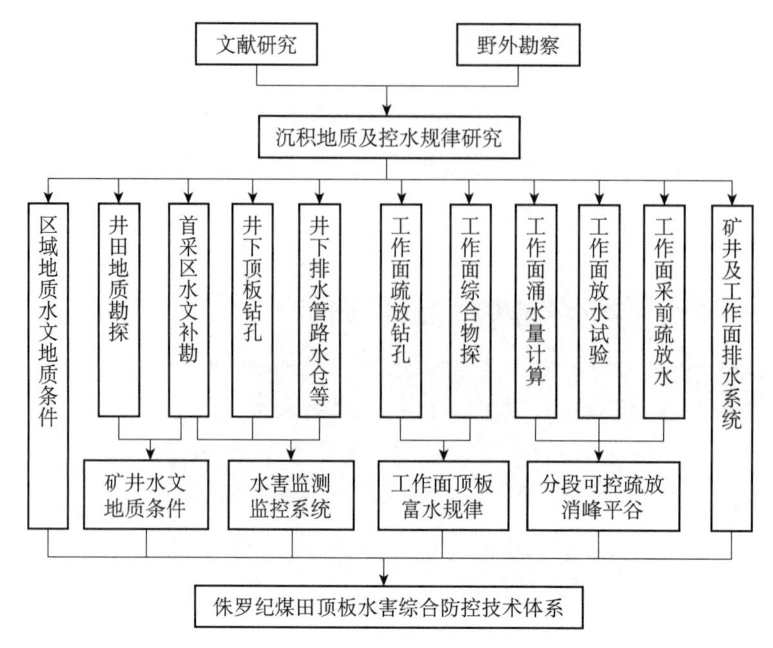

图 11.6　顶板水害综合防控技术体系示意图

顶板水害防治可分为 5 个阶段：

（1）在相关文献资料调研和野外勘查的基础上，开展沉积地质与控水规律研究，通过井田地质勘探和采区水文地质补充勘探等手段，查清矿井的基本水文地质特征，分析矿井主要充水含水层、充水通道及充水强度。

（2）通过工作面顶板综合物探和顶板探放水钻孔施工，掌握工作面顶板导水裂缝带范围内地层富水规律和含、隔水层展布规律。

（3）利用疏放水钻孔，开展工作面顶板含水层放水试验，获得顶板水可疏降性及相关水文地质参数。

（4）通过疏放水钻孔可控疏放顶板含水层静储量，实现“消峰平谷”，保证采后涌水平稳增加。

（5）建立矿井及工作面排水系统，实现工作面回采安全。

11.2　顶板离层水防治技术

当煤层顶板直接充水含水层渗透性较差、富水性较弱时，也可能会发生顶板突水。例如，宁东煤田鸳鸯湖矿区红柳煤矿顶板含水层富水性弱，却发生了 4 次较大规模突水，最大突水量 3000m^3/h。此外，陕西玉华煤矿、抚顺老虎台矿也发生了类似突水案例。这些突水灾害均具有瞬时水量大、持续时间短、无征兆及具有一定周期性等特征，均为离层突水事故。煤科总院西安院针对离层突水机理、离层空间判断、离层水害防治技术等方面开展了系统研究，形成了成套煤层顶板离层水害防治技术。

下面以宁东煤田红柳煤矿1121离层水防治为例，介绍离层水防治技术方法。根据离层水害发生的特征及其与工作面推进距离的相关关系，通过理论分析、计算机数值模拟及水文地质试验等方法，研究离层水体的发育位置和充水条件，揭示此类水害的形成条件和致灾机理，并通过井下钻探、地面物探、参数反演等手段进行验证，制定相应的防治水措施，保障工作面的安全回采。

11.2.1 离层空间动态演化过程

在煤层的开采过程中，随着工作面的不断推进，上覆岩层发生移动和破坏。一般情况下，总是首先在离煤层顶板较近的硬岩层下方出现储水空间。随着工作面的不断推进，该硬岩层断裂，离层空间闭合，在离煤层顶板较远的硬岩层下又会出现储水空间，储水空间的位置是在动态变化着的。

第一次出现离层空间后，每次出现最大储水空间将呈现周期性变化，但至工作面的水平距离和离地表深度不变。在第二次出现离层空间以后，工作面每推进一定距离，顶板进入周期断裂阶段，则储水空间将周期性出现。

11.2.2 离层水滞后突水机理

特殊的煤层顶板岩性组合能导致顶板离层滞后突水的发生，其突水机理如图11.7所示。可表述为：

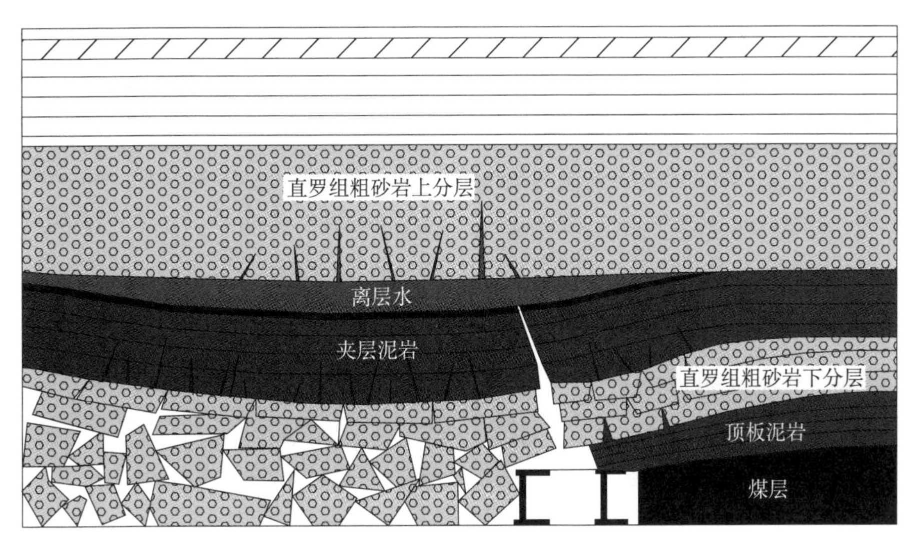

图11.7 离层水体突水机理示意图

（1）随着工作面回采，煤层直接顶板的垮落，泥岩隔水层因失去支撑发生蠕变而弯曲下沉。由于泥岩隔水层抗张强度较大，弯曲下沉量大，而砂岩含水层只发生微弱下沉，从而在砂、泥岩沉积层理部位形成离层水体空间，顶板水渗流集聚于该空间。

（2）随着悬顶范围进一步增大，顶板泥岩隔水层在自身重力、矿压和水体劈裂作用下持续蠕变下沉，直至位移达到极限，泥岩发生结构性改变而破裂，离层水体水突出。

（3）随着离层水体水量减小，泥岩隔水层在水理作用下发生膨胀，其裂隙空间逐步缩小，直至自愈合，继而再次形成封闭的储水空间，再次循环，泥岩破裂位置前移导致周期性突水。

隔水能力再生过程对顶板岩移离层水体周期性突水起到了控制作用，导致离层突水具有次生性、滞后性和周期性的特征。

11.2.3 离层空间形成过程数值模拟

为了研究离层空间形成过程，利用 RFPA 和 FLAC3D 软件进行数值模拟试验，在采厚和覆岩结构不变的条件下，分别沿走向和倾向方向上，模拟煤层开采引起上覆岩层移动破坏的形式、范围和规律，研究覆岩中关键控制层移动破坏形式，确定控制隔水关键层破坏的临界宽度。以饱水状态岩石力学性质测试数据（饱水态）为依据设计实验模型。建立多组模型，对应不同隔水关键层厚度建立模型。顶板离层水模型数值试验得到以下认识。

1. 顶板覆岩破裂过程模拟

模拟开采过程中，当隔水关键层厚度为 7m 时，第 3 层关键隔水层与第 4 层主要含水层间共出现了 4 次储水空间，形态一般呈对称状，沿工作面推进方向的长度 54.4～79.2m，平均 66.1m；高度 2.1～3.1m，平均 2.6m。工作面推进 50m 时即出现第一次储水空间，周期出现时对应的工作面推进距离间隔一般为 50～70m，空间形态达到最大时，对应的工作面推进距离间隔一般为 30～80m，如图 11.8 所示。

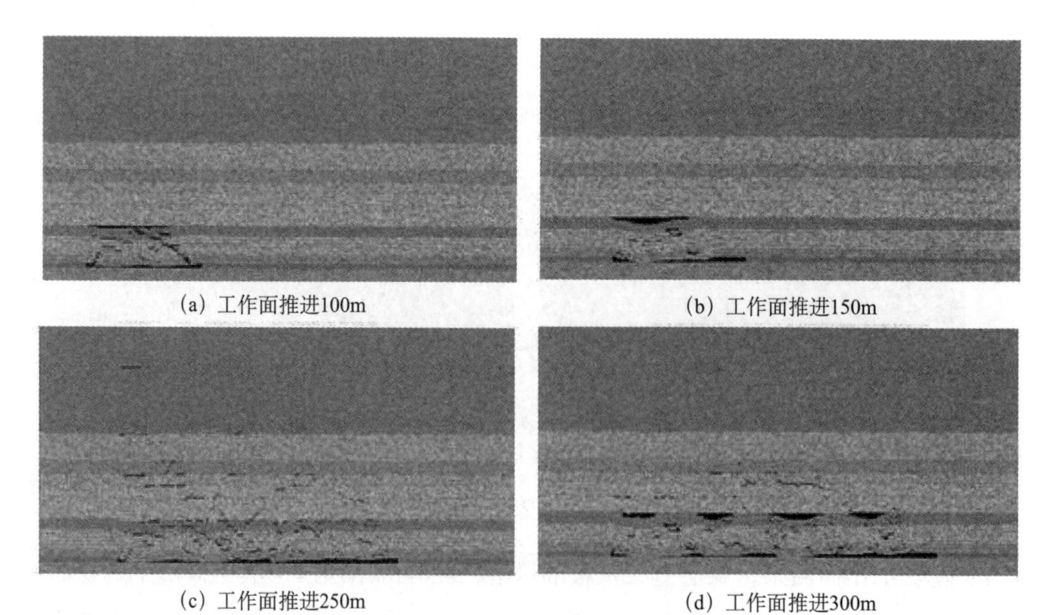

(a) 工作面推进100m　(b) 工作面推进150m

(c) 工作面推进250m　(d) 工作面推进300m

图 11.8　顶板覆岩破坏过程模拟图

2. 导水裂缝带发育规律

顶板覆岩破裂后，其导水能力也将发生改变，根据覆岩破裂后的渗流迹线判断导水裂缝的形态和发育高度。工作面推进过程中导水裂缝带发育高度变化如图 11.9 所示。导水裂缝带具有发生、发育（上升）、最大高度、稳定的发育过程。模型试验中导水裂缝带高度出现两次跳跃发展过程。

3. 地表下沉过程

根据模拟结果，随着工作面推进地表下沉启动距约为 85m，当工作面推进至 85～180m 时，地表最大下沉值缓慢增大至 1196mm。当工作面继续推进至 230m 时，地表最大下沉值快速增大至 3300mm。当工作面推进距离大于 230m 时，地表最大下沉值逐渐趋缓，最大地表下沉约 3500mm，如图 11.10 所示。

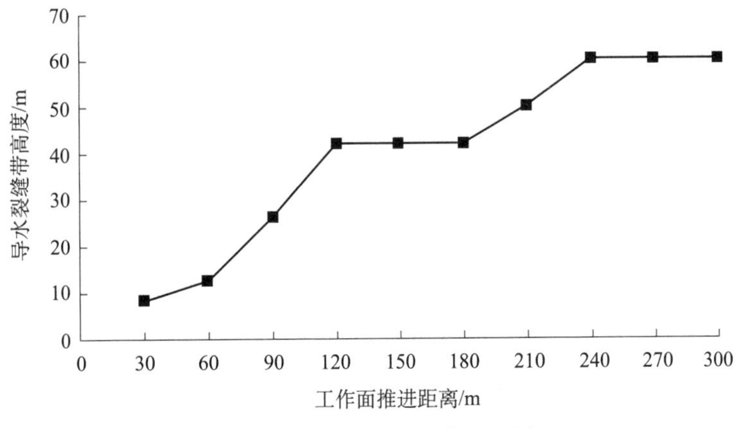

图 11.9　导水裂缝带发育过程图

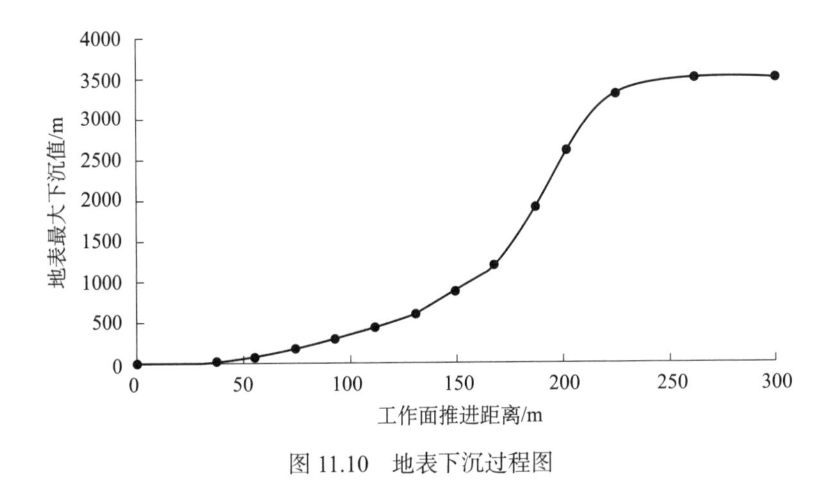

图 11.10　地表下沉过程图

根据数值试验结果，导水裂缝带高度的两次跳跃式增长对应地表都出现剧烈的下沉表现。离层储水空间发育特征与导水裂缝带发育、应力分布以及地表移动下沉具有紧密的关联性。

4. 临界隔水关键层确定

通过模拟，当隔水层厚度大于 18m 时，泥岩底板的导水裂缝的渗流能力显著减小，表明此时导水裂缝的横向宽度和纵向深度都显著减小；当隔水层厚度达到 20m 时，泥岩底板和煤层顶板的渗流速度均很小，表明此时导水裂缝接近闭合状态，主要含水层中的水无法透过关键隔水层到达采空区内，计算结果如图 11.11 所示。

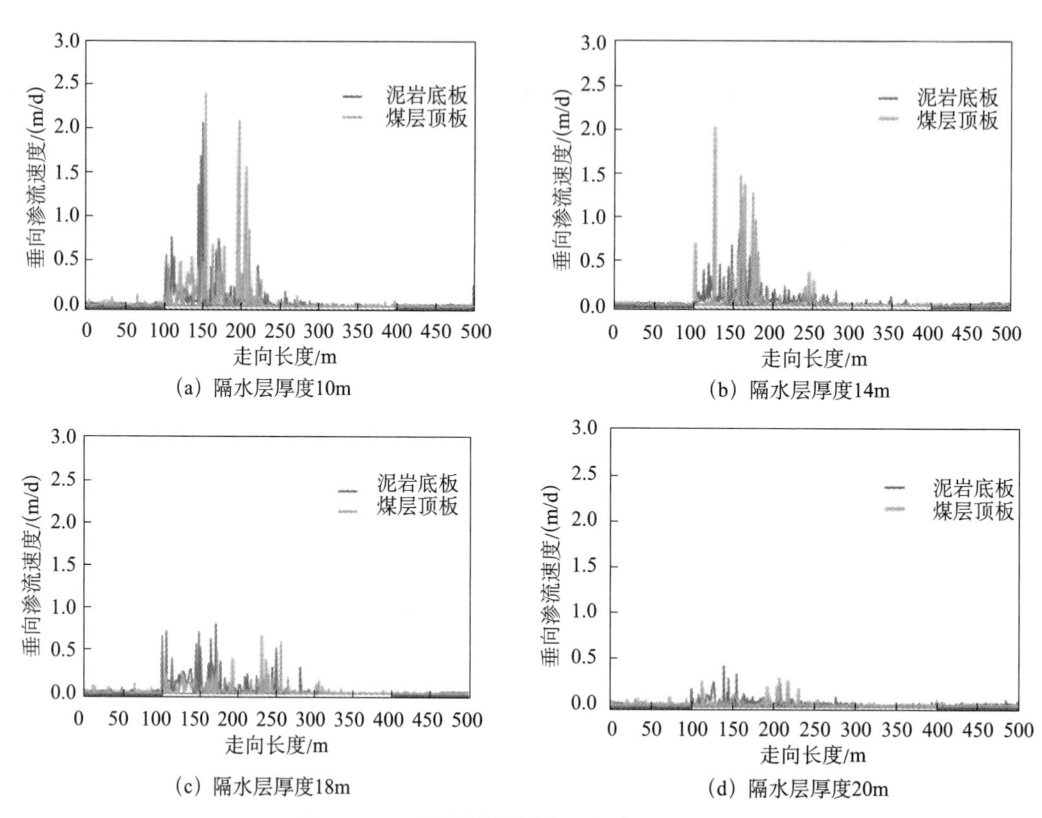

图 11.11　不同隔水层厚度垂向渗流速度变化

11.2.4　离层水疏放技术

离层水防治工作的重点在于防止离层水体的形成，以阻止离层水体发生涌（突）水。防止离层水体的形成需要破坏覆岩离层空间形成所需的基本条件，使原采场覆岩中可发育离层空间的区域不具备形成离层空间的条件。离层水体形成需具备相对封闭的储水空间、具备补给水源、较持久发育时间和具有较好渗透性能的围岩。

离层水防治思路是对煤层顶板直罗组底部粗砂岩含水层进行可控疏放减少补给水源；结合工作面周期垮落步距，在周期垮落前对产生的离层水进行疏放。

研究表明，离层水垂向上的发育最低点标高在煤层底板以上 50～60m 平面上，最低点位置距机巷煤帮约 15～30m。离层水探放钻孔应穿过离层最低处，设计施工中考虑以下因素：

（1）离层水探放钻孔在施工时间上要紧密结合工作面的回采进度和垮落步距，施工时间过早，离层水尚未大规模形成，施工时间过晚可能会影响工作面的正常推进。

（2）先期施工的钻孔随着工作面的推进，会在一定程度上被破坏，影响疏水效果。

（3）受覆岩条件的影响，钻孔在放水过程中容易出现塌孔、堵孔现象，需采用钢制筛管，提高疏水效果。

（4）钻孔参数要准确，严格按照设计施工。

红柳煤矿 1121 工作面 240 m 回采期间，在工作面推进至 18m、45m、90m、120m、187m、240m 时开展了 6 个阶段的探放工作。探放钻孔布置如图 11.12 所示。

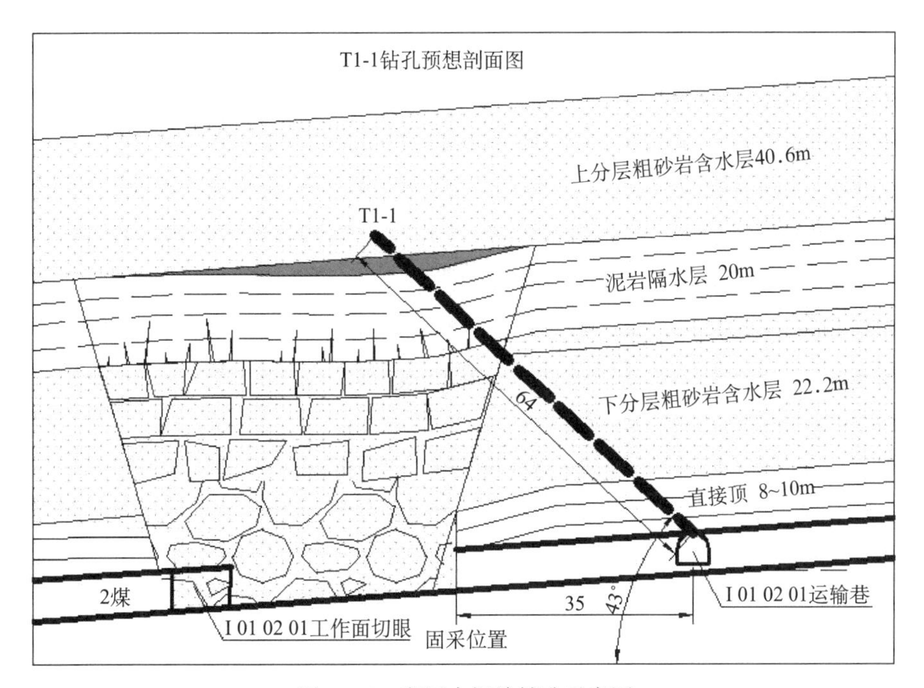

图 11.12　离层水探放钻孔示意图

设计并施工离层水体探放钻孔 25 个，总疏放量约 212 000m^3。回采期间工作面涌水无明显异常，涌水量基本稳定在 130～150m^3/h。回采过程中和回采结束后对疏放钻孔水量、预疏放钻孔水量与水压、采空区涌水量、顶板淋水变化异常现象、矿压等严密观测。对离层水有以下认识：

（1）从发育时间上看，离层水体是随着工作面的向前推进逐步发育的。

（2）工作面后路存在离层水体，但总水量不大，虽然工作面经历了大规模的垮落，离层水体水大部分泻出，但是工作面长时间停滞后又产生了较小规模的离层水体。

（3）后路离层水体有一定补给水源。

（4）工作面回采过程中产生的离层水体与后路离层空间有一定的连通性，但是连通性较差。每个垮落步距产生的离层水体是相对独立的。

（本章主要执笔人：西安研究院黄选明，曹海东，王皓，姬亚东，王世东）

第12章

水害监测预警技术

煤矿水害监测预警技术是矿井水害防治的一项重要研究内容，旨在发现和掌握矿井突水规律和特点，针对可能发生的突水事故及时作出警示。水害预警技术不仅包括对煤矿突水机理的认识，还需有矿井水文地质条件探查的基础，即在对矿井水害发生时空规律认识的基础上开展工作。煤科总院西安院开发了离子水质监测预警系统，形成了防止海水溃入矿井的预警系统；应用水温、水压传感器和三分量应力应变传感器，形成了多点、多参数底板突水实时监测系统。随着传感器技术、物探技术与数据解释技术的发展，多参数、全空间的综合监测预警系统是水害监测预警技术发展的趋势。

本章分别介绍顶板水害监测预警技术、煤层底板突水监测预警技术及综合突水监测预警技术。

12.1 顶板水害监测预警技术

顶板水害监测预警重点针对水体下采煤问题进行研究。水体下采煤是指在江、河、湖、海（包括水库和水塘、浅部采空区积水）及顶板强含水层下采煤，是煤矿防治水的难点和重点技术之一，水体下采煤水害监测预警技术是近年来逐渐成熟的技术方法。

12.1.1 水害预警系统框架

一个完整的预警系统是指由指标子系统、方法子系统、报警子系统、辅助决策子系统等多级结构组成的综合系统。指标子系统主要完成警源分析；警兆、警情指标的确定；警情指标的警限；警兆指标的警区的确定；警兆、警情指标实际水平的预处理等工作。方法子系统主要完成各种预警算法的比较、选择、评估工作，当有外推预警时，还要负责为预警系统选择预测算法，预警方法是预警系统进行预警的手段。报警子系统是预警系统的输出界面部分，负责向用户报告系统的警度情况，特别是当系统处于有警状态时，还要显著地提示用户警度的大小，发生警情的警情指标和警兆指标以及它们的警度，另外，预警结果的可靠性以及错误报警风险或损失、代价的研究也是由这一子系统完成的。辅助决策子系统的工作是在报警子系统输出的基础上，给用户提供一些避免发生灾情的建议，如图 12.1 所示。

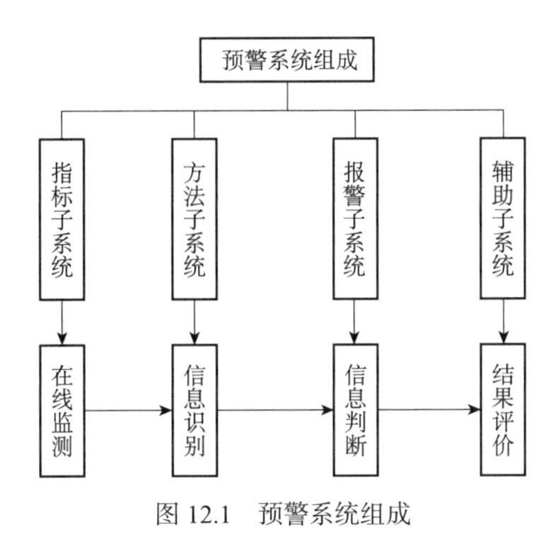

图 12.1　预警系统组成

顶板水害预警分析的过程主要包括监测、识别、诊断、评价四个方面的内容。

1. 监测

监测是预警系统运行的第一个环节，监测的对象是引起矿井水害发生的主要因素，即预警指标。通过实时监测，建立预警信息管理档案，并将监测信息及时、准确地送入下一预警环节。

2. 识别

对监测到的信息进行处理、识别，判断信息的真实性和可靠性，这是一个关键的过程，为下一步的预警提供翔实、可靠、准确的量化依据。

3. 诊断

针对识别的结果，诊断出哪个或哪些因素变化比较明显，可能引起矿井水害，并且分清因素的主次关系。

4. 评价

根据诊断结果，分析预警指标的变化过程，评价水害发生的可能性，并且评价水害如果发生，造成损失的严重程度。

12.1.2　顶板监测目标层选择

顶板预警对象为上部强含水体，监测目标层为开采煤层上覆弱含水层，且该含水层在导水裂缝带以上，在煤层回采过程中，若大型水体溃入井下，首先需通过该含水层，通过对上覆弱含水层水情监测，能够达到对大型水体溃入井下预警的目的。

12.1.3　顶板监测指标体系

煤层顶板突水影响因素众多，突水过程复杂，但是每次突水都有特定的突水特征和前兆。顶板突水预警选择水压、水质、水量和水温作为监测指标。

煤层顶板突水灾害的发生常常是由采动裂隙引起的。煤层开采破坏了岩体的原始应力场，使得采场围岩尤其是采空区上覆岩层发生变形、开裂及破坏。覆岩破坏的范围与程度直接决定着煤层开采的安全性。在采动的影响下，冒裂带裂隙会不会进一步开裂、扩张，特别是能否导通上覆含水层，这是能否发生突水的必要条件。因此，通过对煤层顶板的水压监测和冒裂带高度的观测，可以掌握顶板强含水体是否溃入矿井，从而对突水的可能性进行评价。

在防止海水溃入矿井的预警系统中，水质的监测是一个重要的指标。赋存于含水介质中的地下水，其水化学、同位素成分与其成因有关，与岩石类型有关，与地下水的滞留时间、运动特征、动态变化及不同水体之间的混合作用有关，与人类的生产和生活活动等有关，这些就是水质监测技术的基本依据。在海下采煤过程中，海水水质和煤系地层含水层中的水质往往存在较大的差别，因此水质监测可以为突水水源的判断提供依据。

钻孔水量的变化和巷道涌水量的变化是监测顶板突水的又一指标，水量的忽然增大，可能有其他含水层的水进来，要及时观测，防止发生突水。

当煤层顶板水通过裂隙通道进入隔水层内部时，过水通道附近岩体温度及煤层裂隙水的水温会出现异常，当两个含水层的水进行混合时，由于存在热力交换，同样存在温差，故可通过对上覆含水层水温的监测，预报突水发生的可能性。

综上所述，水压、水质、水量和水温四个指标可以作为煤层顶板监测预警系统的特征指标，建立监测预警指标体系，监测煤层顶板突水形成演化过程。

12.1.4 顶板监测点选择

突水是在回采工作面内部一定空间和时间范围内发生的，一般回采工作面面积很大，能否成功监测，其中最重要的一条取决于监测点位置的选择。监测实践中，若监测点位置并不是实际突水点的位置，突水发生了，但没有监测到突水发生的前兆信息，则导致监测失败。顶板监测点设置时，应对物探电法圈定的含导水异常区、断层影响带、顶板薄弱带等重点考虑，满足实际监测的需要。

对于煤层顶板突水的监测，需要在煤系地层含水层中施工井上下钻孔，通过井上下水位、水量、水温、水质和水压的监测，可以及时掌握水情信息，预报警情。

12.1.5 顶板临突预报判据

突水预警主要应考虑四个因素，即水压变化、水质变化、水温变化和水量变化，也就是选择的预警指标的变化。当有下列情形之一发生时，应当引起高度重视，并可作为突水预警判据加以应用：

（1）在开采过程中，水质监测资料显示某种特征离子含量突然变化很大，或者监测区域的 pH 值、矿化度等指标变化很大，说明可能有别的水源进入此区域，对于海水溃入是一个很明显、很重要的指标，尤其是 Na、Cl 离子变化。

（2）在开采过程中，水压有明显的增大。

（3）钻孔涌水量或者巷道涌水量忽然增大。

（4）在开采过程中，水温传感器监测到水温有变化，说明可能有其他水源的水与监测点处的水相混合，导水通道已经存在，具有发生突水的可能。

12.1.6 顶板突水预警阈值与级别

在预警过程中，各项指标的监测值达到多少时才需要报警，报什么级别的警，涉及阈值的确定问题。由于各个矿区的情况千差万别，甚至一个矿区的每一个工作面的情况也不相同，因此各项指标的阈值没有一个确定的数字，需要结合具体情况进行分析。

阈值的确定使预警系统完成由定性分析到定量报警的转变，各个监测指标的阈值可以通过试验和监测经验确定。通过一个阶段的监测取得各个监测指标的背景值，然后在此基础上确定每个报警级别的阈值。

预警信号发出之后，可以用不同颜色的信号指示灯来表示突水预警的危险程度，有关工作人员可以根据指示灯的颜色来制订相应的方案，进行水害防治。将突水预警危险程度初步划分为四级，并用绿色、黄色、橙色、红色等不同的颜色标示出来。

12.1.7 顶板突水预警系统构建

顶板水害预警系统涵盖了矿井井下水压、水温、水质和水量等参数的实时监测和井上地面长观孔的水位实时监测。井下测点的距离远、范围大，应充分考虑系统的可扩展性、数据传输的高可靠性、井下环境的安全性，以及井下工作设备的发展趋势。系统架构考虑以下几项原则：

1. 网络结构与通信方式分离

各种通信方式都是遥测系统传输数据的手段，与系统的应用网络结构是相互独立的，不同的通信方式纳入同一网络体系结构。实时监测应是一个统一的整体，避免不同体制系统的网络带来数据结构、应用软件的不一致。

2. 系统可扩展性

根据使用需求的改变和各遥测子站运行的实际需要，可动态地配置系统参数，满足各种运行模式的要求。实现对井下水压点、水质点、水温点等进行监测，可扩充并到下巷道围岩压力、位移、裂隙等参数的实时监测。

3. 系统的稳定性

系统工作稳定的首要因素是系统的供电，遥测子系统中的子站配有电源处理电路，具有保护蓄电池功能，体现在过充电保护和过放电保护上。

4. 监测数据传输备份

监测系统应具有主、备两种不同的通信通道。一般情况下，地面长观孔水位遥测系统通常采用费用低廉的通信方式传输遥测数据，当发生常规通信不能沟通时，采用备用通信信道传送遥测数据。井下各项水文监测数据传输通过传输载体，在井上下水文遥测监控系统的基础线路建设时，均预留备用的通道，以保障监测数据的传输多通道可靠性。

顶板水害监测预警系统包括井上井下两部分。井上部分主要包括系统中心站和多个遥测子站。中心站即系统管理平台，为矿井上下所有水文监测点的数据服务中心，遥测子站通常分布在矿区地面的野外环境，通过无线通信方式向管理中心实时或定期上传各个水文长观孔的水位数据。对水文长观孔的水位进行实时、动态的遥测，并以图表、数字报表的方式供管理人员浏览或打印存档，实时分析地下水的变化趋势。

井下部分主要是利用传感器监测工作面主要测点的水压，水温、水质以及水量。井下水文监测系统是一个实时监测的计算机测控系统。该系统主要由中心站、数据通讯控制及监测分站三部分构成。主站完成数据的处理，分站完成数据的采集，主站和分站通过数据通信设备完成数据交换。分站采集的数据，根据主站的命令利用数据通信设备发送到主站。

12.1.8 顶板突水预警系统应用

顶板突水监测预警系统在安徽省祁东煤矿与山东省北皂煤矿等矿井成功应用。其中，北皂煤矿位于龙口矿区西北部，是滨临渤海南岸的一对主要骨干矿井。北皂煤矿海域扩大区位于北皂煤矿陆地区域以北的渤海内，面积约 18.1km^2。区内地势平坦，滨海陆地部分标高 +2～8m，海域内除近岸潮间滩涂外，海水深度 0～12m，由南向北渐深。北皂煤矿海域扩大区的开采，标志着我国已进入世界上少数几个海域下采煤的国家行列之中，可大大提高矿井生产的经济效益，延长矿井服务年限。然而，海域下采煤的风险很大，一旦海水溃入矿井，将造成无法估量的经济损失和环境灾难。为此，建立海域水害预警监测，监测水压、水质、水量、水温变化状况，系统结构如图 12.2 所示。该系统对地面观测孔的地下水水位实时无线遥测，对井下观测孔

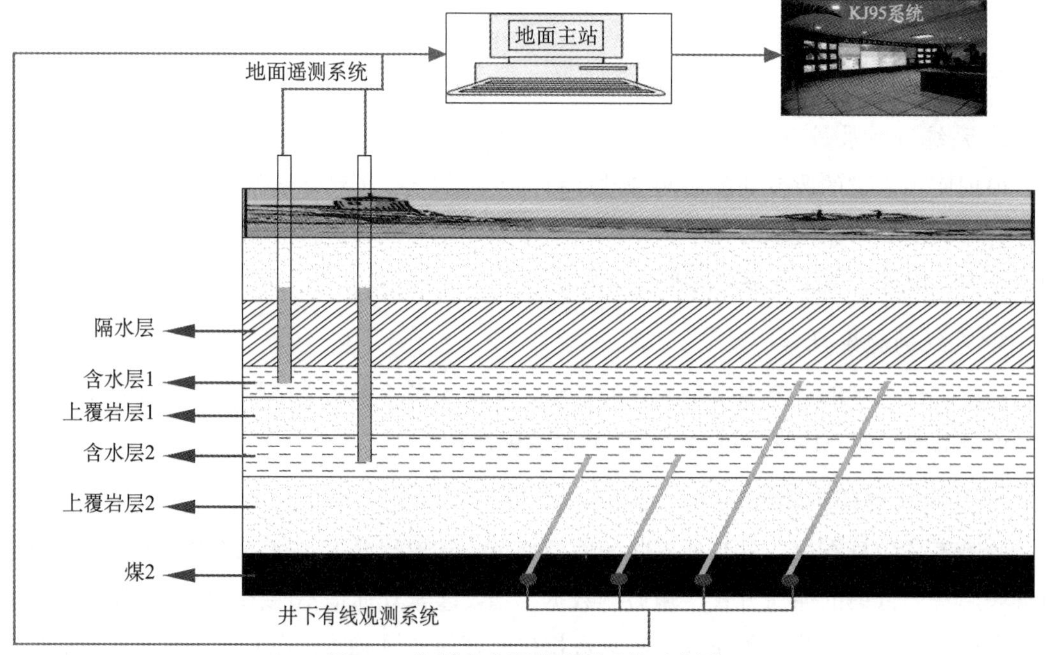

图 12.2　海域水害预警监测系统示意图

和出水点的水情实时有线遥控。各种信息由 KJ95 安全监测系统的分站传送到系统总站，实现了对水质、水量、水压的在线自动实时监测，为防止海水溃入矿井提供科学数据。

12.2　煤层底板突水监测预警技术

华北型煤田下组煤开采受底板奥陶系灰岩和太原薄层群灰岩岩溶水威胁，防治水难度大。虽然开展了大量的水文地质条件探查工作，但在下组煤工作面回采过程中突水仍时有发生。开发煤层底板突水预警监测系统对于深部和深层煤炭资源开发具有广泛的应用价值。底板突水监测预警的有效性需要建立在众多理论和实践研究基础上，包括监测条件、监测点及监测层位选择、监测判据等方面的研究。

12.2.1　底板突水的监测条件

煤层底板突水按照突水通道类型可分为直通式通道突水和裂隙渗透型突水，从突水监测的角度，由断层、陷落柱等集中导水通道引起的突水不具备监测条件。无论是裂隙扩展-渗流型突水还是断层活化诱发型突水，均有一个较为完整的历时过程。实践证明，裂隙扩展-渗流型突水和断层活化诱发型突水占底板突水的绝大多数，通过对上述两类突水灾害进行监测就会解决大量的突水问题，从而把煤层底板突水事故的发生降低至最低限度。而由集中式导水通道形成的突水灾害需要通过综合探查手段在摸清其发育特征的基础上，通过留设防（隔）水煤（岩）柱、注浆封堵等工程加以解决。当然，也可以将两种方法结合起来，如在对集中导水通道采取注浆工程措施或按照相关规程规定的要求留设防水煤（岩）柱后，在有突水危险的地段埋设传感器进行突水监测。一方面，可以对注浆工程效果和煤柱的可靠性作出评价，另一方面，通过突水监测指导煤矿安全生产。

12.2.2　底板突水监测预警指标

建立底板监测预警指标体系的原则是指标内容全面系统、联系密切、来源可靠、可操作性强。随着采煤工作面的不断推进，煤层底板岩体的应力场、应变场、渗流场、温度场处于不断的调整之中，突水监测实际上就是通过各类传感器监测岩体中的“场参数”，实时捕捉反映不同突水条件的突水要素的异常变化，通过前兆信息作出突水预警。

在煤层底板突水监测中，应力、应变状态反映底板隔水层在采掘工程活动影响下受到破坏以及导水性能的变化状况；水压反映承压水是否导升至预定的位置；水温则反映是否存在深部承压水的参与及其补给作用。因此，应力、应变、水温、水压构成突水预警的指标体系，通过对这些指标的综合监测及分析，就可以实现突水预警的预定目标。

煤层底板突水监测预警体系包括工作面突水点分析系统、监测系统、预警系统和应急预案四个组成部分。其中工作面突水点分析系统是基础，突水监测和预警系统是核心，应急预案是关键。

12.2.3 底板突水监测位置

煤层底板突水监测点确定主要考虑以下因素：

（1）突水点与矿压显现密切相关，尤其以老顶初次来压位置发生突水的可能性最大，周期来压位置发生突水的可能性次之。因此，初次来压位置及周期来压位置附近是突水监测的重点和首选位置。

（2）以走向长壁工作面开采为例，突水点可能出现的位置一般在下顺槽距煤壁一侧3～8m，其次是上顺槽对应位置，再次是工作面中位。这是由平面上应力分布的不均匀性决定的：工作面上、下顺槽附近的底板，当受采动影响时，由于应力比较集中，在采空一侧下顺槽底板承受的应力比实煤侧和上顺槽的大，剪应力集中分布于采面底板和上、下顺槽内侧，即近上、下顺槽水平距离6m左右处的剪应力最集中。掌握突水点沿倾向方向的分布特点，对于监测孔平面位置的确定具有重要意义。

（3）地质构造是影响工作面煤层底板突水的决定性因素，尤其是中、小型断层尖灭、复合、分叉部位和大、中型断层的影响带、背向斜轴部往往是突水易发地点。应当以构造探测为基础，以构造分析为手段，确定受构造影响和支配的突水点监测位置。

总之，突水点的平面分布问题是相当复杂的，受多种因素影响，往往具有随机分布的特点，但从概率论的角度来说，这种分布又具有统计规律性。因此，受矿压作用和煤层底板岩体结构决定的突水条件分析是确定监测点的基础。

监测层位的选择主要考虑两方面因素：水温、水压传感器以埋设于有利于地下水水力传导的含水层段为宜，如砂岩或薄层灰岩所在层位；应力、应变传感器以埋设于采矿活动能够影响到的二次应力分布区域为宜。

12.2.4 底板监测预警判据

煤层底板突水监测预警判据定义为：岩体中出现应力降和应变增大的现象；水温、水压有明确的显示，即二者所代表的量值大小反映下伏直接充水含水层的特征。

煤层底板突水监测预警主要考虑四个因素，即应力、应变、水压和温度变化。一般情况下，当存在下列情形之一时，可作为突水预警判据链加以应用：①当工作面推进至距传感器一定距离时，应力处于持续上升阶段，随着工作面的持续推进，应力迅速下降，出现前兆应力降现象，这意味着该处的岩石已发生破裂，岩石破裂是下伏地下水潜升的必要条件。②在岩体失稳前的亚临界阶段，煤层底板应变速率急速增大，这从另一个角度预示着突水发生的条件已经具备，这种突水前兆是便于实际监测的。③当开采过程中水温一直在升高，且接近直接充水含水层的水温时，意味着基底含水层水已经潜升至传感器埋设的位置，存在突水发生的重大危险。④当开采过程中水压一直在升高，且接近直接充水含水层的背景水压时，也意味着基底含水层水已经潜升到传感器埋设的位置，存在突水发生的重大危险。

底板突水监测系统判据主要有应力判据和水温水压判据。

1. 应力判据

根据板壳断裂力学中的 Reissner 中厚板理论，裂纹尖端在弯曲时的应力强度因子为

$$K_{\mathrm{I}} = \frac{12z}{h^3} \cdot \sqrt{\pi a} \cdot (M_x \cdot \sin^2 \alpha + M_y \cdot \cos^2 \alpha + M_{xy} \cdot \sin 2a) \cdot \varphi_1(\gamma, \lambda) \tag{12.1}$$

式中，z为监测点至板中面的距离，m；$2a$为整个裂纹面在xy面上的长度，m；h为板的厚度，m；γ为泊松系数；α为裂纹平面在xoy平面上的投影与x轴的夹角，(°)；φ_1为依赖于λ与γ的函数。

裂纹面上同时有水压力作用，可以认为水压力随z发生线性变化，由于水压是一个仅依赖于z变化的参数，故由水压力引起的应力强度因子为

$$K_{\mathrm{I-w}} = \sqrt{2}[0.7930 \cdot (1 - \frac{h}{p_0}) - 0.4891 \cdot \frac{az}{p_0}) \cdot \sqrt{\pi a} \cdot [p_0 - (h + z) \cdot 0.1] \tag{12.2}$$

总应力强度因子

$$K_{\mathrm{I}} = K_{\mathrm{I-g}} + K_{\mathrm{I-w}} \tag{12.3}$$

临界应力强度因子

$$K_{\mathrm{IC}} = -0.172\sigma_1\sqrt{R} + 2.53\sigma_2\sqrt{R} + 0.764P\sqrt{R} + 1.671P_{\mathrm{a}}\sqrt{R} \tag{12.4}$$

当裂纹尖端的应力强度因子K_{I}达到由尖端岩石材料决定的临界应力强度因子K_{IC}时，即

$$K_{\mathrm{I}} \geqslant K_{\mathrm{IC}} \tag{12.5}$$

裂纹就会失稳扩展而诱发突水。

2. 水温、水压警情指数

水温、水压警情指数定义为

$$I = 0.8 \times \frac{P}{P_{\mathrm{c}}} + 0.2 \times \frac{T}{T_{\mathrm{c}}} = \frac{1}{5} \times \left(\frac{4P}{P_{\mathrm{c}}} + \frac{T}{T_{\mathrm{c}}}\right) \tag{12.6}$$

式中，P为实测水压，MPa；P_{c}为监测目的含水层的背景水压，MPa；T为实测水温，℃；T_{c}为监测目的含水层的背景水温，℃。

根据水温、水压警情指数I划分的预警级别如表 12.1 所示。

表 12.1 水温、水压警情指数与预警级别对应关系

警情指数	预警级别	代号	示警颜色	含义
$I<0.1$	安全	Ⅰ	绿色	基本不受底板水害威胁
$0.1\leqslant I<0.4$	关注	Ⅱ	黄色	存在发生突水的背景条件，但相对概率较低，应该引起注意
$0.4\leqslant I<0.7$	临界	Ⅲ	橙色	进入发生突水前的中期发展阶段，突水可能性较大，需要警惕
$0.7\leqslant I<1.0$	危险	Ⅳ	红色	进入发生突水前的中短期发展阶段，短期内有突水可能，需采取相应措施

12.2.5　多参数底板监测预警系统结构

底板监测预警系统硬件系统由以下部分组成。

1. 主机

主要模块有光发射模块、光偶合模块、切换模块、接收解调模块、数据处理储存显示模块等。

2. 单模同芯铠装光缆

采用专门用于煤矿的阻燃、防爆、防水、具有良好柔软性和抗侧压性的八芯同轴铠装光缆。主要功能：一是传输信号，二是保护通光单模光纤芯，使其可在井下环境中安全使用。

3. 井下盘线 / 转换盒

其作用是放置信息中转接头，并保护接头。

4. 六路铠装跳线

其作用是连接各路探头与八芯光缆。

5. 水温、水压、应变传感器

系统总体的拓扑结构如图 12.3 所示。

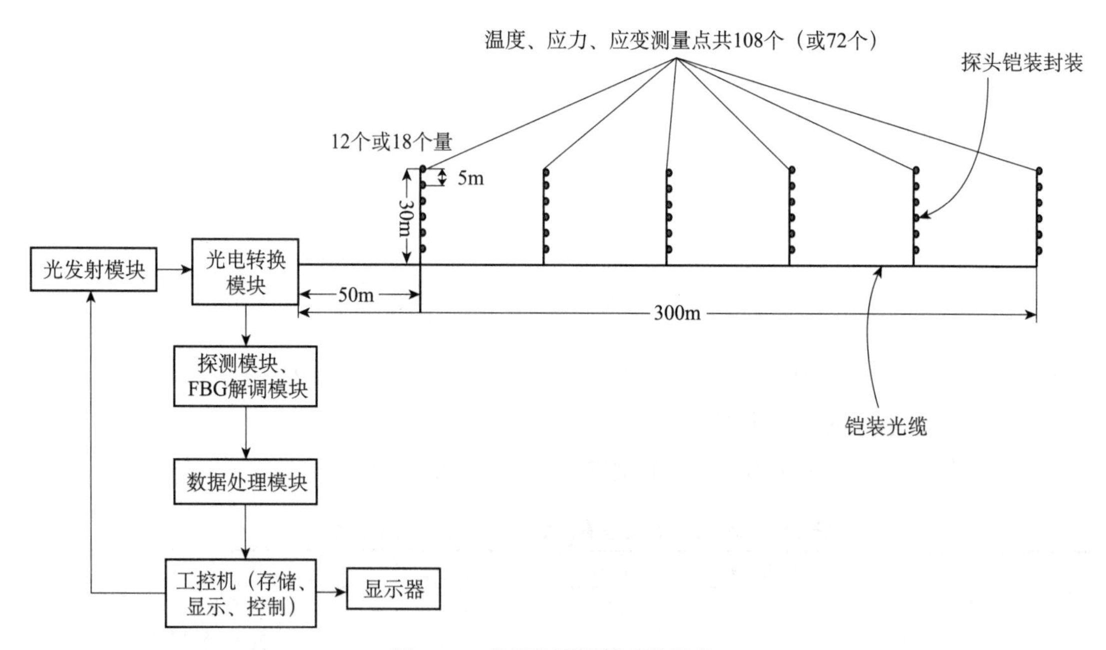

图 12.3　底板监测预警系统结构

12.2.6　监测数据集成分析系统

突水监测系统对工作面底板应变、水温、水压进行实时监控，各种信息由数据采集系统传送到地面监测站，各类数据及时显示与分析，对于出现的底板征兆能及时判别与分析，实现了对底板应变、水温、水压的在线自动实时监测，为突水预警提供帮助。

系统软件采用 C/S、B/S 结构模式，前端的采集、数据处理系统作为客户端（Client），后端采用 DBMS（数据库管理系统）数据管理平台作为服务器端（Server）。该系统结构对于数据共享、与系统集成极为方便。监测预警系统界面如图 12.4 所示。

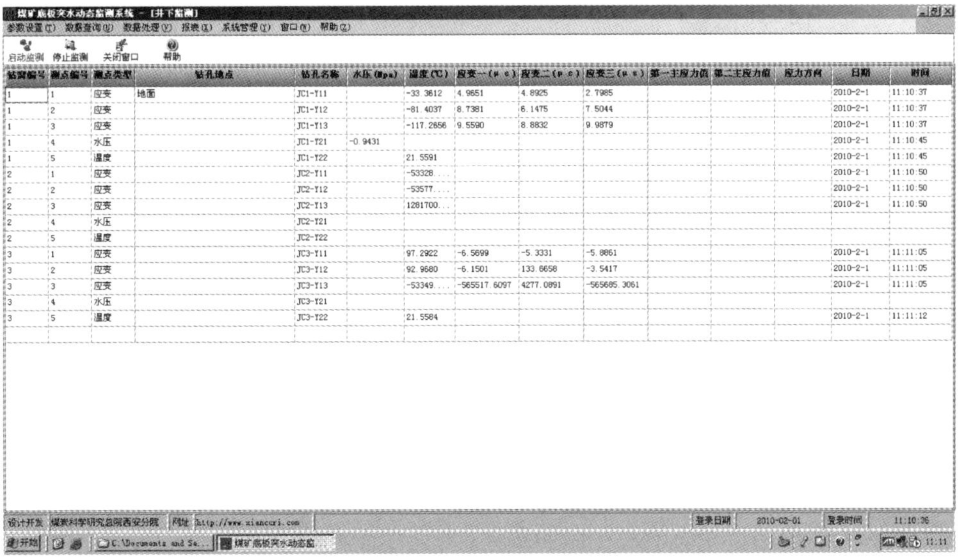

钻孔编号	测点编号	测点类型	钻孔地点	钻孔名称	水压 (Mpa)	温度 (℃)	应变一 (με)	应变二 (με)	应变三 (με)	第一主应力值	第二主应力值	应力方向	日期	时间
1	1	应变	地面	JC1-Y11		-33.3612	4.9651	4.8925	2.7985				2010-2-1	11:10:37
1	2	应变		JC1-Y12		-81.4037	8.7381	6.1475	7.5044				2010-2-1	11:10:37
1	3	应变		JC1-Y13		-117.2656	9.5590	8.8832	9.9879				2010-2-1	11:10:37
1	4	水压		JC1-Y21	-0.9431								2010-2-1	11:10:45
1	5	温度		JC1-Y22		21.5591							2010-2-1	11:10:45
2	1	应变		JC2-Y11		-53328...							2010-2-1	11:10:50
2	2	应变		JC2-Y12		-53577....							2010-2-1	11:10:50
2	3	应变		JC2-Y13		1281700...							2010-2-1	11:10:50
2	4	水压		JC2-Y21										
2	5	温度		JC2-Y22										
3	1	应变		JC3-Y11		97.2922	-6.5699	-5.3331	-5.8861				2010-2-1	11:11:05
3	2	应变		JC3-Y12		92.9680	-6.1501	133.6658	-3.5417				2010-2-1	11:11:05
3	3	应变		JC3-Y13		-53349....	-565517.6097	4277.0891	-565685.3061				2010-2-1	11:11:05
3	4	水压		JC3-Y21										
3	5	温度		JC3-Y22		21.5584							2010-2-1	11:11:12

图 12.4　煤层底板突水预警监测系统主界面

12.2.7　煤层底板突水监测预警系统应用

多参数煤层底板突水监测预警系统在河北东庞矿、安徽刘桥一矿、河南城郊矿等得到了应用。其中，城郊矿 2113 工作面传感器埋设位置及层位为：

1）在工作面下巷初次来压位置附近，监测底板在初次来压过程中可能引起的突水情况，1 号钻孔的终孔位置在距煤层底界面以下 16m，用于监测初次来压时底板水压、水温的变化情况。水温－水压传感器孔段用砂子填充，其余部位用水泥浆液封孔。

2）在距开切眼位置为 110m 瞬变电磁法探测的煤层底板破碎带附近，布置 5 号钻孔监测采动过程中水压、水温的异常导升情况，终孔距煤层底板垂距为 20m。

3）应力、应变组合传感器埋设于距开切眼 80m 的位置，钻孔深度距煤层底界面 12m、16m 和 20m，对应钻孔编号为 2 号、3 号及 4 号。

1 号、5 号钻孔水压传感器所监测到的最大值为 0.76MPa，水温传感器所监测到的最大值为 28℃，距煤层最近的 11 灰水压背景值为 3.29MPa，水温背景值为 32℃，水温、水压警情指数 $0.1 \leqslant I < 0.4$，即存在发生突水的背景条件，但相对概率较低。由工程应力和水压引起的应力强度因子叠加后引起的总应力强度因子如图 12.5 所示。以应力强度因子判据和

水温水压警情指标判据作为监测预警准则，建立了突水监测预警的二级判别体系，根据水温水压指标划分了四级预警级别，经过监测没有发现岩体应力、水温、水压异常变化，没有发出突水预警。

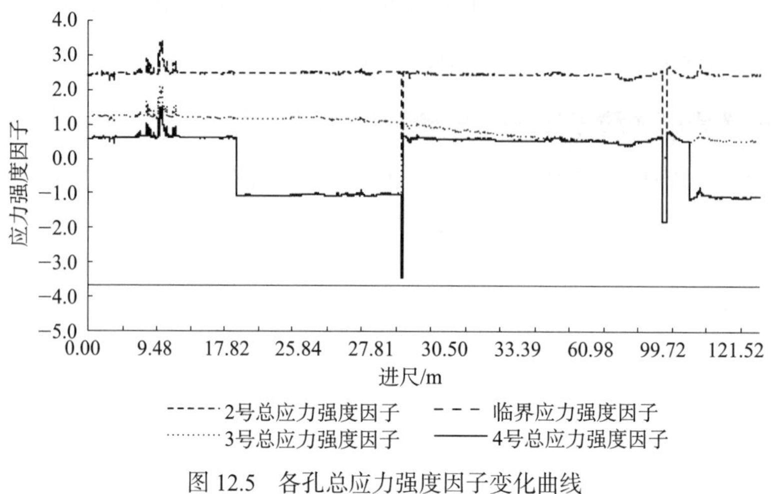

图 12.5　各孔总应力强度因子变化曲线

12.3　综合突水监测预警技术

针对特定监测点的突水监测，无法覆盖整个采掘扰动范围，难以从整体上监控水害孕育演化过程。集成光纤传感器、连续电法和微震监测等技术，形成综合的突水监测预警系统，可以实现开采扰动范围的全方位多物理场监测，从而有效提高监测精度和预警准确度。集成化的综合突水监测预警技术研究中，多源监测数据融合与分析技术是数据处理的难点。

12.3.1　综合突水监测预警系统结构

综合监测系统有光纤传感器（应力、应变、水温、水压）、连续电法、微震三大监测子系统组成，如图 12.6 所示。

（1）光纤传感器系统含三个类型的传感器：应变传感器用来监测岩体变形情况；水温传感器监测地下水水温变化情况；水压传感器监测地下水水压变化，从底板变形、水温、水压的变化角度分析该层位是否与强含水层发生水力联系。

（2）连续电法监测系统，将传统的音频电透探测手段升级成连续监测手段，通过连续监测煤层底板含水层的富水性变化，分析采掘后采空区底板是否与强含水层发生水力联系。

（3）微震监测系统，实时监测采掘过程中顶板冒裂带与煤层底板破坏深度的范围，分析采掘扰动在底板是否已形成导水通道，能否沟通强含水层。

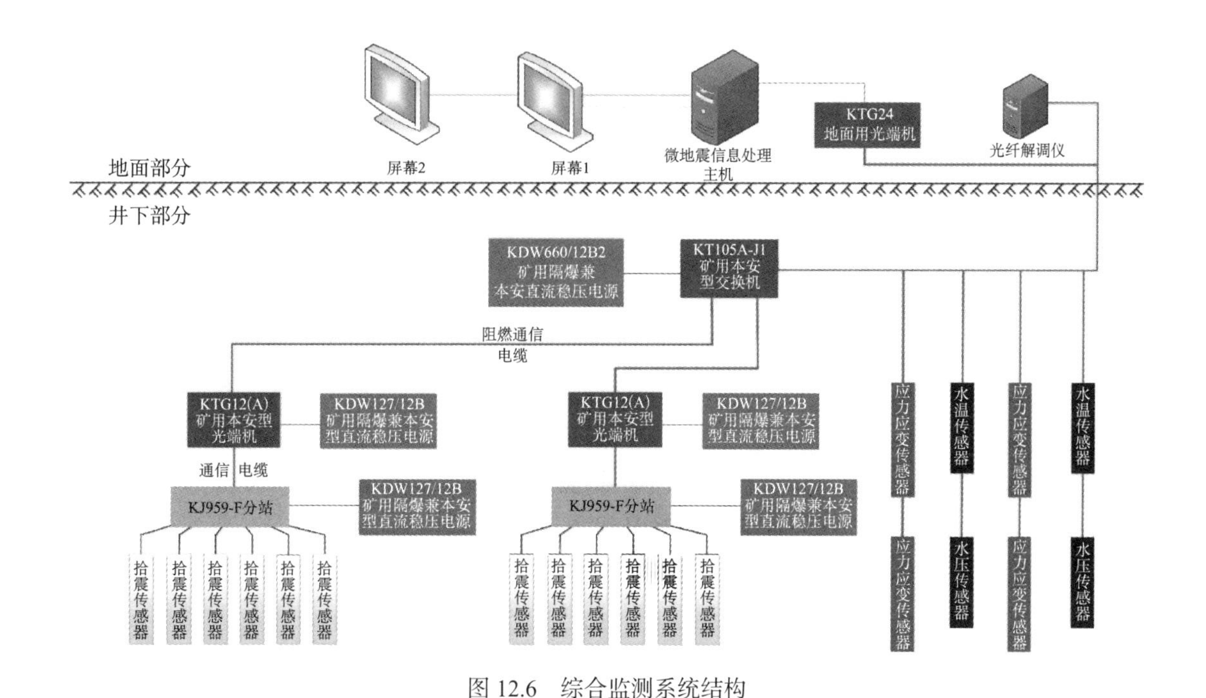

图 12.6　综合监测系统结构

12.3.2　多参数光纤光栅监测系统

光纤布拉格光栅是近年来出现的一种新型智能传感元件。具有易于与光纤耦合，耦合损耗小，抗干扰能力强，集传感与传输于一体，易于复用，易于构成传感网络，可远距离安全可靠传输信号，且体积小、质量轻、耐高电压、耐腐蚀、本质防爆等优点。光纤传感器的基本工作原理是将来自光源的光信号经过光纤送入调制器，使待测参数与进入调制区的光相互作用后，导致光的光学性质（如光的强度、波长、频率、相位、偏振态等）发生变化，成为被调制的信号源，在经过光纤送入光探测器，经解调后，获得被测参数。光纤传感器能很好地满足突水监测预警数据采集的要求。

光纤传感监测预警系统主要由地面光纤解调仪、传输光纤和用于底板监测的不同类型传感器等硬件以及光纤光栅测量系统软件组成。地面光纤解调仪由扫描激光光源、光电转换模块、数据采集与分析模块、光波长处理模块、显示模块、显示器等部分构成。通过突水监测系统，实时监测采动过程中应力、应变、水压、水温参数的变化，以此来确定回采过程中围岩破坏情况和下伏强含水层“导升”高度的变化状况，从而对工作面是否会发生突水进行预警。

12.3.3　微震监测系统

微震监测系统能实时监测来自采动影响范围内的岩石破裂现象，并通过定位破裂发生的位置和时间，进而从空间和时间上圈定采掘活动引起的次生导水通道的范围，结合分层视电阻率剖面参数及水情观测数据，分析围岩裂隙是否与强含水层地下水发生水力联系，从而提前预警，预防突水灾害的发生。采用 KJ959 煤矿微震监测系统。该系统支持有线和无线两种数据传输方式，可以在地面、地面孔中、井下、井下孔中部署或者联合部署，用于煤层或围岩次生破裂过程、破裂程度、破裂范围的监测。KJ959 煤矿微震监测系统主要由地面微震信号处理中心站、数据通信传输网络，微震监测分站、检波器四部分组成。

12.3.4 连续电法监测系统

音频电透方法采用对穿透视的工作模式，观测地质结构对发射电流场的分布影响，采用视电阻率变化描述地质结构，对低阻地质异常体探测敏感。由于发射点接收点的密度大，交汇叠加次数多，可靠性高，特别是对工作面内顶底板的探测有很好的效果，将传统的音频电透探测手段升级为连续监测手段，监测煤层顶底板含水层的富水性变化，采掘扰动岩体是否与强含水层发生水力联系。通过网络电法监测系统，实时监测采动过程中煤层顶底板视电阻率的变化，以此来确定采掘扰动岩体富水变换状况。通过在工作面巷道煤壁及煤层顶底板隔水层中布置电极、人工激发电场并监测分析煤层顶底板异常变化来确定围岩破坏范围和含水体是否沟通，从而对工作面是否发生突水进行预警。网络电法连续监测系统如图 12.7 所示。

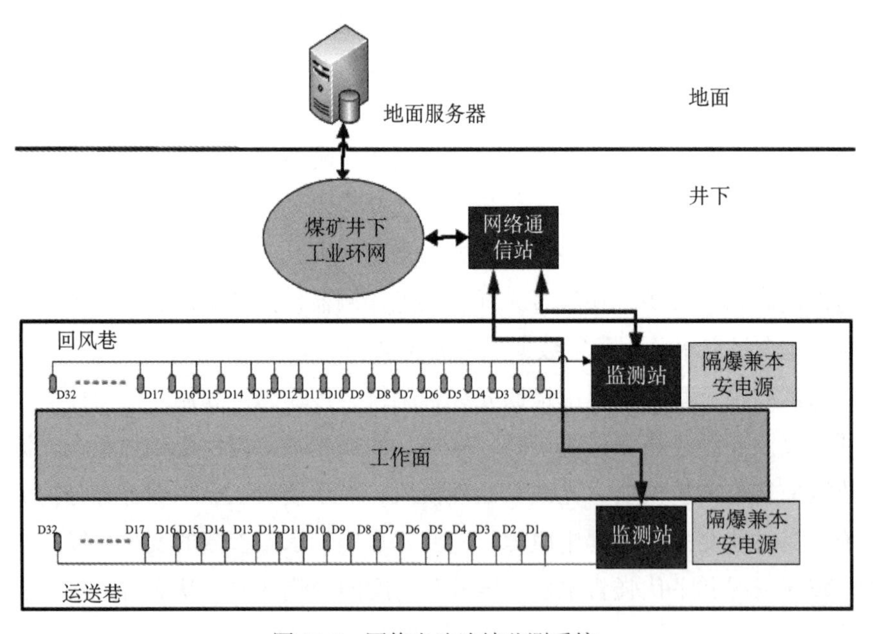

图 12.7 网络电法连续监测系统

12.3.5 综合监测预警系统应用

在河北省葛泉矿 11913 工作面进行综合监测预警工程示范。工作面承受奥灰水压

0.6～1MPa，9 号煤层底板距奥灰含水层间距约为 40m。监测系统由光纤传感器（应力、应变、水温、水压）、网络电法、微震三大监测系统组成。

光纤传感器监测工作流程：工作面底板及巷道薄弱部位探查分析评价→在工作面煤层底板设计位置施工若干个钻孔→在钻孔内预定的位置埋设传感器→连接传输光纤→在地面实时远程监测→各参数（应力、应变、水温、水压）数据处理与分析→水害预警。

网络电法监测工作流程：工作面底板及巷道薄弱部位探查分析评价→分别在工作面运料巷、运输巷煤壁及工作面底板设计位置施工若干个钻孔→在钻孔内埋设电极→连接至电极控制器→连接综合电缆→连接音频电透仪主机→人工循环发射、接收音频电透视数据井下监控→导出监测数据→在地面进行数据处理与煤层底板电性变化分析→水害预警。

微震监测工作流程：工作面运料巷和运输巷布置钻孔→在钻孔内埋设微震传感器→微震监测数据采集分站→连接光纤环网、监测信号电缆→连接地面测控中心→实时监测岩体破裂产生的震动事件→远程监控。

通过监测，各系统运作良好，采集到了高质量的传感器数据、电法数据与微震监测数据，分析了煤层顶底板破坏规律及含隔水层富水性变化规律，各项监测指标正常，该工作面监测过程中未发布预警信号。

（本章主要执笔人：西安研究院靳德武，刘再斌，王成绪，赵春虎，张雁）

第13章 突水灾害治理技术

大型突水致灾后可导致矿井或生产工作面被淹没，突水灾害治理技术一直是矿井水害防治的难点。灾后治理时间紧、代价高、技术难度大，每次突水成因皆有差异，治理方案需结合实际突水条件，制定有针对性的灾后治理措施。方能根治突水灾害。突水灾害治理一般可以分为对过水巷道的封堵和突水点根治两个阶段。过水巷道的封堵主要采用阻水墙建造技术，近年，煤科总院西安院通过技术攻关形成可控注浆快速封堵技术，提高了水灾治理效率。各类突水灾害中，陷落柱突水规模大，难以治理，是水害治理的重点和难点。

本章主要介绍过水巷道阻水墙建造、钻孔控制注浆快速封堵及突水陷落柱综合治理等技术。

13.1 过水巷道阻水墙建造技术

过水巷道抢险堵水工程是利用目标巷道位置准确且为独头巷道的有利条件，在地面施工定向透巷钻孔，通过灌注骨料、水泥－水玻璃双液浆上游截流、水泥－沙子混合浆下游封堵关门、中部充填灌浆、动水孔底钻杆注浆固结淤积层等组合技术与工艺，建造具有一定长度和强度的阻水墙，从而达到封堵过水巷道的目的。

13.1.1 过水巷道封堵流程

过水巷道与水源封堵方案的核心就是突水发生后先实施过水巷道封堵工程，通过注入骨料和水泥浆液，在过水巷道中建造一定长度和强度的阻水墙，切断水体进入矿井的过水通道，为早日实施井下抢险救援创造条件。同时，采用地面瞬变电磁探查突水通道，地面布置探查孔进行验证后，注浆封堵突水通道与突水水源层，彻底根除水患。

过水巷道抢险堵水工程可分为以下四个阶段：

第一阶段，在骨料灌注的基础上，选择在过水巷道上、下游的钻孔分别灌注水泥－水玻璃双液浆和水泥砂浆混合浆，力求尽快在阻水墙上下游快速形成堵水截面，形成相对孤立的截断过水断面的砂浆或混凝土结石体。

第二阶段，通过进行大流量高浓度水泥单液充填注浆，将结石体之间的空隙充填，形成一个整体的、连续的阻水墙。

第三阶段，在启动排水的条件下，通过钻杆向巷道底部淤积层灌注高浓度水泥早强单液浆，对底部淤积层进行置换与加固，保证墙体纵向的连续完整性。

第四阶段，进行加固注浆，主要对阻水墙与顶底板岩石裂隙和接缝进行注浆加固，一方面增强阻水墙与围岩黏结力，提高抗挤出与抗水流冲刷能力。另一方面，注浆封堵顶底板裂隙，可以防止突水绕流。另外，通过加固注浆提高阻水墙体的强度与抗渗透能力，封堵薄弱带的过水通道。

13.1.2 静水双液浆建立堵水截面技术

采用水泥－水玻璃双液浆的目的就是利用双液浆快凝的特点，在上游尽快形成全断面堵水截面，既可防止后期充填注浆浆液向突水点方向大量扩散，又可节省时间。根据水泥－水玻璃双液浆的特性，水玻璃浓度采用40Be，水灰比采用0.75∶1，水泥浆水玻璃配比采用1∶1。

采用两台注浆设备、铺设双趟送浆管路，通过安装在孔底的浆液混合器，实现双液浆在孔底混合，有效地避免了浆液过快凝固、发生堵孔事故。两趟注浆管路一起下入孔内，为保证两趟管路的整体性，两趟管路从孔底的混合器开始，每隔一定距离焊接在一起，另外在每趟管路的管端接口处，焊接两段内径为25mm的管箍，配合自制垫叉，以防吊起两趟管路下管过程中发生脱钩等意外情况。双液浆注浆工艺如图13.1所示。

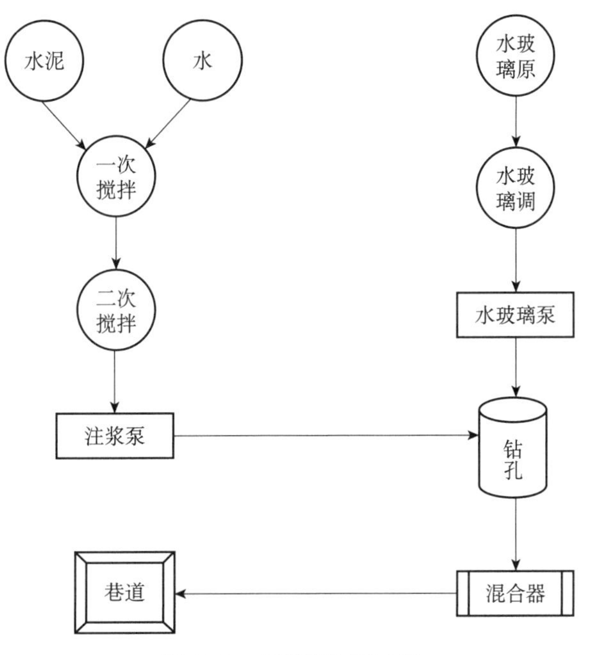

图13.1 双液浆施工工艺

灌注的双液浆与先前灌注的骨料胶结紧密，且具有一定强度，对来水具备了阻抗能力，如图13.2所示。

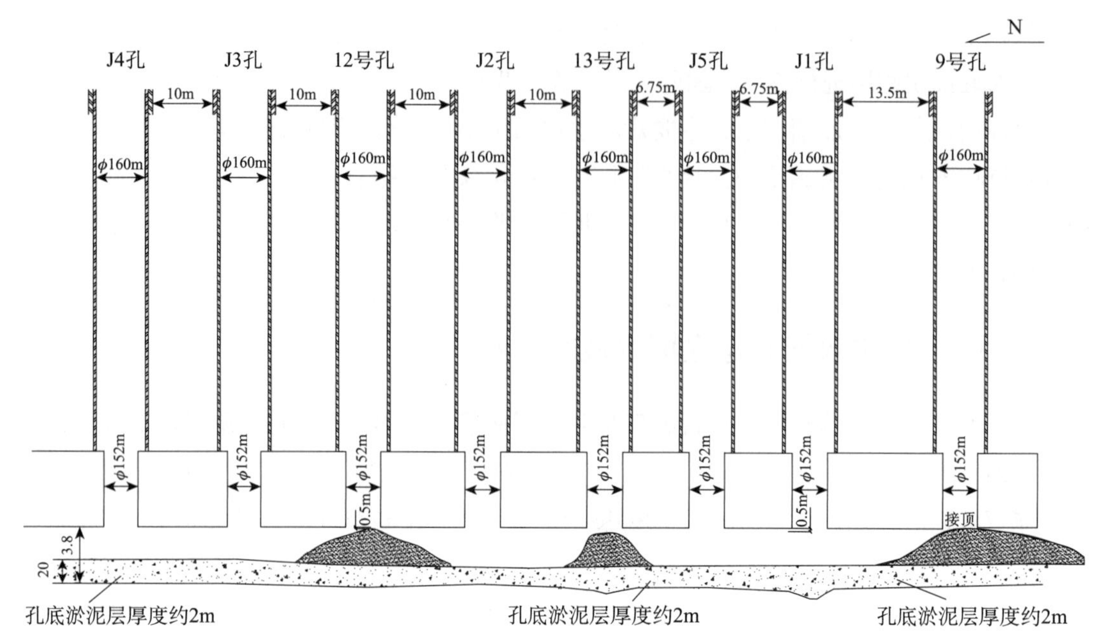

图 13.2　骨料及双液浆灌注效果示意图

13.1.3　静水充填注浆技术

充填注浆是在双液浆骨架建立后，采用 600～800L/min 的大排量注浆泵注入密度为 1.5～1.7t/m^3 的高浓度水泥单液浆，快速充填巷道内骨架之间的空间。

注浆方法采用钻杆下入巷道底板上方 0.5～1m 位置，通过钻杆直接把水泥浆送入巷道底板上方，减少水泥浆在沉积凝固过程中受到的干扰，增加水泥浆固结强度，节省阻水墙建立时间。

1. 注前压水

每个钻孔充填注浆之前应压水，其目的一是检验注浆设备和管路的运行状态及密封性能，二是根据水量和压力计算单位吸水率，从而确定开始注浆的浆液排量、密度、凝结时间等参数。

2. 制浆

压水试验结束后，开始造浆，浆液密度控制为 1.5～1.7g/cm^3，制浆能力为 36～60m^3/h。

3. 注浆

充填注浆从排量 400L/min、密度 1.6g/cm^3 注起，在注浆过程中，根据实际情况做适当调整。充填注浆阶段的初期主要以单孔大浆量注浆法和多孔大浆量联合注浆法为主，在注浆的同时及时观测其他注浆孔、主井和奥灰孔水位动态，分析注浆效果，如注浆效果好，则连续注浆，否则，采用多孔间歇交替注浆法，以防止浆液大量流失。在充填注浆阶段的后期，过水通道断面大幅缩减后，采用单孔小浆量间歇注浆法。

4. 停止注浆

当注浆至一定量需要转入间歇注浆或注浆达到结束标准而停止时，都必须按程序停注。

静水充填阶段是煤壁冲刷、破坏和“阻力段”很可能被突破的关键阶段，其注浆特点是孔口不加压的方式自流注浆，并采取高浓度间歇注浆、多孔联合干扰注浆等方法，控制浆液扩散距离，防止浆液过多流失。

在静水条件下对阻水墙内部空间进行大流量水泥单液浆灌注，充填阻水墙骨架间的空隙，力求尽快形成一个连续的凝固体。注浆方法为反复扫孔、敞口、利用钻杆下至孔底注浆法。本阶段的主要特点是大量灌注水泥浆，充填阻水墙内大的空洞或空隙，浆液以单液浆为主。

通过此阶段施工，阻水墙内部水泥浆液充填良好，各个加密钻孔底部均有水泥浆液沉积，说明阻水墙已经形成，浆液充填凝固体基本接顶。

13.1.4 动水注浆封堵淤积层技术

静水充填注浆结束后，阻水墙整体构架基本建成，阻水墙体基本稳定但依然过水，墙体的主要过水层位就在淤积层及其与上部水泥结石体接缝处。淤积层由陷落柱内充填物与底部浮煤组成，其松散堆积特征决定它具有强透水性且稳定性差，在高水压的动水冲刷下，极易形成大的过水通道能，甚至对阻水墙整体结构造成破坏。因此，是否处理好淤积层是阻水墙建造成败的关键。为了保证阻水墙能够承受一定水压，且不会发生决堤溃坝事故，必须对淤积层进行注浆封堵。

由于淤积层物质颗粒细，可注性差，静水条件下原先的孔口静压注浆很难注入淤积层，无法将淤积层完全胶结。采用动水条件深孔孔底钻杆大流量注浆工艺。其原理是在动水不断地冲刷、携带淤积层物质的同时，将钻杆插入淤积层中使浆柱压力直接作用于淤积层，这样对淤积层具有了注浆固结、置换的作用，实现了阻水墙体上下的有效搭接，又封堵了残余过水通道，进一步减少了墙体渗水量。

主要工艺参数与步骤：

（1）下入钻具探查墙底淤积层厚度，分析其性质和强度。

（2）注浆前少量压水，根据水量和压力计算单位吸水率，从而确定开始注浆的浆液排量、密度、凝结时间等参数。

（3）浆液采用 42.5 标号早强水泥配制，水泥浆密度控制在 1.6 g/cm^3。

（4）通过注浆泵加压把水泥浆注入淤积层内，采用多孔间歇注浆法，注入 12h，凝固 8h。

（5）注完压水时准确计算压水量，避免清水过多进入淤积层内部。

（6）注浆期间钻具一定要低速转动，并每隔一定时间要上下提动钻具，防止浆液凝固抱死钻具，如发现孔口冒水、冒浆，要及时提出钻具，结束本孔注浆，换孔采用该工艺继续注浆。

（7）所有钻孔注后 8h 下钻具扫孔，测量上部水泥结石体厚度，观测冲洗液漏失层位，为下次注浆做好准备，直到阻水墙体与巷道底板完全搭接为止。

（8）所有钻孔完成淤积层动水注浆后，一律下钻具进入巷道底板 5m，注浆封堵底板绕流裂隙，使阻水墙体生根。

13.1.5 过水巷道阻水墙建造实例

2010 年 3 月 1 日 7 点 29 分，乌海能源骆驼山煤矿 16 煤回风巷发生特大突水淹井灾害，根据淹没体积推算最大涌水量 65 000m^3/h。经分析，认为突水水源为奥灰含水层，水压约 2.3MPa。

抢险救援阶段实施了回风大巷快速堵水工程。16 煤回风大巷抢险堵水工程从 3 月 5 日开工，至 4 月 28 日全面结束，总共历时 54d，共施工透巷钻孔 8 个，奥灰观测孔 1 个，总进尺 3947.94m，总计注入骨料（石子、沙子）75.18m^3，水泥－水玻璃双液浆 322.42m^3，单液浆 8442.97 m^3，注入水泥 6502t。

2010 年 4 月 5 日试验排水证明已具备正式排水条件，从 4 月 8 日正式开始抢险排水，至 4 月 14 日已具备下井搜救条件。截止到 5 月 10 日 12 时，抢险累计排水 1 440 000m^3。

在注浆封堵的过程中，每个孔单次注浆固结后，都会进行扫孔，图 13.3 为根据 J2、J5、12、13 四个钻孔在 3 月 24～28 日的扫孔记录所作的阻水墙形态发育示意图。

可以看出，J2 往南的巷道基本充填，只是在下部有一定厚度淤积层，在 12 号孔往北巷道上部依然存在一定厚度的空洞，说明阻水墙浆体还未很好接顶，需要继续注浆充填。

阻水墙初步形成后，进行了排水试验。从结果来看，矿井淹没水位降至 +1025m 标高时，阻水墙渗水量增大至 52m^3/h，如不进一步注浆封堵，在水压差增大的情况下，阻水墙渗水量也会逐渐增大，存在着阻水墙结构破坏的可能性。在动水条件下，及时启动钻杆孔底注浆工艺，对阻水墙底部淤积层进行了有效的置换与封堵，在减少渗水量的同时，保证了墙体结构的稳定性，在顺利完成救援后，现场每隔 3 天进行阻水墙过水量现场测量，水量有逐渐减少的趋势。

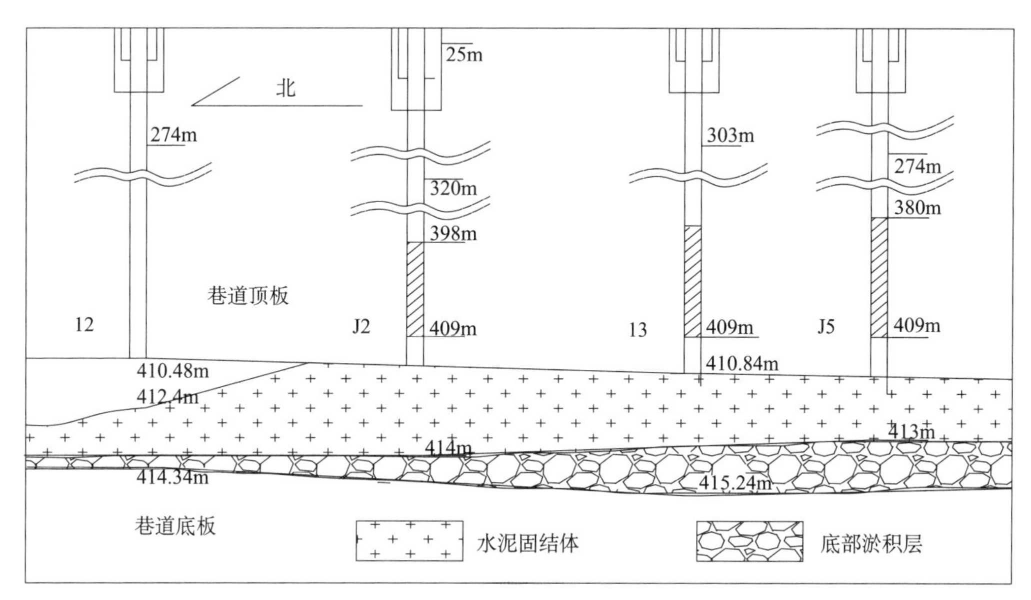

图 13.3　阻水墙形态发育示意图

13.2　可控注浆快速封堵技术

可控注浆快速封堵突水大通道技术是研究矿山、铁路、公路、水利等地下工程在生产或建设中遭遇水、气突出灾害时，抢险救灾工程及生产恢复工程中的快速有效封堵水气突出通道（大多为巷道）的技术。由于突水初期抢险时经常需要在动水条件下进行，以往的堵巷截流技术多采用大量注浆及骨料投放进行，往往造成注浆工程量、工程费用巨大，施工周期长。且工程的可靠性很大程度上依赖于施工经验，发生二次溃坝、管涌等次生灾害的可能性极大，无法满足抢险工程的需要。为解决该技术难题，煤科总院西安院于 2009 年组织技术人员进行技术攻关，创新研究出了利用地面或井下钻孔投放大体积注浆充填固结体封堵突水通道的技术。该技术可为抢险救灾节省出宝贵的时间，对快速恢复生产提供有利条件，最大限度地减小突水灾害带来的人员伤害和设备的损失。

13.2.1　可控注浆技术原理

可控注浆技术利用我国目前已成熟的定向钻孔工艺，研究出了一种内藏高强度保浆袋的组合钻具，可采用地面钻机或井下坑道钻机在地面或井下选点，通过以下步骤进行控制注浆：

（1）携带保浆袋快速钻进至欲封堵的水气灾害突出通道。

（2）进行投球封堵钻进液循环通道，注浆泵加压后推出钻头及保浆袋。

（3）通过钻具用注浆泵向保浆袋注入快速凝胶的充填材料，排出保浆袋内的气体及水。

（4）充满保浆袋后，进行抛袋提钻，形成注浆固结体。

多次投袋，犹如大江截流投巨石，形成可靠的巷道封堵体。达到可控制注浆范围（袋内固结体）、可控制注浆质量（注射注浆入袋，不发散，整体养护）、可控制封堵对象（柔性袋体，可依过水通道形状变形）的突水通道封堵控制注浆目的。

13.2.2 可控注浆关键技术

1. 钻注一体化技术

用投球方式封堵钻头部位钻进液通道，向钻具内注入可快速凝胶的浆液，在钻具内形成较大的内压力，其达到一定量可剪断剪切螺钉，使前端部分钻具沿花键面脱离并拉出保浆袋，分别如图 13.4、图 13.5 所示。

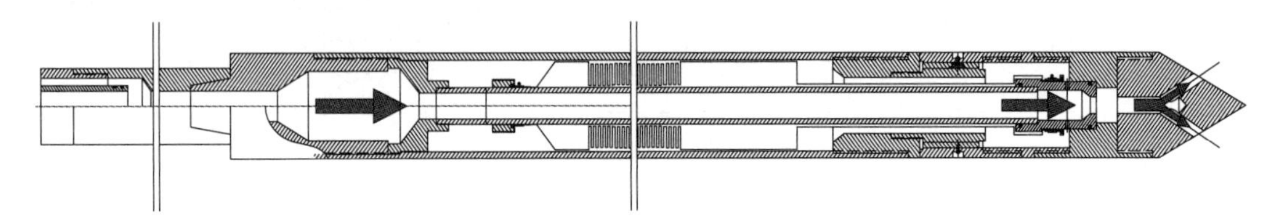

图 13.4 钻注一体可控注浆钻具钻进状态

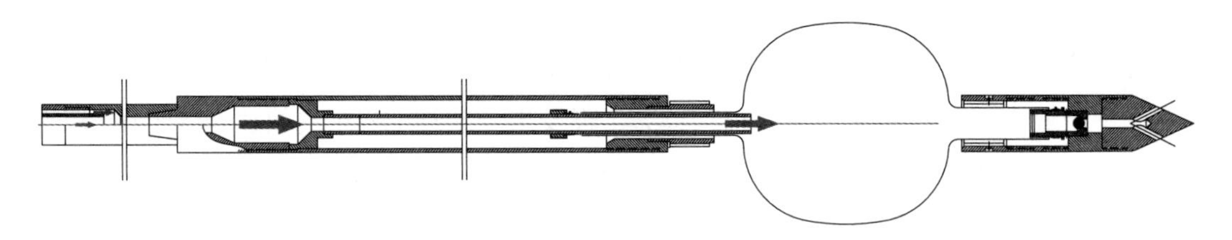

图 13.5 钻注一体可控注浆钻具注浆状态

2. 保浆袋材料及制作工艺

要满足固结体抗冲刷要求，就需要袋囊材料强度高、抗冲刷，不易被巷道围岩、岩石刺破。不易被大水冲破。因此袋囊材料选用要求厚度小、强度高、耐冲击，选用高强度牛津布。袋囊要置于钻具中，浆液能注进去，因此其设计形状要求圆柱状，两头留袋口。

3. 注射注浆入袋

采用投球方式封堵球座部位，向钻具内注入可快速凝胶的 CS 浆液，在钻具内形成较大的内压力，其达到一定量使前端球座部分钻具脱离并拉出保浆袋，顶出封闭胶套。

4. 排气排水孔

要使固结体质量好，就需要将袋内的气体、液体排出而不让浆液流出，因此在袋囊上设计有预留孔，使得注浆时可将袋内气体、液体排出，而浆液流不出。

13.2.3 可控注浆技术优势

常规注浆方法存在工程量大、工期长，固结体性能差，工程可靠性较低，注浆范围难以控制等问题，钻孔控制注浆技术具有以下优势。

1. 可控制注浆范围

目的是避免浆液大量浪费以及对巷道、设备、被困人员造成危害，同时大大减少复矿成本。

2. 固结体抗冲刷能力强

目的是保证固结体在动水不断冲击下不易被冲走、冲散，不会造成次生灾害，提高工程的可靠性。

3. 浆液可快速凝胶

浆液快速凝胶，可使得固结体很快形成，缩短施工工期，为抢险救人赢得宝贵的时间。

13.2.4 钻注一体化控制注浆工艺

施工工艺顺序如下：

1. 携袋钻进

使用内藏高强度布料袋囊的控制注浆钻具，在地面或井下选点快速钻进至欲封堵的水害突出通道。

2. 注浆入袋

通过钻具用注浆泵向袋囊注入快速凝胶充填材料，推出钻头及保浆袋囊。

3. 丢袋筑坝

注浆充满保浆袋囊，形成封堵体。

钻注一体化施工工艺如图 13.6 所示。

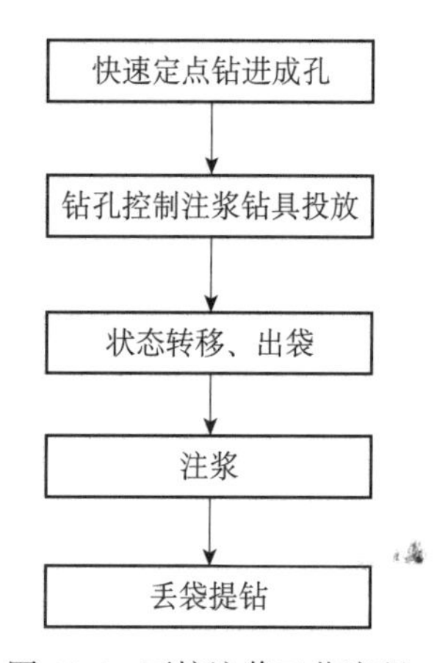

图 13.6 可控注浆工艺流程

13.2.5 可控注浆技术应用

动水大通道突水可控注浆高效封堵成套技术，共进行了两次成功应用。

1. 陕西榆林榆卜界煤矿水害事故抢险工程

在陕西省榆卜界煤矿水害事故抢险工程中应用了可控注浆封堵矿井突水大通道技术，在涌水量约 1200m^3/h 的动水条件下，对高 3m、宽 4m 的过水巷道实施封堵一次成功。时间仅用了 18d，注浆量不到 850m^3，总工程费用不到 1000 万元，堵水率 100%，达到了快速、经济、有效的治理效果。

2. *龙滩矿井 +310m 主平硐 4600m 溶洞底封堵治理工程概况*

四川华蓥山龙滩煤电有限责任公司龙滩矿井 +310m 主平硐 4600m 水害治理工程采用可控注浆技术，实施溶洞人工造底，分序注浆加固封堵体，彻底治理了岩溶构造水害，工程仅施工钻孔 10 个，完成钻孔进尺 243.75m，完成注浆量 384.01m^3，共用水泥 229.45t，水玻璃 300kg，堵水率达 100%。

有可控注浆装置的组合式钻具，获得国家发明专利授权，并于 2012 年获得第 111 届巴黎列宾世界发明竞赛发明金奖。可控注浆技术的研究取得了多项创新性成果。通过室内试验以及两次现场应用，说明高水压、大水量、大通道突水条件下可控注浆封堵突水通道的技术可行，并且封堵效果良好。可控注浆技术凭借其实用、可靠、易行的诸多优点，在矿山抢险与恢复工程中可大量推广。

13.3 突水陷落柱综合治理技术

岩溶陷落柱是我国华北型煤田广泛发育的一种极富区域特色的地质现象。它以厚层石灰岩地层地下水的强烈交替为条件，岩溶发育为基础，岩体自重重力、地应力集中以及溶洞内的真空负压三重作用为动力，经过迅速垮落、溶蚀、搬运、塌陷、冒落等周而复始过程，分阶段逐步在上覆地层中形成，有的甚至发育至地表。由于隐伏陷落柱埋藏隐蔽、分布孤立、导水通道规模大，且与奥灰强岩溶含水层相通，一旦发生透水，往往发生重、特大事故，造成矿井被淹，甚至人员伤亡，对煤矿安全威胁极大。

据统计，我国煤矿 1984 年以来共发生了 10 起突水淹井事故，其中 1984 年 6 月开滦范各庄 2171 工作面第一次发生了奥灰岩溶陷落柱特大突水事故，最大突水量 123 180m^3/h，为世界采矿史之最，造成两矿被淹，一矿渗水，13 人死亡；2010 年 3 月 1 日乌海能源骆驼山煤矿 16 煤回风巷到掘进工作面发生了奥灰岩溶陷落柱突水事故，最大突水量 6500 m^3/h，造成矿井被淹，32 人死亡。因此，隐伏陷落柱探查治理一直是防治水攻关的技术难题。

13.3.1 陷落柱治理技术发展历程

突水陷落柱治理技术发展过程大概可划分为三个阶段：

第一阶段（1984～1996 年），以开滦范各庄矿 2171 综采工作面突水陷落柱治理为代表。由于是国内外第一例陷落柱突水灾害，无成功经验可借鉴，受当时钻探技术水平的限制，其治理技术最大特点是对突水陷落柱采用分段下行式注浆实施全面封堵，共注入水泥 70 000t，各类骨料 35 400m^3，注浆孔 35 个、进尺 23 000m。

第二阶段（1996～2006 年），陷落柱内“堵水塞”技术广泛应用，即在突水陷落柱内预定层位，通过钻孔注浆建造一定长度的“堵水塞”，截断陷落柱突水通道。如皖北任楼

7222工作面陷落柱、徐州张集矿-300水平轨道下山，陷落柱及开滦范各庄10号陷落柱治理工程。由于采用普通地质钻机施工，其缺点是无法在松散柱体内精确控制钻进方向，陷落柱内钻孔轨迹形同“蛇形”，因此也称“蛇形”钻进。

第三阶段（2006年至今），引进美国雪姆公司汽车钻机后，定向分支造孔技术得到大量应用，使陷落柱内“堵水塞”建造技术更加成熟和完善。如东庞矿2903工作面突水陷落柱，采用该项技术确保钻孔在陷落柱松散体内精确定向钻进，形成了以定向分支造孔、充填注浆、升压注浆、引流注浆和加固注浆为主的“堵水塞”建造技术。

主要陷落柱治理案例见表13.1。

表13.1 典型陷落柱突水淹井及治理案例

位置	最大突水量/（m^3/min）	突水时间	损失程度及经济损失	治理技术
开滦范各庄2171工作面	2053	1984.6.2	淹2井，死亡13人	三段式全面封堵
乌海骆驼山16煤回风巷	1083	2010.3.1	淹井，死亡32人	陷落柱与水源封堵
邢台东庞矿2903工作面	1167	2003.4.12	淹井，3亿元	“堵水塞”建造
皖北任楼矿7222工作面	576	1996.3.4	淹井，3.5亿元	“堵水塞”建造
肥城国家庄矿北大巷	550	1993.1.5	淹井	陷落柱与水源封堵
淮北桃源煤矿1053工作面	483	2013.2.3	淹井，死亡1人	“堵水塞”建造
徐州张集矿-300水平轨道下山	402	1997.2.18	淹井	“堵水塞”建造
峰峰九龙14123N工作面	120	2009.1.8	淹井	陷落柱与水源封堵
峰峰梧桐庄182306工作面	188	2014.7.27	淹井	水源封堵

13.3.2 突水陷落柱治理技术路线

以骆驼山煤矿突水陷落柱治理过程来阐述陷落柱综合治理技术。在骆驼山煤矿16煤回风巷道注浆封堵工程完成后，为了根治突水隐患，确保矿井安全，对突水点构造进行封堵。经过探查突水构造为一正在发育的小型奥灰导水岩溶陷落柱，T1孔揭露陷落柱进入煤系地层仅4.7m、陷落柱最高点与发育至16煤，为Z2-1孔揭露。陷落柱规模虽小，但其导水裂隙十分发育，发育高度已达16煤之上，裂隙带范围更大，沿16煤回风巷走向方向，裂隙带的发育宽度约30m。

根据突水点区域的地层结构、裂隙发育情况、陷落柱充水情况与发育特征，陷落柱治理的指导思想是“探治结合，封堵通道，堵水截源，根治水患”。技术流程如图13.7所示。采用地面施工方案，在地面打钻施工探查孔和注浆孔，通过灌注骨料、浆液封堵过水巷道巷道四周导水裂隙带与奥灰含水层顶部岩溶裂隙，充填陷落柱及其奥灰根部发育区，截断奥灰水的补给通道。

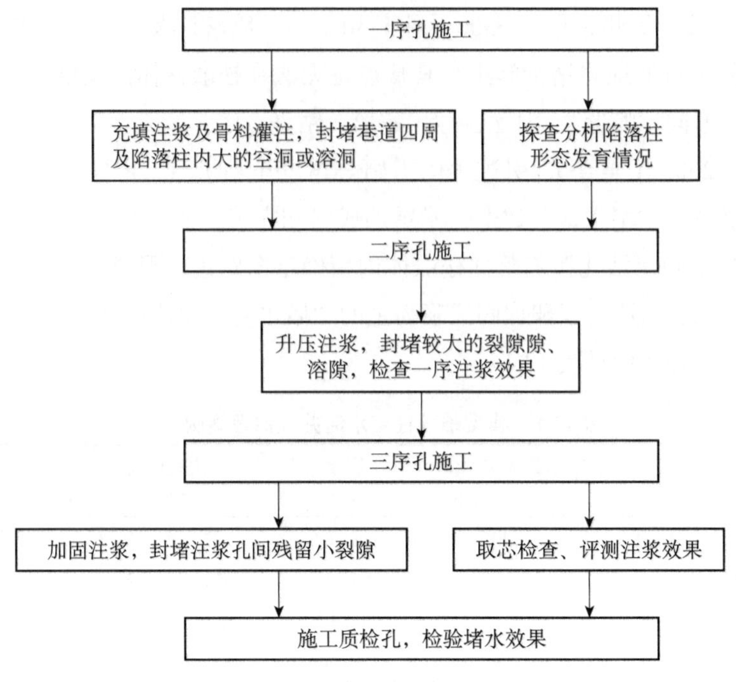

图 13.7　陷落柱治理技术流程

布置注浆孔 4 个，机动孔 1 个及 13 个定向分支斜孔，全部分布在陷落柱及其导水裂隙带范围内，注浆分两段施工，第一个和第二个分支孔作为主要注浆孔，大流量向孔内注入水泥浆，封堵裂隙；注浆主孔延伸段及第三个分支孔作为注浆加固与检查孔，检查注浆效果，在还有裂隙的地方继续注浆充填。注浆后期，为了检查注浆总体效果，在 16 煤回风大巷上部布设 1 个检查孔，通过取心和观测巷道内水位，检查巷道与陷落柱及其导水裂隙带的联系，以判断注浆充填效果。

13.3.3　陷落柱治理钻探工艺

1. 钻孔结构

第一层套管：进入完整基岩 5m 后，下入 ϕ244.5mm 地质套管，要求用水泥浆全孔段永久封闭止水，隔断第四系含水层。

第二层套管：换径钻进至 9 煤底板下 5m，下入 ϕ177.8mm 套管，要求用水泥浆全孔段永久封闭止水。

裸孔段：孔径 152mm，进入奥灰内 50m，主要注浆分支孔继续向下延伸至进入奥灰 80m。

2. 定向偏斜钻探工艺

陷落柱地面注浆孔设计为定向偏斜钻孔，对钻孔偏斜方位、角度、终孔位置有着严格的要求。对直孔段深度、起始偏斜深度、水平偏斜距、偏斜段垂高、偏斜方位、平均偏斜角等参数作出规定。

根据钻孔设计要求，直孔段水平偏斜距不得大于 1m，偏斜方位不得大于 1°，每 20m 测斜一次。采用 1.5° 单弯螺杆钻进，及时进行随钻测斜，发现偏斜及时纠偏，确保井身轨迹误差在设计要求范围之内。

13.3.4 陷落柱骨料灌注技术

1. 骨料灌注目的

骨料灌注应用于两个方面，一是陷落柱上部空洞充填，二是在合适条件下注浆孔大岩溶裂隙段骨料灌注。在钻孔出现落空时，分析落空位置是否为突水陷落柱上部的空洞。针对陷落柱空洞灌注骨料，可以对落空层位和突水巷道之间的通道形成阻塞，这样不仅可以有效减少注浆浆液流失，而且可以减轻突水陷落柱对井巷的威胁程度。陷落柱顶部裂隙发育，构成了陷落柱进一步向上发育的客观条件。通过对陷落柱上部空洞进行骨料充填，可以防止陷落柱进一步向上发育。

2. 骨料灌注工艺

骨料灌注采用孔口漏斗下料、水流携带灌注法。将填料斗（漏斗）连接在孔口上，其上方为一计量斗，首先使用专用清水泵向孔内注水，然后，按照一定的水固比匀速投入骨料。

3. 骨料灌注方法

（1）孔口安装钻机，透扫钻孔至原孔深，查明钻孔充填情况，扫孔结束后，压水 1h 清洗钻孔。

（2）正式灌注之前，需进行试验灌注，以确定合理的下料速度、水固比及单次灌注量。

（3）采用 ϕ5～12mm 粒级的石子灌注。

（4）每次灌注前，先打开水泵向孔内压水 10min，确认管路及钻孔通畅后，开始投注骨料，水固比一般控制为 6∶1～10∶1。

（5）采用定量间歇灌注法，施工过程中，孔口多观察吸风、涌水等现象，发现堵孔下钻具扫孔。

13.3.5 陷落柱治理注浆工艺

1. 注浆阶段

1）充填注浆

充填注浆阶段：各注浆孔一序孔前期注浆阶段及部分二序、三序孔前期注浆阶段，本阶段的主要特点是大量灌注水泥浆、充填陷落柱内大的空洞或溶洞，浆液以高浓度单液浆为主。注浆在静水、孔口无压状态中定量、间歇反复进行，注浆时间和间歇时间按注 12h，停注 8h 进行，根据现场情况可以做调整，力求尽快封堵大岩溶、裂隙通道。

2）升压注浆

升压注浆阶段：一序注浆孔后期注浆阶段以及二序孔前期注浆阶段，以单液水泥浆为主，以封堵较大的裂隙、溶隙为主，以巩固前期注浆成果。注浆在静水、孔口逐渐升压的过程中进行，一般情况下，注浆时孔口无压或者压力时有时无，但压水时已有不大于 2MPa 的孔口压力。

3）加固注浆

加固注浆阶段：主要指所有注浆孔的后期注浆阶段，注浆时孔口压力开始显现，通过高压钻孔注浆，封堵注浆孔间残留小裂隙。另外，分支钻孔需穿透陷落柱四周环状导水裂隙带，封堵陷落柱四周环状导水裂隙。本阶段以单液水泥浆为主，静水注浆与引流注浆交叉进行。

2. 注浆结束标准

该标准主要考虑了两方面的因素，一是受注层段最大静水压力，二是结束泵量。

1）注浆总压

注浆压力的大小直接影响到浆液的扩散距离与有效的充填范围。为使浆液有适当的扩散范围，既不可将压力定得过低，造成漏注，也不可将压力定得太高，致使浆液扩散太远，甚至刷大原有裂隙通道，出现新的突破口，增加涌水量。注浆总压由孔内浆柱自重压力和注浆泵所产生的压力两部分组成。计算如下：

$$P_0=P_m+\frac{H\cdot r-h}{100} \tag{13.1}$$

式中，P_0 为注浆总压力，MPa；P_m 为孔口压力，MPa；H 为孔口至受注层段 1/2 处的高度，m；r 为浆液密度，g/cm^3；h 为注浆前注浆段 1/2 处的水柱高度，m。

注浆总压应不小于受注含水层最大静水压力的 2 倍。

2）注浆量标准

当注浆压力达到结束标准时，应逐次换挡降低泵量，直至泵量达到 50L/min，并维持 30min。之后进行压水试验（试验压力为结束压力的 80%），测得单位吸水率 q 不大于 0.01L/min·mm 时，即可认为该段达到注浆结束标准。否则，要求复注直至达到结束标准为止。

13.3.6 陷落柱治理效果检查技术

对陷落柱治理注浆工程的效果进行科学的检查是确保工程质量的关键，也是矿井在陷落柱周边区域生产布置的依据。由于矿井生产系统同陷落柱之间空间位置关系的特殊性，在效果检查阶段，充分利用矿井巷道，在井上下进行效果检查工程。检查技术包括注浆特征分析、物探、检查孔及放水试验方法等。

注浆特征分析法是对注浆施工中所收集的信息进行分析，得到注浆过程的一些特征分布规律，对注浆效果有宏观的评价作用，具有快速、直观的特点。主要的特征分析方法包括各次序钻孔注浆情况分析、各注浆段注浆情况分析、陷落柱各区域注浆情况分析等。

物探方法是利用井下巷道布置物探工程对陷落柱注浆段充水特征进行宏观的掌握和了解。物探检查方法具有成本低、速度快、能进行全面评价等优点，能达到注浆过程动态监控及注浆效果检查的目的。

检查孔方法是注浆效果检查最直接、最可靠的方法。检查孔方法是在注浆工程结束后，根据注浆量分布特征、注浆过程中所揭示的地质水文特点，对可能存在的薄弱环节设置检查孔，通过检查孔观察、取心、吸水率测试、注浆试验等方法对注浆效果进行评价。

放水试验方法是指通过井下放水钻孔，进行陷落柱注浆段上部水体的疏放，以查明注浆段上下水体的水力联系，从而有效检查陷落柱治理注浆效果。

13.3.7　陷落柱综合治理实例

骆驼山煤矿陷落柱注浆封堵治理工程共布设 T1、Z1、Z2、Z3 四个注浆孔，每个注浆孔位设计 3 个注浆分支孔，其中 T1、Z1-1、Z2-1、Z3-1 四个分支孔为一序注浆孔，T1-4、Z1-2、Z2-2、Z3-2 4 个分支孔为二序注浆孔，T1-2、T1-5、Z2-3、Z3-3 4 个分支孔为三序注浆孔。2010 年 7 月 20 日正式开工至 2010 年 11 月 12 日完工，共注水泥浆 33 376.27m^3，耗用水泥 25 126.1t，其中封孔水泥浆用量为 143.64m^3。

陷落柱治理过程中成功应用了“陷落柱内水泥 - 骨料反过滤注浆技术”，即通过突水陷落柱灌注骨料，同时，奥灰上部注浆，使水泥浆液沿通道上行、骨料沿通道下行，实现骨料与浆液在陷落柱通道中的混合，达到了快速封堵通道的目的。

一序注浆孔中的 Z2-1、T1 对封堵陷落柱体及其奥灰内根部起到了关键作用。其他孔主要是对巷道四周的陷落柱外围裂隙带进行了注浆封堵与加固，通过注浆效果的检查，证明封堵效果良好。

（本章主要执笔人：西安研究院南生辉，郑士田，朱明诚，刘再斌，王皓）

第14章

水害防治钻探与化探技术

水体的探查与疏放是水害防治工作的主要内容，综合运用物探、钻探、化探技术，可以有效探查水文地质异常体，判断出水水源，合理疏放各类致灾水体。采用定向孔进行水害防治和地质异常体探查的技术方案，将随钻测量定向钻进技术引入到水害防治和地质异常体探查领域，形成适合我国复杂煤层地质条件的煤矿井下水害防治与地质异常体探查定向钻进技术体系，可以实现煤矿超前区域水害防治和地质异常体精确探查，保障煤矿安全高效开采。

本章主要介绍井下疏放水钻进技术、异常体探查钻进技及水源快速判别化探技术。

14.1 疏放水钻进技术

顶板水害和老空水害是我国常见的煤矿水害类型，尤其是我国西北侏罗系裂隙水害区、东北侏罗系裂隙水害区和部分受小煤窑采掘影响矿井，严重影响到正常开采。采用随钻测量定向钻进技术施工定向钻孔疏放顶板水和老空水的技术，在国内多个矿井进行了试验，应用效果显著，且可实现超前区域防治。

14.1.1 疏放水钻进基本原理

采用随钻测量定向钻进技术施工定向钻孔疏放顶板水和老空水的基本原理如图 14.1 所示。以先进的随钻测控技术为依托，通过对实钻钻孔轨迹的实时测量和精确控制，保证定向孔在目的地层延伸或精确中靶，并可进行分支孔施工，提高钻孔覆盖面积，成孔用于疏放掉顶板含水层或老空区中水体，减少水害发生概率，保障煤矿安全高效生产。

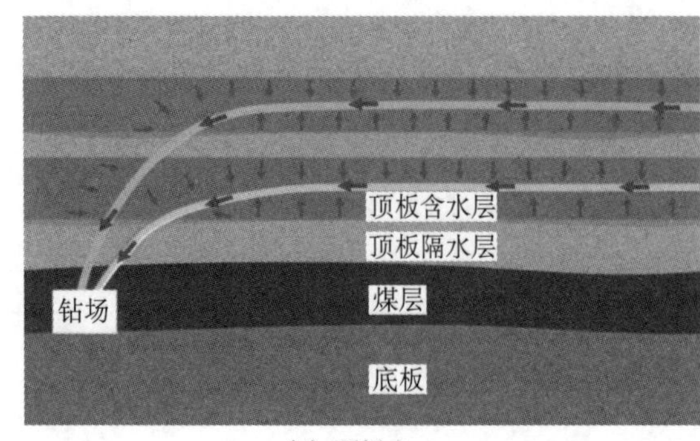

(a) 顶板水

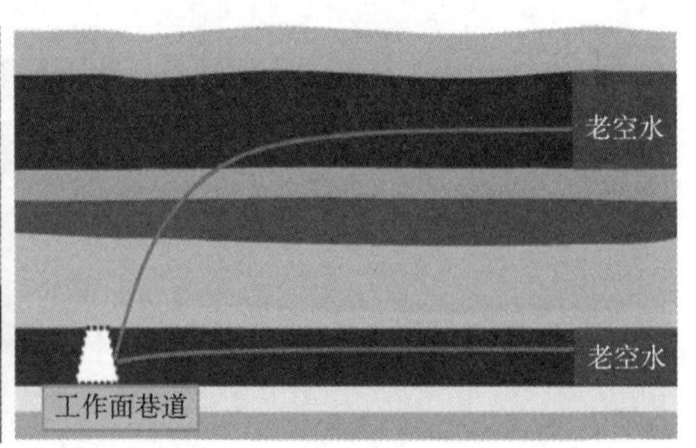

(b) 老空水

图 14.1 定向钻孔疏放水原理图

疏放水定向钻孔的钻进成孔工艺流程如图 14.2 所示。首先采用回转钻进方式施工套管段先导孔；然后更换扩孔钻头进行扩孔钻进至孔底；扩孔完成后下入套管并固管；套管试压合格，再使用螺杆马达随钻测量定向钻进完成定向造斜段和稳斜段施工，使钻孔按设计轨迹在目的顶板含水层中长距离延伸或精确中靶含水老空区，直至达到设计要求。

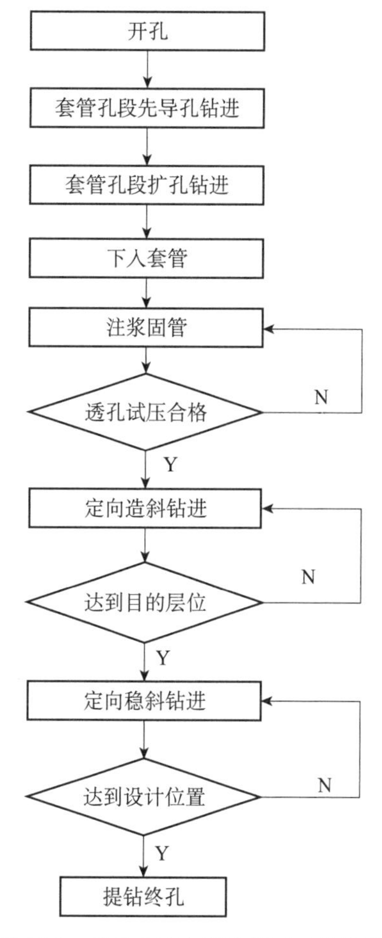

图 14.2　疏放水定向钻孔施工工艺流程

其中螺杆马达随钻测量定向钻进技术实现原理是：利用具有大机身调角范围和主轴抱紧功能的定向钻机夹紧由螺杆马达、下无磁钻杆、孔内随钻测量仪器、上无磁钻杆和通缆钻杆等组成的孔内定向钻具，通过正转孔口钻具（钻杆柱）来调整螺杆马达的工具面向角，使其朝向预定方向，然后螺杆马达以高压冲洗液作为传递动力介质进行孔底局部回转钻进，从而控制钻孔的倾角和方位，达到定向钻进的目的。在采用螺杆马达定向钻进过程中，将防爆测量探管连接固定在螺杆马达后的无磁钻杆内，负责采集钻孔倾角、方位角、工具面向角等数据，并通过通缆钻杆组成的有线信号传输通道或普通钻杆组成的无线信号传输通道，将数据发送到孔口防爆计算机上，由安装在其内的测量软件进行数据处理和显示，供施工人员轨迹调整参考。

疏放水定向钻孔钻进施工的关键技术如下：

（1）顶板岩层快速钻进工艺技术。合理增大钻孔与坚硬岩层的夹角，快速通过硬岩层段；研制长寿命胎体式 PDC 钻头，提高钻头使用寿命和钻进效率；选用大扭矩四级螺杆马达，提高岩层钻进速度；回转钻进和定向钻进结合，复合定向钻进提高钻进效率。

（2）大位移高精度定向孔轨迹控制技术。选用 1.25° 和 1.5° 螺杆马达，其中 1.25° 的螺杆马达用于钻孔稳斜钻进，1.5° 的螺杆马达用于钻孔强造斜钻进和分支孔施工；研制了大挠度通缆钻杆，满足钻孔轨迹的全弯曲强度需要；通过优选关键元器件、软件调校传感器组和优化轨迹参数补偿计算公式，提高随钻测量装置测量精度。

（3）岩层无孔底分支孔钻进工艺技术。选用 1.5° 螺杆马达提高分支孔施工成功率；建立模型分析，选择低速磨削分支法作为分支孔施工方法，提高了分支孔施工成功率。

14.1.2 疏放水钻进技术特点

采用定向钻孔进行疏放水施工，具有以下技术特点：

（1）在工作面未形成之前即可在主巷道内对工作面煤层和顶底板进行定向孔施工，实现区域煤层、老空区及顶底板中含水体超前探查和治理。

（2）增加钻孔钻遇含水层的有效孔段。

（3）在水害防治同时，可对煤层及顶底板中地质异常体进行超前探测。

（4）可实现高精度精确中靶，且能准确计算含水体和地质异常体的坐标位置，为后续钻孔设计和施工提供技术资料。

（5）减少了钻探工作量，避免了疏放水盲区。

14.1.3 疏放水钻进适用条件

适用于普氏硬度系数 $f \geqslant 0.5$ 的较完整煤层，避免在煤层破碎带布置定向钻孔；普氏硬度系数 $f \leqslant 8$ 的岩层，避免在裂隙发育带或炭质泥岩、铝质泥岩等遇水膨胀性岩层内布置定向钻孔；钻孔主要为近水平钻孔，倾角一般为 −30°～45°；钻孔直径≥96mm；钻孔倾角弯曲强度应不大于 0.05 rad/6 m（3°/6 m）；钻孔方位角弯曲强度应不大于 0.035 rad /6 m（2°/6 m）。

14.1.4 疏放水钻进装备

1. 定向钻机

目前国内定向钻机主要有 ZDY12000LD、ZDY6000LD、ZDY6000LD(A)、ZDY6000LD(B)、ZDY6000LD(F)、ZDY4000LD 、ZDY4000LD(A) 等，已实现系列化，主要技术参数见表 14.1，可满足不同孔深定向钻孔施工需要。根据疏放水钻孔施工需要，以上钻机可采用手动升降变角装置或液压升降变角装置，实现钻机主机机身可大角度调整，采用顶部开放式复合夹持器确保大直径套管快速通过，从而解决了疏放水定向钻孔大角度上仰孔施工和套管下放等技术难题，增强钻机的防水能力和钻进能力。

其中 ZDY12000LD 型煤矿用履带式全液压坑道钻机是“十二五”期间最新开发的大扭矩（最大额定转矩 12 000 N・m）、低转数（额定转速 50～150 r/min）、适用于钻进大直径近水平长钻孔及 1500 m 以上超长钻孔的履带自行式全液压动力头式坑道钻机，其外形结构如图 14.3 所示。该钻机集主机、泵站、操作台、防爆计算机、流量计、急停开关等于一体，适用螺杆马达定向钻进和孔口回转钻进等多种施工工艺。钻机采用整体式布局结构，具备独立行走能力，搬迁方便、现场布置灵活；回转器主轴采用 ϕ135mm 大通孔结构，具备 12 000 N・m 输出转矩，钻机给进 / 起拔能力 250 kN，能够进行大直径钻孔施工，并可配套使用多种规格的普通钻杆、通缆钻杆和打捞钻具，具有较强的工艺适应性；钻机液

表 14.1　ZDY 系列定向钻机主要参数

参数	ZDY12000LD	ZDY6000LD	ZDY6000LD(A)	ZDY6000LD(F)	ZDY6000LD(B)	ZDY4000LD	ZDY4000LD(A)
钻孔深度定向 / 回转 /m	1 500/800	800/600	800/600	800/600	1 000/600	600/350	600/350
钻孔直径定向 / 回转 /m	153	96/153	96/153	96/153	96/153	96/153	96/153
回转额定转矩 /N · m	12 000～3 000	6 000～1 600	6 000～1 600	6 000～1 600	6 000～3 000	4 000～1 050	4 000～1 050
制动扭矩 /N · m	2 000	1 000	1 000	1 000	1 000	1 000	1 000
回转额定转速 /（r/min）	50～170	50～190	50～190	50～190	50/190	70～240	100/380
最大给进 / 起拔力 /kN	250	180	180	180	230	123	150
给进 / 起拔行程 /mm	1 200	1 000	1 000	1 000	1 000	780	780
主轴倾角 /（°）	-10～20	-10～20	-10～20	-5～30	-30～30	5～25	-30～30
电动机额定功率 /kW	132	75	90	75	75	55	55
配套钻杆直径 /mm	73/89/102/127	73/89	73/89/95	73/89	73/89	73	73
钻机质量 /kg	9 000	7 000	10 000	9 430	7 500	5 500	70 000
整体外形尺寸 /m × m × m	4.2×1.6×1.9	3.38×1.45×1.8	3.5×2.2×1.9	3.23×1.36×18.7	3.7×1.45×2.0	3.10×1.45×1.7	3.6×1.3×1.8

压系统采用负载敏感和恒功率控制技术，具有显著节能的特点，同时具备可靠性高、操作性好的优点，其回转系统和给进系统分别配套设计快、慢两档操作模式，满足正常钻进、复合钻进、钻孔方位调节等多种施工要求，并可实现钻孔方位的精确调整。针对快、慢两挡的回转系统单独设置转矩限制模块，增强了钻机分别进行回转钻进和定向钻进的功能适应性，并起到安全保护的作用。钻机具备拧卸钻杆时的油缸主动浮动功能，相对被动油缸浮动模式可有效保护钻杆，防止丝扣损坏。

图 14.3　ZDY12000LD 型煤矿用履带式全液压坑道钻机

2. 泥浆泵

泥浆泵是驱动定向钻具的动力来源，是决定钻孔是否能成孔的关键装备。其作用是将静压水转换成高压水驱动定向造斜孔底马达切削煤岩层，同时驱动高压水冷却孔底钻头和携带孔内岩粉，保证钻孔内通畅。目前煤矿井下定向钻进用泥浆泵主要有电驱和液驱两种，其中电驱泥浆泵常用型号有 3NB-300/12-45 型往复式泥浆泵和 3NB-320/8-30 型往复式泥浆泵等，其基本参数见表 14.2，其实物见图 14.4。

表 14.2　煤矿井下定向钻进常用电驱泥浆泵参数

型号	适用孔深 /m	功率 /kW	主要技术参数				
3NB-300	＜1000	45	排量 /(L/min)	96	149	194	300
			泵压 /MPa	12.0	12.0	9.0	6.0
3NB-320	＜1000	30	排量 /(L/min)	118	165	230	320
			泵压 /MPa	8.0	6.0	4.0	3.0

针对电驱泥浆泵工作压力低、流量小且不可无级调节、工作稳定性差等不足，近年来以液驱泥浆泵为基础，开发了全液压履带泵车，集成了泥浆泵组件、液压泵站、电磁启动

器、机车灯组件、甲烷传感器、操纵台等装置，具有可自主行走、集成性好、性能先进、大排量且可无级调节、高压力、操作简便及作业安全等特点，技术参数见表 14.3，实物如图 14.5 所示。

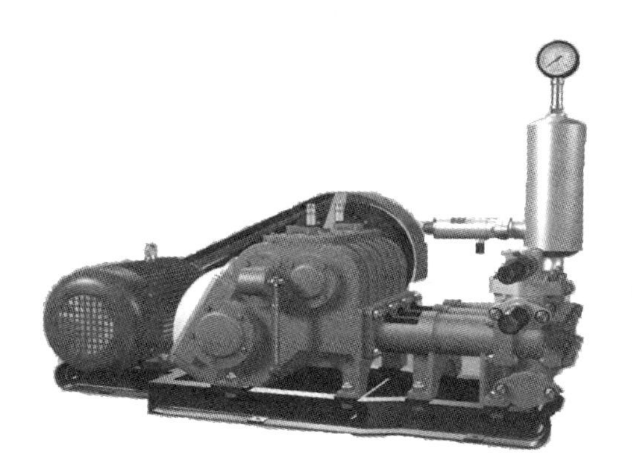

图 14.4 电驱泥浆泵

表 14.3 全液压履带泵车基本参数

参数	BLY260/9	BLY390/12	BLY460
额定流量 /(L/min)	260	390	460
额定压力 /MPa	9.0	12	13
额定功率 /kW	55	110	132
质量 /kg	3200	5500	5700
外形尺寸（长 × 宽 × 高）/mm×mm×mm	2500×1300×1760	3250×1300×1760	3250×1300×1760

图 14.5 煤矿井下定向钻进用全液压履带泵车

3. 随钻测量装置

随钻测量装置主要用于煤矿井下近水平定向钻孔施工过程中的随钻监测，目前煤矿井下已形成 YHD 系列随钻测量装置，根据信号传输方式，可分为有线随钻测量装置和无线随钻测量装置两类。

矿用有线随钻测量装置是最早开发且型号最多、技术最成熟的矿用随钻测量仪器，主要有 YHD1-1000、YHD1-1000(A)、YHD2-1000 和 YHD2-1000(A) 四个型号，其主要技术参数见表 14.4。其中 YHD2-1000(A) 型是“十二五”期间最新开发的技术最先进的矿用有线随钻测量装置，如图 14.6 所示。该装置由测量探管、防爆计算机、防爆键盘和防爆存储器等组成。孔口防爆计算机采用矿井常用 127 V 照明电供电，内部安装一块系统控制板，用于为孔内测量探管供电、操作指令和测量信号的传输等，提高了测量探管工作稳定性和抗干扰性；测量探管采用孔口防爆计算机供电的方式工作，利用信号载波传输技术将传输信号叠加在供电电压上，增加了信号传输强度、传输距离和抗干扰能力，解决了钻进用随钻测量系统孔内大量出水时信号传输不稳定的技术难题，实现了随钻测量装置在孔内水压大于 2 MPa、涌水量小于 80 m^3/h 条件下长距离、高精度传输钻孔测量信号，解决了含水层随钻测量定向钻进信号传输问题。

表 14.4　YHD 系列矿用有线随钻测量装置主要技术参数

	参数	YHD1-1000	YHD1-1000(A)	YHD2-1000	YHD2-1000(A)
测量性能	倾角	-90°～+90°			
	方位角	0°～360°			
	工具面向角	0°～360°			
工作性能	传输距离 /m	≥1000m			
	探管耐压 /MPa	12 MPa			
	探管电源	充电电池筒			孔口防爆计算机
	孔口主机电源	充电电池	矿用综保照明电源		
	工作时间 /d	≥60	≥60	≥60	不受限制
外形尺寸	测量探管 /mm	ϕ41×1916		ϕ35×1200	ϕ35×532
	孔口主机（长×宽×高）/mm	320×210×90	470×541×156	411×348×112	
系统组成	测量探管	YHD1-1000T		YHD2-1000T	YHD2-1000T(A)
	孔口主机	小尺寸孔口监视器	大尺寸防爆计算机	小尺寸防爆计算机	
	中继器	无	无	YHD2-1000Z	无
	存储器	无	无	YHD2-1000C 数据存储器	
	键盘	无	KJS31 键盘	YHD2-1000P 键盘	

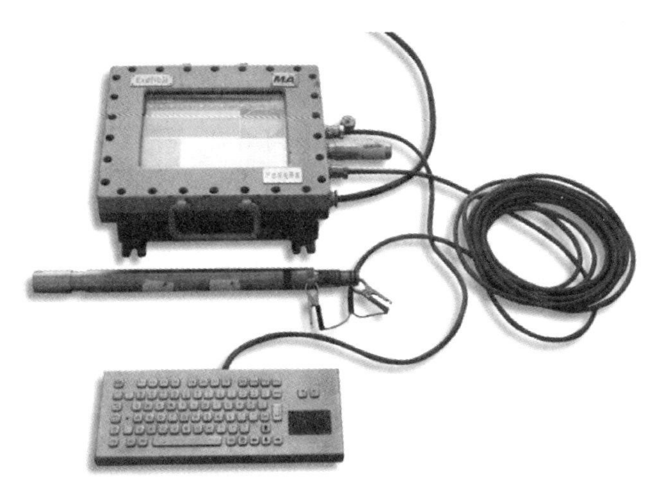

图 14.6 YHD2-1000(A) 型矿用有线随钻测量装置

矿用无线随钻测量装置是在有线随钻测量装置基础上最新开发的新型随钻测量仪器，根据信号传输方式的不同，可分为泥浆脉冲随钻测量装置和电磁波随钻测量装置。其中矿用泥浆脉冲随钻测量装置如图 14.7 所示，其以钻杆柱内高压清水或泥浆为信号载体，采用水力脉冲作为数据传输方式，以钻杆柱内水力通道为传输通道。具体工作原理是：脉冲发生器内设置有一个可控制水力通道面积的可控阀门，定向钻进时完成孔内工程参数测量后，按约定传输协议由防爆驱动短节控制脉冲发生器动态关闭或打开阀门，改变钻杆柱内水力通道面积，限制高压水通过，从而将测量数据转变为泥浆压力正脉冲变化并传输至孔口；安装在泥浆泵出水口的防爆压力传感器检测来自钻杆柱内的压力正脉冲信号后，传输给孔口防爆计算机进行解码和显示；数据传输完成后，脉冲发生器恢复钻杆柱内水力通道面积，泥浆泵压力恢复为正常值，开始正常钻进。

图 14.7 矿用泥浆脉冲随钻测量装置

矿用电磁波随钻测量装置如图 14.8 所示。其以钻进用钻杆柱和煤系地层为传输通道，具体工作原理是：孔内仪器检测钻孔轨迹参数后，按预先设定的编码规则将数据通过绝缘短节上部和下部钻杆柱以电磁波无线方式连续发射出去，经上部钻杆柱和含煤地层将数据传递至孔口，安装在孔口含煤地层中及孔口钻探装备上的接收天线采集上传的电磁波信号并通过有线方式传递给防爆计算机中的信号采集板，信号采集板按预先设定的编码规则对信号进行解调，得出正确的孔内工程参数数据后，通过防爆计算机内数据处理软件在屏幕上进行显示。

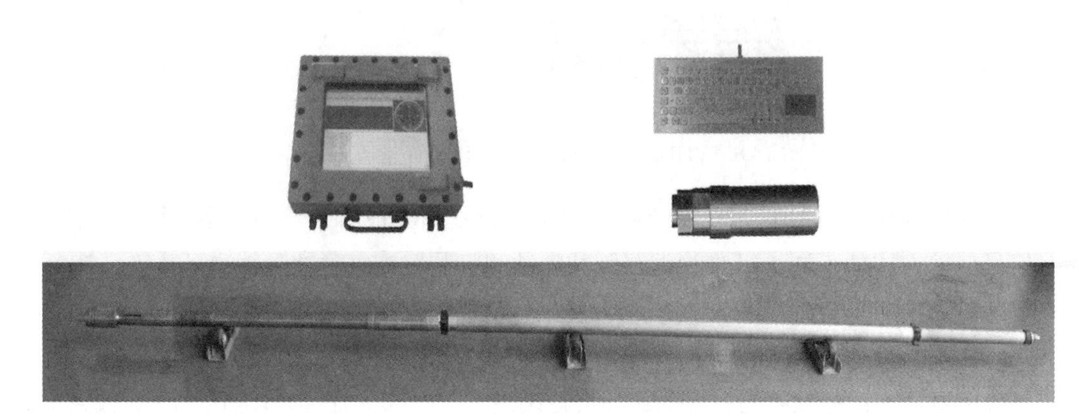

图 14.8　矿用电磁波随钻测量装置

4. 螺杆马达

螺杆马达是一种把液体的压力能转化为机械能的容积式动力转换装置。作为孔底碎岩动力，钻进时泥浆泵输出的冲洗液经钻杆进入螺杆马达，在马达的进出口形成一定压差，推动马达的转子旋转，通过万向轴和传动轴将转速和扭矩传递给钻头，从而达到碎岩的目的。螺杆马达具有定向钻进效果好、易侧钻分支、不用反复起下钻具、施工工序简单、可以和测斜仪器配合准确控制钻孔轨迹等特点，是定向钻进的关键。根据钻进工艺的需要，选用了 1.25°、1.5° 两种三级螺杆马达和 1.25° 四级螺杆马达作为定向钻进和侧钻开分支孔的动力钻具。其中，1.25° 的螺杆马达用于钻孔稳斜钻进；1.5° 的螺杆马达用于钻孔强造斜钻进；1.25° 四级螺杆马达用于坚硬地层定向钻进。常用螺杆马达技术参数见表 14.5。

表 14.5　螺杆马达主要技术参数

外径 /mm	钻头尺寸 /mm	头数	级数	长度 /m	质量 /kg	排量 /（L/min）	转速 /（r/min）	输出扭矩 /N · m	最大钻压 /kN	最大压降 /kPa
73	82～114	4:5	3	2.87	61	113～365	160～375	257	27	2758
73	82～114	5:6	4	3.2	74	189～378	160～375	447	27	3744
89	120	4:5	4	4.21	149	284～567	190～375	1423	49.9	6200

5. 钻杆

随钻测量系统不同，使用的钻杆也不同，主要有中心通缆式钻杆和高韧性高强度外平钻杆两种。其中中心通缆式钻杆结构如图 14.9 所示，主要配套矿用有线随钻测量装置使用，其内孔两端的绝缘支撑环上固定有中心通缆，可作为孔底测量探管与孔口监视器或计算机的信号传输通道。

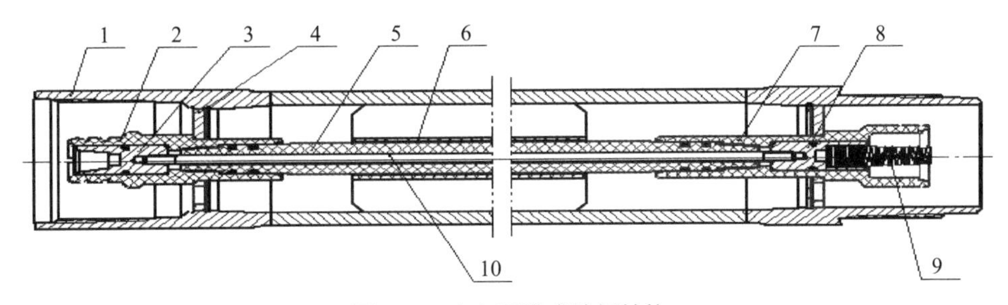

图 14.9　中心通缆式钻杆结构

1. 钻杆体；2. 塑料公接头；3. 锥接头；4. 定位挡圈；5. 线管；6. 稳定器；7. 塑料母接头；8. 柱接头；9. 变径弹簧；10. 导线

高韧性高强度外平钻杆如图 14.10 所示。主要用于配套矿用无线随钻测量装置使用，其内部未设置通缆组件，内通孔面积大；接头采用双顶结构设计，增加了接头台肩接触面积，提高了钻杆整体强度及良好密封性，平面 + 圆弧过渡的螺纹牙底设计，降低了螺纹牙底应力集中现象，增强了螺纹连接的定心精度及连接刚性，与普通外平钻杆相比，抗扭能力提高 40% 以上。

图 14.10　高韧性高强度外平钻杆

6. 定向钻头

定向钻头有平底型、平角刮刀型和弧角刮刀型三种（图 14.11），分别适用于不同地层定向钻进。其中平底式 PDC 钻头所有切削齿都在同一个平面，在一定程度上能够防止钻头在破碎、裂隙发育地层钻进时出现卡钻事故。采用粉末冶金原理烧结而成，其耐磨性较强，钻头保径效果好，碎岩能力强，通水排渣流畅，适用于中硬煤层定向钻进。平角刮刀型 PDC 定向钻头采用直角形（内锥形）刀翼结构，侧切削能力更强，特别适用于多分支钻进；分层、错峰、均衡布齿，钻进效率更高；关键部位采用高品级 PDC 切削齿，时效高，使用寿命长，适用于硬地层钻进；刀翼侧镶嵌大颗粒金刚石聚晶，保径效果更好；钻头体更耐磨；适用于中硬煤岩层定向钻进。弧角刮刀型 PDC 定向钻头采用圆弧形刀翼结构，分层、错峰、均衡布齿，减少重复切削，钻进阻力小，切削自由面大、切削齿数量多，适用于硬岩定向钻进。

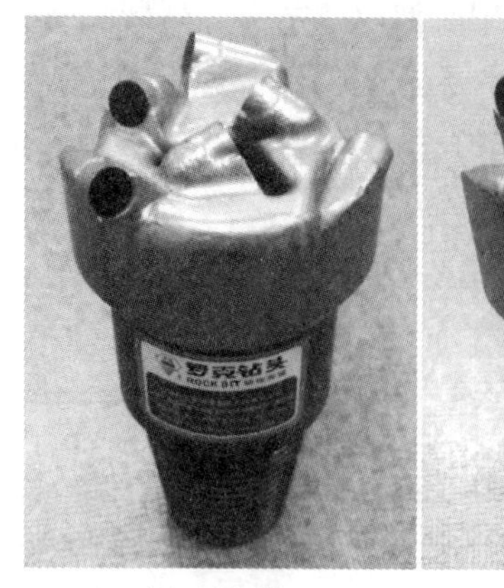

（a）平底型

（b）平角刮刀型

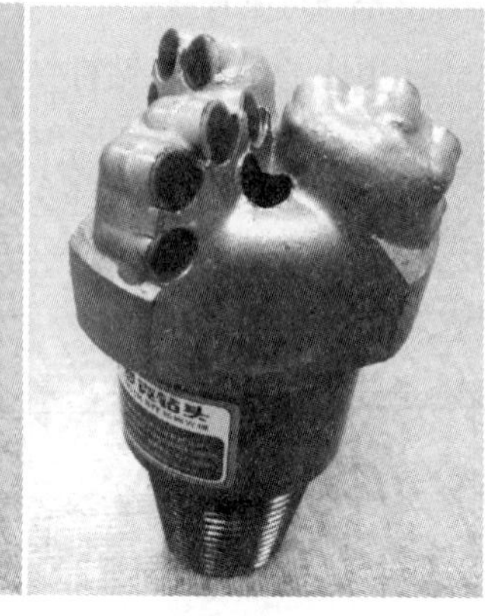

（c）弧角刮刀型

图 14.11　定向钻头

7. 中心通缆式单向阀

由于疏放水定向钻孔施工时，孔内经常会出水，且出水量和出水压力均较大，为避免高压出水从钻杆内流出，研制了中心通缆式单向阀（图 14.12），其既可以传递测量信号，又可以起到单向液流控制作用，避免了孔内涌水导致螺杆马达反转，即使在 4 MPa 水压条件下也能正常顶压钻进。

图 14.12　中心通缆式单向阀

14.1.5　老空水疏放应用实例

1. 矿井概况

某矿一号井和二号井于 2008 年 7 月 10 日整合组建。一号井只开采 +1200 m 以上的工业场地保护煤柱，共占用资源 / 储量 667.9 万 t，可采储量 222.5 万 t。二号井于 1961 年 10 月 20 日投产，当时设计生产能力为 90 万 t/a。目前，设计生产能力为 120 万 t/a。井田共分三个水平开采，第一水平设计标高为 +1300 m 及以上，第二水平设计标高为 +1300～+1100 m，第三水平设计标高为+1100～+900 m。一、二号井位置相邻，两井间以 F_0 正断层和Ⅷ勘探线为界，勘探线两侧煤层自上而下留设梯形隔离煤柱。

2. 老空水害隐患探查与治理

一号井随着矿井开采范围的变动，矿井涌水量也随之发生变化。1988 年 10 月，南四采区开采结束，矿井涌水量骤减，1995 年二水平中央采区南翼二阶段投产后矿井涌水量又增大。此后的几年矿井涌水量基本保持平衡。据 1980～2001 年统计资料，一号井平均涌水量为 368.3 m^3/h，最大涌水量为 496.3 m^3/h（1985 年）。据 2008 年统计资料，矿井 1 月涌水量最小，为 172 m^3/h，10 月涌水量最大，为 345 m^3/h，平均涌水量 220 m^3/h。一号井矿井正常涌水量为 220 m^3/h，最大用水量为 345 m^3/h。

二号井三水平延伸完成后，其开采深度为 +1100～+900 m 标高，地下水径流状态也将随之改变，深部地下水由原来向下游排泄而转为向本井田补给，故三水平开采时其补给来源较二水平丰富，涌水量也将大于二水平开采时的涌水量。据 2006～2009 年统计资料，二号井正常涌水量为 100 m^3/h，最大涌水量为 120 m^3/h。

2010 年，二号井涌水量骤增至 220 m^3/h，调查后发现矿井涌水量增大主要是由于一号井封闭后，其 +1000～+1200 m 标高的采空区及所有巷道全部变成老空区，雨季水及含水层岩层裂隙水沿各类裂隙通道进入老空区，形成老空积水。由于有补给条件但无矿井排水系统，使一号井老空水水位不断上涨，截至 2011 年 9 月，老空水水位标高为 +1173 m，积水高差 173 m。而二号井南翼目前开采最低标高为 +970 m，低于一号井老空积水标高。虽然一、二号井之间留设有隔离煤柱，但一号井老空水可通过冒落裂隙带渗入二号井南翼各煤层老空区内，造成二号井矿井涌水量增大。

一号井老空水对二号井造成重大安全危害。主要体现在：①一号井老空积水水位增高，受压力和水位影响，一号井积水会对二号井持续补给，如不抽排一号井积水，二号井涌水量预计还将进一步增大。②两井的隔离煤柱是矿界保护煤柱，并非专门的防隔水煤柱。按照煤矿防治水规定，部分煤层实际留设隔离煤柱小于规定值，故一号井老空积水对二号井形成水害威胁，需及早采取措施。如不采取措施，一号井煤柱回收完彻底关井后，预计老空水位最终将达到标高 +1386 m，水头高度将达到 386 m，水压将达到 3.8 MPa，向二号井渗透水量会越来越大；届时受水压影响，由于部分煤柱留设宽度均小于规定的安全距离，内生裂隙沿弱面会不断扩大，煤柱抗压强度会减弱，安全系数降低，存在很大的安全隐患。③一号井老空积水渗入二号井南翼各煤层老空区后，当二号井南翼各煤层在老空区下部采煤时，老空积水会进入采煤工作面采空区，必然造成机巷出现流水现象。

针对二号井安全生产需要，提出以下治理方案：在二号井内布置泄水钻场，施工定向孔精确钻至老空区内巷道进行老空积水疏放，将一号井老空水全部引入二号井排水系统。该方案工程量小、投资少、工期短、见效快、安全可靠，可对一号井老空区积水进行彻底疏排，消除一号井水患威胁，从而确保二号井安全生产。

3. 钻孔设计

根据矿井整体治理方案，本次定向钻孔布置了1个钻场，位于上71回风上山巷内S53测点处，钻场尺寸为深7 m、宽10 m、高2.5 m。

根据目标区域范围、目标区地质情况及钻机施工能力，共布置了4个钻孔，钻孔编号依次为1号、2号、3号和4号，平面终孔间距为43～78 m，钻孔自钻机施工能力最高点+1118 m标高点处起沿1000 m下组煤回风上山向下降40 m标高施工一个钻孔，直至施工至1000 m下组煤回风上山与北下组煤轨道巷交汇处。

定向孔设计参数见表14.6，平面布置见图14.13。

表14.6 某矿老空积水治理定向孔设计参数

孔号	开孔方位角/(°)	开孔倾角/(°)	套管长度/m	孔深/m
1	139.1	9.2	25	427
2	147.5	5.5	25	418
3	155.6	5.3	25	415
4	161.3	5.0	25	465

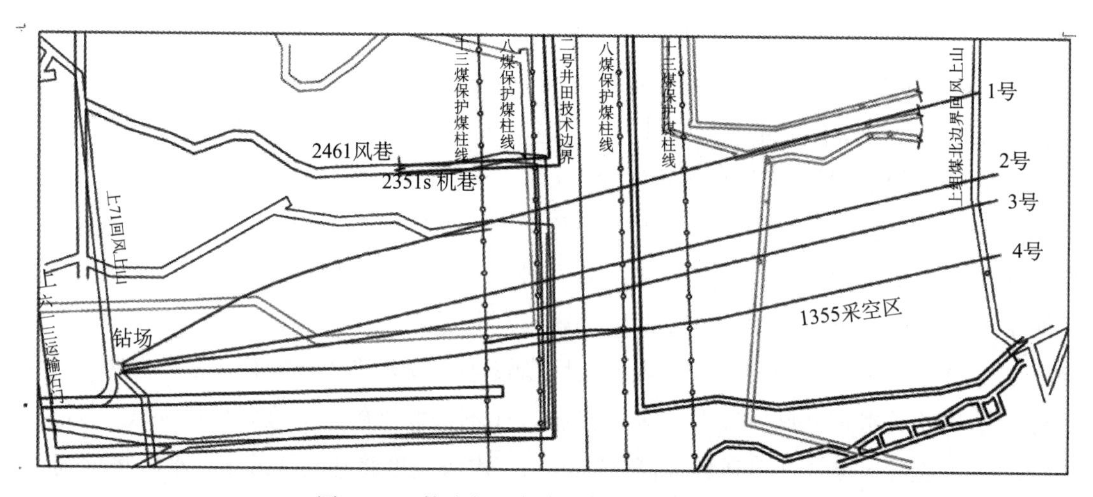

图14.13 某矿老空水治理定向孔设计平面图

4. 钻孔施工

某矿老空水治理定向孔于2012年11月5日开始施工，至2013年2月25施工结束，共完成4个主孔和4个分支孔，累计进尺2135 m，最大钻孔深度438 m，所有钻孔均准确中靶。实钻参数见表14.7，钻孔实钻总平面图见图14.14，1号钻孔实钻轨迹剖面图见图14.15。

表14.7 某矿老空水疏放定向孔实钻参数

孔号	主孔孔深/m	分支孔个数/个	分支孔进尺/m	总进尺/m
1	438	0	0	438
2	426	1	57	483
3	423	2	294	717

续表

孔号	主孔孔深 /m	分支孔个数 / 个	分支孔进尺 /m	总进尺 /m
4	417	1	80	497
合计	1704	4	431	2135

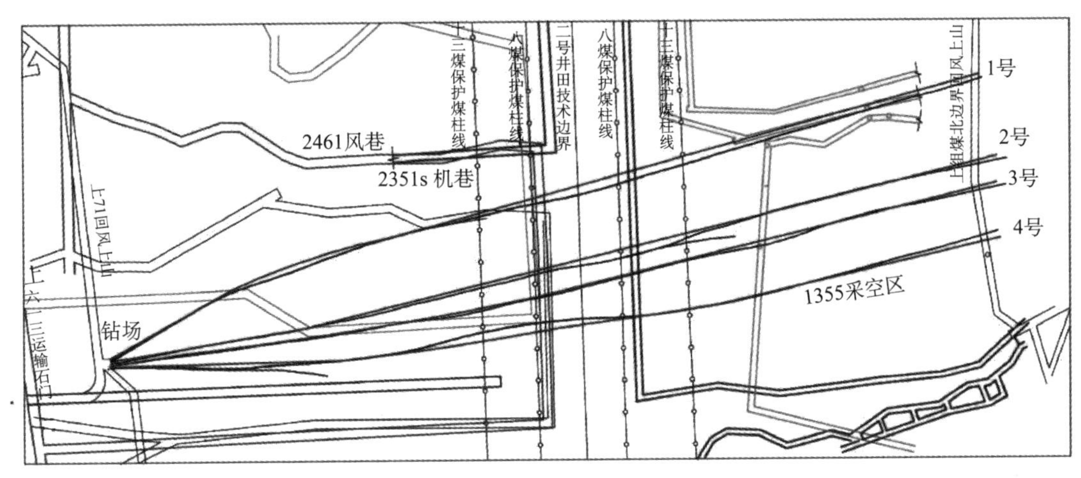

图 14.14　某矿老空水治理定向孔实钻平面图

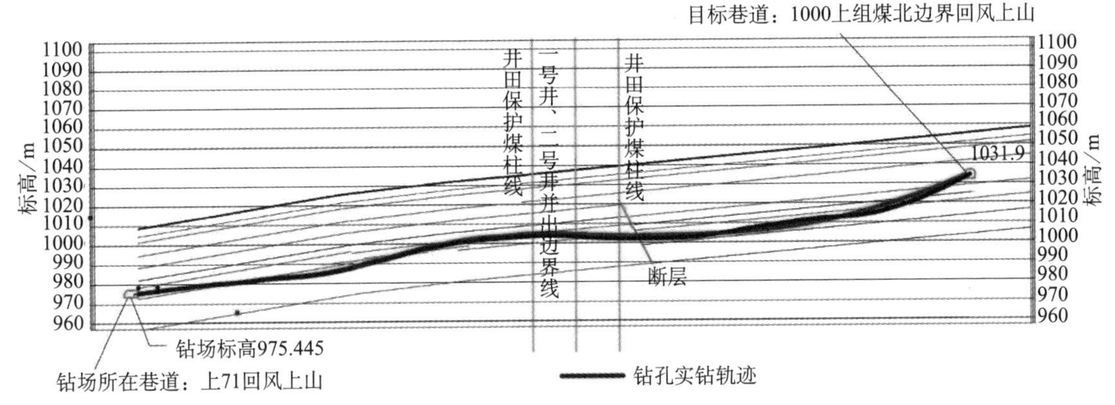

图 14.15　1 号钻孔实钻轨迹剖面图

5. 疏放效果分析

定向钻孔施工完成后，安装好孔口装置，进行老空水疏放，如图 14.16 所示。单孔最大放水量 130 m^3/h，放水量大且稳定，截至 2013 年 5 月 28 日，疏放水量 106.5 万 m^3，满足矿井老空水治理需要（表 14.8）。

图 14.16　煤矿井下定向钻孔疏放老空水现场

表 14.8　老空水疏放定向孔放水效果统计

钻孔	初始水量 / (m^3/h)	稳定水量 / (m^3/h)	疏放周期 /d	疏放水量 /m^3
1 号	130	120	141	392 592
2 号	109	50	191	299 616
3 号	80	50	128	106 200
4 号	130	120	105	266 592
合计	449	314	—	1 065 000

14.2　地质异常体探查钻进技术

地质异常是指在成分、结构、构造或成因序次上，与周围环境有明显差异的地质体或地质体的组合，也常常表现为地球物理场、地球化学场及遥感影像异常等都有所差异。煤矿地质异常体主要有采空区、断层、陷落柱等。地质异常体钻探探查时，根据搜集的图纸资料、调查测绘以及物探的成果资料，综合分析，确定钻孔的数量及深度，以进一步验证物探结果，得以相互补充和验证。

14.2.1　地质异常体探查钻进基本原理

采用定向钻孔进行地质异常体探查的基本原理是：利用定向钻孔主孔施工技术实现远距离超前探查，利用侧钻分支孔技术在地质异常体附近施工多个角度的分支钻孔，经过轨迹测量可计算出地质异常体的三维坐标，从而获取地质异常体空间信息。其原理如图 14.17 所示。

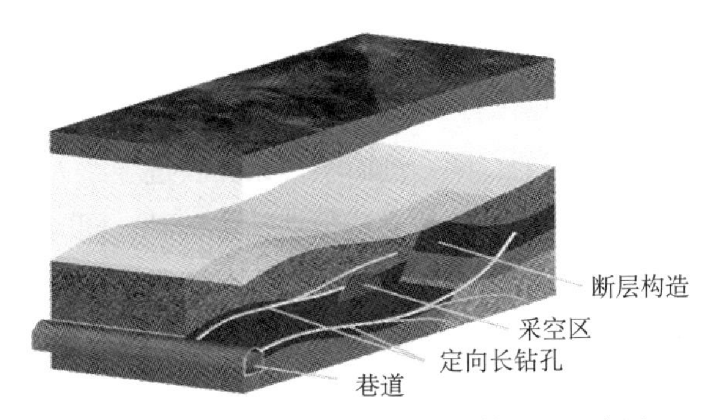

图 14.17　定向钻孔探查地质异常体原理示意图

地质异常体探查定向钻孔钻进时，可直接采用疏放水定向钻孔钻进装备，其关键钻进技术如下。

1. 无孔底侧钻开分支技术

为实现立体化探查地质异常体，可施工多个分支孔从不同角度和位置查明地质异常体准确空间信息，而无孔底侧钻开分支技术是分支孔施工的基础，也是实现定向钻孔长距离延伸的关键。通过对开分支模型的力学分析，开发了低速磨削分支法和高速反复磨削法两种工艺。其中，低速磨削分支法将由单弯螺杆马达组合组成的导向钻具下至预开分支点，将工具面向角调至180°左右，开泵缓慢钻进（机械钻速2～4 m/h），直到开出新的分支孔。采用此技术进行侧钻开分支孔，施工工艺简单，易于实现，适合于岩层中分支孔施工。反复磨削法是指开泵以较快速度钻进（机械钻速20～30 m/h），机身钻具（3 m）全部送入孔内后，再将其提出钻孔，再次以相同方法送入孔内，以类似方法再磨削1～2次，可加杆继续磨削2次，之后再加杆向前正常钻进，直至分支开出。根据分支孔工艺流程，可分为后退式分支孔工艺和前进式分支孔工艺两种。其中，后退式分支孔工艺也称从内往外分支孔，即先完成主孔施工，在起钻的同时进行分支孔施工。前进式分支孔工艺也称从外向内开分支孔，即在主孔钻进的同时进行分支孔施工。前进式分支孔工艺主要用于探测煤层产状、采空区等地质异常体，为后续工作做前期准备。

2. 长钻孔成孔技术

在煤层起伏变化未知区域，结合无孔底侧钻开分支技术，采用“探顶－开分支－再探顶－再分支”的主孔钻进方法，可实现定向钻孔长距离成孔，提高探查和覆盖面积。即采用前进式开分支技术施工，每钻进一定距离（50～80 m）进行一次人为主动探顶，探测顶板起伏情况，然后提钻一定距离（12～30 m）开分支，直至达到设计深度。同时，为全面摸清施钻煤层起伏情况，可采用后退式开分支技术，在定向钻孔达到目标孔深后退钻时利用分支孔探查煤层底板起伏情况。

3. 复合定向钻进技术

复合定向钻进工艺有滑动定向钻进和复合钻进两种形式：①滑动定向钻进过程中，钻头回转碎岩动力仅由泥浆泵提供，钻头和螺杆马达转子转动，定向钻机仅向钻具施加轴向钻压，钻具其他部分只产生轴向滑动，螺杆马达工具面（弯头朝向）可保持在一个稳定的方向，从而达到钻孔增斜或降斜的目的，进而实现钻孔轨迹连续人工控制。②复合钻进过程中，泥浆泵向孔底泵送高压水驱动螺杆马达带动钻头转动，同时，钻机动力头带动孔内钻具回转并向钻具施加钻压，实现复合碎岩。钻进过程中采用随钻测量装置对钻孔轨迹参数进行实时测量，从而掌握钻孔实时轨迹，在合适的时候进行干预——实施滑动定向钻进，保证钻孔按设计轨迹向前延伸。

复合定向钻进工艺将滑动定向钻进与复合钻进相结合，借助滑动定向钻进钻孔轨迹控制功能和复合钻进高效及轨迹平滑特点，在钻孔轨迹人工控制的同时，发挥复合钻进的技术优势，可有效预防钻孔事故，提高地质异常体探查定向钻孔成孔深度、成孔率和成孔效率。

14.2.2　地质异常体探查钻进技术特点

采用定向钻孔进行地质异常体探查，具有以下优点：

（1）探查距离远，可在工作面未形成之前进行施工，实现了地质异常体区域超前探查和治理。

（2）探查精度高，且可实现立体化探查，可准确计算探查到的地质异常体的三维坐标位置，为后续工程施工提供技术资料。

（3）探查工作量少，减少了不必要的重叠浪费。

（4）钻孔轨迹可随钻测控，避免探查盲区，提高了钻孔钻遇地质异常体的概率。

14.2.3　地质异常体探查钻进适用条件

地质异常体探查钻进技术适用于普氏硬度系数 $f \geqslant 1$ 的较完整煤层，避免在煤层破碎带布置定向钻孔；普氏硬度系数 f≤8 的岩层，避免在裂隙发育带或炭质泥岩、铝质泥岩等遇水膨胀性岩层内布置定向钻孔；钻孔主要为近水平钻孔，倾角一般为 -30°～45°；钻孔直径≥96mm；钻孔倾角弯曲强度应不大于 0.05 rad/6 m（3°/6 m）；钻孔方位角弯曲强度应不大于 0.035 rad /6 m（2°/6 m）；探查精度为垂直偏差≤孔深的 2‰，水平偏差≤孔深的 5‰。

14.2.4　地质异常体探查钻进装备

地层异常体探查定向钻孔目前主要钻孔孔径为 ϕ98 mm，其施工的关键装备包括定向钻机、定向钻头、螺杆马达、定向钻杆、随钻测量装置等，可直接采用疏放水定向钻孔钻进装备，采用不同随钻测量装置施工时的钻具组合为：

（1）采用矿用有线随钻测量装置施工时的钻具组合：ϕ98 mm 定向钻头 +ϕ73 mm 螺杆

马达 +ϕ76 mm 下无磁 +ϕ76 mm 探管外管（内部安装有矿用有线随钻测量装置）+ϕ76 mm 上无磁 +ϕ73 mm 通缆钻杆 +ϕ73 mm 通缆钻杆 +ϕ73 mm 通缆送水器。

（2）采用矿用无线随钻测量装置施工时的钻具组合：ϕ98 mm 定向钻头 +ϕ73 mm 螺杆马达 +76 mm 下无磁 +ϕ76 mm 探管外管（内部安装有矿用无线随钻测量装置）+ϕ73mm 高韧性高强度外平钻杆 +ϕ73 mm 高韧性高强度外平钻杆 +ϕ73 mm 普通送水器。

同时，考虑地质异常体探查时孔内工况的复杂性，为提高钻进装备的事故处理能力，可以采用以下特殊钻具：

（1）螺旋螺杆马达（图 14.18）。通过在螺旋杆马达定子外壁上铣洗螺旋槽，提高近钻头无磁钻具的排碴能力。

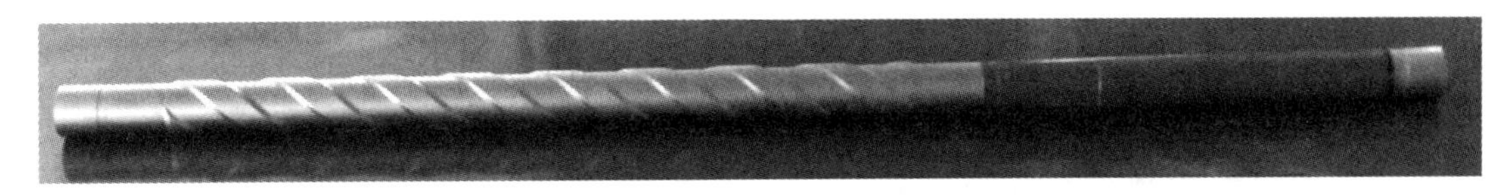

图 14.18 螺旋螺杆马达

（2）整体式宽翼片螺旋钻杆（图 14.19）。在定向钻进用中心通缆式钻杆或外平钻杆外壁上铣洗螺旋槽，以提高复合定向钻进时钻孔排碴效果。

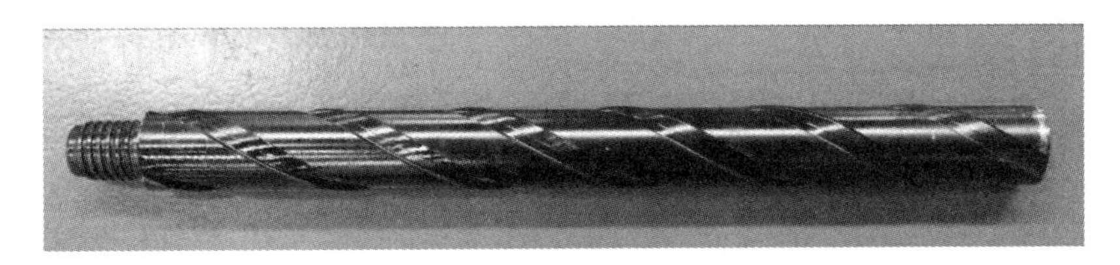

图 14.19 整体式宽翼片螺旋钻杆

14.2.5 地质异常体探查实例

1. *矿井概况*

某矿 4 号煤层为特厚煤层，底板为灰褐色铝土质泥岩、泥质粉砂岩和细砂岩。团块状，含黄铁矿、菱铁矿鲕粒，含植物根系化石。4 号煤层顶板为深水相，浅～深灰色泥岩、砂质泥岩夹浅灰色粉细砂岩与薄层炭质泥岩，具水平层理，富含植物叶部化石，厚度一般为 20～40 m。

401101 工作面为该矿井首采工作面。受地质条件和工艺手段的限制，常规回转钻进施工探测断层难度较大；而井下近水平定向钻进技术能够有效延长钻孔深度，可精确确定断层的产状、走向、断距等。因此，该矿采用定向钻探技术进行对三维地震解释的断层进行探测验证。探查内容为：

（1）钻孔对 DF29 断层前后 100 m 范围加以探查，以验证三维地震解释的 DF29 断层是否存在。

（2）确定控制区域内 DF29 断层的走向、断距。

（3）对 401101 工作面煤层变化情况进行探测。

2. 钻孔施工

根据设计方案，首先施工 2 号孔，根据 2 号孔探测结果，再选择施工其他钻孔。由于钻遇断层后影响钻进安全，无法正常施工，因此更改了原有设计方案，继续在 2 号孔中施工穿断层分支孔，探明断层断距，不再施工其他主孔，整个断层验证工程共计施工定向主孔 1 个、探顶分支孔 5 个、探断层分支孔 6 个。主孔施工孔深为 631 m，分支孔施工累计进尺 892 m，施工总进尺 1523 m，实钻轨迹如图 14.20、图 14.21 所示。

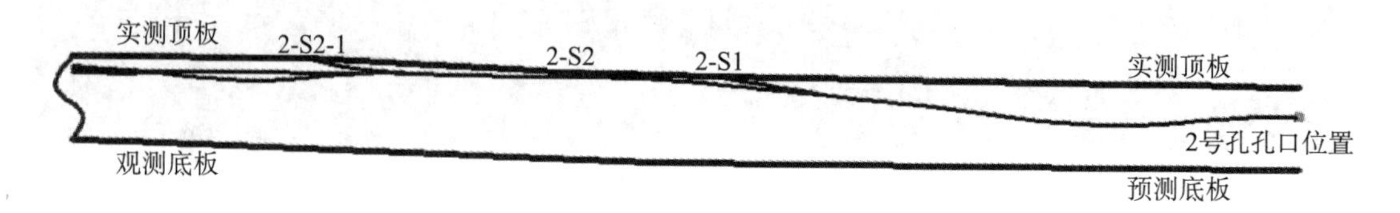

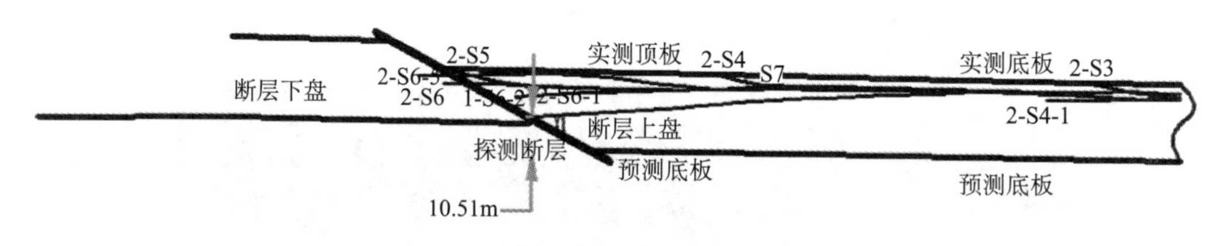

图 14.21　实钻钻孔轨迹垂直剖面图

3. 验证效果

三维地震结果表明：DF29 断层是落差 0～38 m、倾角 55° 的大型正断层，断层规模大，影响范围宽。

施工的 2 号钻孔位于断层上盘，2 号孔的 2-S6、2-S6-1、2-S6-2、2-S6-3 分支孔的实钻表明：上述分支孔孔底一定区域（孔深 585～631m）内地层破碎，并且越靠近 DF29 断层，钻进越困难，频繁出现塌孔、卡钻、憋泵现象，同时从上述几个分支孔施工来观察，返出煤屑距断层越接近，煤块越细小，犹如煤泥。尤其是最后钻进 2-S6-3 分支孔到 631 m 时，泥浆泵压力憋到 8 MPa，钻机的给进起拔压力一度达到 21 MPa（正常钻进时为 4～6 MPa），通过多次强力回转和起拔，最终才将钻具从孔内安全起出。

在穿越断层施工过程中，由于断层带煤层破碎，成孔难度大，先后尝试 6 次不同的钻探方法，在 2-S6 的 612m 和 2-X1 的 591m 处钻遇细粒煤泥和块状泥岩（图 14.22），初步判断 DF29 断层存在。

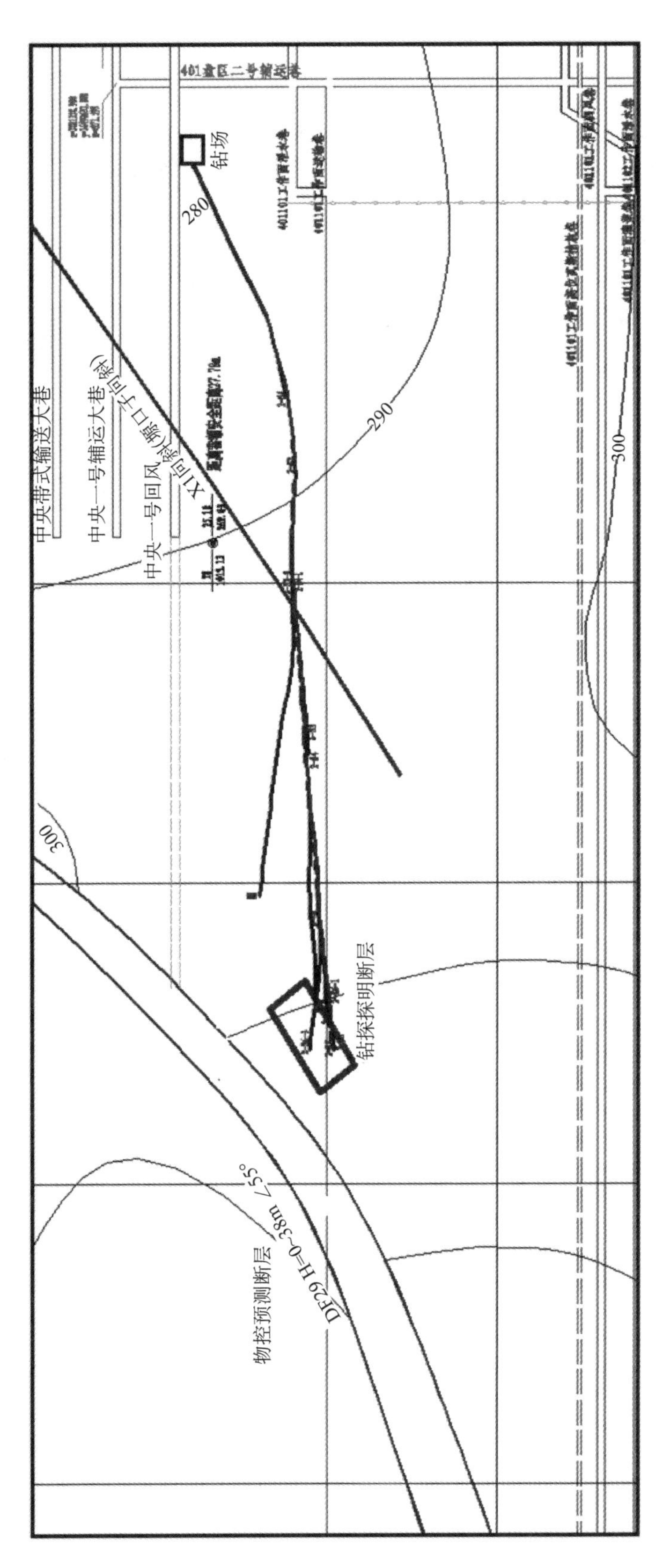

图 14.20　实钻钻孔轨迹水平投影图

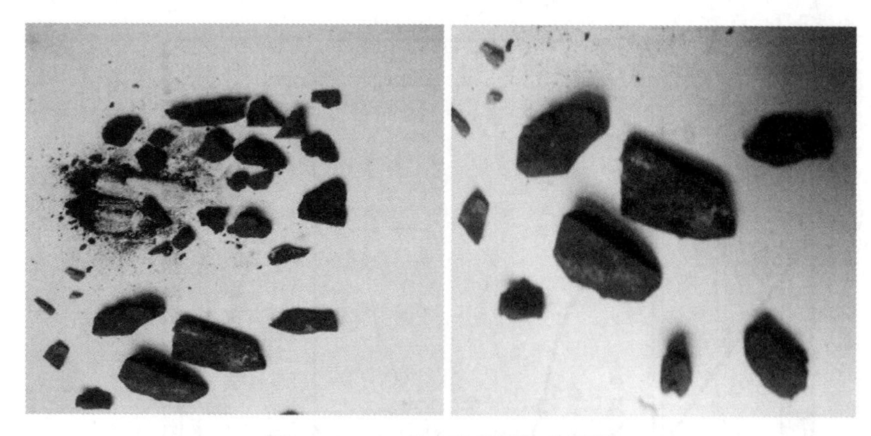

图 14.22 X1 分支孔钻遇块状泥岩

为了进一步验证断层存在，又施工了 2-X1 下探分支，钻进至 588～591 m 时施工难度加大，同时 591 m 返出块状泥岩，通过轨迹计算确定，孔底 591 m 处距预测煤层底板垂深为 10.51 m。在煤层中下部有块状泥岩返出，同时塌孔、卡钻严重，无法继续实施定向钻进和回转钻进，结合地质及钻进情况，经过分析判定，该分支孔已钻遇 DF29 断层，为了确保施工安全，终止 2-X1 分支孔的施工。

根据三维地震探测结果，结合 2 号孔实钻和返出岩样，综合分析后初步确定：DF29 断层是存在的。2 号孔的 2-S6、2-S6-1、2-S6-2、2-S6-3、2-X1 分支孔可能已钻进到断层带；同时，2-X1 下探分支钻进至 591 m 处，距预测底板 10.51 m 时返出块状泥岩，若块状泥岩为底板岩性，则说明已到断层，并且底板的铝质泥岩厚度（根据探测孔 M4-3 岩性描述）约为 12.06 m，对以上数据进行分析，在施钻区域内，DF29 断层断距为 10.51～22.57 m。

14.3 水源快速判别化探技术

基于地下水水化学特征的化探探查技术是突水水源判别的重要方法。矿井地下含水层水的水化学成分、同位素成分与其成因、围岩性质、结构类型有关，也与地下水的滞留时间、运动特征、动态变化及混合作用等密切相关。对于某一矿区而言，不同含水层的围岩组成（矿物成分）、结构性质不同，在隔水层稳定，不考虑水源混合的情况下，地下水的化学组分主要与其围岩组成有关。正是由于地下水化学组成与围岩相关，而不同含水层围岩性质存在差异，使得利用不同地下水化学组成判别矿井突水水源成为可能。例如，我国华北地区，第四系松散层水径流条件好，地下水交替积极，溶滤作用强，水质类型一般为 HCO_3-Ca 型；煤系砂岩水，由于钾（钠）长石的溶滤，地下水 pH、HCO_3、Na 增高，水质类型一般为 HCO_3-Na 型；而奥陶系灰岩中由于石膏、石灰岩、白云岩溶滤，水水质类型一般为 HCO_3-Ca、HCO_3-Ca·Mg、SO_4-Ca·Mg 型。

由于不同含水层围岩结构、性质及地下水循环条件不同，地下水中的化学组分也不同，在查明地下水中离子的组成和控制因素的基础上，建立不同含水层标准水样的基础数据库，利用图表、统计分析研究不同含水层水化学特征，包括水质类型、特征离子、特征离子比值等，通过与含水层标准水样基础数据库的对比分析，综合判别突水水源。

14.3.1　水化学图件分析法

水化学图件可以直观地反映出地下水水质的某些特征，是水源判别分析种最基本的一种方法。水化学包括图件有 Piper 三线图、Schoeller 图（水质指纹图）、Stiff 图等，经常用到的是 Piper 三线图和水质指纹图。

1. Piper 三线图

Piper 三线图是水化学领域最常用的分析方法之一。通过水样在三线图中的叠加显示，可以直观显示不同水样的水化学类型分区，对研究区域地下水环境演化模式具有重要意义，如图 14.23 所示。

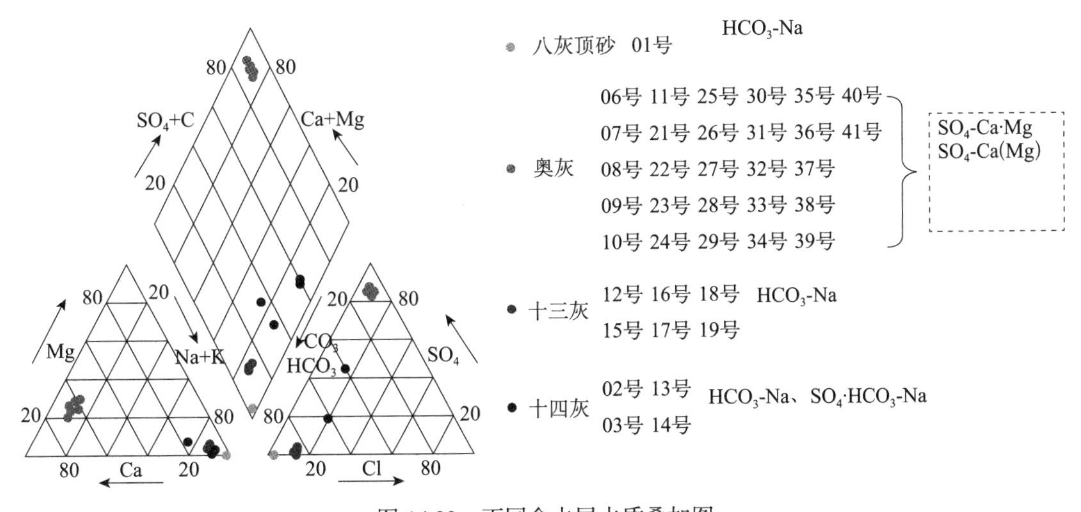

图 14.23　不同含水层水质叠加图

图 14.23 为抚顺老虎台矿不同含水层水质叠加图，可看出该矿的奥灰水 SO_4^{2-} 离子含量占阴离子总量 80% 以上，Ca^{2+}、Mg^{2+} 总量超过阳离子总量的 80%，水质类型为 SO_4-Ca・Mg、SO_4-Ca・(Mg)，在三线图中分布菱形图最顶部；而十四灰、十三灰、八灰顶板砂岩水 HCO_3^- 占阴离子总量 40% 以上，Na^+ 占阳离子总量 75% 以上，水质类型 HCO_3-Na、SO_4・HCO_3-Na，分布在菱形图右下部，即奥灰水和十四灰、十三灰、八灰顶板砂岩水在三线图中处于不同的区域，差别明显，Piper 三线图可作为快速识别突水水源是否为奥灰水的方法之一。

2. 水质指纹图

水质指纹图是将不同水体的主要离子成分按半对数坐标的方式叠加绘制到一张图上，如图 14.24 所示。同一水样各指标对应的点连成一条折线，通过折线的形状，即水质指纹关系，分析不同水样的差别，为突水水源判别提供证据。

如图 14.24 所示，09-680m 泄水巷（突水点外排水）、09 地面砾岩层钻孔水，0873003 号（2008 年 73003 工作面突水点水）的水质指纹图接近，显示出 73003 工作面突水水质与砾岩层钻孔水相似。由于砾岩层钻孔水水样有限，结合同位素等方法，判断 73003 工作面突水主要是以砾岩水为主要补给源的混合水。

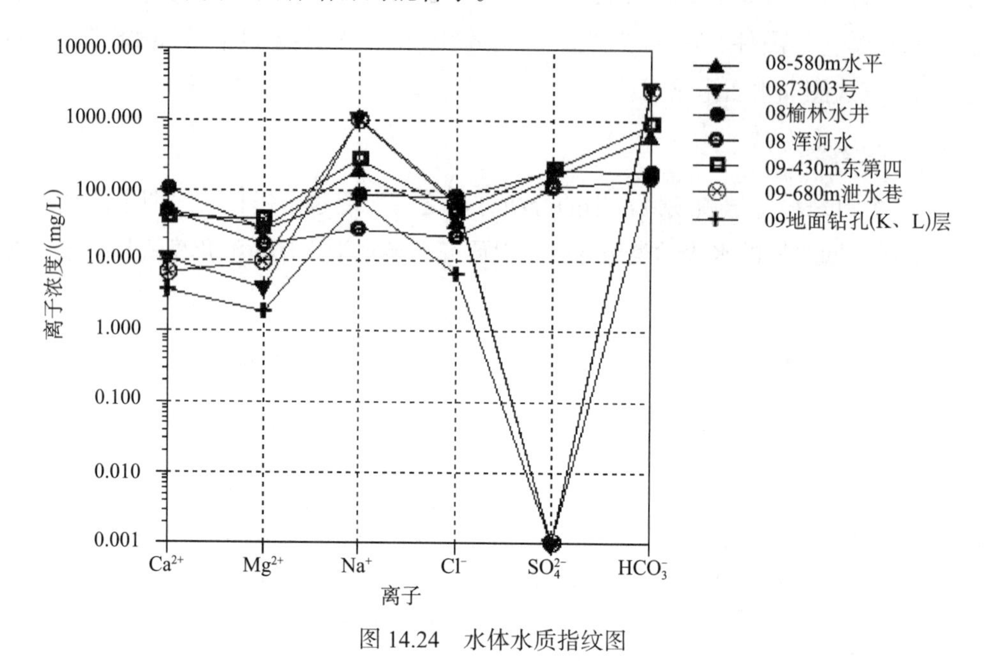

图 14.24　水体水质指纹图

14.3.2　特征离子判别方法

在系统掌握矿区某些含水层地下水离子特征的前提下，可直接测定该特征离子，快速判断突水含水层水源。

1. SO_4^{2-} 含量判别

酸性老窑水一般含有较高硫酸盐含量、较低的 pH（小于6.0）和较高的 Fe、Mn、Al 含量，水质类型为 SO_4-Ca 型；同时高 SO_4^{2-} 离子含量也是含石膏地层的地下水特征之一；有些煤矿奥陶系灰岩含水层也可将 SO_4^{2-} 作为特征离子来判别奥灰水源。

2. Cl^- 含量判别

深部地下水水化学类型从 HCO_3 型转化为 Cl 型，较高的氯化物配以较高的 Na、Mg 等离子可作为深层地下水的标志；同时高氯离子含量也可以是地下水与受污染的地表水有联系的一种指标。

3. Na^+ 含量判别

砂岩地下水中，一般含有较高的钠离子含量以及较高的 pH 值（大于8.3）及较低的总硬度含量，Na^+ 可以判断突水水源是否为砂岩含水层水。

4. NO_3^- 含量判别

与地表水有密切联系的地下水如第四系含水层水，或与补给区有密切联系的奥灰水有可能具有较高的 NO_3^- 含量（大于10mg/L）。20 世纪 90 年代初期，范各庄矿曾把 NO_3^- 含量作为判断奥灰水和第四系底卵石层、5 号煤顶板砂岩、12 号～14 号煤底板砂岩水的判断依据，通过研究范各庄井田奥灰水 NO_3^- 离子形成机理发现奥灰水中 NO_3^- 含量 9～10.5mg/L，但其他含水层水中 NO_3^- 含量很低，因此把 NO_3^- 含量的大小作为判断突水是否是奥灰水的手段。

5. Fe^{2+}、Mn^{2+} 含量判别

水中铁锰的富集条件是处于强酸性或还原环境中，当突水中有铁、锰出现时，表明其水源来自还原环境，即来自封闭的煤系地层中的地下水运动滞缓带，这样的水源一般比交替强烈的强径流带水源富水性弱很多。

6. F^- 含量判别

某些含水层含有氟化物地层时，氟离子含量将会升高（大于2.0mg/L），故氟离子含量可标示某些有关的含水层出水，如花岗岩地层出水等。

7. Br^-、I^- 含量判别

岩溶地下水中溴、碘含量极低，但深层地下水和构造凹陷带储留水中，与含油地层有关的地下水中，溴和碘的含量可达数十毫克每升或更高，这些离子对突水所处的地化环境有标志作用。

8. $\gamma Ca^{2+}/\gamma Mg^{2+}$ 指标判别

在研究碳酸盐岩地层地下水时常用 $\gamma Ca^{2+}/\gamma Mg^{2+}$（量浓度）指标判别：

$\gamma Ca^{2+}/\gamma Mg^{2+}$ 为 1.4～3.0，某矿区奥陶系灰岩含水层出水。

$\gamma Ca^{2+}/\gamma Mg^{2+}$ 为 0.45～0.75，某矿区冲积层含水层出水。

$\gamma Ca^{2+}/\gamma Mg^{2+} > 4.0$，某矿区寒武系含水层出水。

$\gamma Ca^{2+}/\gamma Mg^{2+}$，比值大幅下降时，显示海水、卤水入侵地下水。

9. $\gamma Na^+/\gamma Cl^-$ 指标判别

$\gamma Na^+/\gamma Cl^-=0.876$，海水特征比值。

$\gamma Na^+/\gamma Cl^- < 0.1$，地下卤水入侵。

$\gamma Na^+/\gamma Cl^-=1.9$，某矿区奥灰含水层出水。

$\gamma Na^+/\gamma Cl^-=3.6$，某矿区冲积层含水层出水。

$\gamma Na^+/\gamma Cl^-=7.25$，某矿区煤系砂岩含水层出水。

10. $\gamma(Ca^{2+}+Mg^{2+})/\gamma(K^{+}+Na^{+})$ 指标判别

$\gamma(Ca^{2+}+Mg^{2+})/\gamma(K^{+}+Na^{+})>1$，在补给区及其附近的多数含水层出水。

$\gamma(Ca^{2+}+Mg^{2+})/\gamma(K^{+}+Na^{+})$，比值下降反映含水层强烈的 Ca-Na 离子交换结果。

11. $\gamma HCO_3^-/\gamma Cl^-$ 指标判别

$\gamma HCO_3^-/\gamma Cl^-=0.004$，海水的特征比值。

$\gamma HCO_3^-/\gamma Cl^->1$，各种淡水含水层地下水。

比值下降时，有海水入侵或卤水入侵地下水的可能。

12. 总矿化度的判别

地下水按水的矿化度分类：

淡水＜1.0g/L；盐化水 1.0～10.0g/L；咸水 10～50g/L。

其中，淡水又可分为：

超淡水＜0.2g/L，微淡水 0.2～0.5g/L；淡水 0.5～1.0g/L。

13. 温度和氧化还原电位（ORP）判别

存在地热异常的矿区，不同含水层地下水有较明显的水温差异，其温度场的测定可用于突水的判别。氧化还原电位反映地下水所处的氧化还原环境，如高氧化还原电位（大于 +200mV）常显示奥灰岩溶发育区的氧化环境，而低氧化还原电位（小于 +200mV）则多为地下水交替缓慢的滞流区，且埋藏一般较深。断层出水的氧化还原电位高低会显示该断层导水性能的强弱。处于封闭缺氧还原环境下的老窑采空区积水，往往有较低的氧化还原电位值（小于 0mV）。

14.3.3 数学模型综合分析方法

建立矿区不同含水层的水化学基础数据库，利用数据库中的标准水源的水化学资料（包括常量、微量、同位素等各类指标）建立数学模型，进行判别分析。分析方法有聚类分析、灰色关联法、基于 Bayes 准则的多组逐步判别法及神经网络方法等。研制开发矿井水质快速检测分析系统软件，得到了广泛应用。通过参数的改变和选择本地含水层标准水样参与建模的形式，得以在不同矿区进行分析使用。软件主要有以下功能。

1. 水质资料数据库功能

功能包括化验分析数据录入功能；分析数据自动单位换算、处理，各类硬度、矿化度计算功能；分析数据自动查询功能和水质类型自动判别功能。

2. 水质图像自动生成功能

主要有 Piper 图、Schoeller 图生成功能。

3. 水质分析结果报表打印功能

实现打印相关水化学分析报表功能。

4. 突水水源判别功能

功能包括聚类分析、灰色关联分析及多组逐步判别、综合判别等分析方法。

（1）聚类分析：聚类分析是研究“物以类聚”的数理统计方法。一般先确定聚类统计量，利用统计量对样品或者变量进行聚类，包括 Q 型聚类和 R 型聚类。

（2）灰色关联分析：灰关联分析是灰色系统分析预测和决策的基础，依据空间理论和数学基础，按照规范性、偶对对称性、整体性和接近性原则，确定参考数列和若干比较数列之间的关联系数和关联度。

（3）灰色关联及多组逐步判别、综合判别分析：通过灰色关联度来判断样本关联度较高的水源类型，并按照类型进行分组，继而调用多组逐步判别法，通过灰色关联判别结果限定参与建模的水源类型，从而整体提高了多组逐步判别的准确度。

矿井水质快速检测分析系统软件界面如图 14.25 所示。

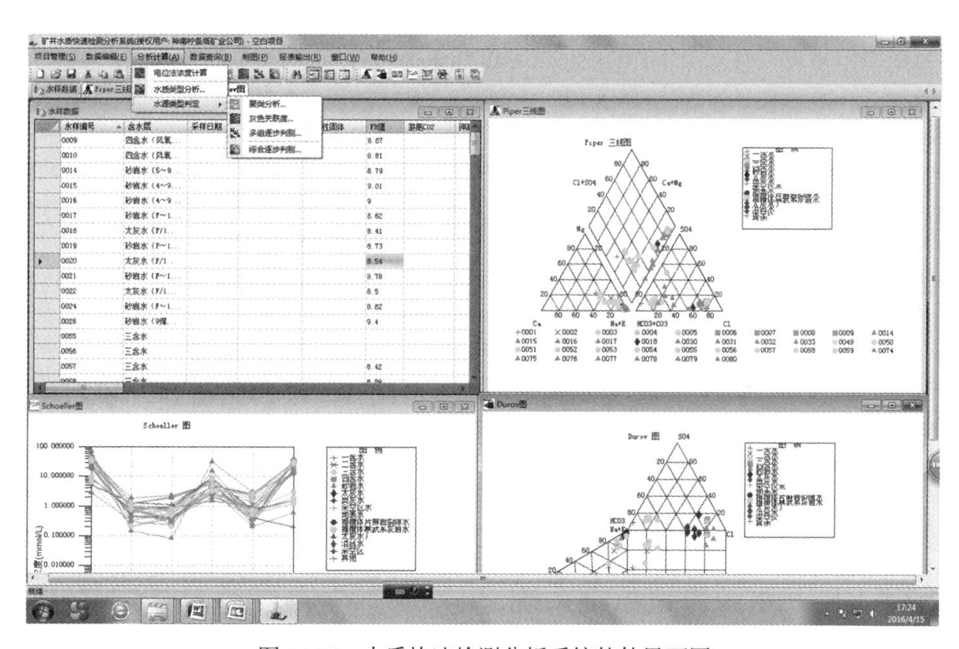

图 14.25　水质快速检测分析系统软件界面图

矿井水质快速检测分析软件系统中的聚类分析是对水质资料进行大体划分的一种分析方法。其直观显示为聚类图，也是对同一含水层参与建模的标准水源选取的基本方法。多组逐步判别分析是概率统计学多元统计分析中的方法之一，它要求样本服从正态分布。因此，为保证所建立的水源模型的代表性及较高的正确判别率，要求用于建模的水样是该含水层的典型水样，且要求一个含水层的典型水样个数越多越好。在典型水样个数较少的情况下，应采用系统中提供的灰色关联分析法。混合水比例计算优先采用 Na+、Cl^- 浓度估算，其次用关联度进行计算。

14.3.4 水质快速检测技术

光吸收是电磁辐射和物质之间相互作用的典型现象。当一束光穿过某物质时，其中部分辐射将被原子、分子或晶体格吸收。如果发生完全的吸收，根据 Lambert-Beer 定律，光吸收部分由穿过物质的光路长和物质的物理－化学特性决定。

$$-\lg(I/IO)=\varepsilon_\lambda cd \text{ 或 } A=\varepsilon_\lambda cd。$$

式中，$-\lg(I/IO)$ 为吸光度（A）；IO 为发射光束的强度；I 为吸收后光束的强度；ε_λ 为在波长 λ 下的摩尔消光系数；c 为物质的摩尔浓度；d 为光程。

因此，当其他因子已知时，可通过吸光度计算出浓度 c。样品和试剂之间发生特定的化学反应，产生可吸收的混合物。光度计的化学分析就是基于这种可能性。所给出的混合物的吸收是严格按照发射光束的强度来计算的，应选择较窄带宽，优化测量的正确波长。

离子电极法基于能斯特方程。将 X 离子选择电极进入被测溶液时，X 离子选择电极的敏感膜与被测溶液间产生一定的电位，此电位和被测溶液中所含的此种离子的活度 α_x 之间的关系符合电化学理论中的能斯特方程：

$$E_x = E_0 + \frac{2.303RT}{ZF}\lg\alpha_x \tag{14.1}$$

式中，E_x 为由 x 离子复合电极产生插入被测溶液后产生的电池电动势；E_0 为 x 离子复合电极的截距电位，在一定条件下，可看作一常数；R 为气体常数（8.314J・K・mol）；F 为法拉第常量（9.65×104C/mol）；Z 为离子价数；T 为溶液的热力学温度（273℃ +t℃）；α_x 为离子的活度，它与离子浓度 C_x 的关系为：$\alpha_x=C_x \cdot f$。f 为活度系数，它是溶液的总离子强度的函数，在溶液中总离子强度不变的情况下，它是一个常数。

把电极信号中的 E_0 抵消，这时 $E_x' = E_x - E_0 = \pm S\lg C_x$, 呈简单的线性关系，测出 E_x' 后，即可知道 $\lg C_x$ 的大小，从而测得离子浓度。

14.3.5 矿井水源快速识别系统

煤科总院重庆研究院矿井水源快速识别系统各功能模块使用的电路板包括 ARM 一体机，其集成了高清 TFT 显示屏及配套的触摸电阻式触摸屏，集成了 ARM920T 处理平台，RL45 网络及 3 路 RS232 接口；ARM 一体机通过模拟键盘与 RS232 接口板连接分光光度计与离子电位计；ARM 一体机通过 RS232 读取分光光度计与离子电位计采集到的数据；ARM 一体机通过模拟键盘选择分光光度计测量的离子种类。

ARM 一体机可以保存测量数据，也可通过网口转 WIFI 模块将测量数据共享，其他 PC 机可以通过 WIFI 无线网络接收测量数据；用户可以在水源识别主机上直接操作水质分析软件，也能使用其他 PC 机通过 WIFI 网络对主机实现远程控制。电路结构如图 14.26 所示。

矿井水源识别装备如图 14.27 所示。主要用于煤矿企业快速识别矿井充水水源，为煤矿安全生产提供决策依据。还可用于水文地质勘察过程中地下水水化学特征及水质类型的现场分析，环保、科研单位日常工作中进行水样中阴离子、阳离子及其他水质指标参数的测定。

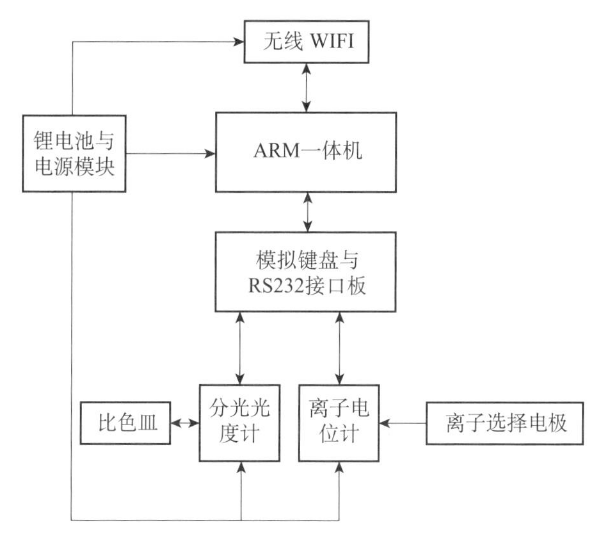

图 14.26　矿井水源识别系统主机电路结构

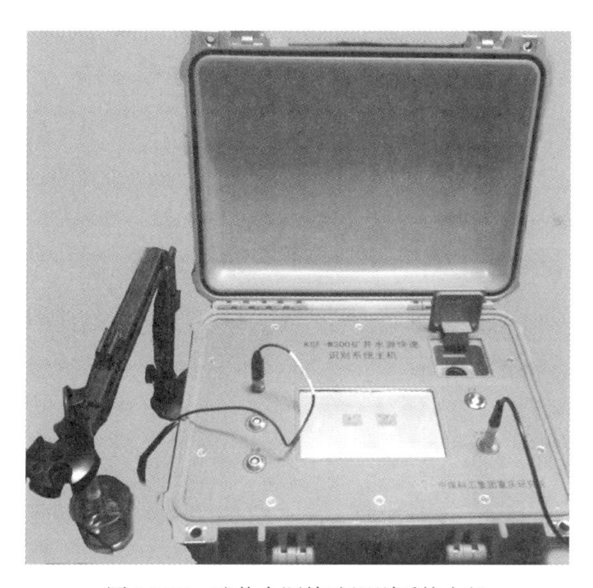

图 14.27　矿井水源快速识别系统主机

矿井水源快速识别系统在全国多个矿区得到推广应用，对煤矿企业矿井水害的防治起到了积极的作用。如山西某矿在施工副斜井时发生出水现象，通过矿井水源快速识别系统进行水质化验并识别水源类型，结果显示为老空水，水质指标具有典型的老空水特征。根据这一判断，及时采取相应防治水措施，后经证实确是老空水。

（本章主要执笔人：西安研究院方俊，刘桂芹，刘峰；重庆研究院梁庆华，张玉东）

第四篇　冲击地压防治技术

冲击地压是矿山井巷或采场周围煤岩体中积聚的弹性能在瞬间释放而产生的一种动力现象，是一种特殊形式的矿压显现。冲击地压的发生除了造成支护失效、设备损毁、人员伤亡、片帮冒顶、巷道堵塞等灾害性后果外，还可能诱发次生灾害，辽宁阜新孙家湾矿2005年的“2.14”特大瓦斯爆炸事故就是由冲击地压引起的次生灾害。自1738年英国首次发生冲击地压以来，至今波兰、俄罗斯、乌克兰、德国、英国、美国、澳大利亚、南非、中国、日本等采煤国家均发生过冲击地压，它已经成为煤矿开采中的一种世界性的灾害。

我国从1933年抚顺胜利矿发生国内有记载最早的冲击地压以来，到1985年已有32对冲击地压矿井，主要分布在北京、枣庄、抚顺、大同等局矿。进入21世纪后，随着我国煤矿开采深度的增加和开采强度的加大，冲击地压灾害发生的频度和强度也在明显增加，冲击地压矿井数量显著增多，到2011年，我国冲击地压矿井数量达到142对，且分布范围进一步扩大，几乎遍及我国山东、北京、河南、黑龙江、山西、新疆等近20个主要采煤省（直辖市、自治区）。冲击地压已经成为威胁我国煤矿安全的主要动力灾害之一。伴随着冲击地压现象的日益严重，人们对冲击地压的重视程度也在日益提高。来自煤炭科学研究总院、中国矿业大学、辽宁工程技术大学、北京科技大学、山东科技大学等科研院所的科研人员和山东能源集团、河南能化集团、抚顺矿业集团等煤炭企业的采矿科技人员，围绕冲击地压的发生机理、危险评价、监测预警和综合防治技术开展了大量的现场和实验室研究工作，取得了较好的防治效果。

煤炭科学研究总院是国内最早从事冲击地压研究的科研院所之一。20世纪80年代，煤炭科学研究总院与波兰合作，利用微震监测系统在我国门头沟煤矿、五龙煤矿、陶庄煤矿开展国内最早的冲击地压预测预报研究。在总结强度理论、能量理论和冲击倾向理论的基础上，提出了“三准则”理论。同期与波兰采矿研究总院合作，开始深入研究煤岩冲击倾向性分类指标及其标准，发展了以“动态破坏时间”、“冲击能量指数”和“弹性能量指数”为指标体系的煤的冲击倾向性测定方法，以弯曲能量指数为指标的顶板岩层冲击倾向性测定方法，并以此为基础，起草了相关的行业标准。

90年代，煤炭科学研究总院从煤岩体结构特性出发，提出了冲击地压发生的“三因素”机理；利用研发的WDJ-1微震监测系统、DY-1地音监测系统、BD4-I型便携式矿用地音仪、DJ4-I矿用地音监测系统，在门头沟、华丰等煤矿开展了冲击地压监测。

2000～2010年，煤炭科学研究总院提出了冲击地压“应力控制理论”。将“单轴抗压强度”作为确定煤的冲击倾向性的另一个指标，进一步完善了煤岩冲击倾向鉴定方法，形成两项国家标准。发展了冲击危险性的数量化理论评价方法，丰富了冲击危险性评价的研究成果。除引进波兰ARAMIS M/E微震监测系统外，还自主开发了KMJ30采动应力测试系统、KJ21应力在线监测系统，开展煤矿冲击地压的监测预警。在引进PASAT-M型便携式微震监测系统的基础上，开发了基于地震波CT探测的冲击地压危险性原位探测技术。

2010年后，安全分院开发了冲击地压综合地理信息系统，研发出KJ768煤矿微震监测系统、KJ820光纤光栅采动应力测试系统用于冲击地压监测预警。在应力控制理论的指导下，建立了冲击地压区域应力控制技术体系与局部应力控制技术体系，并针对具体矿井诱发冲击地压的力源的差异，把冲击地压矿井分为浅部冲击地压矿井、深部冲击地压矿井、构造冲击地压矿井、顶板冲击地压矿井和煤柱冲击地压矿井五类，提出不同类型冲击地压矿井防冲的关键技术。开采分院提出了“冲击启动理论”，并基于该理论以诱发冲击启动载荷源为主线，建立了“煤矿冲击地压启动理论与成套应用技术体系”，针对冲击地压防治的不同时期，提出了矿井设计阶段的区域静载荷“疏导”理念与技术体系和开采过程中局部解危时期的“以卸为主，以支为辅，卸支耦合”的理论与技术体系。

本篇包括4章，分别为冲击地压发生机理及矿井分类、冲击危险性评价技术、冲击地压监测预警技术和冲击地压综合防治技术。详细介绍了煤炭科学研究总院在冲击地压发生机理、评价技术、监测预警和综合防治方面取得的系列研究成果。

第15章 冲击地压发生机理及矿井分类

冲击地压发生机理是指冲击地压发生的原因、条件、机制和物理过程。冲击地压的发生，虽然没有明显的宏观前兆，难以确定发生的时间、地点和强度，但是从力学本质上讲，冲击地压是赋存于特定地质条件下的煤岩体受采矿活动的影响，在变形破坏过程中能量的稳定态积聚、非稳定态释放的非线性动力学过程。因而，只要明确了冲击地压发生的力学机理，按照一定的原则对冲击地压进行分类，就可以有针对性地开展冲击地压灾害防治。

本章介绍了煤炭科学研究总院在探索冲击地压发生机理方面形成的4种理论认识，把冲击地压的本质视为高应力状态作用下煤岩体突发性的失稳破坏，根据不同矿井诱发冲击地压的应力来源不同进行分类，指出了不同冲击地压矿井防冲所应采用的关键技术。

15.1 冲击地压发生机理

国内外学者在实验研究和现场调查的基础上，对冲击地压机理进行了全面系统的研究，提出了强度理论、刚度理论、能量理论、冲击倾向性理论、变形系统失稳理论、三准则理论、强度弱化减冲机理等理论。煤炭科学研究总院是我国最早开展冲击地压发生机理探讨研究的机构之一，先后提出了“三准则”理论、“三因素”机理、“应力控制理论”和“冲击启动理论”。

15.1.1 “三准则”理论

煤炭科学研究总院在总结强度理论、能量理论和冲击倾向性理论的基础上，提出了“三准则”理论。该理论认为，强度准则是煤岩体破坏准则，能量准则和冲击倾向性准则是突然破坏准则，只有同时满足三个准则时冲击地压才会发生。“三准则”理论虽然全面揭示了冲击地压的发生机理，但它只是一个原则性的表达式，特别是对于强度准则和能量准则，由于影响因素众多，各个具体参数很难确定，导致该理论的实际应用难度很大。

15.1.2 “三因素”机理

煤炭科学研究总院从煤岩体结构特性出发，通过组合煤岩摩擦滑动失稳试验，分析了煤岩的摩擦滑动性状及摩擦滑动的稳定性，认为冲击地压是煤岩体结构摩擦滑动破坏的一种形式，表现为瞬时的黏滑失稳过程，提出了冲击地压发生的“三因素”机理。该理论认为，冲击倾向性（内在因素）、高应力集中或高能量储存与动态扰动（力源因素）、弱面和易引起突变滑动的层状界面（结构因素）三者是导致冲击地压发生的最主要因素。这一理论很好地解释了发生在断层、煤层变薄带附近的冲击地压机理。“三因素”机理可以看作是对冲击倾向理论和能量理论的综合发展。

15.1.3 应力控制理论

煤炭科学研究总院安全分院进一步分析“三因素”机理，认为防治冲击地压的发生实质上是要防止煤岩体同时满足内在因素、结构因素和力源因素。在这三个因素中，内在因素是指煤岩冲击倾向性，它是煤岩固有的冲击破坏的性质和能力，难以改变；结构因素是指成煤过程中的已经形成软弱夹层、断层或褶皱等地质构造，也难以改变。因而，冲击地压的防治，应以控制应力为中心，一方面，在煤岩体未形成高应力集中或不具有冲击危险之前，通过区域应力协调转移等措施避免煤岩体形成高应力集中；另一方面，在已经形成高应力集中或冲击危险区域，通过应力释放和转移措施使煤岩体的应力集中程度降低，破坏冲击地压发生的应力条件，达到降低冲击危险防止冲击地压发生的目的。

15.1.4 冲击启动理论

煤炭科学研究总院开采分院认为，冲击地压发生依次经历了冲击启动—冲击能量传递—冲击地压显现三个阶段，提出冲击启动理论；采动围岩近场系统内集中静载荷的积聚是冲击启动的内因，采动围岩远场系统外集中动载荷对静载荷的扰动、加载是冲击启动的外因；可能的冲击启动区为极限平衡区应力峰值最大区，冲击启动的能量判据为：

$$E_{静}+E_{动}-E_{C}>0 \tag{15.1}$$

式中，$E_{静}$为静载荷积聚的能量，J；$E_{动}$为动载荷积聚的能量，J；E_{C}为临界冲击能量，J。

15.2 冲击地压矿井分类

国际上通常把冲击地压分为应变型冲击地压和滑移型冲击地压。我国按不同分类方法把冲击地压分为不同类型，按参与冲击的煤岩体类别可分为煤层冲击和岩层冲击；按冲击力源加载形式可分为重力型冲击地压、构造型冲击地压、震动性冲击地压和综合型冲击地压；按震级及抛出煤量可分为轻微冲击地压、中等冲击地压和强烈冲击地压；按显现强度可以分为弹射、煤炮、微冲击和强冲击。

根据“三因素”机理，当煤岩体同时满足内在因素、力源因素和构造因素时，就会发生冲击地压，三个因素中缺少其中任何一个，冲击地压就不会发生。因而，只要采取相应的措施，使煤矿采掘工作面的煤岩体不同时满足这三个条件，就可以达到防治冲击地压的目的。煤炭科学研究总院根据引起冲击地压的应力的来源、大小和表现形式等要素的不同，将冲击地压矿井分为五类，即浅部冲击地压矿井、深部冲击地压矿井、构造冲击地压矿井、坚硬顶板冲击地压矿井和煤柱冲击地压矿井。

15.2.1　浅部冲击地压矿井

采深小于 400m 的冲击地压矿井界定为浅部冲击地压矿井。我国典型的浅部冲击地压矿井包括神新公司的宽沟煤矿和乌东煤矿、同煤集团煤峪口煤矿。

浅部冲击地压矿井，由于埋深浅，一般不会有较大的原岩应力，形成冲击地压的力源绝大部分来自于顶板垮落而造成的动压。浅部开采若遇坚硬顶板，易发生集中动载荷型冲击地压。因而，浅部冲击地压矿井的防冲最主要的是控制顶板，防止坚硬顶板中形成集中压力。一般可以采用顶板预裂爆破的方法，利用爆炸产生的动压“震裂”效应和静压爆生气体的“气楔”作用，使顶板产生预裂隙破坏其整体连续性而非崩落，破坏高应力及能量积聚和连续传递的条件，同时随着工作面的推进，使采空区顶板在超前支承压力及支架支撑力作用下及时垮落，降低应力集中程度，避免高应力形成，从而起到防治冲击地压的作用。

15.2.2　深部冲击地压矿井

深部冲击地压矿井是指采深大于 800m 小于 1500m，并且是由上覆岩层自重应力引起冲击地压的矿井。典型的深部冲击地压矿井有新汶华丰煤矿、新汶孙村煤矿、徐州三河尖煤矿、抚顺老虎台煤矿等。

深部冲击地压矿井，尤其是采深超过千米的矿井，由于其上覆岩层产生的自重应力往往会大于煤体的抗压强度，这类冲击地压矿井防冲的关键是要避免上覆岩层的自重直接作用在采区煤岩体上。对于深部冲击地压矿井，开采保护层是最有用的防冲方法之一。通过实施保护层开采，减小被保护工作面及其巷道围岩的应力，并能使应力峰值的位置远离工作面和巷道空间，起到应力释放和应力转移的双重作用，从而避免冲击弹性能的积聚，起到防冲的作用。此外，深部冲击地压矿井还需要按顺序开采，避免形成孤岛工作面。

15.2.3　构造冲击地压矿井

构造冲击地压矿井是指由断层、褶皱、向斜等地质构造区集聚应力而引起冲击地压的矿井。我国河南义马煤田位于东北边界的岸上断层、西北边界的扣门山的坡头断层及南部边界的 F16 逆冲断层所组成的三角形断块范围内，位于这一范围内的常村煤矿、跃进煤矿、千秋煤矿和耿村煤矿都是典型的构造冲击地压矿井。

在断层、相变、褶皱等地质构造发育的矿井，由于地质构造异常的区域往往赋存有可能完全不同于其他区域的构造应力，在采掘影响下，应力场变得非常复杂，采掘过程中极易发生冲击地压。对于这类矿井，比较有用的防冲方法是，掘进期间在煤岩体应力集中区域或可能的应力集中区域打一系列较深的钻孔，使孔周边处于二向应力状态的煤体在达到极限强度后发生破坏，钻孔附近区域煤体力学特性发生弱化，降低了煤层的脆性和煤层存储弹性能的能力。同时，大钻孔为煤体内部高应力的释放提供了空间，降低此区域的应力集中程度或者使高应力向煤体深部转移，使可能发生的煤体不稳定破坏过程变为稳定破坏过程，缓解局部煤岩体的高应力状态。多个卸压孔的应力降低区连在一起形成一条卸压带，使巷帮高应力区煤体的整体应力集中系数下降，储存的高弹性能量得以释放，破坏了冲击地压发生的应力条件，从而防止冲击地压的发生。

15.2.4 顶板冲击地压矿井

顶板冲击地压矿井是指由于坚硬顶板不能及时垮落，大面积悬顶而导致应力和能量集聚而引起冲击地压的矿井。山东枣庄联创公司（原陶庄煤矿）、大同忻州窑煤矿、七台河桃山煤矿、北京大台煤矿都是典型的坚硬顶板冲击地压矿井。

坚硬顶板煤层的矿井，由于顶板岩层具有较好的储能条件（岩体坚硬、致密、完整性好、岩层厚、可悬顶距离大等），极易发生冲击地压。这类矿井，一般采取深孔断顶爆破防治冲击地压。通过深孔断顶爆破，人为切断顶板，促使采空区顶板冒落，削弱采空区与正在开采作业区之间的顶板连续性，减小顶板来压时的强度和冲击性。此外，深孔断顶爆破通过爆破产生的动压“震裂”效应及静压爆生气体的“气楔”作用，改变顶板的力学特性，弱化煤岩力学性质的同时改变高应力区附近的煤岩体结构，使其不具备积聚高应力和储存高弹性变形能量的能力，达到降低应力集中程度，破坏冲击地压发生的应力条件和能量传递条件。

15.2.5 煤柱冲击地压矿井

煤柱冲击地压矿井是指由于人为留设的不合理煤柱中集聚应力和能量后引起冲击地压的矿井。山东省天安矿业公司的星村煤矿、兖州东滩煤矿、临沂古城煤矿、肥城梁宝寺煤矿、枣庄朝阳煤矿都是典型的煤柱冲击地压矿井。

煤柱冲击地压的发生与作用在煤柱上的应力密切相关。开采过程中，在煤柱两侧形成采空区，侧向支承压力作用于煤柱上，形成两个应力集中区，如果煤柱宽度不合理，这两个应力集中区有可能叠加，成为高度冲击危险区，位于这一区域的煤岩体，在强剪切力的作用下可能导致煤柱失稳破坏诱发冲击地压，因而，煤柱中的高应力集中区的存在是诱发煤柱冲击地压的根本原因。因此，治理煤柱冲击地压的方法应该着眼于消除煤柱中的高应力集中区，实施诱发卸压等措施，使应力适当得以释放。而防治煤柱冲击地压最根本的方法是避免形成煤柱，消除高应力集中存在的物质基础。

（本章主要执笔人：北京院齐庆新，欧阳振华，邓志刚；开采分院潘俊锋，王书文）

第16章 冲击危险性评价技术

冲击危险性是指煤岩体可能发生冲击地压的危险程度，受矿山地质因素和开采条件的双重影响。常用的冲击地压危险性评价方法大体可分为三类：第一类是实验室及现场实测方法，包括冲击倾向性评价方法、钻屑法、声发射监测法、微震监测法、电磁辐射监测法、矿压观测法、地质动力区划方法等；第二类是数值模拟及相似材料模拟方法；第三类是多指标综合评价方法，包括综合指数法、数量化理论法、模糊物元法、可能性指数法等。

本章介绍煤炭科学研究总院围绕冲击危险性评价技术开展研究而取得的多项研究成果，包括煤岩冲击倾向性测定方法、冲击危险性数量化理论评价法、冲击危险性动态权重评价技术、基于地应力测试及反演的冲击危险性评价技术、冲击危险性地震 CT 原位评价方法以及开发的冲击地压综合地理信息系统。

16.1 煤岩冲击倾向性测定方法

煤岩冲击倾向性是指煤岩体具有积聚变形能并产生冲击破坏的性质，它是反映煤岩材料固有属性的一类指标。冲击倾向性理论、“三准则”理论和“三因素”机理等理论认为，煤岩的冲击倾向性与冲击地压发生有着密切的联系。大量的试验研究和生产实践表明，可以用一个或一组指标来衡量煤岩的冲击倾向性，这类指标大于某一极限值的煤岩体容易发生冲击地压。20 世纪 80 年代，煤炭科学研究总院开展一系列的研究，探讨反映煤岩冲击倾向性的这些指标。在不断研究完善的基础上，提出用弯曲能量指数衡量顶板岩层的冲击倾向性；用动态破坏时间、弹性能量指数、冲击能量指数和单轴抗压强度作为衡量煤的冲击倾向性的指标。

16.1.1 顶板岩层冲击倾向性鉴定

1. 顶板岩层冲击倾向性指标及其测定方法

顶板岩层的冲击倾向性鉴定指标是弯曲能量指数，可根据抗拉强度、视密度、弹性模量和上覆岩层载荷计算得到。

（1）单一岩层弯曲能量指数的计算公式如下：

$$U_{WQ} = 102.6 \frac{(R_t)^{\frac{5}{2}} \cdot h^2}{Eq^{\frac{1}{2}}} \tag{16.1}$$

式中，U_{WQ} 为单一顶板弯曲能量指数，kJ；R_t 为岩石试件的抗拉强度，MPa；h 为单一顶板厚度，m；E 为岩石试件的弹性模量，MPa；q 为单位宽度上覆岩层载荷，MPa，其计算公式如下：

$$q = 10^{-6} \frac{E_1 h_1^3 g(\rho_1 h_1 + \rho_2 h_2 + \cdots + \rho_n h_n)}{E_1 h_1^3 + E_2 h_2^3 + \cdots + E_n h_n^3} \tag{16.2}$$

式中，E_i（i=1,2,⋯,n）为上覆各岩层的弹性模量，MPa；h_i（i=1,2,⋯,n）为上覆各岩层的厚度，m；ρ_i（i=1,2,⋯,n）为上覆各岩层的块体密度，kg/m^3；g 为重力加速度，m/s^2。

（2）复合顶板弯曲能量指数的计算公式如下：

$$U_{WQS} = \sum_{i=1}^{n} U_{WQi} \tag{16.3}$$

式中，U_{WQS} 为复合顶板弯曲能量指数，kJ；U_{WQi} 为第 i 层弯曲能量指数，kJ；n 为顶板分层数，复合顶板厚度一般取至煤层上顶板 30 m。

2. 顶板岩层冲击倾向性分类标准

由煤炭科学研究总院起草的现行国家标准《冲击地压测定、监测与防治方法　第一部分：顶板岩层冲击倾向性分类及指数的测定方法》（GB/T 25217.1—2010），规定了顶板岩层冲击地倾向性分类标准，如表 16.1 所示。

表 16.1　顶板岩层冲击倾向性分类

类别	Ⅰ类	Ⅱ类	Ⅲ类
冲击倾向	无	弱	强
弯曲能量指数 /kJ	$U_{WQS} \leqslant 15$	$15 < U_{WQS} \leqslant 120$	$U_{WQS} > 120$

16.1.2　煤的冲击倾向性鉴定

1. 煤的冲击倾向性指标及其测定方法

反映煤的冲击倾向性指标主要有动态破坏时间、弹性能量指数、冲击能量指数和单轴抗压强度。

1）动态破坏时间 DT

动态破坏时间（DT）是指煤样在常规单轴压缩试验条件下，从极限载荷到完全破坏所经历的时间，从时间角度反映了煤岩的冲击倾向性。测试过程，在伺服试验机上放入煤样标准试件加载，0.1ms 级计算机数据采集处理系统实时采集煤样的破坏信号，直至试件破坏。根据试验测得的数据，绘出煤样的动态破坏时间曲线，将曲线中最大破坏载荷的关键处放大，得到煤样标准试件精确的动态破坏时间（DT 值）。

2）弹性能量指数 W_{ET}

弹性能量指数（W_{ET}）是指煤样在单轴压缩条件下破坏前所积蓄的变形能与产生塑性变形消耗的能量的比值，其计算公式如下：

$$W_{ET}=\frac{\phi_{sp}}{\phi_{st}} \tag{16.4}$$

式中，ϕ_{sp} 为弹性应变能，其值为卸载曲线下的面积（图 16.1 中阴影部分所示面积）；ϕ_{st} 为塑性应变能，其值为加载和卸载曲线所包络的面积。

测试过程中，采用载荷传感器测量试件承受的载荷，用位移传感器测量试件的轴向变形，直至试件破坏。测得的信号，由计算机数据采集系统记录、储存，通过对循环加卸载数据的提取和分析，利用软件绘出弹性能量指数计算图，再由计算机直接积分出弹性应变能值和总应变能值，从而获得弹性能量指数。

3）冲击能量指数 K_E

冲击能量指数（K_E）是指在单轴压缩状态下，煤样的“全应力－应变”曲线峰值前所积聚的变形能与峰值后所消耗的变形能的比值，如图 16.2 所示。其计算公式如下：

$$K_E=\frac{F_s}{F_x} \tag{16.5}$$

式中，F_s 为煤样“全应力－应变”曲线峰值前所积聚的变形能，kJ；F_x 为峰值后所消耗的变形能，kJ。

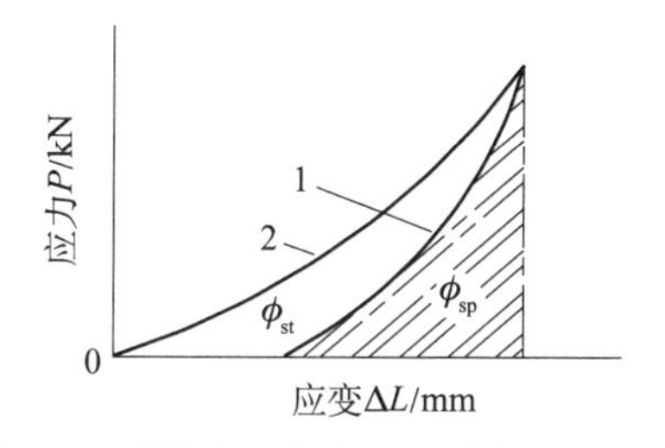

图 16.1　弹性能量指数 W_{ET} 计算示意图

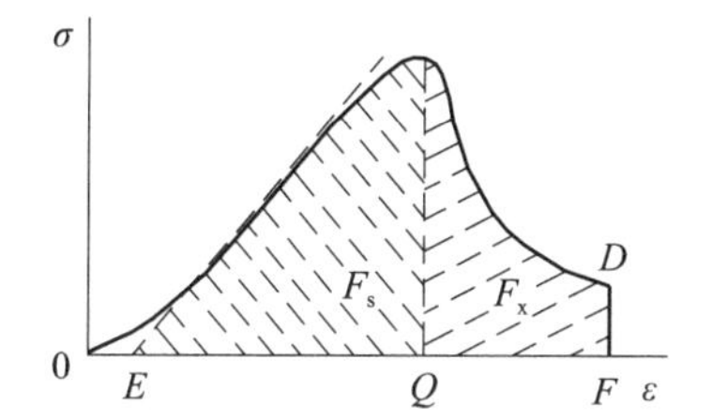

图 16.2　冲击能量指数 K_E 计算示意图

测试过程中，采用载荷传感器测量试件承受的载荷，用位移传感器测量试件的全程轴向变形，用毫秒级高速计算机数据采集处理系统采集测得的数据，得出试件的全应力－应变曲线图，再由计算机积分出峰值前积聚的变形能和峰值后耗损变形能，从而得到试件的冲击能量指数。

4）单轴抗压强度 R_c

单轴抗压强度作为煤矿开采中最为常用的表征煤岩体力学性质的工程参数，通过相关性分析发现其在一定程度上能够反映煤层的冲击倾向性。测试过程中，在伺服试验机上测量试件承受的载荷，0.1ms 级计算机数据采集处理系统实时采集煤样的破坏信号，直至试件破坏。根据试验测得的负荷数据与其承压面面积的比值，最终计算得到煤样的单轴抗压强度（R_C）。

2. 煤的冲击倾向性分类标准

煤的冲击倾向性的强弱，一般根据上述测定的4个指数进行综合衡量。由煤炭科学研究总院起草的现行国家标准《冲击地压测定、监测与防治方法　第二部分：煤的冲击倾向性分类及指数的测定方法》（GB/T 25217.2—2010），规定了煤的冲击地倾向性分类标准，如表16.2所示。当4个指标发生矛盾时，采用模糊综合评判方法，确定煤的冲击倾向性。

表16.2　煤的冲击倾向性分类

指数类别	I类	II类	III类
冲击倾向	无	弱	强
动态破坏时间/ms	DT＞500	50＜DT≤500	DT≤50
弹性能量指数	$W_{ET}<2$	$2\leq W_{ET}<5$	$W_{ET}\geq 5$
冲击能量指数	$K_E<1.5$	$1.5\leq K_E<5$	$K_E\geq 5$
单轴抗压强度/MPa	$R_c<7$	$7\leq R_c<14$	$R_c\geq 14$

16.2　数量化理论评价法

2005年，煤炭科学研究总院在对矿井冲击地压危险性的评价原则与现有评价方法进行系统研究的基础上，提出了一种用数量化理论进行冲击危险性评价的方法。该方法认为，冲击危险性受煤岩体自身因素、地质因素和开采条件的影响，考虑选出12个评价项目、36个类目，开展冲击危险性评价，评价结果分为微弱、弱、中等、较强烈、强烈和极强烈6个等级。

16.2.1　评价项目和类目

数量化理论评价认为，冲击危险性受煤岩体自身因素、地质因素和开采条件的影响，这些影响因素大多可以由定性的变量来描述。该评价方法选出12个评价项目、36个类目。

（1）煤的冲击倾向性，包括弱冲击倾向性、中等冲击倾向性、强冲击倾向性3个类目。

（2）顶板岩层冲击倾向性，包括弱冲击倾向性、中等冲击倾向性、强冲击倾向性3个类目。

（3）开采深度，包括小于500 m、500～700 m和大于700 m 3个类目。

（4）底板岩石硬度，包括底板较坚硬和底板较松软2个类目。

（5）煤层厚度，包括薄煤层、中厚煤层和厚煤层3个类目。

（6）煤层倾角，包括近水平煤层、缓倾斜煤层、倾斜煤层和急倾斜煤层4个类目。

（7）煤层厚度变化，包括厚度变化明显、厚度变化不明显和煤厚不变化或者变化极不明显3个类目。

（8）断层情况，包括存在落差较大断层、存在落差不大断层和没有断层或者断层落差极小个 3 类目。

（9）褶曲情况，包括存在起伏较大褶曲、存在起伏不大褶曲和没有褶曲或者存在起伏极小褶曲 3 个类目。

（10）水平构造应力，包括水平构造应力较高、中等和较低 3 个类目。

（11）应力集中程度，包括应力集中程度较高、中等和较低 3 个类目。

（12）打眼、爆破、割煤等诱发作用，包括受诱发作用影响程度较高、一般和较低 3 个类目。

16.2.2　评价模型的建立

冲击危险性划分为 6 个等级：1 级为微弱，2 级为弱，3 级为中等，4 级为较强烈，5 级为强烈，6 级为极强烈。选择 72 个建模样品，各个等级的样品数量分别为 12，用 $\delta_i^t(j,k)$ 表示第 t 个危险等级中第 i 个样品在第 j 个项目第 k 个类目上的反应值，按式（16.6）、式（16.7）计算。

$$\bar{\delta}^t(j,k)=\frac{1}{n_t}\sum_{i=1}^{n_t}\delta_i^t(j,k) \qquad t=(1,2,\cdots,6) \tag{16.6}$$

$$\bar{\bar{\delta}}(j,k)(j,k)=\frac{1}{n}\sum_{i=1}^{6}\sum_{i=1}^{n_t}\delta_i^t(j,k)=\frac{1}{n}\sum_{i=1}^{6}n_t\bar{\delta}^t(j,k) \qquad t=(1,2,\cdots,6) \tag{16.7}$$

在实际应用中，一维分析往往不够理想，为此，可以建立第二个得分模型，形成二维问题，依此类推，可以形成三维、四维等问题。

16.2.3　矿井冲击危险性判别原则

任取矿井某一地点，考察其在各类目上的反应值 $\delta(j,k)$，得到分值，y_1，在 l 维欧氏空间中，考察到点 V 到各中心坐标 $V^{(t)}$ 的距离。若 $\left\|V-V^{(t_0)}\right\|=\min\left\|V-V^{(t_0)}\right\|$，（$\|\cdot\|$ 表示范数），则该处危险等级为 t_0（$1\leqslant t_0\leqslant 6$）。

16.3　动态权重评价技术

在对冲击地压危险性进行评价时，由于涉及很多指标因素，当其中 1～2 个评价指标特别危险时，无论采用何种算子，都有可能被其他危险性较小的指标中和，使评价系统的危险度降低，失去评价的客观公正性。因此，考虑采取动态权重法评价冲击危险性，各指标权重大小由指标值来决定，当某一指标表现为危险程度较高时，其权重就会随之增大。避免当指标处于临界值位置时评价结果发生突变的可能，使其更具有客观性和准确性。

16.3.1 评价指标

冲击地压动态权重评价指标按影响因素分为两类，一类为自然因素，主要包括评价区域的地质条件及煤层赋存情况；另一类为开采因素，此类指标主要由采掘过程开采条件组成。冲击危险状况分为四个等级，即Ⅰ级、Ⅱ级、Ⅲ级、Ⅳ级，分别表示无冲击危险、弱冲击危险、中等冲击危险和强冲击危险。各指标分级标准见表 16.3，不同矿井根据具体条件，在进行冲击危险性评价时可以对指标进行合理调整，删除不相关因素或增加相关因素。

表 16.3 冲击地压的评价指标分级

	指标	Ⅰ	Ⅱ	Ⅲ	Ⅳ
自然因素	冲击发生次数	n=0	n=1	n=2	＞2
	开采深度 /m	＜400	400～600	600～800	＞800
	硬厚顶板距煤层 /m	＞90m	60～90	30～60	30
	侧压系数	＜1.1	1.1～1.2	1.2～1.3	＞1.3
	顶板冲击倾向性	无冲击	弱冲击	—	强冲击
	煤层冲击倾向性	无冲击	弱冲击	—	强冲击
开采因素	保护层卸压效果	好	一般	较差	差
	上方煤柱至工作面距离 /m	＞90	60～90	30～60	30
	工作面临空关系	实体煤	一侧采空	两侧采空	孤岛或半孤岛
	沿空巷煤柱宽度 /m	＜4 或＞40	4～10	10～15	15～40
	留底煤厚度 /m	0	0～1	1～2	＞2
	工作面至采空区距离 /m	＞90	60～90	30～60	＜30
	至断层距离 /m	＞90	60～90	30～60	＜30
	与煤层倾角或厚度变化带距离 /m	＞90	60～90	30～60	＜30

16.3.2 指标隶属度计算

根据工作面冲击地压评价指标的分级情况，考虑到不同等级之间划分应当是模糊边界，在隶属度计算时，选择正态隶属函数作为指标隶属度求解的计算函数，即

$$u(x)=\exp[-(\frac{x-a}{b})^2] \tag{16.8}$$

式中，a，b 为常数，$a>0$，$b>0$。

隶属函数的具体构造方法如下：设隶属函数为 $u(x)$，将研究因素范围值划分为 n 个级别，如图 16.3 所示。对于第一个级别，划分的端点通常为 $x\leqslant b_0$，最后一个级别的端点通常为 $x>b_{n-1}$，对于第一区间和最后一个区间部分采用宽域方式。对于第一个级别实际区间为 $[0,b_0]$，中点为 $x=a_1=(b_0+b_1)/2$。对于第一级别区，根据隶属模糊原则，在 $[0,a_0=b_0/2]$ 范围内，令 $u_1^{(1)}=1$；在 $[a_0=b_0/2,b_0]$ 区间内，根据条件 $u(b_0/2)=1,u(b_0)=0.5$ 确定 $u(x)$ 的相关系数，从而确定 $u(x)$ 的具体形式 $u_1^{(2)}$。对于第二级别区间 $[b_0,b_1]$，利用条件 $u(b_0)=0.5,u(a_1)=1$ 确定

$u(x)$ 的具体表达形式 u_1。

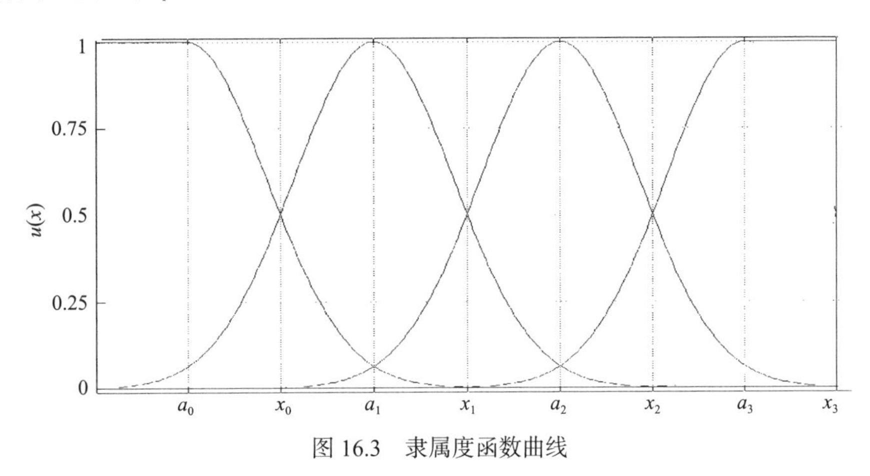

图 16.3　隶属度函数曲线

根据上述原则确定各个级别区间的隶属函数。

16.3.3　评价指标权重的确定

采用层次分析法确定指标的属性权重与等级权重，再运用最小信息熵原理把属性权重和等级权重综合为组合权重，进而建立冲击地压评价的相对熵变权重模型。其中，属性权重反映了评价指标本身属性对冲击地压危险性的影响程度，通过评价指标的两两比较，由得出的判断矩阵求出每个指标的属性权重。评价指标按危险程度划分为不同级别，每个级别指定一个相对应的权重。在指标给定状态值之后，其所在的级别对应的权重，就是等级权重。

综合指标的属性权重 w_i' 和等级权重 w_i'' 利用层次分析法得到后，通过计算公式即可得到随指标值而变化的综合权重 w_i：

$$w_i = \frac{[w_i'w_i'']^{0.5}}{\sum_{i=1}^{n}[w_i'w_i'']^{0.5}} \quad (i=1,2,\cdots,n) \tag{16.9}$$

式中，n 为指标个数。

由上述方法进行计算就可得到所评价指标对应的动态权重。该方法因为等级权重是由指标的危险程度所决定的，因此两种权重综合所得的综合权重是可以随着指标危险程度的增长而相应增大的，因而避免因采用固定权重而使危险指标被中和，从而使得评价结果更加准确。

16.3.4　评价模型及结果判定

运用多级模糊综合评价知识，先对第二层指标进行综合评价。设单因素模糊评判矩阵 $\boldsymbol{R}$ 为

$$\boldsymbol{R}_i=\begin{bmatrix} r_{i11} & r_{i12} & r_{i13} & r_{i14} \\ r_{i21} & r_{i22} & r_{i23} & r_{i24} \\ \vdots & \vdots & \vdots & \vdots \\ r_{in1} & r_{in2} & r_{in3} & r_{in4} \end{bmatrix} \tag{16.10}$$

式中，r_{in2} 为第 i 组二级指标中第 n 个指标关于等级Ⅱ的隶属度值，对第二级指标 $\boldsymbol{R}_i$ 作模糊矩阵运算，得到向量 $\boldsymbol{B}_i$。

$$\boldsymbol{B}_i=\boldsymbol{R}_i\bullet\boldsymbol{W}_i=\begin{bmatrix} b_{i1} & b_{i2} & b_{i3} & b_{i4} \end{bmatrix} \tag{16.11}$$

式中，$\boldsymbol{W}_i$ 为第 i 组二级指标的综合权重向量，“$\bullet$”为模糊算子。记

$$\boldsymbol{B}=\begin{bmatrix} B_1 \\ B_2 \\ B_3 \\ B_4 \end{bmatrix}=\begin{bmatrix} W_1\cdot R_1 \\ W_2\cdot R_2 \\ W_3\cdot R_3 \\ W_4\cdot R_4 \end{bmatrix} \tag{16.12}$$

对 $\boldsymbol{R}$ 再进行模糊矩阵运算，即得到第一层指标对评价集的隶属向量 $\boldsymbol{B}$。

$$\boldsymbol{B}=\begin{bmatrix} b_1 & b_2 & b_3 & b_4 \end{bmatrix} \tag{16.13}$$

对于结果，由于评价集是有序分割类，在这种情况下，最大关联度原则就变得不太适用了，因此，这里引入“置信度”识别准则。

设 λ 为置信度（$\lambda>0.5$，通常取 λ 为 0.6 或 0.7），令

$$k_0=\min\left|k:\sum_{k}^{p}b_i>\lambda,k=1,2,3\right| \tag{16.14}$$

式中，p 为评价等级个数。

由此判断工作面的冲击危险等级属于第 k_0 等级。

16.4 冲击地压综合地理信息系统

实际上，在评价煤矿冲击危险性时，常常需要采用多种评价方法综合判断其冲击危险性。煤炭科学研究总院开发的“冲击地压综合地理信息系统 1.0”系统主要包括冲击地压综合信息数据库和综合分析评价系统两部分。它不但将我国主要冲击地压矿井的冲击危险性存入数据库中，还实现了煤岩冲击倾向性自动综合判定和工作面冲击危险性数量化理论法、综合指数法、可能性指数法和模糊物元法的自动评价。

16.4.1 冲击地压综合信息数据库

冲击地压综合信息数据库是基于ACCESS，根据我国冲击地压矿井发生冲击地压煤岩层地质条件、开采条件、发生强度、频率、事故损失、危害程度、基本原因分析等相关信息，建立起来的一个动态的、开放的数据库。它不但含有以往发生过的冲击地压矿井的资料，而且可以动态录入后期发生冲击地压矿井的资料。通过访问数据库，可以对目前已经发生过的冲击地压灾害进行分类，对各类型的冲击地压事故进行统计分析，研究冲击地压发生的趋势及可能的影响因素。同时还可以对冲击地压发生的机理进行综合评判，指明已发生事故的影响因素及其占比。

16.4.2 冲击地压综合分析评价系统

1. 冲击倾向性评价

该系统的冲击倾向性评价模块，在输入煤的动态破坏时间、弹性能量指数、冲击能量指数和单轴抗压强度、顶板岩层的弯曲能量指数的基础上，自动依据GB/T25217.1—2010和GB/T25217.2—2010的标准，对煤岩的冲击倾向性作出评价，并输出评价报告。

2. 冲击危险性评价

1）数量化理论法

采用数量化理论法评价冲击危险性时，首先需要确定评价的工作面是采煤工作面还是掘进工作面，然后根据具体工作面的条件，输入或选取煤岩冲击倾向性指标、煤层赋存地质条件、顶底板特征、采动应力集中度、打眼、爆破、割煤等诱发作用的影响参数后，系统可以根据数量化理论法，自动给出评价结果。冲击危险程度分为微弱冲击危险性、弱冲击危险性、中等冲击危险性、较强烈冲击危险性、强烈冲击危险性、极强烈冲击危险性6个等级。

2）综合指数法

采用综合指数法评价冲击危险性时，根据矿井或工作面实际条件，输入或选取煤岩特征、煤的冲击能量指数、煤层与顶板硬厚岩层距离、发生过冲击地压情况、构造应力集中度、顶板岩层厚度特征参数、卸压情况、工作面与以往开采关系、工作面接近地质变化带情况等参数后，系统将自动计算得到的地质因素确定的冲击危险指数和开采技术因素确定的冲击危险指数，并综合给出冲击危险性评价结论。冲击危险性程度分为无冲击危险性、弱冲击危险性、中等冲击危险性和强冲击危险性4个等级。

3）可能性指数法

采用可能性指数法评价冲击危险性时，根据矿井或工作面实际条件，输入开采深度、冲击能指数、弹性能指数、动态破坏时间、抗压强度、密度、应力集中系数等参数后，系统将自动计算应力对“发生冲击地压”事件的隶属度和冲击倾向性对“发生冲击地压”事件的隶属度，并给出冲击地压发生的可能性。冲击地压发生的可能性分为不可能、可能、很可能和能 4 个等级。

4）模糊物元法

采用模糊物元法评价冲击危险性时，根据矿井或工作面实际条件，输入或选取煤岩冲击倾向性指标值、煤层厚度、开采深度、构造发育程度、开采造成的应力集中程度、开采中的诱发作用等参数后，系统将自动计算隶属度和关联度，给出冲击危险性评价结论。冲击危险程度分为无冲击危险、弱冲击危险、中等冲击危险和强冲击危险 4 个等级。

16.4.3 应用实例

1. 矿井概况

屯宝煤矿位于新疆准南煤田硫磺沟矿区西部，隶属神华新疆能源有限责任公司。根据煤炭科学研究总院开采分院的测试结果，屯宝煤矿 9 煤、10 煤、15 煤均具有弱冲击倾向性。根据“三因素”理论，煤岩具有冲击倾向性，是发生冲击地压的必要因素之一。因此，需要在采掘活动实施之前采用合适的方法评价其冲击危险性。

2. 冲击危险性评价结果

根据实验室测试结果和煤层赋存的地质条件和开采条件，应用冲击地压综合地理信息系统 V1.0 对屯宝煤矿 M9-10 煤层进行了冲击倾向性评价。

1）综合指数法评价

结合屯宝煤矿 M9-10 煤层地质条件和开采条件，将相应的参数输入冲击地压综合地理信息系统 V1.0 中的综合指数法评价界面，如图 16.4（a）所示。计算得到的地质因素确定的冲击危险指数为 0.053，开采技术因素确定的冲击危险指数为 0.588。最终确定采掘工作面冲击危险综合指数为 0.588，M9-10 煤层工作面具有中等冲击危险性。

2）可能性指数法评价

屯宝煤矿 M9-10 煤层开采深度平均为 348.3m，冲击能量指数为 2.91，煤的抗压强度为 11.45MPa，弹性能量指数为 3.5，动态破坏时间为 272.2ms，上覆岩层重度按 26 000N/m^3 计算，应力集中系数按 2.0 计算。将这些参数输入冲击地压综合地理信息系统 V1.0 中的可能性指数法评价界面，如图 16.4（b）所示。可以看出，M9-10 煤层工作面应力对发生冲击地压事件的隶属度 U_{Ic} 为 1.0，煤层冲击倾向性对“发生冲击地压”事件的隶属度 $U_{W_{et}}$ 为 0.798，冲击地压发生的可能性指数 U 为 0.899。工作面发生冲击地压的可能性为很可能。

3）数量化理论法评价

结合屯宝煤矿 M9-10 煤层地质条件和开采条件，将相应的参数输入冲击地压综合地理信息系统 V1.0 中的数量化理论法评价界面，如图 16.4（c）所示。可以看出，评价得到该工作面冲击危险为等级 4，即具有较强烈的冲击危险性。

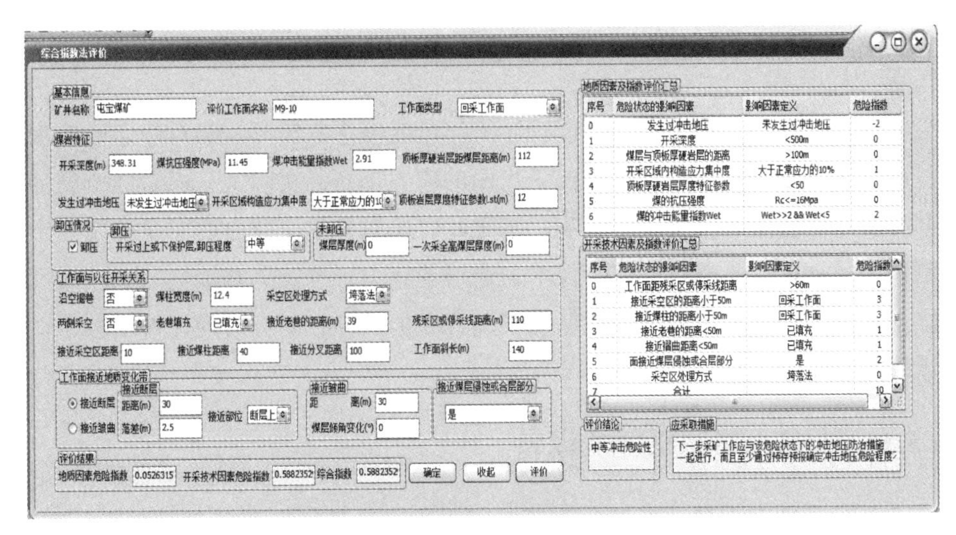

（a）综合指数法评价参数及结果

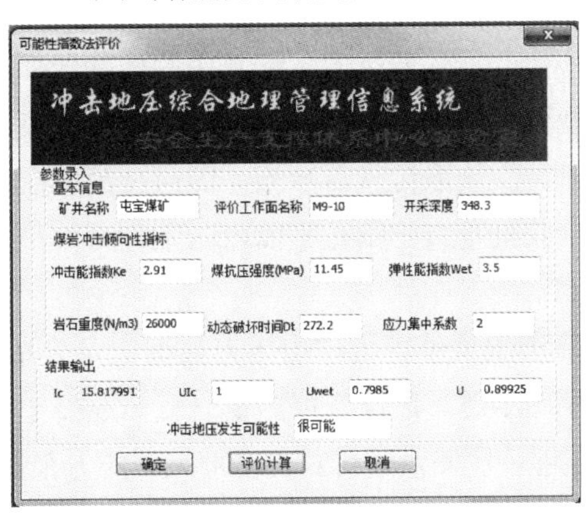

（b）可能性指数法评价参数及结果

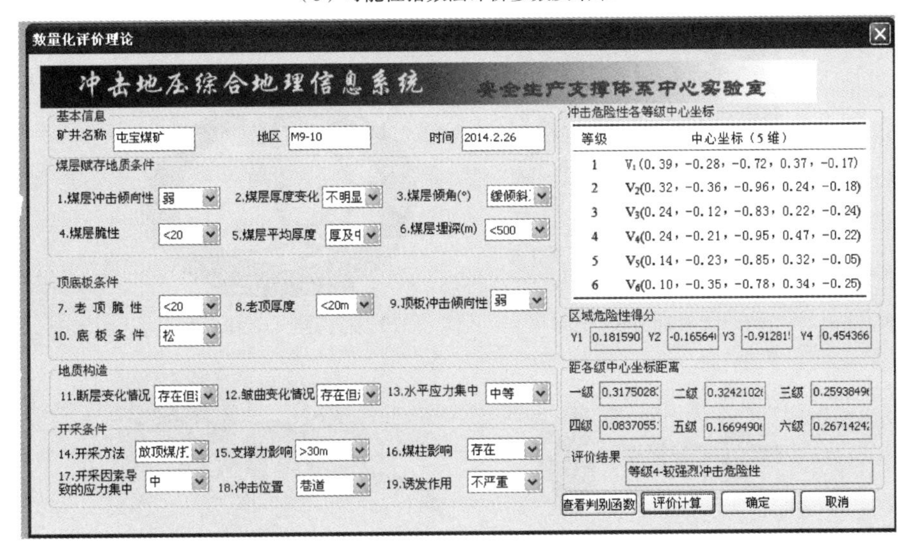

（c）数量化理论法评价参数及结果

图 16.4　屯宝煤矿 M9-10 煤层工作面冲击危险性评价

16.5 基于地应力测试及反演的冲击危险性评价技术

综合指数法、数量化理论法、模糊物元法、可能性指数法都是相对静态的冲击危险评价方法，没有精细考虑所评价的煤层或工作面的应力环境。实际上，煤岩体所处的地应力环境对其冲击危险性有非常重要的影响。基于此，煤炭科学研究总院安全分院提出了基于地应力测试及反演的冲击危险性评价技术，通过地应力现场实测和地应力场三维反演，获得煤岩体受采动影响下的应力场分布情况，结合数值模拟，以应力为评价指标，动态评价开采区域的冲击危险状态。

16.5.1 地应力测试原理及设备

地应力测试方法有多种，但目前在煤矿工程中因测量地点和时间条件等方面的制约，大多采用套孔应力解除法。套孔应力解除法又称套芯法，是在应力解除过程中通过测量岩体变形反推岩体中的初应力。首先通过安装测孔中的传感器读出一个数据，之后在测孔外用同心套钻钻取岩心，使围岩与岩心分离，解除周围岩体约束，释放应力，解除力束缚的岩心产生弹性恢复，这时再次读取传感器数据，即通过预埋在小孔中的变形计测量其应力解除前、后的径向变形，获得垂直于钻孔平面内的主应力大小及方向，进而计算得出三维应力状态，准确性高。

地应力套孔应力解除法测量设备由矿山压力数据记录分站、改进型空心包体应力计、定向仪和率定仪组成，见图 16.5。该设备可测量岩石和混凝土中的三向应力，适用于短期或长期监测三轴应力，能够一次测量就可获得全部三维应力张量，同时具有温度漂移量小，自动记录应变数据等特点。

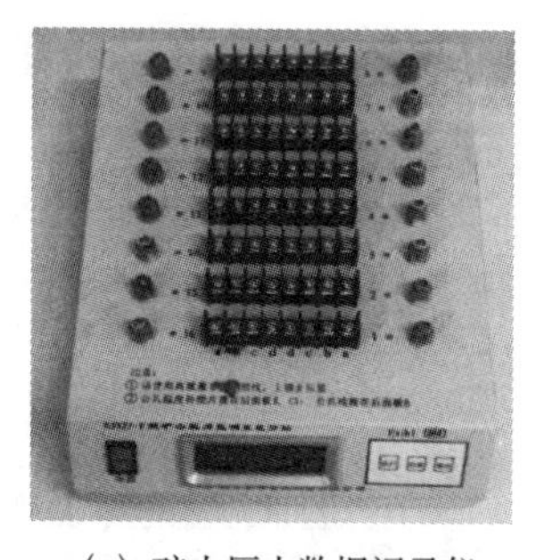

(a) 矿山压力数据记录仪

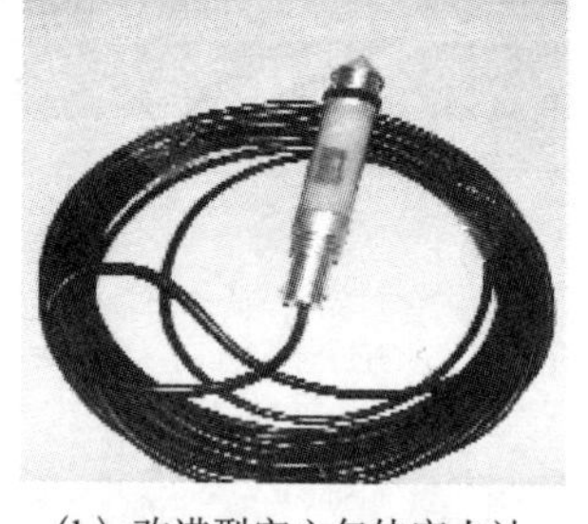

(b) 改进型空心包体应力计

(c) 定向仪

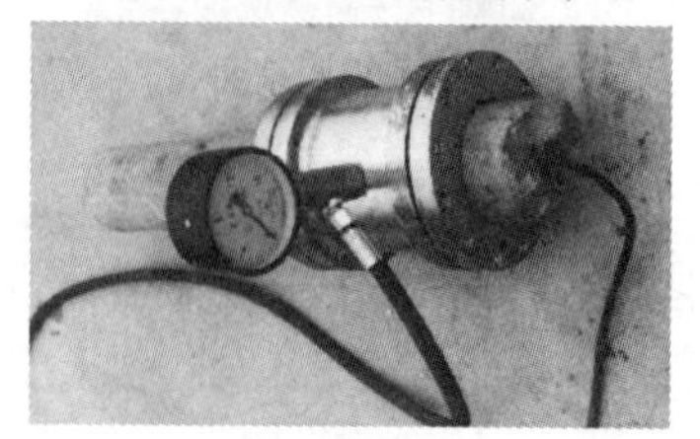

(d) 率定仪

图 16.5 地应力套孔应力解除法测量设备

16.5.2 地应力场反演原理

目前，地应力场反演方法众多，按照时间先后顺序主要有海姆法、侧压力系数法、边界载荷调整法、应力函数法、位移函数法、多元线性回归分析法、神经网络法、遗传算法等。其中多元线性回归分析方法，能够反映地形地质条件和岩体的结构形态，是目前工程中比较成熟且精确的地应力场反演方法。

多元线性回归分析方法的基本思想是基于地形地质资料，结合对考察域地应力场产生条件的认识，建立考察域三维数值模型，计算各种基本影响因素独立作用下的数值模型“观测值”，并结合一定量的实测值，展开回归计算分析，从而获得模拟整个考察域初始地应力场的回归方程。

将地应力回归计算值$\hat{\sigma}_k$作为因变量，数值计算求得的自重应力场和构造应力场相应于实测点的应力计算值σ_k^i作为自变量，则回归方程的形式为

$$\hat{\sigma}_k=\sum_{i=1}^{n}L_i\sigma_k^i \tag{16.15}$$

式中，k为观测点的序号；$\hat{\sigma}_k$为第k观测点的回归计算值；L_i为相应于自变量的多元回归系数；$\hat{\sigma}_k$和σ_k^i为相应应力分量计算值的单列矩阵；n为工况数。

假定有m个观测点，则最小二乘法的残差平方和为

$$S_{残}=\sum_{k=1}^{m}\sum_{j=1}^{6}\left(\sigma_{jk}^{*}-\sum_{i=1}^{n}L_i\sigma_{jk}^{i}\right)^2 \tag{16.16}$$

式中，σ_{jk}^{*}为k观测点j应力分量的观测值；σ_{jk}^{i}为i工况下k观测点j应力分量的数值计算值。

根据最小二乘法原理，使得$S_{残}$为最小值的方程式为

$$\begin{vmatrix} \sum\limits_{k=1}^{m}\sum\limits_{j=1}^{6}(\sigma_{jk}^{1})^2 & \sum\limits_{k=1}^{m}\sum\limits_{j=1}^{6}\sigma_{jk}^{1}\sigma_{jk}^{2} & \cdots & \sum\limits_{k=1}^{m}\sum\limits_{j=1}^{6}\sigma_{jk}^{1}\sigma_{jk}^{n} \\ \text{对} & \sum\limits_{k=1}^{m}\sum\limits_{j=1}^{6}(\sigma_{jk}^{2})^2 & \cdots & \sum\limits_{k=1}^{m}\sum\limits_{j=1}^{6}\sigma_{jk}^{2}\sigma_{jk}^{n} \\ & \vdots & \cdots & \vdots \\ & \text{称} & \cdots & \sum\limits_{k=1}^{m}\sum\limits_{j=1}^{6}(\sigma_{jk}^{n})^n \end{vmatrix} \begin{vmatrix} L_1 \\ L_2 \\ \vdots \\ L_n \end{vmatrix} = \begin{vmatrix} \sum\limits_{k=1}^{m}\sum\limits_{j=1}^{6}\sigma_{jk}^{*}\sigma_{jk}^{1} \\ \sum\limits_{k=1}^{m}\sum\limits_{j=1}^{6}\sigma_{jk}^{*}\sigma_{jk}^{2} \\ \vdots \\ \sum\limits_{k=1}^{m}\sum\limits_{j=1}^{6}\sigma_{jk}^{*}\sigma_{jk}^{n} \end{vmatrix} \tag{16.17}$$

解此方程，得n个待定回归系数$L=(L_1, L_2,\cdots, L_n)^{\mathrm{T}}$，则计算域内任一点$P$的回归初始应力，可由该点各工况数值计算值叠加而得：

$$\sigma_{jp}=\sum_{i=1}^{n}L_i\sigma_{jp}^{i} \tag{16.18}$$

式中，j=1,2,⋯,6对应初始应力6个分量。

16.5.3 冲击危险性评价方法

采用煤矿地应力场三维快速反演系统软件，将统计的钻孔信息录入软件，生成钻孔及标志层三维模型，然后利用软件生成反演地应力场几何模型。

根据工程现场测点实测应力与各基本运动模式测点应力值，建立了研究区域内任一点地应力值的多元线性回归方程，由此可以推算出区域内任意一点的初始地应力值。分别按照单独考虑自重应力、X方向构造应力、Y方向构造应力、τ_{xy}剪切方向的构造应力、τ_{yx}剪切方向的构造应力共5种不同的荷载形式，采用三维有限差分法进行应力场模拟分析，获得5种应力场。

利用煤矿地应力场三维快速反演系统软件，分别对自重和构造运动的各种基本运动模式进行模拟计算，并以工程实测地应力为应力观测值，利用所编的多元线性回归分析初始地应力场反演程序，模拟得到各工况基本运动组合模式的回归系数，实现对初始地应力场反演。

根据矿井实际开采情况，对已开采区域进行开挖，从而获得矿井受开采影响的采动应力场分布规律。同时对准备开采区域进行推演模拟，获得待采区域采动应力场演化规律，对准备开采工作面的应力水平进行反演，根据应力水平分级标准，划分出可能存在的冲击危险区域，并确定其危险等级，有效指导工作面开采过程中的冲击地压防治。

16.5.4 应用实例

1. 矿井概况

内蒙古某煤矿311102工作面为11盘区第二个工作面，煤层厚度为4.8～6.21m，平均厚度为5.42m，煤层倾角0°～3°，平均为1.5°。直接顶为3.06m的砂质泥岩，老顶为21.9m中粒砂岩，底板为4.34m的砂质泥岩。工作面范围区域为一向北西倾斜的单斜构造，分布有落差为4.1m的DF14正断层。该工作面走向长3578m，倾斜长260m，平均埋深为636m。如图16.6所示，该工作面东部靠近311101面局部采空区，西部为311103面未开采实体煤，北部为哈头才当水源保护煤柱，南部为3-1煤辅运大巷保护煤柱。2015年6月1日，311102工作面推至距切眼476m，接近“二次见方”，回风顺槽发生动压显现，自工作面至120m范围内破坏严重，巷道断面剧烈收缩，局部底板臌出达到40cm，两帮煤体破碎臌出并抛向巷道作业空间；部分巷道段锚索失效、锚网破裂，失效托盘被打飞，并造成多根单体支柱折断。

2. 地应力测量结果

采用套孔应力解除法对该煤矿地应力进行测试，4个测点位分别为3-1煤回风大巷HF6导点、311103主运顺槽S4导点、311102工作面辅运顺槽J42导点、311103工作面开切眼与辅运巷相交处。测量结果见表16.4。可以看出，11盘区为水平主控应力场，3-1煤层最大水平主应力值的分布范围为22.95～29.45MPa，其与自重应力比值为1.44～1.90，平

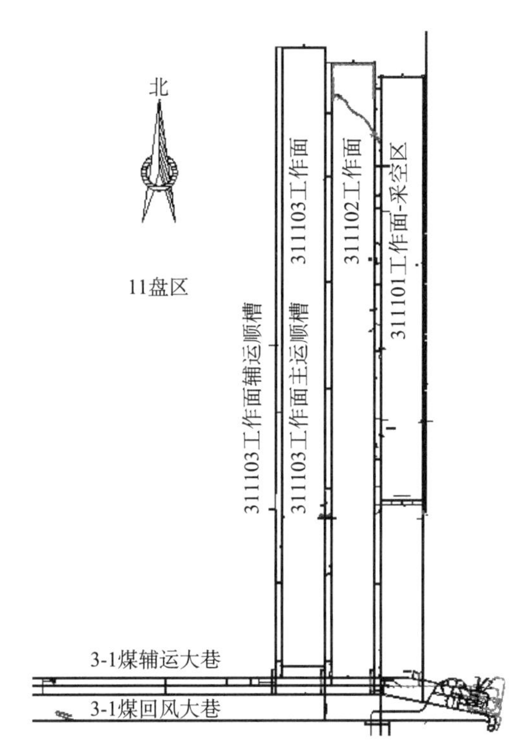

图 16.6　内蒙古某煤矿 311102 工作面采掘工程平面图

表 16.4　各测点主应力计算结果

测点号	深度/m	最大主应力（σ_{max}）			中间主应力（σ_{mid}）			最小主应力（σ_{min}）		
		数值 /MPa	方向/（°）	倾角/（°）	数值 /MPa	方向/（°）	倾角/（°）	数值 /MPa	方向/（°）	倾角/（°）
1	620	22.95	112.58	17.76	19.84	19.11	10.68	15.98	100.48	69.08
2	620	29.45	102.65	−13.41	18.05	−10.15	−10.34	15.53	116.32	−72.94
3	636	24.87	90.30	−2.80	16.41	0.31	−12.11	15.71	166.89	77.56
4	645	27.86	97.34	3.78	17.38	−8.45	−6.22	15.87	136.19	−88.94

均为 1.67 倍。最大水平主应力的走向平均为 100.72°，总体近似于东西向，与区域构造应力场最大主应力的方向基本保持一致。

3. 地应力场反演结果及冲击危险区域划分

根据地应力场反演结果，将 311101 面开挖后计算平衡，然后根据实际开采情况，将 311102 工作面逐步开挖，得到不同开挖步骤下的应力分布状态，根据应力集中程度划定冲击危险区。图 16.7 所示为该工作面开采至 1893m 时的应力分布情况，图 16.8 所示为根据应力分布特点，圈定的两个冲击危险性区域，一个位于工作面前方 0～200m，另一个位于工作面前方 478～600m。

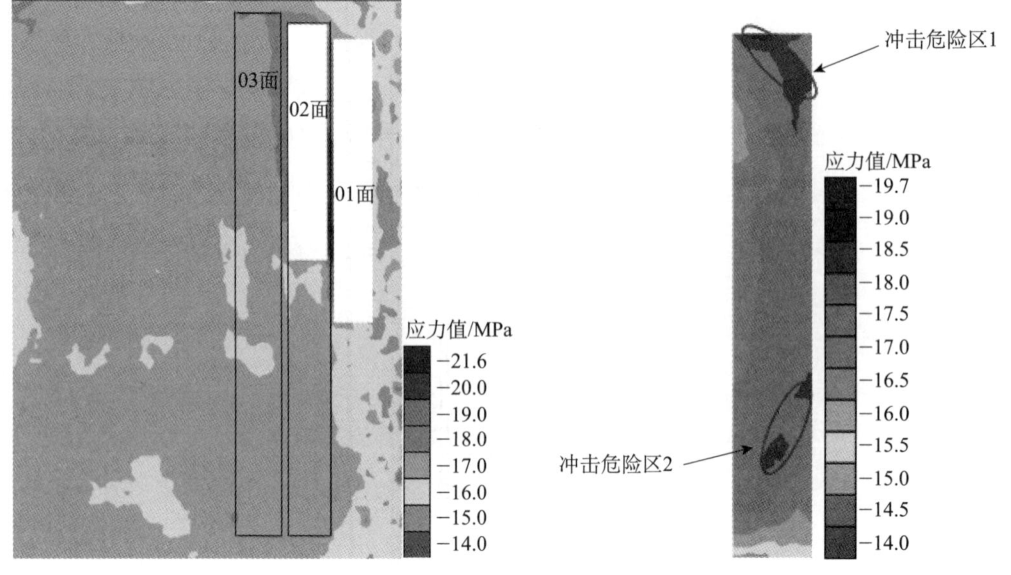

图 16.7　311102 工作面采动应力环境

图 16.8　311102 工作面冲击危险区划分

16.6　地震 CT 原位评价法

煤岩体所处的应力受地应力和采动应力的综合作用影响，随着采矿活动的不断推进，煤岩体赋存的应力场是不断动态调整的，其冲击危险性是不断变化的。为了比较准确地了解煤岩体所处的应力环境，进而评价冲击危险性，煤炭科学研究总院开采分院提出利用地震层析成像技术探测区域内煤岩的波速分布情况，然后利用应力与地震波波速的良好对应关系分析煤岩应力的分布情况，进而评价采掘工作面的冲击危险性，形成了冲击危险性地震 CT 原位评价法。

16.6.1　技术原理

地震 CT 法主要基于地震波速与煤岩层应力的正相关性，利用煤岩层波速成像评价探测范围内冲击危险性的方法。煤矿冲击地压统计表明，工作面支承压力、残留煤柱、褶曲等因素导致的应力集中区是冲击地压发生的主要区域。对同一性质的岩石来说，震动波波速越高，表明其承受的静载荷水平越高，冲击危险性就越高。

16.6.2　冲击地压危险性评价模型

综合波速大小和波速梯度对冲击危险性的影响，建立的冲击地压危险性评价模型为

$$C = a\mathrm{AC} + b\mathrm{GC} = a\frac{V_{\mathrm{P}} - V_{\mathrm{P}}^{0}}{V_{\mathrm{P}}^{\mathrm{c}} - V_{\mathrm{P}}^{0}} + b\frac{G_{\mathrm{P}}}{G_{\mathrm{P}}^{\mathrm{c}}} \tag{16.19}$$

其中：

$$AC=\frac{V_{P}-V_{P}^{0}}{V_{P}^{c}-V_{P}^{0}} \tag{16.20}$$

$$GC=\frac{G_{P}}{G_{P}^{c}} \tag{16.21}$$

式中，C 为冲击地压危险性指数；AC 为波速大小影响值；GC 为波速梯度影响值；a，b 分别为两因子的权重系数，均取 0.5；V_P 为测区内某一位置的纵波波速值，m/ms；V_P^0 为测区内围岩纵波波速平均值，m/ms；V_P^c 为为测区内围岩极限纵波波速值，m/ms；G_P 为测区内围岩某点的纵波波速梯度；G_P^c 为现场条件下测区内围岩极限纵波波速梯度。

根据该模型计算得到的 C 值，将冲击危险性分为四级，$C<0.25$，无冲击危险；$0.25\leqslant C<0.5$，弱冲击危险；$0.5\leqslant C<0.75$，中等冲击危险；$0.75\leqslant C\leqslant 1$，强冲击危险。若 C 为负值，表明该区域处于卸压状态，且 C 值越小，卸压程度越大。

16.6.3　冲击危险性评价方法

地震 CT 技术主要利用透射波数据评价冲击危险性，观测系统的布置如图 16.9 所示。激发点和接收点应分别布置在不同的巷道中，通常在轨道巷布置激发点，在皮带巷布置接收点。为提高数据覆盖密度，在现场条件允许的情况下，可以在两平巷之间的联络巷或采场巷道增设激发点。

激发点可选用矿用乳化炸药激发，单孔药量需根据观测系统的最大源检距和煤岩体的完整性确定，最大源检距越大，煤岩体越疏松，需要激发的药量越大。若巷道围岩破碎严重，应加大激发孔深度，以免震动波能量过度衰减。为防止爆破对煤帮的完整性造成损坏，炮孔亦应保证一定深度。

接收点选择波兰 EMAG 公司生产的 PASAT-M 型便携式微震探测系统接受透射波信号。该系统结构如图 16.10 所示，由主控 MWP、分站 MPT、探头式检波器 SG/2H、传输电缆 LS2、PDA 等组成，配备 PASAT-SSA 震波 CT 后处理软件。检波器需与围岩保持良好耦合，为降低巷道松动圈的影响，可利用支护锚杆作为传导介质。

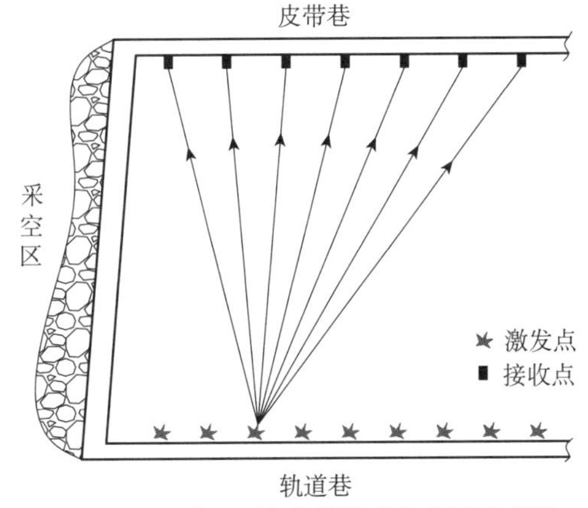

图 16.9　地震 CT 技术观测系统布置示意图

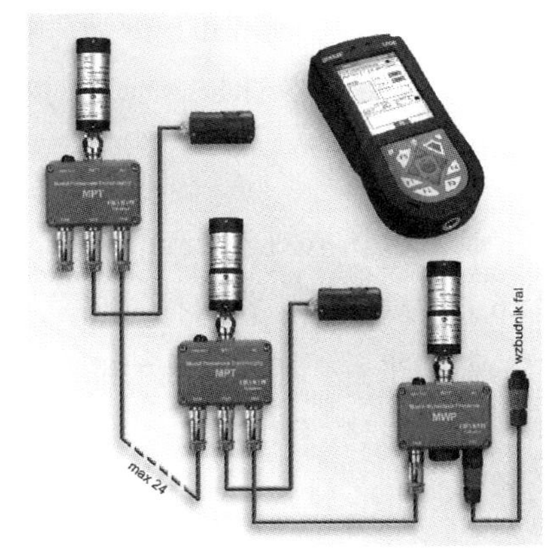

图 16.10　PASAT-M 探测系统连接示意图

16.6.4 古山煤矿冲击危险性评价

1. 古山煤矿概况

平庄煤业古山煤矿一井东 069-2 工作面，煤层厚度 6.1～19.5 m，工作面走向长 393 m，倾斜长 61 m，平均倾角 26°，平均埋深为 355 m，上覆 232 m 坚硬辉绿岩。如图 16.11 所示，该工作面靠近石门区域煤层上分层局部采空，分别为 069-1 工作面采空区和 068-1 工作面采空区。2012 年 10 月 17 日，工作面尚未回采，当晚发生强烈冲击地压，导致约 200m 巷道受损，中部区域（虚线框所示）破坏极为严重，局部闭合。为准确把握工作面冲击危险状态，以针对性指导解危措施，及早恢复生产，利用本研究成果对 069-2 综放工作面进行了采前预评价。探测当日，运输巷未扩修段 72 m，回风巷未扩修段 24 m。

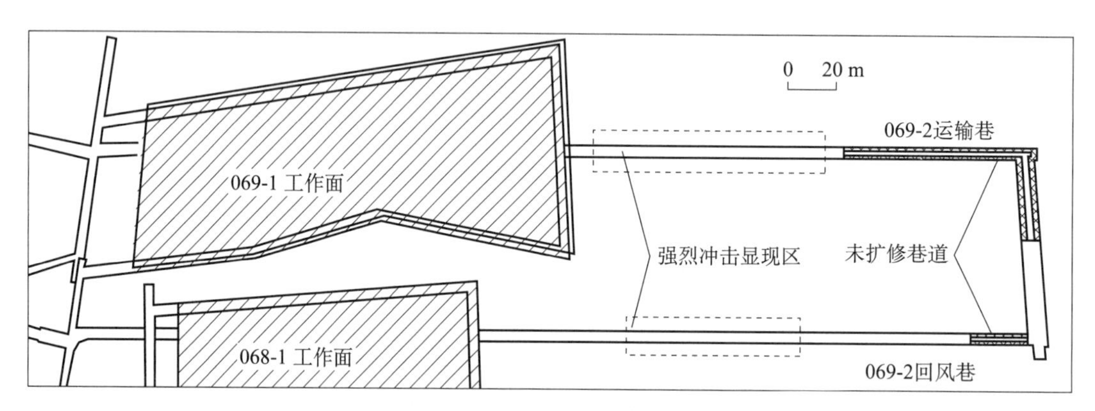

图 16.11 古山煤矿 069-2 工作面采掘工程平面图

2. 实施方案

探测方案如图 16.12 所示。激发端位于回风巷侧，检波器采集端位于运输巷侧。每次激发有 12 通道检波器同时进行接收，第一轮有效激发 23 炮，第二轮有效激发 24 炮，试验共接收有效数据 564 道。实际炮孔最大间距 13 m，最小间距 5 m，平均间距 6.9 m。实际检波器最大间距 17 m，最小间距 9 m，平均间距 11.8 m。运输巷探测范围 272 m，回风巷探测范围 316 m，平均 294 m。探测期间，关闭采煤机、皮带、泵站等可引起显著震动的设备。采用设备配套 PASAT-SSA 软件对有效地震波数据进行处理，并按式（16.19）模型进行计算冲击危险性指数。

3. 冲击危险区域划分

图 16.13 为 069-2 工作面探冲击危险性指数分布图，区域内 C 最大值为 0.85，最小值为 –0.35。总体来看，测区内绝大部分区域冲击危险性指数小于 0.75，但存在约 1/5 测区面积的冲击危险性指数为 $0.5 \leqslant C < 0.75$。依据分类标准，划定 4 处中等冲击危险区，1 处弱冲击危险区，见图 16.14。

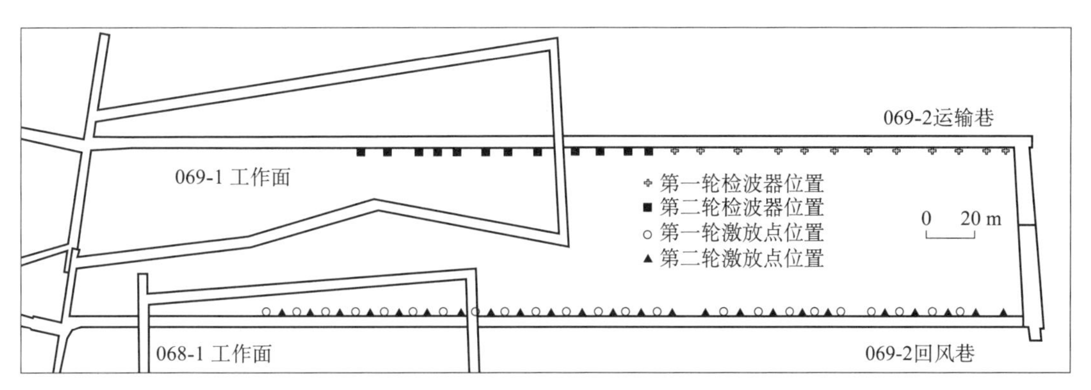

图 16.12　古山煤矿 069-2 工作面探测方案

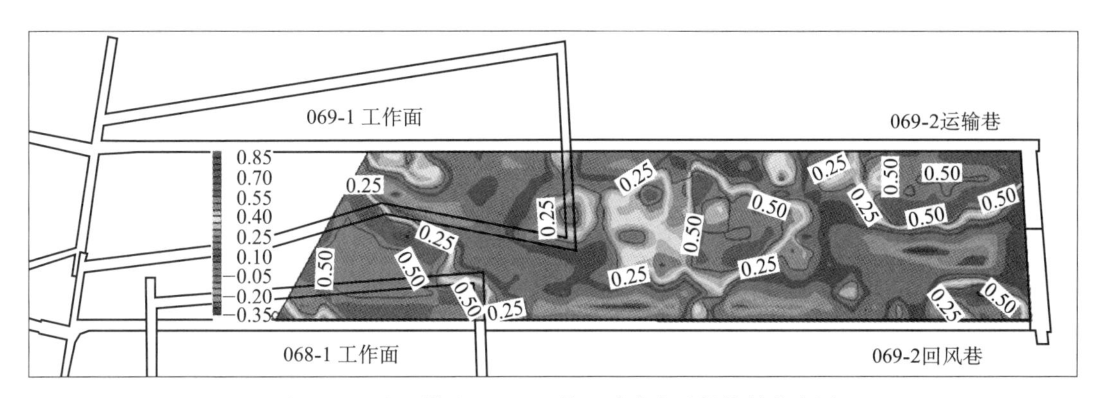

图 16.13　古山煤矿 069-2 工作面冲击危险性指数分布图

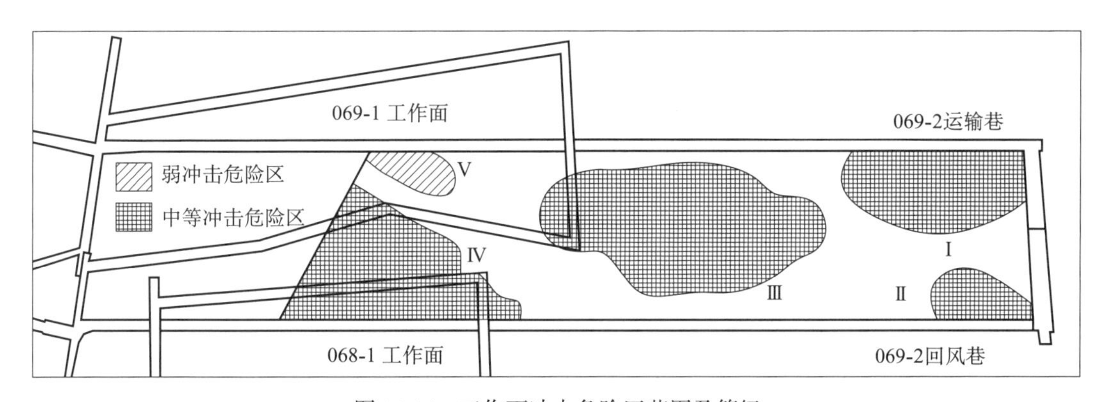

图 16.14　工作面冲击危险区范围及等级

（本章主要执笔人：北京研究院齐庆新，欧阳振华，赵善坤，张宁博；开采分院潘俊锋）

第17章 冲击地压监测预警技术

冲击地压的监测预警是防止事故发生的有效手段之一。人们很早就开始进行冲击地压预测预报研究，先后发展了多种预测预报方法。这些方法大致可分为三类：第一类是岩石力学方法，如钻屑法、煤岩体变形观测法和应力测量法。这类方法需要借助一定的仪器设备对岩体进行检测，根据实时数据、实验现象和相关指标来评价冲击地压发生危险性。第二类是地球物理方法，如电磁辐射法、声发射法、微震监测法等。这类方法需要通过仪器捕捉岩体变形破裂过程中所释放的各种能量信息，对煤岩体受力变形状态进行预测，进而对冲击地压危险性进行评判。第三类是经验类比法，根据以往对发生过冲击地压矿井的经验进行总结，用于预测条件相似矿井的冲击地压。

煤炭科学研究总院在开展冲击地压监测预警研究方面，形成了微震监测预警技术、应力在线监测预警技术和分源权重综合预警技术。本章介绍这 3 种技术的监测原理、监测系统、预警方法和典型工程案例。

17.1 微震监测预警技术

应用微震监测技术预测预报冲击地压是煤岩动力灾害防治领域的一个热点。微震监测技术在波兰、南非、美国、加拿大、澳大利亚等国的深井矿山中得到了广泛应用。南非、波兰、捷克和加拿大等国已经建成了国家级矿山微震监测网来预测冲击地压。我国自 1959 年在北京门头沟矿首次采用 581 微震仪监测冲击地压活动以来，在微震监测煤岩动力灾害方面取得了丰硕的研究成果。除先后引进波兰 SYLOK、ARAMIS、SOS 微震监测系统、加拿大 ESG 微震监测系统、南非 ISS 微震监测系统外，北京科技大学、煤炭科学研究总院等国内科研院校与企业还研发出具有自主知识产权的微震监测系统，开展煤矿冲击地压的监测预警。

17.1.1 自震式微震监测技术

目前，传统微震监测技术面临的最大问题是震源定位精度比较低。为了解决这一问题，大多采用优化传感器站网的空间位置、线性定位法、联合定位法、遗传算法、粒子群算法、单纯形法等方法来提高震源定位精度。虽然这些方法对提高震源定位精度起到了一定的作用，但是由于其定位算法是建立在 P 波在煤岩体中传播速度保持不变的假设的基础上的，这种假设与煤岩体是一种非连续非均质介质的本质相差甚远，因而，无论采取什么措施，定位精度都很难取得令人满意的效果。

为了从根本上解决微震监测系统的震源定位精度问题，煤炭科学研究总院安全分院提出了自震式微震监测技术。该技术的震源定位原理如图 17.1 所示。在监测区域内布设拾震器和自激震源。监测过程中，首先使自激震源产生某一频段的微震信号，微震信号通过煤岩体传播到拾震器所在位置后，拾震器接受到该类微震信号。由于自激震源和拾震器的位置事先已经设定好，位置已知，发生的微震信号也是已知的，利用微震信号通过煤岩体传播部分频谱特性保持不变的特点，可以有效分辨出那些由自激震源产生经过煤岩体传播过来的信号，由此反演监测区域内煤岩体的波速场。当拾震器接受到由于煤炭资源开采引起煤岩体产生破裂而发生的微震信号时，结合反演的波速场，进行微震事件的定位，这样就可以突破传统微震监测系统定位需要假定 P 波在煤岩体中传播波速保持不变的假设。由于实现了波速场的实时反演，因而可以提高震源定位精度。

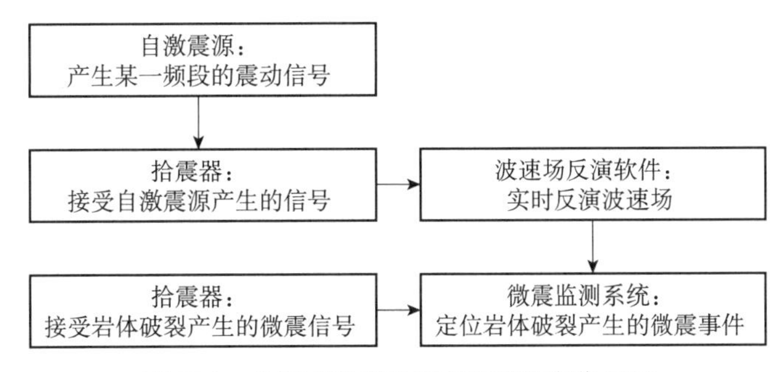

图 17.1 自震式微震监测系统震源定位原理

17.1.2 KJ768 煤矿微震监测系统

1. 系统组成

2013 年，煤炭科学研究总院安全分院研发的第一套自震式微震监测系统——KJ768 煤矿微震监测系统获得 MA 认证。该系统测试结构如图 17.2 所示，主要包括微震数据采集系统和微震数据处理软件。

1）微震数据采集系统

微震数据采集系统包括拾震器、自激震源和数据采集分站三大部分。

（1）GZC70 矿用本安型拾震传感器。KJ768 煤矿微震监测系统配备的 GZC70 矿用本安型拾震传感器有 5 种，频率分别为 4.5Hz、10Hz、40Hz、60Hz 和 100Hz。2013 年 10 月，在波兰 EMAG 工业创新技术研究院的高性能震动测试平台上对 5 类传感器进行了性能测试，并与波兰 ARAMIS M/E 微震监测系统拾震器进行了对比测试。测试结果表明，GZC70 矿用本安型拾震传感器与 ARAMIS M/E 微震监测系统拾震器具有同等测试灵敏度和动态响应性能，拾震器性能达到国际上同类微震监测系统的先进水平。

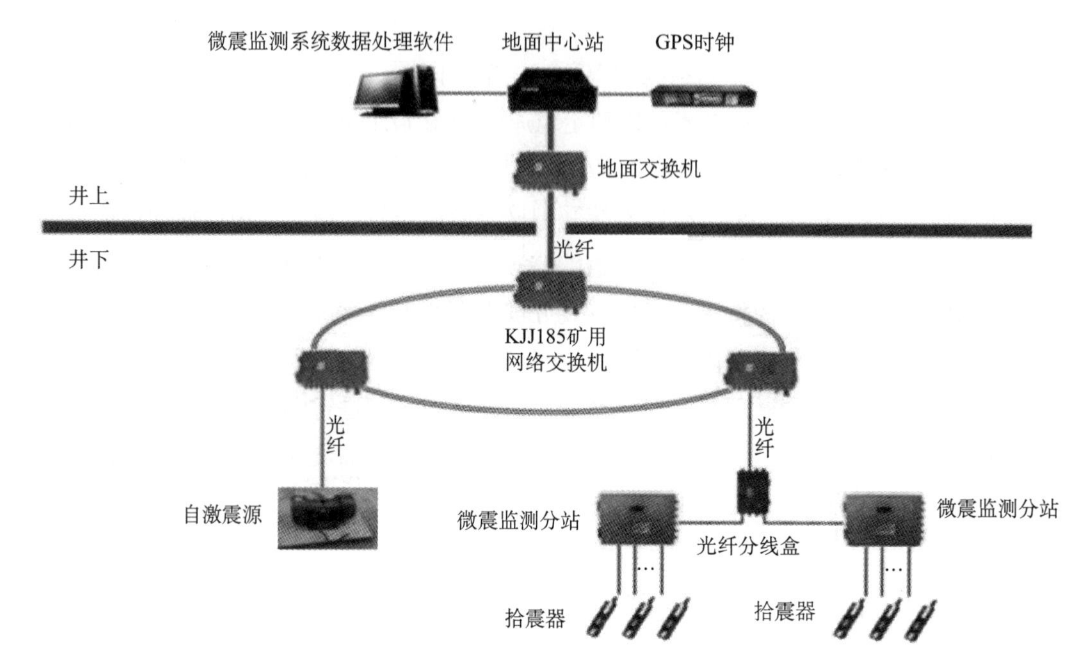

图 17.2 KJ768 煤矿微震监测系统结构

（2）KJ768-F 矿用本安型监测分站。它是 KJ768 煤矿微震监测井下微震监测数据采集、数据传输和 PTP 校时装置。微处理器支持 IEEE 1588—2008 标准，通过在每个网络帧的接收或发送状态中加上 64 位的时间戳，使用 PTP 协议完成时间的校正，分站间时间误差小于 1μs。

（3）自激震源。选用振动电机作为自激震源的起震装置，设计了矿用隔爆电源控制器。振动电机可以根据控制器给定的频率发出振动，以此产生不同频率的振动信号。

2）微震数据处理软件

微震数据处理软件包括数据采集软件、波速场反演软件和数据分析软件。

（1）数据采集软件。数据采集软件运行于井下微震监测分站，用于实时采集监测区域内发生的微震事件，根据设定的微震事件判断规则，对采集到的数据进行初步判断，剔除异常数据，将符合判断规则的数据上传到数据库。此外，数据采集软件还具有记录分站相关信息、设定监测分站采样参数以及监测网络测试系统内设备是否处于正常工作状态等功能。

（2）波速场反演软件。根据自激震源产生的震动信号和各拾震器接受到的同一频谱特征信号，在系统自动或人工手动拾取地震波的初至后，系统自动根据初至数据进行波速场反演，并以等值线图或者云图显示波速。

（3）数据分析软件。数据分析软件首先采用低通、高通、带通和带阻四种形式中的一种或多种，对拾震器监测到的煤岩破裂产生的微震数据进行滤波处理，而后结合波速场反演得到的波速，进行震源定位和能量计算，并可以将微震事件发生位置和能量大小在二维平面图或三维空间显示出来。

2. 系统主要特点

（1）系统配备自激震源，能根据激发信号和接受信号反演监测区域的波速场，在接受到岩体破裂产生的微震事件后，结合反演的波速场进行微震事件的定位，提高了微震监测系统的震源定位精度。

（2）分站具有24位A/D转换功能，可以提供高精度的数字信号，具有实时显示功能，可显示各通道拾震器工况和通信网络工况。

（3）实时、连续、自动采集原始震动信号，波形滤波处理，震源定位与分析。

（4）开发的动态数据库，具有智能数据判断功能，可实现全时域数据的自动动态记录与存储。

（5）具有监控区域的CT扫描功能，便于分析监测区域内岩层活动信息和构造分布信息。

（6）可实时显示监测区域内的应力分布云图，便于冲击危险性的实时分析。

3. 主要特征参数

（1）GPS授时精度及同步采样精度：1μs。

（2）系统采样频率：<35kHz。

（3）拾震器监测微震波频率范围：1～1500Hz。

（4）拾震器灵敏度：110V/m·s^{-1}±10%，耐振动加速度：50m/s^2，耐冲击峰值加速度：500m/s^2。

（5）震源定位误差<8.5m。

17.1.3 跃进煤矿冲击地压监测预警

1. 跃进煤矿及其冲击地压概况

跃进煤矿位于河南省义马市南2km，隶属河南能源化工集团义煤公司，生产能力120万t/a，是一座典型的冲击地压矿井。该矿进入25深部采区后发生了40余次冲击地压，其中2007年的“6.19”冲击地压破坏性最严重，造成25080工作面下巷约300m基本堵死，上巷外段的80m范围巷道严重底臌，累计冲出煤量达3700m^3，造成运输系统瘫痪，设备破坏，直接经济损失上千万元。

跃进煤矿23070工作面北临23050工作面采空区，南临23090工作面采空区，东为矿井边界煤柱，西为23区上山煤柱，是一个典型的孤岛工作面，具有较强的冲击危险性。该工作面切眼贯通期间发生一次冲击地压，造成切眼内第9架门式抬棚活柱回缩200mm，切眼30～55m处顶板下沉约200mm。

2. 微震监测系统测点布设

根据跃进煤矿23070工作面冲击危险性评价结果及现场发生的冲击地压现象，从2014

年8月开始，采用KJ768煤矿微震监测系统在该工作面开展冲击地压监测预警。现场测点布设如图17.3所示。为避免周围采空区对微震波传播的影响，在进风巷和回风巷分别安装KJ768-F本安型微震监测分站1台，分别安装拾震器8台，并使用2台矿压隔爆直流稳压电源为微震监测分站供电。拾震器每隔35m安装1台，采用可移动式的锚杆安装法，随着工作面的向前推进，临工作面最近的拾振器移动到前端。

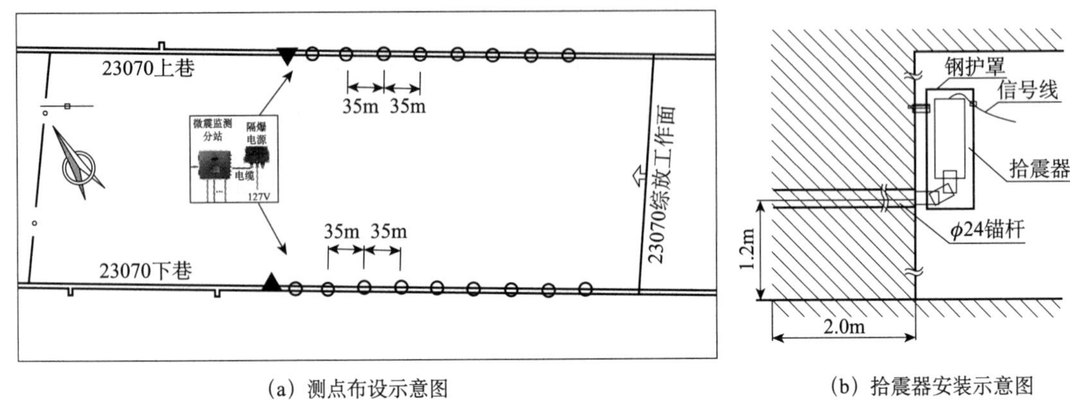

（a）测点布设示意图　　（b）拾震器安装示意图

图17.3　KJ768微震监测系统平面布置示意图

3. 冲击地压预警方法

1）冲击地压预警模型

由于冲击地压微震监测数据主要包括微震频次时序变化、事件空间展布和能量大小三个方面信息，与其对应的是预警指标体系中的时序分布指标、空间分布指标和能量指标，故因子集合的建立应至少涵盖上述三类指标。

根据现场监测数据情况，同时考虑指标因子对预警结果的影响作用，选取微震频次N、震源集中度ξ和微震总能量E建立预警模型因子集合U，即$U=(N, \xi, E)$。

2）冲击危险性分级

评价集合V代表各种可能的总评判结果，即冲击地压危险等级分为4类，即$V=$（无冲击危险，弱冲击危险，中等冲击危险，强冲击危险）。用Ⅰ、Ⅱ、Ⅲ和Ⅳ分别代表无、弱、中、强4个危险等级，则$V=$（Ⅰ，Ⅱ，Ⅲ，Ⅳ）。

通过分析，得到各评价因子不同危险等级的数据，如表17.1所示。

表17.1　各评价因子分级阈值

危险等级	微震频次N	震源集中度ξ	微震总能量E/J
无冲击危险	0	12	1×10^3
弱冲击危险	5	10	1×10^5
中等冲击危险	10	8	1×10^6
强冲击危险	50	6	1×10^8

注：表中数据均为各因子不同危险等级下限。

4. 跃进矿 23070 工作面冲击地压预警

2014 年 8 月 30 日～9 月 28 日期间的每日微震能量和频次的监测结果如图 17.4 所示，在此期间，KJ768 微震监测系统监测到的微震事件释放能量统计结果如图 17.4（a）所示，微震事件频次统计结果如图 17.4（b）所示。

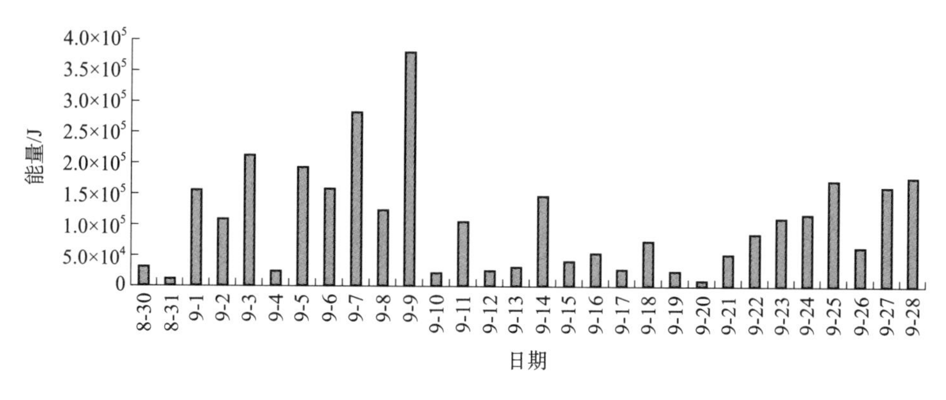

（a）微震事件释放能量

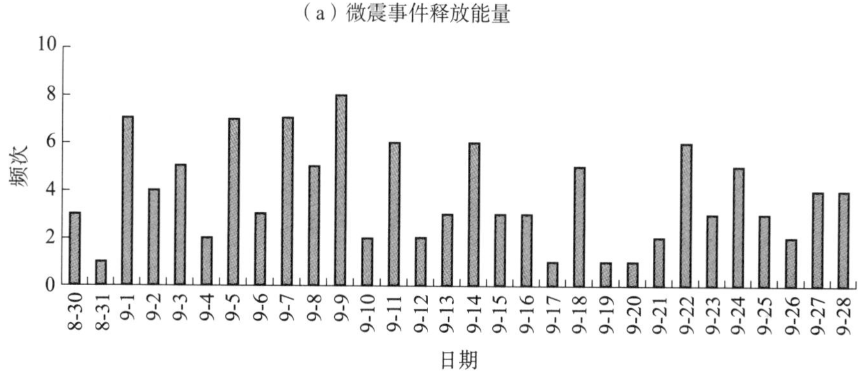

（b）微震事件频次

图 17.4　KJ768 微震监测系统监测结果统计

采用 KJ768 微震监测系统在跃进矿 23070 工作面监测以来，先后 26 次对工作面开展了冲击地压预警，其中 3 次强冲击危险预警，9 次中等冲击危险预警，14 次弱冲击危险预警。每次预警后在微震事件集中的区域均采取大孔径卸压、煤层卸载爆破卸压等冲击地压解危措施，降低工作面冲击危险性，确保 23070 工作面的安全回采。

17.2　应力在线监测预警技术

地下煤炭资源开采以前煤岩体处于原岩应力状态，进行采掘活动后，破坏了煤岩体原始的应力平衡状态，产生了应力集中、应力转移等应力变化，在采掘空间周围形成采动应力，地应力与采动应力是煤岩动力灾害的根本驱动力。采动应力场受采掘工作面的推进而不断变化，因而可以通过对煤岩体应力的长期、动态、在线监测，研究煤岩体应力变化与发生冲击地压的关系，实现冲击地压的预警。

17.2.1 技术原理

研究表明，冲击地压发生的根本原因是煤岩体的过度应力集中。一般认为，采掘围岩的应力集中程度越高，冲击地压发生的可能性也就越大。因此，实现在线监测围岩应力变化过程，对于明确冲击危险区分布，掌握冲击危险演化进程，开展采掘工作面冲击危险性临场预警具有重要意义。

目前，煤矿多采用液压式钻孔应力计监测煤岩体采动应力。其工作原理为：煤体应力增大时，钻孔发生变形，压力通过传感器两侧包裹体传递到充液后的压力枕，钻孔压力被转变为压力枕内液体压力，压力经导压管再传递到转换器，最终将压力信号变成可识别的电信号，并上传至监测网络。应力监测数据在线传输至地面采动应力监测平台，通过后处理软件生成便于理解的各类图表，并依据设定的预警准则判定冲击危险区域分布情况及冲击危险等级。

17.2.2 KJ21冲击地压应力在线监测系统

1. 系统构成

在早期采动应力监测系统的基础上，结合冲击地压发生机理及特点，煤炭科学研究总院开发了KJ21型冲击地压应力在线监测系统。该系统主要包括井下煤岩体应力监测装置、数据传输网络、显示平台、冲击地压预警软件等部分，其结构如图17.5所示。

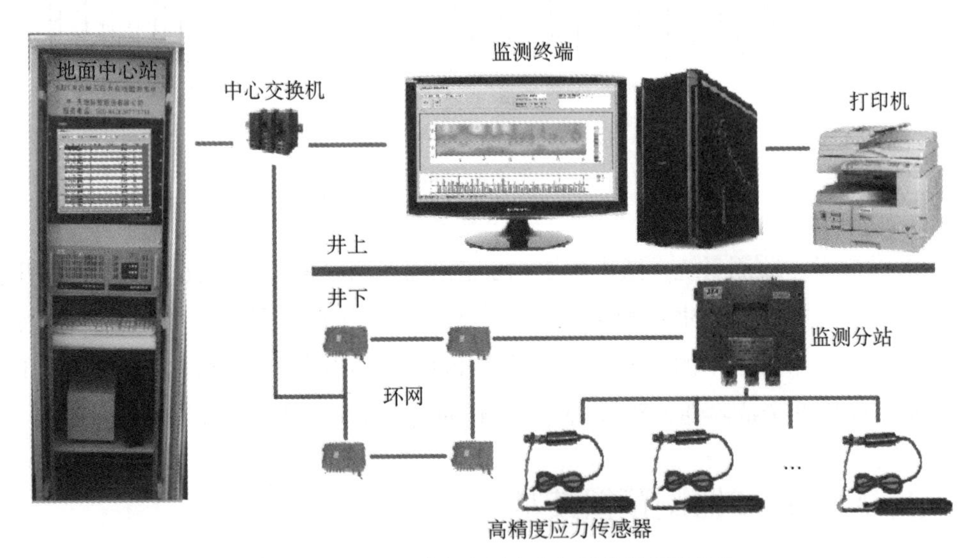

图17.5 KJ21型冲击地压应力在线监测系统结构

2. 系统特点

（1）系统采用高精度溅射薄膜工艺传感器进行数据采样。这种传感器在高真空度中，利用离子束溅射技术，将绝缘材料、电阻材料、焊接材料以分子形式淀积在弹性不锈钢膜片上，形成牢固而稳定的惠斯顿电桥。传感器测量稳定可靠，能够承受高压冲击。

（2）系统采用最短为毫秒级采样的工作模式，保证冲击地压应力监测的实时性和准确性，实现真正意义上的连续监测。

（3）系统能够实现井下环网、地面局域网及 Internet“三网”无缝对接，在网络环境下进行可靠传输。

（4）系统能够实现远程同步到主管部门、监管部门及服务商数据处理中心，便于进行远程监管和服务。

3. 系统技术参数

（1）系统容量：1～128 台分站。

（2）分站容量：1～128 台应力传感器。

（3）系统通信距离：小于 30km。

（4）传输方式：工业以太环网、CAN 总线。

（5）应力传感器量程：0～50MPa。

（6）应力传感器分辨率：0.1MPa。

17.2.3　冲击地压应力在线监测预警方法

1. 应力传感器布置方法

依据冲击危险性预评价结果，在重点冲击危险区域范围内布置应力传感器。应力传感器布置在巷道围岩应力集中区范围内，且埋设深度应有区别，帮部传感器最大深度 h 一般不小于巷道宽度的 2 倍，对于巷帮塑性区宽度较大，应力集中区远离巷帮的巷道，应适当增大埋深。如图 17.6 所示，图中 b 为巷道宽度。传感器间距的设置应综合考虑冲击危险区域分布、实际地质及开采条件等因素。在冲击危险等级较高、地质或开采条件变化显著的区域，应适当缩小传感器间距，增加监测点密度。

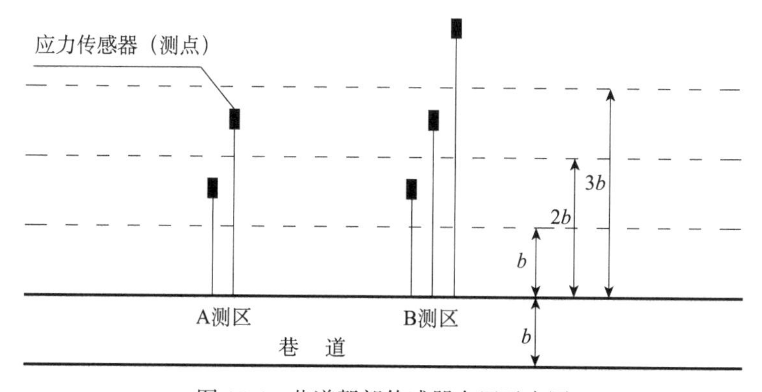

图 17.6　巷道帮部传感器布置示意图

2. 应力监测与冲击地压危险性分析

利用煤岩体应力分析冲击地压危险性时，应综合考虑应力大小、应力增速、应力分布梯度、测点安装深度、煤层强度、测点与采掘工作面相对距离等因素。由于冲击地压发生机理及启动条件的复杂性，目前难以确定具有普适性的精确量化冲击危险预警指标，需要结合矿井自身条件及统计规律不断摸索。一般认为，应力大小和应力增速与冲击危险呈正相关性，可根据现场发生冲击地压或强矿震前的应力状态及变化情况确定及修正相关指标。表 17.2 所示为冲击地压应力监测预警的参考指标。需要指出的是，煤层硬度较大时，钻孔围岩自承能力较强，采动应力变化时钻孔变形量较小，因此，钻孔中的应力传感器对采动应力的敏感度将降低，具体的冲击危险等级判别方法需单独研究。

表 17.2　冲击地压应力监测预警参考指标

判别指标	冲击危险等级							
	A 无		B 弱		C 中等		D 严重	
	$h<2b$	$h\geqslant 2b$	$h<2b$	$h\geqslant 2b$	$h<2b$	$h\geqslant 2b$	$h<2b$	$h\geqslant 2b$
监测应力大小 σ/MPa	$\sigma<8$	$\sigma<10$	$12>\sigma\geqslant 8$	$15>\sigma\geqslant 10$	$16>\sigma\geqslant 12$	$20>\sigma\geqslant 15$	$\sigma\geqslant 16$	$\sigma\geqslant 20$
监测应力增速 V_σ/（MPa/d）	$V_\sigma<0.4$	$V_\sigma<0.5$	$0.8>V_\sigma\geqslant 0.4$	$1>V_\sigma\geqslant 0.5$	$1.2>V_\sigma\geqslant 0.8$	$1.5>V_\sigma\geqslant 1$	$V_\sigma\geqslant 1.2$	$V_\sigma\geqslant 1.5$

注：h 测点深度；b 巷道宽度。

17.2.4　龙家堡煤矿冲击地压应力在线监测预警

1. 矿井概况

龙家堡矿区隶属吉林省长春市所辖九台市。矿井于 2006 年 3 月建井，2009 年 7 月正式投产，核定生产能力 300 万 t/a，是吉林省第一座年产 300 万 t 的现代化矿井。龙家堡煤矿首采面（201 工作面）采深达到 820～840m。当前主采工作面采深已接近 1000m，大大超过了冲击地压频繁发生的临界采深。矿井采掘过程中，时常发生较为明显的动力现象，对矿井正常生产影响较大。随着井田开采深度的增加和开采范围的加大，冲击地压显现将越发频繁，由此带来的安全威胁也将日趋严重。

2. 安装方案

2015 年 2 月，根据冲击危险性预评价结果，409 工作面即将回采到停采线附近的应力集中区。为实时把握该区域冲击危险性，在 409 进风巷安装 KJ21 冲击地压应力在线监测系统。

409 进风巷设计监测范围 130m，布置 5 组监测测站，组间距 30m，每组孔深按浅－中－深 3 个测点组合，孔深分别为 6m、9m 和 15m，孔径 48mm，组内测点间距 5m，共布置 15

台传感器，如图 17.7 所示。

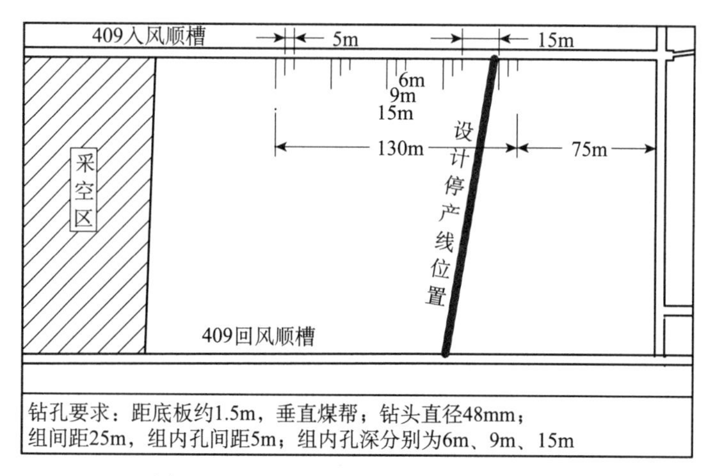

图 17.7　409 进风巷钻孔应力计布置方案

3. 冲击地压预测

2015 年 2 月 4 日～3 月 3 日，在同一时间段内，随着工作面不断推进，离工作面越近的应力计应力增幅越大。其中，离工作面最近（距巷口 86m）的 1 号应力计压力从 5MPa 上升到 9MPa，上升了 80%，距巷口 124m 的 5 号应力计压力从 5.5MPa 上升到 11.5MPa，上升了 101%，距离巷口 174m 的 11 号应力计压力从 5.5MPa 上升到最高 25MPa，上升了 355%。11 号应力计监测数据如图 17.8 所示。

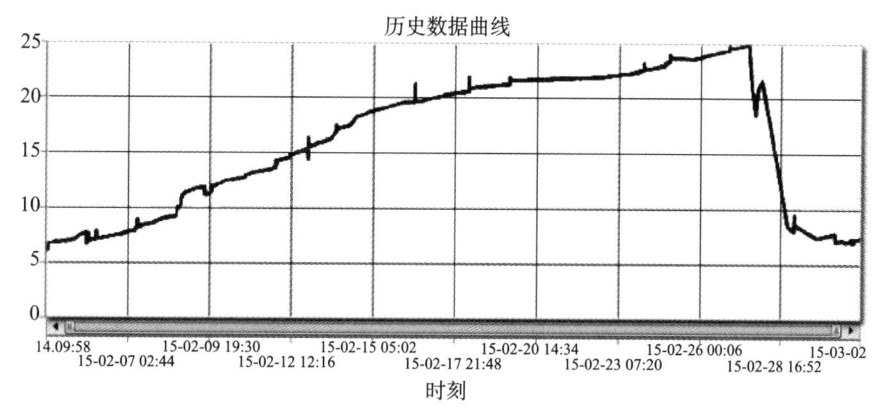

图 17.8　11 号钻孔应力计应力曲线

根据初步设定的预警指标，11 号应力计于 2 月 10 日发出黄色预警，防冲队随即对其周围煤体采取爆破卸压措施。2 月 10 日～13 日共进行 14 次卸压爆破，周围 10 号、11 号和 12 号应力计应力有所波动，且整体上应力还是呈增加趋势。同时，通过对 409 工作面微震事件统计发现，卸压期间微震频次增加至 83 次，但能量水平较低，这说明爆破后煤岩体释放能量更为平稳。2 月 27 日 8 点班开始对 11 号应力计附近注水孔进行注水，加速了煤岩体的能量的释放速度。27 日 14 时，11 号应力计应力值从 24.9MPa 下降至 18MPa，随后应力又上升到第二高点 22MPa，之后再次下降至 8MPa。在第二次应力下降过程中，409 工作面靠近应力计附近 3min 内发生 3 起能量大于 10^6J 的震动事件，压力得到释放，起到了消冲的作用。

17.3 分源权重综合预警技术

由于冲击地压研究对象极其复杂，冲击地压发生的前兆信息及其变化规律尚未完全掌握清楚，采取单一的监测手段很难实现冲击地压的有效预警。为此，煤炭科学研究总院以冲击地压发生载荷源为切入点，基于冲击启动载荷源时间、空间孕育特征，提出采用多种不同的方法对冲击启动载荷源开展分源监测，根据激发冲击启动的实际贡献大小，对不同监测方法各自的评价指标、结果进行权重综合，最终得到权重综合评价结果，形成了冲击地压分源权重综合预警技术。

17.3.1 技术原理及特点

对冲击地压进行预警，必须掌握冲击地压的启动机制，弄清其激发冲击启动载荷来源。冲击地压启动的载荷来源主要分为两类：第一类采动围岩远场系统外集中动载荷，包括远场或近场的厚硬岩层活动、采掘爆破等产生的冲击波，以采场大面积坚硬顶板断裂或上覆高位坚硬顶板断裂、底板断裂、井下爆破产生的瞬间压缩弹性能为主；第二类采动围岩近场系统内集中静载荷，指采动影响产生应力场后，以顶、底板断裂前产生的集中弯曲弹性能和采场围岩中的集中压缩弹性能为主。因此，可以根据引起冲击地压的两种类型的载荷源的特性，选择合理的监测手段，进行分源监测预警。采用微震监测系统来监测大范围高位坚硬厚岩层断裂所产生的动载荷；采用地音监测系统来监测小范围低位坚硬厚岩层断裂所产生的动载荷；采用煤体应力监测系统来监测采动围岩中产生的集中压缩弹性能。

17.3.2 冲击地压分源预警指标体系

基于冲击地压发生的复杂性、监测手段的多样性等特点，必须采用多手段联合监测、多指标综合分析的预警方法，又根据实际贡献大小，对不同监测方法各自的预警指标、结果进行权重综合，建立冲击地压权重综合预警模型，其主要内容包括指标体系的确定、指标定量处理、指标权重的确定和综合计算模型。

1. 集中动载荷源预警指标体系及分级

1）远场岩层动载荷源微震预警分级

煤矿井下开采活动时，相比采掘空间，远场高位岩层活动缓慢，其破裂向外球面辐射出一种低频（f<100Hz）高能级微震信号。微震监测系统通过对煤岩破坏启动发射的震动

波的响应，实现约10km范围的危险源探测。冲击地压微震监测预警采用微震能量分析法，具体预警分级见表17.3。

表17.3 冲击危险性的微震能量法预警分级

危险状态	回采工作面	掘进巷道
无冲击危险（a）	1. 一般：10^2～10^3J，最大E_{max}<5×10^3J 2. $\sum E$<10^5J/每5m推进度	1. 一般：10^2～10^3J，最大E_{max}<5×10^3J 2. $\sum E$<5×10^3J/每5m推进度
弱冲击危险（b）	1. 一般：10^2～10^5J，最大E_{max}<1×10^5J 2. $\sum E$<10^6J/每5m推进度	1. 一般：10^2～10^4J，最大E_{max}<5×10^4J 2. $\sum E$<5×10^4J/每5m推进度
中等冲击危险（c）	1. 一般：10^2～10^6J，最大E_{max}<1×10^6J 2. $\sum E$<10^7J/每5m推进度	1. 一般：10^2～10^5J，最大E_{max}<5×10^5J 2. $\sum E$<5×10^5J/每5m推进度
强冲击危险（d）	1. 一般：10^2～10^8J，最大E_{max}>1×10^8J 2. $\sum E$>10^7J/每5m推进度	1. 一般：10^2～10^5J，最大E_{max}>5×10^5J 2. $\sum E$>5×10^5J/每5m推进度

注：E_{max}为震动能量的最大值。
$\sum E$为一定推进距释放的微震能量总和。
如果确定的冲击地压的危险程度高，当上述参数降低时，冲击地压危险性不能马上解除，必须经过一个昼夜，或一个循环周转后，逐级解除，一个昼夜最多只能降低一个等级。

2）近场岩层动载荷源地音预警分级

地音是煤岩体破裂释放的能量，以弹性波的形式向外传递过程中所产生的声学效应。在矿山，地音是由地下开采活动诱发的，其震动能量一般为0～10^3J；震动频率高，为150～3000Hz。相比微震现象，地音为一种高频率、低能量的震动。大量科学研究表明，地音是煤岩体内应力释放的前兆，地音信号的多少、大小等指标反映了岩体受力的情况。

根据监测区域内每分钟的地音活动能量和频次计算每小时或每班次地音活动的能量和频次，同时结合井下是否生产，分别计算得到生产期间或非生产期间的班或小时地音能量和频次异常系数。

下面以生产期间，班地音频次异常系数k_{azw}和班地音能量异常系数k_{ezw}为例，其计算公式如下：

$$k_{azw}=\left|\frac{N_{azw}-\overline{N}_{azw}}{\overline{N}_{azw}}\times100\%\right| \tag{17.1}$$

$$k_{ezw}=\left|\frac{E_{ezw}-\overline{E}_{ezw}}{E_{ezw}}\times100\%\right| \tag{17.2}$$

式中，N_{azw}为生产期间，当前班的地音频次值；$\overline{N}_{azw}$为前10个生产班的地音频次的平均值；E_{ezw}为生产期间，当前班的地音能量值；$\overline{E}_{ezw}$为前10个生产班的地音能量的平均值。

监测区域冲击危险性大小，根据地音能量异常系数和频次异常系数进行判断，按异常系数值划分4个危险等级，即无危险：<0.25，弱危险：0.25～1.0，中等危险：1.0～2.0，强危险：>2.0，见表17.4。根据不同的危险等级需要制定不同的防治对策，以确保安全生产。

表 17.4 冲击危险性地音预警

危险等级	异常系数值	危险状态
a	＜0.25	无危险
b	0.25～1.0	弱危险
c	1.0～2.0	中等危险
d	＞2.0	强危险

2. 集中静载荷源预警指标体系及分级

研究表明，采掘围岩的应力集中程度与冲击危险程度呈正相关，因此可以根据煤体应力的变化反映冲击地压危险状态。具体可以通过监测应力大小和应力增速两个参量来判定冲击危险等级，预警指标及取值见表 17.2。

17.3.3 分源监测结果的量化

要进行分源监测的综合预警计算，需要对分源监测的结果进行量化分析，即将不同性质、不同单位的指标值能够用一种通用的方式进行数学运算。

首先将上述 3 种监测手段的监测结果统一为 4 种危险等级，按危险程度从低到高依次为 a、b、c、d，分别对应各监测系统预警结果的 4 个等级。按照定性指标的隶属度计算原则，第 i 种监测系统预警结果对第 j 等级的隶属函数为：

$$r_{ij}(x_i)=\begin{cases}1 & x_i=v_j \\ 0 & \text{其他}\end{cases} \tag{17.3}$$

17.3.4 综合预警指标权重的确定

对于预警指标权重的确定，先将指标划分为属性权重与等级权重，然后采用拉格朗日算子将属性权重和等级权重综合为组合权重，作为综合预警的最终指标权重参与结果计算。

1. 指标属性权重的确定

熵是系统无序程度的度量，可以度量已知数据所含有的有效信息量和确定权重，在评价预测中得到了广泛的应用。熵权作为一种有效合理的权重计算方法，避免了传统权重的求取基本依靠主观判断的方式，而是以现实数据为基础，通过分析指标的熵值变化，较为客观地确定指标的权重。在实际操作中，选取一段时间内微震监测、地音监测和煤体应力监测的数据作为基础，通过熵权计算方法，即可求得 3 种监测方法各自的权重大小。

煤科总院开采分院以义马矿区千秋煤矿半孤岛综放工作面 2013.1.29～2013.2.8、2013.3.8～2013.3.18、2013.4.8～2013.4.18、2013.5.20～2013.5.30 四段连续时间内的监测数据分析结果为样本，进行 3 种监测方法的熵权值计算，权重确定主要通过以下 3 个步骤：①原始数据归一化；②熵的计算；③熵权的计算。

2. 指标等级权重的确定

指标的等级权重，即该指标样本值对应的单指标指数所属的安全等级的权重。根据前文研究，将预警指标按照危险程度划分 4 个等级，给每个等级都设定一个权重。

等级权重的确定采用的是层次分析法。通过对不同等级两两比较，得到评判矩阵，利用层次分析计算方法得到最终的权重。在进行冲击危险性预警时，根据每个指标的数值可得其所属的等级，这个等级所对应的权重就是该指标的等级权重。

3. 指标权重综合计算

由于各个指标，依据它的危险等级大小划分为不同的级别，这些级别具有与其对应的等级权重，这个权重可通过层次分析法得到。赋予状态值后的各个指标，依据其属于的级别就能确定对应的权重，也就是它的等级权重值。再由熵权法所得的属性权重与之进行计算，得到预警指标的组合权重 w_i。

$$w_i = \frac{\sqrt{w_i' \ w_i''}}{\sum_{i=1}^{n}\sqrt{w_i' \ w_i''}} \quad (i=1,2,\cdots,n) \tag{17.4}$$

式中，w_i' 和 w_i'' 分别为第 i 个指标的属性权重和等级权重；n 为指标个数。

通过上面的计算方法，就能得到要评价指标对应的动态权重。由于等级权重通过指标的危险等级确定，所以通过两类权重综合得到的综合权重能够随危险等级的变化而变化，避免了固定权重中部分指标被中和的情况，从而得到的预警结果更加客观可靠。

17.3.5 综合预警结果计算

根据分源监测系统的评价结果，将其量化后得到的评判矩阵与各监测系统的综合权重进行模糊计算，由下式计算最终评价结果：

$$U = W \cdot R = \left[w_1, w_2, w_3\right] \cdot \begin{bmatrix} r_{11} & r_{12} & r_{13} & r_{14} \\ r_{21} & r_{22} & r_{23} & r_{24} \\ r_{31} & r_{32} & r_{33} & r_{34} \end{bmatrix} \tag{17.5}$$

对于结果，采用置信度识别原则，设 λ 为置信度（$\lambda > 0.5$，通常取 λ 为 0.6 或 0.7），令：

$$k_0 = \min_k \left| k : \sum_{i=1}^{k} u_i > \lambda, k = 1,2,3,4 \right| \tag{17.6}$$

由此判断计算结果属于第 k_0 等级。

通过上述计算过程，可以将不同分源监测的预警结果进行综合分析，解决了不同监测系统结果存在相互矛盾的问题。但根据现场情况，钻屑法监测的时效性目前还不能实现工作面实时预警的需要，因此综合预警方法主要针对在线监测系统。得到最终预警结果后，根据结果采取相应防冲对策（表 17.5）。

表 17.5 冲击危险状态分级及相应防冲对策

危险等级	危险状态	防治对策
a	无危险	监测区采掘工作面可正常作业
b	弱危险	采掘过程中，加强冲击地压危险的监测预报
c	中等危险	进行采掘作业的同时，针对局部危险区域控制人员进入数量，并采取相应的“支－卸”措施
d	强危险	停止采掘活动，人员撤离危险地点；采取相应“支－卸”措施；监测检验危险是否解除，解除危险后方可进行下一步作业

17.3.6 千秋煤矿冲击地压分源权重综合预警

千秋煤矿位于河南省义马市南 1～2km，始建于 1956 年，2007 年核定矿井生产能力 210 万 t/a。现主要开采侏罗系 2-1、2-3 煤，两层煤合成一层称为 2 煤。2-1 煤在井田内大部分可采，煤层倾角为 3°～13°，全层厚为 0.14～7.40m，平均厚为 3.6m，煤层结构较为复杂。2-3 煤层厚为 0.20～7.73m，平均厚为 4.21m，两层煤合并后，厚为 3.89～11.10m。自 2006 年 8 月 2 日至今，千秋煤矿共发生 40 余次冲击地压。

煤科总院开采分院基于冲击地压分源权重综合预警理论模型，开发了煤矿冲击地压危险性评价及综合预警系统。系统包括三维模型构建、模型及监测三维展示、监测数据管理、办公应用、系统管理五大模块。

自 2012 年 3 月 1 日开始，采用评价系统对 21141 工作面范围内的冲击地压进行危险评价与预警工作，截至 2013 年 10 月 1 日，共进行了 608d 的评价验证，效果良好。例如：2013 年 2 月 8 日，正在开采的 21141 工作面发生一起高能冲击事件，定位坐标为（4200，2878，-72），事件位于工作面前方 85m 处，释放能量 1.63×10^7J。震源距下巷煤帮约 36m，靠近煤层底板。

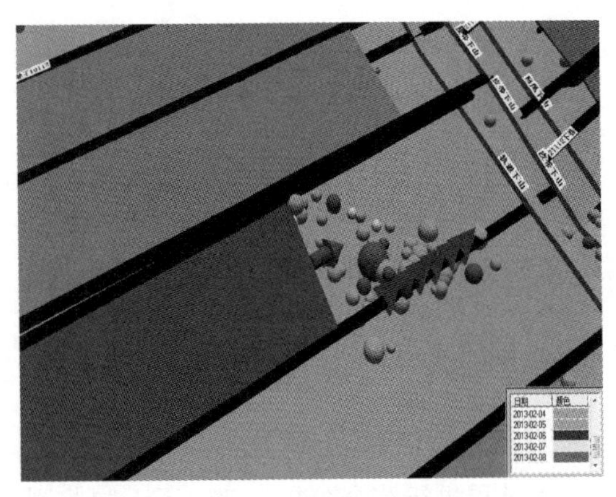

图 17.9 微震事件定位三维显示

根据 2013 年 1 月 29 日～2013 年 2 月 6 日监测数据，微震和地音预警结果均为危险性较低的 a 级和 b 级，监测结果三维显示如图 17.9 所示。直到冲击事件发生前一天，危险等级均上升至预警级别，其中微震预警等级为 c 级，地音预警等级为 a 级，应力监测预警等级为 d 级，权重综合三种预警结果，确定 2 月 7 日冲击危险等级为最高的 d 级，21141 工作面冲击危险性预警结果如表 17.6 所示，2 月 8 日 15 时 48 分发生冲击，释放能量 1.63×10^7J。

表 17.6　综合预警结果

日期	微震监测	地音监测	煤体应力监测	综合预警
2013-1-29	a	a	a	a
2013-1-30	a	a	a	a
2013-1-31	a	b	a	b
2013-2-1	b	a	a	b
2013-2-2	a	b	a	b
2013-2-3	b	a	b	b
2013-2-4	b	a	b	b
2013-2-5	b	a	b	b
2013-2-6	b	b	b	b
2013-2-7	c	a	d	d
2013-2-8	c	c	a	c

冲击地压综合预警模型进入实用阶段后，每天利用监测数据对当前工作面进行预警，当预警结果达到 c 级以上时，及时在工作面前方应力集中区域进行大直径钻孔卸压和爆破卸压。截至 21141 工作面回采结束，未发生造成人员伤亡和设备损坏的冲击事故，实现了强冲击危险工作面的安全回采。

（本章主要执笔人：北京院齐庆新，欧阳振华，孔令海；开采分院夏永学，潘俊锋）

第18章 冲击地压综合防治技术

2014年，受国家煤矿安全监察局的委托，煤炭科学研究总院在山东、河南、黑龙江等9省（直辖市、自治区）的67对冲击地压矿井开展调研。调研发现这67对冲击地压矿井在2011～2014年开采的煤层有95个，采取的冲击地压防治措施主要有煤层注水、钻孔卸压、煤层爆破、断顶爆破、断底爆破、疏压硐室及水压致裂等，其中有16个煤层采取了5种以上的冲击地压防治措施，而在这16个煤层中有8个煤层发生过冲击地压。由此可见，我国煤矿冲击地压灾害防治效果不够理想。

煤炭科学研究总院在应力控制理论的指导下，把冲击地压防治的问题归根为应力控制的问题，发展了冲击地压区域应力控制技术和局部应力控制技术。本章围绕这两类冲击地压应力控制技术介绍其技术思路、基本方法以及典型工程案例。

18.1 冲击地压区域应力控制技术

煤岩体所处的应力状态既受地应力的影响，又受采动应力的影响，它是相对静态的地应力和相对动态的采动应力相互叠加的综合作用结果。一旦采动应力与地应力叠加形成高度的应力集中，处于高应力集中区的非稳定动态平衡状态的煤岩体在外界扰动的作用下就会诱发冲击地压。地应力是存在于地层中的未受工程扰动的天然应力，是固定存在的，相对稳定，可以通过水压致裂或套孔应力解除等方法来测得。通过控制地应力实现冲击地压防治的技术就是冲击地压区域应力控制技术。实际工程中大多采取区域防范的措施实现区域应力控制，使得采掘工作面的设计和布置符合地应力的要求，从而防止冲击地压的发生。

18.1.1 冲击地压区域应力控制技术的基本思路

冲击地压区域应力控制技术的基本思路如图18.1所示。矿井在设计阶段就应该考虑冲击地压灾害的防治，优化开采设计。结合矿井煤层赋存的地质条件和开采条件，采用多种不同的冲击危险性评价方法，分析不同采煤方法、不同开采工艺和不同采掘顺序等条件下，煤矿采掘工作面的冲击危险性。选取冲击危险性最小的方案作为合理采煤方案。在此基础上，再通过保护层开采、优化巷道布置和煤层开采顺序等手段，消除有冲击危险矿井采掘工作面的高应力形成环境，从根本上控制冲击地压。

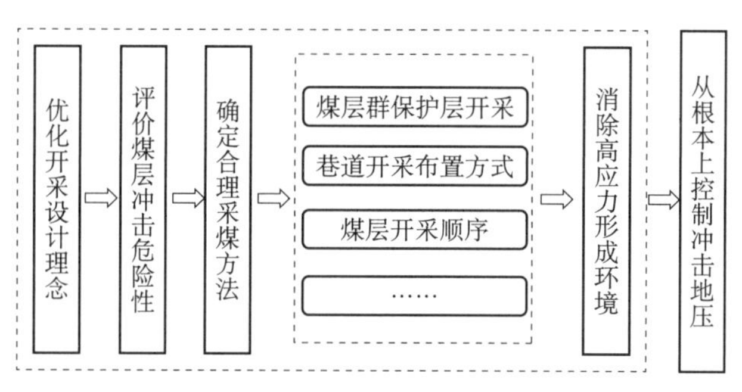

图 18.1　冲击地压区域应力控制技术的基本思路

18.1.2　冲击地压区域应力控制技术

1. 保护层开采

保护层开采，也称解放层开采，是指在煤层群开采时，首先开采无冲击倾向性或冲击倾向度相对较弱的煤层，用此方法释放临近强冲击倾向煤层中的静载荷，降低其开采过程中的冲击危险性。实践证明，开采保护层对于减轻矿井冲击地压灾害具有明显效果。山东新汶华丰煤矿四层煤和六层煤相距 40m 左右，选择在四层煤作为保护层开采后，冲击地压发生次数和强度均大幅度减少。图 18.2 为数值模拟得到的华丰煤矿保护层开采前后应力分布图，从中可以看出四煤层处原岩应力为 26～27MPa，六层煤开采后，在顶板区域形成梯形状的卸压带，四层煤位于在这一卸压范围内，应力降到 15～18MPa，卸压幅度达 40%左右。

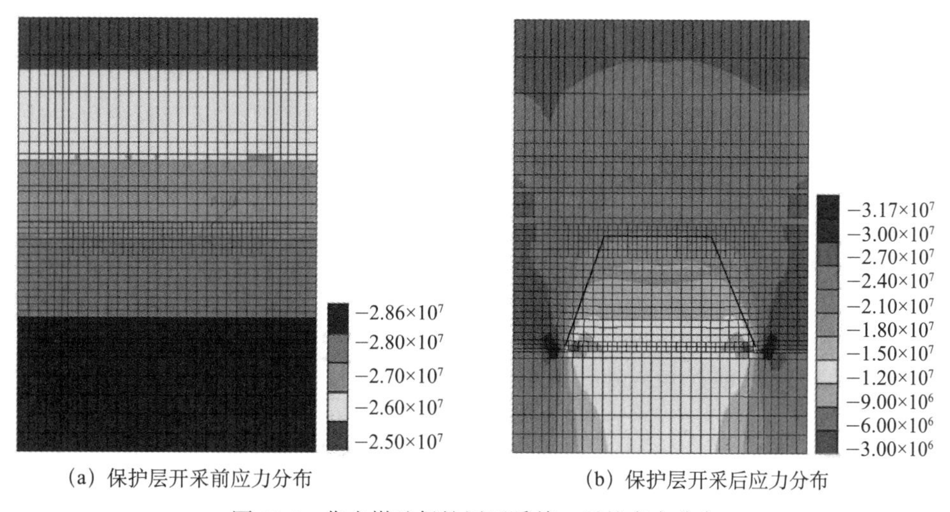

(a) 保护层开采前应力分布　　(b) 保护层开采后应力分布

图 18.2　华丰煤矿保护层开采前、后的应力分布

值得注意的是，实施保护层开采时，在保护层内尽量不留设煤柱或只留小煤柱，以避免在被保护煤层内形成应力集中。但因断层等构造而必须留设大尺寸煤柱时，应在相应区域采取其他应力控制措施，防止冲击地压的发生。

2. 开采方法

图 18.3 所示为采用数值模拟得到不同采煤方法下工作面超前支承压力变化规律。从图中可以看出，分层开采时，尤其是顶分层开采时，工作面煤壁前方存在较大的应力集中，峰值又距离工作面自由面最近，煤壁前方产生很窄的塑性区，该区煤体强度变为残余强度，承载能力降低，前方较高的应力集中很容易瞬间超过该残余强度，而将煤壁附近煤体转变为能量传递介质，导致其冲向采场形成冲击地压。而大采高开采、综放开采，高应力集中区域远离煤壁，这两种采煤方法致使煤壁前方高集中应力迅速前移，并在煤壁前方形成较宽的塑性变形区，阻止前方煤体冲击能力较强，而此时的高应力峰值又较小，分布范围大。所以大采高开采、综放开采是有利于冲击地压防治的。

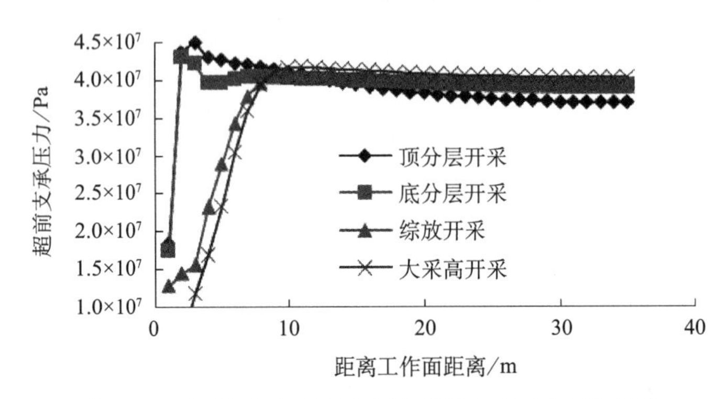

图 18.3 不同采煤方法下工作面超前支承压力变化规律

3. 开采顺序

同一煤层内，工作面的开采顺序，对整个采区的高集中静载荷迁移与区部化分布影响显著。图 18.4 为模拟千秋煤矿 21141 工作面在不同开采顺序下得到的应力分布图。从图中可以看出，跳采造成 21141 工作面在高集中应力带中回采，导致实际开采过程中冲击地压频频发生；如果在顺序开采的条件下，高应力带随着采空区的增加，沿煤层倾向由上向下迁移，但是整个迁移过程中，高集中应力汇聚没有跳采情况下显著，并且每个工作面都在相对较低的应力环境下开采。

4. 煤柱宽度

理论和实践表明，根据围岩分布规律，合理选择巷道位置也是降低冲击危险程度的主要途径之一。如图 18.5 所示，煤体边缘存在着处于破碎状态的低应力区，当巷道位于低应区或采用沿空送巷布置方式时，对煤体支承压力的影响较小，所引起的围岩应力扰动和支承压力变化较小，巷道的掘进或存在不会导致冲击危险程度的明显上升。当巷道在高应力区掘进时，则会破坏煤体的极限平衡状态，容易诱发冲击地压，同时，也会大幅度降低煤体的支承能力，并引起围岩应力和支承压力的重大变化；巷道集中应力与采空区集中应力相叠加，增加了围岩应力和支承压力的集中程度。因此，集中应力和冲击倾向性构成了冲

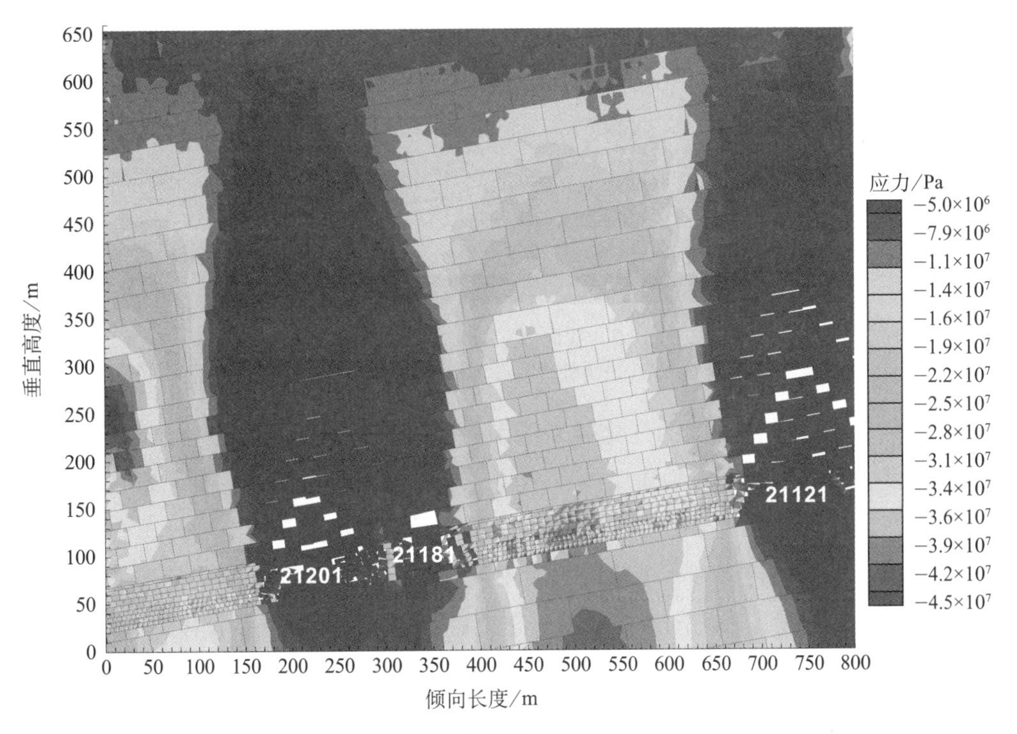

(a) 跳采

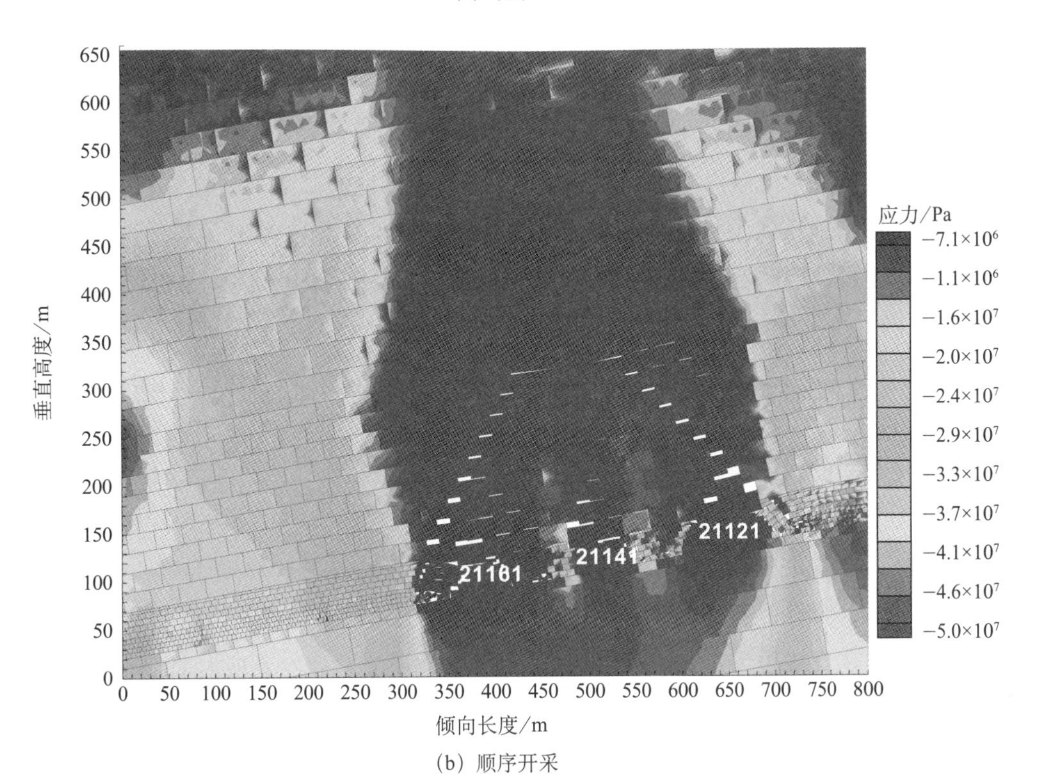

(b) 顺序开采

图 18.4　不同开采顺序下 21141 工作面应力分布

击地压的必要条件，高应力区巷道构成了冲击地压的充分条件。

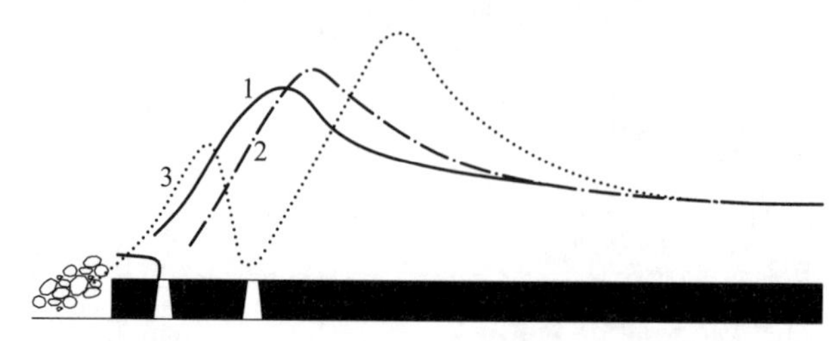

图 18.5　巷道位置与支承压力分布

1. 未掘巷道；2. 巷道处于低应力区；3. 巷道处于高应力区

已有研究表明，煤柱宽度的变化对采场围岩应力分布及能量分布有显著影响，其一，不同煤柱宽度，采场围岩高应力集中位置不同，窄煤柱高应力集中主要分布在工作面煤体内，而宽煤柱高应力集中主要分布在煤柱内，深部开采采场围岩的应力分布有煤柱宽度影响机制，选择合理的煤柱有利于消除应力集中。其二，煤柱宽度的变化带来了能量分布的变化，不同的煤柱宽度，采场围岩能量的分布也有不同。调整煤柱的宽度，有利于“疏降”工作面煤层及围岩积聚的能量，优化深部开采设计、选择合理的煤柱宽度，有利于进行煤岩动力灾害的区域综合防范。

18.1.3　集贤煤矿冲击地压区域应力控制技术

1. 集贤煤矿及其冲击地压概况

集贤煤矿位于黑龙江双鸭山矿区，是一个冲击地压多发的矿井。该矿采取断顶爆破、煤层卸载爆破等冲击地压防治措施，安装了从波兰进口的 ARAMIS M/E 微震监测系统，开展冲击地压监测预警，但防治效果并不明显。2013 年 1～3 月，该矿发生了 10 余次冲击地压，其中2013年1月27日发生的冲击地压破坏性最强，造成2人受伤，巷道破坏长度超过100 m，巷道底臌 0.2～0.8m，上巷煤壁片帮 0.2～0.8m，微震监测系统记录到这次冲击地压释放的能量达 1.97×10^6J。

该矿即将开采的西二采区一片位于中一下左六片采空区西部，北部为 4109 下部集中皮带道，南部为北岗断层，西部为西二采区二片未采区，东部为中一下左六片采空区。拟采 9 号煤层走向 25°～205°，倾向 115°，倾角 9°～10°，平均 9.5°，厚度 1.6～1.7m，动态破坏时间 185.8 ms，弹性能量指数 4.30，冲击能量指数 1.56，单轴抗压强度 7.33 MPa，为弱冲击倾向性煤层。直接顶为 1.7m 中砂岩，灰白色中部裂隙发育。老顶为 12.7m 细粉砂岩互层，灰黑色，灰白色互层，中部有裂隙发育，完整。底板为 0.6m 细砂岩，灰白色完整。西二采区一片内揭露 1 条落差 2m、倾角 73° 的逆断层。

2. 集贤煤矿冲击地压区域应力控制技术路线

集贤煤矿冲击地压区域应力控制技术路线如图 18.6 所示，实施过程包括三大步骤。

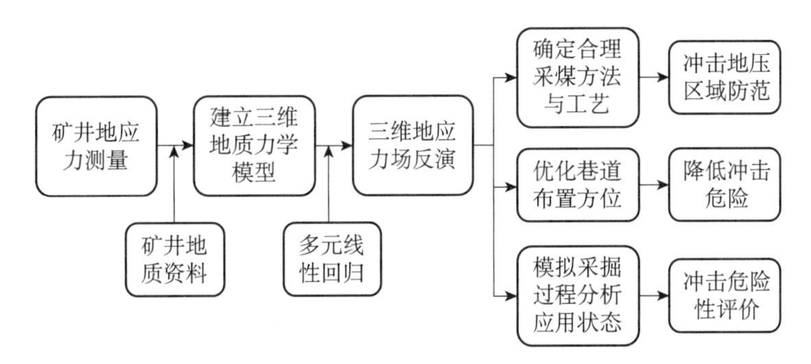

图 18.6　集贤煤矿冲击地压区域应力控制技术路线

1）矿井地应力测量

采用技术成熟、测试精度较高的地应力测试方法，在矿井三个以上不同水平选择测点，测得地应力的大小和方向。

2）三维地应力场反演

在三维地应力场反演之前，首先结合矿井的工程地质资料，建立包含研究区域内断层、褶皱等地质异常体和不同岩层在内的三维地质力学模型，在分析地应力场时充分考虑这些地质异常体的影响。以构建的三维地质力学模型为基础，采用数值模拟与多元线性回归等相结合的方法，以测得的有限测点的地应力为校验点，反演矿区的三维地应力场。

3）冲击地压防治

反演得到三维地应力场后，从煤矿开采设计开始，适应地用力的要求，选择合理的采煤方法和工艺，优化煤层开采顺序，选择最有利于冲击地压防治的煤层，作为保护层最先开采。确定煤层开采顺序后，针对确定的煤层，优化巷道布置方位，尽可能使巷道轴线方向与最大水平主应力方向一致，最大限度地降低巷道周边的地应力水平，从而降低可能诱发冲击地压的应力集中程度，降低工作面的冲击危险性。针对确定的工作面，结合数值模拟的方法，模拟煤矿井下动态采掘过程，分析应力分布状态，评价工作面不同位置的冲击危险性，针对危险等级不同的区域，分别开展冲击地压监测和防治。

3. 集贤矿西二采区地应力测量及反演

1）地应力测量

采用套孔应力解除法，在该矿二段入风斜井（埋深 446m）、井底车场（埋深 485m）和四片车场（埋深 573m）附近采掘活动相对较少的区域，各选一个测点进行地应力测试。根据测试过程中记录的应变曲线以及围岩率定测得的弹性模量和泊松比等参数，得到各测点的主应力表 18.1。

表 18.1 各测点主应力计算结果

测点	埋深/m	最大主应力（σ_{max}）			中间主应力（σ_{mid}）			最小主应力（σ_{min}）		
		数值/MPa	方向/（°）	倾角/（°）	数值/MPa	方向/（°）	倾角/（°）	数值/MPa	方向/（°）	倾角/（°）
1号	446	33.03	173.64	−12.05	15.54	86.93	13.59	14.62	233.34	72.32
2号	485	38.91	192.26	−2.25	19.14	283.60	−18.33	15.53	95.51	−71.52
3号	573	36.61	165.77	−7.90	21.57	78.35	17.97	18.61	233.01	70.25

从表 18.1 可以发现，集贤煤矿西二采区地应力分布规律如下：

（1）每个测点的 3 个主应力中，有两个接近水平方向，一个接近垂直方向。其中水平主应力与水平面的夹角平均为 12.01°，最大为 18.33°；垂直主应力与垂直方向夹角平均为 18.63°，最大为 19.75°。

（2）3 个测点的最大主应力倾角最小为 −2.25°，最大为 12.05°，接近于水平方向。最大水平主应力值与自重应力比值为 2.16～2.65，平均为 2.37，说明该矿地应力场以水平构造应力为主导。

（3）最大水平主应力走向分别位于南南东向和南南西向，平均为 177.22°，近似于南北向，与区域构造应力场的最大主应力方向基本一致。

2）建立三维地质力学模型

根据该矿西二采区工程地质资料，结合地应力实测点的空间位置，确定地应力场反演的范围为 4200m×1610m×910m，反演区域内从上往下共划分地表岩土、5 煤上、5 煤下、9 煤顶板、9 煤、9 煤底板和底部岩层共 7 个地质岩层，建立三维地质力学模型，模型中各地质岩层与断层、褶皱等地质异常体如图 18.7 所示。

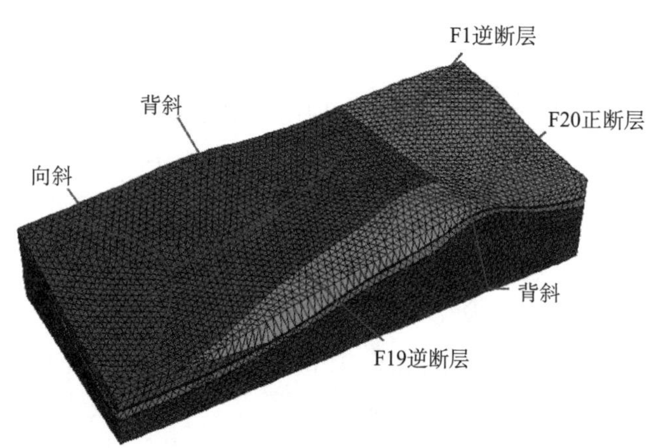

图 18.7 三维地质模型中煤岩层与地质构造

3）三维地应力场反演

建立三维地质力学数值模型后，将实测的三个方向的主应力进行应力转换，转换成数值计算软件所需的 6 分量的应力形式。而后，考虑自重应力、*X* 方向均布挤压构造应力、*Y* 方向均布挤压构造应力、*X* 方向水平剪切构造应力和 *Y* 方向水平剪切构造应力 5 种工况，采用 FLAC3D 进行数值计算，获得 5 种工况下的应力场。然后，以现场 3 个实测点三维地应力测试资料为基础，进行最小二乘多元线性回归分析，获得回归系数。最后，根据自重应力和各构造应力作用下的应力场和回归系数，计算整个计算区域内各点的回归应力值，形成反演应力场。图 18.8 所示为该矿反演区域内垂直方向地应力反演结果。

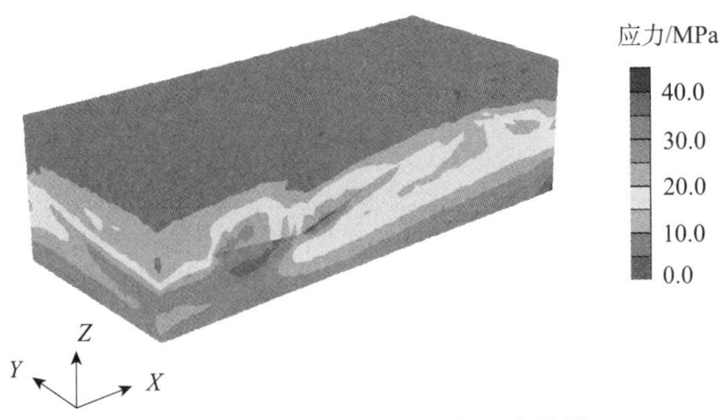

图 18.8 垂直方向地应力场反演结果

4）集贤煤矿西二采区 9 号煤层地应力反演结果

图 18.9（a）、（b）分别为 9 号煤层最大主应力、垂直主应力云图。由图 18.9（a）中可以看出，9 号煤层的最大主应力主要有两个应力集中区，分别分布在两条断层附近以及模型左部向斜轴部附近，其中左侧区域向斜轴部应力集中区范围最大，应力集中程度也较高，最大主应力值达到 -40MPa 左右；断层附近区域出现应力集中，影响范围相对前者较小，主要集中在断层上盘，最大主应力值在 -35MPa 左右。由图 18.9（b）可以看出，该区域的垂直主应力的应力集中区主要分布在断层区域以及左侧向斜轴部，其中左侧向斜轴部区域应力集中程度相对较高，影响区域较大，应力值在 -25MPa 左右。综合图 18.9（a）、（b）应力集中区的分布情况，最大主应力和垂直应力均比较高的区域有两个，它们分别是断层区域以及左侧向斜轴部。该区域应力值异常升高，当工作面或者巷道在此区域布置时，有发生由高应力集中引起煤岩动力灾害的危险。

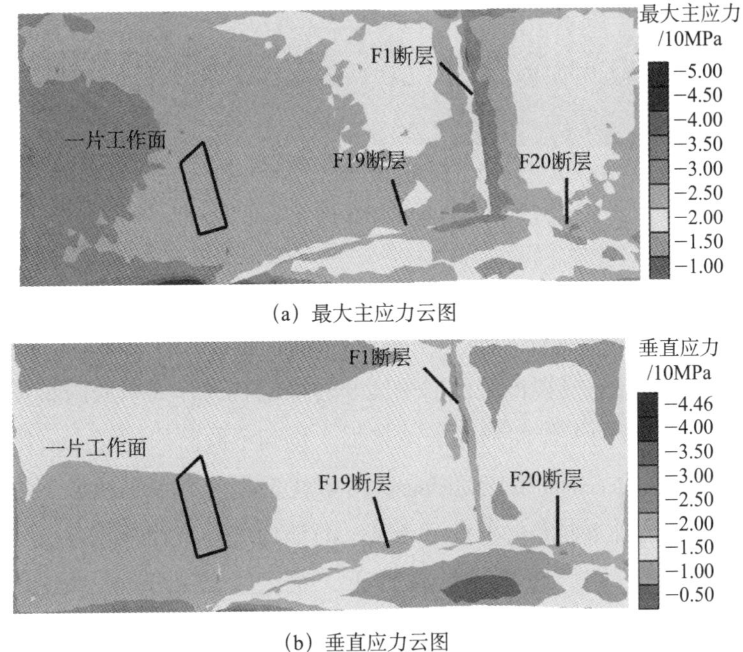

(a) 最大主应力云图

(b) 垂直应力云图

图 18.9 西二采区 9 号煤层应力场反演结果

4. 冲击地压灾害区域应力控制方法

1）采区采掘布局优化

由图 18.10 中西二采区 9 号煤层应力反演结果可知，该采区一片工作面所处位置在最大主应力云图上靠近左侧应力集中区，在垂直应力云图上已经完全深入向斜轴部应力集中区域，最大主应力处于 -35MPa 以上，垂直应力处于 -25MPa 左右。在该应力集中区域，受高水平地应力的作用，加之受上部采空区遗留煤柱的影响，如果采掘布局不合理，容易发生顶板型冲击地压和煤柱型冲击地压。

(a) 工作面东西向布置

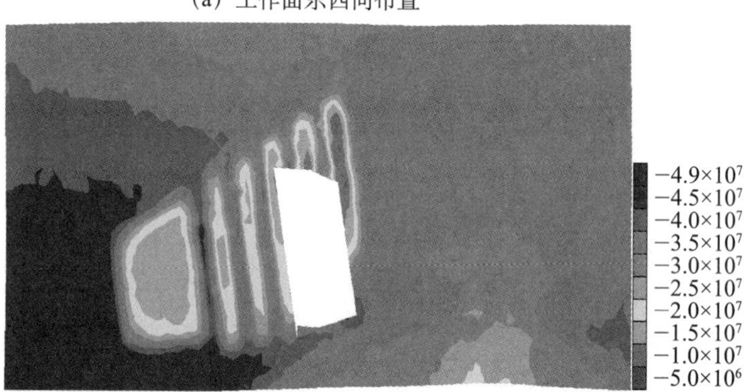

(b) 工作面南北向布置

图 18.10　工作面不同布局下的应力分布

该矿西二采区 9 号煤层，原设计在中部布置下山，分东西两翼布设工作面，两翼对采。为了对比分析这种布局是否合理，基于反演得到的整个采区的三维地应力场的结果，采用 FLAC3D 数值分析软件，模拟该矿西二采区 9 号煤层在工作面东西向布置和南北向布置两种不同采掘布局条件下的工作面动态采动过程，得到不同阶段的应力演化过程。通过对比分析不同采掘布局下的工作面的应力状态，可以优选出应力最小状态下的采掘布局。图 18.10 所示为工作面在两种不同布局条件下，某一时期的应分布状态。

从图 18.10 中可以看出，在原设计条件下，最大主应力为 66.7MPa。而在南北向布置的条件下，工作面最大主应力为 49.5MPa，相比于东西向布置，最大应力减小了 25.8%。由此可见，原设计并不合理，通过对比研究，对该矿西二采区 9 号煤层工作面采掘布置进行优化，决定工作面采用南北向布置，降低应力集中程度，避免或者减少冲击地压的发生。

2）冲击危险性预测

确定工作面沿南北方向布置后，再以反演的三维地应力场为基础，针对不同的工作面赋存的地质条件和开采状态，模拟其动态开采过程，获得不同开采阶段煤岩体中的应力状态。根据应力集中程度，将工作面分为强冲击危险区、中等冲击危险区、弱冲击危险区和无冲击危险区。具体标准是：

（1）应力集中系数小于 1.5 的区域定为无冲击危险区。

（2）应力集中系数大于 1.5、小于 2.0 的区域定为弱冲击危险区。

（3）应力集中系数大于 2.0、小于 2.5 的区域定为中等冲击危险区。

（4）应力集中系数大于 2.5 的区域定为强冲击危险区。

图 18.11 所示为该矿西二采区某工作面在南北向布置条件下，根据应力集中程度圈定的冲击危险区域，当采掘接近冲击危险性区域时，提前采取冲击地压防治措施，并布置冲击危险监测系统，实时监测冲击危险性。根据冲击危险性监测结果，及时补充防冲措施，防止冲击地压的发生。

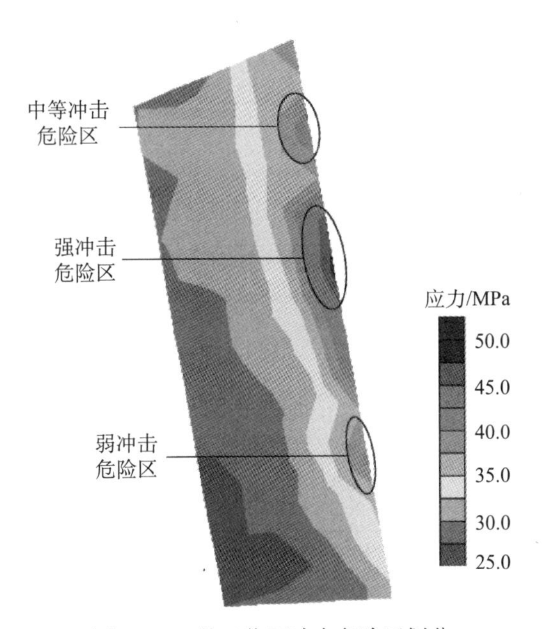

图 18.11　某工作面冲击危险区划分

在集贤煤矿实施基于地应力测试及其反演的冲击地压防治技术，通过变更原设计的采掘布局方案，使应力在很大程度上得到降低。以反演的三维地应力场为基础，通过模拟工作面动态开采过程，分析不同状态下煤岩体中的应力分布状态，划分了不同等级的冲击危险区域，为后续冲击地压灾害防治奠定了基础。

18.2 冲击地压局部应力控制技术

即使采取了合理的冲击地压区域应力控制措施，在实际的生产过程中，煤层的大规模开采也会在某些局部区域不可避免地造成高应力集中和能量积聚，形成冲击危险。因而，仅有区域应力控制技术还是不够的，还应该在这些具有冲击危险的局部区域采取局部应力控制措施，通过应力的转移和释放，避免出现较高的应力集中。

18.2.1 冲击地压局部应力控制技术思路

冲击地压局部应力控制技术思路如图 18.12 所示。在分析采场围岩力学特性与采动条件的基础上，评价采掘工作面的冲击危险性，圈定冲击危险区域，分析导致冲击危险的力源因素，根据力源的差异，区别实施应力控制技术。力源在顶板的，通过深孔断顶爆破和定向水压致裂等技术，进行顶板卸压防冲；力源在煤层的，通过煤层注水、卸载爆破、钻孔卸压、水压致裂等技术，实施煤层卸压防冲；力源在底板的，通过断底爆破和底板切槽等技术，实施底板卸压防冲。通过这些卸压措施，消除可能诱发冲击地压的高应力集中条件。

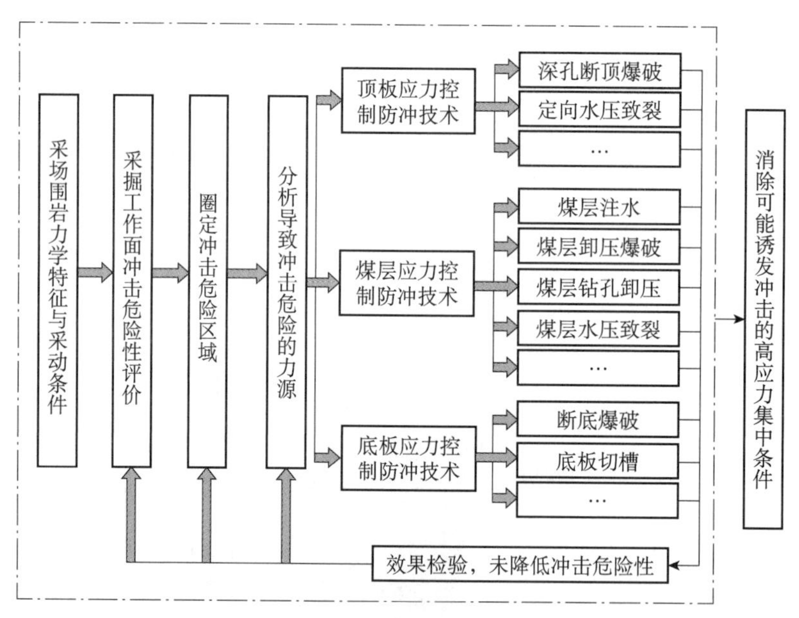

图 18.12 冲击地压局部应力控制技术思路

18.2.2 冲击地压局部应力控制技术

1. 深孔断顶爆破

通过深孔断顶爆破，人为切断顶板，促使采空区顶板冒落，削弱采空区与待采区之间的顶板连续性，减小顶板来压时的强度和冲击性。同时，深孔断顶爆破通过爆破产生的动压“震裂”效应及静压爆生气体的“气楔”作用，改变顶板的力学特性，在弱化煤岩力学性质的同时，改变高应力区附近的煤岩体结构，使其不具备积聚高应力和储存高弹性变形能量的能力，达到降低应力集中程度，破坏冲击地压发生的应力条件和能量传递条件。

2. 定向水压致裂

水压致裂过程中会有大量的水被注入煤体中，煤岩体的含水量增加，水对煤的冲击倾向性有着显著的降低作用。相对于水压致裂前的煤岩体的脆性破坏，水压致裂后的煤岩体具有较大的压缩性能，变形明显"塑化"，煤体积聚弹性能的能力下降，以塑性变形方式消耗弹性能的能力增加，煤的冲击能力减弱，甚至完全失去冲击能力；同时，水压致裂后，由于煤体中有水的注入，对煤岩起到了软化的作用，在弱化煤岩体硬脆性的同时，使其强度减小。另外，由于煤体中本来就有天然节理裂隙存在，在水压致裂的高压水压下，在这些存在初始裂隙的部位，裂隙进一步得以扩展和延伸，加剧了对煤岩体整体性和连续性的破坏，降低煤岩体强度，破坏"硬顶－硬煤－硬底"结构，从而破坏了煤岩体内存储大量弹性变形能的前提条件。

3. 煤层卸压爆破

煤层卸压爆破防冲的实质是从改变冲击地压发生的应力（或者能量）和煤岩物理力学性质的两个角度进行冲击地压的防治。煤层卸压爆破一般有煤层松动爆破、煤层卸载爆破和煤层诱发爆破三种形式。煤层松动爆破是指在煤层尚未形成高应力集中或目前不具有冲击危险但预测采煤过程中可能出现冲击危险的区域实施爆破，改变煤体的物理力学性质，从而使煤的冲击危险性降低，避免煤体中弹性能集聚，防止冲击地压的发生；煤层卸压爆破是指在煤层已形成冲击危险的区域进行爆破，使煤体中应力集中程度下降，煤体中支承压力峰值位置向煤体深部转移，从而防止冲击地压的发生；诱发爆破是在特殊情况下，对具有较高冲击危险的煤体，利用较多的药量进行爆破，进一步增加煤体中的应力集中程度，人为引发冲击地压，使冲击地压发生在限定的时间和地点，从而避免灾害性较大的冲击地压发生。

4. 煤层注水

煤层注水是防治冲击地压的一种重要措施。在回采前通过向煤层中布置若干钻孔并封孔，然后向孔内注入压力水，使其渗入煤体内部，破坏煤体中原有的煤－瓦斯两相平衡，形成煤－瓦斯－水三相体系，通过水的作用，使得煤体物理化学性质、力学性质以及热力学性质等发生改变，从而达到防治冲击地压的目的。

5. 钻孔卸压

钻孔卸压技术是受钻屑法施工过程中产生的冲孔现象启发而产生的一种应力控制冲击地压防治方法。是指在煤岩体应力集中区域或可能的应力集中区域打一系列直径大于95mm 的钻孔，孔周边处于二向应力状态的煤体在达到极限强度后发生破坏，钻孔附近区域煤体力学特性发生弱化，降低了煤层的脆性和煤层存储弹性能的能力。同时，大钻孔为煤体内部高应力的释放提供了空间，降低此区域的应力集中程度或者使高应力向煤体深部转移，使可能发生的煤体不稳定破坏过程变为稳定破坏过程，实现对局部煤岩体高应力状态的缓解。当多个卸压孔的应力降低区连在一起形成一条卸压带时，使巷帮高应力区煤体的整体应力集中系数下降，储存的高弹性能量得以释放，破坏了冲击地压发生的应力条件，使其得以消除或者有效控制。

6. 断底爆破

在较高的水平构造应力作用下，巷道底板中主承力层产生较大的压缩弯曲变形，内部积聚大量弹性能量，在一定条件下容易发生屈曲破坏，进而诱发冲击地压的发生。沿着巷道方向实施断底爆破，通过震动爆破的方法使巷道底板主受力层中积聚的弹性能得到释放，同时阻隔上覆岩层的高应力通过底板岩层传递到煤层中，破坏水平应力及能量在底板岩层中的连续传递，并降低其再次积聚弹性能的效率，在巷道两帮底脚处形成卸压破坏区，使压力升高区向煤体深部转移，从而消除冲击地压发生的条件。

18.2.3 跃进煤矿多级爆破卸压防冲技术

1. 跃进煤矿 25110 工作面概况

跃进煤矿位于河南省义马市南部，是河南能化义煤公司的主力矿井之一。该矿所处的跃进井田位于渑池—义马向斜的轴部，区内地层为一宽缓的单斜。井田内构造以断裂为主、褶曲次之。井田内有一些隐含的断层构造。矿区煤层顶板为巨厚砂砾岩（380～600m），经计算，顶板厚度特征参数值为 85.85，坚硬岩层顶板发生冲击地压的可能性大。

跃进煤矿 25110 工作面采用走向长壁后退式综采放顶煤采煤法、自然垮落法管理顶板。该工作面所采的 2-1 煤层厚度 8.4～13.2m，煤层倾角 10° ～15° 。煤炭科学研究总院对该煤层进行了冲击倾向性鉴定。鉴定结果显示，煤的单向抗压强度为 28.60MPa，弹性能量指数为 10.42，冲击能量指数为 6.3，动态破坏时间 65.89ms，是具有强冲击倾向性的煤层。该工作面自 2009 年开始掘进到 2013 年回采结束，共发生了 10 余次冲击现象，以 2010 年 8 月 11 日发生的冲击地压最为典型，这次冲击地压震级 2.7 级，释放能量 9×10^7J。

2. 跃进煤矿 25110 工作面多级爆破卸压原理

跃进煤矿受上覆巨厚顶板岩层和构造断层的影响，诱发冲击地压的力源比较复杂，采取单一的冲击地压防治措施难以奏效，因而，采用多级爆破卸压的防冲技术，其原理如图 18.13 所示。多级爆破卸压防冲技术包括深孔断顶爆破、底板卸压爆破和煤层爆破三个方面。其中，深孔断顶爆破和底板卸压爆破主要是切断力源，使原本可以通过顶板或底板传递来的应力不再作用在煤层中；煤层卸压爆破主要是使煤层中的应力得以释放和转移，使之不再积聚到足以引发冲击地压的程度。

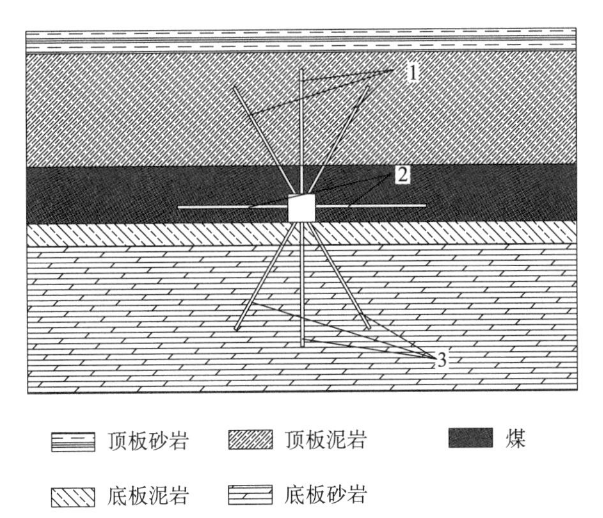

图 18.13 跃进煤矿 25110 工作面多级爆破卸压防冲技术原理图

1. 断顶爆破孔；2. 煤层爆破；3. 断底爆破

图 18.14 所示为模拟无爆破卸压、断顶爆破、断底爆破、煤层爆破和多级爆破卸压五种不同情况得到的工作面超前支承压力和侧向支承压力变化曲线。从中可以看出，多级爆破技术不仅可以使回采工作面前方煤岩体以及巷道两侧煤岩体中的支承压力峰值降低，而且可以使高应力向煤岩体深部转移，从而使采动应力集中区域远离采掘活动空间，起到降低冲击危险程度的作用。

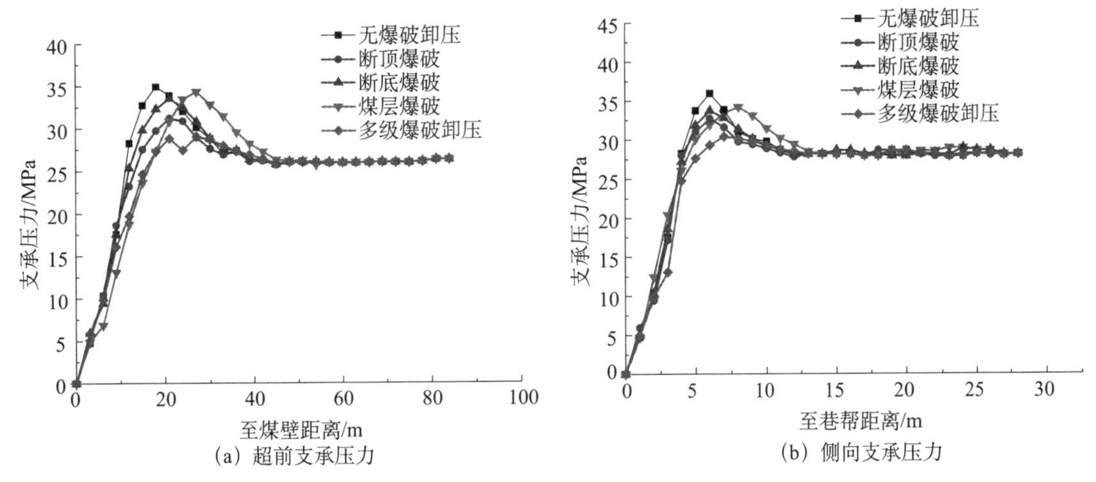

图 18.14 距巷帮不同距离处的支承压力曲线图

3. 跃进煤矿多级爆破卸压防冲措施

1）断顶爆破卸压

断顶爆破卸压孔沿顶板煤体倾向偏向上下帮 30° 和 45°，孔深分别为 44m 和 33m，中间孔深 22m，钻孔孔径 ϕ75mm，每孔装炸药 5 节，双发同段毫秒延期电雷管正向装药，其余用 27 节水泥药卷封孔，孔内雷管间并联，多个爆破孔的雷管之间采用串联连线方式。

为了监测断顶爆破卸压效果，2013 年 11 月 17 日、19 日和 21 日，分别在距离停采线 350m、340m 和 330m 的位置进行断顶爆破，在 25110 工作面下巷 325m 和 340m 处埋设了两组钻孔应力计，测试煤岩体中采动应力的变化，325m 处钻孔应力计埋深 12m，340m 处钻孔应力计埋深 15m。断顶爆破前后，钻孔应力变化如图 18.15（a）所示，可以看出，自 11 月 17 日爆破开始，应力有明显下降，当 21 日爆破结束时，由于应力的重新调整和工作面开采的影响，两处应力都有所增大，尤其是 340m 处因采动超前应力的影响，增加幅度较大。

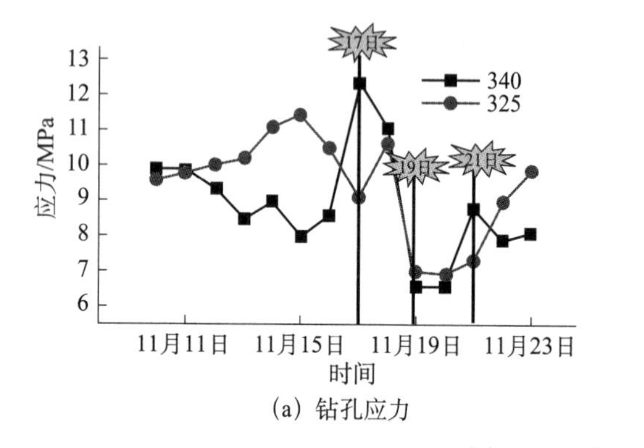

（a）钻孔应力

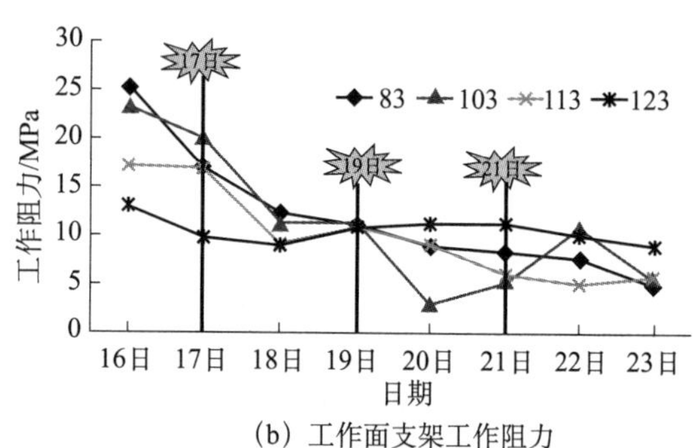

（b）工作面支架工作阻力

图 18.15　断顶爆破卸压效果

同时监测到靠近工作面下巷的 83、103、113 和 123 四架液压支架爆破前、后工作阻力变化，如图 18.15（b）所示，从中可以看出，自 17 日爆破开始，随着工作面的推进及爆破的继续进行，支架工作阻力逐渐降低，由 16 日的 24MPa 下降到 23 日的 13MPa（90 架），下降率为 45%，压力下降效果明显。

2）断底爆破卸压

在 25110 下巷超前工作面 300m 范围内进行断底爆破卸压，钻孔间距 5m，同一断面内，在沿底板煤体倾向偏上 45° 处打 22m 深钻孔，在底板正中偏下帮 60° 处打 25m 深钻孔，钻孔孔径 ϕ75mm，每孔装特制炸药 10 节（18kg）双发同段毫秒延期电雷管正向装药，封孔长度为 15m，一次装药，分次起爆。

为了监测断底爆破卸压效果，对 2013 年 10 月 14 日开展的一次断底爆破进行了钻孔应力和钻屑量监测，监测结果如图 18.16 所示。可以看出，爆破后，爆破孔附近的应力明显下降，巷帮钻屑量在爆破后也有明显下降，说明煤体内的应力有显著降低，卸压效果明显。

3）煤层卸压爆破

煤层卸压爆破孔深 20m，钻孔仰角沿煤层倾斜向上布置，孔口距底板 1.2m。采用 ϕ65mm×650mm 药卷，装药量分别为 10.8kg（6 节），装药长度为 3.9m，封泥长度分别为 16.1m。

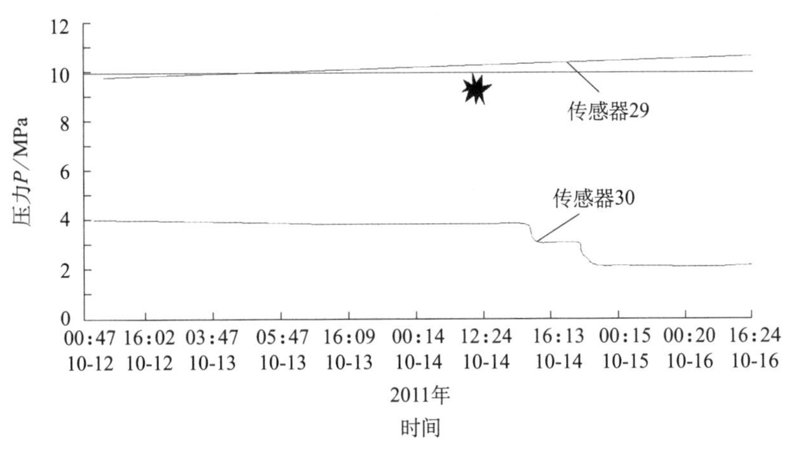

图 18.16　断底爆破卸压效果

双发同段毫秒延期电雷管正向装药，其余用 27 节（3 箱）水泥药卷封孔。孔内雷管间并联，多个爆破孔的雷管之间采用串联连线方式。

利用钻孔应力计和电磁辐射仪观测到煤层卸压爆破前、后的煤体相对应力及电磁辐射强度变化，如图 18.17 所示。从图中可以看出，爆破后爆孔周围煤体的相对应力略有下降，说明煤层卸压爆破可在一定程度内降低超前支承压力影响区的煤体高应力状态；爆破后煤岩体的电磁辐射强度明显增加，说明爆破应力促使煤体内部应力调整，巷帮侧向峰值应力区的高应力区裂纹扩展，释放能量。

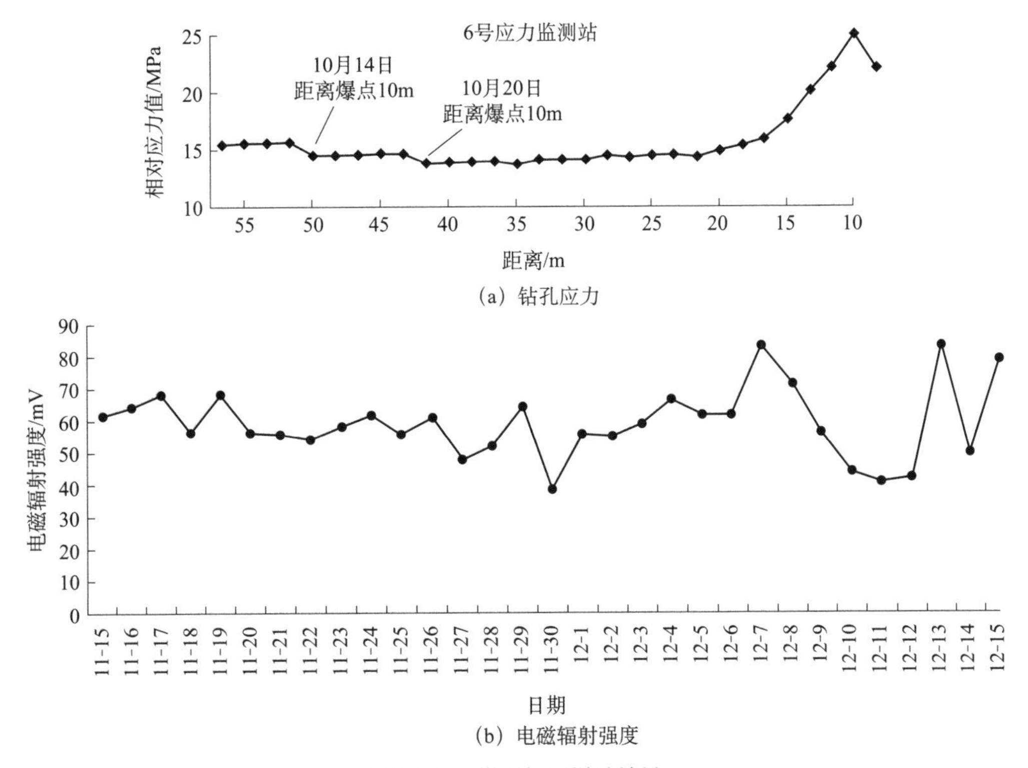

（a）钻孔应力

（b）电磁辐射强度

图 18.17　煤层卸压爆破效果

4. 防冲效果

采用多级爆破卸压技术，不仅使回采工作面前方煤岩体以及巷道两侧煤岩体中的支承压力峰值降低，而且可以使高应力向煤岩体深部转移，从而使采动应力集中区域远离采掘活动空间，起到降低冲击危险程度的作用。在跃进煤矿开展了研究现场试验，采动应力、电磁辐射、钻屑量等监测数据反映了多级爆破卸压技术能有效降低煤岩体中的应力，具有很好的防冲效果，实现了25110强冲击危险工作面的安全回采。

18.2.4 唐口煤矿深部静载型冲击地压局部应力控制技术

1. 唐口煤矿3303工作面概况

唐口煤矿3303工作面所在330采区采用条带开采方式，条带煤柱宽度为80m，3303工作面走向长度为1255m，倾向长85m，平均埋深880m。该工作面为旋转工作面（图18.18），工作面里段三面为采空区，且回采煤柱不规则，煤柱的受力极不稳定。根据现场微震监测，3303工作面顶板以薄泥岩与砂岩互层为主，岩层活动较为缓和，少量高能量微震事件一般远离开采空间，远场系统外动载对冲击启动的影响程度较低。3303工作面在高地应力和复杂开采及地质条件的共同作用下，采动围岩近场系统内静载，对冲击启动起到主导作用。

因此，开采过程中冲击地压监测方案设计以集中静载荷为主，兼顾集中动载荷，冲击地压的防治工作应主要以避免或削弱采动围岩系统内静载为主，重点为控制采动高应力的集中。

2. 冲击地压载荷源监测

1）危险区域集中静载荷的监测

根据工作面开采条件，对开采区域进行了危险区域划分，采用钻孔应力计重点对异形煤柱区域和巷道交差区域进行静载荷监测，如图18.18所示。

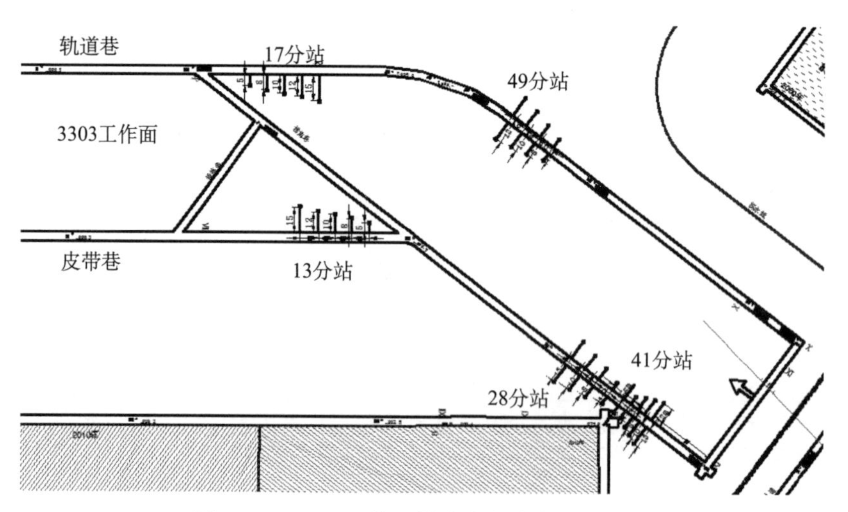

图18.18　3303工作面钻孔应力计布置平面图

由41号和28号分站监测数据统计结果可知，煤柱影响区域最大应力集中程度较高，平均为2.0，根据3303工作面埋深推算，该处煤体最大应力将达到40MPa，具有较高的冲击危险性。

由49号分站数据可知，轨道巷转弯区域的巷道侧向支承压力影响深度相对较小，5m处测点应力集中系数达到2.92，而8m处测点应力集中系数为1.7，说明巷道侧向支承压力主要影响范围集中在距离巷帮5m左右，若对该区域煤体进行爆破卸压或钻孔卸压时，卸压区深度至少为5m。

17号及13号分站数据显示，工作面推进过程中，巷道交差区域煤体应力集中程度较高，分站对应区域的最大应力集中程度分别达到3.32和2.01，冲击危险程度较高，急需采取相应的卸压措施。应力集中程度较高的区域主要集中在距帮8～10m处，因此，该区域卸压措施的作用范围必须涵盖距离巷帮8～10m区间。

基于以上分析，得到危险区域巷道侧向支承压力影响范围一般约为12m，峰值位置距帮8～10m，局部区域数值较小，不同区域的应力集中程度差异性较大。工作面推进期间，每个危险区域实测最大应力集中系数均大于2，工作面内最大则达到3.32，系统内静载处于较高水平，应采取必要措施卸压解危。

2）危险区域集中动载荷的监测

工作面推进过程中，必然会导致煤层上方顶板岩层的断裂运动，在坚硬厚层顶板突然破断或滑移失稳过程中，将释放大量能量，形成集中动载荷并对近场集中静载荷扰动与加载，促使集中静载荷达到极限，从而导致冲击地压发生。

由图18.19可知，330采区微震事件主要由于3302工作面和3303工作面开采所导致。微震事件揭示最大采动影响高度为152m。综合分析大事件分布层位和330采区上覆岩层厚度及岩性，可知3303工作面的远场动载源主要有两个，其一是距离煤层上方35m的8.03m细粒砂岩顶板，其二是距离煤层上方87m的6.86m中砂岩顶板。

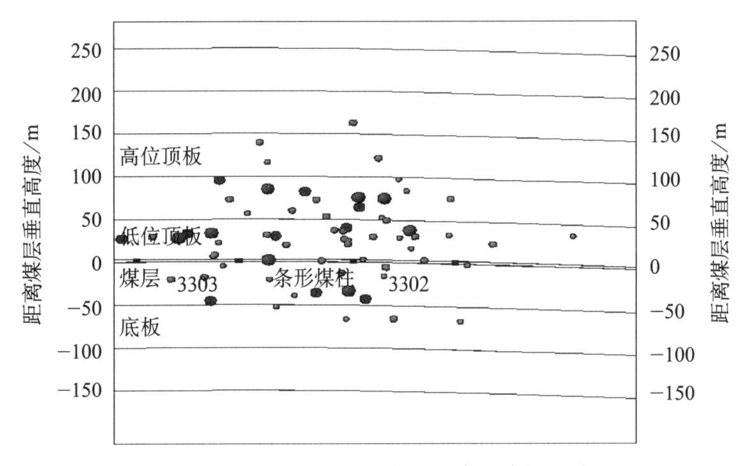

图18.19 330采区远场动载源在倾向剖面的投影

从事件发生频次可以看出，大部分事件能量都小于1×10^4J，仅有17%的事件能量大于1×10^4J，说明顶板岩层积聚的能量以一种相对缓和的方式进行释放。从现场动力现象显现情况来看，即使是能量级别达到10^5J 的事件，大多也未对工作面及巷道造成明显损伤，基本没有影响正常生产活动。

3. 冲击地压防治措施

根据 3303 工作面冲击地压启动载荷源分源监测结果，3303 工作面以避免或削弱采动围岩系统内静载为主。故通过围岩近场的“卸”“支”耦合结构促使围岩极限平衡区协调变形，控制冲击地压灾害发生。

1）加强危险区域支护

工作面两巷采用锚网索联合支护。回风巷超前支护采用超前支护架组，包括三组 ZCZ12700/23/37 型超前支护支架、一组 ZCZ9500/23/37 型超前支护支架和一架 ZZM6350/23/37 型锚固支架，总长 44m。进风巷超前支护采用 DZ35-20/100 型单体液压支柱配合 HDJB-800 型铰接顶梁支护，支设 3 排支柱，支护长度 50m，共使用支柱 189 根，铰接顶梁 189 条。

2）危险区域深孔区间爆破

3303 工作面巷道侧向支承压力影响范围约为 12m，峰值位置距离煤壁约 8～10m，不同区域测量值具有一定差异性。煤层爆破炮孔深度 11m，沿煤层单排布置，与煤层顶底板平行，间距 5m，距底板 1.2m；炮孔直径 ϕ42 ㎜，炸药选用二级矿用乳化炸药，药卷直径 ϕ27 ㎜，每卷 100g，长度 175 ㎜，连续装药，总装药长度 6m，单孔药量 3kg，非装药段用水泥药卷或炮泥全部封死，每孔均采用 3 发雷管并联起爆，孔间串联，一次爆破两个炮孔，以减少爆破震动波叠加效应对巷道围岩破坏作用。本参数条件下，裂隙区轴向范围约为距帮 4～12m。具体方案如图 18.20 所示。

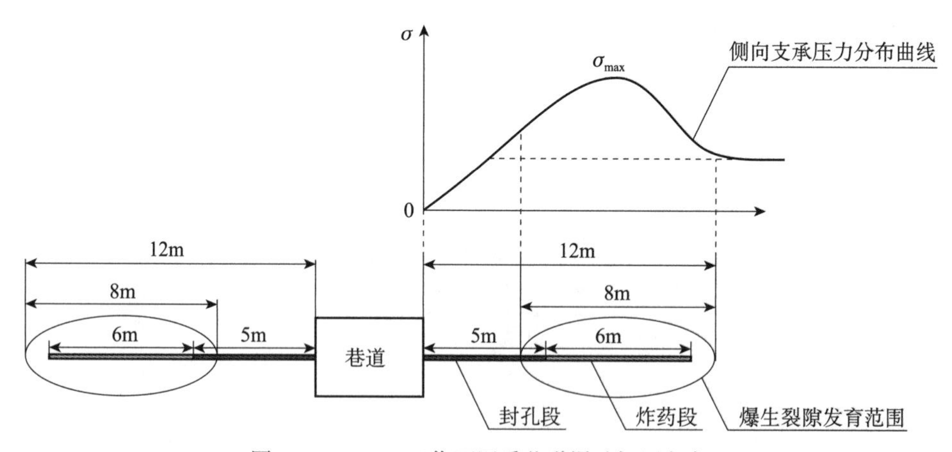

图 18.20　3303 工作面回采巷道爆破卸压方案

4. 防治效果

工作面推进期间，在巷道冲击危险区域多次采取爆破卸压措施进行解危，有效地防止了冲击地压的发生，确保了工作面的安全推进。

根据微震监测数据，2011 年 2 月 23 日 11：23，工作面前方 20m 处顶板位置发生一次能量为 4.3×10^4J 的微震事件，由于工作面顶板悬露面积不断增加，当弯曲应力超过其强度极限时，上部悬露顶板在工作面前方发生断裂。由于该区域一直采取深孔区间爆破及强力支护措施，集中静载荷积聚不够充分，此次顶板断裂并没有诱发冲击地压显现。

18.2.5　宽沟煤矿浅部动载型冲击地压局部应力控制技术

1. 宽沟煤矿 W1143 工作面概况

宽沟煤矿 W1143 综采面开采 B4–1 煤层，煤厚平均 3m，倾角 13°，埋深 317m；煤层顶板从下往上依次为：粉砂岩性直接顶，平均厚 9m；煤层 B4–2，平均厚 2.5m；粗砂岩性基本顶，厚度大。直接底为层状中砂岩，厚度 5.2m；老底为粗砂岩，厚度 12.99m。煤层和顶板、底板均有冲击倾向性，且存在较大水平应力。

W1143 综采面与上覆 B4–2 煤层已回采了两个工作面，即 W114(2)1、W114(2)3。W1143 工作面回风巷以北为 W1141 采空区，进风巷以南为实体煤岩层。两个工作面之间留设 30m 煤柱。W1143 工作面回采过程中，工作面靠近下端头处，多次发生冲击地压，发生位置如图 18.21 所示。

宽沟煤矿 W1143 工作面下端头处冲击时，虽然受顶板集中动载荷主要控制，但是冲击启动实质是工作面煤壁前方静载荷集中（是内因），外界动载荷起到促进作用，底板、煤壁只是能量传递与释放的载体，即冲击地压显现位置。故后续冲击地压监测与防治应兼顾两种载荷源。

2. 冲击地压载荷源监测

1）集中动载荷源监测

针对 W1143 坚硬顶板采用微震监测，微震台站布置如图 18.21 所示。W1143 工作面回风巷有 3 个台站，分别为 1 号、2 号、3 号台站；进风巷有 2 个台站，分别为 4 号、5 号台站；W1145 工作面进风巷有 3 个台站，分别为 6 号、7 号、8 号台站。

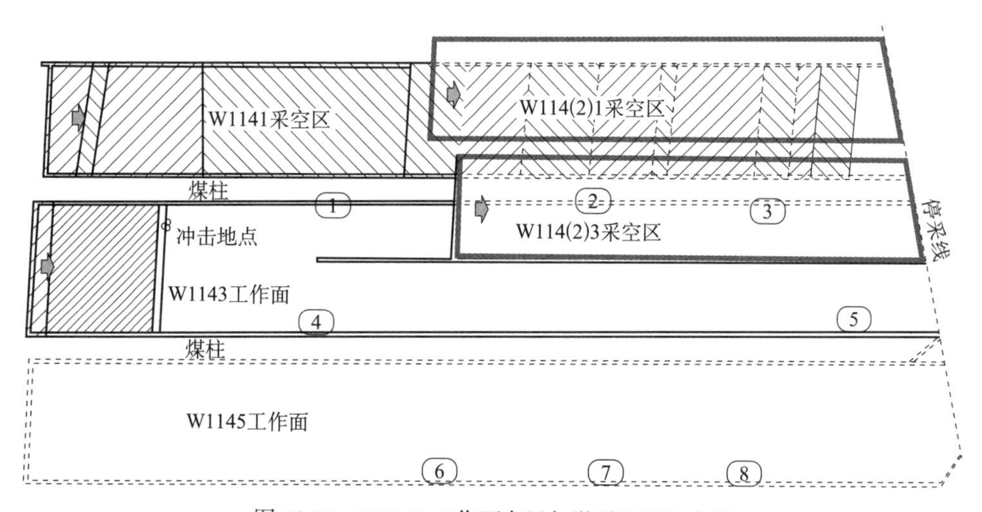

图 18.21　W1143 工作面布置与微震监测站布置

W1143 工作面分别在 2011 年 6 月 12 日的 19∶34、23∶13 和 23∶30 共发生了 3 次较大的微震事件，微震监测系统定位到 3 次顶板断裂，在（X，Y，Z）坐标系中依次为（715，8936，1347）、(686，8984，1340) 和（741，8856，1352），能量分别为 4×10^4J/m^3、1×10^4J/m^3 和 3.64×10^3 J/m^3。其中发生在 19∶34 的微震事件，造成工作面下部 14 号～20 号支架推移连杆震动，人员被底板弹起，工作面煤壁煤炮声频繁且剧烈。由此可见，工作面集中动载荷对煤壁集中静载荷的扰动与加载影响显著。

2）集中静载荷源监测

在工作面超前范围安装钻孔应力计，随着工作面推进，钻孔应力计开始记录随采动变化的煤体应力情况。根据煤体中钻孔应力计监测结果，得到工作面超前支承压力影响范围为 0～60m，峰值位置为 13.9～16.75m，超前支承压力集中系数平均为 2.87。W1143 工作面按埋深折算自重应力为 7.92MPa，加上应力集中系数，峰值为 22.73MPa，而实验室测得 B4–1 煤层单轴抗压强度平均为 28.80MPa，因此煤壁中集中静载荷积聚程度不足。

3. 冲击地压防治措施

由以上分析可知，本工作面单纯的集中静载荷、集中动载荷均不能引起冲击启动。启动的条件是顶板断裂产生的集中动载荷对静载荷的扰动与叠加。为此，宽沟煤矿冲击地压防治应该兼顾两种载荷源。

1）集中动载荷源消源 – 断顶爆破

从工作面进风巷 5m 处的支架起，每 12m 一个炮孔（即每 8 副支架），炮眼布置在相邻两副支架底座前端对应的顶板中，共布置 16 个炮孔，炮眼直径 75mm，炮眼深 15.3m，水平方向沿煤层走向，仰角 60°。装药长度 10.3m，封孔长度 5m，装药密度 2.8kg/m，从下端头开始每两个炮眼为一组，连线方式采用串联，正向一次起爆，如图 18.22 所示。

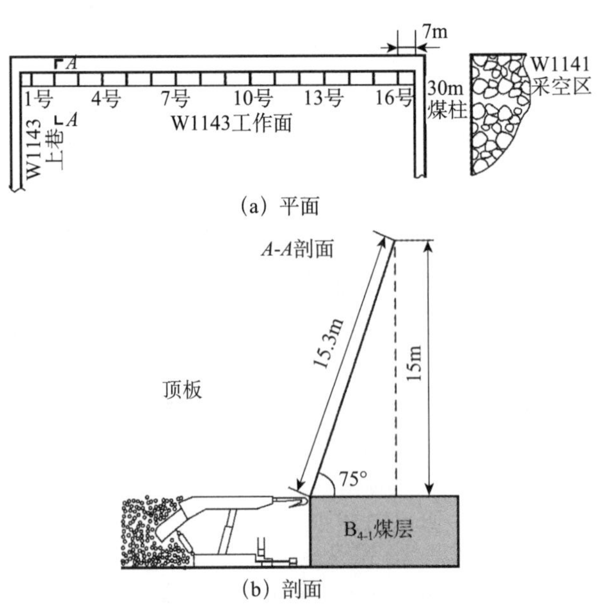

图 18.22　断顶爆破钻孔布置

2）集中静载荷积聚的控制

煤层注水可以改变煤岩物理、力学性质，降低其冲击倾向性甚至完全失去冲击能力。针对宽沟煤矿，在 W1143 工作面上、回风巷做煤体注水试验。超前工作面煤壁 40m，沿煤层倾斜方向，孔径 75mm，回风巷孔深 100m，进风巷孔深 50m，孔间距 20m，布置在卸压硐室。注水泵泵压控制在 5～10MPa，注水压力控制到使煤壁出现一定程度的渗水。

根据注水试验后，单孔注水时间确定为 6d。每 4 个钻孔为一组进行注水。回风巷每组注水量 $=100\text{m}\times2.3\text{m}\times60\text{m}\times1.36\text{t}/\text{m}^3\times25\times10^{-3}\text{m}^3=469.2\text{m}^3$；进风巷每组注水量 $=50\text{m}\times2.3\text{m}\times60\text{m}\times1.36\text{t}/\text{m}^3\times25\times10^{-3}\text{m}^3=234.6\text{m}^3$。

4. 防治效果

根据 W1143 工作面冲击地压启动载荷源分析结果，对工作面进行了集中静载荷、集中动载荷分源监测、分源防治。依据冲击地压分源监测结果，在 W1143 工作面主要实施了工作面切顶爆破和煤层注水与爆破。现场实践表明，顶板处理措施有效降低了坚硬顶板悬顶造成工作面煤壁应力和能量集中程度，同时降低了大面积悬顶垮断对工作面煤壁的扰动。目前，该工作面走向长度 1500m 已经顺利回采结束。

（本章主要执笔人：北京研究院齐庆新，欧阳振华，赵善坤；开采分院潘俊锋，王书文）

第五篇　顶板灾害防治技术

回采工作面顶板灾害主要表现为支柱（或支架）损坏、压死，顶板局部冒落、大面积垮落、煤壁切顶垮落，造成设备损坏、人员伤亡、生产终止，甚至全工作面报废，需要另开开切眼，重新布置设备组织生产。造成顶板灾害的主要原因是支柱（或支架）的支护强度不够、支护不合理、顶板出现悬顶或大面积悬顶等。

煤炭科学研究院开采分院（以下简称开采分院）从成立开始就组建了专门的研究机构，从事回采工作面矿压、支柱（或支架）、顶板分类、顶板管理等技术的研究。20 世纪 60 年代初，开采分院在由煤炭工业部组织的有 48 个单位参加的矿山压力现场观测培训班上编写讲义，传授矿山压力现场观测研究方法，为全国各矿区开展矿山压力现场观测提供了技术。20 世纪 70 年代末 80 年代初，开采分院与其他科研院校及现场合作，通过对 350 个回采工作面的矿山压力观测和理论分析，制订出了我国第一个回采工作面顶板分类。该分类用反映顶板稳定性的强度指数 D 作为岩性指标，将直接顶分为不稳定、中等稳定、稳定和坚硬四类。按老顶初次来压步距 L 和直接顶厚度 M 与采高 m 的比值，将老顶分为来压不明显、明显、强烈和特别强烈四级，并以此确定支护方式、支护强度、支架选型和采空区处理措施，指导各回采工作面选择合理的支护设备和支护强度。

80 年代，开采分院根据煤炭部技术司和生产司的安排，承担了“我国主采煤层底板分类研究”课题，在徐州、阜新、兖州、淮南等 12 个矿务局的协作下，完成了 45 个矿 106 个工作面底板抗压入特征测定和分析研究，得到了 1335 条底板综合特征曲线，结合岩石力学试验和单体液压支柱、液压支架和底板相互作用的平面有限元计算，提出了我国主要煤层底板分类方案。为底板控制，防止单体液压支柱钻底，液压支架陷底，改善工作面支护状况，提高支护强度，减少顶板事故提供了有力保障。

随着高档普采、综采、综放技术的发展，回采工作面大量使用单体液压支柱或液压支架，回采工作面支护强度和支护可靠性有了很大的提高。在新的支护条件下，开采分院在20世纪90年代初搜集和总结分析了600余个工作面的地质和矿压观测资料的基础上，通过统计分析，建立了41个单因素和46个多因素回归方程，借助于160个样本进行了模糊动态聚类，提出了直接顶稳定性类别和老顶动压显现级别的判定方法。在分类的基础上，提出了难控与易控岩层的确定方法及最优的岩层控制技术途径和关键技术措施。为高档普采和综采工作面选择合理的支护强度和对岩层控制选择合理的技术途径和措施提供指导。

在上述研究和应用实践的基础上，开采分院分别起草了缓倾斜煤层采煤工作面顶板、底板分类标准，经批准后形成了（MT554—1996《缓倾斜煤层采煤工作面顶板分类》）和（MT553—1996《缓倾斜煤层采煤工作面底板分类》）两个行业标准，为综采工作面液压支架选型设计和顶板管理提供了技术依据。

坚硬顶板的安全管理是我国部分煤矿始终面临的问题。开采分院从20世纪60年代开始先后参与了大同、枣庄、鹤岗、乌鲁木齐、晋城、鄂尔多斯、扎赉诺尔等矿区的坚硬顶板安全管理技术的研究。1964年与大同挖金湾矿合作，开展了深孔爆破法管理坚硬顶板的技术研究，80年代初开始承担国家攻关项目“大同厚砾岩顶板条件下综合机械化采煤的研究”，经过大量的现场试验和实验室研究，采用顶板高压注水软化、高工作阻力液压支架支护、大流量安全阀快速泄压等技术途径，基本解决了大同矿区坚硬难冒厚砾岩顶板条件下实现综合机械化安全高效生产的技术问题，也成为其他矿区的坚硬顶板条件下实现综合机械化安全高生产的基本技术途径。

随着新矿区的不断开发，生产技术及装备的发展，超长工作面、超大采高、超快推进速度等高强度开采逐渐成为大型、特大型矿井的主要开采方式。为防止采空区大面积悬顶，开采研究分院进一步开发了工作面顶板深孔爆破弱化技术，建立了炮孔参数优化分析模型，研制了适应性强的钻孔机具，分节式凹槽爆破筒；开发了分段连体式装药工艺，采用炮棍和风动封孔器，显著提高了井下深孔爆破效率。

在片帮冒顶防止方面，回采工作面使用金属摩擦支柱、单体液压支柱时期，因为采高都不太高，片帮冒顶也不特别严重，防治的主要技术措施是选择合理的支护形式，提高支护强度，减少空顶距离和空顶时间。开采分院研究了工作面煤壁化学加固材料，提高煤壁的稳定性。随着综采技术的发展，回采工作面加长，采高增大，煤壁片帮越来越严重。对于治理综采工作面的片帮问题，开采分院在分析煤壁稳定性影响因素的基础上，提出了煤壁片帮的主控因素为主要方向的防治措施。经研究，基于压杆理论分析了中硬煤壁的挠度特征，获得了大采高综采面两种典型的片帮形式，即半煤壁片帮和整煤壁片帮。提出了优化护帮板长度、及时擦顶移架、加快推进速度等技术措施。同时也研究了黏度、浓度等因素对胶体溶液注浆加固效果的影响。重庆研究院开发了天固系列材料，均为防止片帮冒顶提供了新的技术途径。

在破碎顶板的管理方面，开采分院在20世纪80年代就在徐州等矿区开展过技术研究。

针对破碎顶板的特点，从空间、时间和压力三个方面加强对顶板的控制，即采用窄机身采煤机，缩小空顶距和空顶时间，在煤壁的空顶区加简便的临时短顶梁进行及时支护，提高单位液压支柱的初撑力和支护强度，实现强力支护。在局部极破碎处进行化学注浆加固，改善顶板的完整性，实现了安全高效生产。国家重点科技攻关项目“4.5m厚‘三软’煤层一次采全高综采成套设备与工艺”，针对在大采高综采条件下松软破碎顶板管理问题进行技术研究，针对4.5m厚极破碎易冒落的砂泥岩直接顶，易片帮的煤壁，遇水膨胀松软的砂泥岩底板，采取化学材料加固直接顶，短顶梁长伸缩梁加护帮板的扦腿型液压支架等技术措施，实现了安全高效生产。

在顶板监测技术方面，从20世纪五六十年代开始，开采分院引进了苏联的长壁工作面矿压的观测方法，研制了主要通过人工采集数据的圆图压力自记仪、机械测力计等矿压观测仪器，在大同、平顶山、淮南、淄博、沈阳、京西等矿区开展了大量的回采工作面矿压观测。80年代后，为满足综采工作面矿压观测需要，研制出了基于钢弦式传感器的CDW和KSE矿压系列监测仪器，实现了矿压观测数据的连续、稳定采集，观测精度显著提高。“十五”期间，为解决矿压数据人工采集、数据分析不及时的问题，基于CAN总线开发了KJ21智能型顶板动态监测系统，实现了矿压数据秒级采样，液压支架动作全过程、顶板动载及围岩稳定性的实时、稳定监测，监测范围和精度显著提高。为解决采煤工作面和回采顺槽断线频繁、线路维护工作量大的问题，开采分院基于460MHz无线射频技术和微功耗设计开发了KJ21(B)顶板无线监测系统，重庆研究院开发了KJ693顶板动态监测系统，常州研究院开发了KJ765矿用顶板压力监测系统。“十一五”期间，开采分院在案例分析及致灾因素分析的基础上，提出了采煤工作面液压支架初撑力、安全阀开启率、不保压率等预警指标，回采顺槽和掘进工作面浅层、深层围岩变形量、离层量、锚杆工作阻力等预警指标，建立了顶板灾害预警模型，实现了顶板灾害的实时监测及预警。

本篇介绍煤科总院在回采工作面顶板深孔爆破、切顶压架事故防治，片帮冒顶防治以及顶板灾害监测预警方面的研究成果。

第19章 回采工作面围岩控制技术

回采工作面是矿压显现最强烈的区域，也是顶板灾害的高发区域。统计表明，60%以上的顶板灾害发生在采煤工作面和回采顺槽，因此回采工作面围岩控制是顶板灾害防治的重点之一。

回采工作面围岩控制的难点主要包括三个方面：一是煤壁或者顶板岩层松软、自稳能力差，受采动影响后易失稳，导致片帮和局部冒顶；二是顶板有厚硬岩层，回采后不易垮落，造成悬顶，采空区大范围顶板突然冒落易形成飓风，造成人员伤亡、设备损坏等事故；三是回采工作面煤岩层厚度、岩性以及地质构造等条件变化多样，开采前很难准确获得，给支护参数设计、设备选型和工作面管理带来困难。

本章主要介绍开采分院在回采工作面围岩控制方面的研究成果，主要包括回采工作面顶板深孔爆破弱化技术，切顶压架事故发生机理及防治技术，基于压杆理论的煤壁片帮机理及防治技术。

19.1 回采工作面顶板深孔爆破弱化技术

深孔爆破的核心是通过煤矿许用乳化炸药（或水胶炸药）爆破产生的冲击波和应力波将岩体拉裂，大量的爆生高压气体贯入裂缝形成气楔，在爆破应力波和爆生气体准静态共同作用下，岩体产生破坏、发展生成新的裂隙并扩展原有裂隙及弱面的过程。回采工作面深孔爆破的目的是增加工作面顶板的裂隙发育程度，减少工作面初次来压和周期来压步距。

本节介绍开采研究分院开发的回采工作面顶板深孔爆破弱化技术，主要包括爆破参数设计与优化、跨皮带钻孔、分段连体式装药、风动封孔等，该技术在山西、淮南、内蒙古等地区的坚硬顶板工作面使用，效果良好。

19.1.1 爆破参数优化

本节介绍了基于理论分析和数值模拟优化爆破参数的方法，研究不同参数条件下炸药起爆后的裂隙发育程度，主要包括压碎区范围、裂隙区范围，装药不耦合系数与裂隙圈范围的关系以及封孔所需的最小长度等。

1. 深孔爆破关键参数理论计算

装药不耦合系数、炮孔间距、封孔长度是对深孔爆破效果影响最大的三个关键参数，该参数一般需要结合矿井实际顶板岩石力学特征进行确定，计算合理的取值。

1）合理装药不耦合系数

装药不耦合系数是指当炮孔直径大于药卷直径时炮孔直径与药卷直径的比值，其对爆破后炮孔周围的破坏范围有一定的影响。根据煤矿现有炸药的使用情况，常用煤矿三级许用乳化炸药、药卷直径为60mm。

在耦合装药条件下，柱状药包爆炸后，孔壁所受冲击压力为

$$P_1=\frac{2\rho C_p}{(1+\gamma)\left(\rho C_p+\rho_0 D_v\right)}\rho_0 D_v^2 \tag{19.1}$$

不耦合装药条件下，孔壁所受压力为

$$P_2=\frac{n}{2(1+\gamma)}\rho_0 D_v^2 K^{-2\gamma} \tag{19.2}$$

式中，ρ为岩石密度，取2557kg/m^3；ρ_0为炸药密度，取1150 kg/m^3；C_p为岩石中的声速，取3810m/s；D_v为爆速，取3400m/s；γ为爆轰产物的膨胀绝热指数，一般取3；n为炸药爆炸产物膨胀碰撞孔壁时的压力增大系数，一般取10。

由式（19.2）/式（19.1）得，

$$\frac{P_2}{P_1}=\frac{n\left(\rho C_p+\rho_0 D_v\right)}{4\rho C_p}K^{-2\gamma}=3.5K^{-6} \tag{19.3}$$

爆轰波在传播过程中，随着传播距离的增大，波形被拉长，因而随着不耦合装药系数的增加，孔壁受压时间加长。根据爆炸相似律由实验得出炸药在空气中爆炸后距炸药不同距离处正压作用时间的经验公式为

$$t_+=1.35\times10^{-3}Q^{\frac{1}{6}}r^{\frac{1}{2}} \tag{19.4}$$

式中，Q为装药量；r为传播距离。由此可得，当耦合装药时孔壁受压时间为

$$t_{+1}=1.35\times10^{-3}Q^{\frac{1}{6}}r_c^{\frac{1}{2}} \tag{19.5}$$

不耦合装药时孔壁的受压时间为

$$t_{+1}=1.35\times10^{-3}Q^{\frac{1}{6}}r_b^{\frac{1}{2}} \tag{19.6}$$

由式（19.5）、式（19.6）得

$$\frac{t_{+2}}{t_{+1}}=\sqrt{K} \tag{19.7}$$

通过以上分析可知，随着装药不耦合系数的增大，炮孔孔壁所受压力减小，但孔壁受

压时间增加。表明当压力过大时，炮孔周围的压碎区范围扩大且裂纹容易分岔，将消耗大量的能量，不利于增加径向主裂纹长度。因此，应适当加大装药不耦合系数，减小孔壁压力，增加受压时间，以便减少压碎区和裂纹分岔对能量的消耗，最终达到增大裂隙圈范围的目的。

结合煤矿现有的钻孔机具情况，一般在坚硬顶板深孔爆破的炮孔直径为 75mm，装药不耦合系数为 1.25。

2）合理炮孔间距

合理炮孔间距是指炮孔平行布置时炮孔之间的裂隙区能够相互贯通时的间距，一般取裂隙区半径的 2 倍。因此，为了研究合理炮孔间距需要对爆破后炮孔的裂隙区范围进行研究。利用 Mises 强度准则，并考虑岩石三向受力及其强度的应变率效应，可导出了柱状药包爆炸在岩石中引起的压碎圈与裂隙圈半径的计算公式：

①岩石中柱状药包爆炸产生的爆炸载荷。在不耦合装药条件下，炸药爆炸后对孔壁形成强冲击载荷，利用声学近似原理，孔壁中的初始透射冲击波压力为

$$p=\frac{1}{2}p_0K^{-2\gamma}l_cn \tag{19.8}$$

$$p_0=\frac{1}{1+\gamma}\rho_0D_v^2 \tag{19.9}$$

式中，p_0 为炸药爆轰压，MPa；ρ_0 为炸药密度，kg/m^3；D_v 为炸药爆速，m/s；K 为装药径向不耦合系数；l_c 为装药轴向系数；γ 为爆轰产物的绝热指数，一般取 3；n 为爆炸产物膨胀碰撞孔壁时的压力增大系数，一般取 n=10。

冲击波在岩石中的传播过程中不断的衰减，最后形成应力波。则岩石中任一点的应力可表示为

$$\left.\begin{aligned}\sigma_r&=p\left(\frac{r}{r_b}\right)^{-\alpha}\\ \sigma_\theta&=b\sigma_r\\ \sigma_z&=\mu_d\left(\sigma_r+\sigma_\theta\right)\end{aligned}\right\} \tag{19.10}$$

式中，σ_r 为岩石中的径向应力；σ_θ 为岩石中的切向应力；σ_z 为岩石中的轴向应力；r 为计算点到岩石中心的距离，m；r_b 为炮孔半径，m；μ_d 为动态泊松比，在工程爆破时，μ_d=0.8μ；α 为载荷传播衰减指数，$\alpha=2\pm\frac{\mu_d}{1-\mu_d}$，正负号分别对应冲击波区和应力波区；$b$ 为侧向应力系数，$b=\frac{\mu_d}{1-\mu_d}$。

②爆炸载荷作用下岩石的破坏准则。岩石中任一点的应力强度为

$$\sigma_i = \frac{1}{\sqrt{2}}\left[\left(\sigma_r - \sigma_\theta\right)^2 + \left(\sigma_\theta - \sigma_z\right)^2 + \left(\sigma_z - \sigma_r\right)^2\right]^{\frac{1}{2}} \tag{19.11}$$

岩石是典型的抗压不抗拉材料，其抗拉强度比抗压强度低很多。在爆炸过程中，岩石的受力状态为拉压混合状态，炸药起爆后炮孔周围压碎区岩石的破坏为受压破坏，裂隙区岩石的破坏为受拉破坏。

根据 Mises 准则，如果 σ_i 满足下式，则岩石发生破坏。

$$\sigma_i \geqslant \sigma_0 = \begin{cases} \sigma_{\mathrm{cd}}\left(\text{压碎圈}\right) \\ \sigma_{\mathrm{td}}\left(\text{裂隙圈}\right) \end{cases} \tag{19.12}$$

式中，σ_0 为岩石的单轴破坏强度，MPa；σ_{td} 为单轴动抗拉强度，MPa；σ_{cd} 为单轴动抗压强度，MPa。

随着加载率的提高，岩石的动抗压强度增大，动态抗拉强度的变化很小，一般情况下可以用式（19.13）表示常见岩石动强度与静强度之间的关系：

$$\left.\begin{aligned} \sigma_{\mathrm{cd}} &= \sigma_c \dot{\varepsilon}^{\frac{1}{3}} \\ \sigma_{\mathrm{td}} &= \sigma_t \end{aligned}\right\} \tag{19.13}$$

式中，σ_c 为静单轴抗压强度，MPa；σ_t 为静态单轴抗拉强度，MPa；$\dot{\varepsilon}$ 为加载应变率，s^{-1}。

③压碎圈与裂隙圈计算。由式（19.8）～式（19.12），得到在不耦合装药条件下压碎圈半径为

$$R_c = \left(\frac{\rho_0 D_v^2 n K^{-2\gamma} l_c B}{8\sqrt{2}\sigma_{\mathrm{cd}}}\right)^{\frac{1}{\alpha}} r_b \tag{19.14}$$

其中

$$B = \left[\left(1+b\right)^2 + \left(1+b^2\right) - 2\mu_d\left(1-\mu_d\right)\left(1-b\right)^2\right]^{\frac{1}{2}} \tag{19.15}$$

$$\alpha = 2 + \frac{\mu_d}{1-\mu_d} \tag{19.16}$$

可进一步得到在不耦合装药条件下裂隙圈半径为

$$R_p = \left(\frac{\sigma_R B}{\sqrt{2}\sigma_{\mathrm{td}}}\right)^{\frac{1}{\beta}} \left(\frac{\rho_0 D_v^2 n K^{-2\gamma} l_c B}{8\sqrt{2}\sigma_{\mathrm{cd}}}\right)^{\frac{1}{\alpha}} r_b \tag{19.17}$$

其中

$$\sigma_R = \frac{\sqrt{2}\sigma_{\mathrm{cd}}}{B} \tag{19.18}$$

$$\beta = 2 - \frac{\mu_d}{1-\mu_d} \tag{19.19}$$

下面以某矿工作面顶板岩石为实例计算深孔爆破后炮孔周围的压碎区和裂隙区半径，计算所需的各参数如表 19.1 所示。

表 19.1 计算压碎区和裂隙区半径所需的各参数数据

参数	数据	参数	数据	参数	数据
ρ/（kg/m^3）	2557	l_c	1	$\dot{\varepsilon}$ /s^{-1}	1000
ρ_0/（kg/m^3）	1150	n	10	σ_c/MPa	70.84
D_v/（m/s）	3400	K	1.25	σ_t/MPa	6.81
γ	3	μ	0.21		
C_p/（m/s）	3300	r_b/m	0.0375		

利用表 19.1 中的数据计算得

$$\sigma_{cd} = \sigma_c \dot{\varepsilon}^{\frac{1}{3}} = 70.84 \times 1000^{\frac{1}{3}} = 708.4\text{MPa}$$

$$\sigma_{td} = \sigma_t = 0.681\text{MPa}$$

$$\mu_d = 0.8\mu = 0.8 \times 0.21 = 0.168$$

$$b = \frac{\mu_d}{1-\mu_d} = \frac{0.168}{1-0.168} = 0.2$$

$$\alpha = 2 + \frac{\mu_d}{1-\mu_d} = 2 + \frac{0.168}{1-0.168} = 2.2$$

$$\beta = 2 - \frac{\mu_d}{1-\mu_d} = 2 - \frac{0.168}{1-0.168} = 1.8$$

$$\begin{aligned} B &= \left[(1+b)^2 + (1+b^2) - 2\mu_d(1-\mu_d)(1-b)^2\right]^{\frac{1}{2}} \\ &= \left[(1+0.2)^2 + (1+0.2^2) - 20.168(1-0.168)(1-0.2)^2\right]^{\frac{1}{2}} \\ &= 1.52 \end{aligned}$$

$$\sigma_R = \frac{\sqrt{2}\,\sigma_{cd}}{B} = \frac{\sqrt{2} \times 708.4}{1.52} = 659.1\text{MPa}$$

可计算得压碎区半径为

$$\begin{aligned} R_c &= \left(\frac{\rho_0 D_v^2 n K^{-2\gamma} l_c B}{8\sqrt{2}\sigma_{cd}}\right)^{\frac{1}{\alpha}} r_b \\ &= \left(\frac{1150 \times 3400^2 \times 10 \times 1.25^{-6} \times 1 \times 1.52}{8\sqrt{2} \times 708.4 \times 10^6}\right)^{\frac{1}{2.2}} \times 0.0375 \\ &= 0.0885\text{m} \end{aligned}$$

裂隙区半径为

$$R_p=\left(\frac{\sigma R^B}{\sqrt{2}\sigma_{td}}\right)^{\frac{1}{\beta}}\left(\frac{\rho_0 D_v^2 nK^{-2\gamma} l_c B}{8\sqrt{2}\sigma_{cd}}\right)^{\frac{1}{\alpha}} r_b$$

$$=\left(\frac{659.1\times 1.52}{\sqrt{2}\times 6.81}\right)^{\frac{1}{1.8}}\times 0.0885$$

$$=1.17\text{m}$$

综上，经理论计算炮孔的裂隙区半径为 1.17m，为了使爆破后炮孔之间的裂隙区相互贯通达到“拉槽”的效果，合理的炮孔间距为 2.34m。

3）合理封孔长度

封孔长度过小时，容易造成“冲孔”现象，封泥被爆生气体从炮孔中冲出，爆生气体冲出炮孔后孔壁上作用的能量将大幅度减小。这不仅使炸药能量的利用率降低，而且冲出的爆生气体可能引发安全生产事故。当封孔长度过大时，封孔段大量岩体不能发生破坏，爆破效果同样被影响。因此研究合理的封孔长度是必要的。

（1）炸药爆炸后对封泥产生的向外推力。深孔爆破时起爆方式采用正向起爆，聚能穴朝里，如图 19.1 所示。

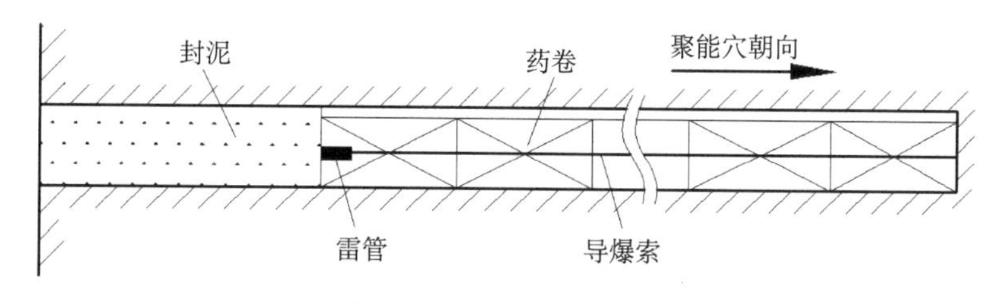

图 19.1　深孔爆破装药结构

起爆药卷发生爆炸后，在聚能穴的作用下爆轰波从孔口向孔底传播。为了弄清炮孔内在爆轰波传播方向和相反方向上爆轰压力的分布情况做如下实验：如图 19.2 所示，导爆索中间绑定一个雷管，雷管聚能穴朝向导爆索的右端。将雷管引爆，发现左右两端的导爆索有明显差别，右端的导爆索发生爆炸而左端的导爆索只是被炸断，没有发生爆炸。此实验表明爆轰波传播的相反方向上爆轰波的压力很低，达不到导爆索的临界起爆压力。深孔爆破时封泥处于爆轰波传播的相反方向，可以近似的认为封泥不受爆轰波压力，只受爆轰产物的准静压力作用。

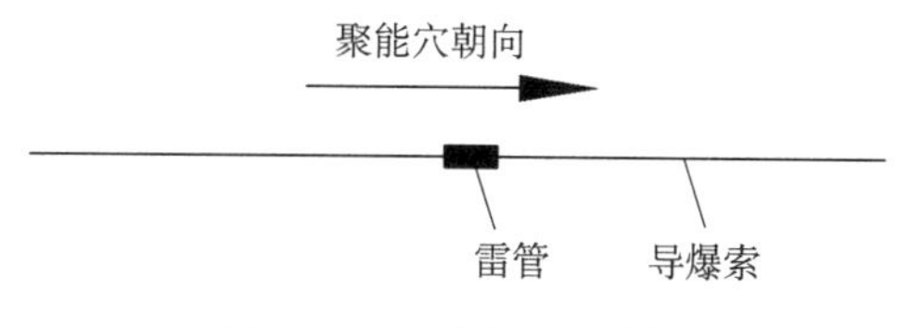

图 19.2　实验方案示意图

爆轰产物对封泥所产生的向外推力为

$$F_t=\frac{\pi d_b^2 P_b}{4} \tag{19.20}$$

式中，d_b 为炮眼直径；P_b 为爆轰产物准静压力。在耦合装药条件下，爆轰产物准静压力近似的等于炸药的爆压

$$P_b=P_c=\frac{1}{1+\gamma}\rho_0 D_v^2 \tag{19.21}$$

式中，P_c 为炸药爆压；γ 为爆轰产物的膨胀绝热指数，一般取 3；ρ_0 为炸药密度，kg/m^3；D_v 为炸药爆速。

在不耦合装药条件下，由于径向间隙的存在，与耦合装药相比爆轰产物在侧向扩散中的压力损失较大。假设间隙内不存在空气，那么炮轰产物在间隙内的膨胀规律为 PV^3= 常数，由此可得膨胀后的爆轰产物压力为

$$P_b=\left(\frac{V_c}{V_b}\right)^3 P_c=\left(\frac{d_c}{d_b}\right)^6 P_c \tag{19.22}$$

式中，V_c 为药卷体积；V_b 为炮眼体积；d_c 为药卷直径；d_b 为炮孔直径。由式 19.21 和式 19.22 可知炸药爆炸后对封泥产生的向外推力为

$$F_t=\frac{\pi d_b^2 P_c}{4}\left(\frac{d_c}{d_b}\right)^6 \tag{19.23}$$

（2）封泥的最大封孔能力。假设封泥的封孔能力由封泥与孔壁间的摩擦力提供，则封泥的最大封孔能力为

$$F_m=f\pi d_b L \tag{19.24}$$

式中，f 为封泥与孔壁间的最大静摩擦力；d_b 为炮孔直径；L 为封孔段长度。

（3）最小封孔长度的确定

为了避免“打枪”现象的产生，应使封泥的最大封孔能力大于炸药爆炸后对封泥的向外推力且留有一定的富余量

$$F_m=nF_t$$

即

$$f\pi d_b L=n\frac{\pi d_b^2 P_c}{4}\left(\frac{d_c}{d_b}\right)^6$$

由上式可推出最小封孔长度为

$$L=\frac{nP_c d_c^6}{4fd_b^5}=\frac{n\rho_0 D_v^2 d_c^6}{4(1+\gamma)fd_b^5} \tag{19.25}$$

式中，n 为安全系数，参数 f 的取值为 20～60kg/cm^2，本次计算时取其平均值 40 kg/cm^2，计算潘三矿最小封孔长度所需的参数如表 19.2 所示。

表 19.2 计算最小封孔长度所需的各参数

γ	ρ_0	D_v	d_c	d_b	f	n
3	1150kg/m^3	3400m/s	0.06m	0.075m	40kg/cm^2	1.5

将以上参数代入式 19.25 的所需的最小封孔长度为

$$L=\frac{n\rho_0 D_v^2 d_c^6}{4(1+\gamma)fd_b^5}=\frac{1.5\times1150\times3400^2\times0.06^6}{4\times(1+3)\times4\times10^6\times0.075^5}=6.1\text{m}$$

经理论分析，为防止“打枪”现象产生所需的合理封孔长度为 6.1m。但对于深度较大的炮孔应适当增加封孔长度，一般煤矿安全规程要求不小于孔深的 1/3。

2. 深孔爆破关键参数数值模拟

1）爆破模型建立

（1）炸药与岩石的相互作用。采用 ALE（流固耦合）算法模拟深孔爆破过程中爆生气体与煤体间的相互作用，将炸药定义为流体，煤体定义为固体。ALE 算法先执行一个或几个 Lagrange 时步计算，此时炸药网格随材料膨胀流动而产生变形，然后执行 ALE 时步计算：①保持变形后的炸药边界条件，对内部单元进行重分网格，网格的拓扑关系保持不变，称为 Smooth Step。②将炸药变形网格中的单元变量（密度、能量、应力张量等）和节点速度矢量输送到重分后的新网格中，称为 Advection Step。这种算法能够克服单元严重变形引起的数值计算困难，并实现对流体与固体在各种复杂载荷条件下的相互作用分析。

（2）炸药载荷的施加。炸药的爆炸过程中，爆轰产物产生的压力变化范围非常大，从几十万个大气压到低于一个标准大气压，爆破过程中如用瞬时的集中载荷模拟炸药，则模拟结果和实验室结果相差很大。采用 HIGE_EXPLOSIVE_BURN 模型以及 JWL 方程模拟炸药，JWL 状态方程能够较为精确地描述凝聚炸药圆桶实验过程中压力与质量热容的关系。其状态方程如下：

$$P=A(1-\frac{\omega}{R_1V})e^{-R_1V}+B(1-\frac{\omega}{R_2V})e^{-R_2V}+\frac{\omega E}{V} \qquad (19.26)$$

式中，A、B 为炸药特性参数，GPa；R_1、R_2、ω 为炸药特性参数，无量纲；P 为压力，MPa；E、V 分别为爆轰产物的内能和相对体积，MJ，m^3。

模拟采用二级煤矿许用乳化炸药，材料参数取该炸药的一般值，如表 19.3 所示。

表 19.3 煤矿许用乳化炸药材料参数

密度 /（kg/m^3）	爆速 /（m/s）	JWL 状态方程参数					
		A/GPa	B/GPa	R_1	R_2	ω	E_0/GPa
1150	2700	42.0	0.44	3.55	0.16	0.41	3.15

（3）空气的模拟。采用 NULL 材料模型以及 LINEAR_POLYNOMIAL 状态方程来模拟空气，状态方程如下：

$$P=C_0+C_1\mu+C_2\mu^2+C_3\mu^3+(C_4+C_5\mu+C_6\mu^2)E \tag{19.27}$$

$$\mu=\frac{1}{V}-1 \tag{19.28}$$

式中，P 为爆轰压力；E 为单位内能；V 为相对体积。C_0～C_6 为空气材料状态方程系数，各参数的取值如表 19.4 所示。

表 19.4　空气材料参数

密度 / （g/L）	LINEAR_POLYNOMIAL 状态方程参数							
	C_0	C_1	C_2	C_3	C_4	C_5	C_6	V_0
1.225	0	0	0	0	0.4	0.4	0	1

（4）煤岩体的模拟。爆炸过程中煤应变速率的变化范围非常大，采用对应变速率变化敏感的材料来模拟。煤岩体的基本物理力学参数由实验获得，缺少的参数取同类煤岩体参数的平均值。

（5）边界条件的选取。深孔爆破时炮孔处于无限的煤体中，模拟时要用一个有限域来表示无限域，必须明确界定有限域的边界条件，即给定已知的或被约束的节点力或位移。模拟时一般采用固定边界的位移或给边界恒定作用力的方式来处理，这样会使爆破后的应力波在边界处产生反射，反射后的应力波重新进入模型与原应力波相互叠加，会给求解结果带来很大的误差。

为了减少边界处波的反射对结果的影响，对模型的边界施加无反射边界条件，吸收到达边界的膨胀波和剪切波。

（6）煤岩体的破坏准则的选取。材料的性质和实际的受力状况决定了材料在外载荷作用下的破坏准则。煤岩体属于脆性介质，其抗拉强度明显低于抗压强度。深孔爆破中，煤岩体的受力为拉压混合的三向应力状态。并且已有研究表明：在爆破过程中炮孔周围压碎区是煤岩的破坏方式为受压破坏，裂隙区的破坏方式为受拉破坏。因此，定义的破坏准则为压破坏和拉破坏，即当单元的拉应力超过煤岩体的抗拉强度或压应力超过煤岩体的抗压强度时发生破坏。

（7）裂纹形成的实现。通过定义单元失效的方法模拟结构中产生的裂纹，即将发生破坏的单元定义为失效单元，把失效的单元从模型中删除，不参与后期计算，多个被删除的单元相互贯通，在结构中就形成了裂纹。

2）爆破参数优化

（1）装药量。通过分析不同装药量、不同孔径时的爆破后的裂纹扩展和应力分布情况，优化装药量和孔径参数。单炮孔模型效果如图 19.3 所示。炮孔周围开始出现径向主裂纹，主裂纹条数为 4 条。随后主裂纹和次裂纹继续扩展，次裂纹扩展方向具有一定的随机性，主裂纹扩展的主方向为沿径向向外扩展，但在局部表现为一定的随机性。裂纹扩展终止后在炮孔的周围有大量的次裂纹，主裂纹产生一定量的分岔且分岔后裂纹扩展的主方向不变，4 条主裂纹的扩展长度分别为 1.18m、1.2m、1.07m、1.17m。

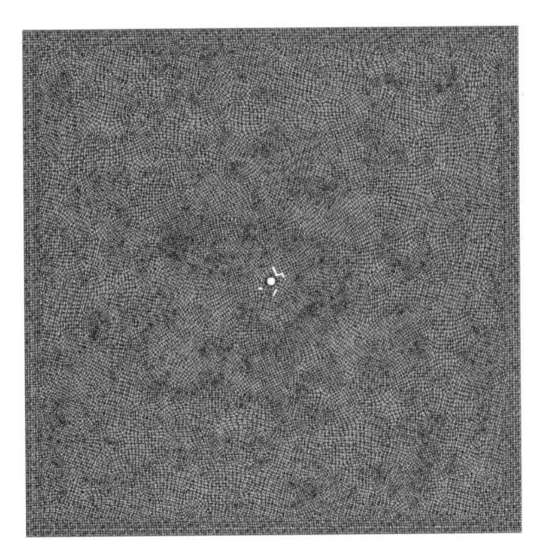

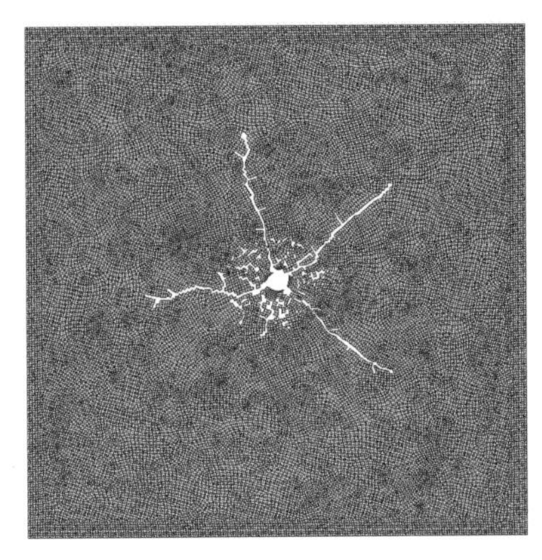

图 19.3　单炮孔的炸裂效果

（2）起爆顺序。为分析不同起爆顺序对爆破效果的影响，考虑两个方案：方案一为两个炮孔分开起爆，方案二为两炮孔同时起爆。爆破后的裂纹扩展如图 19.4 和图 19.5 所示。当炮孔分次起爆时，炮孔的应力传播情况、裂纹扩展情况和单个炮孔相比没有明显不同。当炮孔同时起爆时，在两炮孔应力波相交处产生应力集中效应，应力波相交处应力明显高于距炮孔相同距离其他位置的应力，此区域煤体更容易破坏产生裂纹。两炮孔起爆完成后，炮孔周围的破坏范围与单个炮孔起爆时基本相同，炮孔连线的中垂线处产生了新的裂纹，说明炮孔同时起爆时有利于炮孔中垂线位置处煤体的破坏。

（3）炮孔位置。深孔爆破弱化坚硬顶煤时，常用的炮孔布置方式有交错布孔和平行布孔两种，为了研究两种炮孔布置方式的炮孔周围破坏情况，建立了相关的数值模型进行预判，如图 19.6 所示。当采用交错布孔时，爆破的直接破坏作用在岩体中形成一个沿层面分布相对比较均匀的破碎软弱层。由于爆破破碎软弱层与顶板岩层平行，其垂直变形刚度明显减小，因此均匀布孔时支承压力破煤作用的利用程度较低，预先爆破的作用以直接破碎作用形式为主。

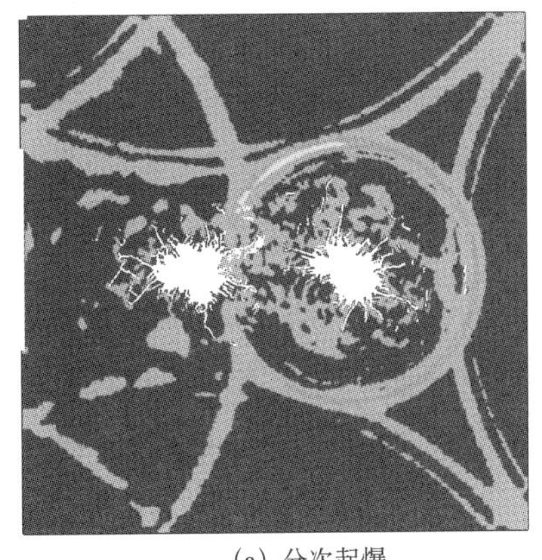

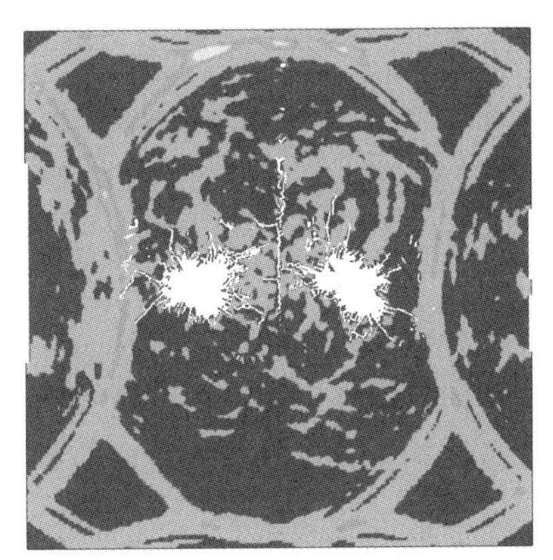

(a) 分次起爆　　(b) 同时起爆

图 19.4　两炮孔分开起爆后裂纹扩展

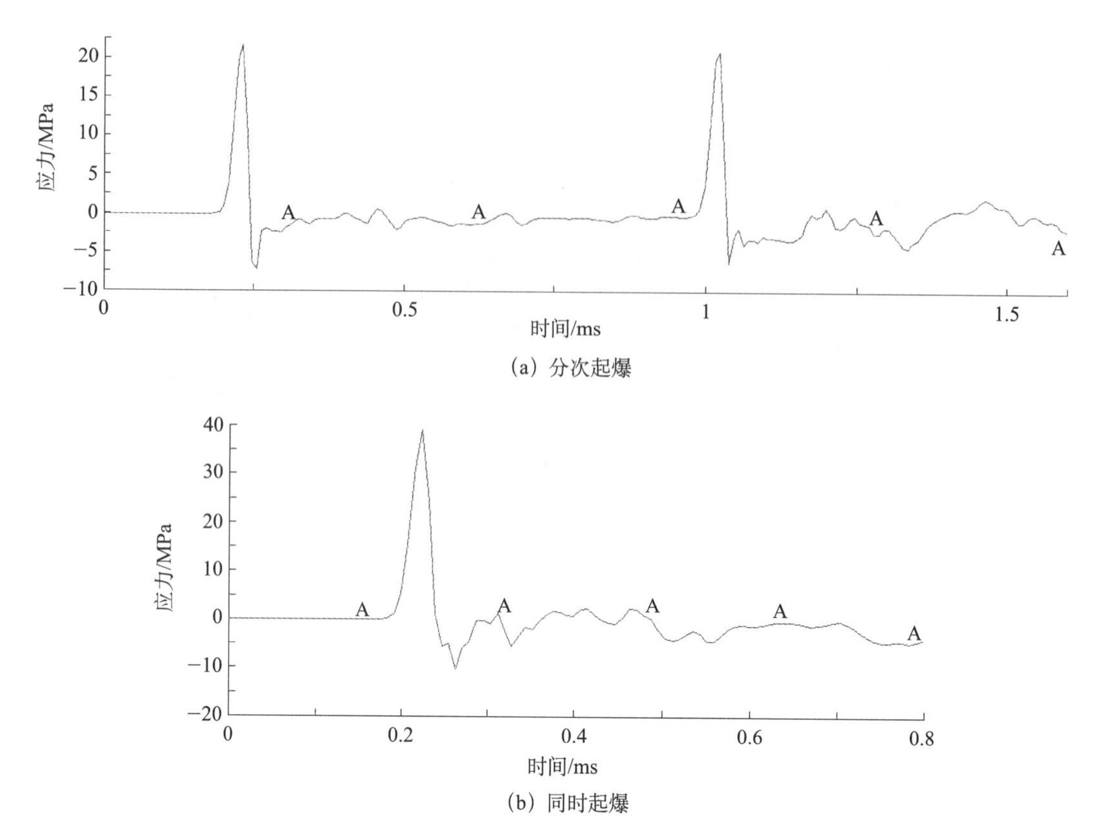

（a）分次起爆

（b）同时起爆

图 19.5　不同起爆顺序的应力分布

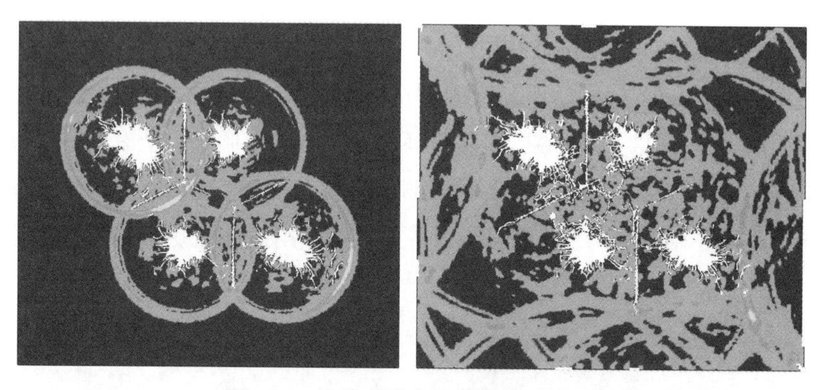

图 19.6　炮孔交错布置时的爆破效果

平行布孔时炸药起爆后炮孔周围的破坏情况如图 19.7 所示。由数值模拟结果可知，采用平行布孔时，炸药起爆后形成了两条沿垂直方向分布和水平方向分布的大裂纹，大裂纹的存在使炮孔中间的岩体更加破碎。较高的集中应力使破碎带之间的比较完整煤体可以产生较大的剪切破坏和位移错动，能较充分地利用矿压作用破碎爆破直接破碎作用较小的排间岩体，也能较好地控制大块的出现。因此平行布孔时，可较好地利用和充分发挥支承压力的作用。

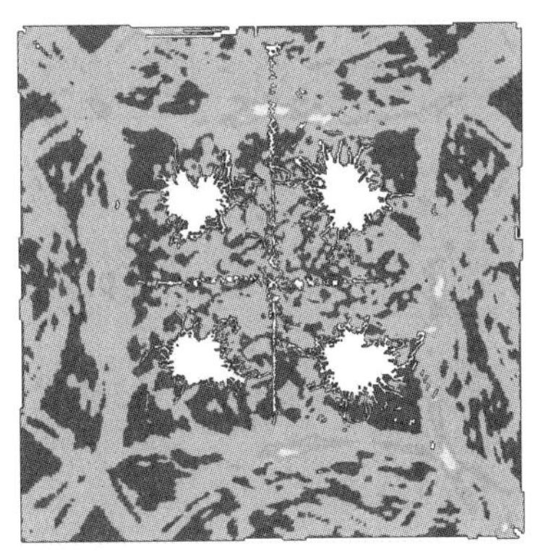

图 19.7　平行布孔时爆破效果

19.1.2　深孔爆破快速施工技术

1. 分节式凹槽爆破筒

深孔爆破的装药很关键，尤其是炮孔深度为 50～120m 深时，为了防止孔内炸药的残炮、拒爆现象，开采研究分院针对深孔爆破的装药提出了采用凹槽爆破筒填装、专用炮棍进行装药，如图 19.8 所示。凹槽可以保护雷管脚线等不被拉断，确保所有雷管完好，减少残炮。

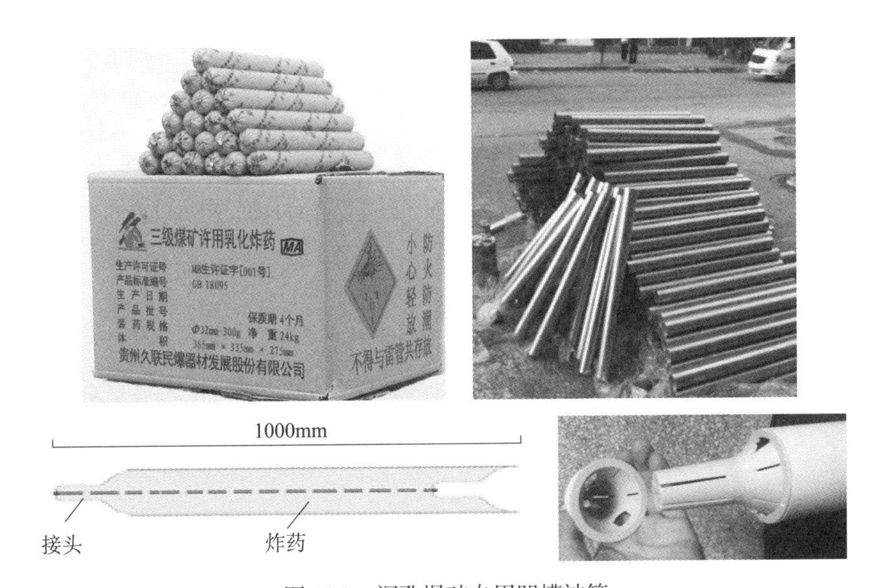

图 19.8　深孔爆破专用凹槽被筒

炸药可采用普通的煤矿许用三级乳化或水胶炸药，药卷尺寸为长 200mm、直径 350mm。深孔爆破由于炮孔较深，为了便于装药，需采用阻燃防静电凹槽被筒，每节被筒 1～2m 长，先将炸药装入被筒内，再向炮孔内填送炸药，在每一节炸药填入孔内的同时，将雷管塞入凹槽被筒内。爆破筒装药结构如图 19.9 所示。

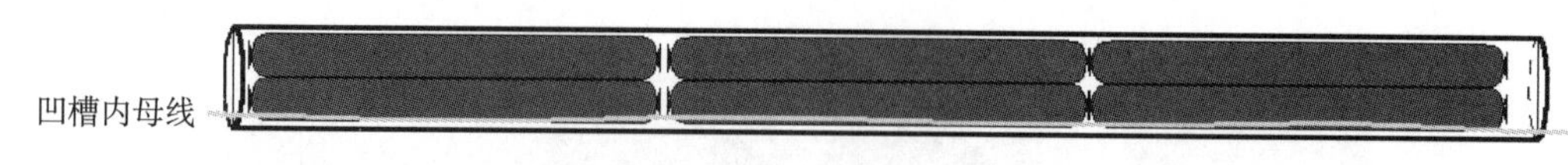

图 19.9　凹槽爆破筒内装药结构

此外，还针对性地研制了专门用于深孔内填装炸药的轻体双抗炮棍。该炮棍采用抗阻燃、抗静电材料制作，质量轻、操作便利。

2. 分段连体式装药工艺

深孔爆破的炸药及雷管安装结构很关键，为了保证安全的将炸药全部起爆，特采用“分段连体式”装药结构，如图19.10所示。将每个孔内的炸药分成多段，每段可连续5～10个爆破筒连为一体，分段不但安装容易，且遇到紧急情况时，一段不爆另一段也会爆，提高了爆破效率。

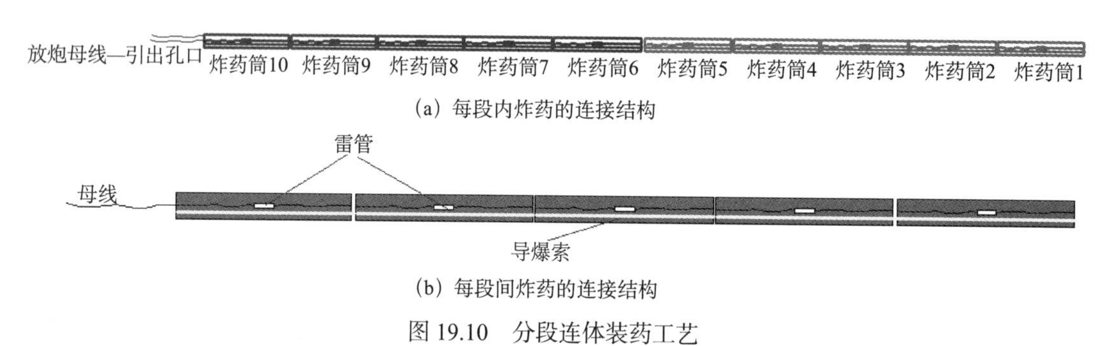

(a) 每段内炸药的连接结构

(b) 每段间炸药的连接结构

图 19.10　分段连体装药工艺

具体装药操作：使用凹槽爆破筒，用钳子等工具在筒中部打一个直径10mm的孔，用于塞入雷管；在距离两端头各3mm处，在两端各打一个直径3mm的孔用于挂连接扣，使每节爆破筒相连。

装药前须用专用炮棍先探孔，如果遇到卡阻现象，说明孔内有打钻残渣、将高压水管接到炮棍上，使用高压水进行冲洗炮孔，然后再装药。每节爆破筒可提前塞满炸药，使用时运至爆破地点。探好孔后，向孔内填装爆破筒时再塞入雷管，雷管从爆破筒引出后直接连放炮母线，放炮母线放置在爆破筒的凹槽内，用胶带固定好。每组爆破筒的雷管全部串联。固定好雷管及炮线之后，用炮棍将每组爆破筒依次塞入孔内。

3. 风动封孔器

深孔爆破的封泥较长，为了节省时间，提高效率，开采研究分院改进了风动封孔器的结构。在装完药后，开始封孔，封泥时采用风压封孔器，如图19.11所示。

封孔时，为了防止高压风管对母线造成的磨损与绞缠，最好将脚线悬挂至孔壁上侧，并固定好。封孔材料采用较潮湿的黄土。黄土在使用前为干燥的黄土颗粒体，下井前需要筛选，使颗粒度小于5mm，在井下喷水后由工人手工搅拌至潮湿。潮湿的黄土不能太干，也不能太湿，干了黏聚力小，散体状无法封孔，太湿了容易卡堵压入管路，搅拌好的黄土用手能够捏成团即可。

具体操作工艺：先拿着风压管子试风，看是否管路通畅，然后将风压管一端连接封孔器，另一端插到孔底，并撤回来50cm左右，孔口处操作的人员用编织袋捂住孔口（防止高压风吹出来颗粒伤人），眼睛不要看孔口。打开风压封孔器，将黄土装入风压封孔器内，每次送入2kg左右，一人关闭风压器，另一人打开操纵阀，黄土被高压风吹入孔底，然后将风管向外拖拽50cm左右，进行下一个循环的封孔，直至按要求封完。

图 19.11　风动封孔器

4. 雷管连接方式与检测

深孔爆破起爆之前，需对电雷管的网路进行检验，以避免短路、断路等情况。起爆网路导通的测试采用数显式电雷管电阻检测仪。

该仪器能在测试的瞬间自动对电阻值数据进行处理，判断合格与否，并同时以数字、声、光指示。该数据处理方式能有效地减少或杜绝在测试过程中容易把桥丝电阻值偏小的产品误判为合格的现象。

孔内的雷管连线方式采用串并联的方式连接。如果多个炮孔一次起爆，则孔与孔之间也采用串联方式，保证每一发雷管都起爆。雷管连线如图 19.12 和图 19.13 所示。

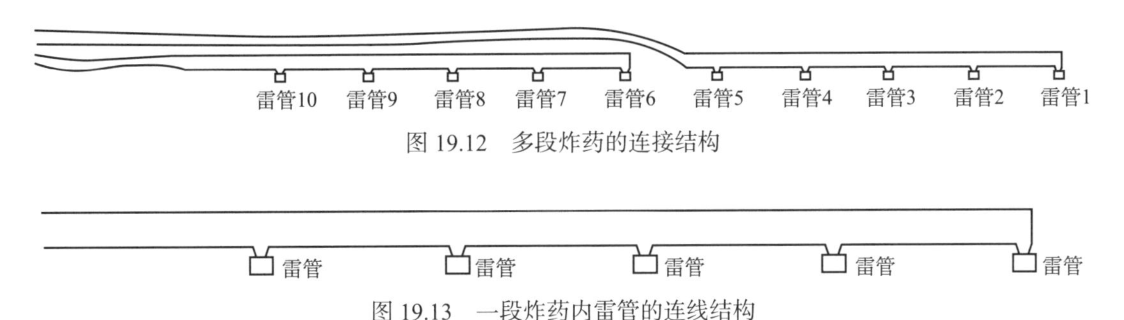

图 19.12　多段炸药的连接结构

图 19.13　一段炸药内雷管的连线结构

19.1.3　应用实例

开采分院开发的回采工作面顶板深孔爆破弱化技术，已在山西焦煤官地矿、晋煤集团王台铺矿、淮南矿业集团潘三矿、内蒙古美日煤矿、中煤中天合创葫芦素煤矿、中煤鄂尔多斯纳林河矿等30多个煤矿使用，效果良好。

1. 在初采爆破强制放顶中的应用

石窑店煤矿位于神府矿区，所采5-2煤层平均埋深70m，根据钻孔综合柱状图其基岩厚度为60m，松散载荷层厚度为9m，顶板岩石单向抗压强度为81.2MPa，单向抗拉强度为6.1MPa，属于“薄松散层厚基岩”型浅埋煤层。

强制放顶高度是影响强放效果的最重要因素。基于爆破漏斗理论，分析了柱状炸药预裂爆破时，顶板岩石的最小抵抗线与装药直径、密度的关系，并根据最小抵抗线确定掏槽炮孔和其余炮孔的布置方案和参数，如图 19.14 和表 19.5、表 19.6 所示。L_p 为炮孔沿工作面走向间距，L_j 为炮孔沿工作面倾向间距。

图 19.14（a）中 A1、A2、A3 的作用是将整个切眼顶板的一端先爆破抛掷成自由空间区域，该区域在整个顶板岩石中起到掏槽的作用。三组掏槽孔间距为 2.3m，A1 孔底距离切眼顶板的竖直高度为 2.3m、A3 孔底距离切眼顶板的竖直高度为 7.5m。

随后起爆 B1、B2 孔，该组炮孔以 A 组炮孔崩落的自由空间区域作为自由面，更容易达到预裂效果，再依次起爆 B3，B4，…，类似于“多米诺骨牌效应”，后面的每一组都以前一组形成的冒落空间为自由面，将顶板进行预裂甚至崩落，如图 19.14（b）所示。

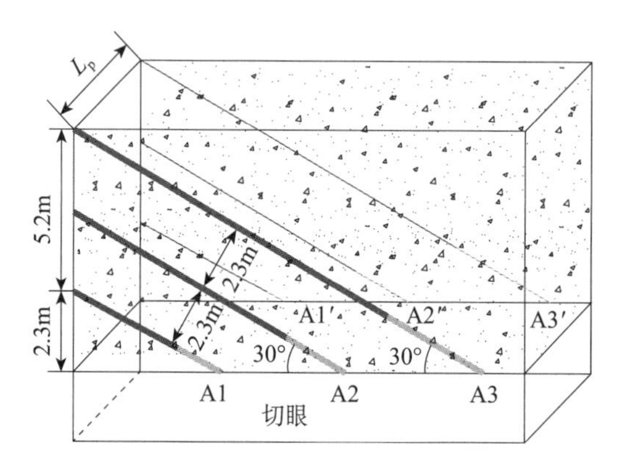

（a）掏槽A组炮孔

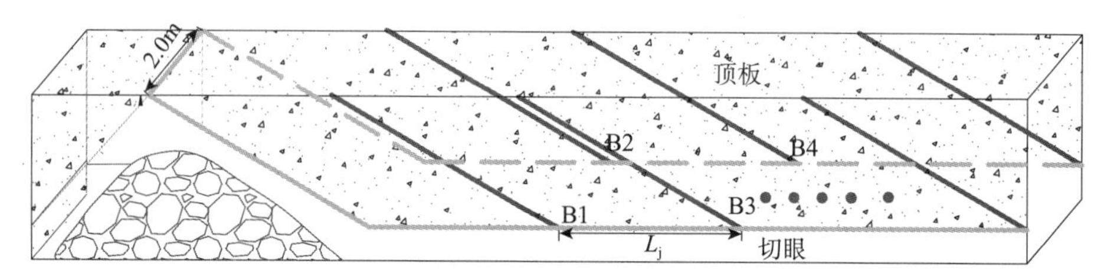

（b）掏槽B组孔

图 19.14　掏槽炮孔布置示意图

表 19.5　工作面爆破参数

孔号	装药直径 /mm	孔深 /m	封孔长度 /m	炮孔间距 /m	炮孔排距 /m	炮孔与顶板夹角 /（°）
A1	80	5	2	3	0.8	30
A2	80	10	3	4	0.8	30
A3	80	15	4	5	0.8	30
B1-B30	80	24	5	10	0.8	30
…	…	…	…	…	…	…

为了保证初采期间顶板及时垮落，在两顺槽也分别布置了 4 个炮孔，炮孔在巷道顶板

开口，向采空区后上方顶板倾斜，C1、C2 为皮带顺槽第一组，C5、C6 为皮带顺槽第二组，两组孔口间距在工作面走向上为 10m；C3、C4 为回风顺槽第一组，C7、C8 为回风顺槽第二组，两组孔口间距在工作面走向上为 10m。如图 19.15 及表 19.6 所示。

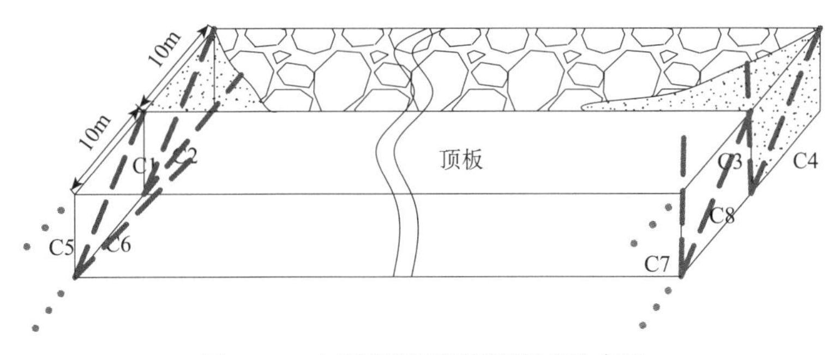

图 19.15　初采期间两顺槽顶板炮孔布置

表 19.6　顺槽炮孔参数

组号	孔号	药卷直径 /mm	孔深 /m	封孔长度 /m	炮孔与顶板夹角 /（°）	炮孔与顺槽夹角 /（°）
皮带顺槽	C1、C5	80	15	3	30	0
	C2、C6	80	15	3	30	45
回风顺槽	C3、C7	80	15	3	30	0
	C4、C8	80	15	3	30	−45

该工作面不做强制放顶时，由于工作面直接顶较薄，基本顶初次来压步距 50～60m。经过采取以上强制放顶措施后，回采 10m 后顶板即充分冒落，冒落矸石能够接顶，初次来压步距减少为 20～30m，且来压强度较低。前后效果对比如图 19.16 所示。

2. 在坚硬顶板爆破处理中的应用

攀煤集团花山矿 6011 采面是六采区第一区段北面的第一个回采工作面，该工作面开采 1 号煤层，工作面走向长度为 570m，倾向长度为 94m，工作面倾角平均为 38°；采高平均为 2.61m。运输顺槽在开切眼附近为异形巷道断面，巷道顶板即为煤层顶板，顶板坚硬而完整，底板光滑，人员站立及行走都十分困难，打钻开孔也很困难。

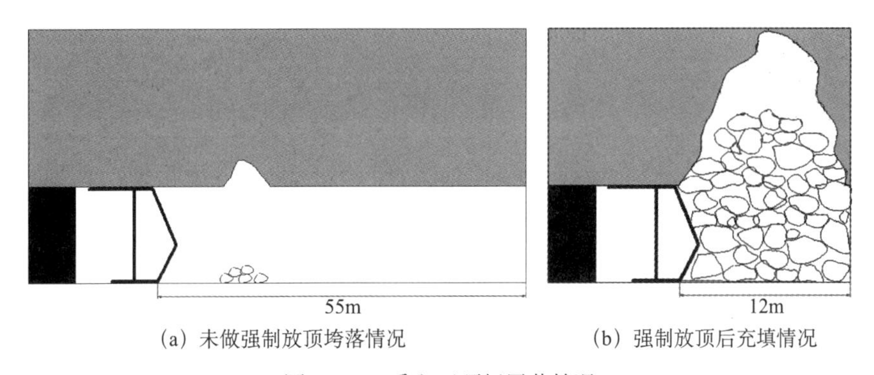

（a）未做强制放顶垮落情况　　（b）强制放顶后充填情况

图 19.16　采空区顶板冒落情况

6011工作面无伪顶与直接顶，直覆的基本顶为灰色巨厚层状粗砂岩～含砾粗砂岩，厚度为13.7m；直接底为灰色中厚层状粉砂岩，局部含细粒砂岩，厚5.0m。数值模拟结果表明，在顶板不采取弱化时初次来压步距为80m，分级指标来压当量计算值为1024，属Ⅲ级顶板，来压强烈。工作面矿山压力受顶板的坚硬粗砂岩层影响较大，周期来压主要由上方多层坚硬粗砂岩决定，厚度约13.7m。需通过两顺槽对其进行的超前预裂爆破，来降低顶板来压强度。

考虑到1号煤层倾角达到38°，回风顺槽炮孔存在俯角，打孔和装药有一定困难。因此，回风顺槽炮孔相对较短。两巷深孔爆破炮孔深度布置如下：运输顺槽处理39.5m深，回风顺槽处理19m深，中间34.5m不进行处理。两顺槽炮孔组与组间距为20m，第一组炮孔与工作切眼煤壁距离为10m。各组炮孔都为扇形布置，回风顺槽每组炮孔为3个炮孔，炮孔编号分别为A、B、C孔，运输顺槽每组炮孔为4个炮孔，炮孔编号分别为A、B、C、D孔。炮孔布置如图19.17所示，工作面每推进20m，需打孔173m，装药307.2kg。具体参数见表19.7所示。

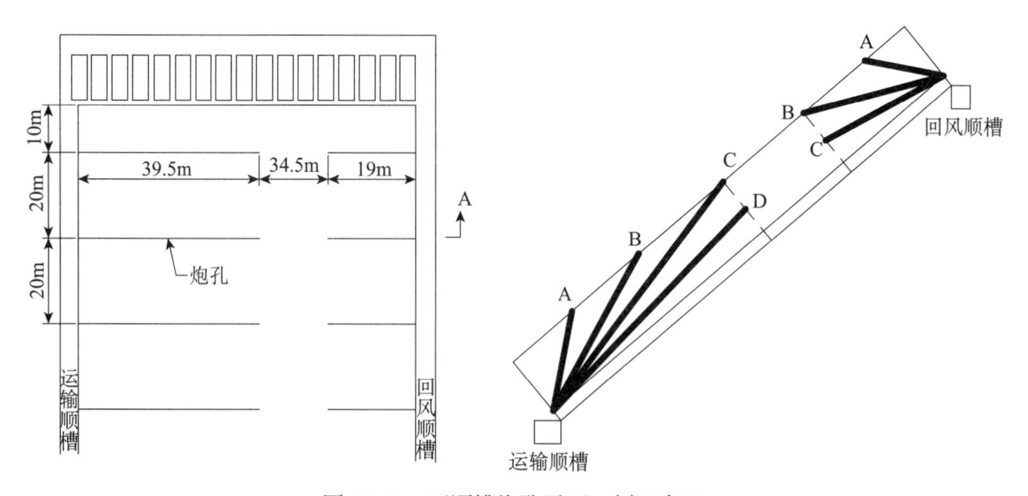

图19.17 两顺槽炮孔平面、剖面布置

表19.7 两巷爆破炮孔参数表

炮孔编号		炮孔深度/m	炮孔角度/(°)	装药长度/m	封孔长度/m	装药量/kg	导爆索长度/m
运输顺槽	A	14	80	9	5	21.6	29
	B	25.5	60	18.5	7	44.4	52
	C	40.5	52	32.5	8	78	82
	D	40	45	32	8	76.8	81
	小计	120		92	28	220.8	244
回风顺槽	A	12	11	7	5	16.8	25
	B	21	–14	15	6	36	43
	C	20	–27	14	6	33.6	41
	小计	53		36	17	86.4	109
合计		173		128	45	307.2	353

炮孔孔口位置如图 19.18 所示。运输顺槽 4 个炮孔孔口间距为 0.5m，分两排布置；回风顺槽 3 个炮孔纵向“一”字形布置，炮孔孔口间距为 0.4m。

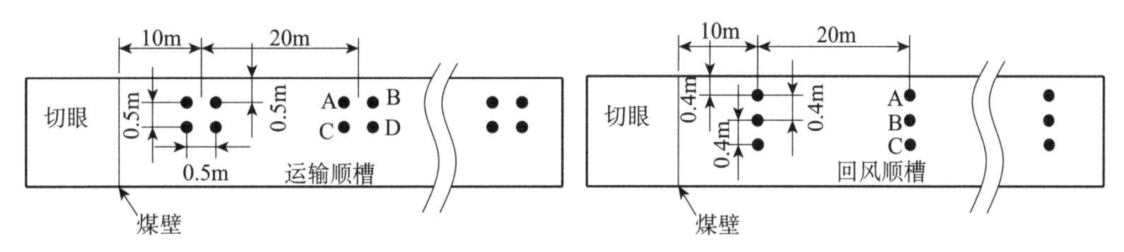

图 19.18　炮孔孔口位置示意图

经过初采强制放顶后，工作面在推进 9.6m 时，支架后方的顶板初次垮落，此后中、下部支架后方冒落较充分，当回采至 30.8m 时，所有支架后方均有冒落矸石充填。经过爆破弱化后，支架后方顶板冒落情况较好，冒落矸石能够接顶，采空区基本充填满。从工作面支架的缝隙及上、下隅角向采空区后方看，均可见垮落的矸石。

19.2　综采（放）工作面切顶压架防治技术

切顶压架事故是指由于回采工作面矿压显现强烈而导致液压支架关键部件损坏、立柱没有行程、生产被迫终止的事故，常伴有顶板下沉量增加、煤壁台阶下沉、有毒有害气体超标以及溃水溃砂等现象。随着综合机械化开采技术与装备的不断发展，采高不断增加，工作面宽度不断加大，矿压显现更加强烈，压架事故呈上升趋势。神东、淮南、皖北等多个矿区先后发生多起大范围压架事故。

本节介绍开采分院研究得出的含水层下采煤工作面“IL”形压架机理，提出了切顶压架事故防治技术，主要包括：危险区域划分、顶板爆破弱化处理、采煤工艺优化和合理参数确定、矿压监测与预警等。该技术在陕西崔木煤矿、伊泰酸刺沟矿以及华能扎赉诺尔煤业铁北煤矿应用，效果良好。

19.2.1　压架机理

1. 组合悬臂梁–铰接岩梁顶板结构模型

随着采高的增加，采煤工作面顶板活动空间明显加大，其运动方式表现为煤层之上的部分岩层呈“短悬臂梁”形式运动，并有一定的自承能力，随支架前移并未及时垮落，有一定的滞后性，而且在垮落之前难以触矸，位于这部分岩层之上的部分岩层可形成铰接平衡结构。基于回采工作面顶板运动的以上特点，将煤层上方以短悬臂梁形式运动的岩层称为直接顶，将位于直接顶上方能够形成铰接平衡结构的岩层称为老顶岩层或者基本顶岩层。开采研究分院提出了“短悬臂梁–铰接岩梁”结构模型（图 19.19），当煤层上方由多个岩层滞后垮落时，此结构称为“组合悬臂梁–铰接岩梁”。铰接岩梁的失稳导致工作面产生周期来压，根据不同铰接岩层的厚硬程度和破断形式，可将工作面来压分为小周期来压和大周期来压，小周期来压一般称为老顶（基本顶）来压。

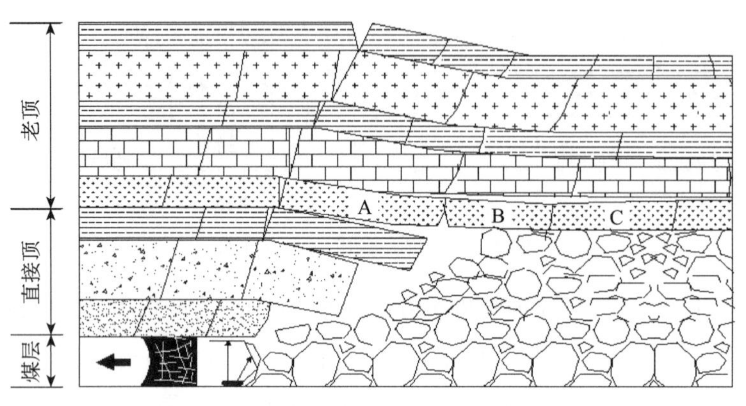

图 19.19　组合悬臂梁－铰接岩梁结构模型

2. 小周期来压时覆岩结构分析

基本顶上方第一个能够形成铰接结构的岩层失稳将导致回采工作面基本顶小周期来压。将煤层上方若干个以悬臂梁形式运动直接顶岩层视为“似刚体”，其破坏垮落后所产生的作用力直接作用在支架上，第一个铰接平衡回转变形和失稳所产生的压力通过直接顶岩层全部传递至支架上，因此支架载荷由直接顶和基本顶岩层变形破坏所产生的作用力共同组成，其结构模型如图 19.20 所示。

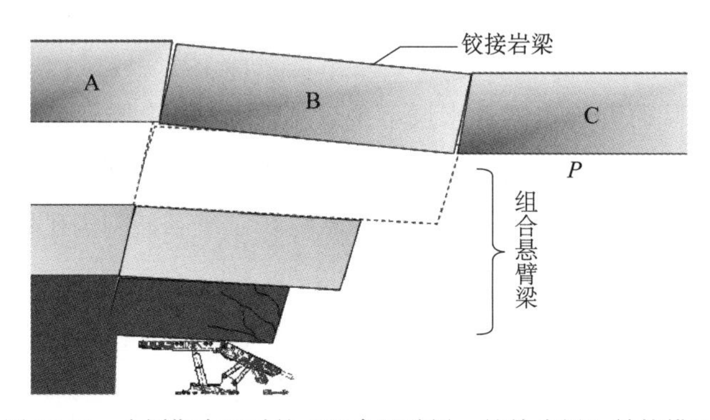

图 19.20　小周期来压时的“组合悬臂梁－铰接岩梁”结构模型

充满采空区所需垮落岩层的高度按下式计算：

$$\sum h=\frac{M}{K_p-1} \tag{19.29}$$

式中，$\sum h$ 为充满采空区所需垮落岩层高度，m；M 为采放高度，m；K_p 为岩石的碎胀系数，一般取 1.1～1.3；P 为矸石对顶板的作用力，kN。

通常，对于大采高综采或大采高综放工作面，随采随冒的直接顶一般难以完全填充采空区，垮落高度向上位发展，一部分岩层滞后垮落，形成组合悬臂梁结构，直接顶受力分析如图 19.21 所示，通过力和力矩平衡关系得到支架工作阻力的计算公式。

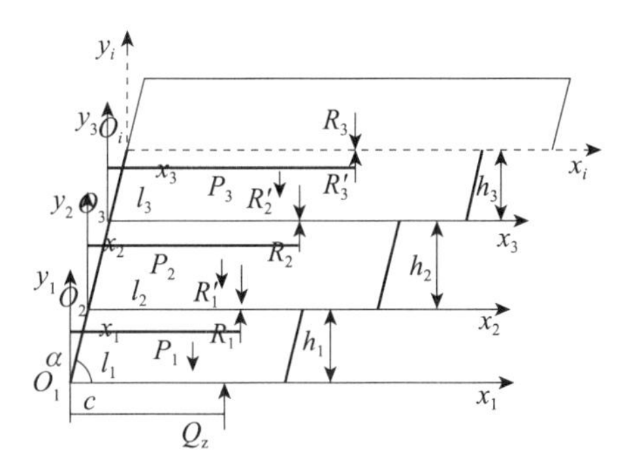

图 19.21　直接顶组合悬臂梁力学分析

$$\sum_{j=1}^{i} M_{O_j} = 0\left(j = 0,1,2,\cdots,i\right)$$

$$Q_z \cdot c = \sum_{j=1}^{i} P_j\left(\frac{l_j}{2} + \frac{h_j}{2}\cot\alpha\right) + \sum_{j=1}^{i-1} R_j h_j \cot\alpha + R \cdot x - \sum_{j=1}^{i=1} R_j' h_j \cot\alpha \tag{19.30}$$

式中，Q_z 为支架荷载，kN；c 为支架合力作用点到煤壁的距离，m；i 为直接顶所包含的岩层层数；P_j 为第 j 层破断直接顶的重力，kN；h_j、l_j 分别为第 j 层直接顶岩层厚度和破断长度，m；R_j' 和 R_j 为第 j 层和 j+1 层直接顶内部相互作用力，kN；α 为岩层断裂角，(°)；R 为基本顶岩层对直接顶的附加载荷，kN；P 为老顶附加载荷 R 到前铰接点的距离，m。

分析顶板大结构时，将直接顶看作一整体，直接顶岩层内部相互作用力 R_j=R_j'，则公式简化为：

$$Q_z \cdot c = \sum_{j=1}^{i} P_j\left(\frac{l_j}{2} + \frac{h_j}{2}\cot\alpha\right) + R \cdot x \tag{19.31}$$

直接顶上方基本顶呈铰接岩梁结构，基本顶铰接结构受力如图 19.22 所示。通过对关键块 B 和 C 的力学平衡关系分析可得：

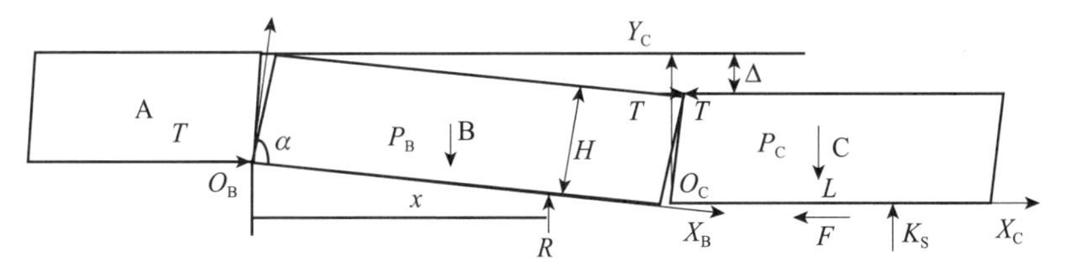

图 19.22　基本顶铰接岩梁力学分析

$$\begin{cases} R \cdot x - P_B\left(\dfrac{L}{2} + \dfrac{H}{2}\cot\alpha\right) + T\left(H - \Delta\right) - T \cdot f = 0 \\ K_S\Delta + Tf = P_C \end{cases} \tag{19.32}$$

式中，L 为基本顶断裂长度，相当于周期来压步距，m；H 为老顶岩层厚度，m；P_B 为基本顶关键块 B 自重，kN；P_C 为基本顶关键块 C 的自重，kN;T 为铰接作用力，kN；f 为岩块间摩擦系数；K_S 为采空区矸石的刚度，kN/m；s 为采空区矸石压缩量，m；$s=\left(k_1-k_2\right)\sum_{j=1}^{i}h_j$，其中 k_1 为碎胀系数，k_2 为残余碎胀系数；Δ 为老顶关键块 C 的下沉量，m；$\Delta=\left(h_c+h_f\right)\eta+\left(1-k_1\right)\sum_{j=1}^{i}h_j$，$\eta$ 为工作面煤炭采出率；h_c 为割煤高度，m；h_f 为放煤高度，m。

周期来压时将关键块 B 和 C 看作是等长、等厚岩块，令基本顶岩块质量 $P_B=P_C=P$，从而得出采煤工作面小周期来压时支架工作阻力计算公式：

$$Q_z=\frac{f\sum_{j=1}^{i}P_j\left(l_j+h_j\cot\alpha\right)+fP\left(L+H\cot\alpha\right)-2\left(P-K_SL\right)\left(H-\Delta\right)}{2cf} \tag{19.33}$$

式中符号含义同上式。

3. 大周期来压时覆岩结构分析

随着工作面的推进，基本顶铰接结构产生周期性失稳，上方软弱岩层随着垮落并充填采空区。采高增加后，采空区自由空间增加，基本顶及其软弱岩层破断后不能填满采空区，基本顶上方的厚硬岩层与采空区之间仍存在下沉空间。当该厚硬岩层达到一定的跨度和挠度时，会发生与基本顶相似的周期性破断，造成工作面大周期来压。研究表明，上位厚硬岩层破断前后与下位已垮落岩层间的相互作用符合弹性地基梁特征，通常该厚硬岩层与基本顶破断步距相差较大，是基本顶周期来压步距的数倍至数十倍。建立如图 19.23 所示的弹性长梁结构模型。

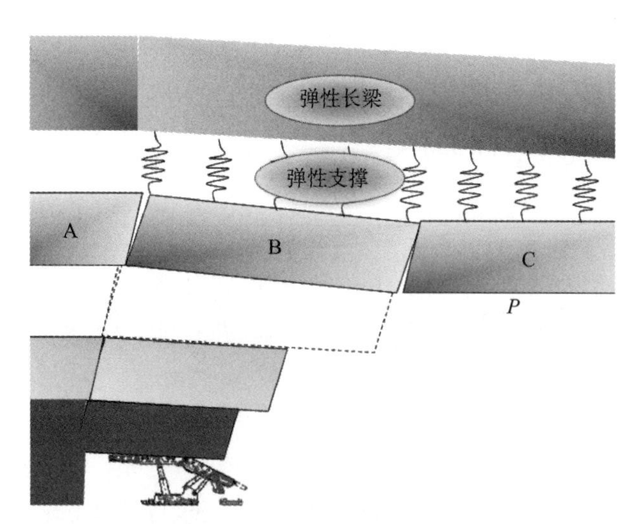

图 19.23　大周期来压时的“组合悬臂梁－弹性长梁”结构模型

此时，基本顶铰接结构受到上覆厚硬岩层的变形作用力，其受力如图 19.24 所示。

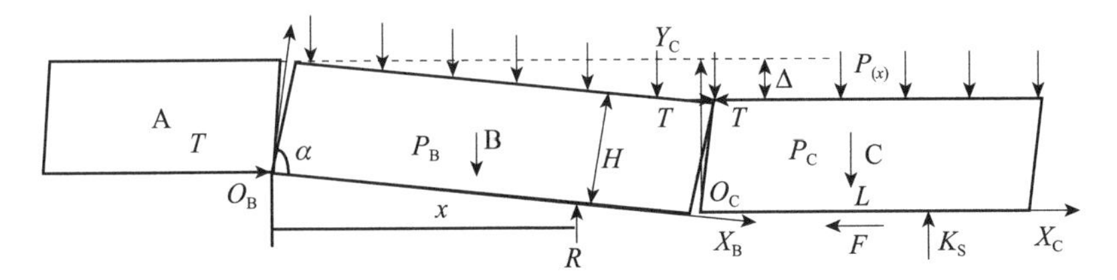

图 19.24　大周期来压时基本顶结构受力分析

由于基本顶上覆的厚硬岩层形成具有一定的自稳能力，并非全部载荷施加于下位岩层，该结构主要通过弹性地基对底部岩层传递形变载荷，影响回采工作面支架载荷。为便于计算，视垮落块体 C 以及后方采空区垮落空间压缩量近似相同，关键块 B 上、下岩体压缩量简化为线性关系，在弹性长梁铰接点处压缩量为零。弹性长梁受力及其底部岩石压缩量分析如图 19.25 所示。

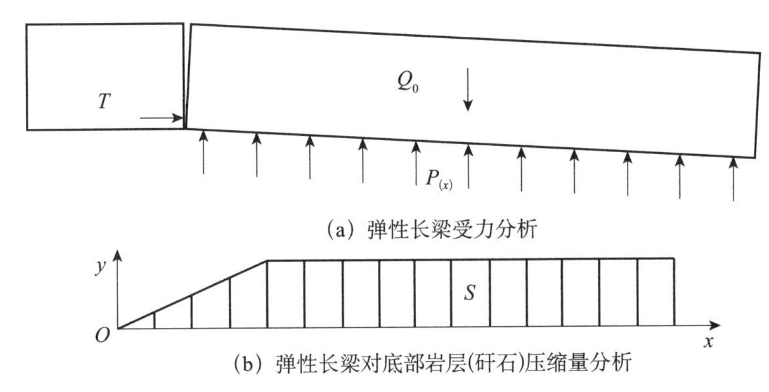

(a) 弹性长梁受力分析

(b) 弹性长梁对底部岩层(矸石)压缩量分析

图 19.25　大周期来压时弹性长梁受力及底部岩石压缩量分析

弹性长梁对底部岩石（矸石）的压缩量满足关系式：

$$y_{(x)}=\begin{cases}\dfrac{s}{L}x;0\leqslant x\leqslant L\\ s;L\leqslant x\leqslant L_0\end{cases} \tag{19.33}$$

弹性长梁对弹性基础的作用力 P_x 满足关系式：

$$P_{(x)}=K_{(x)}y_{(x)}=\begin{cases}\dfrac{K_0 sx}{L};0\leqslant x\leqslant L\\ Ks;L\leqslant x\leqslant L_0\end{cases} \tag{19.34}$$

式中，K_0 为控顶区支撑力系刚度（或称为地基系数），它由顶板、支架和底板表层岩层的厚度、弹性模量所决定，kN/m。

$$K_0=\frac{K_z}{1+K_z\left(\sum_{j=1}^{i}\dfrac{h_j}{E_j}+\dfrac{h_f}{E_f}\right)}$$

式中，K_z 为支架等效地基系数，即支架对顶板单位面积抗压缩刚度，kN/m；h_j 为基本顶下方各顶板岩层的厚度，m；E_j 为基本顶下方各顶板岩层的弹性模量，GPa。

将弹性长梁视为单铰接岩梁结构，则弹性长梁及基本顶组成组合铰接岩梁结构，基本顶下部岩层为组合悬臂梁结构，得到支架载荷计算公式：

$$Q_z \cdot c = \sum_{j=1}^{i} P_j \left(\frac{l_j}{2} + \frac{h_j}{2} \cot \alpha \right) + R_{长梁} x_{长梁} \tag{19.35}$$

式中，$R_{长梁}$为弹性长梁对控顶区岩层的作用力，kN；$x_{长梁}$为弹性长梁作用力到前铰接点的距离，m。

根据力学平衡关系得：

$$R_{长梁} x_{长梁} = \frac{1}{2}(P + K_0 sx)(L + H \cot \alpha) - (P + K_0 sx - K_S L)(H - \Delta)/f \tag{19.36}$$

从而得出大周期来压时支架工作阻力计算公式：

$$Q_z = \frac{1}{2} \sum_{j=1}^{i} P_j \left(l_j + h_j \cot \alpha \right)/c + \frac{1}{2}(P + K_0 sx)(L + H \cot \alpha)/c - (P + K_0 sx - K_S L)(H - \Delta)/cf \tag{19.37}$$

4. 采煤工作面“IL”形出水机理

对于特厚煤层综放开采，上覆有含水岩层时，由于厚硬、软弱岩层会产生不均衡沉降，容易在厚硬岩层底部形成离层空间。离层空间形成于弯曲下沉带或裂隙带－弯曲下沉带之间，离层空间形成后，随工作面推进容积加大，并逐层向上发育，成为蓄水的体积空间，是工作面离层水发生涌突的前提条件。图 19.26 所示为数值模拟工作面开采后上覆岩层中形成离层空间。

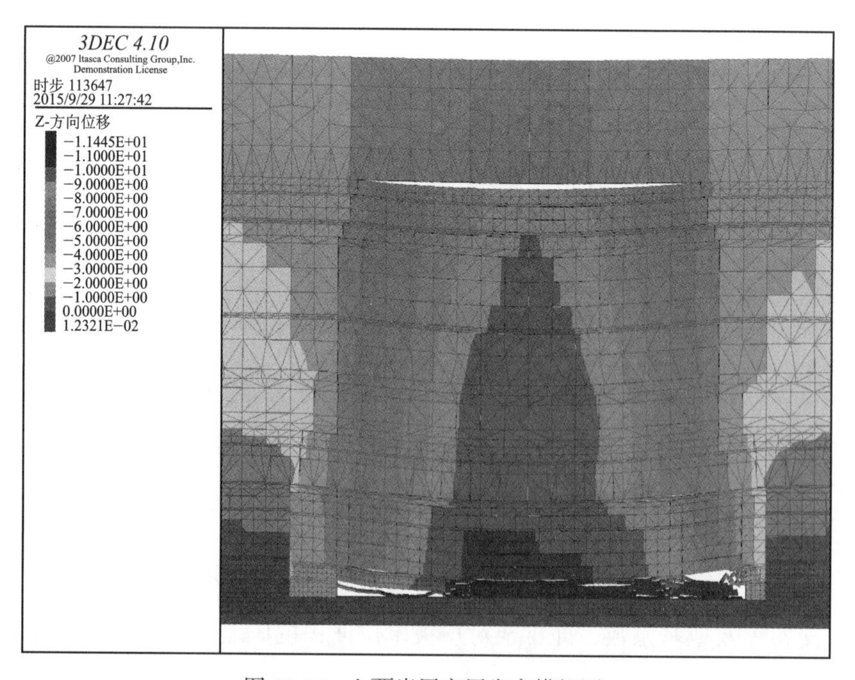

图 19.26　上覆岩层离层发育模拟图

通过分析采煤工作面出水压架特征与覆岩运移破坏规律，提出了上覆多个厚硬岩层的大采高或者大采高综放工作面IL形压架出水机理，如图19.27所示。

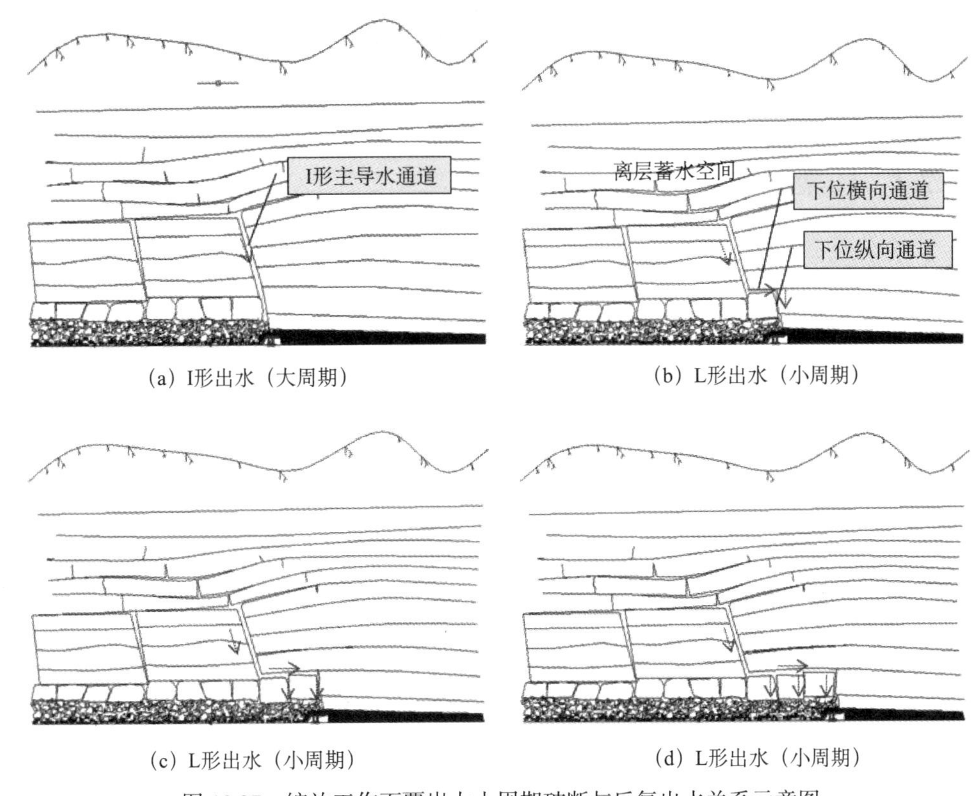

(a) I形出水（大周期）　(b) L形出水（小周期）

(c) L形出水（小周期）　(d) L形出水（小周期）

图19.27　综放工作面覆岩大小周期破断与反复出水关系示意图

图19.29（a）所示为大周期来压时形成上位I形主导水通道。此后导水裂隙快速向上发育，导通离层蓄水空间，水位快速下降，采煤工作面发生I形出水。

图19.29（b）所示为工作面推过大周期来压后一定距离时，基本顶破断发生周期来压，破断岩层下沉、回转，形成下位横、纵向导水通道，即L形导水通道，同时闭合或局部闭合采空区导水通道，水流通过新通道进入工作面，发生L形出水。

工作面继续推进，初次出水位置逐步被甩入采空区，基本顶弯曲下沉对下位导水通道起到一定的闭合作用，加上顶板泥岩遇水泥化，容易淤塞裂隙，离层空间水位开始逐渐回升。

图19.29（c）所示为基本顶再次达到极限垮落步距时发生周期来压，新的下位导水通道再次产生，离层水仍通过主导水通道，经由下位新导水通道到达工作面，同样发生L形出水。

图19.29（d）所示为第三次L形出水。与第二次出水过程相似，工作面基本顶先后经历“弯曲下沉－破断”、下位导水通道经历“旧通道闭合－新通道形成”、长观孔水位经历“上升－下降”的协同演化过程。

发生若干次L形出水后，工作面已远离大周期时形成的上位I形主导水通道，此时虽然基本顶破断仍能形成下位出水通道，但水流已难以到达工作面，而优先经过后方通道流入采空区，工作面出水衰减。此外，上方厚硬岩层的弯曲下沉也对I形主导水通道起到局部闭合作用，离层空间水流受限，工作面出水结束，水位开始逐步回升至高点。

IL形压架出水机理的提出为有效防治出水压架事故提供了理论依据。

19.2.2 压架防治技术

1. 厚硬难垮顶板爆破处理

厚硬难垮顶板常常导致矿压显现强烈，是发生压架事故的主要致灾因素之一。可采取深孔预裂爆破强制放顶技术，降低工作面来压步距和来压强度，降低支架载荷等措施处理。采煤工作面及顺槽炮孔布置图如图19.28所示。

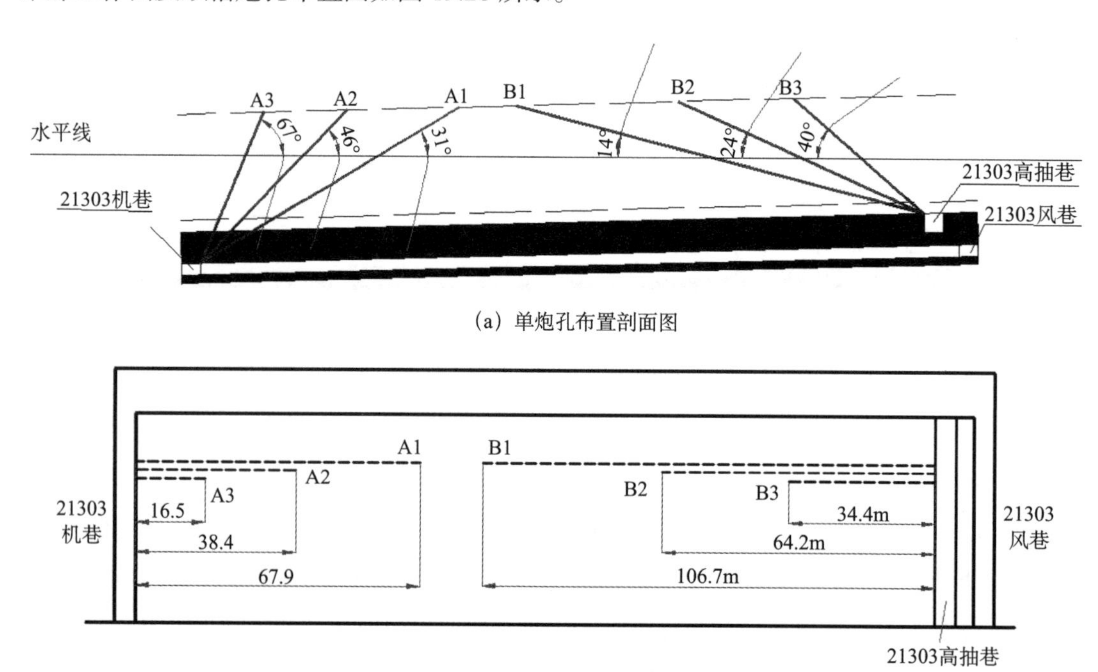

(a) 单炮孔布置剖面图

(b) 单组炮孔布置平面图

图19.28 采煤工作面炮孔布置图

2. 压架危险区域划分与防治预案

依据工作面地质、开采条件以及已采工作面的矿压规律，提前划定可能发生压架危险的区域，并制订相应的防治预案，以降低压架事故的发生概率。主要划分方法有：

（1）覆岩结构分析法，确定工作面大小周期来压位置及持续范围。

（2）实测数据分析法，主要依据相邻工作矿压实测数据分析，确定工作面来压区域。

（3）特殊地质构造区域，如断层带、褶曲轴部、陷落柱以及富含水区域等，划定压架危险范围。

主要防治预案包括特殊地段降低采高或者放煤量、加快推进速度、实时矿压与水文监测、配备排水泵等。

3. 矿压监测与预警

采用开采研究分院自主开发的 KJ21 顶板监测预警系统，实时监测支架的工作状态，预测、预报来压，对来压异常时期进行压架预警。预警指标包括：

1）支架工况及顶板来压预警

对支架初撑力、循环末阻力、安全阀开启率、立柱下缩量、支架工作阻力分布进行实时分析和预警。

2）宏观矿压显现特征预测来压

观测煤壁片帮、两端头垮落、采空区冒落情况以及涌水量及瓦斯涌出量等，根据宏观矿压显现，及时进行来压预警。

3）辅助预警措施

采用微震监测系统定位覆岩破断事件，从而确定顶板破断的空间位置和能量大小，提前预判来压时间及来压强度，及时预警。

4. 合理较快的工作面推进速度

结合采煤工作面实际开采条件，在总结工作面矿压显现规律基础上，分析工作面推进速度与矿压显现的关系，确定合理的推进速度，必要时采取降低采高或者放煤高度等综合措施，确保工作面快速、安全度过压架危险区域。

19.2.3 应用实例

开采分院开发的综采（放）工作面切顶压架事故综合防治技术，在华能扎赉诺尔煤业铁北煤矿、陕西崔木煤矿、伊泰酸刺沟煤矿等应用，效果显著，以陕西崔木煤矿为例，介绍该技术应用效果。

崔木煤矿主采侏罗系延安组 3 煤层，煤厚 6～21.8m，近水平煤层，赋存稳定，采用综合机械化放顶煤开采，设计割煤高度 3.5m，21303 工作面平均煤厚 12m，倾斜长 200m，可采走向长度 850m，顶板为粗粒砂岩和泥岩互层，砂岩抗压强度小于 23MPa，泥岩抗压强度小于 15MPa，软化特征明显。顶板有多个含水层，其中位于距煤层底板 165m 上的洛河组富水性较好，钻孔柱状图如图 19.29 所示。

在 21303 工作面之前回采的 21301 和 21302 工作面开采过程中，频繁发生压架事故，如表 19.8、表 19.9 所示。

表 19.8　21301 工作面压架情况统计

项目	第一次	第二次	第三次	第四次	第五次	第六次	第七次	第八次	第九次	第十次
日期	6 月 13 日	6 月 17 日	6 月 28 日	7 月 17 日	7 月 25 日	9 月 30 日	10 月 27 日	12 月 18 日	3 月 2 日	3 月 17 日
出水位置	采空区	采空区	采空区	采空区	顶板水	顶板水	顶板水	采空区	顶板水	顶板水
压架情况	无	无	无	无	冒顶	压架 91 架	没处理完	无	压架 30 架	压架 59 架
累计推进/m	180	210	220	300	345	495	495	590	841	841

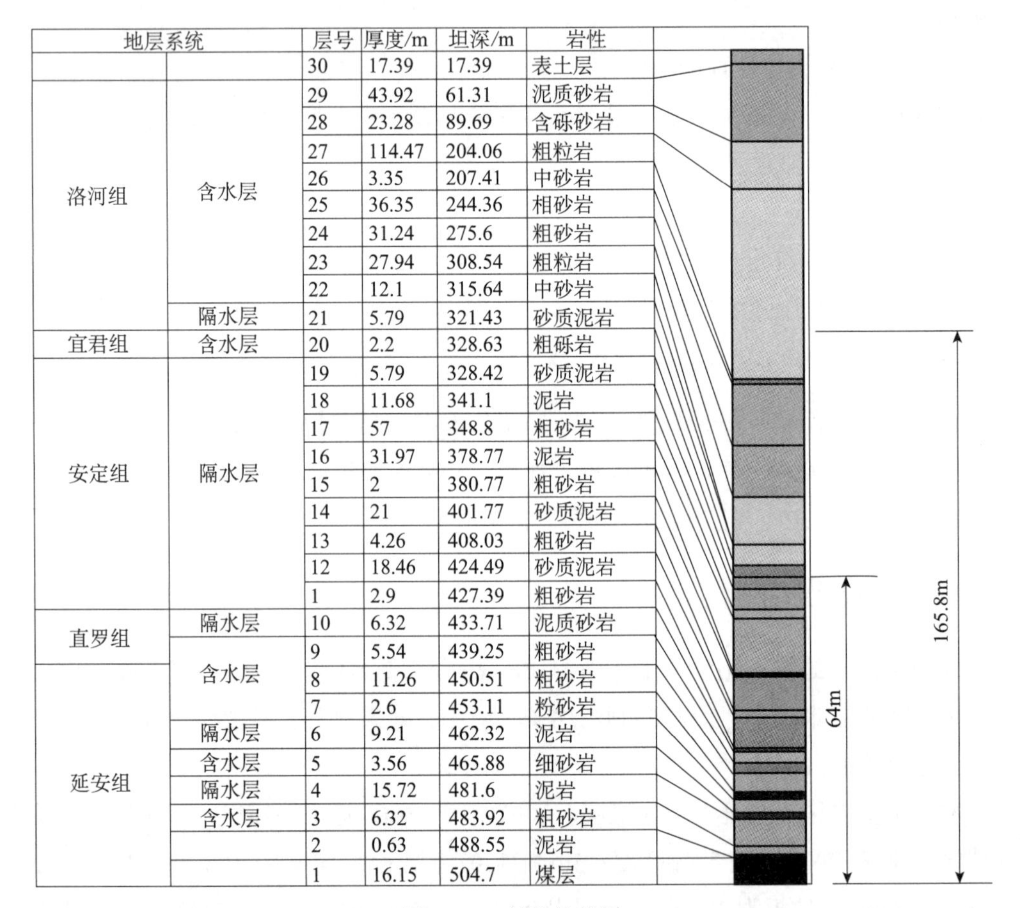

地层系统		层号	厚度/m	坦深/m	岩性
		30	17.39	17.39	表土层
洛河组	含水层	29	43.92	61.31	泥质砂岩
		28	23.28	89.69	含砾砂岩
		27	114.47	204.06	粗粒岩
		26	3.35	207.41	中砂岩
		25	36.35	244.36	相砂岩
		24	31.24	275.6	粗砂岩
		23	27.94	308.54	粗粒岩
		22	12.1	315.64	中砂岩
	隔水层	21	5.79	321.43	砂质泥岩
宜君组	含水层	20	2.2	328.63	粗砾岩
安定组	隔水层	19	5.79	328.42	砂质泥岩
		18	11.68	341.1	泥岩
		17	57	348.8	粗砂岩
		16	31.97	378.77	泥岩
		15	2	380.77	粗砂岩
		14	21	401.77	砂质泥岩
		13	4.26	408.03	粗砂岩
		12	18.46	424.49	砂质泥岩
		1	2.9	427.39	粗砂岩
直罗组	隔水层	10	6.32	433.71	泥质砂岩
	含水层	9	5.54	439.25	粗砂岩
延安组		8	11.26	450.51	粗砂岩
		7	2.6	453.11	粉砂岩
	隔水层	6	9.21	462.32	泥岩
	含水层	5	3.56	465.88	细砂岩
	隔水层	4	15.72	481.6	泥岩
	含水层	3	6.32	483.92	粗砂岩
		2	0.63	488.55	泥岩
		1	16.15	504.7	煤层

图 19.29　钻孔柱状图

表 19.9　21302 工作面压架情况统计

项目	第一次	第二次	第三次	第四次	第五次
日期	5 月 18 日	6 月 18 日	10 月 20 日	1 月 9 日	1 月 26 日
出水位置	顶板水	顶板水	顶板水	顶板水	顶板水

续表

项目	第一次	第二次	第三次	第四次	第五次
压架情况	压架 27 架	压 38 架	压架 94 架	压架 21 架	压架 8 架
累计推进 /m	219	232	420	586	595

开采分院理论联系实际，采取驻矿服务、跟班指导的方式，在深入分析压架原因的基础上，在 21303 工作面主要采取了以下压架防治措施：（1）减低导水裂隙带高度，一次采出厚度不超过 9m。（2）通过顶板深孔预裂爆破，减低来压步距。（3）大周期来压、工作面前方及构造地段时，只割煤不放煤，保证日推进度 4.8m 以上。（4）加强工作面管理，提高支架初撑力，杜绝“跑、冒、滴、漏、串”。（5）通过实时智能预警，及时发现并调整了 90 余次支架“跑、冒、滴、漏、串”现象，平均初撑力达到设计值的 80%，虽然来压期间安全阀开启率仍然高达 31.7%，但整个工作面回采没有发生一次大范围透水和压架事故。

通过采取上述措施，加强预警并及时检验措施的效果，与 21301 工作面、21302 工作面相比，20303 工作面出水量显著减少，工作面顶板大、小周期来压步距得到显著降低；提高支护额定阻力至 15000kN 后，虽然支架安全阀仍然频繁开启，但平衡开启率降至 10% 以下，支架适应性良好，没有发生大范围压架事故。工作面推进度日均约 6.5m，月均产量达 38.7 万 t，与之前工作面月产量不足 30 万 t 相比，21303 工作面产量显著提高，实现了持续稳定达产，工作面回收率达 85%。如表 19.10 所示。

表 19.10 21303 工作面产量统计

时间	月进尺 /m	累计进尺 /m	月产量 /t
2014 年 3 月	80（不足 1 月）	80	101884
2014 年 4 月	181	261	397139
2014 年 5 月	200	461	441649
2014 年 6 月	168	629	416429
2014 年 7 月	163	792	294210
2014 年 8 月	80（不足 1 月）	872	186640
指标平均值	178	—	387357

19.3 片帮冒顶防治技术

煤壁片帮是工作面煤壁在矿压作用下，破碎后滑落或垮塌的一种矿压显现现象，冒顶是片帮的继续，易导致支架受力不均、倾倒、歪斜、甚至失去控制，严重时还会导致设备损坏或人员伤亡。煤壁片帮、冒顶已经成为大采高及大采高综放工作面围岩控制的主要难题之一。

本节介绍开采分院在煤壁片帮机理方面的研究成果。基于压杆理论分析得到了煤壁的挠度特征，得出了大采高综采面两种典型的片帮形式：半煤壁片帮和整个煤壁片帮。提出了片帮冒顶防治措施：优化护帮板长度、及时擦顶移架、加快推进速度等。现场应用效果良好。

19.3.1 片帮机理

如图 19.37 所示为 FLAC3D 数值模拟软件得到的工作面煤壁主应力分布。采高 6.0m 时工作面前方煤体所承受的主应力在煤壁上部、中部和下部方向均不同。在工作面上部，最大主应力方向与垂直方向有一定夹角，且偏向采空区方向；煤壁中部最大主应力方向基本垂直，而煤壁下部最大主应力方向与垂直方向有一定夹角，且偏向采空区方向。因此矿山压力作用在煤壁顶底部的水平分力大小相等，方向相反，可相互抵消。计算煤壁在顶板压力作用下的挠度时作如下简化。

1. 不考虑煤壁剪切变形

煤壁在受压情况下产生的剪切变形主要发生在节理面上，水平方向的节理面在顶板压力作用下发生剪切变形量较小，而垂直方向的剪切变形量对煤壁挠度的影响不大，因此在分析煤壁挠度时不考虑剪切变形量的影响。

2. 不考虑煤壁垂直方向压缩变形

数值模拟表明，当采高达到 6.0m 时，完整性较好的中硬煤壁的压缩变形量最大值为 4.6cm，对挠度的影响较小，分析此类煤壁的挠度特征时可不考虑煤壁压缩变形量对挠度的影响。

3. 不考虑煤壁的重力影响

煤壁的自身重力对挠度影响很小，为简化分析，不考虑重力对煤壁挠度的影响。

4. 不考虑水平力作用对煤壁片帮的影响

基于以上的简化，对于完整性较好的中硬煤壁，分析顶板压力作用下煤壁的挠度特征时，可以将图 19.30 简化为图 19.31 的理想压杆模型，即一端弹性支承，另一端刚性固定的受压杆。

理想压杆是指一两端球铰支座的弹性均质等直杆受毫无偏心的轴向压力作用，判断这种变形状态是否稳定，可加一微小干扰力，使杆到达一个微弯曲线位置，然后撤除干扰力，如果杆能回到直线位置，则称初始直线位置的平衡状态是稳定的；如果它继续弯曲到一个挠度更大的曲线位置，则初始直线位置的平衡状态是不稳定的；如果它停留在干扰力撤销瞬时的微弯曲线的位置不动，则初始直线位置的平衡是临界平衡。压杆可在直线位置平衡（当它不受干扰时），又可在微弯曲线位置平衡，这种两可性是弹性体系临界平衡的重要特点。

假设压杆处在临界平衡状态，根据小挠度微分方程以及端部约束条件确定煤壁的挠度曲线，求得煤壁在顶板压力作用下的挠度最大值，即煤壁容易失稳位置。

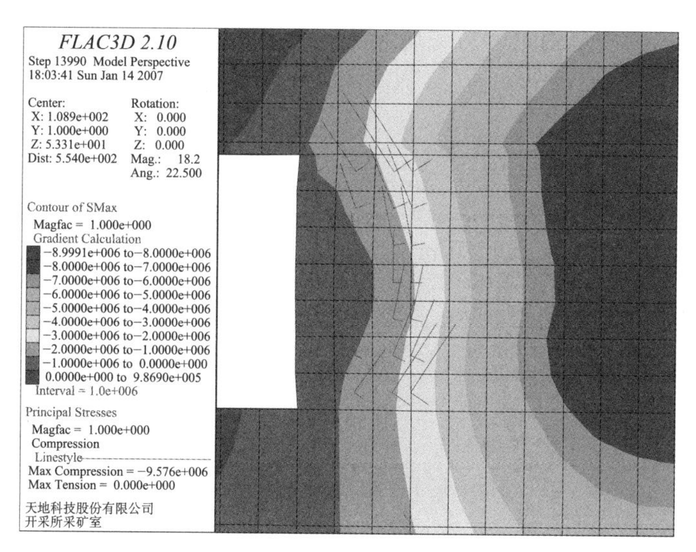

图 19.30　采高 6.0m 时工作面前方煤体主应力图

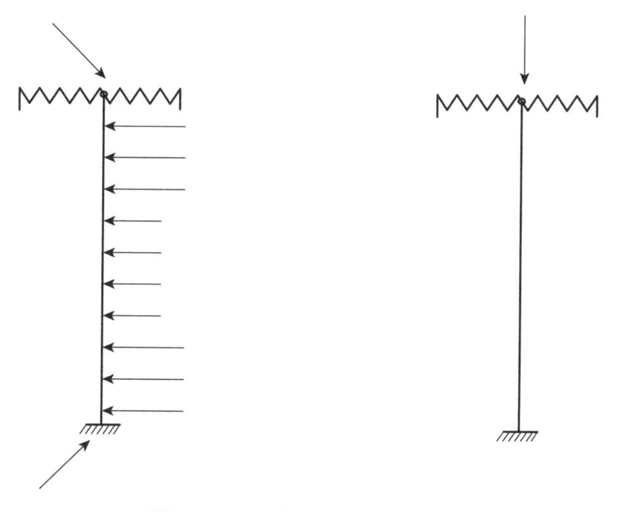

图 19.31　理想压杆的受力模型

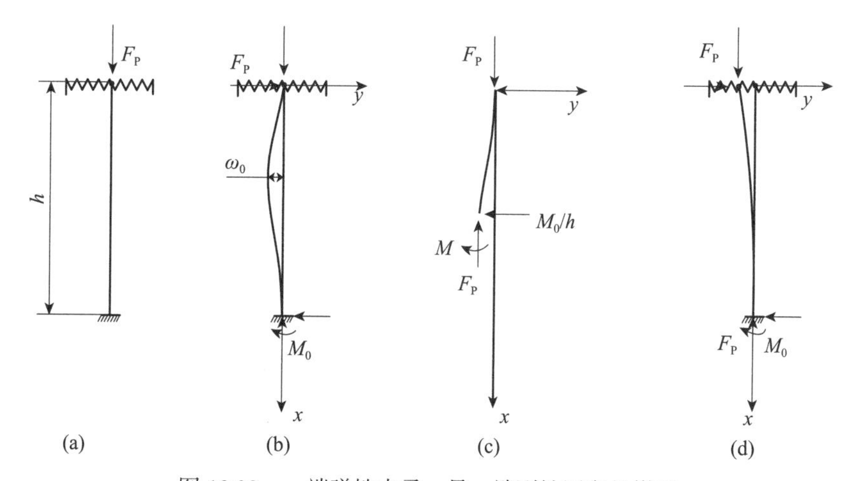

图 19.32　一端弹性支承、另一端刚性固定的煤壁

图 19.32(a) 所示为一端固定、另一端弹性支承的煤壁。当弹簧刚度较大时，杆体端部不发生侧向位移。取 x 截面为分离体，如图 19.32(c) 所示，以 x 截面的形心为中心，建立力矩平衡方程，得：

$$M=F_p\omega-M_0x/h \tag{19.38}$$

或

$$\omega''+K^2\omega=\frac{M_0x}{EIh} \tag{19.39}$$

式中，M 为 x 截面形心的弯距，N・m；F_p 为煤壁所受垂直方向压力，N；ω 为煤壁挠度，m；M_0 为煤壁固定端力矩，N・m；h 为采高，m；EI 为煤壁的弯曲刚度，$K^2=F_p/(EI)$。

解微分方程得

$$\omega=\frac{M_0}{F_P}[\frac{x}{h}+1.02\sin(4.49\frac{x}{h})] \tag{19.40}$$

分析式（19.40）得到 ω 的最大值为 0.399h，即边界条件为一端铰支、另一端固支时，其侧向位移最大值点距顶端 0.399h 处。当顶板压力继续增加时，煤壁将首先从距顶板 0.399h 处失稳。

图 19.32（b）所示的弹簧刚度较大，当弹簧刚度减小到一定程度时，随着压力的增加，还可能发生如图 19.32（d）所示失稳形式，即整个煤壁失稳。

采用“压杆”理论分析表明，完整性较好的中硬煤壁片帮主要有两种形式：一种是半煤壁片帮，在顶板压力的作用下，煤壁将发生正弦波式的弯曲变形，距顶板 0.4 倍采高处侧向位移最大，将首先失稳；另一种是整个煤壁片帮，煤壁在微小的外界扰动下，如受采煤机的割煤或移架的影响，煤壁将发生整体片帮。

19.3.2 片帮防治技术

煤壁片帮防治主要有两个途径：一是通过支架优化设计和加强工作面管理，改善煤壁受力状态；二是改变煤体的物理力学性质，增加煤体强度，保证煤体的完整性，主要通过注浆方法来实现。

1. 煤壁稳定性可控因素分析

影响综采工作面煤壁片帮冒顶的因素很多，可分为地质因素和开采因素两类其可控因素主要为开采因素。支架对于顶板下位岩层控制效果受 4 个因素影响：一是支架垂直作用力；二是支架水平作用力；三是端面距；四是支架合力作用点至工作面煤壁距离，以郑州米村矿 15011 综放面条件为例，平均煤厚 8.4m，普氏系数为 0.3～0.5，直接顶为砂质泥岩，厚 3.6～8m，老顶为中粒砂岩，厚 4.9～15.7m，直接底为 0.5m 厚的黏土岩。利用有限元模拟了不同参数下顶煤应力场的变化情况。

图 19.33～图 19.35 所示为立柱压强 0.5MPa、0.9MPa、1.3MPa 时的顶煤应力场模拟结

果。可以看出，顶煤端面与顶部拉应力区明显减小。

图 19.36～图19.38 所示为立柱压强 0.5MPa，而支架水平作用力为 0、300kN、600kN 时的顶煤应力区模拟结果。可以看出，随着支架水平作用力增大，顶煤体拉应力区相应减小。

图 19.39 和图 19.40 所示为立柱压强 1.3MPa，而端面距为 0.25m 和 0.5m 时的模拟结果。不难看出，缩小端面距，可减小工作面端部和顶部煤体拉应力区。

研究得出，改善端面片帮冒顶的途径，应从端面距，垂直作用力、水平作用力和合力作用点至煤壁距离 4 个参数入手，设法提高无立柱空间顶煤的稳定性。首先考虑缩小端面距，一是设计合理的支架结构，二是在工艺上，采煤机过后要及时移架，使无立柱空间及时全封闭。

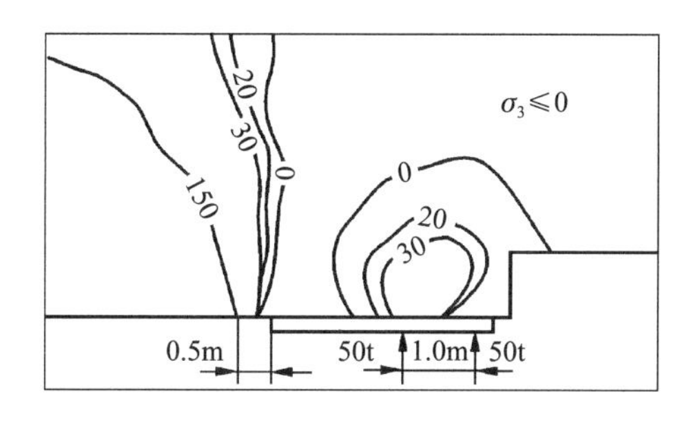

图 19.33　立柱压强为 0.5MPa 时顶煤应力场
（单位：MPa，下同）

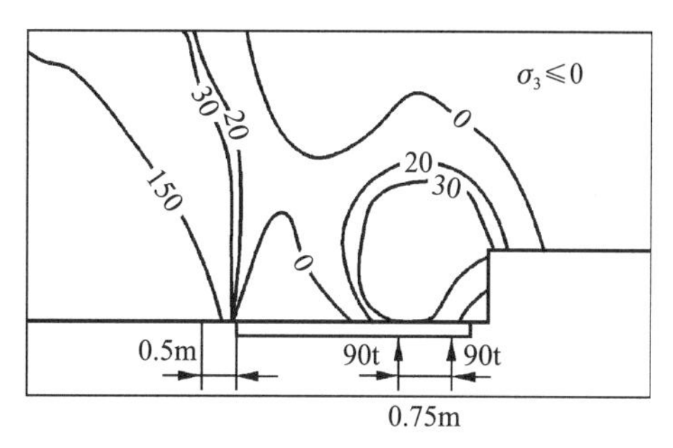

图 19.34　立柱压强为 0.9MPa 时顶煤应力场

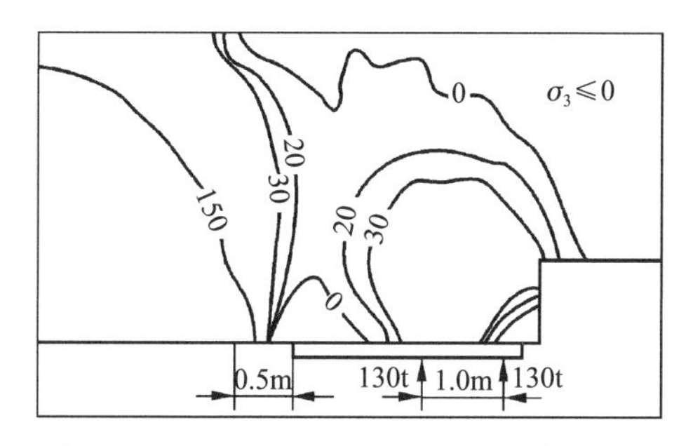

图 19.35　立柱压强为 1.3MPa 时顶煤应力场

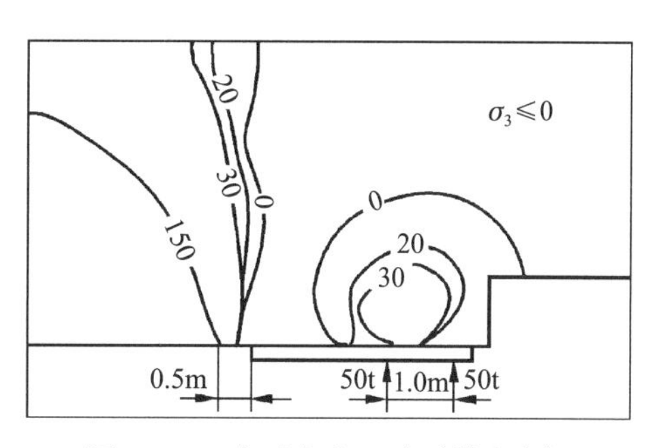

图 19.36　水平力为 0 时顶煤应力场

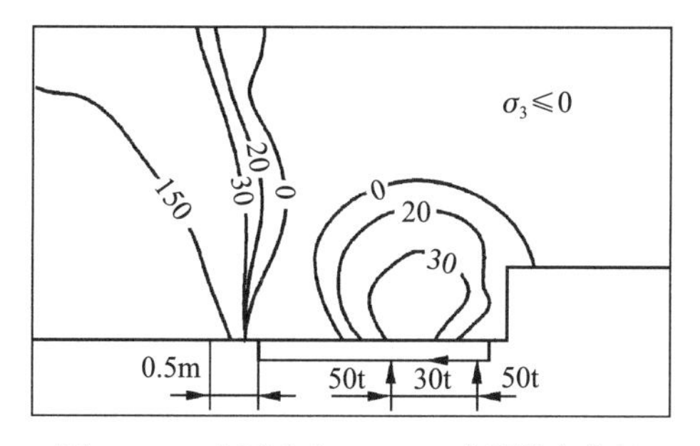

图 19.37　水平力为 300kN 时顶煤应力场

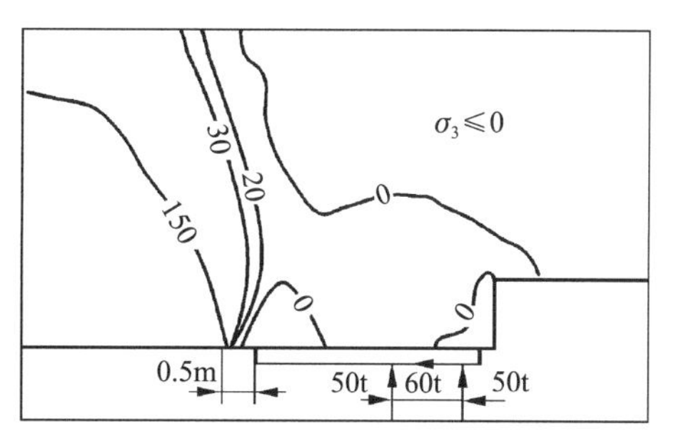

图 19.38　水平力为 600kN 时顶煤应力场

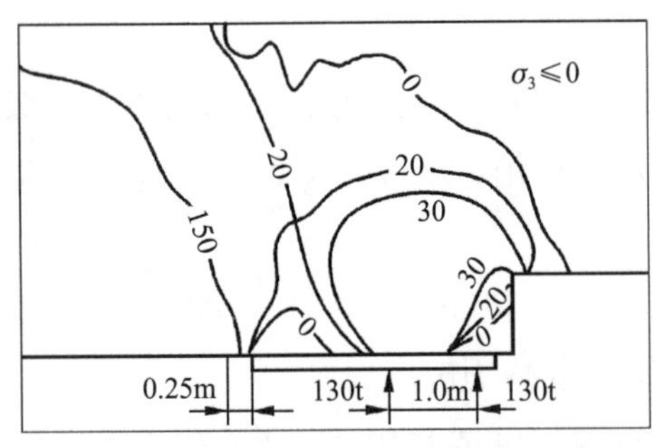

图 19.39　端面距为 0.25m 时顶煤应力场

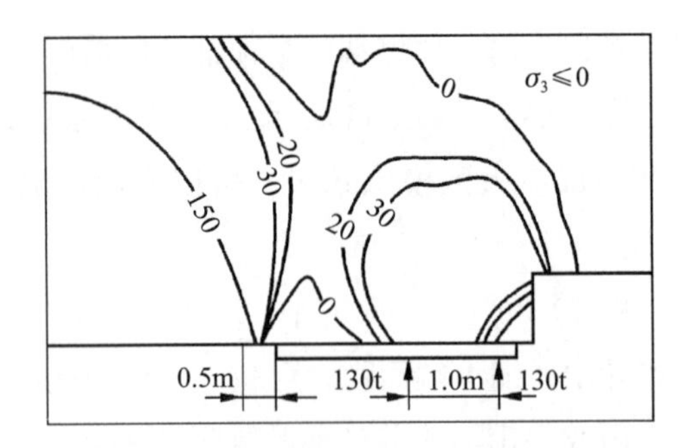

图 19.40　端面距为 0.5m 时顶煤应力场

基于以上分析提出以下 5 个片帮冒顶控制措施。

1）跟机带压移架和及时护帮，防止局部冒顶

工作面端面发生冒顶后，煤壁上部的约束条件将由“固支座”或者“铰接支座”改变为“自由端”，在矿山压力的作用下，极易导致煤壁整体片帮现象。整体片帮不仅易导致工作面停止生产，还会砸伤井下工作人员。回采过程中，跟机带压移架，确保一次到位，避免反复升降支架增加端面顶板的裂隙发育。

2）优化护帮板长度和护帮力

采用二级护帮板设计，根据上述分析得出的结论：煤壁将首先从距顶板 0.399 倍采高处失稳，护帮板长度不小于采高的 0.4 倍，以 6m 采高计算，护帮板长度最终确定为 2500mm，同时增加护帮力，增加煤壁的抗破坏载荷，并减少煤壁因采煤机割煤和反复移架带来的扰动影响，一级护帮千斤顶推力为 298kN，二级护帮千斤顶推力为 98kN。

3）合理确定支架工作阻力，提高初撑力

合理的支架工作阻力既能够有效支撑直接顶及基本顶破断时施加到支架上的垂直作用力，又能够有效缓解煤壁前方的支承压力，减少煤壁的裂隙发育，改变煤壁的力学性质。足够的初撑力能够减少顶板离层，有利于保持端面顶煤的完整性。数值计算表明，煤壁的片帮深度随着支架工作阻力的增加而显著降低，如图 19.41 所示。

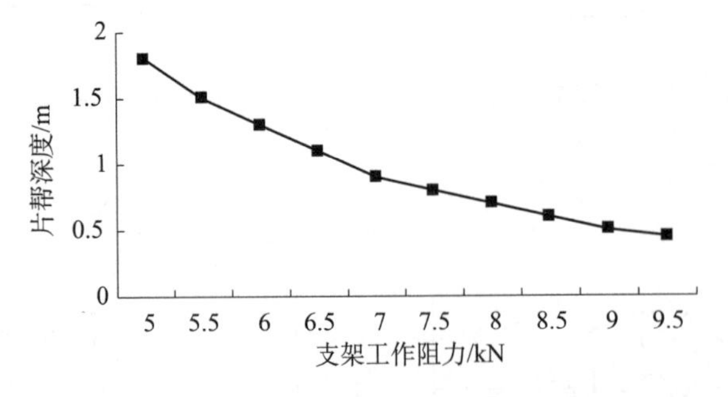

图 19.41　煤壁片帮深度与支架工作阻力关系曲线

4）降低矿山压力

当顶板来压或采空区存在大范围悬顶时，应加快工作面推进速度、降低割煤高度或采

取人工放顶措施，以降低矿山压力，减少片帮。

5）保证割煤质量，确保顶板平整

严格保证割煤质量，割平顶板及底板，使液压支架能有效地接触顶板，充分发挥液压支架的性能，放煤时尽量做到均匀放煤，在顶板破碎和煤层厚度较小处，采用单轮间隔放煤，防止支架上方抽空引起冒顶。

2. 煤体化学加固技术

对于松软或节理裂隙发育的煤体，自身稳定性差，在采动应力作用下极易发生片帮，需要通过注浆加固技术提高煤壁的自稳能力。针对传统高分子化学加固材料和配套设备及工艺的不足问题，重庆研究院开发了改性聚氨酯加固材料（TG-11 型天固加固材料）和硅基聚脲酸酯加固材料（TG-12 型天固加固材料）两类煤矿用煤岩体加固材料。该材料具有良好的流动渗透能力（固化前）、快速固化能力、优异的黏结性能、较高的韧性与抗压强度、较低的反应温度、优异的阻燃能力以及较低的高温烟气毒性。

1）改性聚氨酯加固材料

聚氨酯加固材料主要由含有 -OH 基团的组分与含有 -NCO 基团的组分反应而成的含有大量 -NHCOO- 基团的一类高分子加固材料。这类高分子加固材料由于含有大量的强极性基团和大量柔顺性较好的 -O- 键，因此，具有非常优异的黏结强度和柔韧性，特别适合于针对煤矿破碎松软煤岩体的加固。重庆研究院针对该类高分子材料的反应前组分黏度、材料柔韧性、黏结强度、阻燃性能、反应温度，进行了优化，开发了改性聚氨酯加固材料（TG-11 型天固加固材料）如图 19.42 所示。

图 19.42　TG-11 型天固加固材料（复合一定量的石块）

该类材料主要的性能指标如表 19.11 所示。由该表可见，TG-11 型天固加固材料最高反应温度不高于130℃，优于 AQ 1089 标准所要求的不高于140℃，因此，其井下注浆安全性可以得到进一步的保证。此外，TG-11 型天固加固材料在力学性能方面的亮点在于其黏结强度和韧性。TG-11 材料的黏结强度达到 7.3 MPa，明显高于 AQ 1089 标准所要求的不小于 3.0 MPa，破坏点压缩形变 62 %，也明显优于普通聚氨酯加固材料的 20% 左右。由此可见，TG-11 型天固加固材料在煤矿井下使用时，黏结固结破碎煤岩体的能力更强，且更优异的韧性确保了在来压时煤岩体更强的形变能力。因此，TG-11 型加固材料与普通聚氨酯加固材料相比具有更加优异的防控围岩片帮冒顶的能力。

表 19.11 天固加固材料 TG-11 相关技术参数

材料名称		技术参数	AQ 1089 标准要求	说明
TG-11A	外观	均一无色至淡黄色黏稠液体		
	黏度（25℃）/mPa·s	230		
	密度 /（g/mL）	1.08		
TG-11B	外观	均一棕红色至棕褐色液体		
	黏度（25℃）/mPa·s	155		
	密度 /（g/mL）	1.28		
TG-11	最高反应温度 /℃	126	≤140℃	优于 AQ 标准
	黏结强度 /MPa	7.3	≥3.0	显著优于 AQ 标准
	抗压强度 /MPa	61	≥40	优于 AQ 标准
	剪切强度 /MPa	21	≥15	优于 AQ 标准
	抗拉强度 /MPa	23	≥15	优于 AQ 标准
	阻燃性	阻燃性符合 MT-113 标准	阻燃性符合 MT-113 标准	
	破坏点压缩形变 /%	62		AQ 标准以外指标
	膨胀倍数	1.0～1.1		

注：本表中 AQ 1089 标准所规定项目均按照该 AQ 标准的测试条件检验。

2）硅基聚脲酸酯加固材料

除改性聚氨酯加固材料外，重庆研究院近年来还重点对新一代加固材料即硅基聚脲酸酯加固材料（TG-12 型天固加固材料）进行了研发。图 19.43 所示为聚脲酸酯类有机成分和硅酸盐类无机成分通过复杂化学反应而形成的一种微米复合材料。

图 19.43 TG-12 型天固加固材料（复合一定量的煤粉）

TG-12 型天固加固材料的液氮脆断断面扫描电子显微镜图片如图 19.44 所示。其中，图 19.44（a）为 200 倍放大倍率图片；图 19.44（b）为图（a）中白色方框部分 500 倍放大倍率图片。可见，TG-12 型天固加固材料的微观结构呈现一种典型的“海岛结构”。进一步的测试证明，其有机相为连续相，而无机相为分散相，形成一种典型的“油包水”结构。

从图 19.44（b）还可发现，无机分散相的尺寸为 5～20μm。这一微米级尺度的复合材料可同时保证复合体的强度和韧性。

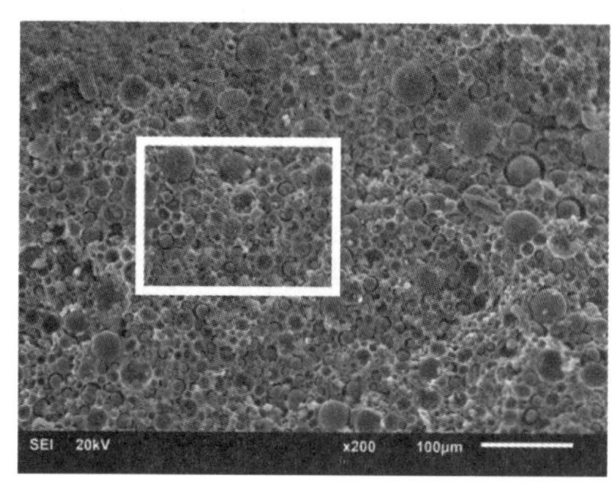

（a）200倍放大倍率图片

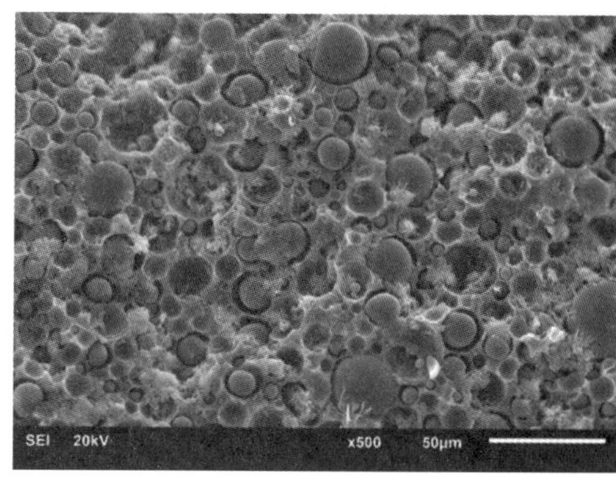

（b）图（a）中白色方框部分500倍放大倍率图片

图 19.44　硅基聚脲酸酯加固材料（TG-12 型天固加固材料）的脆断断面扫描电子显微镜（SEM）图片

表 19.12 所示为 TG-12 型天固加固材料的相关技术参数。由该表可见，TG-12 加固材料相比于普通聚氨酯加固材料，主要优点在于其安全性能。由于有机－无机协同反应中存在大量的吸热反应，因此，其反应最高温度明显低于普通聚氨酯加固材料，达到 100℃以下。此外，由于 TG-12 加固材料中无机组分含量较大，因此，其阻燃性能大大优于普通聚氨酯加固材料。然而，同样由于 TG-12 加固材料这种特殊的有机－无机杂化结构，其黏结强度和柔韧性通常比聚氨酯类加固材料略差。

表 19.12　天固加固材料 TG-12 相关技术参数

材料名称		技术参数	AQ 1089 标准要求	说明
TG-12A	外观	均一无色至淡黄色黏稠液体		
	黏度（25℃）/mPa·s	210		
	密度 /（g/mL）	1.45		
TG-12B	外观	均一棕红色至棕褐色液体		
	黏度（25℃）/mPa·s	110		
	密度 /（g/mL）	1.21		
TG-12	最高反应温度 /℃	98	≤140	显著优于 AQ 标准
	黏结强度 /MPa	3.2	≥3.0	优于 AQ 标准
	抗压强度 /MPa	46	≥40	优于 AQ 标准
	剪切强度 /MPa	16	≥15	优于 AQ 标准
	抗拉强度 /MPa	16.5	≥15	优于 AQ 标准
	阻燃性	优于 MT-113 标准	符合 MT-113 标准	优于 AQ 标准
	破坏点压缩形变	31%		AQ 标准以外指标
	膨胀倍数	1.0		
	烟气毒性	达到准安全一级（ZA-1 级）		AQ 标准以外指标

注：本表中 AQ 1089 标准所规定项目均按照该 AQ 标准的测试条件检验。

TG-12 加固材料还有一个重要的优点在于其具有较低的受热烟气毒性。图 19.45 所示为通过在线傅里叶红外测试的 TG-12 加固材料和普通聚氨酯加固材料在燃烧过程中释放气体速率随时间的变化曲线。表 19.13 所示为该测试的典型数据。可见，TG-12 加固材料在燃烧过程中无论是强刺激性气体 HCl 和 HBr 还是强毒性气体 HCN 和 CO 的释放速率和释放总量，均显著低于普通聚氨酯加固材料。

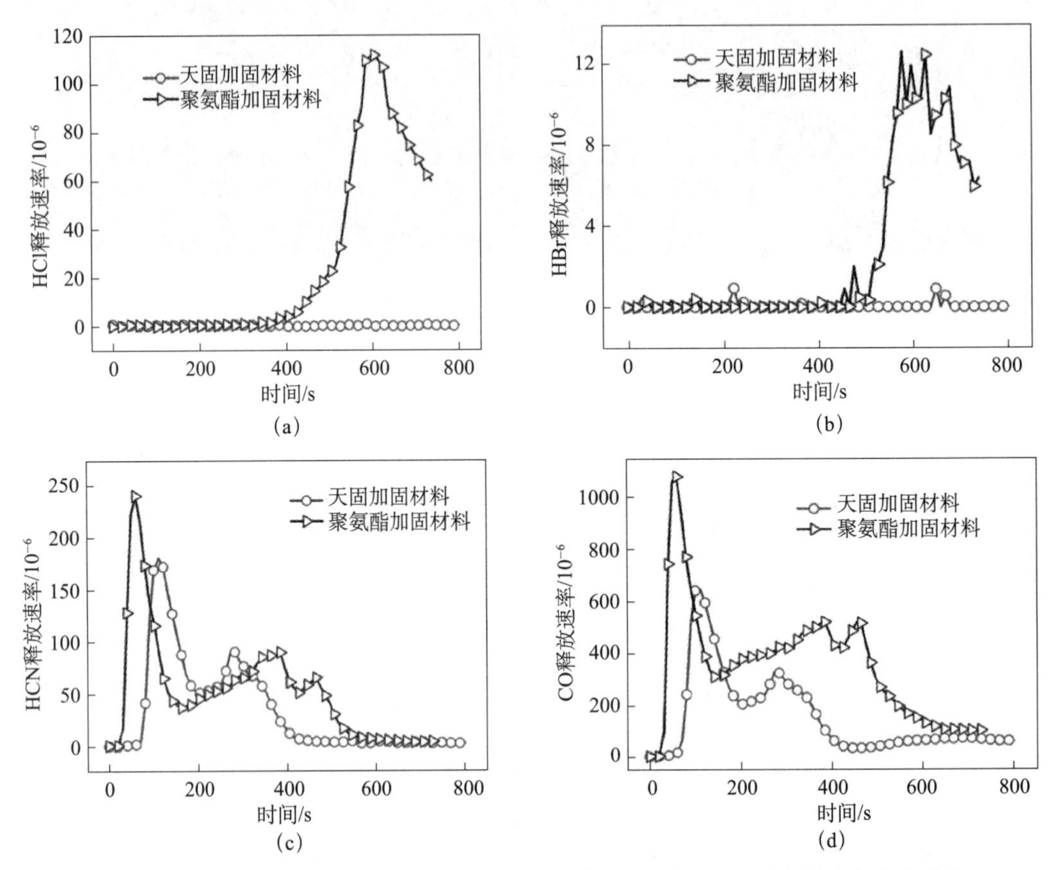

图 19.45　硅基聚脲酸酯加固材料和普通聚氨酯加固材料燃烧时释放气体速率变化曲线
（a）～（d）分别为 HCl、HBr、HCN、CO 的释放速率随时间变化的曲线

更低的 HCl 和 HBr 释放速率和释放总量主要归因于 TG-12 加固材料特殊的有机–无机杂化结构本身所具备的阻燃能力，这使得该类材料无需加入大量的含卤阻燃剂，进而导致强刺激性 HCl 和 HBr 释放量的降低。HCN 和 CO 释放速率和释放量的降低也同样归因于这种有机–无机杂化结构。更低的有机成分含量使得这两种强毒性气体在受热过程中释放量降低。显然，更低的受热有毒有害气体释放量对于煤矿井下这种风流单一且相对密闭的使用环境而言，至关重要。这极大地提升了该类高分子材料在煤矿使用的安全性。

表 19.13　TG-12 型天固加固材料烟气释放的数据

参数	TG-12 型天固加固材料	传统的聚氨酯加固材料
点燃时间 /s	64	15
烟释放速率峰值 /（m^2/s）	0.15	0.30
总烟释放 /m^2	40	55
HCl 释放速率峰值 /10^{-6}	0.95	112
HCl 释放总量 /（g/L）	0.2	19
HBr 释放速率峰值 /10^{-6}	0.93	13
HBr 释放总量 /（g/L）	0.04	2
NO_x 释放速率峰值 /10^{-6}	24	29
NO_x 释放总量 /（g/L）	7	10
HCN 释放速率峰值 /10^{-6}	182	241
HCN 释放总量 /（g/L）	27	38
CO 释放速率峰值 /10^{-6}	648	1082
CO 释放总量 /（g/L）	122	259

3）注浆设备及注浆工艺

ZBQS-12/8 矿用气动双液注浆泵（以下简称注浆泵），采用压缩空气作为注浆泵的主要动力，注浆泵的核心工作单元为双作用式气动马达。在压缩空气作用下，当活塞移动到气动马达上或下端部时，控制气流瞬间推动配气换向装置使机械装置动作，从而使气动马达的活塞做稳定连续的往复运动。由于活塞与增压缸中的柱塞刚性连接，活塞面积又明显大于柱塞面积，因此，这种刚性连接实现了使吸入原料增压的目的。对于 ZBQS-12/8 矿用气动双液注浆泵而言，当风压为 0.4MPa 时，最大出口压力可达 25MPa；当注浆出口压力为 8 MPa 的额定注浆压力时，额定注浆量可达到 12 L/min。注浆设备工作原理和相关参数分别见图 19.46 和表 19.14。

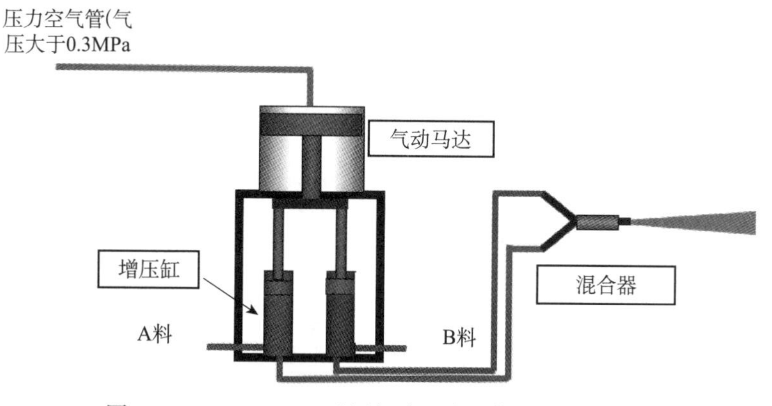

图 19.46　ZBQS-12/8 矿用气动双液注浆泵工作原理图

表 19.14　ZBQS-12/8 矿用气动双液技术参数

序号	技术	数值
1	额定工作气压 /MPa	0.4
2	气动增压输送泵额定工作压力 /MPa	8±0.2
3	气动增压输送泵额定工作流量 /（L/min）	12±0.5
4	气动增压输送泵活塞运动次数 /（n/min）	69
5	气动增压输送泵工作耗气量 /（m^3/min）	3.7±0.1
6	气缸基本参数（内径 × 行程）/mm×mm	177×118
7	油缸基本参数（内径 × 行程）/mm×mm	30×118
8	适用温度范围 /℃	0～40
9	适用压力范围 /MPa	0.3～0.7
10	适用的介质	水、化学浆料等
11	外形尺寸 /mm×mm×mm	510×510×1410
12	质量 /kg	125

图 19.47 为天固系列高分子加固材料注浆流程示意图。其流程如下：①利用钻机在破碎的煤岩体中预制一定深度的钻孔；②将含有注浆封孔器的注浆管放置至适当位置，开始注浆，如图 19.47（a）所示；③随着 ZBQS-12/8 注浆泵出口压力的增加，注浆封孔器上的胶囊首先被膨胀开，使得注浆钻孔形成封闭区域，如图 19.47（b）所示；④当注浆泵出口压力达到一定值时，封孔器前端铝箔被压破，加固材料浆液被注入封闭的钻孔区域内；⑤在浆液充满钻孔区域后，由于注浆泵的压力，浆液将进一步向周围煤岩层裂隙渗透，如图 19.47（c）所示；⑥最终，浆液扩散至一定的范围，随着黏度的增大，停止扩散，迅速固化，被扩散区域的煤岩体被黏结成一个整体，如图 19.47（d）所示。

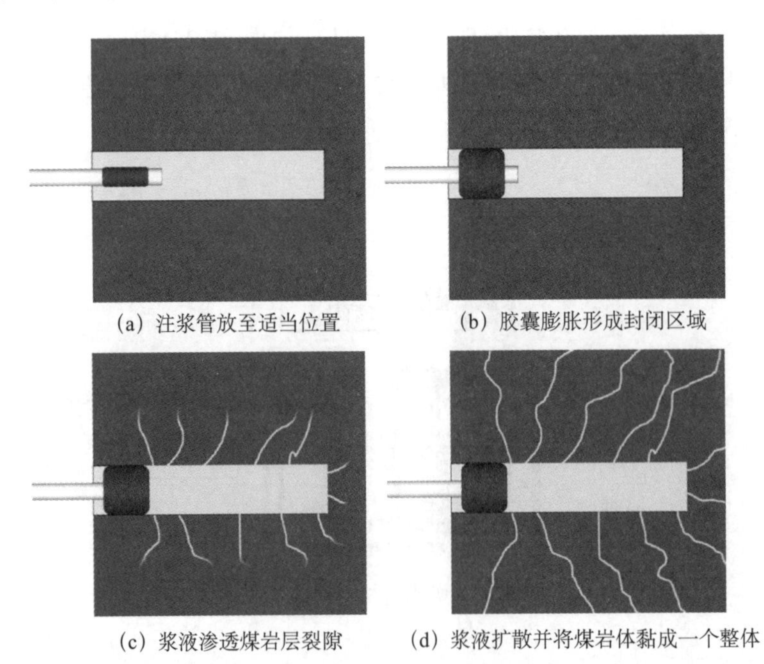
(a) 注浆管放至适当位置　(b) 胶囊膨胀形成封闭区域
(c) 浆液渗透煤岩层裂隙　(d) 浆液扩散并将煤岩体黏成一个整体

图 19.47　矿用高分子加固材料注浆流程示意图

19.3.3　寺河矿综采工作面煤壁片帮实测

在开采初期，寺河矿 2307 大采高工作面片帮现象较少。随着工作面的推进，开采高度逐渐增加，片帮现象加重，直接顶来压时煤壁片帮深度一般小于 1.0m，位于煤壁上方拐角处，如图 19.48(a) 所示。基本顶初次来压时煤壁有“吱吱”响声，顶板破碎且伴有掉矸现象，25～57 号架、92～115 号架顶板严重破碎，出现不同程度的冒顶现象，最大冒高达 3m，最大片帮深度达 1.5m，如图 19.48(b) 所示。该冒顶主要是由片帮恶化导致的。工作面片帮在采煤机割煤扰动下更加严重，在采煤机割煤的扰动下，当支架工收起护帮板时，采煤机前方煤壁即发生片帮，当煤质较硬时，容易出现整个煤壁片帮，如图 19.59(c) 所示。工作面片帮深度如表 19.15 所示，片帮深度小于 300mm 的样本数占总样本数的 43%。

现场实测与理论研究均表明，尽管煤壁片帮受多种因素影响，但对于完整性较好的中硬煤体，最易失稳的位置是煤壁中上部。经过采取跟机带压移架、及时护帮、提高初撑力以及加强管理等措施后，片帮控制效果显著。

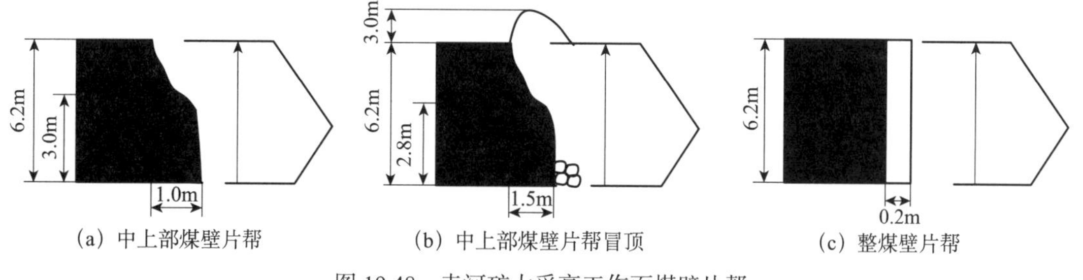

(a) 中上部煤壁片帮　(b) 中上部煤壁片帮冒顶　(c) 整煤壁片帮

图 19.48　寺河矿大采高工作面煤壁片帮

表 19.15　工作面片帮深度

项目	片帮深度 /mm			
	≤300	300～600	600～1000	≥1000
主要分布时期	正常推进	正常推进	来压时期	来压时期
频率 /%	43	16	31	10

（本章主要执笔人：开采分院尹希文，李春睿，李正杰，庞立宁；重庆研究院许向彬）

第20章 煤矿顶板灾害监测预警技术

顶板灾害监测预警是在研究顶板致灾因素、预警指标和预警准则的基础上，通过实时监测和分析灾害发生前的先兆信息及变化特征，实现顶板危险状态的预先警示，是有效防治顶板灾害的重要手段之一。

在顶板监测方面，随着现代电子技术和传感器技术的不断发展，采煤工作面压力监测设备已经由最初的圆图自记仪、数显式压力计、自记式压力计，发展到目前的集井下液晶显示、实时预警、数据存储以及远程实时传输功能于一体的支架压力记录装置。围岩变形及离层量监测已由最初的机械式离层仪发展到目前的围岩移动传感器。液压支架压力、立柱伸缩量、顶板下沉量、围岩变形及离层量等矿压显现参数实现了实时动态监测。进入21世纪以来，随着无线通讯技术的发展，矿压显现参数也实现了电池供电、无线传输，顶板监测系统可靠性显著提高。在顶板预警方面，起初主要由人工设置上、下限值来实现，随着计算机技术和矿压理论的不断发展，顶板致灾因素研究不断深入，一些矿压数据分析方法和分析模型的出现，顶板灾害预警准确率显著提高。

本章介绍开采分院、重庆研究院、常州研究院在顶板灾害监测预警方面的研究成果。

20.1 顶板灾害监测技术

顶板监测目的是全面、准确收集矿压显现参数，总结矿压显现规律，为实现顶板灾害预警、优化采区设计和支护设备选型配套方案提供依据。

本节介绍开采分院开发的KJ21顶板动态监测系统、KJ21(B)顶板动态无线监测系统技术特点和性能参数；重庆研究院开发的KJ693顶板动态无线监测系统技术特点和性能参数；常州研究院开发的KJ765矿用顶板压力监测系统技术特点和性能参数。

20.1.1 KJ21 顶板监测系统

1. 系统特点

1）智能型传感器采样模式

开采分院提出了“智能型采样模式”，最短采样时间达秒极，能够将支架降、移、升全过程及顶板来压产生的瞬间动载准确记录。智能采样模式监测数据和曲线如图 20.1 所示。

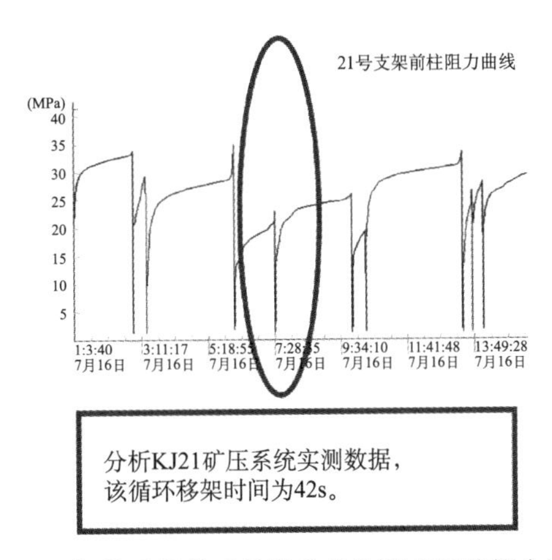

图 20.1 智能采样模式能够准确监测支架移架全过程

2）研制了抗干扰能力强且电池持续供电时间长的系列无线监测设备

基于 460MHz 无线射频技术、微功耗设计及大容量电池供电技术，开发了系列无线监测设备，实现了井下回采工作面稳定传输距离达 30m，回采顺槽和掘进工作面稳定传输距离达 100m，单块电池持续供电时间达 180d。

开发了自组织路由协议，传输网络中任意一台设备故障，可自由选择传输路径，大大提高了无线传输的可靠性和稳定性。

3）两级数据存储可确保监测数据的完整性、及时性

系统传感器内部拥有闪存，线路发生故障后，闪存内可存储 7~15d 的监测数据，当系统恢复时，自动上传闪存内的监测数据；系统分站拥有 U 盘存储功能，系统线路故障后，U 盘能够存储至少 1 个月的数据，当系统恢复时，系统既可以自动上传分站内的 U 盘数据，也可以通过人工将 U 盘数据拷贝到数据库。

4）开发了矿压数据自动分析模型可实现报表及报告的自动分析

根据支架移架过程中的阻力变化特征，研发了初撑力及循环末阻力自动分析模型，根据安全阀开启时的“锯齿”形曲线特性，开发了初撑力、安全阀开启率以及周期来压步距自动分析模型，分析界面如图 20.2～图20.4 所示。为显著提高矿压数据分析准确性和分析效率，开发了报表及报告的自动分析功能。

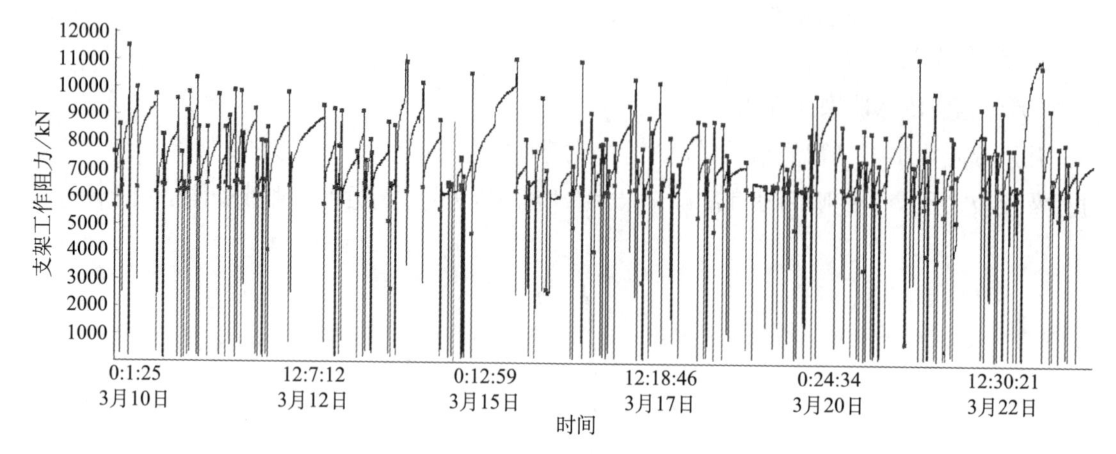

图 20.2 支架初撑力和循环末阻力自动分析结果

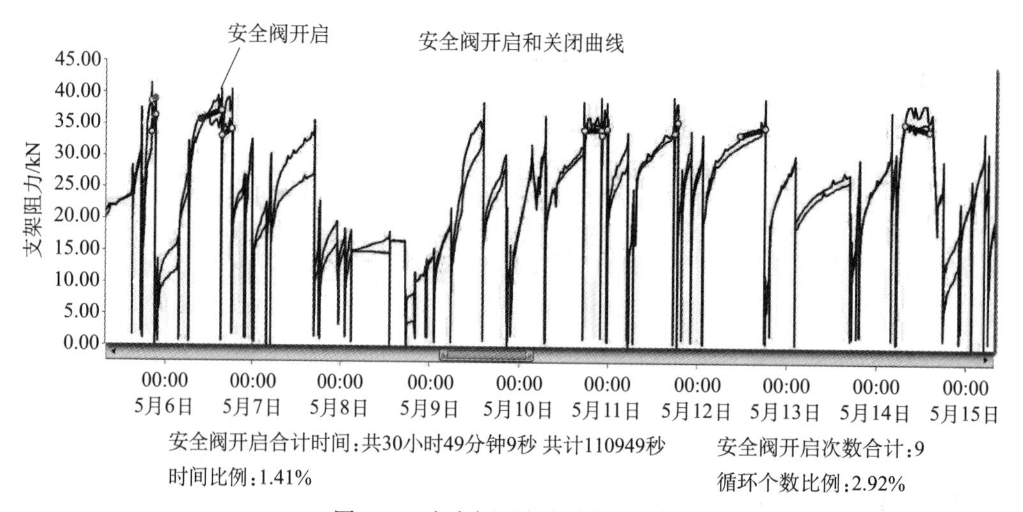

图 20.3 安全阀开启自动分析结果

5）基于 B/S 架构开发了顶板动态监测平台，实现了井下环网，地面局域网以及远程因特网的“三网”无缝对接，多工作面、多矿井的联合监测。

系统软件基于 B/S 架构，模块化开发理念，客户端无需安装复杂的监测软件，通过 IE 浏览器即可实时查看井下顶板安全状态；开发了信号转换器，实现了 CAN 总线信号通过 RS485 或者 RJ45 方式与以太环网的无缝对接；开发了数据采集与远程传输协议，实现了多矿井、多工作面的远程实时监测，显著提高了顶板监测水平。

2. KJ21 顶板监测系统结构

开采分院开发的 KJ21 顶板监测系统实现了井下支架工作阻力、立柱下缩量、巷道变形量和离层量、锚杆工作阻力等参数的实时稳定监测。各传感器和分站之间采用 CAN 总线传

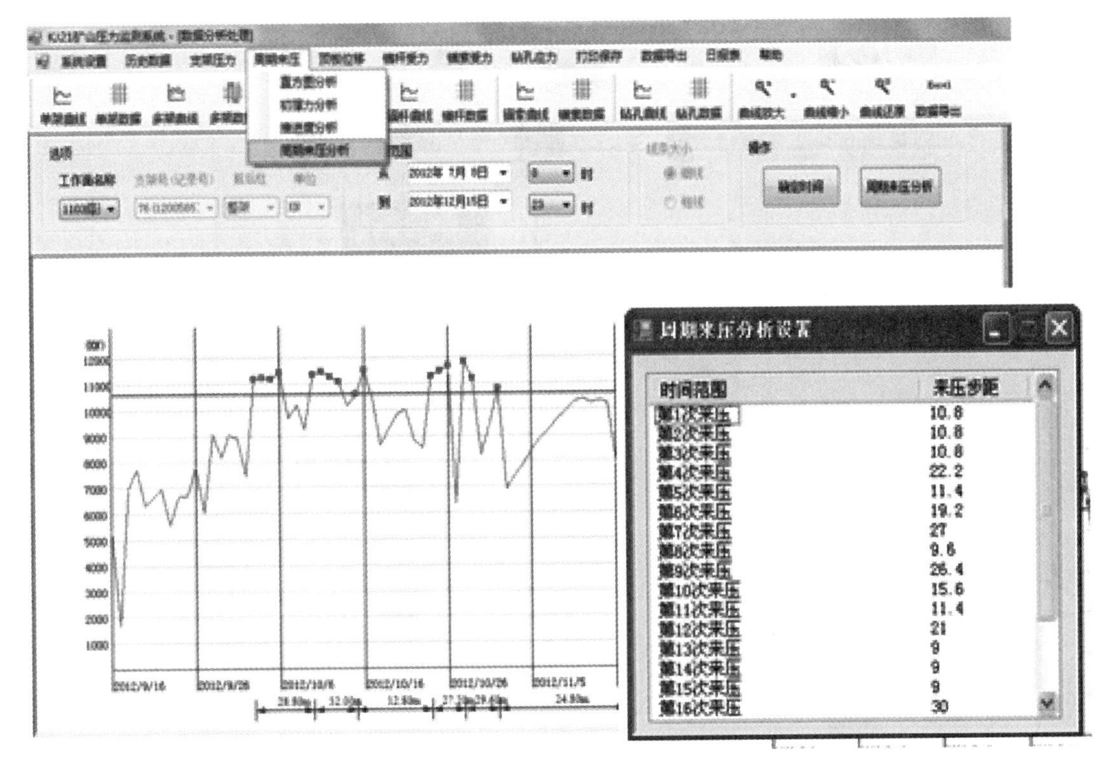

图 20.4　周期来压步距自动分析

输方式，分站至地面采用电话线、矿用电缆、矿用光缆和环网等多种传输方式。为了解决采煤工作面和顺槽线路维护难度大的问题，基于 460MHZ 无线传输技术开发了 KJ21(B) 顶板无线监测系统，实现了井下各传感器和分站之间均采用纯电池供电、分站至地面采用有线传输。

KJ21 顶板监测系统的地面设备主要有监测主机和传输接口，井下设备主要有各传感器、监测分站和供电电源。为了解决 CAN 总线长距离传输时的信号衰减问题，研究了矿用本安型中继器，能够将井下传输距离延长至 10km 以上。为了解决 CAN 总线信号和光环网的对接问题，研发了矿用本安型信号转换器，将 CAN 总线信号转换为 RJ45 或者 RS485 等多种形式。

煤矿井下至地面的纯无线传输技术投入相对较大，在顶板监测系统中的应用较少。为了解决采煤工作面和回采顺槽环境恶劣、空间紧凑、线路维护工作量大的问题，采用无线与有线混合传输方式开发了 KJ21(B) 顶板无线监测系统，系统如图 20.5 所示。采煤工作面和回采顺槽采用纯无线技术，大容量电池供电，460MHz 无线射频传输，监测分站接收各传感器的无线信号并转换为 CAN 信号，在设备列车或者变电所内接入以太环网。实践证明，该传输方式能够有效解决了井下的频繁断线问题。

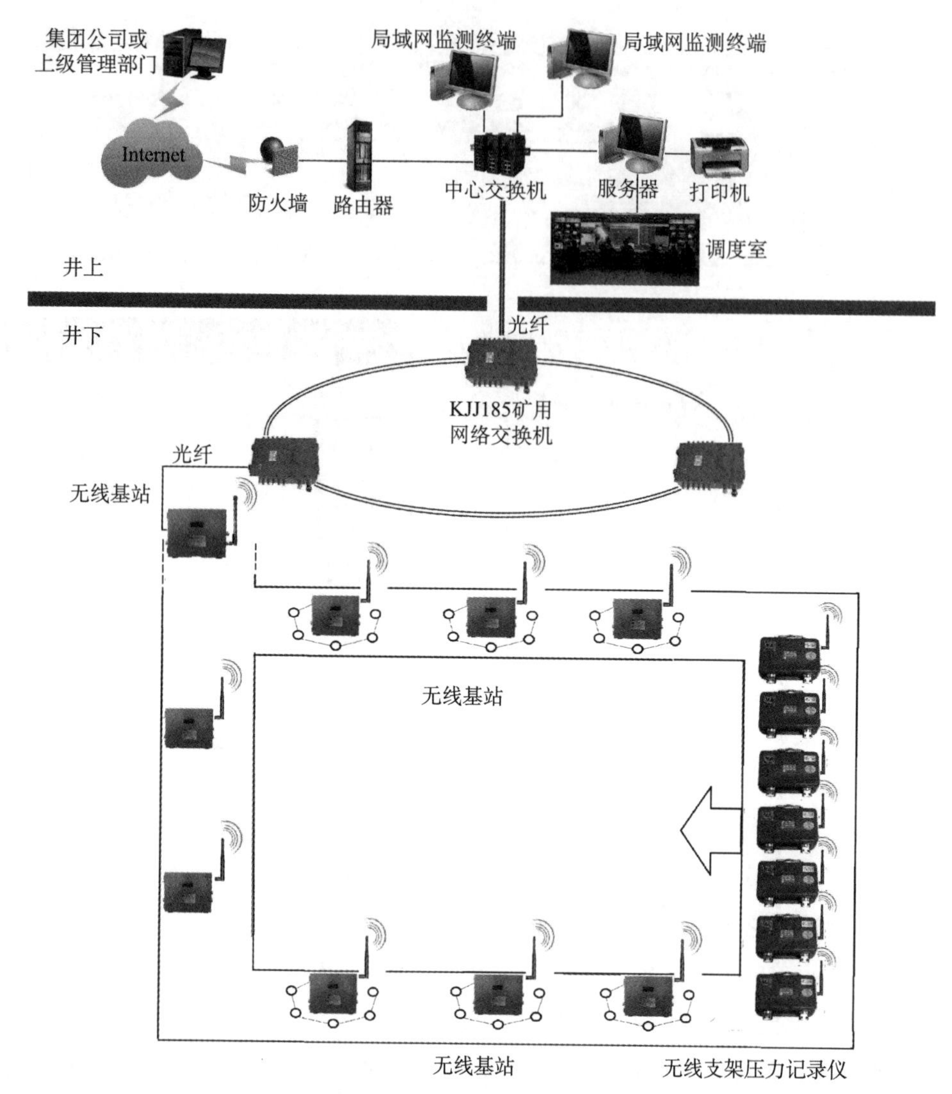

图 20.5　KJ21 顶板无线监测系统结构

3. 系统主要设备及参数

1）支架压力记录仪

支架压力记录仪通过测量液压支架立柱油腔内的油压，并通过计算后得到液压支架的工作阻力。传感器接口采用 KG 或 DN 两种标准插座形式，针对液压支架结构及其工作阻力变化特点，设计了设备的电路结构，如图 20.6 所示。

支架压力记录仪的控制电路主要把获得的电压信号转变为远程传输的 CAN 总线数字信号，同时在本地显示。

控制电路主要由单片机系统、信号处理部分、显示部分、CAN 总线收发部分、时钟及存储等部分组成，单片机内部集成了 CAN 总线控制器，用以把模拟信号转换为数字信号远程传输。由于液压支架工作阻力的变化反映的是工作面采煤循环支架降、移、升的全过程，

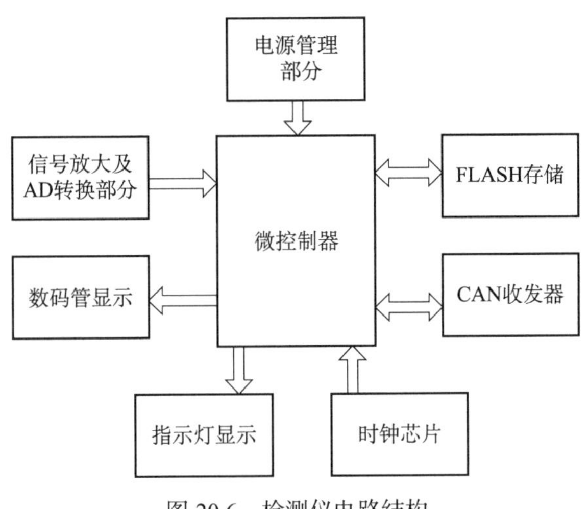

图 20.6　检测仪电路结构

顶板会出现瞬间动载，对采样频繁要求较高。开采研究分院开发了“智能型采样模式”。该模式通过设置一个压力阈值 P_0，这个阈值的选取与具体煤矿的工作面条件、支架参数相关，高速采样得到的压力 P 与前一压力值比较，变化量超过 P_0，则把这个压力值 P 记录下来并进行传输，如果数据不变化，则定时传输数据。实践表明，该采样模式能够监测到支架动作全过程及顶板动载，为深入实时预警和分析矿压显现规律奠定了基础，设备技术参数如下。

传感器容量：内置两台压力传感器

量程：0～60MPa

精度：不大于1.5%F・S

分辨率：0.01MPa

通信方式：CAN 总线

传输速率：1200～9600bps

通信距离：15km

2）活柱缩量检测仪

活柱缩量检测仪用于煤矿液压支架活柱缩量变化的连续监测，反映工作面采高及顶板下沉量，为分析顶板安全预警、支架适应性及矿压规律分析提供依据。采用本质安全电路，可用于井下含有瓦斯等爆炸性气体的危险场所。产品主要特点：采用高精度的拉线位移检测仪，具有测量支架缩量、数码显示等功能。检测仪电路结构如图 20.7 所示。

检测仪由强力磁性吸盘、壳体、电路板和拉绳位移检测仪组成。拉绳位移检测仪固定于壳体内部。测绳利用张紧力为常数的张紧弹簧，准确地缠绕在单层超轻绳索绞盘上；由此将直线运动转化为旋转运动，传感元件输出电信号。

检测仪安装完成后，测绳在张紧弹簧的拉伸下始终处于绷紧状态。随着液压支柱的伸缩而测绳产生长度变化（长度变化量与伸缩量相等），最终通过传感元件旋转而转化为电压变化，实现伸缩量的精确测量。通过 CAN 信号可实现与传输接口通信。

考虑安装和使用方便，监测数据准确，精心设计了活柱缩量检测仪的特殊安装方法：

（1）将检测仪的强力磁性吸盘向上，吸附安装于顶梁上。

（2）将拉绳出口处的钢丝绳与活柱底板处喉箍连接，尽量保持检测仪拉绳垂直于活柱，以保证测量的准确性。

（3）确保支架升架完成后，调整钢丝绳出线长度，保持拉绳尺的有效长度伸出 400～500mm（从拉绳出口线卡算，总有效量程为 1000mm），锁紧拉绳出口吸盘处的紧固螺钉，将多余拉绳线截断或者用扎带重新扎紧。

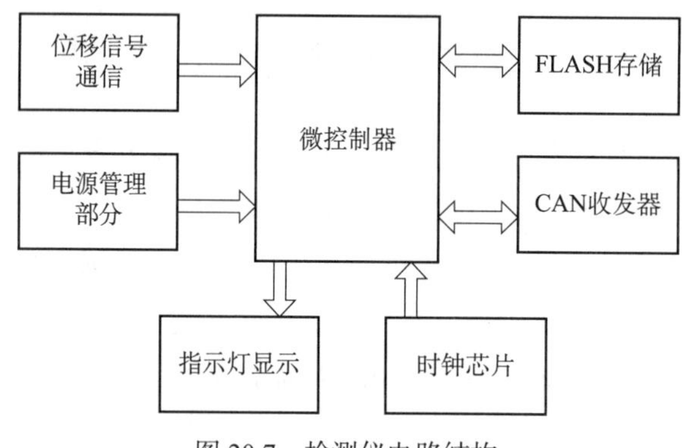

图 20.7　检测仪电路结构

设备技术参数如下。

（1）供电电压：DC12V。

（2）工作电流：不大于40mA。

（3）通信方式：CAN 总线。

（4）测量量程：0～2000mm。

（5）测量精度：±2mm。

（6）分辨率：1mm。

3）钻孔应力计

钻孔应力计用来测量回采工作面前方煤岩体的应力变化。其结构如图 20.8 所示，煤、岩体钻孔内应力通过包裹体传递到充液膨胀起来的压力枕，被转变为液体压力，经导压管再传递到应变计，转换成电信号后输出。钻孔应力计使用前需要向煤体里打孔，为了能够使压力枕与煤壁紧密接触，开发了充油膨胀的结构。

设备技术参数如下。

（1）一孔内测点数量：1 个。

（2）通信方式：CAN 总线。

（3）测量精度：2%F · S。

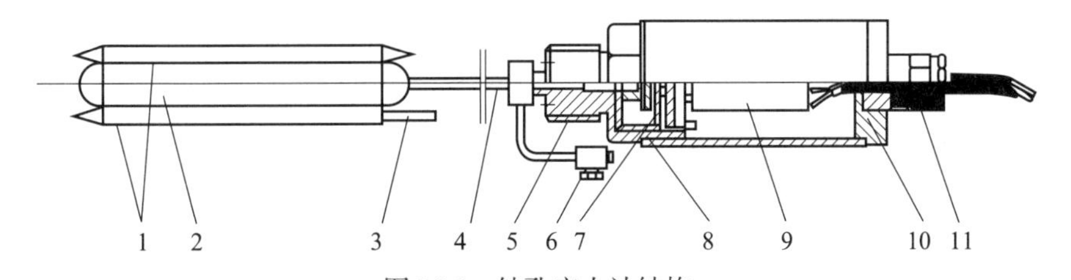

图 20.8　钻孔应力计结构

1. 包裹体；2. 压力枕；3. 安装插头；4. 导压管；5. 连接头；6. 注油嘴；7. 应变计；8. 密封圈；9. 控制电路板；10. 变送器腔体；11. 出线口

（4）至分站传输距离不大于100m。

（5）量程：0～30MPa。

（6）钻孔直径：ϕ48～50mm。

4）钻孔多点应力计

为了提高钻孔利用效率、尽可能多地监测煤体内的采动应力变化情况，研制了一孔多点应力计，即一个深孔内可同时监测两个以上测点的应力，最多可测 3 点。

针对煤岩层深部应力监测的钻孔深、应力大、安装困难、数据采集难度大等实际情况，经过长时间的调研、分析，最终确定了基于液压探测原理，由液压油缸、柱塞、压力传感器、单向阀、输油管组成的一孔多点应力计的设计方案，如图 20.9 所示。

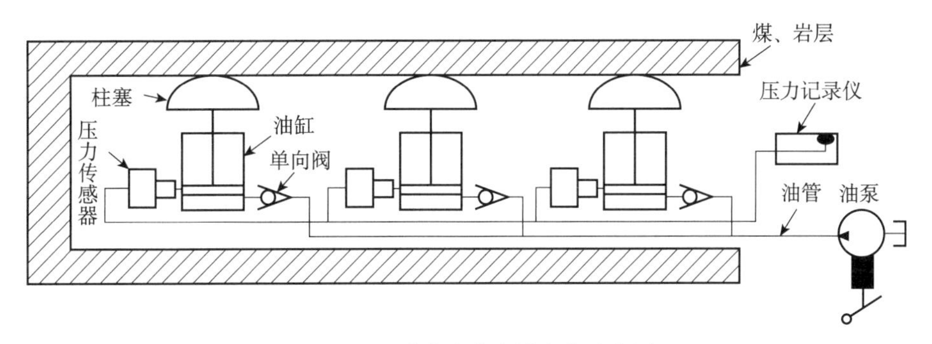

图 20.9　一孔多点应力计安装示意图

柱塞是一孔多点应力计的承力机构，它的上表面被设计成圆弧状，目的是使其与钻孔孔壁良好接触，柱塞的投影面积为 40mm(长)×30mm（宽），既能真实有效承压，又能减小孔壁侧向应力的挤压所带来的误差。柱塞置于液压油缸中，煤层应力通过柱塞挤压油缸中的机油转换为油压，液压油缸两侧分别连接有单向阀和压力传感器。各采动应力传感器之间通过输油管相互连接。输油管在一孔多点应力计安装时还起到安装定位杆的作用。

正常工作时，液压油缸竖向放置，煤层应力挤压柱塞转换成油压，在液压油缸的下端一侧连接的压力传感器测量到压力信号并将其转换为电信号传输；在液压油缸的下端另一侧连接有向液压油缸内输油的单向阀，该单向阀与输油管连接。安装时，通过推动输油管使一孔多点应力计达到预定位置，然后用手动油泵往输油管中注油使每个压力油缸中柱塞升起至与钻孔顶壁接触良好后停止注油，单向阀芯在弹簧的作用下自动锁死，应力计开始正常工作，实现同时在一个钻孔内多点测量位置安装并测量。

设备技术参数如下。

（1）一孔内测点数量：2～3个。

（2）通信方式：CAN总线。

（3）测量精度：2%F·S。

（4）至分站传输距离不大于100m。

（5）量程：0～30MPa。

（6）钻孔直径：ϕ48～50mm。

5）锚杆（索）测力计

为了监测锚杆及锚索预紧力和工作阻力，评价巷道施工质量和支护效果，开发了锚杆（索）测力计。传感器采用饼状外形，锚杆或锚索（单束）的轴向张拉力通过锚具作用于压力枕刚性外传力板上，进而转变为压力枕的液体压力。该压力经应变计被转换为电信号，经处理后，换算被测锚杆或锚索张拉力值。锚杆测力计由传力板、压力枕、导压管、应变计和电缆等组成，如图20.10所示。

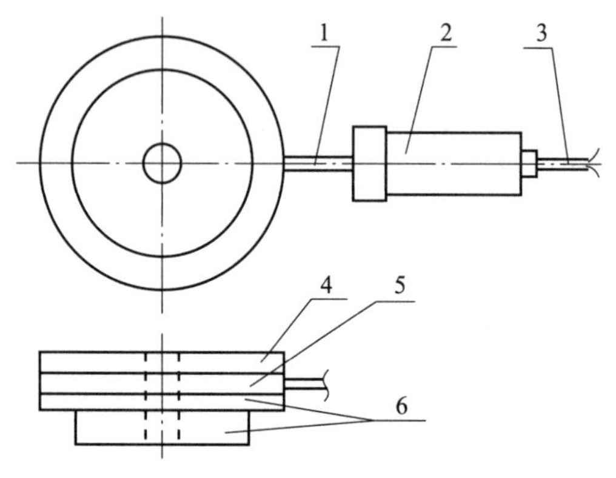

图20.10　锚索测力计
1. 导压管；2. 应变计；3. 电缆；4. 内传力板；5. 导力板；6. 外传力板

技术参数如下。

（1）通信方式：CAN总线。

（2）量程：0～100kN。

（3）至分站传输距离不大于100m。

（4）测量精度：±1kN。

（5）分辨率：0.1kN。

6）围岩移动传感器

该传感器用于测量顶板围岩变形量和离层量，如图20.11所示。为了达到能在同一钻孔内同时测量两路位移的要求，将两路传感元件集成在一个壳体内，采用特制的高精度多圈线绕电位器，电位器竖立放置，并在电位器转轴上固定有传感元件转轮，连接爪锚的钢丝绳在传感元件转轮上缠绕一圈后，固定在壳体内的绕线转轮上，绕线转轮是具有回缩功能的绕线装置，其功能是保证钢丝绳始终绷紧并预留超过围岩移动传感器量程的富余钢丝绳，保证仪器正常测量需要。

围岩移动传感器电路系统如图20.12所示。基本顶或直接顶的下沉导致钻孔内爪锚也一起移动，钢丝绳的拉长导致传感元件阻值发生变化，传感元件输入端为一恒压源，输出端的电压与钢丝绳的拉长长度呈线性关系，通过检测电压的变化即可测量出位移的变化值。

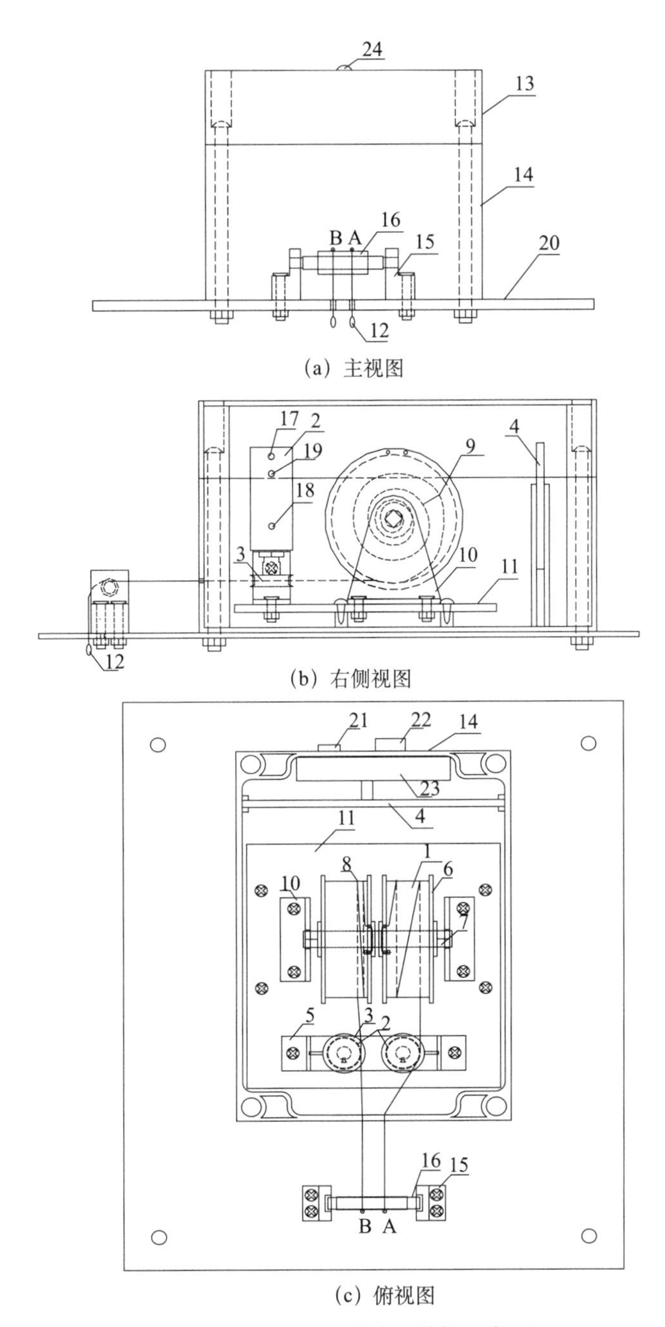

图 20.11 围岩移动传感器结构示意图

1. 绕线转轮；2. 位移传感元件；3. 传感元件转轮；4. 测量电路板；5. 传感元件固定条；6. 轮壳；7. 转轴；8. 钢丝绳；9. 发条弹簧；10. 固定螺钉；11. 电木板；12. 钢丝绳固定夹；13. 上壳体；14. 下壳体；15. 导引轴固定件；16. 导引轴；17～19. 电位器接线端子；20. 外固定板；21，22. 护口；23. 显示模块；24. 钢丝绳出口

两路测量电压经过低通滤波电路滤除高频信号，然后经由 A/D 转换器转换成数字信号。经单片机内部程序计算出位移值数据，同时单片机读取电路板上时钟芯片内的实时时间，连同位移数据一起打包并存储在电路板上的存储芯片中，通过监测分站进行数据记录和传输。

设备技术参数如下。

（1）供电电压：DC12V。

（2）工作电流：不大于40mA。

（3）通信方式：CAN 总线。

（4）测量量程：0～300mm。

（5）测量精度：±2mm。

（6）分辨率：1mm。

（7）外形尺寸(长 × 宽 × 高)：240m ×200mm×354mm。

（8）质量：约 1.5kg。

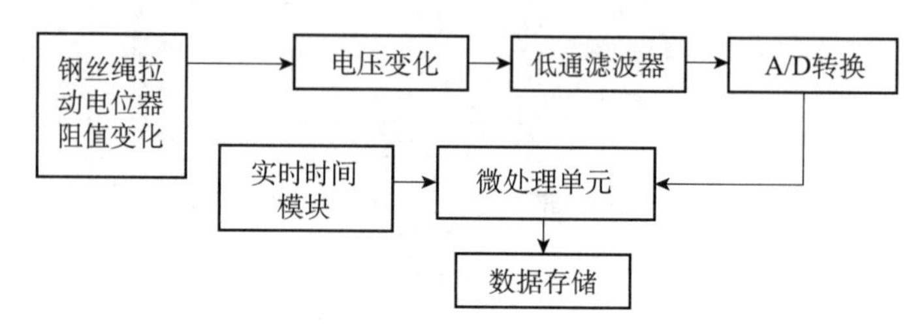

图 20.12　围岩移动传感器检测系统

20.1.2　KJ693 顶板动态无线监测系统

重庆研究院开发的 KJ693 顶板动态无线监测系统，集数据监测、通信及分析等技术于一体，实现了液压支架循环工作阻力、顶板周期来压以及巷道围岩变形的实进稳定监测和预警。系统由数据采集主机、传输平台、监测分站、中心站在线监测软件、在线数据分析软件、各种传感器和其他必要设备组成。

系统硬件设计如图 20.13 所示。该电路设计侧重点为低功耗和工作可靠性。电路具有电磁兼容性能保护设计；MCU 对各硬件功能模块进行统一供电管理，并具有超低功耗休眠机制，保证设备的电池工作寿命；通信采用无线 2.4GHZ 的 6LOWPAN 低功耗无线自组网技术；MCU 采用集成度高的 PIC24FV32KA 单片机，具有内置 12 位 AD、片内 EEPROM 等；采用动态刷新数码显示，降低电路功耗。

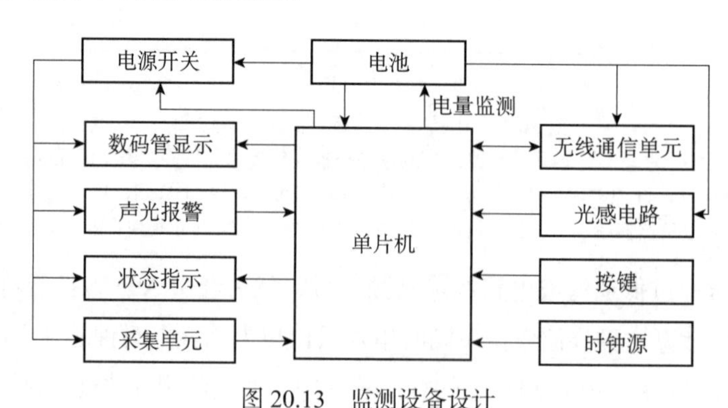

图 20.13　监测设备设计

1. 采煤工作面数据分析

系统软件中的采煤工作面数据分析模块主要有四个步骤：一是解析支架动作与监测数据对应关系；二是建立工作循环精确识别模型；三是分析周期来压在工作面倾向表现出的时间不同步性和重叠性；四是区域周期来压多支架辅助分析。软件结构如图 20.14 所示。详细功能如下：

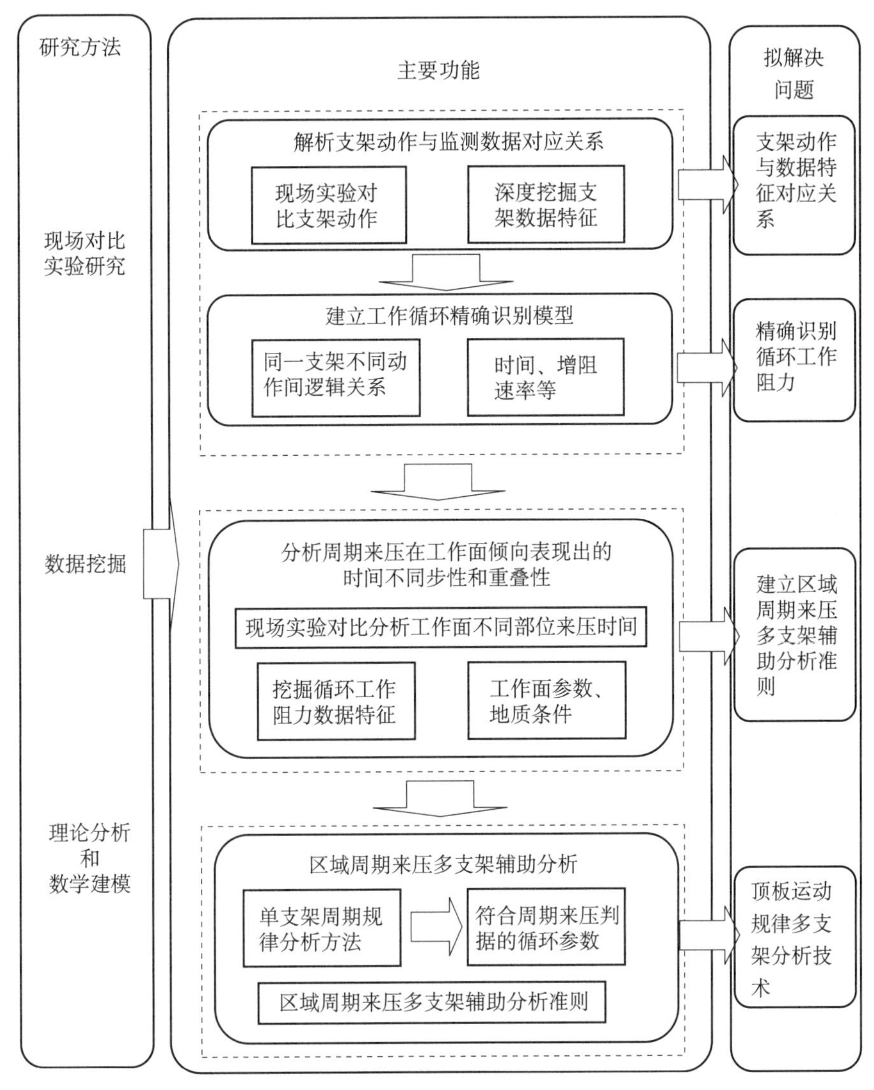

图 20.14　综采工作面数据处理与分析算法设计

1）解析支架动作与监测数据对应关系

对所有监测支架动作及时间进行记录，然后深度挖掘液压支架立柱和推移千斤顶的数据，分析液压支架移架、调整、补压、二次移架、检修等动作对应的立柱与千斤顶数据变化特征，详细解析不同支架动作对应的承压阶段在增阻速率和持续时间等方面的区别，以及与监测数据的对应关系。

2）建立工作循环精确识别模型

在支架动作与数据特征对应关系基础上，结合同一支架不同动作间逻辑关系、时间、增阻速率等参数，建立工作循环精确识别模型，并分析模型定解条件和求解思路。

3）分析周期来压在工作面倾向表现出的时间不同步性和重叠性

跟踪工作面推采，详细记录工作面不同部位来压时间，通过挖掘监测数据和循环特征数据，结合工作面参数和地质条件，分析在顶板条件相近区域内有多少支架、先后有多长时间受顶板周期来压影响，建立区域周期来压多支架辅助分析准则。

4）区域周期来压多支架辅助分析

本区域内所有通过单支架规律分析方法得出的符合周期来压判据的循环参数，全部导入区域周期来压多支架辅助分析准则，判断本区域内此次顶板活动是否为周期来压。

2. 回采顺槽数据分析

系统软件中的回采顺槽数据分析主要分为三个步骤，首先是对数据进行预处理，然后对有效数据进行再处理，最后经过综合分析得到结论。软件结构如图 20.15 所示。详细功能如下：

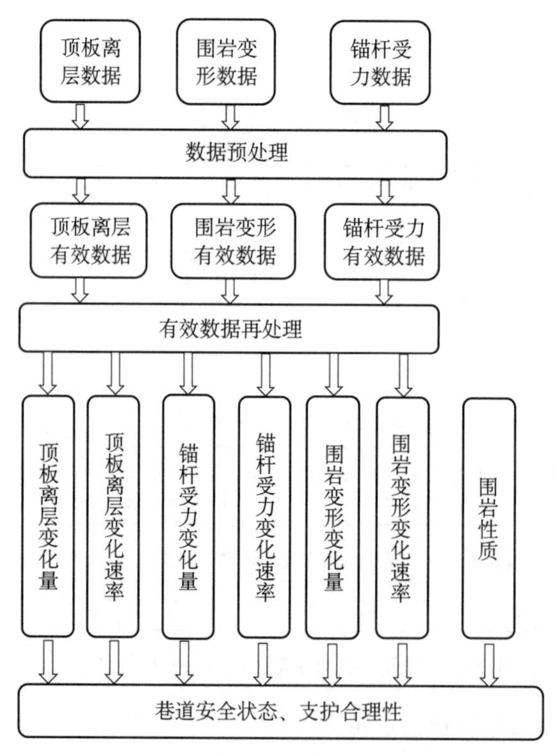

图 20.15　巷道监测数据处理与分析算法设计

1）监测数据预处理

通过对采集的原始数据进行预处理，消除数据中的语义重复、语义矛盾、异常数据，剔除发现的精度不可靠数据，消除噪声数据，提高监测数据的真实性和完整性。

2）有效数据再处理

分别计算顶板离层、锚杆受力、围岩变形等数据的变化量和变化速率。

3）结论分析

综合顶板离层、锚杆受力、围岩变形等数据的变化量和变化速率分析结果，结合围岩性质对巷道所处的安全状态及支护参数合理性进行分析。

20.1.3　KJ765 矿用顶板压力监测系统

常州研究院基于无线传输技术和 RS485 技术，开发了 KJ765 矿用顶板压力监测系统。利用激光测距传感器、围岩应力传感器、顶板位移传感器、锚杆应力传感器分别监测巷道表面位移、顶底板移近量、深部应力、顶板离层和锚杆索载荷；在工作面布置支架压力传感器，监测工作面推进过程中支架压力，研究覆岩沿纵向和横向的发展规律，估算工作面直接顶和老顶范围，以及直接顶和老顶的来压步距。

1. 433M 自组网传输技术

传感器之间采用 433MHz 无线信号传输数据，在回采工作面可以覆盖 60m，巷道中可以覆盖 60～200m 的范围。在此范围内有 2～4 个传感器节点。整个系统传感器级均采用 OLDM（针对移动自组网设计的一种路由协议，适用于移动速度、拓扑结构变化很快的无线网络）无线网络技术进行无线组网通信。各无线传感器节点监测相应的数据信息，然后根据最优路由协议将数据传送给网络内的本安型无线分站。各无线节点之间可以自由通信，当网络内部某个无线节点出现故障时，其他节点可以进行网络自组织，选择另外的传输链路，进而实现网络通讯的可靠性。

2. RS485 传输技术

技术成熟可靠，适用于地质条件复杂、监测地点分散的环境。

3. 矿用本安型锚杆（索）应力传感器

该传感器用于煤矿巷道顶板及两帮锚杆或锚索受力监测，也可以用于岩土工程锚杆、锚索应力监测。产品采用本质安全电路，可用于井下含有瓦斯等爆炸性气体的危险场所。

特点：具有灯照唤醒功能，免去人工按键唤醒的烦琐。采用了高精度应变测量技术，具有测量应力和有线数据通信、无线数据通信等功能。

4. 矿用本安型围岩应力传感器

该传感器主要用于煤矿井下煤层或测量岩层应力，例如工作面前方煤层超前支撑应力，预留煤柱的支撑应力等。是测量因采动影响煤层或岩层内部应力场的变化，研究回采工作面动压作用规律的重要手段之一，可用于回采工作面冲击地压初期预测和趋势分析。

特点：具有灯照唤醒功能，免去人工按键唤醒的烦琐。采用了高精度应变测量技术，具有测量应力和有线数据通信、无线数据通信等功能。

5. 矿用本安型支架压力传感器

研究矿井液压支护装备的液压压强、工作面内支架的工作阻力变化规律，可为评价支架支护效果、支架对该类顶板的适应性以及顶板来压规律提供依据。

特点：具有LCD液晶显示器，能显示更多数据，画面优质。支持在线阻力分析，三路实时压力在线显示，初撑力、末阻力在线显示。而目前市场上的LED数码管显示方式，功能单一。

6. 顶板位移传感器

该传感器主要用于煤矿巷道顶板及围岩深部松动和离层监测，也可以用于其他相似结构的涵洞、人防工程顶板垮落危险监测。

特点：机械部分和电气部分有快速接插方式安装，方便对电气部分进行维护，电气部分可以多次回收使用，降低配件成本。有声光报警功能。

7. 矿用本安型激光测距传感器

本产品由激光测距传感器和变送器组成，具有单路和双路测量传感探头，可以满足不同工况场所的需要。传感器采用激光测距技术，测量巷道顶底板相对位移或巷道两帮变形量，激光测距模块通过可见红色激光照向物体，然后反射回接收器，测量距离通过计算处理后转换为数字信号传送给变送器，并由变送器转换为无线通信信号，最后与上级分站通信。

特点：传感部分和电气部分分离，方便对电气部分进行维护，电气部分和传感部分可以多次回收使用，降低配件成本。

20.1.4 应用实例

开采分院开发的KJ21顶板动态监测系统及KJ21（B）顶板动态无线监测系统，已累计销售300余套，市场范围覆盖了神华集团、潞安集团、晋城煤业集团、山西焦煤集团、同煤集团、中煤平朔集团、开滦集团、伊泰集团等国内大型煤炭集团。

自2009年开始，KJ21顶板监测系统在皖北煤电集团投入使用，实现了采煤工作面液压支架工作阻力的实时监测。2012年在皖北煤电集团公司建立了数字化远程顶板监控平台，成功将该集团下属将7个综采矿井、12个回采工作面及顺槽的矿压数据实时、可靠传输至集团数据中心，不仅调度室大屏幕统一显示顶板监测预警结果，而且集团局域网内任一用户通过IE浏览器都可实时查看各采掘工作面的顶板安全情况。制定了《皖北煤电集团数字化远程顶板监控平台管理制度》，保证了平台的长期、稳定运行。

常州研究院开发的KJ765矿用顶板压力监测系统，在青海中奥能源江仓一矿、榆林神华能源有限责任公司郭家湾煤矿分公司和青龙寺煤矿分公司、神华新疆能源有限责任公司碱沟煤矿和屯宝煤矿、兖矿集团东滩煤矿等广泛应用。重庆研究院开发的KJ693顶板动态监测系统应用也十分广泛。

20.2 回采工作面顶板灾害预警技术

顶板灾害预警是在认清灾害发生机理和致灾因素的基础上，依据顶板灾害预警准则，通过实时、准确分析预警指标变化特征，及时发出预警信号。顶板灾害预警有利于将顶板安全隐患消灭在萌芽状态，保证顶板安全，是顶板监测的主要目标之一。

本节介绍了开采分院开发的顶板灾害预警平台技术特点和功能，实现了多矿井、多个采煤工作面的联合监测和预警，在中煤平朔、陕西崔木煤矿使用，预警准确率高，取得了良好的效果。

20.2.1 回采工作面顶板预警指标

通过研究伊泰酸刺沟矿、华能扎赉诺尔煤业公司铁北矿、霍州煤电干河矿、同煤塔山矿等矿近年来发生的顶板压架事故实例，提出了以下10个采煤工作面顶板灾害预警指标：初撑力合格率、最大工作阻力、安全阀开启率、顶板来压步距、支架不平衡率、支架不保压率、增阻率、顶板循环下沉量、支架倾角以及地质构造等异常区域。

1. *初撑力*

支柱通过顶梁而给予顶板的主动支撑力称为初撑力。较大的初撑力有三个方面的作用，一是能使支架较快达到工作阻力，减小顶板初期下沉量，防止顶板早期离层破碎；二是提高基本顶铰接岩块的水平作用力和摩擦力，有利于基本顶形成暂时稳定的铰接结构，减少上覆岩层变形压力对支架载荷的影响。三是有利于支架提供足够的切顶力，促使顶板在移架后及时破断。初撑力水平低，易导致工作面发生压架、漏冒或推垮事故，扎赉诺尔煤业公司铁北矿右三片工作面即是由于液压系统可靠性差，初撑力水平低导致频繁压架事故。

2. *支架最大工作阻力*

不仅是分析工作面动载系数的关键指标，也是衡量支架额定工作阻力是否合理的重要依据之一。工作阻力越大，说明顶板破断时对支架造成的动载越大，要求支架具有较高的支护强度和让压性能。不合理的支架工作阻力易导致支架关键元部件损坏或者压死支架，甚至酿成顶板事故。

3. *支架安全阀*

安全阀有两个作用，一是卸荷作用，当工作面顶板压力超过支架额定工作阻力时，安全阀自动打开卸载，以保护液压支架不被压坏。安全阀的流量应与顶板的来压强度及立柱缸径相适应，如果安全阀的公称流量选择过小，顶板来压时支架的卸压速度达不到要求，液压支架也可能被压坏。二是卸荷后及时支撑，当顶板压力小于额定工作阻力时，安全阀关闭，以保持足够的支护力。安全阀开启率高反映支架对顶板载荷无法满足顶板来压的需要，易发生压架或者切顶事故。

4. 顶板来压步距

顶板来压步距是反映工作面矿压显现强烈程度的重要指标，工作面来压步距越长，采空区悬顶面积越大，大面积垮落时造成的危害越大。工作面来压步距长易造成压垮型事故。

5. 支架不保压

液压支架起着支撑顶板、维护作业空间安全的关键作用。支架工作性能能否充分发挥直接决定回采工作面的顶板是否安全。支架不保压，即支架的末阻力小于初撑力，表明支架工作阻力在采煤循环过程中呈下降趋势，顶板来压时不能有效发挥支撑顶板的作用，大面积支架产生不保压工况，极易造成工作面发生切顶或压架事故。

6. 支架不平衡

支架不平衡指支架左（前）右（后）立柱受力不均匀，支架受偏载易损坏关键结构件，大范围支架处于不平衡状态时极易导致切顶压架事故。酸刺沟煤矿发生大范围压架事故的 $6_{上}$105-2 工作面监测结果表明，事故发生时前柱受力为后柱受力的 2.18 倍。

7. 增阻率

增阻率为支架循环末阻力与初撑力的差值，增阻率不仅反映支架载荷增长程度，还反映支架与围岩的相互作用关系。如图 20.16 所示，研究表明，顶板下沉量与增阻率成正比，与底板－支架－顶板串联刚度成反比，增大初撑力可压缩底板浮煤和顶板破碎层，增加底板－支架－顶板串联刚度，增阻率分布在低的范围可能性越大，超有利于顶板控制。

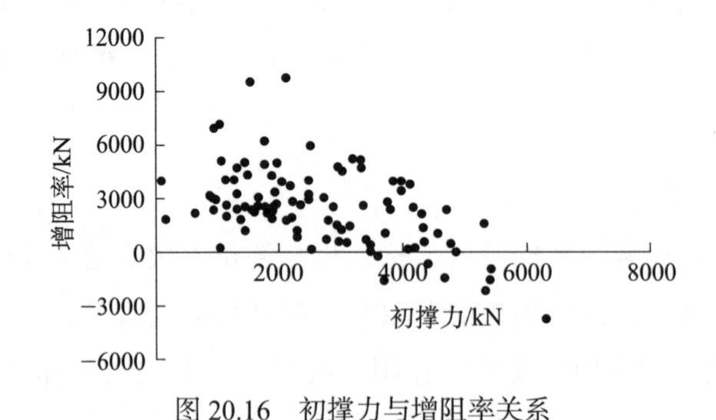

图 20.16　初撑力与增阻率关系

8. 顶板循环下沉量

在单个采煤循环过程中，液压支架从初撑力到循环末阻力期间的顶板下沉量，称为顶板循环下沉量，顶板循环下沉量增加表明上位直接顶或者基本顶产生变形或破坏，易导致顶板离层，增加工作面片帮和冒顶概率。随着采煤工作面的推进，顶板循环下沉量叠加后极易导致顶板灾害发生，因此，顶板下沉量是采煤工作面顶板控制的关键。

9. 支架姿态

支架姿态指的是支架沿采煤工作面走向或者倾斜方向的倾斜状态。液压支架在井下受顶板、底板、采空区矸石以及相邻支架等各种水平和垂直外力的作用，易产生倾倒和歪斜现象，尤其是当煤层有角度或者顶底板不平整时，受力状态更加复杂，倾倒和歪斜难以避免。支架倾倒和歪斜后不仅会降低围岩支护效果，还会导致支架相互咬合、前移困难，降低工作面推进速度，如果控制不好，易造成局部冒顶事故。

10. 应力和地质异常区域

上分层开采遗留煤柱等应力异常区域以及断层、陷落柱等地质异常区域是各类顶板事故易发区域，回采过程中应不仅对回采工作面已探明异常区域的矿压显现情况进行实时预警，避免顶板来压与异常区域叠加导致顶板事故，还要随着工作面推进及时超前探测，及时预警。

20.2.2 预警平台结构及功能

预警平台架构总体分为四个层次，如图 20.17 和图 20.18 所示。一是矿压数据采集层，二是矿压数据存储与管理，三是矿压数据应用层，四是数据展示层。

1. 矿压数据采集层

在煤矿调度室布置 1 台服务器，实现对矿压数据的连续实时采集。

2. 矿压数据存储与管理层

开发简洁、可靠、全面的数据库及列表，实时存储监测数据，实现数据同步、数据备份管理、数据整合等功能，同时为上层数据应用层统一数据访问接口。

3. 矿压数据应用层

各类专用算法及预警模型，实现实时监控、数据分析、预警及预测预报功能，同时为上层的数据展示提供基础数据。

4. 矿压数据展示层

开发功能齐全、简洁大方的界面统一展示数据分析、诊断及预测结果，可进行历史曲线查询、综合信息查询、日报表打印等。

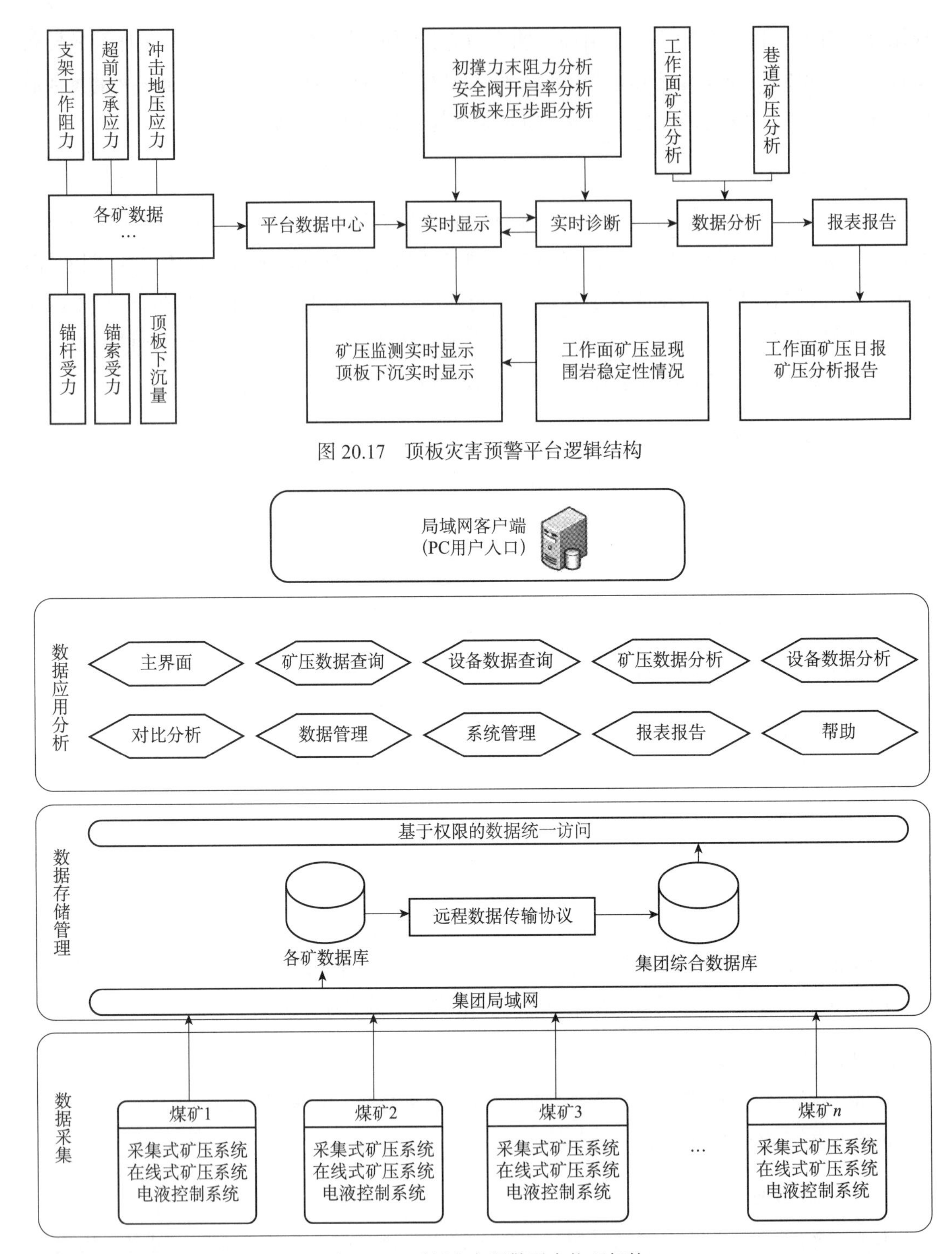

图 20.17　顶板灾害预警平台逻辑结构

图 20.18　顶板灾害预警平台物理架构

20.2.3　应用实例

开采分院开发的顶板灾害监测预警技术能够实时对液压支架初撑力、循环末阻力、安全阀开启率、支架不平衡率、不保压率以及来压步距进行实时预警，不仅在切顶压架事故防治、片帮冒顶防治以及顶板来压预警方面发挥了重要作用，而且在深孔爆破效果检验、加强顶板管理方面也得到了广泛的应用。在陕西崔木矿、伊泰酸刺沟矿以及华能扎赉诺尔等数十个切顶压架事故防治中，通过及时预警，及时采取让压和卸压措施，保证了工作面的安全开采。在淮南谢桥矿、晋城寺河等大采高工作面的片帮冒顶防治中，通过实时预警，及时补足初撑力，有效控制了煤壁片帮冒顶。通过在中煤平朔、鄂尔多斯准旗煤炭局建立顶板灾害预警平台，显著提高了顶板管理水平。

1. 在铁北煤矿综放工作面压架事故防治中的应用

铁北矿为华能扎赉诺尔煤业有限责任公司的主力生产矿井，新二采区右三片工作面开采Ⅱ2a煤层，平均厚度13.9m，埋深340m，采用综合机械化放顶煤开采，设计割煤高度3.2m，平均放煤高度5.5m，工作面走向长1680m，倾斜长度165.5m，煤层倾角4°～7°。直接顶为3.5～4.0m的劣煤与泥岩互层，较为稳定，基本顶为砂质泥岩和泥质砂岩互层，Ⅱ2a煤层顶板以上主要有4层砂岩含水层。

由于右三片综放工作面矿压显现强烈，频繁发生压架事故，没有加强顶板监测预警前，工作面最高月产仅21万t，长时间不能实现年产300万t的设计生产能力。通过采用KJ21顶板灾害监测预警平台，对液压支架初撑力、末阻力、安全阀开启、不保压率、不平衡率等实现24h不间断监测和预警，及时采取有效措施，保证支架处于良好的工作状态。通过一段时间的实践，工作面顺利达产，年产量由原来的不足250万t提高到350万t。采取的主要措施如下：

1）提高初撑力水平

通过加强移架工人培训，严格规范移架工操作，要求移架后必须稳定给液30s以上，给足支架初撑力。另外，通过更新泵站，保证乳化液配比，支架初撑力水平由原来的3287kN（占设计值的51%）提高至4818kN（占设计值的75%），支架上方顶板受力状态得到显著改善。

2）加强液压支架检修工作和放煤工艺管理

加强支架密封、管路和安全阀的检修工作，共更换约20个支架密封件，12个不合格安全阀，重新设定6个安全阀的开启值。随着放煤量的增加，来压时工作面局部区域出现了冲击载荷，但通过采取杜绝将顶煤放空、提高支架工况等措施，工作面能够顺利度过顶板来压期。

3）加强矿压数据分析，加快推进速度

通过对顶板来压和淋水量的实时监测，及时分析矿压和淋水量观测数据并预警，在顶板来压前通过减少放煤量，必要时降低采高，加快推进速度，保证工作面安全通过矿压显现强烈和涌水量大的地段。

2. 在中煤平朔集团加强顶板管理中的应用

2013年在中煤平朔集团有限公司建立了顶板监测平台，该集团下属的井工一矿、井工二矿、三矿、井东煤矿、北岭煤矿顶板监测系统数据通过互联网实时将数据上传至集团数据中心，如图 20.19、图20.20 所示，各煤矿通过 IE 浏览器实时查看采煤工作面和回采顺槽各测点的预警指标值，发现异常情况，系统自动发出报警信号，包括井下声光、地面监测主机声音和移动客户端短信报警，累计监测到多次初撑力不合格情况，通过加强支架工操作培训、延长供液时间，切实有效提高了初撑力，保证了工作面的安全生产。

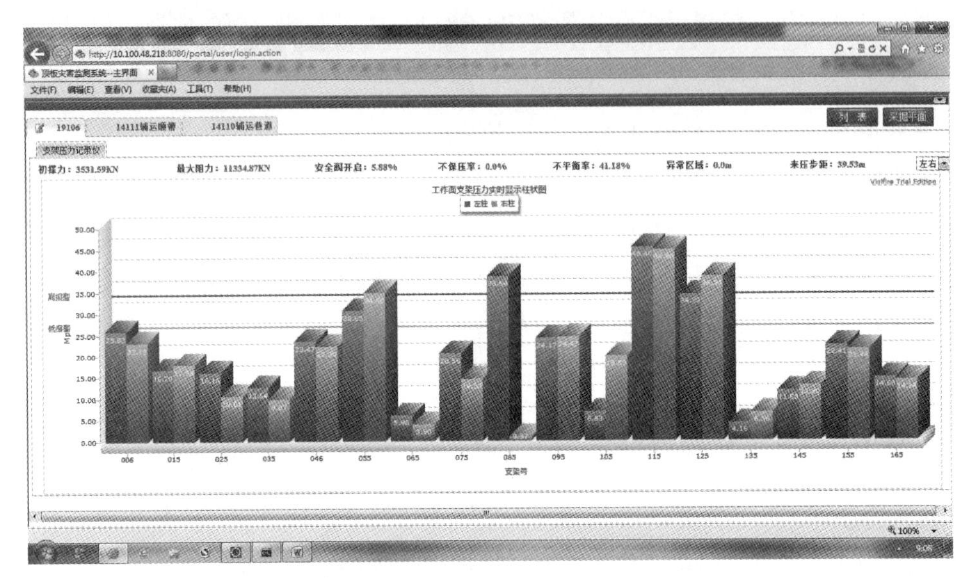

图 20.19 采煤工作面压力分布图

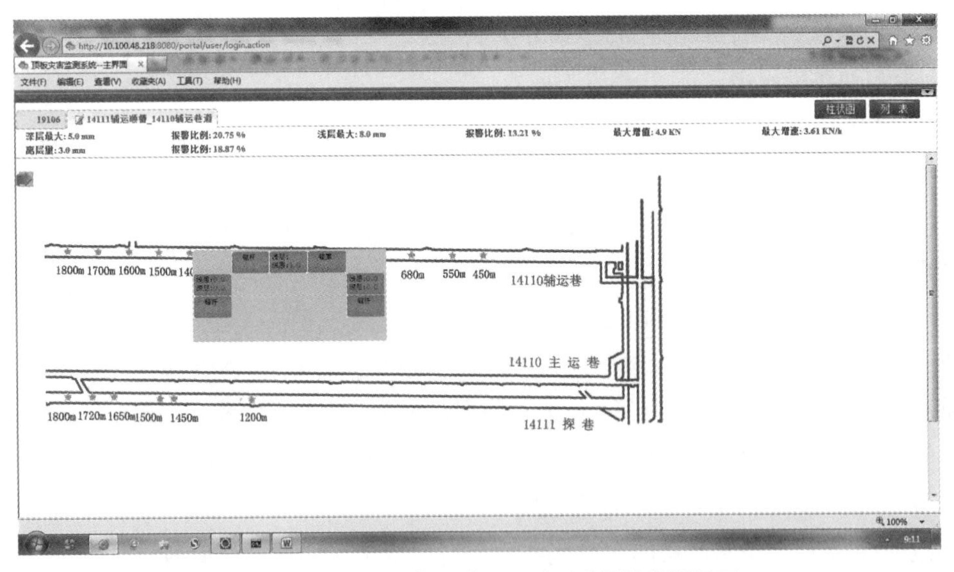

图 20.20 中煤平朔集团井工一矿回采顺槽监测界面

（本章主要执笔人：开采分院尹希文，付东波，卢振龙；
重庆研究院郭江涛；常州研究院屈世甲）

第六篇　煤矿粉尘防治技术

粉尘是煤矿的六大灾害之一。其危害主要表现为导致煤矿工人患尘肺病和引发煤尘爆炸，直接威胁着煤矿的安全生产和矿工的身心健康。煤矿开采过程中，采、掘工作面是煤矿粉尘危害最严重的作业场所，也是煤矿粉尘治理的关键和难点。不同开采工艺，作业场所的粉尘浓度及分布具有不同的特点，监测及防治技术也各有侧重。新中国成立以来，随着我国煤矿开采技术的发展，煤矿开采方法经历了炮采炮掘、综合机械化采掘、放顶煤综合机械化开采等阶段，煤炭开采过程中产尘强度随开采强度加大不断增大。到“十二五”期间，随着煤炭开采技术的发展，600万t大型和1000万t特大型煤矿数量逐渐增多，安全、高效成为矿井建设的主流方向，生产强度进一步提高，采掘工作面的粉尘危害也逐渐加大，成为煤矿最严重的灾害之一。20世纪六十年代以来，为了有效控制煤矿不同开采阶段的粉尘危害，以煤科总院重庆研究院为主，投入了大量的人力、物力和财力，在粉尘防治技术、粉尘监测技术，以及技术标准的研究等方面进行了卓有成效的工作，进入21世纪后煤科总院太原研究院、北京研究院、上海研究院以及高校院所也分别开展了煤矿粉尘防治技术研究。

20世纪50年代，我国煤矿生产技术以炮掘炮采为主。针对这一工艺的产尘特点，煤炭科学研究院抚顺研究所（后改称沈阳研究院）开展了水炮泥、短钻孔和长钻孔煤层注水防尘等工艺技术、矿（集）尘管测定粉尘浓度技术和撒布岩粉、黏尘法防止煤尘爆炸技术等方面的研究工作。60年代起，重庆研究院通过系统地研究了煤层注水防尘技术，形成了一套采煤面长钻孔、短钻孔、深孔煤层注水以及原始应力带长周期低流量（$2m^3/h$）的动静压注水技术及工艺，并与石炭井矿务局合作开展了采空区灌水湿润下部煤层减小粉尘产生量的试验研究。20世纪70年代初开始研制适合我国煤层埋深和井下条件的小型5D-2/150系列煤层注水泵，同时研发了压缩式、膨胀式自动封隔器和手动压缩式封孔器等封孔装置，以及高压水表、多钻孔同时注水用的分流器等注水配套装备，形成了注水工艺与注水装备配套的煤层注水成套技术。为了提高注水湿润煤体的效果，还研究了湿润剂等相关技术。

进入20世纪80年代，我国煤矿生产机械化程度逐年提高，采掘工作面的产尘强度也随之加大，粉尘危害日趋突出。针对机掘、机采工作面产尘特点，重庆研究院在掘进工作面防尘技术方面：研发了以kGC-1型为代表的湿式过滤式除尘器、混凝土喷射机除尘器、锚喷上料口除尘器和袋式除尘器。同时，研制了正压导风筒、负压导风筒、附壁风筒等通风设施。在此基础上，研究了长压短抽通风除尘技术、长抽通风除尘技术等多种掘进工作面通风除尘技术，使通风方式与除尘设备配套，形成有效的机掘工作面粉尘控制成套技术。并建立了矿用除尘器性能测试系统，为除尘器研发提供了试验手段。在回采工作面防尘技术方面：研发了采煤机含尘气流控制技术。采煤机高压喷雾降尘技术、液压支架移架自动喷雾技术、带式输送机自动喷雾技术等喷雾降尘技术。在注水方面研制出水泥砂浆泵，提高了注水孔封孔深度，使注水深度达到80～100m。为了提高喷雾降尘降低呼吸粉尘的效果，还开展了声波雾化技术、荷电喷雾降尘技术、高压喷雾降尘技术及喷嘴系列化的研究。

20世纪90年代，我国综采放顶煤技术进一步推广，生产强度进一步提高，巷道断面和供风量也不断增加，采掘工作面原始粉尘浓度达到1000～5000mg/m^3。针对综采面降柱移架的粉尘污染问题，研制出液压自动喷雾控制阀和液压支架自动喷雾降尘装置，利用联动阀实现了移架和放顶煤的自动喷雾降尘，同时采用隔尘帘控制放煤口风流，有效防止放煤时含尘气流向人行道扩散；通过提高喷雾压力（8MPa以上），进一步完善和提高了采煤机喷雾降尘技术，有效地控制采煤机割煤时产生的粉尘。在掘进方面，研制出袋式除尘器及其配套的抽出式对旋轴流通风机，研制的袋式除尘器滤袋具有抗静电阻燃性，确保煤矿井下安全运行，使掘进机司机处的呼吸性粉尘除尘效率达到92%；1999年，与波兰KOMAG采矿机械化中心合作，针对长压短抽通风除尘技术和工艺，开展了适合中国瓦斯矿井机掘面的高效湿式除尘技术的研究，研制出涡流控尘装置、旋流除尘器及其配套装备，涡流控尘装置在控尘作用的同时，有效地稀释煤巷综掘面顶部瓦斯，进一步扩大了长压短抽通风除尘技术应用范围。

进入21世纪以来，高瓦斯矿井粉尘污染问题日趋严重，采掘工作面的高速风流对粉尘治理技术提出了更高的要求。针对高瓦斯、大风量综放工作面，与阳煤集团一矿合作，首次研发出了采煤机尘源跟踪喷雾降尘系统，系统与采煤机喷雾控尘、降尘技术配合使用。通过掘进工作面“三压带”分段封孔注水技术的研究，开发了注水装置，针对瓦斯突出煤层不允许混合通风的综掘工作面，开发了泡沫除尘技术。针对锚喷支护过程中粉尘污染问题，研发出新一代喷射机上料除尘技术及配套设备，较好地解决了喷射机产尘危害问题。此外，太原研究院在2000年前后与德国合作开发了干式系列除尘设备和高效湿式除尘器；北京研究院研制了高压水射流除尘器，能适用于国内大多数煤矿掘进工作面。针对钻孔施工中的粉尘污染问题，研制出气动湿式孔口除尘器，利用压缩空气作为动力源，提高了在煤矿使用环境中的安全性。在个体防护方面，20世纪80年代研制出滤尘送风式防尘口罩，近年来随着新型滤料出现，研制出新一代滤尘送风式防尘口罩，对呼吸性粉尘的滤尘效率可达99.9%以上。“十二五”期间，大采高一次性采全高开采，生产强度进一步提高，采掘工作面的粉尘危害也更加严重，并逐步取代瓦斯成为煤矿最严重的灾害。针对一次采全高等高产尘强度煤矿的粉尘污染问题，首次提出了“先抑、后控、再降（除）”的粉尘治理思路。通过喷雾抑尘、含尘气流控制、浮游粉尘高效净化等技术途径，实现了采煤机逆风割煤时垮落冲击产尘的有效治理，进一步完善了采煤机含尘气流控制技术及装备，成功解决了采煤机含尘气流控制技术的现场工艺配套问题；针对降柱移架，创新性提出采用支架侧护板对喷喷雾加控尘帘，解决了支架降柱移架产尘大的问题。完善采煤机尘源跟踪喷雾降尘系统，实现了针对采煤机顺风、逆风割煤两种不同产尘工况设置不同的喷雾参数，并能将喷雾降尘、工作面环境参数（粉尘浓度、风速、温湿度、噪声等）及煤机运行工况监测等功能进行了集成，进一步提高了喷雾降尘的效果。加强了对煤矿粉尘监控技术的研究，通过煤层注水监控技术及装备，提高了煤层注水系统的自动化程度。通过低渗透厚煤层注水关键工艺技术研究，解决了低渗透、厚煤层注水的问题。针对目前综掘工作面控除尘系统配套的问题，研制出综掘工作面控降尘一体化技术及装备。

粉尘浓度测定是煤矿粉尘防治的重要一环，一方面是评价粉尘危害的重要依据，另一方面也是评价防降尘措施、装备降尘效果的主要依据。20世纪70年代起，重庆研究院开始研究粉尘浓度快速测定技术，研制出光电煤尘测定仪、呼吸性粉尘测量仪、锚喷水泥粉尘测量仪、粉尘粒度分布测定仪等测定仪器，实现煤矿粉尘浓度及粒度分布检测设备的国产化；“九五”期间又利用水平陶析分离原理研制出呼吸性粉尘采样器，解决了煤矿没有长周期定点呼吸性粉尘采样器的难题；同时研制出呼吸性粉尘和总粉尘短时采样器，通过不断的改进和完善，研制出采样流量闭环控制的粉尘采样器，提高了设备的检测精度和自动化程度；为了满足黏尘职业危害检测的需要，开发出个体粉尘采样器，测定接尘人员一个工班内接触的粉尘浓度可以准确反映工人接尘的水平。在煤矿进入综采综放及大产能阶段，为了实现井下粉尘的快速检测，“十五”期间首次研制出基于β射线的粉尘直读仪，提高检测人员的工作效率；为了加强对煤矿职业危害的实时监测，“十五”期间在煤炭行业首先研制出基于光散射原理的可进行连续监测的粉尘浓度传感器；“十二五”期间，为了适应井下各种监测地点的环境条件，开展了基于静电感应的粉尘浓度检测技术研究，在国内首次开发出免维护的感应式粉尘浓度传感器，满足了煤矿粉尘连续监测的需求。

数十年国内外粉尘防治经验表明，煤矿粉尘防治必须采取综合防尘措施。综合防尘是针对某一尘源产尘所采取的两种以上防尘技术、措施和方法。本篇共3章，分别介绍煤科总院在粉尘防治技术方面具有代表性的科技成果，主要包括粉尘检测技术、掘进工作面粉尘防治技术、采煤工作面粉尘防治技术。

第 21 章

粉尘检测技术

为了掌握作业场所的产尘状况，评价作业场所职业卫生条件，制订应采取的防尘措施和考察措施的防尘效果，促进保护人体健康和实现安全生产，必须进行粉尘检测工作。粉尘检测主要包括粉尘粒度分布、游离 Si_2O 含量、作业场所总粉尘浓度和呼吸性粉尘浓度、作业人员工班接触粉尘浓度等。游离 Si_2O 含量采用焦磷酸质量法和红外光谱测定法测定（本章不作具体介绍）。粉尘粒度分布测定有显微镜法和沉降法。煤矿粉尘粒度分布采用沉降法测定不同沉降时间和某一液体深度处粉尘悬浮液的浓度、密度或透光度的变化，测得粉尘质量粒径分布。粉尘浓度的检测技术大致有两类：①粉尘浓度检测技术，主要包括基于滤膜称重的粉尘采样器测尘技术、直读式测尘仪测尘技术；②粉尘浓度在线监测技术，主要是利用粉尘浓度传感器与安全监控系统联网对粉尘浓度进行实时监测。

本章对重庆研究院在粉尘粒度分布、粉尘采样器、直读式粉尘浓度测量、粉尘浓度连续监测等方面形成的技术进行介绍。

21.1 粉尘质量浓度测定技术（滤膜法）

使用粉尘采样器采样，通过分析天平称重计算得出粉尘浓度值，也称滤膜采样测尘法，是对作业场所粉尘浓度进行测定的基本方法。粉尘采样器作为煤矿粉尘浓度法定量检测设备，常用于粉尘危害执法检查、其他间接粉尘检测方法仪器的标定及校正等场合。通常把能够进入到人体呼吸系统的所有粉尘称为总粉尘，把能吸入到人体肺泡区的浮尘称为呼吸性粉尘。呼吸性粉尘是导致尘肺的元凶，因此，对呼吸性粉尘的采样测定呼吸性粉尘浓度是判定粉尘危害的关键环节。粉尘采样器包括总粉尘采样器和呼吸性粉尘采样器。总粉尘采样器主要为短时粉尘采样器。呼吸性粉尘采样器包括接尘工人个体佩戴的个体采样器和长周期的呼吸性粉尘采样器。

本节主要介绍重庆研究院研制的国内首款长周期呼吸性粉尘采样器 AZF-01，短时大流量粉尘采样器 AZF-02，以及 2012 年研制成功具有自动流量累积、数据自动存储、流量可调的新型粉尘采样器 CCZ20。

21.1.1　总粉尘采样器

1. 粉尘采样器工作原理

粉尘采样器测定总粉尘浓度主要分为两个步骤：先通过滤膜采集粉尘，抽取并记录含尘气体的总体积，然后通过分析天平对滤膜进行称量得出增重，从而计算出单位体积的总粉尘质量浓度。粉尘采样器工作原理如图 21.1 所示。

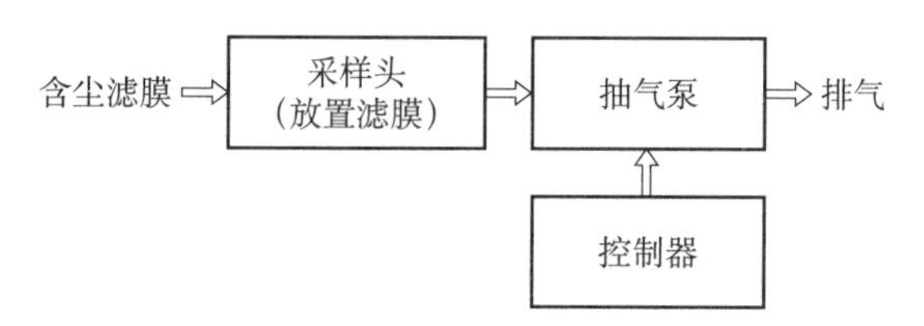

图 21.1　粉尘采样器工作原理图

由控制器控制抽气泵按恒定流量吸入含尘气体，并记录抽取时间；粉尘被采样头里安装的滤膜捕集。粉尘采样的核心是对含尘气体采样体积的精确计量，主要通过两个方面来保证：一是精确定时采样时间，二是实时准确记录采样流量。目前国内的粉尘采样器对采样体积的计量主要有两种方法，一种是恒定流量与采样时间，经过人工乘积后获得总体积，该方法中流量是出厂时固定的，实际采样过程中不能调节，是流量开环的粉尘采样。另一种方法采用流量传感器进行流量闭环控制，实时监测采样流量并进行控制，自动积算采样体积。由于流量开环的粉尘采样受负载、电池电量的影响，无法自动调节，影响实际的采样总体积的精度，从而带来粉尘浓度测定的误差，所以流量闭环控制的采样器代表了粉尘采样的新的技术应用。

2. 结构组成

重庆研究院研制的 CCZ20 粉尘采样器包括采样头、流量计或流量传感器、抽气泵、电源、控制及显示等。粉尘采样测量主要分为两大步骤：一是通过滤膜对粉尘进行定量采样，二是对采集的滤膜样品进行称量，以获得单位体积的粉尘质量及粉尘的浓度。CCZ20 粉尘采样器是在 AZF-02 采样器基础上，进行改进的流量闭环控制的新型粉尘采样器，其外观如图 21.2 所示。

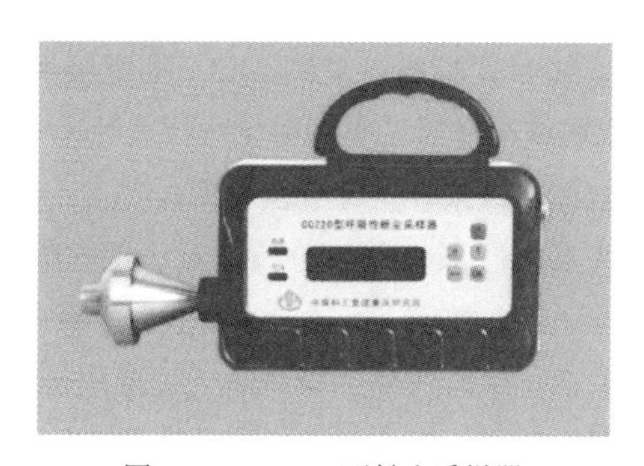

图 21.2　CCZ20 型粉尘采样器

3. 技术特点

对采样体积的准确计量是保证采样器准确性的前提。一方面，要求精确计时，另一方面，对采样流量准确计量。CCZ20粉尘采样器，采用流量闭环控制技术，具有如下特点：

（1）借助于流量传感器实时累积采样体积、提高采样的准确性。采用带反馈输出的流量传感器代替浮子流量计，实时监控和调节采样流量，进行流量闭环控制，让其始终保持在设定的采样流量误差范围之内，采样体积也由软件实时累积，采样结束后自动给出准确的累积体积结果。

（2）采样流量在5～20L/min可调，采样时间在10s～100min可调，满足不同粉尘浓度采样的要求。按照粉尘采样技术条件，采样滤膜一般增重2～10mg，既能保证采样足够的粉尘，又不至于在采样过程中剥落。因此，在高粉尘浓度环境，要求低流量，而在低浓度粉尘环境采用大流量采集。

（3）自动累积采样流量，采样结束后自动显示采样的体积，并可保存采样记录。可存储2000条采样记录，并可上传。

4. 适用条件

CCZ20粉尘采样器属本安防爆型设备，经计量许可，主要应用在煤矿和其他作业场所，对总粉尘进行采样。属短时大流量采样器，适合于对多点粉尘进行短时采样，为便携式设备，无需外部供电。因属短时采样，采样时只需手提在固定位置检测即可。

21.1.2 呼吸性粉尘采样器

研究表明：只有小于某种粒径的粉尘才可能进入人体肺泡，导致尘肺病。这部分粉尘称为呼吸性粉尘（respirable dust）。呼吸性粉尘浓度由呼吸性粉尘采样器测定。呼吸性粉尘采样器所采集的粉尘粒子必须代表呼入人体肺泡能致尘肺的粒径大小不同的呼吸性粉尘。为此任何呼吸性粉尘采样器都必须具有从粉尘中分离出呼吸性粉尘的能力，而且满足相关要求。国际标准化组织（ISO）1961年公布了由英国医学研究委员会（BMRC）提出的分离标准，即BMRC曲线，以及由美国原子能委员会提出，经美国工业卫生学家协会修订的ACGIH标准，即ACGIH曲线，作为呼吸性粉尘采样器分离效能的国际标准。此后欧盟标准委员会又提出了EN481标准，见图21.3。即呼吸性粉尘采样器对呼吸性粉尘的分离能达到标准曲线，说明该采样器采集的粉尘可代表呼入人体肺泡的粉尘，我国煤炭行业一直采用BMRC分离效能曲线来评价呼吸性粉尘。

呼吸性粉尘采样器首先通过呼吸性粉尘分离装置，把呼吸性粉尘分离出来，并被采样滤膜捕集。呼吸性粉尘的分离主要有旋风式、冲击式、平板陶析式三种。冲击式主要用于短时大流量呼吸性粉尘采样，旋风式和平板陶析式主要用于长周期的呼吸性粉尘采样。AZF-01呼吸性粉尘采样器是采用平板陶析式长周期呼吸性粉尘采样器。

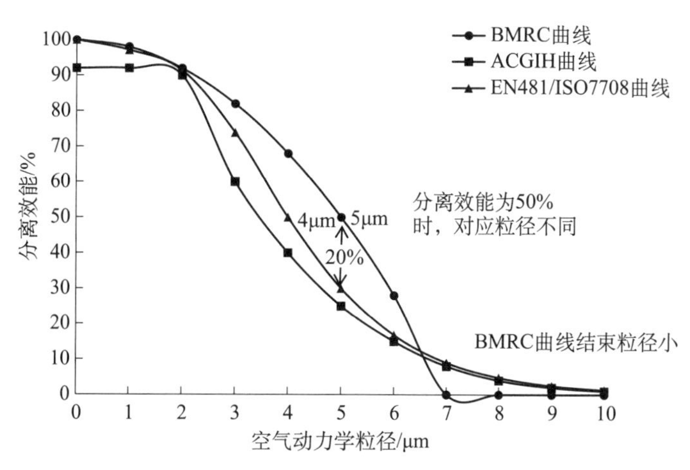

图 21.3 国际通行的三种呼吸性粉尘分离器标准分离效能曲线

1. 技术原理

呼吸性粉尘采样器与总粉尘采样器的主要区别在于采样头。总粉尘采样头捕集所有粒径的粉尘，而呼吸性粉尘采样头可以对总尘中的呼吸性粉尘进行分离，经过分离的呼吸性粉尘，通过滤膜采集，抽取并记录含尘气体的总体积，然后通过分析天平对滤膜进行称量得出增重，从而计算出单位体积的呼吸性粉尘质量浓度。

重庆研究院研制的 AZF-01 呼吸性粉尘分离采用平板陶析式分离方法，满足 BMRC 分离效能条件。经过薄膜泵抽含尘气体进入水平陶析板，粒径大的粉尘颗粒受重力作用逐渐沉降到陶析板上，分离出呼吸性粉尘后被滤膜捕集，沉降轨迹如图 21.4 所示。控制器通过设定的流量和记录的采样时间计算累积体积，通过分析天平称量得到滤膜增重，从而获得粉尘浓度。

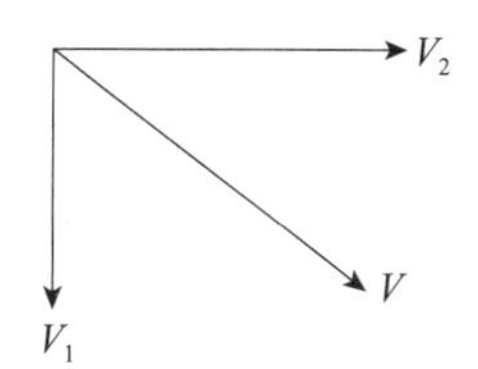

图 21.4 陶析式粉尘沉降轨迹线

V_1 粉尘颗粒的沉降速度；V_2 含尘气流的初速度；V 粉尘颗粒的运动轨迹

小粒径粉尘颗粒在低速下的运动规律服从流体力学黏性流动的 Stokes 区，水平陶析器的理论透过率 P：

$$P=1-\frac{d^2}{d_0^{\ 2}}\ (d\leqslant d_0) \tag{21.1}$$

$$P=0\ (d>d_0)$$

式中，P 为透过率，%；d 为所要求的临界粒径值；d_0 为分离效率等于 100% 时的临界粒径值。

2. 结构组成

平板陶析器（或称水平陶析器）是由多层平行薄板构成若干条平行狭缝，工作时水平放置，当含尘空气通过这些狭缝时，粒径大的粉尘颗粒受重力作用逐渐沉降到陶析板上。粒径小的粉尘颗粒沉降速度较慢，随气流通过狭缝后被后置的过滤器捕集在滤膜上。AZF-01 呼吸性粉尘采样器如图 21.5 所示。它由采样头（陶析板）、采样滤膜夹、浮子流量计、抽气泵（薄膜泵）及控制电路构成。

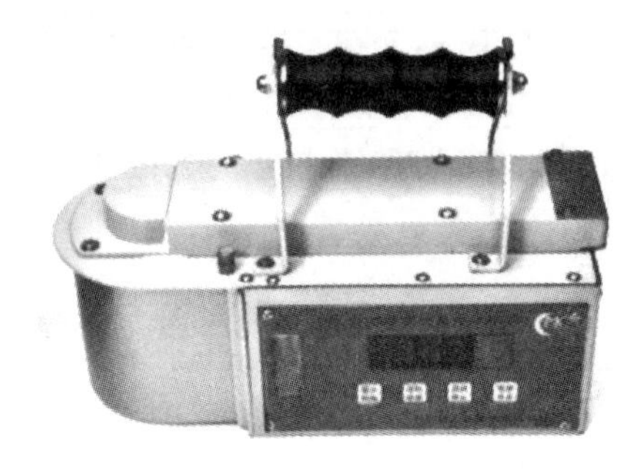

图 21.5　AZF-01 呼吸性粉尘采样器

3. 技术特点

（1）AZF-01 呼吸性粉尘采样器分离效能完全符合“BMRC”标准曲线的要求。

（2）采样时间长，可连续检测 8h 以上的呼吸性粉尘平均浓度。

（3）采用薄膜泵采样，气流稳定 , 负载能力强。

4. 适用条件

AZF-01 型呼吸性粉尘采样器为本安防爆型产品，防爆标志：Exib Ⅰ Mb，经计量许可。用于煤矿和其他作业场所呼吸性粉尘的连续采集，定点检测一个工班时间内的呼吸性粉尘平均浓度。是目前主要的工班呼吸性粉尘检测的主要设备。采用内置可充电电池供电，无需外接电源。

21.1.3　呼吸性粉尘个体采样器

1. 技术原理

呼吸性粉尘个体采样器可以实现对接尘人员接触的粉尘浓度准确测定。重庆研究院研制的 CCX2.0（A）型个体采样器原理如图 21.6 所示。采样器利用旋风分离原理对总粉尘中的呼吸性粉尘进行分离，并符合 BMRC 分离曲线要求。正常工作时，装上已称量的滤膜，启动抽气泵把含尘气流抽入旋风分离器进行分离，经过分离的呼吸性粉尘，通过滤膜采集作业人员一个工班总的接尘量，根据记录的总的体积，计算出平均接尘浓度。

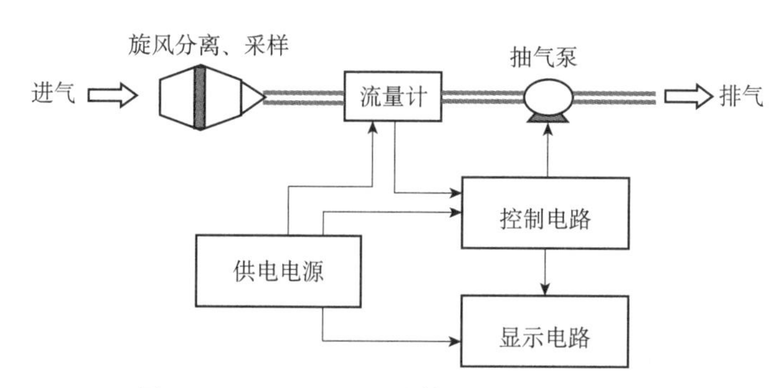

图 21.6　CCX2.0(A) 型个体采样器工作原理图

2. 结构组成

CCX2.0(A) 型个体呼吸性粉尘采样器由旋风分离器和采样盒组件、采样软管及采样主机构成，外观如图 21.7 所示。主机采用微型薄膜泵作为抽尘动力源，负载能力强，在开环流量控制下流量波动小，累积采样体积准确。抽气泵把含尘气流抽入旋分离器，呼吸性粉尘被滤膜捕集，其余进入分离器灰斗，主控器控制计时和稳定流量的控制电压。

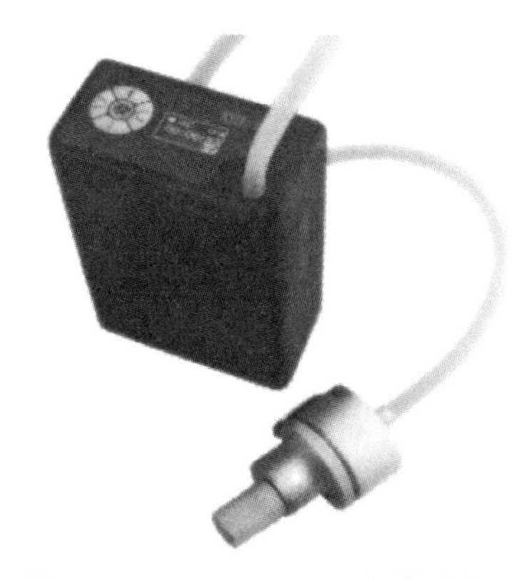

图 21.7　CCX2.0(A) 型个体采样器

3. 技术特点

CCX2.0(A) 个体采样器属便携式长周期粉尘采样装置，具有以下特点：

（1）采用微型抽气泵和微型旋风分离器，体积小、质量轻、工作时间长，便于佩戴，有很好的适应性。

（2）采用微型薄膜泵为抽气动力，噪声小。

（3）采用 OLED 显示，界面清晰，操作简便。

4. 适用条件

CCX2.0(A) 型个体呼吸性粉尘采样器用于煤矿井下及其他粉尘作业场所接尘人员一个工班内呼吸性粉尘的采样，属本安型设备。采样流量为 2L/min，连续工作时间为不少于8h。由作业工人上工时佩戴，每一个工班换一个滤膜，工班结束后收集滤膜并进行称重计量。

它是国内外职业危害检测的重要仪器，可准确判定矿井作业工人接尘量、粉尘危害程度。

21.2 直读式粉尘浓度测量技术

粉尘采样器采用称重的方法来测定粉尘浓度，是粉尘浓度测定的标准方法，测量准确但过程烦琐，无法快速判定现场粉尘浓度的大小。直读式粉尘浓度测量装置（直读式测尘仪）实现了粉尘浓度的快速采样测量。顾名思义，直读式测尘仪就是能对粉尘进行采样，并通过特定的方法对采样滤膜进行测量，直接显示浓度数值的检测仪器。一般采取电池自供电方式，便于携带和快捷测量。目前主要通过β射线和光学吸收的原理进行直读式测量，分别称为β射线直读仪和光电式直读仪。

21.2.1 β射线直读式测尘仪

1. 技术原理

重庆研究院2004年研制的CCGZ-1000型直读式测尘仪，采用了β射线衰减的原理。当β射线通过捕集粉尘的滤膜时，会产生衰减，并且衰减量与滤膜上采集的粉尘量呈比例关系。

假设同强度的β射线穿过清洁滤膜和采尘滤膜后的强度分别为N_0和N，则二者的关系为

$$N=N_0^{-k\cdot\Delta m} \tag{21.2}$$

式中，k为质量吸收系数，cm^2/mg；Δm为滤膜单位面积上尘的质量，mg/cm^2。

设滤膜采尘部分的面积为A，采气体积为V，则大气中含尘浓度c为：

$$c=\frac{\Delta m\cdot A}{V}=\frac{A}{V\cdot k}\ln\frac{N_0}{N} \tag{21.3}$$

式（21.3）说明：当仪器工作条件选定后，气体含尘浓度只决定于β射线穿过清洁滤膜和采尘滤膜后的两次计数值。

其组成原理如图21.8所示。在β射线源和盖革计数器之间为待测的滤膜夹，在采样测量时，先插入空白滤膜，检测空白滤膜基底值；然后启动抽气泵开始采样，达到设定时间后，再次检测射线透过有粉尘的滤膜后的数值，根据差值计算出相对粉尘浓度，经标定后获得绝对粉尘浓度。

2. 结构组成

CCGZ-1000如图21.9所示。主要由采样头（滤膜夹）、流量传感器、薄膜泵、控制及显示电路组成。β射线通常采用C14作放射源，探测器采用盖革计数器，也可采用一体化β射线闪烁探测器。

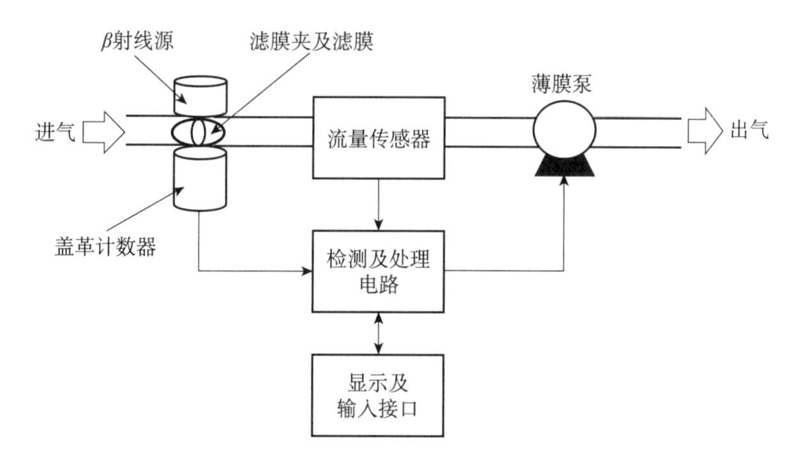

图 21.8 CCGZ-1000 型直读式测尘仪工作原理

图 21.9 β射线法直读式粉尘仪 CCGZ-1000

3. 技术特点

CCGZ-1000 型直读式测尘仪采用β射线衰减原理，其结果只与穿过的物质质量有关，而与物质种类无关，所以检测结果准确，快捷。弥补了采样器检测烦琐、时间长的不足，为作业场所粉尘的快速检测提供了新的手段。

在检测过程中，滤膜要捕集粉尘，方向与抽气气路垂直，在用β射线投射滤膜时，滤膜需要与气路平行，因此，采样完毕后需要旋转滤膜夹 90°。

4. 适用条件

CCGZ-1000 型直读式测尘仪采用本安防爆设计，用于煤矿、粉尘职业危害场所呼吸性粉尘和总粉尘浓度的快速测定，并直接读数。属短时采样测量设备，能对多点短时粉尘采样检测。CCGZ-1000 型直读式测尘仪测量范围为 0.2～1000mg/m^3，相对误差为 ±15%，采样流量为 15L/min。

21.2.2 光电式直读式测尘仪

1. 技术原理

β射线本身属放射源，存放及使用受到环保部门的备案监管，生产供应源头少，价格较光学检测高，因此光学检测法被应用到粉尘直读式测尘仪中。CCGZ-1000/2 型光电式直读式测尘仪是在 β 射线法中，用激光光源作透射源，光电池作检测器。

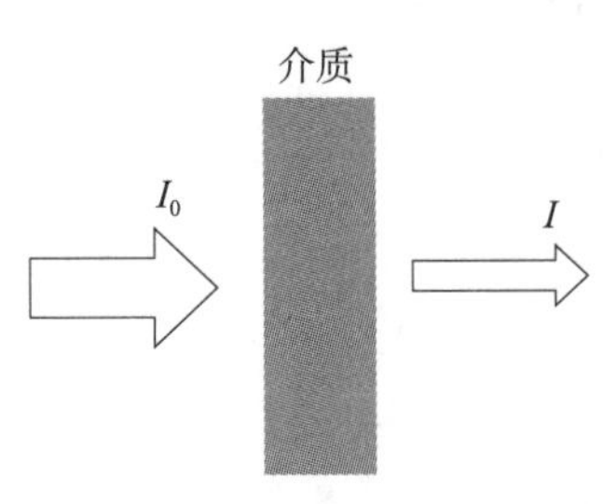

图 21.10　光吸收原理示意图

光学检测法的本质是光的吸收原理，实际上，光通过任何介质，都会造成不同程度的光强度的衰减，光强度的衰减也包含了由光反射和散射引起的部分。当红外光穿过滤膜时，光的强度会衰减，实际上是滤膜对发射的红外光进行了选择性吸收，滤膜上粉尘的量变化，会引起光吸收的变化。光吸收如图 21.10 所示。

入射光强于出射光强，满足 Lambert 定律。即

$$I(\lambda)=I_0(\lambda)e^{-L\sigma(\lambda)} \tag{21.4}$$

式中，I_0 为入射光强；I 为出射光强；L 为介质厚度；λ 为波长；σ 为介质吸收系数。

在滤膜上采集粉尘后，介质吸收系数和厚度发生相应的变化，由式（21.4）可知，只要检测到出射光强的变化，即可获得采集粉尘量的大小。重庆研究院研制的 CCGZ-1000/2 光电式直读仪利用该原理，可实现光学法的粉尘直读测量。

2. 结构组成

CCGZ-1000/2 结构与图 21.8 类似，只是用红外光源代替 β 源、硅光电池代替盖革计数管。与 β 射线法相比，光学法的发射源及光学检测传感器性价比更高，但在实际设计中，要考虑对红外光源长期使用衰减的补偿和校正。CCGZ-1000/2 光电式直读式测尘仪如图 21.11 所示。

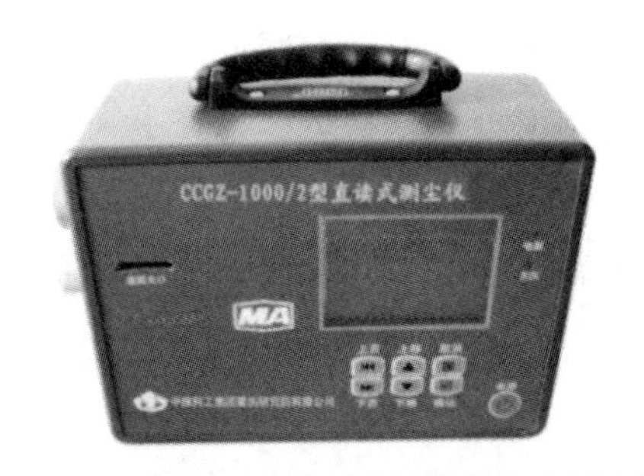

图 21.11　CCGZ-1000/2 光电式直读式测尘仪

3. 技术特点

CCGZ1000/2 光电式直读仪采用采测一体化结构，整个采样及测量过程自动完成，无需对滤膜进行采测过程的移动转换。

4. 适用条件

它主要用于煤矿及爆炸性粉尘环境的粉尘浓度的直接测量。采用低流量设计，要求在对低浓度环境使用时，延长采样时间，保证采样滤膜上的粉尘增重，提高测量的准确性。

采样流量为 2L/min（可设置为 5L/min）、测量范围为 0.1～1000mg/m^3、测量精度为 ±10%。

21.2.3 无泵型粉尘检测仪

1. 技术原理

除了采用滤膜采样测量的方法外，国内外近年来也开始研究采用不分离分散相的直读测量的方法来检测粉尘浓度，如德国恒得（hund）的 TM Data，主要采用光学方法实现。重庆研究院的 YCG500 无动力粉尘检测仪（图 21.12），采用与 HUND 类似的无动力模式，直接把检测单元置于粉尘环境中，通过光学传感器检测粉尘对光的散射大小，间接获得粉尘的质量浓度。

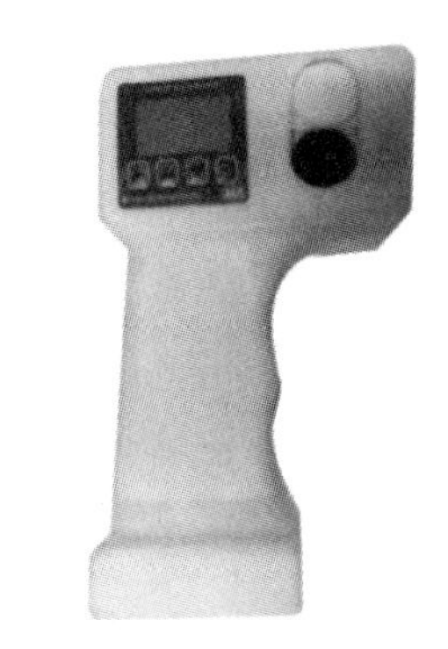

图 21.12 YCG500 无动力粉尘检测仪

2. 技术特点

YCG500 无泵型粉尘检测仪没有抽尘动力，光路直接暴露于环境光中，因此，在算法设计中对风速、光干扰的影响进行了补偿。通过实验研究及工艺设计，适应煤矿井下粉尘浓度的快速测量。

无滤膜粉尘直读仪无需滤膜对粉尘进行捕集，而是直接通过光散射法测定粉尘浓度并显示出来。测量范围为 0～500mg/m^3，测量精度为 ±15%。

21.3 粉尘连续监测技术

为了实时掌握主要尘源点的粉尘浓度情况，评价作业场所空气中受粉尘危害程度、除尘设施的效果，提高粉尘防治自动化、信息化水平，重庆研究院开展了粉尘浓度连续监测的研究。主要包括两个方面：粉尘浓度的连续监测和粉尘沉积强度的连续监测。2004 年研制出煤矿用粉尘浓度传感器 GCG500，并经过多次改进和革新，研制出 GCG500(B) 光学式粉尘浓度传感器。2014 年研制出感应式粉尘浓度传感器 GCD1000，从原理上解决了光学式粉尘浓度传感器在维护上的难题，2008 年研制成 GFC100 沉积粉尘传感器。

21.3.1 光散射式粉尘浓度传感器

1. 技术原理

含尘气流是空气中分散着固体颗粒的气溶胶，GCG500(B) 粉尘浓度传感器工作时，光束通过含尘空气会发生吸收和散射，从而使光在原来传播方向上的光强减弱。

对粒径较大的颗粒，按经典的米氏散射理论，粉尘浓度满足：

$$C=k\times I(\theta) \tag{21.5}$$

式中，k 为光散射比例系数；C 为粉尘浓度；I 为散射光强。

GCG500（B）型粉尘浓度传感器工作原理是：以轴流风机为动力源，把含尘气流抽入检测室，激光光源发出的激光照射含尘气流，光学探测器探测粉尘的散射光强，按照式（21.5），在粉尘性质一定的条件下，粉尘浓度与粉尘的散射光强度成正比。

2. 结构组成

GCG500（B）型粉尘浓度传感器检测结构如图 21.13 所示。

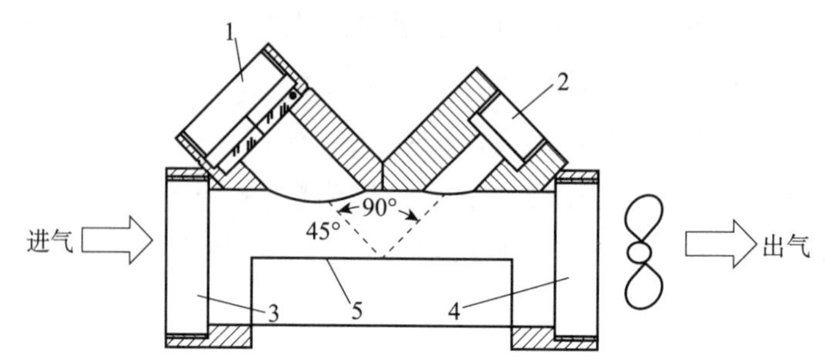

图 21.13　GCG500（B）型粉尘浓度传感器检测结构

1. 光敏二极管；2. 激光管；3. 进气口；4. 轴流风机；5. 气路

如图 21.13 所示，其结构主要包括光敏二极管、激光管、气路、轴流风机。激光管与光电检测器同边轴向布局，中心轴线呈 90° 夹角，既形成了激光散射结构，又减小了检测结构的体积。气流中粉尘在气室对激光进行散射，硅光电池检测到粉尘散射光强，经 AD 转换，送入到 CPU。经过对粉尘浓度与光电信号的对应规律进行试验研究，获得对应模型。经软件算法处理，获得粉尘浓度数值。

GCG500（B）粉尘浓度传感器采用光散射法、直通式暗室，易于维护；体积小、质量轻，受环境因素影响小。

3. 技术特点

GCG500（B）借助大面积光敏传感器以及带通滤波器，设计直通的气路结构，具有以下特点：

（1）在光电探测器前端增加了带通滤波片，并在检测室内涂抹吸光材料，避免内壁反射光干扰，对粉尘颗粒的灵敏度大大提高。

（2）检测室采用活动结构，方便清洁。

（3）整个检测室及气路采用贯穿结构，不会造成气路堵塞，可延长使用寿命。

（4）启动及工作电流低于 70mA，体积小，安装便捷。

4. 适用条件

GCG500（B）为光学式粉尘浓度传感器，采用本安防爆设计，适用于粉尘浓度较低、水雾较少的煤矿场所。测量范围为 0～1000mg/m^3，测量精度为 ±15%，工作电压为 18～24VDC，工作电流低于70mA。在潮湿水雾较大的环境中，需要定期进行气路及检测窗口的清理、维护。

GCG500（B）光学式粉尘浓度传感器与井下监控分站可配套使用，外部电源供电，实现对煤矿大巷、回风巷、转载点、皮带运输巷等的粉尘浓度进行远程在线监测。

21.3.2 感应式粉尘浓度传感器

1. 技术原理

重庆研究院从 2008 年开始对感应式粉尘检测技术进行研究，通过大量的实验研究及基础研究，2014 年研制成功基于静电感应原理的粉尘浓度传感器 GCD1000，并推广应用。

GCD1000 型粉尘浓度传感器基于静电感应原理，以金属电极为粉尘检测传感器，如图 21.14 所示。当带电粉尘经过金属电极时，使金属电极产生动态的感应电荷，通过其感应电荷产生交变信号的波动性反映粉尘浓度大小。粉尘浓度越高，在金属电极上感应的电荷量越大，对不同的电极形状，检测原理完全一样，只针对不同应用场合、不同的应用形式。

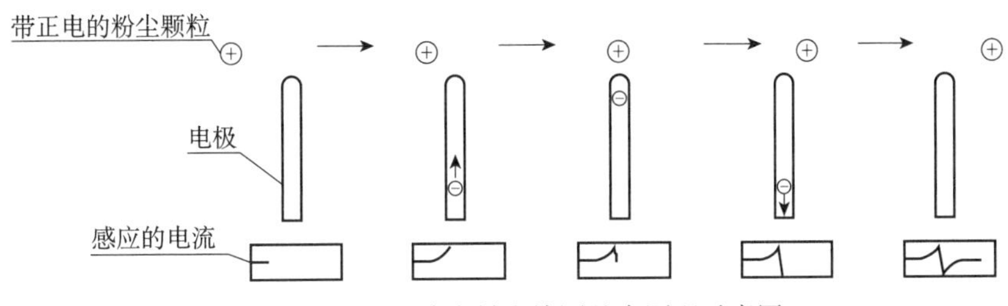

图 21.14　静电感应粉尘检测基本原理示意图

建立带电颗粒与棒状电极间的物理模型，推导棒状电极的电荷感应空间灵敏度，如图 21.15 所示。M 为一带电 q 的粉尘颗粒，视为一个点，忽略其几何尺寸；圆柱状的为一棒状电极，长度 l，半径 r。根据高斯静电场理论可得，电极表面感应的电荷总量等于穿过闭合曲面的电通量乘以介电质数，对建立的模型做如下推导：

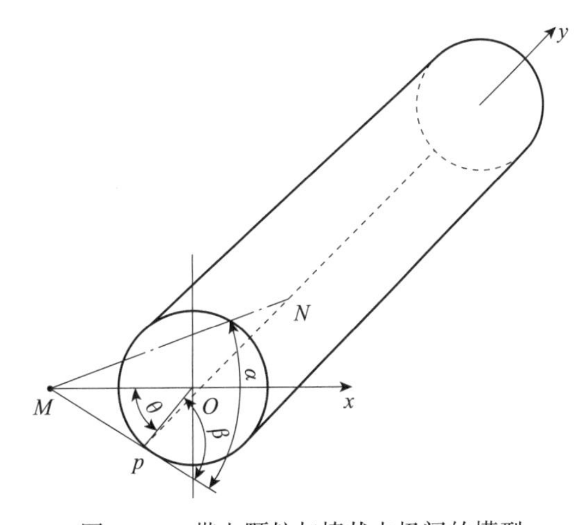

图 21.15　带电颗粒与棒状电极间的模型

设电极 N 处的电场为 E

$$E = \frac{q}{4\pi\varepsilon|MN|^2} \tag{21.6}$$

式中，ε 为空气中的介电常数。

指向轴心方向电场分量为 E_d

$$E_\mathrm{d} = E\cos\alpha\cos\beta \tag{21.7}$$

由以上两式可以得到电极上 N 点的电场强度为

$$E_\mathrm{d} = \frac{q(x\cos\theta - r)}{4\pi\varepsilon|MN|^3} \tag{21.8}$$

式中，r 为棒状电极的半径。

根据高斯静电场理论，可得点电荷距电极表面 x，距电极一端 y 处，电极上感应出的电荷量 Q 为

$$\begin{aligned} Q(x,y,r,l) &= -\varepsilon\iint E_\mathrm{d}\mathrm{d}s \\ &= \frac{qr}{4\pi}\int_{-\alpha}^{\alpha}\int_{-y}^{l-y}\frac{x\cos\theta - r}{A^{3/2}}\mathrm{d}\theta\mathrm{d}y \\ &(x>r, y<l) \end{aligned} \tag{21.9}$$

式中，$A = x^2 + y^2 + r^2 - 2xr\cos\theta$，$\alpha = \arccos(r/x)$，$l$ 为金属电极的长度。

根据式（21.9）可得，棒状电极的空间灵敏度是关于长度 l、半径 r 的函数。对粉尘气流，电极上感应的电荷为粉尘带电荷的矢量叠加。即电极上的感应电荷量与粉尘浓度呈比例关系，检测到总的电荷量可间接获得粉尘浓度的大小，经过标定后获得绝对浓度的大小。

2. 结构组成

GCD1000 粉尘浓度传感器主要由电极、检测主体及数据接口组成，如图 21.16 所示。

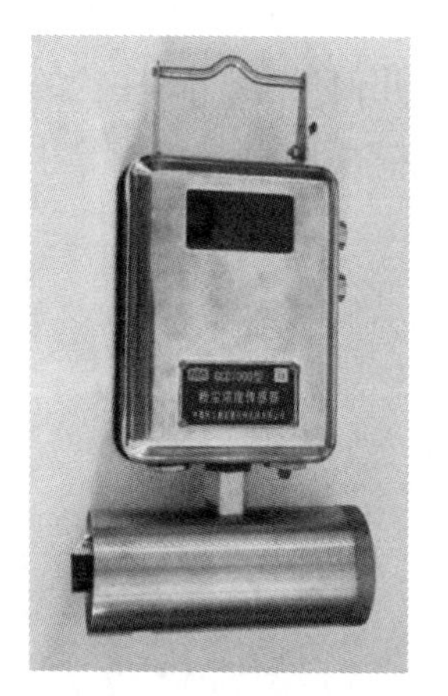

图 21.16　GCD1000 粉尘浓度传感器

3. 技术特点

GCD1000 粉尘浓度传感器感应电极不再采用光敏器件而采用普通金属电极，因此粉尘的污染及沉积对检测结果没有影响。可以采用压气获水对抽尘管道进行清洗，基本免维护。从根本上解决了粉尘浓度传感器维护成本高、适应性较差的问题。

4. 适用条件

GCD1000 粉尘浓度传感主要应用于煤矿和其他作业场所粉尘浓度的连续监测，可适用于矿井各种粉尘环境的粉尘浓度连续监测。由外部本安电源供电，电压为 18～24V，外壳要求接地。采用静电感应原理，粉尘检测探头为普通金属，不会因为被粉尘沉积或黏

结而影响检测性能。可实现长时间的免维护检测。测量范围为 0～1000mg/m^3，测量精度为 ±15%，工作电流低于 80mA。

21.3.3　沉积粉尘传感器

粉尘沉积后在特定条件下扬起，到达粉尘爆炸的下限浓度，是形成粉尘爆炸的主要原因之一。因此对粉尘沉积强度的监测有重要的意义。

对粉尘沉积的检测采用两种方法，一种是测量粉尘沉积的厚度，一种是测量在单位时间、单位面积上沉积的粉尘质量。对粉尘沉积厚度的连续监测涉及诸多困难，主要还是采用后一种方式（即称重法）来连续监测粉尘的沉积变化。重庆研究院 2008 年研制的 GFC100 粉尘浓度传感器就基于称重原理。

1. 技术原理

GFC100 沉积粉尘传感器采用称重传感器作感应单元，其核心是弹性体（弹性元件，敏感梁），在外力作用下产生弹性变形，使粘贴在其表面的电阻应变片（转换元件）也随同产生变形，电阻应变片变形后，它的阻值将发生变化（增大或减小），再经相应的测量电路把这一电阻变化转换为电信号，从而完成了将外力变换为电信号的过程。电阻应变片、弹性体和检测电路是称重传感器的几个主要部分。控制器定时测量沉积在检测盘上的粉尘质量，实时显示出来，并通过通信接口，经由矿井安全分站上传至地面监控中心。

检测电路的功能是把电阻应变片的电阻变化转变为电压输出。因为惠斯登电桥具有很多优点，它可以抑制温度变化的影响，可以抑制侧向力干扰，可以比较方便地解决称重传感器的补偿问题等。采用全桥式等臂电桥的灵敏度最高，各臂参数一致，各种干扰的影响容易相互抵消，所以称重传感器采用了全桥式等臂电桥。

2. 结构组成

GFC100 沉积粉尘传感器主要由外壳、防尘罩、称量盘、称重传感器和电路板组成。详细结构见图 21.17。为了保证仪器的安全和增强仪器的稳定性，外壳所用钢板厚度不低于 5mm，并在称量盘之上设计了防尘防风罩，减少井下风流对仪器的影响，确保测量准确。

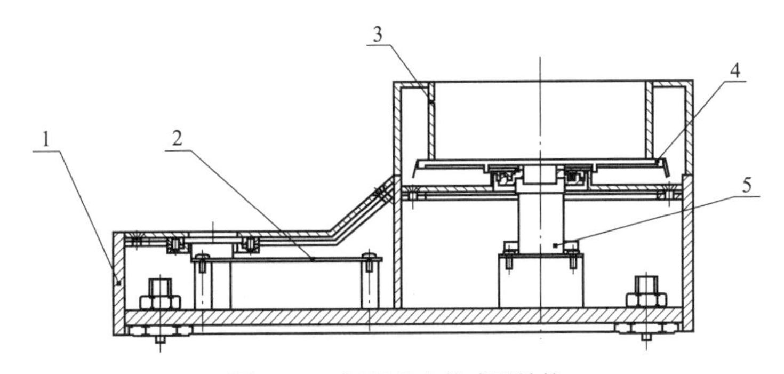

图 21.17　沉积粉尘传感器结构

1. 外壳；2. 电路板；3. 防尘罩；4. 称重盘；5. 传感器

其外观如图 21.18 所示。

图 21.18　GFC100 型沉积粉尘传感器

3. 技术特点

GFC100 型沉积粉尘传感器可以实时显示粉尘沉积量，通过通信接口，可以实现沉积粉尘的在线监测。

4. 适用条件

GFC100 型沉积粉尘传感器采用称重监测。除了应用于矿山、水泥厂等粉尘作业场所的主要巷道、回风巷等沉积粉尘质量的连续监测外，还可在抛光车间等爆炸性环境的粉尘监测中使用。水平安装，外部本安电源供电，电压为 9～24V。通过井下分站，可实现对煤矿各巷道粉尘沉积强度的远程在线监测。测量范围为 0.1～100g；测量误差为 ±5%FS(0.1～2g)、±2%FS(2～100g)。

21.4　粉尘监测监控系统

在粉尘浓度连续监测基础上，对粉尘防治设施的参数进行监测，并通过远程发出指令，实现了对部分粉尘防治设施和装置在线监控的功能，为防尘监测监控自动化提供了平台。重庆研究院 2010 年开发出了粉尘监控系统，2012 年开展了基于北斗的职业危害监管系统的研究，构建了基于北斗的双向职业危害数据传输链路及数据库构架。

本节重点介绍粉尘监控系统。

21.4.1　技术原理

煤矿防尘设备远程在线监控系统（KF664 粉尘监控系统）是重庆研究院在长期的粉尘防治实践基础上，研发的粉尘自动化监测控制系统。

系统结构如图 21.19 所示。由设备层、链路层和控制层构成，可内嵌于 KJ90NB 监控平台，提高系统兼容性。

现场设备的工况参数、设置参数通过粉尘监控系统上传至地面监控中心；地面监控中心的控制、设置指令通过粉尘监控分站下发至现地的防、降尘装备。

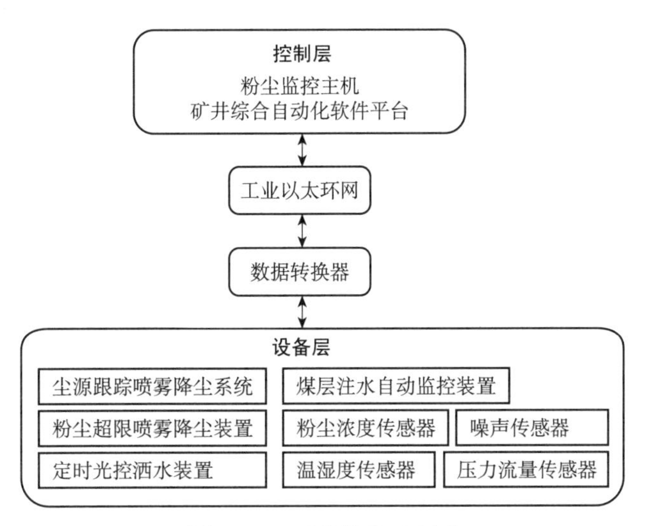

图 21.19　系统结构示意图

21.4.2　系统组成

KJ664 粉尘监控系统组成原理如图 21.20 所示。该系统由现地防尘、降尘设备、环境传感器参数、粉尘分站、矿用网络交换机及监控平台构成。

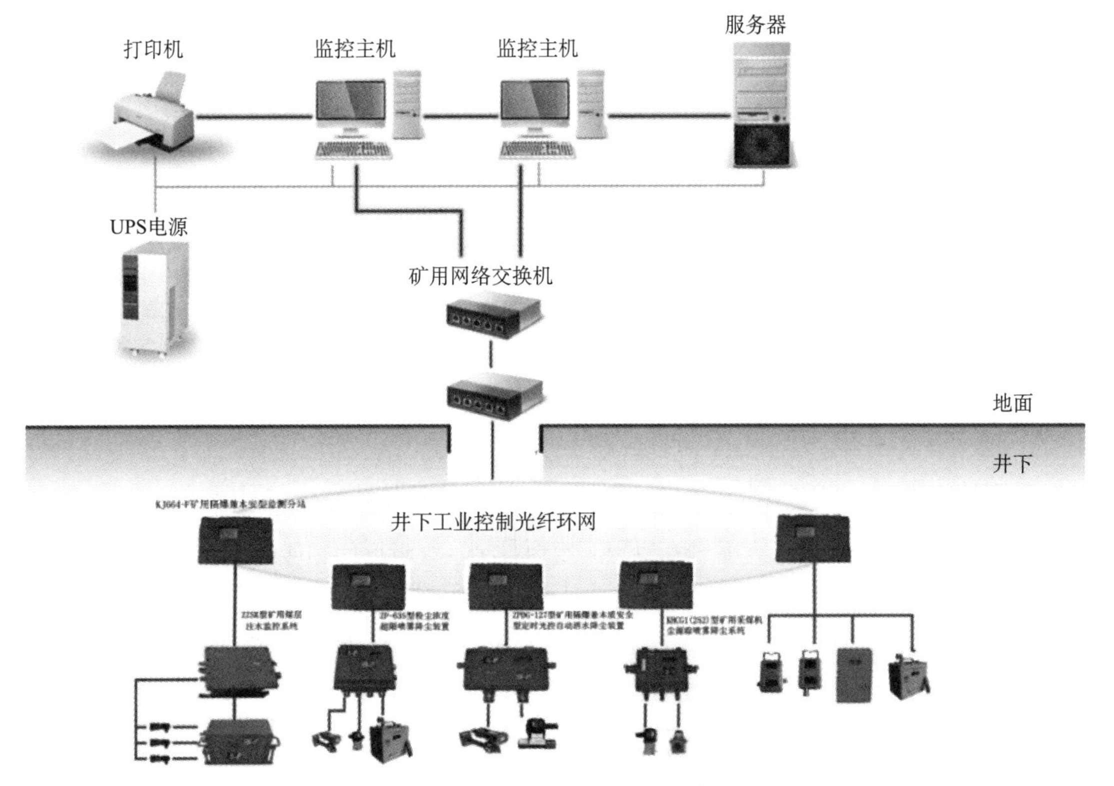

图 21.20　KJ664 粉尘监控系统

可依托于 KJ90NB 安全监控系统运行，可对重庆研究院研制的尘源跟踪喷雾降尘系统、超限喷雾降尘系统、定时光控洒水装置、煤层注水自动监控装置等设备，及粉尘浓度传感器、温湿度传感器、噪声传感器等仪表进行远程的参数、工况监测和状态设置及修改、应急操作的控制等，从而实现综采面、综掘面、回风巷、大巷等全矿井的防、降尘装置的监测和控制。

KJ664 粉尘监控系统监测功能主要有三个方面：①采集和显示各种粉尘浓度传感器、噪声传感器、温湿度传感器、乳化液浓度传感器等传感器的参数及工况功能；②采集和显示超限喷雾降尘装置、尘源跟踪喷雾降尘、定时喷雾装置、煤层注水装置等防、降尘设备参数及工况的功能；③采集和显示模拟量和开关量的功能。

21.4.3 技术特点

KJ664 粉尘监控系统具有以下特点：

（1）系统配置灵活，可加入各种粉尘传感器、水分传感器、噪声传感器、温室度传感器、乳化液浓度传感器等传感器。

（2）可在线维护，具有修改各种粉尘传感器、水分传感器、噪声传感器、温室度传感器、乳化液浓度传感器等传感器的参数功能；可实现修改设限降尘装置、尘源跟踪装置、定时喷雾装置、煤层注水装置等防、降尘装置参数的功能。

21.4.4 适用条件

KJ664 粉尘监控系统立足于全矿井的防降尘设备的监测与控制。既可应用于综采面粉尘自动监测管理系统，也可对各巷道的构成定时或粉尘设限喷雾降尘系统、远程喷雾降尘系统；还可实现矿井粉尘浓度及环境参数远程在线监控系统等。已在安徽、内蒙古等地煤矿应用。

21.5 粉尘粒度测定技术

粉尘粒度测定是判定粉尘危害的主要指标之一，可根据粒度分布对喷雾形式及雾粒的产生进行优化选择，提高降尘效率，对粉尘防治特别是喷雾降尘措施实施具有重要的意义。2000 年初，重庆研究院采用重力沉降光透法测定煤矿粉尘粒度分布，实现了粉尘粒径分布的自动测定，并以此为基础制定了国家标准 GB/T20966—2007《煤矿粉尘粒度分布测定方法》。

21.5.1 技术原理

利用粒径大小不同的粉尘在液体介质中的沉降速度不同的原理，测量粉尘的粒径分布。

如图 21.21 所示，在液面下的一个已知深度 h 处，一束平行光穿过悬浮液。

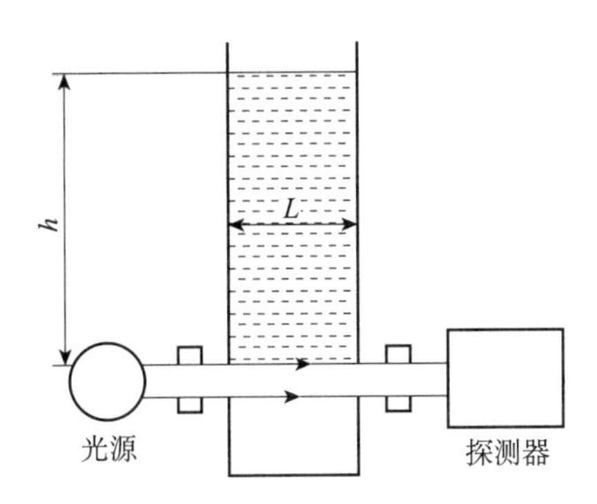

图 21.21　光透法原理示意图

假设在沉降开始时刻（t=0），粉尘悬浮液处于均匀状态，其质量浓度为 C_0。粉尘颗粒在重力的作用下产生沉降现象。在沉降初期，光束所处平面溶质颗粒动态平衡，即离开该平面与从上层沉降到此的颗粒数相同。所以，在该处的浓度是保持不变的。当悬浮液中存在的最大颗粒平面穿过光束平面时，该平面上就不再有相同大小的颗粒来替代，这个平面的浓度也开始随之减小。因此，在时刻 t 和深度 h 处的悬浮液浓度中只含有小于斯托克斯直径 d_{st} 的颗粒。d_{st} 由斯托克斯公式决定，d_{st} 在时间 t 时为：

$$d_{st}=\sqrt{\frac{18\eta_l h}{(\rho_e-\rho_l)gt}} \tag{21.10}$$

式中，d_{st} 为粉尘颗粒粒径，μm；η_l 为测定温度下液体黏度，g/（cm · s）；h 为沉降高度，cm；ρ_e 为粉尘真密度，g/cm^2；ρ_l 为测定温度下的液体密度，g/cm^2；g 为重力加速度，g=980cm/s^2；t 为粒径为 d_{st} 的粉尘颗粒沉降时间，s。

当光线通过含尘悬浊介质时，由于尘粒对光的吸收、散射等作用，光的强度会衰减。当悬浊介质中的粉尘具有不同大小粒径时，光强度的变化根据罗斯（Rose）研究的计算公式为：

$$\ln\frac{I_0}{I}=cs\sum_{0}^{d_{max}}k_i\sigma n_i d_i^2 \tag{21.11}$$

式中，I_0 为初始光强；I 为有粉尘经过时的吸收光强；k_i 为与尘粒形状有关的系数；c 为粉尘浓度，mg/m^3；s 为介质的厚度，m；σ 为消光系数；n_i 为单位体积内直径为 d_i 的尘粒数。

在粒径变化范围很小时，可得出由 d_i 到 d_{i+1} 的尘粒质量 Δm 与光强度变化 ΔD_i 的关系：

$$\Delta m=\frac{\pi\rho_p}{6}\frac{\Delta D_i d_i}{\sigma k_i lc} \tag{21.12}$$

式中，ρ_p 为粉尘密度；l 为横向长度。

在实际应用中，可以认为消光系数 σ 为常数，式（21.12）可以写成粉尘的粒径分布 R

$$R = \frac{\sum_{0}^{d_t} \Delta D_i d_i}{\sum_{0}^{d_{max}} \Delta D_i d_i} \times 100\% \quad (21.13)$$

式中，d_t 为当前测得的粒径；d_{max} 为最大粒径。

由式（21.13）可以看出，测出各粒径区间的光强度变化 ΔD_i，并进行相应的计算就可以得出粉尘的粒径分布。

21.5.2 结构组成

重庆研究院根据重力沉降光透法研制的 MD-1 型粉尘粒度分析仪，由光源、沉降盘、光电管、电路系统组成。图 21.22 为 MD-1 粉尘粒度分析仪实物图。光源射出的光线经滤光，通过可变光栅和棱镜，形成一组近似于平行的光束。这束光通过狭缝照射在被测的样品池上，通过样品池的光线再经狭缝照射到光电管上，光电管输出的信号，经 A/D 转换后由 CPU 处理，测定结果显示或打印出来。

图 21.22　MD-1 粒度分析仪

21.5.3 技术参数

1. 粉尘粒度分布测定范围：0～150μm。粉尘粒度分级为 150μm、100μm、80μm、60μm、50μm、40μm、30μm、20μm、10μm、8μm、7μm、6μm、5μm、4μm、3μm、2μm、1μm；

2. 测定误差：d<40μm 时，粉尘粒度分布重复测定误差不大于 10%。

21.5.4 产品特点

仪器自动化程度高，测定结果自动储存，也可由用户根据需要选择，把结果通过显示屏或打印机输出。仪器具有掉电保护功能，可储存粒度分布数据。

21.5.5 应用实例

样品是滤膜采样的煤粉，粉尘真密度 ρ_p=1.59g/cm³，实验温度 t=12.5ºC，沉降介质选用无水乙醇，介质密度 ρ_w=0.8825g/cm³，介质黏滞系数 μ=0.001 105Pa · s。沉降高度 h 为 4mm。采用 MD-1 粉尘粒度分析仪进行测试，其结果见表 21.1。

表 21.1 煤粉光透法测定结果

测定序号	对应粒径（μm）粒度分布（累计质量）/%											
	＞150μm	＞100μm	＞80μm	＞60μm	＞50μm	＞40μm	＞30μm	＞20μm	＞10μm	＞8μm	＞6μm	＞5μm
1	0.0	2.2	2.2	8.3	14.0	18.8	24.8	39.0	55.7	61.2	67.5	74.2
2	0.0	4.3	4.3	12.9	15.7	18.1	23.5	37.2	54.6	62.3	70.2	75.4
平均值	0.0	3.3	3.3	10.6	14.9	18.5	24.2	38.1	55.2	61.8	68.9	74.8

（本章主要执笔人：重庆研究院王杰，吴付祥，刘国庆，惠立锋，张强）

第22章 掘进工作面粉尘防治技术

掘进工作面是煤矿井下粉尘危害最为严重的作业场所之一。由于独头距离长、产尘量大及产尘点集中等特点，粉尘治理难度较高。掘进方式主要有机掘和炮掘两种方式。机掘工作面的粉尘主要来源于掘进机截割煤岩产尘和装运产尘。其中，截割产尘占整个工作面产尘量的80%～95%。因此，机掘工作面粉尘防治的重点是掘进机截割产尘。目前机掘工作面粉尘治理一般遵循“预先湿润煤体→喷雾降尘或泡沫除尘→采用控除尘一体化技术控制粉尘扩散的同时对含尘气流进行抽取净化→巷道风流净化→个体防护”的总体思路。炮掘工作面的粉尘主要来源于打炮眼、放炮和装运产尘，主要采取湿式钻眼、水炮泥、喷雾降尘及巷道风流净化措施。

本章重点介绍重庆研究院研发的掘进工作面粉尘治理成套技术：掘进工作面“三压带”分段注水技术，掘进机高压外喷雾技术和泡沫除尘技术，采用以控尘装置控尘、除尘设备抽尘净化为主的长压短抽通风除尘技术及水质保障技术。此外，还介绍重庆研究院研发的矿用袋式除尘器；太原研究院引进的德国干式除尘技术和研发的高效湿式除尘器及成套技术；北京研究院研究的采用抽出式通风对机掘工作面进行通风除尘的技术和设备；重庆研究院研发的炮掘工作面高压喷雾降尘系统。

22.1 掘进工作面注水工艺技术

机掘工作面煤层注水是通过注水孔向煤体注入中高压水，使水有效地渗入到煤体内部，增加煤体水分，在煤层开采时，降低产生浮游粉尘的能力。有些煤矿采用单级膨胀式封孔器在卸压带进行煤层注水，但因其有注水易跑水等局限，导致煤体湿润效果得不到保障，掘进割煤时的防尘效果较差。同时，由于在封孔工艺上存在前段封孔注水结束后，需进行“拔出封孔器—掏孔—再放入封孔器”的工序操作，严重影响现场推广应用。重庆研究院通过对单级封孔器在“三压带”分段注水后的应力变化特征研究，研发出“三压带”分段注水工艺技术。

22.1.1 “三压带”分段注水技术及工艺流程

1. 技术原理

利用两段或三段膨胀式注水封孔器在同一钻孔内，各段封孔器分别位于煤体前方的卸压带、集中应力及原始应力带影响的范围内（掘进工作面煤体“三压带”应力分布区域如图 22.1 所示），依次进行封孔并注水。卸压带范围内的煤体裂隙较发育，在压力水作用下第一段能够快速湿润煤体；通过转换进水阀对第二段、进而第三段封孔器封孔及注水，在压力水（7～12MPa）作用下，通过 10～20min 注水，使集中应力带和原始应力带煤体裂隙增多，为注水提供“注水通道”；在水压力作用下，压力水沿裂隙渗流而下，使钻孔整个深度范围内的煤体得到较充分、均匀的湿润，同时，避免注水常出现的“跑水”现象。

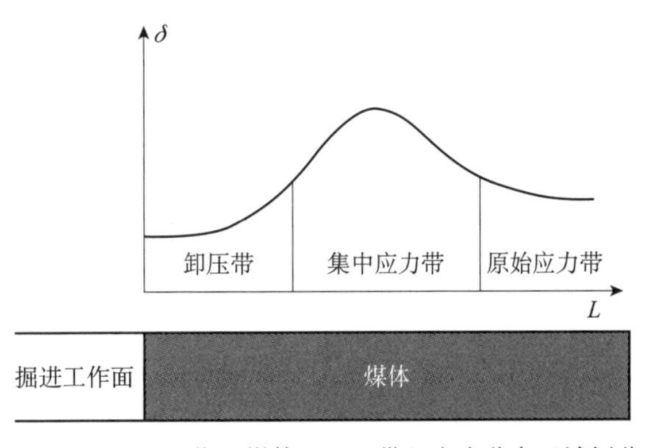

图 22.1　掘进工作面煤体“三压带”应力分布区域划分

2. 工艺流程

分段注水封孔工艺示意图如图 22.2 所示。分段注水封孔前，打好注水孔，先把整个分段式注水封孔器放到钻孔预定的位置；进行“三压带”中某一带封孔注水时，先注水管联结并开启注水泵进行封孔注水，当本段注水结束时，关闭注水系统，同时关闭本段封孔器供水阀门，让封孔器仍处于膨胀封孔状态，使该注水段处于保压状态，使前方煤体得到进一步湿润；当钻孔内“三压带”分段注水全部结束时，同时打开各段封孔器的阀门快速卸压，在内外压差作用下，整个封孔器自动退出钻孔。

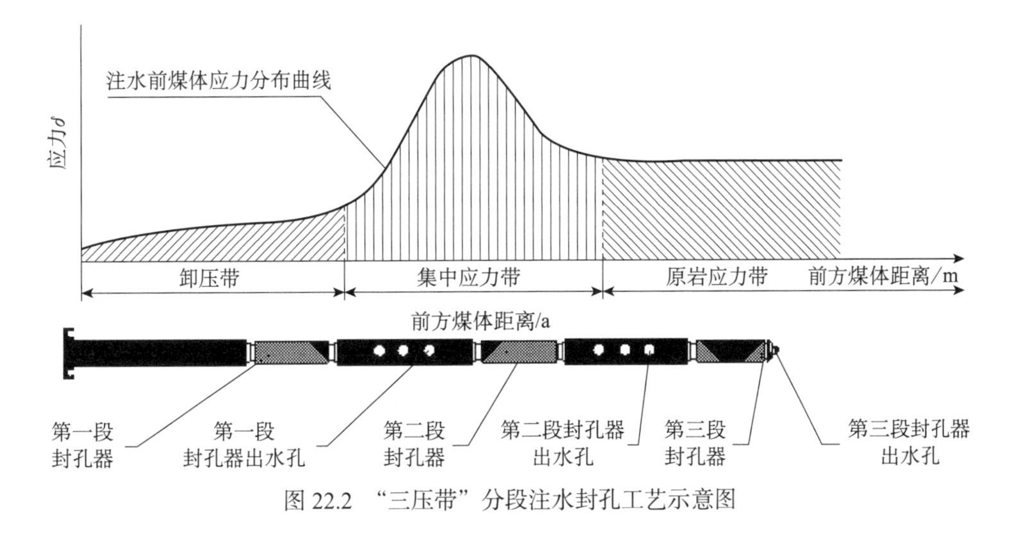

图 22.2　“三压带”分段注水封孔工艺示意图

分段注水封孔工艺流程如图 22.3 所示。

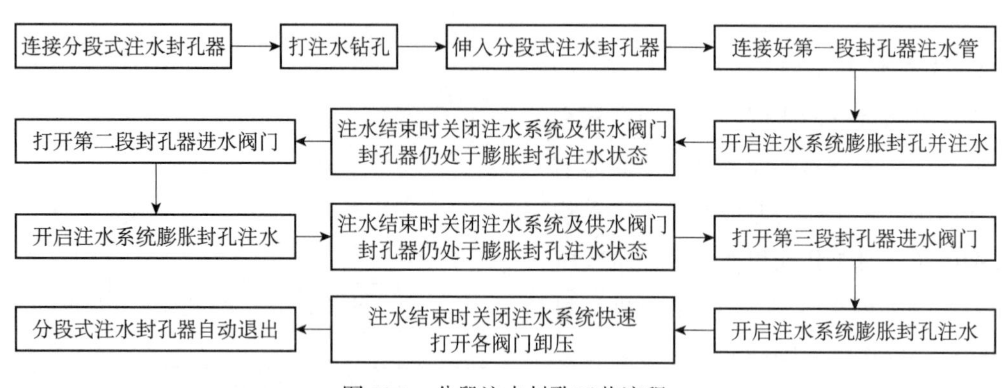

图 22.3　分段注水封孔工艺流程

3. 技术特点

掘进工作面“三压带”分段式注水封孔技术具有以下特点：

（1）可以实现在同一钻孔内分别向煤体前方卸压带、集中应力带及原始应力带的影响范围内进行封孔并注水，在三次“压力水渗流”的作用下，使整个钻孔深度范围内的煤体均能得到充分、均匀湿润，有效降低掘进割煤时产生的粉尘浓度，较好地解决了长期以来单级膨胀式封孔注水技术所存在的“三压带”煤体得不到充分、均匀湿润及掘进割煤时的降尘效率较低等技术难题。

（2）具有封孔注水压力高、煤体得到充分均匀湿润的注水时间较短、注水后在钻孔内外压差作用下封孔器能全部退出、回收率高等特点。

22.1.2　注水装备

1. 系统组成

三段式注水封孔器在掘进工作面注水时的系统组成如图 22.4 所示，主要包括注水泵站、出水调压阀、供水高压胶管（KJ25）、各段封孔器进水控制阀门、分段式注水封孔器等。

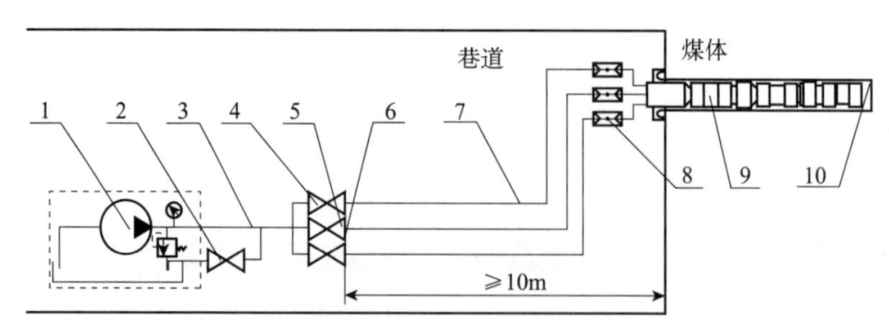

图 22.4　“三压带”FKSS-80/16 型分段式封孔注水系统

1. 注水泵站；2. 调压阀门；3. KJ25 高压胶管；4. 第一段封孔器进水阀门；5. 第二段封孔器进水阀门；6. 第三段封孔器进水阀门；7. KJ25 高压胶管；8. KJ25 变 KJ10 快速接头；9. 分段式注水用封孔器；10. 钻孔

2. 分段式注水封孔器结构

根据同一根注水封孔器上膨胀封孔胶管个数来分，分段式注水封孔器可分为两段式注水封孔器及三段式注水封孔器两种；其结构主要由封孔器注水管接头、进口钢套管、封孔器、带出水孔钢管、单向阀等组成，总体结构如图 22.5 所示。

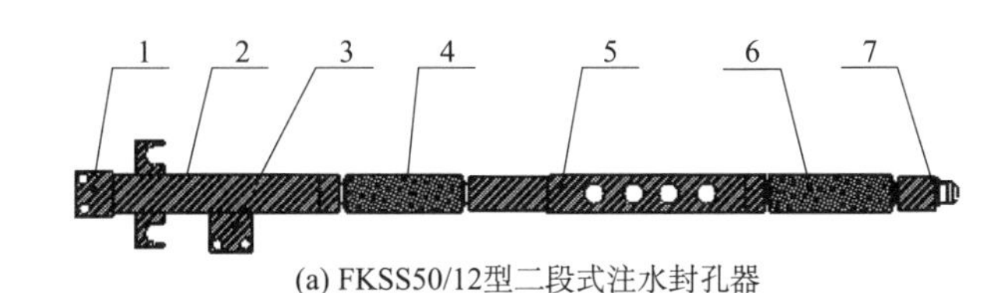

(a) FKSS50/12型二段式注水封孔器

1，3.第二、一段封孔器注水管接头；2.进口钢套管；4，6.第一、二段封孔器；
5.第一段封孔器带出水孔钢管；7.单向阀

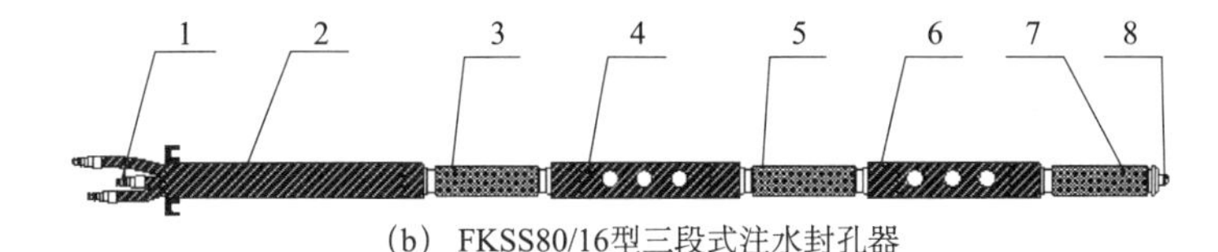

(b) FKSS80/16型三段式注水封孔器

1.第一、二、三段封孔器注水管接头；2.进口钢套管；3，5，7.第一、二、三段封孔器；
4，6.第一、二段封孔器带出水孔钢管；8.单向阀

图 22.5 分段式注水封孔器结构示意图

3. 主要性能参数

分段式注水封孔器主要技术参数如表 22.1 所示。

表 22.1 分段式注水用封孔器主要技术参数

序号	技术参数	封孔器型号	
		FKSS-50/12	FKSS-80/16
1	适应封孔孔径 /mm	50	80
2	封孔器外径 /mm	39	70
3	封孔器总长度 /mm	5400±54	7600±76
4	分段数量 / 节	2	3
5	工作压力 /MPa	2.5～12	2.5～16
6	最小爆破压力 /MPa	24	32
7	自由状态膨胀范围 /mm	80±8	95±8

22.1.3 应用情况

掘进工作面“三压带”分段注水工艺技术及配套装备已在山西阳泉煤业集团、山西南煤集团、山西西山焦煤集团、吉林通化煤业集团、河南平顶山天安煤股份有限公司等几十余座煤矿成功推广应用。在山西阳泉煤业集团新景矿 3 号煤北五正巷掘进工作面，对采用传统的一段式封孔注水技术及三段式封孔注水技术后的降尘效果进行了应用考察。

阳泉煤业集团新景矿 3 号煤北五正巷掘进工作面所在煤层的孔隙率及吸水率较差，属于难注水煤层。注水前、后采用滤膜测尘法对粉尘浓度进行测试，工作面煤体采用一段式封孔注水及三段式封孔注水技术后，降尘效率随掘进进尺变化规律曲线如图 22.6 所示。由图 22.6 可以看出：三段膨胀式注水封孔器能在煤体前方“三压带”范围内依次进行封孔注水，使前方煤体在更深、更广范围内的煤体获得较充分、均匀的预湿润效果。在截割 2～10.8m 范围内，采用三段式封孔注水技术时，司机处及其后 10m 处的产尘量最大降低率分别为 66.5%、67.6%，平均降低率分别为 60%、61.9%；采用一段式封孔注水技术时，司机处及其后 10m 处的产尘量最大降低率分别为 44.7%、46.1%，平均降低率分别为 19.8%、20.8%。采用三段式封孔注水技术较采用一段式封孔注水技术能取得更好的降尘效果。

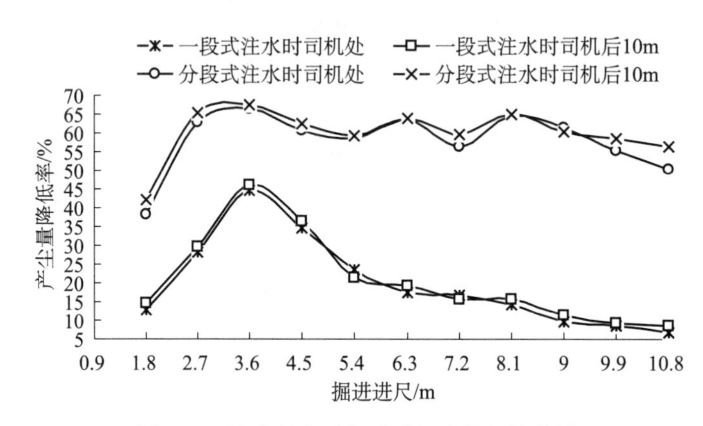

图 22.6 降尘效率随掘进进尺变化规律曲线

22.2 掘进工作面喷雾降尘技术

喷雾降尘是煤矿井下粉尘治理的主要手段，高压喷雾能提高呼吸性粉尘降尘效率。打眼和放炮两大产尘环节是煤巷、岩巷炮掘工作面防尘的重点，打眼防尘基本上是常规技术，在此不再赘述。本节重点介绍炮掘工作面高压喷雾降尘技术，煤巷、岩巷机掘工作面高压喷雾降低掘进机截割时的产尘。

22.2.1 高压喷雾降尘技术

1. 技术原理

喷雾降尘是水雾粒捕获尘粒因凝并而沉降的过程。水雾粒与尘粒的凝并效率决定了喷雾洒水的降尘效率。当水雾粒不荷电，且运动速度一定时，水雾粒是通过惯性碰撞机理、拦截捕集机理和布朗扩散机理的综合作用来捕获尘粒的。

研究表明，对非呼吸性粉尘降尘效率随雾粒速度提高、水流量增大及雾粒直径减小而上升。高压喷雾在喷雾水压力达 8～12.5MPa 时，雾粒直径减小，且运动速度显著提高，以离喷嘴 3m 处的雾粒运动速度为例，雾粒速度由低压喷嘴的 1m/s 左右上升到 12～20m/s；雾粒粒径随水压力的提高而减小，例如，当喷嘴出口直径为 1mm、喷雾水压为 10MPa 时，水雾粒直径为 18.4μm，雾粒非常细微，接近尘粒粒径，比常规低压喷雾的雾粒直径（一般为 150μm）小得多，有利于对尘粒的凝并；虽然高压喷雾水流量约为常规低压喷雾的 1/3，但是，在水压为 10MPa、离喷嘴 3m 的雾流横截面上，高压喷雾的雾粒密度是常规低压喷雾值的 27～54 倍，因此，高压喷雾比常规低压喷雾具有更高的捕尘效率。

研究表明，当雾粒荷电后，由于雾粒对尘粒静电引力作用，使水雾粒对呼吸性粉尘捕获效率提高。高压喷雾在喷射过程中能使水雾粒带较高电荷，对水雾粒电荷值在水压力为 7.5～12.5MPa 时，随水压力提高而显著上升。同时，水雾粒直径比低压喷雾更接近呼吸性粉尘粒径，因此，使得高压喷雾对总粉尘和呼吸性粉尘都具有很高的降尘效果。

2. 技术内容

高压喷嘴主要技术参数包括喷雾压力、喷雾流量、射流形状等。

1）喷雾压力

研究表明，随着喷雾压力的提高，降尘效率也随之升高，当喷雾压力超过 12.5MPa 时，降尘效果提高并不明显。根据使用场所情况，喷雾水压力一般选定为 8～12.5MPa。

2）喷雾流量

从理论分析知，高水流量能获得高的喷雾降尘效率。但是，由于低耗水量、高降尘效率是煤矿井下对喷雾的总体要求，因此，采用喷雾降尘时，不能单纯考虑通过增加喷雾流量来提高喷雾降尘效果，还应该在采用最佳耗水量前提下，通过提高水压来提高喷雾降尘效果，喷嘴流量一般小于 6.6L/mim。

3）射流形状

雾体结构是喷射出的雾体的几何形状。在喷雾水雾流从喷口出口后分为两个区：第一个区为有效作用区。在该区，雾粒以很大的速度喷出。重力对它的影响可忽略不计。第二个区为衰减区，在衰减区，雾粒的运动速度开始减慢并开始沉降。

低压喷雾时，最初的雾流是紧密的，后来由于空气的阻力作用就分散成雾粒。这些雾粒沿着平行于射流轴的方向运动。当雾粒离开喷嘴一定距离而处于衰减区时，运动速度减慢，并开始慢慢降低，如图 22.7（a）所示。

而较高压力的喷雾则不同，从喷嘴中喷出的高速水流，在很短的距离上就分散成雾粒，并在雾粒之后形成一股气流，射流中雾粒的继续高速运动，不仅是由于水压的作用，而且也是由于气流的作用。试验表明，压力达 6MPa 就有较强的含尘气流被卷入雾区，压力超过 10MPa 时，由于水速度的进一步增大，周围空气被大量带走，水雾与边界层负压值更高，附近空气加剧补充形成强烈的卷吸作用。雾流在射流全长上的运动速度超过沉降速度，不会出现低压时的衰减沉降区，见图 22.7（b）。

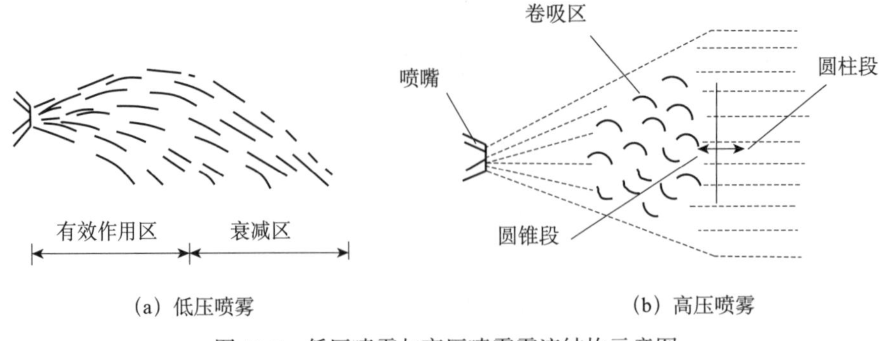

(a) 低压喷雾　　(b) 高压喷雾

图 22.7　低压喷雾与高压喷雾雾流结构示意图

针对炮掘工作面放炮和机掘工作面截割产尘，选用高压喷嘴的射流形状为实心圆锥形，这样可使雾粒运动速度快、雾粒密度大、雾粒受风流影响较小，并提高水雾粒对煤体的湿润效果。

4）水雾粒直径

水雾粒直径是影响喷雾降尘效果的重要因素。水雾粒直径越小，其降尘效率越高；但水雾粒直径过小，很容易汽化，其降尘效果会受到影响。一般来说，水雾粒直径为30～50μm 时，降尘效果最好。但将水雾粒直径减小到 50μm 以下，技术难度大、成本高，一般要求高压喷嘴的水雾粒面积平均直径不得大于 100μm。

3. 煤（岩）巷炮掘工作面高压喷雾降尘技术特点

煤（岩）巷炮掘工作面高压喷雾系统，由高压喷雾泵通过高压水管向固定在喷雾架上的喷嘴输送 10MPa 以上高压水流，形成高密度的细微雾粒，形成充满掘进断面水雾屏障，有效阻止爆破后产生的粉尘向外扩散，达到降尘和消除炮烟的目的。此外，喷雾后还能降低后续装岩工序产尘量，具体技术特点如下：

（1）降尘消烟时间短、效果好：放炮后 5min 工作面的粉尘浓度能降低到 10mg/m^3 以下，并基本消除炮烟异味。

（2）耗水量小：耗水量是常规喷雾的 1/3。

4. 煤（岩）巷机掘工作面高压喷雾降尘技术特点

机掘工作面高压喷雾降尘技术与炮掘工作面高压喷雾降尘技术原理基本相同，其区别主要在于机掘工作面高压喷雾主要降低掘进机截割时的产尘，喷雾压力一般较炮掘高压喷雾压力低，以避免因雾粒直径过小而影响掘进机司机操作。

由于高压喷雾产生的雾体受风流影响大，风速超过正常排尘风速（岩巷为0.15～0.50m/s，煤巷为 0.25～0.50m/s）时，喷向截割滚筒的雾流受风流作用，会吹向作业人员，同时降低喷雾降尘效果。所以，该技术适用于巷道断面平均风速≤0.50m/s 的机掘工作面。

22.2.2　喷雾降尘装备

1. 炮掘工作面高压喷雾降尘装备

1）系统组成

1983 年，重庆研究院研发出国内第一套高压喷雾降尘工艺技术及装备。通过改进，形成主要由高压喷雾泵、自动供水水箱、精密水质过滤器、高压水管、高压喷嘴、喷雾架和控制开关等组成的成套装备。高压喷雾装置布置在放炮控制范围之外，通过高压胶管连接到距爆破面 15～20m 左右处的喷雾架上，如图 22.8 所示。当开始放炮作业时，提前 1～2min 将高压喷雾装置开启，放炮结束 5min 后关闭，即完成放炮作业的降尘任务。

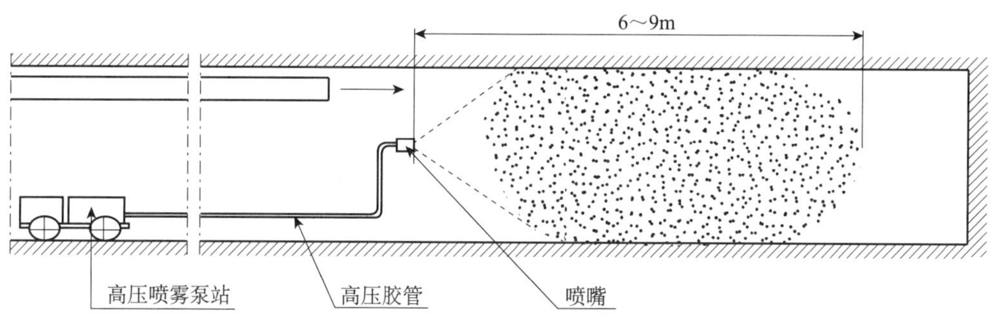

图 22.8　高压喷雾降尘系统布置示意图

2）主要性能参数

高压喷雾主要性能参数见表 22.2。

表 22.2　高压喷雾主要技术指标

喷雾压力 /MPa	喷雾流量 /(L/min)	有效射程 /m	水雾粒运动速度 /(m/s)	水雾粒密度 /(颗 /cm^3)	水雾粒面积平均直径 /μm
8～10	30～60	≥9	20～30	10^8～10^9	≤60

2. 机掘工作面高压喷雾降尘装备

1）系统组成

掘进机高压外喷雾降尘系统主要由高压泵、自动控制水箱、高压喷嘴、水质过滤器及管路等组成。其工作原理如图 22.9 所示，系统总体布置如图 22.10 所示。

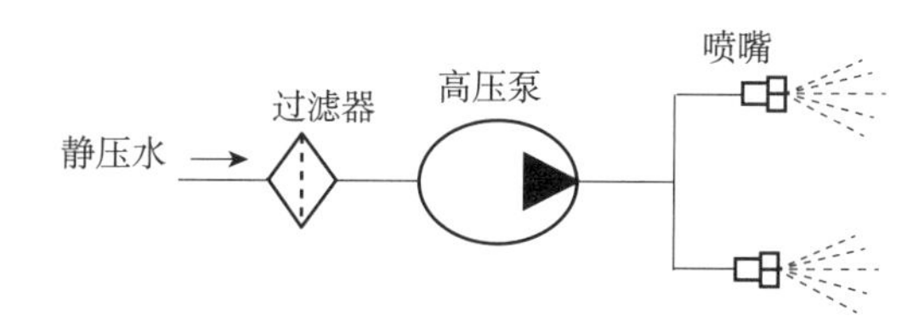

图 22.9　掘进机高压外喷雾系统示意图

高压喷嘴安装在掘进机截割臂上，高压泵布置在掘进机后方，高压泵启动开关安装在掘进机司机操作台上。掘进机截割时，开动喷雾装置；掘进机停止工作时，关闭喷雾装置。

2）主要性能参数

（1）喷雾压力：≥8MPa。

（2）喷雾流量：20～40L/min。

（3）雾化粒径：≤100μm。

（4）降尘效率：≥80%。

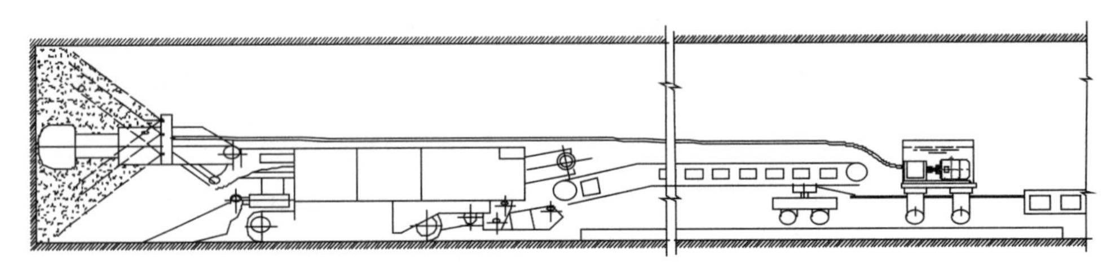

图 22.10　掘进机高压外喷雾系统布置示意图

目前用于掘进机高压外喷雾降尘的水泵及其系统保护装置主要是 BP75/12 高压喷雾泵和 GPS-400 型自动控制水箱，其主要技术指标见表 22.3 和表 22.4。

表 22.3　BP75/12 高压喷雾泵主要技术指标

公称压力 /MPa	公称流量 /(L/min)	电机功率 /kW	工作电压 /V	质量 /kg	外形尺寸 /（mm×mm×mm）
12	75	18.5	660/1140	605	1350×640×765

表 22.4　GPS-400 型自动控制水箱主要技术指标

有效容积 /L	进水压力 /MPa	进水口规格	出水口规格	质量 /kg	外形尺寸 /（mm×mm×mm）
400	≤3	KJ25	KJ32	350	850×640×765

可以根据巷道断面、产尘量、喷雾流量等参数对高压喷嘴进行选型。一般来说，对于断面 8m^2 以下掘进巷道，选用一个 4 孔或 5 孔的 G 系列高压喷嘴就能使喷雾雾流覆盖整个巷道断面，而对于断面 8～16m^2 的巷道，一般选用 2～3 个 G 系列高压喷嘴。

22.2.3　应用情况

1. 炮掘工作面高压喷雾降尘技术推广应用情况

炮掘工作面高压喷雾降尘技术在重庆松藻矿务局、河南省许昌新龙矿业有限责任公司、永煤集团股份有限公司及云南昭通等几十座煤矿成功应用，取得很好的防尘和消烟效果。

永煤集团新桥煤矿 −385m 南轨大巷为岩巷，巷道断面净断面面积 17.3m^2。在放炮过程中采用水炮泥的防尘措施后，总粉尘浓度仍达到 320～580mg/m^3。在 −385 南轨大巷工作面采用高压喷雾作为放炮过程粉尘治理的技术措施。采用粉尘浓度传感器测定放炮后工作面原始粉尘浓度，并对不同压力喷雾降尘后的粉尘浓度进行了测试对比，测试结果如表 22.5 所示。

表 22.5　不同喷雾压力下高压喷雾降尘效率

项目	类别	1	2	3	4	5	6	平均	总尘效率 /%	呼尘效率 /%
原始粉尘浓度 / (mg/m^3)	总尘	580.0	435.0	345.0	370.0	345.0	320.0	399.2	—	—
	呼尘	67.9	39.7	39.9	51.3	43.5	40.1	47.1	—	—
8MPa 时粉尘浓度 /(mg/m^3)	总尘	15.0	20.0	25.0	10.0	20.0	5.0	15.8	96.1	89.6
	呼尘	4.3	9.1	2.9	3.9	4.4	4.8	4.9		
10MPa 时粉尘浓度 /(mg/m^3)	总尘	5.0	15.0	10.0	5.0	15.0	10.0	10.0	97.5	89.6
	呼尘	2.9	6.0	6.2	3.0	5.8	5.3	4.9		
12MPa 时粉尘浓度 /(mg/m^3)	总尘	5.0	10.0	10.0	15.0	10.0	5.0	9.2	97.7	90
	呼尘	2.2	4.6	5.2	5.1	5.3	5.5	4.65		

由表 22.5 可以看出，随着喷雾压力的增加，总粉尘降尘效率和呼吸性粉尘降尘效率在提高，当增加到 12MPa 时，降尘效果增加并不明显，因此喷雾压力确定为 12MPa。

2. 机掘工作面高压喷雾降尘技术推广应用情况

重庆研究院研发的机掘工作面高压外喷雾降尘系统，已在山西阳泉煤业集团、中国中煤能源集团、陕西煤业化工集团、北京昊华能源股份有限公司及永煤集团股份有限公司等上百座煤矿成功推广应用，取得较好的防尘效果。

昊华精煤有限责任公司高家梁煤矿 20305 辅助运输巷机掘工作面，巷道断面 5.4m×3.35m，现有外喷雾为低压，生产时粉尘浓度达到 2000～3000mg/m^3，影响正常掘进。针对该工作面的粉尘污染问题，选用机掘工作面高压外喷雾对其进行治理，根据掘进机设计了一种新型的环形高压外喷雾装置，安装于掘进机摇臂根部，如图 22.11 所示。在环形装置上均布 SC203 型喷嘴 10 个，在两端各均布 SB302 型喷嘴 3 个，共计 16 个，在 8MPa 喷雾压力条件下，喷雾流量约为 40L/min，喷雾泵站布置在皮带支撑架上的平台上，通过高压水管与喷雾装置连接，该平台随着皮带的延伸定期向前移动。

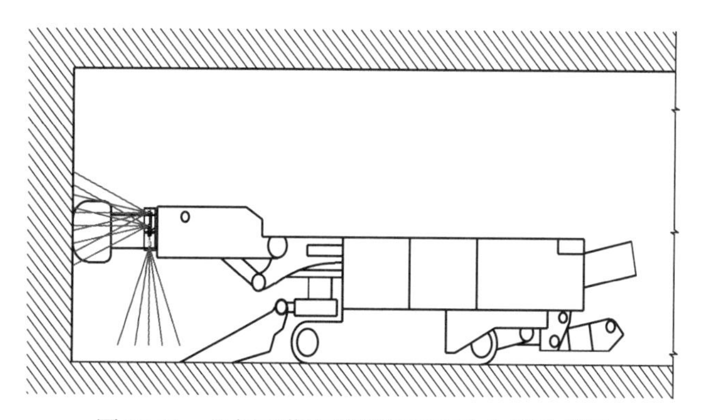

图 22.11　机掘工作面喷雾装置安装布置示意图

调试完成后，对机掘工作面高压外喷雾降尘系统的效果进行了考察，结果如表 22.6 所示。

表 22.6　机掘工作面高压外喷雾降尘系统效果

项目	使用前粉尘浓度 /（mg/m³）	使用后粉尘浓度 /（mg/m³）	降尘效率 /%
总粉尘	2774	441	84.1
呼吸性粉尘	694	173	75.07

采用环形外喷雾装置，能够在有效湿润滚筒周围煤体的同时，快速湿润垮落到底板的破碎煤体，增加煤体水分含量，捕获已产生的粉尘，综合降尘效率能达到 84.1%，呼吸性粉尘降尘效率达到 75%。此外，系统流量低，所用喷雾泵站体积小，安装布置在皮带支撑架上，随着皮带的延伸定期向前移动，系统配套使用方便。

22.3　机掘工作面泡沫除尘技术

机掘工作面高压喷雾降尘方便易行，但对呼吸性粉尘降尘效率相对较低，且有些煤矿掘进工作面底板遇水易膨胀，限制了其使用。

泡沫对粉尘具有良好的弹性、湿润性、隔绝性、黏连性等物理特点，同时有较大的比表面积，通过产生大量无间隙、密实的泡沫群，可以捕捉所有与之相遇的粉尘，与喷雾降尘相比，对呼吸性粉尘具有显著的降尘效果，且用水量少。

22.3.1　泡沫除尘技术及其适用条件

1. 技术原理

泡沫除尘是将发泡剂和水按一定比例混合，通过发泡器产生大量泡沫喷洒到尘源上或空气中。当泡沫液喷洒到煤岩体上时，造成无空隙的泡沫体覆盖和遮断尘源，使粉尘得以湿润和抑制；当泡沫液喷洒到含尘空气中时，则形成大量的泡沫群，其总体积和总面积很大，从而增加与尘粒的接触面和附着力，起到降尘作用。粉尘接触到泡沫之后，吸收液膜中的水分，使泡沫液膜变得越来越薄，直至破裂。而粉尘在液膜中水分液桥力的作用下，由小颗粒聚集成大颗粒，最终随破裂的泡沫液滴一起沉降下来。泡沫能捕集空气中飞扬的粉尘，主要是靠碰撞、湿润、黏附、重力沉降等多种机理综合作用的结果，如图 22.12 所示。对于大颗粒粉尘在低速条件下，重力和拦截起主要作用；对于微细粉尘，静电力、扩散等因素起主要作用。泡沫几乎可以捕集所有与其相遇的粉尘，尤其对呼吸性粉尘具有更强的凝聚力，降尘效果更好。

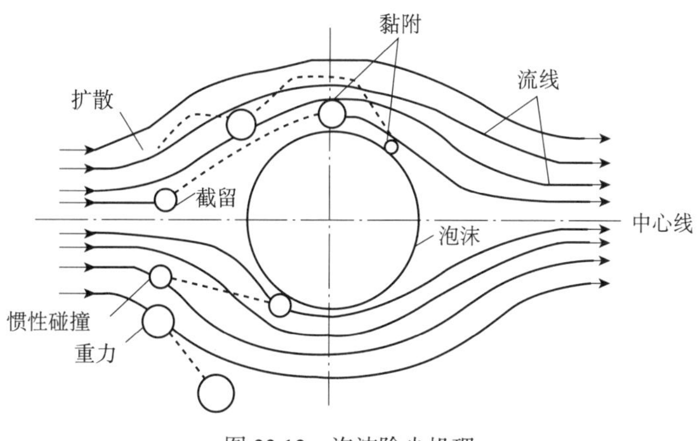

图 22.12　泡沫除尘机理

在泡沫除尘中，发泡剂性能的强弱，直接影响泡沫发生量和降尘效率。泡沫药剂是在起泡性能很强的发泡剂中加入不同性能的稳定剂及其他助剂，按一定比例配制而成的。由于发泡剂的分子结构不同，相同条件下发泡倍数也不一样，所谓发泡倍数是指一定数量的泡沫自由体积，与该体积的泡沫全部破灭后析出的溶液体积之比。一般 10～20 倍为低倍数泡沫，20～200 倍为中倍数泡沫，200～1000 倍为高倍数泡沫，而煤矿降尘用的泡沫倍数一般为 70～200 倍。

2. 工艺流程

泡沫液添加装置利用供水管供水动力，自动实现向泡沫发生器提供设定比例的泡沫液；泡沫发生器利用供气管提供的压缩空气产生高倍泡沫，并通过泡沫输送管向泡沫喷头连续不断地输送泡沫；在泡沫喷头作用下向尘源处喷射大量泡沫，达到降尘的目的。

3. 布置方式

机掘工作面使用泡沫除尘系统时，吸收液添加装置一般布置安装在桥转皮带侧面或利用安装架固定在桥转皮带后溜道上，随桥转皮带或溜道移动而移动；泡沫发生器及泡沫喷头一般布置安装在掘进机机面上。

4. 适用条件

适用于煤矿机掘工作面和转载点的粉尘治理。

22.3.2　泡沫除尘装备

1. 系统组成

ZJPK-06 型矿用泡沫除尘系统由供水管、泡沫液添加装置、供气管、泡沫发生器、泡沫输送管及泡沫喷头等组成，如图 22.13 所示。

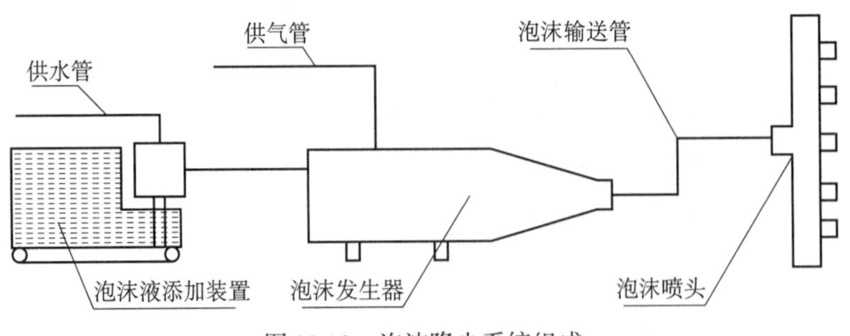

图 22.13　泡沫降尘系统组成

2. ZJPK-06 型矿用泡沫除尘系统主要性能参数

（1）工作气压：0.2～0.5MPa。

（2）耗气量：$2m^3$/min。

（3）耗水量：15～20L/min。

（4）发泡倍数：70～100。

（5）发泡量：＞$0.6m^3$/min。

（6）除尘效率：≥85%。

3. 技术特点

ZJPK-06 型矿用泡沫除尘系统具有如下特点。

（1）耗水量少：为普通喷雾降尘用水量的 1/5～1/3。

（2）降尘效果好：泡沫直径远大于水雾滴，具有表面积大，良好的弹性、湿润性、隔绝性、黏连性等特点，能够捕集绝大多数粉尘，降尘效率达 85% 以上，尤其是对呼吸性粉尘具有显著的除尘效果。

（3）泡沫喷射距离远（4m 以上）、抗侧向风能力强（4m/s 以上）。

（4）泡沫在管道中的传输性好，传输距离大于 10m 以上。

22.3.3　应用实例

泡沫除尘技术及装备已在山西阳泉煤业集团、永煤集团股份有限公司、重庆能源集团、松藻煤电公司等几十座煤矿成功推广应用。

松藻煤电公司渝阳煤矿 N2813 机掘工作面作业时，工作面粉尘污染比较严重。经现场测试，工作面司机位置处总粉尘最高达到 $2760mg/m^3$。根据粉尘粒度分布测试结果，工作面煤尘颗粒主要分布于 50μm 以下（占总粉尘质量的 85.4%），7μm 以下（占总粉尘质量的 18.9%）呼吸性粉尘含量较高。由于原始粉尘浓度（尤其是呼吸性粉尘浓度）较高，且由于渝阳煤矿为突出矿井，N2813 机掘工作面只能采用压入式通风方式，容易引起粉尘扩散，因而工作面粉尘治理难度较高。

通过最佳参数优化试验（包括不同工作水压、气压和泡沫剂浓度的降尘效率分析比较）

确定了发泡装置的工作参数，即当工作水压力为 1.2MPa、工作流量为 15L/min、工作气压为 0.2MPa、发泡剂浓度为 2% 时，总粉尘降尘效果较好（达到 86.54%）。为此，确定发泡装置的最佳工作参数为工作水压力 1.2MPa，工作流量 15L/min，工作气压 0.2MPa，发泡剂浓度 2%。

总粉尘、呼吸性粉尘和分级粉尘降尘效果如表 22.7 所示。

表 22.7 分级粉尘降尘效果考察

粉尘粒径 /μm	质量百分比 /%		司机位置粉尘浓度 /（mg/m³）		掘进机后 4m 粉尘浓度 /（mg/m³）		司机位置降尘效率 /%	掘进机后 4m 降尘效率 /%
	原始粉尘	喷洒泡沫后	原始粉尘	喷洒泡沫后	原始粉尘	喷洒泡沫后		
≤2	9.94	14.9	206.87	39.13	187.61	37.2	81.08	80.17
≤3	10.88	15.1	226.43	39.47	205.36	37.43	82.57	81.73
≤4	11.87	16.43	247.04	42.9	224.05	40.1	82.63	81.8
≤5	12.6	17.9	262.23	46.73	237.8	42.85	82.81	81.98
≤7	18.9	23.9	393.34	62.6	356.73	60.32	83.87	83.09
≤10	26.8	29.8	557.76	77.86	505.85	74	86.04	85.37
≤20	48.8	55.1	1015.62	130.7	921.1	124.26	87.13	86.51
≤30	56.1	57.2	1167.55	149.21	1058.8	141.8	87.22	86.6
总粉尘	100	100	2081.2	261	1887.5	237.7	87.46	86.81

从表 22.7 可以看出：使用泡沫降尘技术后，工作面粉尘明显降低，有效改善了工作面作业环境，使用泡沫后工作面司机位置处平均总粉尘和呼吸性粉尘降尘效率分别为 87.46% 和 83.8%。

22.4 机掘工作面控尘除尘工艺技术

国内外实践表明：对机掘工作面采用以控尘装置控尘、除尘设备抽尘净化为主的长压短抽通风除尘系统，是降低机掘工作面粉尘浓度的最有效的措施之一。良好的除尘系统应同时具备高效控尘及高效除尘。

22.4.1 控除尘技术及工艺

1. 技术原理

新鲜风流由压入式局部通风机经风筒送进工作面，通过设置在供风风筒出风端处的控风装置改变压入式供风方式，由轴向变为径向出风，进而改变掘进工作面的风流流场，抑制粉尘扩散，同时含尘气流经吸尘口抽入除尘器中净化处理，净化后的空气被排至巷道中，如图 22.14 所示。这种压、抽结合形式形成的长压短抽通风除尘系统达到较理想的降尘效果。

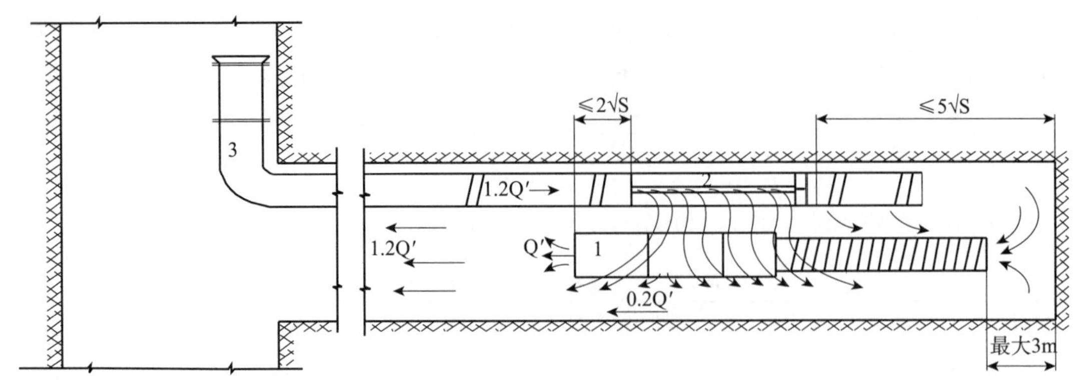

图 22.14 机掘工作面长压短抽的新型通风除尘系统

1. 除尘系统；2. 控风装置；3. 供风风机

2. 技术内容

20 世纪 80 年代初，重庆研究院开展了长压短抽通风除尘系统研究，而后引进波兰涡流控制含尘气流技术，形成了机掘工作面控除尘技术及成套装备。21 世纪后，太原研究院引进了德国长压短抽通风除尘技术，北京研究院也进行了长压短抽通风除尘技术的实践。

1）控风技术

控风技术主要是通过在供风风筒出风口连接控风装置，通过控风装置将压入工作面的轴向风流改变成沿巷道周壁旋转的径向风流向迎头推进，在掘进机司机的前方建立起空气屏幕，控制浮游粉尘向后方扩散，使含尘气流只能沿布置在司机前方的吸尘口吸入除尘器中被净化处理，干净的风流再排至巷道中。

这类控风装置有附壁风筒、涡流控风装置和布风器等。

2）除尘技术

a. 湿式除尘技术

（1）高效湿式过滤除尘技术。

目前煤矿井下应用的主要为湿式除尘器，其中重庆研究院和太原研究院开发的湿式过滤除尘器，增加含尘气流流经喷淋的密实过滤装置，使湿式除尘器呼吸性粉尘的除尘效率提高到 92% 以上。

（2）高压水射流负压除尘技术。

利用射流产生的负压，将机掘工作面的含尘风流吸入利用射流水制成的湿式除尘器净化处理后再排向巷道空间。

射流从喷头射出后，卷吸周围环境中的介质，同时带动边界层两侧的空气随着水流方向流动，形成负压。由于负压和水雾的共同作用，除尘系统周围产生很强的负压，附近含尘浓度高的空气被吸入负压场，含尘气流不断吸入，排走，达到使粉尘沉降下来的目的。自激振荡脉冲射流是利用水声学、流体动力学、流体共振和流体弹性学等原理而发展起来的一种新型高效脉冲射流，通过自激（即不需要外加激励源），靠流体本身在特殊的流体结构中产生自激振荡，将连续水射流变为振荡脉冲水射流。

b. 干式除尘技术

干式除尘器采用干式布袋除尘，通过局部通风机将工作面的粉尘抽入干式除尘器；含尘气体进入干式除尘器后，通过滤布表面的惯性碰撞、筛滤等综合效应，使粉尘沉积在滤布表面，过滤后空气排入巷道；除尘器运行时，采用气动脉冲阀定时周期性开启（动作时间为 0.1～0.3s），将压缩空气经喷吹管上的小孔喷射出一股高速的引射气流，使滤布内出现瞬间正压，急剧膨胀，沉积在滤布外表面的粉尘脱落掉入下方刮板输送机上；最后刮板输送机将粉尘排出。

3）配套工艺技术

高效的除尘器，虽然有很高的除尘效率，但如果机掘工作面产生的粉尘绝大多数不能进入除尘器中净化处理，机掘工作面高浓度的粉尘仍然不能有效地降低。因此选择合理的配套工艺，充分发挥通风排尘、控制含尘气流和高效抽尘净化的作用，使之与机掘工作面的生产技术条件特别是与采用的掘进机相适应，形成一套完整的通风－除尘系统，是实现高效降低机掘工作面粉尘浓度的关键所在。

在现场应用中，一般根据工作面的具体生产技术条件，设计不同的布置方式。国内常见的布置方式有机载式、单轨吊挂式、跨皮带式等。

a. 机载式

除尘器固定在掘进机上，吸尘罩固定在掘进机的前方，并使吸尘口靠近滚筒附近，通过刚性风筒或可伸缩软风筒将除尘器和吸尘罩连接起来而构成抽尘系统；控尘装置放于巷道供风风筒一侧底板上，并通过可伸缩风筒与压入式供风风筒连接，构成控尘系统，如图 22.15 所示。

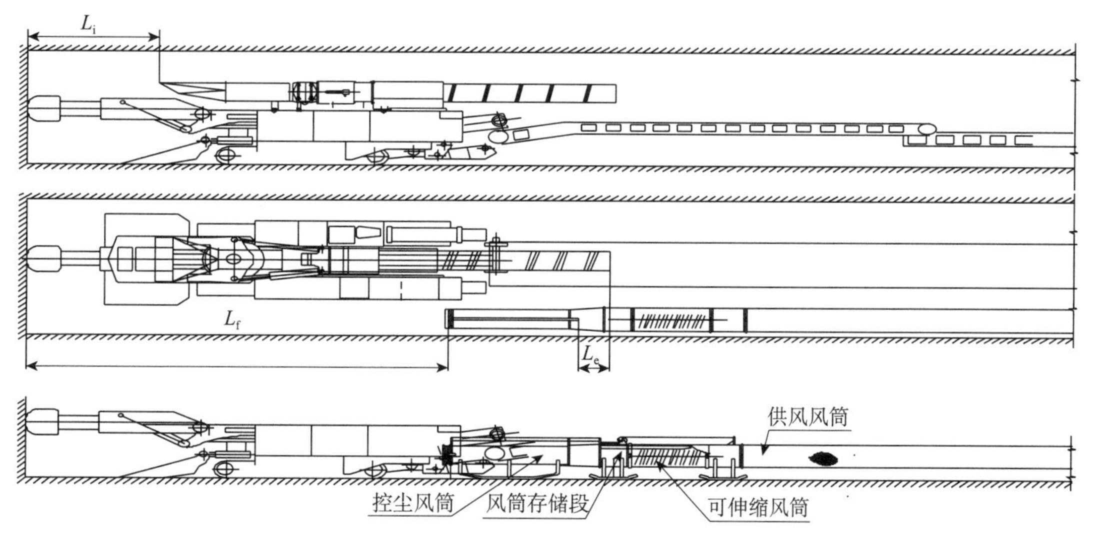

图 22.15 机载式布置

这种布置方式的优点是除尘器和吸尘罩能够随掘进机移动，工人劳动强度低，适用于巷道高度较大（3m 以上）且起伏不大的掘进工作面。

b. 单轨吊挂式

吸尘罩、除尘器及连接风筒都用单轨吊固定在巷道的顶部构成抽尘系统，单轨吊是利用支撑锚网的锚杆，在巷道顶部中央固定单轨连接而成的辅助运输系统；控尘装置放于巷道供风风筒一侧底板上，并通过可伸缩风筒与压入式供风风筒连接，构成控风系统，如图 22.16 所示。

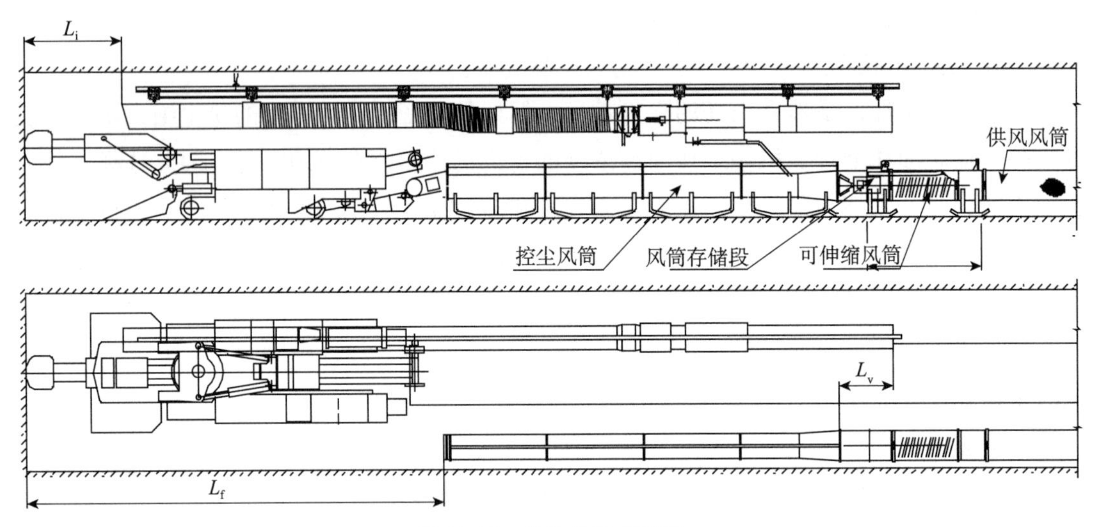

图 22.16　单轨吊挂式布置

这种布置方式的优点是可以充分利用掘进工作面的空间，适应性强，工人劳动强度低，降尘效果好。但要求巷道的起伏不能太大，并且对单轨吊的铺设要求较高。适用于具有单轨吊运输方式的掘进工作面或能够形成单轨吊运输方式的掘进工作面。目前，这种方式在国外普遍使用，但在我国则很少使用。

c. 跨皮带式

吸尘罩固定在掘进机上，并使吸尘口靠近滚筒附近，设置专用的平板小车跨在皮带上方，将除尘器固定在平板小车上，通过刚性风筒或可伸缩软风筒将除尘器和吸尘罩连接起来而构成抽尘系统；控风装置放于巷道供风风筒一侧底板上，并通过可伸缩风筒与压入式供风风筒连接，构成控风系统，如图 22.17 所示。

这种布置方式的优点是适应性强，能够适合各种机掘除尘。缺点是需要的连接风筒较长，导致系统管理复杂，需要人工频繁移动除尘器，导致工人劳动强度增大。

3. 主要配套工艺参数

（1）除尘器处理风量应该为工作面供风量的 75%～85%，即应满足下式的要求

$$q_e=(0.75\sim85)q_f \qquad (22.1)$$

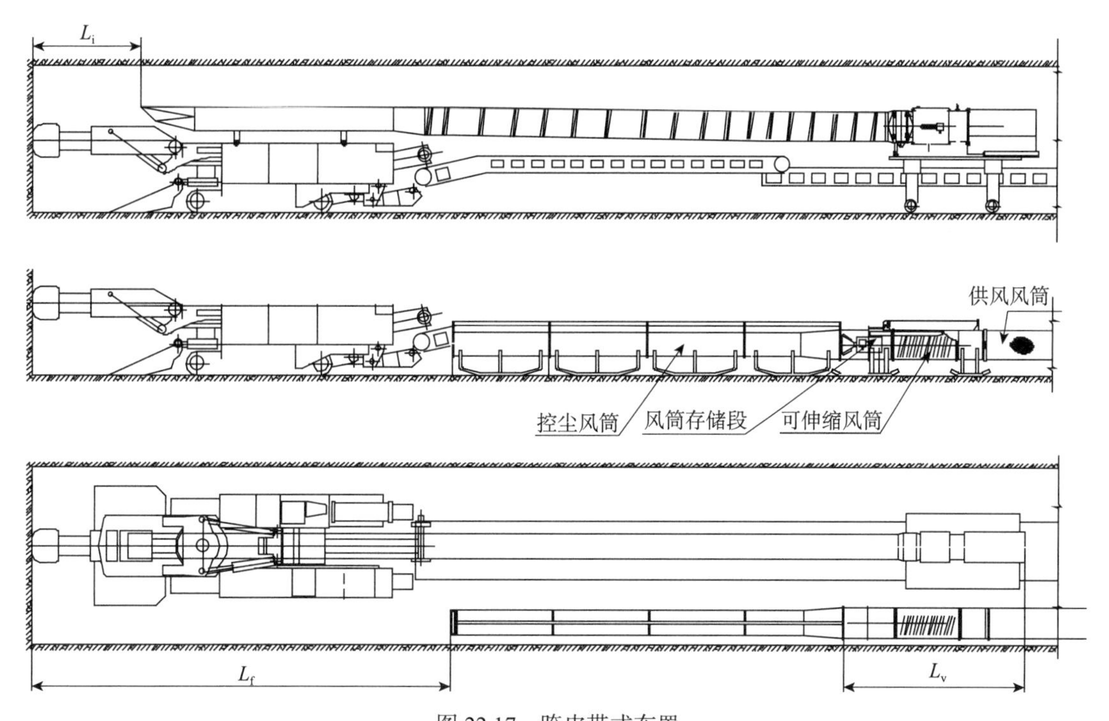

图 22.17　跨皮带式布置

式中，q_e 为除尘器的处理风量，m^3/min；q_f 为工作面供风量，m^3/min。

（2）压入式风筒口距工作面迎头的距离按下式计算：

$$L_f \leqslant 5\sqrt{A} \tag{22.2}$$

式中，L_f 为压入式供风筒的控风装置末端出风口至工作面迎头距离，m；A 为巷道断面面积，m^2。

（3）除尘器吸尘口至工作面迎头的距离，一般最大不超过 4m，也可按下式计算：

$$L_i < 1.5\sqrt{A} \tag{22.3}$$

式中，L_i 为压入式供风筒的控风装置末端出风口距工作面迎头距离，m。

（4）除尘器排放口与供风风筒的控风装置前端出风口的重叠段距离一般为 3～10m，也可按下式计算：

$$L_v \leqslant 2\sqrt{A} \tag{22.4}$$

式中，L_v 为除尘器排放口与供风风筒的控风装置前端出风口的重叠段距离，m。

4. 适用条件

长压短抽通风除尘系统适用于瓦斯矿井煤巷机掘和岩巷机掘工作面除尘。

22.4.2 控除尘装备

1. 控风设备

目前国内控风设备主要有附壁风筒和涡流控风装置两种。两种设备都采用附壁效应原理控风，但附壁风筒是一种被动式控风装置，而涡流控风是一种主动式控风装置。

（1）附壁风筒装置

附壁风筒装置，由风筒存储装置和存储的可伸缩风筒、附壁风筒和风阀组成，如图22.18所示。附壁风筒是在一段风筒壁面上开一细的切口或多个小孔，该风筒一般由2～5节串联而成。

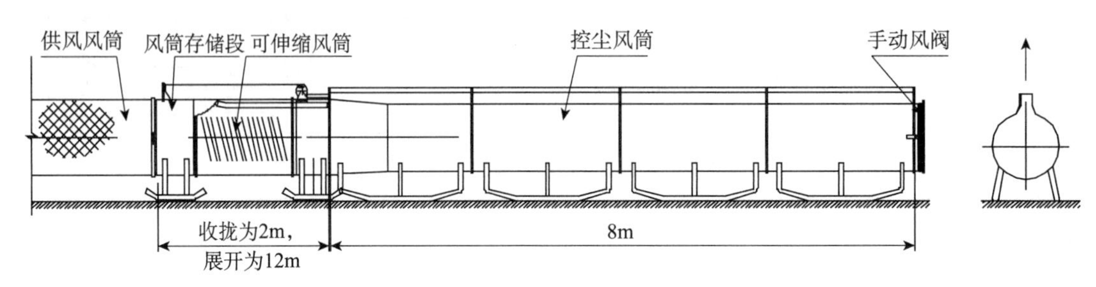

图22.18 附壁风筒装置结构示意图

在附壁风筒的出风口设置自动或手动风阀。掘进机在工作前，让风流由出风口直接向工作面供风；掘进机工作时，启动除尘器，关闭风阀，使风流从狭缝喷口喷出，沿巷道壁旋转向工作面推进，喷出的速度以15m/s以上为佳；停机后，打开风阀，恢复向工作面直接供风。

附壁风筒布置在巷道供风侧底板，考虑掘进中每掘进3～5m移动一次，设计成雪橇支撑形式并由掘进机牵引移动。风筒存储装置储存了10m的可伸缩风筒，当控风装置向前移动时使其从收拢状态变成完全展开状态，继续前移时就要将10m可伸缩风筒与供风筒拆开，把伸缩风筒重新收拢到风筒存储器上，同时用10m新供风风筒接入供风筒端和可伸缩风筒之间，如此循环往复。附壁风筒可按表22.8进行选择。

表22.8 附壁风筒规格选择

规格型号	供风量/（m^3/min）	适应巷道断面积/m^2	外形尺寸（直径×长度）/（mm×mm）	备注
KF-500A	180～250	8～14	ϕ500×4000	同时要保证与供风风筒直径一致
KF-600A	250～420	10～16	ϕ600×6000	
KF-800A	420～800	12～20	ϕ800×8000	

（2）涡流控风装置

控风装置由风筒存储装置、涡流发生器和涡流风筒组成，如图22.19所示。

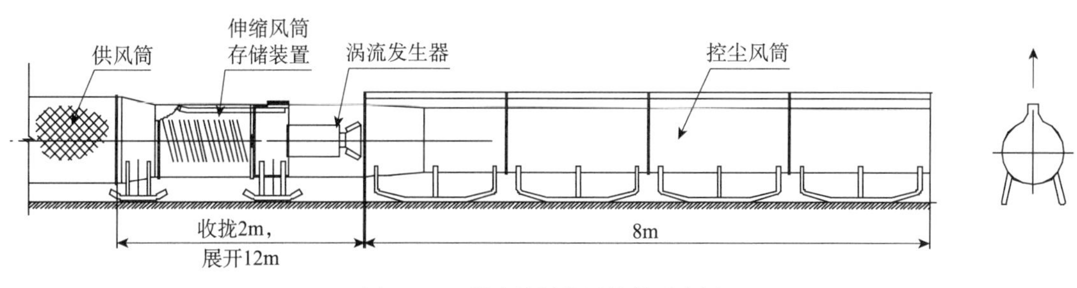

图 22.19 涡流控风装置结构示意图

其工作原理是将工作面压入式风筒与风筒储存器连接，启动控风装置，涡流发生器叶轮高速旋转，将原压入式风筒供给机掘工作面的轴向风流改变为具有较大径向速度的旋转风流，大部分旋转风流从涡流风筒上预设的缝隙排出，以一定的旋转速度吹向巷道的周壁及整个巷道断面，使巷道断面上风速分布更加均匀。旋转风流在除尘设备抽吸作用下，整体向工作面迎头推进，在掘进机司机前方建立起阻挡粉尘向外扩散的气幕，封锁住掘进机工作时产生的粉尘，使之吸入除尘设备而不外流，从而提高机掘工作面的收尘效率。

涡流控风与附壁风筒控风作用及运行方式相同，主要特点是涡流控风为主动出风，在出风口的出风速度是附壁风筒的 2 倍，从而使巷道断面上的风速分布更加均匀，能够形成更为厚实的阻挡粉尘向外扩散的气幕，控尘效果更为显著；更有利于稀释工作面顶部瓦斯，同时可以克服由于增加控风装置后供风系统增加的阻力，减小控风装置对供风系统工况点的改变范围，从而保证工作面的安全生产。

涡流控风装置可按表 22.9 进行选择。

表 22.9 涡流控风装置规格选择

项目	供风量 / （m^3/min）	断面面积 / m^2	规格型号	外形尺寸 /mm×mm	备注
1	180～250	8～14	ZKW-500A	500×4000	同时要保证与供风风筒直径一致
2	250～420	10～16	ZKW-600A	600×6000	
3	420～800	12～20	ZKW-800A	800×8000	

2. 除尘设备

1）湿式除尘设备

a. KCS 系列高效湿式过滤除尘器

重庆研究院研制的 KCS 系列湿式除尘器采用具有一定厚度的丝网过滤装置代替传统的过滤网过滤装置，使含尘气流流经过滤装置时与过滤装置的接触距离变长，更有利于对微小粉尘的捕集；使用波纹板脱水结构代替旋流脱水技术，在提高脱水效率的同时使除尘器的体积减小了 25% 左右；由于新式高效除尘器的喷雾流量较大，因此配备了循环水箱，有效地降低了耗水量。此外，新式高效除尘器还具有自动化程度较高的特点，实现了除尘器启、停、反冲洗的一键控制，减小了除尘设备的维护工作量，并且对除尘系统进行了实时监控。新式高效除尘器外观结构如图 22.20 所示。

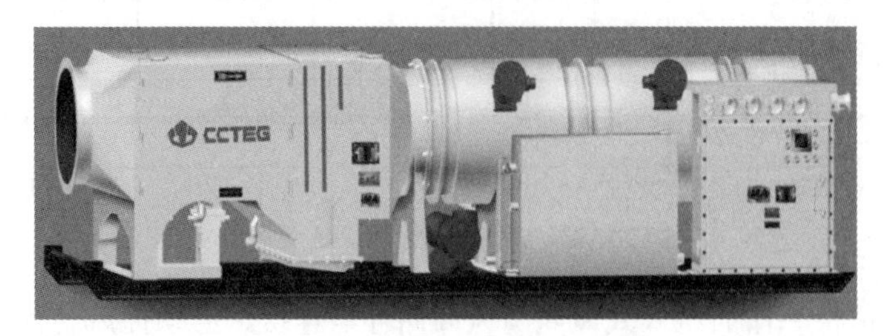

图 22.20　KCS 型高效除尘器外观结构

KCS 系列湿式除尘器的主要性能参数和适应的掘进工作面条件如表 22.10 所示。

表 22.10　KCS 系列除尘器主要技术参数和适应范围表

型号	工作阻力 /Pa	处理风量 /（m^3/min）	总粉尘除尘效率 / %	呼吸性粉尘除尘效率 /%	耗水量 /（L/min）	配套电机功率 /kW	适应条件	
							压入式供风量 /(m^3/min)	断面积 / m^2
KCS-180	1100	180	≥ 99	＞ 90	≤15	11	180～250	8～14
KCS-250	1100	250	≥ 99	＞ 90	≤20	18.5	250～420	10～16
KCS-350	1100	350	≥ 99	＞ 90	≤20	22	300～420	10～16
KCS-450	1100	450	≥ 99	＞ 90	≤20	30	300～420	10～16
KCS-550	1100	550	≥ 99	＞ 90	≤25	37	420～700	12～20
KCS-650D	1800	650	≥ 99	＞ 90	≤15	2 × 45	650～850	12～20

b. HCN 和 KCS 系列湿式除尘器

太原研究院研制的 KCS 和 HCN 湿式除尘器（图 22.21），主要针对粉尘浓度不太高的煤巷及半煤岩巷掘进的粉尘治理。

图 22.21　太原研究院湿式除尘器外观结构

工作流程：位于湿式除尘器后面的风机提供动力，通过负压风筒将工作面的粉尘吸入湿式除尘器；含尘空气首先进入雾化区，与从喷嘴喷出的水雾以较高的相对速度接触；凝聚形成的含尘水滴在经过除雾垫层时大部分被捕捉、聚集；水滴分离器将污水和清洁的空气分离，清洁空气从除尘风机出口排出；污水则通过排污泵（图 22.22）排至巷道指定地点。

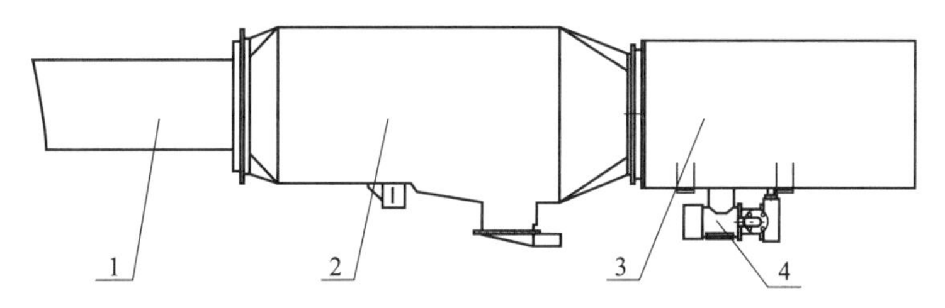

图 22.22　太原研究院湿式除尘器结构示意图

1. 负压风筒；2. 湿式除尘器；3. 风机；4. 排污泵

除尘器技术特点如下：

（1）除尘器主机从德国（CFT 原装）进口。

（2）特有的波浪式除雾垫层捕尘技术，10μm 以上颗粒粉尘捕集率≥99.4%，同时气液比小于 0.08 L/m^3，用水量远低于国标规定（表 22.11）。

表 22.11　太原研究院湿式除尘器主要技术参数

型号	HCN250/1 （进口）	KCS-400D （国产）	HCN400/1a （进口）	KCS-600D （国产）	HCN600/1a （进口）
处理风量 /（m^3/min）	250	400	400	600	600
适应断面 /m^2	≤14	≤16	≤18	≤22	≤24
除尘效率 /%			≥99.4		
风筒直径 /mm	500	600	600	800	800
用水量 /（L/min）	≤30	≤30	≤30	≤50	≤50
水压 /MPa			0.3～0.4		
风机功率 /kW	30	2×22	45	2×37	75
排污泵功率 /kW	4				

（3）特有的流线型二通道带钩气液分离技术，使得净化后的空气气流不含任何液滴、不对巷道形成二次污染。

此外，太原研究院还研发了机载湿式除尘器（图 22.23），即把湿式除尘器作为一个部件，在掘进机、连采机、掘锚机等综掘机组上进行机载布置，实现除尘设备与综掘机组的高度集成。目前已在山西天地煤机生产的 EBZ260、EBZ300 掘进机及 EML340 连续采煤机上得到广泛应用。其主要技术参数如表 22.12 所示。

图 22.23　机载湿式除尘器结构示意图

表 22.12 机载湿式除尘器主要技术参数

型号	HCN400/1b	HCN250/1
处理风量 / (m^3/min)	400	250
除尘效率 /%	≥99.4	≥99.4
用水量 / (L/min)	<30	<25
风机功率 /kW	45	22
排污泵功率 /kW	4	1.75 (液压驱动)

c. 高压水射流负压除尘器

基于自激振荡喷嘴的除尘器，通过改变圆筒级数，确定除尘器由三级风筒组成，第一级风筒直径最小，入口处安装喷嘴，喷嘴前段安装具备反冲洗能力的过滤装置，水射流由压力达 15MPa 的加压泵提供。第二级风筒直径大于第一级风筒，在射流负压的作用下，两者之间的空隙也能抽吸含尘风流，极大地净化司机位置处的空气。第三级风筒前段焊接扇叶结构的叶轮，后端内衬过滤网，一方面叶轮能起到加大负压、增加雾粒的作用，另一方面过滤网过滤含尘水，避免雾粒过多溢出除尘器。

除尘器处理风量为 320～600 m^3/min，适用于国内大多数煤矿掘进工作面，除尘器如图 22.24 所示。

图 22.24 处理风量为 580 m^3/min 的除尘器

2) 干式除尘设备

a. GBC 型矿用干式布袋除尘器

重庆研究院研制的 GBC 型矿用干式布袋除尘器主要由箱体、滤袋组、清灰系统和排灰系统等主要部件构成。

箱体由进气口、袋式、尘气室、净气室、排气管等构成；滤袋组由 80 个布袋构成；清灰系统由滤气分水减压阀、电磁阀、气动脉冲控制仪、气动阀、脉冲阀、气包、喷吹管等构成；排灰系统由排灰电机、减速器、刮板输送机、螺旋输送机等构成。

处理风量 230～250m^3/min、工作阻力 2000Pa、喷吹压力小于 0.4MPa、清灰周期

0.5～5min、总尘除尘效率大于 99.5%。

b. HBK 型干式除尘器

太原研究院研制的 HBK 型系列干式除尘器如图 22.25 所示。

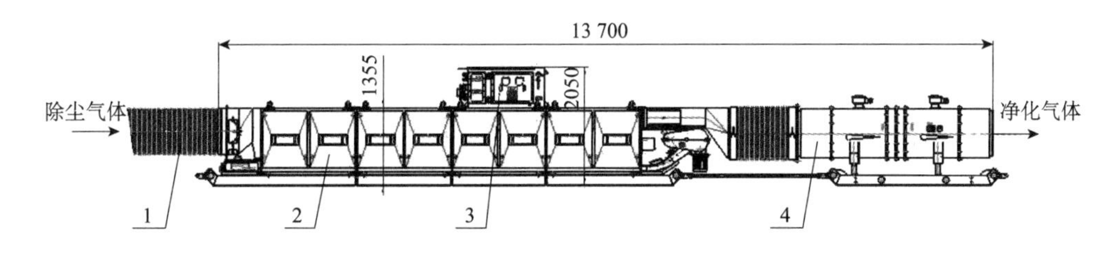

图 22.25　太原研究院干式除尘系统

1. 负压风筒；2. 干式除尘器；3. 电控箱；4. 风机

（1）技术特点：①干式除尘器主机从德国（CFT 原装）进口；②专为巷道掘进开发的无龙骨的空心体菱形扁袋，有极高的捕尘效率和使用寿命，整机结构更为紧凑，体积更小；③采用滤袋旁插结构，更适合煤矿井下巷道高度有限空间进行滤袋更换、检修；④采用气动清灰元件，而非电器元件，更符合煤矿井下安全要求；⑤采用刮板输送机进行自动排灰至集尘袋，方便粉尘的收集处理。

（2）主要性能参数如表 22.13 所示。

表 22.13　干式除尘器主要性能参数

技术性能参数	型号		
	HBK01/400	HBK01/600	HRKS1/800
处理风量 /（m^3/min）	400	600	900
除尘效率 /%		≥99.99	
适应断面面积 /m^2	≤18	≤24	≤30
滤布面积 /m^2	173	282	367
压缩空气压力 /MPa		0.45	
除尘风机功率 /kW	2×45	2×55	2×75

3. 车载式控除尘一体化装备

在现场应用中，一般根据工作面的具体生产技术条件，设计不同的布置方式。国内常见的布置方式有机载式、单轨吊挂式和跨皮带式等。重庆研究院最近研发了车载控除尘一体化装备，集附壁风筒与高效除尘器于一体，实现控尘、除尘一体化，可自行移动，且移动方便。

1）车载控除尘一体化式通风除尘系统组成

车载控除尘一体化系统如图 22.26 所示，具体由供风风筒、可伸缩风筒、轻质单轨吊系统、一体化装置（图 22.27）和负压螺旋风筒五部分组成。该套装置集附壁风筒和除尘器于一体：工作面的供风风筒与可伸缩风筒连接，通过一体化装置的风筒存储器将可伸缩风筒（骨架或螺旋负压风筒）进行存储，同时将存储风筒吊挂于轻质单轨吊系统上，通过悬挂于巷道顶部的轻质单轨吊系统将一体化装置前段的负压螺旋风筒吊挂于巷道顶部一侧，控制负压螺旋风筒吸风口至工作面迎头距离不大于 3m。

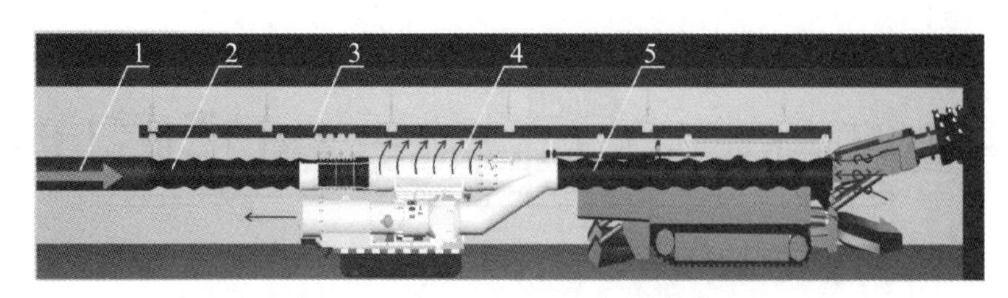

图 22.26　车载式控除尘系统工作示意图

1. 供风风筒；2. 可伸缩风筒；3. 轻质单轨吊系统；4. 体化装置；5. 负压螺旋风筒

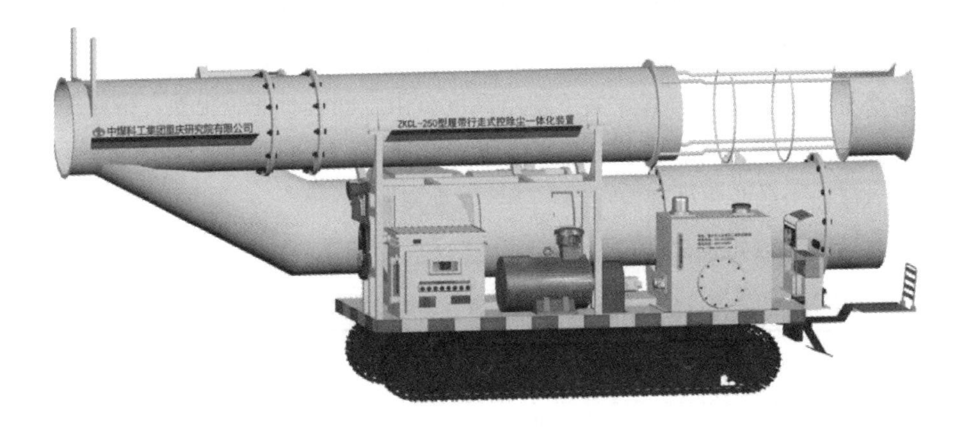

图 22.27　机掘工作面车载式通风、控除尘一体化装置

2）工作原理

当掘进工作面未进行掘进作业时，调节压抽转换风筒为压风通风状态，供风风筒提供的风流经过存储风筒、附壁风筒（未开启）和压抽转换风筒直接到工作面迎头，实现工作面的正常通风。

当掘进工作面开始生产时，压抽转换风筒调节为抽风状态，在除尘器抽尘净化的同时附壁风筒也自动开启进行控尘；掘进工作面向前推进时，在工作面前方接续单轨吊，一体化装置带动前段负压螺旋风筒向前移动到指定位置；风筒存储器内存储的风筒随着一体化装置的前移而在单轨吊滑轨上自动伸长，当骨架风筒完全伸展时，重新接续供风风筒，并将存储风筒重新收入风筒存储器内，同时将后方空出的单轨吊接续到工作面前方，如此反复进行。当掘进作业结束时，控、除尘设备停止工作，工作面通风系统恢复至正常通风状态。

3）ZKCC-250L 型车载式控除尘一体化装置主要技术参数：

（1）额定处理风量：250 m^3/min。

（2）配套除尘器除尘效率：总粉尘不少于97%，呼吸性粉尘不少于90%。

（3）爬坡能力：16°。

4）技术特点

（1）集附壁风筒与高效除尘器于一体，实现控尘、除尘一体化。

（2）可自行移动，移动方便。

（3）有效减少对掘进生产的影响，保证最佳除尘效率的工艺参数的稳定性。

5）适用条件

适用巷道断面：净宽不小于 4m、净高不小于 3m 的断面面积在 $12m^2$ 以上的岩石或低瓦斯掘进巷道。

22.4.3　应用情况

太原研究院干式除尘装备在国投新集口孜东矿、榆林袁大滩矿、阳煤新元公司、兖矿赵楼煤矿、神东哈拉沟矿进行了应用。2013 年干式除尘设备随 EBH315 型掘进机在加拿大莫玉河煤矿应用。此外，在青岛、重庆、吉林、陕西地铁和引水等隧道施工中也有应用。

太原研究院湿式除尘装备在淮北、国投新集、川煤、阳煤、新汶矿业等煤矿成功应用，其中淮北矿业有近 20 台设备在使用。

重庆研究院控除尘装备已在山东、山西、辽宁、四川、内蒙古及安徽等上百家煤矿推广应用。新桥矿 2301 胶带顺槽工作面巷道断面为梯形断面，巷道净宽 4.6m，巷道净高 3.4m。工作面控风抽尘净化系统主要由压入式风机、压入式风筒、附壁风筒、吸尘罩、骨架风筒及除尘器等组成，如图 22.28 所示。

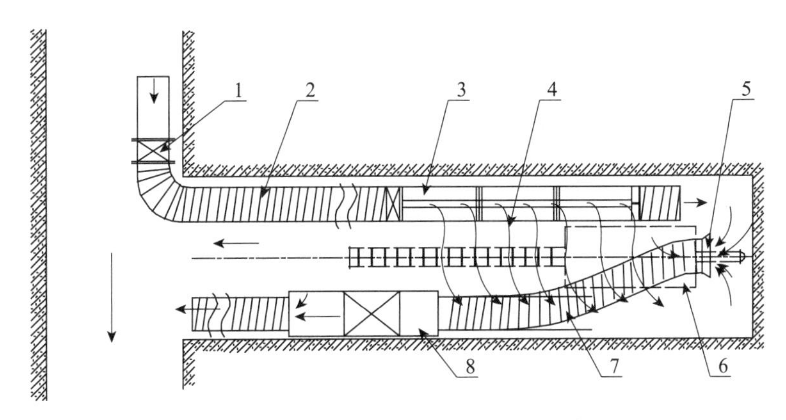

图 22.28　机掘工作面涡旋风流流场示意图

1. 压入式风机；2. 压入式风筒；3. 附壁风筒；4. 涡旋风流；5. 吸尘罩；6. 掘进机；7. 骨架风筒；8. 除尘器

除尘器采用滑轨移动方式固定在掘进机桥转尾部，控尘装置通过移动小车悬挂在工作面顶锚网上，以上控除尘设备的固定方式实现了实时移动，既保证了设计好的工作参数在掘进期间不会改变，从而保障了系统最佳控、除尘效果；又减少了工作面设备安装、移动工作量，保证了设备现场良好适应性。

工作面采用可调式控风抽尘净化技术前、后工作面粉尘浓度测试结果，见表 22.14 和表 22.15。

表 22.14　2301 机掘工作面司机位置处降尘效率

项目		1	2	3	4	5	平均	总尘降尘效率/%	呼尘降尘效率/%
原粉尘浓度/(mg/m^3)	总尘	2200	2350	2300	1950	2230	2150	98.2	95.1
	呼尘	186	108	164	136	105	139.8		
采取措施后粉尘浓度 /(mg/m^3)	总尘	40	35	30	55	30	38.0		
	呼尘	6.2	7.4	5	6.4	9.2	6.8		

表 22.15　2301 机掘工作面机组后 5m 处降尘效率

项目		1	2	3	4	5	平均	总尘降尘效率 /%	呼尘降尘效率 /%
原粉尘浓度/(mg/m^3)	总尘	2065	1655	1570	1800	2050	1828	97.0	93.7
	呼尘	90.4	100.4	74.8	90.6	112.8	93.8		
采取措施后粉尘浓度 /(mg/m^3)	总尘	55	65	65	45	45	55.0		
	呼尘	6.2	4.8	8	5	5.4	5.9		

从表 22.14 可以看出，掘进机割煤时司机位置处总粉尘降尘效率为 98.2%，呼吸性粉尘降尘效率为 95.1%。从表 22.15 可以看出，掘进机割煤时机组后 5m 处总粉尘降尘效率为 97%，掘进机割煤时机组后 5m 处呼吸性粉尘降尘效率为 93.7%。

22.5　锚喷作业除尘技术

锚喷工作面尘源主要有打锚杆眼、潮式喷射机上料和排气口、喷浆等工序。我国煤矿在打锚杆眼工序防尘效果比较理想，而国内外喷射工序粉尘治理均属薄弱环节。针对煤矿井下喷射机产尘情况，重庆研究院研发出 ZCS-7/11 型喷射机上料除尘技术及配套设备，较好地解决了喷射机产尘危害。

22.5.1　喷射机上料除尘技术原理

煤矿喷浆主要采用潮式喷射机，其中喷射机使用过程中，因喷射机上料口过高（1.1m 左右）和搅动原因，在上料过程中产生上料口扬尘；下料过程中，从排气口排气过程中产生粉尘；上下密封板因磨损后间隙增加而形成漏气产尘。喷射机工作时产生的水泥尘达 50mg/m^3（在密封板漏气时达 100mg/m^3）以上，水泥尘严重影响接尘人员身体健康。

通过设计封闭式刮板输送装置由低向高将混凝土输送到喷射机料口，降低上料口高度，从而有效降低了高上料带来的扬尘量及劳动强度；通过在喷射机下料口、排气口及转盘设计密闭罩，对各产尘点密闭处理；利用设计在喷射机上的抽尘净化装置，实现对上料口、下料口、排气口及转盘密封板磨损等产尘点的集中抽尘并净化处理，从而有效治理喷射机产尘危害。

除尘装置应用自主研发的压气引射技术，采用湿式过滤除尘方式。粉尘吸入除尘器经喷雾器喷出水雾湿润后，进入过滤器，由于雾粒在过滤网上形成水膜，从而将粉尘捕捉下来，并不断被冲洗进入泥浆槽中；通过喷雾器结构布置，有效避免水泥尘黏结设备，被净化空气排至巷道。

22.5.2　喷射机上料除尘装置

1. 系统组成及主要性能参数

ZCS-7/11 型喷射机上料除尘装置结构组成如图 22.29 所示，主要由喷射机、封闭罩、集中吸尘净化装置、封闭式上料机构及上料口等组成。

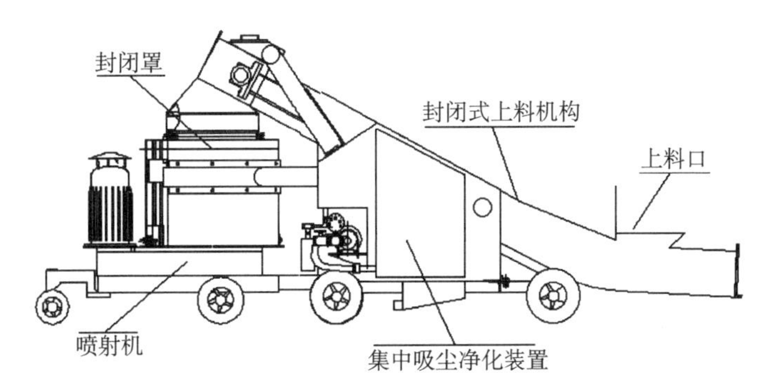

图 22.29　ZCS-7/11 型喷射机上料除尘装置结构组成示意图

ZCS-7/11 型喷射机上料除尘装置主要技术参数见表 22.16。

表 22.16　上料除尘装置主要技术参数

序号	技术参数	数值
1	额定处理风量 /（m^3/min）	11
2	呼吸性粉尘除尘效率 /%	≥90
3	总除尘效率 /%	≥99
4	压缩空气压力 /MPa	0.5
5	耗气量（工况）/（m^3/min）	0.8
6	供水压力 /MPa	0.5～4

2. 技术特点及适用条件

技术特点如下。

（1）降尘效率高：采用可拆卸式密闭收尘罩密闭喷射机尘源，利用高效除尘器对含尘气流做集中净化处理，降低了产尘浓度。

（2）混料均匀：经过上料装置一段距离的输送，使混合料在输送过程中产生多次混合，从而使混凝土混合料的混合更加均匀。

（3）减轻劳动强度：上料装置的上料口高度只有400mm，比传统上料装置上料口降低1000mm，大大降低了作业人员劳动强度。

（4）湿式除尘装置通过喷雾结构布置，能避免水泥尘黏结，提高该装置可靠性。

喷射机上料除尘装置适用于煤矿井下潮喷作业时喷射机的配套送料及除尘，实现自动上料和无尘化作业。

22.5.3 应用情况

喷射机上料除尘装置先后应用于重庆南桐矿业有限责任公司红岩煤矿和东林煤矿、潞安新疆煤化工（集团）有限公司、阳泉煤业（集团）有限责任公司一矿和永煤集团股份有限公司新桥矿。

2015年9月，阳煤一矿北翼十四采区轨道巷已经掘进完毕，采区改为大采高布置后，对轨道巷进行了起底整巷，喷浆为全长补强喷浆。喷浆厚度100mm，选用P.O 32.5（普通硅酸盐）以上的水泥，配合比为水泥：黄沙：石屑=1 ：2 ：2，另加水泥质量3%～5%的速凝剂，抗压强度不小于C20。

在ZCS-7/11型喷射机上料除尘装置应用过程中，对设备进行了跟班考察，对设备的粉尘浓度、回弹率、生产能力等相关内容进行了详细记录，并将此喷射机上料除尘装置与矿方原PC8U型喷浆机进行综合性能比较（表22.17）。

表22.17 ZCS-7/11-Ⅱ型喷射机与PC8U型喷浆机综合性能对比表

对比指标	ZCS-7/11-Ⅱ型	PC8U型	备注
粉尘浓度/（mg/m^3）	＜10	＞50	降低显著
回弹率/%	20左右	25左右	减少5
劳动组织/人	4	4	相同
生产能力/（m^3/h）	6	6	相同
抗压强度	C20	C15	提高

由表可知，ZCS-7/11-Ⅱ型喷射机上料除尘装置在粉尘浓度、回弹率、支护面抗压强度等指标方面较原喷浆机有明显改善。

22.6 掘进工作面抽出式通风除尘技术

为了克服解决普通通风和除尘方式的弊端，提高掘进工作面除尘效率，北京研究院通过改变常规的压入式通风，采用抽出式通风技术进行掘进工作面通风除尘。

22.6.1 技术原理

压入式通风时，风筒内部风流为新鲜风流，整个掘进巷道为乏风通道，而抽出式通风时，掘进巷道内部为新鲜风流，乏风由抽出式风筒排出，有利于使掘进工作面和整个掘进巷道的粉尘浓度达到行业标准和职业病危害防护要求，改善作业环境，减小职业病危害，保障矿井安全高效生产。

22.6.2 技术特点

（1）抽出式局部通风负压硬质风筒强度高：以超薄双层铁板为基材，以无卤阻燃高分子树脂材料为芯材，辅以高分子超强黏结膜，在高温、高压下复合而成。该板材具有强度高、耐冲击性、遮音性、阻燃防静电性、耐水耐腐蚀性等特点，在性能上消除了原有软质风筒漏风率大、风阻大、强度低、易破损、不能承受负压、使用寿命短等缺陷，还可实现正、负压通风功能。

（2）风筒拆装方便快捷：制作风筒时，创造性地采用异形法兰快速成型技术，使制造的刚性风筒拆装简单、快捷。

（3）抽出式通风有利于抽尘：掘进工作面产生的粉尘全部都被吸入负压风筒，有力地保证巷道清洁和工人的身体健康。数值模拟表明：1～100μm 小粒径的粉尘由于质量较小，更容易被风筒及早吸走，这说明抽出式通风时更有利于控制巷道中特别是司机位置的粉尘含量，保护司机等掘进机周围工人的身体健康。

（4）除尘器除尘效率高：由抽尘风机从掘进头抽取的含尘气流从除尘器的风筒接口进入除尘器，经过喷雾区时，气流中的粉尘被水汽湿润，粒径较大的尘粒相互黏合，在重力的作用下沉降下来。粒径稍小的则随气流呈之字形从两板之间的缝隙以较高的速度喷向下一挡板，尘粒在离心力的作用下被甩向挡板及器壁，并黏附在由于喷雾而在挡板及器壁内形成的水膜上，最终沿挡板及器壁向下流入粉尘水收集箱，经排污槽排入污水管道，净化后的气体排入巷道空间。

22.6.3 技术参数

按照各类检测项目的测试方法，对负压硬质风筒的测试结果见表 22.18。

表 22.18 负压硬质风筒性能测试结果

序号	检验项目	技术指标
1	复合率 /%	≥99.9
2	屈服强度 /MPa	≥280
3	剥离强度 /MPa	≥13
4	百米风阻 /（$N\cdot s^2/m^2$）	≤6
5	百米漏风率 /%	≤4
6	表面电阻：上表面电阻平均值 /Ω	$\leqslant 3\times10^8$
	下表面电阻平均值 /Ω	$\leqslant 3\times10^8$

从测试结果来看，各项性能复合钢塑复合材料硬质风筒耐热性能符合 GB/T20105—2006 的相关规定。部分性能指标与软质风筒的对比如表 22.19 所示。

表 22.19　负压硬质风筒和软质风筒性能指标对比

性能指标	标准	硬质风筒	软质风筒
经向扯断强力 / ($N/50mm^2$)	≥2000	＞10000	2342.0
纬向撕裂力 /N	≥250	＞10000	297.1
上表面电阻 /Ω	$\leqslant 3\times10^8$	$<4.0\times10^{-3}$	5.4×10^6
下表面电阻 /Ω	$\leqslant 3\times10^8$	$<4.0\times10^{-3}$	4.2×10^6
耐热性	无裂纹、无发黏	无裂纹、无发黏	无裂纹、无发黏
耐寒性	无折损、无裂痕	无折损、无裂痕	无折损、无裂痕
酒精灯有焰燃烧时间 /s	≤6	0	1.1

从表 22.19 看出，负压硬质风筒在经向扯断强力、纬向撕裂力、上表面电阻、下表面电阻、酒精灯有焰燃烧时间等方面的性能明显优于软质风筒。

除尘器技术参数如下：

（1）总除尘效率：不低于 95.0%。

（2）呼吸性粉尘除尘效率：不低于 75.6%。

（3）处理风量：200～600m^3/min。

（4）工作噪声：不低于 79dB。

22.6.4　技术装备

1. 抽出式局部通风负压硬质风筒

用高分子黏合铁复合板材制造的新型负压硬质风筒，在运输时是平板的状态，这样就方便叠放，减少工人运输工作量，使用时通过安装在风筒上的扣件可以迅速组合成圆筒状，并且通过两端的法兰进行风筒之间的对接。

在每节风筒距离两端各 50cm 处的风筒外壁上采用截面为 25mm×25mm 的钢箍来加强风筒的密封性和整体刚度，钢箍上留有螺口，并采用螺栓进行连接；相邻两节风筒之间由法兰扣接件连接，并通过钢箍上的连接螺杆进一步固定。风筒两两相接，直到达到通风除尘需要的长度，最后用吊挂装置将风筒体吊挂在巷道壁上，这样就形成了一个完整的硬质负压风筒。加工完成后的负压硬质风筒如图 22.30 所示。

图 22.30　加工完成后的负压硬质风筒图

由图可知，负压硬质风筒组装完成后，整齐划一，成型较好，在巷道中吊挂后易于整洁，达到质量标准化。

2. 掘进工作面抽出式通风除尘器

矿用湿式离心除尘器是在结合湿式除尘和离心除尘优点的基础上，根据掘进工作面通风除尘的具体要求，并经多次现场试验调试改进而成。图 22.31（a）为其俯视图，其主视图如图 22.31（b）所示。

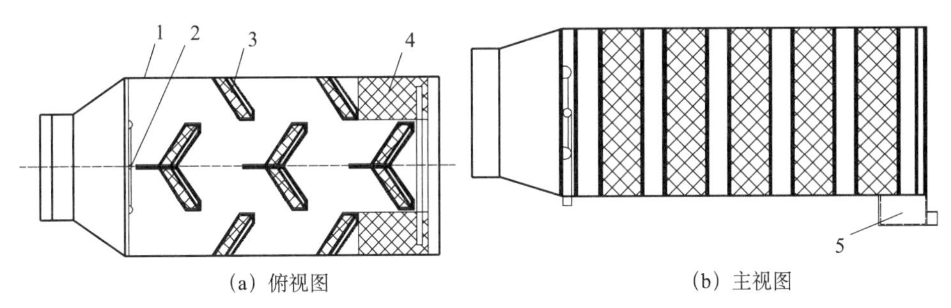

图 22.31　湿式离心除尘器结构示意图

1. 除尘器；2. 喷嘴；3. 立放气液过滤网；4. 平放气液过滤网；5. 粉尘水收集槽

在气流入口处安装的喷雾装置，使除尘器内壁及挡板形成一层连续向下流动的水膜，这类水膜在黏滞力的作用下，不但能有效防止挡板对尘粒的反弹现象和二次扬尘的产生，而且在除尘器内由于逆向或横向折转气流，与喷雾之间的相对运动更强烈了，雾滴更加细而密，能更好地发挥液滴和尘粒间的碰撞和截留作用，从而提高了液滴对尘粒的捕集效率。

22.6.5　适用条件

本技术及装备适用于低瓦斯矿井及岩巷掘进工作面。

22.6.6　应用实例

1. 应用现场布置

整套设备在兖矿集团东滩煤矿南翼行人巷获得应用。为考察抽出式通风除尘技术的现场使用效果，检测除尘系统的降尘效果，分别测定普通通风和抽出式通风条件下巷道内各检测点的粉尘浓度、风速、干湿温度、噪声等参数。本次测试共设计 11 个检测点，设计检测点的分布如图 22.32 所示。

2. 应用结果分析

抽出式通风时，随着与掘进工作面迎头距离的增加，风量逐渐增加，抽出式风筒吸风口处风量达 427.5 m^3/min。干湿温度均随着与迎头距离的增加而降低，迎头处温度较高，最高达 26.8℃。在同样工序相同地点处，压入式通风时呼尘和全尘浓度普遍比抽出式高，温

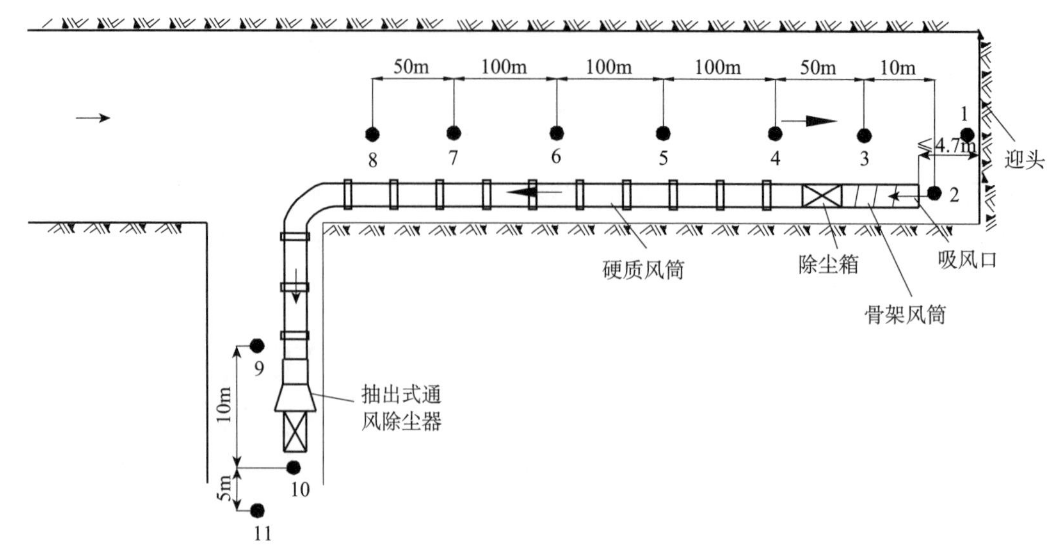

图 22.32　设计检测点分布

度则低 1℃左右。相比压入式通风，抽出式通风在打眼工序时降尘效率平均提高 35%。抽出式通风时，放炮后炮烟消失速度明显加快，7min 左右炮烟排尽，而压入式通风一般需要 30min 才能排尽，且巷道内炮烟味较浓。相比压入式通风，抽出式通风在放炮工序时降尘效率平均提高 48%。相比压入式通风，抽出式通风在喷浆工序时降尘效率平均提高 76%。

风筒百米风阻为 8.7 $N\cdot s^2/m^2$，风筒的百米漏风率为 1.8%，符合通风要求。

22.7　水质保障技术

煤矿井下为受限空间，目前防尘措施以湿法为主，防尘用水水质保障尤为重要。本节介绍重庆研究院近年来研发的磁化水喷雾降尘技术、水质软化技术、水质净化技术等水质保障技术。

22.7.1　磁化水喷雾降尘技术

1. 技术原理

水是抗磁性物质，当对水施加一外磁场（E）时，水分子就要产生一附加磁场（P_m），其方向与外磁场方向相反，附加磁场大小与外磁场成正比，如图 22.33 所示。由于外磁力与分子力的相互作用，削弱了分子间的内聚力，改变了水分子的氢键联系，迫使水的黏性下降，从而减小水的表面张力、硬度降低，吸附能力、溶解能力增强，雾化程度提高，可大幅度地提高捕捉粉尘的概率。

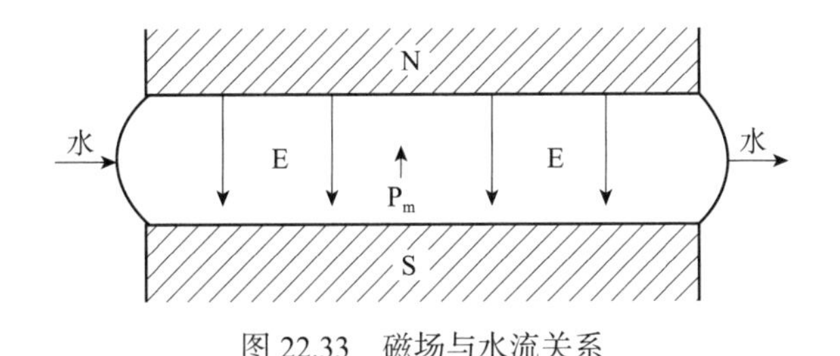

图 22.33 磁场与水流关系

2. 技术特性

磁化喷嘴的喷雾降尘的机理主要是惯性碰撞、截留、扩散、凝聚、重力、静电力、风速等多种因素作用的综合。在实际使用中，这些因素作用的效果主要取决于喷雾的水质和喷雾器（喷嘴）的结构。磁化喷嘴就是将流经的水流产生磁性，其中与降尘机理有关的主要有磁化水的表面张力、黏度、湿润性、蒸发速度等。重庆研究院研制的磁化水喷嘴采用S形流道方式，增加水的磁性。对经过喷嘴磁化后水的性质进行测试，并与清水做了比较。测试结果如表 22.20 所示。

表 22.20 磁化水与清水性质测试的比较

序号	技术参数	测试结果比较
1	黏度 /%	提高 2.8
2	湿润性 /%	缩短 36
3	表面张力 /%	下降 24
4	蒸发率 /%	上升 27
5	磁性保持时间 /h	≥12

3. 适用条件

（1）洁净水源，水质悬浮物的含量不得超过 0.3mg/L，粒径不大于 0.1mm，水的 pH 值应在 6～9 范围内，水的碳酸盐硬度不超过 3mmol/L。

（2）适用于煤矿井下采掘工作面及其他作业场所防降尘。

（3）避免外界强磁干扰，避免与易磁化金属接触。

4. 喷雾降尘测试效果对比

喷雾降尘测试系统如图 22.34 所示。

对磁化水与非磁化水在不同喷雾压力条件下的降尘测试效果如表 22.21 所示。可以看出，采用磁化水喷雾，不论总粉尘降尘率还是分级降尘率，与非磁化水喷雾比较，都有明显提高。

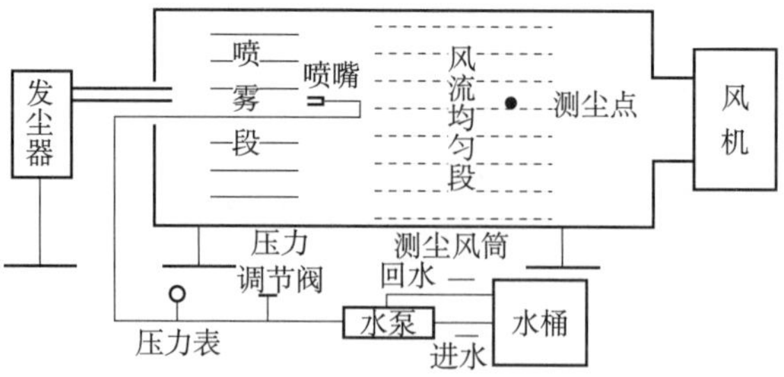

图 22.34　降尘率测试系统示意图

表 22.21　1.2MPa 喷雾压力下磁化水与非磁化水降尘效果对比

项目	总粉尘降尘率 /%	分级降尘率 /%						
		50μm	40μm	30μm	20μm	10μm	7μm	5μm
磁化水	84.5	87	87.3	84.7	82.7	78.8	76.7	72.2
非磁化水	59	58.8	58.8	50.6	52.8	48.3	42.8	37.1
调高量	25.5	28.2	28.5	34.1	29.9	30.5	33.9	35.1

22.7.2　水质软化技术

目前，我国煤矿井下的防降尘用水水质软化是以离子交换的方式为主。重庆研究院研制的 RKFZT 型矿用浮床式自动控制软水器，采用离子交换树脂实现水质软化，树脂可再生反复使用。

1. 技术原理

软化水系统包括三部分，即离子交换部分、盐再生部分和控制部分。离子交换部分的主体是离子交换树脂。由于水的硬度主要由钙、镁形成，故一般采用阳离子交换树脂，将水中的 Ca^{2+}、Mg^{2+} 置换出来，随着树脂内 Ca^{2+}、Mg^{2+} 的增加，树脂去除 Ca^{2+}、Mg^{2+} 的效能逐渐降低。因此，在软化水设备使用一段时间后，需用盐再生部分对树脂进行再生处理，恢复树脂的效能，提高树脂的使用寿命。控制部分可实现整套系统的自动运行，根据系统的运行时间或通过水量来自动进行树脂再生。

离子交换基本原理：将原水通过钠型阳离子交换树脂，使水中 Ca^{2+}、Mg^{2+} 与树脂中的 Na^+ 相交换，从而吸附水中的 Ca^{2+}、Mg^{2+}，使水得到软化。如以 RNa 代表钠型树脂，其交换过程如下：

$$2RNa+Ca^{2+} = R_2Ca+2Na^+;\ 2RNa+Mg^{2+} = R_2Mg+2Na^+$$

即水通过钠离子交换器后，水中的 Ca^{2+}、Mg^{2+} 被置换成 Na^+。

在钠离子交换树脂失效之后，为恢复其交换能力，需进行再生处理。再生剂为食盐溶液。再生过程反应如下：

$$R_2Ca+2NaCl = 2RNa+CaCl_2;\ R_2Mg+2NaCl = 2RNa+MgCl_2$$

2. 系统组成

RKFZT 型矿用浮床式自动控制软水器结构如图 22.35 所示，主要由四个离子交换器、盐罐、多路换向机构、控制器等组成。

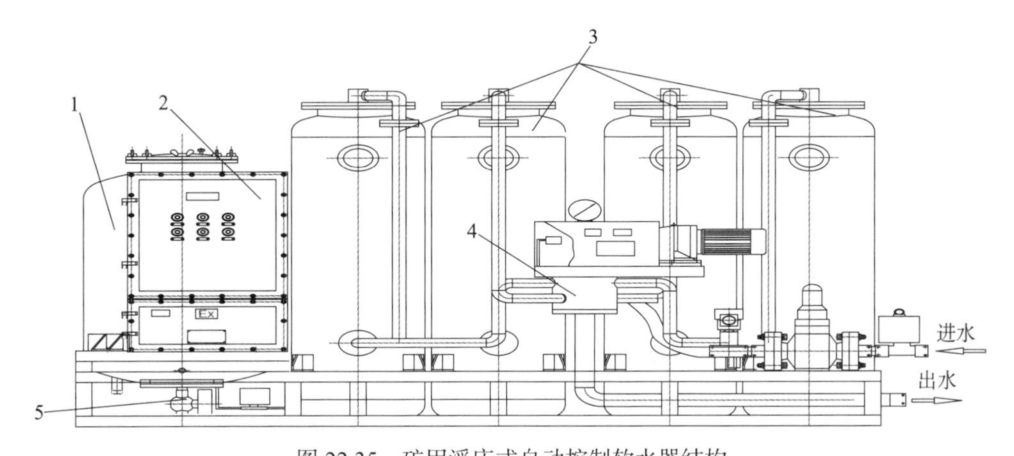

图 22.35 矿用浮床式自动控制软水器结构

1. 盐罐；2. 控制箱；3. 交换器；4. 多路换向机构；5. 排污阀

3. 主要技术特点

（1）高效：采用二级钠串联软化结构，能对 1500mg/L 的高硬度水进行软化，软化后的出水硬度低于 15mg/L，能达到饮用水硬度标准。

（2）低耗：采用浮床式再生原理，使树脂的交换能力得以充分发挥，再生盐耗小于 2.25g/L（按进水硬度 1500mg/L 计算）、水耗小于 4%。

（3）自动化程度高：采用 PLC 和多路阀联合控制，实现软化、再生的自动转换，连续产水。

4. 主要技术参数

矿用浮床式自动控制软水器主要技术参数如表 22.22 所示。

表 22.22 矿用浮床式自动控制软水器主要技术参数

序号	技术参数	RKFZT400×4/6 型	ZYKS500×4/18 型
1	处理水量 /（L/min）	100	300
2	适应水压 /MPa	0.2～4.0	0.2～4.0
3	进水硬度 /（mg/L）	1500	1500
4	出水硬度 /（mg/L）	150	300
5	出水悬浮物含量 /（mg/L）	30	30
6	出水悬浮物粒径 /mm	0.3	0.3
7	出水 pH 值	6.5～8.5	6.5～8.5

22.7.3 水质净化技术

在水质净化技术方面，重庆研究院先后开发了三代水质过滤器：GCQ 系列高压精密水质过滤器、GFZ 型矿用手动反清洗过滤器、ZFX300/7 型矿用自动反冲洗过滤器。

1. 高压精密水质过滤器

1）技术原理及结构组成

a. 技术原理

在水流过过滤器的过程中，通过高过滤精度的过滤体将水中的颗粒物及悬浮物等杂质拦截下来，使出口的水质达到使用要求。

b. 结构组成

根据过水量不同，GCQ 系列过滤器有 GCQ-3 型、GCQ-7 型及 GCQ-12 型。其结构如图 22.36 所示，主要由进水端、过滤体、水流方向箭头及出水端等组成。

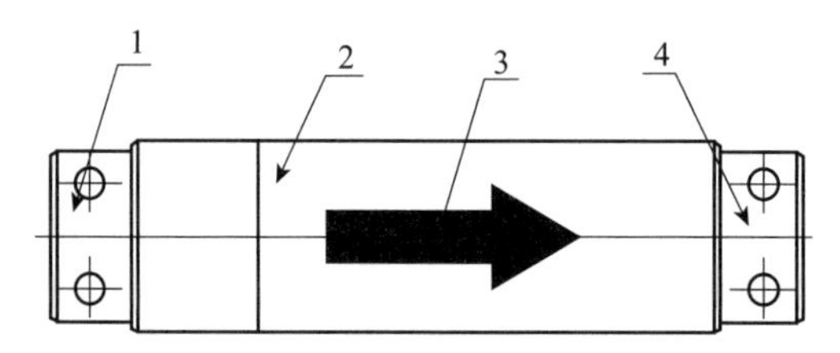

图 22.36 GCQ 系列水质过滤器结构

1. 进水端；2. 过滤体；3. 水流方向箭头；4. 出水端

2）主要技术特点

（1）过滤精度高：最大通过粒径 100μm。

（2）耐高压：承压能力可达 16MPa。

（3）体积小、压力损失小、安装方便。

3）主要技术参数

GCQ 系列过滤器主要技术参数如表 22.23 所示。

表 22.23 GCQ 系列高压精密水质过滤器主要技术参数

参数	GCQ-3 型	GCQ-7 型	GCQ-12 型
过滤能力 /（m^3/h）	3	7	12
过滤精度 /μm		100	
工作压力 /MPa		0～16	

2. 矿用手动反清洗过滤器

1）技术原理

在水流过矿用反清洗过滤器的过程中，通过设置在水质过滤腔体中的过滤机构将水中的颗粒物及悬浮物等杂质拦截下来，使达到要求的水从清洁水出水端排出。经过一段时间使用后，颗粒物及悬浮物等杂质集聚在水质过滤腔体，影响其正常使用；这时通过操作反冲洗控制手柄，控制水质过滤腔体中反冲洗机构，实现对集聚在水质过滤腔体中的杂质进行反冲洗，并通过排污口排出；在反冲洗排污过程中，不影响管路正常供水。

2）结构组成

GFZ 型矿用反清洗过滤器结构如图 22.37 所示，主要由进水端、反冲洗控制手柄、水质过滤腔体、排污口、清洁水出水端等组成。

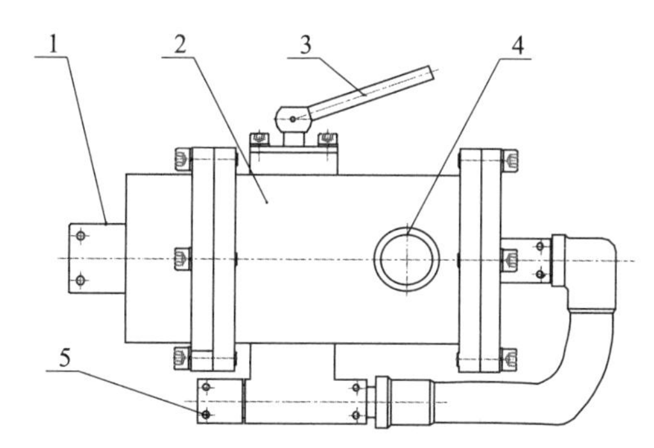

图 22.37 GFZ 型矿用反清洗过滤器结构

1. 进水口；2. 过滤体；3. 转换手柄；4. 出水口；5. 排污水口

3）主要技术特点

（1）耐高压：承压能力可达 16MPa。

（2）清洗方便：具有反冲洗、排碴功能。

（3）体积小、压力损失小、安装使用方便。

4）主要技术参数

（1）过滤能力：5m^3/h。

（2）过滤精度：100μm。

（3）工作压力：≤16MPa。

3. 自动反冲洗过滤器

1）技术原理

过滤状态（即工作状态）时排污阀处于关闭状态，污水由进水口进入过滤器后，经过滤筒下部外腔进入内腔，在穿透过程中杂质被截留在外腔，净水经直通内腔的排水口流出，从而达到过滤目的。在此过程中由于滤筒上、下端的压强基本相等，滤筒在弹簧力的作用下保持静止在高位。随着过滤工作的持续进行，滤筒下部的滤网会出现堵塞，造成过滤阻力增加，影响出水量，经电动球阀控制排污阀门打开，进入反冲洗状态，此时压缩弹簧腔内立即泄压，造成滤筒上部压力高于下部压力，由于压差关系，滤筒克服压缩弹簧向下快速移动，当滤筒上部外圈抵在壳体凸台上时，滤筒停止下移。此时水流从滤筒上部外腔进入内腔并得到过滤，部分净水直接经排水口流出，而部分净水由于压差作用（滤筒下部的内腔压力高于外腔），从内腔穿流到外腔，并在此穿流过程将堵塞在滤网孔中的杂质冲到外腔，并经下部排污口流出。冲洗一段时间（30s左右），将排污阀关闭，过滤器内外腔压力逐渐均衡，压缩弹簧受到的内外筒压差作用力消失，从而弹簧力推动滤筒恢复原位，过滤器重新处于过滤状态。

2）结构组成

ZFX300/7型矿用反冲洗过滤器采用正压冲洗技术、上下浮动式过滤筒结构，主要组成包括壳体、过滤筒、支撑定位弹簧、排污阀等，如图22.38所示。

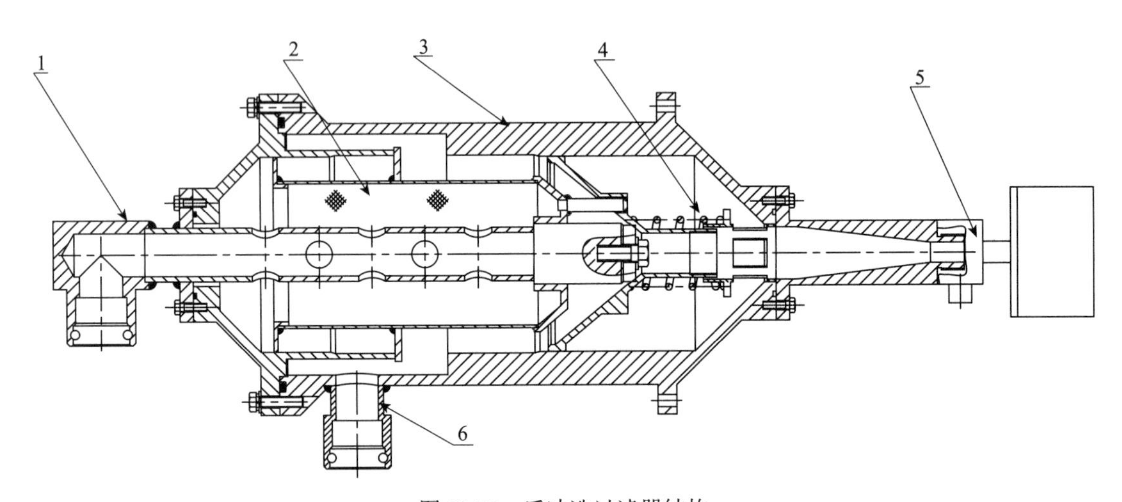

图22.38 反冲洗过滤器结构

1. 出水口；2. 过滤筒；3. 外壳体；4. 弹簧；5. 排污阀；6. 进水口

3）主要技术参数

（1）处理能力：100～300L/min。

（2）工作压力：10MPa。

（3）过滤精度：0.1mm。

（4）耗水量：≤1%。

（5）控制方式：压差控制或时间控制。

22.7.4 应用实例

ZFX300/7型矿用自动反冲洗过滤器和ZYKS500×4/18矿用自动软化酸碱调节装置在阳泉煤业集团阳煤一矿应用，现场实际测试结果如表22.24、表22.25所示。从表中数据可以看出：阳煤一矿井下的矿井水经该装置处理后，固体含量平均由32.6 mg/L降至8.8mg/L，其最大粒径小于0.3mm；硬度平均由832 mg/L降至130mg/L，pH值平均由6.8升至7.7。保证了采煤工作面喷雾降尘正常使用。

表 22.24 现场处理前、后水质参数对比

序号	处理前固体含量 /（mg/L）	处理后固体含量 /（mg/L）	处理前硬度	处理后硬度	处理前 pH 值	处理后 pH 值	备注
1	14	2	917	146	6.78	6.78	
2	33	9	919	64.8	6.77	6.77	
3	34	9	840	135	6.78	7.56	
4	28	7	831	129	6.84	7.67	
5	30	7	845	127	6.79	7.76	
6	37	11	818	125	6.83	7.79	
7	34	10	827	133	6.82	7.69	
8	31	7	794	129	6.84	7.67	地面水样
9	29	7	879	127	6.79	7.76	地面水样

表 22.25 现场处理前、后水质粒度分布

测定序号	＞950μm	＞500μm	＞300μm	＞200μm	＞150μm	＞100μm	＞50μm	＞10μm	＞5μm
	处理前水质粒度分布（累积质量分数）/%								
1	0	4.3	8.3	18.7	42.3	72.8	83.2	86.7	92.5
2	0	7.3	14.1	26.5	44.9	76.2	87.1	87.9	95.1
3	0	6.5	14.4	26.3	44.8	75.1	85.2	89.2	91.3
4	0	5.7	13.7	28.5	46.7	77.9	83.2	88.6	91.9
5	0	8.9	18.5	30.1	48.6	80.1	88.1	89.1	93.2
6	0	6.3	12.3	24.7	49.2	72.5	81.6	86.8	89.5
7	0	6.9	17.2	26.9	42.3	76.4	83.8	87.1	90.6
	处理后水质粒度分布（累积质量分数）/%								
1	0	0	0	2.1	7.3	18.1	36.2	62.5	75.2
2	0	0	0	5.9	14.2	24.7	53.9	77.1	83.4
3	0	0	0	7.3	13.1	23.1	53.2	72.3	80.1
4	0	0	0	6.7	17.4	22.1	56.8	77.5	82.3
5	0	0	0	7.6	15.5	26.9	60.2	78.4	81.7
6	0	0	0	4.3	17.3	24.5	52.6	77.9	83.9
7	0	0	0	5.8	12.2	25.4	57.1	73.4	82.5

（本章主要执笔人：重庆研究院隋金君，胥奎，郑磊，梁爱春；北京研究院姚海飞，吴海军）

第23章

采煤工作面粉尘防治技术

采煤工作面是煤矿井下粉尘产尘量最大的作业场所，粉尘产生量约占整个矿井的60%以上。我国煤矿的采煤工艺主要有炮采、普采、高档普采、综采、综采放顶煤等多种类型，其中产尘强度最大的采煤工艺是综采放顶煤工艺。综采放顶煤工作面主要尘源包括采煤机滚筒割煤、降柱移架、放顶煤、转载运输等生产环节，不但产尘量大、危害也极其严重，治理难度极大。实践表明，综采工作面的粉尘应采用综合治理措施，并遵循“预湿煤体-喷雾湿润破碎煤体-含尘气流控制及处理-巷道风流净化-个体防护”的总体防治思路开展粉尘防治工作。炮采工作面的粉尘主要来源于打眼、放炮、支护、攉煤及运煤等生产环节，主要采取湿式打眼、水炮泥、喷雾降尘及巷道风流净化等措施进行粉尘防治工作。

本章主要介绍在采煤工作面煤层注水、采煤机含尘气流控制、采煤机尘源跟踪喷雾、降柱移架及放顶煤自动喷雾、孔口除尘及采区其他作业地点粉尘防治技术等防治技术的原理、技术特点、技术参数、主要装备、适用条件及应用效果等内容。

23.1 煤层注水工艺技术

煤层注水是采煤工作面以预防为主的极为有效的防尘措施，能够预先湿润煤体，显著降低采煤工作面各个作业环节的产尘量的治本措施。重庆研究院从20世纪60年代开始就启动煤层注水机理、注水方式、注水工艺、注水装备的研究，又通过多次科技攻关，已形成了一套综采工作面动、静压相结合的注水技术，基本解决了一般赋存条件煤层的注水和封孔工艺及装备问题。后续在“十五”和“十二五”期间，又重点针对低渗透难湿润煤层和瓦斯抽放煤层的注水难题开展研究，形成了一套适用于难注水煤层的注水工艺及装备，进一步提升了我国煤层注水技术的整体水平。此外，北京研究院在煤层注水添加剂、吸湿保湿材料等方面也开展了诸多研究，有效地增加了水对煤层的湿润能力，缩短湿润时间，提高了煤层注水的降尘效果。

23.1.1 技术原理

煤层注水就是在煤层中打若干钻孔，通过钻孔将压力水注入煤体，水沿着煤的裂隙渗透，并在煤的孔隙中受毛细管力、水的重力及物理化学的作用，向煤体内部渗透，增加煤的水分和原生煤尘间的黏着力，并降低煤的强度和脆性，增强了塑性，减少采煤时粉尘的生成量。研究表明，煤体的水分增加 1%，煤层被湿润，开采时的粉尘产生量可以显著减少。相对于其他降尘措施，煤层注水在回采及整个生产流程中都具有连续的防尘效果。

由于煤体具有裂隙和孔隙的结构特征，煤层注水的湿润效果与煤体的裂隙发育程度、裂隙宽度、裂隙方向及孔隙率、孔隙分布等因素都有直接的关系，特别是与孔隙率的关系更为密切。研究表明：当孔隙率小于 4% 时，煤层渗透性极差，难以将水注进煤体；当孔隙率大于 5% 时，煤层透水性良好，能实施注水；当孔隙率达到 15% 时，能取得极佳的湿润煤体效果。因此，在开展注水工作时，必须紧密结合开采煤层理化性质，选用最佳的注水工艺及装备，才能最大限度地提高煤层注水的防、降尘效果。

23.1.2　技术内容

根据注水状况的不同，煤层注水可以分短孔注水、深孔注水、长孔注水和采空区灌水等四种方式。其中，长孔注水具有湿润区域大、可注时间长、煤体湿润均匀、与回采互不干扰的特点，是目前国内外广泛采用的一种注水方式。因此，本节将重点介绍长孔注水，对于短孔注水、深孔注水和巷道钻孔注水不做详细介绍。

在长孔注水方面，重庆研究院通过对多年来的科研成果及工程应用进行深入的总结，得到了一套有效的煤层注水防尘技术，有效地提高了不同采煤工作面长孔煤层注水的降尘效果。该套工艺技术主要包括煤层可注性试验、现场煤层注水试验以及现场煤层注水实施三个方面。即首先通过开展煤层可注性试验，测定煤体原有水分含量、孔隙率、吸水率及坚固性系数等基本参数，判定煤层可注性并对注水效果进行预测；再通过开展现场煤层注水试验，测试在不同注水压力条件下煤层达到或接近饱和水分增量时的注水量、湿润半径等参数，确定实际煤层注水时的最佳钻孔参数和注水参数；最后再结合现场条件进行煤层注水的实施，确定合适的钻孔布置、封孔工艺、注水工艺、注水装备等。

（1）在钻孔布置方面，根据工作面和煤层条件灵活采用单向、双向或扇形钻孔的布置方式，在最大限度地提高注水均匀性的同时，降低给生产带来的影响。具体如图 23.1 所示。

（2）在封孔工艺方面，采用两用封孔器同时满足瓦斯抽放和煤层注水的要求，或者采用无收缩灌浆料和专用水泥砂浆封孔泵，满足 30m 以上的封孔深度要求，确保高压注水时不漏水和跑水，具体如图 23.2 和图 23.3 所示。

（3）在注水工艺方面，根据煤层赋存条件和是否采取瓦斯抽放措施等，灵活采取原始应力带超前预注水（能注尽注）、水力割缝增透技术、先抽放后注水、利用工作面超前压力影响带进行注水、添加湿润剂并放置吸湿保湿材料等措施，提高注水效果。部分工艺如图 23.4 所示。

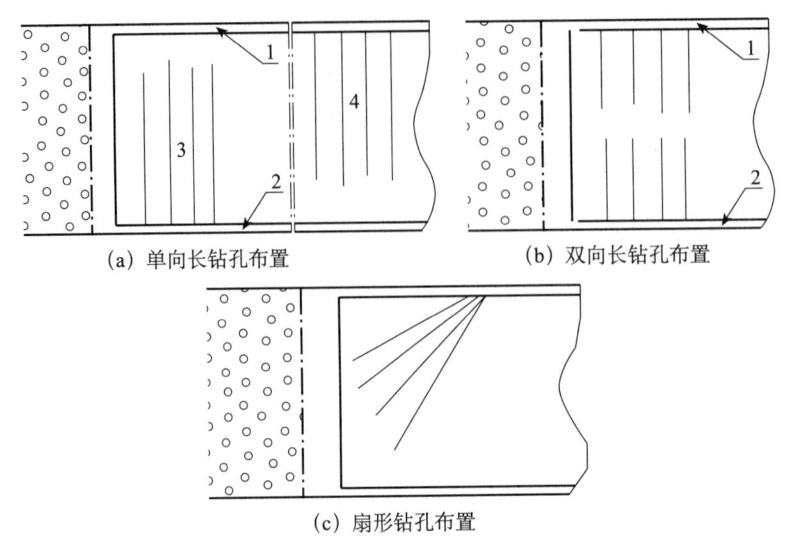

(a) 单向长钻孔布置

(b) 双向长钻孔布置

(c) 扇形钻孔布置

图 23.1　钻孔布置方式示意图

1. 回风巷；2. 运输巷；3. 上向孔；4. 下向孔

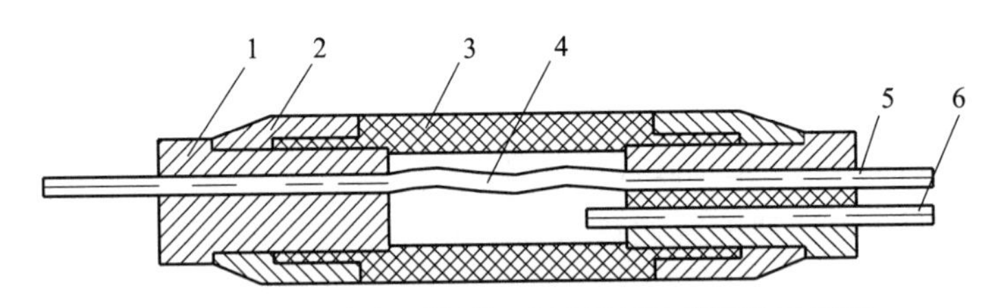

图 23.2　瓦斯抽放和煤层注水两用封孔器结构示意图

1. 膨芯接头；2. 螺套；3. 膨胀胶管；4. 钢丝胶管；5. 无缝注水钢管；6. 无缝封孔钢管

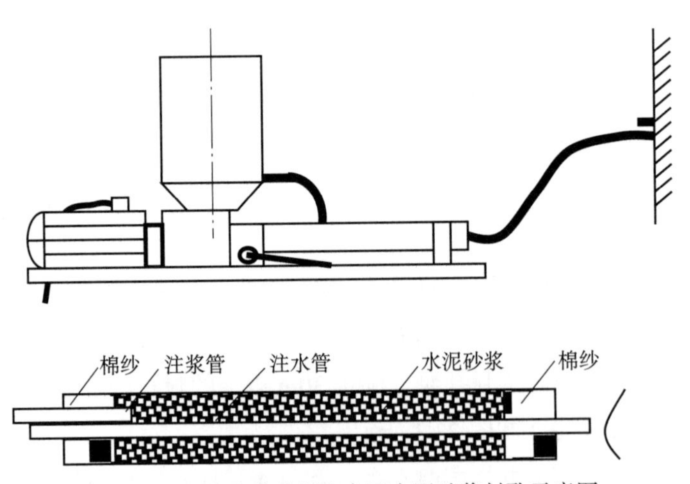

图 23.3　无收缩灌浆料和专用水泥砂浆封孔示意图

（4）在注水装备方面，采用煤层注水监控系统，实现动、静压交替注水，跑水缺水自动保护和注水参数自动监测，采用无动力液体自动添加装置来自动添加根据矿井水质和煤质条件配制的具有保湿性能的注水添加剂，如图 23.5、图 23.6 所示。

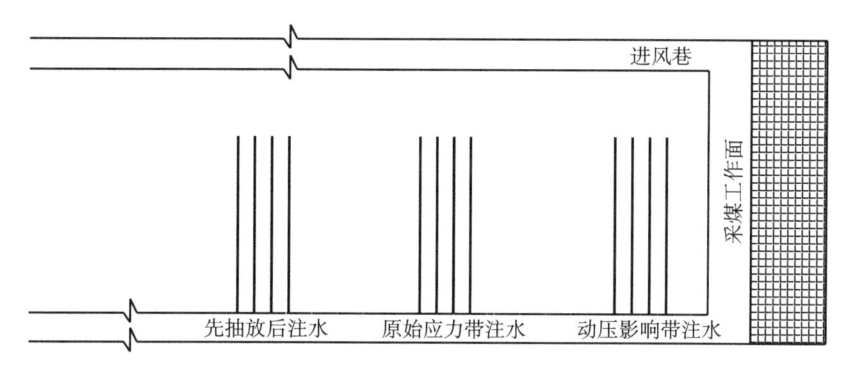

图 23.4　煤层注水部分工艺示意图

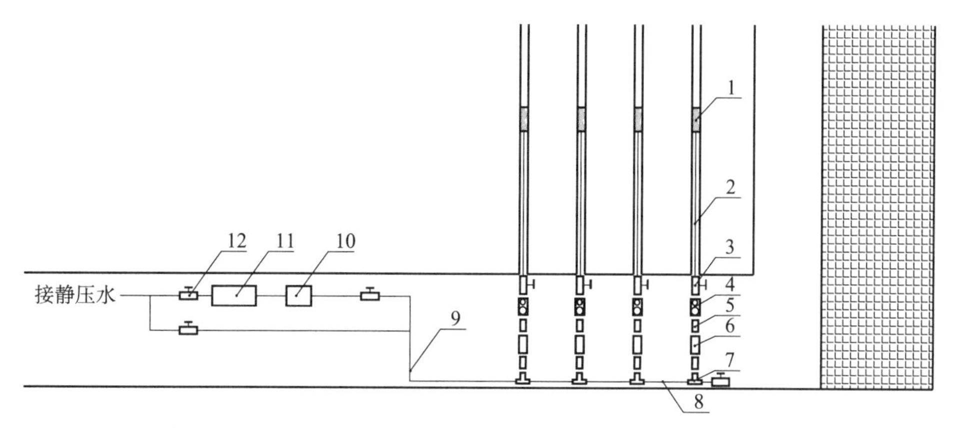

图 23.5　动、静压煤层注水系统示意图

1. 封孔器；2. ϕ13 注水高压胶管；3. KJ13 球阀；4. 双功能高压水表；5. 双阳子接头；6. 等量分流器；7. 异径三通；8，9. ϕ25 注水高压胶管；10. 煤层注水泵；11. 自动控制水箱；12. KJ25 球阀

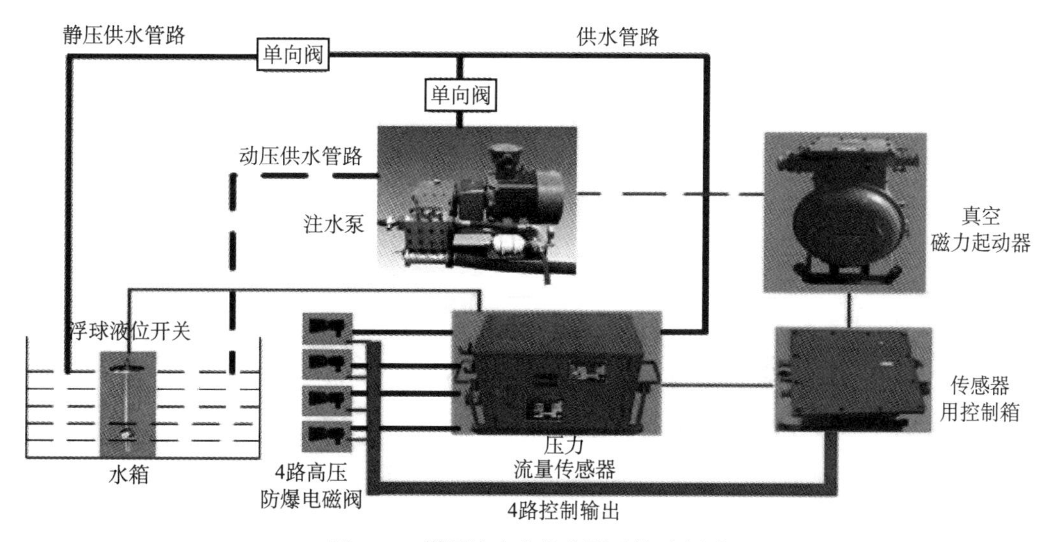

图 23.6　煤层注水监控监测系统示意图

23.1.3 技术特点

（1）工艺选取更有针对性：通过煤层可注性试验和现场煤层注水试验，系统掌握注水煤层的基本参数，能够使现场煤层注水实施过程中的钻孔布置、封孔工艺、注水工艺以及注水装备的选取更具有科学性、针对性和实用性。

（2）封孔性能可靠：采用无收缩灌浆料作为封孔材料，有效地解决了近水平注水孔的封孔问题，成功率达到90%以上，最高承压能够达到16MPa以上；采用能将封孔和注水管路相互独立的封孔器进行封孔，能够有效防止动、静压切换过程中封孔器被突然弹出，提高了注水的安全性。

（3）自动化程度高：采用煤层注水监控监测系统，能够实现对注水时的瞬时流量、瞬时压力、累计流量、累计时间的实时监测，还能实现煤层注水系统远程监测和远程控制；采用无动力液体自动添加装置能够实现注水添加剂的自动添加，且添加比例可调。

（4）吸湿保湿效果好：通过添加注水湿润剂大幅降低水的表面张力，提高煤的湿润效果，同时在钻孔中放置具有吸湿保湿性能的黏尘棒，防止煤层注入水分的蒸发，保证注水效果。

（5）注水降尘效率高：能够实现对开采煤层的长时间浸泡，对于渗透性好的煤层，注水降尘效率可提高到50%～60%以上；对于低渗透煤层，注水降尘效率可提高到30%以上。

23.1.4 技术参数

（1）钻孔深度：≥80m。

（2）封孔深度：≥10m。

（3）封孔长度：≥3m。

（4）注水压力：≥8MPa。

（5）湿润半径：≥2m。

（6）煤体水分增量：≥0.5%。

（7）降尘效率：30%～60%。

23.1.5 主要装备

重庆研究院研制的BPW系列泵、BFK系列煤矿用封孔泵、FSFZ系列注水用封孔器、ZZY-4/100W型无动力液体自动添加装、ZZSK型矿用煤层注水监控装置等，形成注水成套装备；北京研究院研发的ZS-01型注水添加剂等，在提高注水效果上发挥了积极作用。

1. BPW 系列注水泵站

BPW 系列泵站可为煤层注水和喷雾降尘等提供高压水源，整体采用卧式泵结构和内置斜齿圆柱齿轮减速方式，使水泵结构更加紧凑，运行更加平稳。采用润滑液自冷和盘管冷却器强制冷却相结合的冷却方式，确保了水泵运行时温升不超过 30℃。采用内置斜齿圆柱齿轮减速和曲拐轴驱动柱塞的传动方式，使水泵运行更加平稳，噪声比同类型号水泵标准值低 3dB(A) 以上。其主要技术参数如表 23.1 所示。

表 23.1　BPW 系列泵站技术参数

参数	BPW31.5/6.3 型	BPW31.5/16 型	BPW80/16 型	BPW80/31.5 型	BP-200/12.5 型	BPW315/16 型
公称压力 /MPa	6.3	16	16	31.5	12.5	16
公称流量 / (L/min)	31.5	31.5	80	80	200	315
电机功率 /kW	5.5	15	30	55	55	110
额定电压 /V	380/660 或 660/1140					

2. BFK 系列煤矿用封孔泵

BFK 系列煤矿用封孔泵主要用于煤矿井下煤层注水孔的封孔，另外也可以对瓦斯抽放孔、注浆孔等钻孔进行封孔。具有电动、液动和气动三种类型。液动封孔泵以钻机提供高压油为动力源，气动封孔泵以井下压气系统为动力源。封孔泵采用机械过载离合器、气动封孔泵采用气压过载保护装置、液动封孔泵采用过载溢流保护装置。高稠度水泥浆的搅拌和输送同时进行，水灰比（水：水泥）达到 0.4 ：1；无须对封孔段进行扩孔，只需把注浆管在孔口处做适当的固定和封堵即可。气动封孔泵通过调节供气流量、液动封孔泵通过调节供油流量实现注浆流量的无级调控。主要技术参数如表 23.2 所示。

表 23.2　BFK 系列煤矿用封孔泵主要技术参数

参数	BFK-10/1.2(2.4)(电动)型	BFK-11/1.2Y（液动）型	BFK-6/1.2Q（气动）型
工作压力范围 MPa	1.2(2.4)	1.2	1.2
额定输出流量 /（L/min）	10	11	6
搅拌器容积 /L	40	40	40
适用范围	380V/660V（660V/1140V）	额定油压：10MPa 额定油量：20L/min	额定气压：0.5MPa 耗气量：2.2～3.2m^3/min

3. FSFZ 系列注水用封孔器

FSFZ 系列注水用封孔器主要适用于煤矿井下采煤工作面长孔注水，能有效提高煤体注水区域的水分含量，降低采煤过程中粉尘产生量；同时具有释放瓦斯、降低煤体中瓦斯含量的作用。且该封孔器能够实现封孔与注水的相互独立，简化封孔工艺，确保煤层注水过程中的安全。主要技术参数如表 23.3 所示。

表 23.3 FSFZ 系列注水用封孔器主要技术参数

序号	技术参数	FSFZ-38/16 型	FSFZ-68/21 型
1	适应封孔孔径 /mm	50	80
2	封孔器外径 /mm	38±3	68±3
3	封孔器总长 /mm	1500	2500
4	额定工作压力 /MPa	16	21
5	工作状态爆破压力 /MPa	≥24	≥32
6	最小工作压力 /MPa	2.5	2.5
7	自由状态膨胀范围 /mm	80±8	95±8

4. ZZSK 型矿用煤层注水监控装置

ZZSK 型矿用煤层注水监控装置是专门用于对煤层注水过程进行实时监控和数据传输功能的新一代煤层注水自动监测与监控设备。可同时实现 4 路流量和压力的在线监测，能与安全监控系统联网使用。具有瞬时流量、瞬时压力、累计流量、累计时间的测量功能，能自动记录和保存，并可随时查阅，也能监测注水过程中“跑水”现象，并能及时切断该路水流。还可根据现场实际条件，设定动压注水时间与静压注水时间，并能自动切换。同时可对水箱水位和注水水压进行监测，当水箱缺水或水压超高时，系统自动控制水泵停止运行，具有保护水泵的功能；具有参数断电保护功能，断电后恢复供电，仍按原存储的参数进行工作；具有 RS485 通信接口，可实现系统远程监测和远程控制。其主要技术参数如表 23.4 所示。

表 23.4 FSFZZZSK 型矿用煤层注水监控装置主要技术参数

序号	技术参数	数值
1	系统注水压力 /MPa	≤16
2	压力检测范围 /MPa	0～20
3	流量检测范围 /(m^3/h)	0～10
4	输入电源电压 /VAC	127

5. ZZY-4/100W 型无动力液体自动添加装置

ZZY-4/100W 型无动力液体自动添加装置以煤矿井下静压水为动力，能对井下煤层注水各种常用湿润剂和降尘剂进行精确定量添加，主要用于提高煤层注水、喷雾等对疏水性煤尘的降尘效率。无需其他动力，安全可靠，安装、操作方便，添加精度高，添加比例调整灵活。可根据用水情况自动启动或停止添加工作，配套性好。其主要技术参数如表 23.5 所示。

表 23.5 ZZY-4/100W 型无动力液体自动添加装置主要技术参数

序号	技术参数	数值
1	工作水流量范围 /(L/min)	20～100
2	工作水压力范围 /MPa	0.5～4.0
3	添加精度 /%	±10
4	添加比例 /‰	2～18

6. ZS-01 型注水添加剂

ZS-01 型注水添加剂适用于矿山各采掘工作面，利用产品的渗透性可提高水对煤层的湿润能力，缩短湿润时间，增大水在煤层的裂缝中渗透时的毛细管力，使渗透作用加强，对煤层原先不溶于水的物质增容，有效地降低瓦斯压力、呼吸性粉尘和煤层的冲击倾向性，防止瓦斯突出和冲击地压事故的发生。该添加剂主要技术参数如表 23.6 所示。

表 23.6 ZS-01 型注水添加剂主要技术参数

序号	技术参数	数值
1	添加比例 /‰	0.5～2
2	pH	6～7
3	黏度 /cP	34～36
4	密度	1.01～1.1
5	颜色	无色或淡黄色
6	气味	无味或淡清香味

23.1.6 适用条件

主要适用于采煤工作面进、回风巷开展的长孔煤层注水，能有效降低可注水煤层采煤工作面生产时的粉尘浓度，对低渗透、疏水性等难注水煤层也能起到较好的防降尘作用。

23.1.7 应用实例

煤层注水降尘技术在山西阳煤集团一矿、淮南矿业集团张集矿、山西中煤华晋王家岭煤矿、山西潞安集团漳村矿和王庄矿等若干矿井进行了推广和应用，并取得了较好的降尘效果。各煤矿采煤工作面煤层性质、封孔方式、注水工艺、注水参数、水分增量以及降尘效果如表 23.7 所示。

表 23.7 煤层注水应用效果

序号	矿井名称	煤层性质	封孔方式	注水工艺	注水压力 /MPa	注水时间 /d	平均水分增量 /%	平均降尘效率 /%
1	阳煤一矿	可注水煤层	封孔器	原始应力带	2～3	4～5	0.5～1.1	31.6～42.5
2	张集矿	可不注煤层	水泥砂浆	原始应力带	12～15	6～8	0.9～1.5	56.5～67.2
3	王家岭煤矿	可不注煤层	无收缩灌浆料	动压影响带 + 原始应力带	8～16	10～30	0.5～2.0	36.1～53.4

续表

序号	矿井名称	煤层性质	封孔方式	注水工艺	注水压力/MPa	注水时间/d	平均水分增量/%	平均降尘效率/%
4	漳村矿	可注水煤层	封孔器	原始应力带	3～4	5～8	0.8～1.6	59.1～75.7
5	王庄矿	可注水煤层	封孔器	注水添加剂	3～4	4～8	0.7～1.5	61.4～73.3

23.2 采煤机含尘气流控制及喷雾降尘技术

采煤机逆风割煤时前滚筒落煤冲击产尘是工作面下风侧空间粉尘危害的主要来源，而含尘气流控制则是治理该尘源的有效技术措施。重庆煤科院在借鉴国外先进经验的基础上，通过“七五”、“十一五”和“十二五”期间的科技攻关，最终形成了一套适合于我国生产条件的采煤机含尘气流控制及喷雾降尘技术及装备，取得了91.31%的控降尘效果，并在国内多地煤矿进行了推广应用，取得了显著的经济和社会效益。

23.2.1 技术原理

采煤工作面风流在到达采煤机位置即与上风侧摇臂相遇时，由于过风断面的突然减少，造成采煤机区间的风速变大，使得人行道一侧的风量增加，而正是增加的这部分风流 ΔQ 携带了大量的粉尘即含尘气流，并进入到人行道一侧。若采用控尘措施将该部分风流重新引导至沿煤壁一侧运移，则可以得到控尘前后人行道采煤机中部司机位置处的粉尘浓度分别为

$$c_1 = \frac{c_0 \times \Delta Q}{Q_{人行侧}} \quad c_2 = \frac{c_0 \times (\Delta Q - q_{引})}{Q_{人行侧} - q_{引}} \tag{23.1}$$

式中，c_0为采煤机上风滚筒尘源处含尘气流的平均浓度，mg/m^3；c_1、c_2分别为控尘前后采煤机中部司机位置处的粉尘浓度，mg/m^3；$Q_{人行侧}$为未控尘时人行侧风量，m^3/s；$q_{引}$为控尘措施的引射风量，m^3/s。

考虑$q_{引} << Q_{人行侧}$，则可得到控尘措施的效率：

$$\eta = \frac{c_1 - c_2}{c_1} \times 100\% \approx \frac{q_{引}}{\Delta Q} \times 100\% \tag{23.2}$$

由式（23.2）可知，控尘措施的效率可近似等于引射风量与受采煤机阻挡人行道一侧增加风量之间的比值。因此，可以通过控尘措施形成引射风流来有效降低人行侧司机位置处的粉尘浓度。

23.2.2 技术内容

采煤机含尘气流控制及喷雾降尘技术就是通过在采煤机上风滚筒一侧的端部布置挡尘

帘和一定数量的顺风喷雾，利用挡尘帘和喷雾形成的密集雾流在采煤机上风滚筒区域形成一道物理屏障，人为地将煤壁侧和人行侧分隔开来。首先将产生的粉尘拦截于摇臂根部和挡尘帘形成的狭小空间内，再借助喷雾的引射作用强行改变风流的流动方向，迫使含尘气流沿煤壁一侧运移，避免其向人行道一侧扩散，从而减少对作业区域的污染。而针对采煤机机面上沿煤壁一侧运移的粉尘，则是再利用布置于机面上的顺风喷雾进一步引导和控制含尘气流沿煤壁一侧流动，抑制其向人行道空间扩散，同时对风流中的粉尘进行有效的沉降。最后利用安装在采煤机下风侧端头和摇臂上的高压组合喷雾，继续对风流进行跟踪净化，最大限度地减少进入采煤机下风空间内的粉尘，具体如图 23.7 所示。

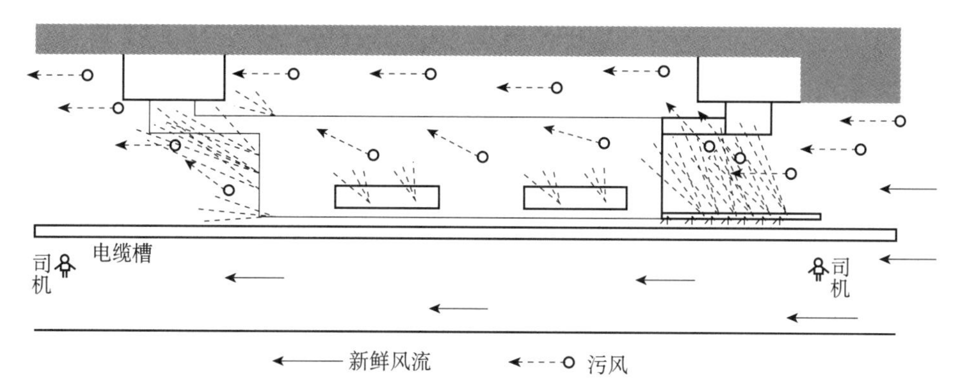

图 23.7　采煤机含尘气流控制及喷雾降尘技术示意图

23.2.3　技术特点

（1）控降尘效率高：顺风引射喷雾不仅可以有效地引导含尘气流沿煤壁一侧运动来阻挡其向人行道一侧扩散，还可以在高浓度粉尘区域形成卷吸气流，进而提高雾粒与尘粒的凝并和沉降效率。现场应用表明，采煤机总粉尘的整体控降尘效率可达 85% 以上，呼吸性粉尘控降尘效率可达 80% 以上。

（2）喷雾装置适用面广：引射喷雾采用文丘里管结构，使用高压喷雾所需水量少但能形成高速的喷雾雾流（喷雾压力≥8.0MPa，喷雾流量 60～80L/min），且喷管底座可实现 360° 调节，能够适应不同断面采煤工作面的要求，以便在人行侧和煤壁侧形成一道柔性的物理屏障。

（3）可靠性、适用性强：含尘气流控制装置、机面引射喷雾装置和下风侧高压组合喷雾装置采用特殊结构设计，抗砸性和抗振动性能好，安装维护简便，可靠性和适用性均能够满足采煤工作面恶劣作业环境的要求。

23.2.4　技术参数

（1）喷雾压力：≥8MPa。

（2）喷雾流量：60～80L/min。

（3）降尘效率：≥85%。

23.2.5 主要装备

采煤机含尘气流控制装置安装于采煤机行走部的上风端，延伸至采煤机上风滚筒中部位置，其上部布置有若干顺风喷雾、下部悬挂有挡尘帘，装置长度、喷嘴类型、喷嘴间距、结构布局、连接部件等均可根据采煤机的具体型号和工作面的生产工艺条件进行非标设计和制造。重庆研究院曾针对山西中煤华晋能源有限公司王家岭煤矿20106工作面的采煤机设计了一种新型含尘气流控制装置，如图23.8所示。主要技术参数如表23.8所示。

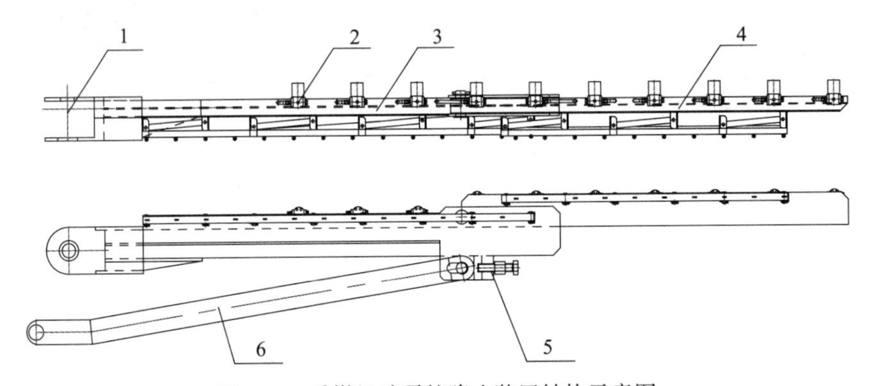

图23.8 采煤机喷雾控降尘装置结构示意图

1. 连接部件；2. 角度可调喷嘴；3. 一段喷雾；4. 二段喷雾；5. 高度调节机构；6. 支撑连杆

表23.8 采煤机喷雾控降尘装置主要技术参数

序号	技术参数	数值
1	长度 /m	4.3
2	质量 /kg	180
3	喷嘴数量 / 个	8
4	喷雾流量 /(L/min)	48
5	降尘效率 /%	80～90

23.2.6 适用条件

主要适用于综采综放工作面，能够有效治理采煤机逆风割煤时滚筒处垮落冲击产生的粉尘，避免其向人行道一侧扩散。

23.2.7 应用实例

选取山西中煤华晋能源有限责任公司王家岭煤矿20106综采工作面粉尘治理项目作为应用实例，对该技术进行简要介绍。该工作面采煤机自带内喷雾易堵塞基本无法正常使用，仅在机面上布置有朝向滚筒的喷雾装置，降尘效果较差，粉尘污染极其严重。根据工作面条件，选取采煤机含尘气流控制及喷雾降尘技术进行治理，有效地解决了工作面的粉尘污染问题。具体效果如表 23.9 所示。

表 23.9 治理前、后综合降尘效果对比

采煤机运行方向	测尘位置	原外喷雾时平均粉尘浓度 / (mg/m^3)	使用控降尘装置后平均粉尘浓度 / (mg/m^3)	降尘效率 /%
逆风割煤	采煤机司机位置处	1079	93.8	91.31
	采煤机下风 10m 处	485	184	62.06
顺风割煤	采煤机司机位置处	206	33.2	83.88
	采煤机下风 10m 处	229	82.1	64.15

23.3 采煤机尘源跟踪高压喷雾降尘技术

采煤机滚筒割煤是采煤工作面最大的产尘源之一，也是目前采煤工作面粉尘治理的一个难点。重庆研究院通过在“十五”、“十一五”和“十二五”期间的科技攻关，研制出一套采煤机尘源跟踪高压喷雾降尘技术及装备，实现了对采煤机滚筒及垮落煤体的跟踪喷雾，有效地解决了高瓦斯大风量综采工作面的粉尘危害问题，并在山西阳煤集团、晋城煤业集团、平顶山煤业集团、西山煤业集团等很多局矿成功地进行了推广应用，取得了显著的经济和社会效益。

23.3.1 技术原理

采煤机尘源跟踪高压喷雾降尘技术属于喷雾降尘技术的一种。它是针对采煤机滚筒割煤及煤炭垮落冲击产生的粉尘，基于解决机载式高压喷雾安装固定可靠性不足和喷雾自动控制的问题而提出的。其原理是利用传感器检测技术实现采煤机的实时定位，并自动跟踪采煤机前后滚筒位置，顺次打开和关闭布置在支架顶部对应位置和设定数量的高压喷雾，进而能始终在前、后滚筒周围形成强大、厚实的水雾包围圈，有效湿润前后滚筒割煤和煤壁垮落形成的破碎煤体，最大限度地减少和就地沉降割煤过程中产生的粉尘。同时，配合不同的喷雾组合，把滚筒处没有就地沉降而飞扬的悬浮粉尘控制在人行道和煤壁之间较小的区域运动，并进行喷雾捕集和沉降，使含尘气流得到有效净化，达到降低工作面粉尘浓度的目的。具体如图 23.9 所示。

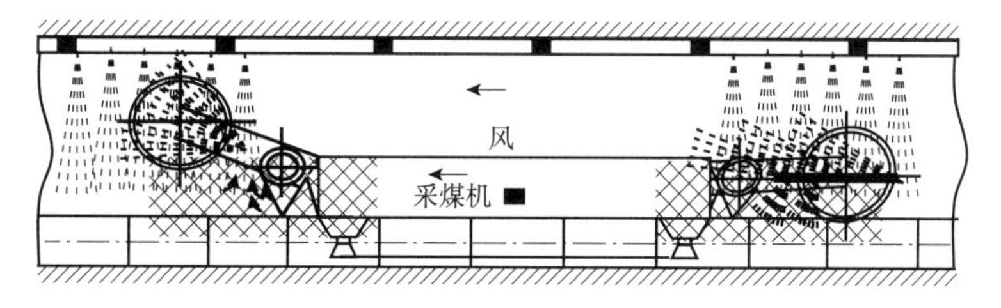

图 23.9 采煤机防尘效果示意图

23.3.2 技术特点

（1）参数设计合理：通过多年的理论研究和现场试验，总结出了关键工艺技术参数确定的科学依据，能够根据工作面的产尘规律、粉尘浓度、粉尘粒径、供风风量、断面尺寸和生产工艺等因素，结合掌握的28类喷嘴在不同风速、不同喷雾压力条件下的有效射程、有效喷雾水量、雾粒粒径、覆盖面积等雾化性能参数，来确定喷雾水量、喷雾布置、喷嘴类型以及喷雾参数等，通过针对性的设计有效地提高了采煤工作面的喷雾降尘效率。应用效果表明，在最佳工艺技术参数条件下，该项技术的降尘效率可以达到85%以上。

（2）技术应用广泛：除了关键工艺技术参数有针对性外，采煤机尘源跟踪高压喷雾降尘系统的安装也非常灵活，控制箱、接收器、电磁阀等部件能够依据工作面的实际条件进行布置。该技术曾在重庆南桐煤矿1.6m采高的工作面、山西阳煤一矿3.0m采高的工作面和内蒙古栗家塔煤矿6.2m采高的工作面均得到了成功的应用，且治理效果也非常明显。

（3）系统功能强大：改进后的采煤机尘源跟踪喷雾降尘系统自动化程度更高，不仅能够实现对采煤机滚筒喷雾的控制，还可以实现对降柱移架侧护板对喷喷雾、放顶煤喷雾、断面喷雾的随机控制。此外，还集成了工作面环境参数（粉尘浓度、风速、温湿度、噪声等）及煤机运行工况监测等功能。

23.3.3 技术参数

（1）喷雾压力：≥8MPa。

（2）喷雾流量：100～300L/min。

（3）降尘效率：≥80%。

23.3.4 主要装备

1. KHCG1(252)型矿用采煤机尘源跟踪喷雾降尘系统

KHCG1(252)型采煤机尘源跟踪喷雾降尘系统是实现采煤机尘源跟踪高压喷雾降尘技术自动控制的关键装备，主要由喷雾控制箱、红外发射器、红外接收器、红外发射器电源箱、电磁阀、电源电缆、通讯电缆、供水管路（高压胶管）、喷嘴及其他必要设备组成，如图23.10所示。

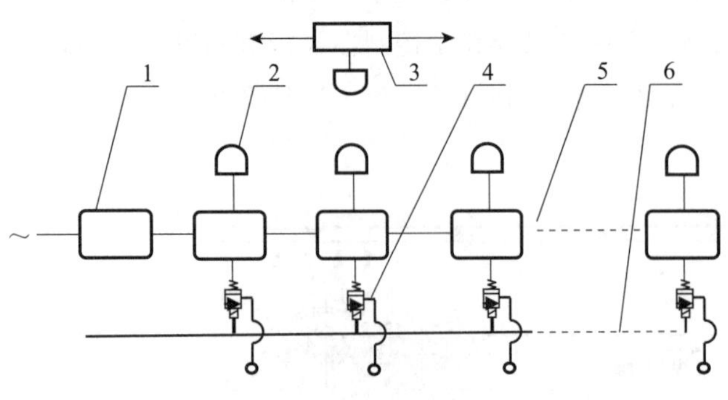

图23.10 系统组成

1. 控制箱；2. 传感器；3. 采煤机；4. 电磁阀；5. 电缆；6. 高压胶管

该系统设计在采煤工作面的每架液压支架上安装高压喷雾装置、高压电磁阀、水质过滤器和接收器等装置，每架或数架支架配置一台控制箱，控制箱与接收器之间、控制箱与电磁阀之间通过电缆连接，各控制箱之间通过通信电缆或无线通信进行信号传输，各电磁阀和喷雾装置通过高压胶管相连接形成喷雾水路，在采煤机上安装红外信号发射器，而高压泵站则布置于采煤工作面的设备列车上，具体如图 23.11 所示。

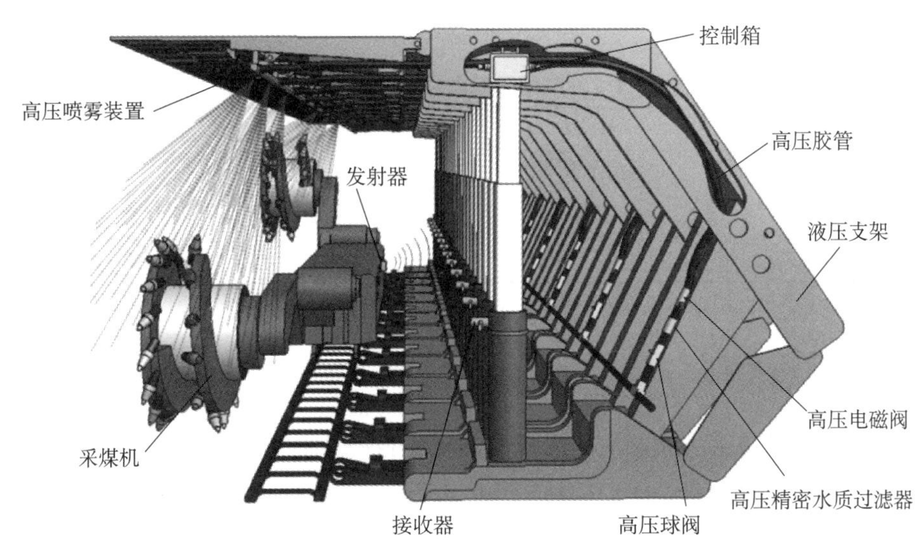

图 23.11　采煤机尘源跟踪高压喷雾降尘系统安装布置示意图

该系统的主要技术参数如表 23.10 所示。

表 23.10　KHCG1(252) 型采煤机尘源跟踪喷雾降尘系统主要技术参数

序号	技术参数	数值
1	最大容量	可配接 252 个电磁阀，适应工作面长度约 420m
2	喷雾水压力 /MPa	1～10
3	同时打开的电磁阀数量 / 个	0～10（可调）
4	输入电源电压 /VAC	220/127
5	传感器探测范围	探测距离：≥3m；水平探测角度：≤30°
6	喷雾控制执行时间 /s	≤3
7	喷雾延时时间及误差 /s	1～999 可调，延时误差为 ±2

2. 红外发射 / 接收器

红外对射传感技术能够可靠地识别到采煤机目标而非其他任何异物，还可以有效地避免受风流、水雾、湿度、粉尘、电磁波、可见光、煤壁片帮等因素的影响，能够满足井下恶劣条件下的使用要求。此外，红外发射器内设置有编码器，红外接收传感器内设置与编码器相应的解码器，并采用多组发射（8×9 矩阵排列）和接收探头的结构，具有极高的可靠性。试验结果表明，在粉尘浓度为 5000 mg/m^3 的情况下，即使在喷雾、可见光等的干扰下，传感器有效探测距离仍可达到 7m，动作灵敏且无误动作。

3. DF 系列隔爆型电磁阀

DF 系列隔爆型电磁阀采用直通和先导复合式结构设计，保证电磁阀在高、低水压下都能开、关自如，最高承压能力可达 10MPa。且采用不锈钢活塞环，抗腐蚀能力强，密封件采用聚四氟乙烯材料，密封性能和耐磨性能好，开关次数可达 6 万次以上。主要技术参数如表 23.11 所示。

表 23.11　DF 系列隔爆型电磁阀主要技术参数

参数	DF20/7 型	DF20K/7 型	DF20/10 型
电源电压 /V	36	36	36
适用水压 /MPa	0.2～7.0	0.2～7.0	1.0～10.0
公称通径 /mm	20	20	20

23.3.5　适用条件

主要适用于煤矿综采（放）工作面的采煤机智能随机跟踪高效喷雾降尘，尤其是在配风量大、产尘强度高的综采（放）工作面，可显著降低采煤机割煤时的粉尘浓度。

23.3.6　应用实例

选取山西阳煤集团一矿 8201 综放工作面作为应用实例，对该项技术进行简要介绍。阳煤一矿 8201 综放工作面采高 2.8～3.5m，进风量为 1813m³/min，风速 4.1～5.3m/s。割煤时采煤机司机位置处粉尘浓度为 9418mg/m³，采煤机下风侧 10m 处粉尘浓度为 6652mg/m³。针对该问题，采用了尘源跟踪高压喷雾降尘技术对其进行治理，降尘效果如表 23.12 所示。

表 23.12　综合高效喷雾降尘系统使用后的降尘效果

<table>
<tr><th colspan="2">采样位置</th><th>使用前浓度 /（mg/m³）</th><th>使用后浓度 /（mg/m³）</th><th>降尘效率 /%</th><th>备注</th></tr>
<tr><td colspan="2">采煤机司机位置处</td><td>9418</td><td>2568</td><td>72.7</td><td rowspan="2">只开启尘源跟踪喷雾</td></tr>
<tr><td colspan="2">采煤机下风侧 10m 处</td><td>6652</td><td>1242.5</td><td>81.3</td></tr>
<tr><td rowspan="2">采煤机司机位置处</td><td>逆风割煤</td><td>9418</td><td>627</td><td>93.3</td><td rowspan="4">采用综合降尘措施</td></tr>
<tr><td>顺风割煤</td><td>2890</td><td>223</td><td>92.3</td></tr>
<tr><td rowspan="2">采煤机下风侧 10m 处</td><td>逆风割煤</td><td>6652</td><td>312</td><td>95.3</td></tr>
<tr><td>顺风割煤</td><td>6735</td><td>435</td><td>93.5</td></tr>
</table>

23.4　放顶煤、液压支架移架自动喷雾降尘技术

降柱移架及放顶煤过程中粉尘从支架顶部洒落至底板，在风流的作用下快速扩散至整

个工作面，使得作业点下风侧的粉尘浓度高达 500～1000mg/m^3，粉尘污染工作环境极其严重。重庆研究院通过“七五”“八五”期间科技攻关，研制出一种能与乳化液联动的控制阀成功实现降柱移架及放顶煤喷雾的自动控制，并通过后续的不断改进和完善，有效地解决了降柱移架及放顶煤过程中的粉尘污染问题，并得到广泛的推广和应用，取得显著的经济效益和社会效益。

23.4.1　技术原理

放顶煤、液压支架移架自动喷雾降尘技术也属于喷雾降尘的一种。主要是通过快速湿润破碎煤块来减少粉尘的产生，其原理是利用一组液压控制阀来实现液压支架动作和对应喷雾的联动，从而实现各类喷雾的自动开启和关闭。其中，针对降柱移架产生的粉尘，首先在支架侧护板两侧布置喷雾，依靠喷雾飞溅作用将两侧护板缝隙上部的破碎煤块快速湿润，从根本上减少产尘量。而针对放顶煤产生的粉尘，首先在本架支架及相邻支架的放煤口上风侧位置布置喷雾，快速湿润放煤落下的大量破碎煤块，同时该喷雾布置于放煤口上风侧位置，对风流可起到一定的阻挡作用，控制风流吹扬粉尘，再利用下风侧的一道喷雾对粉尘进行沉降，如图 23.12 所示。

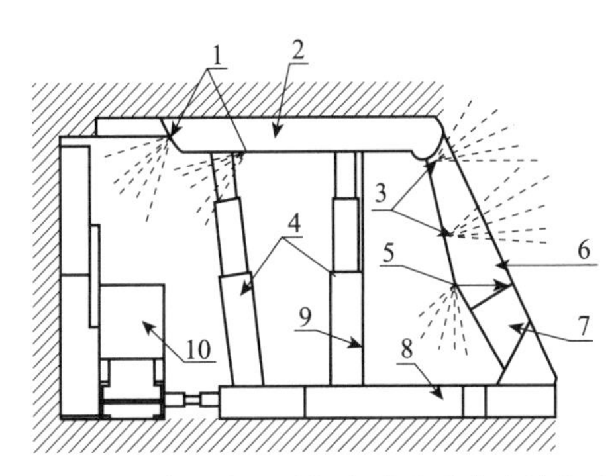

图 23.12　放顶煤、降柱移架自动喷雾降尘技术示意图

1. 顶梁下喷嘴；2. 顶梁；3. 架间和采空区喷嘴；4. 立柱；5. 放煤口喷嘴；6. 掩护架；7. 放煤口；8. 底座；9. 帘子；10. 采煤机

23.4.2　技术特点

（1）有针对性地进行喷雾设计：可以根据不同工作面的支架结构来设计喷雾装置，并结合降柱移架及放顶煤的产尘规律来进行喷雾的选型和喷雾参数的选取。

（2）利用高压喷雾快速湿润煤体：采用高压喷雾（喷雾压力不低于 8MPa）对支架侧护板处洒落及放顶煤产生的破碎煤块进行快速的湿润，有效地降低了作业人员处的粉尘浓度，降尘效率可达到 70% 以上。此外，还可与液压支架的电液控制系统相配合，实现降柱移架及放顶煤的上风邻架操作，避免形成的水雾对作业环境的影响。

（3）自动控制阀性能稳定：采用不锈钢材质加工控制阀体，采用高性能树脂材料制作阀芯，防腐蚀及防堵塞性能好，使用寿命可达5000次以上，从而确保了喷雾系统的可靠性和稳定性。

23.4.3 技术参数

（1）喷雾压力：≥8MPa。

（2）喷雾流量：30～40L/min。

（3）降尘效率：≥80%。

23.4.4 主要装备

1. 系统组成

降柱移架及放顶煤自动喷雾降尘系统主要由高压泵站（共用）、降柱移架喷雾架、放煤口喷雾架、自动控制阀、喷雾水管、高压胶管及管件等组成，如图23.13所示。

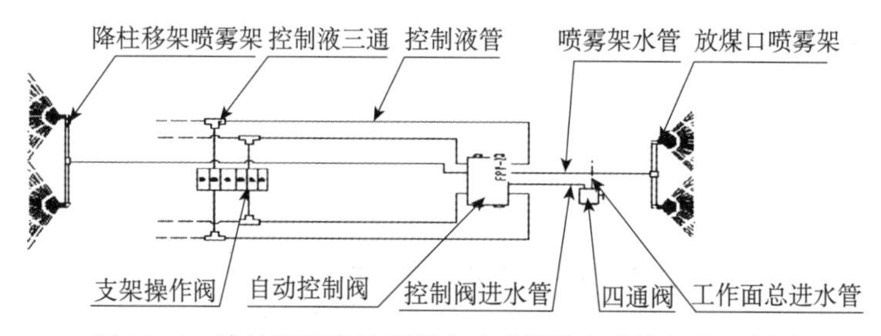

图23.13　降柱移架及放顶煤自动喷雾降尘系统组成示意图

2. FYP-10-1（2）型液压支架自动喷雾控制阀

FYP-10-1（2）型液压支架自动喷雾控制阀是实现降柱移架及放顶煤自动控制喷雾的核心部件，如图23.14所示。适应水压达到10MPa，且密封件使用寿命可达5000次以上。使用过程中，只需将控制阀接入液压系统，便可实现液压支架移架、放煤控制与喷雾联动。其主要技术参数如表23.13所示。

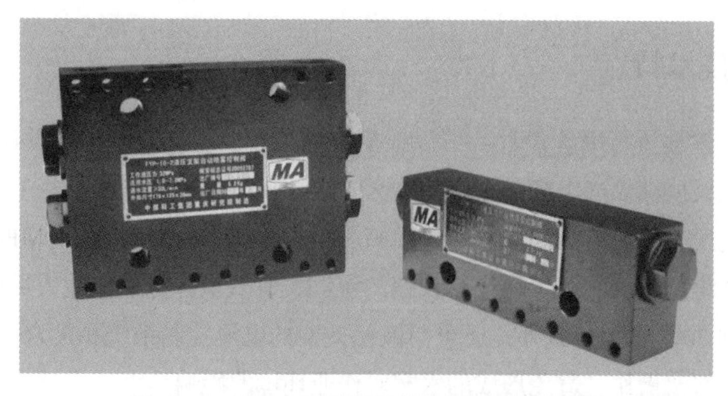

图23.14　FYP-1/2型液压支架自动喷雾控制阀

表 23.13　FYP-1/2 型液压支架自动喷雾控制阀主要技术参数

序号	技术参数	数值
1	适用水压 /MPa	1～10
2	过水流量 /(L/min)	≥30
3	工作液额定压力 /MPa	32

23.4.5　适用条件

主要适用于煤矿井下综采或综放工作面降柱移架和放顶煤过程中粉尘的治理，尤其是在软煤层综采工作面，能够取得显著的降尘效果。

23.4.6　应用实例

选取乌兰煤矿和鲍店煤矿的降柱移架粉尘治理作为应用实例，对液压支架降柱移架及放顶煤自动喷雾降尘技术进行简要介绍。其应用降尘效果如表 23.14 所示。

表 23.14　放顶煤、液压支架移架自动喷雾降尘装置降尘效果

应用矿井指标	降尘措施	喷雾压力 /MPa	喷雾流量 /(L/min)	降尘效率 /%
乌兰煤矿	支架上安装降柱移架自动喷雾、放煤口吊挂隔尘帘	0.8	48	总尘 84.7 呼吸尘 67.5
鲍店煤矿	支架上安装降柱移架自动喷雾、放煤口吊挂隔尘帘	1.8	架间喷雾 18，放煤口喷雾 60	移架 81 放煤口 84.2

23.5　钻孔除尘技术

目前，我国在煤矿井下钻孔施工中多采用湿式钻孔，但对于部分煤（岩）与瓦斯突出煤层或软煤层中瓦斯抽放钻孔等难以采取湿式钻孔的矿井，仍在沿用干式钻孔。而干式钻孔产生的粉尘能够达到 1000mg/m^3 以上。重庆研究院通过“十一五”期间科技攻关，最终形成了一种湿式孔口除尘技术及装备，满足了不同矿井在干式钻孔除尘方面的需求。

23.5.1　技术原理

湿式孔口除尘利用空气引射器在封孔器内形成微负压，钻孔时产生的粉尘在压缩空气的作用下，从孔底高速向外扩散，进入封口器后由于扩散空间的急剧增大，风速快速降低，大颗粒的粉尘在封口器内由于重力的作用沉降下来，经下部的排尘口排出。没有被沉降下来的粉尘在引射器负压的作用下，被吸进除尘器内首先经过惯性除尘，大颗粒粉尘被进一步沉降落入灰斗，细微颗粒在风流的带动下进入过滤除尘段，被螺旋喷嘴和过滤网形成的水膜拦截后形成尘水混合物排入污水箱，而干净的空气则由排气口排出除尘器进入巷道，

如图 23.15 所示。

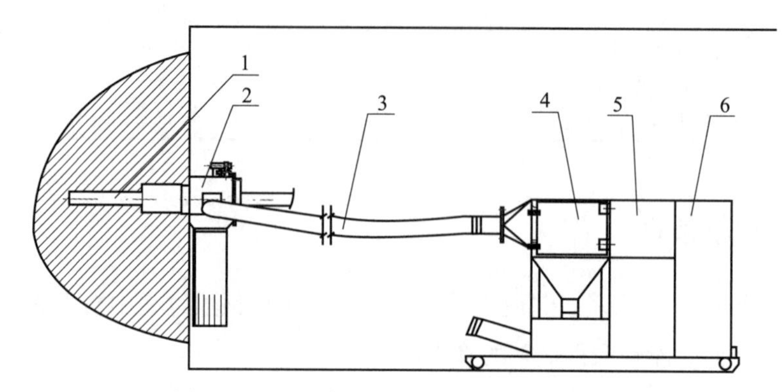

图 23.15 矿用气动湿式孔口除尘原理示意图

1. 钻杆；2. 钻孔封孔器；3. 抽尘软管；4. 湿式过滤除尘段；5. 空气引射器；6. 动量脱水段

23.5.2 技术特点

（1）安全：以空气引射器作为动力元件，以压缩空气作为动力源，不使用电及其他任何动力，且无任何旋转部件，在煤矿使用环境中的安全性好。

（2）高效：采用湿式过滤除尘原理，利用动量脱水技术，对干式钻孔产生的粉尘进行湿式过滤、脱水净化处理，除尘效率高达 97% 以上，且耗水量低。

（3）适用：处理风量、气压、水压等技术参数条件适用于大多数煤矿井下环境条件。

（4）轻便：整体结构合理，体积小，质量轻，操作简单，维护量小，现场使用方便。

23.5.3 主要装备

KCS-12KQ 型矿用气动湿式孔口除尘器是钻孔除尘技术的关键装备，其主要技术参数如表 23.15 所示。

表 23.15 KCS-12KQ 型矿用气动湿式孔口除尘器主要技术参数

序号	技术参数	数值
1	额定处理风量 /(m^3/min)	12
2	工作阻力 /Pa	≤1200
3	总粉尘除尘效率 /%	≥97
4	噪声 /dB(A)	≤85
5	压缩空气压力 /MPa	0.5
6	耗气量（工况）/（m^3/min）	0.75
7	供水压力 /MPa	0.5～4

23.5.4 适用条件

湿式孔口除尘器适用于煤矿井下干式钻孔的粉尘治理，特别是在突出矿井具有极高的安全性。

23.5.5　应用实例

钻孔除尘技术及装备在我国各地煤矿应用广泛，如 KCS-12KQ 型矿用气动湿式孔口除尘器在四川龙滩煤矿等多个煤矿都进行了推广应用，降尘效果十分显著，如表 23.16 所示。

表 23.16　四川龙滩煤矿孔口除尘效果对比

测尘地点	原始粉尘浓度 /（mg/m³）	采取孔口喷雾等措施		采用气动孔口除尘系统	
		粉尘浓度 /（mg/m³）	降尘效率 /%	总粉尘浓度 /（mg/m³）	降尘效率 /%
3112 南回风巷	2920	1231	57.8	82	97.2
	2961	1059	64.2	56	98.1
3115 北运输巷	3524	—	—	49	98.6
	2495	—	—	72	97.1
	2935	—	—	68	97.7

23.6　采煤工作面综放支架放煤口负压捕尘技术

降柱移架及放煤也是综采工作面最主要的尘源点之一。由于降柱移架多属于高位尘源，破碎煤体洒落后在风流的作用下迅速扩散，导致下风流方向作业空间内的粉尘严重超标。北京研究院根据喷雾引射原理，研究的负压捕尘技术能够有效地降低该尘源的危害，降尘效率可以达到 80% 以上。

23.6.1　技术原理

综放面支架及放煤口负压捕尘系统主要由负压捕尘装置、液控水阀和相关液压管路构成。系统工作原理：由于负压产生器产生压力较高，产生的雾气流速很快，动能较大，形成高压射流，加之高速雾气流的扩散直径大于负压感应器直径，把负压感应器全密闭充满，高速雾流在负压感应器内呈紊流状态高速推进，形成水雾活塞，负压感应器前方的空气被源源不断的水雾推出去，负压感应器的后部产生了很强的负压空间场，因而可以把附近含尘浓度高的空气吸入到降尘装置内，粉尘与水雾在负压感应器、流场加速器、混合效应管里不断结合、反复碰撞、重新组合，大部分粉尘与雾粒结合在混合发散器出口处沉降下来，从而起到负压降尘的作用。系统的工作过程是：当尾梁插板油缸动作，即开始放顶煤工序时，控制进入插板油缸的油液分出一支进入联控水阀控制油口，将联控水阀打开，使高压水进入负压捕尘装置，开始正常工作，实现放顶煤工作与负压捕尘喷雾的同步进行。

负压捕尘装置主要由负压产生器、射流定位器、负压感应器、流场加速器、混合效应管、混合发散器、煤尘收集器接口、煤尘收集器组成，如图 23.16 所示。

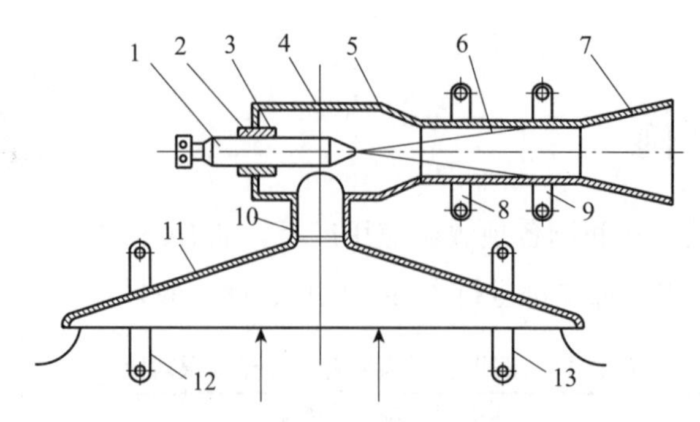

图 23.16　放煤口防尘、捕尘装置

1. 负压产生器；2. 定位保护螺钉；3. 射流定位器；4. 负压感应器；5. 流场加速器；6. 混合效应管；7. 混合发散器；8，9. 定位连接板；10. 煤尘收集器接口；11. 煤尘收集器；12，13. 定位连接板

其工作过程：以压力水为动力，通过负压产生器射流水质点的横向紊动作用将负压感应器 4 内的空气带走，形成负压区，在装置内、外压差作用下，含尘空气不断从煤尘收集器 11 流入负压感应器 4，并随负压产生器喷出的水流在混合效应管混合，此时两股流体速度逐渐趋向一致，在混合发散器中，煤尘被水雾充分包围湿润，最后被排出。

23.6.2　技术特点

（1）结构简单，除尘效率高，加工容易、安装方便。

（2）采用负压在放煤尘口进行抽尘，降尘效率高，能够达到 70% 以上。

23.6.3　适用条件

综放支架放煤口负压捕尘技术能够适用于煤矿综放工作面降柱移架及放顶煤的粉尘治理，也可应用于密闭空间的抽尘净化。

23.6.4　应用实例

通过实施综放支架放煤口负压捕尘系统，实现了放煤口负压捕尘装置的自动工作；负压喷雾的液气比控制在 12% 以下；喷嘴出口雾流速度 30～40m/s；水压在 12MPa 以上时，雾流速度可达 40m/s 以上；放煤口的粉尘浓度可降低 80%～85%；在不高的水压（不高于 8MPa）条件下，降尘率可达 70% 以上，若条件许可，再提高水压，降尘率可达到 80% 以上的要求。

23.7　采区其他作业地点粉尘防治技术

本节介绍重庆研究院在转载点粉尘治理、巷道风流净化、巷道沉积粉尘清洗、粉尘浓度设限喷雾降尘、个体防护等方面的技术。

23.7.1　转载点粉尘治理技术

结合转载点胶带输送机的运行特点，重庆院研制了 ZP-1 型自动喷雾控制装置，采用机械控制，胶带运行时自动喷雾降尘。

1. 工作原理

输送机胶带或翻车机重载运行时，带动喷雾控制装置的控制器转轮转动，使液压泵运转，产生液压力推动活塞及顶杆，打开给水阀，压力水通过给水阀后经喷嘴形成雾体降尘；当空载或停止运转时，转轮随即停止运转，给水阀关闭，停止喷雾，从而实现了喷雾降尘的自动控制。

2. 自动喷雾系统

自动喷雾系统由自动喷雾控制装置和喷嘴等组成，系统布局如图 23.17 所示。安装时应保证胶带空载时胶带下表面距离控制器转轮顶部约 10mm，这样可以确保胶带空载运转控制器不动作，只有胶带重载运行时，控制器才动作。

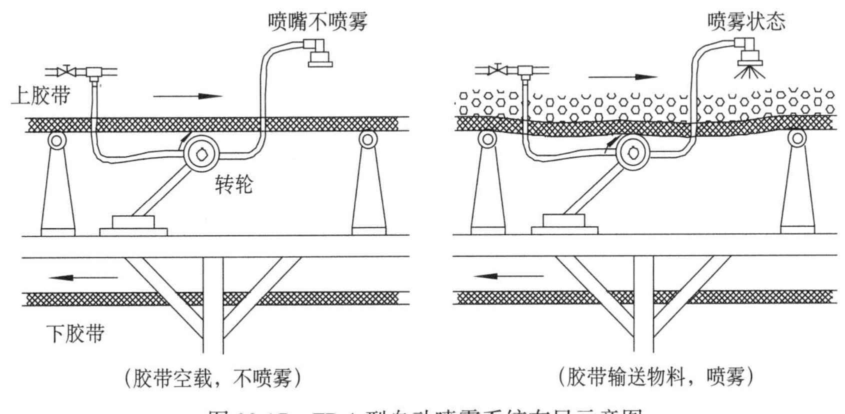

图 23.17　ZP-1 型自动喷雾系统布局示意图

3. 喷雾压力及喷嘴选择

根据转载点的特点，形成系列化喷嘴选用，不同转载点喷雾压力和喷嘴可以参照表 23.17 选择。

表 23.17　不同转载点喷雾水压及喷嘴类型

转载点	适用水压 /MPa	推荐喷嘴类型
放煤口	＞8	D 系列多孔雾化喷嘴、G 系列高压雾化喷嘴
卸载点	＞8	D 系列多孔雾化喷嘴、G 系列高压雾化喷嘴
输送机转载点	＞1.5	S 系列实心锥形雾化喷、K 系列及 Q 系列空心锥形雾化喷嘴

4. 主要技术特点

（1）控制器本身不带动力，无防爆要求，在具有爆炸危险的场所使用更具有安全性。

（2）用于胶带输送机防尘时，只有胶带载物料并运行时，控制器才发生动作，打开喷雾；而胶带输送机不运行或空载运行时，控制器均关闭喷雾，设计更具人性化，同时节省了用水量。

5. 主要技术参数

（1）适应线速度：0.1～5m/s。

（2）适用水压：0.2～6.3MPa。

（3）流量：2.75～24.16L/min 可调。

6. 应用实例

在东林煤矿 -100m 五石门放煤点、-200m 中石门放煤点、6 号胶带 -200m 上口、3402 胶带转载点采用了 ZP-1 自控喷雾降尘装置。采用 SD304 型喷嘴，喷嘴孔径为 1.5mm。3402 胶带转载点测试结果如表 23.18 所示。转载点下风侧 10m 位置处的总粉尘浓度由 120.8mg/m^3 降到 11.5mg/m^3，降尘效率为 90.4%；呼吸性粉尘浓度由 33.1mg/m^3 降到 3.7mg/m^3，降尘效率为 88.8%。

表 23.18 转载点喷雾降尘系统降尘效果

防尘措施	粉尘采样地点	总粉尘浓度/（mg/m^3）	总尘降尘效率/%	呼吸性粉尘浓度（比例）/（mg/m^3）	呼吸尘降尘效率/%
原始粉尘	转载点下风侧 10m 处	120.8	—	33.1（27.4%）	—
喷雾后粉尘	转载点下风侧 10m 处	11.5	90.4%	3.7（32.4%）	88.8%

23.7.2 巷道风流净化技术

目前巷道主要采用喷雾水幕对巷道风流进行净化，主要洒水喷雾设备有光控自动洒水装置和定时光控自动洒水装置等。

1. 光控自动洒水装置

1）技术原理

该风流净化水幕为常开水幕，当有人经过水幕时自动停止喷雾，延时一段时间后再自动打开喷雾。为了实现自动停止喷雾和延时后再自动打开喷雾，在传感器感应到人体红外辐射时，产生一弱电流信号，经选频放大后传输给主控制箱，主控制箱向电磁阀发出关闭指令并计时，电磁阀关闭停止喷雾洒水，延时一段时间后，主控制箱撤销关闭指令，电磁阀打开，恢复喷雾洒水。

2）系统组成

装置主要由热释电传感器、主控制箱、电磁阀、管路系统及喷嘴等组成，如图23.18所示。

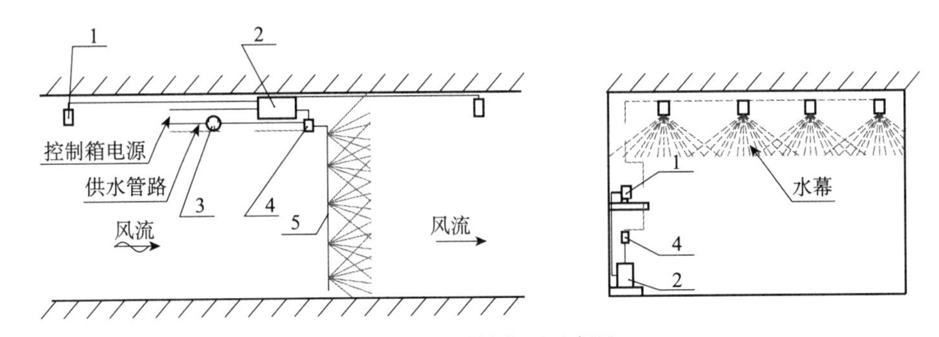

图23.18　系统布置示意图

1. 传感器；2. 控制箱；3. 水质过滤器；4. 电磁阀；5. 喷嘴

3）主要技术参数

主要技术参数见表23.19。

表23.19　DJS1-63RK型光控自动洒水装置主要技术参数

技术参数	数值	备注
适应水压 /MPa	0.2～6.3	
通过流量 /（L/min）	≥25	
工作电压 /V	127/36	50Hz
控制距离 /m	5	
动作维持时间 /s	5～120	可调

2. 定时光控自动洒水装置

该装置是在DJS1-63RK光控自动洒水装置的基础上开发的新一代智能化风流净化水幕。其系统与光控风流净化水幕相同，主要是在控制器上增加了定时喷雾功能。

1）主要技术特点

（1）可通过控制箱上的控制面板按24h时间制式任意设定每天定时洒水的次数及每次洒水的开始和结束时刻。设置过程中，可通过面板上的LCD显示屏观察。

（2）定时洒水过程中或即将洒水时，如有人员通过洒水点时，可通过光控传感器，实现自动停止洒水或延迟洒水，延时5～120s（可调）后即可恢复洒水。

（3）可根据生产情况设定按日循环或按周循环。

2）主要技术参数

（1）定时洒水设置最多次数：不少于12次/d。

（2）每次洒水开、关时刻设置：按24h制式任意设置。

（3）传感器控制距离：0～7m。

（4）延时时间：5～120s（可调）。

（5）电磁阀适用水压：0.2～6.3MPa。

（6）电磁阀通过水量：≥25L/min。

3. 应用实例

洒水喷雾技术在山西、贵州、河南、安徽、陕西、内蒙古、重庆、云南等主要产煤地区和企业均得到推广应用。例如在永川茶竹矿巷道的大巷、总回风巷和采煤面进风巷采用ZJS1-63DG型定时光控自动洒水系统实现定时喷雾。该系统实施完成后，实现了回风巷道风流净化的自动化控制，对风流中的粉尘进行捕集沉降，减少了下风流粉尘的污染；且系统定时自动对回风巷道进行喷雾湿润，提高了洒水降尘设施的利用效率，避免了巷道积水，减少了耗水量，节约了水资源。

23.7.3 粉尘浓度设限自动喷雾降尘技术

重庆研究院利用“十五”期间科技攻关项目研究成果——粉尘浓度传感器，研制出了一套可根据粉尘浓度大小进行喷雾的喷雾降尘装置 :ZP-63S 型粉尘浓度设限喷雾降尘装置。

1. 技术原理

利用粉尘浓度传感器实时监测作业场所的粉尘浓度，在设限喷雾控制箱或监控系统主机中设置控制喷雾的粉尘浓度上、下限值，当粉尘浓度超过上限值时，控制箱控制电磁阀打开喷雾；低于下限值时，停止喷雾。在装置喷雾期间，如果有人员通过喷雾地点时，光控传感器将探测到的信号传给喷雾降尘装置，装置自动延时喷雾。实现了智能化喷雾，可以降低巷道内的粉尘浓度，改善工作环境。

2. 粉尘浓度设限喷雾降尘装置组成及结构

该装置由控制箱、粉尘浓度传感器、光控传感器、电磁阀、电源电缆、通信电缆、高压胶管、喷雾架、喷嘴及其他必要设备组成，如图 23.19 所示。

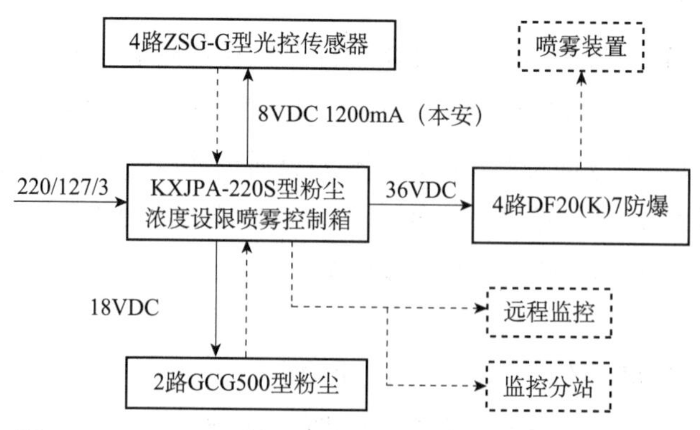

图 23.19　ZP-63S 型粉尘浓度设限喷雾降尘装置系统示意图

3. 主要技术特点

（1）设限自动喷雾：根据需要设置控制限值，当作业场所粉尘浓度超过控制限值时，喷雾自动打开进行降尘，低于控制限值后，喷雾自动停止。

（2）可远程测控：装置与安全监控系统相连接，可实现装置远程监测和远程控制。

（3）人员通行自动检测：装置在喷雾期间如有人员通过，喷雾停止，人员通过后继续喷雾。

4. 主要技术参数

（1）限值设定范围：0～500mg/m^3。

（2）光控传感器最大探测距离：7m。

（3）传输距离：控制箱至粉尘浓度传感器距离≥1000m。

（4）喷雾水压力：0.2～7.0MPa。

5. 应用实例

ZP-63S 型粉尘浓度设限喷雾降尘装置依托许厂煤矿现有的 KJ76 安全监控系统，分别在 4304、4307 综采工作面和 4303 综掘工作面各布置一套该系统，对这些作业地点的粉尘浓度进行在线监控。

为了确认 GCG500 型粉尘浓度传感器测量数据的准确性，使用 AZF-02 型粉尘采样器通过滤膜采样法测试得出的数据与 GCG500 型粉尘浓度传感器同期记录的数据相对比，测定了粉尘浓度传感器的测量误差，测试数据见表 23.20。

表 23.20 粉尘浓度传感器与采样器测试结果对比

序号	滤膜增重/mg	采样时间/min	采样流量/（L/min）	采样法测得的粉尘浓度/（mg/m^3）	传感器显示平均浓度/（mg/m^3）	误差/%
1	9.6	10	20	48.0	44.0	8.3
2	8.5	10	20	42.5	36.5	14.1
3	3.3	10	20	16.5	15.8	4.2
4	12.2	5	20	122.0	128.5	5.3
5	3.6	5	20	36.0	34.5	4.2
6	5.6	5	20	56.0	60.3	7.7
7	6.2	5	20	62.0	67.3	8.5

通过对比测试，GCG500 型粉尘浓度传感器与采样器采样测试的粉尘浓度测定结果基本相符，最大测量误差为 14.1%。

设限喷雾降尘是在实现粉尘浓度连续监测的基础上又一个创新。根据现场情况，在 KJ76 系统主机上设置启动喷雾浓度值为 30 mg/m^3、关闭喷雾浓度值为 10mg/m^3，也就是说，当粉尘传感器监测浓度超过 30 mg/m^3 时，电动球阀打开，开始喷雾，当监测到的粉尘浓度低于 10 mg/m^3 时，电动球阀关闭，停止喷雾。到井下观察并做好记录，其中 3d 的记录结果见表 23.21，同时取得系统主机中同一时刻的记录曲线分别如图 23.20～图 23.22 所示。

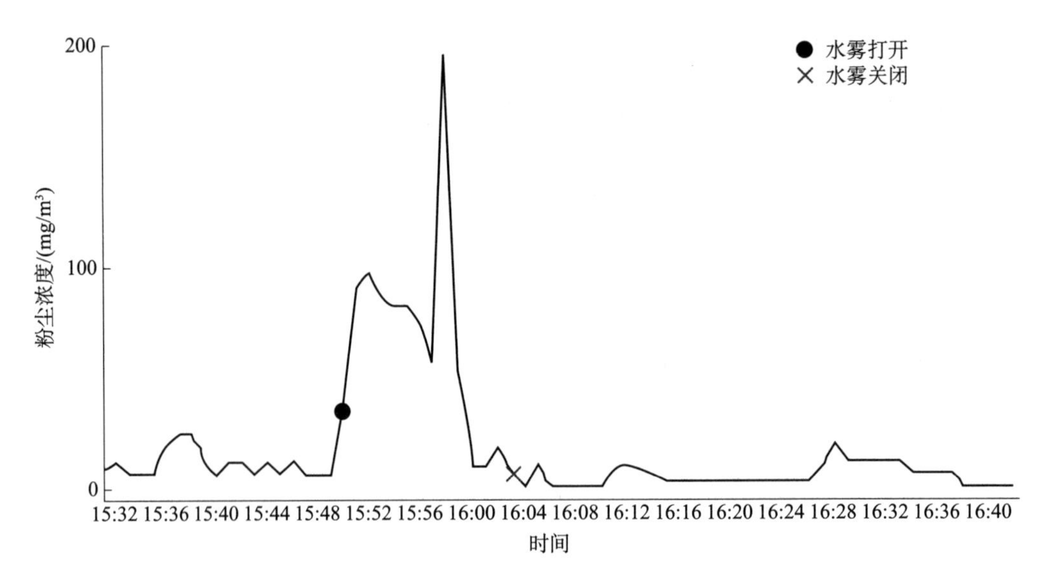

图 23.20 粉尘传感器监测曲线（2006 年 10 月 15 日）

表 23.21 水雾自动控制测试结果

日期	井下传感器数据 /(mg/m³)	水幕状况
10 月 15 日	32、46、86、98、64、128、192、22、16、8	15：49 打开，16：02 关闭
10 月 26 日	28、36、44、52、58、34、22、16、12、8	14：40 打开，14：42 关闭
10 月 26 日	24、32、34、38、28、22、16、14、10、8	15：19 打开，15：23 关闭
10 月 28 日	28、32、30、26、34、22、18、24、12、8	7：37 打开，7：51 关闭

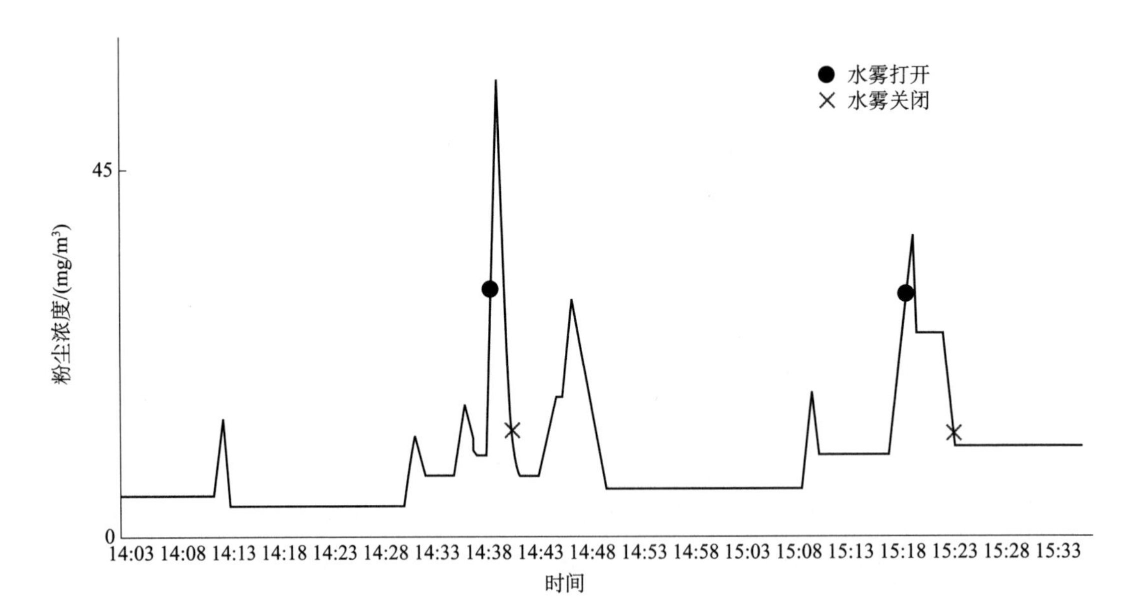

图 23.21 粉尘传感器监测曲线（2006 年 10 月 26 日）

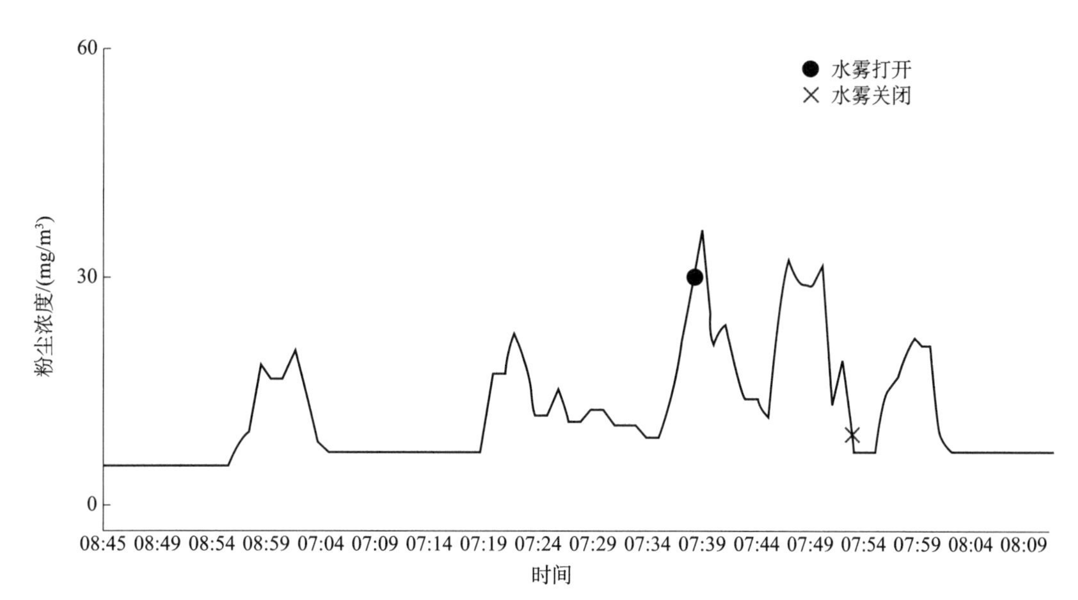

图 23.22　粉尘传感器监测曲线（2006 年 10 月 28 日）

从表 23.21、图 23.20～图 23.22 中可以看出，用 GCG500 型粉尘浓度传感器实现了粉尘浓度设限喷雾降尘，而且在使用过程中动作灵敏、可靠，有效减少了无效喷雾，节约了水资源。

23.7.4　巷道沉积粉尘自动冲洗技术

目前巷道沉积粉尘主要采用洒水冲洗的方式抑制粉尘二次飞扬，SC2.6-6 型轮轨式洒水车采用无动力技术对巷道工作面进行洒水降尘。

1. 技术原理

SC2.6-6 型轮轨式洒水车移动方式：由轨道机车牵引，依靠洒水车移动过程中自身车轮的转动轮轴转动带动增压水泵加压，产生喷雾压力源，从而产生洒水喷雾，是一种无需外加动力源的机械式自动洒水车。

2. 结构组成

该洒水车主要由加压泵系统、传动系统、喷雾结构以及整个车体框架四部分组成。结构如图 23.23 所示。加压泵采用柱塞泵并通过离合器来调节洒水车工作状态、非工作状态的转换功能。洒水车喷雾架采用 U 形龙门结构，通过合理的布置，喷嘴最终达到洒水车洒水能够充分覆盖整个巷道断面，完成对巷道的冲刷功能。洒水小车轮距参考井下轨道车轮距，能保证洒水车的行走稳定与拐弯灵活。

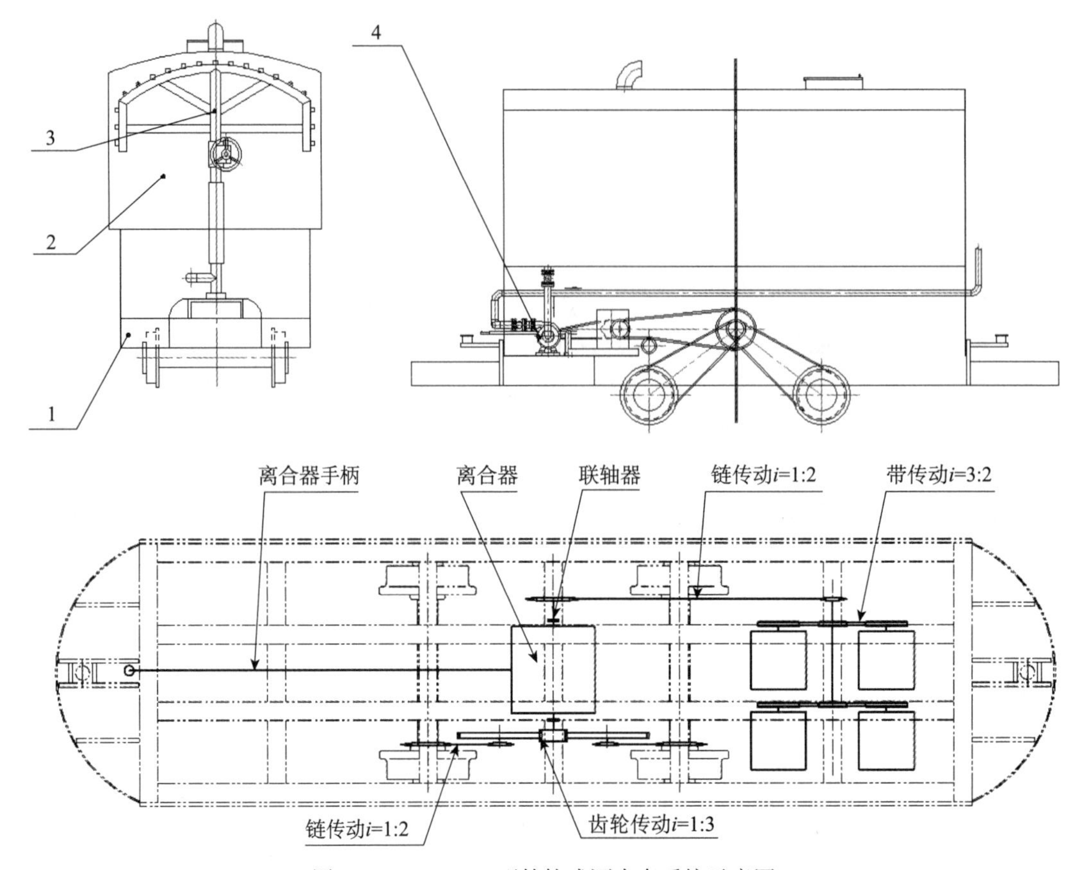

图 23.23　SC2.6-6 型轮轨式洒水车系统示意图

1. 洒水车底盘；2. 水箱；3. 喷雾架；4. 水泵系统

3. 主要技术特点

（1）矿用纯机械式自动洒水车依托电机车牵引行走，通过传动系统将洒水车车轮与轨道间摩擦力产生的转动力矩传递到水泵，从而驱动水泵加压水流进行洒水冲尘。设计新颖且本质安全，解决了现有外接电源驱动类型的洒水车存在的失爆隐患、需要定期充电以及制造成本高等问题。

（2）洒水车采用柱塞式往复泵及合理的传动系统，实现将洒水车车轮的转动力矩传递到水泵运转的转动力矩，传动效率高并且稳定。

（3）洒水车喷雾架及喷嘴设计合理，能够使洒水车有效地对整条巷道进行较好的冲刷。巷道冲刷包括巷道顶板、两帮以及底板，同时实现升降以及分区控制喷雾的功能，大大增强了洒水车对不同巷道的适应能力。

（4）洒水车运行稳定，出水均匀，性能可靠，冲尘效果良好，可以有效解决巷道积尘污染问题，同时大大降低人工冲刷巷道的工作量，实现煤矿巷道的机械化自动冲洗。

4. 主要技术参数

（1）行走速度：1.5～2m/s。

（2）洒水射程：≥4m。

（3）洒水流量：≤150L/min。

（4）满载水量：2.3m^3。

（5）洒水车轮径与轨距：轮径350mm，轨距600mm，前后车轮轮距900mm。

5. 适用条件

巷道洒水车适用于煤矿井下布置有轨道的巷道。

6. 应用实例

SC2.6-6型轮轨式洒水车在嘉阳煤矿天锡井+160水平北副回风大巷巷道进行了现场试验。

经在回风巷道中试验，可以证明该洒水车扫尘效果良好。在蓄电机车牵引洒水车正常运行时，由喷嘴射出的水雾均能打到巷道壁上，由于水流的冲击作用将沉积在巷道壁上的灰尘扫下，再与射出的水雾结合，随风流带出，使得巷道壁上的污垢得以清除。洒水车喷雾可以有力地喷到巷道表面，水雾可以将巷道表面的粉尘污垢扫下，并将巷道内的空气湿润，能够有效地降低粉尘浓度。经过两次喷洒的巷道壁面均已湿润，水量充足。另外，被喷洒巷道地面也都已湿润，可以有效地抑制扬尘的产生。在运行过程中，巷道地面并未出现淌水现象，可以说明洒水车在水较少情况下可达到扫尘目的，避免大量水浸泡地面而易出现底鼓的现象。

23.7.5 个体防护技术

在个体防护方面，井下主要使用自吸式防尘口罩和过滤式送风防尘口罩。KLS120型滤尘送风式防尘口罩是新型高效送风式防尘口罩。

1. 技术原理

滤尘送风式防尘口罩，主机内抽气泵从上部机盖处（机盖边缘带有进气孔）吸入含尘气流，该气流经滤尘装置过滤后，通过送风管道，向面罩内送新风，供人体呼吸。废气从面罩出气阀排出，保证工人呼吸洁净空气。

2. 结构组成

滤尘送风式防尘口罩主要由主机、送风管道、呼吸面罩、松紧带和佩戴头环组成。总体结构如图23.24所示。主机主要由壳体、滤尘装置、抽气泵、电池和电路板等组成。

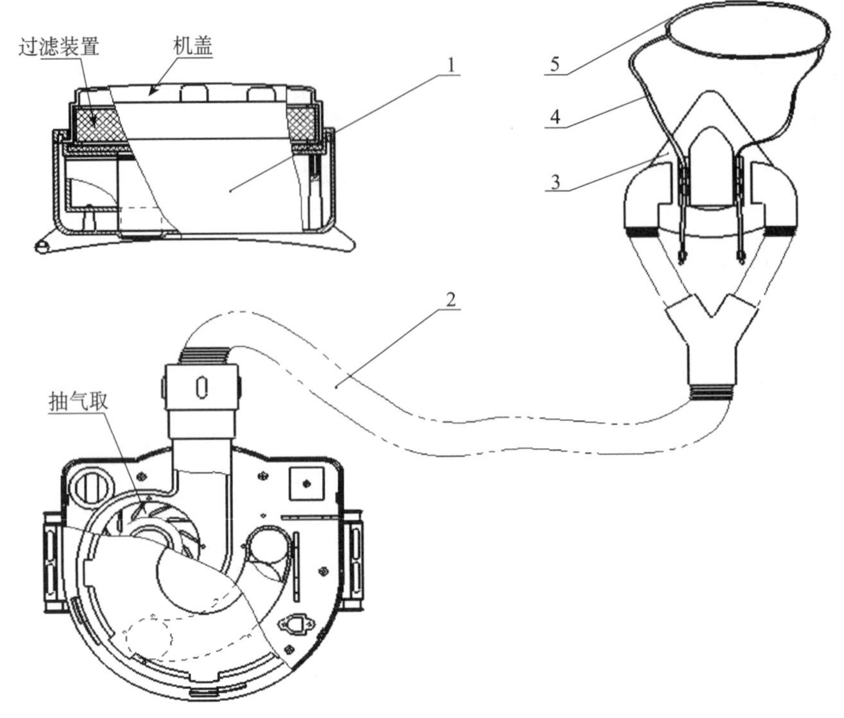

图 23.24　滤尘送风式防尘口罩总体结构示意图

1. 主机；2. 送风管道；3. 呼吸面罩；4. 松紧带；5. 头环

3. 主要技术特点

（1）KLS120 型滤尘送风式防尘口罩，克服了自吸式防尘口罩在粉尘污染环境中，使用一定时间后出现呼吸困难的问题。其佩戴效果如图 23.25 所示。

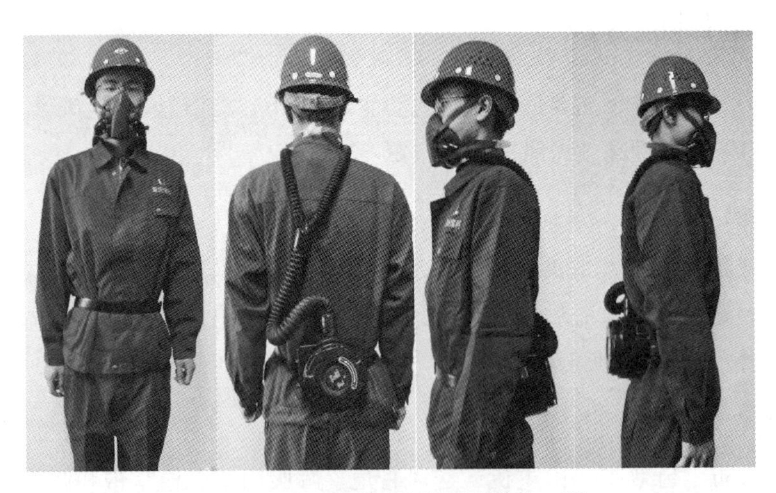

图 23.25　KLS 型滤尘送风式防尘口罩

（2）采用高效过滤滤料，过滤效率达到 99.9% 以上，且能连续工作 8h。

（3）运用三维建模的方法，研制出的半面罩下方视野大于 40°，不影响使用者作业时的视野范围，呼吸阀的气密性良好。

4. 主要技术参数

（1）初始送风量：≥120L/min。

（2）最低送风量：≥70L/min。

（3）连续工作时间：>8h；

（4）过滤效率：≥99.9%。

（5）工作噪声：≤65dB(A)。

5. 适用条件

凡是有尘害，通过治理未达到卫生要求且活动范围又大的作业场所，如井下采掘工作面、锚喷、特殊条件下的干打眼，地面的喷砂、翻砂和水泥等，均可考虑推广使用这种个体防护装备。

6. 应用情况

KLS120型滤尘送风式防尘口罩为我国煤矿作业人员提供了急需的技术和手段，已经在安徽、重庆、河南、山东、山西、内蒙古、云南等26省（自治区、市）局和企业得到推广应用。

（本章主要执笔人：重庆研究院张设计，郭胜均，马威，陈芳；北京研究院王海燕）

第七篇　安全监测监控技术

煤矿安全监测监控系统是煤矿安全生产的重要保障，作为煤矿生产重要的安全技术装备，是我国依靠科技进步、实现煤矿现代化和安全生产的重要技术手段，在煤矿瓦斯防治、井下作业人员管理、煤炭产量监管等方面发挥着重要作用。党和政府、各煤炭企业高度重视监测监控系统在煤矿安全生产中的重要作用，采取各种措施推动监测监控技术的发展、规范监测监控系统的安装与使用维护管理，发挥监测监控系统效能，监测监控系统将在煤矿安全生产中发挥着越来越重要的作用。2001年，《煤矿安全规程》规定所有煤与瓦斯突出矿井必须装备安全监控系统；2005年，修订后的《煤矿安全规程》规定所有瓦斯矿井必须安装安全监控系统，2016年新修订的《煤矿安全规程》第四百八十七条要求“所有矿井必须装备安全监控系统、人员位置监测系统、有线调度通信系统”，国家出台了各种标准和文件以保证安全监测监控系统在煤矿现场的正常运转。

煤矿安全监测监控系统是伴随煤炭工业发展而逐步发展起来的，经历了从简单到复杂，从低水平到高技术，从检测、监测、监控到综合监控预警、数字矿山、感知矿山的发展过程。

国外煤矿监测监控技术是20世纪60年代开始发展起来的，迄今已经有4代监测监控产品，基本上是5～10年更新一代产品。从技术特性来看，主要是从信息传输的进步来划分监控系统发展阶段，主要包括四个阶段。第一阶段，20世纪60年代中期起，国外最早的煤矿监控系统的信息传输采用空分制，即1个测点用1对电缆芯线来传输。第二阶段，70年代中期，煤矿监控技术发展到第2代产品，主要特征是频分制传输，采用频率划分信道，传输信道电缆芯线大大减少。第三阶段，70年代后期，集成电路推动了时分制技术发展，第3代产品煤矿监控系统以时分制为基础，并用于胶带输送、井下环境监测、供电供水和洗煤厂监控等方面，使煤矿监控技术的发展上了一个大台阶。第四阶段，80年代后期，随着计算机技术、大规模集成电路技术、数据通信技术等现代技术的迅速发展，形成了以分布式微处理机为基础、以开放性、集成性和网络化为特征的煤矿监控系统。

我国煤矿安全监控系统的发展大致经历了引进、自主研发、快速发展、规范发展四个阶段。第一阶段，引进。我国监测监控技术应用较晚，20 世纪 80 年代初，煤炭部组织进行了大规模考察和引进工作，先后从欧美国家引进了数十套矿井监控系统，并相应地引进了部分监控系统、传感器和敏感元件的制造技术，由此推动了我国矿井安全监控技术的发展进程。第二阶段，自主研发。在引进的同时，通过消化、吸收并结合我国煤矿的实际情况，以常州研究院、重庆研究院、北京研究院和沈阳研究院为代表，先后研制出 KJ1、KJ2、KJ4、KJ8、KJ10、KJ13、KJ19、KJ38 等监控系统，系统结构多为分布式，多采用时分制频带传输或基带传输，传感器数据经分站进入地面主机。系统功能基本完善，容量较大，可接入数十种传感器，数百个测点。第三阶段，快速发展。90 年代以来，随着电子技术、计算机软硬件技术的迅猛发展和企业自身发展的需要，国内各主要科研单位和生产厂家又相继推出了 KJ66、KJ75、KJ80、KJ92、KJ95、KJ90、KJ101、KJF2000、KJ4/KJ2000 和 KJG2000 等监控系统，以及 MSNM、WEB、GIS 等煤矿安全综合化和数字化网络监测管理系统。监测监控站的智能化水平有了进一步提高，具有了网络连接功能。第四阶段，规范发展。AQ6201—2006《煤矿安全监控系统通用技术要求》、AQ1029—2007《煤矿安全监控系统及检测仪器使用管理规范》的先后颁布以及国务院安委会办公室、国家安全监管总局、国家煤矿安监局的一系列文件出台，有力规范和促进了安全监控的规范发展和安装与使用维护管理，在国家层面开展了煤矿安全监控技术的科技攻关，进一步推动煤矿安全监控系统的升级换代，促进安全监控系统朝功能多样化、集成化、智能化及监控预警一体化方向发展。

煤科总院在安全监测传感技术、安全监测监控系统开发方面，具备了国内领先的技术优势，20 世纪 80 年代，煤科总院通过消化、吸收国外便携式和传感器等装备，结合我国煤矿实际情况，研制出了我国第一批载体催化元件，首次采用热催化原理及电子集成电路监测瓦斯浓度，研制出了国内第一代便携式电子型瓦斯监测仪器。同期，针对我国煤矿安全生产监测系统容量小、工作不够可靠、传感器品种少等问题，煤科总院开始了煤矿安全生产监控技术的可行性研究，立项并完成国家“六五”科技攻关项目“KJ1 型煤矿安全监测系统”的研制，开发了国内第一套基于计算机技术、具有自主知识产权的实用化生产与环境监控兼备、采用汉字化监测软件的安全监测监控系统。进入 21 世纪，在传感技术、计算机技术、通信技术、控制技术和电子技术等综合发展的背景下，煤科总院在安全监测监控领域有了长足的发展和进步，其中有代表性的成果包括常州研究院的 KJ95N 煤矿安全监控系统、重庆研究院的 KJ90N 煤矿安全监控系统、北京研究院的 KJ83N（A）煤矿安全监控系统和沈阳研究院的 KJF2000N 煤矿安全监控系统。

矿用动目标管理系统包括煤矿井下人员位置监测系统和车辆运输管理系统，可以对煤矿入井人员和设备状态进行实时跟踪监测和定位，可为井上工作人员提供入井动目标当前位置和跟踪到的动态信息，提高调度效率。一旦发生事故，可以迅速确定事故位置，以及被困人员和设备的情况，并为救援工作提供第一手详细资料，提高救援效率。矿用动目标管理技术目前在我国主要应用于煤矿井下人员位置监测系统，提供区域和精确的人员定位信息。国外对煤矿井下人员定位系统的研究始于 20 世纪 60 年代，最早的成套系统可追溯到 1991 年南非矿山的地下矿铲运机自动测位系统，系统通过红外线发射并由泄漏电缆将信息传到上位机，但系统昂贵且红外线网络的灵活性较差。90 年代中期，澳大利开发了一种基于射频识别（RFID）技术的人员监控系统，监控矿工是否闯入禁区，系统利用安装在巷道中的天线和矿工安全帽上的信标通信，监控人员分布。

我国的煤矿人员定位技术起步较晚，但发展迅速。1993 年，煤科总院就承担了煤炭工业部科研项目“矿用动目标检测专用集成电路的研究”；1999 年，煤科总院就开始了基于 RFID 技术的矿用人员定位管理系统的研制。经过十几年的发展，目前国内井下人员定位系统主要采用 RFID 射频识别技术，部分系统采用漏泄电缆，还有采用 WiFi、ZigBee 等技术。人员定位核心技术由射频测距的定位方法，发展到包括接收信号强度指示（RSSI）、测量到达角度（AOA）、测量到达时间（TOA）和测量到达时间差（TDOA）等方法，新的由 IEEE802.15.4A 规范所定义的 TW-TOA 和 SDS-TW-TOA 方法具有高精度、高抗扰、低功耗等优点，比较适合煤矿系统应用。煤科总院在此基础上开发了国内领先的人员定位管理系统，其中有代表性的包括常州研究院的 KJ69J 矿用人员定位管理系统、重庆研究院的 KJ251A 矿用人员定位管理系统、北京研究院的 KJ251 矿用人员定位管理系统和沈阳研究院的 KJ450T 矿用人员定位管理系统。

矿用视频监控技术是一门多学科交叉的综合技术。它融合了载波技术、信号处理技术、图像编码技术、光纤传输技术、网络技术、无线技术、防爆技术等，将监控点的二维图像信号采集、传输并还原显示，实现了对现场实时音视频的远程监控。煤矿井下工业视频监控系统经历了模拟工业电视、数字工业电视、网络工业电视的发展过程。80 年代，煤矿井下工业电视主要采用模拟视频闭路电视，采用同轴电缆传输，传输距离较短且容易受干扰，通常只能近距离传输，视频存储采用录影带的方式存储。煤科总院在 80 年代末研制了 KT1 型矿用光纤电视电话数据综合传输系统，成为国内煤矿工业电视的雏形。

21 世纪初，随着数字化时代的来临及网络技术的发展，煤矿工业电视也逐步淘汰了模拟传输的方式，从采集、传输到显示等各方面逐步实现了视频的数字化，视频采集卡、视频服务器、硬盘录像机的使用，使得矿用视频监控系统开始了后端数字化的道路，视频的清晰度、稳定性、可靠性得到了更高的提升。近几年，伴随着井下千兆网络的铺设，矿用视频监控系统开始了高清化的进程，视频监控开始向 720P、1080P、300 万等高清、低照度的标准靠拢。煤科总院在此基础上开发了国内领先的工业电视系统，其中具有代表性的产品有常州研究院开发的 KJ32A 矿用工业电视系统和重庆研究院开发的 KJ526 煤矿图像监视系统。

本篇重点介绍煤科总院相关单位在煤矿安全监测监控技术方面有代表性的科技成果，主要包括矿用矿用安全监测传感技术、煤矿安全监测监控系统、矿用动目标监测管理技术、矿用视频监控技术。

第24章 矿用安全监测传感技术

安全监控系统中所需监测的物理量大多是非电量，如甲烷、风速、温度等。而这些物理量不宜直接进行远距离传输，必须将其变换成便于传输、存储和处理的电信号。电信号的测量、传输、存储和处理手段最为成熟，便于信号的放大、传输、存储和计算机处理，这就需要使用传感器将被监测的非电量信号转换为电信号。传感器作为监控系统的第一个环节，可实现信息的获取和转换功能，其性能的好坏直接影响着监控系统的精度。

本章依托甲烷传感器、其他环境传感器及工况传感器三类，分析现有的安全监测传感技术，介绍现有的催化燃烧式、热导式、红外式和激光式甲烷传感器的测量原理和技术，介绍一氧化碳传感器、风速传感器以及其他工况传感器的测量原理和技术，介绍煤科总院开发的有代表性的各类甲烷传感器、环境传感器和工况传感器的特点。

24.1 甲烷传感器

甲烷（CH_4）浓度监测是矿井安全监控的首要内容。当环境中甲烷浓度大于或等于报警浓度时，发出声光报警信号；当环境中甲烷浓度大于或等于断电浓度时，切断被控区域的全部非本质安全型电气设备的电源并闭锁；当甲烷浓度低于复电浓度时解锁。因此，甲烷传感器既是矿井安全监测最重要的设备，又是矿井安全监控必备的设备之一。本节主要介绍催化燃烧式、热导式、红外以及激光光谱吸收式甲烷传感器的基本测量原理及煤科总院开发的有代表性的甲烷传感器的特点。

24.1.1 催化燃烧式

载体催化燃烧式是最早应用于煤矿井下甲烷气体浓度监测的技术，以其性能良好、技术成熟、成本低廉等优势，成为目前煤矿领域应用最广泛的甲烷检测技术。载体催化燃烧式是利用催化燃烧的热效应，空气中甲烷进入传感器气室，在催化剂的催化作用下，在传感元件（含敏感元件）表面发生无焰燃烧，放出热量，使传感元件升温，传感元件电阻变大；通过测量传感元件电阻变化就可监测甲烷气体浓度。在矿井安全监控系统中，测量低浓甲烷的催化燃烧式甲烷传感器工作原理如图 24.1 所示。

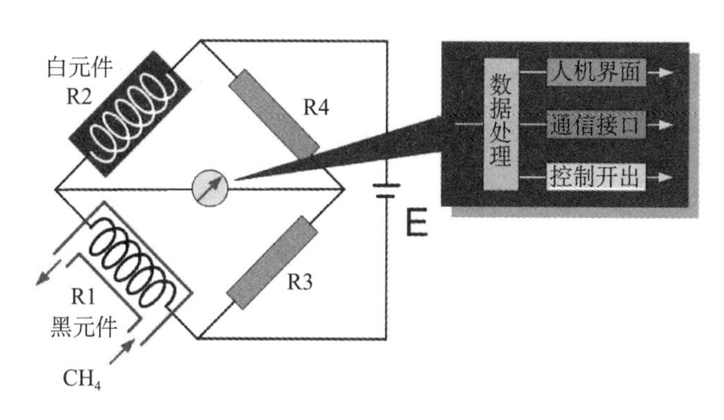

图 24.1 催化燃烧式甲烷传感器工作原理

催化燃烧式甲烷传感元件有铂丝催化元件和载体催化元件两种。铂丝催化元件采用高纯度（99.99%）铂丝制成线圈，铂丝既是催化剂，又是加热器。铂丝催化元件通电后，铂丝电阻将电能转换成热能，在铂丝催化作用下，吸附在铂丝表面的甲烷无焰燃烧，放出热量，使铂丝升温，电阻变大，通过测量其电阻变化就可测得空气中甲烷浓度。铂丝催化元件结构简单，稳定性好，受硫化物中毒影响小，但铂丝的催化活性低，须在 900°C 以上高温才能使元件工作。这不仅耗电大，在高温的作用下还会导致元件表面蒸发，使铂丝变细，电阻增大，造成传感器零点漂移。另外，铂丝催化元件机械强度低、机械振动易变形，影响传感器参数。

催化检测元件用于测量低浓度段的甲烷气体浓度，主要用于测量 0～4.00%CH_4 范围的甲烷。载体催化燃烧式甲烷检测技术输出信号线性好，后部电路只需简单处理即可得到良好的浓度响应曲线，尤其对低浓度甲烷具有良好的响应灵敏度。另外，还具有成本低廉等优势，可方便应用于固定式或便携式检测仪表。

20 世纪 90 年代由重庆研究院开发的 KG9701B 型低浓度甲烷传感器，是国内第一批成功实现自主研制并批量生产的瓦斯在线监测设备，解决了煤矿井下瓦斯在线监测可靠性差的问题。进入 21 世纪，常州研究院基于催化燃烧式开发了 KGJ16B 甲烷传感器，延长了低浓甲烷传感器的标校周期，由传统的 7d 提升至 20d 左右，提出了检测元件保护和检测元件故障检测，实现了甲烷传感器的在线故障诊断，进一步提升了甲烷传感器稳定性和可靠性。率先应用矿用传感器传输数字化技术，传感器设计实现频率型、RS485 数字传输共存，无需开盖接线实现遥控自动切换，大幅降低频率型和 RS485 型传感器开盖接线的工作量。

但该技术也有其检测局限性：第一，测量范围窄，适用于 0～4.00%CH_4 甲烷浓度范围的检测；第二，抗震性能差，容易受外部振动冲击导致元件断丝或漂移。第三，存在“双值”现象，在甲烷浓度超过 15% 后，元件输出信号会随浓度增加而降低，从而表现为“双值”现象；第四，存在中毒现象，硫化物气体会导致元件灵敏度快速衰减，从而影响测量值的准确性。

24.1.2 热导式

热导式也是最早应用于煤矿井下甲烷气体浓度监测的技术。受检测精度限制，该技术仅适用于高浓度甲烷检测，以其技术复杂度低、成本低廉等优势，目前在高浓度甲烷检测领域仍占有一定市场。热导式是利用不同的气体具有不同的导热系数来测定甲烷气体浓度的一种方法。元件结构与载体催化燃烧式元件一致，其中补偿元件的铂电阻为密封结构，敏感元件的铂电阻与空气相通。待测气体接触元件后，若待测气体的导热系数比空气高，则敏感元件的热量更容易散发，从而导致其电阻变小，通过电阻的变化便可得到气体的浓度。热导式甲烷传感器工作原理如图 24.2 所示。

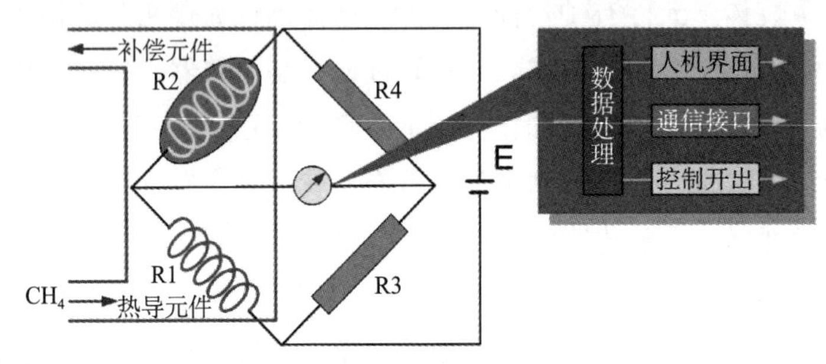

图 24.2 热导式甲烷传感器工作原理

矿井空气中主要气体成分热导率见表 24.1。由表可看出，热导式甲烷传感器选择性较差，空气中其他气体的浓度变化会影响甲烷浓度测量，例如，二氧化碳浓度的增加会使热导率降低，湿度的增加将使热导率增大，因此，热导式甲烷传感器要排除二氧化碳和空气湿度的影响。

表 24.1 矿井空气中主要气体成分的热导率

气体名称	分子式	KX 10-2（273K）	KX 10-2（373K）	K（273 K）
空气		2.43	3.14	1.0
氧	O_2	2.47	3.18	1.016
氮	N_2	2.43	3.14	1.0
甲烷	CH_4	3.013	4.56	1.24
氢气	H_2	17.4	22.34	7.115
一氧化碳	CO	2.34	3.013	0.96
二氧化碳	CO_2	1.464	2.22	0.707
乙烷	C_2H_6	1.8	3.05	0.74
丙烷	C_3H_8	1.5	2.636	0.839

热导式甲烷检测元件目前最广泛的应用是与载体催化燃烧式元件配合，实现对环境高低浓度甲烷的测量。热导式甲烷检测技术也是最早应用于煤矿井下甲烷气体浓度监测的技术。受检测精度限制，该技术仅适用于高浓度甲烷检测，以其技术复杂度低、成本低廉等优势，目前在高浓度甲烷检测领域仍占有一定市场。

常州研究院开发的KGJ23高低浓度甲烷传感器和重庆研究院开发的KG9001C型高低浓度甲烷传感器都是该类型瓦斯传感器的代表。采用载体催化燃烧式实现0~4.00%甲烷范围的高精度检测，当检测甲烷浓度超过4.00%时，则切换至热导式甲烷元件进行检测，从而实现高低浓度甲烷的测量。其中KGJ23高低浓度甲烷传感器，率先采用了45mA低功耗热导检测元件，引入了电源软启动和元件分时启动设计，大幅降低了高低浓度传感器冲击电流和整机功耗，实现了高低浓度传感器的远距离传输。

热导式技术也有其检测局限性：第一，测量范围未实现全覆盖：适用测量范围为4.00%～80.00%甲烷浓度，对低浓度和高浓度响应灵敏度差，误差较大；第二，抗震性能差，容易受外部振动冲击而导致元件断丝或漂移；第三，受环境湿度、水等影响较大。

24.1.3 红外光谱吸收式

非色散红外检测（NDIR）技术是近年发展起来的一种比较先进的气体分析技术，具有快速、准确、稳定性好的特点。基于此技术的甲烷检测传感器具有检测精度高、响应时间快、检测范围广、性能稳定、不受检测环境中其他气体的干扰、无有害气体中毒现象、使用寿命长等特点，越来越受到煤矿及其他工业安全领域的青睐，并有取代载体催化甲烷检测的趋势。

各种具有极性分子结构的气体，如SO_2、CO_2、H_2O、CH_4等，在原子做非对称阶跃等级振动时都需要吸收一定能量。该能量对应的红外线波长，即为该气体的特性吸收波长，吸收特性符合郎伯比尔定律。基于红外光谱吸收式气体检测原理的典型“非色散红外检测”（NDIR）传感器及工作原理如图24.3所示。

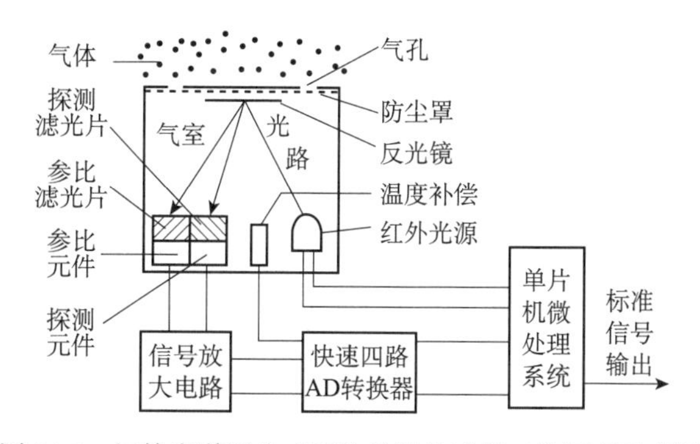

图24.3 红外光谱吸收式甲烷检测传感器工作原理示意图

待测气体以扩散方式透过气孔进入待测气室，红外光源发射的红外光在气室中经过反光镜反射后透过滤光片到达红外检测元件。滤光片为两片，分别允许通过特定波长的红外光。其中参比滤光片允许通过的红外波长为不可能被气室中气体所吸收的红外光，检测滤光片允许通过的红外波长为待测气体对应吸收的红外波长。红外线检测元件由紧靠在一起的一对检测性能相同的元件组成，一个是检测元件，另一个是参比元件，分别检测两种波长的红外光。由于进入参比元件的红外光的波长不能被气室中的气体吸收，所以参比元件输出的电信号是不会随气室中待测气体浓度变化而变化的；而检测元件接收的波长为待测气体所能吸收的红外波长，所以检测元件出来的电信号是随待测气体浓度变化而变化的。通过测量这两路信号比值的变化率，就可得到气体的浓度值。

该技术比传统载体催化燃烧式和热导式具有明显优势，测量范围宽，可连续高精度测量 0～100%VOL 全量程范围的甲烷气体浓度；测量精度高，全量程范围内测量精度达 6%；标定周期长，由于测量元件不存在衰减，标校周期更长。

利用红外光谱吸收式测量瓦斯的优点，重庆研究院首次在行业内推出了 GJG100H（B）型红外甲烷传感器和 GJG100H（C）型管道红外甲烷传感器。常州研究院首次采用二次仪表+变送器方式设计开发了 GJG100H 红外甲烷传感器和 GJG100H(A) 管道红外甲烷传感器，其中二次仪表负责显示和传输，变送器负责采集和处理，可自由更换变送器实现对传感器的更新，便于煤矿现场维护标校，二次仪表可以重复使用，大幅低了煤矿的使用成本。重庆研究院开发了 GJG100H（B）型红外甲烷传感器和 GJG100H（C）型管道红外甲烷传感器。但由于红外光谱吸收式瓦斯传感器冷凝状态下或高温高湿下测量存在影响、甲烷检测受烷烃背景气影响较大，目前在环境类监测中红外甲烷使用并不普遍，主要的应用还是在管道类或瓦斯抽放内甲烷的监测。

24.1.4 激光光谱吸收式

目前激光气体检测比较实用的是利用半导体激光光谱吸收方法实现气体浓度分析，其基本原理与红外气体检测技术一致，但由于其采用的激光光源具有更好的单色性且可实现光谱扫描等，因此，其检测精度、选择性等方面具有更好的技术优势。尤其是近几年随着小型化半导体激光器的发展和价格的降低，该技术一度成为高校、企事业等研究机构的研究热点。

基于可调谐半导体激光器吸收光谱技术（TDLAS）的红外激光气体传感器具有全量程、高精度测量、抗交叉气体干扰、不中毒、免标校等优点，具有替代煤矿现有气体传感器的各种性能优势。采用 TDLAS 技术基于气体近红外光谱吸收原理，当用激光器发出的近红外光照射甲烷气体时，由于甲烷气体在红外波段对光功率的特征吸收，光强会有相应的衰减，通过探测器测量光强变化确定气体浓度。激光光谱吸收检测传感器原理如图 24.4 所示。

21 世纪初，激光气体检测技术已应用到煤矿井下瓦斯监控领域，2012 年，国内第一台具有矿用安标的激光甲烷传感器申报成功，甲烷气体量程达到 0～10%，检测精度由传统热导检测传感器的 10% 提高至 6%，克服了传统传感器检测精度低、稳定性差，红外检测技术受水汽、烷烃气体干扰等缺陷，但由于当时受技术限制，其整机功耗较大。随后常州研究院采用合作开发方式研制了 GJG100J 矿用激光甲烷传感器，实现甲烷测量量程 0～100%，测量精度提升至 5%，并采用自动修正技术实现了长期免标校，内部选用了新型超低功耗激

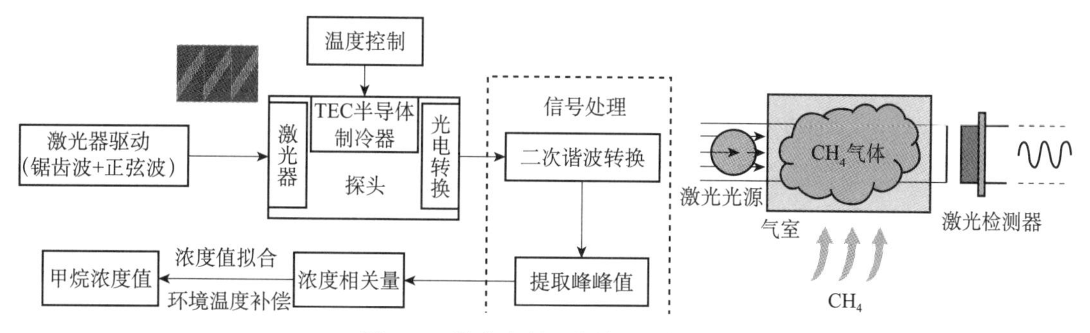

图 24.4　激光光谱吸收检测元件原理

光器，实现了 18V 供电下整机电流低于 45mA，配合 24V 电源单设备可实现 6km 的远距离传输。重庆研究院开发的 GJG100J 矿用激光甲烷传感器、GJG100J（B）型煤矿管道用激光甲烷传感器检测量程达到 0～100%，分辨率高达 0.01，检测精度由传统热导检测传感器的 10% 提高到 5%，克服了传统传感器检测精度低，稳定性差，红外检测技术受水汽、烷烃气体干扰等缺陷。实现仪器的自标校功能，从而保证了传感器的长期稳定工作，其检测精度高、抗干扰、稳定性好、环境适应能力强、免标校等优点，得到了广大煤矿用户的认可。

24.2　其他环境传感器

矿井环境安全监控除监测甲烷（CH_4）浓度外，还需监测一氧化碳、风速、温度和烟雾等环境参数，近几年随着传感技术的发展，这些传感器在煤矿安全监控监测系统中也得到了推广应用。本节主要介绍一氧化碳、风速、温度和烟雾传感器的基本测量原理及煤科总院开发的有代表性的一氧化碳、风速、温度和烟雾传感器的特点。

24.2.1　一氧化碳传感器

井下空气中一氧化碳浓度较高时，会使人中毒，同时，一氧化碳浓度又是预测和监测煤炭自燃发火的主要技术指标，因此，一氧化碳监测是矿井安全监测的主要内容之一。一氧化碳传感器工作原理如图 24.5 所示。

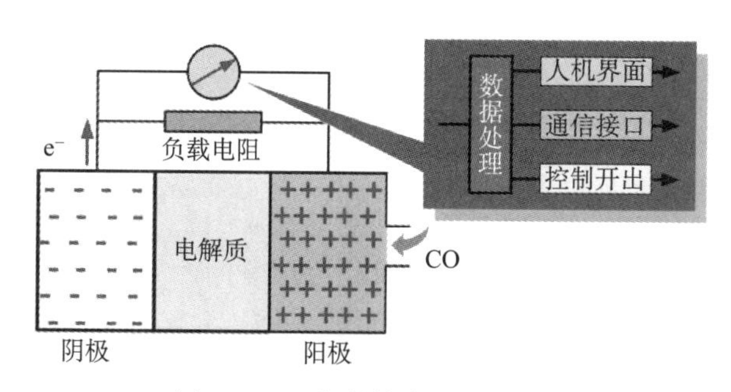

图 24.5　电化学传感器工作原理

电化学反应在阳极上给出电子，在阴极上得到电子，当内部电解质与外电路形成回路时，形成电流，产生电流的大小与一氧化碳气体的浓度呈线性关系。电化学传感器具有灵敏度高、响应时间短、稳定性高等优点，广泛用于煤矿安全监测系统中。

市场上主要的一氧化碳传感器厂家有英国 CITY、英国 α、日本根本和德国速立德等。煤科总院长期与这些探头厂家交流与合作，推动着电化学一氧化碳元件在煤矿应用性能的提高。常州研究院与英国 CITY 公司特别是 4CM 的开发及应用进行了全程合作，改进和完善了原有 4CF+ 元件长时间连续通入高浓度一氧化碳数值下降和在 20×10^{-6} 以下测量误差偏大的问题，大幅提升了一氧化碳检测元件的测量精度和稳定性，通过合作率先应用到 KGA5 矿用一氧化碳传感器、GTH1000 矿用一般型一氧化碳传感器、GTH1000(A) 管道用一氧化碳传感器等产品中。同一阶段重庆研究院开发了 GTH500(B) 型一氧化碳传感器、GTH1000 型矿用一氧化碳传感器 、GTH500(B)G 型管道用一氧化碳传感器，沈阳研究院开发了 KGA21B 型一氧化碳传感器、GTH1000 型一氧化碳传感器和 P3130 型一氧化碳传感器，这些产品均具有较好稳定性和可靠性，达到国内领先水平。

24.2.2 风速传感器

目前，国内外用于煤矿井下风速检测主要有超声波旋涡式、超声波时差式和差压式 3 种。超声波旋涡式风速检测传感器基于卡曼涡街原理，利用超声波换能器对于涡街变化量的敏感性来检测风速。超声波时差式风速检测传感器是通过测定顺流和逆流超声波传播一段距离所需时间的差值来测量风速，随着微差检测技术的不断进步，近几年利用差压元件配合皮托管实现的风速测量技术得到了前所未有的发展，其测量下限更低、检测更为稳定，尤其是可以实现风向判断，目前已逐步取代超声波旋涡测量方式。

超声波旋涡式风速传感器工作原理如图 24.6 所示。在风洞中设置一旋涡发生杆（即阻挡体），在阻挡体下方安装一对超声波发射器和接收器，当流动空气经过旋涡发生杆时，在其下方产生两列内旋相互交替的旋涡。由于旋涡对超声波的阻挡作用，超声波接收器将会收到强度随旋涡频率变化的超声波，即旋涡没有阻挡超声波时，接收到的超声波强度最大，旋涡正好阻挡超声波时，接收到的超声波强度最小。超声波接收器将接收到的幅度变化的超声波转换成电信号，经过放大、解调、整形等就可获得与风速成正比的脉冲频率。

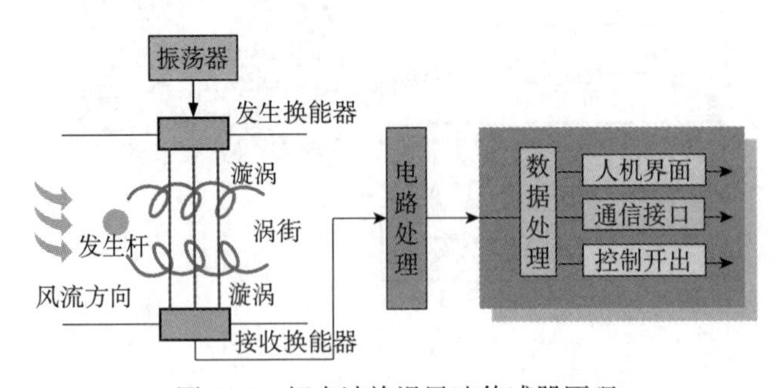

图 24.6　超声波旋涡风速传感器原理

重庆研究院针对矿井风速检测已开展了两代技术和装备的研发，即从20世纪90年代就开发的超声波漩涡式GFW15型风速传感器，改进为目前采用的微差压检测的GFY15（B）型双向风速传感器。行业内首次提出了“零点自校准技术”，实现了免人工调校的功能，以及正反双向风速的检测。GFY15(B)型双向风速传感器的测量误差达到±0.2 m/s，量程范围由原来的0.4～15.0m/s扩展为0.2～15.0 m/s，集风速、风向判断和风量的多种测量功能于一体，具有较强抗电磁干扰、抗粉尘、水汽能力，更适合于煤矿井下环境应用。常州研究院基于微差压皮托管原理测量法，最新开发的GFY15矿用风速传感器、GFY15（A）矿用双向风速传感器和GFT20矿用风筒风量传感器，其测量误差达到±0.2 m/s，量程范围扩展为0.2～15.0m/s，较好地解决了低风速段测量问题，基于皮托管可实现双向进风测量特性，可实现-10～15.0m/s，在风速测量的同时可实现对巷道的顺风和逆风的风向判断。

24.2.3　温度检测传感器

温度检测传感器被广泛应用于煤矿井下的环境温度测量、设备温度测量等。温度检测技术目前普遍采用热电阻原理，即通用的PT100热敏电阻。其检测通常可达-40～500℃，可满足煤矿井下大部分应用需求。另外，有些需要非接触测量的地点，如胶带机滚筒等，也会用到红外线测温仪，但其检测镜面抗污染能力差，一般只作为携带式点检设备用。该类热电阻通常称为PT100，基于贵金属铂制作而成，其化学性质比较稳定，随温度变化自身电阻会呈线性改变。故将在25℃下，电阻值为100Ω铂丝制作成热敏电阻（称为PT100）。该检测技术为接触式温度测量，其自身化学稳定性较高，长时间使用不会存在漂移等问题。并且其表面一般封装有保护罩，抗腐蚀等性能优异。

常州研究院根据煤矿用户不同需求，先后开发了基于DS18B20半导体检测的KG3007A温度传感器，基于PT100铂电阻检测原理的GWP100矿用温度传感器和基于红外检测原理的KGW200H矿用红外温度变送器。重庆研究院根据现场用户需求，不断完善产品功能及技术性能，从最早的GW50（A）型温度传感器，目前已升级为GWP200型矿用温度传感器。该传感器可满足-30～200℃范围的高精度温度检测，并且针对不同用途，温度探头可自由伸缩0～1m。

24.2.4　烟雾检测传感器

烟雾检测传感器主要用于煤矿井下皮带运输发火监测。烟雾检测技术目前在煤矿普遍采用离子式检测原理，即通过检测微小颗粒来检测烟雾，但因在煤矿井下使用，粉尘较大，常常会将粉尘误认为烟雾，导致误报，使用效果不佳。另外，也有用气敏式元件进行检测的，但因气敏元件对瓦斯气体也有反应，使用效果也欠佳。

离子式检测原理是在电离室中间放置放射性物质镅，空气会在放射性物质作用下产生电离，从而在位于两侧的极板上形成电压。当烟雾颗粒进入电离室时会改变电离状态，从而检测出烟雾。离子式烟雾检测稳定，但粉尘与烟雾不能区分，粉尘大的使用环境不能使用。气敏式烟雾检测实质是检测可燃气体，较为适合民用环境使用。在煤矿存在瓦斯、一氧化碳使用环境效果欠佳。

重庆研究院根据现场用户需求，历经多代产品的更新，于2012年采用复合式烟雾检测技术开发了GQQ5型烟雾传感器，其同时应用离子式元件和气敏式元件进行烟雾探测，通过软件算法，消除环境粉尘与瓦斯等气体影响。性能稳定、可靠，彻底解决了传统烟雾检测技术在煤矿井下应用性能不可靠的技术难题。常州研究院也先后采用离子式检测和气敏可燃检测法研发了KGN1烟雾传感器和GQQ5型烟雾传感器，结合皮带沿线的实际应用率先实现烟雾开关量传感器的数字化，大量减少了现场电缆铺设。沈阳研究院开发的GQQ0.1烟雾传感器，用于监测煤矿井下因机械故障摩擦、电缆发热、煤层自燃等原因引起的大火事故，安装在煤矿井下的带式输送机机旁易发热处，作为矿用带式输送机保护装置的烟雾保护信号检测之用。

24.3 工况传感器

目前，煤矿安全监控监测系统中采用的开关量传感器主要包括机电设备开停传感器和馈电状态传感器。本节主要介绍机电设备开停传感器和馈电状态传感器的基本原理及煤科总院开发的有代表性的机电设备开停传感器和馈电状态传感器的特点。

24.3.1 机电设备开停传感器

开停传感器是一种用于监测煤矿井下机电设备（如采煤机、运输机、局扇、破碎机、提升机等）开停状态的固定式监测仪器，机电设备开停传感器有辅助触点型和电磁感应型两种。辅助触点型开停传感器利用机电设备的接触器或继电器中没有被其他电气设备使用的辅助触点的闭合状况反映机电设备的开停状况。这些辅助触点可以是常开触点，也可以是常闭触点，其检测原理如图24.7所示。使用辅助触点要注意本质安全防爆电路与非本质安全防爆电路的隔离。

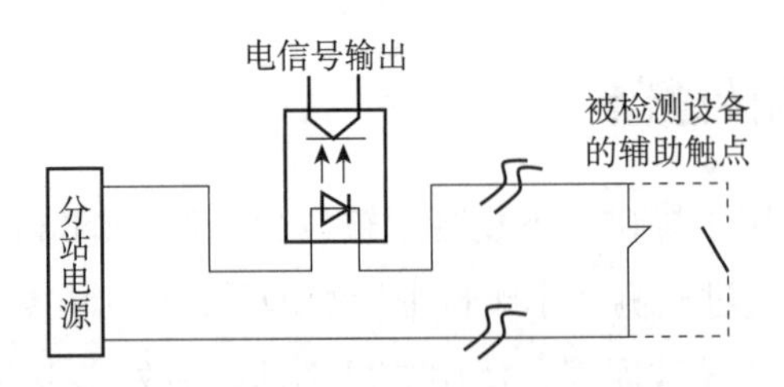

图24.7　辅助触点型开关量传感器检测原理

电磁感应型开停传感器通过测量机电设备馈电电缆周围磁场，间接地监测设备工作状态。其工作原理：交流供电的机电设备，利用相电流的不平衡性及电缆周围磁场分布的不均匀性，测量磁场的有无来测定设备的开停状态。供电电流越大，磁感应信号就越强。感应出的信号经放大、检波、信号变换，实现信号显示和输出。这种非接触式测量，具有性能可靠、使用安全、安装方便、成本较低等优点。但其检测依赖于电流所产生的磁场，因此，对于屏蔽电缆，该方式的应用有一定局限。

重庆研究院开发了 GT-L（A）型开停传感器和 GKT0.5L 型开停传感器，其中 GKT0.5L 型开停传感器除采用电磁信号检测技术外，还具有工频识别、数字处理等功能，可在更为恶劣的电磁环境下工作，性能更为稳定。常州研究院开发的 KGT15 机电设备开停传感器结合现场情况，加入了检测灵敏度宽范围调整，可结合现场感应强弱进行合理调节，率先实现开关量传感器的数字化传输，单线可实现 6～8 个传感器同时采集，大幅降低了现场电缆的使用量。

24.3.2 馈电状态传感器

馈电传感器是利用电场感应原理，使用场效管、变压器、光电耦合器隔离检测，用以判断线路上有没有电压，检测矿井电缆的馈电状态和负载是否工作，确认断电控制是否执行正确的一种传感器。馈电状态检测的方式分为两种，一种是直接接触式检测馈电状态，一种是间接非接触式检测馈电状态。

直接式是指在电气上与负荷设备直接联系，从供电网络上直接获取信号，如用电压互感器、电流互感器检测有无信号输出等，其传感器结构简单，性能可靠，但需从供电网络获取信号，其安装、使用相对麻烦。

间接式是指在电气上与负荷设备不发生直接联系，如目前比较先进的光纤原理。光纤电压传感器基于电光效应偏振调制原理，利用电场影响偏振光的矢量方向，光电传感头接收到的信号发生改变，换算出电场强度，检测井下电缆的馈电状态。它作为一种新型传感器，具有抗电磁干扰能力强、耐恶劣环境、绝缘性能好、体积小、质量轻、灵敏度高、非接触等优点。

在此基础上，常州研究院研制除了断电器和馈电器一体化的 KGD15A-I 远程控制开关外，还节省了矿方的使用成本和维护量。具有一路非安继电器控制输出接点，通过高压馈电开关断电；具有一路非安高电压信号输入，用于检测被控设备的有电 / 无电状态；具有一路非安无源接点型开关量输入信号，用于检测被控设备的有电 / 无电状态。重庆研究院研制的 GKD200 本安型馈电状态传感器采用电源隔离和算法处理去除工频干扰，无需接地，可对被控设备馈电状态监测、显示和信号输出，并可就地指示被控设备馈电状态，研制的 KDG0.35/660K 馈电断电器具有断电信号输入功能及动合或动开接点输出功能，可监测有源馈电状态和无源馈电状态，带级联功能，并可对外接馈电传感器供电，同时对其馈电状态进行监测、显示和信号输出。常州研究院研制的 KGD15A-I 远程控制开关，实现了断电器和馈电传感器一体化，节省了矿方的使用成本和维护量，馈电检测可同时支持一路非安高电压信号输入和一路非安无源接点型开关量输入信号，用于检测被控设备的有电 / 无电状态，便于矿方根据实际的电压等级采用不同的检测方式。

（本章主要执笔人：常州研究院蒋泽，陈向飞；重庆研究院于庆，郭清华；沈阳研究院周海坤）

第25章 煤矿安全监测监控系统

煤矿安全监控系统主要用来监测甲烷浓度、一氧化碳浓度、二氧化碳浓度、氧气浓度、硫化氢浓度、矿尘浓度、风速、风压、湿度、温度、馈电状态、风门状态、风筒状态、局部通风机开停、主要风机开停等，并实现甲烷超限声光报警、断电和甲烷风电闭锁控制等功能。井下各类传感器对环境、生产参数进行采集和处理，通过数字总线传递给分站，由分站对各类数据进行集中处理和分析，当瓦斯超限、设备故障等需要对馈电开关等设备执行断电或闭锁操作时，可通过分站本地执行控制或由主机下发控制命令实现对异地设备执行控制，其次分站将所采集的各类数据上传给监测主机，监测主机将接收到的实时信号进行处理和存盘，并通过本机显示器、大屏幕等外设进行显示。

本章从煤矿安全监测监控系统的组成、原理及基本功能入手，介绍监测监控网络架构及传输要求，对矿用分站与信息传输接口、矿用电源及断电控制器做详细介绍。以煤科总院开发的有代表性的安全监测监控系统和安全监管平台为例，介绍各系统和平台的基本组成、系统原理、系统特点及现场应用情况。

25.1 安全监控系统基本原理及功能

煤矿安全监控系统结构分设备层、传输层和管理层三级，设备层主要有传感器和执行器，传输层包括分站与地面的一级通信网络和传感器与分站的二级通信网络，管理层也称作地面中心站，由主机、系统软件、服务器、打印机、大屏幕、UPS 电源、远程终端、网络接口、电缆和接线盒等组成。本节介绍煤矿安全监控系统的架构、基本原理及基本功能。

25.1.1 安全监控系统基本原理

安全监控系统的架构如图 25.1 所示，描述了环网加总线传输方式的安全监控系统架构。

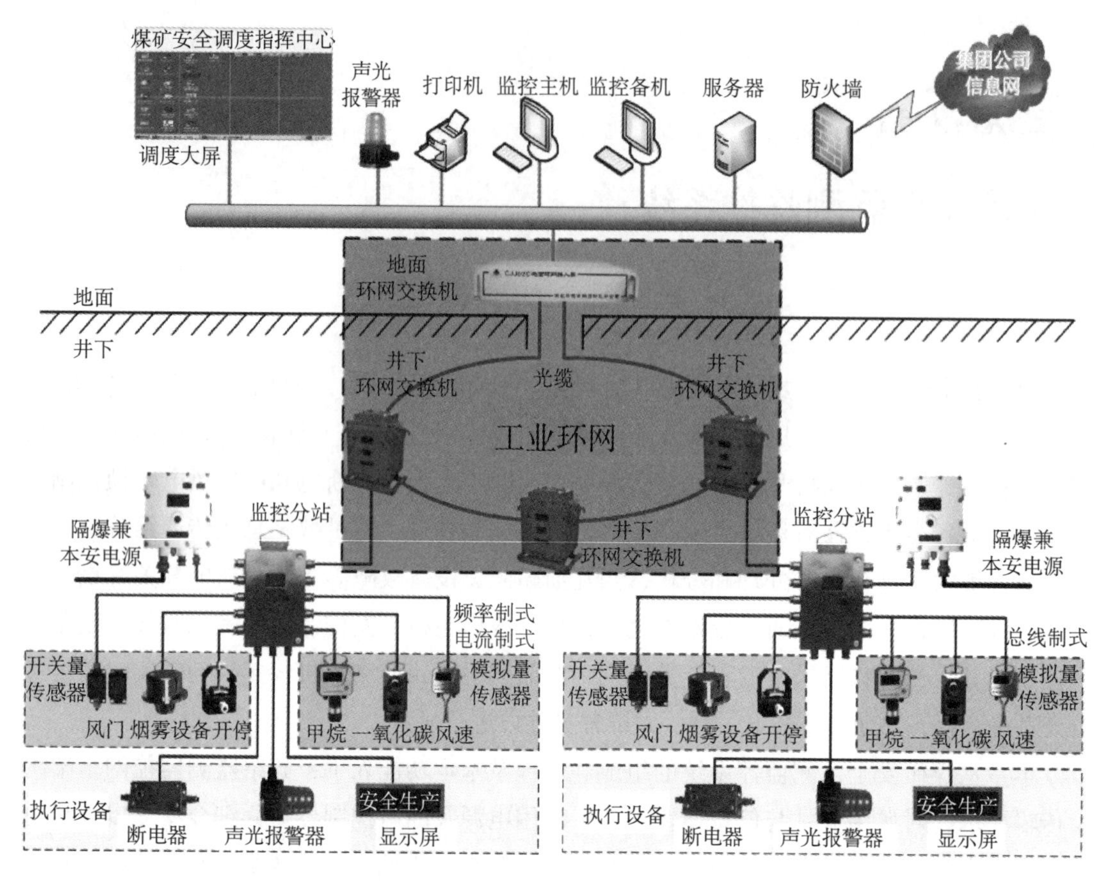

图 25.1　监控系统架构

传感器将被测物理量转换为电信号，并具有就地显示和声光报警功能（有些传感器没有显示或没有声光报警），执行机构（含声光报警及显示设备）将控制信号转换为被控物理量，分站接收来自传感器的信号，并按预先约定的复用方式远距离传送给主站（或传输接口）。同时，接收来自主站（或传输接口）的多路复用信号，分站还具有线性校正、超限判别、逻辑运算等简单的数据处理能力，对传感器输入的信号和主站（或传输接口）传输来的信号进行处理，控制执行机构工作。电源箱将交流电网电源转换为系统所需的本质安全型直流电源，并具有维持电网停电后正常供电不小于 2h 的蓄电池。

传输接口接收分站远距离发送的信号，并送主机处理；接收主机信号，并送相应分站。传输接口还具有控制分站的发送与接收、多路复用信号的调制与解调、系统自检等功能。主机一般选用工控微型计算机或普通微型计算机，采用双机或多机备份。其主要作用是接收监测信号、校正、报警判别、数据统计、磁盘存储、显示、声光报警、人机对话、输出控制、控制打印输出、联网等。

25.1.2　安全监控系统基本功能

矿用安全监控系统包括以下基本功能。

1. 数据采集、显示

具有甲烷浓度、风速、风压、一氧化碳浓度、温度等模拟量采集、显示及报警功能；具有通风机开停、风筒状态、风门开关、烟雾等开关量采集、显示及报警功能；具有瓦斯抽采量监测、显示功能；具有馈电状态采集、显示及报警功能。

2. 控制

甲烷超限声光报警和断电、掘进工作面停风后断电是矿井安全监控系统的最根本功能，矿井安全监控系统必须具备甲烷断电仪和甲烷风电闭锁装置的全部功能。为了防止系统主机和电缆发生故障时，无法实现甲烷超限声光报警、断电和停风断电，甲烷断电仪和甲烷风电闭锁装置的全部功能必须由现场设备完成。

3. 调节

系统具有自动、手动、就地、远程和异地调节功能。

4. 存储和查询

系统必须具有以地点和名称为索引的存储和查询功能。

5. 显示、打印

系统具有模拟量、开关量、累计量列表显示功能，系统具有报表、曲线、柱状图、状态图、模拟图、初始化参数等打印功能。

6. 人机对话

系统具有人机对话功能，便于系统生成、参数修改、功能词用、控制命令输入等。

7. 自诊断

系统具有自诊断功能。当系统中传感器、分站、传输接口、电源、断电控制器、传输电缆等设备发生故障时，报警并记录故障时间和故障设备，以供查询及打印。

8. 双机切换

系统具有双机切换功能。系统主机必须双机备份，并具有手动切换功能或自动切换功能；当工作主机发生故障时，备份主机投入工作。

9. 备用电源

系统具有备用电源，当电网停电时，可保证对甲烷、风速、风压、一氧化碳、主通风机、局部通风机开停、风筒状态等主要监控量继续监控。

10. 数据备份

系统具有数据备份功能。

11. 模拟报警和断电

传感器具有现场模拟测试报警和断电功能。

12. 防雷

系统具有防雷功能，分别在传输接口、入井口、电源等采取防雷措施，防止雷电击毁设备，引起井下瓦斯爆炸。

13. 抗干扰措施

系统具有抗干扰措施，可防止变频器、架线电机车火花、大型机电设备启停等电磁干扰影响系统正常工作。

14. 分站存储功能

系统分站具有初始化参数掉电保护功能，防止分站停电后，初始化参数丢失。系统分站能存储 2h 以上的监测数据。在系统电缆等发生故障，恢复正常后，可以将存储的数据传输给地面中心站。

15. 其他功能

系统具有网络通信功能、软件自监视功能、软件容错功能，实时多任务功能，能实时传输、处理、存储和显示信息，并根据要求实时控制，能周期性地循环运行而不中断。

25.2 监测监控信息传输要求及网络架构

系统网络结构是指系统中的分站与分站之间、分站与中心站之间、分站与传感器（含执行机构）之间的相互连接关系，三级结构、两级网络（通信）的结构最适合我国煤矿开采方式和管理现状。监控系统的网络结构同一般数字通信和计算机通信网络相比，具有本质安全防爆的特点。本节介绍安全监控系统信息传输的基本要求、基本的网络架构形式及煤科总院开发的有代表性网络传输架构组成、原理和特点。

25.2.1 信息传输技术要求

煤矿安全生产监控系统信息传输符合 MT/T899《煤矿用信息传输装置》标准要求。该标准对监控系统的传输介质、网络结构、工作方式、连接方式、传输方向、复用方式、信号、传输方式、调制方式、字符、帧格式、传输速率、误码率、传输处理误差、最大巡检周期、最大传输距离、最大节点容量等作了规定，具体包括以下几点：

1. 传输介质

除矿井监视系统外，矿井安全监控系统一般都采用双绞线矿用电缆。采用双环冗余结构的光缆，可用于断缆概率小、瓦斯不易积聚的大巷。

2. 网络结构

为了便于系统安装维护，节约传输电缆，降低系统成本，宜采用树形网络结构，也可采用环形、总线形、星形或其他网络结构。

3. 工作方式

监控系统宜采用多主或无主工作方式，也可采用主从等其他工作方式。

4. 传输方向

监控系统宜采用半双工传输，也可采用全双工传输。

5. 复用方式

监控系统宜采用时制复用方式，也可采用频分制、码分制等复用方式。

6. 信号

监控系统宜采用不归零矩形脉冲数字信号传输，也可采用频率型等模拟信号。

7. 传输速率

使用矿用电缆作传输媒介，监控系统的传输速率宜在 1200bit/s、2400 bit/s、4800 bit/s 中选取。

8. 误码率

用于监测的监控系统的误码率要求较低，其误码率应不大于 10^{-6}，用于监控的监控系统的误码率要求较高，其误码率应不大于 10^{-8}。

9. 传输处理误差

监控系统的传输处理误差应不大于 0.5%。

10. 最大巡检周期

监控系统的最大巡检周期应不大于 30 s，并应满足监控要求。在不过多增加系统成本的前提下，传输周期越短越好。

11. 最大传输距离

监控系统不宜采用中继器来延长传输距离；分站至主站之间、分站至分站之间的最大传输距离应不小于 10 km；传感器及执行机构至分站之间的最大传输距离应不小于 2 km。

12. 最大节点容量

根据 RS-485、CAN 等有关标准严格分析及测试，无中继器传输距离达 10 km 的网段，其最大节点容量为 128。监控系统的最大节点容量宜在 8、16、32、64、128 中选取。

25.2.2 监测监控网络架构

安全监控系统传输网络结构主要有星形网络结构、树形网络结构、环形网络结构、复合网络结构四种。

1. 星形网络结构

星形（又称放射状）网络结构即系统中每一分站通过一根传输电缆与中心站相连，如图 25.2 所示。采用这种网络结构的监控系统具有发送和接收设备简单，传输阻抗易于匹配，各分站之间干扰小，抗故障能力强，可靠性高，可由中心站向甲烷等传感器本质安全供电等优点。星形结构所需传输电缆用量大，特别是当系统监控容量大、使用分站多时，系统造价高，不便于安装和维护。因此星形网络结构用于小容量监控系统，不适合大中型监控系统使用。

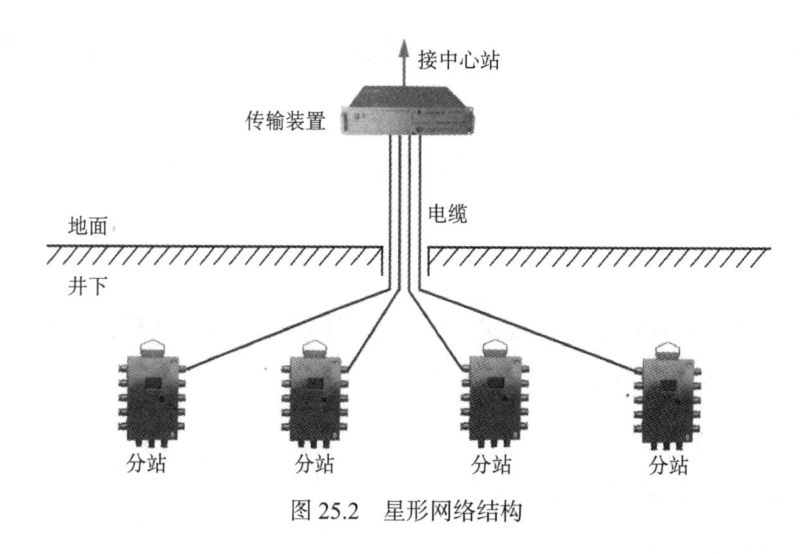

图 25.2　星形网络结构

2. 树形网络结构

树形（又称树状）网络结构即系统中每一分站使用一根传输电缆就近接到系统传输电缆上，如图 25.3 所示。采用这种结构的监控系统所使用传输电缆最少，但传输阻抗难匹配，且多路分流，在信号发送功率一定的情况下，信噪比较低，抗电磁干扰能力较差。在半双工传输系统中，分站故障会影响系统正常工作。例如分站死机时，若分站处于发送状态，将会长时间占用信道，影响系统正常工作，直至故障排除或分站从系统中脱离。

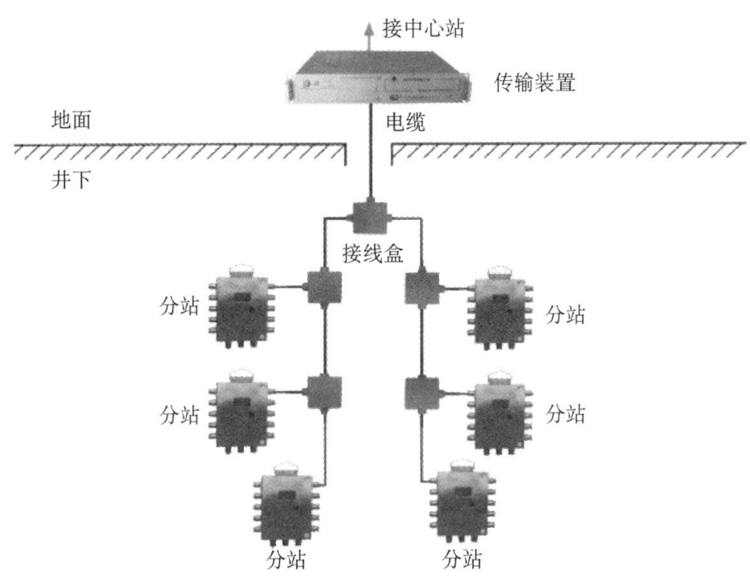

图 25.3 树形网络结构

采用树形结构的监控系统，其信号传输质量与分支多少、分支位置、线路长度、端接阻抗、分站发送电路截止时漏电流等因素有关，不确定因素太多，难以保证质量。

3. 环形网络结构

环形网络结构，即系统中各分站与中心站用一根电缆串在一起，形成一个环，如图 25.4 所示。环形系统需要电缆往复敷设。因此，使用电缆数量大于树形系统，小于星形系统。环形系统中各分站的工作状态受中心站控制。

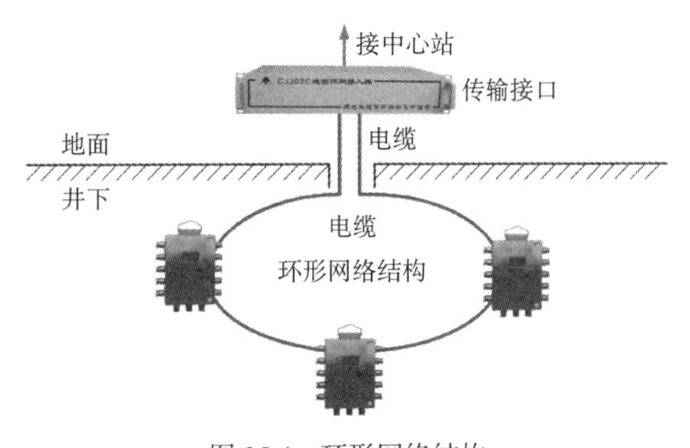

图 25.4 环形网络结构

4. 复合网络结构

复合网络结构，即环形和树形结构的复合改进。把井下划分几个大区域，区域间采用环形网络结构与中心站相连，区域内分站采用树形结构，如图 25.5 所示。

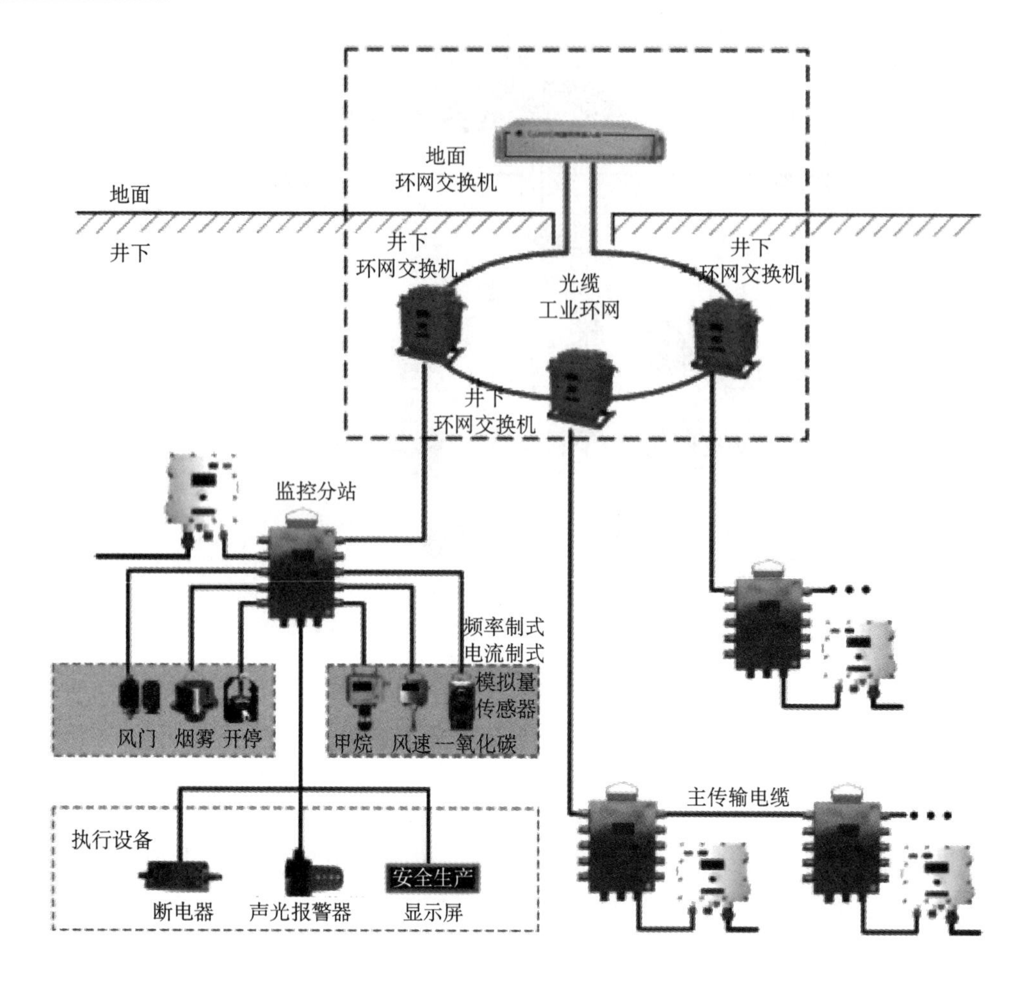

图 25.5　复合网络结构

复合结构传输通道一般由冗余工业以太环网和现场总线组成，如 RS485 和 CAN 总线等。工业以太环网具有通信冗余功能，一侧线路故障时，因其自愈时间短，一般小于 20ms，不影响系统正常运行，具有很高的可靠性，同时复合网络结构中树形网络使用电缆少、成本低、使用维护方便，适用于大中型监控系统。

重庆研究院开发的 KJ90N 煤矿安全监控系统的网络架构基于工业以太网 + 现场总线的模式，其主干工业以太网具备冗余环网组网功能，冗余时间小于 20ms，有效保证了网络故障下监控系统的正常运行；采用以太网并发 + 总线串行的数据通信模式，系统巡检周期小于 4s；采用总线串行模式可保证系统的数据快速传输，也兼顾了井下现场电缆线连接的方便性。自主研发的本质安全型交换机具备中文液晶显示，方便用户现场维护及观察；具备备用电源信息管理功能，有效延长了备用电池使用时间。

常州研究院开发的 KJ95N 系统采用分布式控制策略，井下网关集中管理，实现了对煤矿监控系统传统通信方式的变革，改变原有监控系统对下属设备逐个巡检传输数据的方式，大幅提升了数据传输和异地断电控制的实时性。实现了井下的区域管理，可实现地面主机故障情况下井下区域的正常监测、报警、本地及异地断电控制功能，是国内第一个将工业以太环网技术应用于煤矿井下，第一个将千兆无源光纤以太网 GEPON 用于煤矿井下的传输方式。完全自主研发的矿用环网接入器管理软件能实现对接入器内部电源、交换机及总线联网模块的一体化管理，极大地简化了用户对设备的运行和维护工作量。井下所有网络传输类产品均由工业交换机或模块组成，整机产品均通过了严苛的 EMC 测试，设备运行稳定可靠。

25.3 矿用分站与信息传输接口

分站作为监控系统中的重要组成部分，无论在功能上还是位置上，在系统中都起到了承上启下的作用，它主要完成数据采集及预处理、逻辑控制输出和与上下级设备通信的功能。本节介绍矿用分站与信息传输接口的基本原理和功能及煤科总院开发的有代表性的分站设备与信息传输接口。

25.3.1 矿用分站组成

安全监控系统矿用分站接收传感器信号，按预先约定的复用方式远距离传送给传输接口，同时接收来自传输接口的多路复用信号，且具有简单数据处理能力，控制执行器工作。矿用信息传输接口接收分站远距离发送的信号，并送主机处理，同时接收主机信号，并送至相应的分站。传输接口还具有控制分站的发送与接收，多路复用信号的调制与解调，系统自检等功能。矿用分站一般由模拟输入接口、开关量输入接口、开关量输出接口、有线无线传感通信接口（部分分站不具备）、累计量输入接口（部分分站不具备）、模拟量输出接口（部分分站不具备）、以太网接口、系统接口、数据处理与存储单元、人机交互单元、电源处理单元等组成。

25.3.2 矿用分站工作原理及信息传输接口

矿用分站工作原理如图 25.6 所示。

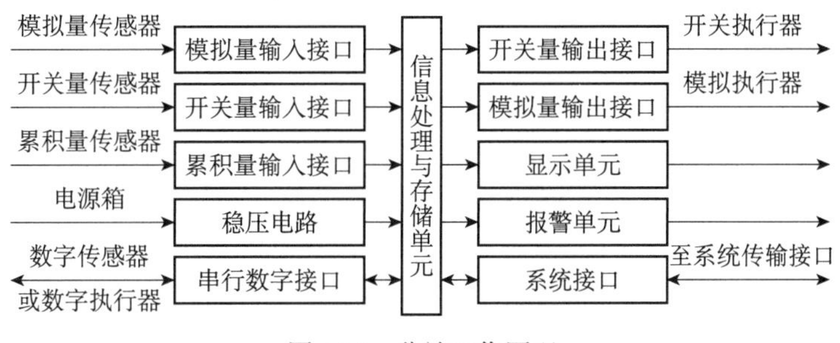

图 25.6 分站工作原理

开关量输入接口通常由用于本质安全防爆隔离和抗干扰隔离的光电耦合器和滤波器等电路组成，将设备开停等开关量传感器输出的开关量信号经隔离后送信息处理与存储单元。

累计量输入接口将煤炭产量计量装置等累计量传感器输出的信号转换为数字信号送信息处理与存储单元。累计量输入接口的功能可以由模拟量输入接口或开关量输入接口完成，因此，部分分站不专设累计量输入接口。

开关量输出接口一般由光电耦合器等电路组成，将信息处理与存储单元的数字信号转换为开关量信号输出至断电控制器等执行器，并具有本质安全防爆隔离和抗干扰隔离功能。部分分站的开关量输出接口可用作频率型模拟量输出接口。模拟量输出接口一般由光电耦合器、数 / 模（D/A）转换器、滤波器等电路组成，将信息处理与存储单元的数字信号转换为模拟量信号，并具有本质安全防爆隔离和抗干扰等功能。

有线无线传感器端口由 EMC 电路，信号驱动芯片等组成，将数字式传感、执行器输出的有线或无线信号，转换为数据传送至微处理器，处理器将数据进行处理，进行显示、控制、传输至系统主机、存储等操作。以太网通信单元的通信功能由微处理器、以太网驱动器、网络变压器等器件完成，处理器芯片具备一个物理的 10M/100M 以太网 MAC，集成 PYH 驱动器，以太网信号由控制器发出，经过网络交换处理器、网络变压器输出到以太网端口，实现信号的输出。

人机交互单元主要由 LCD 显示屏、按键、指示灯、红外遥控接收器以及红外遥控器等组成，其中按键、红外遥控接收器以及红外遥控器作为人机交互的输入设备，LCD 显示屏以及 LED 指示灯为输出设备，处理器将接收到的按键或红外遥控信号，转换成为操作信息，通过 LCD 显示屏将信息进行输出，完成人机交互。LED 指示灯将通信状态、电源状态、运行状态等信息，通过其熄灭和点亮状态进行指示。

电源处理单元主要由通过 EMC 抗干扰处理电路、电压等转换芯片等组成，将输入的本安电源，转换成分站内部元器件所需要的 3.3V、5V 等不同等级的电压，同时实现电源的隔离，完成群脉冲、浪涌等干扰信号的防护。

在此基础上，常州研究院研制的 KJF16B 矿用本安型通用监控分站，满足第四代监控系统等各监测类系统的要求，具有多系统设备接入、外接设备数字化、主传输网络化、大容量数据存储等特点。KJF16B 分站可通过 RS485、CAN、以太网、WIFI 等接口，与主机通信，完成业务系统数据的接收与上传。能够通过频率信号采集端口完成频率量数据采集，通过开关量信号采集端口实现开关量数据的采集，通过开关量输出端口实现对开关量执行器的控制，利用 RS485 端口、CAN 端口、ZIGBEE 端口、Wave Mesh 端口，通过与接入同一物理链路上的不同系统设备进行通信，实现数据的采集及控制的输出；能够通过按键、遥控、显示屏、LED 等外设，完成信息查询、设备配置、状态显示、报警提醒等人机交互过程，信息查询包括各传感器、执行器、电源的当前数据、工作状态、配置信息等；能够对电源状态、运行状态、有线无线传感通信状态、以太网数据传输状态、以太网连接状态、控制输出状态等进行指示；能够同时接入多个不同监测监控类系统的传感执行设备，支持设备的即插即用；能够根据现场需求对功能模块进行配置，通过与分站人机交互操作进行软件设置，实现功能的增删。

重庆研究院研制的KJ90-F16系列分站，是基于ARM内核的32位嵌入式微控制器为核心所开发的嵌入式控制设备，可挂接多种类型传感器，能对井下多种环境参数诸如瓦斯、风速、一氧化碳、负压、设备开停状态等设备等进行连续监测，具有多通道、多制式的信号采集功能和通信功能，通过工业以太网能及时将监测到的各种环境参数、设备状态传送到地面中心站，并执行中心站发出的各种命令，及时发出报警和断电控制信号。分站采用RS485或工业以太网通信方式与上位机监控软件进行双向通信，能够与不同的智能设备以RS485、CAN等方式进行双向通信。显示采用4.3in（1in=25.4mm）真彩色大屏幕液晶屏显示，对分站的控制口状态、通信状态、供电状态、电流箱内各参数信息、模块通信状态、各类传感器的数据及状态等进行实时显示。北京研究院开发的KJ83N(A)-F矿用本安型分站具备6路CAN总线通道，在供电允许的情况下，最多可挂接60台不同类型的传感器、执行器。分站具备断电状态识别、通信状态查询、故障类型自诊断等特点，方便用户使用和维护，同时，分站自带中继功能，可将CAN总线的稳定通信距离延长到10km以上。

25.4　矿用电源及断电控制器

矿用直流电源为安全监控系统设备（如分站、传感器、声光报警器、断电器等）提供本质安全防爆电源。当电网停电时，备用电源可保证对甲烷、风速、风压、一氧化碳、主通风机、局部通风机开停、风筒状态等主要监控量继续监控。甲烷浓度超过断电浓度、掘进工作面停风或风量低于规定值时，断电控制器用来切断被控区域非本质安全型电气设备的电源。本节介绍矿用电源及控制器的基本原理和功能及煤科总院开发的有代表性的电源设备和断电控制器设备。

25.4.1　矿用直流电源及备用电源

1. 矿用直流电源

矿用电源是煤矿监控系统的重要设备之一。矿用电源（指煤矿监控系统电源、甲烷断电仪电源、甲烷风电闭锁电源，以下同）除向分站、传感器、声光报警器、断电器等提供本质安全直流供电外，还必须保证井下交流电网停电后，维持系统正常工作时间不少于2h。因此，监控系统电源除将交流电转换成本质安全防爆直流电源外，还具有备用电池。随着煤矿对远距离传输的要求，电源电压提升至24 V，单台传感器可实现超过5 km的传输。

矿用直流电源一般由变压器、整流电路、滤波电路、DC/DC转换电路、双重限流（恒流）限压（稳压）电路组成，如图25.7所示。

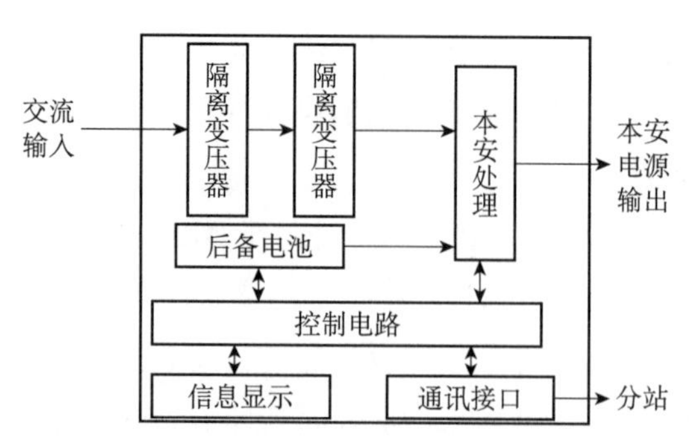

图 25.7　矿用直流电源组成

2. 矿用备用电源

为了保证井下交流电网停电后，安全监控设备能正常工作，矿井监控设备必须配备备用电源，并保证维持正常工作时间不小于 2h。由于矿井监控的特殊性，矿用备用电源与一般备用电源相比，应满足以下特殊要求：

1）应采用蓄电池

备用电源有蓄电池、原电池、储备电池和燃料电池等类型，由于要求备用电源至少维持 2 h 的正常工作，并且输出功率较大，因此采用原电池是不合理的，因为原电池能量耗尽后要更换，在煤矿井下爆炸性环境中经常更换电池是一件很困难的事情。储备电池在使用前处于惰性活态，直到使用时才使电池“激活”，因此，难以保证停电频率较高、不间断供电的要求。燃料电池是将活性物质储存在电池体系之外，使用时将活性物质连续注入电池，也不能满足停电频率较高、不间断供电的要求，因此矿用备用电源应采用蓄电池。

2）备用电源要与主电路共用输出限压（稳压）和限流（恒流）电路

为了保证备用电源的本质安全防爆性能，蓄电池不能直接向负载供电，必须经过双重或多重限压（稳压）和限流（恒流）保护，而主电路也必须具备双重或多重限压（稳压）和限流（恒流）保护。为了避免电路的重复设置，减小体积和质量，降低成本，提高效率，备用电源输出的双重化和多重化的限压（稳压）和限流（恒流）电路要与主电路的双重化和多重化的限压（稳压）和限流（恒流）电路共用。

3）蓄电池要全密封免维护

矿用备用电源蓄电池一般置于隔爆腔内，为了防止电解液泄漏，破坏隔爆外壳的防爆性能，矿用备用电源蓄电池要全密封。因为置于隔爆外壳内的电气设备维护比较困难，因此矿用备用电源蓄电池要免维护。如果电路的体积增大，会要求较大的隔爆外壳，这样会大大增加设备的质量。因此，矿用备用电源的蓄电池要体积小、质量轻。

4）蓄电池应无记忆效应

由于矿用备用电源蓄电池应采用连续浮充制，因此蓄电池应无记忆效应，以防止蓄电池容量迅速下降和使用寿命降低。

在此基础上，为了有效减轻矿工的负担，常州研究院、重庆研究院陆续开发了可以适应于85～850V输入电压等级的AC超宽压开关电源，在隔爆兼本安电源中使用可适应127/220/380/660V的电压输入等级，满足3级抗干扰要求，本安电源输出，并可按需灵活配置，24V DC本安电源带载能力可保证传感器供电距离达到4km。电源具备电源信息管理功能，地面可对井下电源进行远程监控以及对后备电池进行远程充放电控制、管理，具备蓄电池剩余电量精确预估功能，可提供大于4h的备用时间。为了更好地保证监控系统供电的可靠性，研发了数字化矿山集中供电系统，可实现所供电区域内安全监控系统中隔爆兼本安电源，PLC、交换机等设备的不间断供电。常州研究院陆续开发了KDW16A单路电源系列、KDW65多路电源系列、KDW660/24B多路电源、KDQ1140矿用双电源切换箱、DXBL1440/24X矿用大容量锂电池箱等多款产品，可输出15V、18V、24 V等多个等级，在需要长时间后备供电时，各类电源也支持挂接大容量锂电池箱来实现。可将系统的备用供电时间提升至10h以上。同时，电池箱具备先进的锂离子电池管理系统，可地面实现远程监控和维护，用户无需下井就可获知电池箱的供电参数和对电池进行远程充放电管理。对于需要区域双回路电源保障时，可采用双电源切换箱来实现，保障其交流供电冗余性。最终形成了数字化矿山稳定、可靠、经济的供电模式，具有不间断供电时间可扩展、输出标准、纯净正弦波及远程故障诊断等特点。

25.4.2 矿用断电控制器

断电控制是通过矿用断电控制器控制矿用低压防爆开关，实现对被控设备的控制。断电控制既要完成甲烷浓度超限断电和甲烷风电闭锁功能，又要保证不影响被控低压防爆开关的正常工作，更不允许不经过防爆审查和检验在防爆开关设备中增减元件。矿用断电控制器一般由信号输入电路、信号输出电路、信息处理电路、断电输出电路、监测电路、显示电路、电源等组成。馈电检测技术通常有两种检测方式：直接检测方法，采用感应原理进行检测，指在电气上与负荷设备直接联系，从供电网络上通过感应线圈检测电压信号，其内部结构简单，性能可靠，但由于采用感应原理，会受外界电磁环境干扰。同时由于采用直接接入方式，对检测电压有一定限制，一般不能超过1140V。间接检测方法，高压馈电开关的工作状态与内部无源触点输出状态存在直接的对应关系，因此可以通过检测无源触点的输出状态来反映馈电开关的工作状态，该检测方式不与高压直接接触，具有安全可靠等优点。

在此基础上，常州研究院结合煤矿实际使用需求，研制了KGD15A-I远程控制开关。开关具有一路非安高电压信号输入，用于检测被控设备的有电/无电状态，具有一路非安继电器控制输出接点，通过高压馈电开关断电。实现了断电器和馈电器的一体化，节省了矿方的使用成本和维护量。

25.5 煤矿安全监测监控系统

经过多年发展，目前安全监控系统生产单位有 50 余家，煤科总院占有了国内煤矿安全监测监控领域的大部分市场，总体产品质量和技术水平达到国际先进水平，部分性能处于国际领先水平。本节以煤科总院开发的有代表性的 KJ95N 煤矿安全监控系统、KJ90N 煤矿安全监控系统、KJ83N(A) 煤矿安全监控系统和 KJF2000N 矿井安全生产综合监控系统为例，介绍国内主流煤矿安全监测监控系统的组成、功能、特点以及应用情况。

25.5.1 KJ95N 煤矿安全监控系统

KJ95N 煤矿安全监控系统是常州研究院自主开发的煤矿安全监控系统，是由国内首套自主开发的 KJ1 型煤矿监测系统发展而来的。可实现煤矿各类环境和生产参数的监测与显示、报警与控制及瓦斯抽放过程的监测与显示，并能在井下融合多个安全类子系统，实现井下多系统信息共享、数据共缆传输和局部环境的自动化控制。

1. 系统组成

KJ95N 系统软件的整体架构是基于 WEB 服务并按三层架构模式进行设计开发的。系统提供 WEB 展示功能，图形展示采用组件式开发，支持 GIS 图形展示，可与井下辅助运输、人员定位、矿井压力、粉尘洒水等系统共用同一图形组件。

KJ95N 系统地面设备主要由监测主机、地面环网接入器、传输接口、网络服务器、工作站、地面声光报警器、打印机、录音电话、UPS 电源、信号避雷器等组成。井下设备主要由数据光端机（含智能网关）、矿用环网接入器（含智能网关）、分站（以太网或总线）、隔爆兼本安电源、各种传感器、馈电断电器、矿用声光报警器等组成。KJ95N 系统典型产品和多种传输方式配置如图 25.8 所示。

2. 系统原理及特点

KJ95N 系统采用分布式控制策略，井下网关集中管理，井下设备（传感器、分站、执行器、电源等）数据以“事件主动上传”的通信机制进行上传，由分站对各类数据进行集中处理和分析，当瓦斯超限、设备故障等需要对馈电开关等设备执行断电或闭锁操作时，可通过分站本地执行控制或由主机下发控制命令实现对异地设备执行控制，其次分站将所采集的各类数据通过以太网或 RS485 总线方式上传给监测主机，监测主机将接收到的实时信号进行处理和存盘，并通过本机显示器、大屏幕等外设进行显示。当井下设备发生非通信中断故障时，能够对自身故障判断并进行描述，通过故障诊断事件发送至地面主机，主机解析为故障信息进行展示，即完成远程故障诊断。当分站发生通信中断故障时，分站根据“断线续传”规则，将通信中断期间的数据进行存储，并在通信恢复后将存储的数据传送至地面主机，保证监测数据的完整性，即实现断线续传。具体特点如下：

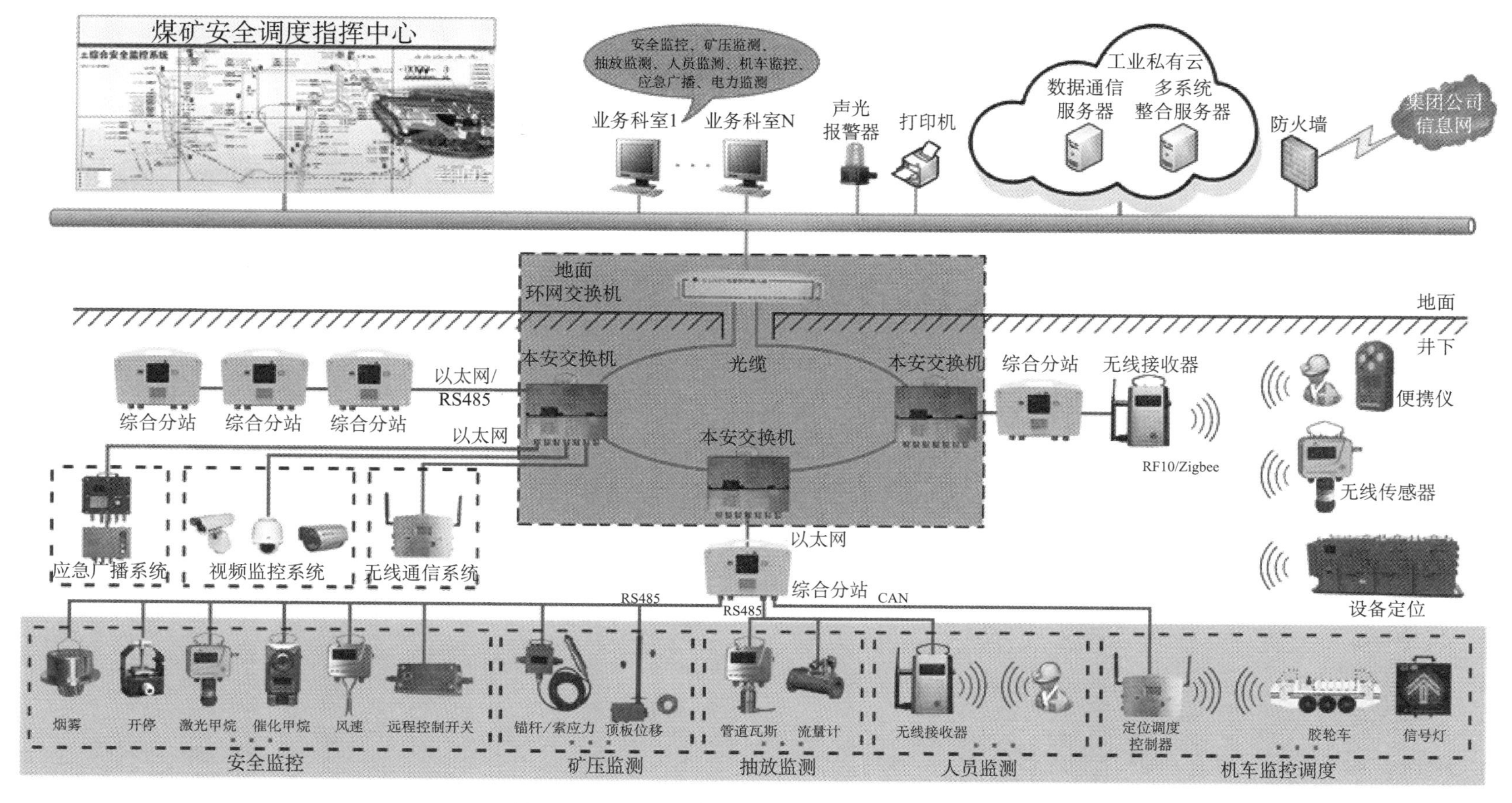

图 25.8 KJ95N 型煤矿安全监控系统传输方式配置

1）井下设备级数据融合

通过井下综合接入分站实现井下一网一站信息采集、传输，实现环境监测、移动目标监测、矿压监测等业务系统的井下设备级数据融合，共用井下通信链路，实现电缆复用，以减少煤矿系统建设成本和系统维护工作量。

2）地面数据融合

实现电力监测、无线通信、应急广播、矿井提升等系统的地面信息融合，并将各业务系统数据通过图形显示系统实现“一矿一图”信息显示，即在一张图上实现不同业务系统的综合显示，从而方便煤矿用户更直观、便捷地了解井下情况，并实现井下联动报警、应急救援与指挥等。

3）更高的数据安全性

为了提高监控系统数据安全，系统采用对称性加密算法和非对称性加密算法相结合的方法，采用RSA、DSA、ECC、DES、3DES、AES、同态加密等多种加密算法，对不同数据类型进行分别加密，从而实现对历史数据的高效、可靠加密存储，在数据库的数据密文存储，以防止违规删除、篡改监控系统报警、断电等重要数据，同时保证监控系统存储、查询、打印效率，以方便用户使用。

4）自诊断、自评估

系统具有自诊断、自评估功能，自动检测并提示系统运行中出现的问题，如：设备通信故障、设备内部故障、传感器探头故障、电源带载能力不足、数据库连接异常、软件通信异常等故障信息，以方便用户使用、维护。到期提醒用户对传感器进行标校、维护，以延长设备使用寿命、保证传感器正常工作。

5）分级报警

系统具有分级报警功能，具体根据瓦斯浓度大小、主扇停风、局扇停风、同一区域多处报警、瓦斯浓度快速波动、CO浓度快速波动、瓦斯抽采停泵、采区回风风量降低等异常情况，并结合报警持续时间情况，将监控系统报警分为初级报警、一级报警、二级报警和三级报警，并针对不同的报警级别，通知不同用户，实现报警信息响应。

6）煤与瓦斯突出预报警

以煤矿安全监控系统提供的瓦斯、风筒风量数据以及掘进工作面防突检测参数为基础，准实时动态预测掘进工作面煤与瓦斯突出的危险性。并根据现有瓦斯监测数据和风量数据，超前预测综采工作面区域内各单点传感器瓦斯浓度值范围和平均瓦斯涌出量范围。煤与瓦斯突出预报警将接触式和非接触式煤与瓦斯突出预测方法相结合，使煤与瓦斯突出预测结果更准，采用精确的煤与瓦斯突出事故识别、报警技术，并对突出事故波及范围实时预测。

3. 应用情况

KJ95N煤矿安全监控系统在西北、西南、晋豫及其他地区合计应用超过900套，现场应用可靠性高，实现了对煤矿监控系统传统通信方式的变革，改变原有监控系统对下属设备逐个巡检传输数据的方式，大幅提升了数据传输和异地断电控制的实时性，可实现在无主机（或故障）情况下的井下异地断电，真正实现了井下的区域管理。系统具备测点即插即用、分站远程管理和配置、通信设备网管远程配置与便捷管理等特点，系统主界面及配置友好，便于操作，备受矿方好评。

以潞安集团环保能源股份有限责任公司常村煤矿为例，常村煤矿从2005年开始使用KJ95N煤矿安全监控系统，一直在煤矿安全监测监控方面发挥着重要的作用。近几年随着开采范围的扩大，该矿系统所接分站数量超过180台，传感器（模拟量、开关量等）数量超过2000个，系统长期运行稳定可靠，很好地完成了井下环境和设备的监测、控制功能，保证了煤矿的安全生产，得到了矿方的高度认可。

25.5.2 KJ90N煤矿安全监控系统

KJ90N煤矿安全监控系统是重庆研究院研制的以工业控制计算机为核心的全网络化分布式监控系统，采用树形总线+环形网络+无线混合组网传输方式，主要由传感器、执行器、交换机、监控分站、防爆电源、计算机、监控软件、打印机、UPS电源、数据接口、网络终端等组成。监测的有毒有害气体主要包括甲烷、一氧化碳、二氧化碳、氧气。通风参数的监测包括风速、风压、环境温度，设备运行状态主要包括风机开停、馈电状态、风门状态、风筒状态等，并实现监测参数超限声光报警、自动断电和风电闭锁等功能。

1. 系统组成

整个系统由地面监控中心站集中、连续地对地面和井下各种环境参数、工矿参数以及监测子系统的信息进行实时采集、分析处理、动态显示、统计存储、超限报警、断电控制和统计报表查询打印、网上共享等；井下监控分站及电源完成对各种传感器的集中供电，并对采集到的传感器信息进行分析预处理，超限可发出声光报警和断电控制信号，同时与地面进行数据通信。系统结构如图25.9所示。

2. 系统原理及特点

KJ90N煤矿安全监控系统是行业首家通过AQ6201—2006及GB/T 17626—1998对抗干扰相关要求的系统，同时通过了欧盟的ATEX认证，完全通过抗干扰（电涌、静电、辐射、电磁波）测试，并取得“MA”认证。具有传感器调校自识别、瓦斯突变报警、电源信息管理等功能，新增的交流电源输入自适应功能可使系统承受电网超大范围波动，并解决了超长距离本安供电技术难题。在设备抗干扰、防护等级、智能信息传递、传感器自调校、安全预警、数据加密等方面取得了技术突破。具体特点如下：

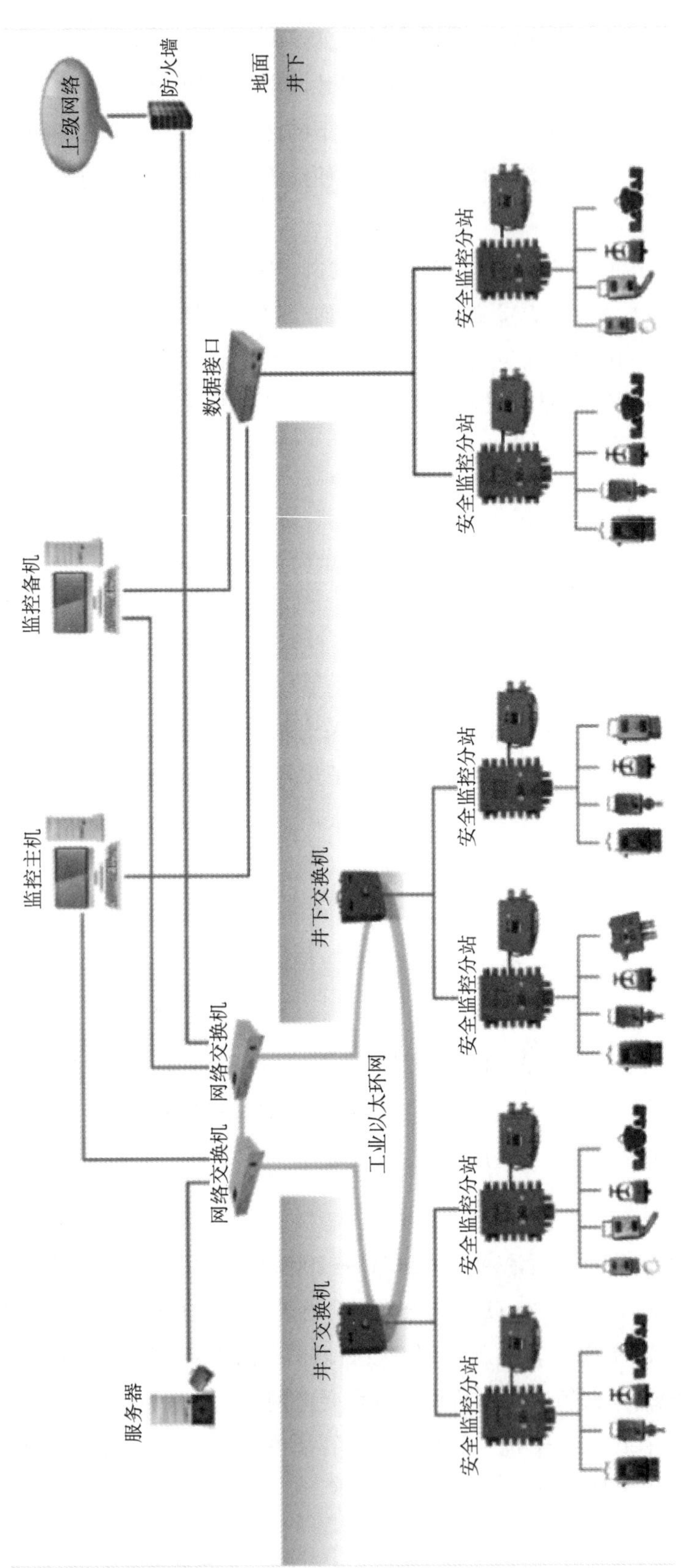

图 25.9　KJ90N 煤矿安全监控系统结构示意图

（1）具有传感器调校自识别、瓦斯突变报警、电源信息管理等功能，新增的交流电源输入自适应功能可使系统承受电网超大范围波动，并解决了超长距离本安供电技术难题。

（2）采用屏蔽技术及电源隔离技术，成功解决了空间电场干扰和供电电源引入的工频干扰导致测量不准的难题，实现了对6000V、10kV电压等级设备的馈电状态检测，同时也可对负荷侧线缆的馈电状态实现非接触式检测。

（3）基于MEMS技术研制的分布式智能传感器，具备"人、机、环"参数检测、空间定位、身份识别、工作状态、故障诊断、信息交互、动态入网、低功耗等特征。

（4）监控分站具备"黑匣子"功能，采用先进先出原则，能实时记录最近7d的有效数据。具有电源信息管理功能，实时监视电源运行状态，并实现电池远程维护管理；具有瓦斯异常识别功能，可根据不同使用地点，设置最多5级报警级别，同时可根据瓦斯变化情况，进行速率或斜率识别；采用多样化报警及数据上传模式，如通过移动终端设备可方便访问监控数据。

（5）基于WIFI技术实现了井下54M无线信号覆盖，研发的千兆、万兆系列网络传输设备，实现了语音、视频、文本数据的高效、可靠传输。

（6）采用先进的以太网+现场总线技术、多主并发通信等技术，大大缩短了系统响应时间、异地断电时间和手动控制时间。

（7）系统软件基于组件开发模式，采用分层架构，运用SOA思想，构建了监控类软件的基础框架平台，解决了通信、控制、显示、集成等相关性问题，提出了面向矿山行业监控软件的综合解决方案。

3. 应用情况

KJ90N安全监控系统已成功应用于山西、陕西、四川、重庆、内蒙古、新疆、河南、贵州等地大中型煤矿，并出口到南非、土耳其等国家。系统运行稳定可靠，为煤矿安全生产提供了有力的技术及装备支撑。以内蒙古乌海能源公司平沟煤矿为例，该矿于2015年安装KJ90N安全监控系统并投入使用，主要设备及监控软件运行正常，设备的稳定性、抗干扰、电源远程管理等性能及功能大幅提升，有效增强了矿井安全和高效生产水平，得到了矿方的高度认可。

25.5.3 KJ83N(A)煤矿安全监控系统

KJ83N(A)煤矿安全监控系统是北京研究院自主开发的煤矿安全监控系统，系统适用于监测煤矿及各类非煤矿山井下环境参数及各种机电设备的工作状态，如井下的甲烷、一氧化碳、氧气、烟雾、粉尘、风速、温度、顶板压力、主扇风机的负压以及局部通风机、胶带运输机、采煤机、开关、磁力启动器等运行状态和参数等。

1. 系统组成

系统主要由监控主机、备用主机、打印机、UPS不间断电源、电源避雷器、网络交换机、KJ83N-J传输接口、KJJ83(A)矿用隔爆兼本质安全型网络接口、KJ83N(A)-F矿用本安型分站、GJG100J矿用高浓度激光甲烷传感器、GTH500(B)煤矿用一氧化碳传感器、GKT5L矿用设备开停传感器、KJ83N(A)-Z矿用本安型信号转换器、KDW660/21B矿用隔爆兼本安型不间断电源箱、DXJL1440/127矿用隔爆兼本安型锂离子蓄电池电源等设备组成，系统结构如图25.10所示。

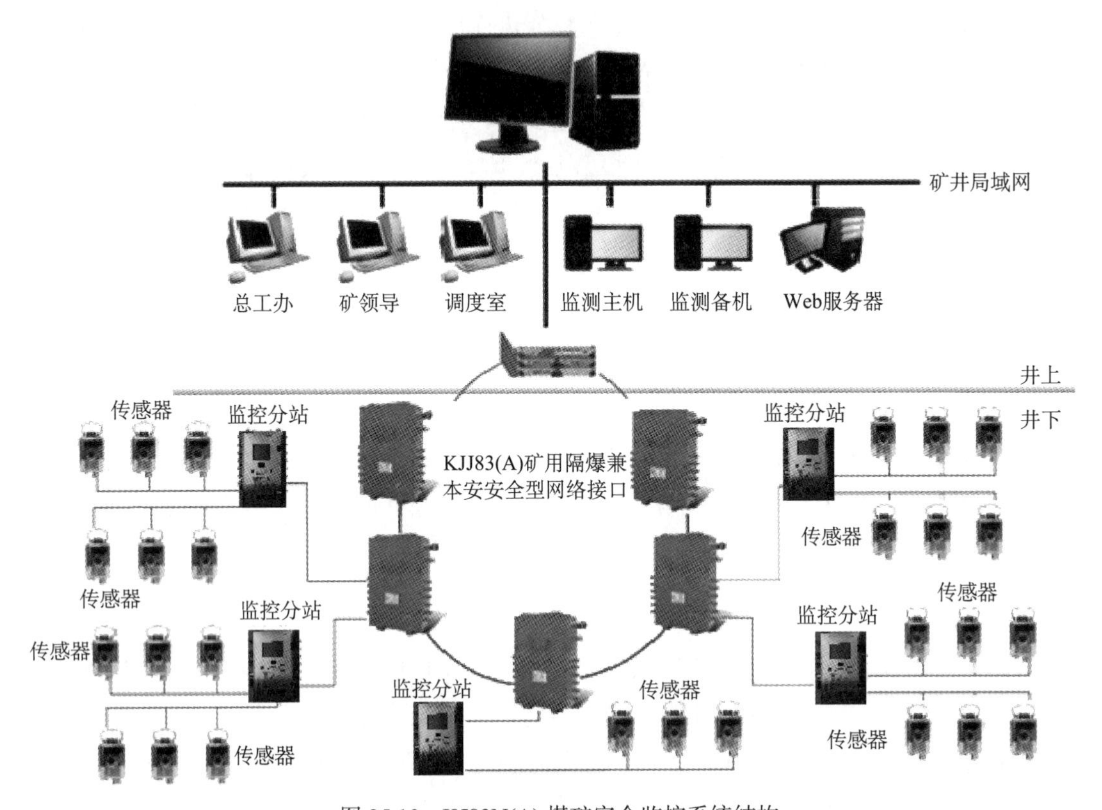

图 25.10 KJ83N(A)煤矿安全监控系统结构

2. 系统原理及特点

系统井下采用KJ83N(A)-F矿用本安型分站作为信息采集处理单元，通过配接各种类型的数字式传感器，组成前置采集群体，实时采集并上传井下环境参数和机电设备的运转状态，如甲烷、一氧化碳、风速、负压、温度、机电设备开/停、风门开/闭等。监控分站可独立进行风电瓦斯闭锁、瓦斯超限断电等多项控制功能。系统适用于工业以太环网、无源光网络等多种网络结构，结合先进的数字总线技术，具有监控容量大、响应时间短、稳定性高、抗干扰能力强等诸多特点。

（1）系统采用控制器局域网总线（controller area network, CAN）和工业以太环网相结合的网络构架，使得系统的监控容量可扩充到255台分站，同时也提升了系统的响应速度和稳定性。

（2）分站之间、分站与传感器之间采用 CAN 总线进行互连互控。CAN 总线是一种用于实时应用的串行通信协议总线，具有 11 位的寻址以及检错能力，具有很强的实时性和可靠性，同时，总线具备自动仲裁机制，如果有两个或两个以上的节点同时发送报文，可通过使用优先级标识符的逐位仲裁解决碰撞问题。因此，基于 CAN 总线通信的 KJ83N（A）煤矿安全监控系统采用先进的“多主并发”、“主动上传”数据传输方式，井下传感器状态发生变化，无需上位机轮询，即可在5s内主动将监控数据传送至地面，基于此种工作方式，分站之间的异地断电功能也无需上位机参与，便可直接进行数据交互，异地断电时间也缩短至 10s 以内。

（3）系统中所有设备均具备“类型自识别”“状态自查询”“故障自诊断”功能，设备支持即插即用功能，无须设置，上电即可正常工作，传感器使用数字总线传输数据，多个传感器可共用一条数字总线，极大地降低了安装和维护的线缆成本。

（4）KJ83N（A）煤矿安全监控系统入井设备的外壳采用了抗电磁干扰的优化设计，研究分析了进出线孔洞、视窗对金属外壳屏蔽效能的影响，针对辐射干扰的分布特性，对传感器金属外壳和内部电路板器件布局进行改进，在电源和信号入口针对干扰信号的频谱特性，增加了抗干扰模块，从而提高了监控设备对辐射、脉冲群、电浪涌等干扰的抗扰度。

（5）系统软件具备 GIS 功能，可实时在矿井地图上获取设备的监控数据及状态信息，上位机软件具有数据库加密技术，防止数据遭到恶意篡改，同时，多进程和多线程的并行技术，可增强系统的实时通信能力。

3. 应用情况

2015 年 10 月，北京研究院在大柳塔煤矿安装部署了 KJ83N(A) 煤矿安全监控系统，将煤矿原有的监控系统升级为数字式系统，同时新增激光甲烷传感器，锂离子蓄电池电源等先进设备。系统安装范围覆盖整个大井 1-2 煤、2-2 煤、5-2 煤，包括 52301 连采工作面，52305、52307 综采工作面等所有工作面、盘区回风、总回风巷、机电硐室等通风安全监测地点。系统中监控分站上传数据使用大矿原有安全监控专用以太环网和部分“四网合一”网络设备并行传输数据。地面调度机房使用独立服务器主机运行监控软件，并设置备用服务器和上传主机，主机房使用双回路供电，配备不小于 2h 在线式不间断电源。通风队办公室和矿调度中心可使用 Web 界面远程浏览监控设备运行状态，获取报警信息，打印监控报表。系统具备与神东公司区域自动化系统（PSI）数据对接的功能。同时，监测数据通过飞龙网与集团二级公司安全监控系统联网，实时上传至公司总调度，参与每个月的系统故障考核。

系统升级后，运行稳定，各种传感器监测准确、响应迅速，激光甲烷传感器可稳定工作 6 个月免标校，灵敏度、稳定性强，数字式传感器的使用消除了之前系统传感器易受干扰上大数的问题，分站各项闭锁功能工作正常，由于单台分站的监控容量有所提升，故升级后系统中的监控分站数量有所下降，节约了煤矿的监控成本，锂离子蓄电池电源的投入使用，将系统的备用供电时间提升至 10h 以上，大幅降低由于煤矿停电造成的监控数据中断的次数。新系统的投入使用，不仅降低了煤矿的监控成本，而且提高了监测监控的准确性和可靠性，有力地保障了煤矿的安全生产。

25.5.4 KJF2000N 矿井安全生产综合监控系统

KJF2000N 矿井安全生产综合监控系统是沈阳研究院研制的安全监测监控系统，作为矿井信息化的重要组成部分，对煤矿、金属、非金属矿山的各种有毒有害气体及工作面的作业条件，井上、井下主要生产环节的各种生产参数和主要设备的运行状态参数，各种开关、磁力启动器以及供电的运行状态和参数等进行监测和控制，达到安全运行、自动化生产、精确控制、减少能源消耗的目的。

1. 系统组成

系统地面设备主要有监控主机、备用机、核心交换机、KJJ121 防爆交换机、UPS 电源、电源避雷器、计算机软件、以及打印机、模拟盘、远程终端等，井下设备主要由 KJFT-1 通用分站、KJFT-2(B) 基本分站、KJFY-1 隔爆兼本质安全型电源、传感器、变送器、执行器（含断电器、声光报警器）、接线盒及通信电缆等组成。系统结构如图 25.11 所示。

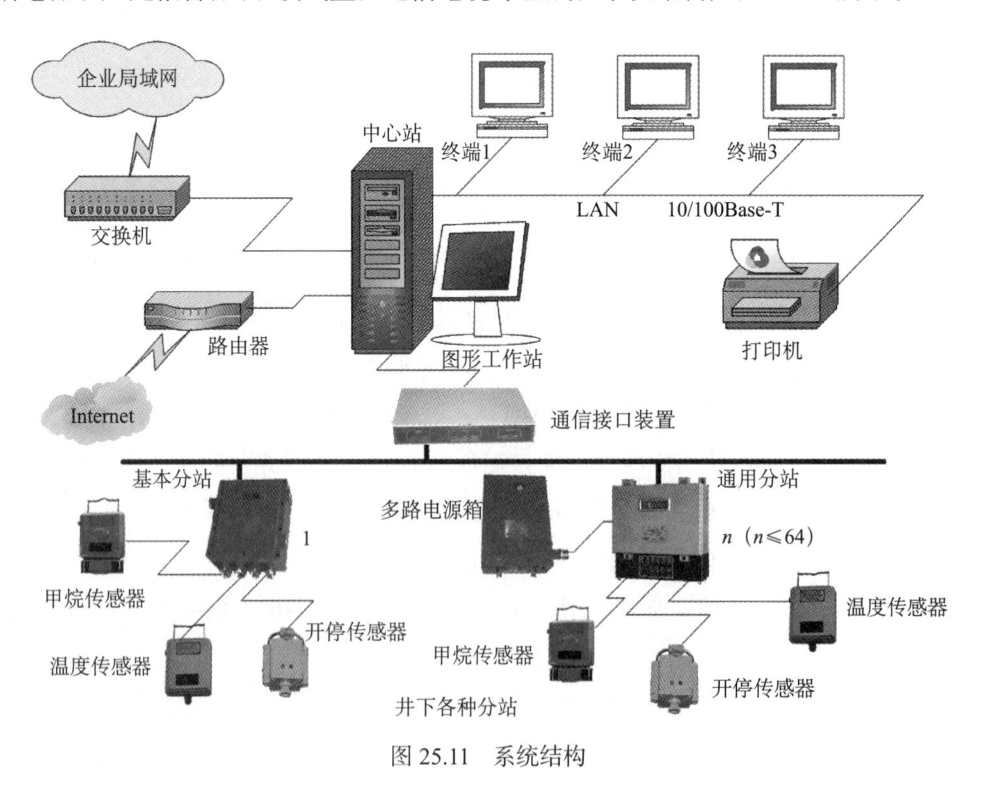

图 25.11　系统结构

2. 系统原理及特点

监控系统中，采用高精度、高稳定性的甲烷传感器、压力传感器、风速传感器、温度传感器等模拟量传感器和开停传感器、烟雾传感器、风门开关传感器等开关量传感器，将有关测点的实测参数转换为电信号，井下监测分站实时采集这些信号并将其传输（传输方式因系统型号不同而异）到地面中心站。地面中心站对井下各个监测分站传送来的监测数据进行必要的分析与处理，进行多模式显示、绘制图表和超限报警等工作，必要时控制执行机构并短信报警，甚至给出经过优选的、可行的瓦斯、通风、火灾、水灾等参数的预测预报技术方案。系统综合能力强、可实现与人员定位系统、工业电视监视系统、通信调度系统等同平台运行，实现井下传输信道合一、全矿范围内各类监控系统组网管理，大幅减少信道与设备投资。具体特点如下：

（1）分站自主性、适应性强：由分站、传感器及执行器组成的工作单元可独立工作。当中心站与分站失去联系时，分站具有记忆原定义功能，如风、电、瓦斯闭锁功能和瓦斯、电闭锁功能等。

（2）独特的断电状态回传功能：本系统设计有断电状态回传功能，在执行远程断电的同时回传被控设备的供电状态。设备构成简单，无须另设线路，可有效解决人为破坏断电控制的难题。

（3）瓦检仪校验数据上传技术：系统可自动识别传感器与瓦检仪数据，并自动进行对比，超出偏差自动通知中心站值班人员进行数据的校正。避免造成假数据和传感器的失效现象。

（4）先进的抗干扰技术：产品应用独特的抗干扰编码技术，彻底根除了现有系统普遍存在的电磁感应干扰的“冒大数”误报警顽疾，并且核心电路部分增加了屏蔽盒，能有效地屏蔽井下各种干扰，保证系统正常运行。

（5）系统的实时性：采用 TCP/IP 网络通信协议，实现矿内各终端与中心站和矿局之间实时通信和实时的数据查询。系统采用微软的“智能客户端”技术，使得软件的局域监控网的信息共享方便快捷。

（6）良好的通用性和互访性：基于大型关系型数据库，SQL Server 2005 开发，使得系统数据的采集、检索和挖掘稳定而高效。“模板式、服务式”报表生成、分发系统，系统基于报表模板开发，方便了系统报表的制作和扩充；服务式的报表自动分发系统，更使得用户可以摆脱分发报表的奔波烦恼。

（7）测点修改同步功能：在同一网络内只要服务器修改了测点属性，其他与之相连的终端也同时被修改。

（8）“即拖即用”功能：用户不需要关心监控设备的各种属性，只需要记得想要使用的设备的名称，把设备拖放到系统中，即可完成设备定义和关联，监测点的定义非常简单。

（9）系统的扩充性和内聚性：基于“微内核”的软件框架结构，系统的设计借鉴计算机操作系统微内核的设计思想，将数据通信与仿真做成微内核，其他系统功能置于其上，增强系统的扩充性和内聚性。

（10）设备管理便捷：“设备库”设计，系统以设备库作为监控设备管理的核心，设备库中保存监控系统所支持的监控设备种类，使得设备的管理、扩充和维护使用非常方便，避免了烦琐的系统定义。

（11）集成度高：软件系统采用的平台式架构设计，可以集成和扩充环境监控、人员定位、瓦斯抽放、产量监控、皮带运输监控的多种监控系统，嵌入 GIS 功能，方便用户制作标准 GIS 的各种监控地图。系统可通过智能语音播报装置实现全矿井智能语音报警功能。

3. 应用情况

KJF2000N 系统在内蒙古通大煤业有限责任公司应用过程中，系统运行稳定、可靠，实时性好，中心站软件运行稳定、UI 界面友好和操作方便。系统组网灵活、可扩展性强，满足国内不同煤矿的各种需求。满足了煤矿企业日常安全生产的需要，提高生产效率，避免重大人员伤亡事故，同时提高了处理重大灾害事故等突发事件的管理能力，为矿山管理提供了现代化手段。

25.6 煤矿安全监管平台

安全监管平台是针对煤炭企业安全生产监管部门业务应用需求，实现对矿井涉及环境监测、设备运转、安全管理、安全检查、证照管理、应急救援、人员培训等信息进行有效集成，从“人、机、环、管”等各方面实现对矿井安全生产状况的监管，安全监管人员通过平台全方位实时掌握管辖矿井的安全生产状况，并对报警异常信息进行及时响应，从而通过监管手段减少矿井事故发生。本节以煤科总院开发的有代表性的煤矿安全监管平台为例，介绍安全监管平台的组成、基本功能、关键技术及应用情况。

25.6.1 煤矿安全监管平台组成

安全综合监管平台业务由实时监测、日常监管与决策分析组成。实时监测业务定时将矿井各安全监测监控系统数据通过预先定义的数据传输规范，采用文本解析、OPC 数据采集等方式应用局域网将数据上传到安全监测监控数据中心，数据中心依据业务规则完成对数据的处理，包括对数据的实时性缓存、历史性数据存储、报警判定以及预警消息推送等，UI 界面程序，如电脑终端的网页或客户端应用程序、移动终端应用程序通过定时的数据获取，完成对实时数据、历史数据、固定业务需求的信息检索查询。

平台主要对矿井安全监控系统、人员定位系统、瓦斯抽放系统、产量监测、重要视频点及重大设备信息进行数据集成。日常监管包括矿井基础信息、隐患排查、人员违章、质量标准化、证照管理、矿井图文图纸管理、应急救援管理、人员培训管理等。决策分析融合实时监测与日常监管数据中心，进行数据综合应用与决策分析，包括百万吨死亡率、隐患排查整改率、特种人员履职、报警趋势分析、传感器表效率、矿井安全等级评价等。实时监测、日常监管与决策分析各方面业务与数据综合，构建集实时数据监测、日常安全监管、视频监控、语音调度与指挥于一体的多层次、全方位安全综合监管平台，支持覆盖煤业集团公司、煤管局/安监局及矿井安全监管体系。平台模块组成如图25.12所示。

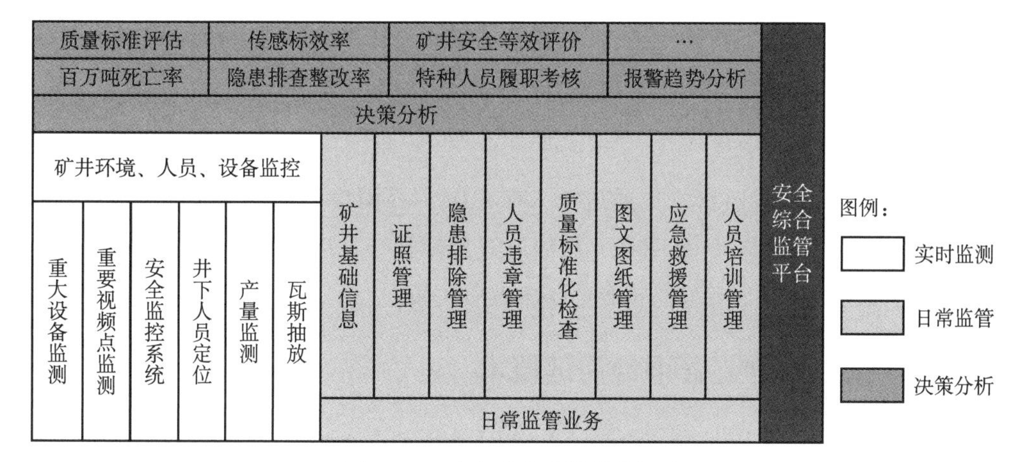

图25.12 安全综合监管模块组成

25.6.2 煤矿安全监管平台功能

安全监管平台包括以下基本功能：

1. 可视化实况监控

通过安全监管中心大屏幕、计算机终端、移动终端实时掌握重点煤矿的生产现场数据、语音、视频等实时状况。包括：矿联网信息状态，展示重要测点实时数据和报警信息，各重要工作面、掘进面等井下关键工作场所的实时监控视频，实时监控煤矿当前下井领导干部、特种作业人员、井下作业人员分布情况。

2. 产量监管及超限预警

通过实时监管模块及时了解下辖矿井单位产量状况，实时查看各矿井班、日、月、年累计产量、运转状态等信息，结合系统监测点视频信息，对产量进行实时监测，进行实时视频信息的监视。根据矿井基础信息中的核定产量，结合矿井实际产量进行实时对比分析，对于矿井超产率进行不同级别预报警。

3. 风险预控管理

辨识煤矿生产活动过程中的危险源，明确危险源可能产生的风险及其后果，对危险源进行分级分类、监测预警，制定不同管理对象的管理标准和管理措施，实现对人、机、环的规范管理，进而控制和消除煤矿生产活动中存在的危险源，防止事故的发生。

4. 员工行为绩效管理

通过对人员不安全行为的梳理，制定针对性的控制措施，减少人员不安全行为的发生，从而避免矿井各类人为事故的发生。

5. 隐患追踪、远程监管

平台涵盖了安全隐患排查整治工作的各项基本内容，实现以安全隐患排查整治业务流为主线，处理流程简洁清晰、快速灵活，覆盖各类安全隐患的排查整治监控体系，可完成隐患的登记、整改、复查、销号、分级监管的全过程处理。

6. 安全指标，集中掌控

通过门户平台，安全监管人员通过个人账户及主界面集中掌控个人关注的安全指标，并点击指标钻透式了解指标计算明细，从而通过指标管控，准确掌握管辖矿井安全生产动态趋势，及时发出执法文书或监管指令，加大监管力度。

25.6.3 煤矿安全监管平台关键技术

安全综合监管平台是对管辖矿井安全生产过程进行全方位监管，对煤矿生产安全起到了有力的保障作用。平台关键技术包括：

1. 各类异构监测子系统的接入技术

实时监测业务需要接入各种类型不同厂家的监测监控子系统，包括安全监控、人员定位、重要视频点、重大设备监测等。各种子系统是在不同时期开发的，基于不同技术层面，使用不同的信息交换方法，不能进行直接的交换。利用微软先进的技术平台，开发了一套标准快捷的系统接入组件，利用简单统一的应用层协议使其得以完成。

2. 实时数据库的压缩存储与多种数据库存储适配技术

平台需要接入下辖所有基层单位系统涉及安全监测类系统，为了提高数据处理和存储效率，必须考虑数据的压缩存储问题。需要分析与研究安全监测数据的变化特征和规律，需要考虑算法的压缩效率、处理时间、查询速度等因素，从而选择符合煤矿监测数据特征的数据压缩和处理算法，达到系统处理效率和存储效率的平衡。

3. 作业环境参数异动报警和专家智能会诊技术

系统采用作业环境参数趋势分析和异动报警模型，在剔除主观因素的前提下，以概率统计领域的学科理论，结合矿井实际通风状况，采用独特、精确的异动算法模型，对各矿井下各类环境参数的异动情况进行分析和评价，实现提前预警，使管理人员能够尽早掌握矿井井下各作业区域环境参数的变化情况，以便在紧急情况下及时采取措施，将安全隐患消灭在萌芽状态。

4. 断点续传技术

协议采用时间戳方式进行标识命名，当网络传输中断时，数据转换程序自动转换存储到本地。在网络通后，按照文本协议时间顺序上传，保证历史数据的完整性与决策分析的可靠性。

5. 二维码 +RFID 组合式的矿井密集地点标识

实现人员的管控、危险源的管控、应急物资的分布、各地点的规程措施、应急预案制订等重要的安健环业务都与地点息息相关，因此需要对点进行标识，并可以根据标识进行快速识别。由于企业需要标识的地点很多，需要按需布置二维码或者 RFID 卡，重要的危险源点设置二维码及 RFID 卡，专业巡检人员使用专业手持设备，通过刷 RFID 卡进行菜单式的标准化检查，系统如实记录其检查轨迹，防止造假；同时系统支持二维码扫描的方式，非专业人员亦可利用自己的手机进行扫描操作，以最小的投资，最大化地提高地点标识粒度，实现以地点模式的点面式安全管控。

6. 多指标安全综合评估模型

安全评估的核心问题是确定评估指标体系。指标体系是否科学、合理，直接关系到安全评估的质量。为此，指标体系必须科学地、客观地、合理地、尽可能全面地反映影响系统安全的所有因素。本系统采用第二种方法，利用量化的企业安全管理业务数据，建立人－机－环－管的多维度安全综合评估指标体系，从而可以动态地进行企业安全评估，即时反映企业安全生产状态。

7. 危险源动态和静态因素的无差别化实时监测及综合分析技术

平台采用动态和静态因素相结合的实时监测和综合分析机制，开发了实时数据和人工录入数据统一参与运算的平台模块。在此平台中，不论是实时监测系统采集到的实时监测数据，还是人工录入的一般管理业务数据，都应用统一的数据流向及数据过程分析，实现多种因素综合性监测、分析问题，提高了系统的实时性、准确性和全面性。

25.6.4 现场应用情况

常州研究院自主开发的安全监管平台已在国内有了较广泛的推广应用。以神华宁煤集团、义马煤业安全综合监管平台为例，平台的应用取得了较好的效果。

第一，使得安全监管人员及时、准确、全面地了解和掌握管辖矿井现场作业环境状况，并通过在线标校与计划性故障管理，使得集团公司调度人员更多地关注企业的生产，及时和正确地指挥生产，提高了生产管理的效率和水平，有效地减少了报警、故障发生次数，提高了安全意识，从被动的监管到主动的安全工作服务。第二，有效实现了多个不同厂家监测监控子系统的集成；实现了安全监测数据在线重组、超限报警信息的短消息发送、多参数区域作业环境评估、在校标校与计划性故障、安全指令下发、事故追忆等功能，增强了矿井安全生产保障，并指导了矿井灾害的预防预测与辅助应急，有力地提高了企业领导的决策水平。

重庆研究院研发的煤矿安全监管平台可实现煤矿安全监控、瓦斯抽采、人员定位、井下视频等各类监测监控系统的远程、实时、多级联网，以及煤矿应急指挥调度、煤矿综合监管、煤矿自我远程监管、煤炭行业信息共享等功能。平台基于组件开发模式，采用分布式架构，适应现场多种管理模式的需求，提高了软件功能模块的复用度；运用 SOA 思想，引入服务层，对外提供标准数据访问接口，为异构系统请求数据提供了伸缩式解决方案；设计的基于 SVG 的矢量图形系统，提高了系统的扩展性。平台已在四川省煤炭产业集团有限责任公司、河南永城煤电控股集团有限公司等企业推广应用。以河南永城煤电控股集团有限公司为例，自 2012 年投入使用以来，实施部署了 1 个总平台、6 个子平台和 21 个矿端系统，已累计实现统计瓦斯超限 5min 以上报警 1049 次，累计下发《矿井瓦斯监控系统报警处理命令单》1049 份，为煤矿及时发现和制止瓦斯超限作业、控制瓦斯事故等方面发挥了积极作用。

（本章主要执笔人：常州研究院赵小兵，屈世甲；重庆研究院苟怡，鲁远祥；北京研究院魏峰；沈阳研究院周海坤）

第26章 矿用动目标监测管理技术

矿用动目标监测管理技术可对煤矿入井人员和设备状态进行实时跟踪监测和定位，为井上工作人员提供入井动目标当前位置和跟踪到的动态信息，提高调度效率。一旦发生事故，可以迅速确定事故位置，以及被困人员和设备的情况，并为救援工作提供第一手详细资料，提高救援效率。

本章从煤矿人员定位系统的组成、原理和主要功能入手，从人员定位系统和车辆运输监控系统两方面介绍矿用动目标监测管理技术的相关内容，以煤科总院开发的有代表性的人员定位管理系统和矿用车辆运输管理系统为例，介绍系统组成、系统特点、相关技术装备及现场应用情况。

26.1 人员定位管理系统基本原理及功能

人员定位技术在矿山领域主要应用于人员安全监测系统，通过该系统能实时了解井下人员信息、统计人员出勤情况以及用于救灾辅助。本节介绍人员定位系统的组成、基本原理及主要功能。

26.1.1 人员定位管理系统的组成

人员定位管理系统在地面由监测主机、传输接口、地面光端机、地面环网接入器、信号避雷器、唯一性检测装置、网络服务器、打印机、各工作站等组成。井下主要由无线数据监测站、无线接收器、识别卡、报警器、隔爆兼本安电源、井下光端机、井下环网接入器、电缆、光缆、接线盒等组成。

在井下的各个巷道和所有人员可能经过的通道中安放若干个射频接收器，将它们通过光纤、网络或者电缆和地面的监测主机连接。同时，每个下井人员佩戴一个发射器，当下井人员进入井下时，只要通过或接近放置在巷道内的任何一个射频接收器，射频接收器接收射频信息，该信息通过巡检上传到监测主机，监测主机经过必要处理后写入数据库，上位机软件进行人员情况统计并显示出来。

26.1.2 人员定位管理系统的监测原理

人员定位管理系统的井下硬件设备主要有分站、目标识别器及标识卡等。工作时，采用四芯电缆与人员定位管理分站相连的移动目标识别器（即读卡器）从分站上获取本安直流工作电源，进入工作状态。然后通过自身内部的通信板不断向外发射射频编码信号，以激活进入该区域内的标识卡。进入该区域内的标识卡在被激活后，自动通过自身主板上的通信电路向周围空间发射加密的高频载波信号（即人员识别信息）。移动目标识别器在发射射频编码信号的同时，不断通过读卡器上的高增益天线搜寻捕捉所覆盖区域内出现的（标识卡发射出的）加密高频载波信号。一旦发现，读卡器主板上的高频信号接收电路（即人员信息采集单元）就会迅速将其捕捉下来，并交由数据解密校验电路进行确认、解调。然后再输出给读卡器内的嵌入式计算机进行处理、存储，同时分别发送给通信单元和显示单元，通信单元将解调后的人员信息信号转换成相应的RS485通信信号发送给与之相连的人员定位分站，在显示单元完成就地数字显示。人员定位分站收到该信号后，内部的嵌入式软件将自动对其进行处理、存储，并就地显示在定位分站的显示屏上，同时通过分站内部的通信电路将在井下采集到的人员信息传输到地面中心站。

人员定位系统软件采用数据采集、分析存储、应用三层架构体系。三部分既相对独立又有机融合，运行中，即便系统的某个部分发生更改也不会影响全局，使得整个系统的安装、发布、使用、升级等都变得相对简单和容易。同时，系统软件的开发严格遵循通用的国际标准和国家、行业标准，系统数据的存储采用标准的结构，方便与第三方系统的集成，不存在信息孤岛现象。

26.1.3 人员定位管理系统的基本功能

1. 实时监测功能

实时监测当前井下总人数，各区域人数。实时监测当前各区域、各部门、各工种、各职务的下井人数，实时监测当前某些特殊工种或特殊人员下井情况和所处位置。

2. 数据查询功能

查询任一指定井下人员或某部门、职务及工种当前或指定时间所处位置，查询任一指定井下人员当天或指定日期的活动踪迹，选定某区域、某分站、某接收器，可以获得当前或历史时刻该位置的人员信息及所有的人员通过该位置的时间信息，可查询各区域、各部门、各工种、各职务在任一历史时刻人数汇总情况。

3. 统计考勤功能

可统计下井人员的井下持续时间，并根据工种、职务（规定足班时间），判断不同类别的人员是否足班。方便地对个人、班组、部门进行考勤统计，形成日报表、月报表，可单独统计考核某些特殊工种、职务人员的上下井情况，单独考核某部门一个月或任一时间段的所有人员班次考勤总计。

4. 安全保障功能

具有门禁功能，在井下一些重要硐室、危险场合配备识别器和语音站，可有效地阻止人员违章进入，并将违章人员记录在案。人员在井下时间超过给定的时间，自动报警提示并提供相关人员的名单等信息。特定危险区域超过安全规定人数时，自动报警，可有效地阻止其他人员继续进入。在发生事故和出现紧急状况时，系统地面管控指挥中心能与应急预案联动，能根据事先设定的方案显示相应事故应急预案，显示避灾路线。能够快速查询井下灾前各时段全部人员位置和状态，准确掌握被困区域人员信息。

5. 遇险救灾指引功能

当井下发生突发事故时，根据不同的应急预案发布救灾指引。

6. 信息联网功能

通过局域网能实时同步地看到各种监测信息，进行各种查询操作。

7. 操作权限及操作日志

不同的用户拥有不同的操作权限，便于系统的维护，每名值班人员拥有自己的登录名和密码，交接班时可更换用户。

8. 自诊断功能

系统监测分站出现故障，分站栏显示由绿色变成红色告警。无线接收器出现故障，提示某分站某接收器无信号，无线编码发射器需要充电时，提前提示该发射器缺电，井下交流供电中断时，系统提示直流供电报警。

9. 便携式检测功能

通过便携式检测仪可在井下现场检测当前区域的人员数量等信息，同时也可对每一张卡的完好性进行检测，显示该卡人员的照片、卡号、单位、工种等基本信息。

10. 大屏显示与检卡功能

井口安装的LED大屏可实时显示经过监测点的人员姓名、射频号及当前井下人员数量等信息，也可自定义显示内容。

26.2　人员定位管理系统

煤矿井下人员定位系统，又称煤矿井下人员位置监测系统、煤矿井下作业人员管理系统。用来监测井下人员区域位置，具有携卡人员出、入井时刻、重点区域出、入时刻，限制区域出、入时刻、工作时间、井下和重点区域人员数量、井下人员活动路线等监测、显示、打印、储存、查询、报警、管理等功能。本节以煤科总院开发的有代表性的KJ69J矿用人员定位管理系统、KJ236(A)煤矿人员定位管理系统、KJ251系列人员定位管理系统和KJ405T煤矿人员定位管理系统为例，介绍国内主流人员定位系统的组成、功能、特点以及应用情况。

26.2.1 KJ69J矿用人员定位管理系统

KJ69J矿用人员定位管理系统是由常州研究院自主开发的矿用人员定位管理系统。系统采用先进的低功耗无线射频技术，能够高效地实现井下人员的定位、跟踪、考勤、管理、搜救、报警等功能。系统主要由人员定位主备机、人员定位分站、无线接收器、定位标识卡及定位矿灯等组成。根据煤矿的具体需求，可以选择多种传输方式灵活组网，分别为RS485方式电缆组网、光纤与电缆混合组网及光纤环网传输方式，安装维护方便，系统如图26.1所示。

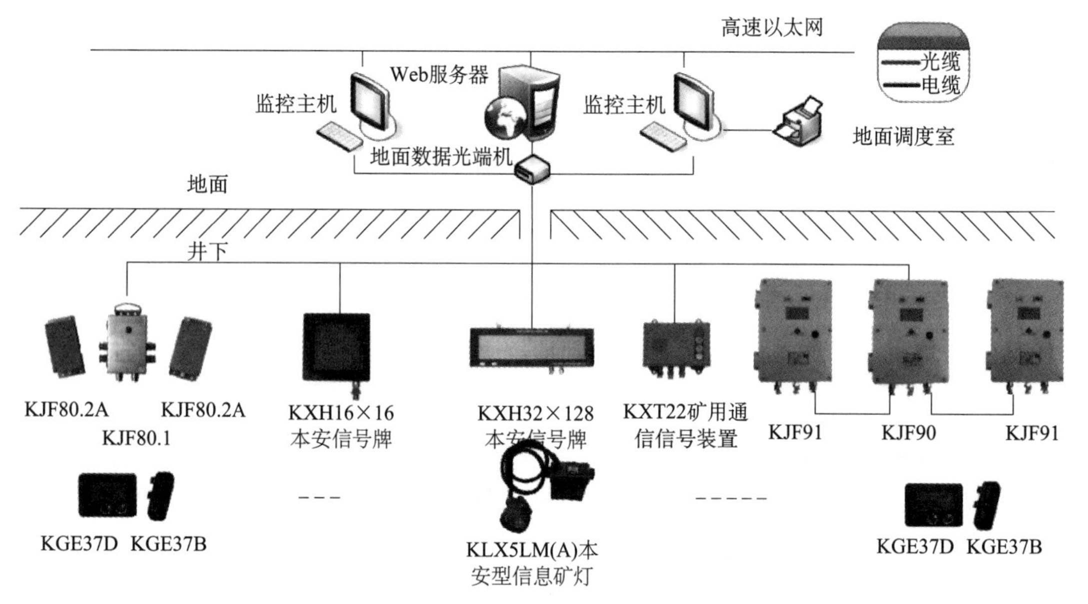

图26.1　KJ69J型矿用人员定位管理系统示意图

1. 主要技术特点

KJ69J矿用人员定位管理系统兼容区域定位和精确定位两种模式，可根据现场需要灵活配置，使用方便，系统建设成本低。系统以SDS-TWR(Symmetrical Double-Sided Two Way Ranging)定位技术为基础，对定位数据进行先进的算法处理，并采用高质量的程序优化设计，结合多种传输技术，达到高精度、高稳定性、高实时性。

1）定位技术

采用基于 CSS 技术及 SDS-TWR 测距方式的高精度确定位方案，CSS 信号最大技术特征是利用脉冲压缩技术。该技术使得接收脉冲能量非常集中，极其容易检测出来，提高了抗干扰和多路径效应能力。CSS 可以直接捕获脉冲压缩，从而利用锁相环电路进行时间同步，且脉冲压缩技术有很好的抗频率偏移特性，并不需要进行频率同步。CSS 信号在时域和频域上同时被扩展，使得信号频谱密度降低，由于采用脉冲压缩技术，信号通过匹配滤波器获得较大的处理增益，使得整体功耗很低。

SDS-TWR 类似于 TOF 方式，根据数据包在 Tag 和 Anchor 之间进行双向传输时间来计算得到两个锚节点之间的距离。这种方式不需要两个锚节点的时钟进行同步，降低了系统对硬件时钟的要求，能够避免因时钟不同步而引起的误差。

2）位置识别

终端采用唯一的 16 位短地址作为位置信息，终端按设定的时间间隔与接收器 / 定位分站通信，从而进行网络注册、测距并将位置信息传送到地面中心站。

3）人员管理

标识卡从井口入井时会激活入井开关，进入井下后不断与井下无线接收器 / 监测分站进行测距和无线数据交换，其中包含时间信息、位置信息、标识卡电池信息、报警信息、距离信息等。这些数据将全部上传至地面中心站，上位机系统对数据进行处理和存储，通过数据分析实现人员的考勤管理、人数统计、位置查询、轨迹查询、超时超员报警、缺电报警等功能。

2. 主要设备及特点

KJ69J 型矿用人员定位管理系统由地面中心站、传输平台、定位标识卡、无线数据监测站、接收探头及电源、电缆、光缆等组成。

1）KJF90A 数据监测站

KJF90A 采用 ARM7 位核心，采用嵌入式操作系统为核心，集成先进数据处理算法。监测站具有稳定性好、抗干扰性能强、安装方便等特点。监测站集成 10/100M 自适应以太网传输光接口和电接口、RS485 传输接口。监测站直接集成了双链路精确定位接收模块，具有单分站识别标识卡方向的能力；监测站可外接多达 8 个接收器。

2）KJF80.2A 无线接收器

无线接收器采用 ARM 为核心，具有功率可调，精确定位周期可调功能，集成基于 CSS 技术的高精度精确定位接收模块。

3）KGE37D 精确定位标识卡

标识卡采用 ARM-cortexM3 位控制核心，采用 CSS 技术的高精度射频芯片，抗干扰能力强，识别速度快，漏卡率低，能完成精度 3m 的定位功能。

4）KLX5LM(B) 精确定位矿灯

突破性地将传统矿灯与精确定标识卡有效结合，首先使得井下作业人员随身携带设备减少，且可以利用矿灯电池容量高的特点，优化定位周期，提高定位实时性和定位精度，且可以利用矿灯的光源控制进行信息传递。

3. 应用实例

KJ69J 型矿用人员管理系统定位准确、功能丰富，系统的安装使用，有效地提高了矿井对下井人员的调度管理效率，并能在发生事故时，提供井下人员的人数及分布情况，为制定抢险救灾措施提供帮助，系统使用效果得到了用户的充分肯定。陕西陕煤黄陵一号井于 2010 年 11 月安装应用了 KJ69J 型矿用人员管理系统，系统实施应用以来，使陕煤黄陵一号井人员管理发生了很大改观，步入了一个新的高度，表现在以下方面：

（1）强化了人员的管理，系统实时记录人员的上、下井时间，下井次数、班次，迟到、早退等情况，形成考勤报表，便于考勤管理。

（2）系统可实时监测井下人员的数量及位置，可对井下人员快速合理调配，提高了工作效率。

（3）提高了矿井安全等级：在井下一些重要硐室、危险场合（如盲巷等）配备 RFID 识别器和语音站，可有效地阻止人员违章进入，并将违章人员记录在案；系统具有下井人员超时告警、区域超员告警及监控主机和井下人员双向紧急呼叫等功能，能及时发现下井人员异常情况；在灾变时可确定井下人员的数量、分布情况及人员所在的精确位置，便于有针对性地组织救援。

（4）遇险救灾指引功能：在有事故苗头时可及时发出报警信息；当井下发生重、特大突发事故时，遇险救灾指引功能指挥或引导井下人员完成有效的撤离。地面人员能够在调度室，按照预先设定的紧急情况处理方案，通过控制安装于矿井内的语音报警器、LED 电子显示牌、人员定位分站、无线编码发射器等设备的语音播报和指示信息显示，指导工作人员安全撤离危险区域。

26.2.2 KJ236(A) 煤矿人员定位管理系统

KJ236（A）煤矿人员管理系统是北京研究院自主开发的人员定位管理系统。采用先进的短距离无线传输技术，以 TOA(Time Of Arrival) 定位技术为基础，对定位数据进行先进的统计学算法处理，并采用高质量的程序优化设计，结合多种传输技术，达到高精度、高实时性、高可靠性。根据煤矿的具体需求，可以选择三种传输方式灵活组网，分别是电缆网、光纤与电缆混合组网，及光纤环网传输方式，安装维护方便。图 26.2 所示为采用工业以太环网方式进行数据传输的组网示意图。

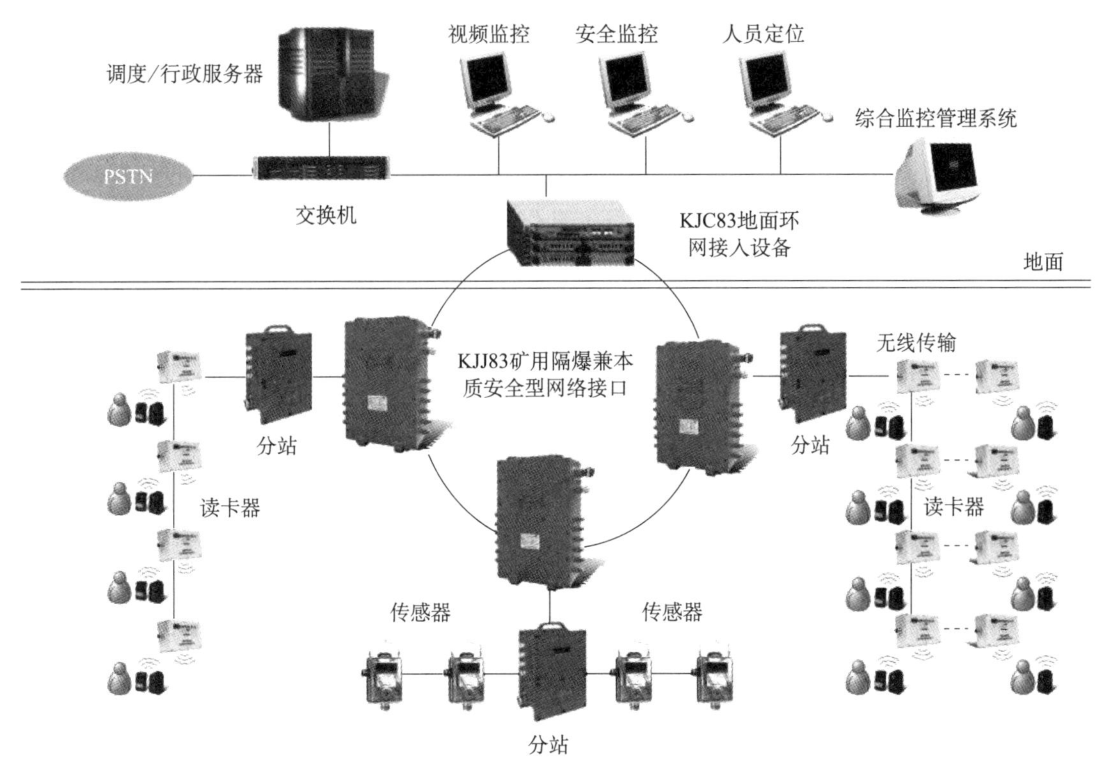

图 26.2　KJ236（A）煤矿人员管理系统组网示意图

1. 主要技术特点

识别卡从井口入井后，开始不断地与经过的进口与井下的读卡器进行无线通信，完成定位的同时会产生多种数据，包括编号、时间、位置、报警、电压、瓦斯巡检信息、工作状态等。这些数据全部上传至地面监控中心服务器，上位机系统对数据进行处理和存储，通过数据分析实现人员的考勤管理、人数统计、位置跟踪、轨迹查询、超时超员报警等功能。

1）组网灵活

根据煤矿的具体需求，可以选择三种传输方式灵活组网，分别是电缆网、光纤与电缆混合组网及光纤环网传输方式，从而从根本上解决了以往系统组网形式单一，受现场环境限制大的问题。

2）定位精度高

井下读卡器使用多个无线模块与识别卡进行通信，并进行 TOA 测距，对得到的测距值进行统计学算法处理，得到高精确度的定位结果；采用先进的时钟同步算法，并选用晶振频漂极低的射频芯片，以保证无线测距的准确性。灵活调整读卡器信号覆盖半径，定位精度达 3m。

3）唯一性识别

将射频识别技术与人员定位技术有效结合，使得唯一性识别系统与人员定位管理系统融合，使用廉价的方法有效地解决了矿工考勤作弊的问题。

4）丰富的地图功能

系统提供的3D图形编辑软件能制作矢量图形，可直接导入坐标生成巷道3D构型图。具有放大、缩小、移动、标尺测距、视野控制、中心移动、图层控制、地图打印等功能。具有矢量图管理功能，能够对工程图进行矢量化和矢量图属性编辑功能，并能在矢量图上定位并显示人员的准确位置和基本信息。

2. 主要装备技术特点

KJ236(A) 煤矿人员管理系统能够高效地实现井下人员、车辆及其他移动目标的定位、跟踪、考勤、管理、搜救、瓦斯巡检等功能。系统的主要装备如下：

1）KJ236-F 矿用传输分站

KJ236-F 矿用传输分站抗干扰能力强，传输距离远，传输速度快，连接灵活方便；具有 RJ45 以太网接口、CAN 总线接口；可同时连接 4～8 台读卡器，与读卡器之间采用 CAN 总线进行数据传输，传输速率 5000 bit/s；具有备用电池，保证在网电停电时，系统还能正常工作 2 h 以上；提供 4 路本安电源。

2）KJ236-D 矿用本安型读卡器

读卡器安装于地面或者井下巷道，读卡器连接在矿用传输分站上，与矿用传输分站之间采用 CAN 总线进行数据传输，传输速率 5000 bit/s，最大距离不小于 2 km。读卡器不影响人员的正常通行方式，有效接收距离不小于 250 m，被测目标运动速度不大于 10 m/s，可同时识别 200 张以上的识别卡。当读卡器与主机通信发生故障时，读卡器能够存储 2 h 以上的数据或者 1000 张识别卡的信息。通信恢复正常后，将存储的数据传送给主机。

3）KJ236-K1 识别卡

KJ236-K1 识别卡采用直序扩频无线通信技术，抗干扰能力强，识别速度快，漏卡率低，没有对人体伤害的电磁污染，卡的正常工作不受环境变化的影响，可以全方位识别，被测目标无负担。

3. 应用实例

KJ236（A）煤矿人员定位管理系统自 2006 年投入使用以来，先后在神华、宁煤、陕煤、平煤、兖矿、徐矿等多家煤矿企业的 500 多个矿井投入使用，实际使用效果得到了各大煤矿企业的充分肯定。大量的应用实例，验证了 KJ236 煤矿人员管理系统的优良性能。例如：2015 年 9 月 KJ236（A）系统在新疆东沟煤矿投入使用，矿上利用系统灵活组网的优势，对两个工作分别采用以太环网、光纤与电缆混合组网两种组网方式，从而有效解决了由于地理及设备原因造成的人员定位系统不能覆盖到预定区域的问题。2016 年 9 月 KJ236(A) 系统在唐山开滦东欢坨煤矿投入使用，矿上利用系统的唯一性识别考勤功能，有效杜绝了矿上工人考勤作弊问题，并利用精确定位功能有效规范了矿工作业不规范、工作时间偷懒、早退等问题。2015 年 3 月，宁夏梅花井利用 KJ236(A) 系统的人员定位辅助功能实现了矿井照明灯的智能控制，通过特制的断电控制器，控制井下照明灯的开闭，与人员定位功能结合，做到“人来灯亮，人离灯熄”，为矿上减少了很大用电开销。

26.2.3　KJ251 系列人员定位管理系统

KJ251 系列人员定位管理系统是重庆研究院研制的针对煤矿井下移动目标进行准确可靠定位、识别及管理的系统，主要由地面和井下两部分组成。地面由监控中心部分（主机、备机、管理软件、唯一性检测装置）、传输部分（数据传输接口装置、网络交换机）、井下数据采集部分（监控分站、防爆电源、读卡器、定位器）和定位卡组成，如图 26.3 所示。

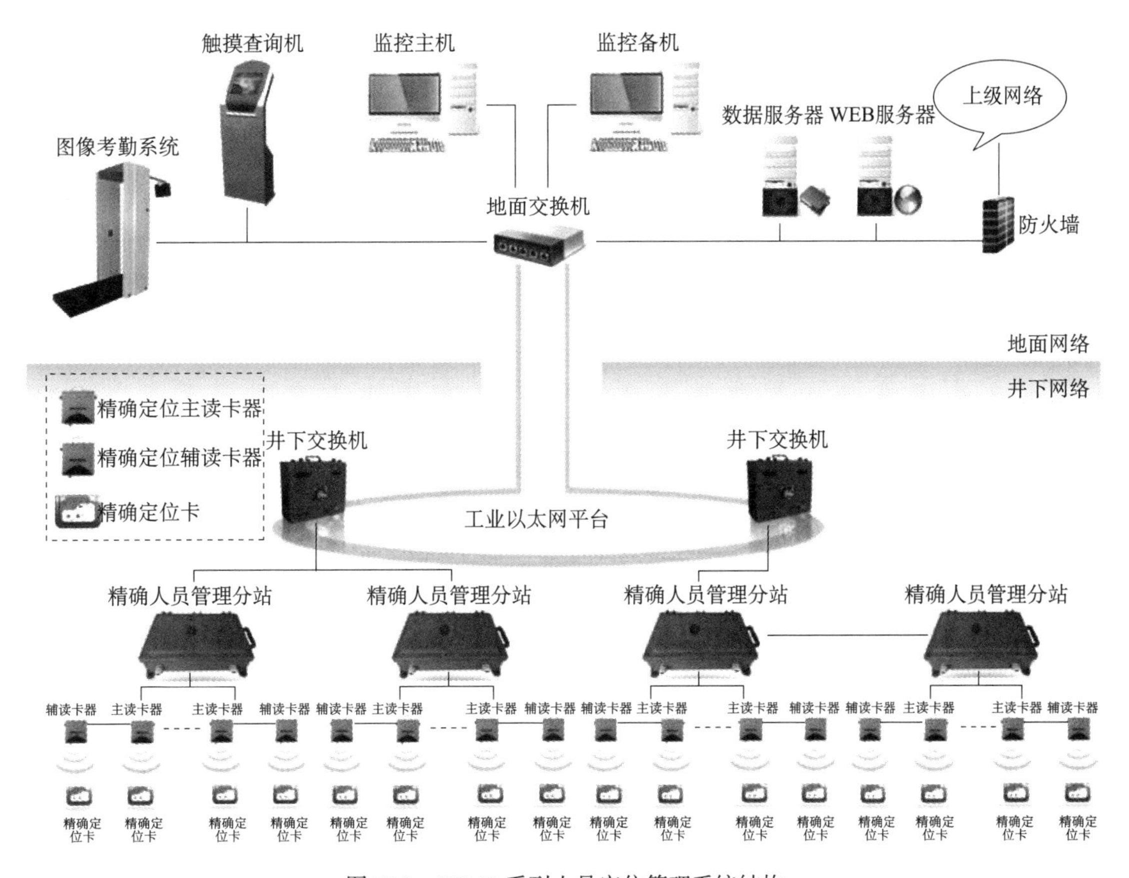

图 26.3　KJ251 系列人员定位管理系统结构

1. 主要技术特点

KJ251 系列人员定位管理系统采用信号飞行时间（TOF）测距技术，通过光纤传输技术实现采集数据的高速传输，解决了井下人员及动态设备不能进行实时精确定位跟踪、漏卡、多带卡、替代卡等技术难题。以入井人员为中心，及时、准确地反映井下各区域人员及设备的动态位置，并可与考勤、就餐等系统关联，为煤矿日常管理和事故救援提供了可靠的信息来源和决策依据。系统具有以下技术特点：

1）出入井考勤准确

形成了井口出入井身份确认与唯一性检测、井下人员实时定位双考勤验证机制，实现出入井人员精准确认和统计。

2）定位精度高

采用基带脉冲直接通信，脉冲长度在亚纳秒量级，定位精度可达 1m 以内。

3）单读卡器远距离定位

单台读卡器可覆盖距离大于 600m，能够准确判断动态目标运行方向及定位。

4）一卡通

能够扩展便携仪自动收发管理、下井人员用餐管理、工资核定、矿灯管理等不同业务进行信息高度融合与共享，形成矿区井上井下“一卡通”综合信息管理平台。

5）人脸识别与唯一性检测

采用先进的图像识别技术、短距离识别技术及独创的唯一性检测算法，实现了出入井人员身份精准核对确认；准确判断是否携带标识卡及标识卡的完好性；动态非接触快速识别判断出入井人员携带标识卡数量，实时记录和报警；实时准确统计井下作业人员数量。整个过程检测准确、快速高效、无行为约束及人工干预，通过与人员定位的融合，彻底实现了井下人员数量的准确统计、身份确认及实时分布。

2. 主要设备特点

1）人员定位分站

通过与读卡器的有线通信，实时获取人员编码数据，可本地显示。

2）读卡器

接收标识卡发出的无线人员编码信号、向信号覆盖区域内的所有标识卡进行“群呼”及向信号覆盖区域内的某张标识卡进行“寻呼”，具备了双向通信功能。

3）人员标识卡

承载唯一的人员编码信息，当被无线信号激活后，将编码数据发送给读卡器，设计紧急呼叫按钮，在紧急情况上可以向地面监控中心发射紧急求救信号。

3. 应用情况

KJ251 系列人员定位管理系统已在山西石泉煤业有限责任公司、山西煤炭进出口集团左云长春兴煤业有限公司、山西潞安集团常村煤矿、宁煤集团枣泉煤矿、贵州文家坝矿业有限公司等多家企业推广应用，系统运行稳定、可靠，定位精度高，实时性好，上位机软件运行稳定、界面友好和操作方便。该系统组网灵活、可扩展性强，满足国内不同煤矿的各种需求。系统以煤矿企业为主要目标客户，既能满足煤矿企业日常生产的需要，又能提高处理重大灾害事故抢险救灾等突发事件的危机管理能力。

2015年在山西潞安集团常村矿投入使用的基于KJ251A人员定位管理系统的煤矿井上井下“一卡通”信息管理平台，构建了井上井下信息光纤高速传输网络，以入井人员为中心，以人员定位标识卡为轴线，把人员出入井考勤管理、井下定位及分布、矿灯管理、便携仪管理、标识卡完好性及携卡唯一性管理、下井人员用餐管理、入井资格核查管理、工资核定管理等不同业务进行了信息高度融合与共享，直接合并部门3个，减少人员9名，为矿方节支达数百万元。

26.2.4　KJ405T煤矿人员定位管理系统

KJ405T人员定位管理考勤系统是由沈阳研究院自主开发的矿用人员定位管理系统。由地面中心站（包括工业计算机、操作系统、KJ405T人员管理系统）、核心交换机、矿用隔爆兼本安型网络服务器、矿用隔爆兼本安型网络终端、CANNET读卡分站、CAN读卡分站、腰带式识别卡、灯绳式识别卡、矿用隔爆兼本安型四路电源、矿用本安型中继器、井口验卡装置、移动式读卡器等组成。系统分为井上和井下两个部分：井上部分是煤矿井下人员管理考勤系统及其相关设备和网络，井下部分是ZigBee无线传感器网络及其相关设备和网络。KJ405T整体网络拓扑如图26.4所示。

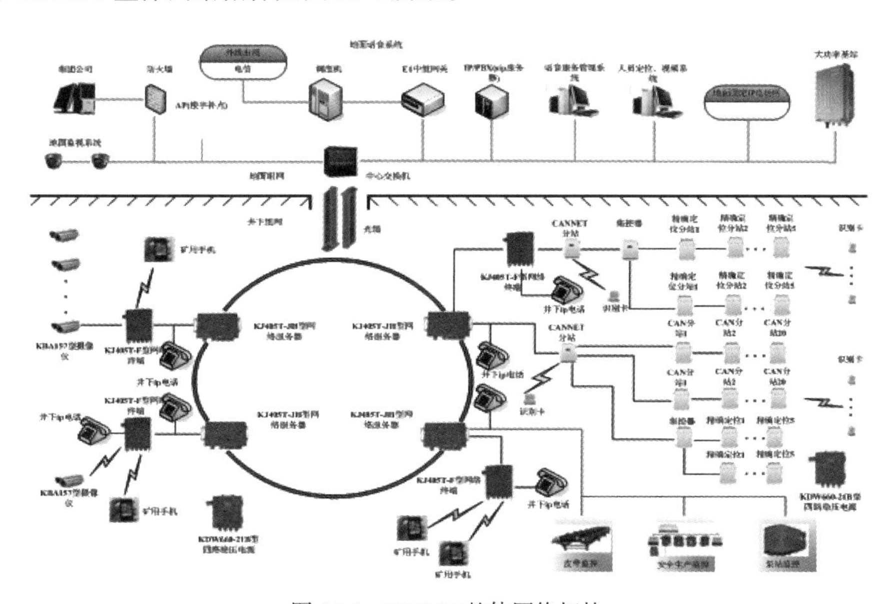

图26.4　KJ405T整体网络拓扑

1. 主要技术特点

人员定位管理系统可实现井下人员的区域定位。每位下井人员佩戴自己唯一的ZigBee定位识别卡，此识别卡定时发出存在信息，由分布于巷道中的某一矿用CAN分站（网口分站本身也可接收）接收并通过CAN总线传输到与其相连的网口分站，再由网口分站通过局域网，经过网络终端、网络服务器等设备传送至地面交换机，直至中心控制器。地面系统通过此矿用CAN分站（网口分站）位置来判断人员的当前位置。

系统工作时，识别卡将其状态信息通过ZigBee网络和CAN总线发送至网口分站，经由终端、服务器、地面交换机上传至上位机系统，系统对上传的信息进行分析处理后，清晰地显示出此识别卡的状态及位置信息，并借助GIS地图将人员的实际位置标示出来。系统具有以下特点：

（1）本系统采用ZigBee无线通信技术，符合IEEE802.15.4国际标准，采用2.4G免费的通信频段，无需交纳频率占用费，无线组网灵活，网络容量大，功耗低，抗干扰能力强。

（2）采用先进的无线射频芯片，具有芯片集成度高、外围器件少、传输距离远、抗干扰能力强、可靠性高等优点。

（3）光纤环网结合CAN总线通信方式，CAN总线最远传输距离可达10km；识别卡容量达7万以上。

（4）无线识别卡由一块定制的锂锰电池供电，采用定时休眠技术，大大降低了功耗，确保了在双向通信条件下电池的工作时间可达9个月以上。识别卡无需外接任何电源、无需充电、无辐射，对人体健康和环境无任何影响。

（5）系统具有自诊断功能，可以自动检测基站故障，当基站出现故障时会发出提示信息。当系统中的设备出现供电不足时，会自动产生低压报警；当设备出现故障时，系统可以自动判断故障点，并通知控制中心。

（6）系统可自动统计出各区域的人数，根据不同的情况采用两种区域统计方法。对于有狭长入口的区域，可以采用入口统计法，与井口考勤统计方法相同；对于没有狭长入口的区域，可以采用基站和统计法，即将区域中各基站检测到的人数相加得到区域总人数。

2. 主要设备技术特点

1）KJ405T-F1矿用本安型读卡分站

分站因功能不同分为CAN分站和CANNET分站两类。CAN分站接收识别卡发出的信息，并将信息传至与其相连的CANNET分站，向识别卡发送报警等信息。CANNET分站接收识别卡信息、CAN分站信息，并将信息通过井下工业以太环网送至上位机系统。向识别卡发送报警等信息，具有一路网络接口，可与网络服务器或网络终端直接相连。具有3路CAN总线通信接口，可分别接CAN分站；接CAN分站时，每路最多可接19台。

2）KJ405T-K无线识别卡

结构小巧，安装在灯绳上，方便用户使用，易于管理。外壳内嵌防水蜂鸣器，采用超声波焊接技术进行一次性融接，密封和防水性能好。采用专业ABS材料，抗冲击性好、韧性强。添加特殊阻燃剂，阻燃级别为V0级，添加抗静电剂，完全满足煤矿产品抗静电要求。

3. 应用实例

KJ405T 人员定位系统已在淮南矿业集团、沈煤集团、扎来诺尔煤业有限责任公司、龙煤集团、神华集团、兖矿集团等国内大型煤矿得到了广泛应用，提高了煤矿的管理效率，减少了煤矿安全事故，提高了生产效率，为煤矿安全生产提供了技术保障。

KJ405T 人员定位系统让煤矿管理人员迅速了解井下人员的当前位置分布情况、行走路径，还可以根据煤矿的实际情况对下井人员的下井次数、下井时间、上井时间等进行分类统计，便于考核。当矿井出现险情和灾害时，根据井下人员实时的位置信息和人员分布情况提供最佳的逃生路线，同时给救援人员提供相应的救援措施，提高应急救援工作的效率，有力保障矿井安全，提高煤矿的生产效率。系统组网灵活、可扩展性强，满足国内不同煤矿的各种需求。满足煤矿企业日常安全生产的需要，提高生产效率，避免重大人员伤亡事故，同时提高了处理重大灾害事故等突发事件的管理能力，为矿山管理提供了现代化手段。

26.3 车辆运输管理系统

轨道机车和无轨胶轮车是井下常见的车辆运输系统。轨道机车因其运输距离长、适应范围广，是目前国内应用较多的辅助运输方式。国内大中型矿井中，轨道机车应用占比最高。由于井下环境复杂，机车在井下行驶过程中，机车位置不明、又无法观察前后方机车，缺少引导信号时极易造成“顶牛”、“追尾”，影响运输效率，甚至造成安全事故。无轨胶轮车运输不受轨道限制、机动灵活，载重能力强，运输距离远，在国内中西部矿区大面积使用。虽然无轨胶轮车运输不受轨道限制，但是井下巷道狭窄、弯陡坡道多、司机视线受阻，数量众多的车辆在井下行驶时，如果缺乏必要的信号引导，会导致车辆无法避让、堵塞辅运巷道，影响运输效率。国内从事轨道机车运输监控、移动目标监测类产品的厂商，借助相关技术进行轨道机车和无轨胶轮车运输监控和管理类产品的研制。本节介绍煤科总院开发的有代表性的轨道机车和无轨胶轮车运输的监控管理系统的组成、功能、特点以及应用情况。

26.3.1 系统组成及原理

矿用机车运输管理系统一般由传感器、识别器、执行器、分站、电源箱、传输接口、主机、打印机、UPS 电源、操作终端、网络接口、电缆、接线盒和其他必要设备等组成，系统架构如图 26.5 所示。

矿用车辆运输管理系统通过识别设备对井下行驶的无轨胶轮车、轨道机车和车皮进行识别，并将识别信息用于定位跟踪、信号控制和运输管理。按照识别的技术方式，包括基于有源 RFID 技术的区域定位技术、基于 UHF RFID 技术的区域定位技术、基于 RSSI、TOF 等算法的精确定位技术 3 种。识别设备包括定位器和标识卡。其中定位器安装在巷道

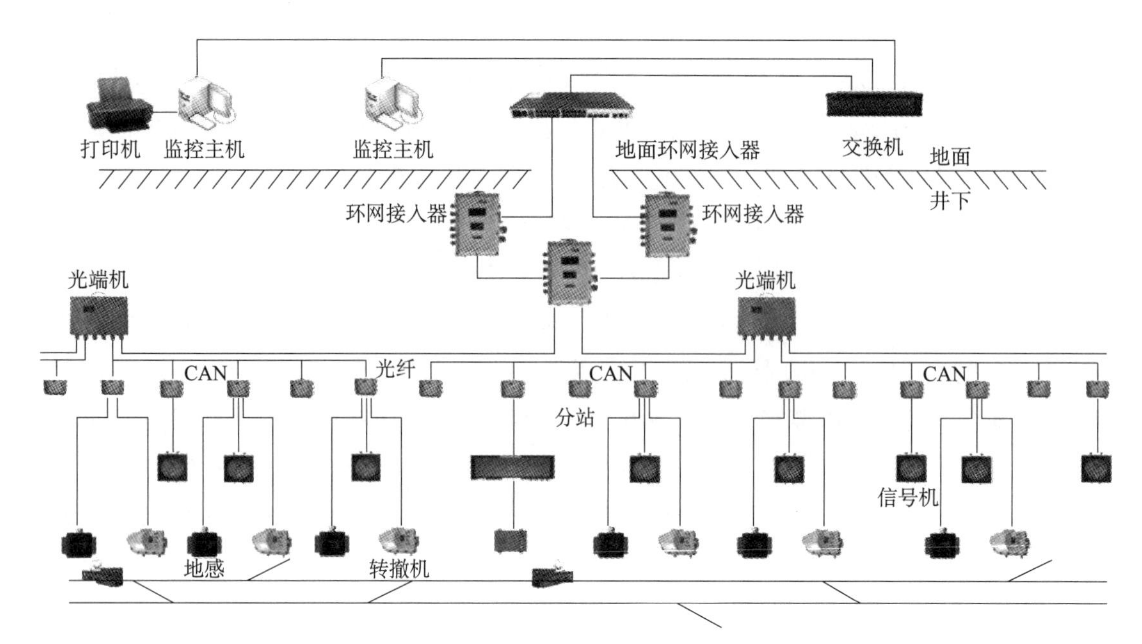

图 26.5 矿用机车运输管理系统架构

沿线，标识卡安装在无轨胶轮车、轨道机车和车皮的车体上。

在基于有源 RFID 技术的区域定位方式中，有源 RFID 标识卡主动发送身份信息，定位器接收标签信息，并将标签信息通过分站和传输接口上传给系统软件，实现目标位置监测；在基于 UHF RFID 技术的区域定位方式中，标识卡无电池供电，定位器扫描标识卡获得目标信息；在精确定位方式中，定位器与标识卡进行无线数据交互，通过无线信号强度或信号飞行时间进行距离测算，在获得目标信息的同时监测目标与定位器的距离。

监测轨道运输机车时需要判断机车行经的轨道，并且无法单纯依赖识别设备实现准确监测，因此，需要配合一定的轨道传感设备。较早的轨道运输监控系统依靠轨道电路实现，随着电子技术的发展，基于霍尔元件的接近开关式的传感设备已经基本替代轨道电路。接近开关安装在铁轨上，当机车行驶、车轮通过接近开关时，输出电平信号。分站通过电平信号获得机车通行信息，系统结合机车识别信息、进路状态和运输任务，判定通行的机车，并进行信号预告、闭锁或解锁办理。

机车运输管理系统通过控制信号机进行信号引导和防护进路，控制转辙机进行轨道机车行车路线的变换。在系统中，由分站对信号机和转辙机进行控制和状态监测，当设备发生故障时，系统需实施故障倒向安全的闭锁。信号机通常采用红、黄、绿等颜色显示不同符号以指示前方区域允许通过或禁止通过，并且，不得使用红色信号表示允许通过，不得使用绿色信号表示禁止通过。信号机通过总线式数据接口或电平型 IO 接口与分站配节，接受分站的控制。

在机车运输管理系统中，分站通过总线与定位器和执行器等设备关联配节、通过电平信号采集端口与传感器配节、实现机车监测和调度控制功能，分站通过总线经传输接口与系统主机通信、实现集中管理、监测和控制。

机车位置信息是系统监测的主要内容、实施调度控制的主要依据。系统通过识别设备和传感设备进行机车定位跟踪。轨道机车定位针对轨道运输机车的定位相对复杂，不仅需要识别机车与信号机、转辙机间的位置关系，还需要判断机车处于双轨线路中的哪条轨道。目前，市场中的轨道机车位置监测方法包括轨道传感定位和基于RFID识别方式的信标定位。无轨胶轮车无轨道限制，进行定位跟踪时不需要区分轨道。

轨道机车运输进行信号闭锁联锁控制，需确定机车运行任务及其设定的进路，按照任务锁闭进路中的信号机、防止其他机车闯入，按照机车行驶的实时位置开放信号、按区段解锁进路。并且，区间防护信号机的解锁还需参照传感器、信号机和道岔的状态信息，实施“故障倒向安全”的防护。

26.3.2 KJ650矿用机车运输管理系统

KJ650矿用机车运输管理系统是常州研究院针对矿井轨道机车和无轨胶轮车运输方式研制的矿用机车运输管理系统。

1. 系统组成

系统具有机车定位跟踪、信号闭锁联锁、运输任务调度、物流过程管理、机车运维管理等功能的综合管控系统，各个业务模块可衔接形成一体化管控，也可以单独使用。系统由服务器、传输网络、管控平台软件、机车标识定位跟踪传感设备、信号机与转辙机等执行设备、矿用智能终端等手持式操控设备等部分组成，其架构如图26.6所示。

2. 主要功能及特点

KJ650型机车运输管控系统可以形成对井下无轨胶轮车、轨道机车及载货车皮的标识、定位，并作为系统进行运输跟踪、信号调度、运营管理的基础信息。系统能够借助矿井已有的3G/4G、WiFi等无线通信网络进行机车运行工况数据的实时采集，为运输设备安全监督和运维提供数据基础。系统能够根据机车位置、运输任务等信息进行闭锁信号控制、扳动道岔，实现运输自动调度，在保障运输安全的前提下提高运输效率。系统能够对运输业务流程进行信息化管理，如区队用车申请和审批、物资运输任务申请和审批、司机绩效考核、车辆行驶统计等，能够有效提升矿井辅运业务管理精益化。KJ650型机车运输管控系统采用分布式架构，实行分散控制、集中管理，井下设备采集实时信息，按照设定逻辑自行控制，并将监测结果、控制结果上传到系统主机。系统主要功能特性如下：

（1）具有适应不同应用场合的定位跟踪技术，如适应胶轮车、轨道机车的信标定位技术，适应轨道机车车皮的UHF定位。

（2）具有机车运行工况监测功能，通过机车监控保护仪与系统的有机结合，实现井下

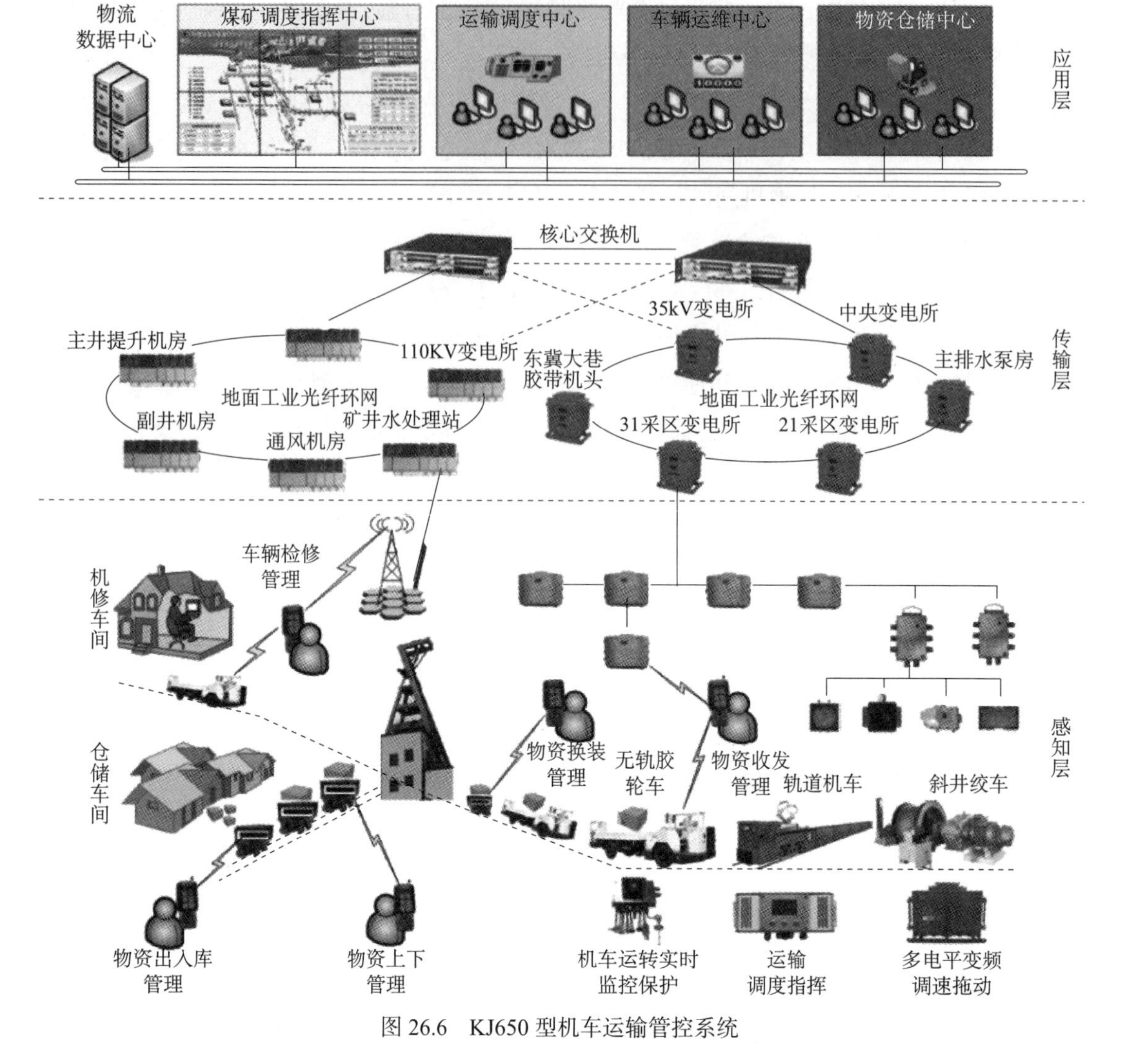

图 26.6 KJ650 型机车运输管控系统

车辆运行状态数据的实时监测。

（3）系统采用全分布式控制策略，对信号机、转辙机的控制分布在井下调度分站，分站自行监测、自行判决、自行控制输出，响应速度快、可靠性高。

（4）系统具有对辅助运输全过程的信息化管理功能，能够对运输任务、运输机车、运输物资、作业人员进行精益化管理，实现辅助运输降本增效。

3. 应用情况

KJ650 矿井机车运输管理系统已在神华宁煤、榆林神华、晋煤、中煤、陕煤、阳煤等国内百余座矿井投入使用，为矿井辅助运输安全监控、运输机车管理、井下物流管理提供了切实有效的帮助。系统在神华宁煤白芨沟、红柳、枣泉等煤矿为机车运输管控提供车辆定位、信号闭锁、车辆调度功能；系统在榆神郭家湾、青龙寺煤矿使用，为机车运输管控提供信号闭锁、车辆工况监测和通信调度功能；系统在中煤口孜东煤矿使用，实现井下物流全过程管理信息化。

26.3.3　KJ562 煤矿轨道运输管理系统

KJ562 煤矿轨道运输监控系统是重庆研究院研制的适用于矿井轨道机车运输的实时监控和调度管理系统，不仅能实时显示井下大巷各列车位置、车号及信号灯、道岔状态和区段占用情况，自动实现敌对进路的闭锁，指挥列车安全运行，而且能随时反映设备和传感器的工作状态。

1. 系统组成

系统主要由监控主机、以太网交换机、监控分站、转辙机控制器、电动（气动）转辙机、隔爆兼本安直流稳压电源、信号灯、接近传感器、岔位显示屏、声光报警器、遥控发射器等设备组成，如图 26.7 所示。

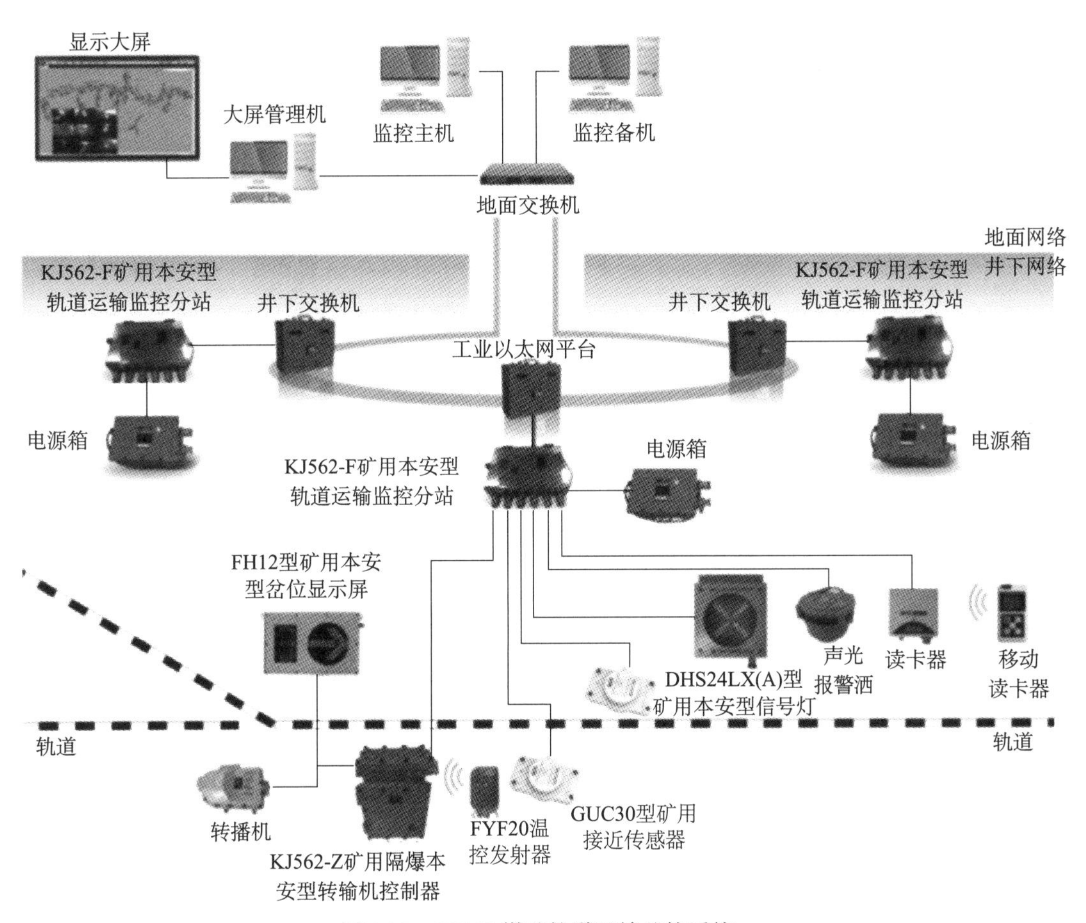

图 26.7　KJ562 煤矿轨道运输监控系统

2. 主要功能及特点

系统采用集散式结构设计，即调度算法处理集中、测控设备布置分散。上位机进行宏观调度操作，下位机完成具体检测和控制，统一管理，任务分散，危险分散。它把运输轨道按照一定规则划分成不同的区段，在各个区段起点和重要检测点安装接近传感器和信号灯，在道岔位置安装岔位显示屏、转辙机及控制器，并给各辆机车进行编码识别。监控主机按照运输任务先锁定需要占用的运行区段，并远程控制转辙机执行到指定位置，然后再开放相应的信号灯让机车通行。当机车运行经过接近传感器时，接近传感器把机车运行速度、方向、轴数信息通过监控分站和以太网传输到监控主机，由监控主机实时显示相应机车的运行轨迹。同时，系统中各个设备还实时监测自身状态并上传给监控主机，监控主机根据设备状态和安全调度规程动态更新内部控制逻辑。

1）跟踪定位功能

系统对井下机车进行实时跟踪监测，实时显示机车位置，机车编号，运行方向，运行速度，车皮数等。

2）信号联锁功能

系统具备区间闭锁、敌对进路闭锁、敌对信号灯闭锁以及信号灯与转辙机联锁等信号联锁功能，确保系统在有机车未按任务路线行驶或闯红灯的情况下，机车运输系统的安全运行。

3）智能调度功能

提供手动和自动两种调度方式，调度员既可以指定的任务计划自动指挥列车安全运行，又可视列车运行情况随时分区段和进路调度车辆。

4）状态显示及故障诊断功能

能实时反映系统内设备和传感器的工作及控制状态，并自动诊断故障、报警、记录故障。

5）重演功能

以图形方式再现任意时间段内的机车运输状况，为分析事故原因、改进调度策略提供依据。

6）故障控制功能

系统发生局部设备故障时，关联信号灯显示故障信号，确保运输安全；系统以编码信号对设备进行控制，能够解决杂散电流引起设备误动作的问题。

7）查询统计功能

能够查询分析列车进入未解锁区段、闯红灯、错误路线、信号机故障、转辙机故障等报警信息，并能按采区（矿）统计列车的车次、车皮数。

3. 应用案例

KJ562煤矿轨道运输监控系统已在四川攀煤集团的太平煤矿、大宝顶煤矿、小宝鼎煤矿、花山煤矿，安徽国投新集能源股份有限公司，山西怀仁中能芦子沟煤业有限公司，河北冀中能源集团东庞煤矿，海南矿业股份有限公司，山东能源新矿集团万祥矿业潘西煤矿等投入使用。其性能稳定、操作灵活方便、控制与监测功能完善有效，降低了煤矿轨道运输司机劳动强度、提高了煤矿轨道机车的运行效率、减少了倒车与会车次数、保障了行车安全，为煤矿安全高效生产提供了技术支撑，达到了减员增效的目的。

26.3.4 KJ742无轨胶轮车调度管理系统

KJ742无轨胶轮车调度管理系统是重庆研究院研制的国内首套取得煤矿安标认证的矿用无轨胶轮车调度管理系统。采用分布式调度、雷达远距离测距测速、车联网、可靠地调度策略与冗余机制等技术，既能进行精确定位，实现对井下行进车辆的实时跟踪、任务调度、井下交通指挥、车辆状态监测、精确定位、速度测量、辅助驾驶及保养维护、无纸化办公等功能，又能对巷道内车辆进行有序、高效、智能地可视化调度指挥，提高车辆运输效率，保障了煤矿运输安全。

1. 系统组成

系统主要由监控主机、数据库服务器、矿用网络交换机、LED显示屏、车辆管理分站、车辆定位读卡器、信号灯、车载识别卡、车载一体化通信终端等设备组成，如图26.8所示。

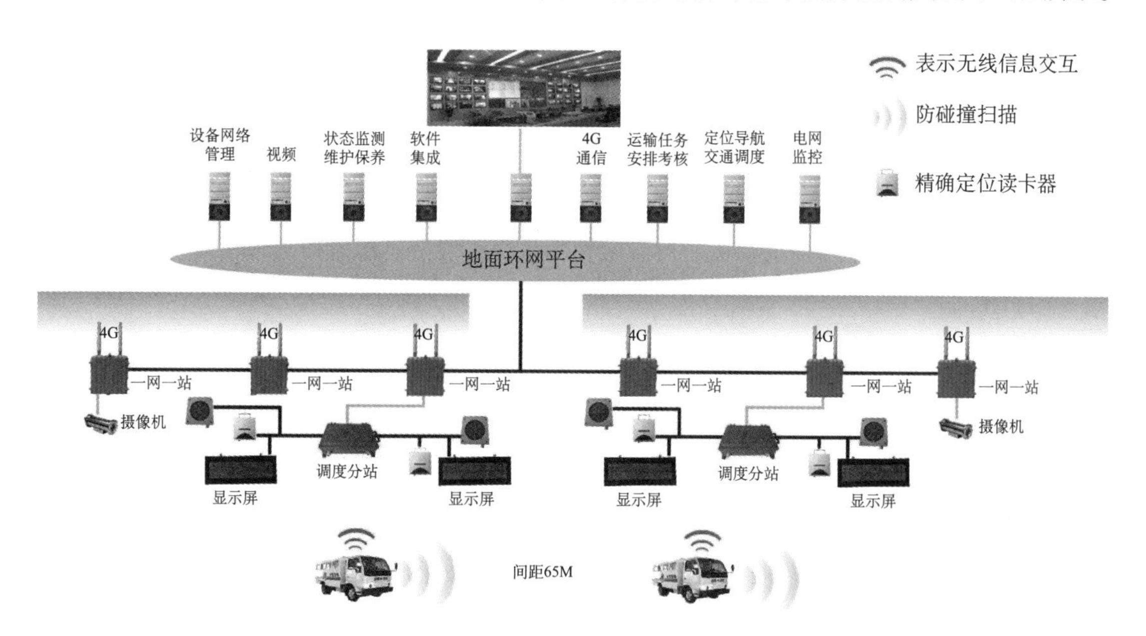

图26.8 KJ742无轨胶轮车调度管理系统

2. 主要技术特点

基于多种信息的井下交通调度机制，多种信息包括重型车会车、轻型车超重车、人工干预等，需要综合考虑车辆类型、当前位置、前方车辆交通情况、车辆使用的动力等因素。其技术特点如下。

1）统一传输通道

采用通用统一分站实现人员、车辆、信号灯等信息的有机融合。

2）基于实时车辆位置信息的井下智能交通指挥调度

能够实时感知车辆类型和位置信息，针对性地采用智能调度机制，高效地控制信号灯和 LED 屏提示内容，有序引导车辆快速通行。

3）车辆防碰撞及保护

车辆自身具有扫描前后方其他人员和车辆距离、运行方向等信息，在一定的范围内能够报警提示，提醒司机注意减速慢行，避免碰撞。

4）矿区一卡通

在整个矿区内，工作人员携带一张卡完成门禁、考勤与定位、借 / 还便携设备、矿区消费、资格验证等功能。

5）行车辅助安全驾驶

通过车载通信终端的视频监视、倒车雷达、身份验证等模块，能够实时记录驾驶员身份、评估驾驶员精神状态等，提升井下安全运输水平。

6）车辆运行状态监测与保养

通过车辆保护装置，能够对车辆自身运行参数进行实时在线监测，并通过 4G 网络上传至地面服务器，为车辆保养提供计划依据。

7）实时有线 / 无线互联互通

通过车载通信终端显示器，司机能够实时查询、反馈运输任务；通过车载音视频通话装置，司机能够动态地与调度人员进行沟通和确认，实现全运输流程实时在线互联互通。

8）故障自诊断与冗余

系统具有标识卡欠压报警、通信终端报警、信号灯故障状态指示等功能，确保系统稳定可靠运行。

3. 应用案例

以济宁三号煤矿 KJ742 无轨胶轮车调度管理系统为例，该系统功能完善，运行稳定可靠。系统主要特点如下：

（1）实时调度，能够在 4s 内对井下车辆位置信息进行快速定位、根据位置信息对井下交通信号进行刷新，指导井下司机行车。

（2）可靠性高，系统提供了信号灯容错机制、井下调度机制、标识卡欠压报警机制、快速信息发送机制，有效地避免了干扰带来的误差。

（3）查询便捷，显示、查询、统计功能齐全，符合矿方实际工作需要。

（4）操作灵活，地面软件采用集中管理机制，可动态分配权限，采用对话框方式，具有良好的人机交互界面。

系统可以有效地统计作业车辆在井下运行的轨迹，监测司机运行时效，摆脱了由驾驶人员事后上报的传统模式，为实时实际统计井下运输数据提供了直接凭证，大大减少了误报的误差或人为的作弊行为；另外，系统的实际应用，提高了车辆的运输效率，直接降低燃油发生费用及车损的发生概率。为合理管理车辆和安排驾驶人员提供了有效的依据，对运输工具做好科学调度、运行监控、安全监管及保障稳定运行具有重要意义。

（本章主要执笔人：常州研究院顾义东，赵立厂；重庆研究院刘芬；北京院魏峰；沈阳研究院宋益东）

第 27 章

矿用视频监控技术

矿用视频监控技术是一门多学科交叉的综合技术，它融合了载波技术、信号处理技术、图像编码技术、光纤传输技术、网络技术、无线技术、防爆技术等，将监控点的二维图像信号采集、传输并还原显示，实现了对现场实时音视频的远程监控。矿用视频监控系统是基于 WLAN 技术及 TCP/IP 技术，为煤矿的安全生产、事务决策提供直观、可靠、实时的现场信息和决策数据。该系统通过图像监控、语音监听等方式为煤矿的安全生产、调度指挥、自动控制提供可靠的数据支撑；通过记录井下工作现场生产情况，为事故分析提供历史图像资料；同时通过系统实时联网，煤矿监管部门实现远程视频监管，保障矿井安全生产。

本章从煤矿井下工业电视系统的组成、原理和主要功能入手，介绍煤科总院开发的有代表性的煤矿井下工业电视系统的系统组成、系统特点、相关技术装备及现场应用情况。

27.1 工业电视系统基本原理及功能

煤矿井下工业电视系统由硬件和软件两部分组成，其中硬件可分为前端设备、传输设备、显示设备、图像控制及处理设备。本节介绍煤矿井下工业电视系统的组成、基本原理及主要功能。

27.1.1 工业电视系统组成

1. 前端设备

前端设备主要分为前端图像采集设备和前端控制设备。前端图像采集设备有地面摄像仪和井下摄像仪。地面摄像仪有地面普通摄像仪、地面网络摄像仪，井下摄像仪分为井下光纤摄像仪、井下网络摄像仪。前端图像采集设备主要用作采集并发送各种形式的视频图像信号，控制设备有云台、解码器、防护罩，主要用作执行控制调度室远程传输来的命令。

2. 传输设备

传输设备有井下环网接入器、地面环网接入器、光端机、视频分配器和传输线缆。传输电缆根据使用场合的不同分为矿井下用的矿用同轴电缆，矿用光缆，矿用非屏蔽绞电缆，在井上使用的同轴电缆、光缆和AMP超五类网线。传输设备为各种视频信号和控制信号的传输提供物理媒介，为前端设备和显示设备提供接口和中继。

3. 显示、存储及图像控制设备

显示设备有监视器、电视机、大屏幕显示设备、PC机。显示设备用作将视频信号还原成直观显示的视频图像，存储设备有数字录像机、存储服务器，存储设备将图像压缩并保存在硬盘中以供用户查询；图像控制设备有视频矩阵、服务器，图像控制设备用来控制显示图像的分辨率、亮度等视频的特性，视频的时序显示。

27.1.2 工业电视系统工作原理

矿井工业电视系统通过前端采集设备、传输设备、显示设备、图像控制及处理设备及系统软件的协同工作，硬件上提供数字视频和模拟视频接入和拓展口，软件上提供图像的采集、存储、显示、控制的功能。前端类采集设备获取模拟或数字化的视频信号，通过光缆、同轴电缆、网线发送出视频信号；传输类设备借助于以上物理连线将视频信号传输至中心机房，并把中心机房发出的控制或音频类信号返回至前端设备；后端显示类设备获取相关视频信号并将其解码并还原成视频图像显示；后端存储类设备则将上传到中心机房的视频压缩存储至物理硬盘或网络云上；后端管理类设备主要负责管理前端采集类设备的各类权限、发送相关命令实现视频信号的调节、转发视频流信号以满足更多的用户访问视频、记录操作日志、各种报警日志等。具体原理如图27.1所示。

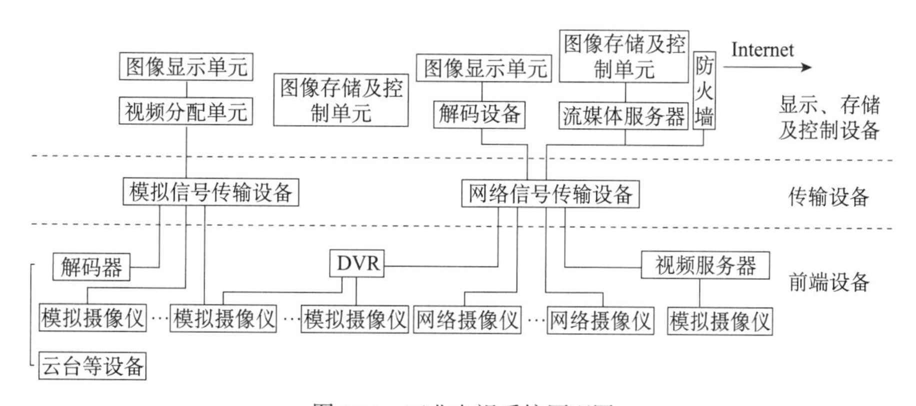

图27.1 工业电视系统原理图

27.1.3 工业电视系统基本功能

煤矿井下工业电视系统包括以下基本功能：

1. 视频显示

支持1/4/9/16画面分割以及画中画模式，可16画面同时显示，支持网络浏览，对生产主要部分进行全方位的监控。

2. 远程监控

可以通过 ADSL 和 LAN 宽带、局域网等途径由 TCP/IP 协议实现远程实时监控。

3. 录像查询

对于所摄制的录像文件，可以通过时间、镜头、是否为报警录像来查询，迅速准确。

4. 录像回放

录像文件可以一帧一帧播放，可以细致区分场景图像变化。对于需要截取的图像可以随时以标准 VCD 清晰度截取打印。

5. 支持远程控制

系统可以直接对摄像机视频参数进行各种设置，避免了手动设置摄像机的麻烦。如果同时安装云台，则还可以通过云台对摄像机进行平摇、倾斜、聚焦、窗口缩放等操作。

6. 支持矩阵控制

通过相关协议直接由控制键盘对矩阵进行控制，避免了手工调整的麻烦。

7. 录像、报警、控制一体化

系统除了动态录像报警外，还可直接接入各类报警输入探测器（如红外探头）和各类报警输出设施（如报警器），系统高度智能化。

8. 系统处理多任务功能

可以设置对多个不同地点进行实时监控和实时录像，回放不影响录像和监控，这些任务都可以同时进行。

27.2 工业电视监控系统

矿用工业电视监控系统将矿井主要生产环节、重要设备及关键场合的实时图像传送到矿调度指挥中心或监测监控中心，使矿领导和工作人员能够直观、快捷地了解生产一线情况，掌握井上井下重要设备的实时工况，提高科学调度指挥和管理的现代化水平。本节以煤科总院开发的有代表性的 KJ32A 型矿用工业电视监控系统和 KJ526 煤矿工业电视监控系统为例，介绍国内主流矿用工业电视监控系统的组成、功能、主要特点以及应用情况。

27.2.1 KJ32A 矿用工业电视监控系统

常州研究院研制了我国煤矿首套 KT1 型矿用光纤电视电话数据综合传输系统，伴随技术进步和数字化、网络化应用的发展，研制和开发了 KJ32A 型矿用电视监控系统。KJ32A

型矿用工业电视监控系统兼容数字化光纤传输设备及数字网络化设备，实现了多种视频的兼容接入。该系统具有防爆、防高温、防低温、防尘、防水、防腐、防振、防强磁场、防雷击等特性，系统通过前端采集设备、传输设备、后端解码设备、存储设备、显示设备来实现工矿现场的远程监控和视频存储、管理及转发。

1. 系统组成

随着煤矿视频监控的需求趋于多元化，各种场所应用视频技术的需求促使视频监控类产品日益丰富，针对不同的现场应用研制多种型号视频监控类产品。其中，有应用于恶劣环境的KBA127矿用隔爆摄像仪，应用于井下视频就地显示存储的LJY127矿用隔爆兼本安型硬盘录像机和XB127矿用隔爆显示器，应用于车载的小型摄像仪KBA12矿用本安型摄像仪和KBA12C矿用本安型摄像仪，应用于移动场所视频监控的KBA18W矿用本安型无线摄像仪，高清摄像的KBA127（A）矿用隔爆摄像仪和KBA18矿用本安网络摄像仪，形成了兼容性强、功能齐全、操作界面友好的KJ32A矿用工业电视监控系统。系统组成如图27.2所示。

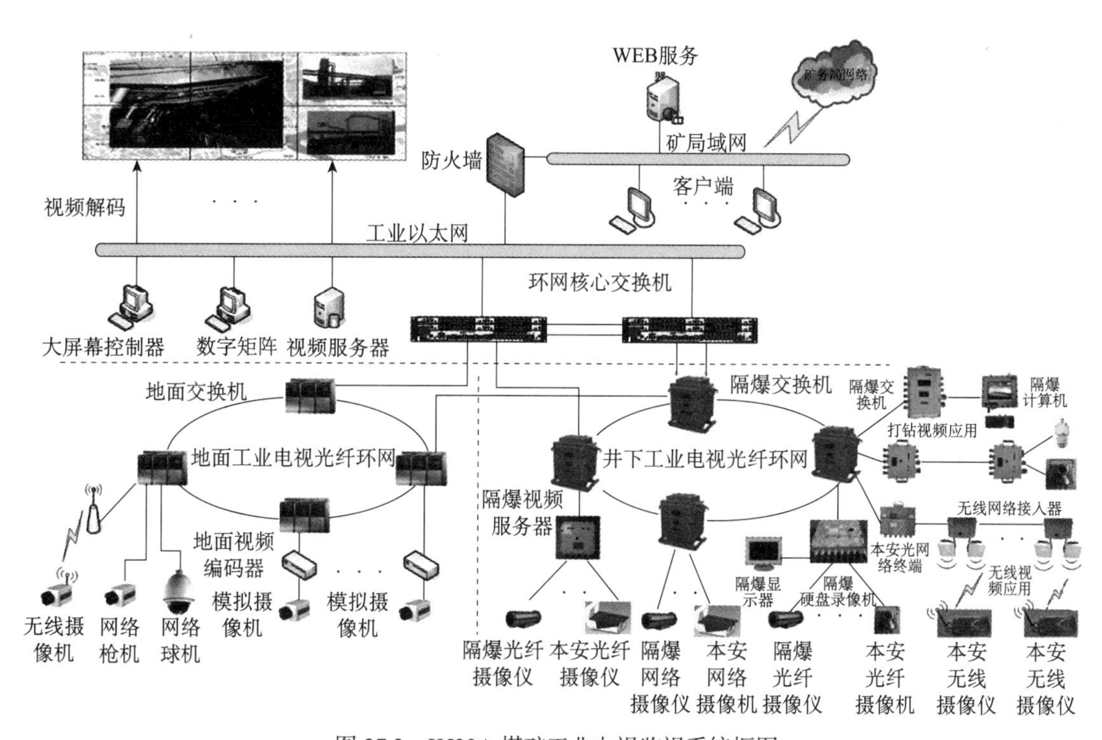

图27.2 KJ32A煤矿工业电视监视系统框图

2. 主要技术特点

1）背光补偿技术

当井下摄像机处于逆光环境中拍摄或其他灯光干扰时，画面会出现黑色的图像，这时就需要进行背光补偿。背光补偿能在非常强的背景光线下实现理想的曝光，无论主要的目标移到中间、上下左右还是荧幕的任一位置。当图像传感器检测到拍摄图像一个区域中的视频电平比较低时，通过 AGC 电路改善和提升该区域的视频电平，提高输出视频信号的幅值，使图像整体清晰明亮，同时图像被算法分割成 7 块或 6 个区域，每个区域都可以独立加权计算曝光等级，曝光主要是参照中间区域的光线等级进行计算。

2）透煤尘技术

煤矿井下环境恶劣，摄像仪严重受煤尘、水汽等因素的影响。该摄像仪采用图像复原方法，基于滤波算法和图像退化函数估计法等，在不同的时间点采集多幅图像作为参考图像，以便确定物理模型中的多个参数，而最终求解得到无煤尘、无水汽状态下的原始图像。同时使用低照度性能更好的感光芯片，实现“光学 + 算法”的透煤尘技术，可根据图像灰白程度智能判断煤尘浓度，在不同的煤尘浓度模式下可自动调节透煤尘等级，提升煤尘效果。

3）VDSL 传输技术

目前煤矿井下数字视频基于以太网络传输，以太网电口传输距离受限，以太网光口井下熔接光纤困难，使用不便，基于此采用 VDSL 传输技术。VDSL 是目前传输带宽最高的一种 xDSL 接入技术。

3. 主要设备及特点

1）KBA127(A) 矿用隔爆型摄像仪

采用低照度 CMOS 固体器件成像，最高分辨率可达 200 万像素，码流平滑设置，适应客户不同场景下对图像质量、流畅性的不同要求，支持透雾、强光抑制，背光补偿，自动电子快门功能，自动光圈，并具有多种白平衡模式，适合矿用场景需求，同时具备越界侦测、场景变更侦测、区域入侵侦测、音频异常侦测、虚焦侦测、移动侦测、动态分析等多种报警功能，传输通过以太网光纤和以太网电缆两种方式，同时具备本安开入、开出接口，具有体积小、便于安装、抗干扰性能强、传输距离远等优点。

2）KBA18 矿用本安摄像仪

适用于井下有爆炸性气体和煤尘的煤矿井下环境。该摄像仪通过 1/2.8” CMOS 摄像头采集视频信号，最大分辨率可达 1920×1080，视频信号采用 H.265 高效压缩算法，极大降低码率并转换成以太网信号传输至网络，支持 ICR 红外滤光片式自动切换，数字宽动态，主机 B/S、C/S 模式访问、透雾、强光抑制，并具有多种白平衡模式等功能，实现对井下图像的监控。这种一体化的本安型网络摄像仪具有体积小、质量轻、要求照度低、清晰度高、抗干扰性好、能实现以太网光电缆和光信号传输、主机 IE 浏览等优点。

3）KJJ18 矿用本安型千兆环网接入器

适用于有瓦斯、煤尘爆炸危险的环境，是一种轻便安装、解环自愈、低功耗的网络交换设备，解决了视频传输占用网络带宽大、交换机端口占用多等现场实际存在的问题，实现了视频网络的自组环，专网专用，高速传输等功能。同时支持 RS485、CAN 及 DSL 总线通信接口的设备接入环网，为煤矿井下数据类传输系统提供可靠传输通道。

4. 应用情况

KJ32A 型矿用工业电视监控系统应用于西北、西南、晋豫及其他地区，合计超过 300 套，现场应用稳定性好，可靠性高。以顾桥矿为例，顾桥矿位于安徽省淮南市潘谢矿区中西部，可采储量近 10 亿 t，建设规模 1000 万 t，是亚洲井工开采规模最大的矿井。矿井是由国家发展和改革委员会核准开工的国家重点建设工程，是安徽省“861”重点督查工程。2012 年 5 月由常州研究院承建该矿工业电视监控系统。2012 年 6 月底正式投入使用。该系统建成后，实现了对井下综采工作面及井上、井下主要生产环节及主要设备的工业电视图像监视，如综采放顶煤前、后部刮板输送机、顺槽胶带机头，上仓胶带机头、机尾、给煤机、副井上、下口，井底车场，主井装载、卸载，主井尾绳，地面煤仓和工业广场等区域的全方位视频监视，覆盖煤流系统、洗煤厂系统和煤质运销等多系统的图像实时监控，通过光纤传输，结合各多媒体终端的交互功能，实现了矿井的各个部位、系统的图像显示，对矿井的设备效能数据分析、指挥调度和安全生产起到了良好的作用。对于存在的隐患也能迅速做出处理，避免可能事故的发生，也能为事后分析事故提供有关的第一手图像资料，极大提高矿井安全监控系统的能效，节约矿井生产成本。

27.2.2 KJ526 煤矿工业电视监控系统

KJ526 煤矿工业电视监控系统是重庆研究院研制的面向煤矿安全生产、调度指挥、自动控制提供直观的场所及设备图像监控、语音监听和通话的系统。可及时发现各监控点的违章作业情况，以避免出现重大事故隐患。

1. 系统组成

系统支持网络数字视频、光纤模拟视频混合监控技术，功能强大、配置灵活，是构建煤矿现代化监控调度中心和全矿井综合自动化系统主要手段。主要由井下前端摄像仪部分、井上前端摄像仪部分、网络传输系统、监控中心、客户终端系统等部分组成，如图 27.3 所示。

2. 主要技术特点

1）软件处理日夜转换算法

摄像仪固件中，通过对图像数据的亮度进行分析，在采集的图像亮度较低时，则认为当前环境照度不够，将摄像仪切换至夜间模式，主要有两个动作：①打开摄像机的红外灯驱动电路，开启红外灯，对现场进行照明；②将摄像机切换为黑白模式，利用 CMOS 图像

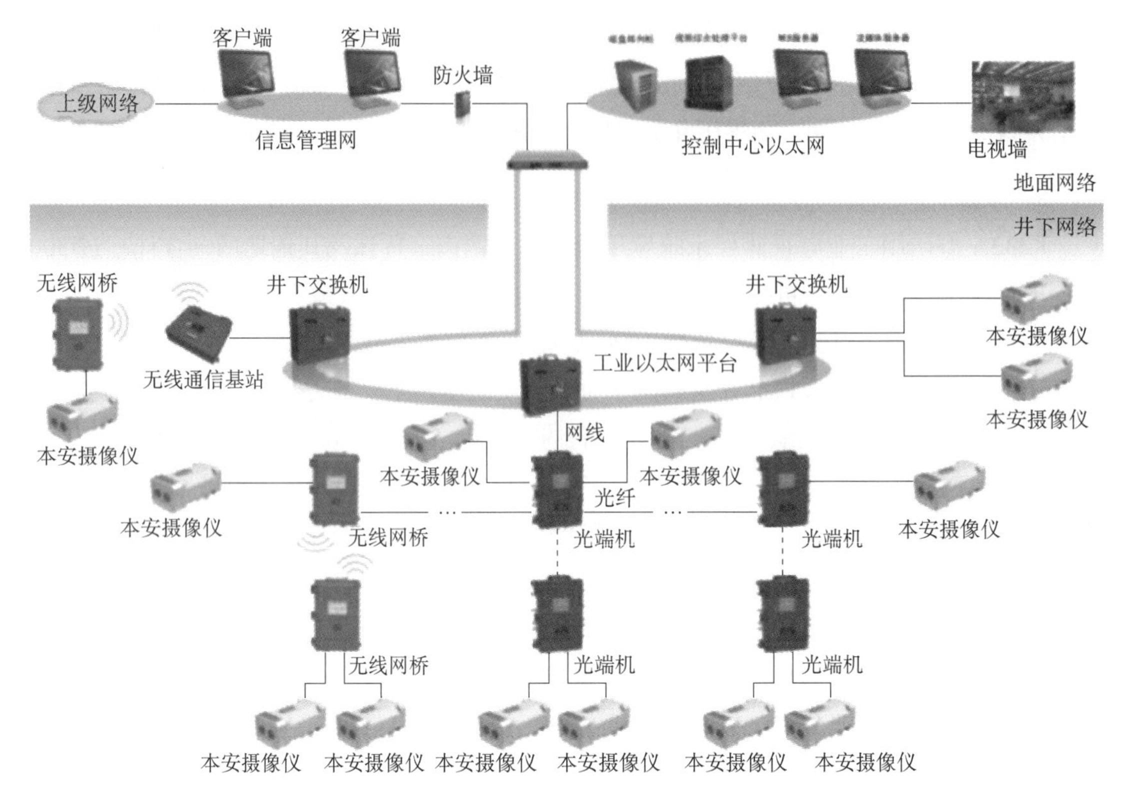

图 27.3　KJ526 煤矿工业电视监视系统

传感器的红外敏感特性，获取较好的图像质量。与传统的使用光敏三极管控制电路不同，软件根据图像亮度进行判断，可以设置多级阈值，而不必更改硬件，使得日夜转换切换更加灵活。

2）强光抑制算法

通过对图像数据的亮度进行分析，在图像中有较强光源的情况下，通过软件控制快门速度，并将多幅图像叠加，将视场中的图像亮度进行均衡，避免同一图像中高光和低光部分反差过大，造成图像部分饱和溢出，无法看清整个视场的情况。对于井下摄像头被矿灯等直接照射产生的过曝现象，有较好的抑制作用。

3）智能视频分析算法

在摄像机软件系统中，预先缓存一幅环境背景图像，根据使用者划分的区域，对区域内的图像进行模式识别，即根据图像数据与背景数据的差分值，对环境中出现的物体进行勾勒边界位置并实时追踪，当发现有异常物体越过区域边界时，即认为是发生一次越界事件。满足越界侦测、区域入侵侦测、进入 / 离开区域侦测、徘徊侦测、人员聚集侦测、快速运动侦测、物品遗留 / 拿取侦测、场景变更侦测、虚焦侦测、人脸侦测等场合的应用。综合应用了数字图像处理技术、边界检测算法等技术。可以应用于出入井口、火药库、交叉路口、变电所等要害场所进行区域监测、人员出入报警。

3. 主要设备及特点

1）KBA18(C) 矿用本安型摄像仪

基于纯数字网络传输技术的高清摄像仪，能够实时传输煤矿主要生产环节、重要设备及关键岗位的图像。支持 H.265/H.264 等编码；通过软件处理算法实现日夜转换；具备强光抑制、背光补偿、宽动态、数字降噪等功能；具备智能视频分析功能，可实现越界侦测、区域入侵侦测、进入 / 离开区域侦测、徘徊侦测、人员聚集侦测、快速运动侦测、物品遗留 / 拿取侦测、场景变更侦测、虚焦侦测、人脸识别，可输出报警接口与控制系统进行联动。产品采用星光级超低照度 CCD，体积小巧，配置灵活，便于安装调试。

2）KJJ220 矿用浇封兼本安型光端机

一款适应煤矿井下视频中继传输应用的光端交换机，可灵活实现三光三电、两光三电以太网交换机及网络延长器的功能，满足煤矿井下多种应用场景的视频中继串行组网要求，减少视频监视系统对环网交换机端口占用。

3）地面星光球形摄像机、高清数字球形摄像机

满足星光级超低照度环境应用要求；200m 红外照射距离；大倍数光学变焦；支持 120dB 宽动态、透雾、强光抑制、Smart IR 、电子防抖、3D 数字降噪；支持智能运动跟踪；支持区域入侵、越界、进入区域、离开区域、徘徊、人员聚集、快速移动、停车、物品遗留 / 拿取、音频异常、人脸识别、移动侦测；支持车牌识别；支持 H.265/H.264 编码格式。

4. 应用案例

KJ526 矿用视频监控系统已经在重庆能投的盐井一矿、安稳电厂、韦家沟煤矿，四川攀煤集团的太平煤矿、小宝鼎煤矿、大宝顶煤矿，新疆天富煤业有限公司塔西河煤矿，淮北矿务局的朱庄煤矿、朱仙庄煤矿、岱河煤矿、桃园煤矿等应用。具有图像采集全面，延迟小、清晰度高等优点。配合井下皮带、井下压风、轨道监控、排水监控等子系统应用，显著降低了巡检工作的劳动强度，节约了人力资源，提高了工作效率。而且，由于对矿山的生产环境及各要害部门、重点位置有全面的监测，增强了矿山安保，为煤矿安全高效生产提供了技术支撑，达到了减员增效的目的。

（本章主要执笔人：常州研究院张智宇，刘冬；重庆研究院苟怡）

第八篇　矿井通风技术

矿井通风是煤矿生产的一个重要环节，是矿井“一通三防”的基础，是煤矿安全的重中之重，在整个矿井建设和生产时期始终占有非常重要的地位。矿井通风主要任务就是把地面新鲜空气源源不断送入井下，供给人员呼吸，冲淡并排出井下对人体有害的气体和粉尘，创造良好的井下气候条件，保证井下从业人员的身体健康和劳动安全。随着我国煤矿开采技术的发展，煤矿产能逐步增大，高产、高效、安全成为矿井建设的主流方向。通风作为保障矿井安全生产最基本的技术手段，朝着通风系统稳定可靠，风量供应充足分配合理，风流准确监测精确控制，风机高效节能低噪等方向发展。几十年来，在借鉴前苏联、美国、日本等国家先进技术的基础上，煤科总院投入了大量的人力、物力、财力，开展了矿井通风网络解算、风流实时监测及控制设施、通风动力装置和灾变通风设施技术及装备的研究，取得了显著成果。

矿井通风系统网络解算是20世纪40年代末以来伴随着计算机技术的发展而逐步形成的一门新兴学科。在通风系统网络解算分析研究领域，波兰和美国学者的研究成果代表了当今世界领先水平。从1854年J.J.Atkinson在北英格兰采矿工程师学会发表的学术论文作为矿井通风仿真系统的数学模型雏形，到20世纪20年代在波兰学者H.Czeczott、S.Barczyk等的推动下研究进入高潮，至50年代以Scott-Hinsley法的出现为标志，数学模型研究基本趋于成熟。80年代以前世界大多数国家采用的都是美国学者格汝尔的算法，90年代波兰科学院Dziurenski与其研究小组推出了WENTGRAF以及POZAR系统，并在波兰70%的煤矿以及南非、澳大利亚等国家推广应用，代表了国际领先水平。但是WENTGRAF系统解算不了含有单向回路的通风网络。所谓单向回路就是分支风流方向都一致的回路，当矿井采用多级机站通风方式时，很容易产生循环风，也就是单向回路。美国开发的Ventnation Design软件可以支持交互式的设计能力，将强制通风和自然通风网络以三维图形方式显示；HTME的VENDIS软件能以交互式图形显示方式提供网络解算结果，用户可用键盘或鼠标通过三维方式输入深度、风阻、温度和节点的数据，解算结果能以图形方式显示出来，网络规模和观察视点都可交互式改变。波兰科学院研制的 Mine Fire Simulator 能够以动态图形化方式表示火灾蔓延、通风系统中燃烧物、温度、流体等参数的变化过程。日本九州大学工学研究院井上雅弘博士编制的“风丸”软件，界面简单，可以对通风系统进行预测和优化。澳大利亚的 Ventsim 三维通风仿真系统作为在通风领域较为先进的软件系统，能够提供三维通风设计、风网解算、风机选型、通风过程动态模拟、热模拟、污染物扩散模拟和通风经济性分析等功能，在保证通风安全的前提下还能节约通风成本。

矿井通风网络解算一直是国内外矿井通风领域的主要研究方向。1974 年北京研究院使用 DSJ-103 型计算机解算通风网络，开了我国计算机求解通风网络的先河，此后 30 多年间，沈阳研究院先后基于 DOS、Windows 平台开发出多种网络解算程序。进入 21 世纪，北京研究院开发出商业化网络解算软件——矿井通风智能分析系统。自 2005 年推出矿井通风智能分析系统 1.0 版本以来，先后于 2008 年、2010 年、2013 年进行了三次主要版本升级，软件日趋成熟完善。在通风网络可视化方面，1.0 版本采用了基于 AutoCAD 二次开发可视化技术，实现基本图元可视化；2.0 版本采用基于 Windows 开发的二维 GDI/GDI+ 可视化；3.0 及以后版本采用了全场景三维可视化技术，实现巷道、节点、风机、风流的三维建模，在纯三维环境下绘制、编辑、交互等操作。在基础算法方面，采用改进节点位置法和节点全分层割集法，角联风路和所有通路能够高效快速搜索。在解算核心算法方面，由单纯的定常体积流自然分风解算发展到包含空气密度质量流按需分风解算。网络调节算法方面，由单一的固定风量回路法调节，逐步朝通路法和交互式优化调节法方向发展。

在矿井通风实时监测方面，为了提高风量监测的准确性，北京研究院先后提出巷道平均风速单点监测技术、多点移动式平均风速快速测量技术，使得风量监测准确度达到 95% 以上，解决了风速传感器定点悬挂无法准确测量巷道平均风速的问题；为了提高网络解算的时效性，提出了矿井通风实时网络解算技术，以监测风量为基准快速求解全网络实时风量，解决了传统网络解算滞后于井下通风系统变化的问题。

长期以来，井下风量调整基本都是通过手工调节风窗过风面积完成。为了提高风量控制自动化水平，北京研究院自 2013 年开始研发的矿井通风实时监测系统、矿井通风智能决策系统、矿用定量控制自动风窗和自动风门形成矿井通风远程智能控制系统，能对井下通风系统进行实时监测，在 30s 内制订出井下风量调整方案，240s 内完成井下自动风窗快速调节，自动风窗面积调节误差小于 1%，风量调整准确率大于 95%。

通风机是煤矿的“肺”，承担着整个矿井新鲜风流的供给和有害气体的排放。同时通风机是长期连续运行的大型设备，耗电量占全矿井总耗电量 1/5 左右，其高效可靠地运行，对整个矿井安全生产、降低电耗有重要意义。20 世纪 80 年代前，我国矿用通风机多为沿用苏联技术的国产化产品，主通风机采用以沈阳鼓风机厂为代表的离心式风机或 70B 系列长轴轴流通风机局部通风机则采用 YBT、JBT 单级轴流通风机。80 年代后，我国大专院校和科研院所先后开发、研制了各类局部通风机，如单级和双级机翼型局部通风机、单级子午加速式局部通风机、单级斜流式局部通风机。80年代末，重庆研究院引进消化吸收日本对旋局部通风机，经过多年的研究，采用了FMIA机翼形叶片代替板形叶片，在提高风机效率的同时，加强叶片整体强度，对旋局部通风机已完全替代国内原有的YBT、JBT单级轴流通风机，从此对旋局部通风机在我国各大煤矿企业得到了广泛的应用，并在各风机制造厂掀起了对旋热。在此基础上，重庆研究院又自主研发了FBD系列三级、四级对旋局部通风机、低噪声系列局部通风机、智能局部通风机等产品，根据煤矿需求提供不同参数的产品和技术。到90年代后期，随着矿井产能的提升和开采深度的加大，大风量、高负压的主通风机需求越来越旺盛，对旋技术在主通风机上的应用开始变得广泛。重庆研究院在主通风机性能研究、调节技术、自动控制技术以及噪声控制技术等方面一直站在技术的前沿，取得了大量的成果。

在矿井灾变通风设施方面，沈阳研究院在"十五"期间研制了远程控制自动风门，为火灾时期进行抢险救灾、风流控制、减小灾情提供了较为科学的手段。2012年，北京研究院研发了风井防爆门自动复位技术和KFM系列风井防爆门，解决瓦斯爆炸后传统防爆门不能自动复位的问题。KFM系列抗冲击自动复位式风井防爆门采用了中开式门体结构、同步开闭技术、立井上升缓冲、扭簧与风井负压联合复位等关键技术；煤尘瓦斯爆炸时，抗超压1.5MPa，在冲击波作用下自动打开泄爆，保护风机；爆炸过后，防爆门5s内自动复位、保证通风系统恢复正常。北京研究院研制的矿井灾变区域隔离减灾门，安装于井下通风系统分区的关键巷道上，能够防止有毒有害气体由灾变区域向正常通风区域扩散。正常情况下，矿井区域隔离减灾门处于常开状态，不影响正常通风。一旦灾害发生，矿井区域隔离减灾门自动关闭，防止有毒有害气体向正常区域扩散蔓延，保护井下工作人员生命财产安全，将事故损失降低到最小。矿井区域隔离减灾门可有效提高矿井通风系统安全系数和抵御恶性灾害事故的抗灾变能力，最大限度地降低由中毒窒息造成的事故的伤亡人数，避免事故扩大。

本篇详细介绍矿井通风网络可视化建模、通风网络解算、采煤工作面通风方式优选、风流实时监测、通风远程定量控制、主通风机及配套设备成套系统、局部通风机、风井防爆门抗冲击自动复位和区域隔离门技术及相关装备。

第28章 矿井通风网络

矿井通风系统是由纵横交错的井巷及通风设施组成的一个复杂系统。用图论的方法对通风系统进行抽象表述，把通风系统变成一个由点、线及其属性组成的系统，称为通风网络。矿井通风网络是井下所有通风巷道形成的流体网络，包括采煤工作面、掘进工作面、硐室以及井筒、大巷和采区巷道等。矿井通风网络分析水平是矿井通风管理控制水平的重要体现。

矿井通风网络分析新技术主要包括矿井通风系统全场景三维可视化建模和矿井通风网络解算技术。本章主要介绍基于 OpenGL 的三维图形编程的矿井通风系统全场景三维可视化建模技术，包含交互式网络优化调节、角联风路快速识别及节点分层快速求解通风网络中的所有通路等内容的矿井通风网络解算方面的新技术。此外，还介绍了高瓦斯、突出矿井采煤工作面的各种通风方式，高瓦斯突出矿井回采工作面通风方式的适用条件、选择依据和安全保障措施。

28.1 矿井通风网络可视化建模技术

矿井通风可视化是将通风系统中巷道、节点、通风设施、动力装置等运用计算机图形学、网络拓扑理论和流体网络理论等技术手段直观展现过程。矿井通风可视化是通风系统日常信息化管理、通风网络解算、通风网络优化调节的基础。我国煤矿广泛使用 AutoCAD、MapGIS 等图形化软件在二维平面上对采掘工程平面图、通风系统图、通风网络图、监控系统图、避灾路线图等关键图件的绘制、编辑和管理，可视化效果较差。北京研究院安全分院研发的 VentAnaly 矿井通风智能分析系统能够实现矿井通风三维可视化建模，不仅准确、直观反映通风系统图及巷道层位关系、巷道实际尺寸、巷道风阻和风机性能曲线等通风关键参数，其通风三维模型还能够动态显示风流流动、风流类型及风量风压数值变化。

28.1.1 通风图元建模技术

通风图元建模是矿井通风网络可视化建模的基础。通风系统全场景三维可视化模型建立根据矿井通风系统实际情况，利用面向对象编程技术和 OpenGL 三维图形编程接口建立。

井下巷道、节点、风机、风筒、风门、密闭等通风设施以及各类传感器等基本图形单元为通风图元，各通风图元的有机组合形成矿井通风网络系统。通风图元可视化建模包括三维图形属性和通风参数属性同步建模。

矿井通风图元可视化类库采用面向对象的编程思想，采用 C++ 编程创建。所有图形的基类为 Entity 类，图元可视化类库中包含六类，分别为：Tunnel 为巷道类；Node 为节点类；Fan 为风机类；WindGate 类为通风构筑物类；Direc 为风流方向类；Sensor 类为传感器类。继承派生层次如图 28.1 所示。

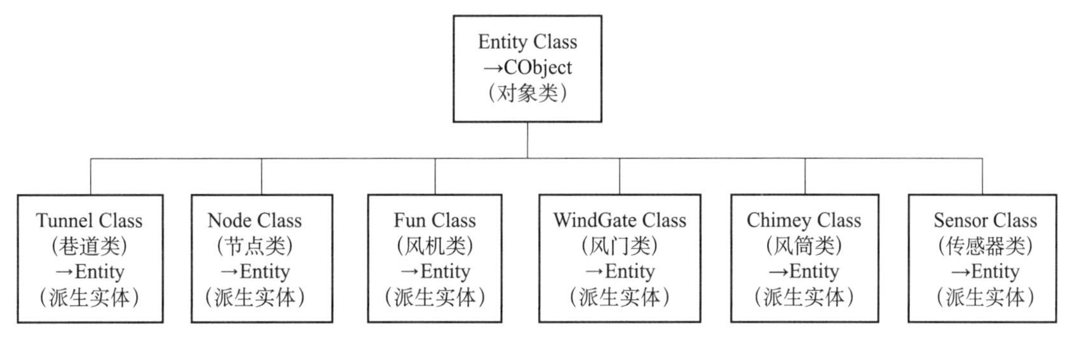

图 28.1　通风图元可视化类库

图元基类（Entity）具有图形对象的绘制、鼠标选中、图形删除和参数设置等操作功能，并且具有图形序列化、运行时类信息输出、对象调试输出等功能。其包含的六类图元介绍如下：

1）巷道类（Tunnel）

巷道类中定义了巷道始节点、末节点和巷道的属性列表，以及与巷道上绑定通风构筑物、通风机、风流方向列表，同时也包含了巷道与通风构筑物、通风机、风流方向建立和解除绑定关系的操作函数。

2）节点类（Node）

节点类定义了节点坐标、节点属性列表，以及与关联巷道对象指针列表，以方便建立管理整个系统拓扑关系。

3）通风机类（Fan）

定义了通风机的模块图形与坐标、通风机属性列表和绑定通风机的巷道指针。

4）通风构筑物类（WindGat）

通风构筑物类定义了构筑物的模块图形与坐标、构筑物属性列表和绑定构筑物的巷道指针。

5）风筒类（Chimney）

定义了风筒图形、风筒属性列表、绑定的风筒的巷道指针、巷道始节点和末节点。

6）传感器类（Sensor）

定义了传感器位置、类型（包含风速传感器、CH_4传感器、温度传感器及CO传感器）、绑定传感器的巷道指针等。

构筑物、风机、传感器等通风设施可视化如图28.2所示，巷道、节点和风筒可视化如图28.3所示。

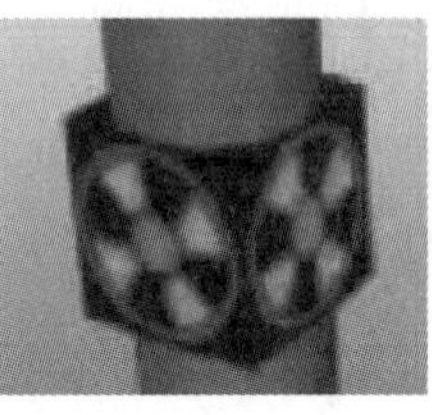

图28.2　密闭、风门、风窗、风机和传感器可视化效果

图28.3　巷道、节点、风筒可视化效果

28.1.2　通风网络模型自动建立技术

1. 技术原理

通风网络建模的重要工作之一是对节点和巷道进行计算机编号，以有效、简便地反映通风系统拓扑结构，求得各节点间的连接关系，并以此为依据修改网络参数，为网络计算提供实时结构信息。通过拓扑分析，可以获得整个通风网络节点的关联矩阵。在图形绘制的过程中，根据巷道、通风构筑物、风机等图元绘制的先后顺序和物理连接关系，对各图形对象分别进行自动标号，每个对象都具有唯一的对象标识号，通过图形化方法建立关联矩阵。

在实时拓扑分析计算中，采用了广度优先搜索算法。广度优先搜索的过程就是从起始点出发，由近及远，依层访问与起始点有路径相通的节点。使用广度优先搜索对有向图进行遍历，类似于树的按层次遍历。

广度优先搜索基本思想和原理是：首先访问图中某个指定的起始点v_i并将其标记为已访问过，然后由v_i出发依次访问与它相邻接的所有节点v_j、v_k,…，并依次标记为已访问过，然后再按照v_j、v_k，…的次序，访问每一个节点的所有未被访问过的邻接节点，并依次标记为已访问过，下一步再从这些节点出发访问与它们相邻接的尚未被访问的节点，如此进行下去，直到所有的节点均被访问过为止，这样就完成了节点的计算机自动编号。巷道及通风构筑物的编号原理与节点编号原理相同。

2. 技术内容

1）网络拓扑关系自动建立技术

当用户从图元库里选取一个图元时，系统对该图元识别，并初始化该图元的数据结构，若用户取消该图元的选取，则系统将该图元对应的数据结构销毁。当用户将其放入系统图中时，系统将编号变量加 1，并将编号值赋予该图元块对应的数据结构的索引变量。当绘制完成时，用户可以对绘制的通风系统图的图元进行属性赋值，如巷道属性（巷道名称、风量、断面积等）、节点属性（节点标高、空气密度等）等。

在通风网络模型自动建立过程中，不允许对图元的编号进行人为修改。人为修改图元标号容易使系统自动辩识形成的拓扑关系再次变得错乱，同时也因为在实际解算稀疏矩阵时，需要对节点重新编号，以便使从关联矩阵分解得到的三角阵的非零元素最少，节省计算时间。节点重新编号的原则是连接支路数最少的节点编号较小。

2）通风网络拓扑分析技术

在广度优先搜索中，若对节点 v_1 的访问先于节点 v_2 的访问，则对 v_1 邻接节点的访问也先于 v_2 邻接节点的访问。即广度优先搜索中对邻接点的搜寻具有“先进先出”的特性。因此，为了保证节点访问的这种先后关系，需借助一个队列暂存之前访问过的节点。在访问某个节点后，沿着某条路径搜索之后，可能又回到该节点上。为避免同一节点被多次访问，在遍历图的过程中，必须记下每个已访问过的节点。为此，设置一个辅助数组 Visited[0,⋯,n-1]，它的初始值置为“假”或者零，一旦访问了节点 v_k，便设置 Visited[k] 为“真”或设置为被访问时的次序号，以对访问过的节点进行标记。

28.1.3 应用实例

VentAnaly 矿井通风智能分析系统是基于矿井图元通风建模技术和通风网络模型自动建立技术开发的三维矿井通风智能分析软件系统。矿井通风网络模型自动建立技术采用巷道、节点、风机、风门、风窗和风筒等对象相互保存指针的办法，实现了拓扑关系智能维护。山西朔州万通源井东煤业有限公司（下简称井东煤业）矿井具有 800 余条巷道、500 余个节点和 30 多处调节设施。煤炭科学研究总院北京研究院安全分院采用矿井通风网络模型自动建立技术建立的井东煤业三维通风系统模型如图 28.4 所示。

经过实际应用检验，VentAnaly 矿井通风智能分析系统在三维可视化建模方面具有以下优点。

1. 三维可视化效果好

采用矿井通风网络模型自动建立技术建立的三维矿井通风模型三维可视化效果良好，

巷道成为关系明显、能够显示各类井巷、节点、通风构筑物及风机的属性，具有较好的人机交互界面，可动态真实地反映矿井通风实时面貌。

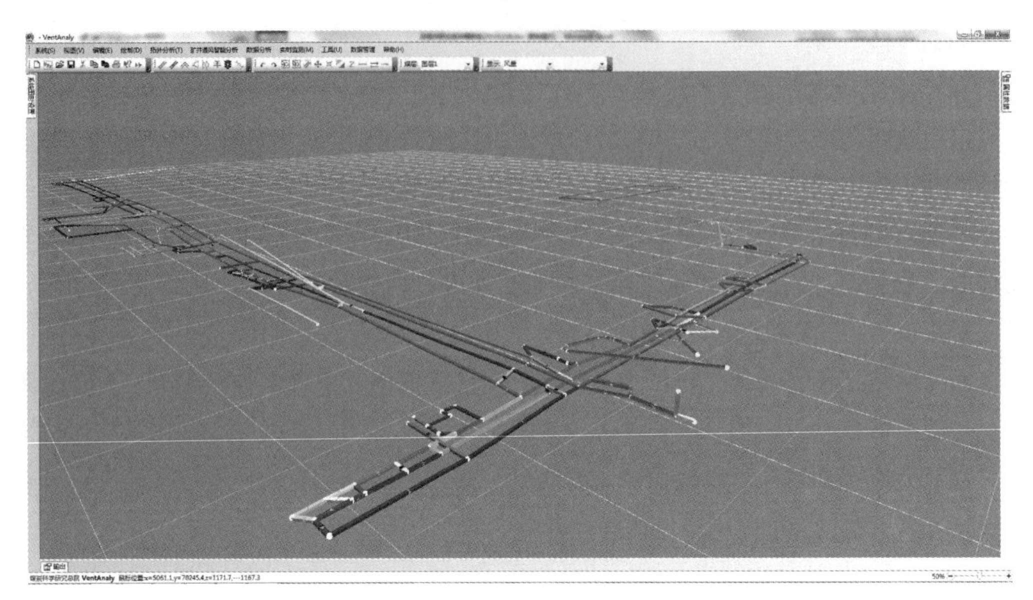

图 28.4　自动创建的井东煤业三维通风模型

2. 模型自动生成，建模效率高

软件采用空间图形智能转换法利用 dxf 图形文件实现三维矿井通风网络模型的自动生成，能够自动建立网格拓扑关系。一般矿井的三维通风网络模型自动生成时间小于 10s，较传统的利用计算机逐条绘制井下通风巷道的建模方法，大幅度提高了矿井通风系统建模效率。

28.2　矿井通风网络解算技术

随着近年来国内煤矿产量增加，开采深度的加大和机械化程度的提高，许多矿井需要加大风量而形成多进风井、多回风井的复杂通风系统以满足生产需求，因此矿井需要更加科学的通风管理。矿井通风网络结构一般都较为复杂，如果依靠传统手工计算进行通风网络解算，十分烦琐，无法正确了解和分析通风网络存在的问题，不同的通风系统优化方案效果难以分析比较，很难设计出真正合理而又经济实用的矿井通风网络系统。

矿井通风网络智能分析是矿井通风现代化管理水平最重要的体现。通风网络解算是矿井通风网络分析的核心。传统的通风网络解算技术不仅系统调节复杂，而且角联风路识别的准确率和效率偏低，网络解算速度较慢，效率较低。北京研究院先后进行了矿井通风网络分流算法、角联风路识别方法、交互式通风网络优化调节和节点分层求解通风网络中所有通路研究，在以上各方面比传统技术均有较大改进。

28.2.1　矿井通风网络分流算法

1. 矿井通风网络分流算法基础

将巷道称为通风网络中的分支，三条以上分支的连接点称为节点。将位于流动方向始端的节点称为始节点，位于末端的节点称为末节点。

将通风网络中的节点和分支的集合称为图，记为

$$G=(V,E) \tag{28.1}$$

式中，V 为节点 v 的集合，$V=\{v_1,v_2,\cdots,v_m\}$，m 为节点数，$m=|V|$；E 为分支 e 的集合，$E=\{e_1,e_2,\cdots,e_n\}$，n 为分支数，$n=|E|$。

分支 e_k 对应着 v_i 流向 v_j 的两个节点，将分支 e_k 写成 $e_k=(v_i,v_j)$。当节点 v_i 和 v_j 为同一分支的两个节点时，有时也把该分支写成 e_{ij}，即 $e_{ij}=(v_i,v_j)$。

对图 $G=(V,E)$ 和 $G'=(V',E')$ 来说，若有 $V'\subseteq V$ 和 $E'\subseteq E$，则称图 G' 是 G 的一个子图；若 $V'\subset V$ 或 $E'\subset E$，则称 G' 图是 G 的一个真子图。定义：

$$E^+(v_i)=\left\{e_{ij}\middle|e_{ij}=(v_i,v_j)\in E\right\} \tag{28.2}$$

$$E^-(v_i)=\left\{e_{ji}\middle|e_{ji}=(v_j,v_i)\in E\right\} \tag{28.3}$$

式中，$E^+(v_i)$ 为以 v_i 为始节点的有向分支的集合，称作 v_i 节点的出边，出边数称节点的出度，用 $|E^+(v_i)|$ 表示；$E^-(v_i)$ 为以 v_i 为末节点的有向分支的集合，称作 v_i 节点的入边，入边数称节点的入度，用 $|E^-(v_i)|$ 表示。

在有将入度为 0 的节点称为网络的源点，$V^-(G)$ 为源点集合，$E^-(G)$ 为源点的关联分支集合；出度为 0 的节点称为网络的汇点，$V^+(G)$ 为汇点集合，$E^+(G)$ 为汇点关联分支集。

2. 通风网络分流算法原理与内容

网络分流算法即 Cross 算法本质是回路法，即首先根据节点风量平衡定律假定初始风量，由回路能量平衡方程推导出风量修正计算式，逐步对节点压力进行修正，直至满足节点风量平衡方程。

网络解算的基本方程组如下：

$$\begin{cases} \sum_{j=1}^{n} b_{ij}\left|q_j\right|=0, \quad (i=1,2,\cdots,m-1) \\ f_i\left(q_1,q_2,\cdots,q_{n-m+1}\right)=\sum_{j=1}^{n} c_{ij}r_jq_j\left|q_j\right|-h_i'=0, \quad (i=1,2,\cdots,n-m+1) \end{cases} \tag{28.4}$$

式中，q_j 为分支风量；$f_i(q_1, q_2,\cdots, q_{n-m+1})$ 为回路阻力平衡方程，简记成 f_i；b_{ij} 为基本关联矩阵元素；c_{ij} 为基本回路矩阵元素；R_i 为分支 j 的摩擦风阻；h_i' 为第 i 个基本回路的附加阻力。

将回路阻力平衡方程求解的 $n-m+1$ 个变量称作基准变量，可以任意拟定基准变量，只

要使得回路是独立的就行。拟定基准变量的常用方法是：在图 G 中首先拟定一棵树 T，树支为 E_T，余支 E_L 就是基准变量，$|E_L|=n-m+1$。将分支集合 E、基本回路矩阵 C、风量矩阵 Q 等均分成对应的余支和树支两部分，而且分支的排列次序保持一致，即 $E=\{E_L,E_T\}$；$Q=(Q_L,Q_T)$；$C=(C_L,C_T)$。同时构造回路附加阻力矩阵 H'。

按照节点风量守恒定律，首先构造风量初始值矩阵 $Q^{(0)}$，即给分支风量 q_j 一个初始值 $q_j^{(0)}$。对 f_i 进行 Taylor 展开，第 k 次（$k=1,2,\cdots$）展开的表达式为

$$
\begin{aligned}
f_i^{(k)} &= f_i^{(k-1)} + \frac{\partial f_i^{(k-1)}}{\partial q_1^{(k-1)}}\Delta q_1^{(k)} + \frac{\partial f_i^{(k-1)}}{\partial q_2^{(k-1)}}\Delta q_2^{(k)} + \cdots + \frac{\partial f_i^{(k-1)}}{\partial q_{n-m+1}^{(k-1)}}\Delta q_{n-m+1}^{(k)} \\
&\quad + \frac{1}{2}\frac{\partial^2 f_i^{(k-1)}}{\partial (q_1^{(k-1)})^2}(\Delta q_1^{(k)})^2 + \frac{1}{2}\frac{\partial^2 f_i^{(k-1)}}{\partial (q_2^{(k-1)})^2}(\Delta q_2^{(k)})^2 + \cdots + \frac{1}{2}\frac{\partial^2 f_i^{(k-1)}}{\partial (q_{n-m+1}^{(k-1)})^2}(\Delta q_{n-m+1}^{(k)})^2 = 0
\end{aligned}
\tag{28.5}
$$

式中，$f_i^{(k)}$ 为回路阻力函数的第 k 次展开；$f_i^{(k-1)}$ 为初始风量值 $q_j^{(k-1)}$ 对应的阻力函数值；$\Delta q_j^{(k)}$ 为第 k 次展开初始风量值 $q_j^{(k-1)}$ 与回路阻力平衡方程根 q_j 之间的差，即：

$$q_j=q_j^{(k-1)}+\Delta q_j^{(k)} \tag{28.6}$$

由于（$\Delta q_j^{(k)}$）^{2} 是关于 $\Delta q_j^{(k)}$ 的可略的二阶无穷小，合理地选择回路使每一个回路仅含有一个基准分支。如果令 $\Delta q_1^{(k)}=\Delta q_2^{(k)}=\cdots=\Delta q_n^{(k)}=\Delta q_1^{(k)}$，则有回路风量校正值公式为：

$$\Delta q_i^{(k)} = -\frac{f_i^{(k-1)}}{\partial f_i^{(k-1)} / \partial q_i^{(k-1)}} = -\frac{\sum_{j=1}^{n} c_{ij} r_j q_j^{(k-1)} \left| q_j^{(k-1)} \right| - h_i'}{\sum_{j=1}^{n} \left| 2c_{ij} r_j q_j^{(k-1)} \right| - \partial h_i' / \partial q_i^{(k-1)}} \tag{28.7}$$

式中，$\Delta q_i^{(k)}$ 为第 i 个基本回路、第 k 次迭代时的回路风量修正值，$i=1,2,\cdots,n-m+1$；k 为迭代次数，$k=1,2,\cdots$；c_{ij} 为基本回路矩阵第 i 行，第 j 列元素值；r_j 为回路第 j 列对应的分支风阻；$q_j^{(k-1)}$ 为回路第 j 列对应的分支在第 k 次迭代时的初始风量值；h_i' 为第 i 个基本回路的附加阻力。

28.2.2 改进节点位置法识别角联风路技术

角联风路的识别与稳定性分析是矿井通风系统稳定性与可靠性分析理论的核心内容之一。处于角联位置的分支经常会出现风量变化，甚至风流反向等问题，准确快速识别角联巷道对预防煤矿事故有重要作用。

1. 节点位置法原理

对于某一风路 $e(v_{\text{from}}, v_{\text{to}})$，若至少存在一条不经过其始节点的通路 P_i 使得从进风井到这一风路的末节点可达，这条通路 P_i 为下半通路；同时至少存在一条不经过其末节点的通路 P_o 使得从这一风路的始节点到出风井可达，这条通路为上半通路，则这一风路处在角联位置上。如图 28.5 所示，分支 $e_7(v_3,v_4)$ 满足上述的判定方法，为角联分支。节点位置法在判

断一条风路是否为角联风路，只需依次遍历所有分支，即可完成所有角联风路的识别判断。而无需进行全图所有通路搜索，因此节点位置法具有较高的执行效率。

利用节点位置法原理编制程序时，往往出现识别错误的现象。其角联结构 2 如图 28.6 所示，网络共有 8 个节点和 12 个分支。按照节点位置判定方法，分支 e_3 为角联分支。很显然，从网络拓扑关系分析，e_3 不是角联分支。因此，在复杂的通风网络中，利用节点位置法往往会有多条分支被错误识别为角联分支。

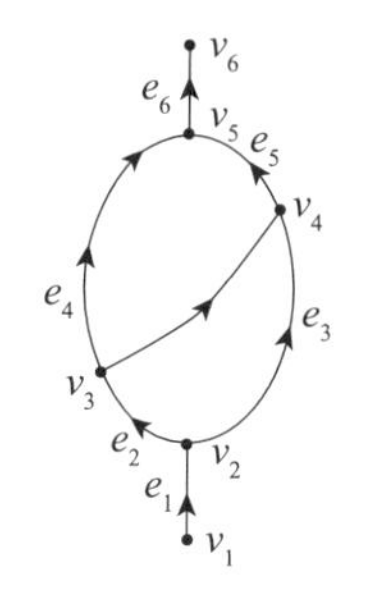

图 28.5　简单角联结构

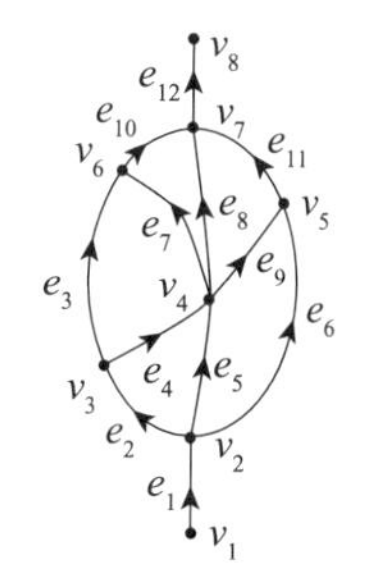

图 28.6　角联结构 2

2. 改进节点位置法

1）对比分析

分别将图 28.6 中角联结构的上半通路 P_o、下半通路 P_i 以及角联风路保留，并将其余分支删除，各自形成的网络子图，如图 28.7 所示。在图 28.7(a) 中，e_7 下半通路 $P_{ia}=\{e_1,e_3\}$，e_7 上半通路 $P_{oa}=\{e_4,e_6\}$。在图 28.7(b) 中，e_3 下半通路 $P_{ib}=\{e_1,e_5,e_7\}$，e_3 上半通路 $P_{ob}=\{e_4,e_9,e_{11},e_{12}\}$。从图 28.7 (a) 与 (b) 的对比分析可发现，$P_{ia} \cap P_{oa}=\phi$，$P_{ib} \cap P_{ob}=\{v_4\}$。

因此，使用节点位置法对于某条风路找到的上半通路 P_o、下半通路 P_i，若二者存在交集 (共用节点 v_4)，则该分支不是角联风路。

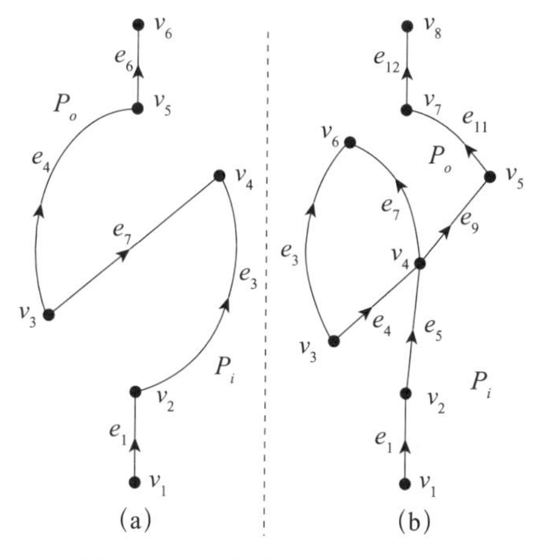

图 28.7　节点位置法对比分析

2）节点位置法的改进与完善

对于某一风路 $e(v_{from}, v_{to})$，若至少存在一条不经过其始节点的下半通路 P_i 使得从进风井到这一风路的末节点可达同时至少存在一条不经过其末节点的上半通路 P_o 使得从这一风路的始节点到出风井可达，并且 $P_i \cap P_o=\phi$，则这一风路处在角联位置上。

改进后的节点位置法 C++ 代码形式的程序流程如图 28.8 所示。

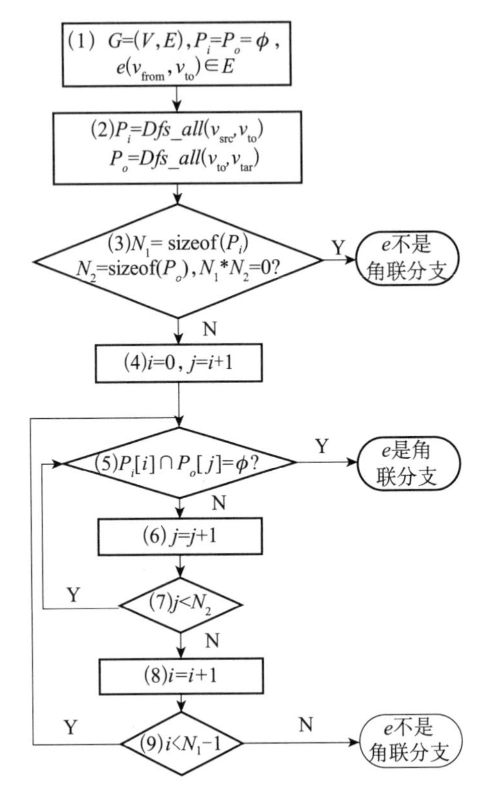

图 28.8　改进节点位置法程序流程

改进后的节点位置法判断流程如下：

第 1 步在网络图 G 中，P_i、P_o 是下半通路集合，并在初始化中赋值为空。

第 2 步分别搜索分支 $e(v_{from}, v_{to})$ 的上半通路 P_i 与下半通路 P_o。v_{src} 是进风井口节点，v_{tar} 是回风井口节点。Dfs_all（ ）是自定义的函数，用于深度优先搜索两点之间的所有通路。

第 3 步计算 P_i、P_o 中风路的个数 N_1、N_2，如果 $N_1 \times N_2=0$，则该分支非角联，退出程序。

第 4 步～第 9 步通过使用两个下标索引 i, j 双层循环遍历 P_i、P_o 集合，第 5 步为判断任一上半通路与任一下半通路进行交集判断，若交集为空，则 e 为角联分支，退出程序。

3. 技术应用与比较

矿井通风智能分析系统分别采用通路法、改进前后的节点位置法识别一中型通风网络角联分支。中型通风网络共有节点 339 个、分支 415 个。将通路法的角联识别结果作为标准，对比改进前后的节点位置法。如表 28.1 所示，对于同一通风网络，改进型节点位置法与通路法识别的通路数一致，而原节点位置法却额外错误识别 41 个分支，且改进型节点位置法效率仍远高于通路法。

表 28.1 改进型节点位置法运行效果分析

算法类型	分支总数 / 条	识别角联分支数 / 条	总耗时 /s	平均耗时 /s
原节点位置法	415	139	1.85	0.013
改进节点位置法	415	98	1.97	0.019
通路法	415	98	1746.12	10.675

28.2.3 交互式通风网络优化调节技术

因为矿井通风系统井下分风为按需分风，所以通风网络调节是必须进行的。常规的优化调节方法可以归纳为三类：①固定风量分支调节法。该法的调节位置及调节量是固定的，本质上不属于优化调节。②线性规划法。以通风动力机械的能耗最小为目标函数，以回路阻力平衡方程为约束条件，多采用单纯形法进行求解。线性规划法能够选出较优的调节位置及调节量，在实践应用上也是可行的，但缺点是必须从多种调节方案中进行优选，不能一次确定最佳调节方案。③非线性规划法。以求解非线性规划为出发点，将分风计算与调节综合在一起一次解出风量值及调节位置和调节量。但是在网络规模较大的情况下，调节过程非常缓慢。

固定风量分支调节法、线性规划法及非线性规划法均存在不同的缺点，煤科总院北京研究院安全分院在总结研究以上 3 种方法的基础上，提出了交互式网络优化调节技术。

1. 交互式网络优化调节技术原理

交互式网络优化调节法的原理就是搜索通风网络的全部通路，并确定最大阻力路线和最大阻力值，在次最大阻力通路中，通过交互由用户确定最优调节位置并进行调节。次最大阻力通路调节后，对尚未调节的通路进行重新排序，再对排序后的次最大阻力通路进行调节，此过程一直进行到不再有可调节的通路为止。交互式网络优化调节法中风路划分为优先调节、可以调节、不宜调节及不可调节等 4 个调节等级。在一条通路上当有多个可调风路时，配合风路的灵敏性计算和可靠性分析，可通过人机对话干预调节风路的选择。

2. 交互式网络优化调节技术内容

1）网络优化算法技术

通风网络的通路矩阵为：

$$P=(P_{ij})w\times n \tag{28.8}$$

式中，w 为网络的通路总数，可由下式计算：

$$w=\sum_{k=1}^{m}d_{1m}^{k}=d_{1m}+d_{1m}^{2}+\cdots+d_{1m}^{m} \tag{28.9}$$

式中，d_{1m}^{k}为节点链接矩阵D^k中的第1行第m列的元素，$D^k=DD^{k-1}$，是无向图节点邻接矩阵D相乘k次。

采用人工智能理论中的深度优先搜索法寻找全部通路。通路阻力矩阵为：

$$H_p^T=PH^T \tag{28.10}$$

在网络平衡时通过相同风机的所有通路的阻力值是相同的。矿井通风总功耗为

$$N=\sum_{i=1}^{n} r_i q_i^3=\sum_{i=1}^{F} H_{fi} Q_{fi} \tag{28.11}$$

式中，H_{fi}为第i台风机的通风阻力，也就是通过第i台风机的任意一条通路的总阻力；Q_{fi}为第i台风机的风量；F为回风井个数，为方便叙述，后文假设风井数为1。

当网络无任何调节设施，井下风量进行自然分配时，矿井总功耗最小。根据这一公理，先对不包含固定风量的所有分支$G'=G-E'$进行自然分风，对整个网络G来说，分风后节点满足风量平衡定律，但包含有分支e'的回路不一定满足风压平衡定律，即各通路的阻力值不一定相等。非平衡状态下的矿井通风总功耗为

$$N'=\sum_{i=1}^{n} r_i q_i^3 \tag{28.12}$$

非平衡状态下的矿井最大阻力为

$$H_{\max}=\max\{H_{\mathrm{p}}\} \tag{28.13}$$

对应的最大阻力通路为$P_{\max}$，将风机的最大阻力值$H_{\max}$与风机总风量的乘积定义为矿井最小功耗。矿井最小功耗及最小调节量分别为

$$N_{\min}=H_{\max}Q_{\mathrm{f}} \tag{28.14}$$

$$\Delta N=N_{\min}-N' \tag{28.15}$$

通路法的实质就是确定最优的调节位置和调节量，并使矿井总功耗和总调节量满足上式条件。

2）交互式优化调节算法技术流程

交互式优化调节算法总是以非平衡状态下的最大阻力路线通路为基准通路，调节次最大阻力通路，所以不会导致矿井总功耗的增加。另外，每调节完一条通路，则对剩余通路的阻力重新进行计算并排序，确定新的次最大阻力通路。如果一条通路中有多个风路可调，则根据风路的可调性选择最宜设置调节设施的风路进行调节。通过此种方法调节，不但获得理论上的最佳调节位置和调节量，保证了矿井总功耗最小，而且确定的调节方案在矿井实际应用中切实可行，避免了回路法中的调节位置及调节量的不可选择性。通路法的原理如图28.9所示。

28.2.4 节点分层法求解通风网络中的所有通路技术

对于一个有向无环的通风网络表示为$G=(V,E)$，V表示节点的集合，使用编号的方式表

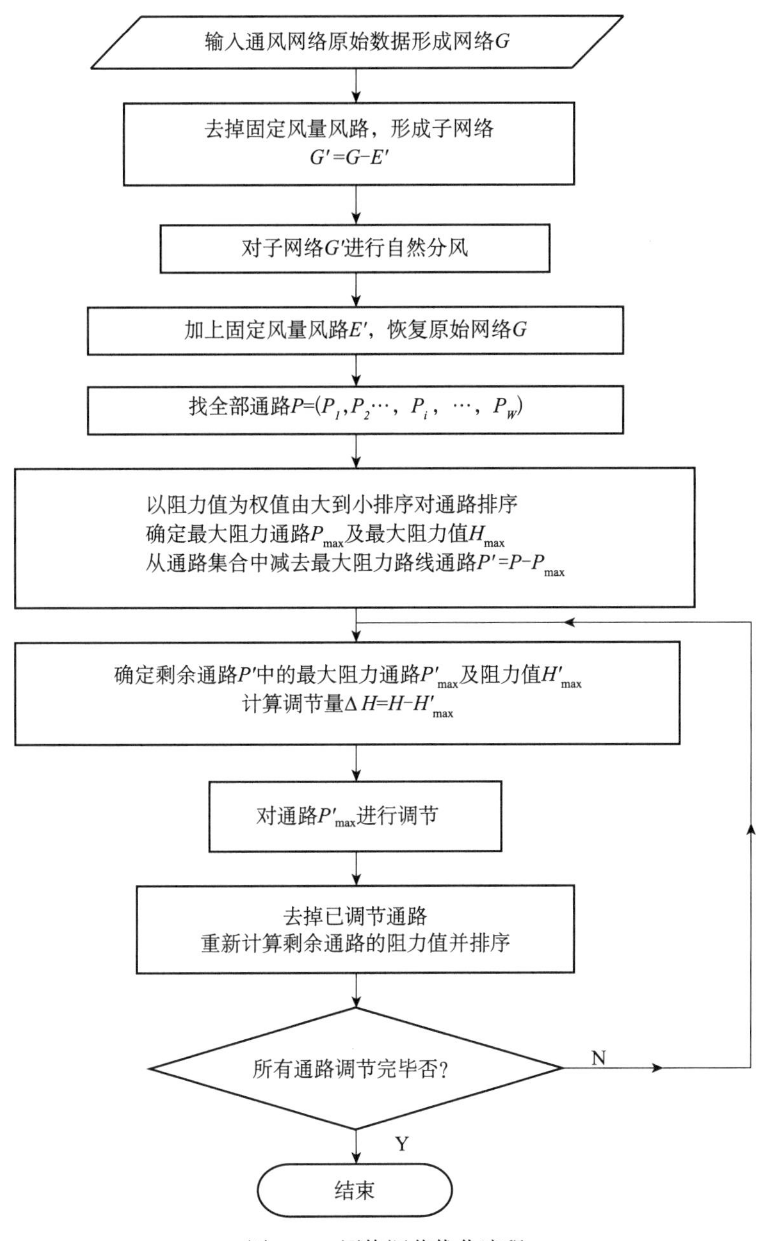

图 28.9　网络调节优化流程

示节点，即：$V=\{1, 2, \cdots, m\}$,m 为节点数。对于某条分支风流由节点 i 流向节点 j 时，此时将分支 e_k 表示为 $e_k=(i,j)$。通路 p 是由一系列从始节点到末节点首尾相连的分支集合。将由源点到汇点的所有通路集合称为网络的全部通路，记为 P。P_i 表示其中的第 i 条通路。

如图 28.10 所示为由 8 个节点和 10 条分支组成的小型通风网络。节点 1 和节点 8 分别为网络的源点和汇点，进风井所在分支可表示为 $e_1=(1, 2)$。通过观察可知，$P=\{(2, 4)，(4, 5)，(5, 6)\}$ 是从始节点 2 到末节点 6 之间的一条通路。该小型网络所有通路共有 4 条，即：

$P_1=\{(1, 2)，(2, 4)，(4, 6)，(6, 7)，(7, 8)\}$; $P_2=\{(1, 2)，(2, 4)，(4, 5)，(5, 6)，(6, 7)(7, 8)\}$;

P_3={(1, 2), (2, 3), (3, 5), (5, 6), (6, 7), (7, 8)}; P_4={(1, 2), (2, 3), (3, 7), (7, 8)}。

1. 技术原理

如图 28.10 所示，沿节点 3 和节点 4 画一条虚线，通风网络被分割为上、下两个子图。通过观察可知，由节点 1 到节点 8 的所有通路必然经过这条虚线，即必然经过节点 3 或节点 4。因此，求解节点 1 到节点 8 的所有通路过程可以分解为先求节点 1 到节点 3 或 4 节点的所有通路集合 P_1，再求节点 3 或节点 4 到节点 8 的所有通路集合 P_2，最后把 P_1、P_2 中的通路进行“拼接”，求得所有通路 P。

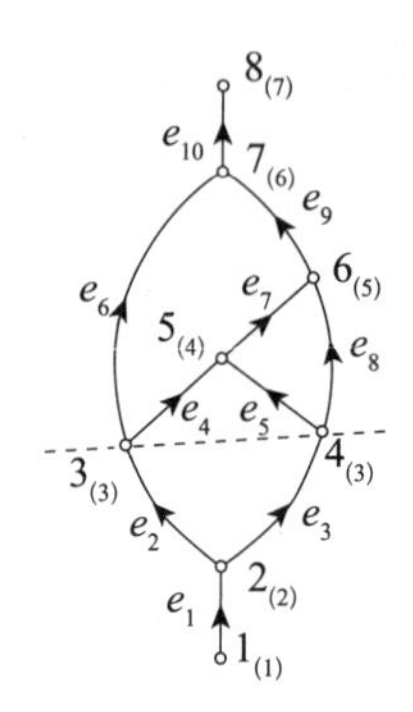

图 28.10　小型通风网络

分成两个子图后，缩小了搜索范围和深度，减少后退操作和寻找分支的次数，因此对通风网络合理分层，能够提高搜索效率。

2. 技术内容

1）最长路径法

最长路径法算法是吴兵等首次提出的，用来绘制通风网络图。一个网络中，网络中任意节点 j 的最长路径为：流入节 j 的所有分支的始节点 i 中最长路径长度再加 1。对于一个有 n 个节点的网络，最长路径计算公式为：

$$\text{JnLen}[1]=1;\text{JnLen}[j]=\max\{\text{JnLen}[i_1], \text{JnLen}[i_2], \cdots, \text{JnLen}[i_n]\}+1, j=2, \cdots, n \quad (28.16)$$

式中，JnLen[j] 为节点 j 的最长路径长度；JnLen[i] 为流入节点 j 的所有分支始节点 i 的最长路径长度。

对图 28.10 中的小型通风网络应用最长路径法进行标记，各节点的最长路径填入到节点右侧的小括号内，源点 1 的最长路径为 1，汇点 8 的最长路径为 7。

2）节点全分层

将图 G 的节点集合 V 按一定的方法分成 N 层，每一层用集合 L 表示，第 k 层所有的节点集合记作 L_k，并有 $L_k \subseteq V$，$1 \leqslant k \leqslant N$。对于任意一条分支 $e=(u,v)$，满足 $u \in L_i$，$v \in L_j$ 且 $i<j$。把这种对节点集合的划分过程称为分层。对于分支 e 的始末节点 u 和 v 分别处于两个不同分层内，其层差为 span(e)=$j-i$。

应用最长路径法为通风网络 G 中的每个节点确定最长路径长度，汇点的最长路径长度记为 N。将最长路径长度为 k（$1 \leqslant k \leqslant N$）的节点划分为同一个层 L_k 内。如果网络中有多个源点或者汇点，则通过加入虚拟分支的方式，将其转化为单源单汇型网络。对于任意一条分支，只有层差 span(e)=1 时，节点分层才是合理的；如果 span(e)＞1，则向分支 e 中顺次添加虚拟节点和串联的虚拟分支各 span(e)−1 个。

对图 28.10 中的通风网络进行节点分层。span(e_6)=3，故向 e_6 中添加虚拟节点 9 和节点 10，形成虚拟分支 e_{12}=(9,10) 和 e_{11}=(10,7)；span(e_8)=2，故向 e_8 中添加虚拟节点 11 形成虚拟分支 e_{13}=(11,6)。将最长路径相同的节点划分到同一层中，图 28.10 中的小型通风网络节点分层结果如图 28.11 所示，L_1={1}；L_2={2}；L_3={3,4}；L_4={5,9,11}；L_5={6,10}；L_6={7}；L_7={8}。

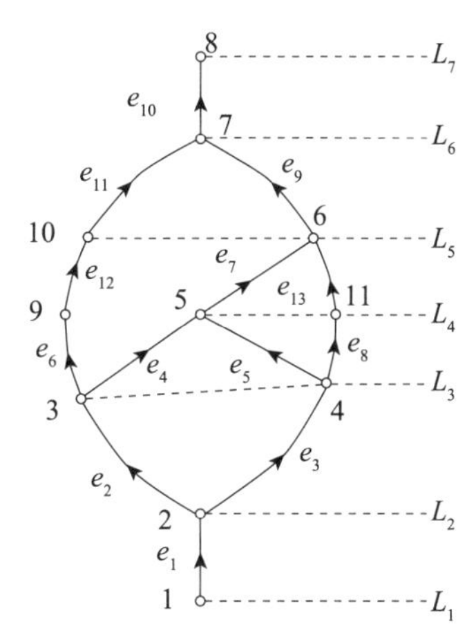

图 28.11　节点分层结果

3）层间分支

经过节点的分层处理，对于每一条分支的始节点、末节点均处于相邻的两个分层中，并且末节点的分层数等于始节点分层数加 1。处于同一分层内的各个节点彼此之间不存在分支相连通；一条分支只能连通两个相邻分层。

对于任意一条分支 $e=(u,v)$，满足 $u \in L_i$，$v \in L_{i+1}$，则 e 为节点分层 L_i 和 L_{i+1} 的层间分支。$levE(i,i+1)$ 表示节点分层 $\mathrm{L_i}$ 和 $\mathrm{L_{i+1}}$ 之间的所有层间分支。$levE(1,2)=\{e_1\}$；$levE\ (2,3)=\{e_2,e_3\}$；$levE\ (3,4)=\{e_4,e_5,e_6,e_8\}$；$levE(4,5)=\{e_7,e_{12},e_{13}\}$；$levE\ (5,6)=\{e_9,e_{11}\}$；$levE\ (6,7)=\{e_{10}\}$。

层间分支数的最大值即为通风网络的所有通路数，例如图 28.11 所示的通风网络中层间分支数量最多的为 L_3 和 L_4 层间分支数 4 个，与该网络的所有通路数是一致的。

4）通路拼接

完成节点分层并确定层间分支后，即可从低向高逐层合并层间分支，求得通风网络的所有通路。

步骤 1 将 L_1 和 L_2 之间的所有层间分支 $levE(1,2)$，各自形成一条通路，并放入到所有通

路集合 P 中。图 28.10 的示例中，$levE(0,1)=\{e_1\}$，故 $P=\{\{e_1\}\}$；

步骤 2 拼接第 i 层和第 $i+1$ 层间的层间分支，i 初始值为 2。为每个通路，在层间分支集合 $levE(i,i+1)$ 中寻找合适的拼接分支 e，并将其连接到通路的末尾；

步骤 3 $i=i+1$，如果 $i<N-1$（N 为分层数量），则转到步骤 2；如果 $i=N-1$，则转到步骤 4；

步骤 4 完成拼接，输出所有通路 P。

通路拼接的关键在于选择合理的分支，如果某一通路 p 的末节点与分支的始节点编号相同，则该分支即为拼接分支；如果找到的拼接分支为 M（$M>1$）条，则将 p 复制 M-1 份放入到所有通路集合 P 中，使通路与拼接分支形成数量相同，并把 M 条拼接分支连接到 M 条通路的尾部。图 28.10 中通风网络详细拼接过程如表 28.2 所示。例如，第 2 行表示拼接第 2、3 分层的过程，2 条层间分支 e_2、e_3 均与通路末节点相连接，拼接后的所有通路为 $P=\{\{e_1,e_2\}，\{e_1,e_3\}\}$。

表 28.2 小型通风网络拼接过程

步骤	拼接层	层间分支	原所有通路	拼接后所有通路
1	$L_1\sim L_2$	$\{e_1\}$	ϕ	$\{e_1\}$
2	$L_2\sim L_3$	$\{e_2,e_3\}$	$\{e_1\}$	$\{\{e_1,e_2\}，\{e_1,e_3\}\}$
3	$L_3\sim L_4$	$\{e_3,e_4,e_5,e_6\}$	$\{\{e_1,e_2\}，\{e_1,e_3\}\}$	$\{\{e_1,e_2,e_6\}，\{e_1,e_2,e_4\}，\{e_1,e_3,e_5\}，\{e_1,e_3,e_8\}\}$
4	$L_4\sim L_5$	$\{e_6,e_7,e_{12}\}$	$\{\{e_1,e_2,e_6\}，\{e_1,e_2,e_4\}，\{e_1,e_3,e_5\}，\{e_1,e_3,e_8\}\}$	$\{\{e_1,e_2,e_6,e_{12}\}，\{e_1,e_2,e_4,e_7\}，\{e_1,e_3,e_5,e_7\}，\{e_1,e_3,e_8,e_{13}\}\}$
5	$L_5\sim L_6$	$\{e_9,e_{11}\}$	$\{\{e_1,e_2,e_6,e_{12}\}，\{e_1,e_2,e_4,e_7\}，\{e_1,e_3,e_5,e_7\}，\{e_1,e_3,e_8,e_{13}\}\}$	$\{\{e_1,e_2,e_6,e_{12},e_{11}\}，\{e_1,e_2,e_4,e_7,e_9\}，\{e_1,e_3,e_5,e_7,e_9\}，\{e_1,e_3,e_8,e_{13},e_9\}\}$
6	$L_6\sim L_7$	$\{e_{10}\}$	$\{\{e_1,e_2,e_6,e_{12},e_{11}\}，\{e_1,e_2,e_4,e_7,e_9\}，\{e_1,e_3,e_5,e_7,e_9\}，\{e_1,e_3,e_8,e_{13},e_9\}\}$	$\{\{e_1,e_2,e_6,e_{12},e_{11},e_{10}\}，\{e_1,e_2,e_4,e_7,e_9,e_{10}\}，\{e_1,e_3,e_5,e_7,e_9,e_{10}\}，\{e_1,e_3,e_8,e_{13},e_9,e_{10}\}\}$

3. 技术应用与比较

1）算法测试软件

根据深度优先搜索法、生长树法和节点分层法原理，开发了通风网络所有通路搜索算法对比测试软件。软件界面如图 28.12 所示，软件通过导入文本文件的方式，建立通风网络拓扑关系；点击不同的搜索方法按钮，网络规模、通路总数、耗时等相关信息自动输出到该图的列表中。

2）算法效率对比

深度优先搜索法提出较早，且应用也最为广泛，故以该方法所用时间为基准，比较生长树法和节点分层法两种方法的搜索效率。对同一通风网络，采用不同的方法搜索所有通路。

在计算机上应用算法测试软件，对不同规模的通风网络，分别使用深度优先法、生长树法和节点分层法搜索所有通路。搜索结果如表 28.3 所示。当网络规模较小时，分层法效率提高效果并不明显，网络规模越大，分层法搜索效率越高，当分支数大于 1000 条时，分层法与深度优先搜索法相比，效率提高 40% 以上；生长树法效率略高于深度优先搜索算法。

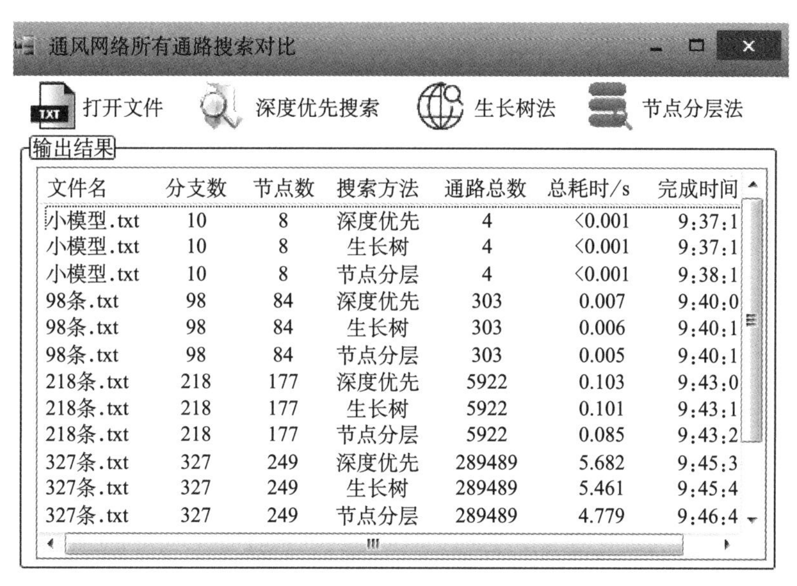

图 28.12　通路搜索法效率对比软件

表 28.3　不同算法搜索效率对比

序号	分支数 / 条	通路数 / 条	深度优先法 / 生长树法 / 节点分层法	
			消耗时间 /s	效率提高 /%
1	98	303	0.007/0.006/0.005	0.00/4.76/7.94
2	327	289 489	5.682/5.461/4.779	0.00/7.41/28.62
3	503	1 343 244	19.36/18.77/17.65	0.00/7.70/35.70
4	709	8 953 327	65.28/60.14/45.36	0.00/8.33/39.71
5	1010	14 635 229	135.88/120.37/76.44	0.00/8.36/41.59

28.2.5　应用实例

矿井通风网络解算技术对于矿井通风系统优化、调整及矿井通风系统管理有着至关重要的作用。以下介绍井东煤业矿井通风网络解算技术应用情况。

1. *矿井通风系统存在问题*

井东煤业矿井通风网络简化如图 28.13 所示。矿井布置东翼、西翼、井东区三个采区，9007、4301、4401 三个综放工作面。矿井主要调节设施统计如表 28.4 所示。西翼采区的西翼回风大巷设有调节设施 T_3，实测压差 513Pa；井东采区布置 4401 和 4301 两个综放工作面，在两工作面的回风顺槽分别布置了 T_4、T_5 两个调节设施，并且在 4 煤至 9 煤回风暗斜井设置调节设施 T_1，实测压差分别为 132Pa、147Pa、231Pa；东翼采区 9007 工作面回风巷和东翼回风大巷分别布置了调节设施 T_6 与 T_2，测试压差分别为 37Pa 和 654Pa。

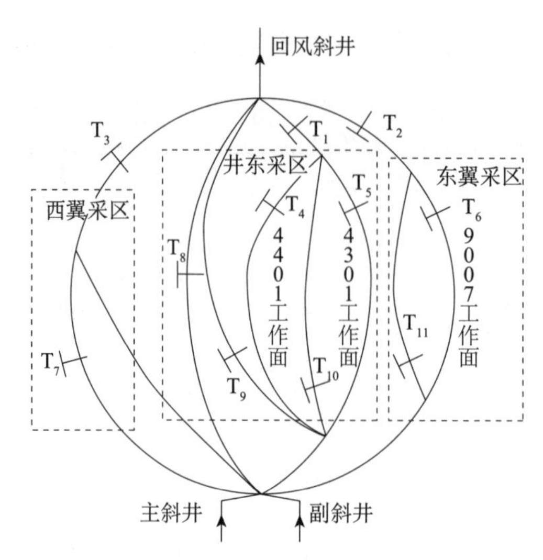

图 28.13　通风网络简化示意图

表 28.4　主要调节设施与测试压差统计

序号	设施编号	设施所调节的巷道	测试压差 /Pa
1	T_1	4～9 煤回风暗斜井	231
2	T_2	东翼回风大巷	654
3	T_3	西翼回风大巷	513
4	T_4	4401 工作面回风巷	132
5	T_5	4301 工作面回风巷	147
6	T_6	9007 工作面回风巷	37
7	T_7	西翼辅运大巷掘进回风	231
8	T_8	井东变电所	632
9	T_9	4303 运输巷掘进面回风	157
10	T_{10}	4303 回风巷掘进面回风	198
11	T_{11}	炮采区回风	79

矿井的东翼采区、西翼采区、井东采区为矿井三个通风子系统。三个子系统的回风段均由调节设施控制，增加了矿井通风阻力。矿井通风网络复杂，有 800 余条巷道、500 余个节点和 30 余处调节设施。如何调节控制设施，调节完成后矿井风量分配能否满足矿井安全生产需求，通过经验和手工计算很难确定。通风系统优化调节必须以先进的通风系统分析软件作为工具。

2. 最大阻力路线确定

矿井 3 个回采工作面所属通路上都存在调节设施，3 条通路统计比较如表 28.5 所示。

表 28.5　通风路线统计

序号	通路名称	通风路线长度 /m	调节设施名称	设施压差 /Pa
1	9007 通路	3383	T6	37
2	4401 通路	6837	T4	132
3	4301 通路	6534	T5	147

结合矿井实际生产情况，确定4401路线为最大阻力路线。最大阻力路线确定后，拆除T_1和T_4两处调节设施，利用VentAnaly软件确定其他调节设施调节量，计算通风系统优化改造后的风量分配和矿井阻力。

3. 优化调节方案

利用VentAnaly软件对通风系统进行三维可视化建模，调整井东煤业三维矿井通风智能分析系统，使其与矿井通风系统风量、负压一致。对于拟定的优化方案，使用VentAnaly软件来对优化方案进行模拟验证，以选取最优方案。通过优化方案的模拟选择，确定的优化方案为：井东煤业矿井通风系统优化调节的，需拆除T_1和T_4两处调节设施，通过Ventanaly软件的优化方案模拟，确定了需要调节的调节设施和调节量。主要需要调节的调节设施为T_5和T_{10}两处设施，此外T_2、T_3、T_8和T_9也需要进行小幅调整，T_6、T_7和T_{11}不需要进行调整。

4. 应用效果分析

在Ventanaly矿井通风智能分析系统软件中，采用改进节点位置法识别出井东煤业矿井通风系统中井下角联分支3处，3处角联分支均位于联络巷中且均安装有风量调节设施。角联系统中其他分支风量稳定，对矿井通风系统无重大危害。采用交互式网络优化调节方法对矿井通风网络进行了调整，结合井下实测构筑物的测试风量及测试压差，快速确定了全矿30余处通风调节设施的等效风阻，使井东煤业三维通风智能分析模型与井下一致。井东煤业三维通风智能分析模型的调整采用了节点分层法求解通风网络中所有通路，能够快速进行矿井通风网络解算，对于井东煤业矿井通风系统，使用主流配置计算机能够在1s内快速完成通风网络解算。

矿井通风系统优化调节完成后，风机房U形水柱计读数为2050Pa，通风阻力模拟相对误差为1.99%，阻力比改造前下降了550Pa，有效降低了矿井的通风功耗。用风地点及主要大巷风量模拟值和实测值最大误差为4.53%，小于5%，满足矿井生产需要。

28.3 矿井采煤工作面通风方式优选

随着矿煤矿生产技术的发展，矿井采煤工作面单面生产能力大幅提高，由此出现采煤工作面在使用传统的U形通风方式时，上隅角频繁发生瓦斯超限现象。为了解决瓦斯超限这一难题，一些高突矿井提出了多种不同的采煤工作面通风方式，如两进一回Y形、两进两回双U形、三进两回、四进两回、五进两回偏Y形，以及U+I形等。

北京研究院通过对全国高突矿井的回采工作面通风方式调查研究，分析了各种通风方式存在的安全隐患，总结了各种通风方式的优缺点和适用条件，确定了高突矿井回采工作面通风方式的选择原则，并制定了相关的安全保障措施。

28.3.1 矿井采煤工作面典型通风方式

1. 偏Y形通风方式

偏Y形通风方式指在采煤工作面上、下端各设一条进风巷道，另在采空区一侧设置一段尾巷通过横川与回风巷相连的通风方式。根据横川数量偏Y形通风方式可分为偏Y1形和偏Y2形。偏Y1形是指在工作面后方开设1条后横川；偏Y2形是指在工作面前后方各开设1条（共2条）横川。偏Y形通风方式根据巷道数量可以分为："二进一回"、"三进两回"、"四进两回"、"五进两回"等偏Y形通风方式。"二进一回"偏Y形通风方式如图28.14所示，→表示新鲜风流，⤳表示污风/乏风/回风流。"三进两回"偏Y形通风方式如图28.15所示。典型矿井：山西晋城无烟煤矿业集团有限责任公司寺河煤矿。

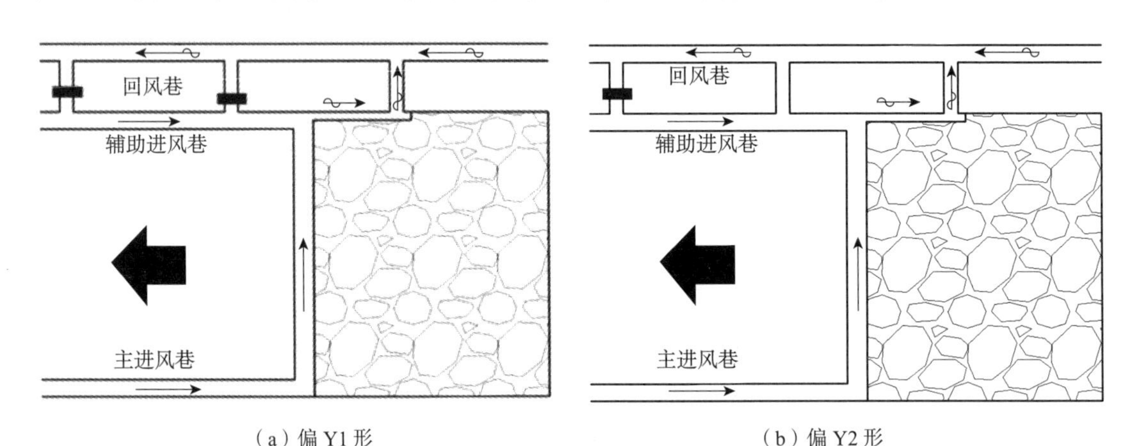

（a）偏Y1形　　（b）偏Y2形

图28.14 "二进一回"偏Y形通风方式

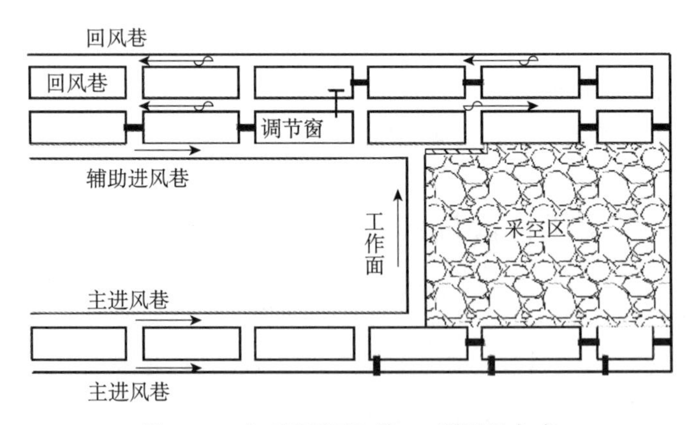

图28.15 "三进两回"偏Y2形通风方式

1）偏Y形通风方式优点：

（1）进风巷道多，进风量大。可实现风量按需分配，防止单巷风速过大。工作面最大供风量可达5000～8000m^3/min，较传统U形通风系统可增加1倍，能有效缓解工作面瓦斯大量涌出的压力。

（2）靠近工作面的两巷均为进风巷，对上隅角施以正压，尾部后横川改变了上隅角风流方向，可解决采煤工作面上隅角瓦斯浓度超限问题。同时可提高采空区高位钻孔和采空区后部埋管抽放效果。

（3）靠近工作面的两巷道均为进风巷，大采高综采工作面各类机电设备均安设在进风巷道中，安全系数高，且人员作业区域也位于进风流中，作业环境更舒适。多巷布置为采面粉尘及瓦斯治理措施的实施提供了空间支持。

2）偏 Y 形通风方式缺点：

（1）工作面后回风通道（沿空留巷）存在采空区漏风问题，易引发采空区遗煤自燃。

（2）对于偏 Y2 形通风方式，存在角联巷道，风流不稳定，且工作面后横川瓦斯浓度可高达 2%～10%，存在较大安全隐患。

（3）多巷布置，增加工作面巷道和保护煤柱数量，降低资源回收率；且增加了沿空留巷工程量。

3）偏 Y 形通风方式适用条件：

（1）适用于工作面瓦斯涌出量大，上隅角超限严重，煤层自燃倾向性为不易自燃的煤层。

（2）适用于大采高一次采全高回采工艺，采用该回采工艺的工作面配套电气设备体积大、数量多，且必须配备电机列车，这样就至少设置两个进风巷，一个布置皮带，一个布置电机列车。

2. 双 U 形通风方式

双 U 形通风系统即工作面通风系统由两个 U 形通风系统组成。双 U 可分为“大 U 套小 U”和“并列双 U”形两种基本方式，如图 28.16 所示。

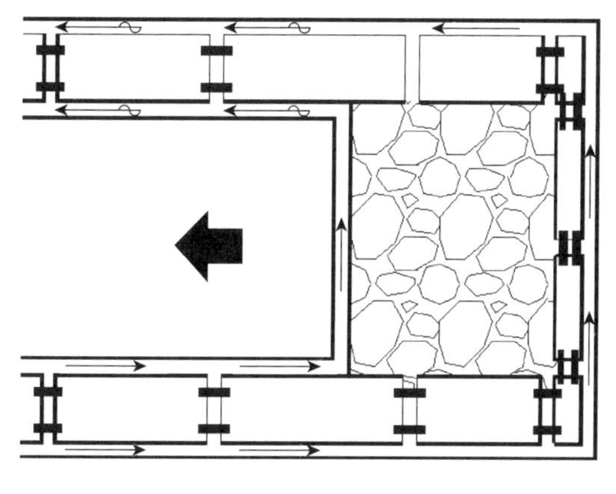

（a）大 U 套小 U 形双 U 通风

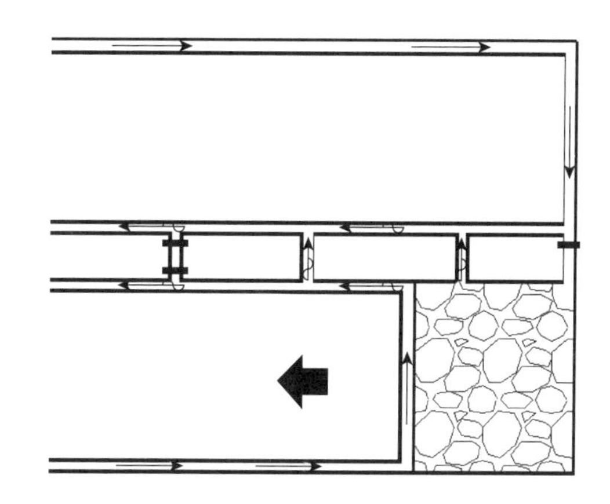

（b）并列双 U 形通风

图 28.16　双 U 形通风系统

1）双U形通风方式的优点：

（1）可消除上隅角风流涡流状态，不易积聚瓦斯，降低上隅角瓦斯浓度。

（2）有利于下区段本煤层瓦斯长时间预抽及矿井预抽、回采协调。

2）双U形通风方式的缺点：

（1）工作面后部联络巷（后横川）瓦斯浓度高达2%～10%，且上隅角和后横川瓦斯浓度受后横川风量、后横川与工作面距离和采空区冒落的影响。

（2）保留前、后两个横川时，存在角联风路。

（3）部分风流通过采空区，易引发采空区遗煤自燃。

3）双U形通风方式适用条件：

（1）采煤工作面瓦斯涌出量大，煤层自燃倾向性不易自燃的煤层。

（2）适用于抽采压力大，相邻区段工作面需提前布置抽放，且后横川风量管理较为可靠的工作面。

3. U+I形通风方式

U+I形通风方式即在传统的U形通风系统基础上，距回风巷内侧8～10m处沿煤层顶板布置1条内错尾巷，如图28.17所示。随着回采过程中内错尾巷的自然垮塌，形成采空区（工作面支架后部）与内错尾巷的沟通点。

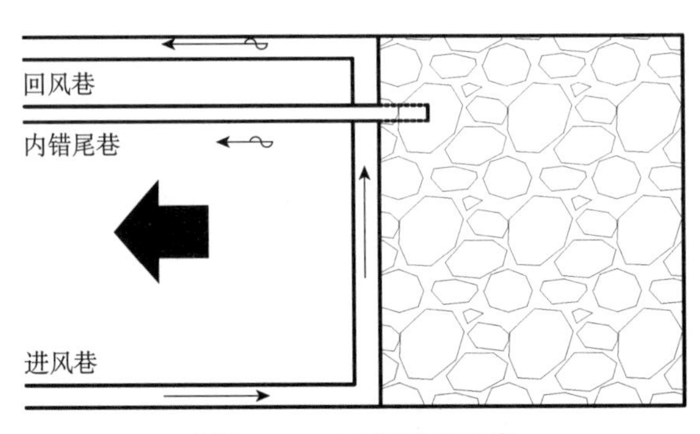

图28.17　U+I形通风系统

1）U+I形通风方式的优点：

（1）可减少上隅角瓦斯积聚，有效防止上隅角瓦斯超限。

（2）可引导采空区漏风。

2）U+I形通风方式的缺点：

（1）内错尾巷瓦斯浓度不易控制，瓦斯浓度容易超过1%。

（2）内错尾巷维护困难，且容易发生坍塌堵塞或者采煤机割透煤层导致短路等问题。

3）U+I形通风方式适用于瓦斯涌出量较大、煤层厚度较厚的不易自燃煤层。

4. Y 形通风方式

Y 形通风方式指在采煤工作面上、下端各设一条进风巷道，在采空区一侧设回风道的通风方式，如图 28.18 所示。

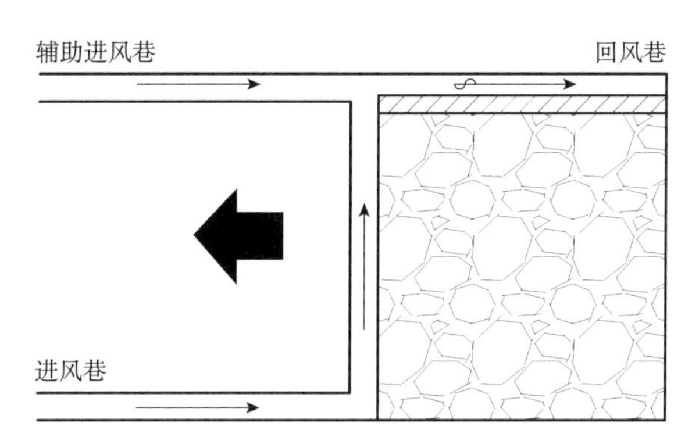

图 28.18　Y 形通风系统

两进一回 Y 形通风系统的关键就是沿空留巷技术，在留巷与采空区中间充填墙体，充填墙体的质量直接影响采空区的漏风率，如果充填墙的密闭效果好，漏风率小，遗煤自燃的危险性也就小，否则易引起采空区遗煤自燃。

1）Y 形通风方式的优点：

（1）可减少上隅角瓦斯积聚。

（2）回采工作面上、下两巷均处于进风流中，可布置抽放钻孔。

2）Y 形通风方式的缺点：

（1）如果密闭不好，易造成采空区漏风，引发采空区遗煤自燃。

（2）沿空留巷支护成本高。

3）Y 形通风方式适用于地压较小、瓦斯涌出量大的不易自燃煤层。

5. U 形通风方式

当前，国内单面生产能力较小的高瓦斯突出矿井，工作面仍为 U 形通风方式，但多有配套抽采措施。

1）U 形通风方式的优点：

（1）采空区漏风量小，对于易自燃煤层有利于防，灭火。

（2）通风管理简单，通风可靠。

（3）巷道少，可减少巷道掘进支护成本。

（4）相对多巷通风，节约煤柱资源，提高采区回采率。

2）U 形通风方式的缺点：瓦斯涌出量大时，易发生上隅角瓦斯超限。

3）U 形通风方式的适用条件：

最大日产量不超过 10 000t 的采煤工作面；瓦斯涌出量不大、瓦斯抽采效果好、上下邻近煤层瓦斯涌出量小的煤层。

28.3.2 矿井采煤工作面通风方式选择原则

采煤工作面通风方式主要由采区瓦斯、粉尘、气温以及自燃发火倾向性等因素决定。为了保证煤矿采煤工作面安全高效生产、风量充足、风流稳定可靠，在进行通风方式选择时，应注意以下问题：

1. 加强煤层瓦斯抽采，尽量减少风排瓦斯

瓦斯抽采工作要超前规划、超前设计、超前施工，确保煤层预抽时间和瓦斯预抽效果，为采煤工作面通风方式的选择奠定良好基础。

2. 优先采用U形通风方式

U形通风是最简单可靠，也是最为稳定的通风方式。采空区漏风量少，安全性最高。在合理控制产能，或是在通过采取高位钻场抽采、高抽巷抽采、采空区埋管抽采、工作面回风出口局部立孔插管抽采、工作面回风巷边孔抽采、尾抽巷随采抽采、本煤层顺层孔抽采等方法可解决上隅角瓦斯超限情况下，应优先采用U形通风方式。

在煤层瓦斯预抽且可解吸瓦斯含量达标情况下，采取采空区抽采措施后仍无法解决U形通风上隅角瓦斯超限问题时，可采用其他通风方式，但应满足以下要求：

（1）采用偏Y1形通风方式时，应合理分配风量，沿空留巷及工作面后部联络巷（后横川）瓦斯浓度不得超过1.0%。

（2）U+I形通风方式适用于厚煤层、放顶煤开采，内错尾巷瓦斯浓度不得超过1.0%，生产过程中必须做好内错尾巷维护工作，制定专门管理措施，保持其通风顺畅。

（3）采用双U形通风方式时，工作面后部联络巷（后横川）按独头巷道管理，外U巷道瓦斯浓度不得超过1.0%，应编制相关技术措施并严格执行，保证风流稳定。

（4）自燃倾向性为Ⅲ类的煤层可采用Y形、偏Y1形和双U形通风方式。

3. Ⅰ类、Ⅱ类自燃煤层采煤工作面不得采用Y形、偏Y2形、双U形通风方式

Y形、偏Y2形、双U形通风方式虽有利于上隅角瓦斯超限问题的解决，但采空区漏风量大，特别是采空区中部与深部漏风量大，易引发采空区遗煤自燃。

4. U+I形通风方式仅适用于厚煤层、放顶煤开采

采用U+I形通风方式时，应做好内错尾巷的维护工作，制定专门管理措施，保持其通风顺畅。

5. 应合理配风

工作面风量受多种因素制约，对于高瓦斯易自燃煤层，工作面配风应该同时考虑瓦斯治理与防火工作。

28.3.3　矿井采煤工作面通风方式安全保障措施

1. 偏 Y 形通风方式

（1）偏 Y 形通风方式风流都要经过工作面后回风通道和后横川进入回风巷，所以必须保证工作面后回风通道和后横川的通风断面，并形成一套完善的支护措施，施工切顶锚索使切顶位置靠近采空区，增加工作面后回风通道断面面积，保证工作面通风系统稳定。

（2）需根据工作面瓦斯涌出量和系统要求，采用多巷通风时应合理分配每条巷道的风量，形成完善的风量分配制度与调节操作规程。

（3）确定合理的横川间距，维护好工作面后回风通道，保证风流顺畅。

（4）随时注意采面推进度，防止工作面推进错过横川封闭时间，造成工作面区域瓦斯超限。

（5）辅助进风巷与回风巷间横川挡风墙必须可靠，尽量减少漏风。

（6）偏 Y2 形通风方式，存在角联风路，应尽量减少采用。采用偏 Y2 形通风方式时，要加强工作面通风管理，保证前、后横川风量稳定。

2. 双 U 形通风方式

（1）合理设置横川间距、保证风流畅通，严格控制漏风。

（2）必须保证后横川到工作面通风畅通，可在回风采空区煤柱侧沿煤柱间隔 4～6m，施工木垛以保证上隅角到后横川风流畅通。

（3）从下隅角漏入采空区的风量越多，则从采空带出的瓦斯越多，越不易治理。采取合理措施，减少下隅角向采空区的漏风并尽量控制漏风流经采空的面积。

（4）合理分配风量，是解决工作面上隅角或者辅助回风巷瓦斯超限问题的关键。

3. U+I 形通风通风方式

1）内错尾巷的负压必须优先保障

通过调节内错尾巷与回风巷之间的调节风窗，保证内错尾巷口与回风巷口压差。在内错尾巷与回风巷风量基本持平的情况下，上隅角瓦斯会保持在低水平，且整个采煤工作面瓦斯涌出量也相对较低。

2）机尾段支架的放煤效果必须保证

保证内错尾巷（采空区部分）进风口通畅，才能取得分流采空区瓦斯的良好效果。同时在有效解决上隅角瓦斯问题的前提下，可以使负压点尽量前移，即尽量使内错尾巷进风口靠近工作面，以降低负压点对采空区深部产生影响。

3）机尾后部回风巷采空区的顶板及时垮落

若上隅角存在悬顶面积过大，将会造成悬顶内的瓦斯超限。因此，必须采取对上隅角悬顶面积超规定的顶板进行强制放顶的措施。

4）防止内错尾巷与工作面回风巷顶板漏风

如果出现内错尾巷与工作面回风巷顶板发生漏风现象，那么内错尾巷工作面段出口与上隅角之间的相对压差将急剧下降，系统将变成U形通风，内错尾巷失去效果。

4. U形通风通风方式

国内采用U形通风方式的高瓦斯采煤工作面大多采取抽采措施，开采容易自燃或自燃煤层，应经常检测抽放管路中CO浓度和气体温度等有关参数。发现有自然发火征兆时，必须采取措施防止采空区遗煤自燃。

（本章主要执笔人：北京研究院李伟，王恩，张浪，郭建行，桑聪）

第 29 章 矿井风流监测及控制技术

随着科技的不断发展，矿井风流监测和控制技术水平不断提升。风流监测与控制是矿井通风管理中的重要环节。通过对井下风流的监测，不仅可以使地面人员更加直接、便捷了解井下通风系统实时状况及相关监测数据，更能在井下通风系统突发事件时迅速反馈到地面，使地面调度人员及时作出对策。矿井通风系统调整在矿井通风系统管理工作中也占有非常重要的作用。井下巷道的密闭、贯通的风量调整及灾变时期的通风系统调整，都需要对通风系统进行合理调控。综上所述，风流监测准确，风量快速精确调节对矿井通风安全有着重要意义。

本章介绍矿井通风实时监测与通风网络实时解算技术和矿井通风远程定量控制技术。矿井通风实时监测技术主要包括巷道平均风速单点监测和多点移动平均风速测量技术。矿井通风网络实时解算技术主要是在通风网络解算的基础上，结合矿井监控数据对通风网络进行解算，实现通风网络解算结果的实时性，并提高平均风速监测准确度，消除风流监测盲区。矿井通风远程定量控制技术是通过对矿用风量定量调节自动风窗的控制，实现远程自动快速设定风窗过风面积，形成稳定风流通道，利用多点移动式平均风量测量装置，对风窗通风量进行快速准确测量。

29.1 矿井通风实时监测与实时解算技术

矿井通风实时监测主要是风量和风流方向的监测，其中风量的监测的重点是平均风速的监测。目前国内巷道平均风速的监测主要是采用修正系数修正点风速，由于风速传感器在不同巷道中悬挂位置相对不固定，修正系数一般是将传感器监测值与人工测得的平均风速值加以比较确定。在不同位置和不同风速下，点风速与平均风速不完全呈线性关系，修正系数并不是一个固定值。同时，受到人工测量精度的影响，修正系数很难保证监测数据的准确性。而且风速传感器布置数量相对有限，容易形成风量监测盲区。为了解决这些问题，北京研究院研究了巷道平均风速单点监测技术、多点移动式平均风速测量技术和矿井通风实时网络解算技术，使矿井巷道风速监测的准确性和全面性得到有效改善。

29.1.1 巷道平均风速单点监测技术

1. 巷道平均风速单点监测位置确定

巷道平均风速单点监测技术为通过数值模拟的方法找到巷道中平均风速点，将风速传感器固定在平均风速点上测得的风速作为巷道的平均风速。确定巷道平均风速单点监测的位置关键包括三个部分：一是巷道模型要尽量符合实际情况；二是假设条件、求解算法和设置的边界条件要合理；三是要进行现场实测核对。

针对煤矿采用最多的半圆拱、矩形两种巷道，基于锚喷、锚网和砌碹 3 种支护形式，建立了 24 个不同断面的物理模型。巷道的宽分别为 3.5～5.0m，高分别为 2.5～3.5m，巷道纵向长度均取 200m，巷道进风速度分别取 1～8m/s，每隔 1m/s 取 1 个速度，共取 8 个不同的平均风速。以巷道断面中轴线为平均风速位置基准线，找到平均风速位置 A 在巷道断面中轴线上与顶板的距离 r，风速传感器安装到 A 点测得的风速即该断面的平均风速，如图 29.1 所示。对于同一断面与支护形式的巷道，平均风速监测位置在巷道中轴线上至顶板的距离不随风速的变化而变化。对于高和宽分别为 2.5～3.5m 和 3.0～5.0m 的巷道，矩形巷道（图 29.2）平均风速位置至顶板距离约为巷道高度的 11%～12%，半圆拱巷道（图 29.2）平均风速位置至顶板距离约为巷道高度的 15%～16%，对于不同支护形式巷道，平均风速位置至顶板距离详见表 29.1。对于其他断面尺寸巷道，平均风速位置至顶板距离，可以通过表 29.1 中数据插值计算求得。

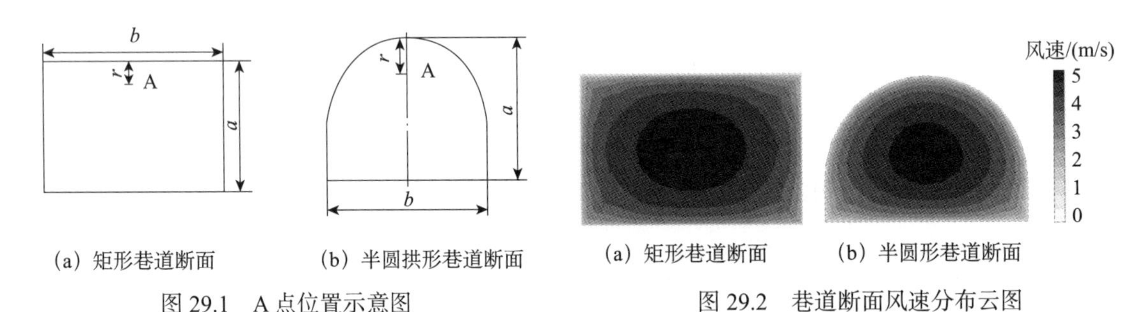

(a) 矩形巷道断面　(b) 半圆拱形巷道断面

图 29.1 A 点位置示意图

(a) 矩形巷道断面　(b) 半圆形巷道断面

图 29.2 巷道断面风速分布云图

表 29.1 不同巷道条件下平均风速位置至顶板距离

断面类型	支护形式	巷道高度 /m	不同宽度巷道条件下平均风速位置至顶板距离 r/m			
			3.5m	4.0m	4.5m	5.0m
矩形	锚网	3.5	0.382	0.388	0.389	0.393
		3.0	0.340	0.345	0.346	0.352
		2.5	0.297	0.299	0.305	0.312
矩形	锚喷	3.5	0.371	0.377	0.380	0.388
		3.0	0.325	0.330	0.333	0.340
		2.5	0.287	0.288	0.295	0.301

续表

断面类型	支护形式	巷道高度 /m	不同宽度巷道条件下平均风速位置至顶板距离 r/m			
			3.5m	4.0m	4.5m	5.0m
半圆拱	砌碹	3.5	0.557	0.546	0.535	0.528
		3.0	0.484	0.471	0.458	0.455
		2.5	0.408	0.394	0.375	0.372
半圆拱	锚喷	3.5	0.571	0.560	0.550	0.543
		3.0	0.488	0.481	0.474	0.471
		2.5	0.412	0.401	0.392	0.386

2. 巷道平均风速单点监测技术影响因素分析

1）进风速度对平均风速位置影响分析

24 个不同断面尺寸模拟结果一致显示，同一断面同一支护形式巷道，在不同风速条件下，平均风速的位置基本不变，风速的变化对平均风速位置的影响很小。现以部分断面数据为例，分两种形式进行说明。第 1 种形式，每一巷道在不同风速条件下，找平均风速位置 A 在巷道中轴线上至顶板的距离 r 进行比较，见表 29.2。r 值变化极小，可以认为同一巷道风速平均位置不变。第 2 种形式，每一巷道在同一风速条件下，先找到平均风速位置 A，然后在不同风速条件下，对 A 点风速与平均风速进行比较，见表 29.3。A 点处风速与平均风速相差很小，可以认为 A 点风速等于巷道平均风速。

表 29.2　不同风速下平均风速位置至顶板距离

断面尺寸 /（m×m）	断面类型	支护形式	平均风速位置至顶板距离 r/m							
			1m/s	2m/s	3m/s	4m/s	5m/s	6m/s	7m/s	8m/s
3.5×5.0	矩形	锚喷	0.388	0.389	0.386	0.388	0.386	0.388	0.387	0.39
3.0×4.0	矩形	锚网	0.341	0.341	0.342	0.34	0.341	0.34	0.343	0.34
3.5×5.0	半圆拱	锚喷	0.528	0.528	0.529	0.528	0.527	0.528	0.527	0.528
3.0×4.0	半圆拱	砌碹	0.482	0.482	0.481	0.481	0.481	0.484	0.481	0.486

表 29.3　不同风速下平均风速位置风速与平均风速的关系

断面尺寸 /（m×m）	断面类型	平均风速位置 A 点风速 /(m/s)							
		1m/s	2m/s	3m/s	4m/s	5m/s	6m/s	7m/s	8m/s
3.5×5.0	矩形锚喷	1.000	2.021	3.015	4.013	5.014	6.012	7.013	8.014
3.0×4.0	矩形锚网	1.000	2.020	3.018	4.016	5.013	6.015	7.023	8.024
3.5×5.0	半圆拱锚喷	1.000	2.011	3.017	4.016	5.018	6.022	7.023	8.019
3.0×4.0	半圆拱砌碹	1.000	2.021	3.025	4.023	5.014	6.014	7.016	8.012

2）断面尺寸对平均风速位置的影响分析

通过对 24 个不同断面尺寸巷道进行模拟分析，找到了不同断面尺寸下平均风速位置 *A* 在巷道中轴线上至顶板的距离，制定了不同断面尺寸下平均风速位置查询表（表 29.1），模拟结果可以得出，在同样宽度的巷道下，巷道越高，平均风速位置至顶板距离越大；在同样高度的巷道条件下，巷道越宽，矩形巷道平均风速位置至顶板至离越大，而半圆拱巷道平均风速位置至顶板距离越小。根据不同巷道条件下平均风速位置至顶板距离与巷道高的比例，在巷道高和宽分别为2.5～3.5m和3.0～5.0m条件下，矩形巷道平均风速位置至顶板距离等于巷道高的11%～12%，半圆拱巷道平均风速位置至顶板距离等于巷道高的15%～16%。对于模拟范围其他断面尺寸巷道，平均风速位置至顶板距离，可以通过插值计算求得。设巷道T的高为a，宽为b，如果$a_1<a<a_2$，$b_1<b<b_2$，a_1、a_2取值为2.5m、3.0m、3.5m；b_1、b_2取值为3.5m、3.0m、4.5m、5.0m；则巷道T平均风速位置至顶板距离r为：

$$r=(1+CB-C-B)r_1+B(1-C)r_2+C(1-B)r_3+CBr_4 \tag{29.1}$$

$$C=(a-a_1)/(a_2-a_1) \tag{29.2}$$

$$B=(b-b_1)/(b_2-b_1) \tag{29.3}$$

式中，B、C为计算巷道平均风速点的无因次系数；r_1、r_2、r_3、r_4分别为巷道T_1（高a_1、宽b_1）、巷道T_2（高a_1，宽b_2）、巷道T_3（高a_2、宽b_1）、巷道T_4（高a_2、宽b_2）对应的平均风速位置至顶板距离。

3）支护形式对平均风速位置的影响分析

通过对12个不同尺寸矩形断面在锚网、锚喷两种支护形式进行模拟，结果表明（表29.4），同一断面尺寸条件下，采用锚网支护时，平均风速位置至顶板距离大于采用锚喷支护时的距离。对于砌碹、锚喷和锚网3种支护形式，锚网巷道的摩擦阻力系数大于锚喷巷道，锚喷巷道的摩擦阻力系数大于砌碹巷道。说明巷道的壁面摩擦阻力系数越大，壁面越粗糙，平均风速位置至顶板距离越大。

表29.4 不同巷道条件下平均风速位置至顶板距离及其与巷道高的比

断面形状	支护形式	a/m	不同巷道宽度下的r/m				不同巷道宽度下的(r/a)/%			
			3.5m	4.0m	4.5m	5.0m	3.5m	4.0m	4.5m	5.0m
矩形	锚网	3.5	0.382	0.388	0.389	0.393	10.9	11.1	11.1	11.2
		3.0	0.340	0.345	0.346	0.352	11.3	11.5	11.5	11.7
		2.5	0.297	0.299	0.305	0.312	11.9	12.0	12.2	12.5
矩形	锚网	3.5	0.371	0.377	0.380	0.388	10.6	10.8	10.9	11.1
		3.0	0.325	0.330	0.333	0.340	10.8	11.0	11.1	11.3
		2.5	0.287	0.288	0.295	0.301	11.5	11.5	11.8	12.0
半圆拱	砌碹	3.5	0.557	0.546	0.535	0.528	15.9	15.6	15.3	15.1
		3.0	0.484	0.471	0.458	0.455	16.1	15.7	15.3	15.2
		2.5	0.408	0.394	0.375	0.372	16.3	15.8	15.0	14.9
半圆拱	锚网	3.5	0.571	0.560	0.550	0.543	16.3	16.0	15.7	15.5
		3.0	0.488	0.481	0.474	0.471	16.3	16.0	15.8	15.7
		2.5	0.412	0.401	0.392	0.386	16.5	16.0	15.7	15.4

3. 应用与验证

在王坡煤矿副斜井、辅助进风巷、集中轨道巷和集中回风巷选择合适位置，按平均风速监测技术重新安设风速传感器，巷道断面尺寸、支护形式、安设位置、实测数据见表 29.5。

表 29.5　平均风速传感器监测与风表实测数据结果

地点	断面类型	支护形式	高度/m	宽度/m	传感器至顶板距离 /m	传感器风速 /(m/s)				风表实测风速 /(m/s)				相对误差/%
						第 1 次	第 2 次	第 3 次	平均值	第 1 次	第 2 次	第 3 次	平均值	
副斜井	半圆拱	砌碹	3.40	4.20	0.491	5.17	5.23	5.21	5.20	5.17	5.17	5.22	5.18	0.5
辅助进风大巷	半圆拱	砌碹	3.50	4.00	0.546	2.20	2.26	2.26	2.24	2.22	2.23	2.23	2.23	0.4
轨道大巷	矩形	锚喷	3.10	4.70	0.353	2.65	2.69	2.68	2.67	2.68	2.65	2.63	2.66	0.5
集中回风巷	矩形	锚喷	3.20	4.05	0.336	1.88	1.83	1.79	1.83	1.78	1.82	1.83	1.81	1.3

监测数据结果与风表测试结果对比表明，在巷道平均风速位置上监测平均风速与风表实测的平均风速基本吻合，相对误差均小于 2%，说明巷道平均风速监测技术的科学性与正确性，可以为风速传感器的安设提供支持与参考。

29.1.2　多点移动平均风速准确测量技术

为了使自动测风更准确，北京研究院研制了多点移动式平均风速测量装置（以下简称测风装置）。该装置可远程控制风速传感器在测风平面上沿着编程设定的轨迹和测试时间，进行多点风速测量，并将数据上传到控制中心，控制中心对数据进行处理，求取平均值，从而计算出井巷内通过的风量，为通风安全管理系统提供基础数据。

1. 测风装置结构与原理

多点移动式测风装置主要由测风杆、风速传感器、电动机、减速器、上下水平导轨、水平轨道车、水平和竖直丝杆组成，如图 29.3 所示。测风杆通过螺旋结构固定在竖直丝杆上，竖直丝杆下端通过滑轮与下水平导轨相连，上端与安装在水平轨道车上的防爆电机相连。水平丝杆穿过水平轨道车，安装在水平导轨上，水平丝杆左端与防爆电机相连。其工作原理为：在电机带动丝杆旋转时，螺母是封闭循环，丝杆是开放循环，在循环的过程中，螺母就会沿着丝杆的滚道产生相对运动，在运动的同时就会带动与其相连的部件运动。竖直丝杆上端电动机旋转，测风杆沿着竖直丝杆向上或向下做直线运动。水平丝杆左端的电动机旋转，水平轨道车带动竖直丝杆向左或向右做直线运动。风速传感器安装于测风杆端头，风速传感器能够随测风杆在测风平面上，沿着程序预设的轨迹精确运动，测量多点风速求取平均值。

2. 多点测风、准确定位控制技术

1）准确定位技术

多点移动式测风装置采用多圈绝对值旋转编码器，是用来测量转速并配合 PWM 技术实现快速调速的装置。通过光电转换将输出轴的角位移、角速度等机械量转换成相应的电

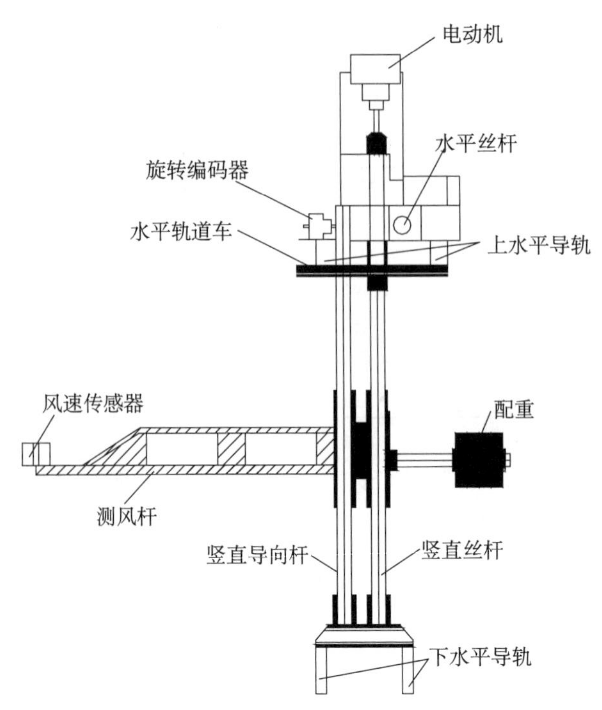

图 29.3　多点移动式测风装置结构

脉冲以数字量输出。绝对值编码器轴旋转时，有与位置一一对应的代码输出，从代码大小的变更即可判别正反方向和位移所处的位置。旋转编码器有一个绝对零位代码，当停电时或关机后再开机重新测量时，仍可准确地读出停电或关机位置代码，并准确地找到零位代码。这样大大提高了编码器的抗干扰特性、数据的可靠性。多圈绝对式编码器可以在任何时刻能感知当前的绝对角位置。

2）远程控制技术

将测风平面网格化并建立直角坐标系，以便定量化远程控制测风装置运动。

a. 坐标系建立

在水平导轨中点处安装了一个接近开关。在手动模式下，水平轨道车只要运动到接近开关处，则此时旋转编码器的返回值则被记录为水平 0 点，并将此处旋转编码器返回值记为 N_{x0}。在 0 点的左侧位置值为负；在 0 点右侧位置值为正。在水平轨道车下方布置了一个行程开关，在手动调节模式下，水平测风杆向上运动触碰到行程开关，即完成 Y 方向标定。行程开关处标定高度为 $h/2$，并将此处旋转编码器返回值记为 N_{y1}，则竖直丝杠中点处高度为 0，下水平导轨处高度为 $-h/2$。

b. 测风装置位置计算

（1）X 方向位置计算。

设 X 方向旋转编码器返回值为 n_x，则此时测风装置的水平坐标 x 可表示为：

$$x=k(n_x-n_{x0})/1024 \tag{29.4}$$

式中，x 为测风装置水平方向的坐标，m；k 为水平丝杠的螺距；n_x 为水平旋转编码器返回值；n_{x0} 为水平旋转编码器坐标 0 点标定值。

（2）Y 方向位置计算。

设 Y 方向旋转编码器返回值为 n_y，则此时测风装置的水平坐标 y 可表示为：

$$y=0.5h-k(n_{y1}-n_y)/1024 \tag{29.5}$$

式中，y 为测风装置竖直方向的坐标，m；k 为竖直丝杠的螺距；n_y 为竖直旋转编码器返回值；n_{y1} 为竖直旋转编码器最高点标定值。

3）多点移动平均风速测量计算技术

多点测风的过程是测风装置按照程序预先设定的运动轨迹运动、测风，然后求取平均风速。平均风速测量装置默认 9 点测风运动轨迹如图 29.4 所示，外部粗线黑色矩形框代表测风通道的框架，其高度为 h；内部的两条粗竖线代表左右边界，左右边界之间的距离为 w；测风装置运动极限位置至左右边界和顶底板之间的距离分别为 a（默认取值 0.15m）、b（默认取值 0.15m）。

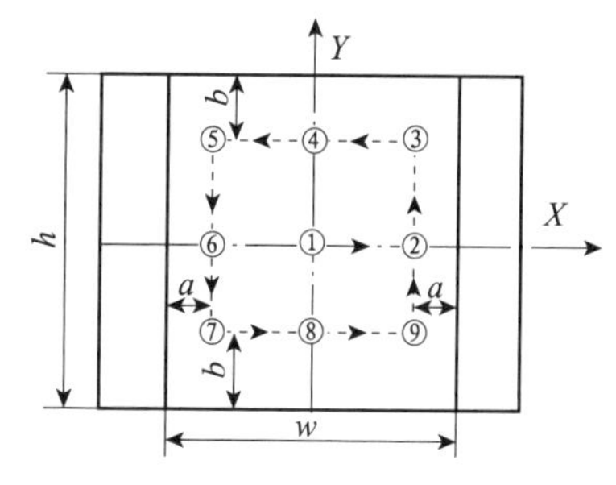

图 29.4　多点测风运动轨迹

3. 应用实例

1）应用背景

随着王坡煤矿 3205 采煤工作面的回采推进，工作面通风路线长度缩短，通风阻力减小，风量随之增大。2015 年 10 月，3205 工作面风量增幅超过 10%（表 29.6）。3205 工作面风量增大，可能造成其他用风地点风量降低，并且不利于工作面采空区防、灭火，因此有必要适当调节 3205 工作面风量，使其处于合理范围。

表 29.6　2015 年 10 月 3205 工作面风量监测

序号	巷道名称	断面面积 /m^2	计划风量 /(m^3/min)	实测风量 /(m^3/min)
1	3205 瓦斯尾巷	12.83	700	735.0
2	3205 回顺回风联巷	13.33	2390	2670.0
3	3205 出煤联巷	12.31	185	195.4
4	3205 回顺绕道	13.68	205	243.8

为了实现 3205 工作面风量实时监测，在 3205 出煤联巷（T_1）和 3205 回风联巷（T_2）安装了平均风速监测装置，以监测 3205 工作面风量，T_3 为回风巷进风联巷元调节风窗，如图 29.5 所示。

2）多点测风准确度计算

多点测风装置最主要的性能指标就是多点测风准确度。测风准确度采用同一时间段内多点测风平均值与测风员多次测风平均值进行比较的方法来定义。多点测风准确度的计算：

$$\eta=\frac{|V_{avg1}S_1-V_{avg2}S_2|}{V_{avg2}S_2}\times 100 \tag{29.6}$$

式中，η 为多点测风准确度，%；V_{avg1} 为测风装置多次测风平均值，m/s；V_{avg2} 为测风员多次测风平均值，m/s；S_1 为风量精控装置过风断面面积，m^2；S_2 为测风员测风断面面积，m^2。

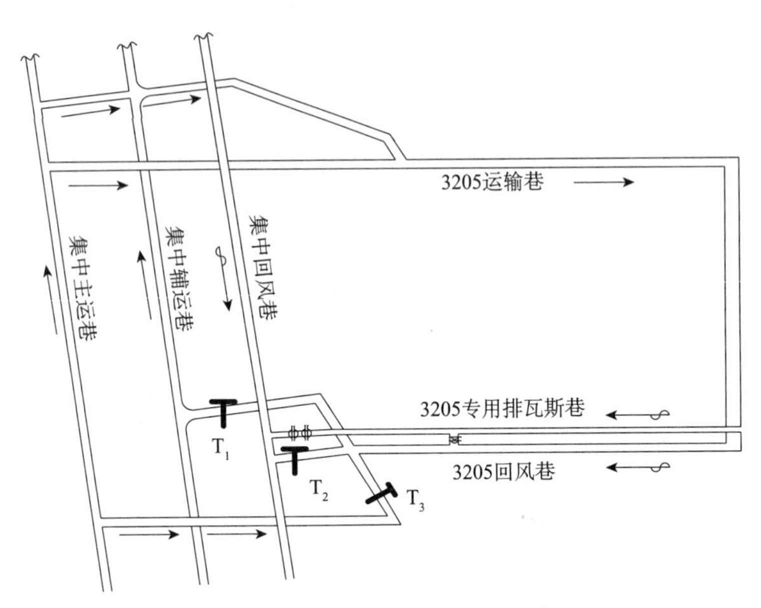

图 29.5　风量精测装置安装位置示意图

3）变面积多点测风

多点移动平均风速准确测量装置安装在可准确调控可变断面面积测风通道中。测风通道的面积调整将会引起用风地点风量变化，因此为了测试不同面积下测风装置的测风误差，多次调整 3205 回风巷处测风通道的面积，进行平均风量测试，同时测风员测风，然后进行比较，统计结果如表 29.7 所示。可以看出，变面积多点测风的绝对误差小于 1%，精度较高。

表 29.7　变面积 9 点测风准确度统计

序号	测风装置测风			测风员测风			多点测风误差/%
	面积/m^2	平均风速/(m/s)	风量/(m^3/min)	面积/m^2	平均风速/(m/s)	风量/(m^3/min)	
1	6.82	5.99	2450.5	13.33	3.09	2471.3	0.84
2	6.04	6.79	2460.2	13.33	3.09	2475.2	0.61
3	5.53	7.37	2445.6	13.33	3.08	2466.7	0.86
4	4.97	8.15	2430.1	13.33	3.06	2450.5	0.83
5	4.58	8.88	2439.8	13.33	3.06	2449.8	0.41
6	4.02	10.03	2420.3	13.33	3.05	2441.2	0.86

4）定面积多点测风

风窗面积固定为 3.305m^2 时，进行了 3 次对比测试。由表 29.8 可以看出，定面积多点测风绝对误差均小于 1%，精度较高。

表 29.8 定面积 9 点测风准确度统计

序号	测风装置测风			测风员测风			多点测风误差/%
	面积/m^2	平均风速/(m/s)	风量/(m^3/min)	面积/m^2	平均风速/(m/s)	风量/(m^3/min)	
1	3.305	12.26	2430.5	13.33	3.09	2471.3	0.84
2	3.305	12.18	2415.6	13.33	3.09	2475.2	0.61
3	3.305	12.26	2430.3	13.33	3.08	2466.7	0.86

多点移动平均风速准确测量技术及装置在王坡煤矿 3205 工作面回风巷安装使用，进行了多点测风准确度试验。在采用变面积多点测风中，进行了 6 组不同面积下的风量测试，测风装置测风与测风员测风的最大绝对误差为 0.86%，误差小于 1%，相对误差较小，满足现场使用要求；在采用定面积多点测风中，进行了 3 次对比测试，定面积多点测风和测风员测风的最大绝对误差为 0.86%，误差小于 1%，相对误差较小，能够满足现场使用要求。

29.1.3 矿井通风网络实时解算技术

1. 实时网络解算的原理

矿井通风实时网络解算就是在已知通风网络结构、所有巷道风阻、风机特性曲线等基础参数的前提下，以井下风速传感器的实时监测数据为基准，在规定时间内求解其他井巷风量分配的计算过程。

假设一个通风网络的节点数为 m，分支数为 n，在 $s(s<n)$ 条分支安装 s 个风速传感器，在 t 时刻向地面传回监控数据，经过预处理计算得到 s 个监控风量 $Q_1, Q_2, \cdots, Q_s$，在监控系统的一个巡检周期 T 内，快速计算出该网络在 t 时刻其余 $(n\text{-}s)$ 条分支的风量。问题等价于在 t 时刻，已知若干个固定风量（$Q_1, Q_2,\cdots, Q_s$），在有限时间 T 内求解其他巷道风量（$Q_{s+1}, Q_{s+2}, \cdots, Q_n$）。

有 s 条分支安装了风速传感器，其风量是已知固定的。在传统的 Cross 算法迭代计算的过程中，将这 s 条分支所在的回路舍弃，选择剩余的 $l=n-m-s+1$ 个回路进行迭代计算，这些回路的阻力代数和能够很好地趋于 0，但回路阻力误差将全部集中在 s 个含有固定风量分支的回路上。

为了解决这一问题，采用全回路调节方法。其基本思路是：在含固定风量分支回路不参与迭代计算的条件下，仍让所有独立回路的风压代数和最大限度地趋近于 0，而不是等于 0，将阻力误差分摊到所有回路中。建立所有独立回路阻力代数和的平方和的数学期望 J，为了求得 J 的极小值，分别对（$Q_{s+1}, Q_{s+2},\cdots, Q_n$）求偏导，并令它们等于 0，建立通风网络的全回路调节矩阵，进而求得回路修正风量 Δq_i^k。

$$\Delta q_i^k = -\frac{\sum_{i=1}^{D}\sum_{j=1}^{N} C_{ij} f_i \left\{\sum c_{ij} c_{mj} 2\left[R_m Q_m - F_j(Q_j)\right]\right\}}{\sum_{i=1}^{D}\left[\sum_{j=1}^{D} c_{ij} c_{mj}\left[2R_m Q_m - F_j(Q_j)\right]\right]^2}, \quad m=1, 2, \cdots, L \tag{29.7}$$

2. 实时网络解算的算法流程

（1）通风网络初始化，设定各分支的风阻与风量，为动力装置赋予动力曲线方程；设定监控系统巡检周期 T；创建实时网络解算线程。

（2）记录系统当前时间 T_1，读取实时监测平均风速，换算得出风量实时监测数据 $Q_1, Q_2, \cdots, Q_s$。

（3）利用 Prime 算法，确定最小生成树。务必使安装有风速传感器的分支作为余支，这样能够保证每个安装传感器的树支都在独立的回路中。

（4）通过向最小生成树中加入余支的办法，确定独立回路。

（5）令迭代计数器 k=0。

（6）根据式（29.7），对所有参与计算的独立回路计算风量修正量。

（7）遍历所有参与计算的独立回路，对该独立回路内的所有分支进行风量修正：

$$Q^{(k+1)}=Q^{(k)}+\Delta q \tag{29.8}$$

（8）检查各参与迭代计算的各回路风量修正量 Δq_i^k，若 $\max(|\Delta q_i^k|)<\varepsilon$（$\varepsilon$ 为计算精度误差），则转（9），否则转（8）；

（9）$k=k+1$。

（10）结束迭代计算，输出风量分配结果。记录当前系统时间 T_2。

（11）实时网络解算线程休眠（$T-T_2+T_1$）s。

（12）休眠时间结束，唤醒线程，转（2），进入下一周期的网络解算。

3. 应用与验证

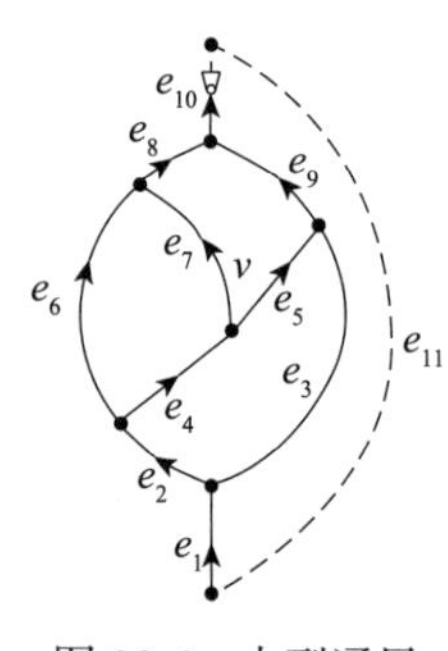

图 29.6　小型通风网络

如图 29.6 所示，一个具有 11 条分支（其中用虚线表示的 e_{11} 是人为加入的风阻为 0 的虚拟分支），8 个节点的小型通风网络模型，在回风井 e_{10} 上安装了风机。该通风系统安装了某型的矿井安全监控系统，并在角联分支 e_7（巷道断面面积 8.00m^2）安装了风速传感器 V。风速等实时监测数据，通过井下分站、环网上传到地面主机存储在数据库中。

如图 29.6 所示的通风网络，回风井 e_{10} 上安装了主通风机，各分支风阻见表 29.8。分支 e_7 在 t_1 和 t_2 时刻监测到的风量分别为 7.20m^3/s 和 6.90m^3/s。

利用 Prime 算法确定网络的最小生成树为 T={e_1, e_2, e_3, e_5, e_6, e_8,

e_{11}}，余支集合为 T_L={e_4, e_7, e_9, e_{10}}。通过采用向生成树中添加余支的办法，确定 4 个独立回路分别为 C_1={e_2, e_4, e_3, e_5}，C_2={e_2, e_6, e_9, e_3, e_8}，C_3={e_2, e_6, e_5, e_7, e_3}，C_4={e_1, e_2, e_6, e_9, e_{10}, e_{11}}。以 ε=0.01m/s 为收敛条件，分别进行自然分风和 t_1、t_2 时刻的实时网络解算结果见表 29.9。

表 29.9　实时网络解算结果

分支名称	分支风阻 /(Ns^2/m^8)	解算风量 /(m^3/s)		
		自然分风	t_1 时刻	t_2 时刻
e_1	0.863 261	26.31	26.32	26.31
e_2	0.875 963	12.47	12.47	12.46
e_3	0.741 109	13.84	13.86	13.84
e_4	0.601 561	4.21	4.39	4.02
e_5	0.61 299	2.73	2.81	2.68
e_6	0.54 025	8.27	8.08	8.45
e_7	0.55 245	6.94	7.20	6.70
e_8	1.074 405	11.11	11.04	11.16
e_9	0.438 363	15.21	15.28	15.15
e_{10}	0.350 142	26.31	26.31	26.31

如表 29.10 所示，由于固定风量分支的存在，参与迭代的回路数减小，迭代次数减少，加速了网络收敛，但同时回路阻力误差明显高于自然分风回路阻力误差。由于使用了全回路调节法，误差没有仅集中在含固定风量回路中，而是分摊到了所有回路上。

表 29.10　迭代计算误差

网络解算	回路阻力误差 /%				迭代次数 / 次
	C_1	C_2	C_3	C_4	
自然分风	0.212	0.003	0.001	0.004	15
t_1 时刻	0.407	0.189	1.225	2.544	9
t_2 时刻	0.459	0.224	1.304	1.976	11

29.2　矿井通风远程定量控制技术

风窗是矿井通风系统最重要的风量调节设施之一。传统的风窗需要土木施工建造，根据经验设定过风面积，不能远程自动调节。由于风窗的节流限流作用，造成风窗处的风流紊乱，因此风窗的过风量一般难以准确测量。北京研究院研制了矿用风量定量调节自动风窗，实现了远程自动快速设定风窗过风面积，形成稳定风流通道，并开发了多点移动式平均风量测量装置，实现了风窗过风量的快速准确测量。

29.2.1 矿井通风远程控制装置

矿用隔爆兼本安型风门风窗用电控装置（安标证号：MAB140949）主要用于煤矿井下的风门自动化控制、风窗自动化控制、风量智能化调节系统，具有较强的适用性、可扩展性、高可靠性和强大的信息传输能力。系统主要功能有：①准确测控自动风窗过风面积；②准确控制测风装置多点移动；③准确测控自动风窗过风量；④风门风窗状态、气源压力、远程视频监控等功能。

1. 控制技术

矿用隔爆兼本安型风门风窗用电控装置采用PLC可编程控制器作为核心单元，其电气组成部分包括PLC控制系统、电源系统、视频信息处理系统、信息传输系统。控制电气原理如图29.7所示。

PLC控制系统：采用了西门子系列PLC的CPU模块、输入输出开关量信号模块、输入模拟量信号模块、输入模拟量信号隔离安全栅、输入频率信号隔离器、人机界面。系统通过本安型输入输出隔离元件，读取外部设备开关及传感器信号，并输出相应的控制指令或声光报警信息。通过信息交换系统与上位机系统进行通信，通过人机界面显示各种状态信号、数值和外围设备信息。

电源系统：包括隔离变压器、18.5V本安电源、24V开关电源、12V开关电源、9V开关电源。总电源由井下660V交流电供电，经过隔离变压器后输出220V交流电，提供整个控制柜的供电。18.5V本安电源提供了PLC控制柜外围的输入传感器、开关信号的供电。24V开关电源提供PLC系统供电和PLC控制柜外围的输出执行器的供电。12V开关电源提供视频服务器、光端机的供电。9V开关电源提供以太网交换机、光缆收发器的供电。

视频信息处理接口：PLC控制柜外围的摄像设备通过视频光纤传输来的视频信号进入PLC控制柜内部的光端机，转换成电信号，传输给视频服务器。视频信号经视频服务器处理后，送入信息传输系统的交换机进行信息传输。

信息传输系统：由以太网交换机、光缆收发器组成。PLC控制系统、视频信息处理系统、人机界面、设备编程调试和网络通信系统的信息交换和传输都是通过信息传输系统进行的。

2. 电控系统传感器

1）多圈绝对值旋转编码器

自动风窗的开度、测风装置位置分别与气动马达转数和电动机转数直接相关。因此，为了实现自动风窗开度和测风装置位置的准确测量和控制，通过多圈绝对值旋转编码器可准确获得气动马达和防爆电动机的转数。光电式旋转编码器通过光电转换，可将输出轴的角位移、角速度等机械量转换成相应的电脉冲以数字量输出（REP）。绝对编码器由机械位置决定每个位置的唯一性。

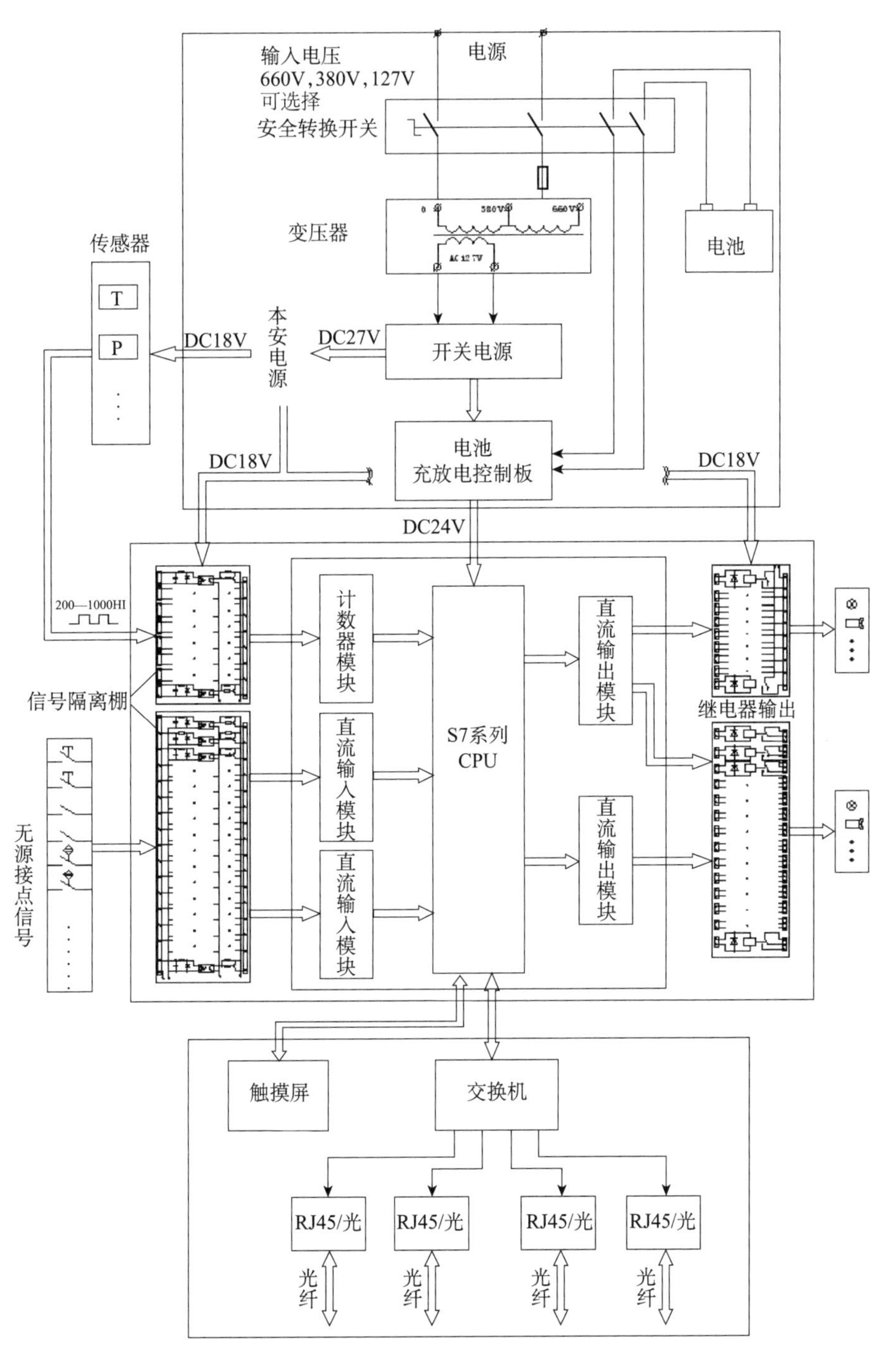

图 29.7　控制系统电气原理示意图

2）接近开关

使用 KHJ-1 型矿用本质安全型接近开关，对运动机构的极限位置进行检测，防止运动机构冲出极限位置，造成运动机构或动力装置损坏。当运动机构在运动过程中与接近开关的距离小于 8mm 时，接近开关被触发，返回信号，电控主机发出命令，动力装置和运动机构停止运动。

3）风门状态传感器

采用 GFK50 型风门开闭状态传感器监测风门的开关状态，正常条件下传感器处于“关”状态，一旦风门被打开或者没有关严，传感器状态变为“开”，电控主机就可以根据信号状态，做出相关的报警和动作响应。

4）矿用声光报警器

KXB127 型矿用声光报警器适用于煤矿井下有瓦斯煤尘爆炸危险环境。声光报警装置可在电控主机控制下发出语音提醒，并有灯光闪烁警示，警示周边人员，防止人身安全事故的发生。

5）光纤视频摄像仪

矿用隔爆型光纤视频摄像仪用于井下重要场所的图像摄取和传输，能够用于含有甲烷等爆炸性混合气体、具有爆炸危险的煤矿井下。摄像机采用黑白 CCD 感光器件，输出 1Vp-p 全电视视频信号，视频信号连接至网络编码器，网络编码器将模拟信号使用 H.264 格式编码后成为数字信号，连接电控主机内的视频服务器，上位机软件可通过网络访问视频服务器以获取监控视频。

6）模拟量传感器

为了实时监测自动风窗相关环境参数，设置了风速、甲烷、一氧化碳、温度、压差、气源压力等各类模拟量传感器（表 29.11）。

表 29.11　模拟量传感器

序号	类型	型号	量程	用途
1	风速传感器	GFW15	0.4～15m/s	监测风速
2	甲烷传感器	GJC4(B)	0～4%	监测瓦斯浓度
3	一氧化碳传感器	GTH500(B)	$0\sim500\times10^{-6}$	监测一氧化碳浓度
4	温度传感器	GWD100	0～100℃	监测温度
5	气源压力传感器	GYD60-Y2	0～60MPa	监测气源压力
6	压差传感器	GPD6	0～5kPa	监测风窗压差

29.2.2　自动风窗结构组成及工作原理

自动风窗及其配套设施主要包括通道式自动风窗本体、电控系统和气阀箱。自动风窗本体安装在井下主要风量调节地点，以压缩空气为动力，实现过风断面的快速调控；气阀箱输入端接入井下压缩空气，输出端连接自动风窗气动马达，气阀箱内部封装了矿用隔爆电磁阀，控制缩空气的接通与关闭；电控系统以 PLC 作为核心控制单元，利用 TCP/IP 协议接入井下环网与上位机软件通信，远程控制电磁阀，进而实现自动风窗过风面积的远程准确调节。

自动风窗以气动马达、推杆分别作为动力装置和传动机构。推杆一端通过铰链与门体连接，另一端通过法兰盘与气动马达相连接，A、B、C、O 为 4 个铰接点，自动风窗结构如图 29.8 所示。

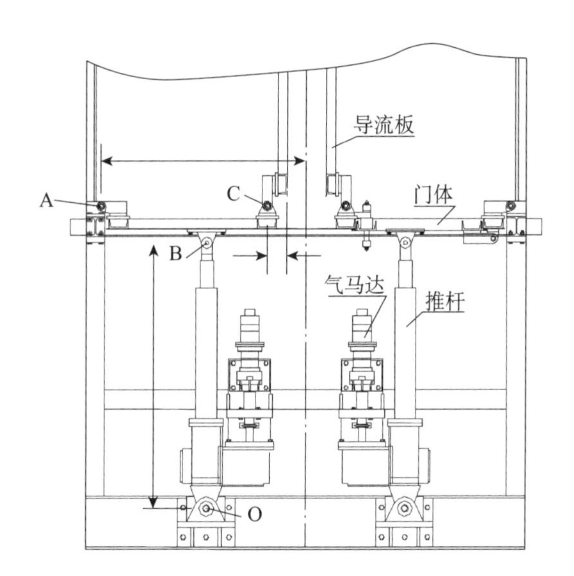

图 29.8　自动风窗结构

风窗调节过程中，在动力及传动装置作用下，运动机构发生水平直线运动或者旋转运动，使得风窗过风面积发生变化，形成矩形风流通道。自动风窗从完全关闭到完全打开的两个极限位置效果分别如图 29.9 和图 29.10 所示。图中 a 为两个连杆，b 为导流板，c 为风窗门体，d 为动力传动装置（气动马达与推杆）。

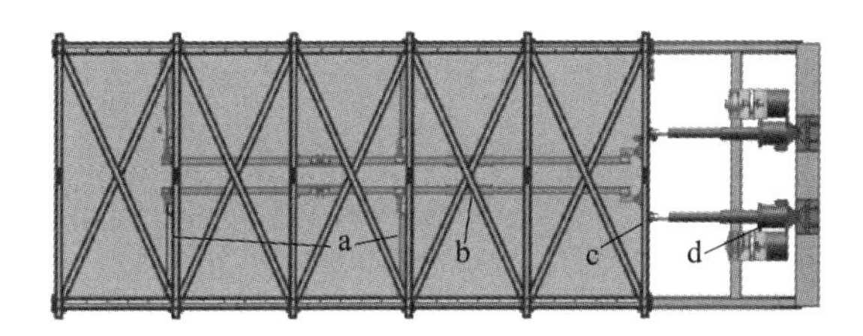

图 29.9　风窗处于完全关闭状态的俯视效果图

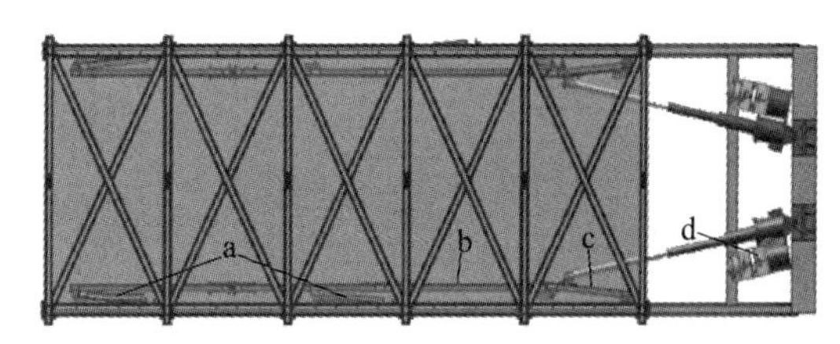

图 29.10　风窗处于完全打开状态的俯视效果图

两个导流板之间的距离为风窗的开度。风窗关闭状态时，连杆和门体与导流板相互垂直，推杆伸出距离最短。在风窗由完全关闭到完全打开的过程中，在动力装置作用下，推杆逐渐伸出，推动门体、连杆和导流板绕门轴做旋转运动，随着旋转角度的增大，风窗开度逐渐增加，两个导流板之间形成的过风断面逐渐增大。

29.2.3　自动风窗过风面积准确测控技术

当煤矿井下发生瓦斯超限或者风速超限等情况需要进行风量调节时，井下瓦斯浓度传感器或风速传感器会将监测结果通过井下环网传输到地面上位机软件，地面上位机软件可给出自动调控方案。自动调控方案经技术人员确认后将对自动风窗的调控信息发送给电控系统 PLC 控制单元，PLC 控制单元控制电磁阀开关通过气动马达来定量调节自动风窗通风面积。

1. 过风面积准确测控原理

自动风窗开度和过风面积与气动马达绝对转数直接相关。为了实现自动风窗开度精确测量和控制，使用旋转编码器记录气动马达转数。PLC 电控系统与旋转编码器通信，获取气动马达转数，换算得到自动风窗的过风面积。

当需要调节风窗面积时，PLC 发出信号，使电磁阀接通气路，气动马达转动，PLC 通过检测气动马达转数，判断调节是否到位，若到位则立即通过电磁阀切断气路，使气动马达停止转动。

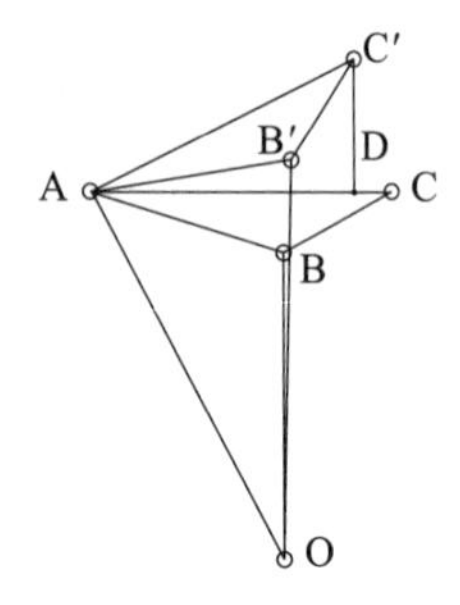

图 29.11 左风窗几何结构

自动风窗前部动力传动装置和运动机构平面布置如图 29.8 所示，以左风窗为例说明过风面积计算原理。A、B、C、O 为四个铰接点，此时自动风窗处于关闭状态，气动马达转数为 0，推杆伸长量为 0mm。对推杆、门体及四个铰接点简化抽象后得到如图 29.11 所示的几何结构，图 29.11 中的 A、B、C、O 四个铰接点与图 29.8 中的 A、B、C、O 四个铰接点分别对应。气动马达旋转 n 转后，推杆前端推进到 B′位置，门体 AC 围绕铰接点 A 旋转到 AC′位置，点 D 为 C 点在 AC 上的投影点，则 CD 长度即为左风窗开度。

风窗完全关闭时，推杆伸长量为 0，推杆长度为 OB。气动马达旋转 n 转后，OB′可以由下式计算：

$$OB'=OB+kn \tag{29.9}$$

式中，k 为推杆旋转一圈推进或缩短量，m；n 为气动马达转数。

∠OAB′可通过下式计算：

$$\angle OAB' = \arccos((OA^2 + AB'^2 - OB'^2) / 2 \times OA \times AB') \tag{29.10}$$

式中，OA、AB′均为常量（AB 为常量，AB′与 AB 等同）。

门体旋转角度通过下式求得：

$$\angle CAC' = \angle BAB' = \angle OAB' - \angle OAB \tag{29.11}$$

左风窗开度 l 和面积 S 的计算：

$$l = AC - AC' \times \cos(\angle CAC') \tag{29.12}$$

$$S = l \times h \tag{29.13}$$

式中，h 为自动风窗调风高度，m。

2. 面积测控误差测试

自动风窗由左、右两个窗扇组成。每个窗扇由各自的气马达控制，对于其中一扇风窗而言，有：

$$s_c = w_c h \tag{29.14}$$

式中，s_c 为程序测算风窗面积，m^2；w_c 为程序测算风窗开度（导流板至风窗中线距离），m；h 为风窗高度（常量），m。

$$s_t = w_t h \tag{29.15}$$

式中，s_t 为实际测量风窗面积，m^2；w_t 为实际测量风窗开度（导流板至风窗中线距离），m。

单扇风窗程序测试面积绝对误差可表示为：

$$e = | s_c - s_t | \tag{29.16}$$

式中，e 为风窗程序测试面积绝对误差，m^2。

自动风窗调节过程中，风窗高度不变，只有左、右两窗扇的开度发生变化，因此开度的相对误差直接反映了调节面积的相对误差。

$$\varepsilon = \frac{|s_c - s_t|}{s_{t\max}} \times 100\% = \frac{|w_c - w_t|}{w_{t\max}} \times 100\% \tag{29.17}$$

式中，ε 为风窗测控面积相对误差，%；$S_{t\max}$ 为实测风窗最大面积，m^2；$w_{t\max}$ 为实测风窗最大开度，m^2。

为检验面积测控精度，使用盒尺和激光测距仪等工具，直接测量风窗左、右开度，采用程序计算开度比较的方法。

左、右扇风窗分开测试，以测试左窗为例，测试过程说明如下：

（1）将左窗面积手动关到最小，将右窗开到最大（为了有充足的空间，方便测量）。

（2）启动气动马达，左风窗小幅度打开，然后停止。

（3）使用程序记录旋转编码器转数 n、左风窗开度 w_l；使用盒尺、激光测距仪测量左、右导流板之间的距离 w，记录程序测算开度和实际测量开度。

（4）转到（2），直到左风窗完全打开为止。

左风窗最大绝对误差为 0.046m^2，平均绝对误差为 0.026m^2，最大相对误差为 0.89%，平均相对误差为 0.39%，左风窗全程调节时间 94.5s；右风窗最大绝对误差为 0.043m^2，平均绝对误差为 0.019m^2，最大相对误差为 0.83%，平均相对误差为 0.37%，全程调节时间为 95.8s。

29.2.4　应用实例

1. 应用背景

山西天地王坡煤业有限公司矿井生产能力为 300 万 t/a，矿井回采工作面日进度为 7.2m/d，工作面日产量为 9928t/d。矿井布置了 2 个回采工作面和 2 个掘进工作面。王坡矿井现有主斜井、副斜井和塔里进风井三个进风井，上寺头回风井、塔里回风井两个回风井。

根据 3205 回采工作面通风机巷道布置情况，在 3205 出煤联巷 (T1)、3205 回风联巷 (T2) 处主要风量调节地点安装了自动风窗，在 3205 回风巷绕道 (T3) 安装了定量调节自动风门，以实现对3205回采工作面风量的定量化智能远程控制（图29.12）。

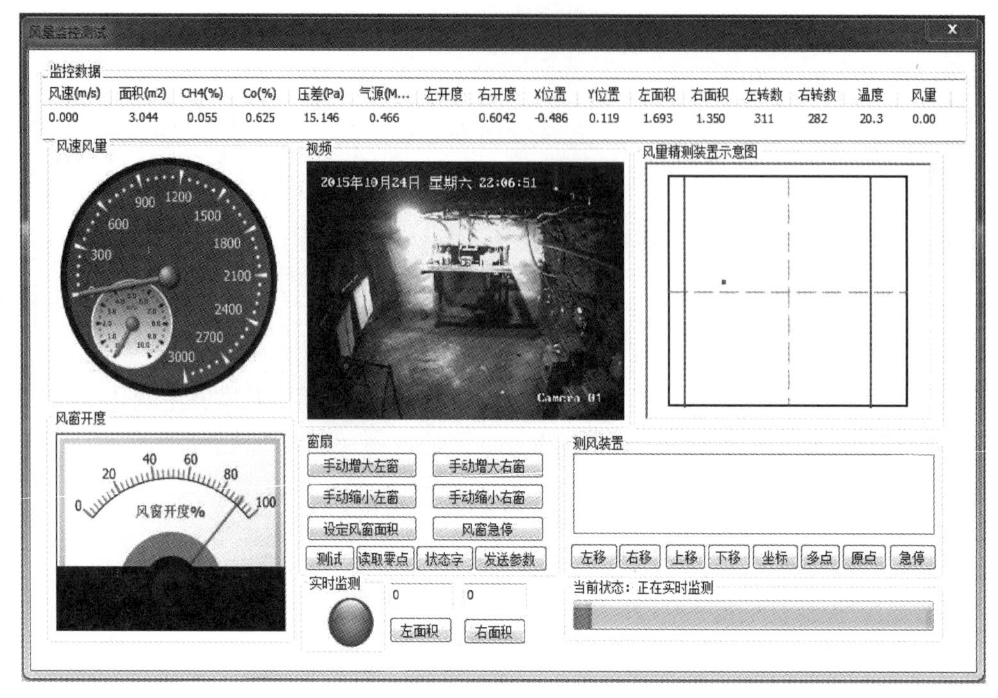

图29.12　风量精控装置监测控制对话框

2. 定量调节过风面积技术应用

在自动风窗定量调节过风面积前，首先测量回风绕道原有通风设施调节面积 A_0，使用上位机软件设定自动调节风窗过风面积也为 A_0，人工测定调节完成后的过风面积 A_1。然后拆除原有通风调节设施，等风流稳定后，测风员测量风量。计划风量、传感器监测风量、测风员测量风量分别为 Q_0、Q_1 和 Q_2。

面积调控相对误差计算：

$$\eta = \frac{|A_1 - A_0|}{A_{\max}} \times 100 \tag{29.18}$$

式中，η 为面积调节相对误差，%；$A_{\max}$ 为 A_0 和 A_1 中的面积较大值，m^2。

实测3205回顺回风联巷、尾巷原风窗面积分别为 $3.3m^2$ 和 $0.015m^2$，应用矿井通风智能决策系统软件对3205回顺回风联巷自动风窗面和尾巷自动风窗直接设定过风面积。面积和风量定量调节结果见表29.12。

表29.12　调节误差及风量测试

设施名称	设定面积 /m^2	实测面积 /m^2	计划风量 /（m^3/min）	监测风量 /（m^3/min）	实测风量 /（m^3/min）	相对误差 /%
3205出煤联巷自动风窗	0.015	0.017	185	193.5	—	0.052
3205回风联巷自动风窗	3.300	3.305	2390	2455.2	2445.1	0.079

3. *矿井通风远程定量控制技术应用*

随着3205采煤工作面的不断推进，工作面通风线路长度缩短，工作面风阻减小，风量增大。2015年10月5日对3205工作面测风，工作面风量增加超过10%，这样可能造成矿井其他用风地点风量降低，且不利于3205采空区防火，因此有必要对工作面风量进行调节。

应用矿井通风智能决策与远程控制系统（图29.13），直接设定3205工作面需风量，无需人工计算各自动风窗的调节量，软件在30s内给出了各自动风窗调节方案以及调节后各巷道风量分配情况，地面操作人员认可调节方案后，一键启动自动风窗远程调节过风面积。设定3205回顺回风联巷风量为2390m^3/min，240s后自动风窗调节到位，调控完成后，测风员实测3205回顺回风联巷风量2393.7m^3/min，3205瓦斯尾巷风量733.4m^3/min，相对误差分别为1.07%和1.04%。风量决策方案及调控误差统计见表29.13。

表29.13　风量决策方案及调控误差统计

序号	自动通风设施位置	风量模拟/(m^3/min)	调节面积/m^2	实测风量/（m^3/min）
1	3205回顺回风联巷	2390.0	2.950	2393.7
2	3205出煤联巷	185.0	0.015	187.1
3	3205回顺绕道	205.0	0.015	208.3
4	3205瓦斯尾巷	730	—	733.4

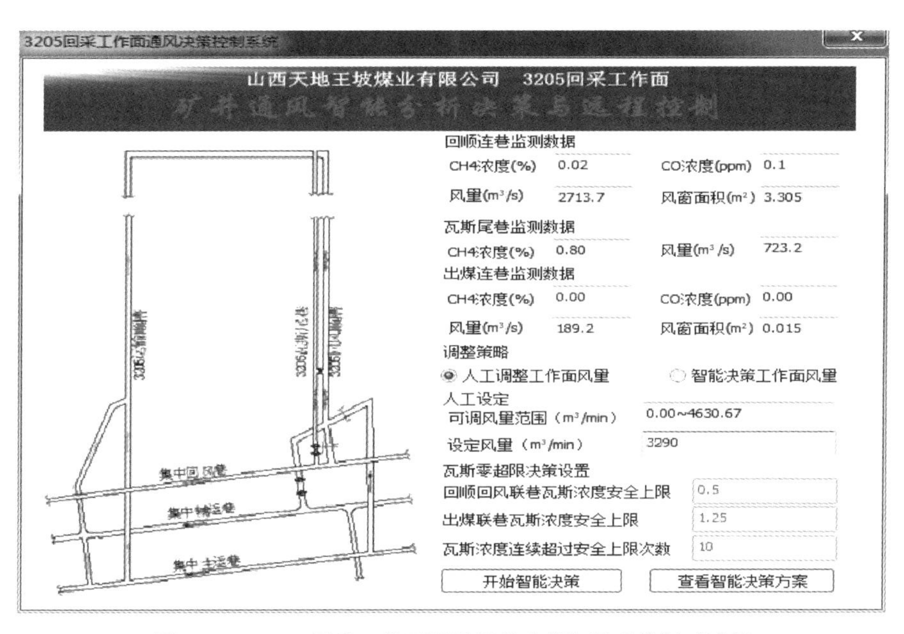

图29.13　3205回采工作面通风智能决策与远程控制对话框

（本章主要执笔人：北京研究院张浪，王恩，李伟，赵灿，桑聪）

第30章 矿井通风动力装置

向煤矿井下输送新鲜空气过程中，需要不断克服空气沿井巷流动所受到的阻力才能保持井下风流的流动，因此必须以矿井通风机作为通风动力装置为风流提供能量，才能保证煤矿的安全生产。

矿井通风机的主要任务就是把地面新鲜空气源源不断送入井下，以冲淡并排除井下巷道有毒、有害气体和粉尘，保证井下采掘工作面风流的质量符合国家安全卫生标准，为煤矿职工提供良好的工作环境，保障职工身体健康和生命安全，矿井通风机在煤矿的安全生产过程中发挥着重要的作用。

矿井通风机按服务范围可分为以下三类。

1）主通风机：服务于全矿或矿井的某一翼（部分）。

2）辅助通风机：服务于矿井网络的某一分支（采区或工作面），辅助主通风机通风，以保证该分支风量，不过现在煤矿井下很少采用。

3）局部通风机：服务于独头掘进井巷等局部地区。

本章介绍重庆研究院在矿用主通风机和局部通风机叶片气动性能、调节技术、智能控制技术以及噪声控制技术等方面取得的成果。

30.1 主通风机及配套设备成套系统

主通风机成套系统一般包括主通风机、风门、风道、电控系统、监测监控系统等。煤矿主通风机担负着全矿井的通风，功率大，全天候不停机运转，是矿井最主要的功耗设备之一。主通风机可分为FBCZ系列单级主通风机和FBCDZ系列对旋主通风机。重庆研究院在主通风机气动性能、调节性能、使用维护、监测监控等方面都进行了深入全面的研究。

30.1.1 主通风机

轴流式主通风机主要由叶轮、主机、集流器、扩散器及电机组成，是利用固定在电机轴上的叶轮在旋转时产生的轴向推动力来输送气体的通风机，主要结构如图30.1所示。

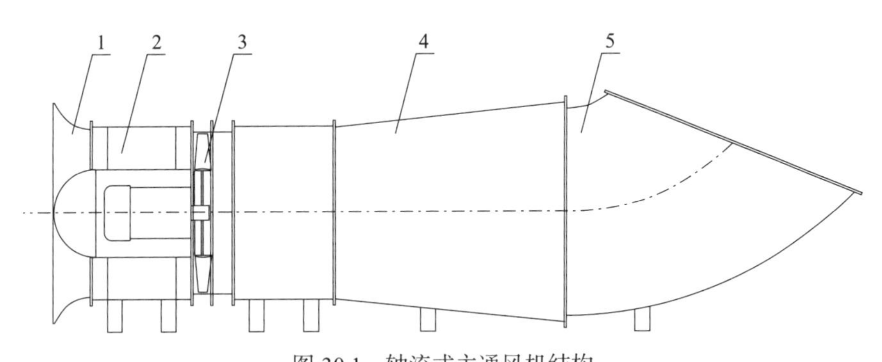

图 30.1　轴流式主通风机结构

1. 集流器；2. 主机（含电机）；3. 叶轮；4. 扩散器；5. 扩散塔

1. 结构原理

轴流式主通风机工作原理是当叶轮旋转时，气体从进风口轴向进入叶轮，受到叶轮上叶片的推挤而使气体的能量升高，然后流入导叶。导叶将偏转气流变为轴向流动，同时将气体导入扩散器，进一步将气体动能转换为压力能，最后排出。

轴流式主通风机根据结构特点，可分为单级和对旋。单级轴流主通风机只有一个叶轮和一个主机，由一台电机驱动，一般配有前、后导叶；对旋轴流主通风机有两个叶轮和两个主机，由两台电机分别驱动，其两个叶轮互为导叶，因此，对旋轴流主通风机无固定导叶，减少了因导叶带来的流动损失，容易获得较高的效率，但噪声较高，所以一般增加消声器和扩散塔来降低噪声。单级轴流主通风机压力较小，适用于通风距离短的中、小矿井；对旋轴流主通风机压力较大，适用于通风距离长、通风条件复杂的大、中型矿井。

2. 技术特点

1）叶片与流道个性化设计

主通风机能否高效运行，除了风机本身效率外，其气动性能与矿井通风阻力是否匹配是重要的因素。仅靠几个固定的型号来满足参数范围越来越宽、服务年限越来越长的矿井是不科学的，对矿井本身而言也是高耗能的。为了使通风机在服务年限内能持续在高效区域运行，主通风机应针对不同通风参数的矿井进行个性化设计。利用自主研发的选型软件，根据用户矿井通风参数进行合理选型，采用三元流体和叶栅流动理论计算基本叶型，根据计算结果，用 Inventor 三维设计软件对叶片和风机流道按实际尺寸进行三维造型（图 30.2），将完成造型的整机三维图数据采用 FLUENT 进行流场分析和反复

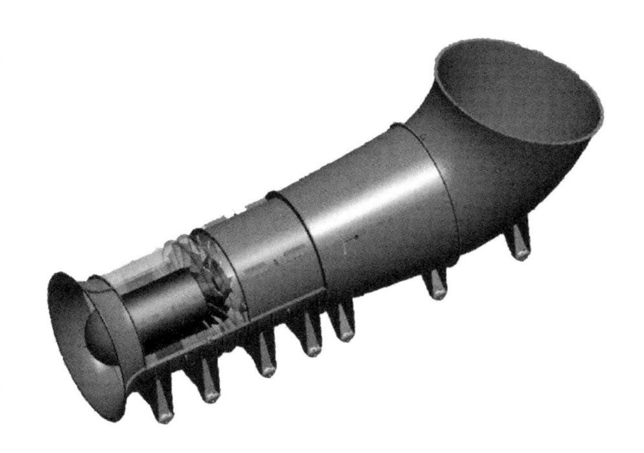
图 30.2　风机整机三维造型

优化设计直至输出最优结果，然后按比例进行模型机试验验证后才制作实体产品，最后通过形式试验才交付用户使用。

2）工况调节技术

矿用主通风机调节运行工况一般采用调节动叶安装角度来实现，主通风机动叶同步可调技术和叶片体外调节技术可解决以往主通风机动叶角度调整时间长、调整不均的问题。其中“动叶同步可调技术”获得国家发明专利，可控制调节叶片角度时间在20min内一次调整到位，较传统调节方式减少耗时90%以上。

主通风机工况调节最好的方式是转速调节，因为从理论上通风机的效率并不随转速的变化而改变。出于矿井调风的安全性和变频技术成熟度的考虑，在2010年以前变频器在主通风机控制上应用较少，但随着国产变频器技术成熟与成本降低，主通风机变频调节越来越广泛。重庆研究院率先对对旋主通风机的调速性能进行了深入研究，在一、二级叶轮的转速匹配、变频器对电机的影响、矿井通风工况适用调速范围等方面做了大量试验研究，并在多个煤矿用户成功应用研究成果，解决用户调风困难、电机发热甚至烧毁等难题。

3）停机检修

主通风机叶轮转动惯性较大，停机后叶轮静止耗时较长，传统的手动刹车技术及装置既不安全又不便于操作。新型的手动和自动一体刹车技术既安全可靠，又实现了远程控制，目前在各大矿业集团得到了大量推广。

主通风机检修时，需将叶轮段拉开来检修叶轮和电机，随着主通风机机号越来越大，靠人力就显得越来越困难和危险，安装在主机下方的自动行走机构就很好地解决了这一难题。

4）检测检验

通风机叶片作为风机的关键零部件之一，它的安全可靠性直接决定着风机的运行安全，因此必须对每件风机叶片进行无损检测。钢叶片采用原材料超声波探伤和叶片叶芯磁粉探伤相结合的方式进行无损检测；铝叶片采用表面着色渗透探伤和内部X射线探伤相结合的方式进行无损检测。

重庆研究院的高压风机实验中心配套有直径5m、3.2m及2.6m的模拟试验风道群，是国内目前最全、最大的风机实验室，能对380V、660V、1140V、6kV和10kV不同电压等级以及功率在2×2000kW以下的风机进行科研试验和出厂试验。产品测试按GB/T1236—2000标准进行管网加工、测点布设、原始数据测量、数据计算、结果输出等，并为用户提供风机出厂测试报告。

3. 性能参数

1）FBCZ系列单级主通风机

FBCZ系列单级主通风机前身为ZT系列矿用轴流主通风机，是重庆研究院20世纪90

年代开发的产品，用于替代离心式主通风机。FBCZ 系列单级主通风机性能参数见表 30.1。

表 30.1　FBCZ 系列单级主通风机性能参数

参数	机号	功率 /kW	风量 /（m^3/min）	负压 /Pa	效率 /%	比 A 声级 /dB（A）
数值	10～22	11～220	528～9540	250～1986	＞80	＜35

应用情况：FBCZ 系列单级主通风机多应用于中、小型矿井，在国内多家煤矿使用，效果良好，不仅满足矿方对风量、负压的需求，而且风机运行效率较高，风机噪声、振动较小，达到了节能、可靠运行的要求，获得用户的一致好评。

2）FBCDZ 系列对旋主通风机

从 2000 年开始，随着大型矿井兴建及老矿井通风距离增加，大风量、高负压主通风机需求逐渐增多，对旋局部通风机技术被引入主通风机，形成了 FBCDZ 系列对旋轴流主通风机，很快受到全国各大矿井和风机生产厂家的重视。

FBCDZ 系列对旋主通风机性能参数见表 30.2。

表 30.2　FBCDZ 系列对旋主通风机性能参数

参数	机号	功率 /kW	风量 /（m^3/min）	负压 /Pa	效率 /%	比 A 声级 /dB（A）
数值	10～40	2×11～2×1600	528～45600	250～6800	＞80	＜35

应用情况：FBCDZ 系列对旋主通风机广泛应用于大、中型矿井。由于 FBCDZ 系列对旋主通风机是针对各矿井通风参数（风量、负压）进行个性化设计，风机性能参数和矿井匹配性很高，主通风机运行效率一直在 80% 以上，极大地降低了矿井通风功耗，减少了矿井生产成本。

30.1.2　主通风机系统成套技术

1. 主通风机无人值守监控技术

随着信息技术的发展，信息交换技术覆盖了各行各业，在自动化领域，越来越多的企业需要建立包含从工厂现场设备层到控制层、管理层等各个层次的综合自动化网络管控平台，建立以工业控制网络技术为基础的企业信息化系统。正是在这样的大环境下，无人值守煤矿主通风机自动控制系统开始逐步应用，并凭借高性能的通信及智能化的计算机控制得以实现。重庆研究院从主通风机在线监测技术开始研发，逐步开发出主通风机在线监测技术、主通风机在线监控技术、主通风机无人值守监控技术等，并形成了主通风机在线监测监控系统等系列化产品。

主通风机无人值守监控系统包含硬件和软件两部分：硬件部分主要包括主通风机、控制柜、风门、传感器、计算机及监控设备等；软件系统主要由系统初始化程序、风门电机起停程序、风机电机启停程序、风机电机倒机切换程序、风机反风程序、模拟量 (压力、风量、振动、温度等) 采集程序、报警程序等构成。

其主要功能包括：

（1）全天候无人值守在线监控风机系统的运行状况。

（2）实时就地、远程控制风机各电机的运行状态及风量、频率的调节。

（3）实现无人值守情况下的风机自动切换功能。

（4）风机系统当前、历史、报警等数据的现场查询和显示。

（5）风机停运的现场声光报警。

（6）风机停运时多级监控中心远程的自动报警。

（7）多级监控中心对风机系统运行数据的远程查询。

（8）系统故障自诊断的声光信息通知。

（9）系统运行参数的现场设置和远程设置。

（10）灵活、便捷、高效、经济的以太网通信、总线通信及485总线通信等。

无人值守监控系统的现场数据通过传感器和数据采集模块进入系统，系统对输入数据进行处理后保存在实时数据库中。如果数据达到报警限值，系统进行报警处理，并记录报警信息，按照要求系统定时将实时数据保存到历史数据库和统计数据库中；如果出现满足触发条件的系统事件，系统可以自动触发相对应的应用程序。通过系统接口应用程序访问实时数据库、历史数据库和统计数据库中的数据。经过客户应用程序处理的数据可以通过应用编程接口再回送到实时数据库中，进行输出处理后通过回送模块送到实时控制系统中，从而实现对监控系统的现场控制。

应用情况：无人值守监控系统大多配套主通风机使用，在全国多地矿井主风机均有配套在线监控系统，各矿井均使用状况良好。无人值守监控系统能够实时准确地监测通风机运行参数，主要包含风机风量、风压、电机电流、电压、功率因数、电机转速及风机振动等参数。通过这些参数的监测，使用户能够更加准确便捷地了解主通风机运行状况，方便风机司机对主通风机的控制，保证主通风运行的安全可靠。

2. 主通风机不停风倒机技术

矿井主通风机在检修、测试或故障时需要进行切换倒机，在主、备两套风机倒机过程中存在矿井短暂停风状态，尤其是主通风机性能测试时全矿井可能存在长时间停风，这就有可能导致井下瓦斯积聚或超限并带来安全隐患。

主通风机不停风倒机技术有两大功能可解决以上问题：

（1）不停风切换倒机功能。两台通风机有各自的挂网风门和对空风门，通过远程顺序控制，在1min内实现两台主通风机的平稳切换，井下风量变化不超过15%，整个过程在计算机上一键完成，并实现对风门开闭状态、风量等参数状态实时监控。

（2）自动测试功能。在需要对通风机进行性能测试时，不影响在用风机的正常运转，打开备用风机的对空风门，并按所需工况点控制其开闭状态，实时记录风机、电机各项参数，完成通风机性能测试。

除此之外，还具有备用通风机热备功能。在用风机正常供风的情况下，考察备用风机在检修后是否能正常运转，节省了传统倒机法来回倒机的时间，降低了因井下停风而导致的安全危险。

重庆研究院开发的主通风机不停风倒机系统主要监测监控系统、电控系统、百叶窗风门系统、主通风机等组成，其模型如图 30.3 所示。

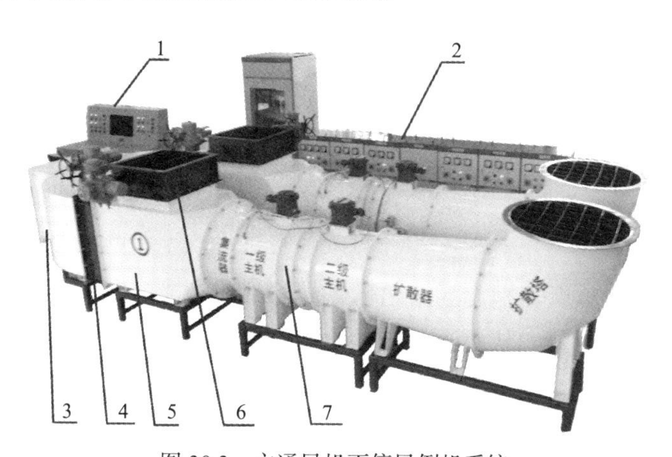

图 30.3 主通风机不停风倒机系统

1. 监测监控系统；2. 电控系统；3. 回风井；4. 挂网风门；5. 风硐；6. 对空风门；7. 对旋主通风机

应用情况：主通风机不停风倒机技术大多配套主通风机使用，在全国多地区矿井配合主通风机使用。主通风机不停风倒机系统能够快速实现主通风机的切换，在矿井进行反风演习时也能够快速切换风机，使得风机倒机工作在 1min 内完成。各矿使用状况良好，解决了矿方测试风机和倒换风机的难题，提高了工作效率，减少了风机切换时的安全隐患。

30.2 局部通风机

局部通风机是给井下掘进工作面等局部用风地点单独供风的设备，具有通风距离长、风量大、噪声低等特点。由于在井下工作，促狭空间内的噪声控制、瓦斯的抽排安全性都显得尤其重要。所以除了要求局部通风机高效节能外，低噪声、智能控制也是重要的研究方向。在局部通风机相关方面，重庆研究院近年来主要研究开发出 FBD 对旋式局部通风机、FBD 系列三级 / 四级对旋轴流局部通风机、FBDS 系列双速对旋局部通风机和智能局部通风机系统。

30.2.1 对旋式局部通风机

20 世纪 80 年代末，重庆研究院引进并消化吸收日本对旋局部通风机后，经过多年的试验研究，采用了 FMIA 机翼形叶片代替板形叶片，在提高风机效率的同时，加强叶片整体强度，产品性能逐渐超过了日本产品，从此对旋局部通风机在我国各大煤矿企业得到了广泛的应用，并在各风机制造厂家引起了很大反响。

1. 结构原理

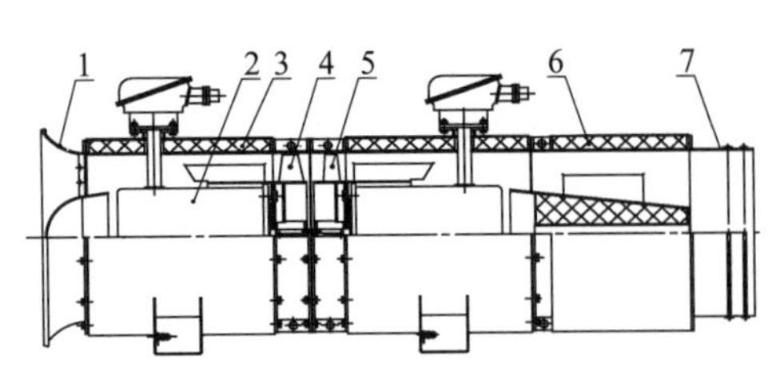

图 30.4　FBD 型矿用隔爆型压入式对旋轴流局部通风机结构示意图

1. 集流器；2. 电动机；3. 机壳；4. Ⅰ级叶轮；5. Ⅱ级叶轮；6. 消声器；7. 风筒接头

FBD 型对旋局部通风机由集流器、前后机壳、电动机、两级叶轮、后消声器、风筒接头等部分组成，如图 30.4 所示。FBD 型对旋局部通风机外壳及结构件均用钢板焊接而成，内筒用多孔板焊接而成，内衬消声材料，电动机依靠法兰止口用螺栓连接在风道内，电动机外壳作为内风道。

FBD 对旋局部通风机两级叶轮旋转互为等速对旋。空气进入Ⅰ级叶轮，获得能量后，经Ⅱ级叶轮排出。Ⅱ级叶轮兼备普通轴流式通风机中静叶栅的功能，在获得整直圆周方向速度分量的同时，并加给气流能量，从而达到普通轴流通风机所不能达到的高效率和高风压。对旋风机曲线很陡，即压力变化范围很大，但风量变化范围相对较小，因此特别适合煤矿井下长距离通风的需要。

2. 技术特点

1）效率高

FBD 对旋局部通风机设计方法从传统的孤立翼形、叶栅法等过渡到三元流动设计，叶形也由 FMIA 机翼形取代了以往的圆弧板形，并应用流场模拟、有限元分析等先进设计方法对叶片、流道进行优化。通过大量的试验验证，重庆研究院的 FBD 系列矿用隔爆型压入式对旋轴流局部通风机效率均能达到 80% 以上，在满足用风地点大风量需求的同时，也满足了越来越远的通风距离要求。

2）噪声低

随着煤矿掘进巷道长度的增加，需要局部通风机提供的风量和压力也越来越高，随着风量和压力的提高，局部通风机的噪声问题也凸显出来。太高的噪声不仅影响工人的身心健康，也给煤矿安全生产埋下了隐患。重庆研究院从主动降噪和被动降噪两方面入手，进行了大量的研究和试验，取得了明显的降噪效果。

主动降噪方面，对风机叶轮进行了优化设计，叶片整体注塑并采用弯掠技术，在几乎不损失叶轮效率的基础上，降低气动噪声。弯掠叶片示意图见图 30.5。

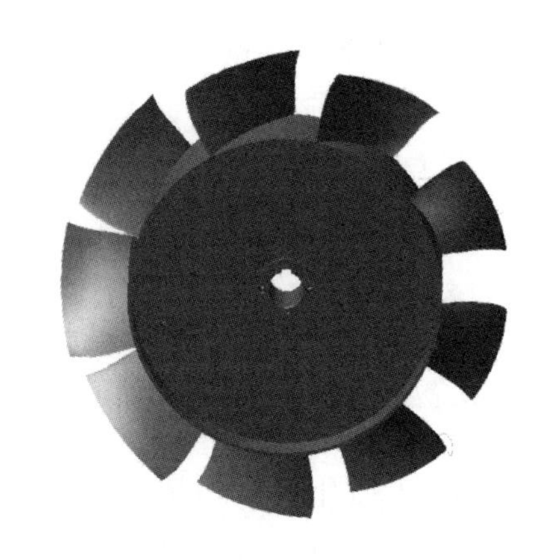

图 30.5　弯掠叶片叶轮

被动降噪方面，通过对各型号噪声频谱分析，采用合理的网孔分布、玻璃纤维厚度和前后消声器长度，把对人耳影响最为明显的高频噪声最大限度地消除；同时集流器器前设消声帽，从叶轮处沿着轴向噪声声波除了受到机壳外包覆消声棉的吸收外，还受到消声帽的反射和吸收，这样通过进风口向外传播的噪声就大大降低。

带消声帽的对旋局部通风机由消声帽、前后机壳、电动机、两级叶轮、前后消声器等部分组成，如图 30.6 所示。该系列通风机的全压效率大于 80%，A 声级小于 85dB(A)，大大低于普通局部通风机约 100dB(A) 的噪声。

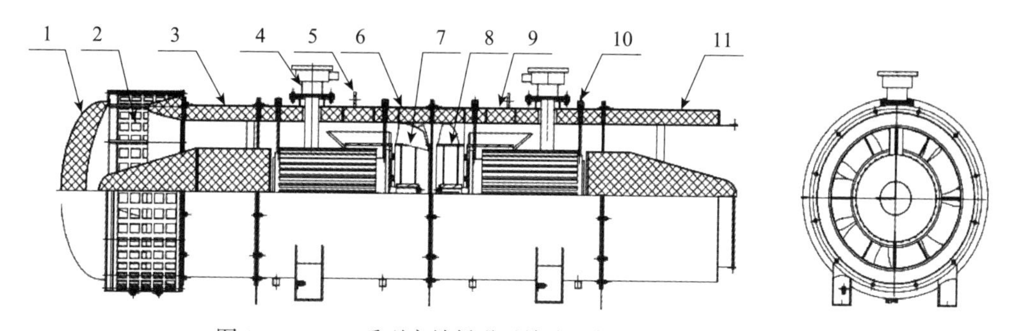

图 30.6　FBD 系列高效低噪对旋式局部通风机结构示意图

1. 消声帽；2. 防护网；3. 前消声器；4. 电动机；5. 吊钩；6. 前机壳；7. Ⅰ级叶轮；8. Ⅱ级叶轮；9. 后机壳；10. 注油管；11. 后消声器

3）流道优化

局部通风机直径小、转速高、风压大，其气动性能很大程度上取决于风机本体流道的设计，流道阻力损失越小，效率越高。

在流道设计上利用 FLUENT 软件进行流场阻力分析，循环优化不合理的零部件设计。在加工方面，集流器、整流罩采用旋压技术，成型快，符合标准，节约成本，减小通风阻力；叶轮外圆、电机安装筒、外筒的加工同心度由高精度立车加工，保证叶顶间隙的大小和一致性，在保证效率的同时，控制噪声。

3. 技术参数

FBD 型矿用隔爆型压入式对旋轴流局部通风机参数见表 30.3。

表 30.3　FBD 型矿用隔爆型压入式对旋轴流局部通风机参数

参数	机号	功率 /kW	风量 /（m^3/min）	全压 /Pa	效率 /%	比 A 声级 /dB（A）	A 声级 /dB（A）
数值	3.55～11.5	2×2.2～2×90	80～1900	600～6000	＞80	＜25	＜85

30.2.2 多级对旋轴流通风机

1. FBD 系列三级、四级对旋轴流局部通风机

FBD 系列矿用隔爆型压入式三级（四级）对旋轴流局部通风机是重庆研究院在 FBD 对旋式局部通风机系列的基础上，研制出的长距离局部通风机。与普通对旋式通风机相比，在相同风量和风机直径的情况下，可以产生更高的风压，能够适应更长的通风距离；其结构紧凑，便于在工程施工中运输和安装。其结构形式为矿用隔爆型、多级叶轮对旋、外包复式消声、轴流式，产品结构如图 30.7 和图 30.8 所示。

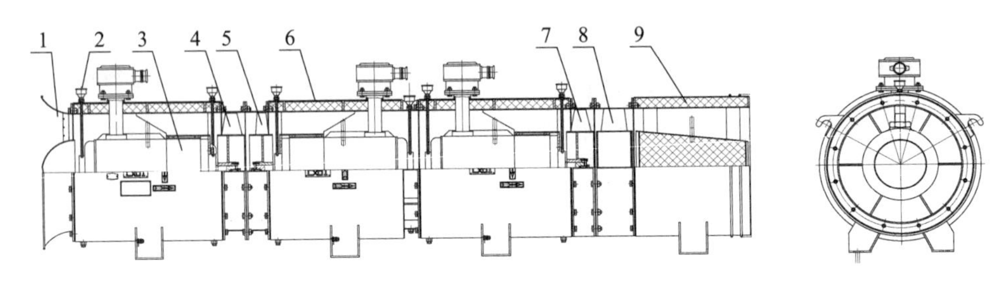

图 30.7　FBD 系列矿用隔爆型压入式三级对旋轴流局部通风机结构示意图
1. 集风器；2. 注油装置；3. 电动机；4. 级叶轮；5. 二级叶轮；6. 机壳；7. 三级叶轮；8. 导叶；9. 消声器

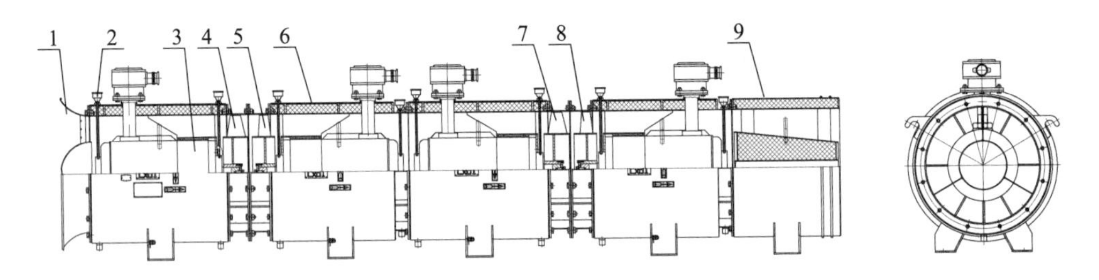

图 30.8　FBD 系列矿用隔爆型压入式四级对旋轴流局部通风机结构示意图
1. 集风器；2. 注油装置；3. 电动机；4. 一级叶轮；5. 二级叶轮；6. 机壳；7. 三级叶轮；8. 四级叶轮；9. 消声器

多级对旋风机采用在一对对旋叶轮后再增加一个叶轮或一对对旋叶轮的方法，产生更高的风压以克服更大的通风阻力，对于超长距离通风的巷道掘进，在初期，可只用前两级叶轮供风，后面的叶轮主机段可拆下，在掘进中期，可增加一级叶轮和导叶以提高供风压力，在掘进后期，去掉导叶，再增加一级叶轮，即相当于两对对旋叶轮串联，压力达到最大，以克服超长距离通风产生的巨大阻力。

FBD 系列矿用隔爆型压入式三级（四级）对旋轴流局部通风机参数见表 30.4。

表 30.4　FBD 系列矿用隔爆型压入式三级（四级）对旋轴流局部通风机参数

参数	机号	功率 /kW	风量 /（m^3/min）	全压 /Pa	效率 /%	比 A 声级 /dB（A）
数值	6.0～6.3	3×15～4×30	300～640	1000～12000	＞80	＜25

2. FBDS 系列双速对旋局部通风机

FBDS 系列双速对旋局部通风机的每级风机都具有两种转速，可形成多种转速组合方式，提供不同的风量和压力。

在煤矿巷道掘进施工中，开挖初期由于通风距离短、风阻小，因而只需使用低 / 低速挡即可；随着掘进距离的延伸，送风距离随着增加，当风量不能满足要求时，则可采用低 / 高速或高 / 低速和高 / 高速搭配以增大风压，提高风量。所以 FBDS 系列双速对旋局部通风机的适应性很强，一台通风机可当作四台不同功率的通风机使用，其投资较省，可以大大降低能耗，节约能源，经济效益相当可观。目前，双速对旋风机在超长距离巷道掘进中得到了广泛的应用。

FBDS 系列双速对旋局部通风机技术参数见表 30.5。

表 30.5 FBDS 系列双速对旋局部通风机性能参数

序号	型号规格	功率 /kW	风量 /（m^3/min）	全压 /Pa	额定转速 /（r/min）	效率 /%	比 A 声级 /dB（A）	配用电动机型号
1	7.1/2×45(11)	45/45	850～550	1500～6800	2950/2950	≥85	≤25	YBF225M-2/4 45/11KW
		11/45	550～350	400～3000	1480/2950	≥80	≤25	
		45/11	800～450	1200～3200	2950/1480	≥80	≤25	
		11/11	430～280	400～1800	1480/1480	≥85	≤25	
2	8/2×55(15)	55/55	1000～700	1300～7500	2950/2950	≥85	≤25	YBF250M-2/4 55/15KW
		15/55	700～500	500～3200	1480/2950	≥80	≤25	
		55/15	980～600	1000～3500	2950/1480	≥80	≤25	
		15/15	500～350	400～1900	1480/1480	≥85	≤25	
3	8.5/2×75(30)	75/75	1000～700	1500～8500	2950/2950	≥85	≤25	YBF280S-2/4 75/30KW
		30/75	750～550	600～4000	1480/2950	≥80	≤25	
		75/30	1000～650	1000～4000	2950/1480	≥80	≤25	
		30/30	550～400	600～2500	1480/1480	≥85	≤25	

30.2.3 智能局部通风机系统

煤矿井下局部通风机是耗能较大的常用设备，在不同瓦斯含量的煤层掘进及在掘进的不同时期掘进工作面需风量是不同的，但很多局部通风机没有风量调节功能，耗能巨大。由于对煤矿安全生产越来越重视，一些明显存在安全隐患的工作场所，要求必须对风机性能进行调节。而掘进工作面由于计划或事故停风后，恢复生产时需用风机排放瓦斯，如果风机性能不可调节，存在“一风吹”现象，就会造成超浓度瓦斯排放，埋下事故隐患。

重庆研究院根据井下掘进工作面的需求，研制了智能局部通风机系统，由 ZJT 系列煤矿风机用隔爆兼本质安全型变频调速装置（以下简称变频调速装置）和矿用局部通风机组装在一起，其中，变频调速装置是由风道式变频调速装置和人机控制系统组成。产品结构如图 30.9 所示。

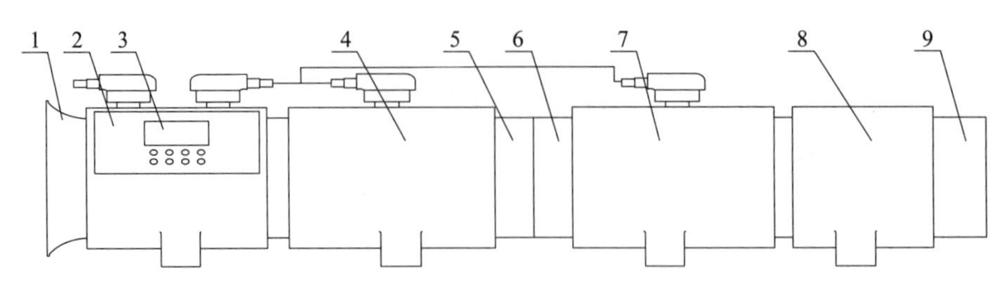

图 30.9 智能局部通风机系统简图

1. 集流器；2. 风道式变频调速装置；3. 人机控制面板；4. 一级风机；5. Ⅰ级叶轮段；6. Ⅱ级叶轮段；7. 二级风机；8. 消声器；9. 风筒接头

变频调速装置与局部通风机通过法兰连接在一起，结构紧凑，安装方便。变频器置于风机流道之中，散热风量充足，采用普通的翅片散热器即可，不需要像其他井下隔爆变频器采用笨重昂贵的热管散热器，节约了成本。变频调速装置外接瓦斯浓度传感器，可根据瓦斯浓度值自动调节通风机电机转速，以实现掘进巷道安全排放瓦斯的目的；调速装置控制面板可接受指令对风机进行调速，控制系统内置风机性能曲线，用户可指定风量运行，以实现节能运行的目的；运行参数可实时显示，也可以通过分站传输到煤矿监控系统。

FBD 智能局部通风机系统参数见表 30.6。

表 30.6 FBD 智能局部通风机系统参数

序号	机号	功率 /kW	风量 /（m^3/min）	全压 /Pa	效率 /%	比 A 声级 /dB（A）
1	6.3	2×30	0～640	0～6200	＞80	＜25
2	6.7	2×37	0～750	0～6400	＞80	＜25
3	7.1	2×45	0～850	0～7100	＞80	＜25
4	8.0	2×55	0～980	0～7300	＞80	＜25

（本章主要执笔人：重庆研究院向毅，罗松，何元新，董明洪，袁小平）

第31章 矿井灾变通风设施

矿井灾变时期，容易引起局部甚至整个矿井通风系统的风流状态紊乱，并且瓦斯煤尘爆炸、火灾产生的一氧化碳等有毒有害气体会沿着巷道向矿井其他区域迅速扩散蔓延。矿井瓦斯、煤尘爆炸及火灾等事故的灾变机理不同，其对矿井通风系统的影响也不同。因此，灾变时期矿井通风系统控制技术的研究，对提高矿井通风系统安全系数和抵御恶性灾害事故的抗灾变能力具有重要意义。

本章介绍北京研究院根据矿井瓦斯、煤尘爆炸及火灾等事故的灾变机理及其对矿井通风系统的影响，针对地面主通风机和井下通风系统分别开发了风井防爆门抗冲击自动复位技术和矿井区域隔离减灾门技术。其中，风井防爆门技术已经在我国多家煤矿企业推广应用，并取得良好的应用效果。

31.1 风井防爆门抗冲击自动复位技术

传统防爆门在煤矿发生瓦斯或煤尘爆炸时能够保护主风机，但也存在一些不足：爆炸时，锅盖式门体不易泄压，抗冲击能力差，造成防爆门变形、破坏和炸飞，短时间内无法自动复位恢复正常通风；大多采用水、冷冻液或油进行密封，密封液的内、外两侧压差小于通风负压时，液体会被吸光，严重漏风。北京研究院研发的风井防爆门抗冲击自动复位技术，当井下一旦发生瓦斯或煤尘爆炸事故，防爆门受高压气浪的冲击作用自动打开，以保护主通风机免受损坏。风井防爆门抗冲击自动复位技术主要包含立井防爆门抗冲击自动复位技术、斜井 / 平硐防爆门抗冲击自动复位技术和自动化控制技术。

31.1.1 立井防爆门抗冲击自动复位技术

1. 技术原理

立井抗冲击自动复位防爆门结构如图 31.1 所示。立井防爆门主要由门体、门座、铰接装置及连接座、带缓冲装置的可移动横梁、同步装置、带缓冲的导向柱装置、反风锁紧装置和配重装置等组成。

当井下发生瓦斯或煤尘爆炸时，立井防爆门门扇被爆炸冲击波或高压气流冲开以泄压，门扇打开的同时缓冲座同时上升，门扇打开到 90° 时，通过中间隔板上的缓冲装置进

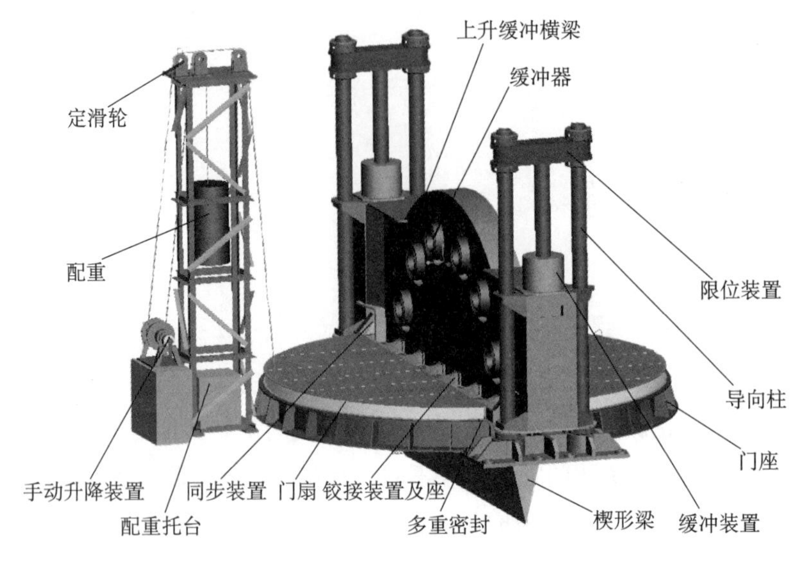

图 31.1　立井防爆门结构

行缓冲，保护门扇防止其变形；楔形梁将起到分流、泄压作用，门体和横梁上的缓冲装置能够减少门体碰撞及爆炸冲击波对门体的损害，门体打开泄压后能够有效保护地面主通风机；爆炸过后，门体及缓冲底座在重力和风机负压作用下自动复位。当风机停风或矿井需要进行自然通风时，能够依靠配重将门扇打开，进行自然通风；当矿井进行反风时，反风自动锁紧装置将门锁紧并保持密闭；如果在反风时发生爆炸，冲击波可将安全销剪断，正常泄压。

2. 技术内容

1）立井防爆门抗冲击自动复位技术特点

立井防爆门抗冲击自动复位技术是在煤矿井下发生瓦斯、煤尘爆炸事故时，能够自动打开保护地面主通风机，冲击波过后能够快速恢复矿井通风的先进防爆门技术。立井防爆门抗冲击自动复位技术具有以下技术特点：

（1）可自动开启与关闭，抗变形，抗冲击。

（2）楔形梁结构具有分流泄爆作用。

（3）采用同步机构，实现防爆门的两扇门体同步开启和关闭。

（4）具有重力、机械和远程控制三种复位方式。

（5）能够实现手动和自动双重反风锁紧。

（6）可实时监测防爆门运行状况，实现开启、复位、锁紧、自然通风等远程控制。

2）立井防爆门抗冲击自动复位技术爆炸实验

为了验证立井防爆门抗冲击自动复位技术的科学合理性，在重庆研究院瓦斯煤尘爆炸实验基地使用 DN500 爆炸实验管道，进行了立井防爆门管道爆炸实验。爆炸实验采用的模型门，按煤矿实际使用尺寸进行缩小，具有爆炸时泄压、冲击波过后自动复位、停风时自然通风、反风时自动锁紧等功能。

立井防爆门爆炸实验瓦斯浓度为8.1%，爆炸时防爆门侧面压力为0.296MPa，计算火焰传播速度为753.92m/s。在立井防爆门爆炸实验中，当爆炸冲击波来临时，防爆门打开所需时间约为0.4s，能够有效泄爆；冲击波过后，防爆门闭合所需时间约为0.26s。

立井防爆门设计合理，在爆炸后复位良好，无明显损坏，缓冲材料具有良好缓冲效果；试验模型的密封装置合理可靠，平时密封良好，爆炸时不被破坏。

3. 应用实例

抗冲击立井防爆门技术通过了中国煤炭工业协会在北京组织召开的“新型矿用防爆门关键技术研究”项目鉴定会鉴定专家的评审，建议抗冲击立井防爆门技术尽快推广应用。

抗冲击立井防爆门技术自研发成功后，在全国多家煤炭企业推广应用。抗冲击立井防爆门在内蒙古伊泰塔拉壕煤矿安装完成，如图31.2所示。

图31.2 塔拉壕煤矿回风立井抗冲击自动复位防爆门

现场实际应用情况证明：当风机供风时，门体能够有效密闭，满足漏风率小于5%的要求；当风机停风时，配重将门体打开，进行自然通风；恢复正常通风时，门体受到负压复位，并通过负压保持密封；矿井反风时，锁紧装置将门锁紧，保持密封；能够实现手动和自动双重反风锁紧。

31.1.2 斜井/平硐防爆门抗冲击自动复位技术

1. 技术原理

斜井/平硐抗冲击自动复位防爆门结构如图31.3所示。斜井/平硐防爆门主要由门体、门框、缓冲装置、缓冲器、扭簧、合页、同步装置、反风锁紧装置和配重装置等组成。两门扇由扭簧强制复位；门柱位于中间，采用楔形焊接结构，门扇由两侧向中间开。

当井下发生瓦斯或煤尘爆炸时，冲击波或高压气流将门打开泄压以保护地面主通风机，当门扇开到一定角度时，装在门扇内的缓冲器吸收能量，对门扇起保护作用，当缓冲器压

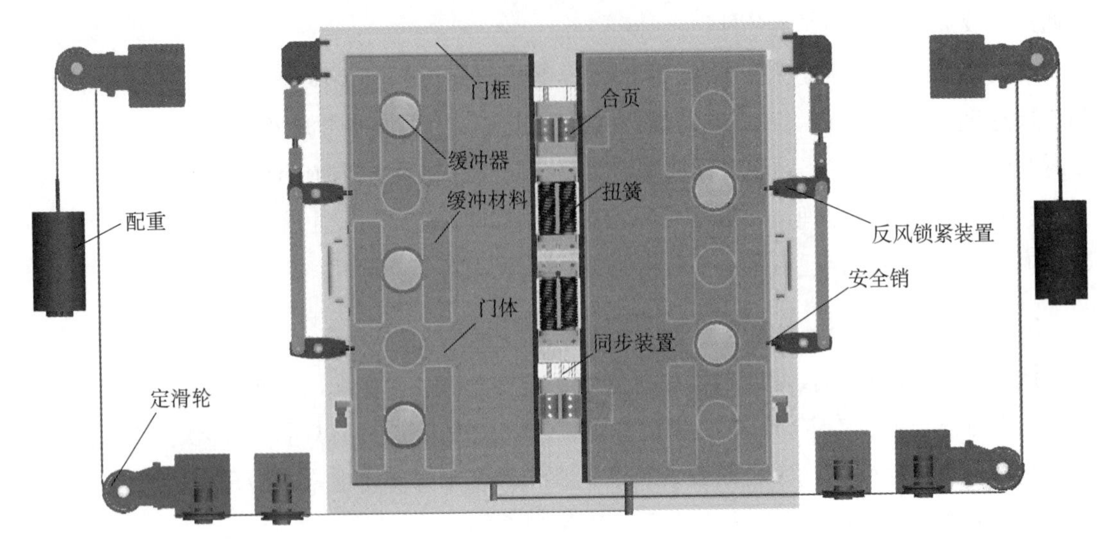

图 31.3　斜井 / 平硐抗冲击自动复位防爆门结构

缩到一定行程时，门扇背部的缓冲材料开始压缩进一步对门扇起保护作用，保证门扇整体结构不变形和正常复位。冲击波或高压气流过后，在扭簧和风机负压的作用下能够自动复位。当风机停风或矿井需要自然通风时，配重将门体打开，进行自然通风；当风机恢复通风时，门体受到负压复位；当矿井反风时，由汽缸驱动的反风锁紧装置将门锁紧并保持密封，反风装置设有安全销，平时打开不影响正常泄压，反风时锁紧；如果在反风时发生爆炸，冲击波可将安全销剪断，正常泄压。

2. 技术内容

斜井 / 平硐防爆门抗冲击自动复位技术是当煤矿井下发生瓦斯、煤尘爆炸事故时，在冲击波作用下防爆门能够自动打开，保护地面主通风机，冲击波过后能够快速恢复通风的先进防爆门技术。

1）斜井 / 平硐防爆门抗冲击自动复位技术特点

（1）可自动开启与关闭，抗变形，抗冲击。

（2）楔形梁结构具有分流泄爆作用。

（3）采用同步机构，实现防爆门的两扇门体同步开启和关闭。

（4）具有重力、机械和远程控制三种复位方式。

（5）能够实现手动和自动双重反风锁紧。

（6）可实时监测防爆门运行状况，实现开启、复位、锁紧、自然通风等远程控制。

2）斜井 / 平硐防爆门抗冲击自动复位技术爆炸实验

为了验证斜井 / 平硐防爆门抗冲击自动复位技术的科学合理性，在重庆研究院瓦斯煤尘爆炸实验基地分别使用 DN500 爆炸实验管道和爆炸实验巷道进行了斜井 / 平硐防爆门抗冲击自动复位技术管道爆炸实验和巷道爆炸实验。

管道爆炸实验模型门完全按照煤矿实际使用工矿按比例缩小到 1.0m^2，试验用模型门具有爆炸时泄压、爆炸后自动复位、反风时自动锁紧和停风时实现自然通风的功能。斜井/平硐防爆门管道爆炸实验瓦斯浓度为 9.8%，爆炸式防爆门附近侧压为 0.322MPa，门附近火焰速度为 506.6m/s。

斜井/平硐抗冲击自动复位 1:1 原型门巷道爆炸实验试验用原型门宽 3100mm，高 2450mm。试验用 1:1 原型门具有爆炸时泄压、爆炸后自动复位和停风时实现自然通风的功能。斜井/平硐防爆门爆炸实验瓦斯浓度为 8.5%，门附近侧压为 0.228MPa，火焰经过防爆门前、后速度分别为 153.25m/s 和 125m/s。

在管道爆炸实验和巷道爆炸实验中，冲击波来临时，斜井/平硐防爆门能够迅速打开泄压，具有良好的缓冲效果，爆炸产生的高压气流过后门体能够迅速关闭复位。爆炸后，防爆门机械装置均完好，密封良好，门扇转动正常，可以重复使用。

3. 应用实例

在中国煤炭工业协会组织召开的“新型矿用防爆门关键技术研究”项目鉴定会上，对斜井/平硐防爆门技术进行了技术鉴定。鉴定结果为：成果达到了国际领先水平，建议尽快推广应用。

抗冲击斜井/平硐防爆门技术自研发成功后，在全国多家煤炭企业推广应用，均取得了良好的使用效果。

平硐抗冲击自动复位式风井防爆门在陕西煤化铜川矿业陈家山煤矿安子沟 2 号风井安装完成（图 31.4）。现场实际应用情况：当风机供风时，门体能够有效密闭，满足漏风率小于 5% 的要求；当风机停风时，配重将门体打开，进行自然通风；恢复正常通风时，门体受到负压复位，并通过负压保持密封；矿井反风时，锁紧装置将门锁紧，保持密封；能够实现手动和自动双重反风锁紧。

图 31.4　安子沟回风立井抗冲击自动复位防爆门

31.1.3　抗冲击自动复位风井防爆门自动化控制技术

1. 自动化控制技术系统组成

控制系统以 PLC 作为控制核心，触摸屏、监控主机为显示和主要操作设备，通过 PLC 检测风机、防爆门和传感器等的状态、信号，控制防爆门实现开、复位，自然通风以及反风锁紧。系统主要包括控制柜、传感器、摄像机和监控主机等四部分。抗冲击自动复位技术风井防爆门自动化控制系统如图 31.5 所示。

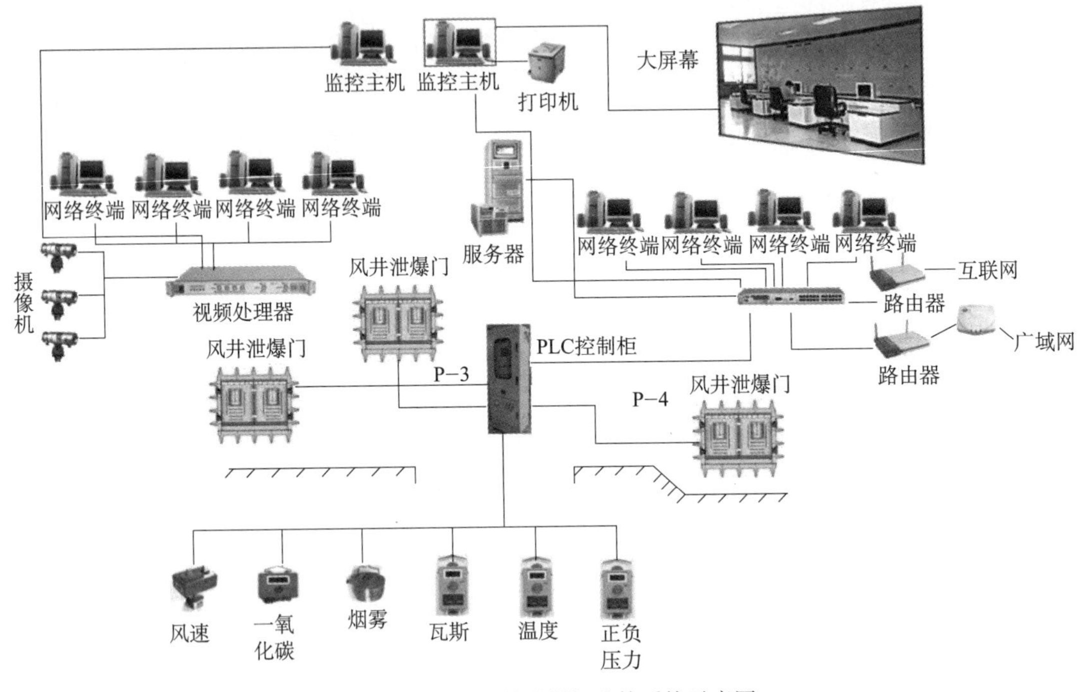

图 31.5　煤矿风井泄爆门监控系统示意图

（1）控制柜：主要由 PLC、触摸屏、中间继电器、信号变送器、以太网络交换机、开关电源、按钮和指示灯等元器件组成，具备信号采集、变换、处理、输出、显示、保护、故障报警和通信等多种功能。

（2）传感器：主要包括瓦斯传感器、一氧化碳传感器、负压传感器、正压传感器、温度传感器、风速传感器、烟雾传感器等。

（3）摄像机：对风井口防爆门状况进行监控。

（4）监控主机：控制现场设备、显示采集到的信号（如是否漏风、正负压力以及相应的曲线图等）。

在配电房设一台 PLC 控制柜，能够显示防爆门的总体运行及操控画面，同时具有历史曲线、报警记录、参数设置、状态查看、操作帮助信息、设备运行及传感器信号统计等功能。

2. 自动化控制技术原理及功能

1）自动化控制原理

风井防爆门抗冲击自动复位技术的特点是井下不发生瓦斯爆炸、不停风时不动作；爆炸时以爆炸冲击波、高压气流冲开防爆门为主，利用自动控制技术为辅打开防爆门进行泄压；爆炸冲击波过后，防爆门能够依靠重力、机械复位机构进行机械式复位或者靠自动控制技术进行电动式复位；矿井反风时，控制系统监测风井压力由负转正，远控反风机构锁紧防爆门；反风结束后，风压由正转负，远控反风机构解锁防爆门；当风机停止运行时，监测检测到后会将防爆门打开进行自然通风，当监测到风机再次启动时，则将防爆门关闭恢复通风。

2）详细功能

抗冲击自动复位技术风井防爆门自动化控制系统的详细功能主要由以下 5 个方面。

（1）操作控制：防爆门打开、复位、自然通风、反风锁紧等。

（2）状态监测：瓦斯、一氧化碳、粉尘、温度、烟雾、正负压、风门状态及风硐漏风监测等监测功能。

（3）操作方式：具有自动、手动、检修、远程等 4 种工作方式，工作方式可直接在控制柜上设定或由地面主机设定。

（4）信息处理：报表统计、报警记录、操作审计、图形曲线、数据统计及信息共享等。

（5）实时报警 / 报警记录功能：当被测参数超限、保护动作及设备运行状态改变后，通过地面监控主机也可发出语音、文字报警提示，进行声、光、语音报警。并实时保存以上信息，每一步操作都有语音提示。

3. 应用情况

抗冲击自动复位风井防爆门自动化控制技术结合立井防爆门和斜井 / 平硐防爆门装置配套使用，现已经在山西、内蒙古、陕西等地区十多个矿井推广应用。当矿井进行反风演习时，风机反转后自动化控制的反风机构能够在 2min 内自动锁紧防爆门；当切换地面主通风机运行时，关闭在用风机 2min 内，防爆门能够自动打开进行自然通风；当备用风机启动时，防爆门能够在 2min 内关闭恢复矿井通风。经过现场应用证明，抗冲击自动复位风井防爆门自动化控制技术能够安全高效控制风井防爆门，对于主通风机的反风、停风和风机切换等动作，能够快速准确地做出正确响应。

31.2　矿井区域隔离减灾门技术

当矿井发生煤尘、瓦斯爆炸及火灾事故时，造成井下人员伤亡的最主要原因并不是爆炸和火灾事故本身，而是事故产生的有毒有害气体随风流扩散，导致井下作业人员窒息、中毒而亡。当矿井发生灾变时，如何将灾变区域隔离，防止有毒有害气体向正常区域扩散蔓延，对于降低灾害损失和人员伤亡尤为重要。北京研究院研发了矿井区域隔离减灾门技术，一旦井下发生煤尘、瓦斯爆炸或者火灾事故，矿井区域隔离减灾门自动关闭，防止有毒有害气体向正常区域扩散蔓延，保护井下工作人员生命财产安全。在区域性反风演习时，经常需要构筑多处临时挡风墙，这一过程费时费力。在矿井反风时，矿井区域隔离减灾门可以采用手动或远程关闭隔离门，形成独立的区域性反风系统，提高效率，减少投入。

31.2.1 技术特征

1. 结构组成

矿井区域隔离减灾门主要由门框、门体、监控系统、冲击波感应装置、阻尼装置、提升系统、语音报警系统和动力装置组成。其机械结构原理如图 31.6 所示。

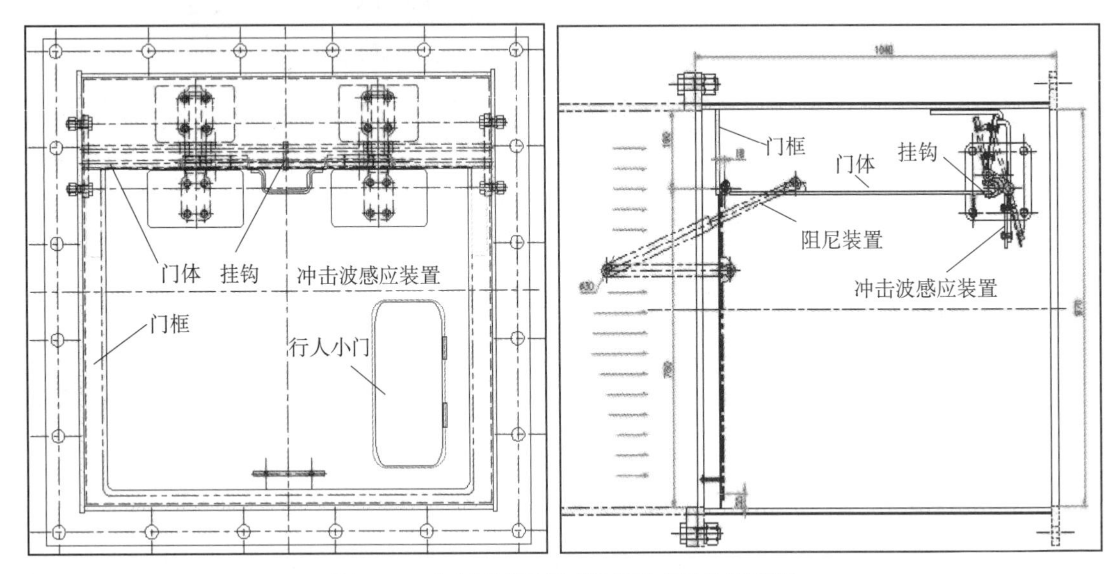

图 31.6 矿井区域隔离减灾门技术结构原理图

（1）门框：安装固定在巷道四壁上，用于固定门体。

（2）门体：门体是安全隔离门的主体部分，正常通风条件下，门体处于常开状态，灾变应急情况发生时，门体关闭隔离灾变区域。门体上设有泄爆装置、行人小门、观测窗、气压和气温观测孔及气体取样孔。

（3）监控系统：用于对灾变监测以及安全隔离门控制。监控系统主要由 PLC 控制柜和传感器组成，用于监测 CO 浓度、CH_4 浓度和温度。当检测到异常时，监控系统启动电磁阀，汽缸通汽触动冲击波感应装置，放下门体，将灾变区域进行隔离，防止有毒有害气体的进一步扩散。

（4）冲击波感应装置：冲击波感应装置具有双向感应的功能，不论减灾门的上风侧还是下风侧巷道发生事故，都能侦测到事故的发生并作出响应。

（5）阻尼装置：能够保证门体缓缓下落，给过往行人和车辆足够的反应时间并减小门体下落时对门框的冲击。

（6）提升系统：为方便隔离门关闭后进行复位，设计了门体提升系统，仅靠人工手动就可实现对门体复位。

（7）语音报警系统：当监控系统监测到异常关闭安全隔离门时，语音报警系统提示附近的工作人员及车辆。

（8）动力装置：动力装置采用汽缸，配套井下压风系统使用，气源压力为0.2～0.6MPa。

2. 工作原理

当井下发生瓦斯或者煤尘爆炸事故时，矿井区域隔离减灾门冲击波感应装置感应到爆炸冲击波过后，挂钩脱离，门体在重力和阻尼装置的共同作用下自动关闭，将灾变区域隔离，防止有毒有害气体扩散到正常区域。矿井区域隔离减灾门采用双向冲击波传感器响应装置，利用冲击波的能量触发门体关闭的功能。

当井下发生瓦斯突出或者火灾事故时，位于隔离门远端的传感器感应到火灾发生后，将信号传送到监控系统，监控系统控制动力装置使得门体挂钩从门体脱离挂钩，门体在重力和阻尼装置的共同作用下自动关闭。将灾变区域隔离，防止有毒有害气体扩散到正常区域。

当矿井需要反风时，地面控制人员发出指令，井下监控系统接收到指令后，动力装置做出响应，门体关闭。

31.2.2 技术内容

1. 矿井通风系统灾变条件下安全隔离理论与技术

1）瓦斯爆炸冲击波传播规律

矿井瓦斯、煤尘爆炸事故统计分析结果表明，矿井瓦斯、煤尘爆炸事故具有两个特征：第一，绝大部分瓦斯、煤尘爆炸事故在巷道中发生，也是在巷道中传播的；第二，绝大部分瓦斯、煤尘爆炸都是小量级能量的引爆火源点燃，一般情况下，爆炸的初始状态是以瓦斯常态燃烧形式开始，再逐步演变为爆炸波传播方式。

矿井巷道中瓦斯爆炸传播是以冲击波方式传播的。图31.6所示为爆炸场某点处某一时刻的冲击波形，由于爆轰产物的剧烈膨胀，高压气体迅速向外运动，对周围气体进行猛烈压缩，形成冲击波。冲击波到达前，空气压力同p_0。冲击波经过瞬间，压力突跃上升至$p_0+\Delta p$，如冲击波经过以后，压力马上衰减，由于惯性，以致超压如降到零后又出现了低于周围气体的压力，冲击波波形分为正压区和负压区，如图31.7所示。将传播路线上各点空气冲击波的波形变化表示在同一个坐标系上，则可以形象表示在传播过程中，波形变化的情况如图31.8所示。

从图31.8可以看出，冲击波在传播过程中由于空气冲击波向外传播时通过冲击波波阵面单位面积上的能量不断减少，且部分机械能转变为热能，所以空气冲击波在传播过程中的波峰压力迅速下降。此外，冲击波前端速度大于末端速度，冲击波传播过程中正压区时间不断延长。

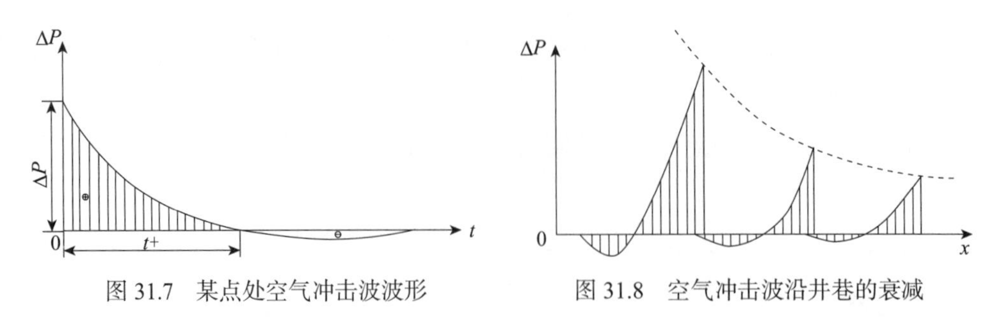

图 31.7　某点处空气冲击波波形　　图 31.8　空气冲击波沿井巷的衰减

在其他条件相同情况下，随着瓦斯量的增大，瓦斯爆炸最大压力峰值绝对值增加，且呈现点的位置距爆源更近；瓦斯爆炸火焰传播速度增大，且火焰速度最大点距爆源更远；在瓦斯煤尘爆炸过程中，爆炸最大压力峰值和最大火焰传播速度均出现在煤尘段。

当瓦斯浓度接近爆炸上、下限时，爆炸燃烧速度低，火焰传播速度慢，产生的最大压力可低于 100kPa；在一定条件下，瓦斯爆炸火焰锋面的最大传播速度可达 2500m/s，瓦斯爆炸冲击波压力峰值可达到 3MPa。不同浓度、不同质量的瓦斯，在不同的条件下爆炸产生的最大压力不同。

2）煤与瓦斯突出冲击波传播规律

煤与瓦斯突出冲击波与井下瓦斯爆炸冲击波的传播规律有一定的相似性，不过较井下瓦斯爆炸而言，煤与瓦斯突出冲击波的强度传播速度要小。当矿井发生煤与瓦斯突出事故时，直巷中冲击波超压随传播距离呈指数规律衰减；冲击气流强度在巷道分叉处发生衰减，较大部分涌入主巷道中；冲击气流由大截面巷道向小截面巷道传播时，波阵面的单位面积能量增大；对于拐弯巷道，随拐弯角度的增加，冲击波衰减系数是递减的。

3）冲击波压力阈值确定

最小冲击波强度阈值的确定对于安全隔离门至关重要，如果阈值过低，在没有瓦斯爆炸事故时，设置可能动作，引起误触发；阈值过高时，可能由于瓦斯爆炸过程中爆炸波压力值较小而不能触发安全隔离门装置，达不到隔离灾变区域的目的。最小冲击波压力阈值的确定，应该考虑通风负压、煤与瓦斯突出冲击波压力和煤尘与瓦斯爆炸压力：

（1）《煤矿井工开采通风技术条件》（AQ1028—2006）对矿井通风阻力的要求，如表 31.1 所示。矿井通风系统最高阻力为 3920Pa，井下各类通风设施、反风设施所产生的压差均应小于 3920Pa。

表 31.1　矿井通风阻力要求

矿井通风系统风量 /(m^3/min)	通风系统阻力 /Pa
＜3000	＜1500
3000～5000	＜2000
5000～10000	＜2500
10000～20000	＜2940
＞20000	＜3920

（2）结合瓦斯爆炸（煤与瓦斯突出）在巷道中传播的衰减情况，根据动物实验，一般情况下以 19.6kPa 作为衡量人体所能承受的临界超压。

（3）井下瓦斯爆炸、煤与瓦斯突出事故的发生地点与强度均有不确定性，冲击波到达感应装置处时的强度也不确定。

当矿井发生较大规模的煤与瓦斯突出、瓦斯爆炸事故时，冲击波强度大且传播速度快，大于火焰、瓦斯气体的传播速度，冲击波、火焰有可能将远端的矿井区域隔离门传感器及电缆摧毁，隔离门无法通过传感器来实现自动隔离。冲击波在巷道传播过程中发生衰减，到达矿井区域隔离减灾门时，冲击波强度仍会大于 5000Pa，冲击波感应装置做出响应，冲击波过后将灾变区域隔离；当矿井发生较小规模的煤与瓦斯突出、瓦斯爆炸事故时，冲击波强度较小，远端的传感器即能感应到矿井灾变，使矿井区域隔离减灾门做出响应隔离灾变区域。

综合考虑以上因素，确定矿井区域隔离减灾门的冲击波压力阈值为 5000Pa。

2. 矿井通风系统实时灾变监测与自动关闭技术

为了保障灾变条件下监控系统安全有效，采用光纤传感器对 CH_4、CO、温度以及冲击波实时监测，一旦瓦斯爆炸、粉尘爆炸、矿井火灾等恶性事故发生，第一时间启动安全隔离风门，在 5s 内做出响应，30s 内迅速关闭隔离，保护未受灾区域。光纤传感器监测方案如图 31.9 所示。安全隔离风门自动关闭主要用于瓦斯爆炸和煤尘爆炸造成的危险区域应急快速安全隔离。

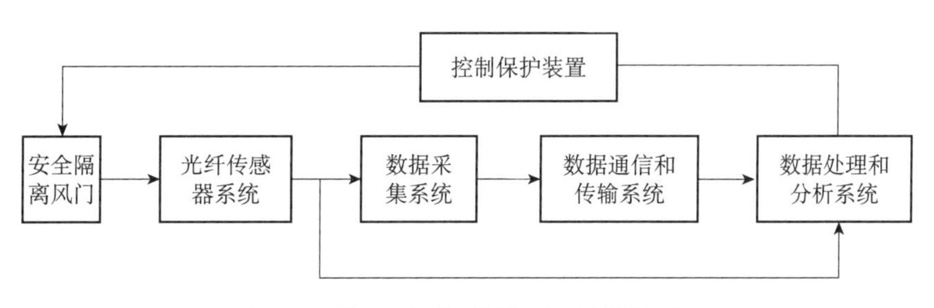

图 31.9　基于光纤传感器的实时监测方案

3. 安全隔离风门远程控制技术及视频监视技术

为了提高安全隔离风门的可靠性和适应性，开发“安全隔离风门视频监视与远程控制系统软件”，在地面监控室远程控制安全隔离风门打开与关闭。远程控制安全隔离风门关闭，主要用于隔离火灾造成的有毒有害气体危险区域。

在安全隔离门之间和两侧设置了 4 个摄像头，实时监视安全隔离风门的运行状态。安全隔离风门监控系统体系结构如图 31.10 所示。

4. 灾变区域快速安全隔离技术

矿井区域隔离减灾门主要功能是正常通风情况下保持开启状态，发生事故后迅速关闭密封、隔离事故区域，阻断有毒有害气体的扩散蔓延，防止灾害扩大，将事故损失降到最低。

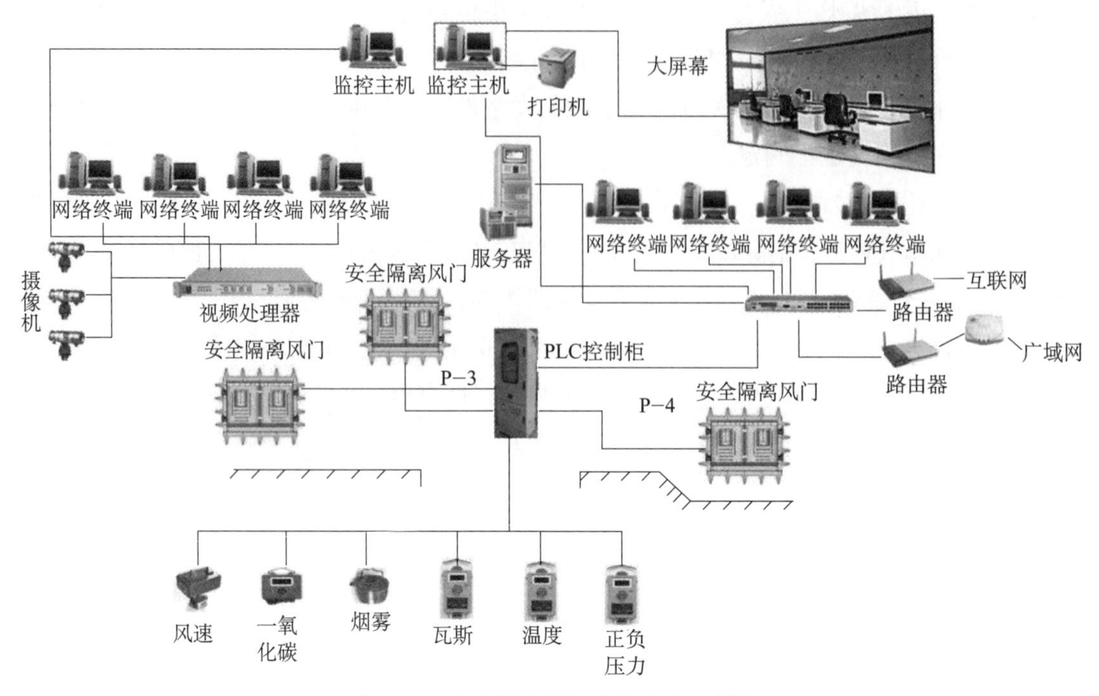

图 31.10 安全隔离风门监控系统示意图

31.2.3 功能特点

矿井区域隔离减灾门是在井下发生煤尘爆炸、瓦斯突出、瓦斯爆炸或火灾事故之后，将灾变区域迅速隔离，防止灾变范围扩大和有毒有害气体扩散的安全保障技术。主要有以下功能：

（1）常开状态：在正常情况下，矿井区域隔离减灾门处于常开状态，当矿井发生煤尘、瓦斯爆炸或者火灾事故时，矿井区域隔离减灾门能够迅速做出响应，对灾变区域进行隔离。

（2）双向安全隔离：煤矿井下灾害事故的发生地点具有不确定性，无论隔离门的上风侧还是下风侧发生事故，双向冲击波感应装置都能够侦测到事故的发生，对灾变区域进行隔离（图 31.11）。

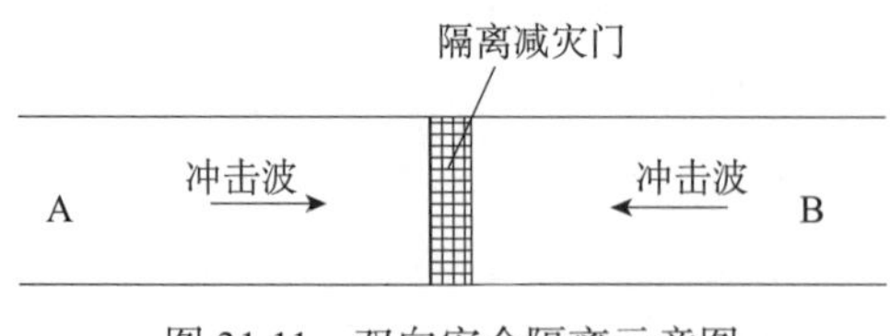

图 31.11 双向安全隔离示意图

（3）自动关闭，隔离灾变区域：冲击波感应装置侦测到爆炸或突出产生的冲击波后，隔离门自动关闭并密封，阻止灾变区域的有毒有害气体蔓延。当发生二次爆炸时，隔离门可自动泄爆，冲击波过后，隔离门自动复位继续隔离灾变区域。监控系统监测到瓦斯突出、火灾事故发生时，动力装置使得隔离门关闭并密封。

（4）手动控制关闭与打开功能：矿井区域隔离减灾门具备快速手动打开与关闭功能，以满足矿井进行局部反风、矿井通风系统调节的需求。

（5）门体上面留有行人小门：在隔离门关闭后，为了便于灾变区域人员逃生和救灾工作的进行，在隔离门门体上保留一个行人小门，应急行人门能够双向闭锁。

（6）具有语音报警功能：事故发生后，高音报警提示周围工作人员事故的发生和隔离减灾门关闭情况，能够有效地指导井下人员的避灾与逃生。

（7）设有气压、气温观测孔、气体取样及孔观测窗：门体上布置有观测孔以便于对灾变区域的气体取样。门体上设置观测窗，用于观测灾变区域情况，方便外部人员了解灾变区域内部情况。

（8）设置有阻尼装置：为了防止隔离门防门体关闭时快速下落砸伤行人，隔离门设置了阻尼装置，以防止隔离门关闭时快速下落砸伤行人，并能降低关闭时门体对门框的冲击。

31.2.4　样机实验

矿井安全隔离减灾门设计为悬挂式，设计加工了1m×1m规模的小型样机。为了验证区域隔离减灾门的安全性和可靠性，在重庆研究院瓦斯煤尘爆炸实验基地管道实验区进行了管道瓦斯爆炸实验。

1. 实验目的

将隔离门分别正向、反向安装于DN500爆炸实验管道末端，通过管道爆炸实验，测试在冲击波作用下正向安装和反向安装的隔离门能否自动关闭，测试在高压冲击波作用下隔离门的门体、受力板的破坏情况。

2. 实验过程

实验管道一端封闭一端开口，实验过程中将开口端用聚乙烯薄膜进行封膜处理，形成封闭空间的爆炸室。将隔离门分别正向、反向安装于DN500爆炸实验管道末端，通过DN500管道瓦斯爆炸传播实验，分别测试了正向安装和反向安装的隔离门在弱冲击波作用下门体能否自动关闭，同时测试了在高冲击波作用下隔离门门体、受力板、门洞等部件的破坏情况。

3. 实验结论

经过矿井区域隔离减灾门小型样机的管道爆炸实验，得出以下结论：

（1）冲击波感应装置设计合理可靠，在冲击波作用下能够做出响应，使门体关闭。

（2）5000Pa为隔离门下落的最小冲击波强度阈值，即在冲击波给冲击波感应装置的力不小于5000Pa时，冲击波感应装置能够响应。

（3）矿井区域隔离减灾门双向安全隔离技术设计合理可靠，隔离门的上风侧或者下风侧发生事故，隔离门都能够做出响应，将灾变区域隔离。

（4）冲击波高压感知阀安全、灵敏、可靠。

矿井区域隔离减灾门技术已经成功开发，小型样机已经在重庆研究院进行瓦斯爆炸实验。产品能够满足现场需求。

（本章主要执笔人：北京研究院桑聪，张浪，王恩，刘彦青，李伟，范喜生）

第九篇　矿井降温技术

我国是世界上第一产煤大国，也是高温热害矿井最多的国家。目前全国大中型煤矿平均开采深度接近600m，且以年均近20m的速度向深部延伸；开采深度大于600m的矿井已占30%，超过千米的深井达37处，预测2020年将有140多对矿井井下环境温度超过30℃，部分矿井温度达到45℃以上，湿度普遍高达90%RH，部分接近100%RH。高温高湿的井下作业环境导致人员中枢神经受抑制，降低肌肉活动能力，同时工人感到闷热难受、汗流浃背、心情烦躁，注意力不集中。井下恶劣高温高湿作业环境威胁工人的身体健康和生产安全，当环境温度超过28℃时，发病率明显上升，超过30℃时，开始出现中暑甚至死亡事故，当环境温度超过37℃时，工人生命受到威胁。随着煤炭行业开采深度增加，生产过程中除受到水、火、瓦斯、煤尘、顶板等五大自然灾害的威胁外，矿井高温危害形势更加严峻，矿井热害防治不仅是目前亟待解决的问题，而且从长远看，它是我国今后进一步开发深部煤炭资源具有战略性的问题。

几十年来，在煤矿井下高温热害防治专业领域，我国在借鉴前苏联、德国、南非等国家先进技术的基础上，在矿井热害防治基础理论、矿井热害预测技术及控制技术研究等方面进行了卓有成效的工作。煤炭科学研究总院沈阳研究院（简称沈阳研究院）从20世纪50年代开始一直从事煤矿井下高温热害防治基础理论、预测技术及高温热害控制技术与成套装备研究。近年来，随着煤矿井下高温热害日益严重，煤炭科学研究总院重庆研究院（简称重庆研究院）、煤炭科学研究总院（简称北京研究院）也陆续开展矿井热害防治技术及成套装备研究。

基础理论研究方面，20世纪50年代后，沈阳研究院历经60余年，在矿井热害防治领域，通过研究风流通过井巷热（质）交换规律、井巷围岩与风流间不稳定热交换特征、机电热源放热特征、硫化物以及有机物质氧化放热特征、矿井涌（淋）水放、吸热和散湿特征、井下运输中矿物和矸石放热特征等，初步建立了矿井热交换理论；研究区域地温场、岩体热传导基本规律、井巷围岩调热圈温度场变化特征以及矿井水文地质学与地热学相互关系等理论，初步建立了矿山地热学理论；掌握了矿井热害控制系统各个组成要素热力学特征及各个要素优化设计理论，初步构建了我国矿井制冷降温系统热力学基础。

热害预测技术研究方面，沈阳研究院 20 世纪 50 年代初就开始对井下热源及风流通过井巷热力状态变化进行长期观测分析，于 20 世纪 70 年代初，提出了矿井热害预测方法的初步数学模型，经过大量现场观测数据分析，不断完善数学模型提高预测精度，20 世纪 70 年代末形成较为完整的预测方法和计算程序，技术成果先后在平顶山八矿、徐州三河尖矿等成功应用并进行验证，其相对误差不大于 ±5%，绝对误差不大于 ±1.5℃。

热害防治技术方面，沈阳研究院 1954 年针对抚顺煤矿由于充填材料（干馏过油页岩）放热导致矿内高温，开展了水风扇掘进工作面降温技术研究；1998 年研究了矿井通风降温合理风量与开采深度的关系，确定了矿井通风降温极限可采深度。近二十来，随着我国装备加工制造水平不断提高及煤矿井下热害防治实际需要，沈阳研究院、重庆研究院及北京研究院不断完善与发展矿井局部制冷降温技术及配套装备，相继研发了 LFJ-160 型煤矿井下用移动式冷风机组、LFJ-235 型煤矿井下用冷风机组、ZLS450/1140 型煤矿井下用冷风机组、ZLSLG500F 型煤矿井下用冷水机组、ZLS400/600 煤矿井下用冷水机组及 ZLS-90 矿用防爆制冷装置等成套技术装备，在煤矿井下矿井降温工程实施中取得较好降温效果。1980 年沈阳研究院相继研制出Ⅱ-KBF50×0 型、Ⅲ-JBF100×0 型矿用离心式冷水机组，研发了 EPS 可发性聚苯乙烯外保冷型保冷管道、聚氨酯泡沫塑料外保冷型保冷管道、120kW 斜置肋管式空气冷却器、KBL-150 型斜置肋管式空气冷却器，以及井下回风巷道喷淋排热装置，形成了井下集中制冷降温成套技术与装备，填补了国内空白，并在山东新汶矿务局孙村煤矿、平顶山矿务局八矿设计实施了井下集中制冷降温系统工程，采掘工作面降温前后温度降低了 4～6℃；2011 年重庆研究院研究了适用地面排热井下集中制冷系统技术与配套装备，研制出冷凝器水侧承压 16MPa 井下集中制冷装置。1990 年沈阳研究院针对山东新汶矿务局孙村煤矿开采深度到 −800m 后，采用井下回风排热无法满足井下集中制冷降温系统排热要求，研制了管壳式高低压换热装置及聚氨酯泡沫塑料内保冷型保冷管道等成套技术与装备，设计实施了我国第一个矿井地面集中制冷降温系统，井下采掘工作面风流温度降低 5.8～9.3℃；2008 年沈阳研究院基于大型矿井降温系统投资与运行费用高及解决回采工作面冷量分配不均难题，试验研究采用冰浆（冰晶粒径 0.1～1mm）降温成套技术与装备；2012 年重庆研究院研制了采用“U”形管原理的高低压转换装置，其高压水与低压水温度跃迁小于 1℃，装置承压为 16MPa。

数十年来矿井热害防治工程实践表明，解决煤矿井下高温热害必须采取综合治理措施，本篇重点介绍煤炭科学研究总院近年来在煤矿井下热源放热特性、风流热力状态预测、非制冷降温技术、制冷降温技术等方面的研究成果。

第32章 矿井热害预测技术

地面大气进入井巷并沿巷道流动过程中，由于受各种井下热湿环境条件影响，巷道内空气的状态参数发生了变化，其变化随流程及时间而异。对于已经开挖巷道，其空气状态可以实测，而对巷道设计过程中巷道内空气状态参数则无法实测，只能进行预测。矿井风流热力状态参数预测，就是预测空气温度、湿度及大气压力三个基本参数，其他状态参数可由基本参数计算，通过矿井热害预测与评价为热害防治工程选择一个正确、合理的方法提供科学依据，为高温热害矿井热害控制、合理配风等提供计算基础数据。

矿井热害预测所涉及工况条件、计算参数极其复杂，沈阳研究院历经几十年资料积累、理论分析、现场测试及实验室实验等，建立了煤矿井下热源放热特性、井底车场风流热状态预测、井巷风流热状态预测、掘进工作面风流热状态预测，以及回采工作面风流热状态预测等矿井热害预测与评价技术，其相对误差不大于±5%，绝对误差不大于±1.5℃，并形成行业标准《矿井风流热力状态预测方法》(AQ/T 10672—2008)。

本章对沈阳研究院在煤矿井下热源放热特性、矿井风流热力状态预测方法等方面的技术进行了介绍。

32.1 煤矿井下热源放热特性

在矿井风流流动的过程中，风流通过巷道要同围岩和其他环境因素发生强烈的热湿交换，致使矿内气候条件恶化。由于矿井所处地质地热环境、大气环境以及采矿生产系统不同，矿井热源也有所差异。但引起井下高温的主要因素基本相同，如巷道围岩放热、煤矸石运输放热、机电设备运转时放热、氧化放热、热水放热（吸热）等。为了便于分析，将矿内热源分为相对热源 (可变因素) 和绝对热源 (不变因素) 两类。相对热源是指热源所散发的热量取决于流经该热源风流温度或其水蒸气分压力，如巷道围岩放热和水与风流间热湿交换等；绝对热源是指热源所散发热量不取决于风流温度、湿度，仅取决于它们在采矿活动中所起的作用，如机电设备运转时放热等。

32.1.1 地表大气

井下的风流是从地表流入的，地表大气温度、湿度与气温日变化和季节性变化势必影响到井下。一般情况下，地表大气含湿量与气压的日变化量较小，气温日变化幅度则有大有小，当空气沿巷道流动时，气温变化幅度却急剧衰减了下来，在采掘工作面上，一般觉察不到风温日变化。

地面大气参量季节性变化对井下气候状态影响要比日变化影响显著得多，甚至在采掘工作面是能测量出这种变化的。如淮南九龙岗实测资料表明，其地表大气在夏季与冬季日平均温差为16℃，在采面的入口处温差为3℃，在采面的出口处温差降为1.5℃。

对于矿井气候条件来说，风流含湿量年变化要比温度年变化重要得多，这主要由于水汽化潜热远比空气质量热容大得多造成的。如淮南九龙岗煤矿地表大气含湿量变化量为4～5g/kg，直到采区进口处，这个数值仍在相当程度上保持不变，但在回采工作面上，其冬夏差值约降到3g/kg，其影响效果显著。

32.1.2 空气自压缩热

在重力场作用下，空气沿巷道向下流动时，其温升是由于位能转换为焓的结果，不是由于外部热源输入热流造成的。但对深矿井来说，其自压缩引起风流温升在矿井通风与空调中占比重很大，所以一般将它们归在热源中讨论。

风流向下流动自压缩热增量按下式计算：

$$Q_p = M_B g \Delta H \text{ , W} \qquad (32.1)$$

式中，Q_p 为风流向下流动自压缩热增量，W；M_B 为通过巷道风量，kg/s；g 为重力加速度，g=9.81m/s^2；ΔH 为风流流经巷道始终点标高差，m。

理论上，风流在纯自压缩状态下，当高差为100m时，其温升可达0.976℃，但实际测试中发现风流温升并没有理论计算值大，这是由于实际流动过程中并非绝热压缩过程，其压缩热绝大部分用于水分蒸发或被围岩吸收，在夏季经常出现风流通过进风井筒为一降温过程。在夏季，由于围岩吸热，风流温升要比平均值低；而在冬季，由于围岩放热，风流温升要比平均值大。

32.1.3 围岩放热

围岩向巷道传热主要途径：一是借热传导自岩体深处向巷道传热；二是经裂隙水或涌水借对流将热传给巷道风流。围岩主要以传导方式将热量传给巷壁，当岩体向外渗流、涌水时，则存在对流传热。如果水量很大且温度很高，其传热量可能相当大，甚至会超过热传导传递热量。

巷道围岩里传导传热是不稳定传热过程，即使在巷道壁面温度保持不变的情况下，由于岩体本身就是热源，围岩深处向外传导热量值也是随时间而变化，巷道围岩向风流放热量为：

$$Q_{gu} = k_{\tau} UL\left(t_{gu} - t_{B}\right), \ \mathrm{W} \tag{32.2}$$

式中，Q_{gu} 为巷道围岩放热量，W；k_{τ} 为围岩与风流间不稳定热交换系数，表示当巷道深处未被扰动岩体原始温度与风流间温差为 1℃时，单位时间内从单位面积巷道壁面向风流放出（或吸收）热量，W/(m^2 · ℃)；U 为巷道周长，m；L 为巷道长度，m；t_{gu} 为巷道围岩原始岩温，℃；t_B 为巷道空气平均温度，℃。

32.1.4 机电设备放热

矿井综合机械化程度非常高，井下装机容量急剧增大，机电设备运转放热也越来越大，尤其在采掘工作面，其影响非常突出。假设采掘设备在运行过程中从馈电线路上所得到电能去除机械功损失后全部转为热能，约 80% 热量传递给风流，其余热量被运输中煤及矸石带走，而在风流吸收 80% 热量中约有 75%～90% 以潜热形式传递，采掘机械设备放热量为：

$$Q_{cj} = 0.8 k_{cj} N_{cj}, \ \mathrm{kW} \tag{32.3}$$

式中，Q_{cj} 为采掘机械设备放热量，kW；k_{cj} 为采掘机械设备时间利用系数，它等于每天实际工作时间（h）被 24 除；N_{cj} 为采掘机械电机消耗功率，kW。

32.1.5 涌（淋）水放热

（1）井下涌水、渗水和淋水同风流间热、质交换非常复杂，有些参量是无法准确确定的，这也直接影响矿井热力计算精度。若已知巷道中涌水量及热水的初始温和终止温时，根据热力学原理可用下式计算此段巷道热水放热量：

$$Q_{w} = m_{w} c_{w}\left(t_{w_2} - t_{w_1}\right), \ \mathrm{kW} \tag{32.4}$$

式中，Q_w 为热水向风流放热量，kW；m_w 为热水的流量，kg/s；t_{w_2} 为热水初始温度，℃；t_{w_1} 为热水终止温度，℃；c_w 为热水比热，J/(kg · ℃)。

（2）当水和空气直接接触时，在接近水面或水滴表面周围，由于水分子不规则热运动，形成了一个饱和空气边界层，其温度等于水表面温度。在周围空气和边界层之间，若存在水蒸气分压力差（即水蒸气分子浓度差），水蒸气分子就会从浓度高（或水蒸气分压力高）区域向浓度低（或水蒸气分压力低）区域转移，从而产生了换质（湿）过程。

巷道涌淋水在巷道中漫流或无盖板水沟中流动，热水放热强度剧增，热水与风流直接接触时放热量为：

$$Q_{wB} = \alpha\left(t_{b} - t_{B}\right)F + \beta\left(P_{sw} - P_{w}\right)F, \ \mathrm{W} \tag{32.5}$$

式中，Q_{wB} 为热水与风流直接接触时放热量，W；α 为漫流水与风流之间对流换热系数，W/(m^2 · ℃)；F 为漫流水散热面积，m^2；t_B 为巷道中风流平均干球温度，℃；P_{sw} 为水温 t_w 时饱和水蒸气分压力，Pa；P_w 为风流水蒸气分压力，Pa；β 为质交换系数，W/(m^2 · Pa)。

（3）矿井水在有盖板水沟中流动过程中，仅通过水沟盖板与风流进行热交换，其放热量为：

$$Q_w = k_w BL(t_w - t_B)\text{，W} \tag{32.6}$$

式中，Q_w 为水放热量，W；k_w 为水沟盖板传热系数，W/(m^2·℃)；B 为水沟宽度，m；L 为水沟长度，m；t_w 为水沟中水平均温度，℃；t_B 为巷道中风流平均干球温度，℃。

32.1.6 氧化放热

矿物及其他有机物的氧化放热是一个十分复杂的过程，很难将它与其他热源分离开来单独计算，可采用下式估算：

$$Q_0 = q_0 \times {v_B}^{0.8} \times U \times L\text{，kW} \tag{32.7}$$

式中，Q_0 为氧化放热量，kW；v_B 为巷道中平均风速，m/s；q_0 为当量氧化散热系数，表示当巷道平均风速为 1m/s 时单位面积氧化放热量，kW/m^2；U 为巷道周长，m；L 为巷道长度，m。

32.1.7 水泥水化放热

在巷道锚喷水泥时，水泥水化放热量可用下式计算：

$$Q_s = q_s \times U \times L\text{，kW} \tag{32.8}$$

式中，Q_s 为水泥水化放热量，kW；q_s 为水泥水化时单位面积放热量，kW/m^2。

32.1.8 爆破放热

爆破工作热效应，仅在坚硬岩石中掘进大断面巷道或井筒时才考虑，即当同时爆破的炸药量在 100kg 以上时才考虑。对于炸药爆破岩体时放热量估算约占 20% 爆炸热在 1h 内随爆炸烟雾排出，爆炸烟雾排出热量为：

$$Q_b = \frac{0.2 \times q_b \times G_b}{3600}\text{，kW} \tag{32.9}$$

式中，Q_b 为爆炸烟雾排出热量，kW；q_b 为炸药爆破时爆炸热，kJ/kg；G_b 为爆破炸药量，kg。

32.1.9 运输中煤与矸石放热

运输中的煤矸石的放热实际上是围岩散热的另一种表现形式，煤与矸石在运输过程中，平均有约 60%～80% 散热量使风流热量增加，其放热量可近似计算：

$$Q_k = m \times c_m \times \Delta t\text{，kW} \tag{32.10}$$

式中，Q_k 为运输中煤与矸石放热量，kW；m 为煤与矸石运输量，kg/s；c_m 为煤与矸石平均质量热容，kJ/(kg・℃)；Δt 为煤与矸石与空气温差，℃。

对于煤与矸石运输过程中，风流中热量增加只有10%～20%用于增加温度，80%～90%热量使水蒸气含量加大，煤与矸石散热大部分用来蒸发本身所含水分。

32.1.10 人员放热

井下人员放热主要取决于所从事工作的繁重程度以及持续时间，一般地下工程施工人员散热量为：

$$Q = n \times q_r，\ W \tag{32.11}$$

式中，Q 为人员散热量，W；n 为施工人员人数，人；q_r 为施工人员个体散热量，W/人。

32.2 矿井风流热力状态预测方法

基于不同矿井风流热力状态预测模型原理，预测方法主要有统计经验法、数理统计法及数学分析方法等，统计经验法、数理统计法只有井下工况条件相近条件下才可使用，有其局限性，数学分析方法是根据热力学、流体力学及煤矿井下工况条件进行数学分析的计算方法，是煤矿井下风流热力状态预测的主要预测方法，本节主要介绍采用数学分析方法进行风流热力状态预测。

32.2.1 基本原理

在正常通风条件下，巷道通过断面空气状态参数和宏观的流体参数不随时间而变化，只是位置的函数，风流沿巷道连续运动，而且各断面上的质量风量相等，风流通过巷道动能变化和克服通风阻力能耗一般很小，可忽略不计。

根据热力学第一定律，风流通过某段巷道热平衡方程见式(32.12)：

$$M_B(i_2 - i_1) = \frac{M_B g \Delta H}{1000} + k_\tau LU\left[t_{gu} - \frac{t_1 + t_2}{2}\right] + k_w F_w\left[t_w - \frac{t_1 + t_2}{2}\right] + \sum Q_M \tag{32.12}$$

式中，t_1、t_2 分别为巷道始、终端空气温度，℃；i_1、i_2 分别为巷道始、终端空气比焓，kJ/kg；M_B 为流经井巷质量风量，kg/s；ΔH 为巷道始、终端标高差，m；k_w 为水向风流传热系数，kW/(m^2・℃)；F_w 为巷道中水散热面积，m^2；t_w 为巷道中水平均水温，℃；$\sum Q_M$ 为巷道中各种绝对热源放热量之和，kW；g 为重力加速度，m/s^2。

32.2.2 技术内容

1. 井底车场风流热状态

1）井筒深度 H<900m 时

风流通过井筒不考虑围岩和其他热源的影响，井底车场风流温度可用下式计算：

$$t_2=\sqrt{\frac{1}{4}(\frac{\gamma k_{B2}\phi_2 n+c_p}{\gamma k_{B2}\phi_2 m})^2+\frac{i_1+10^{-3}gH-\gamma k_{B2}\phi_2 l}{\gamma k_{B2}\phi_2 m}}-\frac{1}{2}(\frac{\gamma k_{B2}\phi_2 n+c_p}{\gamma k_{B2}\phi_2 m}) \tag{32.13}$$

2）井筒深度 H 不小于900m 时

考虑井筒围岩放（吸）热对风流热力状态影响，井底车场风流温度可用下式计算：

$$t_2=\sqrt{\frac{1}{4}A^2+D}-\frac{1}{2}A\text{，℃} \tag{32.14}$$

$$A=\frac{\gamma k_{B2}\phi_2 n+c_p+\frac{1}{2}\frac{k_\tau HD\pi}{M_B}}{\gamma k_{B2}\phi_2 m}\text{；}\quad D=\frac{i_1+0.001gH+\frac{\sum Q_M}{M_B}+\frac{k_\tau HD\pi}{M_B}(t_{gu}-\frac{1}{2}t_1)-\gamma k_{B2}\varphi_2 l}{\gamma k_{B2}\varphi_2 m}$$

式中，t_1 为地面入风温度，℃；t_2 为井底车场风流温度，℃；i_1 为地面入风焓值，kJ/kg；$\sum Q_M$ 为井筒中各种局部热源放热量之和，kW；φ_2 为井底车场风流相对湿度，%；k_{B2} 为井底车场气压修正系数；B_2 为井底车场大气压力，kPa；t_{gu} 为井筒围岩平均初始温度，℃；M_B 为井筒风量，kg/s；k_τ 为风流与围岩间不稳定热交换系数，kW/(m^2·℃)；H 为井筒深度，m；D 为井筒直径，m；c_p 为空气定压质量热容 kJ/(kg·℃)；γ 为水在 0℃时的汽化潜热，kJ/(g·℃)。

2. 井巷风流热状态

1）水平井巷风流热状态

风流流经通风时间少于 1 年的巷道时，风流与暴露不久的巷道壁面换热强烈，壁面水分蒸发较大，气温沿巷道变化大。根据风流能量平衡方程，通风时间少于 1 年的水平井巷风温可按下式计算：

$$t_2=t_1 e^{-\Gamma\varphi}+(\frac{1-e^{-\Gamma\varphi}}{\Gamma})(T+\frac{\sum Q_M}{M_B c_p}) \tag{32.15}$$

$$\Gamma=\frac{k_\tau UL}{M_B c_p}+\frac{k_T U_T L}{M_B c_p}+\frac{k_w B_w L}{M_B c_p}+E\Delta\phi\text{；}\quad \Delta\phi=\phi_2-\phi_1\text{；}\quad E=\frac{N_y}{B-P_m}\text{；}\quad F=E\varepsilon'$$

$$T=\frac{k_\tau UL}{M_B c_p}t_{gu}+\frac{k_T U_T L}{M_B c_p}t_T+\frac{k_w B_w L}{M_B c_p}t_w-F\Delta\phi\text{；}\quad \varphi=\begin{cases}\frac{1}{1+E\phi_1}(\Delta\phi=0)\\ \frac{\ln(1+\frac{E\Delta\phi}{1+E\phi_1})}{E\Delta\phi}(\Delta\phi\neq 0)\end{cases}$$

通风时间超过 1 年的水平井巷

$$t_2=\sqrt{\frac{1}{4}A^2+D}-\frac{1}{2}A \tag{32.16}$$

$$A=\frac{k_{B}\gamma\phi_{2}n+c_{p}+\frac{1}{2}k_{l}}{k_{B}\gamma\phi_{2}l};\quad D=\frac{i_{1}+i_{2}+\frac{\sum Q_{M}}{M_{B}}-k_{B}\gamma\phi_{2}m-\frac{1}{2}k_{1}t_{1}}{k_{B}\gamma\phi l};$$

$$k_{1}=\frac{k_{\tau}UL}{M_{B}}+\frac{k_{T}U_{T}L}{M_{B}}+\frac{k_{w}B_{w}L}{M_{B}};\quad k_{2}=\frac{k_{\tau}UL}{M_{B}}t_{gu}+\frac{k_{T}U_{T}L}{M_{B}}t_{T}+\frac{k_{w}B_{w}L}{M_{B}}t_{w}$$

2）倾斜井巷风流热状态

通风时间小于 1 年的倾斜井巷

$$t_{2}=t_{1}e^{-\Gamma\varphi}+(\frac{1-e^{-\Gamma\varphi}}{\Gamma})(T\pm Y+\frac{\sum Q_{M}}{M_{B}c_{p}}),\ ℃ \tag{32.17}$$

$$\Gamma=\frac{k_{\tau}UL}{M_{B}c_{p}}+\frac{k_{T}U_{T}L}{M_{B}c_{p}}+\frac{k_{w}B_{w}L}{M_{B}c_{p}}+E\Delta\phi;\quad Y=\frac{k_{\tau}UL}{M_{B}c_{p}}\sigma(\frac{1}{1-e^{-\Gamma\varphi}}-\frac{1}{\Gamma})\sin\phi$$

$$E=\frac{N_{y}}{B-P_{m}};\quad F=E\varepsilon';\quad \varphi=\begin{cases}\dfrac{1}{1+E\phi_{1}}(\Delta\phi=0)\\[2ex] \dfrac{\ln(1+\dfrac{E\Delta\phi}{1+E\phi_{1}})}{E\Delta\phi}(\Delta\phi\neq 0)\end{cases}$$

$$T=\frac{k_{\tau}UL}{M_{B}c_{p}}t_{gu}+\frac{k_{T}U_{T}L}{M_{B}c_{p}}t_{T}+\frac{k_{w}B_{w}L}{M_{B}c_{p}}t_{w}-F\Delta\phi;\quad \Delta\phi=\phi_{2}-\phi_{1}$$

通风时间大于 1 年的倾斜井巷

$$t_{2}=\sqrt{\frac{1}{4}A^{2}+D}-\frac{1}{2}A,\ ℃ \tag{32.18}$$

$$A=\frac{k_{B2}\gamma\phi_{2}n+c_{p}+\frac{1}{2}k_{1}}{k_{B2}\gamma\phi_{2}l};\quad D=\frac{i_{1}\pm\frac{gH}{1000}+k_{2}+\frac{\sum Q_{M}}{M_{B}}-k_{B2}\gamma\phi_{2}m-\frac{1}{2}k_{1}t_{1}}{k_{B2}\gamma\phi_{2}l}$$

$$k_{1}=\frac{k_{\tau}UL}{M_{B}}+\frac{k_{T}U_{T}L}{M_{B}}+\frac{k_{w}B_{w}L}{M_{B}};\quad k_{2}=\frac{k_{\tau}UL}{M_{B}}t_{gu}+\frac{k_{T}U_{T}L}{M_{B}}t_{T}+\frac{k_{w}B_{w}L}{M_{B}}t_{w}$$

式中，t_1 为巷道始端风流温度，℃；t_2 为巷道终端风流温度，℃；t_{gu} 为围岩原始温度，℃；M_B 为风量，kg/s；k_τ 为风流与围岩不稳定热交换系数，kW/(m^2·℃)；k_T 为水管壁传热系数，kW/(m^2·℃)；k_w 为水沟盖板传热系数，kW/(m^2·℃)；U 为巷道周长，m；U_T 为水管周长，m；B_w 为水沟宽度，m；L 为巷道长度，m；t_T 为管内水温度，℃；t_w 为水沟中水平均温度，℃；$\sum Q_M$ 为各种局部热源放热量之和，W；σ 为地温梯度，℃/m；ϕ 为巷道倾角，(°)；ϕ_1 为巷道始端风流相对湿度，%；ϕ_2 为巷道终端风流相对湿度，%；k_B 为巷道风流气压修正系数；k_{B1} 为巷道始端风流气压修正系数；k_{B2} 为巷道始端风流气压修正系数；B 为巷道大气压力，kPa；B_1 为巷道始端大气压力，kPa；B_2 为巷道终端大气压力，kPa。

3. 掘进工作面风流热状态

掘进工作面风流热状态预测，就是预测掘进巷道工作面和掘进巷道回风口的风流热状态。预测按图 32.1 所示，根据风流沿程换热特征不同而划分计算段和布置风温测点，从点 1（局部通风机进风口）开始，逐段按风流流向进行预测计算。

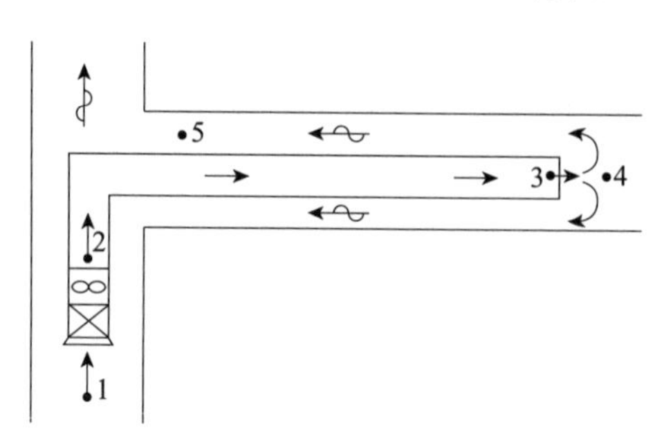

图 32.1　掘进工作面风流预测系统

1）风机后风流温度（特征点 2）

$$t_2 = t_1 + \Delta t = t_1 + k_t \frac{N_e}{v_B}\text{，℃} \tag{32.19}$$

2）风筒出口温度（特征点 3）

$$t_3 = \frac{R_1 t_2 \left[A_a + N\left(N - A_a\right)\right] + N\left[\Pi\left(A_a + A_b\right) + R_1 A_c\right]}{R_1 A_a \left(1 + N\right) - N\left[R_2\left(A_a + A_b\right) + N R_1\right]}\text{，℃} \tag{32.20}$$

$$R_1 = 1 + \frac{\gamma k_B \varphi_4 n}{c_p} + M\text{；}\quad R_2 = 1 + \frac{\gamma k_B \varphi_5 n}{c_p} - M\text{；}\quad \Pi = 2Mt_{gu} + Z\sum Q_{M4} - \frac{\gamma k_B m\left(\varphi_5 - \varphi_4\right)}{c_p}\text{；}$$

$$A_a = 1 + \frac{\gamma k_B \varphi_5 n}{c_p} + \frac{1}{2}E + N\text{；}\quad A_b = 1 + \frac{\gamma k_B \varphi_4 n}{c_p} - \frac{1}{2}E - N\text{；}\quad M_{B3} = \frac{2kM_{Bm}}{1+k}\text{；}$$

$$A_c = Et_{gu} + \frac{\sum Q_M}{M_{Bm} c_p} - \frac{\gamma k_B m\left(\varphi_5 - \varphi_4\right)}{c_p}\text{；}\quad E = \frac{k_{\tau B} F_B}{M_{Bm} c_p}\text{；}\quad N = \frac{k_f F_f}{2M_{Bm} c_p}\text{；}\quad k = \frac{M_{B3}}{M_{B2}}\text{；}$$

$$Z = \frac{1+k}{2kM_{Bm} c_p}\quad M_{Bm} = \frac{1}{2}\left(M_{B2} + M_{B3}\right)\text{；}\quad M = \frac{\left(1+k\right)k_{\tau 4} F_4}{4kM_{Bm} c_p}$$

3）掘进迎头温度（特征点 4）

$$t_4 = \frac{\Pi + R_2 t_3}{R_1}\text{，℃} \tag{32.21}$$

4）回风巷中温度（特征点 5）

$$t_5 = \frac{A_b t_4 + N\left(t_2 + t_3\right) + A_c}{A_a}\text{，℃} \tag{32.22}$$

式中，t_1 为特征点 1 风流温度，℃；t_2 为特征点 2 风流温度，℃；t_3 为特征点 3 风流温度，℃；t_4 为特征点 4 风流温度，℃；t_5 为特征点 5 风流温度，℃；N_e 为风机额定功率，kW；v_B 为通过风机风量，m^3/min；k_t 为温度系数，取 30～34；$\sum Q_{M4}$ 为掘进工作面近区各种热源放热量之和，kW；$\sum Q_M$ 为掘进巷道中各种局部热源放热量之和，kW；F_f 为风筒传热面积，m^2；k_f 为风筒传热系数，$kW/(m^2 \cdot ℃)$；F_4 为掘进面近区传热面积，m^2；$k_{\tau 4}$ 为掘进面近区不稳定热交换系数，$kW/(m^2 \cdot ℃)$；F_B 为掘进巷道传热面积，m^2；$k_{\tau B}$ 为掘进巷道围岩不稳定热交换系数，$kW/(m^2 \cdot ℃)$；M_{B2} 为特征点 2 风量，kg/s；M_{B3} 为特征点 3 风量，kg/s；φ_4 为特征点 4 相对湿度，%；φ_5 为特征点 5 相对湿度，%；k_B 为气压修正系数；m，n 为常系数。

4. 回采工作面风流热状态

回采工作面风流温度预测（图 32.2），特征点 1 距工作面下出口 3～5m 工作面内，特征点 2 距工作面上出口 15m 工作面内。

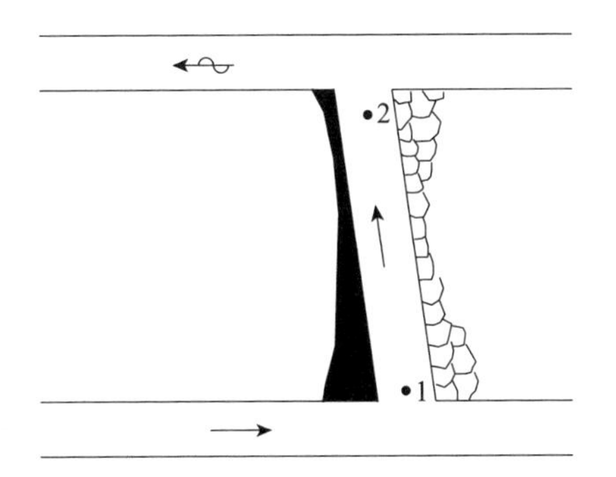

图 32.2　回采工作面风流预测系统

$$t_2 = t_1 e^{-\Gamma\varphi} + (\frac{1-e^{-\Gamma\varphi}}{\Gamma})(T + \frac{\sum Q_M}{M_B c_p}) \tag{32.23}$$

$$\Gamma = \frac{k_\tau UL}{M_B c_p} + E\Delta\phi \pm;\quad \Delta\phi = \phi_2 - \phi_1;\quad \Delta t_k = 0.0024L^{0.8}(t_k - t_{fm})$$

$$T = \frac{k_\tau ULt_{gu}}{M_B c_p} + \frac{G_k c_k \Delta t_k}{1000M_B c_p} - F\Delta\phi;\quad E = \frac{N_y}{B - P_m};\quad F = E\varepsilon';\quad \varphi = \begin{cases} \dfrac{1}{1+E\phi_1}(\Delta\phi = 0) \\ \dfrac{\ln(1+\dfrac{E\Delta\phi}{1+E\phi_1})}{E\Delta\phi}(\Delta\phi \neq 0) \end{cases}$$

式中，t_1 为采面入风温度，℃；t_2 为采面出风温度，℃；G_k 为运煤量，kg/s；c_k 为煤的质量热容，$J/(kg \cdot ℃)$；U 为采面周长，m；L 为采面长度，m；M_m 为采面风量，kg/s；k_τ 为采面不稳定热交换系数，$kW/(m^2 \cdot ℃)$；$\sum Q_M$ 为采面内各种热源放热量之和，kW；t_{fm} 为运输线路上风流平均湿球温度，℃；t_k 为落煤温度，℃。

5. 传导－对流型矿井风流热力状态

当岩体中存在热水时，巷道围岩放热仍然是矿井主要热源之一，但风流与热水间放热处于主导地位，在存在热水巷道中，巷道风流热状态按式（32.24）计算：

$$t_2=\sqrt{\frac{1}{4}A^2+D}-\frac{1}{2}A \tag{32.24}$$

$$A=\frac{B_2}{8.74\varphi_2}(1.005-117.62\frac{\varphi_2}{B_2}+\frac{1}{2}C)；\quad C=\frac{\alpha\upsilon F_{\mathrm{w}}}{M_{\mathrm{B}}}$$

$$D=\frac{B_2}{8.74\varphi_2}\left[i_1+C\left(t_{\mathrm{w}}-0.5t_1\right)+\frac{\sum Q_{\mathrm{M}}}{M_{\mathrm{B}}}+\frac{g\Delta H}{1000}\right]-287.8$$

式中，φ_2 为井巷终端空气相对湿度；B_2 为巷道终端大气压力，kPa；α 为巷道壁对风流放热系数，W/(m^2·℃)；υ 为无因次温度。

32.2.3 工程应用

峰峰矿务局梧桐庄矿井下高温热水涌出导致出现严重高温热害，从矿井热环境测试分析可知，热水对风流的加热作用主要是热水通过出水点（钻孔或裂隙）流到巷道中，在巷道中漫流或在无盖水沟中流动，直接加热了风流，导致矿井风流温度升高。

依据上述分析，对梧桐庄矿井井下高温热害进行计算，由于井下空气温度季节性变化规律基本上是同步的，在矿井热力状态预测中，以最热月份 7 月大气参数为基础，预测结果见图 32.3 和图 32.4。

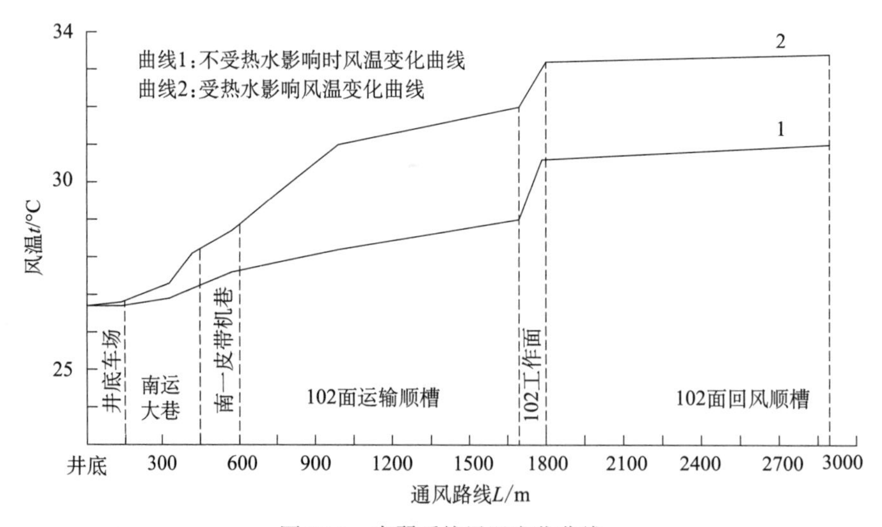

图 32.3 南翼系统风温变化曲线

预测结果验证，2002 年梧桐庄矿投产后 102 工作面出现异常涌水，底板含水层热水上涌，出水量 8m^3/min，出水点水温 39～40℃，投产后测试干球温度为 33℃，与预测温度基本一致，预测精度不大于 ±1℃。

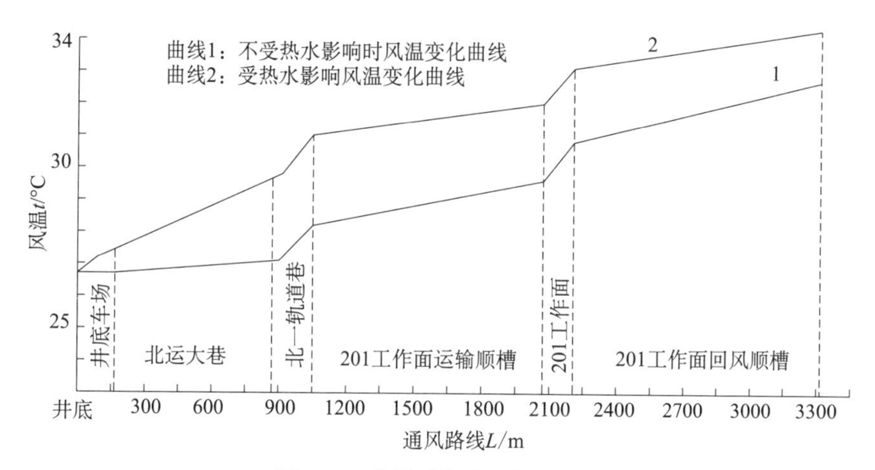

图 32.4 北翼系统风温变化曲线

（本章主要执笔人：沈阳研究院李红阳）

第 33 章

矿井降温技术

随着采矿机械化程度的提高，生产集中，开采强度增大；矿井开采向深部延伸，地温等矿井热环境因素，致使井下作业环境空气温度升高，此外特殊地质条件下，虽然矿井开采深度不大，也会遇到较高地温及高温热水等因素，导致井下作业环境严重恶化，如何经济、有效、持续地将井下作业地点的气候环境条件控制在安全规程规定的范围内，是矿井热害防治技术的最终目的。

矿井热害防治技术分为很多种，主要有两个方面：非制冷降温技术（也称为工程技术措施）和制冷降温技术。矿井热害治理从技术上涉及地热学、采矿学、通风学、制冷工程等多学科技术，由于煤矿井下热（湿）源复杂性与多样性，矿井热害防治多采用非制冷降温与制冷降温综合技术，已形成行业标准《矿井降温技术规范》（MT/T 1136—2011）。

基于矿井热害预测与评价分析，对于热害矿井首先要考虑的是加大风量等非人工制冷降温工程措施。当采用这些工程措施无法达到降温的目的时，就得采用制冷降温技术措施。制冷降温系统就是采用制冷设备制取冷量，再将冷量输送到供冷地点，以达到冷却风流目的，根据矿井生产系统和热环境条件不同，按矿井需冷量、制冷站位置及供冷方式，矿井制冷降温系统分为集中制冷降温系统和局部（或分散）制冷降温系统。供冷能力较小（小于 2MW）或边远采区，采用中、小型制冷设备向单个采掘工作面供冷为矿井局部制冷降温系统；供冷能力较大（大于 2MW），由集中制冷站向多个采掘工作面供冷为矿井集中制冷降温系统。

33.1 非制冷降温技术

33.1.1 工程技术措施

1. 加大通风强度

通风降温就其实质来说就是增大供风量，使作业地点气温降低到国家有关规程规定的范围内，从而创造一个适宜温度环境。通风降温在一定条件下是经济的、可靠的和有效的治理热害方法。矿井热害防治采取增加供风量降温措施有一定可行范围（可行范围因矿井具体条件不同而异），当超过此范围时，盲目采用增加风量降温，不仅达不到改善井下环境条件的目的，反而导致通风费用增加。

以回采工作面为例说明加大通风强度及合理供风量对回采工作面降温的有效性与局限性，风流通过回采工作面风温计算方程为：

$$t_2 = t_1 + \frac{\sum Q_h}{M_B c_p} + \frac{g}{c_p}(z_1 - z_2) \times 10^{-3} - \frac{\gamma}{c_p}(d_2 - d_1) \tag{33.1}$$

式中，t_1、t_2分别为采面进、回风流干球温度，℃；c_p为干空气平均定压质量热容，kJ/(kg·℃)；γ为水蒸气汽化潜热，kJ/kg；d_2、d_1分别为采面始、末断面上风流含湿量，kg/kg；M_B为风流质量流量，kg/s；c_p为空气定压质量热容，c_p=1005J/(kg·℃)；z_1、z_2分别为采面进、出口标高，m；$\sum Q_h$为采面各种相对热源和绝对热源放热量之和，kW。

当采面入风温度t_1低于围岩平均温度t_{gu}时，增加风量时风流温度降低，进风温度与原始岩温温差越大，其降温幅度也越大，见图33.1曲线4、5、6；当入风温度与围岩原始温度相同时，增加风量对风流温度影响较小，见图33.1曲线3；当供风量增加到一定程度时，风量对风流温度的影响开始减小，如图33.1所示，当风量增加到900m^3/min时，再增加风量对风流温度影响已经很小。

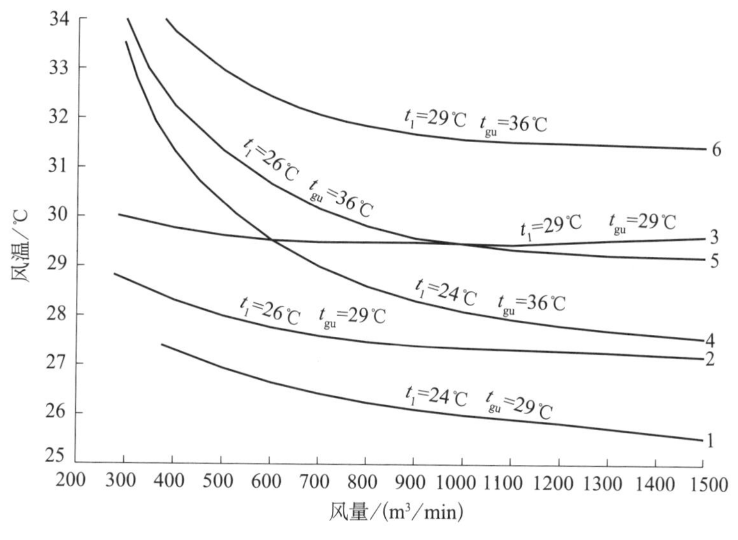

图33.1　采面出口风流温度与供风量关系

2. 选择合理矿通风系统

从改善矿井气候条件观点出发，选择通风系统时，要考虑采用进风风流路线最短、主要进风巷布置在较低岩温或较低导热系数岩石中、新鲜风流避开局部热源等方法。

1）缩短进风路线长度

在井田走向长度相同时，因通风系统不同，进风路线长度也不相同。当井筒为侧翼时，井田可划分为两个或三个独立的通风区域，新鲜风流路线长度比中央式小50%～67%。

2）进风巷道开凿在低温岩体中

在高温矿井通风系统设计时，尽量使新鲜风流从上水平流入回采工作面，在下水平回风，由于上水平岩温要低于下水平岩温，而巷道围岩温度越低，风流通过巷道温升就越小，沈阳研究院在孙村煤矿井下热状态测试数据表明，−210m 水平（原始岩温为 21.5℃），夏季通过 1000m 巷道风流温升为 −1.92℃，而在 −600m 水平通过 1000m 巷道风流温升为 +0.56℃。

3）避开局部热源

井下各种局部热源，如机电设备、运输煤与矸石、氧化以及采空区漏风等都会对风流加热，如果能使新鲜风流避开这些局部热源影响，将会使风流温升降低。

3. 改变通风方式

将上行风改为下行风，对改善回采工作面的气候环境是有利的。一般情况下，可使工作面风温降低 1～2℃。在风流方向与运煤方向一致顺流通风（又称同向通风）条件下，采区进风巷和回采工作面，由于不存在外运煤和机电设备发热影响，使回采工作面气候条件得到改善。

4. 调热巷道降温

调热巷道降温是利用位于恒温带地层巷道进风，调节进风温度、湿度来实现。沈阳研究院在淮南矿务局九龙岗矿进行用进风巷道岩石调热圈冷却风流试验，利用 −240m 水平巷道在冬季通风，在巷道周围形成冷却圈，春季封闭，夏季启封。风流通过调热巷道后，使 −540m 水平井筒附近风温降低 2℃，该方法降温效果有限，仅适用于浅井、夏季有轻度热害条件。

5. 减少采空区漏风

由于从采空区漏入回采工作面和回风道中的风流要带进大量热量，也是回采工作面一个较大热源，采用 U 形通风时，漏风量都比较大，采用填充采空区以及 W 形通风和均压通风，可以减少采空区漏风。

33.1.2 井下热水治理

井下热水通过两个途径把热量传递给风流：一是涌（淋）热水通过对流对风流直接加热；二是深部承压高温热水垂直上涌，加热了上部岩体，岩体再把热量传递给风流。当地下水沿含水层或断裂带流动时，可能产生大面积或局部热异常热水进入巷道，使井下风流增湿增温，严重恶化井下环境。

井下热水治理应在热水成因、来源及其流动条件等研究基础上，采取各种注浆措施、堵截过水通道、切断补给水源等措施。井下热水涌出对热环境影响不可能完全消除，必须根据井下涌（淋）水的特点进行治理，以最大限度地消除其影响。

1. 井下热水

采用超前疏干进行排水，也就是将热水水位降到开采深度以下。

2. 局部出水点热水

（1）地面钻孔把热水直接排到地面，为避免热水对矿井进风流的加热，在出水点附近打专门的排水钻孔，把热水就地排到地面。

（2）钻孔出热水处理，一是对单孔涌水量小钻孔进行封堵，二是对流量大钻孔进行导流，引入密封水沟排入井底水仓。

（3）对沿裂隙喷淋和滴渗的高温热水，可采用打钻用水泥浆或化学浆液封堵和用隔热材料封闭出水段，把热水风流隔开，将热水集中导入加隔热盖板的水沟中。

（4）在热水涌出量较大矿井，可开掘专门热水排水巷。

（5）利用隔热管道或加隔热盖板的水沟导入井底水仓。

33.1.3 矿用冷却服

在井下气候环境恶劣的地点，由于技术及经济的原因，未能采取风流冷却措施时，穿着冷却服进行个体防护。沈阳研究院研制了 KL-FP-1 型矿用冷却服，以高分子水聚合物为蓄冷剂，主要技术参数为蓄冷剂 3.6kg、蓄冷剂冰点为 -4～-10℃、持续工作时间 8h、蓄冷量 210W。试验表明，在高温作业环境工作时穿着矿用冷却服冷却，效果比较好。

33.2 局部制冷降温技术

局部制冷降温技术主要用于矿井需冷量较小（小于 2MW）或边远采区高温热害治理制冷降温技术。局部制冷降温技术主要包括采用冷风机组和冷水机组进行局部制冷降温两种方式。局部制冷降温系统制冷效果显著，井下移动方便，冷量损失较小，是解决煤矿井下局部高温热害问题的主要技术手段。

33.2.1 工作原理

1. 冷风机组

制冷压缩机压缩出来的高压制冷剂蒸汽进入冷凝器，在冷凝器内经冷却水冷却，制冷剂蒸汽冷凝成高压液态制冷剂，再经热力膨胀阀节流降压，压力迅速下降，并进入蒸发器，液态制冷剂在蒸发器中蒸发并通过管壁吸收风流的热量，迅速蒸发成气体，而后被吸入制冷压缩机，连续不断地完成制冷循环，此时流过蒸发器的空气，被制冷剂吸收热量而温度下降，再用风筒和蒸发器串联，利用风筒将低温风流送到需冷场所，其工作原理见图 33.2。

2. 冷水机组

从制冷机组蒸发器中流出的低温冷水（小于等于 5℃），由冷水泵经冷水管输送到空气冷却器中。冷水在空气冷却器中通过管壁吸收风流的热量，使风温降低。吸收风流热量的冷水由空气冷却器中流出后，经管道流回蒸发器，并在蒸发器中将热量传递给制冷剂使本身的温度降低，再由水泵送到空气冷却器中继续冷却风流。

制冷剂在蒸发器中吸收冷水的热量之后，由压缩机吸入并压进冷凝器中，其在冷凝器

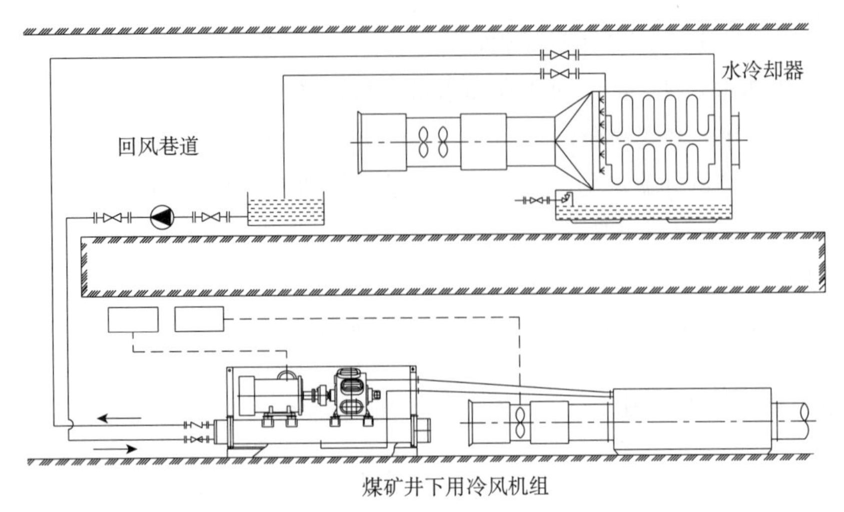

图 33.2　冷风机组局部制冷降温系统原理图

中将热量传递给冷却水，使冷却水温度由 35℃上升到 40℃。被加热了的冷却水从冷凝器中流出后，由冷却水泵经冷却水管道送到水冷却器（设在回风道中）中。冷却水在水冷却器中将热量传递给回风流，使自身温度降低到 35℃，再经冷却水管道流回冷凝器中，继续吸收制冷剂的热量，达到排除冷凝热的目的。

三个循环系统（冷水、制冷剂和冷却水）连续工作，使制冷降温系统达到连续降低风流温度的目的，其系统原理图见图 33.3。

33.2.2　技术内容

局部制冷降温系统主要由制冷（制冷机组）、输冷（冷水保冷管道）、传冷（煤矿井下用空气冷却器或蒸发器）、排热（水冷却装置、冷却水管道及其配套闸阀、过滤器等）组成。

（1）制冷技术主要采用制冷机组制取冷量，采用制冷量小于 500kW 螺杆式或活塞式制冷机组。

（2）输冷技术主要降低供冷管道的冷量损失及降低管道的阻力损失，管道保冷是提高降温系统经济效益技术关键，冷水（或冷冻水）在保冷管道中温升不大于 0.6℃ /1000m；冷风机组采用隔热风筒输送冷风。

（3）传冷技术主要是指空气冷却器，有表面式空气冷却器和喷淋式空气冷却器两种方式。表面式空气冷却器主要由喷淋装置、特殊结构铜盘管组件及除水装置组成。基于煤矿井下潮湿、粉尘含量高的环境条件，沈阳研究院、重庆研究院研制开发了通过强化换热加大传热系数的特殊结构铜盘管换热组件，提高换热性能，有利于防止粉尘积聚且方便清洗。

（4）煤矿井下局部制冷降温系统是否能稳定、高效运行，排热技术是关键。当排热系

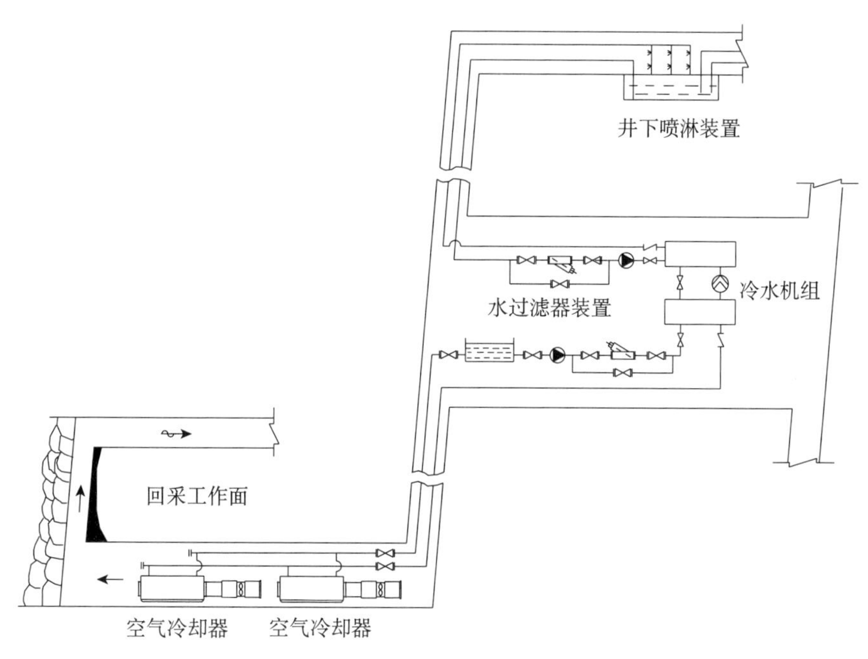

图 33.3　冷水机组局部制冷降温系统原理图

统在设计上存在瑕疵或井下排热条件无法满足要求时，整个降温系统将不能高效运转，制冷量也将达不到额定冷量。排热系统可根据实际情况采用井下涌水排热、回风流排热、地面或含水层供水排热等。

33.2.3　主要装备

1. LFJ−160 型煤矿井下用冷风机组

LFJ-160 型煤矿井下用冷风机组制冷压缩机采用活塞式压缩机。活塞式制冷压缩机具有技术成熟、可靠性高的优点；蒸发器采用椭圆形铜盘管结构强化换热，换热盘管间距较大且有自动除尘装置，有利于防止灰尘积聚，通风阻力较小，其技术性能参数见表 33.1。

表 33.1　LFJ-160 型煤矿井下用冷风机组技术性能参数

参数		数值	参数		数值
制冷量 (t_0=+5℃，t_k=40℃)/kW		160	冷却水	水量 /(m^3/h)	35
能量调节方式		手动		阻力 /MPa	0.08
能量调节范围		0，1/3，2/3，1		工作压力 /MPa	3
制冷剂		R22		出水温度 /℃	≤37
首次充注量 /kg		150	蒸发器	冷却风量 /(m^3/min)	300
电机	功率 /kW	45		通风阻力 /Pa	1100
	电压 /V	380/660	外形尺寸	压缩冷凝机组 /mm×mm×mm	3500×1100×1500
	转速 /(r/min)	960		蒸发器 /mm×mm×mm	3000×950×1100
冷冻机油		N46 号	质量	压缩冷凝机组 /kg	3300
加油量 /kg		15		蒸发器 /kg	1400

2. ZLF450/1140 型煤矿井下用冷风机组

ZLF450/1140型煤矿井下用冷风机组制冷压缩机采用隔爆型半封闭螺杆制冷压缩机，采用隔爆型半封闭式螺杆制冷压缩机，运行稳定、振动小、制冷剂不易泄漏；与开启式制冷压缩机电机散热到周围环境中不同，半封闭式压缩机利用制冷剂回路冷却电机，电机运行发热较少直接散入周围环境中，提高矿井降温效果；制冷装置冷凝温度设计较高（50℃），冷却水温度上升也能保证设备正常运行，同时增大冷却水与空气温差，排热较好。其基本结构见图 33.4，技术参数见表 33.2。

图 33.4　制冷压缩机基本结构

表 33.2　ZLF450/1140 煤矿井下用冷风机组技术参数

参数		数值	参数		数值
制冷量 /kW		450	半封闭螺杆压缩机	型号	LYB-450/1140
蒸发器	进口风流温度 /℃	33		电机功率 /kW	132
	出口风流温度 /℃	15		电源 /V	3P,1140V,50Hz
	空气流量 /(m^3/s)	10	冷凝器	冷却水进口温度 /℃	≤48
	阻力 /kPa	≤0.8		冷却水出口温度 /℃	≤42
主机外形尺寸	（长×宽×高）/mm×mm×mm	2700×950×1300		冷却水流量 /(m^3/h)	75
辅机外形尺寸	（长×宽×高）/mm×mm×mm	3700×1000×1300		阻力 /kPa	≤100

蒸发器采用双螺旋盘管强化换热，双螺旋盘管在圆形壳体中同心布置，在井下环境粉尘不易积聚，且易于清洗，通风阻力较小，如图 33.5 所示。

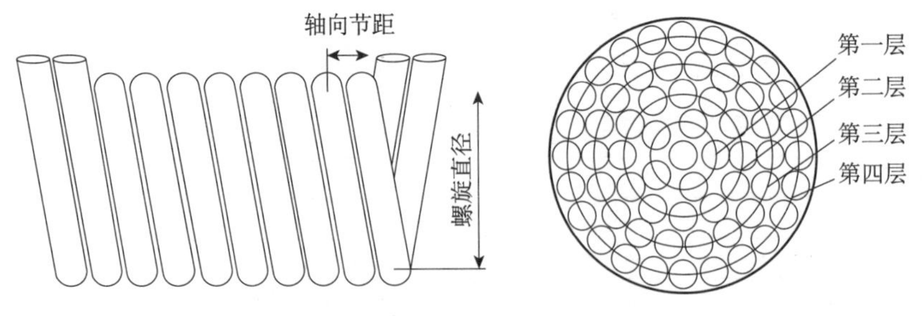

图 33.5　蒸发器双螺旋盘管

3. ZLSLG500F 型煤矿井下用冷水机组

ZLSLG500F 型煤矿井下用冷水机组是沈阳研究院研制模块化分体结构冷水机组，制冷压缩机采用开启式螺杆制冷压缩机，其主要技术参数见表 33.3。

表 33.3　ZLSLG500F 型煤矿井下用冷水机组技术参数

参数		数值	参数		数值
制冷量 /kW		500	蒸发器	冷水进口温度 /℃	10～12
制冷剂		R22		冷水出口温度 /℃	5
制冷剂充装量 /g		180		载冷剂接管口径	DN100
首次加油量 /g		220		流量 /(m^3/h)	86
压缩机	型号	K16		阻力 /MPa	≤0.07
	转速 /(r/min)	2960	冷凝器	冷却水进口温度 /℃	≤35
	能量调节	10%～100% 无级调节		冷却水出口温度 /℃	≤40
	滑阀工况	空调工况		冷却水接管口径	DN125
主电机	型号	YBK2-315M-2		冷却水流量 /(m^3/h)	125
	功率 /kW	132		冷却水侧阻力 /MPa	≤0.07
	电源	3P,660/1140V,50Hz	油冷却器	冷却水接管口径	DN32
	防护等级	IP54		冷却水流量 /(m^3/h)	12
油泵	型号	YBK2-100L2-4		冷却水侧阻力 /MPa	≤0.07
	功率 /kW	3.0	机组外形尺寸	（长 × 宽 × 高）/mm×mm×mm	3250×1150×1700
	电源	3P,660/1140V,50Hz	辅机外形尺寸	（长 × 宽 × 高）/mm×mm×mm	3760×1100×1700

4. ZLS400/660 型煤矿井下用冷水机组

ZLS400/660 型煤矿井下用冷水机组是重庆研究院研制开发用于煤矿井下局部降温冷水机组，制冷压缩机采用半封闭螺杆制冷压缩机，冷水机组主要性能参数见表 33.4。

表 33.4　ZLS400/660 煤矿用冷水机组技术参数

参数	数值	参数	数值
制冷量 /kW	400	冷凝器冷却功率 /kW	532
冷水进口温度 /℃	15	电机功率 /kW	132
冷水出口温度 /℃	5	电机电压 /V	660/1140
冷冻水流量 /(m^3/h)	36	外形尺寸（长 × 宽 × 高）/mm×mm×mm	2700×950×1300
外形尺寸（长 × 宽 × 高）/mm×mm×mm	2700×700×650		

冷水机组基本结构如图 33.6 所示。

5. ZLS-90 矿用防爆制冷装置

ZLS-90 矿用防爆制冷装置是由北京研究院专门为掘进工作面局部高温高湿热环境控制而研制开发，其一体化的框架结构设计，采用软管连接，根据巷道情况可整体安装，也可分开放置，设备总体质量轻，借助矿用平板车可快速移动，且移动后无需重复添加制冷剂，制冷压缩机采用防爆开启式活塞式压缩机，制冷量为 90kW。

图 33.6　基本结构

33.2.4　工程应用

1. LFJ-160 型煤矿井下用冷风机组

潘三矿 1442(1) 工作面高温热害极其严重。沈阳研究院根据潘三矿要求，将应用于掘进工作面局部降温系统在 1442(1) 工作面实施，排热系统采用矿井水直接排热，冷风输送距离约 840m，局部降温系统井下布置及测点如图 33.7 所示。

风流通过蒸发器后温度降低了 9～12.2℃，局部制冷降温效果比较明显，系统正常运行期间工作面降温前、后风温测试见表 33.5。

表 33.5　1442(1) 工作面降温前、后风温测试

测点	降温前		降温后	
	干球温度 /℃	湿球温度 /℃	干球温度 /℃	湿球温度 /℃
2 点	31.6	30.0	29.0	28.2
3 点	32.2	31.6	30.2	29.6
4 点	33.4	32.8	31.4	29.8
5 点	34.9	34.2	33.0	32.8
6 点	35.4	34.8	34.2	33.8

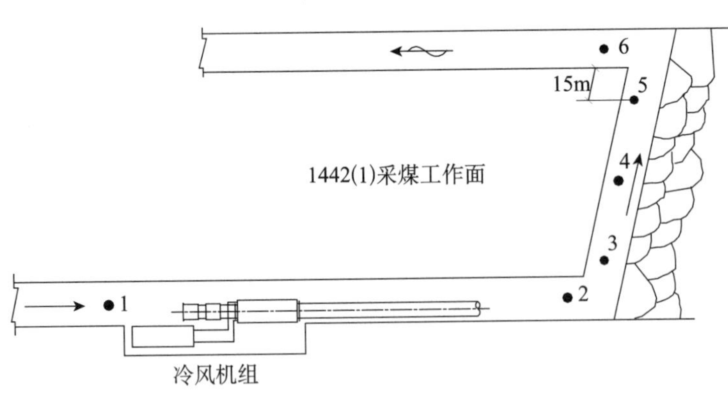

图 33.7　1442(1) 回采工作面温度测定点布置图

2. ZLF450/1140 型煤矿井下用冷风机组

河南神火集团新庄煤矿二 2 煤 42011 采煤工作面高温热害严重。重庆研究院根据现场实际勘查，设计实施采用冷风机组煤矿井下局部制冷降温方案，井下局部制冷降温工程排热系统采用矿井水直接排热，冷风输送距离约 800m，冷风机组井下布置如图 33.8 所示。

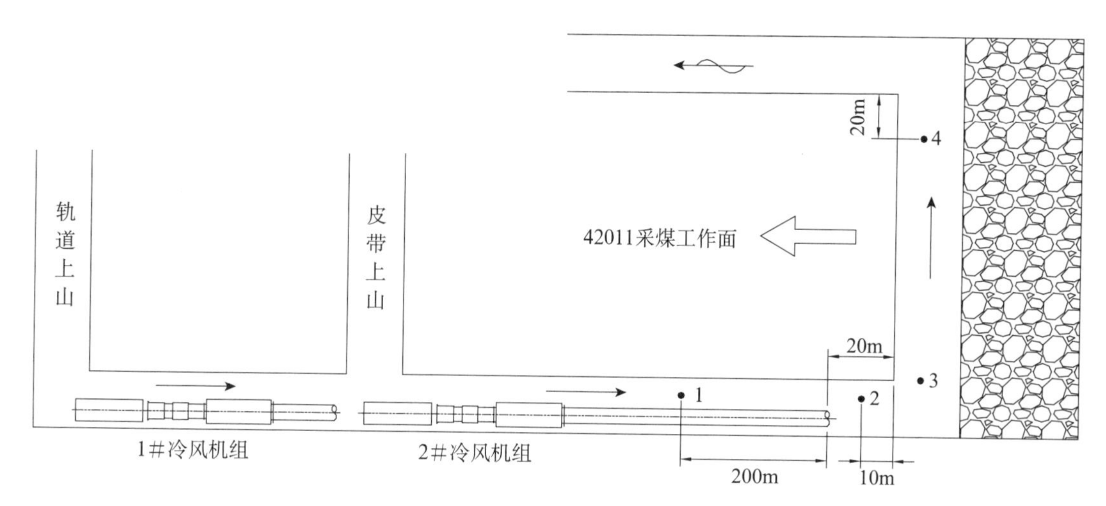

图 33.8　冷风机组安装位置及测点布置

2015 年 8 月井下局部制冷降温系统投入运行，达到了预期降温效果。整个系统正常运行期间测试表明，1 点降温前后温差大于或等于 2℃，2 点降温前后温差大于或等于 4℃，3 点降温前后温差大于或等于 4℃，4 点降温前后温差大于或等于 2℃。

3. ZLS400/660 型煤矿井下用冷水机组

重庆永荣矿业有限公司永川煤矿 -500 m 水平开拓期间掘进工作面出现高温热害，采用 ZLS400/660 煤矿用冷水机组进行局部降温。针对永川煤矿井下回风风量较小、矿井涌水少的实际情况，采用"矿井回风 + 矿井涌水"局部制冷降温综合排热系统，取得很好排热效果，各项指标达到设计要求。

掘进工作面降温效果见图 33.9、图 33.10，空气冷却器进风干球温度 37℃，出风干球温度 14℃，降温前后温差达 23℃，相对湿度平均降幅 20%，掘进工作面附近约 100 m 范围内空气干球温度平均降低 5.6℃，湿球温度平均降低 8.5℃，取得良好降温效果，极大地改善了掘进工作面工作环境条件。

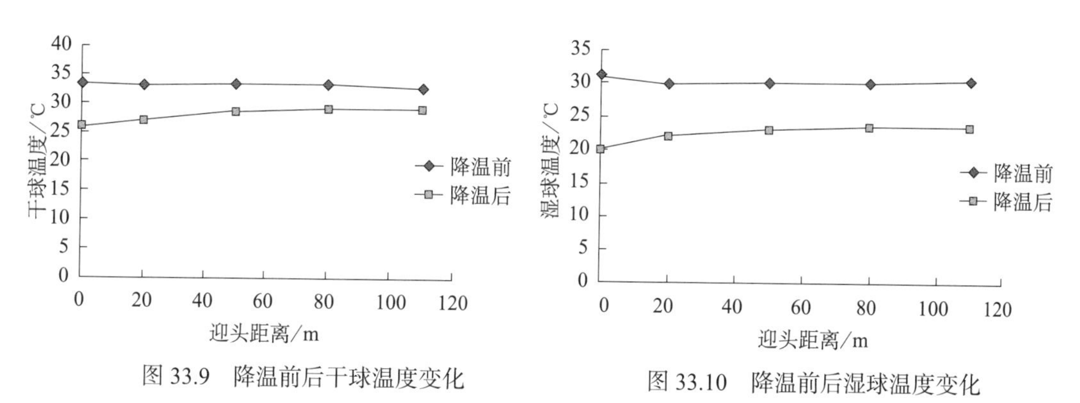

图 33.9　降温前后干球温度变化

图 33.10　降温前后湿球温度变化

33.3 井下集中制冷降温技术

井下集中制冷降温技术是指制冷站设置在煤矿井下，矿井需冷量较大（大于 2MW）的井下集中制冷降温技术，具有供冷管道距离短、冷量损失小、供冷系统简单等技术特点，该技术具备实用性强、降温效果明显、安全可靠等特点。国内外煤矿深部高温热害控制广泛应用井下集中制冷降温技术。

33.3.1 工作原理

制冷站设在煤矿井下，冷水机组制取低温冷水，通过保冷管道输送到高温采掘工作面矿用空气冷却器，用以降低采掘工作面风流温度。井下集中制冷降温系统由制冷剂、载冷剂（冷水）和冷却水 3 个独立的循环系统组成，井下集中制冷降温典型系统原理见图 33.11。

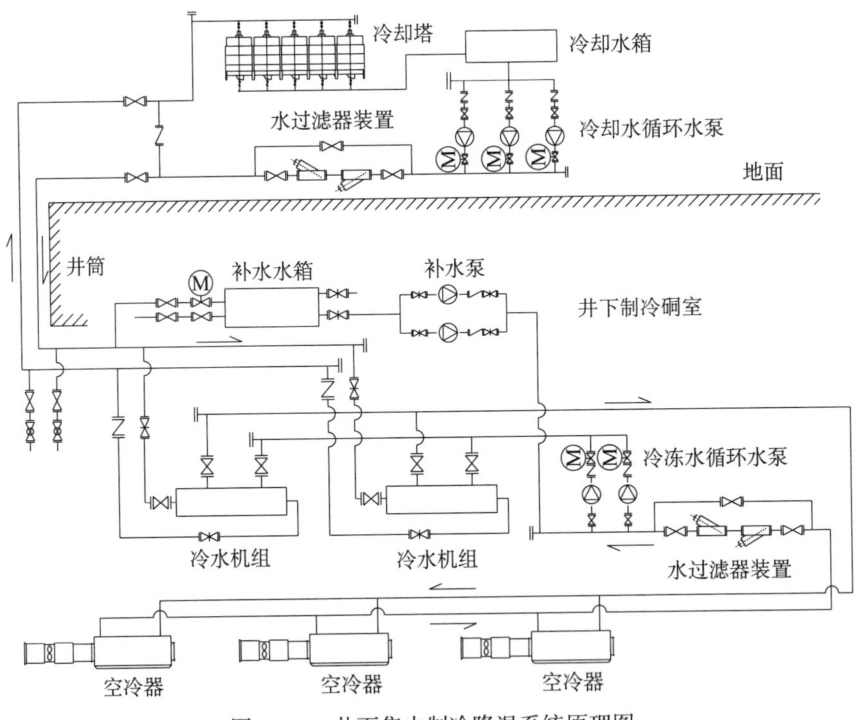

图 33.11 井下集中制冷降温系统原理图

1. 制冷剂循环系统

制冷机组通过制冷剂的循环制取冷量，制冷剂循环系统由制冷压缩机、冷凝器、蒸发器、节流阀及连接管道组成。制冷剂在蒸发器中吸收载冷剂（冷水）的热量而被汽化为低压低温制冷剂气体。制冷剂气体被压缩机吸入，并经压缩升压升温。高压高温蒸汽再进入冷凝器，并在其中将热量传递给冷却水而被冷却成液体。液体制冷剂经节流阀降压降温后又进入蒸发器中，继续吸收载冷剂的热量，由此达到制冷的目的。

2. 载冷剂（冷水）循环系统

当制冷站设在井下时，载冷剂（冷水）循环系统由蒸发器、空气冷却器、冷水管道、水泵及配套闸阀、过滤器等构成载冷剂（冷水）循环系统。

3. 冷却水循环系统

冷却水循环系统由冷凝器、水冷却装置（或称再冷装置）和冷却水管道组成。制冷剂在蒸发器中吸收载冷剂的热量和在压缩机中被压缩的热量，在冷凝器中传递给冷却水，冷却水吸收这部分热量后，经管道进入冷却塔，在冷却塔中，冷却水把热量传递给空气而本身温度降低。较低温度冷却水经管道再流回冷凝器，继续吸收载冷剂的热量，达到连续排除冷凝热的目的。

33.3.2　技术内容

井下集中制冷降温系统主要由制冷（制冷机组）、输冷（冷水保冷管道）、传冷（煤矿井下用空气冷却器）、排热（水冷却装置、冷却水管道及其配套闸阀、过滤器等）组成。各组成部分的优化设计直接影响矿井降温系统降温效果及投资、运行费用。

（1）制冷技术主要采用制冷机组制取冷量，采用制冷量大于 500kW 螺杆式或离心式冷水机组，冷水机组出水温度不大于 5℃。

（2）输冷技术主要降低供冷管道的冷量损失及降低管道的阻力损失，管道保冷是提高降温系统经济效益的技术关键。由于供冷管道不保冷或保冷质量较差，造成冷量损失占总制冷量的 60%～70%。冷水（或冷冻水）在保冷管道中温升小于或等于 0.6℃ /1000m。

（3）传冷技术主要有表面式空气冷却器和喷淋式空气冷却器两种方式。表面式空气冷却器主要由喷淋装置、特殊结构铜盘管组件及除水装置组成。由于煤矿井下环境下粉尘浓度大、极易污染且难以清洗，沈阳研究院、重庆研究院研制开发了通过强化换热加大传热系数的特殊结构铜盘管换热组件，提高换热性能，有利于防止粉尘积聚且方便清洗。

（4）排热技术是井下集中制冷降温技术的关键，制冷降温系统是否能稳定、高效运行，其中有效排除冷凝热是井下集中制冷降温系统正常运行及提高制冷降温经济效益的关键。井下集中制冷降温系统排热主要有井下排热和地面排热两种方式。其中，井下排热主要利用井下回风流排热，当井下水量丰富、水质较好、水温较低时，可采用井下水排热；地面排热主要是采用地面冷却塔排出冷凝热。

33.3.3　主要装备

1. 总回风排热制冷机组

沈阳研究院研制出不同型号规格基于井下回风排热方式的煤矿井下用冷水机组、煤矿井下用保冷管道、煤矿井下用空气冷却器及井下回风巷道喷淋排热装置等成套井下集中制冷降温技术与装备，主要技术参数见表 33.6～表 33.8。

表 33.6　井下集中制冷装置技术参数

型号	压缩机	制冷量/kW	电机/kW	冷水量 /(m³/h)	出水温度 /℃	冷却水量 /(m³/h)	冷却水温度 /℃
Ⅱ -KBF50×0	离心式	581	160	100	5	155	32/36
Ⅲ -KBF100×0	离心式	1163	320	200	5	300	32/36

表 33.7　空气冷却器技术参数

型号	制冷量/kW	管束特性	风机/kW	水量/(m³/h)	风量/(m³/min)	外形尺寸（长×宽×高）/mm×mm×mm	进 / 出风温/℃	进 / 出水温/℃	排列方式
孙村型	127.9	肋管 $\phi16\times2$	5.5	25	175	2400×750×1500	27/15	6.0/10.5	倾斜
KBL-150	151	肋管 $\phi16\times2$	14	16	270	280×1000×1500	28/17	6.5/15.2	倾斜

表 33.8　保冷管道技术参数

技术参数	内管	热导率/[W/(m·K)]	密度/(kg/m³)	保冷层厚度 /mm	保冷材料	吸水性/(kg/m²)	密度/(kg/m³)	可燃性	热导率/[W/(m·℃)]	保护层
聚苯乙烯外保冷	钢管	46.05	7850	50	聚苯乙烯	0.08	20～50	自熄	0.038	镀锌白铁板
聚氨酯外保冷	钢管	46.05	7850	50	聚氨酯	0.2	45	自熄	0.028	薄铁板

2. 地面排热制冷机组

重庆研究院研制出采用地面排热方式的 ZLS3000 井下集中制冷装置，采用模块化结构设计，主机包括螺杆式制冷压缩机、主电机、油分离器、油泵、油冷却器、油路系统、底座等；辅机包括蒸发器、冷凝器以及容器附件，其主要结构及技术参数分别见图 33.12 和表 33.9。

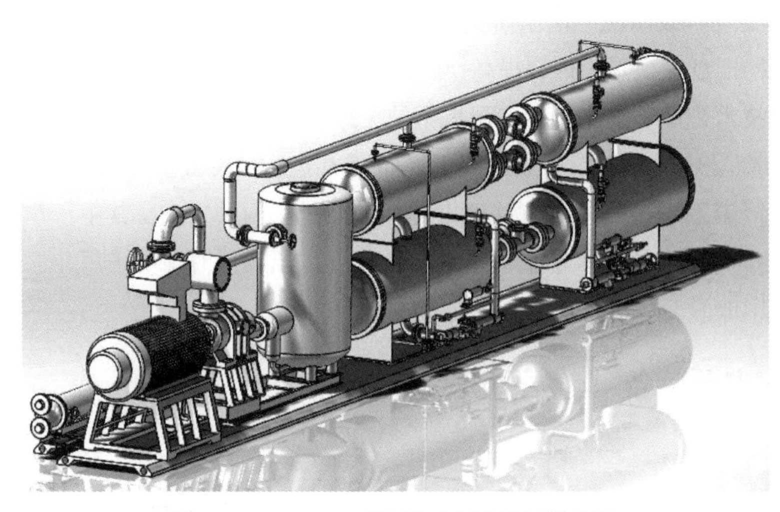

图 33.12　3000kW 井下集中制冷装置结构图

表 33.9 ZLS3000 井下集中制冷装置技术参数

参数		数值	参数		数值
制冷量 (t_0 为 0℃，t_k 为 44℃)/kW		3300	冷凝器	冷却水进出口温度 /℃	32/40
制冷压缩机	型式	螺杆式压缩机		管侧设计压力 /MPa	16.0
	能量调节范围	10%～100% 无级自动调节	蒸发器	冷冻水进出口温度 /℃	18/3
	轴功率 /kW	810		管侧设计压力 /MPa	6.4
主电机	功率 /kW	900	油冷却器	冷却水进出口温度 /℃	32/41
	防护等级	IP55		管侧设计压力 /MPa	16.0
	电压等级	10kV/3P/50Hz	最大外形尺寸	（长×宽×高）/mm×mm×mm	4800×1500×2400

33.3.4 工程应用

1. 平八矿井下集中制冷降温系统工程

1）制冷负荷确定

平均每个回采工作面供冷量为 306kW，4 个回采工作面共 1224kW；平均每个掘进工作面供冷量为 70kW，10 个掘进工作面共 700kW，系统冷量损失按 20% 计算，为 481kW，整个制冷站总制冷量为 2405kW。

2）井下集中制冷降温系统实施

选用 3 台Ⅲ-JBF100×0 型离心式冷水机组、1 台德国 WKM2-1200 型螺杆式冷水机组，集中制冷站总制冷量为 4958kW；空气冷却器布置要求回采工作面下口 100m 处、掘进工作面距迎头 50～100m，每个回采工作面配置 2 台 KBL-150 型空气冷却器，每个掘进工作面配置 1 台 KBL-90 型空气冷却器；供冷管道采用双层保冷管道，保冷材料采用聚氨酯泡沫塑料充注；制冷系统排热采用八矿井下总回风排热，分别在已三采区和已一采区总回风巷道设置井下喷淋硐室。

3）制冷降温效果

制冷机组采用 2 台串联运行，制冷量为 1179.8kW；冷水（冷冻水）进水温度为 10.2℃，出水温度为 5.2℃，冷水流量为 202.0m^3/h；冷却水进水温度 34.2℃，出水温度为 38.4℃，冷却水流量为 297.8m^3/h；井下集中制冷降温系统冷水管道冷损量为 5.1%；采掘工作面降温前温度为 29～32℃，最高时达 34℃，采取制冷降温措施后，当采煤工作面风量为 600～900m^3/min 时，风流温度降低 4～6℃，当掘进工作面风量为 80～130m^3/min 时，风流温度降低 3～6℃；回采工作面降温效果见图 33.13、掘进工作面降温效果见图 33.14。

2. 阳城煤矿井下集中制冷降温系统工程

1）制冷负荷确定

阳城煤矿井下集中制冷降温系统应能同时满足深部采区两个采煤工作面和六个掘进工作面，需冷量为 5137kW，系统冷量损失按 20% 计算，为 481kW，整个制冷站总制冷量为 6164kW。

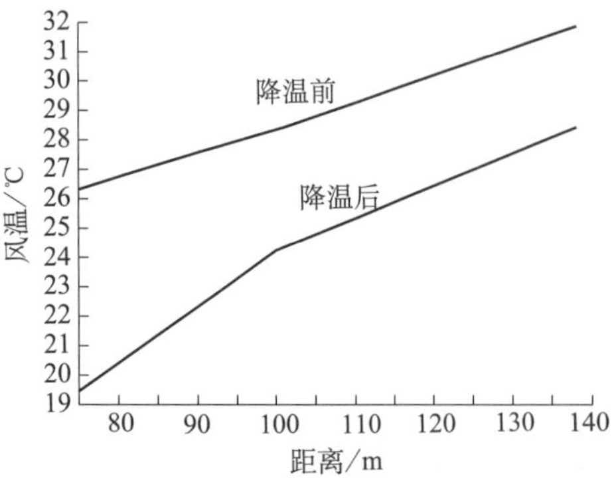

图 33.13　回采工作面降温效果

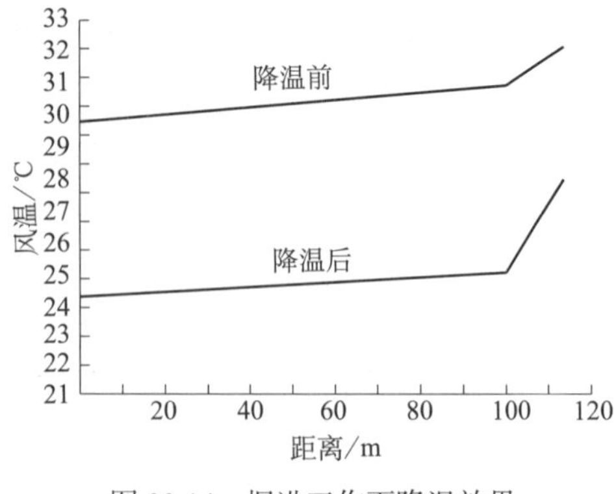

图 33.14　掘进工作面降温效果

2）井下集中制冷降温系统实施

选用 2 台 ZLS3000 井下集中制冷装置见图 33.15，冷凝热采用地面冷却塔排热方式。

图 33.15　阳城煤矿井下集中降温制冷硐室

3）制冷降温效果

井下集中制冷降温系统降温效果测试见表 33.10，降温后采掘工作面干球温度最大降幅为 5.3℃，最小降幅为 4℃，平均降幅为 4.5℃；湿球温度最大降幅为 6.5℃，最小降幅为 4.7℃，平均降幅为 5.6℃，降温工程实施后采掘工作面降温后工作环境得到很大改善。

表 33.10　阳城煤矿井下集中制冷降温系统降温效果测试

测试地点	降温前		降温后		干球温度温差/℃	湿球温度温差/℃
	干球温度/℃	湿球温度/℃	干球温度/℃	湿球温度/℃		
3306 采煤工作面进风口	30.8	29.8	26.2	24.6	4.6	5.2
3306 采煤工作面回风口	33.2	33	29.2	27.3	4	5.7
3303 采煤工作面进风口	30.5	29.6	25.8	23.9	4.7	5.7
3303 采煤工作面回风口	32.8	32.2	27.5	25.7	5.3	6.5
北三深部皮带下山迎头	31.5	31	26.8	25	4.7	6
北三深部轨道下山迎头	31.6	31	27.4	25.6	4.2	5.4

续表

测试地点	降温前		降温后		干球温度温差/℃	湿球温度温差/℃
	干球温度/℃	湿球温度/℃	干球温度/℃	湿球温度/℃		
南二采区皮带下山迎头	32.1	31.5	27.9	26.8	4.2	4.7
南二采区轨道下山迎头	32.2	31.5	28	26.7	4.2	4.8
3307 皮带顺槽迎头	32	31.3	27.6	25	4.4	6.3
3308 皮带顺槽迎头	31.9	31.2	27.3	25.1	4.6	6.1

33.4　地面集中制冷降温技术

地面集中制冷降温技术是指制冷站设置在地面，矿井需冷量较大（大于 2MW）的一种矿井集中制冷降温技术，具有设备安装、维护管理方便、排热效果好，冬季可利用天然冷源等技术特点。此外由于考虑到井下潮湿环境对大型机电设备造成散热困难、绝缘受损等问题以及基于瓦斯抽采能源的综合利用，地面集中制冷降温技术是目前我国煤矿集中制冷降温的主要技术方式。

33.4.1　工作原理

制冷站设在地面，冷水机组制取低温冷水通过保冷管道，经井下高压水减压装置(高低压转换器、三室高低压转换装置等)减压后，通过保冷管道输送到高温采掘工作面矿用空气冷却器，用以降低采掘工作面风流温度。地面集中制冷降温系统由制冷剂、载冷剂（冷水）和冷却水 3 个独立的循环系统组成，系统原理见图 33.16。

1. 制冷剂循环系统

制冷机组通过制冷剂的循环制取冷量，制冷剂循环系统由制冷压缩机、冷凝器、蒸发器、节流阀及连接管道组成。制冷剂在蒸发器中吸收载冷剂(冷水)的热量而被汽化为低压低温制冷剂气体。制冷剂气体被压缩机吸入，并经压缩升压升温。高压高温蒸汽再进入冷凝器，并在其中将热量传递给冷却水而被冷却成液体。液体制冷剂经节流阀降压降温后又进入蒸发器中，继续吸收载冷剂的热量，由此达到制冷的目的。

2. 载冷剂（冷水）循环系统

当制冷站设在井下时，载冷剂（冷水）循环系统由蒸发器、空气冷却器、冷水管道、水泵及配套闸阀、过滤器等构成载冷剂（冷水）循环系统。

3. 冷却水循环系统

冷却水循环系统由冷凝器、水冷却装置（或称再冷装置）和冷却水管道组成。制冷剂在蒸发器中吸收载冷剂的热量和在压缩机中被压缩的热量，在冷凝器中传递给冷却水，冷却水吸收这部分热量后，经管道进入冷却塔，在冷却塔中，冷却水把热量传递给空气而本

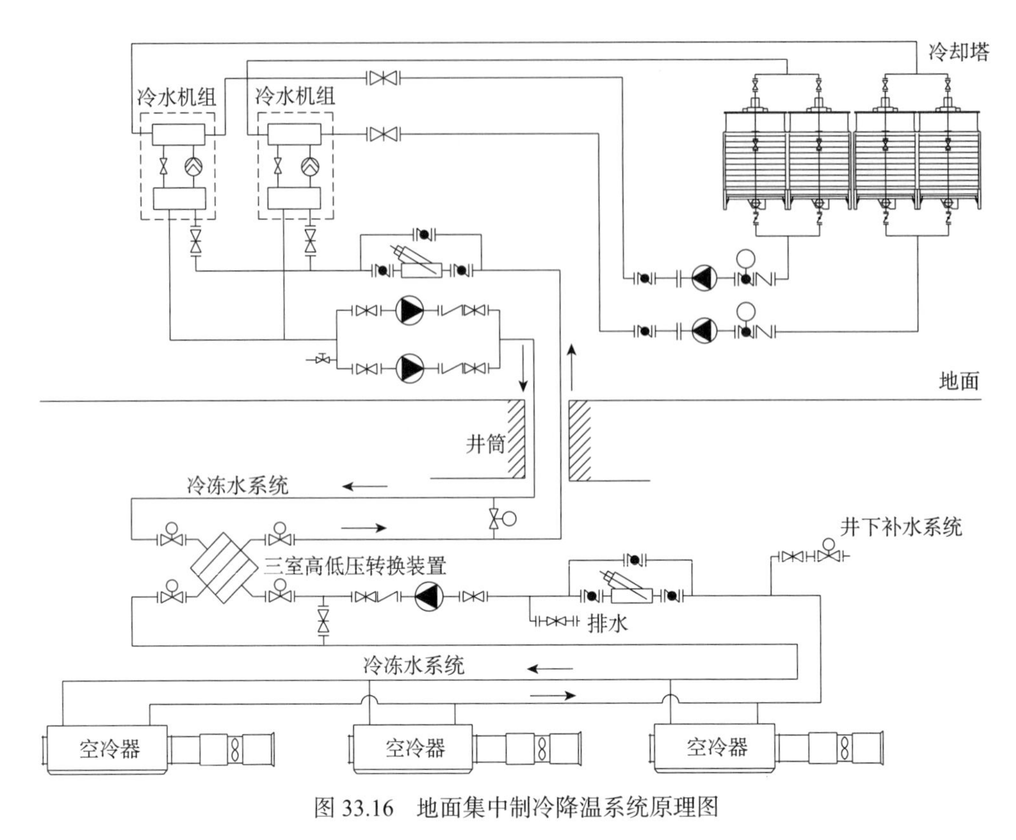

图 33.16 地面集中制冷降温系统原理图

身温度降低。较低温度冷却水经管道再流回冷凝器，继续吸收载冷剂的热量，达到连续排除冷凝热的目的。

33.4.2 技术内容

地面集中制冷降温系统主要由制冷（制冷机组）、输冷（冷水保冷管道、高低压换热器及其他配套闸阀、过滤器等）、传冷（煤矿井下用空气冷却器）、排热（冷却塔、冷却水管道及配套闸阀、过滤器等）组成。各组成部分优化设计直接影响矿井降温系统降温效果及投资、运行费用。

（1）制冷技术主要采用制冷机组制取冷量，采用制冷量大于 500kW 螺杆式或吸收式冷水机组，冷水机组出水温度不大于 3℃。

（2）输冷技术主要降低供冷管道的冷量损失及降低管道的阻力损失，管道保冷是提高降温系统经济效益的技术关键。由于供冷管道不保冷或保冷质量较差，造成冷量损失占总制冷量的 60%～70%，冷水（或冷冻水）在保冷管道中温升小于或等于 0.6℃ /1000m。输冷技术另一个关键技术在于冷水（或冷冻水）高低压转换。沈阳研究院、重庆研究院陆续研发不同转换方式的高低压转换装置，有效地解决了冷水系统高低压转换技术难题。

（3）传冷技术主要有表面式空气冷却器和喷淋式空气冷却器两种方式。表面式空气冷却器主要由喷淋装置、特殊结构铜盘管组件及除水装置组成。由于煤矿井下环境下粉尘浓度大、极易污染且难以清洗，基于煤矿井下潮湿、粉尘含量高的环境条件，沈阳研究院、重庆研究院研制开发了通过强化换热加大传热系数的特殊结构铜盘管换热组件，提高换热性能，有利于防止粉尘积聚且方便清洗。

（4）地面集中制冷降温系统冷凝热采用地面冷却塔排热。从节能角度出发，充分利用天然冷源，当大气湿球温度低于12℃时，采用自然降温方式，井下回来温水可经过冷却塔进行预降温，利用冷却塔进行降温。

33.4.3　主要装备

1. 管壳式高低压换热装置及保冷管道

沈阳研究院研制出管壳式高低压换热装置，具有高压水温升小（有压循环）、低压水在铜管内流动便于清洗、高压水因闭路循环动力消耗小、结构简单无运动部件以及供冷调节方便等特点。主要技术参数见表33.11、表33.12。

表33.11　高低压换热器技术参数

项目	进水温度/℃	出水温度/℃	水量/(m^3/h)	工作压力/MPa	阻力损失/MPa
高压（一次）系统	1.3	12.8	400	12	0.25
低压（二次）系统	18.3	3	300	4	0.05

表33.12　聚氨酯内保冷管道技术参数

内管	密度/(kg/m^3)	保冷层厚度/mm	保冷材料	吸水性/(kg/m^2)	密度/(kg/m^3)	可燃性	热导率/[W/(m·℃)]	保护层
PVC	1600	35	聚氨酯	0.2	45	自熄	0.028	玻璃钢

2. 高低压转换装置

重庆研究院研发了高低压转换装置，温度跃升小于1℃，阻力损失较小，装置承压可达到16MPa，适用于深度小于1600m高温热害矿井。主要包括机械结构部分、液压系统、电气控制部分和辅助单元等。机械结构部分包括腔体管道、端部立式连接管道、三通分配器、高压止回阀和压力平衡阀等；液压系统包括高压止回阀控制液压缸、平衡阀控制液压缸、液压站和液压软管等；电气控制部分包括工控机、PLC控制单元、液压单元、各种传感器及控制总线等；辅助单元包括低压侧超压保护装置、末端流量调节装置、系统补水/放水装置等，其性能测试见表33.13。

表33.13　高低压转换装置性能参数测试

序号	时间	高压冷水进水温度/℃	低压冷水出水温度/℃	高压冷水压力/MPa	低压冷水压力/MPa	备注
1	8：30	6.5	6.9	7.2	2.3	运行
2	9：00	6.1	6.6	6.8	2.1	运行
3	9：30	6.6	7.0	7.1	2.2	运行
4	10：00	6.6	7.2	7.0	2.0	运行
5	10：30	6.5	7.2	6.9	2.3	运行

续表

序号	时间	高压冷水进水温度 /℃	低压冷水出水温度 /℃	高压冷水压力 /MPa	低压冷水压力 /MPa	备注
6	11：00	5.9	6.5	7.0	2.1	运行
7	11：30	6.0	6.8	7.1	2.2	运行
8	12：00	6.6	7.0	6.9	1.9	运行
9	12：30	6.2	6.7	7.0	1.8	运行
10	13：00	6.4	7.0	7.1	1.8	运行
11	13：30	6.6	7.1	7.2	2.0	运行
12	14：00	6.0	6.8	7.0	1.9	运行
13	14：30	6.6	7.3	6.9	2.2	运行
14	15：00	6.2	6.7	6.8	2.0	运行
15	15：30	6.6	7.1	7.2	1.7	运行
16	16：00	6.3	7.1	6.9	2.1	运行

高压侧冷冻水流量可以与低压侧冷冻水流量相等，高低压转换装置最大温度跃升为0.8℃，平均温度跃升约为0.57℃。

33.4.4 工程应用

1. 孙村矿地面集中制冷降温系统工程

制冷系统选用WKM2-1900型冷水机组1台，LSLG25F冷水机组2台，制冷站总供冷量为5440kW；高压冷水管道采用外保冷方式，即在内管（钢管）和外管之间充注聚氨酯保冷材料，外管用玻璃钢复合管。井下低压冷水管道采用内保冷管道，内管采用PVC管，外管采用玻璃钢管，内管和外管之间充注聚氨酯保冷材料。高低压换热器采用壳管式高低压换热器（德国），高低压换热站由8台高低压换热器组成，并分为两组，每组4台换热器串联，两组之间采用并联方式，总换热量6000～7000kW；空气冷却器布置要求回采工作面下口100m处、掘进工作面距迎头50～100m，空气冷却器采用WKW83RV空气冷却器、WKM42RV空气冷却器及KBL-150型空气冷却器；排热系统选用3台5NB(A)Ⅱ-500型玻璃钢冷却塔。冬季时充分利用天然冷源，孙村煤矿冬季平均气温为-0.1℃（湿球温度为-2.5℃），制冷机组可以全部停止运转，利用冷却塔制冷实现矿井降温系统优化运行。

冷水机组采用2台串联方式运转，总制冷量为4106kW，运行参数见表33.14。

表33.14 冷水机组性能参数测试

冷水机组型号	制冷量 /kW	冷水			冷却水			排热量 /kW
		进水温度 /℃	出水温度 /℃	水量 /(m^3/h)	进水温度 /℃	出水温度 /℃	水量 /(m^3/h)	
LSLGF$_2$25型	2128	12.6	6.4	300	32	35.9	590	2639
WKW2-1900型	1978	6.4	1.0	300	32	35.4	535	2336

井下高低压换热器总换热量为3821.4kW，其运行工况见表33.15。

表 33.15 高低压换热器性能参数测试

换热量 /kW	高压（一次）系统				低压（二次）系统			
	水量 /(m^3/h)	进水温度 /℃	出水温度 /℃	水压 /MPa	水量 /(m^3/h)	进水温度 /℃	出水温度 /℃	水压 /Mpa
3821.4	300	1.2	12.2	12.0	300	16.0	5.0	4.0

2. 制冷降温效果

地面集中降温系统运行平稳，各项指标均达到设计要求，LSKF225 型冷水机组出水温度为 3.5℃，WKM2-1900 型机组出水温度为 0.4℃，系统一次冷损量为 186kW，总冷量损失为 532kW，低于设计值 701kW。

采掘工作面降温效果测试见表 33.16。

表 33.16 采掘工作面降温效果测试

工作面名称	降温前温度 /℃	降温后温度 /℃	温差 /℃
2219 运输巷工作面	27.80	22.00	5.80
2419 运输巷掘进工作面	28.60	22.20	6.40
2219 回采工作面	28.20	18.90	9.30

（本章主要执笔人：沈阳研究院李红阳；重庆研究院姬建虎；北京研究院吴海军）

第十篇　矿山应急救援技术

煤矿灾害事故的应急救援是煤矿安全工作的重要组成部分。煤矿事故具有突发性、复杂性和严重性的特点，一旦发生，往往对人民生命、财产安全及周围的环境构成重大威胁。建立科学的应急救援系统可以加强对重大煤矿事故的处理能力，减小事故危害范围和减小损失。新中国成立初国家在抚顺、阜新、辽源 3 个矿区建立了首批专职矿山救护队，在煤矿安全生产中发挥了重要作用，同时为我国煤矿应急救援的发展奠定了基础。1953 年我国在抚顺建立了第一家煤矿安全仪器和救护装备生产厂，之后又相继建立了沈阳、重庆、西安、湖南等安全仪器厂。煤科总院在矿山应急救援技术及装备发展过程中起到重要的作用，开展了多方面的研究，为应急救援技术的发展提供了技术支持。矿山应急救援主要包括安全避险和应急救援两大部分。

安全避险方面主要包括个体防护技术和装备、井下紧急避险技术及装备。20 世纪 60 年代，我国成功研制了 AZG-40、AZG-40A、AZG-40B 型化学氧自救器，因使用不规则粒状生氧剂，强度低，长期携带易产生粉尘，存在引起自救器着火、断氧等隐患。20 世纪 80～90 年代，我国研制了 AZL40、AZL60、AZL90 型过滤式自救器，防护时间为 40min、60min、90min，具有体积小、质量轻、价格便宜等优点。由于过滤式自救器对使用环境的 O_2、CO、CO_2 浓度有严格要求，在应用中有很大的局限性。随着化学氧自救器技术的完善与成熟，过滤式自救器被取而代之，20 世纪 90 年代以来，我国采用先进技术，使得化学氧自救器有了新的发展，沈阳研究院研制成功片状超氧化钾生氧剂，提高生氧剂强度，解决在使用过程中产生粉尘引起着火的问题；同时积极采用先进技术和国际先进标准进行设计、加工、改造和检验，开发快速生氧药层，用于初期生氧代替氧烛。沈阳研究院、重庆研究院以及抚顺等煤矿安全仪器厂开发出多种规格的化学氧自救器。1998 年采用欧共体标准，研制出 OSR30C 化学氧自救器和微机监控的仿人呼吸检验装置、AJH 型化学氧自救器、

AZH30B 化学氧自救器。新型 OSR30C 自救器在德国 DREGER 公司检验表明，我国化学氧自救器的主要性能指标已经达到国际先进水平。矿井应急避险技术装备方面，我国研究起步晚，煤炭科学研究总院 2006 年进行矿山紧急避险装备矿用可移动式软体救生舱的研制，到 2010 年防爆抗冲击要求的硬体救生舱研发成功，从最初考虑到操作的方便性的软体救生舱，到能满足井下防爆抗冲击要求的硬体救生舱的研发，为井下遇险人员的避险等待救援提供了技术保障。与此同时，为了解决井下发生灾害、人员无法撤出、有毒、有害气体侵袭等问题，煤炭科学研究总院还研究了具有防爆密闭、氧气供应、空气监测、二氧化碳吸附、空气温湿度控制、电力供应、通信联络、食品饮水供应、伤员简单医疗处理等功能的避难场所的建造技术，并为我国煤矿提供技术服务。截至 2013 年年底，我国大型矿井紧急避险系统建设基本完成，正逐步向所有井工矿井推广应用。

在应急救援方面，煤炭科学研究总院开展了氧气呼吸器、井下侦测技术及装备、矿井救灾通信技术等方面的研究，20 世纪 50 年代以来，我国煤矿救护队主要使用的是负压氧呼吸器，内部环境为负压，存在着吸气过程中佩戴的口具、鼻夹脱落和外界毒气向呼吸系统渗漏等情况，造成人员中毒伤亡等隐患。正压呼吸器的成功研制，彻底克服了负压呼吸器的缺点。1995 年，重庆研究院引进美国 Biopak-240 正压氧呼吸器的基础上，通过集成创新实现了正压氧呼吸器国产化，1997 年又引进德国 DRAGER 公司技术组装 BG4 正压氧气呼吸器。同期，沈阳研究院开发出 HYZ4 正压氧气呼吸器，将 AHY-6 负压氧气呼吸器改造成正压氧气呼吸器，同时等效采用欧盟标准研发出新型的 PB4 正压氧气呼吸器，又与日本川重防灾株式会社合作开发出 KF-1 型 4h 正压呼吸器。在遇险人员侦测定位和侦测工具方面，重庆研究院研发的探测仪及井下探测机器人能迅速探测灾区状况、提高救援效率和减少施救人员的伤亡，为抢险救灾提供决策支持。在矿井救灾通信技术的研究方面，目前应用于煤矿井下无线通信系统有透地、感应、漏泄、载波和小灵通等通信系统，而针对煤矿救灾的通信技术发展缓慢。近年来，沈阳研究院、重庆研究院、北京研究院等单位先后成功研制出车载矿山救援指挥系统、KJ30 矿用救灾无线通信系统，实现井上指挥人员、井下指挥人员、救护队长及队员等四方相互通话和井下长距离的无线通信。

近年来，应急救援模拟演练快速发展，能对各类灾害进行数值模拟和人员行为进行数值模拟的仿真，在虚拟空间模拟灾害发生、发展过程，以及人们在灾害环境中可能做出的各种反应，并在演练平台上最大限度仿真实际灾害的条件下开展应急演练。

本篇共分 6 章，分别介绍氧气自救器、井下避难硐室、可移动式救生过渡站、生命探测仪、便携式本安侦察机器人、应急救援通信技术及相关装备、氧气呼吸器、灾后救援技术及应急救援模拟演练技术等方面的研究成果。

第 34 章 个体防护技术

个体防护技术与装备是灾害发生时矿工生命的重要保障，其中具有代表性的有氧气自救器、自动苏生器、氧气充填泵等。

自救器是用于灾害发生时，个人逃生自救的小型呼吸保护器具。我国研发的自救器分为过滤式和隔离式两大类型。隔离式自救器分为化学氧自救器和压缩氧自救器两种。沈阳研究院研制出片状超氧化钾生氧剂，提高生氧剂的强度，成功研发出 AZH 系列化学氧自救器。在“十二五”期间，推出的 ZYX100 压缩氧自救器，为我国压缩氧自救器的更新换代打下了基础。自动苏生器是矿山重要救护装备之一，主要用于抢救昏迷或呼吸暂停的伤员，在矿山救援过程中发挥了重要作用。氧气充填泵属于呼吸保护器具的辅助设备，为各种呼吸保护器具所用的储气瓶充填高压氧气的专用设备，也是矿山救援体系中的必备设备。

本章详细介绍自救器的工作原理及典型代表产品；简要介绍自动苏生器及氧气充填泵。

34.1 氧气自救器

氧气自救器是个人逃生使用的自救器具。当发生灾变，灾区大气中含有有毒有害气体或缺氧，使用者佩戴氧气自救器可以将呼吸系统与外界完全隔绝，保障呼吸不受侵害，安全退出灾区，达到遇险自救的目的。自救器不仅被用于矿山，还可以用于石油、化工、隧道、娱乐场所等涉及作业人员的危险场所。

氧气自救器分为隔绝式压缩氧自救器和隔绝式化学氧自救器。

34.1.1 隔绝式压缩氧自救器

1. 分类

（1）按呼吸方式可分为内循环式和往复式。

内循环式：是指在呼吸系统内部，只有呼气时气体经过二氧化碳吸收剂。呼气和吸气沿同一方向循环的呼吸方式。

往复式：是指在呼吸系统内部，呼气和吸气时气体都要经过二氧化碳吸收剂。呼气和吸气沿相反方向进行的呼吸方式。

（2）按供氧方式分可分为定量供氧兼手动补给供氧型、定量供氧兼自动补给供氧型、定量供氧兼手动和自动补给供氧兼用型。

定量供氧兼手动补给供氧型：是指只有定量和手动补给两种供氧方式。

定量供氧兼自动补给供氧型：是指只有定量和自动补给两种供氧方式。

定量供氧兼手动和自动补给供氧兼用型：是指有定量供氧、手动补给和自动补给三种供氧方式。

（3）按使用方式可分为矿井储备式和携带式。

矿井储备式：储存在固定地点，发生灾难时用于逃生。

携带式：方便随身携带的，发生灾难时随时佩戴逃生。

（4）按防护时间可分为 15 min、30 min、45 min、60 min、90 min 以及 120 min 等。

2. 基本原理

隔绝式压缩氧自救器一般都包括高压储气瓶、氧气瓶阀、减压器、补给阀、气囊、二氧化碳吸收罐、气囊、口具、排气阀、压力指示器以及其他附件。

工作原理：打开氧气瓶瓶阀，高压氧气经过减压器进入气囊。吸气时，气囊中的气体经过吸气阀进入口具，供佩戴者吸气；呼气时，呼出的气体经过口具、呼气阀，进入清净罐。清净罐内，呼出的二氧化碳被二氧化碳吸收剂吸收后进入气囊与新鲜的氧气混合，供佩戴者使用。当系统内的压力达到 -400～-100Pa 时，自动补气装置自动开启，向气囊中供气；当系统内的压力达到 150～300Pa 时，排气阀自动开启，多余的气体从排气阀排出（图 34.1）。

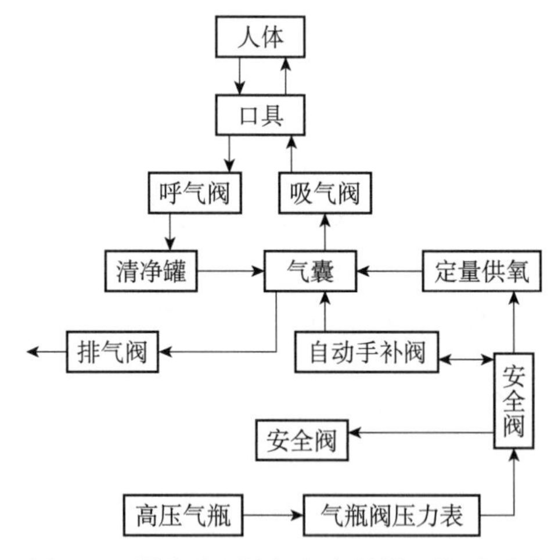

图 34.1 隔绝式压缩氧气自救器工作原理图

3. 技术特点

隔绝式压缩氧自救器是一种以高压容器充填氧气为气源的循环充气的隔绝式自救器，由高压系统、中压系统、低压系统及其他辅件四个部分构成。几乎包含负压式氧气呼吸器的全部要素，堪称一个小型负压式氧气呼吸器，以两种或三种方式供氧。定量供氧保证使用者在正常情况下使用，而自动补给或手动补给保证使用者在加大做功时的氧气供给。

4. 适用条件

压缩氧自救器适用于任何环境下的逃生，比化学氧自救器更舒适、安全、可靠。价格上压缩氧自救器要高于化学氧自救器，但是压缩氧自救器可以更换CO_2吸收剂和充填氧气，可以重复使用。从长远的角度看，压缩氧自救器更为经济，使用越来越广泛。

5. 典型成果

国内外隔绝式压缩氧自救器产品很多，目前国内广泛使用的还是以国产压缩氧气自救器为主。国内压缩氧自救器防护的时间为15～120min。沈阳研究院在“十二五”期间研究成功一款全新的ZYX100型隔绝式压缩氧气自救器（图34.2）。该成果首创整机双密封技术实现了延缓老化，常期免维护，未使用前无需更换CO_2吸收剂等功能，是一款适合于大功量的逃生产品。

1）ZYX100隔绝式压缩氧气自救器结构（图34.2）。

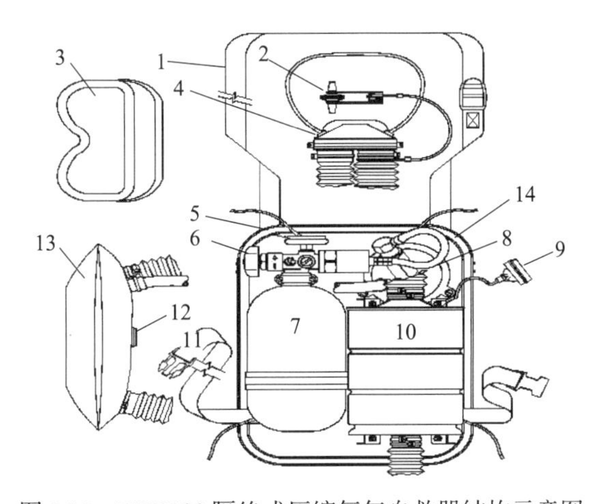

图34.2　ZYX100隔绝式压缩氧气自救器结构示意图

1. 脖带；2. 鼻夹；3. 护目镜；4. 口具；5. 压力表；6. 气瓶开关；7. 氧气瓶；8. 供给阀；9. 口具塞；10. 二氧化碳吸收罐；11. 腰带；12. 排气阀门；13. 气囊；14. 密封胶条

2）主要技术参数

主要技术参数见表34.1。

表34.1　主要技术参数

参数	数值
额定防护时间 /min	100
氧气瓶额定压力 /MPa	20
定量供氧量 /(L/min)	≥1.6
自动补给供氧量 /(L/min)	≥60
自动排气压力 /Pa	150～300
自动补给压力 /Pa	-400～-100

续表

参数	数值
压力表指示范围 /MPa	0～30
二氧化碳吸收剂	符合 MT454—1995 的规定
外壳材质	PC
静坐防护时间 /min	≥480
外形尺寸（长 × 宽 × 高）/mm×mm×mm	222×307×118.5
整机质量 /kg	≤4.5

3）技术特点

ZYX100 隔绝式压缩氧气自救器采用双密封方式，即用口具塞密封系统和外壳密封。呼吸系统在大于 980Pa 压力下不漏气，下外壳有一个用于放密封胶条的密封槽。系统的气密是为了保证自救器的正常使用，隔绝外界有腐蚀性、有毒、有害气体进入产品的内部，延缓产品零部件的老化，确保在未使用前长期免维护和启用时正常使用。

ZYX100 隔绝式压缩氧自救器所采用的橡胶件是耐老化的硅橡胶和天然橡胶，在环境温度 25℃时，储存期为 28.2a。采用大流量供氧方式，定量供氧为 1.6～1.7L/min，适合于大功量的逃生，确保逃生时的舒适度，同时和大容量气囊相结合，保证自动补给不会频繁开启。

34.1.2 隔绝式化学氧自救器

1. 技术原理

沈阳研究院研制的隔绝式化学氧自救器是以超氧化钾作为生氧剂，人体呼出的 CO_2 和水汽与生氧剂反应产生氧气，储存在气囊中供人呼吸。由于隔绝式化学氧自救器整个呼吸系统与外界环境完全隔离，可以不考虑使用环境中氧气浓度和有害气体种类，在复杂环境下起到保护使用者的作用。

2. 技术特点

自救器的技术要点在于生氧剂、自救器气路结构、初期生氧装置以及其他附属材料。生氧剂配方要与自救器气路结构相配合。通常，使用时间短的自救器要求生氧剂能够快速放氧，使用时间长的自救器则要求生氧剂放氧速度均匀和氧气利用率高的气路结构。

1）气路结构

根据气路结构不同，隔绝式化学氧自救器可以分为往复式、循环式、超前排气式等。

（1）往复式：呼气时，呼出的气体通过口具进入超氧化钾药层，CO_2 被清除并产生氧气储存在气囊中；吸气时，气囊中的气体再次经过药层，被人体吸入。

优点：呼出气体两次经过超氧化钾药层，CO_2 几乎被吸收干净。缺点：由于超氧化钾吸收 CO_2 放出氧气过程中产生热量，两次经过药层气体温度较高。

（2）循环式：呼气时，呼出的气体通过超氧化钾药层进入气囊；吸气时直接从气囊中吸气。气路结构上设有单向阀，保证气体流向单向性。

优点：气体只经过药层一次，在气囊中得到降温，人吸气的温度较低。缺点：与往复式相比，气体只经过一次药层净化，二氧化碳浓度相对较高。另外，气体行程较长，呼吸阻力较大。

（3）超前排气式：呼气时，气体通过口具、呼吸导管经生氧药罐的净化进入气囊；吸气时，气体从气囊再次经过生氧药罐，通过呼吸导管、口具进入人体，完成整个呼吸循环。

当产生氧气超出人体消耗时，气囊内的氧气越积越多，气囊压力逐渐增大，达到排气压力时，线绳在气囊带动下，开启排气阀，呼出气体直接从气囊中心软管排出，避免氧气浪费；当气囊内压力减小时，排气阀自动关闭，恢复往复式呼吸。

超前排气式能够最大限度地提高氧气利用率，减少实际装药量，减小自救器质量。

2）初期生氧装置

（1）酸瓶：最早的初期生氧装置，引发时击碎酸瓶，酸液与启动药块反应迅速生氧。这种方式在实践中可靠性差，已经被淘汰。

（2）氧烛：目前应用极为广泛的一种初期生氧装置（图 34.3，图 34.4），氯酸盐氧烛即打火帽式安全启动器，生氧快，安全可靠。

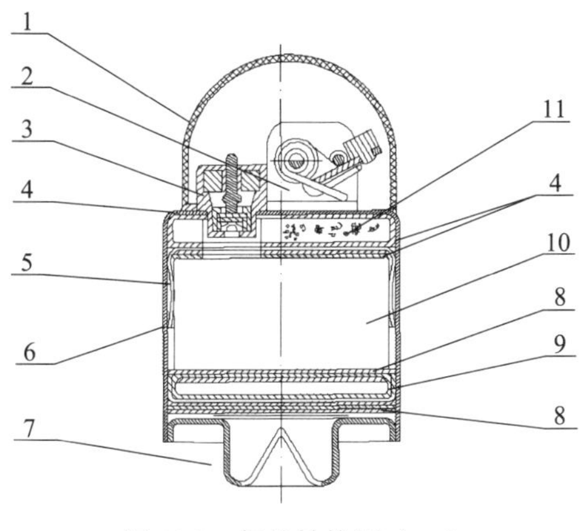

图 34.3　氧烛结构图（一）

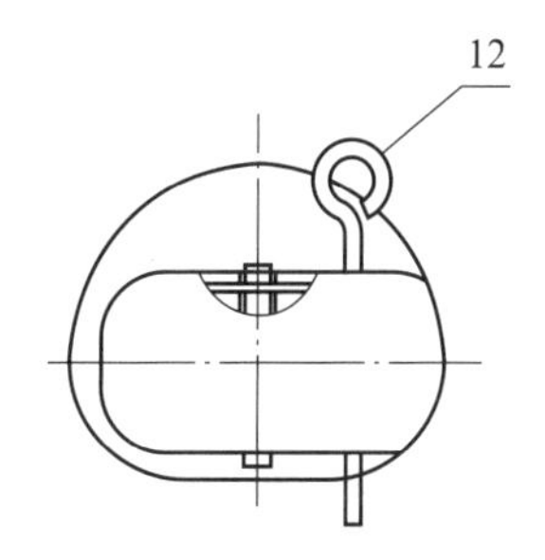

图 34.4　氧烛结构图（二）

1. 打击夹护罩；2. 弹簧打击夹；3. 火帽激发装置；4. 垫片 1；5. 铜爪；6. 启动装置外壳；7. 顶盖组；8. 垫片 2；9. 过滤盒；10. 启动装置生氧药；11. 隔热垫；12. 保险针

反应原理为：$NaClO_3$ 在燃料、催化剂或水的引发下，生成 NaCl 和氧气。一个氧烛一般可提供 5L 以上的氧气，供氧速度快（30s 时大于 2L，60s 时大于 4L）。

工作原理：保险针上有线绳与扣具塞相连，当打开自救器时，保险针由于连带被拉开，在弹簧作用下，打火帽快速击打激发装置，引发氧烛内药剂快速反应产生氧气，经过过滤盒、氧烛导管进入自救器，形成初期供氧。氧烛的引发率极高，根据 AQ1057—2008《化学氧自救器初期生氧器》标准要求，在批次抽检中，初期生氧器的引发比例必须达到 100%。

3）其他技术内容

（1）气囊布：采用双面丁基胶布黏合而成，与生氧剂摩擦不宜起火，耐腐蚀，耐高温，制造成本低；

（2）排气阀：通过调节开启压力调节整机呼气阻力。根据实际需要分为单片式（图 34.5）和拉杆弹簧式（图 34.6）两种。

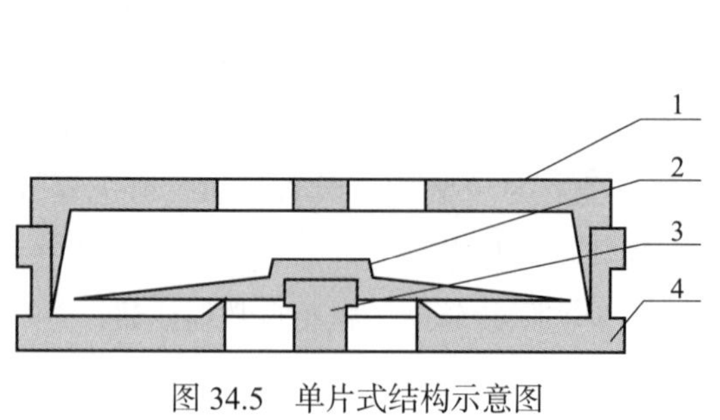

图 34.5　单片式结构示意图
1. 阀盖；2. 阀片；3. 支柱；4. 阀座

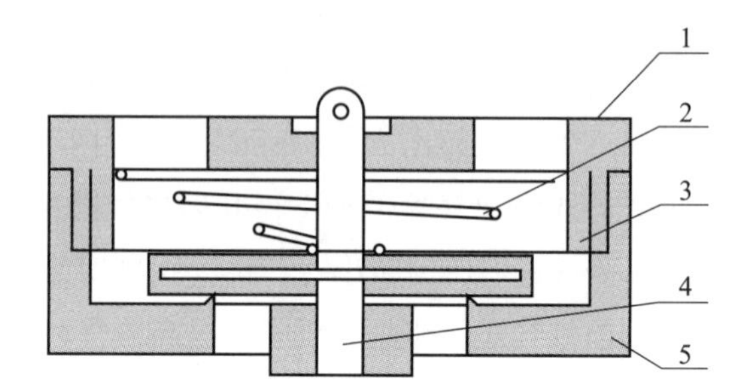

图 34.6　拉杆弹簧式结构示意图
1. 阀盖；2. 弹簧；3. 阀垫；4. 阀杆；5. 阀座

单片式：开启压力通过橡胶阀片表面张力控制。未达到开启压力值时，阀片与阀座贴合，排气阀处于关闭状态，当气囊压力逐渐增大，达到开启压力时，气体顶开阀片，阀片四周翘起，气体通过阀片与阀座的空隙排出。

优点：组装操作简单，只要阀片与阀座清洁，即可达到密封效果，开启压力低。缺点：阀片与阀座之间侵入灰尘后，密封效果不好。

拉杆弹簧式：没有达到开启压力时，在弹簧作用下阀片与阀座紧密结合；当气体逐渐增多、气囊压力增大时，气囊带动拉绳开启排气阀。优点：在弹簧压力下，阀片与阀座紧密结合，不受灰尘颗粒影响，可以通过调节弹簧控制排气阀的开启压力，将排气压力控制在 400～500Pa；缺点：组装工艺较复杂，需要固定拉绳，开启压力较大。

3. 适用条件

隔绝式化学氧自救器是煤矿井下矿工随身携带型。当发生灾变，灾区大气中含有有毒有害气体或缺氧时，矿工佩戴自救器可保障呼吸不受侵害，安全退出灾区。隔绝式化学氧自救器也可以用于其他地下工程、化工等缺氧和可能出现有毒有害气体的场所及进行勘探等简单作业的人员佩戴使用，达到遇险自救的目的。化学氧自救器在非煤行业也有拓展，2002 年沈阳研究院为黑龙江林业局研制出森林火灾逃生呼吸器，2006 年研制出消防系统高层建筑用化学氧自救器。

4. 典型成果

代表性成果有 ZH30（C）型、ZH45 型自救器。

为满足井下工作实际需要，体积小、质量轻的自救器渐渐成为化学氧自救器的主流。各大生产厂家纷纷研制小型自救器，沈阳研究院研发了 ZH30（C）型和 ZH45 型两种隔绝式化学氧自救器，采用了超前排气式气路结构，大大提高了生氧剂的氧气利用率，减小了产品的质量（表34.2）与体积。

表 34.2 ZH30（C）型产品、ZH45型产品主要技术参数

型号	防护时间 /min		外形尺寸（长×宽×高）/mm×mm×mm	质量 /kg		吸气温度 /℃	通气阻力 /Pa	CO_2/%	
	逃生 30L/min	静坐 10L/min		佩戴	携带			平均	最大
ZH30（C）	30	120	170×125×80	1.35	1.05	≤55	≤196	≤1.5	≤3.0
ZH45	45	180	182×165×95	1.9	1.5	≤55	≤196	≤1.5	≤3.0

结构特点：

（1）超前排气式气路结构（图34.7）。

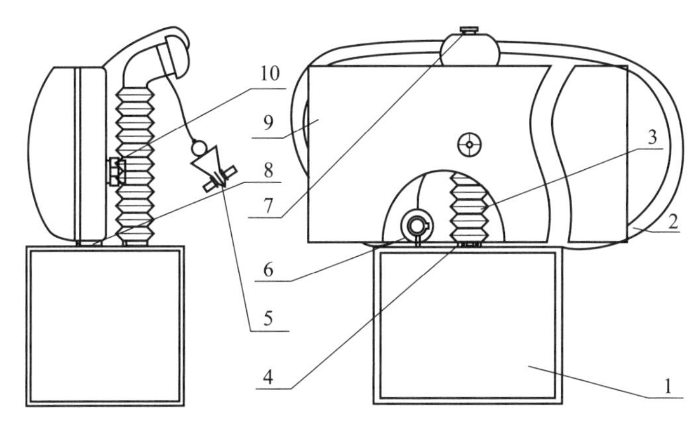

图 34.7 ZH30（C）型结构示意图

1. 生氧罐；2. 头带组；3. 呼吸导管；4. 呼吸导管卡箍；5. 鼻夹组；6. 氧烛导气管组；7. 扣具塞组；8. 气囊卡箍；9. 气囊组；10. 排气阀

（2）新型高效超氧化钾片状生氧剂。

新型药剂强度比老药剂强度大，经工艺配方改进，药剂在大强度下仍能快速均匀放氧。大强度药剂解决了生氧罐体积小、装药量不足的问题。同时，也保证了自救器长时间使用的安全性。

（3）采用白钢外壳，内外罐合一。有效减小自救器的体积，携带更方便，佩戴更舒适。

另外，沈阳研究院自主研制的OSR K系列隔绝式化学氧自救器是国家“十一五”规划重点支持项目，于2009年完成并基本定型，之后产品不断升级、发展，形成系列产品，目前已有30min型和60min型。此产品符合欧共体EN13794 [2002.(1)]《呼吸保护器逃生用自含氧闭路呼吸器要求、检验、标志》标准。

34.2 自动苏生器

在20世纪70年代前，苏联、美国、英国、法国、德国等国家开始在医院和地面救护中心（站）应用自动苏生器，迄今已有近40年的历史。我国从1970年后陆续批量生产自动苏生器，具有代表性的苏生器主要有沈阳研究院和重庆研究院所生产的 MZS-30 型自动苏生器。本节主要介绍自动苏生器的基本原理、技术特点、使用条件、典型产品及应用情况。

34.2.1 基本原理

自动苏生器是以耐高压容器（氧气瓶）填充压缩氧气作为氧源对伤员实施救助的器具，可以代替或辅助呼吸功能的产品。从耐高压容器出来的高压气体由瓶阀流出，经调压后到达配气阀，配气阀的三个端口分别连接不同的功能组件，可满足不同伤员的实际需要。

34.2.2 技术特点

自动苏生器利用引射器负压作用形成压力差，完成气动变换，可实现正压送气，负压抽气，对伤员在呼吸量和呼吸强度方面进行人工呼吸过程。自动苏生器充装医用氧气，在有氧下进行口腔、气道异物吸除和人工呼吸的作用。在矿山救护中，必须把伤员从有毒有害的气体环境中移出，对伤员进行实施呼吸监控和抢救。

34.2.3 适用条件

自动苏生器是救护装备的重要类型之一。主要针对处于昏迷、呼吸衰竭、麻痹或呼吸暂停的伤员或病人，如 CO（CO_2、CH_4）中毒，自溢、溺水、触电等原因造成的呼吸困难或窒息，实施自动、随即性的救援。适用于煤矿井下灾难事故现场、石化、冶金、矿山等工矿企业的抢险救护和医疗单位外出急救等。

34.2.4 典型成果

我国生产和使用的苏生器产品主要为 MZS-30 自动苏生器（图 34.8），生产厂家主要有沈阳研究院和重庆研究院。由氧气瓶、引射器、调压器、配气阀、吸痰器、自动肺、自主呼吸阀、面罩等主要部件组成。

1. 工作流程

由氧气瓶出来的高压气体经调压后到达配气阀，利用引射器的负压引射作用将伤员的口腔及呼吸道异物吸入储痰瓶中，保证气道畅通；配气阀的供氧 I 开关与自动肺相连，通过与自动肺连接的呼吸面罩有规律的向伤员输氧和排出肺内气体，使其自动复苏；当伤员能够自主呼吸时，可通过与供氧 II 开关相连的自主呼吸阀进行辅助呼吸（图 34.9）。

2. 技术参数

主要技术参数见表 34.3。

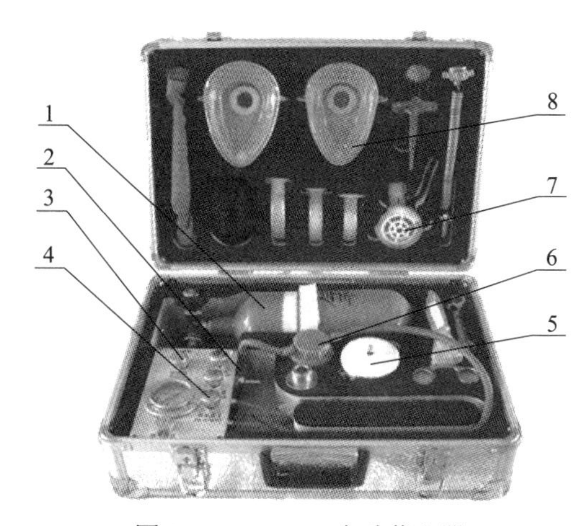

图 34.8　MZS-30 自动苏生器

1. 氧气瓶；2. 引射器；3. 调压器；4. 配气阀；5. 自动肺；6. 吸痰器；7. 自主呼吸阀；8. 面罩

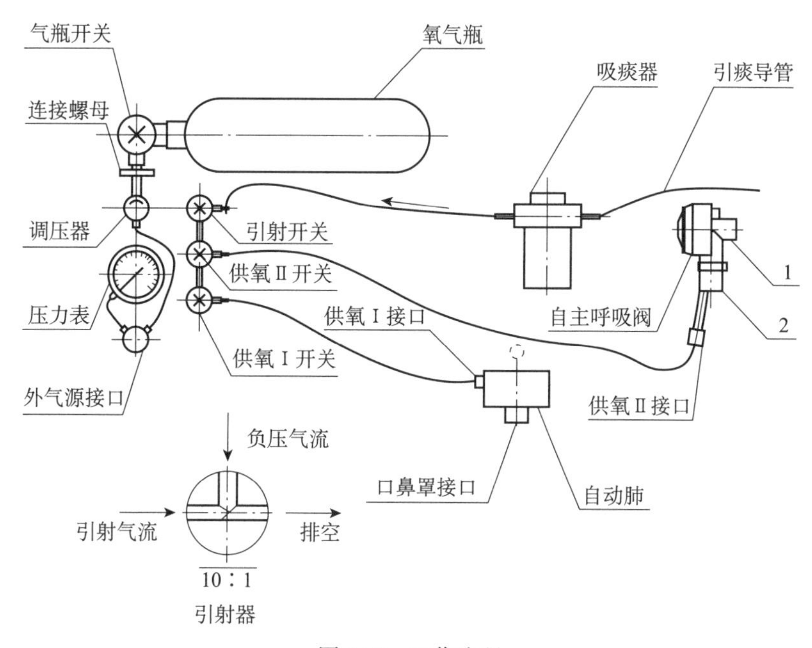

图 34.9　工作流程

1. 口鼻罩接口；2. 储气囊接口

表 34.3　主要技术参数

参数	数值
氧气瓶工作压力 /MPa	20
氧气瓶容积 /L	1
自动肺换气量调整范围 /（L/min）	12.5～25.5
充气压力 /kPa	1.96～2.54
抽气压力 /kPa	-1.96～-1.47
自主呼吸供气量 /(L/min)	＞15
吸痰引射压力 /kPa	≤-60
仪器净重 /kg	≤8
仪器外形尺寸（长 × 宽 × 高）/mm×mm×mm	≤420×330×160

3. 结构特点

（1）在呼吸量和呼吸强度方面具有强制性。

（2）气瓶压力低时，可通过外接气源继续工作。

（3）供给伤员氧气与空气混合气体，降低输入气体中的氧浓度。

（4）具有限压保护功能，充气压力过高或抽气压力过低时，充气安全阀或抽气安全阀开启。

34.2.5 应用情况

MZS-30 型苏生器体积小、质量轻、操作简单、性能可靠、携带方便，得到了大力推广，在矿救护队救助伤员过程中起到很大的作用。

34.3 氧气充填泵

氧气充填泵主要用于充填氧气呼吸器和压缩氧自救器高压储气瓶的气体增压泵。自动控制充填压力，将大储气瓶中的氧气升压充填到另一储气瓶内，广泛应用在医疗、消防、航空、石化、冶金和船舶等领域。

目前主要有气动充填泵和电动充填泵两种类型。气动充填泵利用大面积活塞端低压气体驱动而产生小面积活塞端高压惰性气体。优点：体积小，安全防爆；缺点：需要配备动力气源。

电动充填泵体积、质量比气动充填泵大，但比一套气动充填泵机组占地小，操作维修方便、安全。下面以电动充填泵为例进行详细介绍。

34.3.1 基本原理

通过压缩机上的柱塞不断地往复运动，改变气缸的容积，完成氧气充填工作过程，即启动电动机，电动机旋转通过皮带轮带动压缩机上曲轴旋转，曲轴上的曲拐转动经连杆、十字头带动柱塞做上下重复运动。在气缸的两端均装有单向阀，即吸气阀和排气阀，作用是控制气流的流动方向，吸气阀、排气阀质量的优劣对充气效率有显著的影响。

当一级柱塞向下运动时，一级气缸内的气体随之膨胀，压力低于气源瓶内气体的压力时，一级吸气阀自动开启，气体由气源瓶流入一级气缸内；当一级柱塞向上运动时，气缸内气体被压缩，压力升高，当其压力大于二级气缸内气体压力时（由于两曲拐互呈 180°，此时二级柱塞向下运动），一级气缸的排气阀和二级气缸的吸气阀均打开，一级气缸内气体便流入二级气缸内。当二级气缸内柱塞向上运动时，二级气缸内的气体被压缩，压力升高，当其压力大于被充气瓶内气体压力时，经二级排气阀通过气水分离器上的单向阀、充气开关流入到被充气瓶内，即完成一次充气。经过柱塞不断地往复运动来完成对被充气瓶的氧气充填工作（图 34.10）。

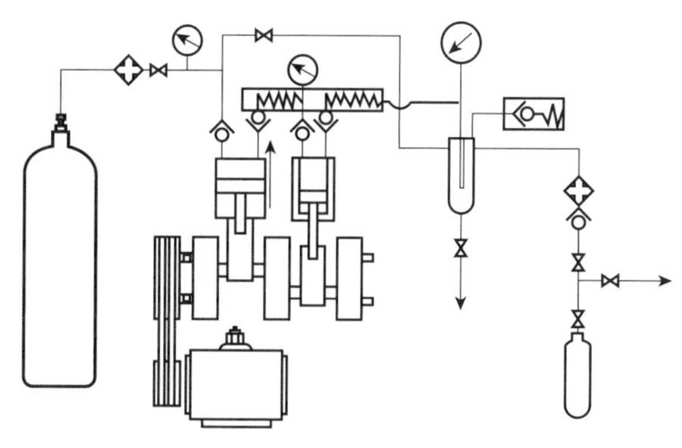

图 34.10 氧气充填泵工作原理图

34.3.2 技术特点

1. 主机结构特点

（1）氧气充填泵结构类型是立式活塞往复增压机，这种结构压缩机在排气过程结束时总有剩余容积存在，在下一次吸气时，剩余容积内压缩空气会膨胀，从而减少吸入的空气量，降低了效率，增加了压缩功。由于剩余容积的存在，当压缩比增大时，温度急剧升高，因此氧气充填泵（额定输出压力 30MPa）结构上采取二级压缩，降低排气温度，节省压缩功。在装配时柱塞和气缸的间隙控制在 0.10～0.15mm，减少剩余容积提高容积效率，增加压缩气体排气量。

（2）氧气充填泵的气缸和曲轴箱完全隔离。曲轴箱飞溅润滑，气缸采用氟橡胶密封环无油自润滑结构。这种结构的优点：气缸完全不受润滑油的污染，满足氧气充填泵防爆要求。柱塞与密封环的摩擦属边界摩擦，氧气充填泵的高压缩比产生的热量恶化柱塞与密封环以及柱塞与气缸间摩擦配合环境。缺点：气缸加工装配精度要求高，排气温度高，噪声偏大。

2. 过载保护

实际使用中压力超过预设值 31MPa 时，电子过载保护系统会自动断电停机。若电子过载保护失效，安全阀保护（机械保护系统）会在压力超过 33MPa 时开启，瞬时减压到 27MPa 并发出尖啸。双重过载保护可有效保护高压容器的充装安全。

3. 独立双路气源进气、充气系统

充填泵在气源瓶压力低于 4.5MPa 时充气效率明显降低，余气已不能使用，此时可在另一个进气管路接上新气瓶，通过管路开关，让低压储气瓶中余气流到待充气瓶内，压力平衡后关闭低压气源进气管路，打开另一个高压气源进气管路，按正常程序充气，有效节约能源；独立的双路充气管路系统可实现不停机连续充装气瓶，提高充气效率。在检修时，一路连接检测管路，作检测高压气源；另一路为待充气瓶充气。

34.3.3 典型成果

沈阳研究院历经多年研制出的 AE102A 氧气充填泵，对主机机体、柱塞、气缸等关键部件都拥有独有的加工工艺和专用夹具设备，经过欧标、军标、船标的检验，其可靠性 MTBF≥2000h，维修性 MTTR=2h，可用性 Ai≥0.99。

34.3.4 应用情况

1. 充气站气源泵

AE102A 氧气充填泵充装高压气体，充气过程具有无污染，操作、维修、维护简单方便，费用低，可短时间内反复启动并无人值守连续运转等特性，适合用作高压气源站增压泵。

氧气呼吸器和压缩氧自救器等产品的生产厂家及各地矿山救护队维修中心，在效验组件和整机时，均采用 AE102A 氧气充填泵。

2. 船用氧气充填泵

沈阳研究院为广船国际生产的援潜救生船配备两台 AE102A 氧气充填泵。达到 GJB4000—2000、GJB4.1～4.13—83、GJB868—91 等相关舰船设备标准及 GJB/Z19001—91、GJB2770 等军品标准。船用氧气充填泵在设计和工艺上进行了一系列的改进提高。

（1）通过对设备结构布局和生产工艺改进，采用防爆电机、防爆电线，防爆电接点压力表、本安配电箱等安全设计，防爆等级 ExdⅡCT4，防护等级 IP44，达到舰船军品的防爆要求并获得整机《电器防爆证书》和《船检证书》。

（2）通过对冷却系统及润滑系统的技术改进，适应海船上盐雾、霉菌及营运时产生的振动和冲击，保证舰船在横倾≤15°、横摇≤22.5°、纵倾≤5°、纵摇≤10°、振动频率 5～50Hz、振幅 20mm/s 的海况下正常使用。

34.4 呼吸器及自救器用药剂

氧气呼吸器和自救器，都要使用相关化学药剂。化学氧自救器，使用超氧化钾片状生氧剂作为氧源和 CO_2 吸收剂；氧气呼吸器和氧气自救器使用氢氧化钙（碱石灰）或是氢氧化锂作为 CO_2 吸收剂；CO 过滤式自救器使用干燥剂和触媒。沈阳研究院从 1953 年开始进行呼吸器和自救器用药剂的研究。先后研发成功氢氧化钙、氢氧化锂、CO 触媒、过滤式自救器用干燥剂以及化学氧自救器生氧剂等多种药剂的研发。沈阳研究院已形成超氧化钾片状生氧剂和氢氧化锂 CO_2 吸收剂的批量生产能力。

34.4.1 超氧化钾片状生氧剂

超氧化钾片状生氧剂（图 34.11）主要应用于化学氧自救器、化学氧呼吸器、高层建筑化学氧逃生器以及一切需要化学氧源仪器的场所，在航天和潜水设备中也经常作为备用氧源使用。

早期的生氧剂主要成分是超氧化钠。超氧化钠遇水反应极易结块，反应速度也不好控制，很快就被超氧化钾取代。超氧化钾片状生氧剂（图 34.12）最初是粒状的，后改为片状。片状生氧剂的研发具有划时代的意义，突破了粒状生氧剂的局限性，为隔绝式化学氧自救器和呼吸器的发展奠定了坚实的基础。

图 34.11 超氧化钾片状生氧剂成品

图 34.12 超氧化钾片状生氧剂出口外包装

1. 技术原理

物理性质：超氧化钾片状生氧剂外观为淡黄色片状，整体上中间突起、外边整齐，同医用药片一样。

化学性质：超氧化钾是一种碱性氧化物，人呼出的水汽和 CO_2 经过超氧化钾药层，与超氧化钾反应生氧的同时，还能吸收呼出的 CO_2，对呼气起到了再生与净化的双重作用，即同一种药剂同时起到压缩氧自救器中的氧气瓶和清净罐的作用。

利用除湿设备将生产车间的湿度降到 30g/m³ 以下，再将预处理好的超氧化钾药粉与多种辅料在混料机内混合均匀后，采用旋转式压片机一次压制成型，最后用旋转振动筛去除粉末和碎粒得到成品。生产出的成品要立即装入双层塑料袋密封桶中密封储存。

2. 技术内容

主要技术指标见表 34.4。

表 34.4 主要技术指标

规格	有效氧含量	视密度	粉尘率	有机物	有效期
Φ6～9	≥28%	0.62～0.76g/mL	≤0.9%	无	密封包装 8 年

注：执行标准：《超氧化钾片状生氧剂技术条件》（MT427—1995）。

动态活性：装入自救器中，满足 MT425—1995《隔绝式化学氧自救器》、GA411—2003《化学氧消防自救器呼吸器》、《呼吸保护器 逃生用自含氧闭路呼吸器要求、检验、标志》等要求。

超氧化钾在成型工艺上可分为片状和粒状。在超氧化钾生氧剂研制初期，形状为不规则颗粒状，随着研究的深入发展，研制出片状超氧化钾。在实际应用中，片状较粒状有明显的优势。

1）规格统一

片状超氧化钾在生产过程中一次成型，模具规格形状统一；粒状超氧化钾是先将配好的药粉压制成板再二次破碎成颗粒，筛分掉过大或过小的颗粒，得到的成品只能确定在一个范围。

2）片状超氧化钾硬度低，对 CO_2 吸收效果好

由于粒状超氧化钾的形状完全是随机的，棱角多，棱角相互摩擦会产生大量的粉尘。为了避免上述情况，药粒的硬度往往比较大，棱角需变得圆滑，避免使用过程中产生粉尘。对于 CO_2 吸收剂，硬度越小，孔隙率越高，CO_2 与药剂的接触面积越大，吸收效果越好；反之，效果越差。因此，片状生氧剂不存在以上问题，吸收能力比粒状的好。

3）生氧药罐内空隙均匀

规格统一的药片经振动后，相互间空隙也是均匀的，有利于气体较为均匀地通过药层，各位置药剂的反应均匀，避免因集中在一处反应而造成的局部坍塌、结块。

4）一次成型，利用率高

片状超氧化钾一次成型，原料几乎没有浪费；粒状需经过压板、破碎、筛分等工序，都会产生损耗，利用率较低。在生产过程中筛分出的原料需要经过二次加工，才能重新使用。

3. 典型产品

ZH30（C）型隔绝式式化学氧自救器是目前市场上最常见的一种小型 30min 自救器。超氧化钾片状生氧剂装在 ZH30（C）型隔绝式化学氧自救器中，经仿人呼吸装置检验，二氧化碳浓度变化如图 34.13。

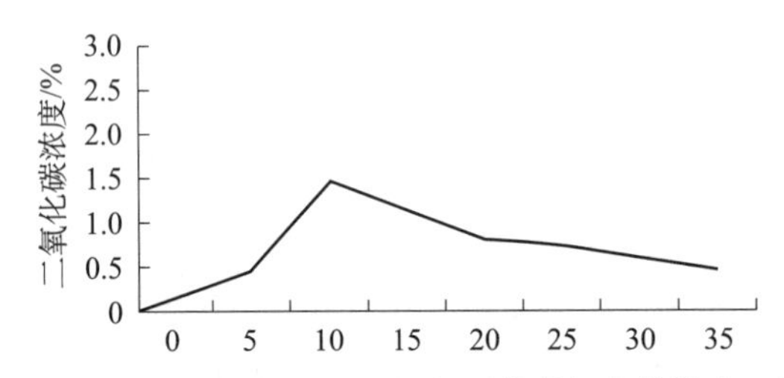

图 34.13　超氧化钾片状生氧剂在 ZH30（C）型化学氧自救器中二氧化碳浓度变化

34.4.2　CO_2 吸收剂片状氢氧化锂

氢氧化锂广泛用于锂电池制造以及制造高级锂基润滑脂。作为碱性最强的氢氧化物，氢氧化锂也是一种效果极好的 CO_2 吸收剂。

沈阳研究院自主研发的氢氧化锂 CO_2 吸收剂为 ϕ4.5mm 白色片状，无毒、无杂质，主要在救护队的呼吸器上、潜艇及需要清除 CO_2 的密闭空间使用。独特的工艺，有效地克服不规则粒状氢氧化锂极易产生粉末的缺点，已成功应用于德国、美国的自救器和呼吸器，在国内某型号潜艇上也得到应用。

1. 技术原理

氢氧化锂是一种强碱，在干燥的情况下可与 CO_2 反应生成碳酸锂、水和能量。由于氢氧化锂是碱性最强的氢氧化物，对 CO_2 的实际吸收率极高。

常见 CO_2 吸收剂有氢氧化钙和钠石灰，可统称为“碱石灰”，价格低廉，操作简单，但其吸收率低，吸收性能受环境湿度影响很大。温度高、湿度低时吸收效果好，反之效果差。当湿度很大时，碱石灰表面会形成糊状物，严重阻碍对 CO_2 的吸收。氢氧化钙对 CO_2 的吸收率不高，在含水状态下理论吸收率为 40%，实际反应的吸收率仅为 16%～20%。此外，要想达到理想的吸收效果，氢氧化钙中必须含有 15%～18% 的水分。

氢氧化锂是目前可知的吸收效果最好、受环境影响最小的一种高效的 CO_2 吸收剂。在吸收率方面，由于 Li 的相对分子质量很小，只有 6.94，因此氢氧化锂的 CO_2 吸收率很高，理论上 CO_2 吸收率为 91.7%。实验结果表明，1g 氢氧化锂可吸收 0.789g CO_2，即吸收率为 78.9%，达到理论值的 86%，几乎是碱石灰的 3 倍以上。

氢氧化锂成品不含水分，吸水后可以生成 $LiOH \cdot H_2O$，所以在吸收 CO_2 的过程中能吸收掉一部分生成的水，使出口气体湿度降低。由于湿度降低，气体吸入口内容易降温，呼吸起来更加舒服。另外，氢氧化锂在饱和水蒸气的条件下，可以非常好地吸收 CO_2，药粒之间不会粘连，表面也不会糊化，这一点远远优于碱石灰和钠石灰。

氢氧化锂作为 CO_2 吸收剂，分为不规则粒状和规则片状。不规则粒状由于棱角很多，使用中会产生大量碎末和粉尘，如果过滤效果不好，氢氧化锂粉尘被人体吸入，会强烈刺激呼吸道，引起极度的不适。片状氢氧化锂在生产过程中一次成型，棱角少，压制过程中加入黏结剂，独特的工艺，有效地克服了不规则粒状氢氧化锂极易产生粉末的缺点。

2. 技术内容

1）工艺简介

片状氢氧化锂是直接将已经处理好的粉状氢氧化锂压制成直径 4.5mm 的小片，高度与直径差不多，整体趋近于球状。压制过程中加入黏结剂，避免产生粉尘。之后，筛分出粉末以及打磨片体的边缘棱角，使棱角更加圆滑。经过这种处理后的氢氧化锂，运输和使用过程中产生的粉尘很少，对除尘设施的要求远低于粒状氢氧化锂。

另外，片状氢氧化锂经过一种特殊工艺的处理，使其表面和内部的空隙大大提高，不但提高了 CO_2 的吸收能力，也增加了使用时间。

2）主要技术指标

主要技术指标见表 34.5。

表 34.5 片状氢氧化锂技术指标

外观	直径 /mm	包装	有效吸收率 /%	水 /%	LiOH/%	Li_2O_3/%	孔隙率 /%	视密度 / (g/mL)
白色规则片状	4.5	双层塑料袋	65～80	≤0.5	≥94	≤5	≥45	0.45～0.50

注：储存在完全密闭环境中，可常年有效。装入仪器中使用，根据要求不同，有效期一般为 2～4 年。

3）主要参数

吸收率：以单位质量氢氧化锂吸收 CO_2 的质量比作为吸收率。即

$$吸收率=(W_1-W_2)/W_3\times 100\%$$

式中，W_1 为通入试样的 CO_2 总质量，g；W_2 为剩余 CO_2 的质量，g；W_3 为氢氧化锂的质量，g。

水分含量的测定：用称量瓶连盖称取氢氧化锂试样约 10g（精确到 0.0001g），记 M_4；将称量瓶开盖连盖一起放入烘箱，加热至 110℃，1.5h 后取出，连盖称量质量，记 M_5；放入烘箱继续烘，1h 后取出，连盖称量质量，记 M_6。

水分计算有两种情况：

如果 $M_5=M_6$，水分含量 =（M_4-M_5）/M_4

如果 $M_5>M_6$，水分含量 =（M_4-M_6）/M_4

碳酸锂：使用自动电位滴定仪测试出以下数据（操作根据具体仪器说明书）：

L_1= 氢氧化锂消耗的盐酸体积，mL

L_2= 碳酸锂消耗的盐酸体积，mL

计算：总氢氧化锂含量 =（$L_1\times 23.9469\times HCl$）/$M_7$

总碳酸锂含量 =（$L_2\times 36.944\times HCl$）/$M_7$

式中，HCl 为通过滴定仪得出的标准盐酸的计算系数；M_7 为称取试样的质量，g。

4）实例

从图 34.14 中可看出，使用氢氧化钙作为吸收剂的密闭环境，CO_2 浓度增加速度明显高于使用氢氧化锂作为吸收剂的密闭环境。当用氢氧化钙作为吸收剂的环境达到 CO_2 最高浓度值 1.5% 时，用氢氧化锂作为吸收剂的环境 CO_2 浓度只有 0.55%，两者比例为 3∶1。

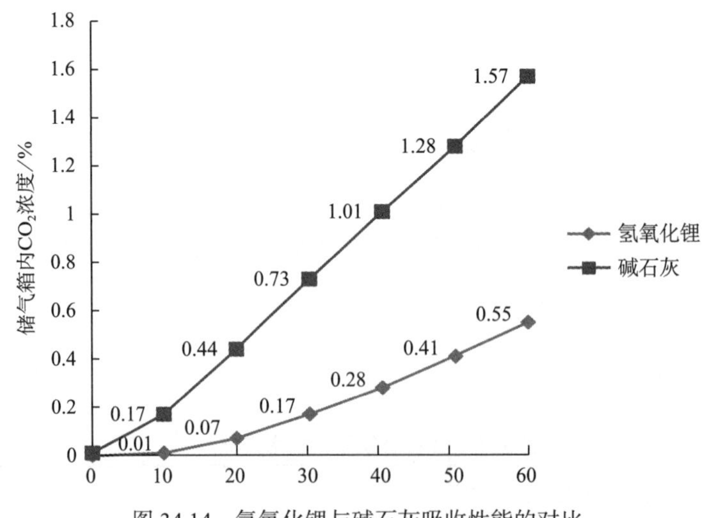

图 34.14　氢氧化锂与碱石灰吸收性能的对比

试样体积为 36mL

从图 34.15 中可看出，使用氢氧化钙作为吸收剂的密闭环境，空气湿度明显高于使用氢氧化锂作为吸收剂的密闭环境。高湿度的环境下，人的呼吸很不舒服，也极易中暑。在高湿度条件下，对氢氧化钙的吸收性能有很大影响，而氢氧化锂不存在这样的问题。

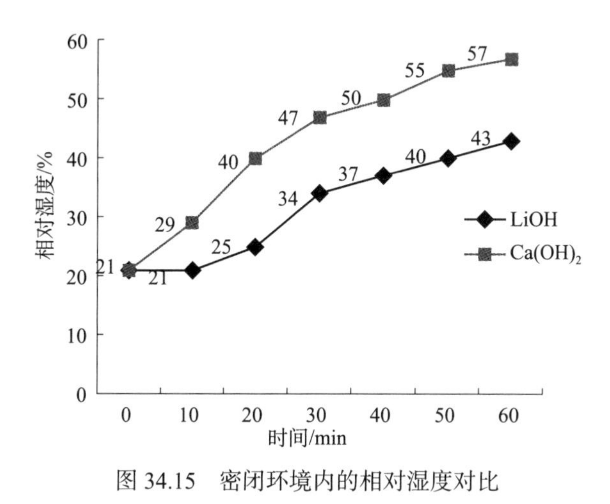

图 34.15 密闭环境内的相对湿度对比

（本章主要执笔人：沈阳研究院范钦爱，张玉春，毛欣，赵婷婷；重庆研究院陈于金，刘林）

第 35 章 应急避险技术

煤矿应急避险技术及装备构成井下应急避险系统。该系统可为井下工人提供可靠的安全保障。当井下发生火灾、瓦斯煤尘爆炸、瓦斯突出等灾害时，可为无法及时撤离的人员提供一个安全、封闭的避险空间，从而为应急救援创造条件、赢得时间。

煤矿井下应急避险系统是避免发生重大安全生产事故的重要举措。目前，煤矿井下应急避险一般包括以下几个方面：第一，用于瓦斯等灾害防治和事故预警的监测监控系统；第二，用于应急救援和遏制超定员生产的人员定位系统；第三，用于遇险人员逃生和自救的紧急避险系统；第四，为遇险被困人员提供新鲜空气的压风自救系统；第五，为遇险被困人员提供饮用水的供水施救系统；第六，用于通知井下作业人员避险、报告井下被困人员安全现状的通信联络系统。近年来煤炭科学研究总院在矿井紧急避险技术及装备方面，进行了深入研究和试验。重庆研究院采用“弧形壳板结构、齿轮传动多连杆联动六点锁紧机构和橡胶条密封”的技术，研制出了集抗爆、密封、隔热于一体的防护密闭门；沈阳研究院对救生舱监测监控系统、人员定位系统、压风自救系统、通信联络等系统不断完善，2010 年，硬体救生舱研发并在井下进行测试，为井下遇险人员的避险等待救援提供了可靠技术保障。

本章对应急避险技术做总体介绍，并详细介绍矿井压风自救装置、井下避难硐室、可移动式救生舱及矿井可移动式过渡站。

35.1 矿井压风自救装置

压风自救系统是利用矿井已有的压风管网，通过管路将气源送到压风自救装置，经过减压过滤处理将新鲜风流供人员呼吸，是保障煤矿井下职工生命安全的一套重要的安全防护装备。重庆研究院 20 世纪 80 年代研制了 ZY-M 型压风自救系统，后经多次改进完善，开发了袋式、面罩式、整体多头式等多种形式的压风自救系统。1995 年行业标准“MT390—1995 矿井压风自救装置技术条件”颁布，对矿井压风自救系统的设计、加工、使用进行了规范。压风自救系统可分为袋式和面罩式两种（图 35.1、图 35.2），均为隔绝式防护系统。

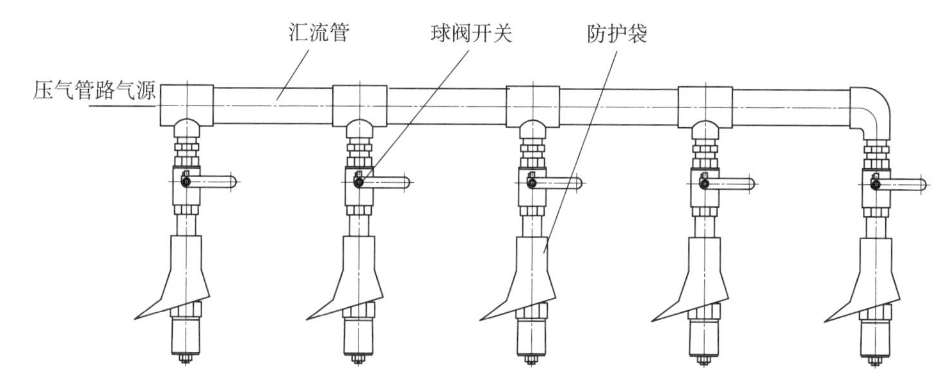

图 35.1　ZYJ-D 布袋式矿井压风自救系统

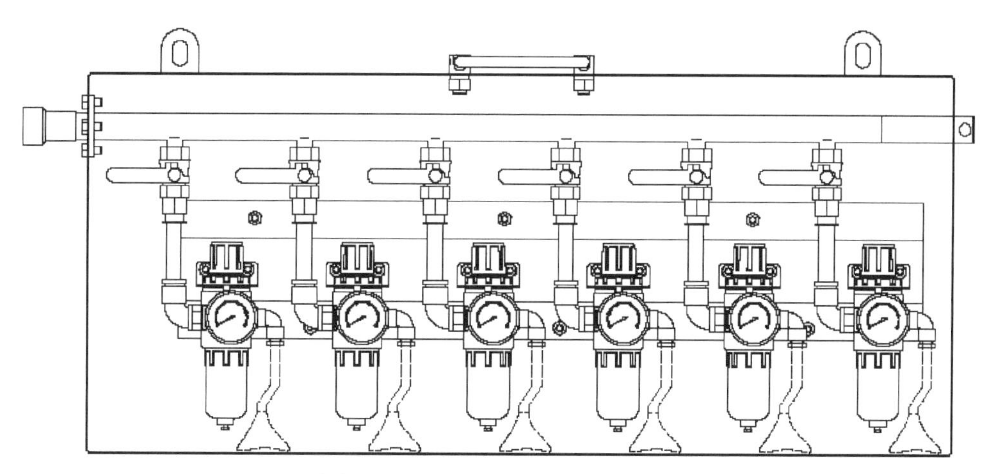

图 35.2　ZYJ-M 矿井压风自救系统

35.1.1　基本原理

当矿井下出现煤与瓦斯突出预兆或突出时，作业人员立即赶到自救系统处，解开防护袋或打开面罩式箱盖，打开通气开关，然后迅速钻进防护袋内或佩戴面罩进行呼吸，压风管路中的新鲜空气经减压、过滤后充满防护袋或面罩，防护袋或面罩内空气形成正压力，大于防护袋或面罩外有害空气的压力，对避灾人员进行有效防护（图 35.3）。

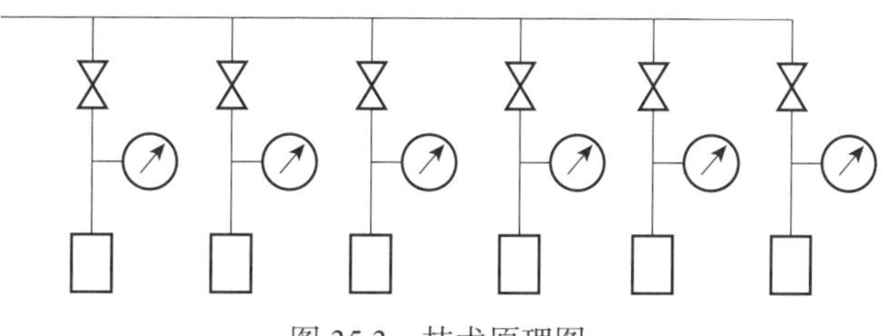

图 35.3　技术原理图

由于压风系统管道中压缩空气具有较高的压力和流量，管路中有油雾等杂质，不能直接用于呼吸，必须经过过滤、减压、节流，使其达到适应人体呼吸的压力、流量值。因此压风自救装置内有气水分离器、过滤器、减压、节流元件。

35.1.2 技术特点

1. 气水分离及过滤技术

由于压风管路中的空气含有油雾、水汽、颗粒杂质，不宜直接供避灾人员呼吸，须在主管路与压风自救装置之间安装气水分离器、过滤器，对压风进行预处理。

2. 减压及二次过滤一体化技术

通过微孔阻尼减压阀降低供风压力，经精密滤芯过滤，再供避灾人员呼吸。

3. 降噪消声技术

直接供风噪声较大，影响避灾人员交流和情绪。采用粉末冶金材料制作微孔消声器，在降低噪声的同时还起到减压节流的作用。

4. 便捷性、可靠性技术

旋钮式锁紧调压阀便于压力、流量快速调节；压力表能准确显示实时压力变化情况，方便巡检人员快速巡检。面罩具备单向排气阀功能，防止吸入有害气体。采用具有阻燃和抗静电的防护袋或面罩，可避免二次伤害。

35.1.3 适用条件

该装置主要用于具有煤与瓦斯突出的矿井下救灾防护，安装在硐室、掘进工作面、回采工作面、自救舱内、有人工作的场所及人员流动的井巷。当有煤和瓦斯突出预兆时，工作人员可就近使用压风自救装置，打开压气阀门避灾，等待救援。压风自救装置，一般由不大于 8 个防护袋或面罩构成一组，每组压风自救装置应可供 5～8 人使用，平均每人供风量不得少于 100L/min。

矿井压风管直径不小于 2in，分支管直径不小于 1in（等于 25.4mm）。管路铺设应牢固平直，接头密封可靠，离地高度 0.5m 以上。气源接口处设有总阀门，便于压风自救系统的维护。

35.1.4 典型成果

目前我国使用最多的压风自救系统有 ZYJ-D 型（袋式）和 ZYJ-M 型（面罩式），其主要技术参数见表 35.1。袋式自救系统因其在使用过程中需将布袋罩在头上，影响避灾人员观察四周情况，对稳定避灾人员情绪不利，因此有被面罩式取代的趋势。

表 35.1 主要技术参数

参数	ZYJ-D 型	ZYJ-M 型
单头耗气量 /(L/min)	100～150	100～150
气源压力 /MPa	0.3～0.7	0.3～0.7
输出压力调节范围	≤0.09	0.05～0.1
操作方式	手动调节	手动调节
供气方式	连接压风系统或配气站（地面）	连接压风系统或配气站（地面）
质量 /kg	≤12	≤20
噪声（声压级）/dB(A)	≤85	≤85
外形尺寸 /mm×mm×mm	296×75×45	750×350×188

35.1.5 应用情况

自研制成功以来，得到了大量推广应用。据不完全统计，约有 20 万套。江西丰城新建矿，在一次煤与瓦斯突出事故发生前，工作面出现突出预兆，36 名矿工进入压风自救系统的防护袋内，在处于正压状态下不断供给新鲜空气，防止突出瓦斯的进入，最后由矿救护队营救出井，保障了 36 名矿工的生命安全。2006 年，抚顺老虎台矿发生瓦斯突出事故，16 名矿工进入压风自救系统的防护袋内，保障了生命安全。

35.2 井下避难硐室

为了进一步提高煤矿安全防护能力和应急救援水平，减少因煤矿事故造成的人员伤亡，促进煤矿安全生产，借鉴智利圣何塞铜矿救援成功的经验和做法，煤科总院下属各研究院结合国内煤矿生产特点，开展避难硐室技术与成套设备研究。经过各研究院共同努力，研制出集监测监控系统、人员定位系统、压风自救系统、供水施救系统、通信联络系统、防护密闭系统等井下紧急避险和应急救援系统于一体的应急避险装备。

35.2.1 避难硐室建设与配套设备

避难硐室分为永久避难硐室和临时避难硐室。

永久避难硐室是指设置在井底车场、水平大巷、采区（盘区）避灾路线上，具有紧急避险功能的井下专用巷道硐室，服务于整个矿井、水平或采区，服务年限一般不少于 5 年。

临时避难硐室是指设置在采掘区域或采区避灾路线上，具有紧急避险功能的井下专用巷道硐室，主要服务于采掘工作面及其附近区域，服务年限一般为 5 年。

采用模块化设计，便于煤矿差异化配置，形成了 10～100 人避难硐室成套设备，适用于具有煤与瓦斯突出、爆炸、火灾、顶板坍塌等事故隐患的矿井。

35.2.2 工作原理

避难硐室在井下发生灾害事故时，为无法及时撤离的遇险人员提供生命保障的密闭空间。对外能抵御高温烟气，隔绝有毒有害气体，对内能提供氧气、食物、水，去除有毒有害气体，创造不少于 96h 生存时间的基本条件，为应急救援创造条件、赢得时间。

35.2.3 避难硐室组成

避难硐室由硐室主体和避难硐室成套设备组成，见图 35.4。

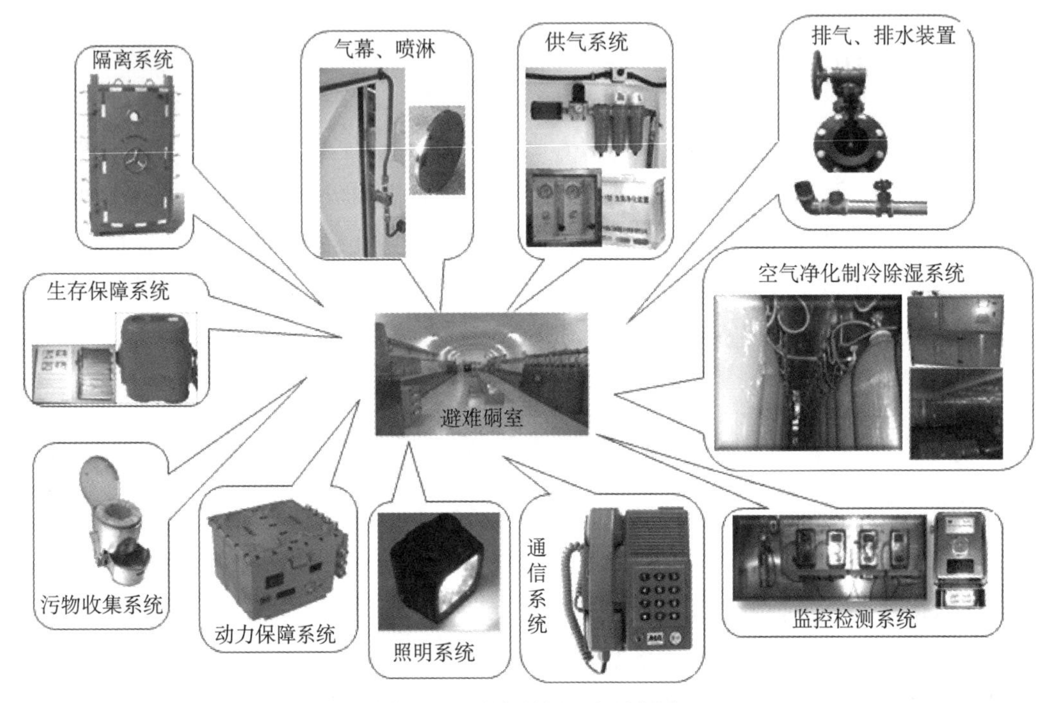

图 35.4 避难硐室组成示意图

避难硐室成套设备：①防护密闭门 / 密闭门；②气幕装置 / 喷淋装置；③排气装置 / 排水装置；④压缩氧供氧装置 / 化学生氧装置 / 压风供氧装置；⑤电动空气净化装置 / 压风驱动及人力驱动空气净化装置；⑥液态 CO_2 降温装置 / 蓄冰降温装置 / 相变材料降温装置；⑦救生专用管路保护装置；⑧矿用隔爆兼本安型锂离子蓄电池电源；⑨氧气、一氧化碳、甲烷、二氧化碳传感器。

1）安全防护系统

避难硐室防护密闭门是硐室外侧的向外开启的第一道门，作为生命保障工程的第一道关键防线，能抵挡不低于 0.3MPa 的爆炸冲击波，这是矿井建设临时和永久避难硐室时的关键。

采用“弧形壳板结构、齿轮传动多连杆联动六点锁紧机构和橡胶条密封”的技术方案，研制出集抗爆、密封、隔热于一体的防护密闭门，防护密闭门俯视剖面结构见图 35.5。它具有抗爆炸冲击载荷能力强，密封性好，开、闭灵活，省力等优点。

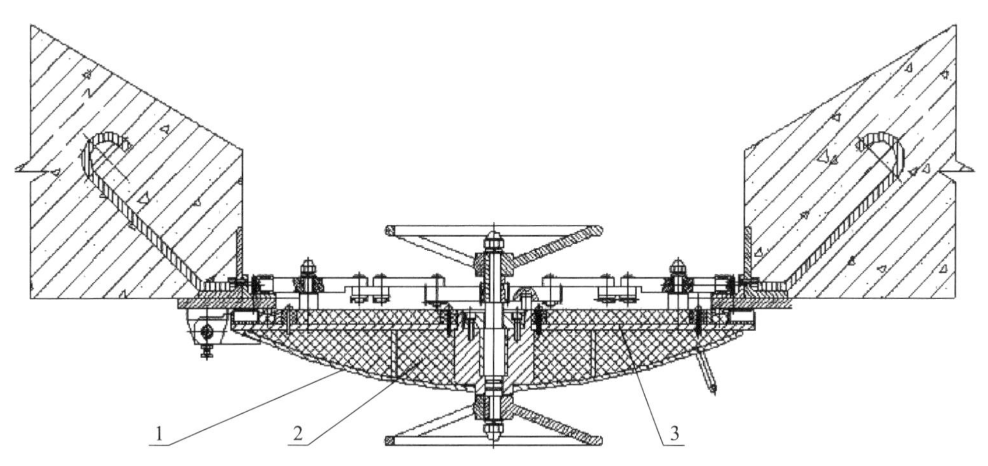

图 35.5　防护密闭门俯视剖面结构简图

1. 抗爆层；2. 隔温层；3. 密封支撑基板

2）气幕阻隔系统

利用压缩空气或压风空气通过喷气气刀或气孔排形成气幕，在硐室门处产生阻隔气流，使有害气体不会随着避险人员的进入而带入避难硐室过渡室内。气刀安装示意图见图 35.6，气孔排安装示意图见图 35.7。

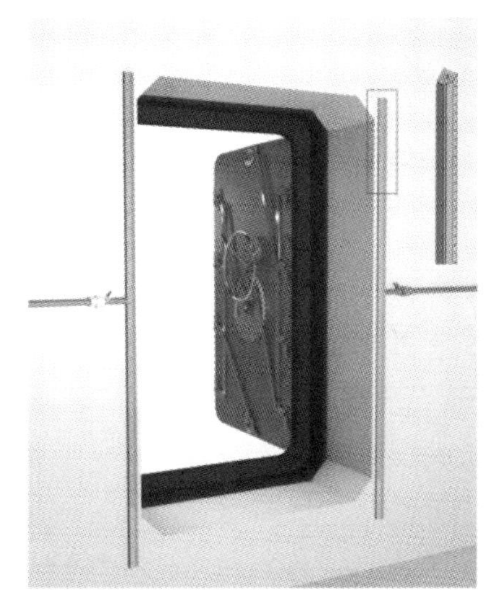

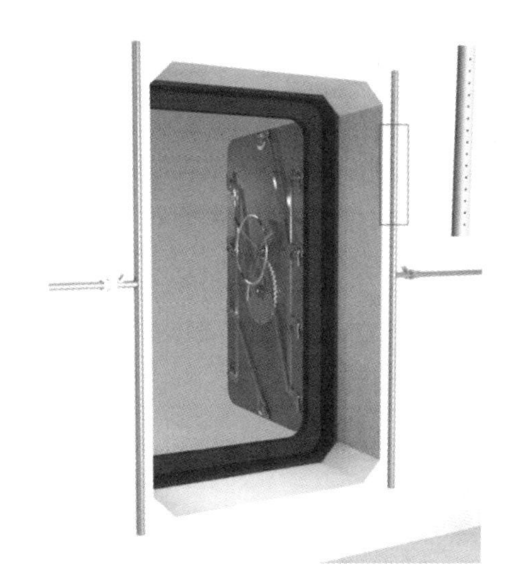

图 35.6　气刀安装示意图

图 35.7　气孔排安装示意图

3）供氧系统

避难硐室供氧方式主要采用地面钻孔供氧、专用压风管路供氧、压缩氧气瓶供氧 3 种方式。

通过地面钻孔设置套管，将压风管、流食管、电力电缆、通信电缆、监控电缆等穿入套管内接入硐室，实现硐室内部与地面的连通，地面钻孔供氧示意图见图 35.8。

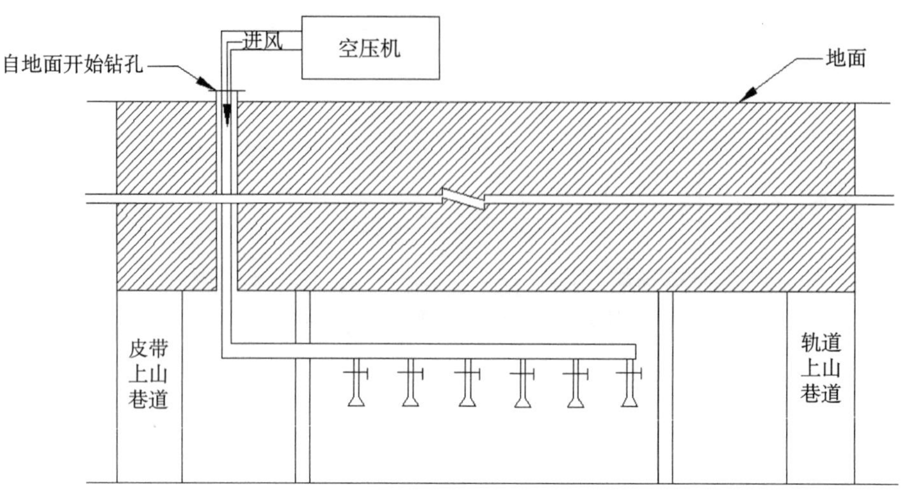

图 35.8　地面钻孔供氧示意图

专用压风管路供氧利用硐室前预埋管路的压风作为气源，经减压、消声、过滤装置和控制阀后进行弥漫式（分散供气）或者集中式（压风自救装器）供气。压风出口压力为 0.1～0.3MPa，供风量不低于 $0.1m^3$/（min・人），连续噪声不大于 70dB。避难硐室专用压风管路弥漫式供氧示意图见图 35.9，压风自救器见图 35.10。

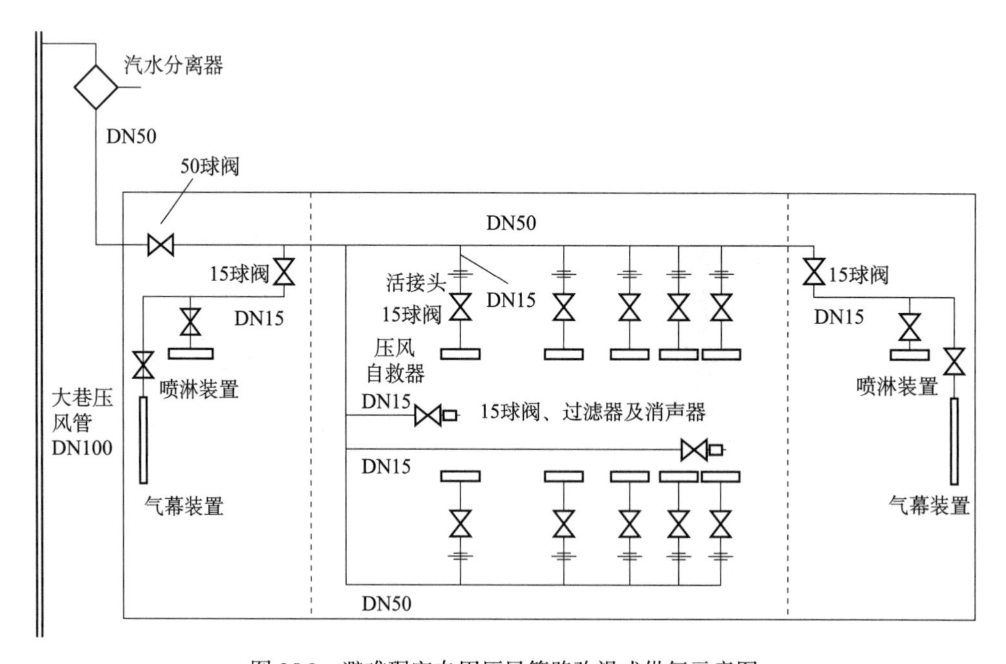

图 35.9　避难硐室专用压风管路弥漫式供氧示意图

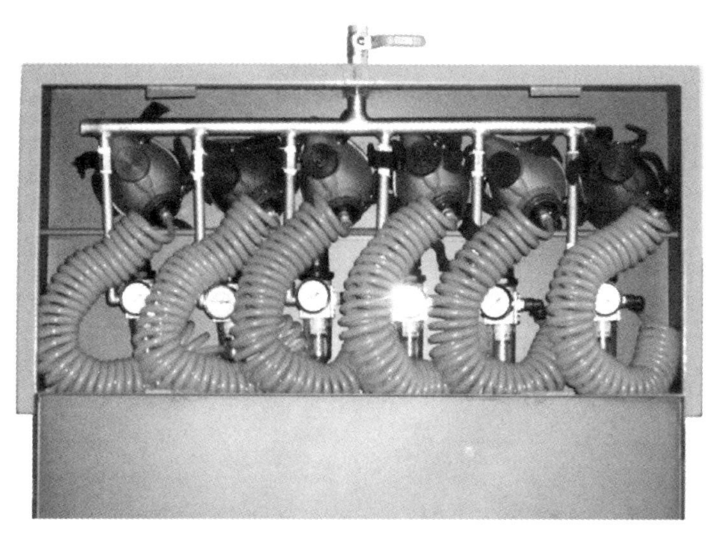

图 35.10　压风自救器

压缩氧气瓶供氧是利用高压气瓶储存氧气，经减压、中压汇流后进行供氧。电高压氧气瓶、减压器、中压汇流管、氧气输出控制等组成，压缩氧气瓶供氧系统原理图见图 35.11。供氧量不低于 0.5L/（min・人）。

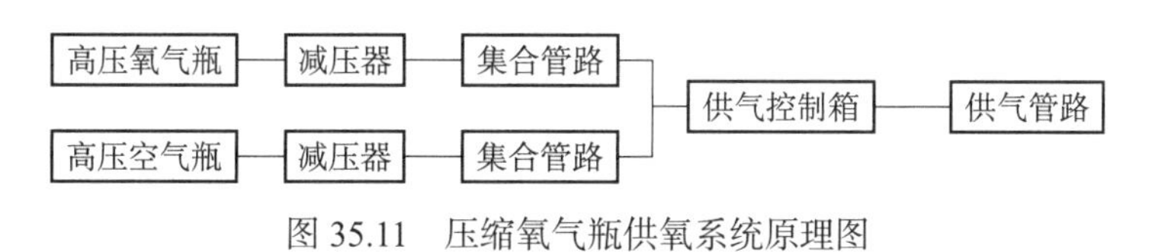

图 35.11　压缩氧气瓶供氧系统原理图

4）空气净化系统

避难硐室内需净化的有害气体主要为 CO_2、CO 等。依据标准要求，避难硐室处理 CO_2 的能力不低于 0.5L/（min・人），处理 CO 的能力保证在 20min 内将 CO 浓度由 0.04% 降到 0.0024% 以下。在整个额定防护时间内，避难硐室内部环境中 CO_2 浓度不大于 1.0%，CO 浓度不大于 0.0024%。

采用碱性氧化物去除 CO_2，霍加拉特氧化催化剂或贵金属氧化催化剂去除 CO，系统原理见图 35.12。

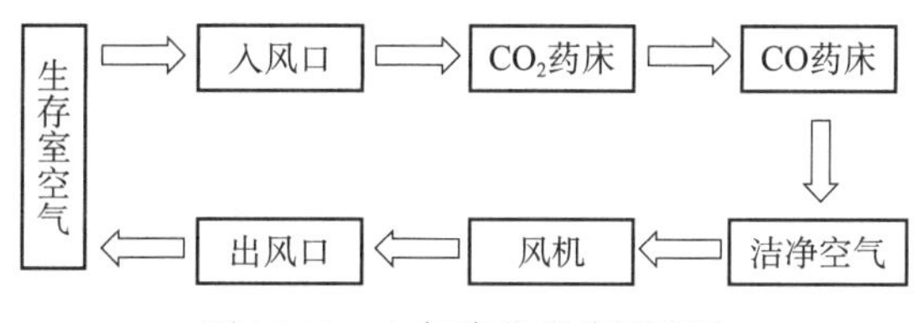

图 35.12　空气净化系统原理图

5）温湿度调节系统

在整个额定防护时间内，避难硐室内部环境中温度不高于 35℃，湿度不大于 85%。

目前避难硐室降温方式主要有液态 CO_2 降温、储冰降温及相变降温。

液态 CO_2 降温以瓶装液态 CO_2 为制冷剂，采用两级节流、两级蒸发技术，实现降温、除湿，并为净化系统提供动力，系统原理见图 35.13。

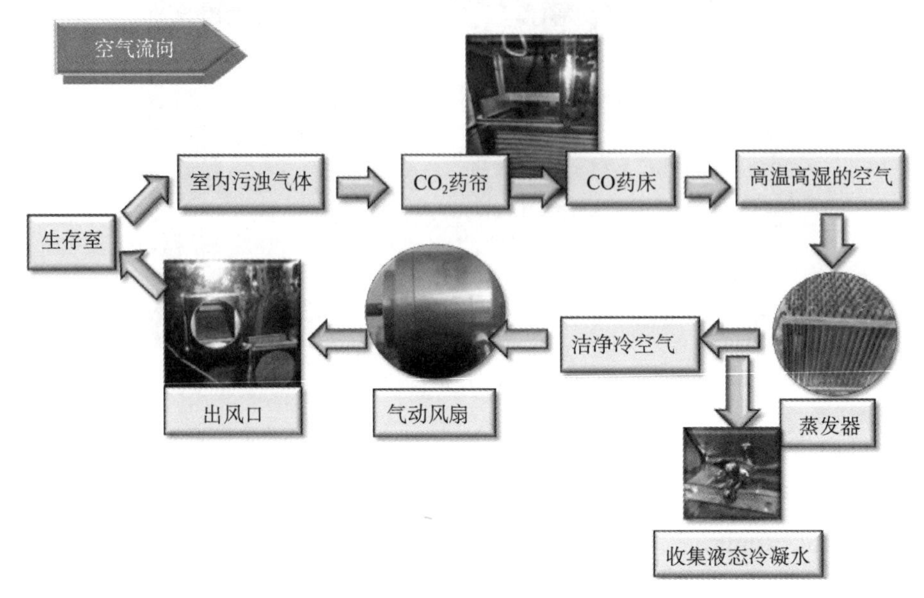

图 35.13　液态 CO_2 降温、除湿系统原理图

储冰降温（常态下应制冰储冷）以压缩空气或人力驱动气动风扇，达到气体净化的目的，再将净化后的气体送入冰柜风道内，使其与所蓄冰进行充分的热交换，达到降温效果，系统原理见图 35.14。

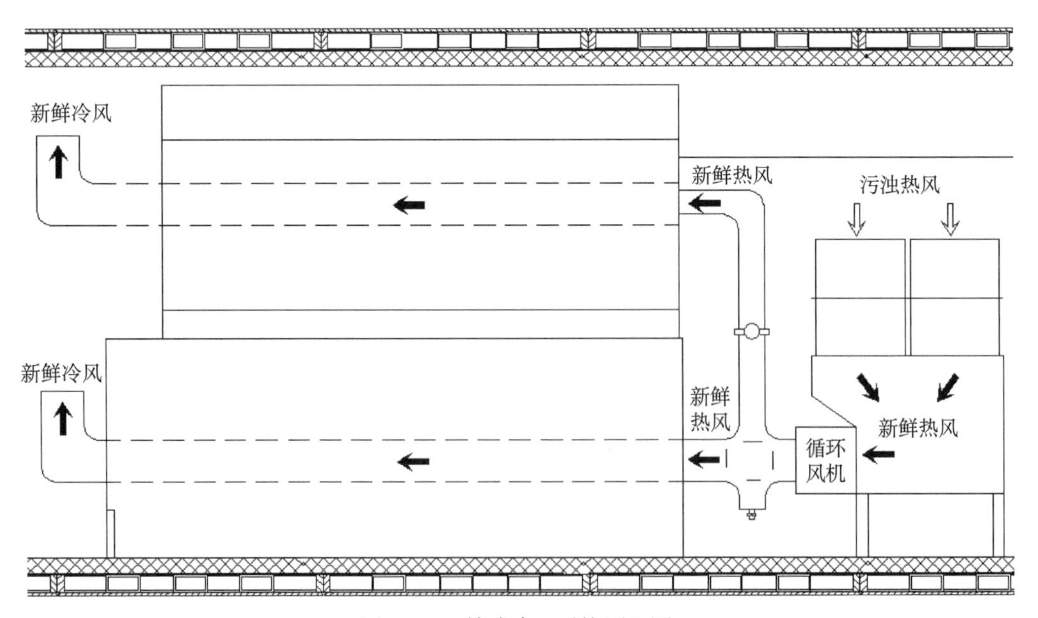

图 35.14　储冰降温系统原理图

相变降温利用相变材料由结晶到熔化过程吸收热量，达到降温效果。相变空调的维护成本低。

6）排气与排水系统

集手动及自动排气阀于一体，维持硐室内 100～500Pa 正压，将多余气体及时排出。自动排气阀采用可调重锤杠杆式单向阀结构，单向排气装置结构见图 35.15。

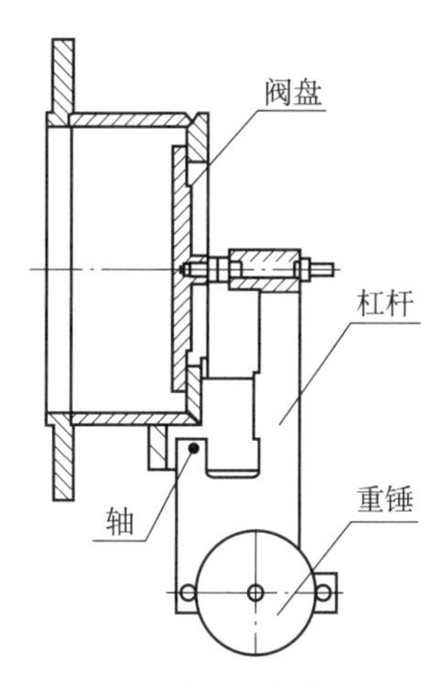

图 35.15　单向排气装置结构

单向排水系统集自动和手动排水功能于一体，手动阀常开，紧急时关闭，其结构见图 35.16。

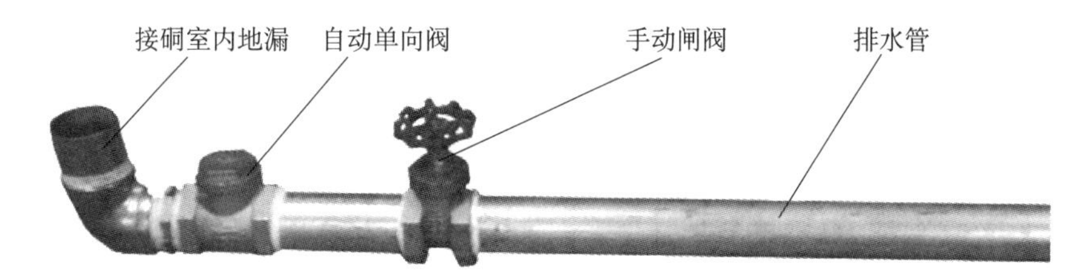

图 35.16　单向排水装置结构

7）环境监（检）测与人员定位系统

根据避难硐室环境监（检）测要求，需对避难硐室外（CO、CO_2、CH_4、O_2）、过渡室内（CO、O_2）、生存室内（CO、CO_2、CH_4、O_2、温度和湿度）进行监测。设置相应的 CO、CO_2、CH_4、O_2、温度和湿度传感器，对环境参数进行实时监（检）测。在生存室内装设 1 台分站，与矿井现有安全监测监控联接。另外，为保证生存室内环境参数测量的可靠性，还可选配一台多参数气体测定仪。

在生存室内设 1 台分站和 1 台读卡器，与矿井现有人员定位通信联接。环境监测监控及人员定位系统配置见表 35.2。

8）通信、照明及动力保障系统

借助煤矿自身的通信系统，预留通信接口，利用有线电话和井上进行通信联络，也可使用无线通信方式。

表 35.2 环境监测监控及人员定位系统配置

序号	系统配置	规格	单位	数量
1	矿用红外摄像仪	DBG127/220G	台	1
2	气体微差压力计	1.0KPa	个	1
3	温、湿度计	THM-1	台	1
4	多参气体测定仪	CZ(C)	台	1
5	矿用氧气温度传感器	GYW25/50	台	4
6	矿用高低浓度甲烷传感器	KG9001C	台	2
7	矿用一氧化碳传感器	GTH500(B)	台	4
8	矿用红外二氧化碳传感器	GRG5H	台	2
9	安全监控分站	KJ70N-F	台	1
10	人员定位分站（带分站电源）	KJ251-F	台	1
11	人员定位读卡器	KJ251-D	台	1

固定照明系统作为正常时照明，主要由矿用隔爆型照明灯组成；备用照明系统供避灾时使用，采用矿井现有双光源 KL5LM(A) 型矿灯作为备用照明灯具。

矿井永久避难硐室的动力电源来自变电所，进入生存室后，开启矿用隔爆型真空馈电开关和矿用隔爆型照明信号综合保护装置为生存室内电力负荷供电。正常运行时，综保装置对备用电源供电；在无外供电源时采用矿用隔爆兼本安型锂离子电池电源，分别对安全监测监控系统、人员定位系统进行供电，并满足运行 96h 的要求。

通信、动力保障及照明系统配置见表 35.3。矿用隔爆兼本安型锂离子电池电源见图 35.17。

表 35.3 通信、动力保障及照明系统配置表

序号	系统配置	规格
1	矿用隔爆型真空馈电开关	KBZ-30/660
2	矿用隔爆兼本安型锂离子电池电源	DXJL1536/12X
3	矿用隔爆型照明综合保护装置	ZBZ-4.0/1140(660)mg
4	隔爆型三通接线盒	—
5	矿用隔爆型照明灯	DGS40/127Y（A）
6	一体式矿灯	KL2.5LM(A)

9）人员生存保障系统

生存保障系统能够保证额定防护时间内，维持硐室内避险人员的基本生活需求，按额定避险人数配备食品、饮用水、自救器、自动苏生器、呼吸器、人体排泄物收集处理装置及急救箱、照明设施、工具箱、灭火器等辅助设施。永久避难硐室额定防护时间为 96h，食品不少于 5000kJ/（人・d），饮用水不少于 1.5L/（人・d）。按额定人数的 120% 配备不低于 45min 隔绝式压缩氧自救器，配置见表 35.4。

图 35.17　矿用隔爆兼本安型锂离子电池电源

表 35.4　人员生存保障系统配置

序号	系统配置	规格
1	座椅	三人座椅
2	储藏箱	—
3	折叠担架	—
4	急救箱	—
5	食品	10496kJ/kg
6	饮用水	550ml/ 瓶
7	打包坐便器	ZDJ-30
8	灭火器（4kg）	MF/ABC4
9	指示标志牌	—
10	操作手册	说明

35.2.4　技术特点及主要技术参数

（1）采用模块化设计，便于煤矿差异化配置，能满足不同矿井条件下 10～100 人（表 35.5）的避险需求。

表 35.5　避难硐室主要技术参数

序号	参数	数值
1	额定人数 / 人	10～100
2	防护密闭门抗爆炸冲击能力 /MPa	0.3
3	有效避难时间 /h	106
4	硐室内 CO 浓度 /%	≤0.0024
5	硐室内 CO_2 浓度 /%	≤1
6	硐室内 O_2 浓度 /%	18.5～23
7	硐室内温度 /℃	≤35
8	硐室内湿度 /%	≤85
9	供气方式	压风 + 压缩氧

（2）采用“两级减压节流两级蒸发”技术和双风机设计，解决 CO_2“冰堵”问题，实现空气净化制冷除湿功能一体化。

（3）防护密闭门采用弧形壳板结构、多连杆 6 点锁紧机构、硅橡胶密封设计，具有抗爆炸冲击能力强、气密性好、开闭灵活、省力等特点。

（4）采用无需外界供电的动力保障技术，维护简单，运行成本低，安全可靠。

35.2.5 应用情况

截至 2015 年年底重庆研究院“井下避难硐室”产品先后应用于重庆、山西、云南、四川、安徽、内蒙古、河南、新疆等国内主要产煤地的煤矿企业，取得了显著的社会效益和经济效益。2017 年 4 月 19 日，榆林神木县板定梁塔煤矿发生井下透水事故，6 名矿工被困 76 小时获得成功营救，避难硐室在此次矿难中发挥了重要作用，为矿工提供了生存保障空间。

35.3 可移动式救生舱

为了进一步提高煤矿安全防护能力和应急救援水平，减少因煤矿事故造成的人员伤亡，促进煤矿安全生产，借鉴美国、澳大利亚、南非等国家成功的经验和做法。重庆研究院研制出了“KJYF96/08 矿用可移动式救生舱”，采用“储水降温＋镍氢电源驱动电动风机净化”技术。2010 年，沈阳研究院开展中澳合作项目，研发 LD 系列可移动分体式硬体救生舱，具备防火耐高温、防爆抗冲击能力、可拆卸易安装的特点，完全适应煤矿井下空间受限的环境。

多项权威机构的认证和检测结果表明，LD 系列可移动分体式救生舱是目前世界上最先进的、达到最严格质量标准的救生舱产品，也是世界上唯一获得美国西弗吉尼亚州矿工健康和安全办公室认证，同时达到美国矿工安全及健康管理局（MSHA）标准的救生舱产品。

LD 系列可移动分体式避难所配置系统与其他系列救生舱基本一致，但是 LD 系列救生舱对系统几个关键救生系统进行关键技术攻关，使其更能适应于煤矿井下这类特殊环境。

1. 技术特点

1）集成式过滤降温除湿系统

集成式过滤降温除湿系统（图 35.18）是利用储存在钢瓶中的液态 CO_2 作为动力源和制冷介质，通过管路输送至装置中。该装置由一个机械单元组成，通过配备规定数量的 CO_2 和 CO 吸收剂同时完成过滤、降温、除湿功能。

采用无电力驱动，可气压保持恒定，达到设定压力时自动启动空压机和制冷除湿系统。能快速清除主舱内的有害、有毒气体，同时完成过滤、降温、除湿功能。对避难所空间气体中 CO、CO_2 浓度控制及温度、湿度调节，确保在额定防护时间内空气温度在 35℃以下、湿度在 85% 以下，满足对 CO_2 的吸收能力不低于每人 0.5L/min（中国实际为 0.3L/min），对 CO 的吸收能力每小时不低于 400×10^{-6}，保证舱内 CO_2 低于 1.0%、CO 低于 24×10^{-6}。

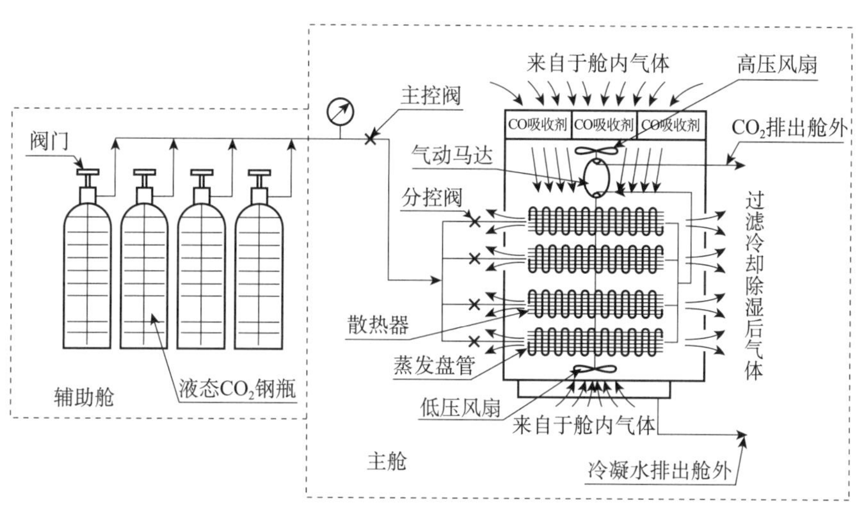

图 35.18 集成式过滤降温除湿系统工作原理图

2）全自动联动式气幕喷淋系统

全自动联动式气幕喷淋系统（图 35.19）是利用储存在钢瓶中的压缩空气，通过减压器控制稳定的输出压力至避难所门联动开关。当避难舱门开启时，避难所门联动开关即刻开启，空气由气幕向外喷出；关闭时，避难舱门联动开关即刻关闭，阻止空气喷出。

3）全境式不间断监测系统

救生舱环境监测装置由 DXB120/24J 矿用隔爆型备用电源箱（图 35.20）、KDW1140/12J 矿用隔爆兼本安型直流稳压电源箱（图 35.21）、JHC12J 本安型监视器及避难舱内外多种环境参数监测传感器组成。

KDW1140/12J 矿用隔爆兼本安型直流稳压电源箱正常工作时，一方面，用于向避难所（舱）内外环境甲烷传感器、一氧化碳传感器、二氧化碳传感器、氧气传感器、温度传感器、逃生指示器、照明和通信设备等提供不间断供电的本质安全型电源，另一方面，与 DXB120/24J 矿用隔爆型备用电池箱（以下简称备用电池箱）配合使用，向备用电池箱进行浮充电。当主机的交流供电电源因故断电时，自动由该备用电池箱向主机提供 UPS 不间断电池供电。

JHC12J 本安型监视器为矿用本质安全型结构，专门为矿用移动（固定）式避难舱设计的。供电电源由配套研究开发的置于辅助舱内的 KDW1140/12J 隔爆兼本安型直流稳压电源箱和 DXB120/24J 矿用隔爆型备用电源箱提供，可用于采集和显示舱内、舱外灾害气体浓度，如 CO、CO_2、O_2、CH_4、温度和舱体内部压力等。救生舱舱内、外传感器全部使用国内技术比较先进的传感器，确保采集数据准确，为逃生人员提供最可靠的数据支持。

4）本安型直流稳压供电系统

目前我国矿井低压供电系统，动力电源的电压等级为 AC3300V、AC1140V、AC660V、AC380V、AC127V 等。避难所空间有限，其电源部分不可能完全按照井下机电硐室的标准

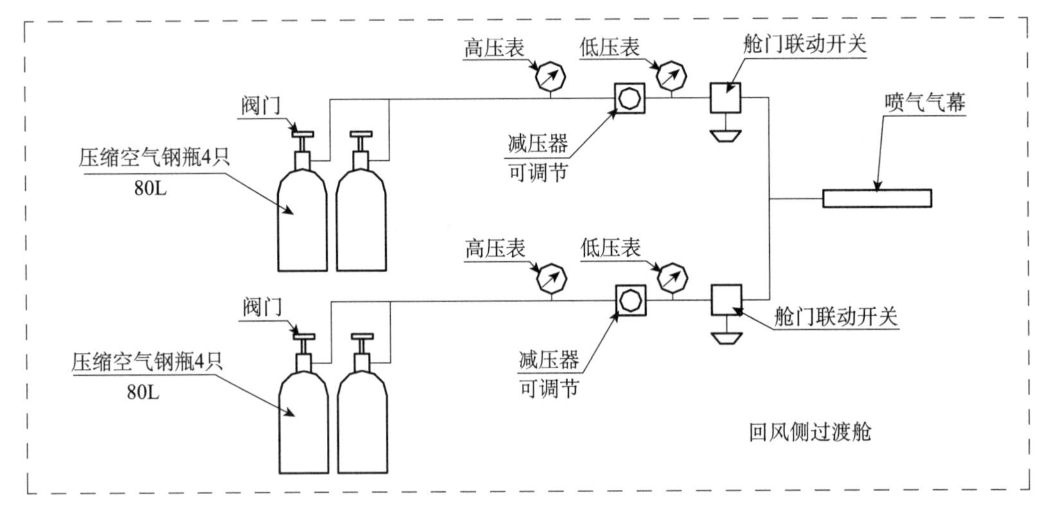

图 35.19　全自动联动式气幕喷淋系统工作原理图

设计，从简洁清晰的角度，只设计引入 AC660V 动力电源，通过照明信号综合保护装置的转换为日常照明系统提供电源；同时通过矿用隔爆型真空电磁启动器，为 UPS 电源装置提供电源，在遇险避难时，由 UPS 电源装置为监测分站、传感器以及救灾通信提供直流本安电源。

5）应急救援指挥平台

KT103 矿井救灾通信装置，是沈阳研究院为了适应煤矿井下事故救援指挥的需要而自主设计开发的。

无线信号传输通道具备双重功能，一方面可以通过与井下管路耦合进行信号传输，另一方面可以通过基地台上的生命线端子连接探险绳，使探险绳作为基地台的一个辅助天线来进行无线信号传输。在这两种条件都具备的情况下，通信效果及通话距离要明显优于单一的信号传输方式。

便携机在有效通信距离内可在巷道中任意拐弯，采用的是无线耦合的方式来传输信号，理论上只要天线耦合的金属管缆能到达的地方，都可以通话。

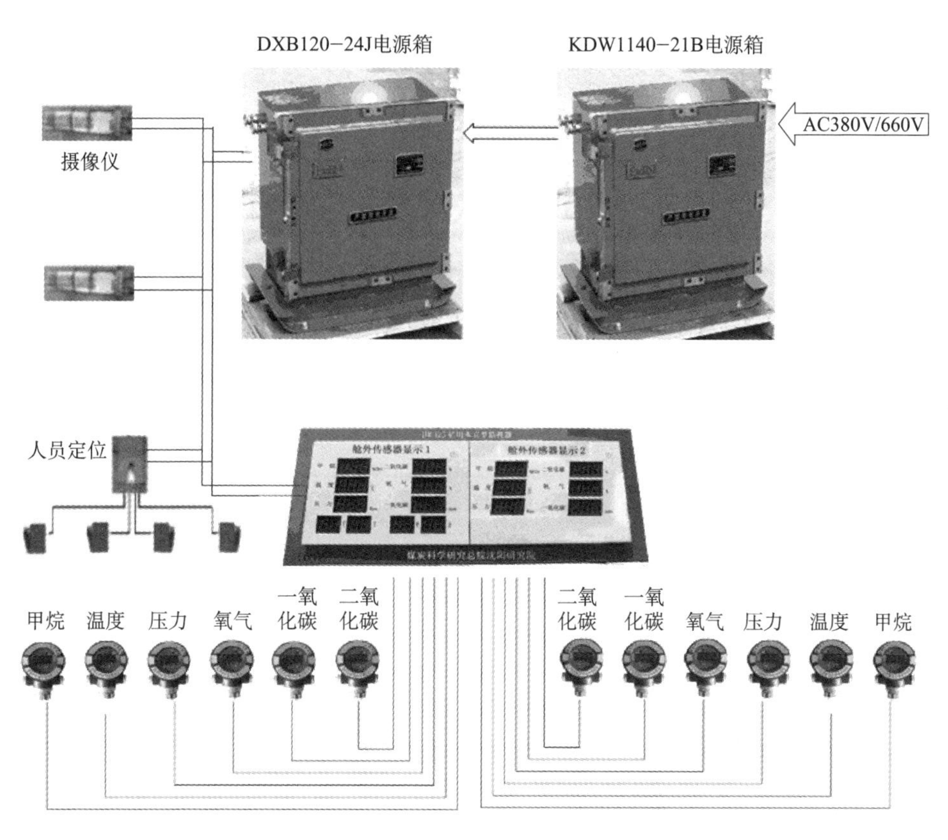

图 35.20 全境式不间断监测系统示意图

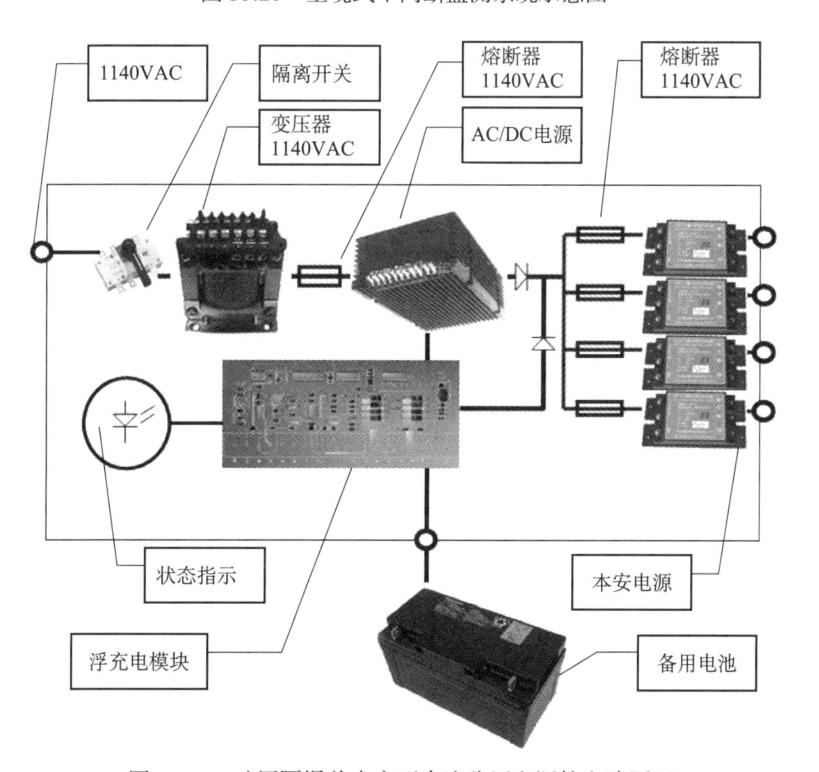

图 35.21 矿用隔爆兼本安型直流稳压电源箱电路原理

指挥台与基地台（图 35.22）之间传输的信号为标准的音频信号，对电缆没有特殊要求，全套装置可不敷设任何线路。灾变时基地台与指挥台之间的巷道中如有电话线，可以使用这部分电话线将指挥台与基地台相连接，避免重新布线，同时也节省时间，提高被困人员成功获救的机会。

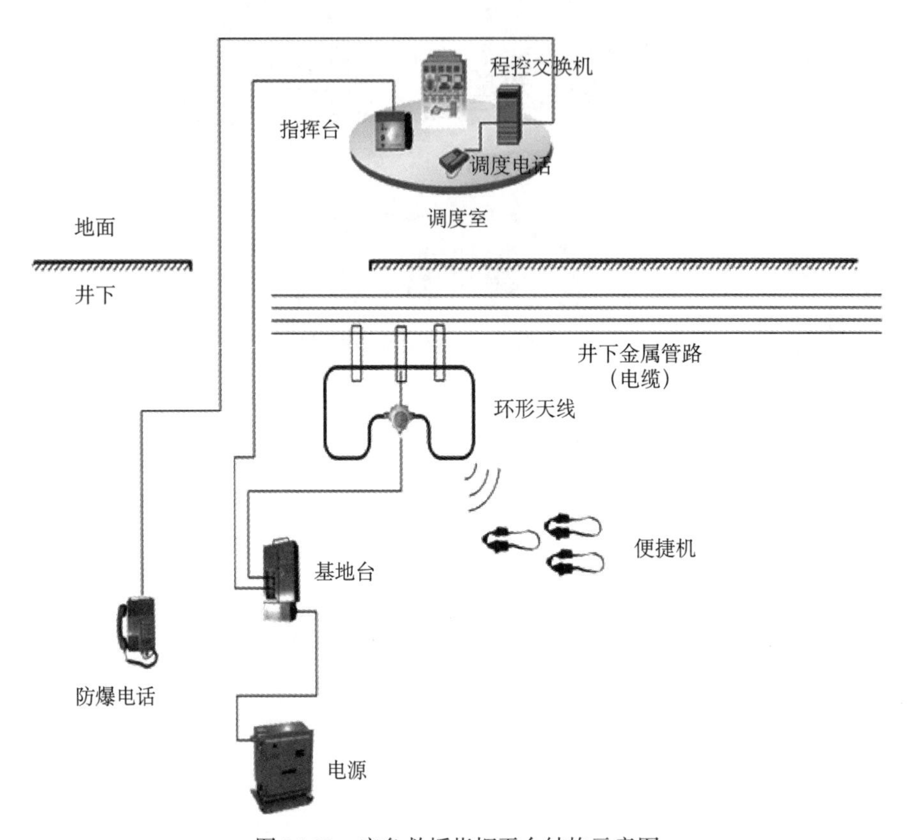

图 35.22　应急救援指挥平台结构示意图

2. 应用案例

沈阳研究院承担“兖矿集团有限公司南屯矿井下应急避难硐室系统配置”项目，配置系统的整体技术填补了国内紧急避险领域的空白。此外，承担中铁隧道集团、抚顺老虎台煤矿以及神东集团、铁法煤业集团、西山煤电、陕煤集团、龙煤矿业集团等煤炭企业所属多个煤矿井下避难硐室以及救生舱的建设项目。

35.4　可移动式救生过渡站

可移动式救生过渡站（以下简称“过渡站”）是沈阳研究院开发的一种新型的紧急避险装备，国内首次提出基于长时压缩氧自救器的应急救援体系。

35.4.1　基本原理

过渡站能为避险人员提供一个安全的场所，具备短暂避灾、休息调整、伤员简单医疗处理、更换长时压缩氧气自救器逃生、与外界通信联系等功能，为避险人员快速逃生提供了支撑条件，也为紧急救援创造了条件。

过渡站外壳采用优质钢材，具有防冲击能力（能承受 0.1MPa），易于布置，容易维护，经济实用，可与矿井压风系统连接。过渡站体积小，拆装运输方便灵活，在煤矿井下狭小的空间条件下具有广泛的适应性。

35.4.2　技术特点

1. 技术参数

主要技术参数见表 35.6。

表 35.6　主要技术参数

型号	额定防护人数 / 人	额定防护时间 /h	外壳抗爆炸冲击压力 /MPa	排气压力 /Pa	外形尺寸 /mm×mm×mm	空载质量 /t
YGZ-10	10	≤4	＞0.1	250	3150×1400×1750	2.4

2. 结构特征

过渡站（图 35.23）壳体均采用 6mm 厚钢板和加强筋组焊式结构，加强筋交错布置，形成矩形网格式结构，抗爆炸冲击能力大于 0.1MPa，并通过哈尔滨工业大学抗爆炸冲击性能数值模拟分析测试。

图 35.23　过渡站

3. 基本配置

基本配置见表 35.7。

表 35.7　基本配置

序号	配置	数量	用途
1	ZYX100 压缩氧自救器	10 台	避险人员逃生自救时使用
2	高压空气瓶 (60L)	4 瓶	为避险人员提供空气，供人员呼吸用
3	全面罩（含供给阀）	5 套	储气瓶内高压空气经过减压阀减压后，通过全面罩及供给阀将洁净空气输出，供避险人员呼吸，全面罩内始终保持正压，可有效防止环境中有毒气体侵入
4	便携式多参数气体测定器	2 台	用于检测过渡站内 CO、CO_2、CH_4、O_2 含量
5	应急矿灯	2 台	供站内照明及避险人员应急使用

续表

序号	配置	数量	用途
6	荧光棒	5根	供站内照明及避险人员应急使用
7	医疗急救箱	1个	供避险人员为受伤人员简单处理伤情使用
8	压风接口	1个	压风接口和井下压风管路连接
9	观察窗	1个	通过观察窗可监视舱外环境变化，防范可能发生的次生灾害
10	折叠式白钢座椅	2排	供避险人员休息用
11	防爆电话	1台	供避险人员与外界通信使用

长时自救器：配置10台YZX100长时压缩氧自救器，遇险人员可根据需要佩戴该自救器，进行超过100h的逃生自救。

压风自救系统：设有压风开关，与矿井压风系统相连，遇险人员进入中继站后，可以用压风系统自救待援。

空气供给系统：配有空气供给系统，可供10人使用4h以上。当矿井压风系统遭到破坏而无法使用时，遇险人员可启动站内储备的供气供给系统，迅速佩戴中继站内带供给阀的全面罩，呼吸空气瓶中的洁净空气。

便携式多参数气体检测仪：配有气体检测仪器，可随时检测环境中的气体状况。

照明及通信设施：设置荧光棒、应急矿灯及本安电话机，供遇险人员照明急需使用，并可通过本安电话机与救援指挥中心联络，报告站内人员状况，听从救援中心指挥。

急救包及食品：配有卫生急救包、食品、饮用水等，可对受伤人员进行简单医疗处理，并可进行营养补充。

4. 供氧系统

1）压风供氧系统

当发生灾害时，在矿井压风仍可供给状态下，使用矿井压风提供空气，供避险人员呼吸，井下压风管路（图35.24）要布置合理并采取保护措施，防止灾变破坏。

2）压缩空气供氧系统

矿井压风系统（图35.25）被破坏时，使用压缩空气瓶提供新鲜空气，供避险人员呼吸。

35.4.3 适用条件

可通过牵引、吊装等方式实现移动，适应井下采掘、采煤作业地点变化的要求。适用于具有火灾、煤与瓦斯突出、瓦斯煤尘爆炸等危险性隐患的矿井。

适用环境温度：−10～+40℃；相对湿度：0～95%；海拔高度：不大于1000m。

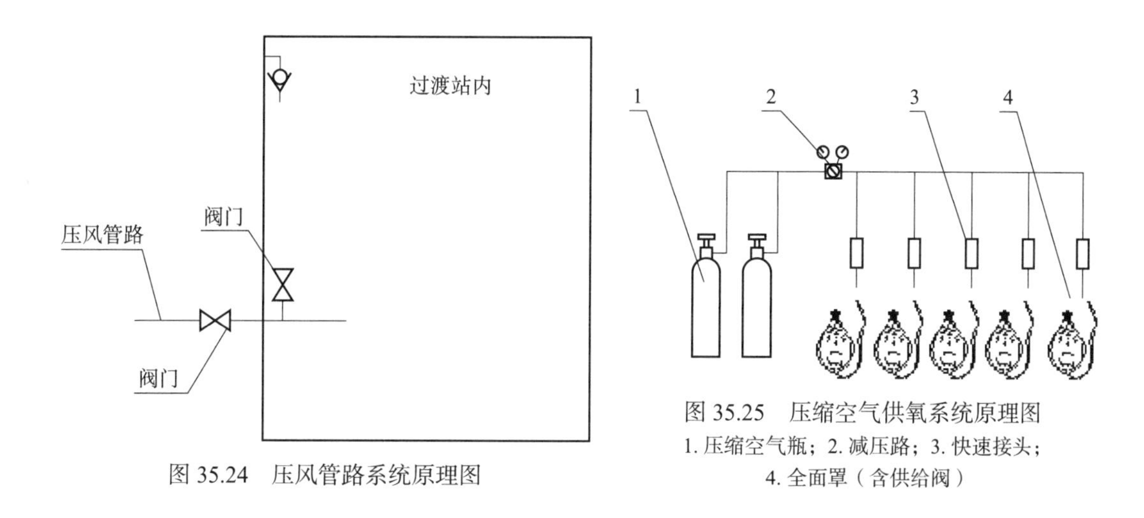

图 35.24　压风管路系统原理图

图 35.25　压缩空气供氧系统原理图
1. 压缩空气瓶；2. 减压路；3. 快速接头；
4. 全面罩（含供给阀）

35.4.4　典型产品

沈阳研究院于“十二五”期间率先开发过渡站产品，是国家科技支撑计划课题2012BAK04B09的成果之一。消除井下移动式救生舱结构复杂、成本高、日常维护困难等缺陷，为我国煤矿紧急避险系统建设提供了思路和选择。

35.4.5　应用情况

2012年，沈阳研究院根据矿山紧急避险系统建设的要求，首次提出以“可移动式救生过渡站＋长时压缩氧自救器”为主要形式的紧急避险设施建设建议方案，在满足紧急避险需求的前提下，可节省大量的建设资金。截至2015年，沈阳研究院“可移动式救生过渡站”成果先后应用于龙煤集团双鸭山矿业公司、沈阳煤业集团有限公司、鸡西盛隆矿业集团有限公司等煤矿企业。

（本章主要执笔人：薛世鹏，富向，王志权，孙福龙，白宏旻，戴立辉，金树军；重庆研究院余秀清）

第 36 章
灾区侦测技术

煤矿灾害发生后，对遇险人员准确位置、生命特征进行快速、准确的侦测及定位显得尤为重要。20 世纪中后期，随着电子技术高速发展，出现很多先进检测方法和技术。重庆研究院研发的基于超宽带技术原理的矿用生命探测仪——YSR30 矿用雷达生命探测仪，适用于煤矿及非煤矿山井下瓦斯煤尘爆炸、顶板垮塌、煤与瓦斯突出等事故现场避险人员的搜索定位，以及危险复杂的煤矿救灾等领域内灵活使用的煤矿探测机器人，能迅速探测灾区状况，为抢险救灾提供决策支持，可以有效地提高救援的效率和减少施救人员的伤亡。

本章重点介绍灾区超前生命探测技术，灾区便携式本安侦察机器人技术。

36.1 灾区超前生命探测技术

煤矿井下发生事故后，如何实现对遇险人员快速、准确的侦测及定位，关系到救援的快慢及遇险人员生存机会的大小。通过生命探测仪实现对井下遇险人员的搜救成为煤矿救援的一个研究热点。经过对现有生命探测仪分析发现，光学型生命探测仪的成像易受烟雾等物质的影响，或被困人员位于光学探头无法到达的地方时，受到极大限制；音频型生命探测仪的声波在煤岩介质中衰减速度快，无法穿透井下废墟，不能侦测到被废墟所埋遇险人员，同时，声波传输易受噪声干扰；红外型生命探测仪无法穿透井下废墟，在高温环境下，其侦测结果不够准确；人体生物电场感应型生命探测仪侦测距离较短，穿透井下废墟能力差，无法显示遇险人员的位置信息，垂直侦测张角小，侦测面积有限；常规雷达型生命探测仪基于经过调制的线性调频连续波雷达工作原理，侦测距离有限，存在速度和距离耦合、抗干扰能力弱等问题。上述现有生命探测仪都有各自的特点和适用条件，准确率都有一定局限性，特别是侦测被废墟所埋遇险人员。超宽带脉冲雷达生命探测技术是目前最适合探测废墟下遇险人员的最新技术，重庆研究院研发出基于超宽带脉冲雷达技术原理的矿用生命探测仪 YSR30。

36.1.1 技术原理

超宽带生命探测雷达辐射超宽带电磁波探测生命体呼吸或心跳等微动体征，是一种先进的非接触式生命探测技术。目前，应用比较成熟的是冲激脉冲体制超宽带雷达。冲激脉冲具有很高的定位精度，可对墙体或废墟等障碍物后的目标进行精确定位。超宽带雷达发送间歇的冲激脉冲，脉冲持续时间短，占空比小，射机功耗可以做到很低。超宽带信号直接在冲激脉冲上实现调制，不需要调制解调部分，接收机结构简单，降低了雷达设计成本。

矿用超宽带雷达生命探测仪通过检测生命体微动引起的回波信号时延变化估计生命体参数。

由人体胸腔的收缩扩张等微动引起的运动过程可近似为简谐运动，设 $r(t)$ 为简谐运动的方程，d_0 为从雷达天线到人体胸腔简谐运动中心的距离，则雷达天线到人体胸腔表面的瞬时距离 $d(t)$ 可表示为：

$$d(t)=d_0+r(t)=d_0+A_b\sin(2\pi f_b t) \tag{36.1}$$

式中，t 为信号采集慢时间；A_b 为胸腔简谐运动幅度；f_b 为胸腔简谐运动频率。假设除了人体的微动，环境中其他目标均为静止，则雷达的回波信号 $S(\tau, t)$ 可表示为

$$S(\tau, t)=a_v p[\tau-\tau_v(t)]+\sum a_i p(\tau-\tau_i) \tag{36.2}$$

式中，τ 为电磁波传播的快时间，表征了距离向信息；$p(\tau)$ 为雷达的发射信号；$p[\tau-\tau_v(t)]$ 为由人体胸腔的简谐运动引起的雷达回波；a_v 为幅度；$\tau_v(t)$ 为在慢时刻 t 人体胸腔简谐运动引起的雷达回波的传播时延。

由式（36.1）、式（36.2）推导得到目标回波慢时间的频率响应信号为：

$$S(\tau,\ f)=\sum_{k=-\infty}^{+\infty} a_v\int_{-\infty}^{+\infty}\boldsymbol{P}(\xi)\mathrm{J}_k(2\pi\xi\tau_b)\mathrm{e}^{j2\pi\xi(\tau-\tau_0)}\cdot\mathrm{d}\xi\cdot\delta(f+kf_b) \tag{36.3}$$

由式（36.3）可以看出，回波的慢时间频率响应信号包含了呼吸频率 f_b 及其高次谐波。振幅与 t、τ_b 及发射信号形式有关。

1. YSR30 矿用雷达生命探测仪的系统组成

YSR30 矿用雷达生命探测仪由矿用超宽带雷达生命探测仪主机及手持终端组成，如图 36.1 所示。

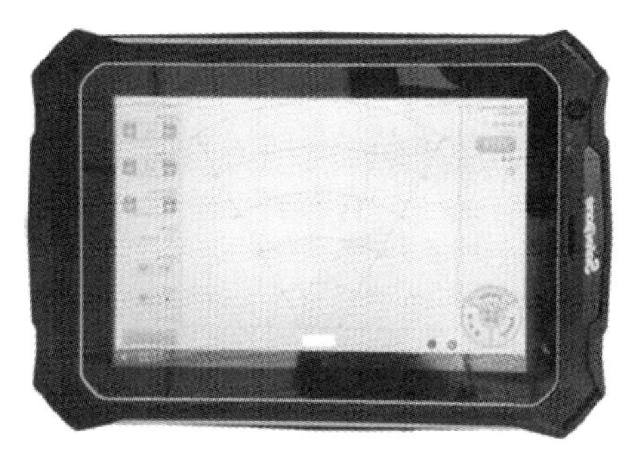

图 36.1　矿用超宽带雷达生命探测仪

2. 系统工作原理

矿用超宽带雷达生命探测仪主机包括纳秒级的超宽带脉冲雷达信号发射机和雷达信号的接收机两部分。主机对回波信号进行积分采样，信号处理与控制，按相关算法确定探测目标的相关信息。主机将探测目标信息通过 WIFI 的方式传送给手持终端予以显示。

在手持终端界面（图 36.2）中，为使操作人员能够一目了然地知晓雷达工作时相关信息，界面上分别有雷达参数信息、雷达连接状态、电池电量、文件管理及检测相关操作按钮。

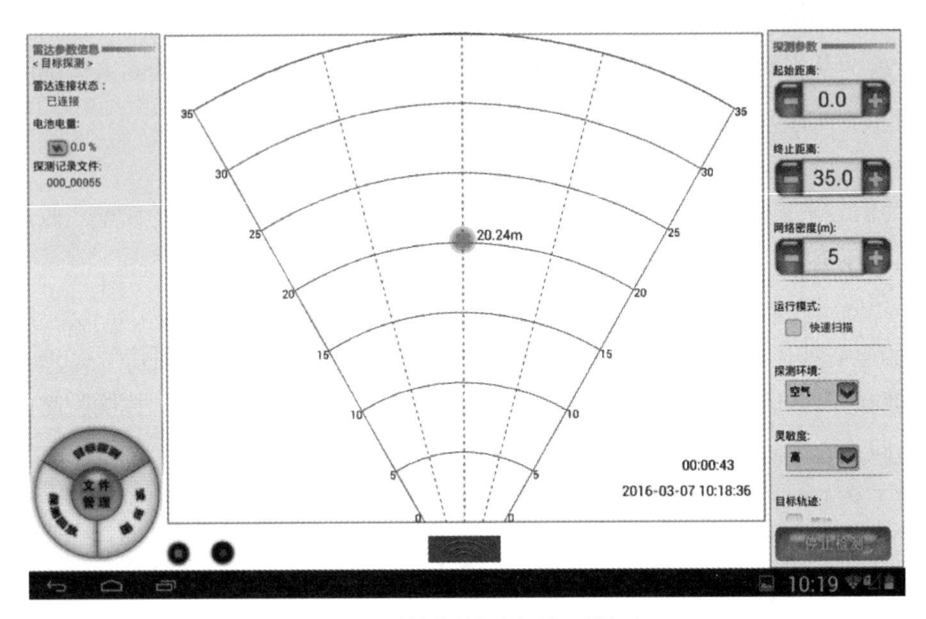

图 36.2 手持终端探测目标时界面

36.1.2 技术特点及参数

技术特点及参数见表 36.1。

表 36.1 超宽带雷达生命探测仪技术特点及主要参数

参数		指标
雷达类型		超宽带脉冲雷达
天线类型		增强型介质耦合超宽带天线
中心频率 /MHz		540
隔墙探测距离：	墙体厚度 /cm	50
	探测距离 /m	静止目标探测距离≥30，运动目标探测距离≥30
巷道内探测距离 /m		静止目标探测距离≥30，运动目标探测距离≥30
穿透材质		混凝土、土壤、岩石、木材、煤层等
穿透性能		穿透≥8m 厚砖混实体墙体或煤矿井下废墟能探测到生命体征
探测张角 /（°）		≥120
探测范围		探测水平面积≥8 400m^2；探测锥形体积≥84 000m^3

续表

参数	指标
终端遥控距离 /m	遥控距离≥100
探测精度 /cm	±20
介质补偿模式	空气、穿墙、废墟
远程专家服务功能	支持
GPS 定位功能	支持
工作温度 /℃	-10～+60
最高表面温度 /℃	≤85
防护等级	IP65
防爆等级	Exia I Mb
应用领域	适用于煤矿井下有瓦斯、煤尘等爆炸性气体的危险环境
适用标准	GB 3836.1—2010，GB 3836.4—2010 等

36.1.3 适用条件

适用于煤矿及非煤矿山井下瓦斯煤尘爆炸、顶板垮塌、煤与瓦斯突出、冲击地压等事故现场人员搜索定位，地震及地质灾害事故现场人员搜救。

36.2 侦测机器人

在危险复杂的煤矿救灾等领域内灵活使用煤矿探测机器人，迅速探测灾区状况，为抢险救灾提供决策支持。救援探测机器人的参与可以有效地提高救援的效率和减少伤亡，是安全高效救援的迫切需要。目前，国内矿山救灾或救援探测机器人研究主要关注和集中在矿用隔爆型机器人，体积大，比较笨重。迄今，还未有便携式矿用本安型探测机器人上市或应用。重庆研究院通过对机器人电气本安、动力驱动等关键技术进行研究，研制出第一代灾区便携式本安（Exia I Ma）侦测机器人。

36.2.1 工作原理

它主要包括驱动单元、行走机构、通信与控制单元及环境检测单元组成。驱动单元包括两组由四个直流电机采用柔性联轴器串联 + 传动涡轮蜗杆减速器 + 皮带传动装置轴相连接的四个偏心轮，驱动机器人的运动。机器人所携带的环境检测系统对采样装置采集到的灾区现场气体进行检测，将检测的环境参数，通过通信和控制模块采用无线的方式传到救援指挥平台。灾区便携式本安侦察机器人系统组成包括矿用本安型救援指挥终端、机器人和矿用本安型无线路由器等，能进行灾害环境参数的连续、可靠和远距离探测，以及受困或遇险人员生命感知和搜救等，能有效减少或避免因事故场所情况不明导致的救援人员伤亡事故，辅助救援人员加快搜救进程。

1. 机器人动力结构

机器人动力系统主要由本安电池组、控制模块、驱动模块、驱动直流电机、减速器和行走轮等部分组成，如图 36.3 所示。每个行走轮都是由若干直流驱动电机经过柔性轴串联合力，再经由减速器 + 皮带轮直接驱动，每个驱动电机都有一块独立的本安电池组供电。

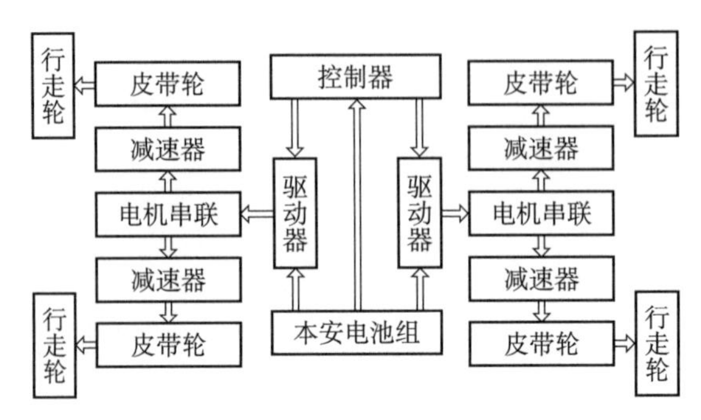

图 36.3 机器人动力结构

1）驱动电机串联模型

在本质安全防护的驱动电路中，单个小功率电机的驱动力受到限制，并且在电路中增加的电阻也在一定程度上限制电机的功率。为了提高驱动系统的整体驱动力，系统使用的直流电机为双出轴型电机，四个电机被同轴串联起来，其中相邻两个电机的出轴是通过软性连接件进行连接的，最外层的两端电机分别加装特定减速箱，系统通过两端的减速箱进行双端输出，从而达到对单侧前后轮进行同步驱动的目的（图 36.4）。

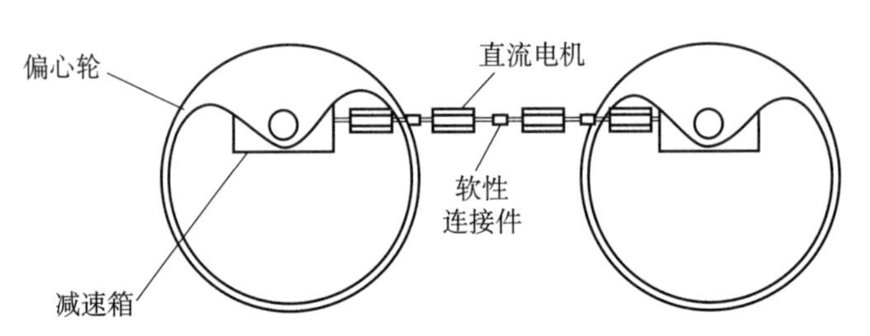

图 36.4 串联驱动系统模型

机器人使用多台电气上互相独立的小功率电机，电压、电流、电感都较低，所以具有很好的防爆特性。一组多台电机合力驱动一只动力输出轴，可以获得大大超越单台电机的扭矩和功率。控制模块通过隔离器件与多台电机连接，在保证电气独立性的前提下，不影响信号传递，对于同一组电机给出统一的并联控制信号，简化了控制设计的复杂度，兼有分布式系统和集中式系统的优点。

2）行走机构设计

机器人使用偏心轮腿取代传统的轮式或者履带式行走机构，驱动控制简单易实现。在跨越垂直台阶、不平坦路面行走方面比轮式机构具有较强优势。同时比履带式行走机构轻便简洁，效率较高。偏心轮腿由尼龙复合材料制成，为了加强其耐压强度，在直径方向布置数条加强筋补强。偏心轮腿的旋转轴心位置偏离轴心，优选偏心距为自身半径的1/4～3/4。为了增强偏心轮腿机器人的通过能力特别是对于台阶形障碍的攀爬能力，在每只偏心轮腿的轮圈外缘设置三个脚钉。脚钉可以在机器人上爬台阶时更加顺利，加大了旋转力臂（图 36.5）。

图 36.5　偏心轮的三维设计图

2. 控制与通信系统

控制与通信单元是整个机器人系统的“中心”，机器人系统各种功能是要通过控制系统平台实现，根据机器人系统的控制系统特性和功能，既要有效实现视频的采集与传输、环境检测的信息传输、拾音 / 扬音的采集与传输、采样控制中心的通信等，又要保证系统的快速性、准确性、低功耗等。

无线遥控（图 36.6）系统结构从下至上包括硬件驱动层、软件驱动层、系统支撑层、系统管理层系统功能层、人机交互层，具有层次化和功能模块化等特点。本安机器人无线遥控指挥系统采用 C/S 架构，并在 Visual Studio 2010 软件平台上采用 C# 编程语言进行开发、MYSQL 数据库进行数据存储、无线通信网络进行数据传输，指挥台操控机器人的运动，可实时获取机器人采集到的音视频数据和多参数环境数据。当指挥台收到各种数据信息时，首先对各类数据信息进行分类，分成灾区行走距离数据、环境多参数实时监测信息和机器人视频图像；然后对各类数据按照预先制定的通信协议规则进行解析，最后将各类数据信息显示在遥控指挥系统中。机器人无线遥控指挥系统中数据的传输，首先，通过将各种数据汇聚到机器人上的通信单元，其中的通信单元软件是基于嵌入式实时多任务操作系统开发的，使用 C 语言进行编程。并可使用 TCP/IP、WIFI 和蓝牙的通信协议；然后，机器人通信单元与遥控指挥台之间使用多跳 Mesh 路由器进行通信，并运用 WIFI 网络进行数据的传输；最后，指挥台接收并显示音视频图像数据、行走距离数据和环境多参数实时监测数据。

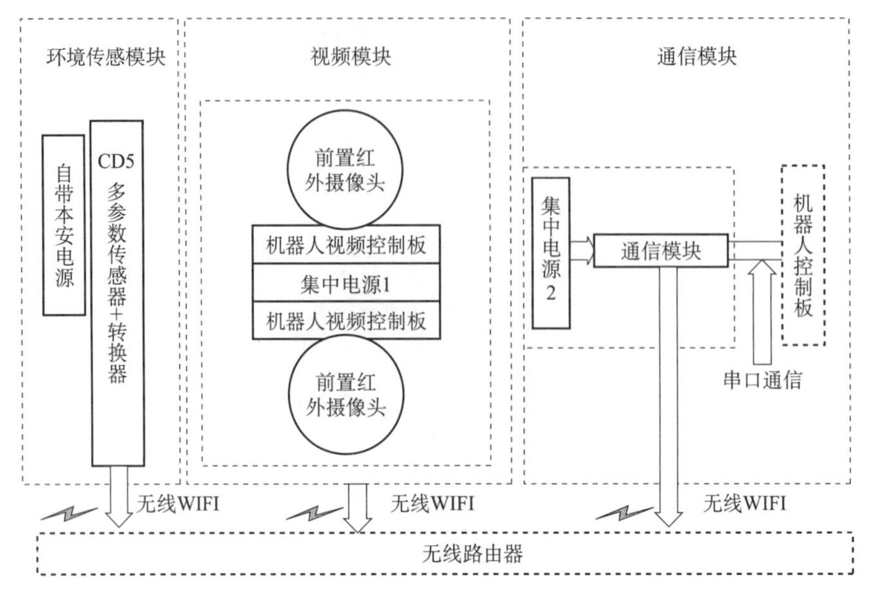

图 36.6 机器人无线遥控原理图

36.2.2 技术特点

机器人采用新型抗静电绝缘防护技术和轻型材料，防爆等级 Exia I Ma 适配多种腿等运动结构，越障爬坡避障能力强，如跃沟、跃阶和伸缩前进，行走速度伸缩范围大，行走距离实时显示，支持远距离无线遥控，能连续和远距离监测灾区环境，支持低照度下灾害现场视频前端采集和后台实时显示，能够实现灾区遇险人员与搜救人员之间实时通信，能和 KT121M 应急通信系统联动。

主要参数如下。

（1）机器人质量不大于 8.5kg。

（2）救援机器人行走最大速度不低于 0.3m/s。

（3）救援机器人单次越障对象最大高度 150mm。

（4）最大爬坡倾斜度不低于 20°。

（5）电池最长续航工作时间不低于 2h。

（6）灾害环境探测目标参数：CH_4、CO、O_2 及温度等。

（7）音视频采集：至少 1 路。

（8）通信业务：语音、数据和视频多媒体业务。

（9）遥控与通信最远距离：200m（平直无障碍井巷）。

36.2.3 适用条件

适用于矿山火灾、冒顶、毒害气体、瓦斯突出与爆炸等灾害环境。

（本章主要执笔人：沈阳研究院薛世鹏，王志权；重庆研究院李孝揆，薛春荣）

第37章 应急救援通信技术

随着现代通信技术的发展，各种频段的无线通信设备不断涌现，如很多短距离无线通信设备在煤矿应急救援通信中的作用越来越明显，其中WMN、ZigBee、WiFi、Bluetooth、UWB等技术在煤矿灾害监测和应急处置中逐步得到应用。然而，在突发事件发生时，很多短距离无线通信设备的脆弱性也显现出来。如一些大型或局部冒顶事故、瓦斯或煤尘爆炸事故、矿井透水事故等煤矿灾害发生后，往往造成救援人员无法使用基于高频或微波技术的通信设备与封闭或半封闭空间内的被困人员保持通信联络，从而影响灾害事故应急救援处置的效率和效果。

目前在井下使用通信技术主要为单纯低频透地通信系统或单纯高频或微波无线通信系统。这些系统由于频率不一致和通信协议互不兼容，根本不能实现互联互通，导致一些灾区成为通信盲区，影响灾情分析和应急救援。我国大部分煤矿都为深井煤矿。由于传统煤矿灾害应急通信技术装备和手段不够完善，各地政府及其管辖的煤矿具备的应急处置通信平台大多又来自不同研发厂家的产品，其通信频率和协议、软件平台和数据共享接口技术存在一定程度的互不兼容现象。这些矿用应急救援通信系统通常由于选取无线传输频率较高，遇到煤岩等障碍物时传输衰减损耗较大，通信距离大受影响，因此在实际应用时将严重地受到封闭或半封闭物理环境空间等因素的制约。当前，应用于煤矿井下无线通信系统有透地、感应、漏泄、载波和小灵通通信系统等，煤矿救灾的通信技术发展缓慢。

本章详细介绍沈阳研究院研制的车载矿山救灾指挥系统、车载矿山救援指挥平台；北京研究院研制的矿用救灾无线监测、监视与通信系统及重庆研究院研制的灾区多媒体无线应急通信系统。这些技术及产品在系统功能、产品结构以及系统灵活性、可靠性和稳定性等方面均有了较大的提高。

37.1 车载矿山救援指挥平台

ZJC3D车载矿山救援指挥系统是在国内首套自主研发的ZJC3A车载矿山救灾指挥系统的基础上改进和发展的。2002年2月ZJC3A车载矿山救灾指挥系统在鹤岗区域救护大队进行验收，包括ASZ-Ⅳ煤矿火灾束管监测系统、救灾电话、便携式仪表、供电照明等装备，是适合我国国情的第一套车载矿山救灾指挥系统。由于ASZ-Ⅳ煤矿火灾束管监测系统是为预测预报煤矿火灾的需要设计的，气体分析部分采用的是矿用传感器，分析量程、测量参数等不能满足井下抢险救灾的实际要求。为此，先后设计研发出 ZJC3B、ZJC3C、ZJC3D 等型号车载矿山救援指挥系统。

37.1.1 车载矿山救灾指挥系统

车载矿山救灾指挥系统主要用于煤矿灾后的救援工作。作为移动式矿山救护基地，当灾害发生时，可迅速到达灾害现场进行连续监测、监视及救灾通信；日常使用分析仪器对灾区的有毒有害气体进行监测分析，而对重点气样可使用气相色谱仪进行验证式分析，并进行爆炸危险性判别，既确保了数据的可靠性和精度，又克服了气相色谱仪分析气样周期长、运行成本高的缺点，实现了双保险。为救灾指挥决策者提供科学的依据，对满足煤矿抢险救灾过程中的实际需要，减少灾害损失，确保救灾人员安全具有十分重要的意义。

1. 基本原理

车载矿山救灾指挥系统可在煤矿井口、斜井、平硐或监测距离不大于 2km 矿井在抢险救灾中使用；系统通过专用束管取气，对灾区的有毒有害气体进行监测及爆炸危险性判别，是集救灾通信、灾区动态监视于一体的监测监视指挥系统，见图 37.1。

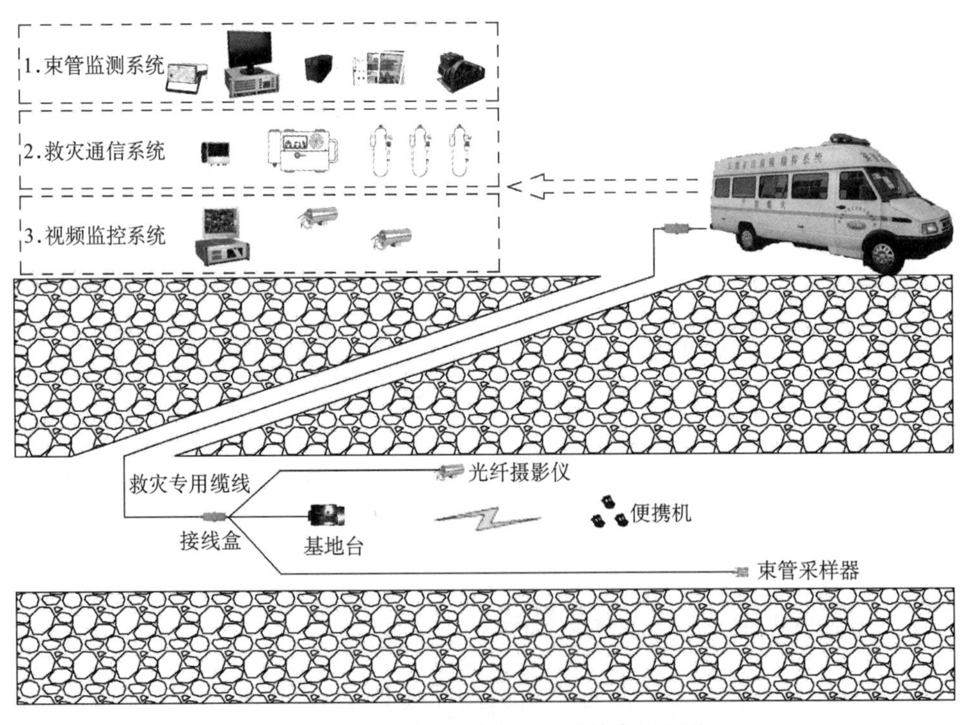

图 37.1 车载矿山救灾指挥系统技术原理图

2. 技术特点

ZJC3B 车载矿山救灾指挥系统以依维柯车辆作为移动平台，由 ZS15 煤矿束管监测系统、井下救灾通信系统、车载电源等装备组成，还可选配视频监控系统、打印机、复印机、海事卫星电话等附属设备。同时安装智能专家系统软件，实现救援现场统一指挥调度、快速现场办公、及时远程通信、现场图像实时传输、井下环境气体分析等功能。当灾害发生时，系统可迅速到达灾害现场进行连续监测、监视及救灾通信，并对灾区的有毒有害气体进行监测分析及爆炸危险性判别，为救灾指挥决策者提供科学的依据。

主要性能：ZJC3B车载矿山救灾指挥系统抗震车载设计，满足煤矿救灾现场使用需求。系统为集气体分析、救灾通信、工业视频及隔爆兼本质安全型多路电源等多项高新技术于一体的综合集成式系统。

系统主要技术特征见表37.1。

表37.1 ZJC3B车载矿山救灾指挥系统主要技术特征

序号	组分	测量范围 / %	测量误差 / %FS	原理
1	CO	$0\sim2500\sim5000\times10^{-4}$	±2	红外光学
2	CH_4	0～25～50	±2	红外光学
3	CO_2	0～7.5～15	±2	红外光学
4	O_2	0～21	±2.5	顺磁
5	CO、CH_4、CO_2、O_2、C_2H_4、C_2H_2、C_2H_6、N_2	最小检测浓度：常量分析CH_4、CO_2、O_2、$N_2\leqslant0.5$；微量分析CO、C_2H_4、C_2H_2、$C_2H_6\leqslant1\times10^{-4}$	±1	气相色谱仪

注：1. 分析仪、气相色谱仪可二选一；
2. 救灾通信系统、视频监控系统选配。

3. 适用条件

适用于矿山救灾和灾害防治工作，供煤矿井口救灾平台使用，对灾区的有毒有害气体进行监测及爆炸危险性判别，是集救灾通信、灾区动态监视于一体的监测监视指挥系统。

4. 典型成果

沈阳研究院ZJC3B车载矿山救灾指挥系统，由依维柯车辆作为移动平台、ZS15煤矿束管监测系统、井下救灾通信系统、车载电源等装备组成；北京东西分析仪器有限公司CA-9000型矿井救灾气体化验车，包括依维柯车及GC-4008B色谱仪；淄博立伟自动化监控设备有限公司JSG-8矿山抢险救护气体分析车，包括依维柯车及JSG-8矿井火灾束管监测系统等。

5. 应用情况

应用于黑龙江龙煤矿业控股集团有限责任公司鹤岗分公司区域救护大队、平顶山煤业（集团）有限责任公司区域救护大队、川煤集团芙蓉公司救护消防大队、峰峰矿业集团救护大队等矿山救护大队，参加多次抢险救灾工作，取得良好的经济效益和社会效益。对满足煤矿抢险救灾过程中的实际需要，减少灾害损失，确保救灾人员安全具有十分重要的意义。

37.1.2 车载矿山救援指挥平台

车载矿山救援指挥平台主要用于煤矿灾后的救援工作。系统采用模块化设计，方便安装调试。当需要开赴救援现场时，将各子系统通过轨道搭载在移动平台上，构成车载矿山救援指挥系统平台，在事故矿井井口进行抢险救援、气体分析和爆炸危险性判别。特殊情况需要下井时（有安全措施），可在低瓦斯矿井的井底车场、总进风巷和主要进风巷中使用。系统搭载的 ZS32F 煤矿束管监测系统可放置在室内，构成气体分析（化验）室，满足救护大队日常气体分析的需求。ZJC3D 车载矿山救援指挥系统 2014 年 6 月通过了中煤科工集团组织的验收。

1. 基本配置

系统作为移动救灾指挥平台，有以下三种使用方法：

（1）用于已有煤矿束管监测系统的矿井，将井下束管直接连接到救灾指挥平台上，在抢险救灾中使用，监测距离不大于 8km。

（2）在事故矿井的井口、斜井、平硐或监测距离不大于 2km 的煤矿抢险救灾中使用，见图 37.1。

（3）在立井或监测距离不小于 2km 的低瓦斯矿井井下使用（有安全措施），见图 37.2。

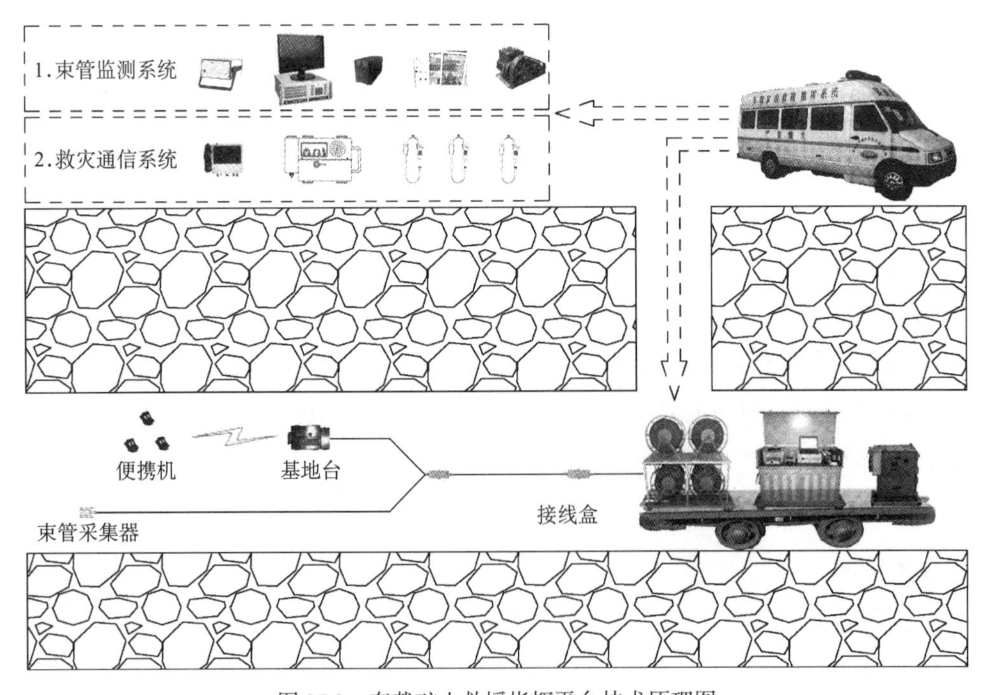

图 37.2 车载矿山救援指挥平台技术原理图

2. 技术特点

考虑到救护大队的要求和实际使用的方便性，为解决应用中出现的实际问题，以车载矿山救援指挥系统为主，其他功能为辅的原则不断改进完善，符合《煤矿灾变环境混合气体测试方法与爆炸危险性判定规则》AQ/T1084—2011 及《煤层自然发火标志气体色谱分析及指标优选方法》AQ/T 1019—2006 的要求；逐步将系统过渡到 ZJC3D 车载矿山救援指挥系统和 ZS32F 煤矿束管监测系统（包括 ASZ-Ⅳ、15、30 等型号）、A-3000 矿用多参数气相色谱仪。

主要性能：ZJC3D 车载矿山救援指挥系统主要由 A-3000 矿用多参数气相色谱仪、ZS32F 煤矿束管监测系统救灾电话、视频监控系统、车载电源、供电照明等装备组成。

（1）A-3000 矿用多参数气相色谱仪。

（2）ZS32F 煤矿束管监测系统。

（3）救灾通信系统（选配）。

（4）视频监控系统（选配）。

3. 适用条件

适用于矿山救援和灾害防治工作，可在煤矿井口作为救灾平台使用，也可放置在室内，构成气体分析（化验）室，满足救护大队日常气体分析需求；特殊情况需要下井时（有安全措施），可在低瓦斯矿井的井底车场、总进风巷和主要进风巷使用。

4. 应用情况

系统应用于山西科林矿山检测技术有限公司救护队、辽源矿业（集团）有限责任公司救护大队、阜新矿业集团救护大队等矿山救护大队，在煤矿抢险救灾工作中取得良好效果；救护队员利用本系统可快速进行监测，并对矿井可燃气体爆炸危险性及火灾危险程度进行智能判别，最大限度地降低事故造成的损失。

37.2 矿用救灾无线监测、监视与通信系统

传统的矿井应急通信系统大多采用漏泄电缆通信、中频感应通信或超低频的透地通信。随着通信技术的发展，矿用小灵通、小区蜂窝无线通信及超高频无线通信等技术应运而生。互联网技术的进步使得传统的矿井通信面临新的挑战，即由传统的单一化通信向异构融合化、宽带化、智能化演变。功能上也逐渐向无线覆盖、可靠多媒体传输、灵活配置、自愈、自组织等方面扩展。随着技术的成熟与发展，让救护队员更加方便地获取井下救援环境和救护队员个体体征参数等各种信息得以实现，为救援过程有效的指挥决策提供依据。

重庆研究院研制出具有移动性强、自组织、自愈合等特点的 KT121M 灾区多媒体无线

应急通信系统，以及北京研究院研制的 KJ30 矿用救灾无线通信系统，解决了以往通信指挥系统主要使用模拟式“救灾通信电话”，救援环境参数采集设备还限于携带式的“气体多参数检测仪”，不能实现实时地将采集到的信息传递到地面的问题，实现了矿山应急救援指挥的实时性，便于有效地实施救援。

37.2.1 矿山应急救援可视化通信技术

矿山应急救援可视化通信技术从矿山灾变后井下无线通信链路的建立、救护队员生命体征、灾变现场环境参数的采集、存储、传输、显示、报警，复杂环境下的音视频通信等角度入手，通过研究矿山救援通信系统的设计理论、研究可以快速组网的具有传输语音、视频和灾区环境参数数据等多媒体信号的矿山救援应急通信技术，实时、准确地把灾区救援过程中的信息传送到井下救护基地和地面救援指挥部以及各级救援指挥中心，全面系统地研究救护队员安全信息平台的建立，对保证救援活动的有效进行、保障救护队员的自身安全、整体提升应急救援能力、最大限度地降低灾变带来的各种损失、增强矿山救援决策能力、构建快速高效应对体系都具有重要作用。

1. 救护队员生命体征监测技术

救护队员是矿山事故救援与处理的重要力量，必须确保救护队员的自身安全，避免在搜索、救援或处理事故过程中出现二次伤亡。为了达到以上目的，就必须研究救援队员体温、呼吸频率、心率和姿态等重要体征参数的实时监测技术。主要采用红外热释皮肤温度测量方法对救护队员体温进行测量，采用阻抗法采集呼吸频率，采用压电传感器法测量心率，采用三轴向加速度传感器实现人体姿态。将监测到的数据通过无线网络传输技术传到地面主机，以便地面指挥人员随时了解每个救护队员的身体状况，当监测到的体征参数值超过阈值时就发出报警。

生命体征传感器设计主要包括内置温度敏感元件、心率传感元件与倾角传感元件，敏感元件感知人体的体温、心率及人体倾斜角度，并输出微弱电信号，通过特定的检测电路，经过信号放大处理，得出与气人体生命体征参数对应的模拟信号值。模拟信号经 A/D 转换器转换成数字信号，送单片机进行数字处理，得出最终数值并实时上传。

2. 灾变环境下多参数气体监测及传输技术

救护队员进入现场，必须及时了解现场的 O_2、CH_4、CO、温度等环境参数，避免次生灾害的发生。众所周知，矿井灾变现场环境十分复杂，有害气体浓度极高，如 CO 浓度的监测，传统的测量范围为 $0\sim1000\times10^{-6}$ 的 CO 传感器，无法满足灾变复杂条件下现场气体参数的监测，需要研发矿山应急救援专用气体测定仪。

便携式环境参数检测仪主要用于救灾环境参数的检测（图 37.3），其核心微处理器芯片，独立完成环境温度、CH_4、CO 和 O_2 浓度的数据采集、显示、存储、查询等功能。环境参数实时数据由模拟采集电路分别通过 4 个传感器来采集。显示模块、键盘输入模块、定时时间功能模块和存储模块实现显示、查询和存储功能。另外，为防止仪器运行中的程序错误，加入了人工复位电路等。

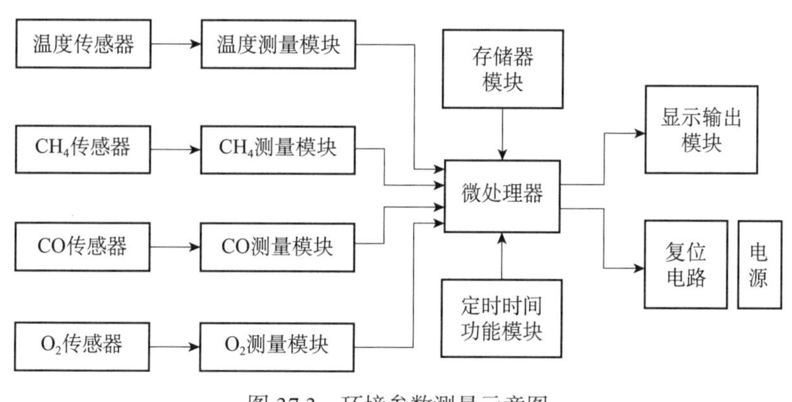

图 37.3　环境参数测量示意图

采用“爆炸三角形”的原理进行分析，在指挥中心主机上直接显示出 O_2、CH_4、CO 的浓度及温度值，并显示出“爆炸三角形”的图形（图 37.4）及各气体成分所构成的坐标点，临近或达到警戒线时发处声光警报，同时通知队员撤离或注氮进行阻爆。解决灾变环境高浓度 CO 气体测定的难题，对 CO 浓度的监测，最高能够达到 $10\,000\times10^{-6}$，有效解决传统传感器无法满足灾变复杂条件下现场主要气体参数监测的技术问题，为救护指挥提供准确的灾变现场环境数据。其原理如图 37.5 所示。

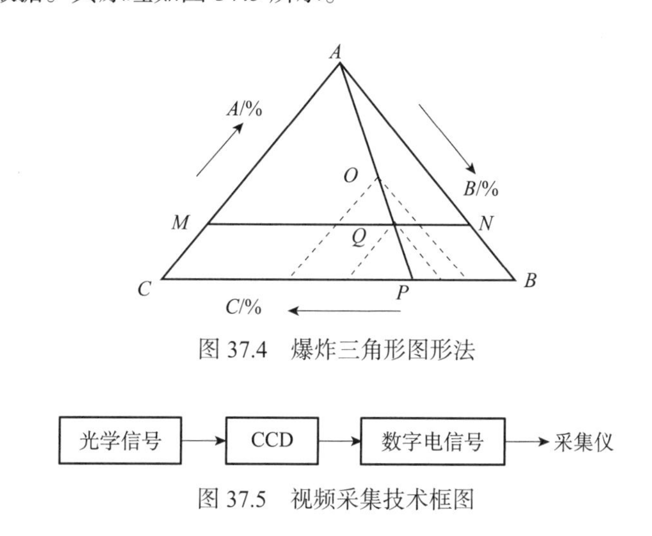

图 37.4　爆炸三角形图形法

图 37.5　视频采集技术框图

3. *矿井音视频技术*

为了保证救护队员、井下救护基地和地面指挥中心三方通信，以及实时了解救灾环境情况，需要研究矿井音视频无线传输技术，现有的防爆手机通信在灾变条件下需要预先拨号，通信链路建立时间长，在现场紧急的条件下容易误拨，需要救护队员手持通话，携带不方便，防爆手机采用传统的声音电磁波转换原理，在现场嘈杂的环境下，信号信噪比低，且不具有实时在线功能，一旦断线就需要重新连接，在灾变现场应用不能保证救护队员的顺利语音通信。因此需要研究适用于应急救援的矿井音视频无线传输技术。

采用基于H.264/AVC的矿井视频采集技术（图37.5）和骨传导听说技术的救护队员专用的无线语音、视频通信技术；以便正确指挥救援，避免次生灾害，提高救护时的安全性和可靠性。视频采集利用CCD模块，直接将光学信号转换成数字电信号，形成视频信号。数据采集仪采集视频信号，通过无线传输方式分别经中继设备、接收设备，最后在计算机上显示图像。图像处理模块主要包括图像的数字化及模型、矿井视频编码帧内预测模式快速算法。

语音技术采用时域有限差分(FDTD)法计算超声经骨传导在头内形成的声场，对单耳激励和双耳激励两种情况进行比较，希望进一步了解骨传导超声的特性，从而为骨传导超声助听器的研发提供理论指导。

骨传导听说技术的实现过程如下：把听说器戴在头骨上，当对麦克风说话时，声音的振动产生强弱疏密的振波，经由口腔散播至空气来传送到四面八方，而此振动的音波，振动到人的骨头，高灵敏度的振动感应麦克风置于头顶，收集经由骨骼传导的声音振动音波，传送到高科技数字微电脑处理器（CPU），将收集的音频振动信号（类比信号）转换成数字信号，数字化的音频信号，经由中央微处理器内的频率筛检视窗，将人的声带所能发出的频率以外的噪声自动消除，确保发话者的音质清晰无失真，最终通过摄像仪音频口、数据采集仪以无线传输的方式传到计算机，通过计算机上的耳机可以听到话音。

当对着计算机上的话筒喊话时，声音信号通过无线接收设备、数据采集仪、摄像仪音频口传到听说器，产生振动的音波，振动到人的骨头，这些振动不经过人的外耳或中耳，直接进入内耳的蜗管。在到达蜗管时，这种振动能刺激在淋巴液中流动的听觉神经，我们就可以听到呼喊的语音了。

该应急救援音视频技术涉及的关键技术有视频的解码，语音的解码，语音视频的实时传输，语音视频的实时播放，采集数据的网络传输及保存。视频采用H264视频协议，可以实现高清视频显示及回放。

4. *矿井无线传输技术*

利用无线Mesh网络的无线多跳特性，使应急救援系统的所有终端都可以通过无线方式入网，扩展无线网络的覆盖范围；利用无线Mesh网络的自组织、自愈能力，当系统节点安装到指定位置时，会自动配置到网络中，当某个节点发生故障时，利用自愈能力，网络可以迅速恢复工作状态。

主巷道的光缆通过路由器与地面上的煤矿局域网相连，无线Mesh网关MG连接到光缆上，负责有线网络和无线Mesh网络之间数据的转发。无线Mesh路由器MR通过无线多跳通信互联，构成无线骨干网。MR 具有两种网卡，一种支持 IEEE802.11g 协议，能够为无线 Mesh 终端 MC 提供无线接入，另一种支持 IEEE802.11a 协议，能够实现 Mesh 节点之间的互联。在此网络中，无线 Mesh 终端可以实现矿区内的无线传输。无线 Mesh 网络拓扑结构如图 37.6 所示。

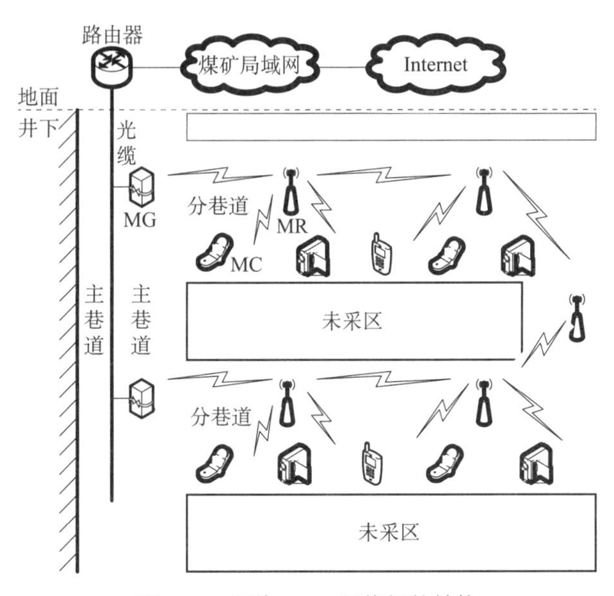

图 37.6　无线 Mesh 网络拓扑结构

由于 WMN 具有动态自组织、自我维护等特点，在进行 WMN 路由判据设计中要综合考虑路由的稳定性，保证最小权重路径性能，有效算法对最小权重路径的计算，保证无环路的路由等关键问题。现有的路由协议主要以跳数来选择路由，不能满足煤矿井下链状 WMN 网络的要求。结合 MIC（metric of interference and channel switching）判据，对煤矿井下链状 WMN 网络进行研究。

同时，MIC 判决不具有保序性。在煤矿井下设计时，通过引入节点的虚节点，将 MIC 分解为保序的链路权重分配到虚拟链路上的方法，解决 MIC 判据不具有保序性的问题。

由于煤矿井下的特殊性，井下的 WMN 节点通常处于静止状态，网络拓扑结构变化较小，巷道狭长，需要的节点数量多，并且网络的吞吐量会随着链状网络跳数的增加而降低。反应式路由协议对网络资源利用率高，吞吐量大，但设备之间数据传输有延时；先验式路由协议的传输效率高，利用表驱动算法能减少端到端的延时。单一的 WMN 路由协议无法满足煤矿井下 WMN 的需求，需要利用反应式路由协议和先验式路由协议结合的方法，如 AODV 与 FSR 的结合，利用 AODV 减少路由协议的开销，提高吞吐量，同时利用 FSR 减少延时。

当灾变期间井下通信设备处于瘫痪状态时，需要快速建立新的救灾无线通信系统。本项目采用蓝牙技术和无线 Mesh 技术的矿井无线通信技术，充分考虑了矿井救援现场的实际需求，构建一种巧妙的多频点通信路由通信方式，充分利用高频信号在传输距离上的优势和低频信号的绕射能力。实现救护队员、井下救援基地、地面指挥中心三级数据回传。系统可实时监视矿井救援现场环境参数及救援队员体征参数回传至地面监控中心。

37.2.2 KJ30矿用救灾无线通信系统

1. 系统构成

针对新形势下矿井救灾业务，构建的集无线通信技术、流媒体技术和计算机网络技术于一体的可视化矿井救灾系统（图37.7），满足“便捷、高效、灵活、先进、实用”要求，系统具有快速、灵活、机动的通信组网方式，并能有效承载视频、音频、传感数据等信息的交互，并能实现自建专网与移动公网的混合组网，实现专网的快速局部覆盖与公网的远程回传相结合，为最大限度地降低事故造成的损失、增强矿山救援决策能力、构建国家快速高效应对体系提供技术支撑。

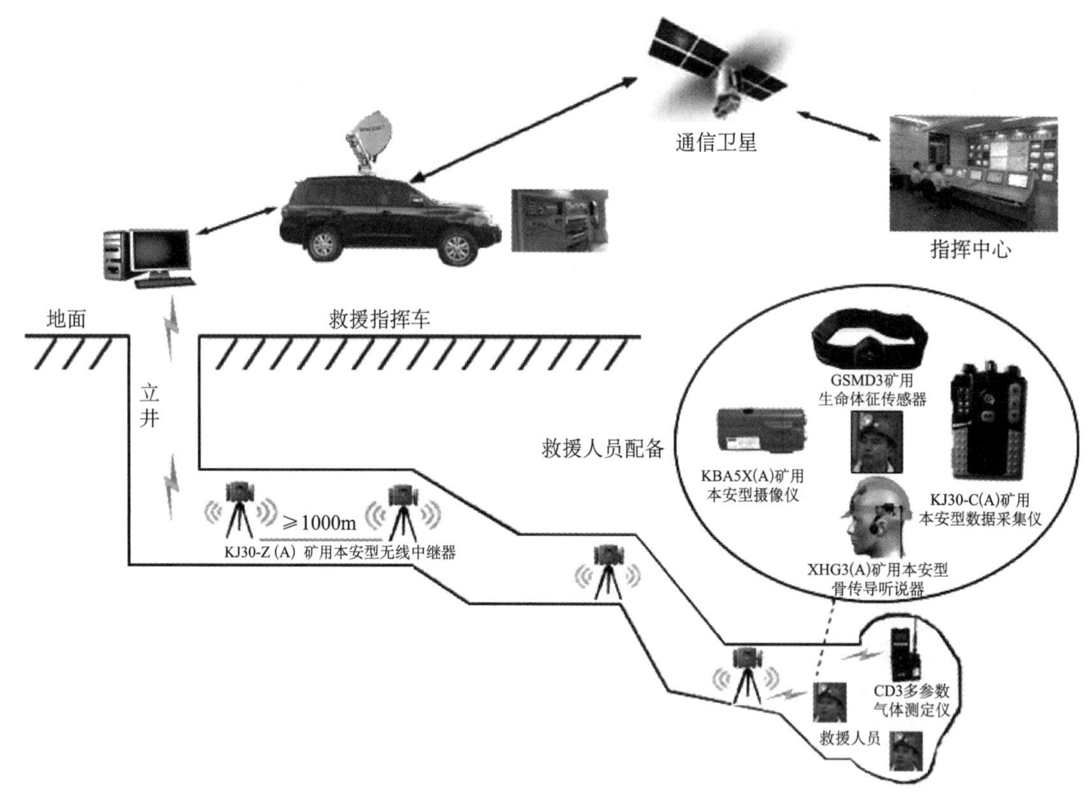

图37.7 矿山救护安全系统连接图

采用红外热释皮肤温度测量方法、阻抗法、压电传感器法、三轴向加速度传感器、爆炸三角形的原理、视频采集技术、骨传导听说技术、蓝牙技术和无线Mesh技术等技术进行研究，形成KJ30-C(A)矿用本安型数据采集仪、KJ30-Z(A)矿用本安型无线中继器、KBA5X(A)矿用本安型摄像仪、CD3多参数气体测定仪、GSMD3矿用生命体征传感器、

XHG3 矿用本安型骨传导听说器、KJ30-WJ(A) 矿用本安型无线接收器等产品，组成 KJ30 矿用救灾无线通信系统。同时，采用 Internet/Intranet、GIS 等技术，VC++ 开发设计矿山救护队员安全信息平台。

2. 主要技术指标

1）KJ30-C(A) 矿用本安型数据采集仪

（1）电池充电后正常工作时间不少于 12h。

（2）与中继器无线传输距离不小于 150m。

（3）具有蓝牙通信接口。

（4）具有视频、音频传输接口。

2）KJ30-Z(A) 矿用本安型无线中继器

（1）电池充电后正常工作时间不少于 12h。

（2）中继器与采集仪之间的传输距离不小于 150m。

（3）中继器与中继器之间的直线传输距离不小于 1500m。

（4）中继与中继以及中继与采集仪之间采用混频传输技术（2.4GHz 与 5.8GHz）。

（5）具备 RJ45 或光纤接口。

3）KJ30-WJ(A) 矿用本安型无线接收器

（1）电池充电后正常工作时间不少于 12h。

（2）与中继器之间的传输半径不小于 150m。

（3）具备 RS-485 接口。

4）CD3 多参数气体测定器

（1）电池充电后正常工作时间不少于 12h。

（2）具备 RS485 接口，通信速率 38 400bps。

（3）测量范围：CH_4 为 0～40%；CO 为 0～5000×10^{-6}；氧气为 0～30%；温度为 -20～100℃。

5）GSMD3 矿用生命体征传感器

（1）体温：10～50℃。

（2）心率：10～200BPM。

（3）姿态：-90～90°。

（4）活动度：0～100m/s。

（5）传感器正常充电后工作时间不少于 48h。

6）KBA5X(A) 矿用本安型摄像仪

（1）最低照度：不大于 0.001lx。

（2）灰度级：不小于 7 级。

（3）在低照度下能看清实物。

（4）能将采集到的实时图像转换为视频信号输出。

7）XHG3 矿用本安型骨传导听说器

（1）响应频率：麦克风 300～3000Hz；骨传导扬声器 300～3500Hz。

（2）失真度不大于 10%。

（3）灵敏度：麦克风 -35～-25dB；骨传导扬声器声级强度不小于 85dB。

（4）在嘈杂环境下能听清讲话，能将采集到的实时话音转换为音频信号输出。

（5）待机时间不少于 24h，通话时间不少于 12h。

3. 系统特点

1）灵活的传输链路

中继设备无编号无次序限制，可灵活随机混序布设，即放即用，随布随通。系统实现指挥中心、无线中继、救护队员间的全程无线覆盖。中继间距离最远可达 1000m 以上。实现语音、视频、数据的三网融合，同步实时采集、传输，显示回放。

2）轻便的单兵设备

具有救护队员体温、心率、姿态、呼吸频率、活动度等生命体征信息监测功能；移动摄像头，体积小、质量轻、便携、可贴放在帽子上；单兵设备躺卧静止时间超过 30s 发出声光报警。

3）专为救护定制的骨传导语音听说器

佩戴在安全帽内，在灾变条件下，无需拨号，免提通话，实时在线，解放双手，并具有噪声过滤功能，与全面罩配合使用，救护队员在全副武装情况下，嘈杂的环境中能保证话音质量。

4）灾变现场的多参数环境监测

三参数测定器专门为煤矿应急救援定制开发，CO 检测范围 $0 \sim 5000 \times 10^{-6}$，$CH_4$ 检测范围 0～100%，解决了灾变现场环境高浓度有害气体的测定难题。

4. 应用案例

KJ30 矿用救灾无线通信系统已在 14 个国家的矿山应急救援区域队，以及扎赉诺尔煤业有限公司、神华宁夏集团、国投新集能源股份有限公司、辽源矿业集团、华能白山煤矸石发电有限公司、湖北大冶有色金属集团和珲春矿业集团等多个地方救护队得到应用。该系统能够实时、准确地把灾区救援过程中的音频、视频、生命体征参数、环境参数等信息传送到井下救护基地和地面救援指挥部以及各级救援指挥中心，为救护工作安全、及时地开展建立起必要的条件。

37.2.3 KT121M 灾区多媒体无线应急通信系统

1. 系统构成及工作原理

KT121M 灾区多媒体无线应急通信系统包含四部分，即矿井多媒体应急救援终端、应急无线 Mesh 网络、矿井临时救援基地、地面应急指挥中心（图 37.8）。其中，应急无线 Mesh 网络是通信系统的最关键部位，直接关系到整个系统的无线覆盖扩展性能、可靠传输、自组网灵活性。灾区多媒体无线应急通信系统的节点设备有：客户端 / 终端节点、光纤以太网交换机、无线 Mesh 路由器。无线网络结构采用独立的 5.8Hz 多跳传输业务和 2.4Hz 无线网络接入。无线 Mesh 网络相邻节点具有独立的网络回传通信链路，全部运行在的 5.8Hz 频段，通过协调信道管理机制调节工作。无线 Mesh 网络路由，由矿用电源模块、天线模块、RF 通信链路、以太网交换功能模块等组成。

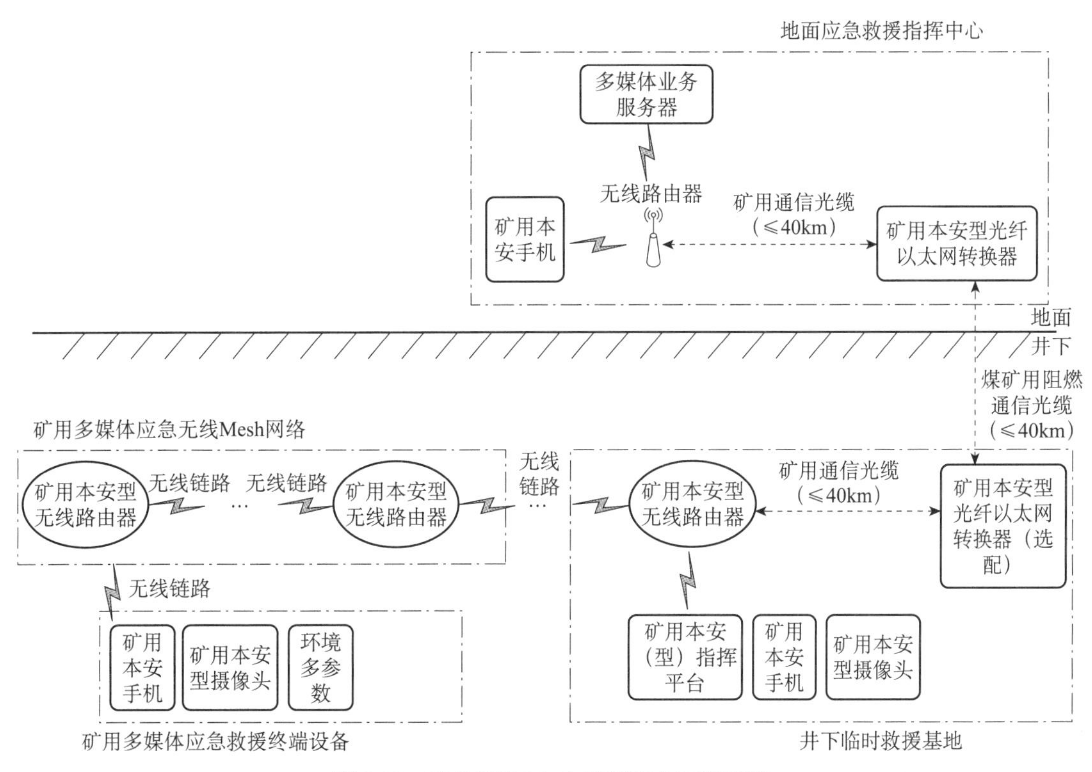

图 37.8 矿井无线 Mesh 网络应急通信系统

2. 技术特点及主要参数

KT121M 灾区多媒体无线应急通信系统（图 37.9）采用无线 Mesh 网络技术具有速率高、传输距离远、移动性强、自组织、自愈合等特点，能较好地满足井下无线救援通信的需求。与传统的无线路由器相比，无线 Mesh 路由器可以通过无线多跳通信，以较低的发射功率获得同样的无线覆盖范围。矿山无线救援终端主要由多媒体采集平台和无线 Mesh 网卡组成，将客户端与无线路由器连接到一起。多媒体采集平台完成井下现场的视频、音频、环境参数（O_2、CO、CH_4浓度和环境温度）等信息的实时采集，并具有存储、显示、报警等功能。无线 Mesh 网卡将信号以多跳的方式，通过若干 Mesh 路由器的路由转发功能将信号送至井下基地设备，设备电源采用本安型锂电池，实现井下救援“即铺即用”的矿山救灾通信服务。

图 37.9　灾区多媒体无线应急通信系统

主要参数如下。

（1）光纤有线网络传输距离：不少于 40km。无线子网通信传输距离：不少于 1km（直线）。

（2）无线路由 / 中继最大支持跳数：不少于 10 跳。

（3）网络设备续航工作时间：不少于 12h。

（4）环境多参数无线实时测定：CH_4、CO、CO_2、O_2、温度等。

（5）视频传输和显示参数：帧率 1～30 帧可调，多路视频，自由缩放显示，标清和高清。

（6）抗干扰工作频段及支持的行业通信标准：2.4GHz/5.8GHz/≤9kHz 低频，RFID/ 蓝牙 WiFi(IEEE802.11a/b/g/n)/ZigBee/Mesh(IEEE802.11s)/RS485/IEEE802.3/ 北斗 /SIP(RFC3261)/H.264。

（7）防爆等级：Exia I Ma。

（8）结构防护：IP65，便携 / 结实耐用 / 抗跌摔。

3. 适用条件

系统“平灾兼容”，适用于煤炭、冶金、公安消防、地铁或铁路隧道建设等行业应急或现场无线综合监测、监控和应急救援指挥通信使用。

4. 应用案例

该系统已在重庆石柱土家族自治县矿山救护队、四川省古叙煤田矿山救护队、重庆矿业工程学校、内蒙古三维资源集团小鱼沟煤炭有限公司、黑龙江晨曦矿山设备科技开发有限公司等工矿企业和相关单位得到了应用。

（本章主要执笔人：沈阳研究院薛世鹏，王志权，王理，张军杰；
重庆研究院宋文；北京研究院张立亚）

第38章 应急救援技术

矿山安全事故发生后，积极有效地实施应急救援，对最大限度地减少人员伤亡和财产损失、尽快恢复生产、迅速稳定矿区秩序起着至关重要的作用。煤矿井下一旦发生重大灾害，如瓦斯爆炸和冒顶事故发生时，由于高温高压及爆炸冲击波的作用，井下巷道和设备将受到严重破坏，冒落的顶板岩石把逃生通道堵塞，致使人员被困；同时，巷道中往往充满有毒有害气体，极易引发次生事故，威胁井下人员和救援人员的生命安全；另外，在处理矿山事故特别是处理大型的灾害事故时，要求参与救援的队伍应有独立的作战能力，必须要有功能齐全的救援装备保障。

本章主要介绍氧气呼吸器技术、井下便携式抢险救援破拆支护关键技术、有毒有害气体智能引排技术与救援装备保障技术。

38.1 氧气呼吸器

氧气呼吸器是一种以压缩氧气为气源的隔绝再生式个人呼吸保护装置，包括正压氧气呼吸器和负压氧气呼吸器（负压氧呼吸器已经禁用，本章只介绍正压氧呼吸器）。由于其呼吸系统与外界隔绝，又称隔绝式压缩氧呼吸器。所谓隔绝式也称闭路式，是相对于开路式而言的。隔绝式是使整个气路形成一个闭路循环，使用时间要比开路长得多。氧气呼吸器是呼吸保护器具中的一种重要类型，由高压气瓶提供新鲜氧气，与经过净化的呼出气体混合后再供佩戴人员呼吸，形成一个完整的闭路式呼吸循环系统。仪器与人体呼吸系统形成内部循环，具有高稳定性、高舒适性、高安全性等，广泛应用于煤矿、消防、石油、化工、冶金、交通、船舶等部门。

1. 基本原理

正压式氧气呼吸器是一种隔绝式闭路呼吸器，以存储高压气瓶中的高纯度压缩氧气为气源。当瓶阀打开时，高压氧气经过减压器减压后进入闭路呼吸系统，人体呼出 CO_2 由清净罐吸收掉，剩余的气体进入气囊中，与高纯度氧气混合后供人体呼吸，形成呼吸循环系统（图 38.1）。呼吸器能够自动调节低压呼吸系统内的压力，使其始终高于外部环境压力，从而让呼吸器处于正压状态，有效阻隔有毒有害气体进入呼吸系统，保障救援人员生命安全。

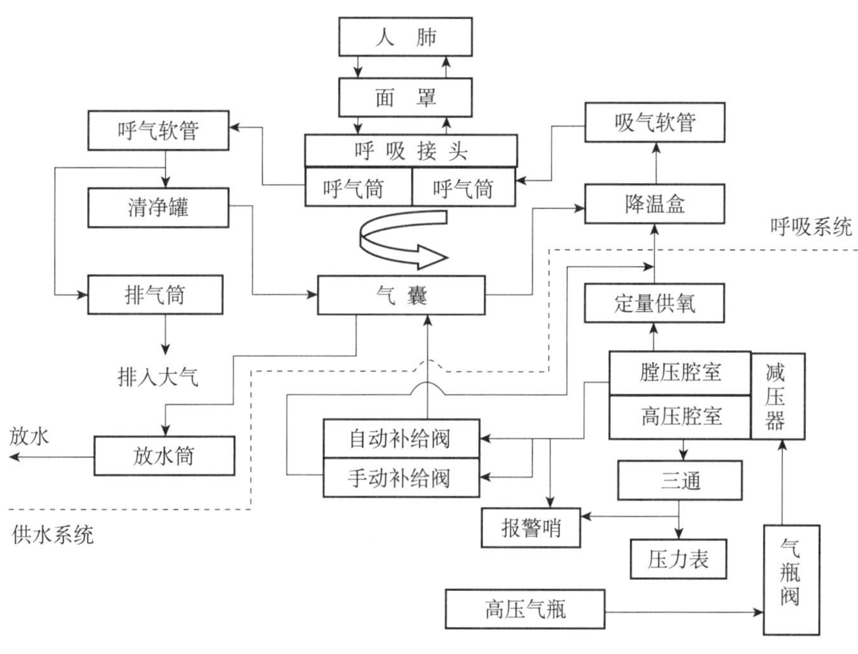

图 38.1　技术原理图

2. 技术特点

正压式氧气呼吸器按结构可分为硬舱式和软囊式两种。最突出的技术体现在正压机构上，在加载弹簧的作用下，呼吸器无论是呼气过程还是吸气过程，其内部压力始终高于外部环境压力。

正压式氧气呼吸器用面罩把口和鼻子罩在一起，使呼吸顺畅、自然，与正常呼吸一样。不仅消除了口具鼻夹式呼吸器佩戴方式存在鼻夹易脱落等隐患，而且面罩安装有发话扩音装置，可以在使用中方便、清楚、有效地进行相互间交流，完全克服了负压呼吸器佩戴者之间不能说话、联络困难、口具鼻夹佩戴不舒适等缺陷。

另外，正压式氧气呼吸器采用以铝合金为内胆，外部缠绕碳纤维的复合气瓶替换传统的钢质气瓶。复合气瓶是 20 世纪 90 年代伴随着复合材料的发展而诞生的新材料、新工艺、新技术。当时仅有欧美地区几个发达国家能够制造。而正压式氧气呼吸器所用的复合气瓶是当时的抚顺煤矿安全仪器总厂于 1995 年开始调研立项，经过大量的设计工艺试验，攻克材料选型、内胆成型、缠绕设计、缠绕设备定制、缠绕固化工艺探索、产品标准制定审批、气瓶各种形式试验验证等无数难关，于 2000 年完成鉴定并投入批量生产。复合气瓶与传统合金钢气瓶相比，具有容重比大、安全性好、外形美观等优点，质量减轻 60% 以上，属国内首创。小容积无缝高压气瓶的成功应用，是高压容器行业及呼吸器领域的一场技术革命。

正压式氧气呼吸器由于增加正压机构及余压报警、冷却降温装置、面罩等，在提升佩戴的舒适、安全、可靠性的同时，也不可避免地使其体积和质量比负压式氧气呼吸器有所增加。

3. 适用条件

由于正压式氧气呼吸器比负压呼吸器安全性高，因此在诸多领域都得到了广泛的应用。矿山救护是其应用最多的领域，主要用于矿山矿救护队员在从事救护工作时对其呼吸器官的保护，使之免受有毒有害气体的伤害。也可供消防、石油、化工、冶金、船舶和地下工程等部门，受过专业训练的人员在有毒有害气体环境中，从事预防或事故处理工作时使用。

适用范围：

（1）无氧、缺氧及任何受毒气、烟气、蒸汽污染的大气环境中。

（2）-10～+40℃，相对湿度 0～100%，大气压力 70～125kPa 的大气环境中。

4. 典型产品

1）HYZ4CⅡ型正压式氧气呼吸器

我国自 20 世纪 90 年代中期开始研发正压式氧气呼吸器，并逐步装备到矿山救护队，替代了负压式氧气呼吸器。原煤炭部安全司为尽快实现我国负压型氧气呼吸器的升级换代，在 1993 年便开始酝酿分析并组织出国考察，引进德国和美国样机，进行试用，广泛征求意见后，决定结合煤矿救护队的实际需要，沈阳研究院（原抚顺煤矿安全仪器总厂）在集成创新的基础上研制出适合我国救护队员使用的正压氧气呼吸器。图 38.2 所示的 HYZ4CⅡ型正压式氧气呼吸器就是国内最早研制、经过几代改进后的产品，已大量装备到矿山救护队，受到广大救护人员的充分肯定和欢迎。

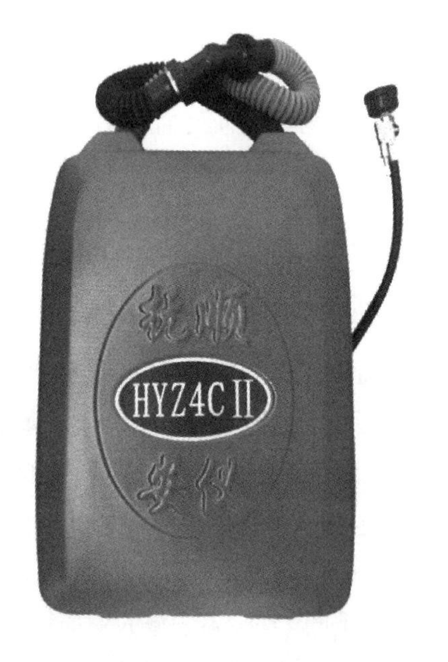

图 38.2　HYZ4CⅡ型正压式氧气呼吸器

a. 技术参数

主要技术参数见表 38.1。

表 38.1 主要技术参数

防护时间/h	复合气瓶额定工作压力/MPa	气瓶容积/L	定量供氧量/（L/min）	自动补给供氧量/（L/min）	手动补给供氧量/（L/min）
＞4	20	2.5	1.5±0.1	＞100	＞100
自动排气压力/Pa	自动补给压力/Pa	呼吸阻力/Pa	报警器报警压力/MPa	外形尺寸/mm×mm×mm	质量/kg
450～600	50～150	50～600	5±1	543×378×145	13.5 （工作状态）

b. 产品特点

供氧方式为集合式，即集减压阀、定量供氧阀、自动补给阀、手动补给阀、安全阀于一体，结构紧凑，方便维修；矩形气舱设计专利为行业首创，能有效散热并有排水设计；气舱、清净罐、冷却器连接固定简单，拆装方便；可短时过水；正压特性稳定，产品可靠性高；机械报警可靠准确，带有紧急关闭阀；面罩具有通话交流及防雾功能，且连接方便可靠；整机结构简单，呼吸阻力小，佩戴舒适，是国内外体积最小的硬舱式正压氧气呼吸器。

2）HYZ4 型隔绝式正压氧呼吸器

重庆研究院致力于呼吸器研究数十年，形成一系列稳定可靠，具有竞争力的正压氧气呼吸器，主要有 Biopak240R（A）和 HYZ4 型隔绝式正压氧气呼吸器。Biopak240R（A）为呼吸仓式隔绝式正压氧气呼吸器，Biopak240R（A）型氧气呼吸器采用美国 Biomarine 公司关键零部件，由重庆研究院制造，性价比高。HYZ4 型隔绝式正压氧气呼吸器是重庆研究院自主研发的囊式正压氧气呼吸器，其结构轻小，性能先进。

a. 技术参数

主要技术参数见表 38.2。

表 38.2 主要技术参数表

指标	型号	
	Biopak240R(A)	HYZ4
有效防护时间 /min	240	240
气瓶容积 /L	≥ 2.4	≥ 2.4
符合气瓶额定工作压力 /MPa	20	20
定量供氧量 /（L/min）	1.4 ～ 1.9	1.4 ～ 1.85
自动 / 手动补给供氧量 /（L/min）	≥ 80	≥ 80
自动补给阀开启压力 /Pa	10 ～ 245	10 ～ 245
排气阀开启压力 /Pa	400 ～ 600	400 ～ 700
佩戴质量 /kg	＜ 14.9	＜ 13
外形尺寸 /mm × mm × mm	584 × 439 × 178	535 × 395 × 190

b. 特点

Biopak240R（A）型隔绝式正压氧气呼吸器正压特性好，呼吸系统内部压力始终高于外部环境压力，可有效防止有毒有害气体侵入；呼吸阻力低，呼吸舒适性好，减轻救援人员疲劳感；更换冷却剂无需开启外壳即可快速更换，提高救援效率；可实现佩戴全面罩饮水的功能，设计更具人性化；背负系统基于人机工程学原理设计，散热缓冲减振，背负舒适性好，可有效减轻疲劳感；电子报警系统具有开关机、未装冰、余压等 6 大报警提示功能，对救援人员起到更多警示作用；高压供气系统具有用双重安全防护功能；可使用两种形式的二氧化碳吸收剂，供正式作业和日常训练用，可实现装药的无粉尘定量化。HYZ4 型隔绝式正压氧气呼吸器整机结构采用轻量化设计，减轻了救护队员的负担；呼吸阻力和正压特性达到国际先进水平，呼吸舒适，即使在重体力劳动强度（呼吸量 50L/min）下，系统内保持大于 50Pa 的正压，能安全有效地防止外界有毒有害气体侵入；更多人性化设计，不需任何工具即可完成整机的快速拆装。

5. 应用情况

由于正压式氧气呼吸器安全可靠性高，所以得到了广泛的应用。尤其在矿山救护领域，国家安全生产监督管理总局 2006 年颁发的《煤矿安全规程》规定，矿山救护队从事井下安全技术工作时，必须佩戴正压式氧气呼吸器。从此，正压式氧气呼吸器在国内大量装备使用。

此外，正压式氧气呼吸器也在消防特勤、冶金企业、石化行业及各级应急救援部门中广泛应用。

38.2 井下便携式抢险救援破拆支护技术

井下便携式抢险救援破拆支护技术主要用于煤矿灾害事故后快速搭建救援空间和救生通道，以便救援人员能够主动深入灾变现场进行救援。其主要装备包括应急救援破拆工具套装和快速成套支护设备。破拆工具套装主要有液压链条据、液压剪扩钳、万向剪断器等，用于救援中的剪切、扩张、牵拉、割孔、破碎等，可迅速破拆清理障碍物、营造安全通道，便于救援人员和设备通过；快速成套支护装备主要由多功能救援支撑顶杆、起重气垫等救援工具组成，能迅速对破碎顶板及有垮塌危险的顶板和巷壁进行有效支护，并可对阻碍支护的障碍物进行分离、迅速破拆清理障碍物、支撑安全区域或搭建安全通道，便于人员和设备通过。

国内外救援用破拆支护装备的研究已经比较成熟，现已广泛应用于消防行业、地震灾害、交通事故等抢险救援中，实现对垮塌墙壁、侧翻车辆支护，以及在狭窄空间对障碍物的支撑，以及对金属网、线缆等障碍物进行清除，以救助遇险人员或抢救处于危险环境中的物品，达到救护或救灾的目的。

38.2.1 KZQ-63 型井下快速成套支护装备及破拆装备

重庆研究院针对我国井下事故灾变现场受限空间不规则性、随机性和危险性高的特点，研制适用于矿山应急救援现场能够快速剪切、分离、移动及可支撑沉重救援障碍物的安全、便携、可靠型的 KZQ-63 型井下快速成套支护装备及破拆装备。产品通过刚性连接件、不同形状（如弧形、板形等）的构件，并配合多级伸缩支柱而构成任意组合的、形成能够适用各种支护要求的组合支架，以适应冒落区顶板和侧帮支护等；利用开发的柔性救护气垫，使煤岩块的位置在可控的条件下发生改变或使局部空间增大或缩小，使人或物能够从约束的空间中解脱出来；通过研发的破拆工具清理坍塌体中的锚杆、金属网、钢丝绳等金属构件，或者撬起岩石、设备等来及时抢救人员。

1. 工作原理

井下便携式抢险救援破拆支护装备由应急救援破拆工具套装和快速成套支护设备组成。

1）快速成套支护装备

快速成套支护装备包含快速支护套装和救援起重气垫。

a. 快速支护套装

快速支护套装由液压支柱、便携式应急动力源、软管、延长杆、多规格和多功能连接端座、底座固定带、楔块等组成。采用高强度、作用力大的轻便型液压支架进行支撑与高度调节，既可以对危险顶板或侧帮进行精准顶升，也可以进行加固，防止事故扩大，有效遏制次生事故的发生。通过加装延长杆加长支撑高度，抢险人员可在安全距离外实现对危险环境任意角度倾斜面或点的强力支护，防止巷道突然崩裂和垮塌。液压支撑利用液压作为动力源，缸体和活塞组成液压腔体，利用高压液压油实现活塞的伸出或缩回。液压回路的自锁和高压回流，保证了支护装备在忽然泄压和压力超过额定工作压力时的安全性和可靠性；直角螺旋支撑杆与脚踏气动泵配合使用，主要采用气压实现活塞的伸出或缩回，也可手动操作。支架两端具有快速连接头，主要通过转动螺纹套调节内柱的伸出长度，实现支撑长度的调节；螺纹套和内柱都为梯形螺纹配合，具有自锁定性能。支护装备上下端部为快速连接头，在救援现场可根据实际情况与相关设备组合使用，形成不同的撑顶高度和撑顶形式。便携式应急动力源采用手动、电动及气动驱动方式，满足不同使用需要。

延长柱（图 38.3）是一种长度固定不变的支撑杆，每根延长柱上都有反光彩色条、便于在黑暗中使用；常用的长度有 250mm 和 500mm。由两端连接头、柱体、固定销组成，可实现对支撑系统的快速延长。

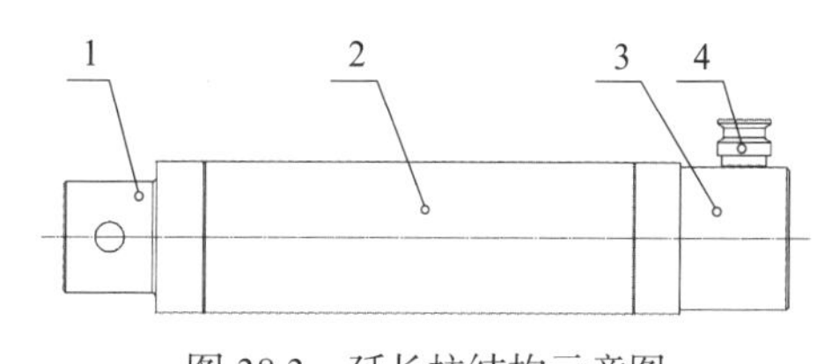

图 38.3 延长柱结构示意图

1. 连接头；2. 柱体；3. 连接座；4. 固定销

液压支柱主要由高压软管、换向手柄、双向液压锁、底部连接头、油缸、活塞、顶端连接头等部分组成，是支撑杆系统中的可调节部分。液压支柱利用液压作为动力源，缸体 5 和活塞 6 组成液压腔体，利用高压液压油实现活塞 6 的伸出或缩回；支护装备上下端部为快速连接头，在救援现场可根据实际情况与相关设备组合使用，形成不同的撑顶高度和撑顶形式。通过高压软管 1、换向手柄 2、双向液压锁 3 结构，实现液压手动泵（机动泵）的快速连接，如图 38.4 所示。

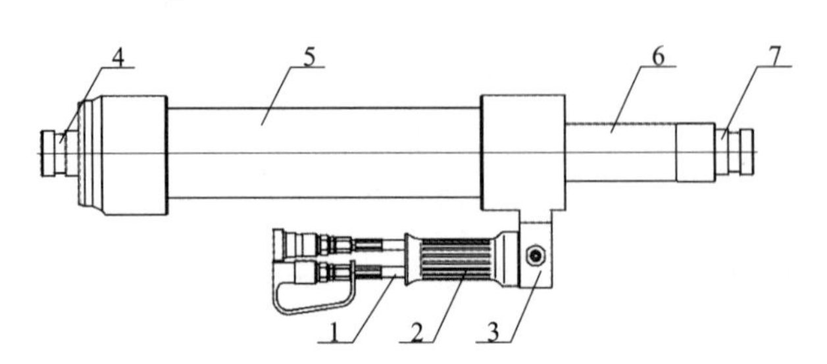

图 38.4　液压支柱结构示意图

1. 高压软管；2. 换向手柄；3. 双向液压锁；4. 底部连接头；5. 缸体；6. 活塞；7. 顶端连接头

液压回路的自锁和高压回流，保证支护装备在突然泄压和压力超过额定压力时的安全性和可靠性；壳体材料采用质量轻、抗冲击火花的高强度铝合金材质和阻燃抗静电等轻型塑料材质。材料性能满足《煤矿用金属材料摩擦火花安全性试验方法和判定规则》（GB/T 13813—2008）和《煤矿井下用聚合物制品阻燃抗静电性通用实验方法和判定规则》（MT 113—1995）标准的要求。

液压支柱的工作原理：快换接头 1、2 分别与机动泵或手动泵的快换接头相连，通过手柄让三位四通阀 3 处于左位时，液压锁 4 左路单向阀打开进油，对液压缸 7 进行供油，同时控制油路打开右路单向阀回油；当进油腔压力超过额定工作压力时，溢流阀 5 打开，通过快换接头 2 自动回油；当三位四通阀 3 处于右位时，对液压缸 7 反向供油，其原理与左位供油相同。松开手柄时，三位四通阀 3 自动回到中位，进油口 P 和出油口 T 导通，管路泄压，液压缸 7 在两个单向阀的作用下左右油缸处于静止状态，起自锁作用。当回油管路堵塞时，溢流阀 8 开启，油直接泄压，防止损坏液压支柱，如图 38.5 所示。

手动支柱两端有快速连接头，主要通过转动螺纹套 4，调节内柱 5 的伸出长度，达到改变整体长度；螺纹套 4 和内柱 5 都为梯形螺纹配合，具有自锁性能，结构示意图如图 38.6 所示。

支护装备配备适用性强、种类繁多的支撑头来完善各类支撑系统。

利用快速支护套装构建救援通道的方法：

（1）针对因冒顶引起巷道的不完全堵塞情况，研究快速建立救援通道的方法。成套支护与破拆工具作为构建救援通道的重要设备，合理使用对救援效率具有重大影响。目前一般的顶杆在支护高度为 1.325m 以内最大支撑力为 10t，并随着支护高度的增加而减小，如图 38.7 所示。同理，气动起重气垫随着起重高度的增加，承载面积逐渐减小，因压强不变，支撑力逐渐减小，理论上起重气垫在空载时才能达到最大举升高度。因此在实际救援中，要合理采用支护设备，对快速建立救援通道具有重要意义。

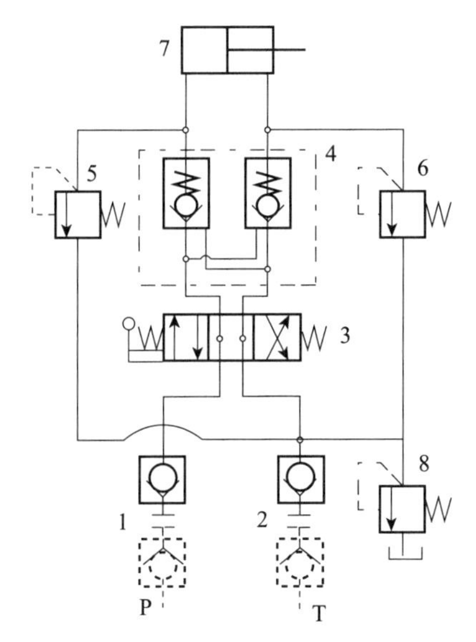

图 38.5　液压支柱液压原理图

1、2. 快换接头；3. 三位四通阀；4. 液压锁；5、6、8. 溢流阀；7. 液压缸

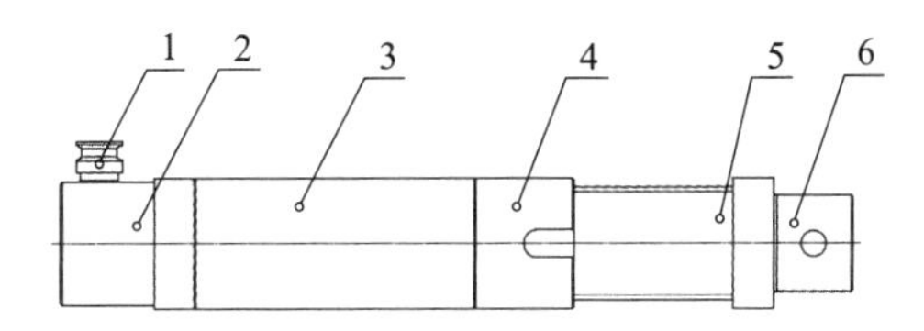

图 38.6　手动支柱结构示意图

1. 固定销；2. 连接座；3. 外柱；4. 螺纹套；5. 内柱；6. 连接头

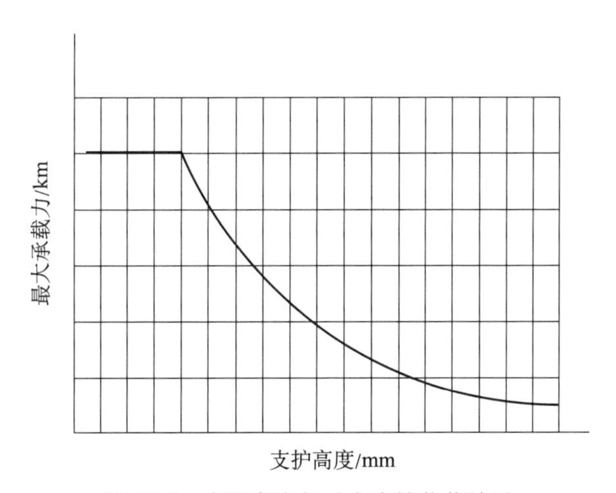

图 38.7　支护高度与最大支撑载荷关系

（2）当巷道顶板小范围冒顶时，应及时检查冒顶地点附近顶板的支架情况，处理好损坏支架，采用顶杆支护，防止破碎岩石进一步冒落，阻断救援通道。依据实际支护高度选取合适顶杆及延长杆连接后对顶板进行临时支护。在选用延长杆时，应尽量选用较长的，避免选用多个较短的，以减轻顶杆的总质量，增加稳定性，同时应将最短的一根连接在最

末端，可以减轻顶杆对侧向负荷的敏感性，如图 38.8 所示。结合破拆工具清除巷道锚网、线缆等障碍，实现快速建立救援通道，如图 38.9 所示。

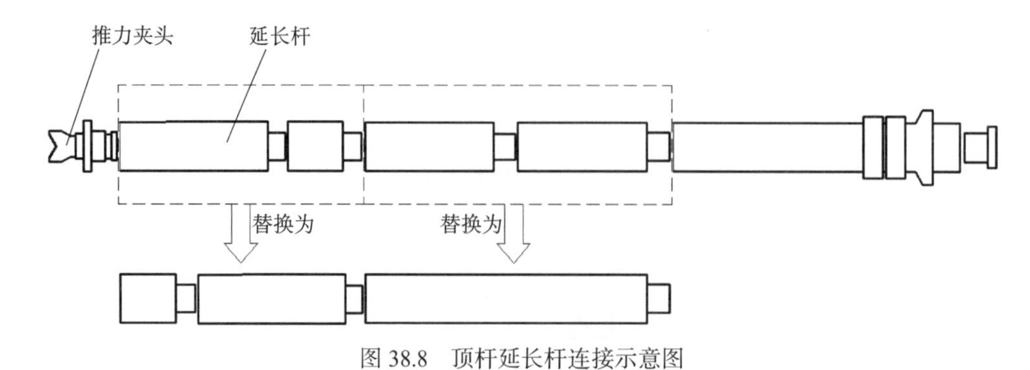

图 38.8　顶杆延长杆连接示意图

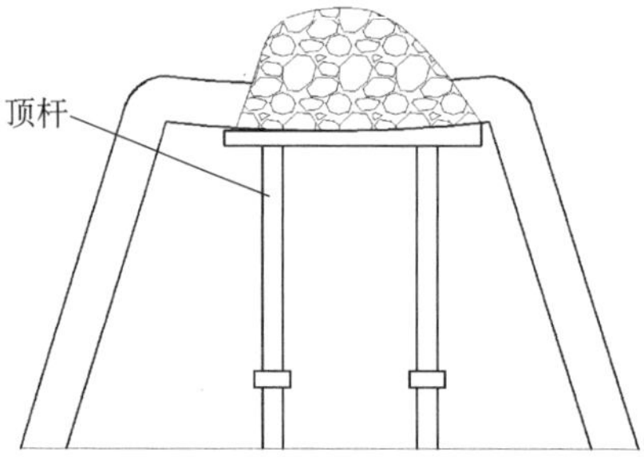

图 38.9　小范围冒顶支护示意图

（3）巷道垮塌、冒顶引起大量岩石冒落，部分堵塞巷道，并有进一步垮塌的可能，应合理地进行支护。可采用顶杆进行三角形支护，同时结合起重气垫进一步支撑或挪动较大的障碍物，建立应急救援通道，如图 38.10 所示。当使用破拆装备清除障碍物时，应选取合适的插入点及合适的角度，避免破拆工具接触到伤员或者救援人员，还有可能因清除某个障碍物导致其他障碍物的掉落等发生的二次危险。

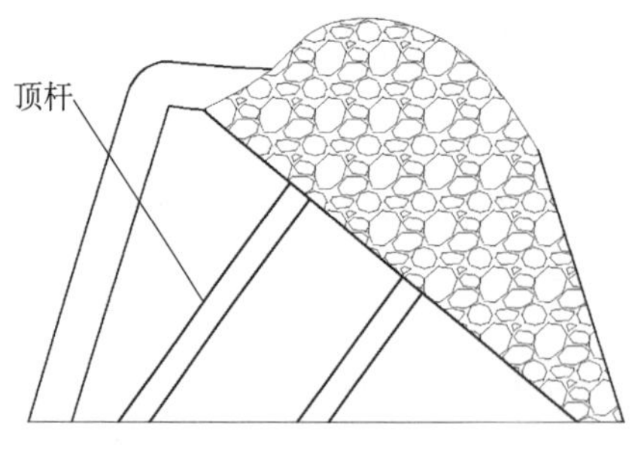

图 38.10　三角形支护示意图

b. 救援起重气垫

救援起重气垫由高压起重气垫、起重气垫附件（含 5m 胶管、减压器、压力指示器、控制单元、双气瓶连接器、过压安全阀、高压气瓶）等组成，如图 38.11 所示。气垫材料符合《煤矿井下用聚合物制品阻燃抗静电通用试验方法和判定规则》(MT 113—1995) 的要求。高压气瓶中 30MPa 的压缩空气经减压阀降至 0.8MPa，经软管、控制阀、节流阀充入气垫，对重物举升。操作控制阀可以对气垫进行充气和放气，从而调节气垫举升的高度和速度，工作完成后可通过控制阀上的排气阀放尽气垫和软管内气体。

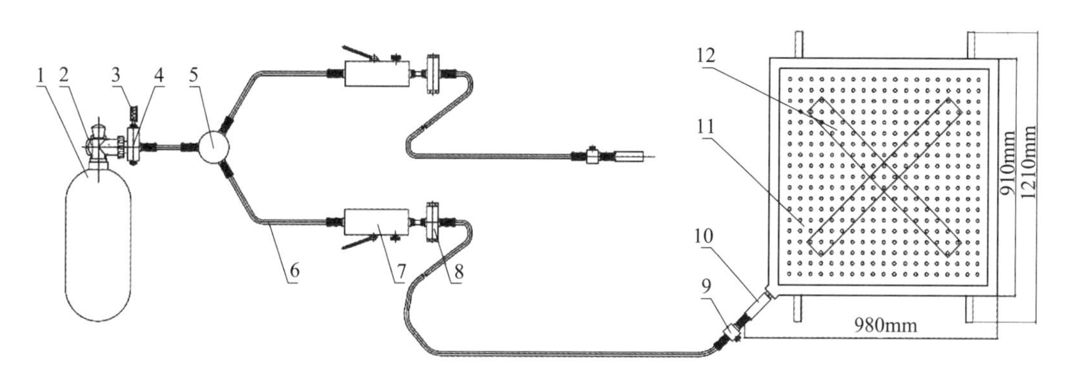

图 38.11　KQD-0.8 矿用起重气垫组成示意图

1. 高压气瓶；2. 高压表；3. 低压表；4. 减压阀；5. 三通；6. 高压软管；7. 控制阀；8. 安全阀；9. 节流阀；10. 快速接头；11. 气垫；12. 承载标识

起重气垫依靠气垫充气后体积膨胀起重。通过减压阀将高压气瓶中 30MPa 的压缩空气降至 0.8MPa，经软管、控制阀、节流阀充入气垫，对重物举升，气压原理如图 38.12 所示。两只压力表分别显示高压气瓶和减压器降压后的压力，操作控制阀可以对气垫进行充气和放气来调节气垫举升的高度和速度，工作完成后可通过控制阀上的排气阀放尽气垫和软管内气体，系统中安全阀起到保护作用，避免气垫最大工作压力超过 1.2MPa。

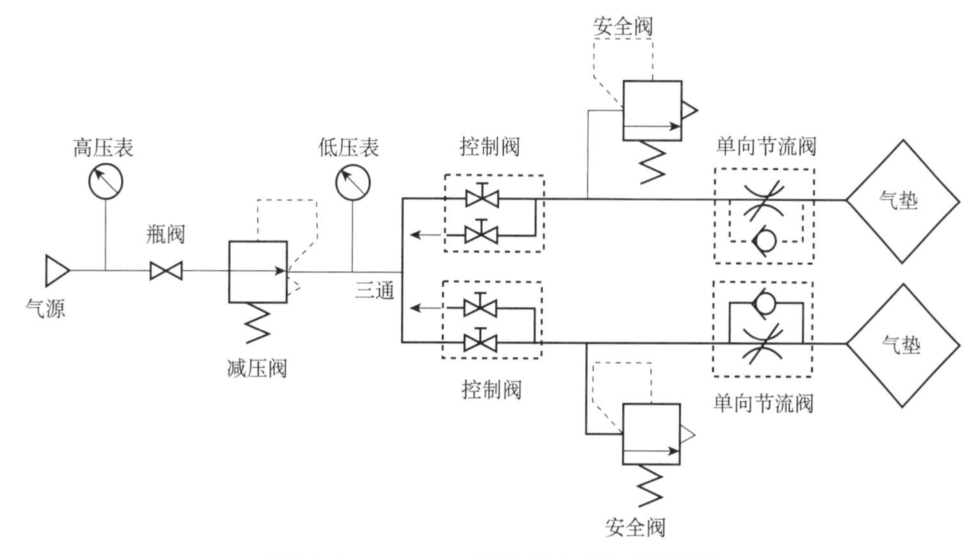

图 38.12　KQD-0.8 矿用起重气垫气压原理图

2）破拆工具套装

破拆工具套装包含便携式扩张剪切多功能钳、微型剪切钳、双向支撑杆、开缝器、封管器、速断器和矿用液压、气动链条锯以及便携式应急动力源、软管等，对支护工作中遇到的障碍物进行破拆、分离、割断、顶撑等，以快速搭建安全区域或安全通道，便于救援人员和设备的安全快速通过和安全快速解救被困人员。破拆工具与电动液压泵或手动液压泵组合使用，以液压油为动力、高强度工作部位对各种待破拆材料进行快速处理。便携式应急动力源采用手动、电动及气动驱动方式，满足不同使用需要。矿用液压链条锯采用隔爆型电动机驱动齿轮油泵工作，油泵输出的高压油液经油管和电磁换向阀，通过安装于主机上的启动按钮控制马达的运行与停止，马达带动锯链高速运转，对待切割物进行切割。矿用气动链条锯通过空气压力管路输入的高压气体驱动高速气动马达，使得链轮高速旋转运动；链轮驱动锯链条高速运转，从而进行切割。图 38.13、图 38.14 分别为典型的破拆工具 KJKB-25/20 型矿用便携式液压剪扩器结构图与原理图。

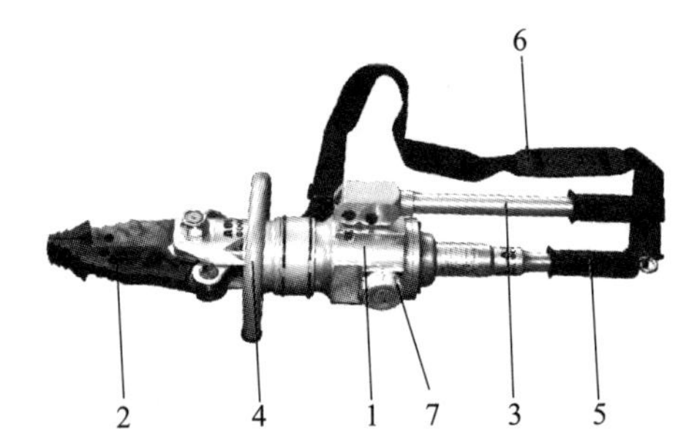

图 38.13 KJKB-25/20 型矿用便携式液压剪扩器的结构图

1. 泵体；2. 刀片；3. 活动手柄；4. 提携手柄；5. 固定手柄；6. 背带；7. 换向手轮

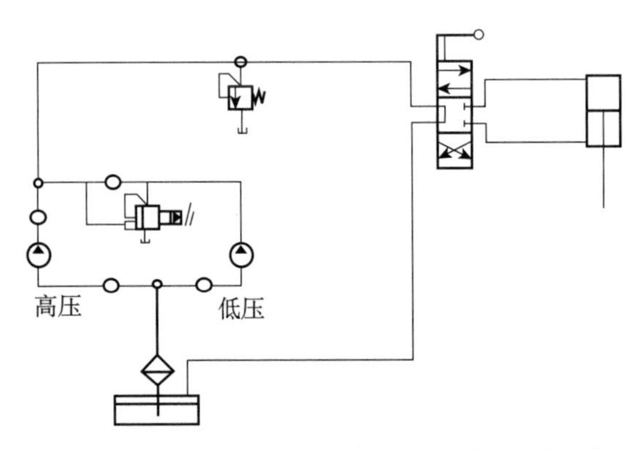

图 38.14 KJKB-25/20 型矿用便携式液压剪扩器液压原理图

矿用便携式液压剪扩器的工作原理：通过自带动力源为工具输送液压油，液压油推动活塞，通过连杆将活塞的动力传递给转动的刀具，对破拆对象实施剪、扩、拉、夹的救援作业。

当便携式剪扩器低压（小于 10MPa）工作时，高压泵和低压泵的压力相等，通过换向阀同时给液压缸供油，换向阀控制便携式剪扩器的剪切或扩张；当便携式剪扩器高压工作时，低压泵的液压油通过卸荷溢流阀直接回流油箱，此时低压泵没有压力，高压泵通过换向阀直接给液压缸供油，当压力超过63MPa时，高压油通过溢流阀回流油箱。

2. 技术特点

1）技术特点

（1）高强度的铝合金使救援装备质量轻，承载大，耐腐蚀，外形美观，安全、轻便、环境适应性强，便于救援人员携带，达到同类产品先进水平，产品符合EN或UL标准。

（2）井下快速成套支护与破拆工具采用矿用抗冲击火花的高强度铝合金材质和阻燃抗静电等轻型塑料材质，并取得国家矿用设备检测检验中心出具的设备用轻合金材料的摩擦火花检验报告、非金属材料的抗静电阻燃检验报告。

（3）支护设备种类齐全、可快速自由组合搭配使用，具备液动、手动、气动等动力源，可满足不同需求；破拆工具功能齐全，能够实现救援中的剪切、扩张、牵拉、割孔、破碎等，可迅速破拆清理障碍物，构建救援空间。

2）主要参数

井下成套支护装备主要技术参数分别见表38.3～表38.5。

表38.3　快速支护套装主要技术参数

技术参数	支撑高度范围/m	支撑力/t	支撑角度
数值	0.5～4	≥10	可多角度、任意角度进行支护

表38.4　救援起重气垫主要技术参数

技术参数	数值
10t起重气垫	起重力≥10t；支撑高度≥200mm
20t起重气垫	起重力≥20 t；支撑高度≥290mm
40t起重气垫	起重力≥40 t；起重高度≥400mm
60t起重气垫	起重力≥60 t；支撑高度≥500mm

表38.5　破拆工具套装主要技术参数

技术参数	数值
剪扩器	剪刀端部最大开口距离≥350 mm；额定工作压力63MPa；最大剪断能力15mm（钢板）；Q235材料为ϕ28mm（圆钢）；额定扩张力32 kN；质量≤14kg
便携式液压剪扩器	额定工作工作压力63MPa；剪刀端部最大开口距离≥160mm；最大剪断能力10mm（钢板）；Q235材料为ϕ20mm（圆钢）；额定扩张力25 kN；额定剪切力148kN，最大剪切力202kN；额定扩张力28.4kN，最大扩张力60kN；质量≤10.5 kg
万向剪切器	额定工作工作压力63MPa；剪刀端部开口距离60mm；最大剪切能力（Q235材料钢板）6mm，ϕ10mm（圆钢）；质量≤6 kg
液压封管器	工作压力≥63MPa；两刀最大开口距离≥60mm；最大封管直径≥60mm；最大封管壁厚≥3.5mm；质量≤8kg
液压速断器	工作压力≥63MPa；刀口最大开口距离≥28mm；剪切圆钢直径≥16mm；质量≤4kg
开缝器	工作压力≥63MPa；最小插入高度≤6mm；最大举升高度≥50mm；扩张力≥20t；质量≤10kg
手动液压泵	工作压力≥63MPa；为工具提供动力；油箱容量≥1700cc；质量≤12kg
软管	工作压力≥63MPa；长度≥5m；质量≤3kg；用于连接泵和工具头，可带压拆换工具头
楔块	包括梯形楔块、小楔块、大楔块；具备承压、防滑互锁结构，防水防油

3. 适用条件

适用于矿山顶板冒落、采空区垮塌等灾害事故的应急救援，也可在废墟救援顶撑、坑道救援、汽车顶撑固定、大型车辆固定、可垂直顶撑、倾斜顶撑等救援过程中使用。广泛用于矿山、消防、地震、市政、建筑等领域应急救援。

4. 应用情况

已在国投新集能源股份有限公司救援队、华能白山煤矸石发电有限公司救援队、重庆市煤管局下属矿山应急救援队及重庆市煤监局安培中心等单位成功应用。

38.2.2 组合气垫与组合式支护设备

地下工程的地质不确定性，使其一旦遇到这种地质条件，如支护不及时或施工方法不当，就可能出现塌方事故。由于巷道掘进多为独头掘进，塌方事故的出现有可能造成作业人员及设备被封闭在巷道的另一头。所以，事故一旦发生，需要快速成巷，通过塌方体，形成抢救通道。

矿用快速救护气垫的主要部件是一种厚25～40mm，重3～28kg的坚固橡胶囊（以下简称为“救护气垫”），其特点是可以放入极窄的缝隙中将重物抬起，便于携带，使用方便、迅速。矿用快速救护气垫与液压起重设备相比，具有体积小、质量轻、速度快、适应性强、可靠性高等优点。

为了模拟巷道的塌方过程，建立巷道塌落高度计算的物理模型，假定巷道的顶板为梁，两端支撑在巷道的两帮上，梁上受均布地压作用。巷道冒落的岩石是一种松散体，它对顶板（梁）支撑的力学作用可以近似看作弹性支撑来模拟松散岩体。

在巷道冒落趋于稳定，梁上部作用于均布的地压，下面有散体的弹性支撑，巷道的受力相对于地基梁的作用。

1. JD型救护气垫

在处理顶板事故中，由于普通的起重设备无法使用，救护队员只好冒着危险，用大锤将矸石打碎，解救受伤人员。有时因为矸石过大，或作业空间过于狭窄，操作困难。如果采用救护气垫，从准备到把矸石托起，将人员解救出来，只需要十几分钟时间，使受伤人员得到及时的抢救。从而避免因时间过长，受伤人员得不到及时抢救而引起的死亡事故。因此，救护气垫的社会效益十分明显。

JD型救护气垫全部采用芳纶帘子布为骨架材料，如图38.15所示。用4层芳纶帘子布作为骨架材料。其理论强度为：12.4kN/cm。JD80-52/10型救护气垫的起重力和起重高度最大，额定工作压力为1.0MPa，在自由状态下其张力为N_{max}=2.8kN·cm；在额定最大高度52cm时，其张力为2.6kN·cm；它们的理论安全系数分别为4.16和4.8。该产品各方面的性能已基本赶上甚至超过国外同类产品。

图 38.15　国产 JD 型全芳纶帘布救护气垫

2. 救护通道

当煤矿井下出现塌方事故时，必须构筑临时性通道，将塌方内被困人员抢救出来。基本采用人工撞楔法构筑临时性通道，该方法工作强度大、速度慢、安全性差，易出现二次事故。

救护通道是为在塌方事故中快速构筑临时性救护通道研制的一种专用设备。它以液压千斤顶为动力，能够在塌方的碎矸石堆中自行前移（或回撤）。该支架为三角形（图 38.16），分为牵引架和支撑架。在牵引架的三个端点各安装一个千斤顶，推动支架移动，支撑架跟随牵引架的移动，在其护板下支设，架设出一条救护通道。

图 38.16　救护通道

救护通道是一种新研发的产品，国内外没有同类产品可以参照，拥有自己的知识产权。

3. 液压剪

煤矿井下各种事故的处理，都要涉及塌落巷道的清理。由于事故发生的巷道或工作面一般有设备、支护锚杆或支护金属网等，使巷道的清理恢复十分困难，普通的掘进、清碴机难以单独完成工作，需要有液压件等工具将这些牵扯物剪断。

1）技术原理

由于救险中需要剪切不规则金属物，为了便于剪切，液压剪设计为开合式刀片。为了有效剪切锚杆之类的圆形物体，刀片特设计为弧形，在剪切过程中，能有效地抱住被剪切物不会滑脱。为了能最有效地利用动力，减小体积，采用了增力结构。液压剪的结构如图38.17所示。

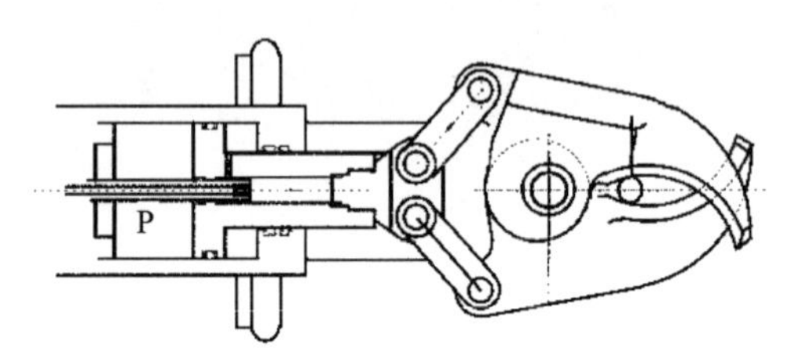

图38.17　液压剪结构示意图

当作用在连杆的力为F时，作用在活塞上的力与两个连杆水平分力之和相等，为$2F\cos\theta$，连杆上作用力的纵向分力互相抵消，当连杆与水平方向之间的夹角θ较大时，就可以较小的液压力产生较大的剪切力。

2）液压剪力参数

活塞密封的选用，对其性能影响很大。液压密封件发展很快，许多新型密封圈的出现，提高了液压系统工作的可靠性。根据经验将系统压力定为63MPa，使用了复合材料新型密封，比传统的“Y”形和“O”形密封圈密封更为可靠。

液压剪的剪切力，可以剪断常用的锚杆，能够满足大多数救险情况下剪切的需要。煤矿支护常用锚杆为ϕ22mm的螺纹钢筋，屈服强度大于335MPa螺纹钢杆体，其对应强度等级为Ⅱ级，抗拉强度为520MPa，剪切强度为420MPa。对于强度等级为Ⅰ级的光圆钢筋，其抗拉强度为380MPa，剪切强度为310MPa，可以剪断直径为ϕ25mm的钢筋。

38.3　灾区有毒有害气体智能排放系统

井下有毒有害气体浓度不得超过规定浓度。救护队员在处理煤与瓦斯突出、爆炸、爆破炮烟中毒等事故时，需要对灾区有毒有害气体进行有效排放。其中最需要排放也最难排放的有害气体主要是CH_4和CO等气体。以往救援作业中，有害气体排放作业主要靠人工进行气体浓度的检测和井下局部风机操控进行引排，存在设备系统性差、自动化程度低、人工作业安全隐患大和不能对有毒有害气体的排放浓度进行有效控制等问题。

重庆研究院研制的灾区有毒有害气体智能排放系统（ZZP660矿用自动排风装置）是一种可以直接在煤矿井下使用的防爆型有毒有害气体排放设备，可根据设定的气体浓度参数智能地调节变频风机的风量，安全、自动排放灾变环境下积聚的有毒有害气体（图 38.18）。适用于矿井、仓库、隧道、石油等发生有毒有害气体积聚的场所，特别是救护队员处理煤与瓦斯突出、爆炸、爆破炮烟中毒和炸药库意外爆炸等事故时，经侦察确定无爆炸危险后，对充满浓度超限的有毒有害气体的巷道进行智能引排、稀释，防止“一风吹”引起回风侧瓦斯浓度超限发生二次瓦斯爆炸或窒息事故。

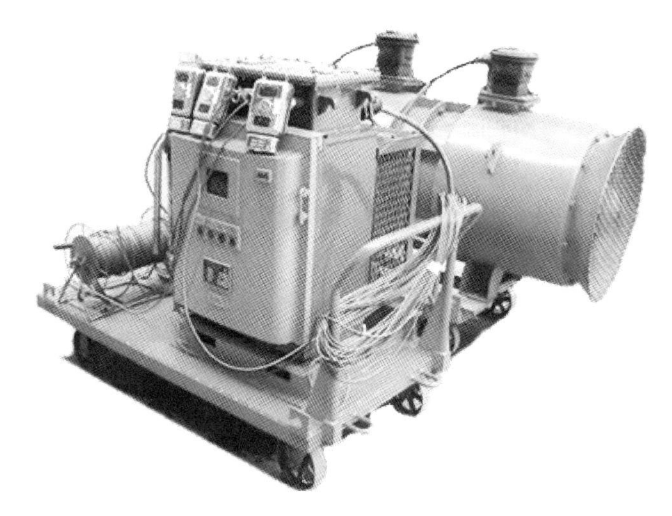

图 38.18　ZZP660 矿用自动排风装置

1. 工作原理

整个控制系统采用智能调速技术进行排放（图 38.19）：传感器主要用来连续监测作业环境中的有毒有害气体浓度值并实时显示，超限时声光报警，同时将浓度值转换成标准电信号，经防爆智能控制装置中的频率转换器转换和控制器处理后控制变频器的电机和应用

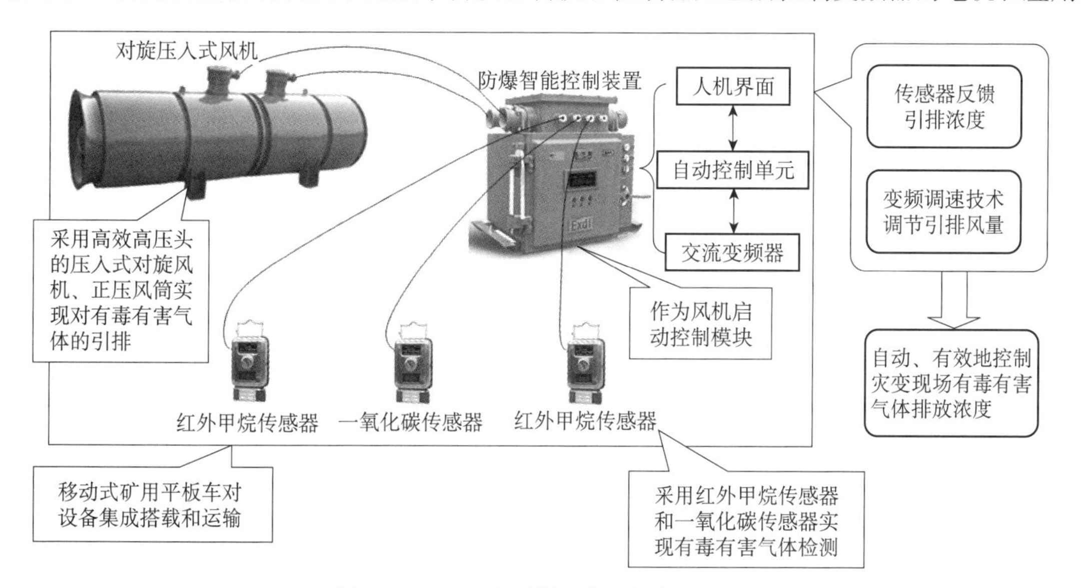

图 38.19　矿用自动排风装置技术原理图

控制单元。根据传感器浓度值，由变频器输出不同的频率来控制防爆对旋压入式局部风机的运行速度，用来引排灾变巷道中的有毒有害气体。同时控制面板通过转换器与控制器连接来实现防爆智能控制装置各种参数的显示与设定。具备手动排放控制模式，可在灾害发生后快速有效地对高浓度的有毒有害气体进行排放。

灾变现场进行有毒有害气体引排时采用逐段推进方式送风筒，最终将充满巷道的有毒有害气体逐步引排掉。如图 38.20 所示，T_1 为矿用自动排风装置处的 CH_4 传感器（0～100%），用于检测装置附近的 CH_4 浓度，以实现风电瓦斯电闭锁，其测试数据显示在人机界面上，提示是否加长风筒。T_2，T_3 分别为 CO 传感器（$0\sim1000\times10^{-6}$）和 CH_4 传感器（0～100%），T_1 作为瓦斯电闭锁，当 T_1 的测试参数超限时，系统无法启动。通过预留接口实现对其他有毒有害气体的检测与引排。

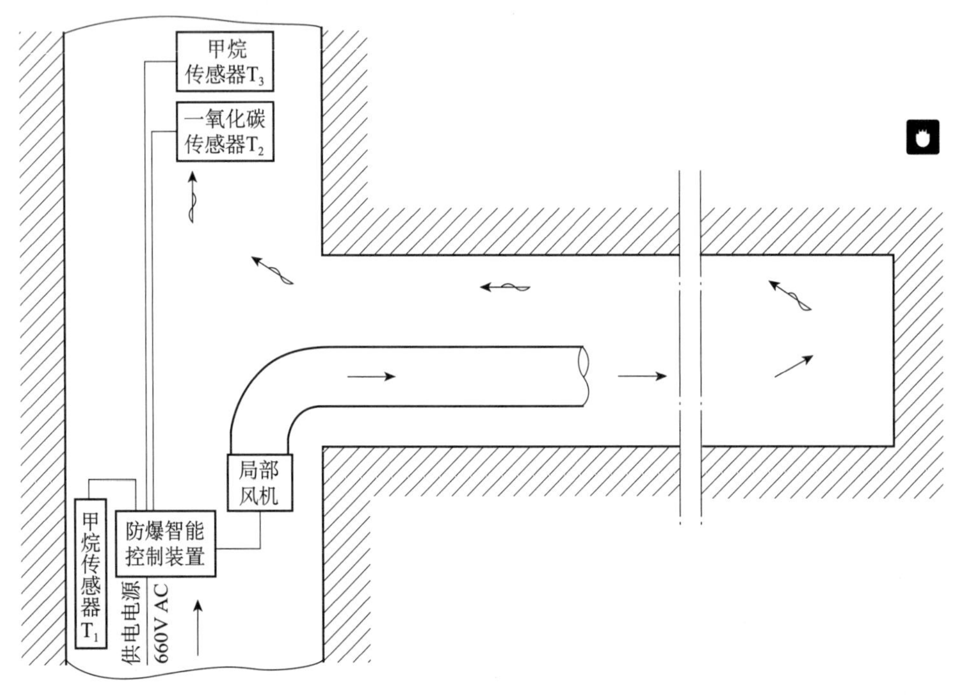

图 38.20　矿用自动排风装置作业原理图

（1）有毒有害气体浓度超标时，自动降低电机转速和排风量，以减少高浓度的有毒有害气体进入回风巷，使回风巷内的有毒有害气体浓度在安全线以下。

（2）不超标时，自动增加电机转速和排风量，使高浓度的有毒有害气体进入回风巷。

2. 技术特点

（1）安全可靠性高：传感器和防爆智能控制装置进行联机，取得整机安标。

（2）自动化程度高：排放过程智能化调节，使有毒有害气体浓度自动控制在允许浓度线以下。

（3）直观液晶显示：具备可视化交互式操作面板，能实时显示灾区环境参数、气体引排作业方式及数据参数。

（4）引排工作状态：具备自动引排和手动引排。

（5）满足救灾需要：整机质量轻，机动性强；适用于灾后高浓度有毒有害气体的排放控制。

主要技术参数见表38.6。

表38.6 矿用自动排风装置主要技术参数

序号	技术参数		单位	数值
1	引排风量		m^3/min	150～350
2	引排控制浓度			CH_4≤1.5%；CO≤24×10^{-6}
3	工作电压		VAC	660
4	局部风机	风量	m^3/min	410～290
		全压	Pa	700～4700
5	检测排放控制系统	红外甲烷传感器		CH^4：0～100%；
		一氧化碳传感器		CO：0～1000×10^{-6}
		报警点、断电点		声光报警，任意设置
6	防爆智能控制装置	额定输出容量	kW	45
		本安输出		U0：18VDC；I0：350mA
		输出频率范围	Hz	F10～F50
		传感器信号制式	Hz	200～1000～2000
		显示方式		人机操作界面，显示气体浓度，运行状态
7	塑料涂覆布正压风筒			ϕ600
8	外形尺寸（长×宽×高）		mm×mm×mm	控制装置：1790×990×1430 通风装置：2520×930×1310

3. 适用条件

矿用自动排风装置作为煤矿井下防爆电气设备，无需用水、气，仅需交流660V供电，可在下列条件下正常工作。

（1）海拔高度：≤2000m。

（2）大气压力：80～106kPa。

（3）环境温度：-5～40℃。

（4）平均相对湿度：≤95%（+25℃）。

（5）具有甲烷混合物及煤尘爆炸危险的煤矿井下。

（6）在无显著振动的地方。

（7）在无破坏金属绝缘的气体和蒸汽的环境。

（8）在无滴水的地方。

4. 应用情况

该装置已经在7支国家矿山应急救援队、14支区域矿山应急救援队，以及宁煤集团、八一钢铁、贵州华电安顺华荣投资有限公司、国投煤炭有限公司、中国神华集团神新能源公司、国家黄金应急救援秦岭基地、中国金域黄金物资总公司辽宁二道沟金矿、上海大屯能源股份有限公司江苏分公司、扎赉诺尔煤业有限责任公司等中央企业应急救援队推广应用。装置可在实际应用中直接减少盲巷排放瓦斯作业中因“一风吹”引起的瓦斯爆炸事故约占总的瓦斯爆炸事故总数的12%。此外，该装置还直接用于多起瓦斯事故后的安全救援。

38.4 多功能集成式充气发电照明车

煤矿事故具有突发性、复杂性、持续时间长等特点，所需的救援技术装备种类繁多。在应急救援技术装备保障上，主要以消防保障车辆为主。这些救援装备保障车虽都采用很多高新技术和高新产品，功能越来越强大，使用越来越方便、快速，但用于矿山救援领域的针对性不强。救护队往往是用货车来运送救援装备和工具，这些车辆的功能不是很齐全，性能也参差不齐，不能适应新形势下救援工作的要求。

重庆研究院研发的多功能集成式充气发电照明车（图38.21）填补了这个领域的空白。该装备是结合我国矿山事故特点和矿山应急救援实际情况研制的专用救援车辆，可为矿山事故救援现场提供电力、气源、照明及成套救援装备保障，能够满足我国矿山事故突发性、分散性、复杂性的应急救援需要。

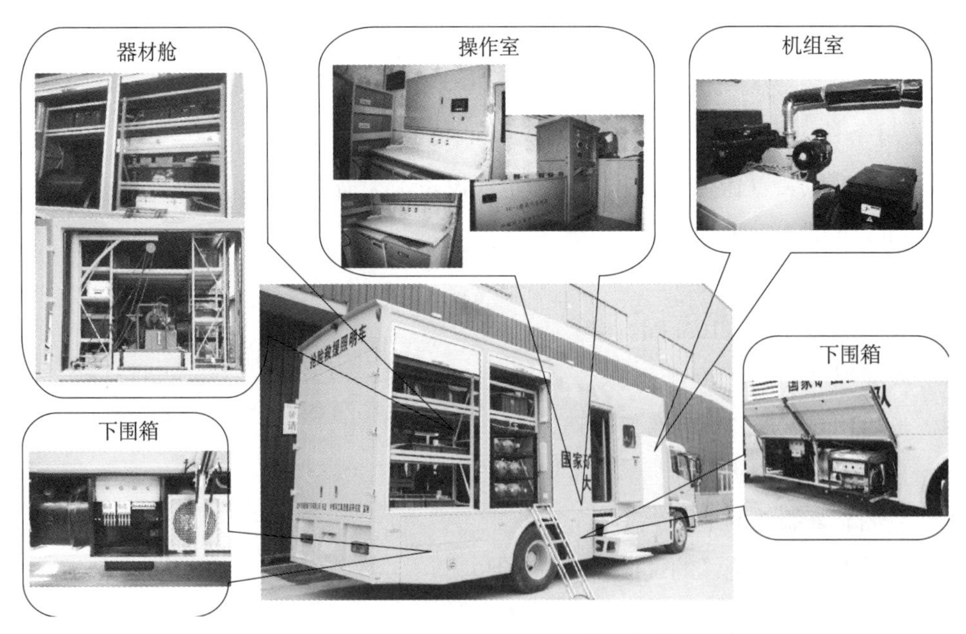

图38.21 多功能集成式充气发电照明车结构布局示意图

主要具备以下功能：①能够在远离矿山应急救援队驻地的事故现场不能正常供电的状

况下，提供多种电源供给，车载发电机组最低提供 50kW 的电力，保障事故现场各种设备正常运转。②配备大容量氧气储气瓶、车载式空气充填泵和氧气充填泵等多种动力源设备。③能够为救援现场提供大功率的现场照明设施。④能够集成应急救援所需的各种破拆、支护、灭火、气体检测、人员搜寻、人员施救等救援装备和仪表。

1. 结构及工作原理

1）产品结构

其结构主要由二类载货汽车底盘和专用结构部分组成。专用结构部分由厢体、器材架及充气、配电、照明系统等组成。

车厢前部为发电机组室，安装柴油发电机组和变压器、蓄电池，为整车及救援装备仪表提供电力供给。发电机组室有火灾报警和自动灭火装置，能自动感测高温和火警，当室温超标时自动报警，发生火灾时自动灭火。车厢中部为操作室，是整车集中操作的地方，前部设置有发电机组控制面板、灭火系统控制面板、台桌、矿灯充电插座、开关柜、工具箱架和车载冰箱，后部为充气区，设置有氧气充填泵、空气充填泵、防爆充气箱和备用气瓶搁架。车厢尾部为器材舱，用可调节隔板将车厢设置成若干舱位，放置 6 只 40L 氧气瓶、动力源设备、破拆支护装备及便携式仪器仪表等救援工器具。

2）工作原理

多功能集成式充气发电照明车是集充气、发电、照明及搭载救援装备多种功能于一体的新型专用救援车辆。各主要功能单元组成及原理如下：

a. 充气系统

充气系统由 6 只 40L 医用氧气瓶、1 台氧气充填泵、1 台空气充填泵、1 台防爆充气箱及配套管路及控制装置等组成。充气系统原理如图 38.22 所示。

b. 配电系统

配电系统包括柴油发电机组、变压器、UPS 系统、开关控制柜、电缆绞盘、矿灯充电插座等。通过配电系统，能向救援现场的救援指挥车、气体分析化验车、事故现场救援装备提供多种电源供给；车载发电机组最高可提供 52kW 的电力，可保障事故现场各种设备正常运转。车辆停驻期间，也可将外部电源输入车内，为车内电气设备提供电源。配电系统电气原理如图 38.23 所示。

c. 照明系统

照明系统包括顶置升降照明灯组、移动强光式照明灯组、防爆探照灯和车内照明系统。顶置升降照明灯组实现救援现场大面积强光照明。移动强光式照明灯组是一体化的便携式移动照明系统，用于应急救援、抢险施工等临时场地照明，安装方便快捷，亮度高、使用寿命长。防爆探照灯用于井下普通移动照明巡查、煤监取证辅助照明、远距离环境侦测等。

d. 救援器材搭载系统

设置空间可调的器材架和器材箱，利用快速调节绑带进行装备固定，可搭载破拆与支护、个体防护等多种救援工具，满足救护队员应急抢险救援时的实际需求。

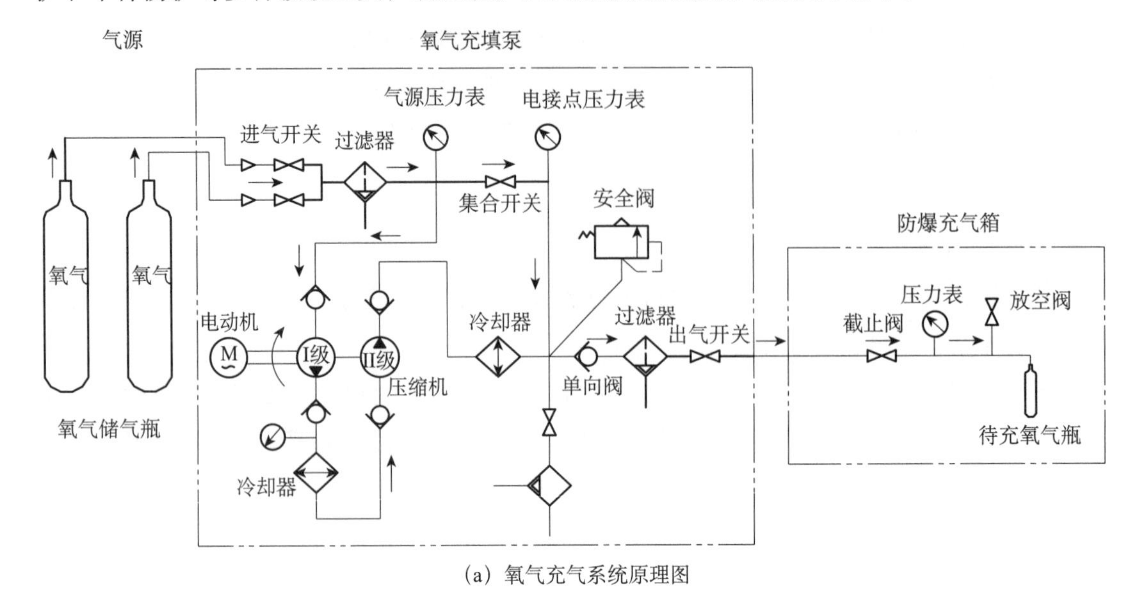

(a) 氧气充气系统原理图

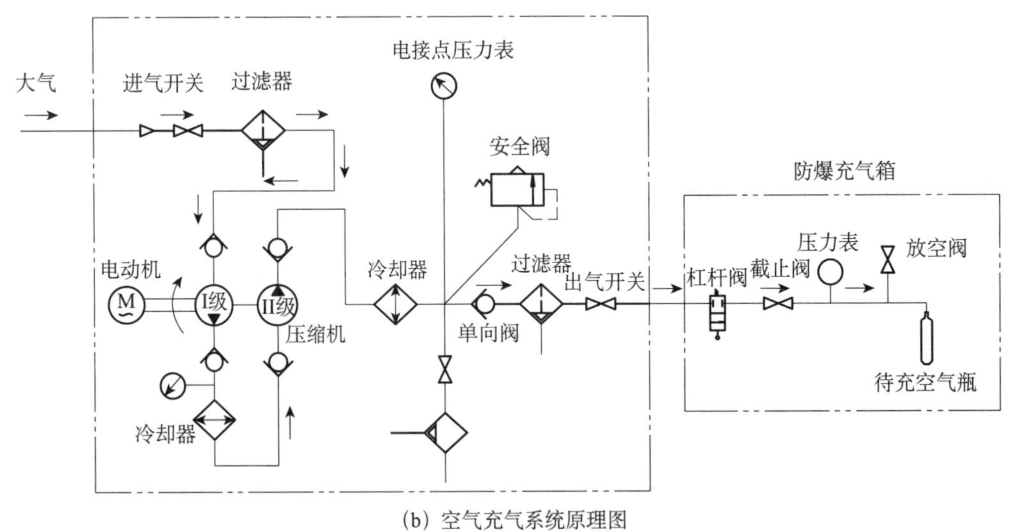

(b) 空气充气系统原理图

图 38.22 充气系统原理图

2. 技术特点

a. 安全性高

采用防爆充气装置、自动灭火装置等，可防止高压容器过充或发电设备故障条件下产生的安全隐患，整个车载系统在人身安全上具有较高的保障。

b. 车载式集成化设计

将充气、发电、照明、搭载救援装备等多种功能集成到一辆车上，克服现有救援装备车辆成套性差、功能不完善等缺点，最大限度减少出动时的装卸时间，可适应快速应急出动救援的需要。

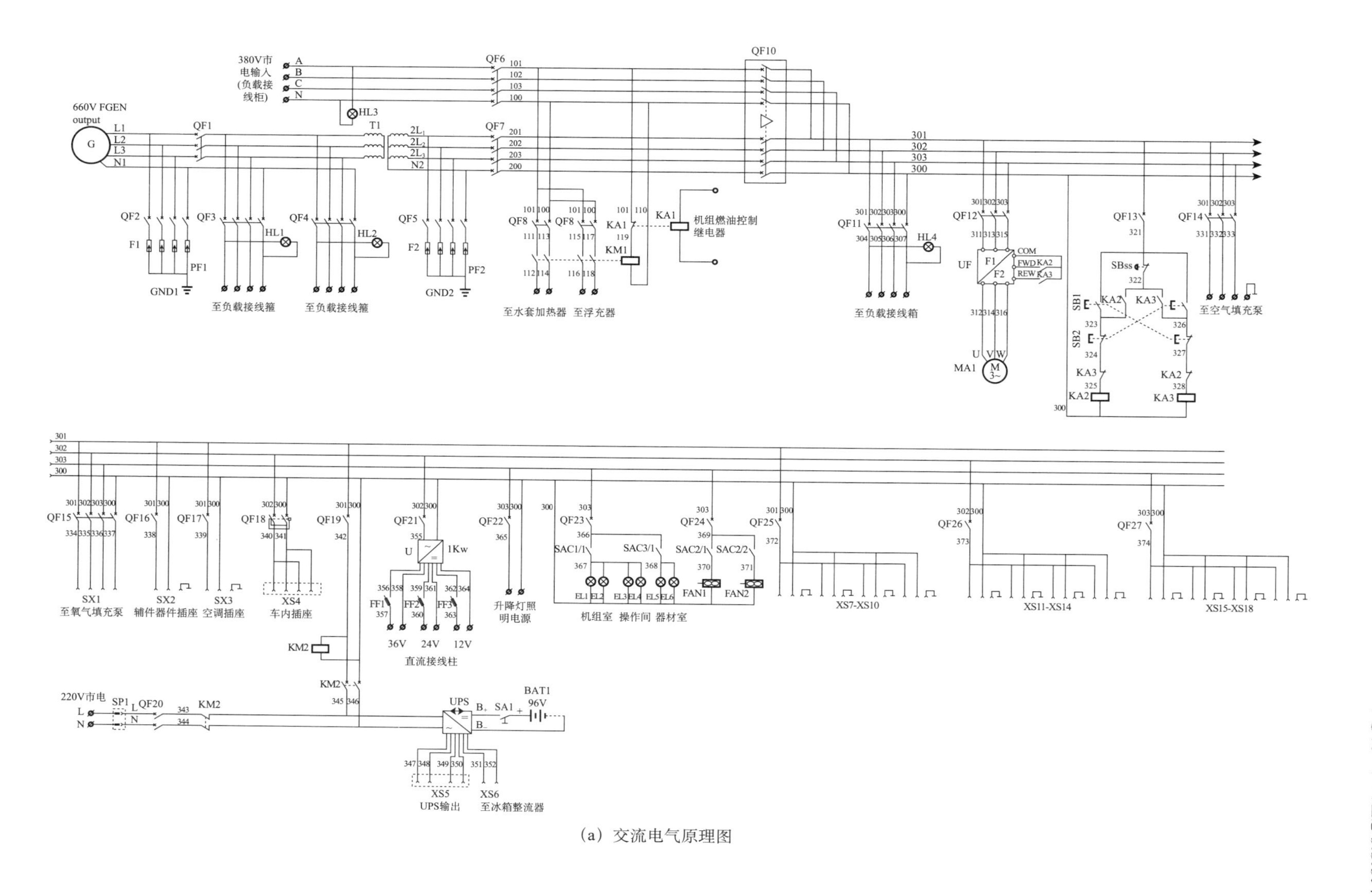
660V FGEN output
380V市电输入(负载接线柜)
QF10
机组燃油控制继电器
至负载接线箍
至负载接线箍
至水套加热器 至浮充器
至负载接线箱
至空气填充泵
SX1 至氧气填充泵
SX2 辅件器件插座
SX3 空调插座
XS4 车内插座
36V 24V 12V
直流接线柱
升降灯照明电源
机组室 操作间 器材室
XS7-XS10
XS11-XS14
XS15-XS18
220V市电
UPS
BAT1 96V
XS5 UPS输出
XS6 至冰箱整流器

（a）交流电气原理图

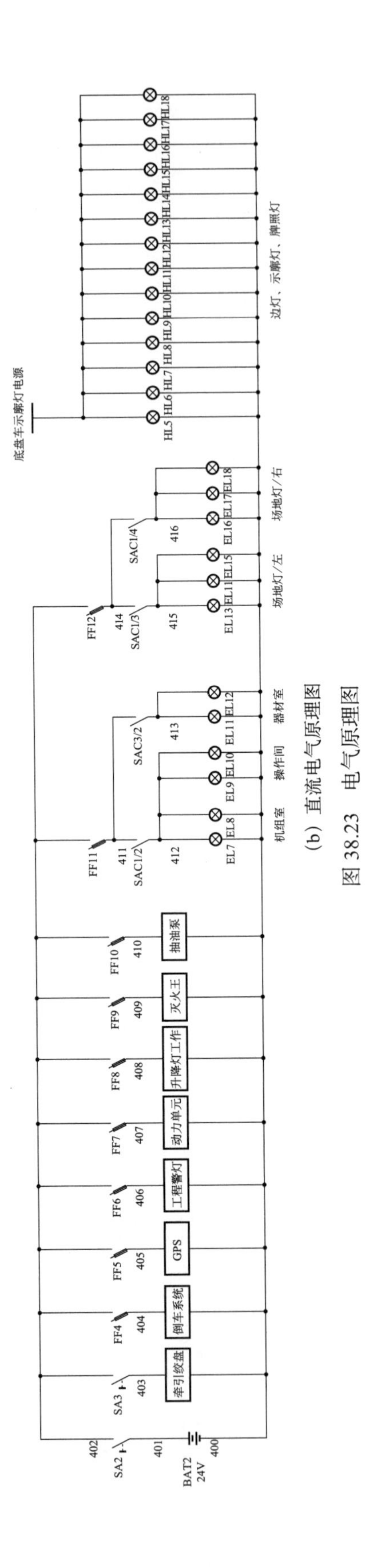

（b）直流电气原理图

图 38.23　电气原理图

c. 装备可靠性高

系统各功能模块技术装备配置科学、合理，可实现在野外救灾现场的操作快捷、高效、可靠和稳定运行能力。

d. 取放方便

每一装备都有其固定的存放位置，存放有序、随用随取，便于维护和保养。

有关参数见表 38.7、表 38.8。

表 38.7 整车参数

参数	单位	数值
外形尺寸（长 × 宽 × 高）	mm×mm×mm	9870×2500×3860
总质量	kg	16000
最大允许承载质量	kg	4000
接近 / 离去角	（°）	20/9
离地间隙	mm	320
最高车速	km/h	90
排放标准		GB17691—2005；GB3847—2005 国 IV

表 38.8 主要装备配备及参数

技术参数		数值
充气装置	氧气充填泵	最大充气压力 30MPa；排气量 3L/min
	防爆充气装置	能有效防止气瓶爆破时对人员的伤害
	医用氧气瓶	6 只，容积 40L
	空气充填泵	最大充气压力 30MPa；填充量 100L/min
供电装置	发电机组	输出功率≥50kW；输出电压 660V
	多功能变压器	输入电压 660V；输出电压 380V、220V
	整流变压器	1kW，直流输出电压 DC36V/24V/12V
	UPS 系统	容量 3kV · A
照明设备	升降照明设备	功率 4×1000W；灯头旋转角度 360°
	强光照明设备	额定功率 2000W；连续工作时间 10h
矿灯充电接口		≥12 个
车载冰箱		冷冻箱容积≥100L；冷冻温度≤-15℃

3. 适用条件

适用于矿山灾害、地震、泥石流等灾害事故的应急救援，也可用于工厂、公共场所等其他场合的事故应急救援，可为事故救援现场提供电力、气源、照明及成套救援装备保障。

4. 应用情况

在 7 支国家矿山应急救援队、14 支区域矿山应急救援队、部分央企矿山救援队（如国投新集能源股份有限公司救援队）等单位获得成功应用。

2013 年 4 月 20 日，四川雅安芦山县发生里氏 7.0 级地震，国家矿山应急救援芙蓉队使用该装备赴灾区参与救援。在现场缺电的情况下，利用车载发电机组发电，保证救援现场的装备正常使用；利用车载照明灯组实现救援现场夜间大范围照明；利用车上的器材舱搭载成套救援装备，救援效率提高，为抢险救灾赢得了时间。在此次救援中，芙蓉队共抢救伤员 23 名，找到遇难人员 2 名，疏散被困群众 200 余名，抢运物资 100 余件，帮灾民搭建帐篷 3 顶，减少了人民生命财产损失，取得了良好的社会效益。

（本章主要执笔人：重庆研究院蒋德献，李晶；建井分院刘杰）

第39章 应急救援模拟演练技术

随着计算机技术、虚拟现实技术的发展，应急救援模拟演练技术也在快速发展。采用虚拟现实技术，通过对矿井各类灾害数值和人员行为数值模拟与仿真，在虚拟空间中模拟灾害发生、发展的过程，以及人员在灾害环境中可能做出的各种反应，在虚拟演练平台上，开展应急救援演练与培训。

应急救援模拟演练技术主要包括矿井仿真技术、灾害模拟技术、应急演练模拟技术、烟热模拟技术等。矿井仿真技术是通过对井田位置、矿井地质、煤层分布、井巷分布、井工设备、工业广场等矿井相关问题进行建模，建立完整的矿井模型的技术；灾害模拟技术通过虚拟现实技术真实再现煤矿水、火、瓦斯、冒顶、煤尘等煤矿灾害事故发生时的场景；应急演练模拟技术是通过设置一系列与虚拟灾害场景的交互，达到模拟演练目的的过程。应急救援模拟演练技术让学员有一种身临其境的感觉，能够熟知煤矿灾害发生时的灾前征兆、灾害发生的过程、灾后的场景，实现对事故发生的后果做出展示，增强人们对事故的认识。通过描述事故发生过程和事故原因，可为煤矿重大事故分析、事故汇报、逃生演练等提供技术支持，从而为事故发生后的应急救援工作提供参考性建议。2010年以来，沈阳研究院、重庆研究院先后在应急救援模拟演练技术方面做了研究工作。烟热模拟技术通过模拟仿真各种抢险环境，人为设置测试条件，训练人员在黑暗、噪声、烟雾、潮湿、高温等外界环境下，按照预先设定的应急救援程序，完成指定的应急救援任务的过程，对应急救援模拟演练起到辅助作用。沈阳研究院通过对烟热模拟技术的研究，研制出多功能烟热模拟训练系统，使应急救援人员掌握应急救援专业知识和技能，提高应急救援能力。

本章对应急救援模拟演练技术做总体介绍，通过对模拟演练技术、模拟演练装备的介绍，指出模拟演练在应急救援安全培训中起到的重要作用；通过对应急救援模拟演练技术的研究，降低救援演练的投入成本，增加推演实训时间，在保障安全的前提下，完成矿井事故应急救援模拟演练任务，提高应急救援模拟演练技术水平。

39.1 模拟仿真演练技术

虚拟仿真演练技术采用虚拟现实（VR）技术、多通道立体投影显示技术、环绕立体声技术、3D电影技术、计算机网络协同处理技术等，创建一个逼真的虚拟现实世界，为培训煤矿从业人员安全和技能提供“沉浸式”培训环境，使学员在体验各种真实场景的同时，学习相关操作知识，认识灾害的发生、发展过程及危害，并通过交互学习，快速掌握操作步骤及要点。提高学员的整体技术水平、思想素质及各种突发状况的应对能力，并且使煤矿从业者的整体操作能力及防范意识得到提高，使其真正进入规范化管理阶段，降低各种事故发生的概率，将安全培训提升到一个崭新的水平。

39.1.1　系统组成

系统硬件主要由场景生成系统、信号传输系统、视听系统、人机交互控制系统及答题终端考试系统等部分组成。场景生成系统由计算机图形处理工作站、多通道融合校正系统组成；信号传输系统由千兆光纤网及视频音频传输线路组成；视听系统采用主动立体投影方式，由 3D 高清投影仪、3D 快门式眼镜、立体声音响和弧幕组成；人机交互控制系统由平板电脑、无线网络组成；答题终端考试系统由手持设备、无线网络、考试服务器组成，其结构如图 39.1 所示。

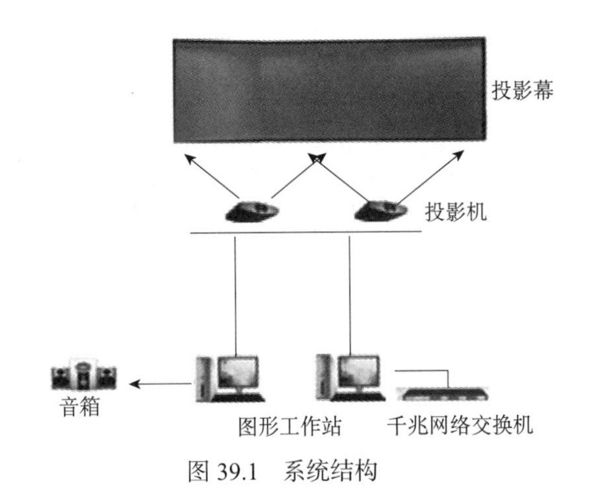

图 39.1　系统结构

39.1.2　技术原理

1. 立体投影技术

根据观察物体的特征，在三维空间创建两个非对称视景体的两个相机，分别代表人的左、右眼来模拟人眼的观测空间。立体视对的生成算法常用的有平行、内束、离轴算法，而离轴透视算法的效果最好，如图 39.2 所示。

2. 数字几何矫正技术

当投影仪没有正投到屏幕上或投影到非平面屏幕上时，图像的几何形状就会发生变形，引起几何失真，就是通常所说的梯形失真和非线性失真。梯形失真的问题一般可以通过调

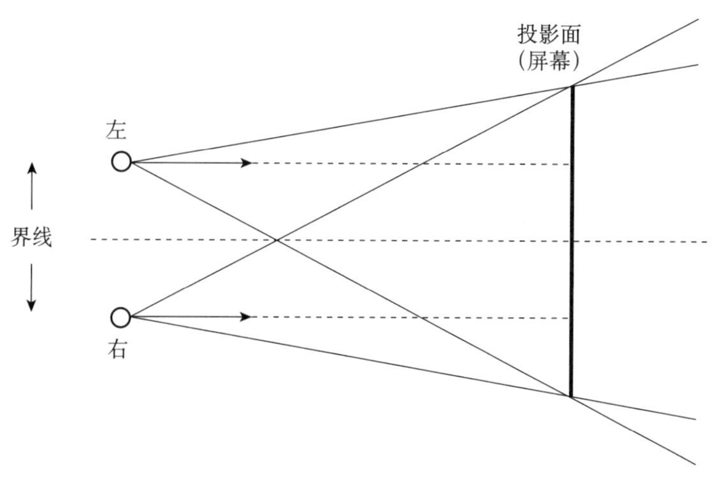

图 39.2　立体投影原理图

节投影仪的自身梯形校正功能来解决，对于非线性失真的问题，则通过非线性失真矫正技术进行几何校正（图 39.3）来解决。

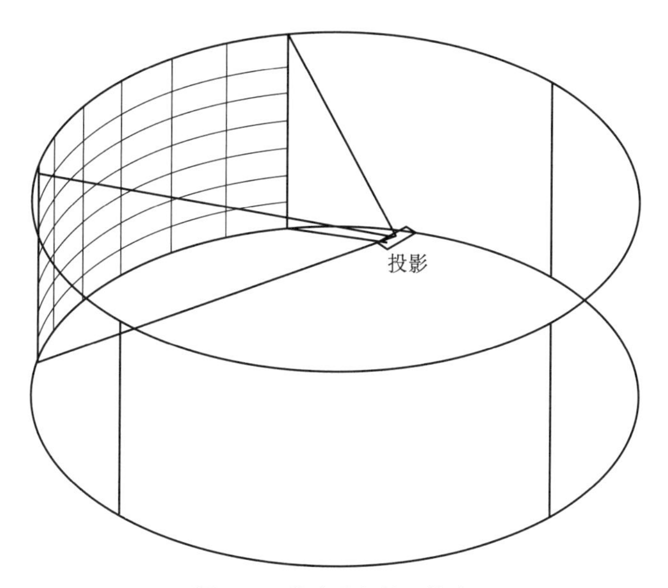

图 39.3　数字几何校正技术

3. 色彩与亮度平衡技术

任务是去除投影重叠区的光学亮带，对相邻两个投影面的重叠区的高亮部分进行亮度的平滑过渡处理。两个投影面的光学亮带如图 39.4 所示。

4. 边缘融合与无缝拼接技术

由于主、客观原因，在两个投影仪相重叠的区域，图像发生交错。采用人机交互式对图像的控制点进行调整，使两个投影面重叠区域，图像一致，使重叠区域的图像达到如图 39.5 所示的效果。

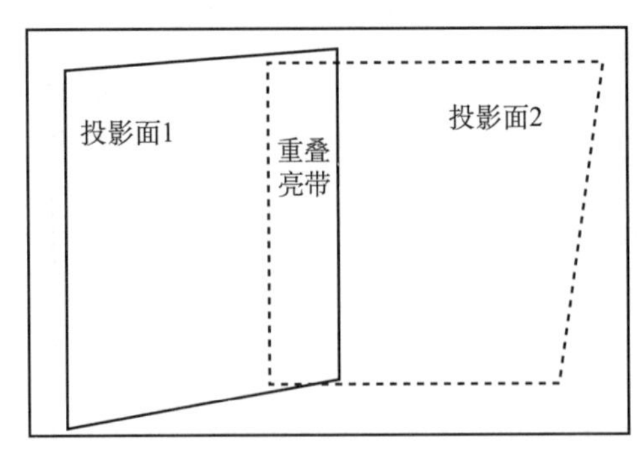

图 39.4　通道间的色彩与亮度平衡

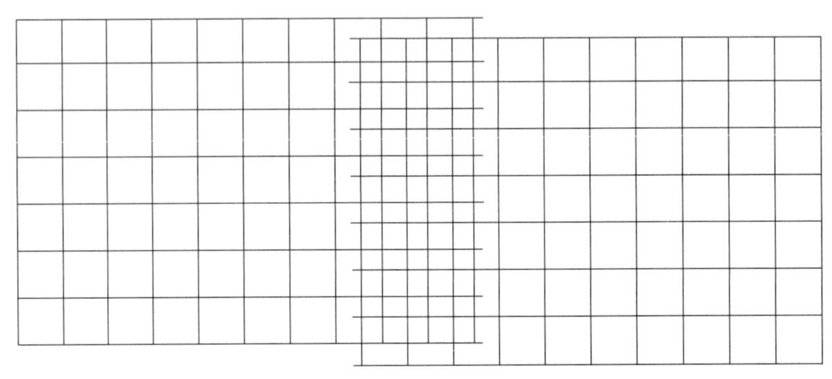

（a）对齐校正前

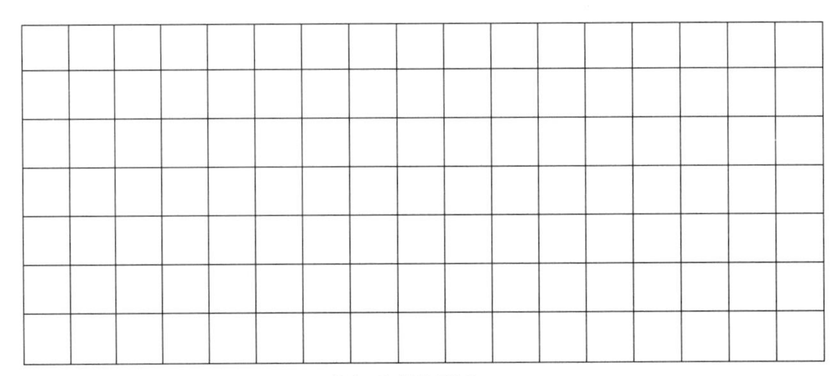

（b）对齐校正后

图 39.5　数字图像边缘融合与无缝拼接

5. 多通道立体投影显示流程

多通道立体投影显示流程如图 39.6 所示。

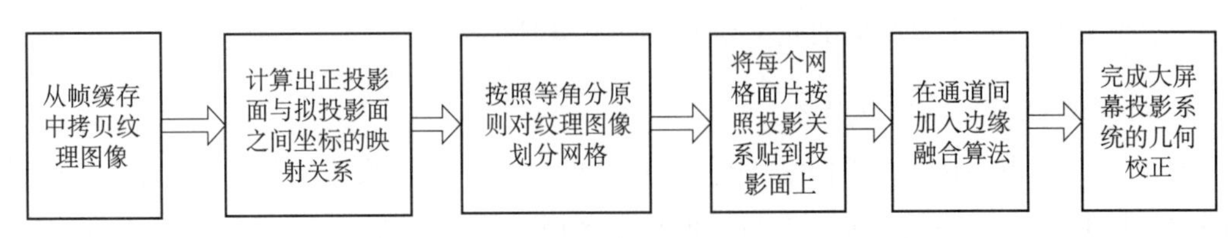

图 39.6　多通道立体投影显示流程

39.1.3 特点

（1）沉浸性模拟仿真系统，使用者可获得视觉、听觉、嗅觉、触觉、运动感觉等多种感知，获得身临其境的感受。

（2）交互性模拟仿真系统，不仅环境能够作用于人，人也可以对环境进行控制，而且人是以近乎自然的行为进行控制，虚拟环境还能够对人的操作予以实时反应。

（3）系统中的环境是虚幻的，是利用计算机等工具模拟出来的。既可以模拟客观世界中以前存在的或现在真实存在的环境，也可模拟客观世界中当前并不存在但将来有可能出现的环境，还可模拟客观世界中并不会存在的而仅仅属于人们幻想的环境。

（4）模拟仿真系统的逼真性表现在两个方面：虚拟环境给人的各种感觉与所模拟的客观世界非常相像；人以自然的行为作用于虚拟环境时，环境做出的反应也符合客观世界的规律。

（5）开放性模拟仿真演练打破演练空间上的限制，受训者可以在任意的地理环境中进行集中演练，身处异地的人员，只要通过网络通信设备也可进入相同的虚拟演练场所进行实时的集中化演练。

（6）针对性与现实中的真实演练相比，模拟仿真演练可以方便地模拟任何培训科目，借助虚拟现实技术，受训者可以将自身置于各种复杂、突发环境中去，进行针对性训练，提高自身的应变能力与处理技能。

（7）自主性借助自身的模拟演练系统，各单位可以根据自身实际需求，在任何时间、任何地点组织相关培训，指导受训者等相关人员进行演练，并快速取得演练结果，进行演练评估和改进。受训人员也可自发地进行多次重复演练，使受训人员始终处于培训的主导地位，掌握受训主动权，大大增加演练时间和演练效果。

（8）模拟演练环境远比现实中安全，培训与受训人员可以大胆地在虚拟环境中尝试各种演练方案。在确保受训人员人身安全的情况下，受训人员可以卸去事故隐患的包袱，尽可能极端地进行演练，从而大大提高自身的技能水平，确保在今后实际操作中的人身与设备安全。

39.1.4 应用情况

已经对国家应急救援的 14 个区域级救援基地、武钢集团、中国有色金属集团等企业完成产品的施工建设，并取得用户的一致好评。应用领域从煤矿扩展到消防、石油、化工、冶金等行业。

39.2 3D-VR 仿真和演练技术

3D-VR 煤矿事故仿真和安全培训演练技术是沈阳研究院研发的应用于煤矿安全培训及

应急救援演练的沉浸式仿真演练技术。依托 360° 环屏沉浸式投影硬件平台，通过煤矿重大灾害模拟、自救逃生、应急救护演练、危险识别等软件功能模块，为煤矿应急救援提供仿真的模拟演练软硬件平台。

39.2.1 工作原理

采用虚拟现实（VR）技术、360° 环屏投影播放技术、12.1 环绕立体声技术、3D 电影技术、计算机网络协同处理技术，为煤矿提供“沉浸式”救援演练环境，将救援演练装备和质量提升到一个崭新的水平。创建一个逼真的虚拟现实世界，通过煤矿重大灾害模拟、自救逃生、应急救护演练、危险识别等软件功能模块，使学员在体验各种真实场景的同时，学习各模块相关操作知识，认识灾害的发生、发展过程及危害，并通过问答式的交互学习，快速掌握每个模块的操作步骤及要点。

1. 硬件平台

采用 360° 环屏沉浸式投影系统是用于播放立体动画的多功能网络化多媒体演示平台，从计算机底层到前端的投影播放单元，采用多台工作站协同作业，进行三维图形的处理与输出，最后形成沉浸式的仿真场景，让学员在轻松、愉快、直观的环境中掌握救援演练内容。应用立体图形实时生成技术、图形变形、解封、亮度调整技术、图形多机实时同步技术、图形立体投影技术、多声道声音播放和控制技术、交互式同步控制技术、多人协同控制技术等。

该系统由播放单元、网络单元、控制单元和交互设备四部分组成。控制单元是系统的大脑，对系统起到支配作用。网络单元是连接控制单元与播放单元之间的枢纽。播放单元是人机界面，是用户直观接触到的单元。

1）控制单元

由实时生成立体图像的工作站群集及视频转换装置组成，高速处理三维立体图形。每台工作站均采用 64 位操作系统，12G 内存配置，运算能力可以保证图形数据及时运算与处理。

2）网络单元

该单元是系统信息的高速公路，包括千兆高性能数据网络、千兆高性能视频网络以及音频网络。起到海量数据传输的作用，是连接控制单元与播放单元的桥梁，保证工作站、投影仪、音箱、低音系统及交互设备间的高速通信。

3）播放单元

该单元由高级可视化交互式播放平台、视频、音频和控制系统组成，用于对三维场景进行 3D 仿真展示。

投影机是播放单元的核心，采用主动立体式投影机，亮度、对比度高，成像效果好，能够较好地完成煤矿井下环境投影。金属机械式支撑骨架采用高强度钢材料，单体支撑效果好，造型美观。既可以对屏幕与相关设备起到强有力的支撑作用，还能够对屏幕整体形状进行定型。图形工作站采用64位高端图形工作站，内存8G以上，显存4G以上，能够流畅地渲染庞大的煤矿设备模型。音响采用12方位立体声音响，重低音效果震撼。

4）交互设备

采用IPad和IPod。IPad作为三维场景控制器，通过IPad控制场景的漫游及视角的控制，IPod作为学员的答题终端。

2. 软件平台

AutoDesk Maya、3DS Max创建采、掘、机、运、通、环相关设备三维模型、场景及动画，采用Unity3D作为软件模块开发工具，根据煤矿应急救援及培训的需求，研发危险源识别、灾害模拟、自救逃生、应急救援等多个模块，应用考核管理模块对学员的培训演练进行管理。

1）危险源识别培训模块

通过对井下水、火、瓦斯、煤尘、顶板、供电、提升等危险源征兆场景进行建模，真实再现井下各种危险源征兆，学员根据掌握的安全知识，通过答题终端对系统提出的相关问题作答，答案由考核管理系统管理。随后系统将真实展示事故发生过程及产生的严重后果，最后展示出这些危险征兆之后的正确处理场景并给出正确的处理方法。

2）事故仿真模拟培训模块

分析不同事故的成因，将从危险征兆出现到事故的发展过程及导致的后果，进行完整的模拟展示。通过交互式的培训，增强学员对各种事故的了解和认识。

3）自救逃生培训模块

根据不同事故，预先设计好逃生路线，进行场景设计，通过事故的模拟，真实再现各事故发生时的虚拟仿真环境，针对不同事故制订不同自救逃生方案；通过人机交互，让学员面对逃生过程中遇到各种情况做出操作或做出抉择。

4）事故救援演练模块

针对不同事故制订不同的救援方案，再根据方案进行场景和设备的建模及动画、与系统交互的开发制作，每一种事故的救援都将详细展示最有效的、最快速的救援步骤，及各种救援过程中可能遇到的突发情况的处理，通过学员与系统的交互，培训学员救护救援的技能及协同救援的配合能力。

5）安全培训考核管理系统

针对危险源识别、事故仿真模拟、自救逃生、事故救援演练模块中的关键点，设置考核内容，以答选择题的形式供学员选择或根据学员的具体操作情况进行评估，统计每位学员的考核成绩。通过与系统的互动及视频监视，建立多方位的实训技能考核体系，实现入井人员严格的准入条件考核。

39.2.2 技术特点

1. 基于软件屏幕拼接技术

目前，国内外的投影技术还不能达到大屏幕的要求。采用大屏幕及特殊屏幕，必须采用投影机的屏幕拼接技术。分为硬件拼接与软件拼接两种。硬件拼接一般价格高昂，而软件拼接技术难度较高。

6台投影机分别向6个方向投影，投影到一个高4m、直径10m的环形屏幕上，从而形成了6个拼接带。采用澳大利亚新南威尔士大学使用的VIRTOOLS作为虚拟现实软件平台，借助在顺华能源学院建设的硬件平台，沈阳研究院与外方技术专家一起研究片源（模块）的播放形式，通过片源的特点制定投影屏幕的拼接流程。

沈阳研究院技术组与澳大利亚新南威尔士大学的技术专家一起交流，UNITY虚拟现实软件平台以虚拟现实效果好成为后续片源（模块）开发的主要三维开发引擎。

积累基于VIRTOOLS软件屏幕拼接的经验，研发出一种基于UNITY软件引擎的半自动化屏幕拼接方法。屏幕拼接流程如图39.7所示。

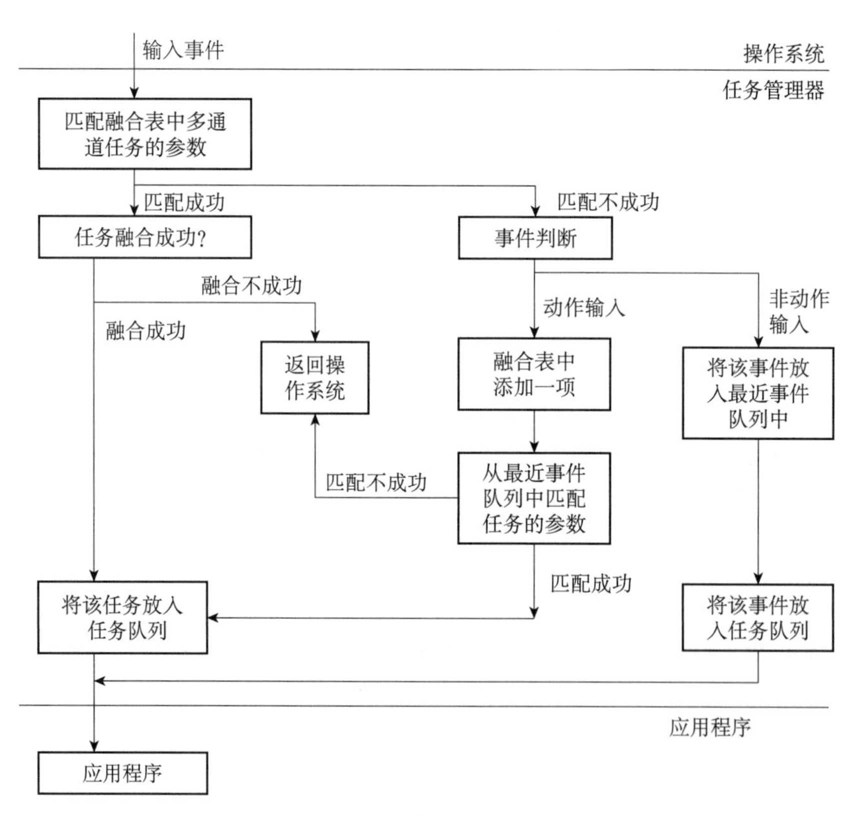

图39.7　屏幕拼接流程

基于软件的屏幕拼接技术是在软件开发的基础上，完全通过软件来进行屏幕的调整以达到屏幕拼接的目的。与以往的采用硬件设备进行屏幕拼接相比，不但降低了成本，而且能够动态地调整拼接带亮度，达到良好的屏幕拼接效果。

2. 360°“沉浸式”播放环境

1）视觉“沉浸式”

采用360°环形屏幕及立体投影技术，使培训人员在播放环境四周均能看见立体投影效果，真正让培训人员如置身在煤矿井下环境中。通过主动式立体眼镜，培训人员能够在模拟的煤矿巷道中产生更加真实的感受，从而感受更加震撼的煤矿设备运作及各种危害模型的立体效果。

2）听觉“沉浸式”

系统声源由12个音箱（均分布在环屏四周）和2个重低音音响组成。当片源（模块）播放时，这些声音设备将同时进行工作，就能产生立体声的效果。声音播放方式改造为随着片源（模块）中各种声音，如皮带传动声、瓦斯爆炸声的方向与距离变化，相应地调节这12个音箱的音量，创造定向音源效果，具备“沉浸式”的体验。

360°“沉浸式”播放环境是通过3D立体技术、定向音源技术创造一个完整的虚拟井下世界，让学员真正沉浸到虚拟现实环境中去。

39.2.3 应用案例

针对客户的不同需求，开发3D-VR煤矿事故仿真和安全培训演练系统、煤矿火灾应急救援系统等。现国内采用该套系统的有：扎赉诺尔矿务局、内蒙古平庄矿务局等15个国有大型矿务局。

随着产业化项目内容的丰富与发展，该技术有着更为广阔的市场应用前景，可应用于煤矿安全培训、事故模拟仿真、应急救援演练甚至设备检测检验等领域。为煤矿安全生产提供良好的培训环境，是煤矿安全生产的保障。通过对入井人员的各项技能培训，可以有效地提高入井人员的安全知识，提高矿工的自救能力，避免灾害的发生。

39.3 虚拟仿真培训演练技术

39.3.1 工作原理

虚拟仿真培训演练系统涵盖面广、功能齐全、技术先进。虚拟仿真系统包括硬件和软件两部分。硬件主要包括环幕投影系统、高级仿真运算平台和虚拟现实开发平台；软件主要包括煤矿五大灾害警示教育系统、煤矿应急逃生综合演练系统、矿山救援多媒体教学系统、考核评价系统、矿山救援多人协同演练系统等。

1. 硬件部分

虚拟现实硬件主要由IG系统、投影系统、音响等配套设备组成。通过构建虚拟仿真硬件平台，提供3D高级视觉和交互环境，具有高等级的沉浸感；同时还配备4D动感功能，配备烟雾发生器、动感座椅和吹风淋雨装置等虚拟外设，使得学员能够体验煤矿灾变环境下的振动、烟雾、吹风和淋水等物理现象。

2. 软件部分

1）五大灾害警示教育系统

通过虚拟仿真平台，利用3D视频真实再现煤矿灾害发生的预兆、发生的过程以及灾害的避灾方法等内容，同时能够实现灾害场景的浏览功能，观察灾害发生及灾害后果，使受训者有身临其境的感觉。该模块展示的灾害包括顶板灾害、矿井火灾、瓦斯煤尘爆炸、矿井水灾、煤与瓦斯突出。

2）逃生综合演练系统

通过搭建矿井灾害真实环境，使受训者能够通过自身意识判断并学习灾害发生时如何选择正确的避灾或撤退路线，学习各种避灾标志、逃生技巧及逃生方法，获取灾变环境中交流、通信及决策支持的经验和能力。

3）多媒体教学系统

采用多媒体技术，综合利用文字、图片、三维动画、视频、音频等多种形式向学员展示矿山救援训练信息、装备信息及使用、矿山救援基本技能等。主要培训内容包括矿山救援军事化管理、矿山救援装备、矿山救援基本技术操作、矿山救援医疗急救等内容。

4）考核评价系统

考核学员对矿井安全知识掌握情况，实现学员模拟考试和正式考试。管理员能够自动、手动生成题库，并可进行编辑，具有手动和自动阅卷功能，可对考试成绩进行打印和统计，系统操作简单，管理方便。

5）单兵训练系统

该系统包括下井准备子模块、灾区侦察子模块、气体检测子模块、现场急救子模块和灾变处理子模块。拥有多种动态灾变场景，救护指战员可以在不同的场景中，针对不同的灾变环境，进行模拟环境下的实战演练。

6）多人协同演练系统

基于虚拟现实平台，运用局域网联机技术和多人同时在线技术，通过搭建煤矿井下灾变环境，允许应急救援队所有队员同时参与虚拟救援协同训练，同时能够进行救灾指挥部、指挥员、应急救援队之间的协同作战演练，获得在灾变环境下如何进行救灾、交流、通信及决策支持的经验和能力（图39.8）。

39.3.2 技术特点

（1）研发完成矿山救援虚拟仿真培训系统，实现煤矿从业人员和矿山救援人员的虚拟

图 39.8 矿山应急救援多人协同演练系统

培训和演练。

（2）针对煤矿特殊环境，利用次世代游戏美术制作标准研究开发煤矿模型库。设备及井下巷道模型运用法线、高光贴图模拟现实物体表面纹理质感。采用角色模型制作和动作调节与控制技术，使得人物的动作更加协调、自然。

（3）煤矿井下阴暗环境影视特效制作技术，达到煤矿井下特殊环境的矿井灾害中的爆炸、火焰、浓烟、洪水、尘雾、冲击波等效果，真实再现各种灾害的动态、材质外观，并将特种特效整合在一套视频中，实现完整统一。

（4）针对需求定制的灾害模拟采用了并行实时立体渲染技术，具有高度沉浸感。

（5）多通道立体并行渲染采用延时补偿技术，进行三维场景数据的同步，采用硬件进行立体帧锁定与帧同步，充分发挥硬件同步的高可靠性和稳定性，同时通道数、分辨率、相机数可以灵活进行配置，满足与其他软件系统的集成要求。

39.3.3 应用实例

该应急救援模拟演练技术在以下单位得到了推广应用：国家矿山应急救援基地平顶山队、淮南队、芙蓉队、鹤岗队、大同队、靖远队等国家级应急救援队伍；吉林白山矿山救援队、新疆矿山应急救援队等地方级应急救援队伍；四川省应急救援指挥中心、重庆市煤管局等政府监察机构，新疆工程学院、河南理工大学、重庆市煤矿安全技术培训中心等专业院校；神华新疆能源集团公司、西南铝业等。

39.4 多功能烟热模拟训练技术

DMX-135A 型多功能烟热模拟训练系统（图 39.9）通过模拟仿真各种抢险环境，人为设置测试条件，训练战斗员在黑暗、噪声、烟雾、潮湿、高温等环境下，按照预先设定的工作程序，能够正确使用个人防护呼吸器及其他设备，穿越各种障碍，处理塌方等事故，独立或共同实施抢险和营救任务，完成规定动作并安全撤离现场。

图 39.9 DMX-135A 型多功能烟热模拟训练系统训练主体

训练系统可评定和测试战斗员最大身体承受能力、心理承受能力及按要求完成规定任务的能力。利用多功能模拟训练系统对战斗员进行经常性的训练，可以丰富其战斗经验，提高实战中对各种突发事件的应变能力，增强在各种复杂环境中的心理承受能力，大幅提升战斗员的综合作战效能。

39.4.1 工作原理

仿真模拟矿井巷道，利用声、光、高温、浓烟等模拟矿山救援事故现场环境，人为设置测试条件，训练人员佩戴氧气呼吸器，在黑暗、噪声、烟雾、高温等条件下，按照预先设定的工作程序，能够满足两个小队独立或共同完成相应训练过程的要求。模拟受训人员对灾区侦测设备仪器的使用，评定和测量受训人员生理和心理参数，预留软硬件升级接口。

对救护队员进行经常性的训练，增加各种救援装备的使用经验，提高在各种环境下抢险救援能力，增强救护队员身体及心理素质，使受训人员在抢险救援的实战过程中，提高突发事故时的作战、应变和心理承受能力，最终顺利完成抢险救援任务。

39.4.2 技术特点

1. 金属栅网训练主体

金属栅网通道为模块式金属制造笼体组成的复杂通道，通道总长 135m，分三层，模拟巷道高度设计，底层高 1m、二层高 2m、三层高 2m，出入口共四个，均设在底层，有两个固定式出入口。根据空间条件及用户的不同要求可做调整、变换和功能的扩展。笼体由结构钢组成框架，笼体四周由边网封闭，在三层的通道中，设置有各种人为路障，增加训练难度。框架上和转角处设置方位指示灯，用于引导训练人员辨明前进方向。金属通道所有边网都可快速拆卸，用于训练人员在出现意外情况时使用。在通道出口附近设有电磁活动门，通过调整活动门的位置，可变化出不通的线路。每层设置45m训练线路。“软梯”、“滑竿”、“爬绳”、“竖井”、“斜井”贯穿一～三层；“爬梯”和“长斜梯”贯穿二～三层；“短斜梯”贯穿一～二层；“巷道”设置在三层，总长4m，包括斜巷和平巷；“独木桥”设置在三层，总长4m；“圆筒”设置在底层，内径600mm，总长4m；“H形隔断”、“V形隔断”、“菱形隔断”、“模拟塌方”、“电子陷阱”等障碍分布于一～三层。设管路堵漏模拟装置、破拆模拟装置（包括钢筋、板材的破拆）、电力故障模拟装置等路障，错综复杂的障碍和路线最大化还原灾害现场环境，使训练更贴近真实灾害环境，让训练人员增强挑战自我身、心极限及按要求完成任务的能力。

2. 步进跟踪系统

实现与可编程I/O模块双向通信，对输入端135个感应传感器的开关量检测。DMX-135A多功能模拟训练系统构成一个SCADA系统，由工厂级管理系统和现场级控制系统构成，分主站和多个远程终端站。系统设备监控分为本地方式和远程方式。本地方式由主训室控制柜上的触摸屏完成本地设备监控，远程方式由中控室主机完成远程设备监控。

训练基本信息设置：可将训练人员信息录入；线路的新建和修改。系统预设12条可训练线路，并支持用户自定义新线路完成全新训练；参数设置包括每条线路的及格和满分时间，每次犯规扣分分值、携带装备的难度系数、体征参数的权重系数。

训练实时跟踪显示训练人员的视频图像；显示训练人员的体征参数；能够同时对多名训练人员进行实时跟踪。通过软件定位系统实时显示训练队员的具体位置，并对出现的训练异常情况做出相应的预警及报警。

训练记录查询：历史记录查询、统计、报表打印。训练成绩记录同时具备训练趋势曲线图功能，以显示一段时间内队员的训练情况，分析其训练效果及强度。

3. 烟热模拟系统

烟热模拟系统的主要功能是实现主训练室烟、热、状态显示、设备控制。以工业触摸屏作为人机界面，用远程I/O模块作为RTU，将所有现场监控信号通过以太网传给中控主机。再现灾难现场靠近火源和爆点时呈现的状态，在主、副训练室设有多台大功率热风机，可在短时间内使环境的温度均匀上升。将室温由常温升至高温，即由25℃升至50℃的时间不超过20min。在热风机出风口附近可产生80℃的高温，训练人员在经过此段区域附近时，可产生热浪扑面的感觉。与其他加热方式相比，电热风机最大的优点是加热均匀，整体温升快，可保证整个栅网通道内温度一致，而且对人体无伤害。在控制台上安装有四块温控表，借助安装在训练室内的传感器可以显示训练室的温度，还可根据事先设定好的温度控制热风机的启动、停止。

训练室使用烟雾的地方都安装有密封门，防止扩散到临近房间。进出主、副训练室均须通过密封室。主、副训练室内均设置大功率风机和排气管道疏放系统，用于训练后排空训练室中烟雾。训练结束后，依靠轴流式风机和排气管道疏放油烟系统，在2min内排空训练室内的烟雾，注入新鲜空气。当发生意外情况时，疏放系统也可迅速启动，排空烟雾，方便救援人员进行施救工作。

4. 视像监控系统

它由训练系统内设置的多个视像监控点组成。保证监控区域无死角和实现完全黑暗情况下的监控。包括红外摄像机、热成像摄像机以及与之相配套的云台、云台解码器。摄像机不仅在正常光照下可以使用，还可在黑暗、浓烟和高温环境下监控训练活动。硬盘录像机可将整个训练过程录制下来。音视频信号能通过局域网或因特网传到远程计算机上。

5. 声光模拟系统

通过设备中配置的功率放大器和音箱，将预先录制的现场背景噪声通过电脑软件播放出来，强化训练室的拟音效果，以强化训练室的实战效果。训练过程中，为了在监控时能实现和内部人员对话，控制台上设置麦克风和扬声器。操作控制台上的按钮，可以呼叫各有关位置。音频采集的声音可通过扬声器播放出来，指挥人员可与训练人员进行对话。为了模拟灾难现场的真实情景，设置灯光控制装置，由控制台控制的丽彩频闪灯和彩灯，可发出交错频闪的光柱。训练室内的照明，除日常使用之外，还受到控制台的连带控制，在训练过程中，部分或全部照明如遇到紧急情况发生，则在“急停”控制指令发出后，立即启动，以便配合应急处理工作。同时，系统其他部分停止运行，相应的疏放系统同时打开，便于迅速解除危险。

6. 控制及显示系统

整个系统的心脏由主控制台、若干电器控制箱控制整个训练系统的所有操作。控制室内安装控制台、摆放观摩座位，指挥员和观察人员可在控制室内通过监视器、对讲系统全方位地了解训练室内训练人员的训练情况。

大屏幕子系统由主显示系统和辅助显示系统两部分组成。主要由12个监视器和LED组成、4个大屏幕监视器构成电视墙。在大屏幕上可显示现场视频信号及中控室内各计算机显示画面。在主训室安装两个机柜，所有现场设备都与电气柜和控制柜连接，通过机柜上的触摸屏可显示设备运行状态、手动控制设备启停、运行自动控制程序。

主控制台集成步进跟踪系统、发烟装置、环境增温设备、视像监控系统、背景音源拟音系统、对讲装置、照明及背景闪光系统、疏放系统及体征遥测系统的控制部分，指挥人员通过控制台可完成所有的指挥工作。

7. 体能测试系统

该系统具有时间、里程、血压、心律以及与该项运动有关的数据显示设备，为系统训练人员提供体能训练及测试设备，并对测试结果进行评价。

8. 体征遥测系统

该系统使用先进的数字式微型无线蜂站解决方案，可实现生命体征的不间断实时监测，实时采集心电、呼吸、血压、血氧、脉率及其相关信号。

9. 模拟灾害环境侦检系统

该系统由系统软件、模拟灾害环境参数发生器和若干个模拟灾害环境多参数测试仪组成。系统采用无线发射与接收模式，系统软件可人工或随机生成模拟环境参数，通过发射器采用无线方式发射出去，信号可覆盖200m的范围。测试仪体积小巧，易于携带，抗干扰能力强，持续工作时间不少于8h，可同时接收5种模拟气体浓度参数并在液晶屏上显示。

39.4.3　应用实例

该技术已在国家应急救援的14个区域级救援基地，武钢集团、中国有色金属集团等企业完成施工建设，其应用领域也扩展到消防、石油、化工、冶金等行业。

（本章主要执笔人：沈阳研究院朱臣武，洪玉玲，梁明辉，张旭，张洪亮；
重庆研究院杨俊燕，刘雄）

主要参考文献

边庆林，宋文忠．1993．汽雾阻化防火及其应用．煤矿安全，(8)：24-26．

蔡成功，王魁军．1992．MD-2 型煤钻屑瓦斯解吸仪．煤矿安全，(7)：16-18．

曹建军．2014．基于动力属性的深井灾害防治技术研究与应用．煤炭科学技术，11：50-54．

曹建军，孟贤正，何清，等．2009．新型钻扩一体水力化防突集成技术．煤炭科学技术，39(11)：40-44．

曹树刚，徐阿猛，沈大富，等．2007．顺层深孔预裂爆破瓦斯预抽的试验研究．中国矿业，(7)：68-70．

曹垚林．2004．高压吸附下的瓦斯放散初速度研究．煤矿安全，35(9)：4-6．

曹垚林，富向，蒋清华．2005．WT-2000 型瓦斯放散速度测定仪的研制及其在淮南矿区的应用．煤矿安全，36(7)：19-22．

曹主军，周建，宋红娟．2014．井下定向钻进技术在矿井老窑水治理中的应用．煤炭科学技术，42(10)：106-108，112．

常建兵，刘涛，胥奎，等．2007．综掘工作面粉尘防治技术研究．煤炭工程，(3)：53-55．

常利铭．2011．瓦斯监测数据联网 - 动态数据的实时传输．矿业安全与环保，(4)：42-44，93．

常宇，李柏均，任文贤，等．2012．瓦斯放散初速度指标 (ΔP) 测定仪的研制．矿业安全与环保，39(6)：29-31．

陈登红，华心祝．2014．大采高工作面煤壁片帮的压杆稳定性分析．煤炭与化工，37(1)：30-32．

陈芳，刘勇，马威，等．2015．综放工作面动静压联合注水降尘技术研究．煤炭科学技术，43(5)：67-70．

陈刚．1996．矿井实时监控系统一氧化碳发火趋势分析．煤矿自动化，(3)：14-16．

陈建阁，吴付祥，王杰．2015．电荷感应法粉尘浓度检测技术．煤炭学报，40(3)：713-717．

陈林．1992．KJ22 经济型煤矿监控系统．煤矿自动化，2：3-9．

陈林，武若珊．1997．关于《煤矿监控系统总体设计规范》的应用及建议．煤矿自动化，(2)：3-5．

陈松林．2010．突出煤层钻孔远距离控制钻机研究与试验．煤矿机械，(5)：63-66．

陈永民，王苏健，宋超，等．2015．松软低透煤层 CO_2 爆破增透技术应用研究．煤矿开采，(3)：133-135．

陈鱼，王义红，乔慧丽，等．2013．基于 CFD 的大通孔开闭式钻头流场研究．探矿工程 (岩土钻掘工程)，40(9)：52-54．

陈运启，钟宇．2015．面向移动互联网的煤矿安全监测平台．煤矿安全，(3)：237-240．

程刘胜，吕小强，陈亚，等．2014．矿用无轨胶轮车泊车辅助装置设计工矿自动化，工矿自动化，(7)：19-21．

程远平．1990．高沼气综采工作面 Y 型通风方式主副配风比的探讨．煤矿安全，2：32-35.
程远平，付建华，俞启香．2009．中国煤矿瓦斯抽采技术的发展．采矿与安全工程学报，26(2)：127-129.
崔俊飞．2013．基于 GIS 的矿井瓦斯赋存规律多影响因素智能分析技术．中国安全生产科学技术，(8)：5-9.
崔俊飞．2015．瓦斯地质动态分析及瓦斯涌出实时预警系统．工矿自动化，(3)：5-9.
崔俊飞，唐韩英．2015．矿井瓦斯地质智能预警平台的建设与应用．工矿自动化，(1)：25-29.
崔俊飞，李向东，李明建．2009．基于 GIS 的矿井瓦斯地质数字化技术．煤炭科学技术，(2)：97-99，116.
戴广龙．2007．煤低温氧化过程气体产物变化规律研究．煤矿安全，38(1)：1-4.
邓敢博．2016．矿井瓦斯抽采分析评价系统设计．煤炭技术，35(3)：155-157.
邓敢博，邹云龙．2016．基于抽采监控系统的瓦斯抽采规律研究．中州煤炭，(4)：1-3.
邓军，程超，吴晓春．2007．煤矿可燃性气体爆炸氧浓度的实验研究．煤矿安全，(6)：5-8.
邓永胜，王成果，李春睿．2012．花山矿大倾角工作面坚硬顶板爆破弱化研究 // 天地科技股份有限公司开采设计事业部，煤炭科学研究总院开采设计研究分院，采矿技术研究所．综采放顶煤技术理论与实践的创新发展——综放开采 30 周年科技论文集．北京：煤炭工业出版社.
邓志刚．2013．基于 ARAMIS M/E 微震监测系统的冲击地压监测技术研究．煤矿安全，(5)：105-107.
邓志刚，齐庆新，赵善坤，等．2014．三维地应力场反演技术在冲击危险评价中的应用．煤炭科学技术，42(5)：5-8.
董昌乐，牟培英，李泉新，等．2014．煤层底板注浆加固钻孔施工技术及发展趋势．煤炭科学技术，42(12)：27-31.
董书宁．2010．对中国煤矿水害频发的几个关键科学问题的探讨．煤炭学报，(1)：66-71.
董书宁，虎维岳．2007．中国煤矿水害基本特征及其主要影响因素．煤田地质与勘探，(5)：34-38.
董书宁，刘其声．2009．华北型煤田中奥陶系灰岩顶部相对隔水段研究．煤炭学报，(3)：289-292.
董书宁，靳德武，冯宏．2008．煤矿防治水实用技术及装备．煤炭科学技术，(3)：8-11.
杜子键，刘子龙．2007．煤矿井下顺煤层千米枝状长钻孔抽采瓦斯工艺．矿业安全与环保，34(1)：27-30.
段乃婵，吕鹏飞，夏世民，等．1994．HP4951C 协议分析仪应用实例．煤矿自动化，(1)：39-41.
段西凯，齐怀远，陈东升，等．2012．大倾角综放工作面化学膨胀惰泡治理自然发火技术．煤矿安全，43(4)：42-45.
樊荣，侯媛彬，郭清华，等．2015．可调谐半导体激光吸收光谱式甲烷传感器温度补偿技术．煤炭学报，(1)：226-231.
范喜生．2012．矿用自动复位式风井防爆门研究．煤炭科学技术，40(6)：58-61.
方俊，陆军，张幼振，等．2015．定向长钻孔精确探放老空水技术及其应用．煤田地质与勘探，(2)：101-105.
冯文彬．2015．矿用光谱设备中的多气体谱线调制技术．煤矿安全，46(5)：117-120.

冯文彬．2015．矿用激光光谱多参数灾害气体分析检测装置．煤矿安全，46(4)：100-102，105.

付东波．2010．基于 uCAN 总线的矿山压力监测远程传输解决方案．煤矿开采，15(4)：121-125.

付东波．2015. SOI 压力传感器在支架工作阻力监测中的应用．工矿自动化，41(8)：21-24.

付东波．2015．基于 P-t 曲线智能实时扑捉的顶板灾害压力监测研究田．煤矿开采，20 (4)：115-117.

付东波，徐刚．2013．煤矿顶板与冲击地压综合监测系统应用实例分析．煤炭科学技术，41（增刊）：14-17.

付东波，齐庆新，秦海涛，等．2009．采动应力监测系统的设计．煤矿开采，14(6)：13-16.

付东波，徐刚，毛德兵，等．2012．采煤工作面顶板灾害监测系统的应用．煤矿开采，17(6)：82-85.

付东波，徐刚，毛德兵，等．2012．煤矿采煤工作面顶板灾害监测系统研究与应用 // 天地科技股份有限公司开采设计事业部，煤炭科学研究总院开采设计研究分院，采矿技术研究所．综采放顶煤技术理论与实践的创新发展——综放开采 30 周年科技论文集．北京：煤炭工业出版社.

高维智．2012．大倾角巨厚含砾粗砂岩坚硬顶板弱化处理技术与应用．中国煤炭，38(3)：50-53.

高卫东．2012．熵权模糊综合评价法在矿井突水水源判别中的应用．矿业安全与环保，39(2)：22-24.

葛亮．2016．井下移动式液态二氧化碳防灭火装置．煤矿安全，47(2)：98-101.

龚小兵，赵才华．2013．混凝土喷射机降尘技术研究．矿业安全与环保，(4)：46-49.

龚小兵，郭胜均，刘奎，等．2009．掘进面分段式封孔注水降尘机理研究．矿业安全与环保，36(S1)：30-33.

苟怡，郭海军．2010．精确定位技术在煤矿井下的应用研究．中国煤炭，(8)：73-75.

郭胜均．2012．矿用气动湿式孔口除尘器的研发及应用．煤炭科学技术，40(5)：74-78.

郭维学，栾向春．1986．矿井扇风机最优化选择．煤矿安全，3：1-5.

郭孝先，李耀武．2013．新时期煤矿岩巷掘进机械化的发展方向．凿岩机械气动工具，(1)：13-24.

郭雪勇，杨海东，张士岭．2016．煤与瓦斯突出预警平台研究与应用．煤炭技术，(1)：168-170.

国家安全生产监督管理总局，国家煤矿安全监察局．防治煤与瓦斯突出规定，2009.

韩文骥，刁勇，赵旭生，等．2009．煤与瓦斯突出防治动态管理的信息化实现技术 // 煤矿瓦斯灾害预防与控制国际研讨会．重庆.

贺明新．2012．爆炸性碳氢化合物微胞囊阻爆灭火材料研究．煤矿安全，43(S1)：26-30.

贺耀宜．2013．煤矿远程安全监测监管一体化平台创新设计．工矿自动化，11：1-4.

贺耀宜，仲丽云．2011．矿井作业区域环境安全评价系统的设计与实现．工矿自动化，(5)：1-4.

洪玉玲．2014．煤矿安全监控三级联网系统软件的设计与实现．北京：煤炭科学研究总院.

胡福杰，徐扬，付云生，等．2008．DT 型煤矿用移动式碳分子筛制氮装置设计．煤矿安全，39(10)：48-50.

胡明，张睿．2014．穿层钻孔直接测定煤层瓦斯含量取样工艺研究．中州煤炭，(10)：69-74.

胡千庭．2006．预防煤矿瓦斯灾害新技术的研究．矿业安全与环保，33(5)：1-7.

胡千庭．2008．矿井瓦斯防治技术优选——煤与瓦斯突出和爆炸防治．徐州：中国矿业大学出版社.

胡千庭，文光才．2012．煤与瓦斯突出的力学作用机理．北京：科学出版社．

胡千庭，孙海涛．2014．煤矿采动区地面井逐级优化设计方法．煤炭学报，39(9)：1907-1913．

胡千庭，周世宁，周心权．2008．煤与瓦斯突出过程的力学作用机理．煤炭学报，33(12)：1368-1372．

胡智芳，李莉，张海鹏．2011．红外甲烷传感器信号处理电路的设计原理．煤矿安全，(3)：65-67．

虎维岳，田干．2010．我国煤矿水害类型及其防治对策．煤炭科学技术，(1)：92-96．

虎维岳，尹尚先．2010．采煤工作面底板突水灾害发生的采掘扰动力学机制．岩石力学与工程学报，(S1)：3344-3349．

黄光球，陆秋琴，郑彦全．2004．存在固定风量分支的通风网络解算新方法．金属矿山，10：52-54．

黄翰文，聂义勇．1983．矿井按需分风双树解算法．煤炭学报，12(4)：1-10．

黄麟森．2009．煤矿井下定向钻进通缆钻杆关键技术研究．北京：煤炭科学研究总院．

黄麟森，曾来．2010．煤矿井下定向钻进新技术．煤炭科学技术，38(4)：82-85．

黄显华，张浪，李伟，等．2013．基于VentAnaly的矿井通风网络优化调节研究．煤矿安全，44(11)：187-190．

黄元平．1986．矿井通风．徐州：中国矿业大学出版：144-146．

霍春秀．2014．瓦斯输送管道水封阻火泄爆技术研究．煤炭科学技术，42(8)：29-32．

霍振龙，徐瑛．1998．煤矿调度通信系统新模式的探讨．煤矿自动化，(3)：25-26．

姜天文，赵益，孙建华．2011．计算判断防爆门性能方法探讨．煤矿机械，32(1)：111-113．

姜文忠，霍中刚，秦玉金．2008．矿井瓦斯涌出量预测技术．煤炭科学技术，36(6)：1-4．

靳德武，刘英锋，冯宏，等．2011．煤层底板突水监测预警系统的开发及应用．煤炭科学技术，(11)：14-17．

靳德武，刘英锋，刘再斌，等．2013．煤矿重大突水灾害防治技术研究新进展．煤炭科学技术，(1)：25-29．

鞠文君，潘俊锋．2012．我国煤矿冲击地压监测预警技术的现状与展望．煤矿开采，17(6)：1-6．

康建宁．2010．吸附压力对瓦斯放散初速度(ΔP)测定的影响研究．煤矿安全，41(4)：4-5．

来伟良．2013． PLC控制系统在矿井水处理工程的应用．能源环境保护，27(3)：6-9．

蓝航．2014．浅埋煤层冲击地压发生类型及防治对策．煤炭科学技术，42(1)：9-13．

蓝航，齐庆新，潘俊锋，等．2011．我国煤矿冲击地压特点及防治技术分析．煤炭科学技术，39(1)：11-15．

蓝航，杜涛涛，彭永伟，等．2012．浅埋深回采工作面冲击地压发生机理及防治．煤炭学报，37(10)：1618-1623．

雷毅．2005．冲击危险性评价模型的建立及应用研究．北京：煤炭科学研究总院．

李春睿．2014．坚硬顶板深孔预裂爆破新技术及其应用．煤矿安全，45(6)：76-78．

李春睿，康立军，齐庆新，等．2009．深孔爆破数值模拟及其在煤矿顶板弱化中的应用．煤炭学报，(12)：1632-1636．

李德文，郭胜均．2009．中国煤矿粉尘防治的现状及发展方向．金属矿山，(S1)：747-752．

李德文，马骏，刘何清．2007．煤矿粉尘及职业病防治技术．徐州：中国矿业大学出版社．

李枫，孙莉民，魏军贤，等．2013．基于人工智能的矿井水害水源自动识别方法研究．华北科技学院学报，10(2)：17-21．

李钢．2010．图形数据管理技术在矿井通风CAD中的应用．煤炭科学技术，38(1)：81-84．

李继路，杜艳春，王来彬，等．2012．阳城煤矿3301综放工作面初采期间防灭火实践．煤炭科学技术，40(7)：54-57．

李靖，樊晓明．2011．基于RFID技术的井下人员定位管理系统的应用．工矿自动化，(5)：85-87．

李靖，付东波，徐刚，等．2012．矿山压力监测数据远程同步传输方法研究 // 天地科技股份有限公司开采设计事业部，煤炭科学研究总院开采设计研究分院，采矿技术研究所．综采放顶煤技术理论与实践的创新发展——综放开采30周年科技论文集．北京：煤炭工业出版社．

李磊．2012．低浓度瓦斯发电站管道输送安全保障系统设计．矿业安全与环保，39(2)：32-35．

李泉新，石智军，方俊．2013．煤层底板超前注浆加固定向钻进技术与装备．金属矿山，47(9)：126-131．

李日富．2014．采动影响稳定区煤层气储层及资源量评估技术的研究与应用．重庆：重庆大学．

李日富，文光才．2015．采动影响稳定区煤层气资源量分源叠加评估模型．煤炭科学技术，43(10)：116-121．

李日富，梁运培，张军．2009．地面钻孔抽采采空区瓦斯效率影响因素研究．煤炭学报，34(7)：942-946．

李淑健，段勋兴．2014．煤矿用钻机机架自动升降调斜机构研究．煤炭与化工，(6)：51-53．

李伟．2010．基于AutoCAD的矿井通风可视化研究与开发．阜新：辽宁工程技术大学，53-55．

李伟，张浪，王翰锋，等．2012．基于改进节点位置法的角联风路识别．煤炭科学技术，40(11)：77-79．

李伟，霍永金，张浪，等．2016．矿井通风实时网络解算技术研究．中国矿业，25(3)：167-170．

李向东，潘辛，杨守国，等．2010．基于可视化通风系统图的阻力测定及数据处理．矿业安全与环保，37(3)：77-78．

李晓璐．2012．基于FLAC3D的煤岩组合模型冲击倾向性研究．煤炭工程，(6)：80-82．

李学来，刘见中．2004．瓦斯灾害治理新技术．中国安全科学学报，14(7)：101-104．

李彦明，杨明艳．2011．大转矩钻机在松软煤层中的应用．矿业安全与环保，(3)：71-72．

李一波，郑万成，王凤双．2013．煤样粒径对煤吸附常数及瓦斯放散初速度的影响．煤矿安全，44(1)：5-8．

李长江，包玉宝．2006．自控技术在防火门控制系统中的应用．科技信息，(4)：28．

李长青，方俊，李泉新，等．2014．煤层底板超前注浆加固定向孔注浆工艺技术．煤田地质与勘探，42(4)：59-63．

李智，王自亮，隋金君，等．2006．直读式测尘仪的系统设计．电工技术，6：5-6．

梁运涛．2005．煤吸附氧的过程特性研究．中国安全科学学报，15(1)：71-73．

梁运涛．2010．煤自然发火期快速预测研究．浙江：浙江大学．

梁运涛，罗海珠．2008．中国煤矿火灾防治技术现状与趋势．煤炭学报，33(2)：126-130．

梁运涛，宋双林，罗海珠，等．2015．煤自然发火期计算模型及其解析解．煤炭学报，40(9)：2110-2116．

梁运涛，侯贤军，罗海珠，等．2016．我国煤矿火灾防治现状及发展对策．煤炭科学技术，44(6)：1-6,13．

梁治明，丘侃．2000．材料力学．北京：高等教育出版社．

刘建，姚海飞，魏传光，等．2010．掘进面湿式离心除尘器的结构优化及数值模拟．煤炭学报，35(3)：424-428．

刘剑，贾进章，郑丹．2002．流体网络理论．北京：煤炭工业出版社：3-7，39-45．

刘京威．2015．煤矿井下多功能协议转换模块设计．煤矿安全，11：100-103．

刘其声．2009．关于突水系数的讨论．煤田地质与勘探，(4)：34-37，42．

刘少虹．2013．动载冲击地压机理分析与防治实践．北京：煤炭科学研究总院．

刘少虹，毛德兵，齐庆新，等．2014．动静加载下组合煤岩的应力波传播机制与能量耗散．煤炭学报，39(S1)：15-22．

刘涛，兰树员，汪春梅，等．2016．综掘工作面高压喷雾与泡沫除尘技术应用的对比研究．矿业安全与环保，v.43; No.225(1)：50-53，56．

刘洋．2015．富水松散沙层下开采安全水头高度研究．煤矿开采，(3)：129-132．

刘勇，张设计，吴国友，等．2011．采煤机含尘气流控制及喷雾降尘技术的研究与应用．矿业安全与环保，38(4)：15-17．

刘再斌，靳德武．2013．华北型煤田下组煤开采围岩破坏规律研究．煤炭科学技术，(7)：24-27，31．

刘再斌，杨小刚．2016．基于水量演化特征的煤层底板突水通道识别方法．煤炭科学技术，(6)：152-158．

龙威，陈骞，史春宝，等．2014．松软煤层全液压钻机研制．煤矿机械，10：174-177．

龙伍见．2010．我国煤矿低浓度瓦斯利用技术研究现状及前景展望．矿业安全与环保，37(4)：74-77．

鲁远祥，樊荣．2009．煤矿安全监控系统体系架构技术的发展．矿业安全与环保，36(S1)：177-179．

陆铮，汪丛笑．2006．工业以太网在全矿井综合自动化系统中的应用．工矿自动化，(3)：31-33．

罗海珠，钱国胤．1990．煤吸附流态氧的动力学特性及其在煤自燃倾向性色谱．煤矿安全，(6)：1-11．

罗海珠，秦华礼．1991．低变质程度煤的热导率与元素组成．煤矿安全，(7)：18-21．

罗海珠，梁运涛．2003．煤自然发火预测预报技术的现状与展望．中国安全科学学报，13(3)：76-78．

罗海珠，钱国胤．2003．各煤种自然发火标志气体指标研究．煤矿安全，34(S1)：5-10．

吕贵春，邹银辉，李建功，等．2010．基于 AE 传播规律监测急倾煤层掘进期动力现象．煤炭科学技术，38 (5)：62-65．

吕鹏飞，郭军．2009．我国煤矿数字化矿山发展现状及关键技术探讨．工矿自动化，(9)：16-20．

马威，刘勇，陈芳．2015．难湿润煤层快速综掘工作面粉尘防治技术．煤炭科学技术，43(1)：70-73．

毛德兵．2000．冲击矿压危险性评价方法．煤矿开采，(12)：52-55．

毛德兵，尹希文，张会军．2013．我国煤矿顶板灾害防治与监测监控技术．煤炭科学技术，41(9)：105-108．

煤炭工业部. 1995. 防治煤与瓦斯突出细则.

煤炭科学研究总院. 1991. 现代煤炭科学技术理论与实践. 北京：煤炭工业出版社.

煤炭科学研究总院重庆分院. 1995. 工作面预测敏感临界指标值确定方法的研究 . 重庆：煤炭科学研究总院重庆分院，1-19.

煤炭科学研究总院重庆分院. 2009. BQT-E 型突出煤层电磁波透视系统. 重庆：煤炭科学研究总院重庆分院.

煤炭科学研究总院重庆研究院. 2009. 煤与瓦斯突出防治动态管理系统. 重庆：煤炭科学研究总院重庆研究院.

煤炭科学研究总院重庆研究院. 2009. 中岭煤矿一井 12013 工作面防突技术研究.

煤炭科学研究总院抚顺分院. 2002. 煤与瓦斯突出区域预测的地质动力区划和可视化技术.

孟贤正，曹建军，何清，等. 2009. 水力化高效防突集成技术研究与应用. 矿业安全与环保，(S1)：49-53.

南生辉. 2010. 综合注浆法建造阻水墙技术. 煤炭工程，(6)：29-31.

南生辉，蒋勤明，郭晓山，等. 2008. 导水岩溶陷落柱堵水塞建造技术. 煤田地质与勘探，(4)：29-33.

倪景峰. 2001. 矿井通风仿真系统可视化研究. 阜新：辽宁工程技术大学，21-22.

年军，韩康康，董哲. 2012. 基于节点压能的网络分风算法. 煤矿安全，43(9)：20-22.

宁宇. 2009. 大采高综采煤壁片帮冒顶机理与控制技术. 煤炭学报，34(1)：50-53.

宁宇. 2013. 我国煤矿区煤层气开发利用技术进展. 煤炭科学技术，(1)：12-73.

欧阳振华，齐庆新，孔令海，等. 2012. 浅埋深薄基岩煤层顶板破断中的微震分布特征. 煤炭科学技术，40(1)：28-30.

欧阳振华. 2014. 多级爆破卸压技术防治冲击地压机理及其应用. 煤炭科学技术，42(10)：32-36.

欧阳振华. 2014. 煤矿冲击地压灾害防治技术体系. 煤矿安全，45(11)：168-171.

欧阳振华. 2016. 煤矿冲击地压区域应力控制技术. 煤炭科学技术，44(7)：146-152.

欧阳振华，齐庆新，张寅，等. 2011. 水压致裂预防冲击地压的机理与试验. 煤炭学报，36（S2）：321-325.

欧阳振华，樊少武，齐庆新，等. 2012. 煤矿冲击地压危险性综合评价系统开发. 煤矿安全，43(10)：97-100.

潘竟涛，赵丹，李宗翔. 2013. 大明矿通风系统故障源诊断及风速传感器的布置. 煤炭学报. 38(S1)：153-158.

潘俊锋. 2011. 半孤岛面全煤巷道底板冲击启动原理分析. 煤炭学报，36（S2）：332-337.

潘俊锋，毛德兵. 2016. 冲击地压启动理论与成套技术. 徐州：中国矿业大学出版社.

潘俊锋，连国明，齐庆新，等. 2007. 冲击危险性厚煤层综放开采冲击地压发生机理. 煤炭科学技术，(6)：87-90，94.

潘俊锋，齐庆新，毛德兵，等. 2010. 冲击矿压危险源及其层次化辨识. 煤矿开采，15(2)：4-7，20.

潘俊锋，蓝航，毛德兵．2011．冲击地压危险源层次化辨识理论研究．岩石力学与工程学报，30（S1）：2844-2849．

潘俊锋，秦子晗，夏永学，等．2011．冲击地压危险性预评价与实践．煤炭工程，(10)：83-86．

潘俊锋，毛德兵，夏永学，等．2012．基于关联因素前兆监测的冲击地压发生区域与时期初探．岩石力学与工程学报，31(8)：1024-1034．

潘俊锋，宁宇，杜涛涛，等．2012．区域大范围防范冲击地压的理论与体系．煤炭学报，37(11)：1803-1810．

潘俊锋，宁宇，蓝航，等．2012．基于千秋矿冲击性煤样浸水时间效应的煤层注水方法．煤炭学报，（s1）：19-25．

潘俊锋，宁宇，毛德兵，等．2012．煤矿开采冲击地压启动理论．岩石力学与工程学报，31(3)：586-596．

潘俊锋，宁宇，秦子晗，等．2012．基于冲击启动理论的深孔区间爆破疏压技术．岩石力学与工程学报，31(7)：1414-1421．

潘俊锋，毛德兵，蓝航，等．2013．我国煤矿冲击地压防治技术研究现状及展望．煤炭科学技术，41(6)：21-25，41．

潘俊锋，王书文，刘少虹，等．2014．基于集中静载荷探测的冲击地压危险性预评价．岩土工程学报，36(7)：1227-1234．

潘俊锋，秦子晗，冯美华，等．2015．岩浆岩床下伏短壁综放面集中静载荷型冲击启动原理．岩土力学，36(9)：1001-1008．

潘俊锋，秦子晗，王书文，等．2015．冲击危险性分源权重综合评价方法．煤炭学报，40(10)：2327-2335．

庞立宁．2016．工作面煤体超前注胶防片帮技术研究（硕士学位论文）．北京：煤炭科学研究总院：24-80．

彭腊梅，李光，蒲天一．2013．松软突出煤层整体式三棱螺旋钻杆中试研究．煤炭科学技术，(8)：133-136．

彭永伟，齐庆新，李宏艳，等．2008．对煤层冲击倾向性指数的探讨//全国冲击地压研讨会暨全国煤矿安全、高效、洁净开采技术新进研讨会文集．徐州：中国矿业大学出版社．

濮良贵，纪名刚．2001．机械设计．北京：高等教育出版社．

戚颖敏．1976．风压调节技术在矿井消防火中的应用（续）．煤矿安全，(5)：54-62．

戚颖敏．1976．风压调节技术在矿井消防火中的应用．煤矿安全，(z1)：56-67．

戚颖敏．1977．灾变通风理论基础与应用（续）．煤矿安全，(5)：53-59．

戚颖敏．1998．我国煤矿火灾监测技术的现代发展与应用．煤炭企业管理，(6)：9-10．

戚颖敏，钱国胤．1996．煤自燃倾向性色谱吸氧鉴定法与应用．煤矿安全，(2)：5-9．

齐庆新．1996．层状煤层岩体结构破坏的冲击矿压理论与实践研究．北京：煤炭科学研究总院．

齐庆新，窦林名．2008．冲击地压理论与技术．徐州：中国矿业大学．

齐庆新，刘天泉，史元伟，等. 1995. 冲击地压的摩擦滑动失稳机理. 矿山压力与顶板管理，(4)：174-177.

齐庆新，史元伟，刘天泉. 1997. 冲击地压粘滑失稳机理的实验研究. 煤炭学报，22(2)：144-148.

齐庆新，高作志，王升. 1998. 层状煤岩体结构破坏的冲击矿压理论. 煤矿开采，(2)：14-17.

齐庆新，彭永伟，李宏艳，等. 2011. 煤岩冲击倾向性研究. 岩石力学与工程学报，30（S1）：2736-2742.

齐庆新，李晓璐，赵善坤，等. 2012. 煤矿冲击地压应力控制理论与实践. 煤炭科学技术，41(6)：1-5.

齐庆新，欧阳振华，赵善坤，等. 2014. 我国冲击地压矿井类型及防治方法研究. 煤炭科学技术，42(10)：1-5.

钱鸣高，石平五，许家林. 2010. 矿山压力与岩层控制. 徐州：中国矿业大学出版社.

覃木广，邹云龙. 2015. 瓦斯涌出特征突出预警技术的应用研究. 能源技术与管理，(4)：15-17，34.

覃木广，张子敏，张玉贵，等. 2007. 祁东煤矿构造演化对瓦斯分布的控制. 全国瓦斯地质学术年会. 南平.

秦子晗. 2014. 沿空工作面冲击危险性动态权重评价方法研究. 煤矿开采，(1)：25-29.

秦子晗，彭永伟. 2011. 基于动态权重的区域冲击危险性评价方法研究. 煤炭科学技术，39(10)：18-21.

秦子晗，潘俊锋，任勇. 2010. 薄煤层作为保护层开采的卸压机理. 煤矿开采，15(2)：85-87.

屈世甲. 2014. 监控系统瓦斯浓度伪数据识别及处理方法. 煤矿安全，10：144-146，150.

任洞天. 1993. 矿井通风与安全. 北京：煤炭工业出版社：115-116.

邵昊，蒋曙光，吴征艳，等. 2008. 推拉式自动风门系统在南沱河铁矿中的应用. 采矿与安全工程学报，25(4)：449-452.

申晋，赵阳升. 1997. 低渗透煤岩体水力压裂的数值模拟. 煤炭学报，22(6)：580-585.

师吉林，孙维丽，张卫亮. 2015. 小窑火区下煤层群多层采空区渗流数值模拟. 煤矿安全，46(3)：18-21.

石智军，姚宁平，叶根飞. 2009. 煤矿井下瓦斯抽采钻孔施工技术与装备. 煤炭科学技术，(7)：1-4.

石智军，董书宁，姚宁平，等. 2013. 煤矿井下近水平随钻测量定向钻进技术与装备. 煤炭科学技术，41(3)：1-6.

石智军，李泉新，姚克. 2015. 煤矿井下 1800m 水平定向钻进技术与装备. 煤炭科学技术，43(2)：109-113.

史友仁. 1997. KJ95 型煤矿综合监控系统. 煤矿自动化，(4)：3-6.

史友仁. 2001. 新型煤矿综合监控系统. 煤矿自动化，(4)：1-3.

史元伟. 2008. 采煤工作面围岩控制原理和技术. 北京：中国矿业大学出版社：10-60.

宋维尧，张正凯. 1990. KS-1 型钻孔应力计的原理及其应用. 煤炭科学技术，(5)：12-14.

宋宜猛. 2014. 采空区液态二氧化碳惰化降温防灭火技术研究. 中国煤炭，40(4)：106-109.

宋宜猛，王启飞，王安虎，等. 2015. 液态 CO_2 预裂爆破增透技术试验研究. 中国煤炭，(8)：112-115.

苏文叔. 1996. 利用瓦斯涌出动态指标预测煤与瓦斯突出. 煤炭工程师，(5).

隋金君．2013．粉尘浓度超限喷雾降尘装置的研制与应用．工业安全与环保，39(5)：27-29．

孙福龙．2014．高瓦斯易自燃煤层工作面瓦斯治理技术研究及其应用．沈阳：煤炭科学研究总院，3-5．

孙海涛．2008．采动影响下地面钻井的变形破坏机理研究．重庆：重庆大学．

孙海涛，张艳．2010．地面瓦斯抽采钻孔变形破坏影响因素及防治措施分析．矿业安全与环保，37(2)：79-85．

孙海涛，郑颖人，胡千庭，等．2011．地面钻井套管耦合变形作用机理．煤炭学报，36(5)：823-829．

孙建军，徐刚．2008．深孔爆破弱化坚硬顶板技术的应用．煤矿开采，13(3)：89-90．

孙贤斌，孙东玲．2000．突出预测指标K1值和f值确定临界值试验研究．矿业安全与环保，27(4)：23-25．

孙新胜，王力，方有向，等．2013．松软煤层筛管护孔瓦斯抽采技术与装备．煤炭科学技术，(3)：74-76．

谈国文，高原．2015．基于信息化的煤与瓦斯突出防治动态管理及分析技术．煤矿安全，46(7)：235-238．

汤朝明．2013．低功耗煤矿无线监测系统的设计与实现．矿业安全与环保，(4)：31-34．

唐大勇．2008．突出松软煤层钻机螺旋钻杆的参数设计．矿山机械，19：35-36．

唐辉．2016．基于MEMS技术带式输送机火灾监测系统研究．煤炭技术，35(9)：219-221．

唐一博，王俊峰，薛生，等．2016．密闭火区内惰性环境下烟煤自燃特性变化．煤炭学报，41(2)：439-443．

田兵，郭帆，邓飞，等．2013．数字矿山基础GIS系统设计．工矿自动化，(5)：5-8．

田文明，杜翠凤，张昊．2007．具有网络图绘制功能通风网络解算软件的研究．矿业快报，5：35-39．

万峰，张洪清，韩振国．2011．液压支架初撑力与工作面矿压显现关系研究．煤炭科学技术，2011.6．

汪丛笑．2008．煤矿安全监控系统中传感器的在线调校标记方法．工矿自动化，(4)：66-67．

王恩，张浪，李伟，等．2016．多点移动式测风装置及关键技术．煤矿安全，47(6)：97-99．

王飞，宋文，戴剑波，等．2011．基于ZigBee技术的煤矿安全监测系统的设计与实现．矿业安全与环保，(6)：41-43，102．

王刚．2014．碳分子筛制氮机新型高效吸附塔充填技术．煤矿安全，45(7)：56-58．

王刚，毕于深，温永言，等．2005．应用贪心算法解算矿井通风网络的构想．煤矿安全．36(10)：40-42．

王国震，黄麟森，傅双玲．2014．随钻测量系统故障诊断装置．计算机系统应用，(7)：263-266．

王翰锋．2015．基于Fluent巷道断面平均风速点定位监测模拟研究．煤炭科学技术，43(8)：92-96．

王虹．2010．我国煤矿巷道掘进技术和装备的现状与发展．煤炭科学技术，(1)：57-62．

王家臣．2007．极软厚煤层煤壁片帮与防治机理．煤炭学报，32(8)：3-6．

王家臣．2011．我国厚煤层开采技术新进展//煤炭工业协会．第七次煤炭科学技术大会论文集．北京：煤炭工业出版社：236-250．

王建国．2014．风量在线监测取压方法及装置研究．煤炭科学技术，42(S1)：212-214．

王金华，汪有刚，傅俊皓．2016．数字矿山关键技术研究与示范．煤炭学报，(6)：1323-1331．

王理．2007． ZJC系列车载矿山救灾指挥系统研制//2007年中国（淮南）煤矿瓦斯治理技术国际会议论文集. 徐州：中国矿业大学出版社：541-544.

王理. 2009. 车载矿山应急救援辅助决策指挥系统研制 //Prevention and Control Technology of Gas Disaster in Coal Mine. 北京：Science Press USA Inc.：549-554.

王理. 2012. 矿井气体束管监测系统：中国，ZL 2008 1 0012304. 4. 2012-05-23.

王理. 2012. 车载、地面、矿井下用束管应急救援指挥系统及使用方法：中国，ZL 2011 1 0244015. 9. 2014-04-09.

王理. 2014. 一种矿井气体束管监测系统的气体爆炸性识别方法：中国 ,ZL 2011 1 0257852. 5. 2014-04-30.

王理，王子春. 2009. 矿井重大灾害应急救援指挥辅助决策系统 // 中国职业安全健康协会 2009 年学术年会论文集. 北京：煤炭工业出版社：252-255.

王理，王子春. 2010.ZJC3C-S 型矿井重大灾害应急救援指挥辅助决策系统 //Collected papers of forum on the second China energy scientist.USA：Scientific Research Publishing：1317-1321.

王理，梁明辉，张军杰，等. 2007. 车载矿山救灾束管监测系统. 煤矿安全，38(10)：43-44.

王理，王锋，葛学玮，等. 2008. ZS15 型煤矿束管监测系统. 煤矿安全，39(7)：82-87.

王理，王锋，张军杰，等. 2009. 车载应急救援指挥辅助决策系统. 煤矿安全，40(6)：68-70.

王骐，王晖. 2005. 新型煤矿综合调度信息通信系统的研究. 工矿自动化，(1)：33-35.

王清峰，黄麟森. 2013. 基于外部供电的矿用随钻测量装置研究及应用. 煤炭科学技术，41(3)：12-15.

王清峰. 2008. 远距离控制防突钻机自动装卸钻杆机构的设计. 矿业安全与环保，(5)：12-14.

王书文，毛德兵，杜涛涛，等. 2012. 基于地震 CT 技术的冲击地压危险性评价模型. 煤炭学报，37(S1)：2-7.

王书文，徐圣集，蓝航，等. 2012. 地震 CT 技术在采煤工作面的应用研究. 煤炭科学技术，40(7)：24-27，84.

王书文，毛德兵，潘俊锋，等. 2015. 采空区侧向支承压力演化及微震活动全过程实测研究. 煤炭学报，40(12)：2772-2779.

王维，霍振龙，凌云，等. 2015. 特种煤矿人员定位系统设计. 工矿自动化，2015，41(1)：14-17.

王晓阳. 2008. KJ95N 型煤矿综合监控系统. 西安科技大学学报，(2)：397-400.

王幸福. 2010. 矿井排水自动化控制系统. 煤矿机电，4：78-80.

王义红. 2012. 大通孔开闭式全方位钻进钻头及其筛管下放方法. 中国专利：CN201110384503. X.2012-07-11.

王永湘. 2001. 利用指标气体预测预报煤矿自燃火灾. 煤矿安全，32(6)：15-16.

王宇，王志红. 2015. 地面远距离自动控制钻机工业性试验. 煤矿机械，(5)：80-82.

王长元，陈孝通. 1999.KYZD-800 型矿用地面大型移动式制氮设备的研制. 矿业安全与环保，(5)：14-15.

王兆丰，王林，陈向军. 2008. 深孔预裂爆破在高瓦斯特厚煤层回采中的应用. 煤炭科学技术，36(8)：31-33,72.

王振，胡千庭，文光才，等．2011．采动应力场分布特征及其对煤岩瓦斯动力灾害的控制作用分析．煤炭学报，(4)：623-627．

王振财，姚尔义，富奎聚，等．1980．应用电子计算机解算矿井复杂通风网路．煤炭学报，2：60-67．

王正忠，毕玉成，谢玉祥，等．2014．移动液氮技术在易自燃近距离煤层群矿井火灾防治中的应用．煤矿安全，45(7)：118-120．

温良．2014．基于物联网的数字式煤矿安全监测监控技术研究 // 中国煤炭学会．第九届全国煤炭工业生产一线青年技术创新文集．北京：煤炭工业出版社．

吴兵，卢本陶，水林娜．2001．由通风网络结构数据自动生成通风网络图研究．中国安全生产科学技术，1(6)：25-28．

吴付祥．2015．基于流量闭环控制的粉尘采样器设计．工矿自动化，41(7)：21-24．

吴际湘．1998．我国煤矿燃油惰气灭火技术的现状与展望．煤矿安全，(10)：20-22．

吴勇华．1998．调节风窗的流量特性分析．煤炭工程师，4：22-24．

吴兆华．2013．淮南潘三煤矿坚硬顶板深孔预裂爆破参数研究（硕士学位论文）．北京：煤炭科学研究总院．

吴兆华，于海湧．2013．官地煤矿 28412 工作面初采强制放顶技术实践．煤矿开采，18(1)：77-79．

吴兆华，于雷．2015．坚硬顶煤弱化的深孔爆破合理炮孔间距研究．煤矿开采，(4)：107-110．

武钰，严军．2011．瓦斯监控系统存在的问题及解决方法．工矿自动化，11：98-100．

夏永学，康立军，齐庆新，等．2010．基于微震监测的 5 个指标及其在冲击地压预测中的应用．煤炭学报，35(12)：2011-2017．

夏永学，蓝航，魏向志．2011．基于微震和地音监测的冲击危险性综合评价技术研究．煤炭学报，36（S2）：358-364．

夏永学，蓝航，毛德兵．2013．动静载作用下冲击地压启动条件及防治技术．煤矿开采，18(5)：83-86．

向毅．2006．攀煤集团太平矿主通风机的研制．矿业安全与环保，33(3)：17-19．

肖丽辉，李彦明，郭昆明，等．2014．松软突出煤层全孔段下放筛管瓦斯抽采技术研究．煤炭科学技术，(7)：61-64．

肖玉清，王宇，陈松林．2014．远控钻机送杆机构自适应定位技术的研究．矿业安全与环保，(5)：33-36．

谢和平，高峰，鞠杨，等．2015．深部开采的定量界定与分析．煤炭学报，40(1)：1-10．

谢俊生，李德文．2010．综放工作面综合防尘及粉尘在线监控技术研究．矿业安全与环保，37(4)：53-55．

辛德忠．2010．负载敏感液压系统在防突远距离控制钻机中的应用．矿业安全与环保，(1)：39-41，44．

辛德忠．2015．全方位钻机钻孔姿态调节装置研究．煤炭技术，12：207-209．

徐刚．2005．综采矿压监测系统软件开发研究 // 采矿工程学新论——北京开采所研究生论文集．

徐刚．2010．支架初撑力对矿压显现的影响 // 中国煤炭学会．第五届全国煤炭工业生产一线青年技术创新文集．北京：煤炭工业出版社．247-251．

徐刚．2014．基于实测数据的非坚硬顶板综采工作面大面积来压原因分析．煤矿开采，19(2)：98-101．

徐刚．2015．回采工作面支架刚度实验室测试及与顶板下沉量的关系．煤炭学报，40(7)：1485-1490．
徐刚．2016．顶板富含水特厚煤层综放开采压架成因与防治．煤炭科学技术，44(4)：1-5．
徐刚，刘全明．2009．深孔爆破弱化坚硬顶板不耦合系数研究．煤矿开采，14(1)：20-21．
徐刚，贾昆，于永江．2006．深孔爆破技术在煤矿中的应用．辽宁工程技术大学学报，25(增刊)：28-30．
徐刚，宁宇，闫少宏．2016．工作面上覆岩层蠕变活动对支架工作阻力的影响．煤炭学报，41(6)：1354-1359．
徐精彩．2001．煤自燃危险区域判定理论．北京：煤炭工业出版社：1-288．
徐乐华，蒋承林．2011．煤的挥发分与瓦斯放散初速度的关系研究．煤矿安全，42(7)：21-22．
徐瑞龙．1993．通风网路理论．北京：煤炭工业出版社：21-30．
许超．2014．煤矿井下复合定向钻进技术优势探讨．金属矿山，49(2)：112-116．
薛少谦，蔡周全，李新建．2008．低浓度瓦斯输送管道的瓦斯爆炸传播试验性研究．矿业安全与环保，35(2)：22-24．
闫保永．2016．高位定向长钻孔钻进工艺研究．煤炭科学技术，(4)：55-58．
闫少宏．2003．综放开采顶煤与顶板活动规律的研究与应用．北京：煤炭工业出版社：250-251．
闫少宏．2008．大采高综放开采煤壁片帮冒顶机理与控制途径研究．煤矿开采，13(4)：5-8．
闫少宏，尹希文．2008．大采高综放开采几个理论问题的研究．煤炭学报，33(5)：481-484．
闫少宏，尹希文，许红杰，等．2011．大采高综采顶板短悬臂梁 - 铰接岩梁结构与支架工作阻力的确定．煤炭学报，36(11)：1816-1820．
闫少宏，于雷，徐刚，等．2015．大采高综采工作面产量再提高的回采工艺研究．煤炭科学技术，43(8)：1-6．
严荣林，候贤文，黄国纲，等．1994．矿井空调技术．北京：煤炭工业出版社．
杨德源．1980．矿井风流热交换．煤矿安全，(10)：25-26．
杨德源．1980．矿井风流热交换．煤矿安全，(9)：11-12．
杨德源，杨天鸿．2009．矿井热环境及其控制．北京：冶金工业出版社．
杨广利．2016．纳林河煤矿深埋煤层工作面初采期间强制放顶技术研究．中国煤炭，2016(1)：41-43．
杨广文．2009．复合型膨胀惰泡及井下远程控制防灭火技术．煤矿安全，40(9)：40-41．
杨广文．2011．大流量惰泡灭火控灾技术与装备的改进．煤矿安全，42(6)：38-39．
杨广文，张军，高广伟，等．2000．化学膨胀灭火材料及其配套工艺装备．煤矿安全，31(7)：42-43．
杨广文，艾兴，姜进军，等．2011．大流量惰气与惰泡灭火工艺．煤矿安全，42(7)：52-53．
杨广文，许汇海，段西凯，等．2014．大倾角综放工作面光纤测温防治自然发火技术．煤矿安全，45(4)：71-73，77．
杨宏民，罗海珠，王春晓，等．2006．一种全新的煤矿灾害气体分析解决方案．煤矿安全，37(5)，14-16．
杨旭远．2013．新型煤矿安全监测监控通信系统优化设计研究．科技向导，30：240-241．
杨义辉，崔俊飞，李明建．2010．GIS 空间数据与 DXF 格式相互转换时颜色匹配研究．北京测绘，(1)：

38-40.

姚海飞. 2010. 综掘面风幕湿式离心除尘系统的研究与应用. 北京：北京科技大学：57-70.

姚海飞，邓志刚，李继良，等. 2014. 抽出式通风风流运动及粉尘运移规律数值模拟研究. 煤矿开采，19(5)：96-99.

姚洁，童敏明，刘涛，等. 2013. 基于聚类分析方法的矿井水源识别. 煤矿安全，44(2)：29-31，35.

姚宁平. 2008 我国煤矿井下近水平定向钻进技术的发展. 煤田地质与勘探，36(4)：78-80.

尹希文. 2009. 寺河煤矿 5 ~ 6m 大采高综采面矿压规律研究（硕士学位论文）. 北京：煤炭科学研究总院.

尹希文，常运飞. 2013. 浅埋煤层综放工作面覆岩破坏规律研究. 煤炭科学技术，(S2)：22-25.

尹希文，闫少宏，安宇. 2008. 大采高综采面煤壁片帮特征分析与应用. 采矿与安全工程学报，25(2)：222-225.

尹希文，张会军，卢振龙. 2014. 煤矿顶板灾害监测预警平台的研究与应用 // 中国煤炭工业协会，全国煤炭行业两化深度融合型智能矿山现场会议论文集. 北京：煤炭工业出版社. 9-15.

印卿. 2014. 立风井防爆门现状与发展. 矿山机械，42(5)：9-12.

于不凡. 2005. 煤矿瓦斯灾害防治及利用技术手册. 北京：煤炭工业出版社. 491-497.

于不凡，王佑安. 2000. 煤矿瓦斯灾害防治及利用技术手册. 北京：煤炭工业出版社.

于贵生，王刚，梁运涛. 2012. 液氮技术在我国矿井防灭火领域中的应用. 煤矿安全，43(S1)：116-118.

余彬泉，陈传灿. 1998. 顶管施工技术. 北京：人民交通出版社.

余恒昌，邓孝，陈碧琬，等. 1991. 矿山地热与热害治理. 北京：煤炭工业出版社.

袁亮. 2004. 松软低透煤层群瓦斯抽采理论与技术. 北京：煤炭工业出版社：17-21.

袁亮，顾金才，薛俊华，等. 2014. 深部围岩分区破裂化模型试验研究. 煤炭学报，(6)：987-993.

袁永，屠世浩，王瑛，等. 2010. 大采高综采技术的关键问题与对策探讨. 煤炭科学技术，38(1)：4-8.

占伟，宋双林，贺明新. 2013. 新型微胞囊阻爆剂抑制瓦斯爆炸研究. 消防科学与技术，32(10)：1142-1144.

张国枢. 2011. 通风安全学. 徐州：中国矿业大学出版社：88-89，103-107.

张辉. 2013. 煤矿微震监测系统高精度时间同步的实现. 煤炭科学技术，41（增）：300-302.

张健，郭胜均，刘涛，等. 2015. 采煤机尘源跟踪喷雾降尘技术研究及应用. 煤矿机械，36(11)：231-234.

张金才，张玉卓. 1998. 应力对裂隙岩体渗流影响的研究. 岩土工程学报，20(2)：19-22.

张浪，王翰锋，王大尉. 2009. 矿井通风系统仿真图形化建模. 煤矿开采，14：17-19.

张亮，解兴智. 2014. 浅埋煤层坚硬顶板初采爆破放顶研究. 煤矿开采，19(1)：83-85.

张宁博，邓志刚，欧阳振华，等. 2015. 基于地应力场反演的冲击危险性评价与防治. 煤矿安全，6(11)：43-49.

张庆华，林辉钦，王麒翔，等. 2014. 基于瓦斯地质信息平台对瓦斯赋存及分布的探讨性分析. 矿业安全与环保，(5)：101-104.
张庆华，文光才，邹云龙，等．2014．瓦斯涌出预警指标及其临界值优选方法．矿业安全与环保，41(1)：23.
张设计．2002．采煤机尘源跟踪喷雾降尘系统的研究 // 第二十届海峡两岸及香港、澳门地区职业安全健康学术研讨会暨中国职业安全健康协会学术年会．成都．
张设计，刘勇，周润金，等．2010．掘进工作面粉尘分布规律及控降尘工艺技术试验．矿业安全与环保，37(2)：30-33.
张始斋．2015．ZY-850L 矿用履带式全方位钻机的研制．煤炭技术，(7)：234-236.
张书敬，张亮，解兴智．2014．浅埋厚基岩坚硬顶板煤层初采强来压原理分析．煤矿开采，6：30-33.
张卫国，赵亮，丁瑞琦，等．2015．负载均衡技术在煤矿安全监控系统中的应用．工矿自动化，(7)：95-97.
张先韬，黄麟森．2014．采用加速度计和磁强计的水平测斜仪校准方法．重庆理工大学学报（自然科学版），28(3)：103-109.
张兴华，杨旭东，杨良．2003．多巷布置的高产工作面通风系统优化设计．煤矿安全，34(10)：7-9.
张学亮，贾光胜，徐刚．2010．深孔爆破弱化坚硬顶板参数优化分析．煤矿开采，15(1)：26-30.
张学亮，徐刚，张会军，等．2010．深孔爆破弱化坚硬顶板影响因素分析及应用．中国矿业，19(4)：58-61.
张延松，王德明，王虹桥．2007．煤矿爆炸、火灾及其防治技术．徐州：中国矿业大学出版社．
张延松，胡千庭，司荣军，等．2011．瓦斯爆炸诱导沉积煤尘爆炸研究．徐州：中国矿业大学出版社．
张玉良．1996．一种带备用电池多路输出的隔爆兼本质安全型开关直流稳压电源．煤矿自动化，(4)：57-59.
张子敏，吴吟．2014．中国煤矿瓦斯地质规律及编图．徐州：中国矿业大学出版社．
赵善坤．2012．断层影响下冲击地压多参量预测预报研究．河南理工大学学报自然科学版，30(2)：145-149.
赵善坤，刘军，姜红兵，等．2013．巨厚砾岩下薄保护层开采应力控制防冲机理．煤矿安全，44(9)：47-49，53.
赵善坤，刘军，王永仁，等．2013．煤岩结构体多级应力控制防冲时间及动态调控．地下空间与工程学报，9(5)：1057-1064，1102.
赵善坤，张寅，韩荣军，等．2013．组合煤岩结构体冲击倾向演化数值试模拟．辽宁工程技术大学学报，32(11)：1441-1446.
赵善坤，欧阳振华，王永仁，等．2013．超前深孔顶板爆破防治冲击地压原理分析及实践研究．岩石力学与工程学报，32（增 2）：3768-3775.
赵善坤，王永仁，吴宝杨，等．2015．超前深孔顶板爆破防冲数值模拟及应用研究．地下空间与工程学报，11(1)：89-97.

赵旭生．1998．水力扩孔技术在瓦斯防治中的应用．山西煤炭，(3)：60-62．
赵旭生．2005．声发射监测井下动力灾害的噪声处理方法．煤炭科学技术，33(3)：51-55．
赵旭生．2007．低指标突出现象原因分析及防突对策．煤矿安全，390(5)：67-69．
赵旭生，邹银辉．2000．岩石水平长钻孔抽放邻近层瓦斯的试验研究．矿业安全与环保，(增)：13-15．
赵旭生，董银生，岳超平．2007．煤与瓦斯突出预测敏感指标及其临界值的确定方法．矿业安全与环保，34(3)：28-52．
赵旭生，康建宁，刘程，等．2009．煤与瓦斯突出综合预警系统及预警方法．中国．200910103819．2009-10-07．
赵忠虎，谢和平．2008．岩石变形破坏过程中的能量传递和耗散研究．四川大学学报(工程科学版)，(2)：26-31．
郑磊．2014．综采工作面高压喷雾降尘技术参数确定方法．煤炭科学技术，42(11)：55-58．
中煤科工集团重庆研究院有限公司．2015．高产尘强度煤矿粉尘治理关键技术研究及应用示范．重庆：中煤科工集团重庆研究院有限公司：103-118．
钟鸣远，张新生，王修宏．2002．风井不停风条件下的立井防爆门设计与安装．煤炭工程，2：11-13．
周海坤，李长录．2001．KJFW-1型瓦斯专用分站．煤矿安全，11：49-51．
周世宁，林柏泉．1998．煤层瓦斯赋存及流动规律．北京：煤炭工业出版社．
周西华，门金龙，宋东平，等．2015．煤层液态CO_2爆破增透促抽瓦斯技术研究．中国安全科学学报，(2)：60-65．
周西华，门金龙，王鹏辉，等．2015．井下液态CO_2爆破增透工业试验研究．中国安全生产科学技术，(9)：76-82．
朱明诚．2015．动水大通道突水钻孔控制注浆高效封堵关键技术及装备．煤田地质与勘探，(4)：55-58．
朱明诚．2015．钻孔控制注浆技术在过水大通道封堵中的应用．中国煤炭地质，(5)：46-49．
朱涛，胡松．2012．基于达芬奇技术的矿用视频监控系统设计．工矿自动化，(2)：81-83．
祝国源，朴新．1999．KJ3Z轨道运输监控系统主控制软件的仿真调试．煤矿自动化，(2)：19-21．
邹银辉，张庆华．2009．我国煤矿井下煤层瓦斯含量直接测定法的技术进展．矿业安全与环保，36(增)：180-183．
邹银辉，文光才，胡千庭，等．2004．岩体声发射传播衰减理论分析与试验研究．煤炭学报，29(6)：663-667．
邹银辉，赵旭生，刘胜．2005．声发射连续预测煤与瓦斯突出技术研究．煤炭科学技术，33(6)：61-65．
邹银辉，董国伟，李建功，等．2008．波导器声发射信号传播衰减理论及规律．煤炭学报，33(6)：648-651．
邹云龙，邓敢博，张庆华，等．2013．掘进工作面瓦斯涌出预警传感器布置位置探讨．工矿自动化，39(4)：44-47．
邹哲强，屈世甲．2011．基于关联性模型的煤矿安全监控系统报警方法．工矿自动化，(9)：1-5．

邹哲强，郑茂全．1998． KJD-2 型矿用微机胶带输送机监控系统．煤矿自动化，(3)：19-20.

Rinehart J S.1981. 固体中的应力瞬变 . 北京煤炭工业出版社 .

A Krach. 2011． Node method for solving the mine ventilation networks. Archives of Mining Sciences,56(4)：601-620.

Aynsley R M. 1997. A resistance approach to analysis of natural ventilation airflow networks. Journal of Wind Engineering and Industrial Aerodynamics, 67-68(4)：711-719.

He M Y, Hutchinson J W. 1989. Crack deflection at an interface between dissimilar elastic material. International Journal of Solids and Structure, 1989, 25(9): 1053-1067.

Hu Y N, Koroleva O I, Krstic M. 2003. Nonlinear control of mine ventilation networks. Systems & Control Letters，49(4)：239-254.

Hu Y, Lu W, Jin X, et al.2012. Numerical simulation for excavation blasting dynamic damage of rock high slope. Chinese Journal of Rock Mechanics and Engineering, 31(11):2204-2213.

Kruglov Y V, Levin L Y, Zaitsev A V. 2011. Calculation method for the unsteady air supply in mine ventilation networks. Journal of Mining Science, 47(5)：651-659.

Li X L,Li C L. 2016. Study of the failure process in large-sized coal-rock mass under static and dynamic loading by three-dimensional numerical simulation//Rock Dynamics from Research to Engineering：Proceeding of the 2nd international conference on rock dynamics and applications (RocDyn-2). Suzhou.

Li X L,Ouyang Z H,Wu B Y, et al. 2013.Underground pressure behavior and design of deilling hole in isolated workface during the starting cut transfixion// Rock dynamics and applications - state of the art: proceeding of the 1st international conference on rock dynamics and applications (RocDyn-1). Lausanine, Switzerland.

M T Parra, J M Villafruela, F Castro. 2005. Numerical and experimental analysis of different ventilation systems in deep mines. Building and Environment, 40(2)：87.

Ouyang Z H, Q X, Zhao S K, et al. 2015. The mechanism and application of deep-hole precracking blasting on rockburst prevention. Shock and Vibration, doi: 10. 1155/2015/625691.

Ouyang Z H,Zhao S K, Qi Q X.2016. Rock burst prevention schemes of coal mines in China // Rock Dynamics from Research to Engineering：Proceeding of the 2nd international conference on rock dynamics and applications (RocDyn-2). Suzhou.

Ouyang Z H. 2013.Mechanism and experiment of hydraulic fracturing in rockburst prevention//Rock Dynamics and Applications — state of the art: proceeding of the 1st international conference on rock dynamics and applications (RocDyn-1). Lausanine, Switzerland.

Prensky. 2008. Recent advances in well logging and formation evaluation. World Oil, 229(3):89-94.

Qi QX, Li JL, Ning Y，et al. 2015. The technology and practice of rockburst prevention in Chinese deep coal mines// The 49th US Rock Mechanics / Geomechanics Symposium held in San Francisco, CA, USA.

Ueng T H, Wang Y J. 1984. Analysis of mine ventilation networks using non-linear programming techniques. Geotechnical and Geological Engineering, 2(3)：245-252.

Wu B Y,Ouyang Z H. 2013. Study on the rule of roof moment and surface subsidence about shallow-buried coal seam under thin base rock // Rock Characterisation, Modelling and Engineering Design Methods – Feng, Hudson & Tan, (Eds):531-534.

Zhao S K,Qi Q X,Ouyang Z H, et al. 2013. Experimental study on outburst proneness of roof-coal combined body and its AE effects// Rock Dynamics and Applications - State of the Art: Proceeding of the 1st international conference on rock dynamics and applications (RocDyn-1), Lausanine, Switzerland.

Zhao S K,Qi Q X,Ouyang Z H. 2016. Multi-scale characteristics of rockburst under multi-level stress control//Rock Dynamics from Research to Engineering：Proceeding of the 2nd international conference on rock dynamics and applications (RocDyn-2). Suzhou.